EUROPA LEHRMITTEL

Bibliothek des technischen Wissens

Bauphysik

Walter Bläsi

9. Auflage

VERLAG EUROPA-Lehrmittel · Nourney Vollmer GmbH & Co. KG
Düsselberger Straße 23 · 42781 Haan-Gruiten

Europa-Nr.: 42616

Autor:

Bläsi, Walter | Studiendirektor i. R. | Neuried

Bildentwürfe: Der Autor

Bildbearbeitung:
Zeichenbüro des Verlages Europa-Lehrmittel, Ostfildern
DTP-Studio Wiegand, Hamburg

9. Auflage 2015
Druck 5 4 3 2 1
Alle Drucke derselben Auflage sind parallel einsetzbar, da sie bis auf die Behebung von Druckfehlern untereinander unverändert sind.

ISBN 978-3-8085-4270-5

http://www.europa-lehrmittel.de
Umschlaggestaltung: braunwerbeagentur, 42477 Radevormwald unter Verwendung eines Fotos von Michael M. Kappenstein, 60385 Frankfurt
Satz und Druck: Tutte Druckerei & Verlagsservice GmbH, 94121 Salzweg

Vorwort

Mit Beginn der Ölkrise 1973 wurde allen Betroffenen klar, dass die Verschwendung fossiler Brennstoffe nicht mehr so weiter gehen kann wie bisher. Schonender Abbau der Brennstoffvorräte und Verringerung der CO_2-Emissionen waren die zentralen Anliegen der Politik. Die Folge war der Erlass auf der Grundlage des Energieeinsparungsgesetzes, zunächst Wärmeschutz-Verordnung, danach Energie-Einspar-Verordnung, kurz EnEV genannt, deren letzte Novellierung im Oktober 2013 verabschiedet wurde und seit dem 1. 5. 2014 gültig ist.

Die verschärften Anforderungen an den Wärmeschutz blieben allerdings nicht immer ohne Folgen im Feuchteschutz. Sehr dichte Fenster, nicht fachgerecht ausgeführte Wärmedämmmaßnahmen hinterließen plötzlich Feuchteschäden, wo es vorher noch keine Probleme gab. Die Folge war, dass nach dem Wärmeschutz nun auch dem Feuchteschutz mehr Aufmerksamkeit geschenkt werden musste als bisher. Die geforderte Luftdichtheitsprüfung (Blower Door) wird weitere Anforderungen an den Feuchteschutz stellen, was sowohl die Bausubstanz als auch das Nutzerverhalten betrifft.

Dem Problem der Schimmelpilzbildung in den Raumecken wurde, bedingt durch die immer dichter werdende Gebäudehülle, besondere Aufmerksamkeit geschenkt, ebenfalls den Ursachen der Algenbildung, besonders auf der Außenseite von hoch gedämmten Wänden mit Wärmedämm-Verbund-Systemen (WDVS).

Das erhöhte Verkehrsaufkommen, die dichtere Bebauung, die erhöhte Lärmbelästigung durch die Hausbewohner durch Radio, Fernsehen und Lautsprecheranlagen rückten in den letzten Jahren auch den Schallschutz mehr und mehr ins Bewusstsein der Planer und Bauherren.

Anfänglich die Domäne weniger Spezialisten, wurden nun diese drei Bereiche, Wärmeschutz, Feuchteschutz, Schallschutz, die als Kerndisziplinen der Bauphysik gelten und auch in einem Zusammenhang stehen, immer mehr zur täglichen Anforderung der Planer und Ausführenden in der Bauwirtschaft.
Aufgrund des Verhaltens verschiedener Dämmstoffe in konkreten Brandfällen wurde dem Brandschutz, als dem vierten Bereich der Bauphysik, neben den drei o. g. Bereichen auch eine kurze Betrachtung gewidmet.
Da Kenntnisse der Bauphysik die Grundvoraussetzung für die Bausanierung sind, durfte auch ein kleiner Abriss der Bauchemie nicht fehlen. Nur wer über solide Kenntnisse der Bauphysik und Bauchemie verfügt, ist in der Lage, Bausanierung erfolgreich zu betreiben.

So wendet sich dieses Buch an all diejenigen, die sich mit den Disziplinen der Bauphysik und der Bauchemie vertraut machen wollen, die nicht nur an theoretischen Abhandlungen interessiert sind, sondern verschiedene Konstruktionen unter bauphysikalischen Aspekten untersuchen und berechnen möchten. Komplett durchgerechnete Beispiele von problemlosen und problemhaften Fällen sollen dem Benutzer den Einstieg erleichtern.
Gedacht ist an den Benutzerkreis der Meister und Techniker, Gebäudeenergieberater, an Studenten der Fachhochschulen, Technischen Hochschulen, Technischen Universitäten, an Lehrer der Berufsschulen, Architekten, Ingenieure, Ausbilder in Betrieben und nicht zuletzt an Institutionen, die Weiterbildungsseminare veranstalten.

In die vorliegende **9. Auflage** wurden die neuesten Normen auf europäischer Ebene, aber auch auf nationaler Ebene, sowie die Vorschriften der aktuellen Energie-Einspar-Verordnung aufgenommen.

Den Eigenschaften von kapillar aktiven Dämmstoffen wurde besondere Aufmerksamkeit geschenkt, besonders für ihre Verwendung als Innendämmung.
Verglasungen mit ihrer Leistungsfähigkeit im Wärmeschutz als Wärmedämmverglasung oder Sonnenschutzverglasung, im Schallschutz und Brandschutz wurden ebenfalls in dieser Auflage berücksichtigt.

Neuried-Ichenheim, im Winter 2014/2015 — Walter Bläsi

Inhaltsverzeichnis

1 Wärmeschutz

1.1 Grundlagen des Wärmeschutzes . . 10
1.1.1 Gründe für den Wärmeschutz 10
1.1.2 Energieträger 10
1.1.3 Geothermie 11
1.1.4 Einflussgrößen des Wärmeschutzes 13
1.1.5 Wärmeübertragung 14

1.2 Physikalische Grundlagen 15
1.2.1 Grundbegriffe im Wärmeschutz . . . 15
1.2.2 Behaglichkeitsgefühl in einem Raum 18
1.2.3 Einflussmöglichkeiten zur Energie-Einsparung 20

1.3 Dämmstoffe: Herstellung – Eigenschaften – Verwendung 21
1.3.1 Dämmstoffe im Erdreich, in der Fassade und am Dach 26
1.3.2 Wärmedämm-Verbund-Systeme WDVS 27

1.4 Entwicklung des U'-Wertes in Abhängigkeit von der Dämmstoffdicke 32

1.5 Stoffkennwerte 33
1.5.1 Wärmedurchlasswiderstand von Luftschichten 37

1.6 Nachweis des Wärmeschutzes . . . 38
1.6.1 Wärmeschutznachweis nach DIN 4108 38
1.6.2 Gesamtenergiedurchlassgrad g . . . 41

1.7 Nachweis nach der Energie-Einspar-Verordnung (EnEV) 42
1.7.1 Die Energie-Einspar-Verordnung in Beziehung zu den nationalen Normen 42
1.7.2 Geltungsbereich der Energie-Einspar-Verordnung 43
1.7.3 Berechnungsgrundlagen nach der Energie-Einspar-Verordnung 44
1.7.4 Begriffserläuterungen der EnEV . . . 45
1.7.5 Verwendung der fünf Flächenbegriffe in der EnEV 49
1.7.6 Gebäudemaße und ihre Verwendung in der EnEV 50
1.7.7 Von der Endenergie Q_e zur Primärenergie Q_p 51
1.7.8 Interne Wärmegewinne 52
1.7.9 Solare Wärmegewinne 53
1.7.10 Luftdichtheit/Luftdichtheitsprüfung 54
1.7.11 Lüftungswärmeverluste 55
1.7.12 Wärmespeicherung 56

1.8 Nachweisverfahren nach der Energie-Einspar-Verordnung 57
1.8.1 Monatsbilanz-Verfahren (MB-Verfahren/Bauteil-Verfahren (BT-Verfahren) 57
1.8.2 Sanierung von Gebäuden im Bestand (Altbausanierung) 59
1.8.3 Struktogramm zur Ermittlung des Jahres-Primärenergiebedarfs 60
1.8.4 Energiebilanz 61
1.8.5 Maximalwerte der Wärmedurchgangskoeffizienten *U* nach der EnEV bei bestehenden, beheizten oder gekühlten Räumen 62
1.8.6 Nachweisverfahren bei bestehenden Gebäuden (Altbauten) 64

1.9 Beispielrechnungen zum Wärmeschutz 65
1.9.1 Mittlerer U-/R-Wert 65
1.9.2 Beispiele
Beispiel 1: Dach 65
Beispiel 2: Fachwerkwand 65
Beispiel 3: Außenwand 66
Beispiel 4: Fachwerkwand 67
Beispiel 5: Dach 67
Beispiel 6: Wand mit Nische 68
Beispiel 7: Rollladenkasten 69
Beispiel 8: Decke mit Fußbodenheizung 69
Beispiel 9: Außenwand mit beidseitigem Putz 70
Beispiel 10: Wand mit Außendämmung 71
Beispiel 11: Wand mit Innendämmung 72
Beispiel 12: Wand mit Kerndämmung 73
Beispiel 13: Zweischaliges Mauerwerk mit Außendämmung und hinterlüfteter Vorsatzschale 74
Beispiel 14: Zweischalige Wand mit Fassadenplatte 75
Beispiel 15: Bestandsgebäude 76
Beispiel 16: Bestandsgebäude mit Erweiterung 79
Beispiel 17: Altbausanierung 91
Beispiel 18: Bestandsgebäude mit Referenz-Standort Chemnitz 102

1.10 Glas 107
1.10.1 Besondere Gläser 108
1.10.2 Fenster im sommerlichen Wärmeschutz und Wärmedämmverglasung 109
1.10.3 Temperaturleitzahl *a* (a-Wert) und Wärmeeindringkoeffizient *b* (b-Wert) 112

1.11 Sommerlicher Wärmeschutz 114
1.11.1 Abminderungsfaktoren F_C 115
1.11.2 Sonneneintragskennwerte 116
1.11.3 Temperatur-Amplituden-Verhältnis (TAV) und Temperatur-Amplituden-Dämpfung (TAD) 121
1.11.4 Vergleich sommerlicher und winterlicher Wärmeschutz einzelner Baustoffe 123

1.12 **Nachweisverfahren bei zu errichtenden Gebäuden** **124**
1.13 **Heizanlagen-Systeme (DIN 4701-10) 127**
1.14 **Referenzwerte der Strahlungsintensitäten und der Außentemperaturen für das Referenzklima Deutschland** **139**
1.14.1 Ausgewählte Referenzorte für Strahlungsintensitäten. 143
1.15 **Neu zu errichtende Wohngebäude**
Beispiel 1: Gebäude mit ausgebautem KG und DG für die Referenzstandorte Freiburg und Hof 149
Beispiel 2: Freistehendes zu errichtendes Zweifamilienhaus mit beheiztem KG und DG für den Referenzstandort Potsdam. 160
1.16 **Längenänderung von Bauteilen infolge von Temperatureinflüssen. 167**
1.16.1 Berechnungsbeispiele von Flachdächern 169
1.16.2 Arten von Flachdächern. 173
1.16.3 Berechnungsbeispiele verschiedener Bauteile. 176
Beispiel 1: Stützmauer 176
Beispiel 2: Estrich 176
Beispiel 3: Heizestrich 176

2 Feuchte – Feuchteschutz . . . 177

2.1 **Arten der Feuchte** **177**
2.2 **Aggregatzustände**. **178**
2.3 **Arten der Wässer** **179**
2.4 **Kreislauf des Wassers**. **179**
2.5 **Wasser in seiner Bedeutung** **180**
2.6 **Kapillarität** **180**
2.7 **Sperrung** **182**
2.7.1 Sperrung gegen Wasser 182
2.7.1.1 Sperrung gegen nichtdrückendes Wasser. 183
2.7.1.2 Sperrung gegen drückendes Wasser (Grundwasser) 183
2.7.1.3 Fugen – Fugenbänder 184
2.7.2 Sperrung gegen Wasserdampf. . . . 186
2.8 **Luftfeuchte**. **187**
2.8.1 Absolute Luftfeuchte 187
2.8.2 Relative Luftfeuchte 187
2.9 **Tauwasserbildung – Taupunkttemperatur**. **187**
2.10 **Wasserdicht – wasserdampfdicht – Dampfbremse – Dampfsperre** **193**
2.10.1 Wasserdampf-Diffusionswiderstandsfaktor (μ-Wert) 193
2.11 **Vergleich Wärmeschutz Feuchteschutz** **194**
2.12 **Erklärung des Wärmestromprinzips**. **195**
2.13 **Erklärung des Prinzips der Sperrung gegen Feuchte** **195**
2.14 **Dampfdruck** **196**
2.15 **Feuchteschutz infolge Wasserdampfdiffusion** **197**
2.15.1 Bedingungen im Feuchteschutz nach DIN 4108. 197
2.15.2 Vermeidung von Tauwasser an der Bauteiloberfläche. 197
2.15.3 Vermeidung von Tauwasser im Innern von Bauteilen 198
2.15.4 Nachweisverfahren: Perioden-Bilanzverfahren und Monats-Bilanzverfahren. 199
2.15.5 Arten des Feuchtetransportes. 200
2.15.6 Formeln für die Nachweisverfahren. 201
2.16 **Aufbau des Glaser-Diagrammes der Tauperiode**. **206**
2.16.1 Tauperiode 206
2.16.2 Erklärung des Diagrammaufbaus . . 207
2.16.3 Verdunstungsperiode. 208
2.16.4 Aufbau des Diagrammes der Verdunstungsperiode. 209
2.17 **Maßnahmen zur Tauwasservermeidung** **210**
2.18 **Mögliche Fälle der Tauwassersituation**. **211**
2.18.1 kein Tauwasserausfall 211
2.18.2 Tauwasser in einer Ebene 211
2.18.3 Tauwasserausfall in zwei Ebenen . . 211
2.18.4 Tauwasserausfall in einem Bereich. 212
2.19 **Feuchtetechnische Untersuchung verschiedener Konstruktionen. . . . 213**
Beispiel 1: Betonwand mit innenliegender Dämmung (EPS) und beidseitigem Putz 213
Beispiel 2: Betonwand mit außenliegender Dämmung und beidseitigem Putz. 217
Beispiel 3: Betonwand mit innen und außen liegender Dämmung und beidseitigem Putz (Manteldämmung, Mantelbauweise) 219
Beispiel 4: Betonwand mit Manteldämmung, jedoch innen EPS 30 mm, außen WF 30 mm 225
Beispiel 5: Betonwand mit Manteldämmung, jedoch innen EPS 30 mm, außen WF 60 mm 227
Beispiel 6: Manteldämmung wie Beispiel 3, jedoch Einbau einer Dampfbremse an der richtigen Stelle. . . . 229

Beispiel 7: Manteldämmung wie Beispiel 3, jedoch Einbau einer Dampfbremse an der falschen Stelle 231
Beispiel 8: Wärmedämmung dazwischen liegend (Kerndämmung)...... 233
Beispiel 9: Kellerwand aus Beton mit Kunstharzputz 237
Beispiel 10: Wand aus porosierten Plan-Leichthochlochziegeln mit beidseitigem Putz............ 241
Beispiel 11: Zweischaliges Mauerwerk ohne Hinterlüftung (Kerndämmung) . 246
Beispiel 12: Zweischaliges Mauerwerk mit Dämmung und Luftschicht und Klinkervorsatzschale .. 250
Beispiel 13: Wand mit Dämmung und hinterlüfteter Bekleidung (Fassadenplatten)..... 254
Beispiel 14: Außenwand in Holzständerbauweise 256
Beispiel 15: Einschaliges Flachdach 259
Beispiel 16: Vergleichende Betrachtung der Beispiele 1, 2, 3 und 8 261
Beispiel 17: Wände mit 60 mm Innendämmung, gleichem λ-Wert, jedoch unterschiedlichem μ-Wert........ 262

2.20 Der Temperaturfaktor f_{Rsi} 263

2.21 Feuchtetechnische Untersuchung nach DIN EN ISO 13 788 265
2.21.1 Nachweisverfahren nach DIN EN ISO 13 788 266
Beispiel 1: Wohnhaus in München, Innendämmung 268
Beispiel 2: Manteldämmung...... 274

2.22 Energetische Schwachstellen und ihre Folgen.................... 279
2.22.1 Wärmebrückenarten 279
2.22.2 Wärmebrücken: Berechnungsbeispiele 281
2.22.3 Einzelnachweis von Wärmebrücken gemäß DIN 4108 Beiblatt 2..................... 284
2.22.4 Eine Wärmebrücke der besonderen Art, der frei auskragende Balkon .. 287
2.22.5 Schimmelpilzbildung............ 289
2.22.6 Vermeidung von Schimmel hinter Schrankwänden und Einbauschränken (DIN 4108-8) 291
2.22.7 Aufgaben zur Vermeidung von Schimmelpilzbildung............ 296
2.22.8 Außenwände unter verschiedener feuchtetechnischer Betrachtung ohne und mit Außendämmung ... 304

2.23 Algenbildung auf Außenwänden mit WDVS 306

2.24 Auswirkungen der Globalstrahlung auf Fenster und Verglasungen.... 309

2.25 Schlagregen.................... 310

2.26 Kapillaraktive Dämmstoffe....... 312
2.26.1 Feuchte adaptive Dampfbremse... 314
2.26.2 Innendämmung mit Calciumsilicatplatten 315

2.27 Das Steildach als besonderes Bauteil 317

3 Schall – Schallschutz 320

3.1 Bedeutung des Schallschutzes ... 320

3.2 Schall 321
3.2.1 Frequenz 322
3.2.2 Amplitude 322
3.2.3 Schallbezeichnungen............ 322

3.3 Grundbegriffe 323

3.4 Hörschwelle – Schmerzgrenze.... 327

3.5 Zusammenhang Phon – Dezibel .. 328

3.6 Lautstärkeskala 329

3.7 Schallarten..................... 330

3.8 Akustik 331
3.8.1 Nachhallzeit T.................. 331
3.8.2 Grenzfrequenz 333

3.9 Wege des Schalls 334
3.9.1 Schallabsorption 334
3.9.2 Schallabsorptionsgrad αs verschiedener Verkleidungen 335
3.9.3 Schallabsorber 336
3.9.4 Schallreflektoren 337

3.10 Schalldämmung von Bauteilen ... 338
3.10.1 Luftschalldämmung............. 338
3.10.2 Rechnerische Methode zur Ermittlung des bewerteten Schalldämmmaßes nach dem Beispiel 340
3.10.3 Grafische Methode zur Ermittlung des Schalldämmmaßes.......... 340
3.10.4 Ermittlung des bewerteten Schalldämmmaßes bei Oktavbreiten (Oktav-Intervallen) 341
3.10.5 Grafische Methode zur Ermittlung des Schalldämmmaßes............ 341

3.11 Ermittlung des bewerteten Schalldämmmaßes vor Erstellung des Bauwerkes.................. 342
3.11.1 Grafische Methode.............. 342
3.11.2 Rechnerische Ermittlung des bewerteten Schalldämmmaßes ... 344
3.11.2.1 Einschalige Wände ohne Öffnungen, wie Türen und Fenster. 344
3.11.2.2 Einschalige Wände mit Öffnungen, wie Türen und Fenster. 346
3.11.2.3 Grafische Methode zur Ermittlung des Gesamtschalldämmmaßes zusammengesetzter Bauteile 346

3.11.2.4 Rechnerische Methode zur Bestimmung des Gesamtschalldämmmaßes R_{ges} 347
3.11.2.5 Kurzform zur Berechnung des Schalldämmmmaßes zusammengesetzter Bauteile 348
3.11.2.6 Gesamtschalldämmaß bei zwei verschiedenen Öffnungen 349
3.11.2.7 Korrekturwerte des bewerteten Schalldämmmaßes für flankierende Bauteile 351

3.12 Zweischalige Bauteile 353
3.12.1 Resonanzfrequenz f_R (Eigenfrequenz) 354
3.12.2 Resonanzfrequenz f_R zweischaliger Bauteile mit lose eingelegter, weichfedernder Dämmschicht 355
3.12.3 Vollflächige Verbindung der Dämmschicht mit beiden Schalen . 356
3.12.4 Rechnerische Ermittlung des Schalldämmmaßes zweischaliger Wände 359
3.12.5 Wandkonstruktionen mit zwei biegeweichen Schalen 361
3.12.6 Luftschallverbesserungsmaß von Vorsatzschalen 362

3.13 Trittschall 364
3.13.1 Ermittlung des Normtrittschallpegels 364
3.13.2 Deckenaufbauten 366
3.13.3 Vorherbestimmung des bewerteten Norm-Trittschallpegels $L'_{n,W,R}$ nach DIN EN 12 354 366
3.13.4 Korrekturfaktor für die Flankenübertragung im Trittschall 367
3.13.5 Trittschallminderung ΔL nach DIN 12 354 von Estrichplatten 368

3.14 Estrich 370
3.14.1 Estricharten 370
3.14.2 Schallbrücken 372

3.15 Berechnung von Decken 373
3.15.1 Unterkonstruktionen von Massivdecken 373
3.15.2 Holzbalkendecken 374
3.15.3 Äquivalentes, bewertetes Trittschalldämmmaß $L'_{n,W,eq}$ und Luftschalldämmmaß R'_W von Holzbalkendecken 375

3.16 Fenster 377
3.16.1 Verglasung im Schallschutz 379

3.17 Türen 381

3.18 Treppen 382

3.19 Installationsgeräusche 384
3.19.1 Trinkwasserleitungen 384
3.19.2 Abwasserleitungen 384
3.19.3 Sanitärgegenstände 384
3.19.4 Heizungs- und klimatechnische Anlagen 384
3.19.5 Mindestanforderungen an den Schallschutz nach DIN 4109 385

3.20 Ermittlung des Gesamtschallpegels 390
3.20.1 Mehrere gleiche Schallquellen 390
3.20.2 Mehrere verschiedene Schallquellen 391

3.21 Schallschutz im Städtebau 392
3.21.1 Lärmarten 392
3.21.2 Arten der Schallquellen 392
3.21.3 Lärmschutzwände 394

3.22 Entfernung von der Schallquelle . . 400

4 Brandschutz 402

4.1 Brand – Brandsicherheit 402

4.2 Baustoffklassen 402
4.2.1 Nicht brennbare Baustoffe 402
4.2.2 Brennbare Baustoffe 403

4.3 Einzelbaustoffe 403

4.4 Bauteile 406

4.5 Brandverhalten von Bauteilen 406
4.5.1 Feuerwiderstandsklassen 407

4.6 Sonderbauteile 411
4.6.1 Brandwände 411
4.6.2 Feuerschutzabschlüsse 411
4.6.3 Verglasungen 411
4.6.4 Lüftungsleitungen, Rohrleitungen . 413
4.6.5 Treppen 413
4.6.6 Treppenraum 413
4.6.7 Flure 413
4.6.8 Brandabschnitte 413

4.7 Ausgesuchte Beispiele von Bauteilen und ihre Feuerwiderstandsklassen nach DIN 4102 Teil 4 414

4.8 Brandschutzklassen nach Euro-Norm 419

4.9 Klassifizierung des Brandverhaltens von Baustoffen nach Euro-Norm DIN EN 13 501 und Vergleich mit DIN 4102 421

5 Bauphysikalische Stoffkenngrößen 422

5.1 Stoffkenngrößen je nach bauphysikalischem Bereich 422

5.2 Kennwerte von Baustoffen und Bauteilen sowie deren bauphysikalische Bedeutung 423

6 Bauchemie 429

6.1 Aufgabe der Bauchemie 429

6.2 Gase 430
6.2.1 Schadensfaktor Gase 430

6.3 Säuren 431

6.4 Laugen 432

6.5 Salze 432

6.6 pH-Wert ... 435
6.7 Bindemittel ... 437
6.8 Kreislauf des Kalkes ... 437
6.9 Korrosion ... 438
6.9.1 Elektrochemische Spannungsreihe nach Galvani ... 439
6.10 Nicht-Eisenmetalle (NE-Metalle) .. 440
6.11 Schadensfaktor Wasser ... 440
6.11.1 Wasser als Lösungsmittel ... 440
6.11.2 Wasser als Partner von chemischen Rektionen ... 441
6.11.3 Wasser als Transportmittel ... 441
6.11.4 Wasser als Sprengfaktor ... 441
6.11.5 Wasser als Beeinträchtigungsfaktor 441
6.11.6 Wasser als Förderfaktor ... 442
6.12 Säuren als Schadensursache ... 442
6.12.1 Herkunft der Säuren ... 442
6.13 Schadensfaktor Laugen ... 443
6.13.1 Herkunft der Laugen ... 444
6.14 Schadensfaktor Salze ... 445
6.15 Schadensfaktor Organismen ... 447
6.16 Regeln zur Vermeidung von Bauschäden ... 447
Sachwortverzeichnis ... 450

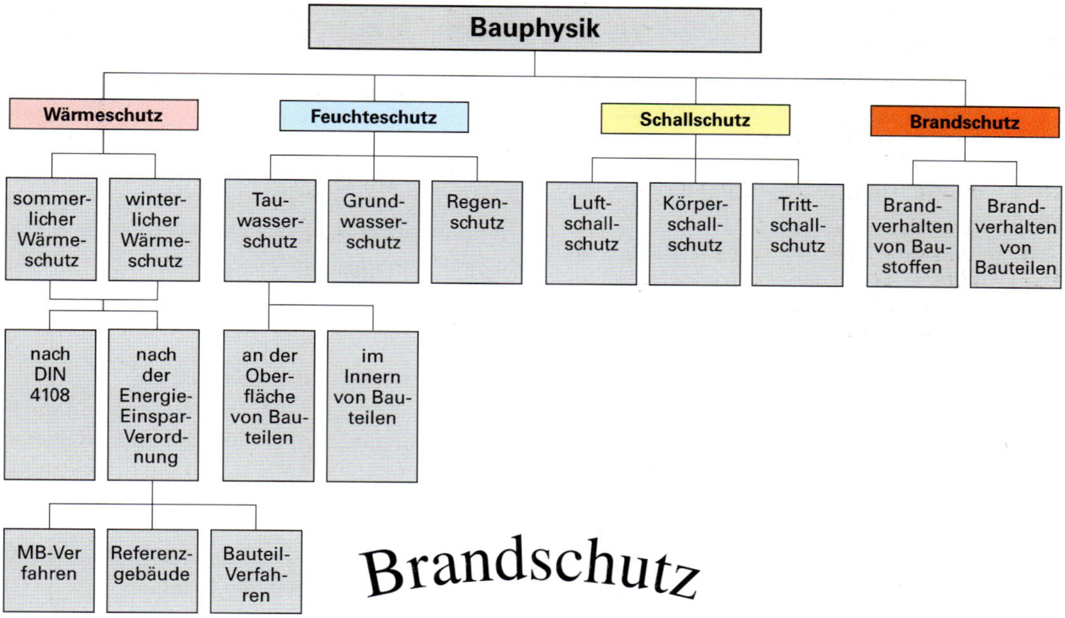

Bauphysik
Wärmeschutz
Feuchteschutz
Schallschutz
Brandschutz
sommerlicher Wärmeschutz
winterlicher Wärmeschutz
Tauwasserschutz
Grundwasserschutz
Regenschutz
Luftschallschutz
Körperschallschutz
Trittschallschutz
Brandverhalten von Baustoffen
Brandverhalten von Bauteilen
nach DIN 4108
nach der Energie-Einspar-Verordnung
an der Oberfläche von Bauteilen
im Innern von Bauteilen
MB-Verfahren
Referenzgebäude
Bauteil-Verfahren

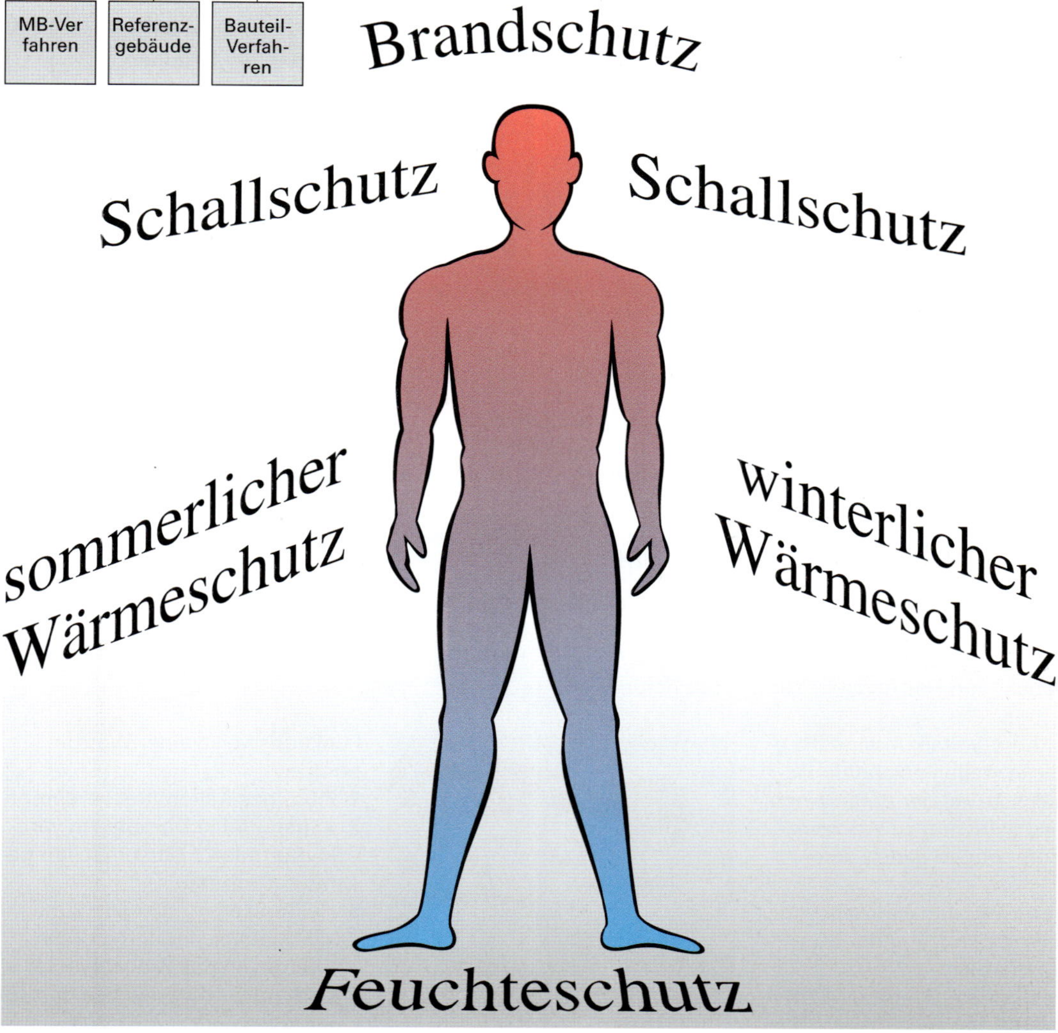

Brandschutz
Schallschutz
Schallschutz
sommerlicher Wärmeschutz
winterlicher Wärmeschutz
Feuchteschutz

1 Wärmeschutz

1.1 Grundlagen des Wärmeschutzes

1.1.1 Gründe für den Wärmeschutz

1. **Aus Gründen des menschlichen Wohlbefindens**

   Gebäude sollen nicht nur der Behausung dienen, sondern auch unserem Wohlbefinden und unserer Gesunderhaltung.

   Das Behaglichkeitsgefühl in einem Raum hängt ab von der:

   - Raumtemperatur: optimal 20 °C – 22 °C
   - Oberflächentemperatur der raumumschließenden Wände: mindestens 16 °C – 18 °C, sonst herrscht das Gefühl von Zug.
   - Wärmespeicherung der raumumschließenden Wände.
     Barackenklima: schnell heiß, schnell kalt
   - Fußbodentemperatur: optimal 22 °C – 24 °C
   - Relativen Luftfeuchte in einem Raum:
     normal 50 % – 60 %
     < 40 % ⇒ trockene Schleimhäute
     > 60 % ⇒ Treibhausklima
   - Luftbewegung: maximal 0,2 m/s
     > 0,2 m/s ⇒ Zugerscheinung
   - Tätigkeit des Menschen: sitzend – gehend

2. **Aus baukonstruktiven Gründen**

   Spannungen infolge Temperatureinflüssen führen zu Bauschäden (Sommer ⇒ Ausdehnung; Winter ⇒ Schrumpfung). Folgeschäden durch Feuchteeinwirkung müssen vermieden werden.

3. **Aus Energie-Einspargründen**

   Die Ansprüche der Menschen steigen, ihr Lebensstandard wächst, die Rohstoffe stellen absolut knappe Güter dar, d.h. sind nicht reproduzierbar, ihr Vorrat ist begrenzt. Der Energieverbrauch für Heizung und Kühlung muss so gering wie möglich gehalten werden.

4. **Aus umweltschonenden Gründen**

   Die Verbrennung fossiler Brennstoffe zu Heizzwecken und als Treibstoff verstärkt die Umweltbelastung durch Bildung von schädlichen Gasen und Säuren.

   $S + O_2 \Rightarrow SO_2 \xrightarrow{+H_2O} H_2SO_3$ schweflige Säure

   $S + O_3 \Rightarrow SO_3 \xrightarrow{+H_2O} H_2SO_4$ Schwefelsäure

   $C + O_2 \Rightarrow CO_2 \xrightarrow{+H_2O} H_2CO_3$ Kohlensäure

   $N + O_2 \Rightarrow NO_2 \xrightarrow{+H_2O} H_2NO_3$ Salpetersäure

1.1.2 Energieträger

Energieträger

Alternative Nutzung zu Öl, Kohle, Gas, Kernkraft

Sonne

Solarthermie
1. Thermische Solaranlage
Sie dient der Erwärmung von Brauch- und Heizungswasser.

Erde

Geothermie
1. oberflächennahe
2. Tiefen-GT

Wasser

Aquathermie
Wasserkraftwerke

Wind

Airthermie
Winräder

Pflanzen

Biomasse
Stückholz
Holzpellets

2. Photo-Voltaik-Anlage (PV)
Siliciumzellen erzeugen Gleichstrom, der durch einen Wechselrichter zu Wechselstrom umgewandelt wird.

3. Luft-Wasser-Wärmepumpe
Indirekte Nutzung der Sonnenenergie:
Die Sonne erwärmt die Luft und die warme Luft dient als Energieträger.

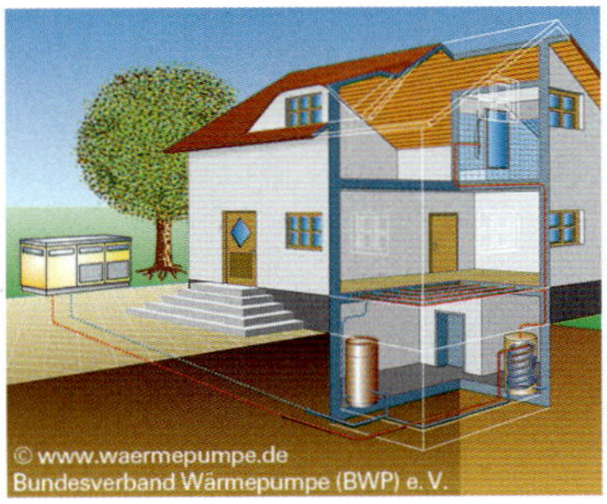

Bild 1: Luft-Wasser-Wärmepumpe

Funktionsweise einer Wärmepumpe

1. Flüssiges Kältemittel verdampft.
2. Kältemittel in Dampfform wird komprimiert → dadurch Temperaturerhöhung.
3. Heißes Kältemittel geht zum Wärmetauscher und gibt die Energie an das Brauchwasser ab.
4. Dadurch verflüssigt sich das Kältemittel wieder und der Kreislauf beginnt von Neuem.

1.1.3 Geothermie

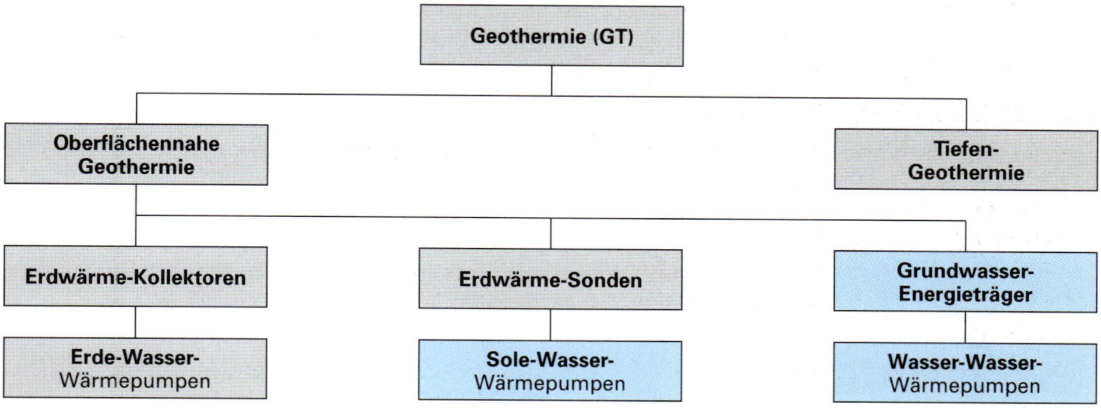

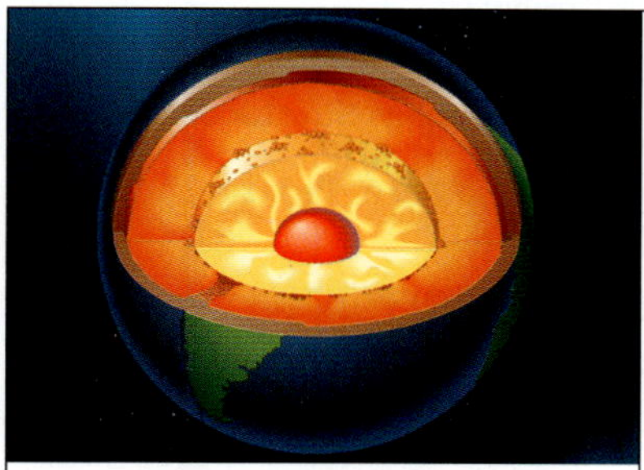

Bild 1: Aufbau der Erde

Geo-Thermie (griech. geo = Erde)
(Thermie = betrifft Wärme)
bezeichnet Wärmeenergie, die in der Erde schlummert, manchmal auch eruptiv sichtbar zu Tage tritt.
Die Erde besitzt ein großes Energiepotenzial. Dies zu nutzen hat sich die Geothermie zur Aufgabe gemacht.

Erdwärmekollektoren

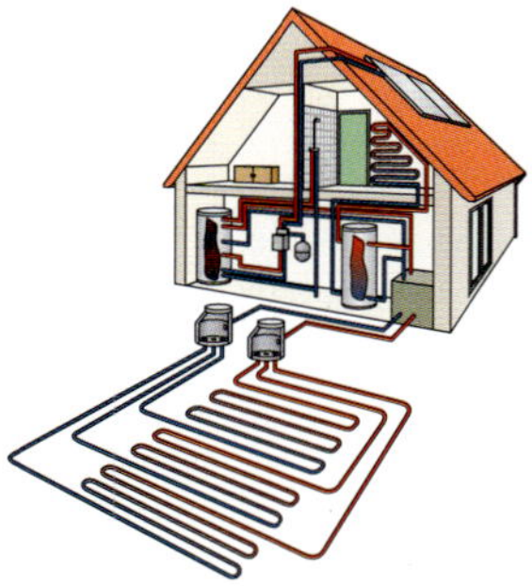

Bild 2: Erde-Wasser-Wärmepumpen

Schon in geringer Tiefe von ca. 2 m bietet sich die Möglichkeit, durch Verlegung von Kollektoren (Rohre aus Polyethylen PE), verlegt wie bei Fußbodenheizungen, Wärmeenergie dem Erdreich zu entziehen. Es sind große Flächen erforderlich, was bei heutigen Grundstücksgrößen diese Art der Nutzung nicht ermöglicht. Außerdem zeigt Bild 2, dass die Ergiebigkeit der Erdwärmenutzung jahreszeitlichen Schwankungen unterliegt. Um auch die in die Erde eingespeicherte Wärmeenergie durch Sonneneinstrahlung zu nutzen, dürfen solche Kollektorflächen nicht bebaut werden.

Erdwärmesonden

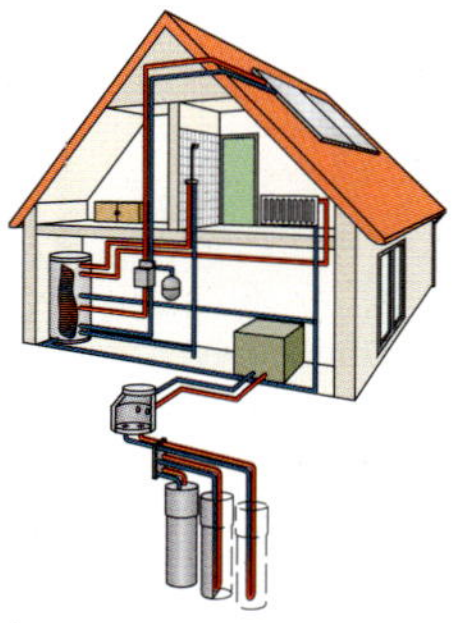

Bild 3: Sole-Wasser-Wärmepumpen

Als Energieträger, d.h. Energielieferant steht auch hier das Erdreich zur Verfügung. Es werden je nach Wärmebedarf mehrere Erdwärmesonden sternförmig schräg nach außen gebohrt, um eine stärker punktuelle Auskühlung des Erdreiches zu vermeiden. Die bergrechtliche Grenze liegt bei einer Tiefe von 100 m.
Um das Bohrloch herum muss, um vollständigen Kontakt mit dem Erdreich zu erhalten, eine vollflächige Verfüllung erfolgen. Nur mit komplettem Erdkontakt ist eine optimale Wärmeübertragung an die Sonde gewährleistet. Erdwärmesonden sind durch die Bohrungen teurer als Erdwärmekollektoren, jedoch verfügen die Sonden das ganze Jahr über einen Temperaturbereich von ca. 12 °C, während dies bei Erdwärmekollektoren – jahreszeitlich bedingt – nur zwischen +5 °C und +15 °C der Fall ist.

Grundwasser-Energieträger

Eine weitere – vielleicht die häufigste – Möglichkeit der oberflächennahen Geothermie (GT) besteht in der im Grundwasser gespeicherten Energie. Grundwasser bietet das ganze Jahr über eine relativ gleichbleibende Temperatur, dass aber in der Wärmepumpe auf ein höheres Niveau gebracht werden muss, um für Heizzwecke verfügbar sein zu können.
Es ist bei solchen Anlagen ein Förderbrunnen (Saugbrunnen) und Schluckbrunnen erforderlich. Förderbrunnen und Schluckbrunnen sollten nicht zu nah beieinander liegen, um eine Vermengung des um ca. 4 °C abgekühlten Wassers mit dem Wasser aus dem Förderbrunnenbereich zu vermeiden. Nicht jedes Bau-Grundstück bietet die Möglichkeit, einen Förder- und Schluckbrunnen zu bauen. Hier bietet sich die Sole-Wasser-Wärmepumpe als gute Alternative der Geothermie an. Sowohl die Wasser-Wasser-Wärmepumpe (WWP) als auch die Sole-Wasser-Wärmepumpe (SWP) können als reversible Wärmepumpen betrieben werden, d.h. solche Wärmepumpen führen im Sommer durch ihre Kühlfunktion die entzogene Wärmeenergie dem Erdreich oder Grundwasser zu, um im Winter wieder darüber verfügen zu können.

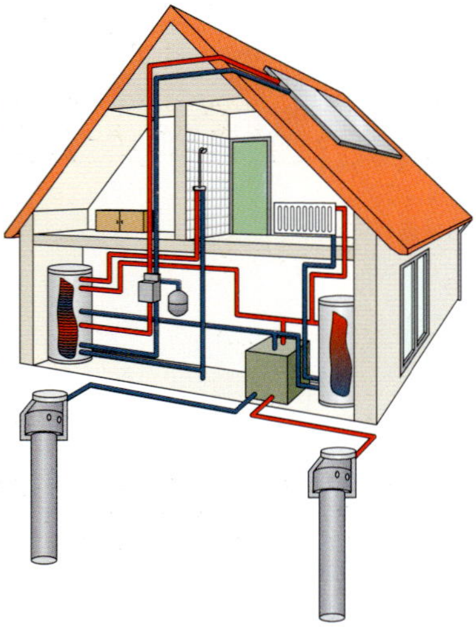

Bild 1: Wasser-Wasser-Wärmepumpen

Tiefen-Geothermie

Während bei der oberflächennahen Geothermie die Wärmepumpe dazu dient, das Medium auf eine höhere Temperatur zu bringen, ist bei der Tiefen-Geothermie das in großen Tiefen gelagerte Thermalwasser schon so heiß, dass es für Heizzwecke in größeren Wärmenetzen oder zur Stromerzeugung genutzt werden kann. Über eine Förderbohrung wird das Thermalwasser seiner Nutzung (Wärmeenergie Entzug) zugeführt und anschließend das abgekühlte Wasser über die Injektionsbohrung der Lagerstätte wieder zugeführt.

Man unterscheidet:

1. Hydrothermale Systeme

Hier handelt es sich um in großer Tiefe (200 m bis 5 000 m) gelagerte heiße Quellen mit Temperaturen von 130 °C bis 160 °C.
Wesentliche Punkte für die Erschließung ist die Temperatur sowie die Ergiebigkeit.

2. Petothermale Systeme

Bei diesem System wird Gestein, vorwiegend Tiefengestein, Wärmeenergie entzogen. Je dichter das Gestein ist, desto mehr Energie kann dies speichern und um so schneller erfolgt der Zufluss von Wärmeenergie aus dem Umkreis der Entnahmestelle.
In Deutschland sind aufgrund der geologischen Struktur ca. 90 % mit diesem System erschließbar.
Die Temperatur nimmt um ca. 3 °C (3 K) je 100 m Tiefe zu.

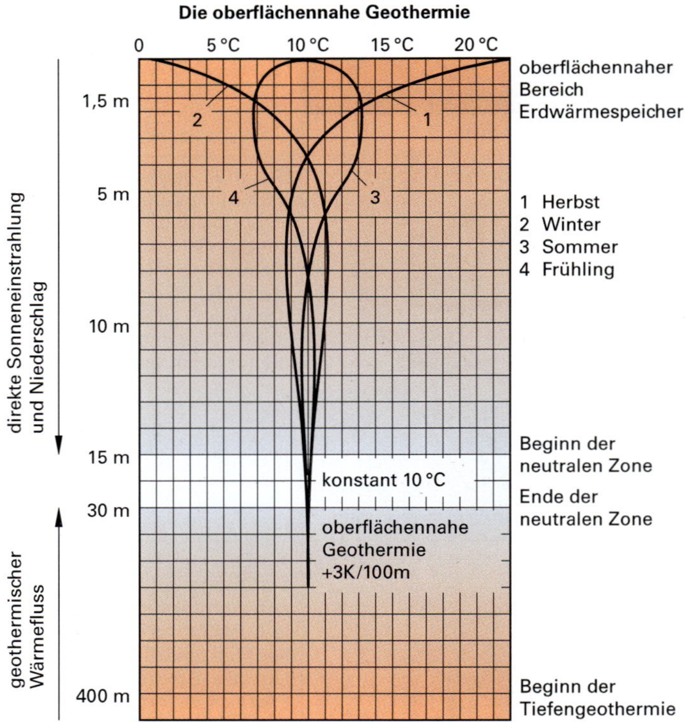

Bild 2: Temperaturverlauf im Erdreich Quelle: www.solarpraxis.de

1.1.4 Einflussgrößen des Wärmeschutzes

Einflussgrößen des Wärmeschutzes

Sommerlicher Wärmeschutz

1. Sonnenschutzvorrichtungen wie
   - Markisen,
   - Sonnenschutzdächer,
   - Jalousien (außenliegende sind am wirksamsten)
2. Wärmespeicherung der raumumschließenden Bauteile, wie
   - Wände,
   - Decken (Böden)

   Ihre Auswirkung zeigt sich in einem günstigen Temperatur-Amplituden-Verhältnis (TAV)
3. Anordnung der einzelnen Schichten bei mehrschichtigen Bauteilen ⇒ Entfeuchtung der Bauteile während der Sommermonate (Verdunstungsperiode), Wärmespeicherfähigkeit.
4. Gesamtenergiedurchlassgrad der Fenster und sonstigen transparenten Bauteile wie
   - Außentüren,
   - Wintergärten,
   - transparente Wärmedämmung,
   - metallbedampfte Scheiben (Außenscheibe)
5. Fensterflächenanteil bzw. Flächenanteil sonstiger transparenter Bauteile in Bezug auf die gesamte Baukörperaußenfläche.
6. Geografischer Standort des Gebäudes:
   - Breitengrad,
   - Höhe über dem Meeresspiegel,
   - Bewölkungsverhältnisse
7. Orientierung der Fenster bzw. sonstigen transparenten Bauteile bezüglich der Himmelsrichtung. Unterschiedliche Sonnenschutzvorrichtungen je nach Himmelsrichtung.
8. Lüftungsmöglichkeiten:
   - Zwangslüftung mittels Lüftungsanlagen,
   - natürliche Lüftung durch Öffnen der Fenster besonders während der Nacht oder frühen Morgenstunden (über Eck – diagonal – am wirksamsten). Stoßlüftung ist besonders im Winter energetisch besser als Dauerlüftung, da nur das Luftvolumen ausgetauscht wird und die gespeicherte Wärmeenergie in den Wänden bleiben kann.
9. Äußere Oberflächenfarbe der Außenwände
   - Helle Oberflächen reflektieren die Wärmestrahlen
   - Dunkle Oberflächen absorbieren die Wärmestrahlen

Winterlicher Wärmeschutz

1. Wärmedämmung der raumumschließenden Außenbauteile, wie
   - Wände,
   - Decken,
   - Fenster,
   - Außentüren.
2. Wärmespeicherfähigkeit der raumumschließenden Bauteile, wie
   - Innenwände,
   - Decken (Böden)

   Für das Wohlbefinden des Menschen in Wandnähe sowie zur Tauwasservermeidung ist eine Wärmespeicherung unerlässlich.
3. Anordnung der einzelnen Schichten bei mehrschichtigen Bauteilen. Richtige Reihenfolge der Schichten von innen nach außen ist besonders wichtig ⇒ Tauwasserbildung
4. Gesamtenergiedurchlassgrad der Fenster und sonstigen transparenten Bauteile, wie
   - Außentüren,
   - Wintergärten,
   - transparente Wärmedämmung,
   - metallbedampfte Scheiben (Innenscheibe)
5. Fensterflächenanteil bzw. Flächenanteil sonstiger transparenter Bauteile in Bezug auf die gesamte Baukörperaußenfläche (Fenster sind oft Schwachpunkte)
6. Geografischer Standort des Gebäudes:
   - Breitengrad,
   - Höhe über dem Meeresspiegel,
   - Bewölkungsverhältnisse,
   - Nebelhäufigkeit
7. Orientierung der Fenster bzw. sonstigen transparenten Bauteile bezüglich der Himmelsrichtung. Die solaren Wärmegewinne sind je nach der Himmelsrichtung verschieden s. S. 115.
8. der Luftdichtheit von Bauteilen und deren Anschlüssen
9. Luftaustausch durch
   - Öffnen von Fenstern und Außentüren
   - Luftaustausch mit mechanisch betriebenen Lüftungsanlagen mit oder ohne Wärmerückgewinnung.

1.1.5 Wärmeübertragung

Der Grund dafür, dass in einem Raum etwa gleiche Temperaturen herrschen, unabhängig vom Sitz der Wärmequelle, bzw. dass die Temperatur in einem Raum nach Wegfall der Heizung unterschiedlich abfällt, liegt in verschiedenen Möglichkeiten der Wärmeübertragung.

Arten der Wärmeübertragung

Wärmeleitung

Übertragung der Wärme von Molekül zu Molekül bei festen Stoffen in Richtung des Temperaturgefälles

Bild 1

Der Nagel wird heiß

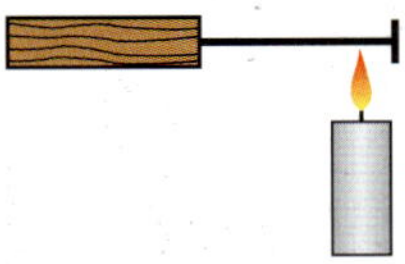

Bild 2

Das Holz erwärmt sich nicht

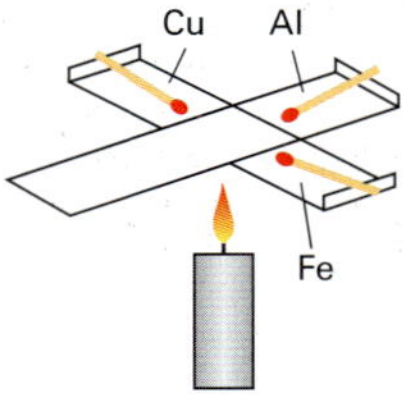

Bild 3

Die Streichhölzer entflammen auf den verschiedenen Metallen zu unterschiedlichen Zeiten

Die Wärmeleitfähigkeit wird durch den Bemessungswert der Wärmeleitfähigkeit λ ausgedrückt.

> Je kleiner der Wert von λ ist, desto besser ist die Wärmedämmung

Wärmeströmung Wärmekonvektion

= Wärmemitführung

Wärmeströmung:
Bei Flüssigkeiten

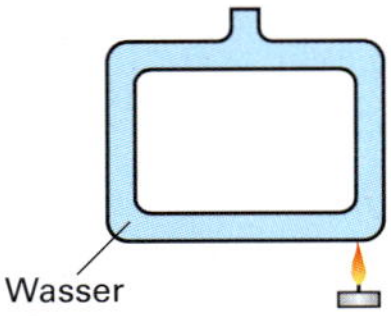

Bild 4

Das Wasser kreist im Rohr, und dehnt sich aus.
Prinzip: Warmwasserheizung

Wärmekonvektion:
Bei Luft (Gasen)

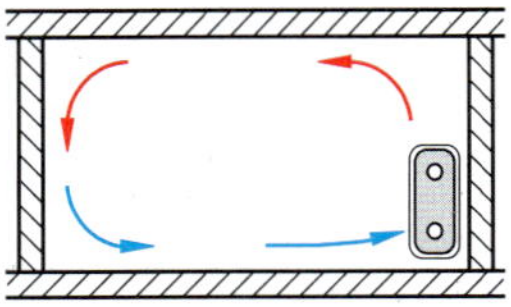

Bild 5

Die Luft zirkuliert vom und zum Heizkörper

Während bei der Wärmeleitung die Moleküle an ihrem Ort bleiben, wird bei der Wärmeströmung oder Konvektion die Wärme dadurch übertragen, dass die Masseteilchen, an welche die Wärmeenergie gebunden ist, ihre Lage verändern.
Die Konvektion läuft folgendermaßen ab:
Die Luft dehnt sich um den Heizkörper bei Erwärmung aus. Dadurch verringert sich das Gewicht pro Volumeneinheit, das spezifische Gewicht wird geringer. Die spezifisch leichtere Luft steigt nach oben, kühlt sich ab, wird dadurch wieder schwerer und fällt nach unten. So entsteht ein Kreislauf, bis der ganze Raum annähernd die gleiche Temperatur aufweist.

Wärmestrahlung

Wärmeenergie in Form von Wärmestrahlung kann sowohl durch luftgefüllte, als auch durch luftleere Räume übertragen werden. Wärmestrahlen haben verschiedene Wellenlängen und sind nicht an Materie gebunden. Sie können daher ohne Verlust luftleere Räume durchdringen (Weltall). Auf einen Körper auftreffende Wärmestrahlen werden teils absorbiert und teils reflektiert. Den Absorptionseffekt macht man sich bei Sonnenkollektoren zunutze, indem man die Kollektoroberfläche schwarz gestaltet.

Reflexion ist dann gefragt, wenn Strahlungswärme im Raum gehalten werden soll, so z.B. bei:

beschichtetem Wärmedämmglas:

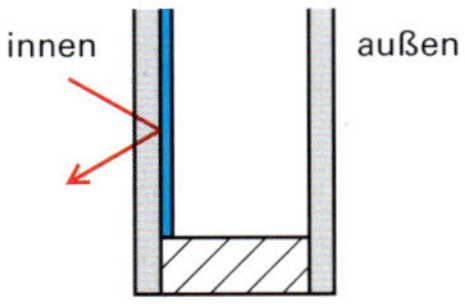

Beschichtung innen:
Wärme soll im Raum gehalten werden

Bild 6

beschichtetem Sonnenschutzglas:

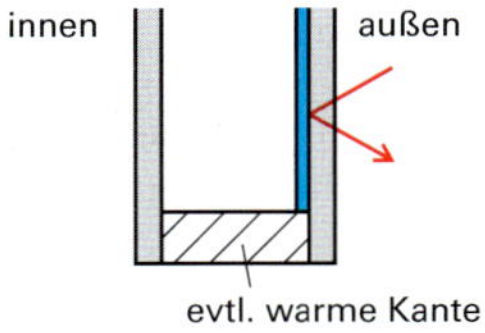

Beschichtung außen:
Wärme soll vom Raum abgehalten werden

Bild 7

Aluminiumfolien:
hinter Heizkörpern

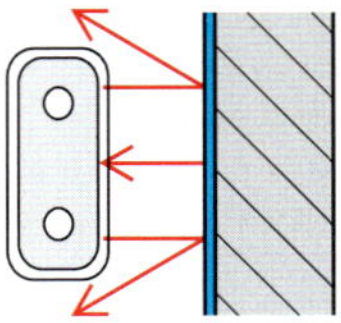

Bild 8

Wärme soll in den Raum zurückgeworfen werden

Fußbodenheizung:

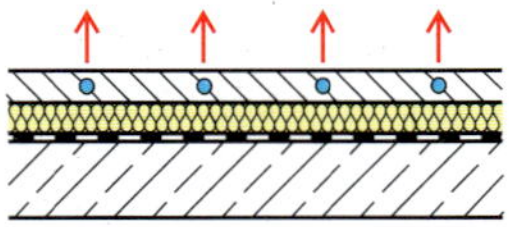

Heizfläche gibt Wärmestrahlung in den Raum

Bild 9

1.2 Physikalische Grundlagen

1.2.1 Grundbegriffe im Wärmeschutz

1. Wärmemenge *Q*: Einheit Ws

Unter der Wärmemenge Q (Ws) versteht man jene Energiemenge, die durch den Wärmestrom $\dot{Q}$ (W) in 1 Sekunde (1 s) von einem Körper abgegeben oder aufgenommen wird.

Wärmemenge: 1 J = 1 Ws = 1 Nm
Wärmestrom: 1 J/s = 1 W = 1 Nm/s

2. Wärmeleitfähigkeit λ

λ = kleines griechisches l; gesprochen Lambda

Der Rechenwert der Wärmeleitfähigkeit gibt die Wärmemenge in Ws an, die im Beharrungszustand (= bei Dauerbeheizung) in 1 Sekunde durch 1 m² einer 1 m dicken Schicht eines Stoffes hindurchgeht, wenn die Temperaturdifferenz beider Bauteiloberflächen 1 Kelvin (1 K ≙ 1 °C) beträgt.

Einheit: $W \cdot s \cdot m/s \cdot m^2 \cdot K = W/(mK)$

Je größer λ, desto größer ist die Wärmeleitung.
Je kleiner λ, desto besser ist die Wärmedämmung.

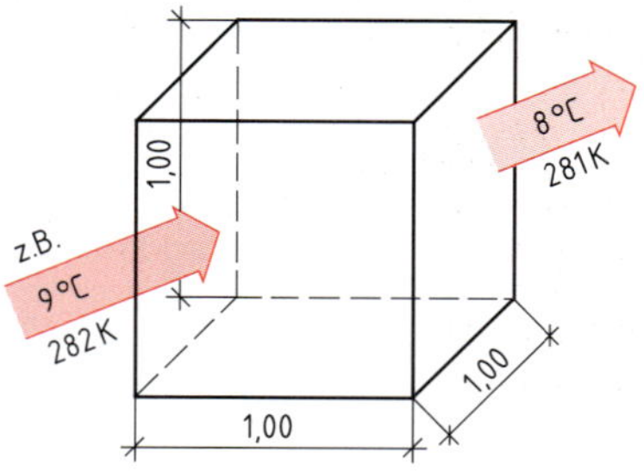

Bild 1

Die Wärmeleitfähigkeit ist abhängig von

- **Der Rohdichte des Stoffes**
  Luft hat sehr gute Dämmeigenschaften (λ = 0,025 W/mK). Stoffe mit geringer Rohdichte besitzen in der Regel viele Luftporen, die ihre Wärmedämmeigenschaften verbessern.
- **Art, Größe und Verteilung der Poren**
  Art: Runde, kugelförmige Poren sind besser als längliche.
  Größe: Viele kleine Poren sind besser als wenig große.
  Verteilung: Gleichmäßige Verteilung ist besser als Porenhäufung.
- **Temperatur des Stoffes**
  Die Moleküle warmer Stoffe sind beweglicher als die Moleküle kalter Stoffe. Dies hat zur Folge: Je geringer die Stofftemperatur ist, desto geringer ist die Wärmeleitfähigkeit. Um vergleichbare Werte zu erhalten, schreibt die DIN 4108 vor, dass die Festlegung des Wärmeleitfähigkeitwertes bei +10 °C zu erfolgen hat.

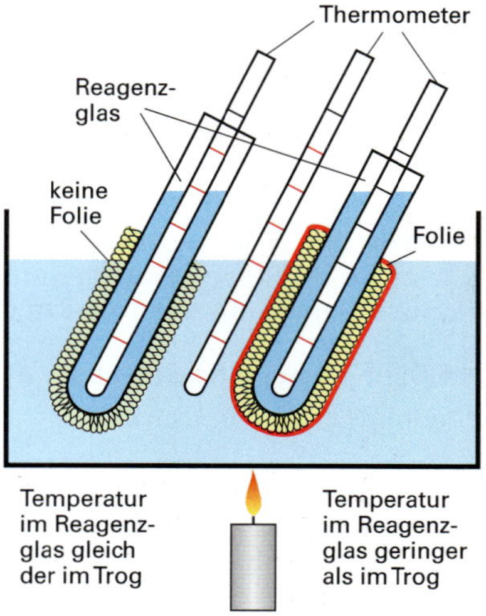

Bild 2

- **Feuchtegehalt des Stoffes**
  Er ist abhängig von der:
  - Struktur des Stoffes (Poren, Aufbau)
  - Lage der Konstruktion (Luftzufuhr)
  - klimatischen Beanspruchung (innen – außen)

Werden Luftporen (λ = 0,025 W/mK) mit Wasser (λ = 0,64 W/mK) gefüllt, verschlechtert sich die Wärmeleitfähigkeit, d. h., der λ-Wert wird größer. Siehe: Nasse Kleider werden nicht mehr so warm.
Fazit: **Durchfeuchtung verschlechtert die Wärmedämmwirkung.**

3. Verschlechterung des λ-Wertes aufgrund von Feuchteaufnahme des Dämmstoffes

$$\Delta\lambda = \text{Porosität in \%} \cdot \text{Feuchtegehalt in \%} \cdot (\lambda_{Wasser} - \lambda_{Luft})$$

Beispiel 1:

MW	λ = 0,04 W/mK
Porosität	p = 90 %
Feuchtegehalt	φ = 40 %

$\Delta\lambda = 0{,}90 \cdot 0{,}40 \cdot (0{,}64 - 0{,}025)$
$\Delta\lambda$ = 0,22 W/mK

λ_{feucht} = 0,04 + 0,22
λ_{feucht} = 0,26 W/mK
→ Verschlechterung um 550 %

Beispiel 2:

λ = 0,035 W/mK
p = 90 %
φ = 15 %
Ergebnis: λ_{feucht} = 0,118 W/mK

4. Wärmedurchlasswiderstand *R*

Einheit: R [m²K/W]

Für die Beurteilung eines Bauteils in energetischer Hinsicht ist nicht maßgebend, wie viel Wärmeenergie es hindurchlässt, sondern wie groß sein Widerstand ist, Wärme hindurchzulassen.

Je größer der Wärmedurchlasswiderstand eines Bauteils ist, desto besser ist seine Dämmwirkung.

Besteht eine Konstruktion aus mehreren Schichten, so können die Wärmedurchlasswiderstände der einzelnen Schichten addiert werden.

5. Wärmeübergangskoeffizient *h*

Der Wärmeübergangskoeffizient h drückt die Wärmemenge (in Ws) aus, die pro Sekunde (s) zwischen 1 m² der Oberfläche eines festen Stoffes und der ihn berührenden Luft ausgetauscht wird, wenn der Temperaturunterschied zwischen Luft und Stoffoberfläche 1 K beträgt.

Während in einem Bauteil selbst die Wärme durch Wärmeleitung übertragen wird, erfolgt die Wärmeübertragung an den Bauteiloberflächen durch Strahlung h_S und Konvektion h_K (Wärmemitführung).

Hinweis: Im Winter ist eine Außenwand innen kühler als die Raumluft, während die Wandoberfläche außen wärmer ist als die Außenluft.

6. Wärmeübergangswiderstand $R_S \triangleq \frac{1}{h}$

Einheit: 1/W/m²K = m²K/W

7. Wärmedurchgangskoeffizient *U* (*U*-Wert)

Mit Wärmedurchgang wird der gesamte Wärmeenergietransport von einem Luftraum durch ein Bauteil hindurch und wieder zum angrenzenden Luftraum verstanden. Im Wärmedurchgangskoeffizient U sind neben dem Wärmedurchlasswiderstand R noch die Wärmeübergangswiderstände $1/h_i$ und $1/h_e$ enthalten. Der Wärmedurchgangskoeffizient U (U-Wert) stellt die wichtigste bauphysikalische Größe im Wärmeschutz dar.

Unter dem Wärmedurchgangskoeffizient U versteht man die Wärmeenergiemenge, die pro Sekunde (s) durch 1 m² einer Stoffschicht mit der Dicke d (in m) im Dauerzustand der Beheizung hindurchgeht, wenn der Temperaturunterschied von Raumluft zur Außenluft 1 Kelvin (K) beträgt.

Der U-Wert ist unter stationären, d.h. Laborbedingungen definiert und nicht unter instationären Bedingungen.

Bei Fenstern und Verglasungen wird stets der U-Wert angegeben.

$$R = \frac{\text{Schichtdicke der einzelnen Schichten}}{\text{jeweiliger Wärmeleitfähigkeitswert}}$$

$$R = \frac{d_1}{\lambda_1} + \frac{d_2}{\lambda_2} + \frac{d_3}{\lambda_3} \cdots + \frac{d_n}{\lambda_n}$$

Schichtdicke d in m

Bei Wänden gilt etwa:

Innenseite: $h_i \approx h_K + h_S$
$\approx 4 + 4$
$h_i = 8$ W/(m²K)

Außenseite: $h_e \approx h_K + h_S$
$= 13 + 10$
$h_e = 23$ W/(m²K)

Einheit: W · s/s · m² · K = W/(m²K)
h = heat engl. Wärme

Der Wärmeübergangskoeffizient ist abhängig von:

- der Lufttemperatur
- der Luftbewegung
- der Oberflächenbeschaffenheit der Wände (glatt – rau)
- der Lage der Bauteile (waagrecht – senkrecht)
- der Richtung des Wärmestroms
- der konstruktiven Ausgestaltung des Bauteils (einschalig – zweischalig)

$$U = \frac{1}{\frac{1}{h_i} + R + \frac{1}{h_e}}$$

$$U = \frac{1}{R_{si} + R + R_{se}}$$

U = Unit of heat-transfer U in W/m² · K
R = resistance = Widerstand

Indice: i = interior, intern (innen)
e = exterior, extern (außen)
s = surface (Oberfläche)

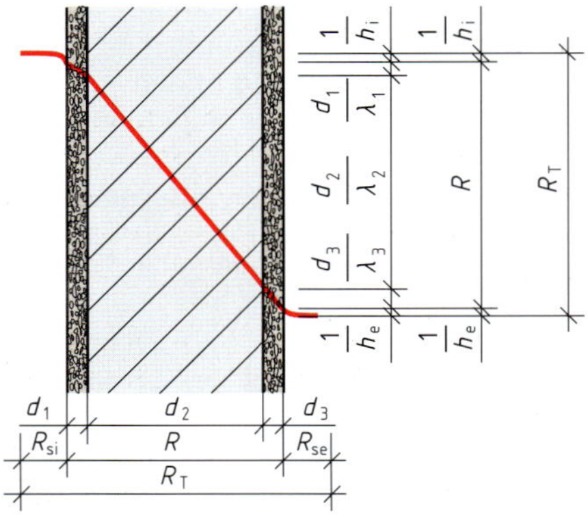

Bild 1: Temperaturverlauf

8. Wärmedurchgangswiderstand R_T

Mit dieser Formel wird in der Regel der *U*-Wert berechnet ($R_T \rightarrow$ 1/x-Taste $\rightarrow$ *U*-Wert). Für die Ermittlung des Temperaturverlaufes in einem Bauteil benützt man ebenfalls diese Formel.

$$R_T = \frac{1}{h_i} + R + \frac{1}{h_e}$$

$$R_T = R_{si} + R + R_{se}$$

$$R_T = \frac{1}{h_i} + \underbrace{\frac{d_1}{\lambda_1} + \frac{d_2}{\lambda_2} + \frac{d_3}{\lambda_3} + \dots \frac{d_n}{\lambda_n}}_{\text{Dämmwert der Konstruktion}} + \frac{1}{h_e}$$

Einheit: m^2K/W

9. Spezifische Wärmekapazität *c*

Man versteht darunter die Wärmemenge, die erforderlich ist, um die Temperatur der Masse von 1 kg eines Stoffes um 1 Kelvin (1 K) zu erhöhen.

Einheit: W · s/kg · K = J/kgK

10. Wärmeeindringkoeffizient *b*

Der Wärmeeindringkoeffizient gibt Auskunft darüber, welche Wärmemenge (Ws) pro m^2 und K und $s^{0,5}$ in einen Stoff eindringen kann.

Einheit: $\frac{W \cdot s^{0,5}}{m^2 \cdot K}$

$$b = \sqrt{\lambda_R \cdot \varrho \cdot c}$$

λ in W/mK
ϱ in kg/m^3
c in J/kgK

Großer Wärmeeindringkoeffizient:

Viel Wärme dringt in einer Zeiteinheit in den Stoff ein und nur wenig steht zur Erwärmung der Raumluft zur Verfügung.

Folge: Der Raum erwärmt sich nur langsam.

Kleiner Wärmeeindringkoeffizient:

Wenig Wärme dringt in einer bestimmten Zeiteinheit in den Stoff ein; dafür steht mehr Wärmeenergie zur Erwärmung der Raumluft zur Verfügung. Für die Fußwärme bei Böden, bzw. das Aufheizen von Wänden, ist der Wärmeeindringkoeffizient von entscheidender Bedeutung.

Beton fühlt sich bei gleicher Raumtemperatur kühler an als Holz, weil Beton dem Körper mehr Wärme entzieht als Holz. Bei Böden ist dieser Effekt wegen des Körperkontaktes besonders spürbar.

Tabelle 1: Rechenwerte der spezifischen Wärmekapazität *c* und des Wärmeeindringkoeffizienten *b*

	c in J/kgK	*b* in $\frac{W \cdot s^{0,5}}{m^2 K}$
Aluminium	800	20 785
Stahl	400	13 735
Beton	1000	2245
Leichtbeton	1000	930
Zementestrich	1000	1670
Kalkputz	1000	1250
Kalksandstein	1000	990
Mauerziegel	1000	900
Leichthochlochziegel	1000	510
Hohlblocksteine	1000	380
Porenbeton	1000	340
Kork	1700	160
Schaumkunststoffe	1500	35
Mineralfasern	1000	30
Holz	2100	400
Holzwerkstoffe	2100	400
Luft	1000	14
Wasser	4200	1630

Z. B.: Beton

$$b = \sqrt{2{,}1 \cdot 2400 \cdot 1000}$$

$$b = 2245 \frac{W \cdot s^{0,5}}{m^2 K}$$

Z. B.: Holz

$$b = \sqrt{0{,}13 \cdot 600 \cdot 2100}$$

$$b = 405 \frac{W \cdot s^{0,5}}{m^2 K}$$

11. Wärmespeicherfähigkeit *Q*

Wärmespeicherfähigkeit spielt sowohl für den sommerlichen, als auch für den winterlichen Wärmeschutz eine große Rolle.

Sommer: Die raumumschließenden Bauteile nehmen tagsüber einen Teil der Wärmeenergie auf und geben sie in den Abend- und Nachtstunden an die sich abkühlende Raumluft ab. Dadurch wird das sogenannte Barackenklima vermieden.

Die Wärmespeicherfähigkeit ist umso größer:

- je größer die flächenbezogene Masse (kg/m^2) eines Bauteils ist,
- je größer seine spezifische Wärmekapazität *c* ist,
- je größer der Wärmeeindringkoeffizient *b* ist,
- je größer die Temperaturdifferenz ist.

Winter: Die raumumschließenden Bauteile nehmen während der Heizzeit Wärme auf und können diese bei Wegfall der Heizung an die Raumluft abgeben. Weiter wird durch die Wärmespeicherung erreicht, dass es in Wandnähe keine Zugerscheinungen gibt und die Wand Wärme abstrahlen kann. Dadurch wird das Wohlbefinden in Wandnähe gesteigert.

Grundsatzforderung:

Außenbauteile $\Rightarrow$ hohe Wärmedämmung

Innenbauteile $\Rightarrow$ große Wärmespeicherfähigkeit
$\Rightarrow$ große Luftschalldämmung

Die speicherbare Wärmeenergiemenge errechnet sich zu:

$$Q = m' \cdot c \cdot \Delta\vartheta$$

$$m' = d \cdot \varrho$$

Einheit: J/m²

m' in kg/m²
c in J/kgK
$\Delta\vartheta$ in °C oder K
ϱ in kg/m³
d in m

Nach DIN 4108 dürfen für die Wärmespeicherfähigkeit max. 10 cm Bauteildicke eingerechnet werden.
Die 10 cm-Regel berücksichtigt die Tatsache, dass auch bei Außendämmung nicht die in der ganzen Wanddicke gespeicherte Wärme während eines Tages-/Nachtzyklus aus der Wand in den Raum entweichen kann, sondern nur die Wärmeenergiemenge, die sich in den ersten 10 cm von der warmen Raumseite eingelagert hat.

Beispiel:

Eine 24 cm dicke Wand aus Leichthochlochziegel mit ϱ = 1 200 kg/m³ hat eine mittlere Temperatur von 14 °C. Die Wandoberflächentemperatur beträgt 17 °C.

$Q = m' \cdot c \cdot \Delta\vartheta$

$Q = 1\,200\ \text{kg/m}^3 \cdot 0{,}10\ \text{m} \cdot 1\,000\ \text{J/kgK} \cdot 3\ \text{K}$

$Q = 360\,000\ \text{J/m}^2$

$Q = 0{,}10\ \text{kWh/m}^2$

1.2.2 Behaglichkeitsgefühl in einem Raum

Es ist abhängig von:

Wandoberflächentemperatur

Ob man sich in einem Raum behaglich fühlt, hängt neben den bereits auf S. 9 erwähnten Faktoren auch von der Wärmestrahlung der Bauteiloberflächen des Raumes ab. Behaglich fühlen wir uns bezüglich der Temperatur dann, wenn die raumseitige Oberflächentemperatur einer Wand im Winter maximal 3 °C **unter** und im Sommer maximal 3 °C **über** der Raumlufttemperatur liegt. Die Wandoberflächentemperatur ist von deren Dämmwert (R) abhängig.

Fußbodentemperatur

Für den Fußboden gelten, bedingt durch den Körperkontakt über die Füße, andere Werte. Um dem Körper nicht zu viel Wärme zu entziehen, sollte die Oberflächentemperatur des Fußbodens 15 °C bis 20 °C nicht unterschreiten. Hierbei spielt die Aufenthaltsdauer eine wesentliche Rolle. Nach dem Diagramm empfindet man eine Fußbodentemperatur von 15 °C bis etwa 3 Stunden Aufenthaltsdauer noch behaglich, danach als kühl und nach ca. 3,8 Stunden als kalt.

Wärmespeicherfähigkeit der Wände

Die Wärmespeicherfähigkeit spielt sowohl im winterlichen als auch im sommerlichen Wärmeschutz eine große Rolle. Die Speicherfähigkeit schwerer Bauteile (große Dichte) ist besser als die leichter Konstruktionen. Dadurch kühlen solche Räume bei Absenkung oder Wegfall der Heizung nicht so schnell aus und im Sommer kann die überschüssige Energie tagsüber gespeichert werden, um sie in den kühleren Nachtstunden wieder an die Raumluft abzugeben.

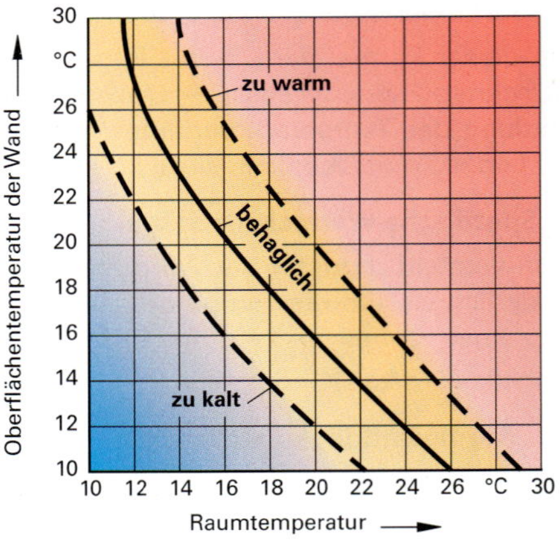

Bild 1: Raumbehaglichkeitskurve

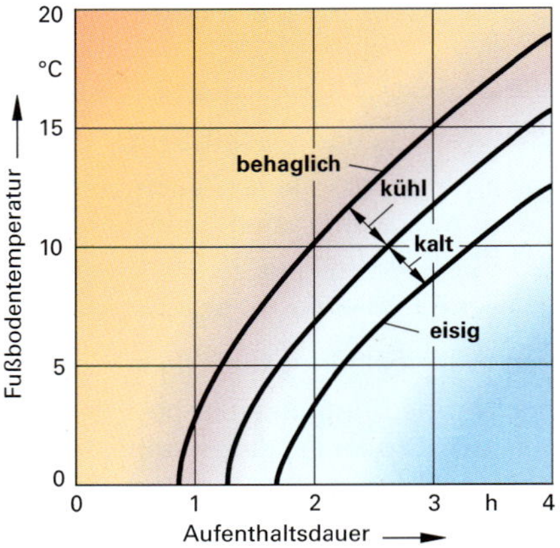

Bild 2: Fußbodenbehaglichkeitskurve

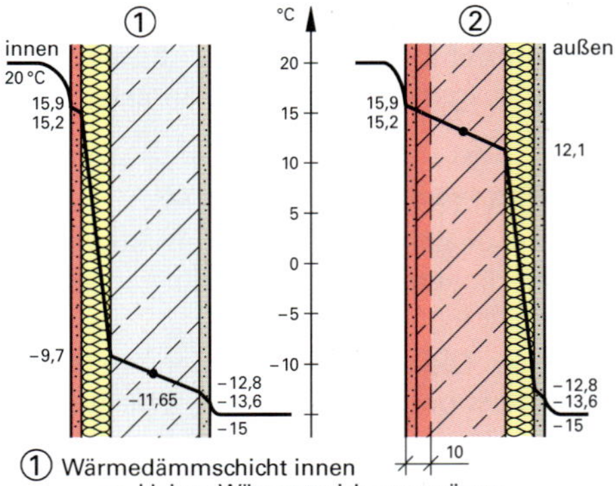

① Wärmedämmschicht innen → kleines Wärmespeichervermögen

② Wärmedämmschicht außen → großes Wärmespeichervermögen

Wärmespeicherwirksam sind nach DIN EN 13 786 nur die vor der Dämmung zur Raumseite liegenden Schichten
Für die Wärmespeicherfähigkeit dürfen nur Baustoffe mit einem λ-Wert ≥ 0,1 W/m · K eingerechnet werden

Bild 3: Wärmespeicherfähigkeit

Relative Luftfeuchte

Die Abbildung zeigt, dass wir uns unwohl fühlen, wenn die Raumlufttemperatur unter ca. 17 °C fällt, bzw. wenn sie über etwa 26 °C steigt, unabhängig von der relativen Luftfeuchte. Weiter ist zu ersehen, dass wir mit steigenden Raumlufttemperaturen immer geringere Werte der relativen Luftfeuchte als behaglich akzeptieren.

Luftbewegung

Luftbewegung kann durch undichte Stellen in der Gebäudehülle (Dachfläche, Fensterfugen, Rolladenkästen) entstehen, jedoch auch durch Konvektion im Innern eines Gebäudes. Weisen innere Wandoberflächen nur geringe Temperaturen auf, so kommt es durch den großen Temperaturunterschied zwischen Raumluft und der Wandoberfläche zur Konvektion in Wandnähe, die als Zugerscheinung empfunden wird.

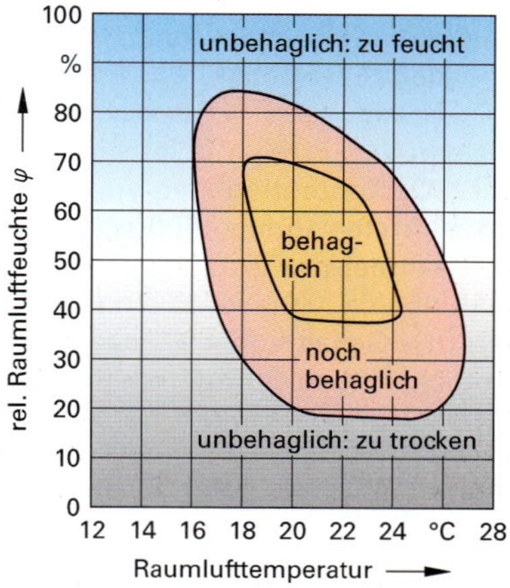

Bild 1: Relative Luftfeuchte und Behaglichkeit

Temperatur-Amplituden-Verhältnis TAV

Der Temperaturverlauf der Außenluft ist während einer Tages- und Nachtphase nicht konstant. Diese Außentemperaturschwankung hat Auswirkungen auf den Temperaturverlauf im Bauteil selbst und im Innern des Gebäudes während einer Tag-Nacht-Phase. Das TAV eines Bauteils ist dann als gut zu bezeichnen, wenn die Raumtemperaturschwankung geringer ist als die der Außenluft und wenn die Wärmeenergiewelle zeitverschoben innen ankommt. Das ist dann möglich, wenn die raumumschließenden Bauteile über ein gutes Wärmespeichervermögen verfügen. Die Abbildung zeigt, dass die Höchstwerte (Amplitude) der Außenlufttemperatur im Rauminnern nicht erreicht werden und die Energiewelle mit einer Zeitverschiebung φ im Rauminnern ankommt.

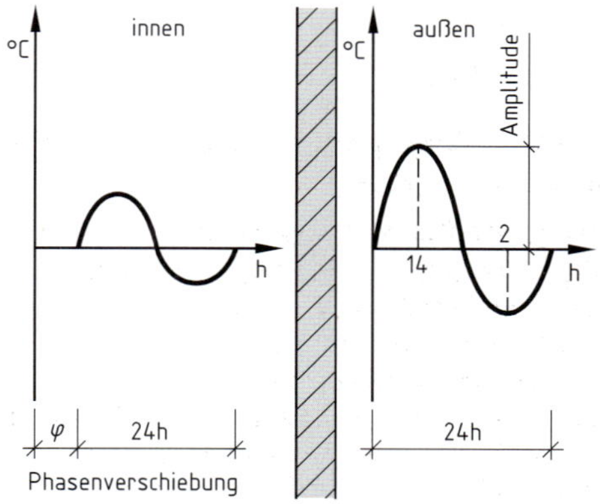

Bild 2: Temperatur-Amplituden-Verhältnis

Dem TAV kommt besonders während der Sommermonate eine Bedeutung zu.

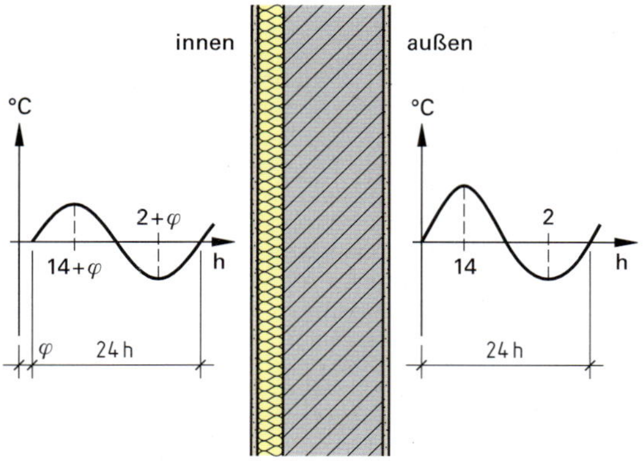

Bild 3: Innendämmung

- Der Putz stellt die einzige Wärmespeichermasse dar.

⇒ relativ hohe Raumtemperatur ⇒ geringe Amplitudendämpfung

⇒ geringe Phasenverschiebung, z.B. 3 h, d.h., die maximale Raumtemperatur wird nur mit einer geringen Zeitverschiebung von 3 Stunden zur Außentemperatur erreicht.

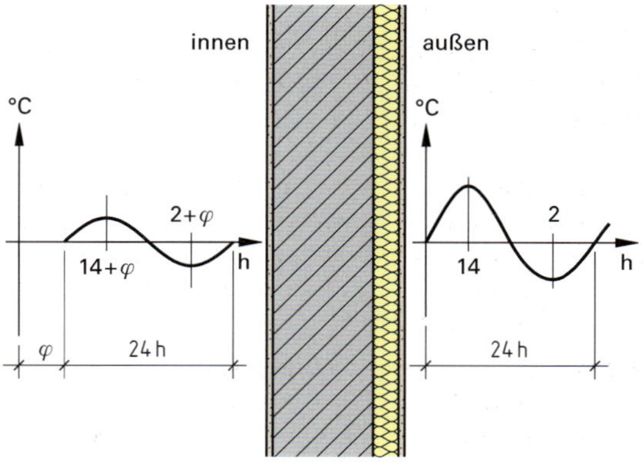

Bild 4: Außendämmung

- Putz und Mauerwerk dienen als Wärmespeicher

⇒ die Raumtemperatur ist wesentlich niedriger als die Außentemperatur ⇒ große Amplitudendämpfung

⇒ große Phasenverschiebung, z.B. 8 h, d.h., die maximale Raumtemperatur verschiebt sich um 8 h gegenüber der Außenlufttemperatur

Luftqualität

Für die Luftqualität in einem Raum ist vor allem der Kohlendioxidgehalt (CO_2-Gehalt) der Raumluft maßgebend. Hohe CO_2-Belastungen verursachen Kopfschmerzen, Schwindelgefühle, Erregung, Anstieg des Blutdruckes. Sehr hohe CO_2-Konzentrationen von ca. 10 %, wie sie in Gärkellern auftreten können, führen zum Erstickungstod. Der Mensch atmet pro Stunde ca. 500 l Luft mit einem CO_2-Gehalt von ca. 0,03 Vol-% ein (Inspirationsluft) und mit einem CO_2-Gehalt von 4 % aus (Expirationsluft). Dabei verbraucht er pro Stunde etwa 33 l O_2 und erzeugt ca. 25 l CO_2.

Der CO_2-Gehalt sollte in hygienisch einwandfreien Wohn- und Arbeitsräumen 0,1 Vol-% nicht überschreiten. Um diesen Wert in einem Raum halten zu können, sind pro Person und Stunde ca. 30 m³ Außenluft erforderlich, deren CO_2-Anteil ca. 0,03 Vol-% beträgt.

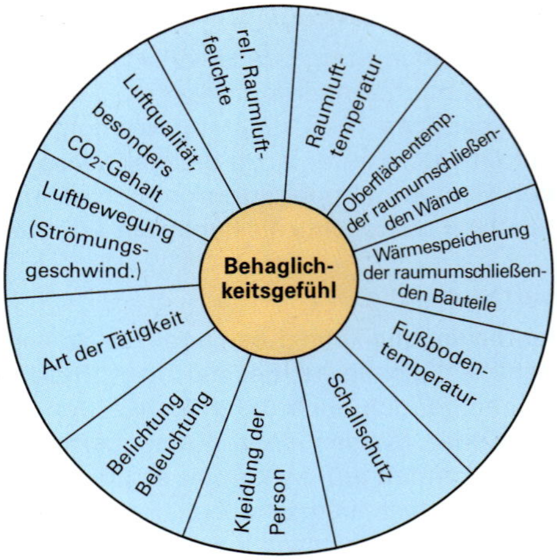

Bild 1: Abhängigkeit der Behaglichkeit

1.2.3 Einflussmöglichkeiten zur Energie-Einsparung

- Baugrundstück:
  - Verschattung durch Bäume oder angrenzende Bebauung
  - Windhäufigkeit, Windstärken
  - Nebelhäufigkeit
- Gebäudeorientierung:
  - Ausrichtung der Hauptdachfläche nach Süden
  - Wintergärten
  - Solargewinne durch thermische Solaranlagen, Photovoltaikanlagen, transparente Wärmedämmung
- Kompaktheit:
  - A/V_e-Verhältnis möglichst gering
- Hausform:
  - stark gegliederte Fassade oder gerade verlaufende Außenwände (Vor- und Rücksprünge der Wände)
  - Erker
  - Reihenmittelhaus, Reihenendhaus, Einzelhaus
- Grundrissgestaltung:
  - thermische Zonierung
  - beheizte Räume neben beheizten
  - unbeheizte Räume neben unbeheizten
  - unbeheizte Räume im Norden
  - übermäßig hohe Räume mit Fußbodenheizung
- Wärmedämmung:
  - Einfluss auf den Transmissionswärmeverlust
  - Vermeidung von Feuchteschäden
  - Außendämmung vor Innendämmung
- Heizanlage:
  - Standardkessel – Niedertemperaturkessel – Brennwertkessel
  - Einsatz von regenerativen Energien wie: Sonnenenergie, Biomasse, Wasserkraft, Windenergie, Umgebungswärme, Geothermie, Gezeitenenergie
- Solaranlagen:
  - aktive Solaranlagen: Flach- und Röhrenkollektoren
  - passive Solaranlagen: Wintergärten, transparente Wärmedämmung,
  - Fenster
- Anlagenaufwandszahl:
  - ≙ Kehrwert des Nutzungsgrades einer Anlage
- Anlagetechnik:
  - Lüftungstechnik
  - Klimatechnik
  - Armaturen (Wasser sparend)
- Wärmebrücken:
  - Heizkörpernischen, Rollladenkästen, Balkone, Loggien, Anschlüsse
- Luftdichtheit:
  - Durchdringungen, Anschlüsse, Fugen
- Thermostate:
  - Feinregulierbarkeit
- Ventile:
  - Sparsamkeit im Wasserverbrauch
- Haushaltsgeräte:
  - Einsatz Energie sparender Haushaltsgeräte (Kühlschränke, Gefrierschränke)
- Beleuchtung:
  - Energiespar-Leuchtmittel

1.3 Dämmstoffe: Herstellung – Eigenschaften – Verwendung

Kunststoffe

Rohstoffe: **Erdöl, Erdgas, Kohle** + **Kalk** + **Wasser**

Prinzip aller Herstellungsverfahren:
Verknüpfung von kleinen Molekülen (Mikromolekülen) zu Großmolekülen (Makromolekülen)

Polymerisation

poly = viel; meros = Teil

Merkmal:
Moleküle gleicher Art

Stufen:

1. Einzelmoleküle

Doppelbindungen

2. Aufsprengung der Doppelbindung durch Druck, Hitze, Chemikalien.

3. Zusammenfügen der kleinen Moleküle zu unvernetzten Fadenmolekülen (Makromolekülen)
   Unvernetzt = wie wenn Wollfäden lose aufeinander gelegt werden und durch Adhäsion aneinander haften

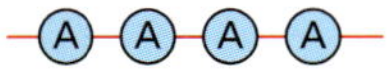

Beispiel:
Ethylen → Polyethylen

```
H–H     H–H–H–H–H
|  |    |  |  |  |  |
C–C     C–C–C–C–C
|  |    |  |  |  |  |
H–H     C–C–C–C–C
```

Polykondensation

Kondensation: Bildung von Wasser

Merkmal:
Moleküle verschiedener Art

Stufen:

1. Molekül A mit Sauerstoff — Molekül B mit Wasserstoff

2. Verbindung der Moleküle A und B unter Abspaltung der O-Atome und H-Atome zu Wasser.

3. Entstehung eines räumlich vernetzten Makromoleküls.
   Je enger die Vernetzung ist, desto härter ist der Kunststoff.
   Vernetzt = wie beim Weben, wo ein Faden orthogonal (rechtwinklig) unter und über den andern Faden geführt wird.

   Durch das Ausscheiden von Wasser werden diese Kunststoffe hart (durus = hart, spröde)

Polyaddition

Addition = Zusammenfassen vieler Teile

Merkmal:
Moleküle verschiedener Art

Stufen:

1. Molekül A mit Atom C — Molekül B

2. Wanderung des C-Atoms von Molekül A zu Molekül B

3. Zusammenschluss von Molekül A und Molekül B durch freien Bindearm.

Entstehung von weitmaschigen Faden- oder Raumnetzmolekülen.

Durch Polymerisation entstehen: **Polymerisate**

Durch Polykondensation entstehen: **Polykondensate**

Durch Polyaddition entstehen: **Polyaddukte**

Bezeichnung nach der Eigenschaft

Thermomere	**Duromere**	**Elastomere**

Kunststoffe nach ihren Gebrauchseigenschaften

Thermomere	Duromere	Elastomere
Bestehen aus langen, ineinander verfilzten Makromolekülen. Der Zusammenhalt besteht durch Kohäsions- und Adhäsionskräfte	Bestehen aus räumlich eng vernetzten Makromolekülen (Fadenmolekülen). Der Zusammenhalt besteht durch chemische Querverbindungen	Bestehen aus räumlich lose vernetzten Makromolekülen (Fadenmolekülen). Der Zusammenhalt besteht durch Schwefelbrücken (chem. Querverbindungen)
Eigenschaften	**Eigenschaften**	**Eigenschaften**
• lassen sich wiederholt durch Erwärmen verformen • härten nicht aus • sind schweißbar • sind elastisch • bei normaler Temperatur zäh, fest	• nach der Herstellung nicht mehr warm verformbar • hart • spröde • wasserunlöslich • nicht schweißbar • unlöslich	• gummi-elastisch • nicht plastisch verformbar • unlöslich • nicht schweißbar
Verwendung	**Verwendung**	**Verwendung**
Dämmstoffe Folien, Profile Abwasserrohre Autoreifen Textilien, Kunstleder Dispersionsleim	Phenolharz-Dämmstoff PF Formpressstoffe Schichtpressstoffe Gießharze glasfaserverstärkte Harze Kondensationsleim (Kaurit)	Schaumstoffe (PUR) u. a. Dehnfugen Dichtfugen
Produkte	**Produkte**	**Produkte**
Polystyrol EPS, PS Polypropylen PP Polybutadien PB Polyvinylchlorid PVC	Polyamid PA Polyester PRS, PRT Epoxidharz GKF Melaminharz Resopal, Bakelit	Polyurethan PUR Polyisocyanurat PIR Silikonkautschuk Polychloropren Neopren Moltopren

Kunststoffe

Vorteile	Bedeutung für die Praxis
geringe Rohdichte	Dämmstoffe
glatte, dichte Oberfläche	Bodenbeläge
korrosionsbeständig	Autoteile
variable Formgebung	Verpackung, Spielwaren
chemikalienbeständig	Abwasserrohre
günstige Wartung	kein Streichen
mehrere Zustandsformen	hart–weich–flüssig
hohe Festigkeit	Zahnräder
abriebfest	Autoreifen
elektrische Nichtleiter	Isolierungen (Strom)
preiswert	Vorzug zu Naturstoff

Nachteile	Bedeutung für die Praxis
relativ geringe thermische Belastung	hitzeempfindlich, schmilzt, tropft
kritisches Brandverhalten	entwickelt im Brandfall toxische Gase
niedriger E-Modul	nicht für konstruktive Zwecke
elektrostatische Aufladung	Staubanziehung
z.T. spröde Duromere	geringe Biegsamkeit
hohe Wärmedehnung	Dehnfugen erforderlich
ungewisses Alterungsverhalten	kein Einbau an unzugänglichen Stellen

Dämmstoffe

mineralische Stoffe	künstlich hergestellte Stoffe	nachwachsende Rohstoffe
Steinwolle Glaswolle Schaumglas Perlite	Polystyrol; expandiert EPS extrudiert XPS Polyurethan PUR Polyisocyanurat PIR Phenolharz-Hartschaum PF	Holzweichfasern Cellulose Baumwolle Schafwolle Hanf

Kriterien für die Auswahl von Dämmstoffen

Stoffspezifisch

- Außen – Innenbereich
- Dämmwirkung (WLG, λ-Wert)
- Rohdichte
- μ-Wert (Wasserdampfdiffusionswiderstand
- s_d-Wert (wasserdampfäquivalente Luftschichtdicke)
- Konstruktive Erfordernisse (Tragfestigkeit)
- s'-Wert (dynamische Steifigkeit) Schallschutz
- Brennbarkeit (Baustoffklasse nach DIN 4102 bzw. DIN EN 13 501,) Entflammbarkeit
- mechanische Beanspruchbarkeit
- chemische Verträglichkeit
- gesundheitliche Unbedenklichkeit
- Entsorgungs-, bzw. Abfallpotenzial
- physikalische Erscheinungsform (Platten, Matten, Bahnen, Schüttungen)
- Anwendungstechnische und bauphysikalische Randbedingungen (Feuchteschutz, Schallschutz, Winddichtigkeit, Brandschutz)
- Herkunft des Ausgangsmaterials: Erdöl, Kohle
- Primärenergiebedarf
- Preis
- Demontagekosten und Recyclingfähigkeit

Einsatzbedingungen

- klimatisch (Fassade, Wohnräume, Stallungen)
- brandschutztechnisch wirksam
- schalltechnisch wirksam
- biologische Dauerhaftigkeit (Insekten, Fäulnis),
- mechanische Beständigkeit (Setzungen, Wandern bei Schüttungen, Stoßfestigkeit)

Rand- und Rahmenbedingungen

- Grenzabstände/Grenzsituationen
- Gebäudehöhe/Einbauhöhe
- Abgrenzungssituationen (Wohnungen, Treppenhäuser, Brandabschnitte)

Dämmstoffprodukte

1. Mineralwolle MW
(mineral wool) DIN EN 13 162

Mineralwolle

Steinwolle	Glaswolle
Aus Stein hergestellt: Basalt, Syenit Zur Feuchte- und Formstabilisierung Beimischung von Kunstharzbinder, sowie Hydrophobisierungsmittel. Im Brandschutz A1-Produkt	Aus Altglas hergestellt Einsatz wie Steinwolle: Dämmung jeglicher Art, Dach, WDV-System, liegende – stehende Fasern (Lamellen) λ, s', mechanische Belastbarkeit schwimmende Estriche Im Brandschutz A2-Produkt

2. Polystyrol PS (Polystyrene)

Erdölprodukt,
Durch Weiterverarbeitung entstehen:
Expandierte Partikel
EPS (expanded polystyrene) DIN EN 13 163
XPS (extruded polystyrene foam) DIN EN 13 164
Extruderschaum

EPS: Aufschäumen von Polystyrolgranulat mit Pentan bei 100 °C
Schrumpfwirkung, klaffende Fugen, Ablagerung
Verw.: Estrich, Dach, Fassaden, WDVS

XPS: Ausgangsprodukt geschmolzenes Polystyrol mit CO_2 aufgeschäumt (früher mit Fluor-Chlor-Kohlenwasserstoffen FCKW) und gepresst, (extrudiert)
Oberfläche mit glatter Haut, keine Wasseraufnahme, druckstabil
Verwendung: bei Feuchte belasteten Bauteilen wie Kellerwand, Umkehrdach
EPS sowie XPS sehr Energie aufwändige Herstellung 600 bis 800 kWh/m³

3. Polyurethan-Hartschaum PUR
polyurethane (hard)-foam 13 165

Durch Polyaddition (Schäume) bzw. Polykondensation (Platten) unter Zusatz eines Treibmittels (CO_2) hergestellt.
In reinem Zustand leicht entflammbar, durch Zusätze B1 bzw. B2
Verwendung: Flach- und Steildächer, Decken, WDVS

PIR (Polyisocyanurat)
stark vernetzt, dadurch hohe Stabilität, erhöhte Temperaturbeständigkeit, verbesserter Brandschutz.

4. Phenolharzschaum PF
(phenolic foam) DIN EN 13 166

Verwendung: WDVS, KG-Decken, Rollladenkasten, Umkehrdach
relativ alterungsbeständig, tropft im Brandfall nicht

5. Schaumglas CG
(cellular glass) DIN EN 13167

Herstellung aus silikatischem Glas (Altglas), mit Treibmittel aufgeschäumt.
Sehr hoher Primärenergieaufwand i.M. 750 kWh/m^3
Feuchtigkeitsbeständig, wasserdicht, dampfdicht, sehr druckfest, spröde, daher in Bitumenbett
A1-Produkt, alterungsbeständig, chemikalienbeständig, schädlingssicher.
Beim Brechen oder Schneiden wird Schwefelwasserstoff freigesetzt → Geruchsbelästigung
Verwendung: Kellerwand (Perimeterdämmung) Bodenplatte (Platten oder Granulatschüttung)
Platten sollten wegen ihrer Sprödigkeit in Bitumen verlegt werden. Parkdecks, Flachdach besonders beim begrünten

6. Holzwolle WW
(wood wool) DIN EN 13 168

Platten aus Holzwolle, Holzwolle-Leichtbauplatten HWL-Platten
Diese bestehen aus langfaseriger Nadelholzwolle, die durch Magnesit oder Zement gebunden wird.
Sie werden meist zur Stabilisierung oder als Putzträger in Verbindung mit andern Dämmstoffen eingesetzt (Mehrschichtplatten mit Polystyrolkern oder Mineralwollekern).

7. Perlite EPB
(expanded perlite building) DIN EN 13 169

Durch kurzfristiges Erhitzen auf 1000 °C wird Perlite, ein vulkanisches Auswurfgestein, aufgeschäumt
sehr leichtes, körniges Dämm-Material.
Geringer Energieaufwand ca. 220 kWh/m^3
Im unimprägnierten Zustand ist Perlite feuchtigkeitsempfindlich, durch Zusatz von Silikonen wird es Wasser abweisend.
Durch Zugabe von Kunstharz-Bindemittel kann es zu Platten gepresst werden
Verwendung: Flachdach, Parkdecks, als Schüttgut für zweischalige Wände

8. Kork ICB
(expanded cork building) DIN EN 13 170

Das Korkgranulat stammt von der Rinde der Korkeiche, die alle 7 bis 10 Jahre geschält wird und vorwiegend in Portugal, Spanien, Marokko und Sardinien angebaut wird.
Primärenergiebedarf 60 bis 90 kWh/m^3
Kork kann ohne weitere Bearbeitung als Schüttdämmstoff eingesetzt werden.
Zur Erzeugung von Dämmplatten wird das Granulat mit Wasserdampf expandiert und unter Nutzung der natürlich vorhandnen Harze unter Druck zu Blöcken verbacken und anschließend zu Platten geschnitten.
Verwendung: Decken, (Zwischen-)Sparren, Dächer, jedoch i.d.R. zu Fußbodenbelag

9. Holzfaserplatten WF
(wood fibre) DIN EN 13 171

Herstellung aus Nadelholzabfall
Das holzeigene Lignin dient als Bindemittel.
Die Holzfasern müssen relativ Energie intensiv aufgeweicht und zerkleinert werden.
Primärenergiebedarf 560 kWh/m^3
Gute Feuchte-Ausgleichseigenschaft, sommerlicher Wärmeschutz spez. Wärmekapazität sehr hoch
Verwendung: Aufsparrendämmung, Untersparren-, Decken- oder Fußbodendämmung, hinterlüftete Fassaden, WDVS

10. Cellulose

Durch ein mechanisches Zerkleinerungsverfahren werden aus ausgewählten Altpapieren watteartige Celluloseflocken hergestellt.
Als Platten (Zugabe von Jutegarn zur Stabilisierung) oder als Schüttungen verwendet.
Energieaufwand ca. 50 kWh/m^3
Zum Brand- und Fäulnisschutz werden Borate und Aluminiumsulfat zugesetzt. B2.
Das Dämm-Material muss durch konstruktive Maßnahmen von Durchfeuchtung geschützt werden. Nach Wasserkontakt muss es ersetzt werden.
Verwendung: Platten, im Gefachbereich von Dächern sowie Holzständerkonstruktionen, Einblasen von Flocken in Hohlräume

11. Calcium-Silicat $CaSiO_2$

Produkt, das sehr kapillar aktiv wirkend ist, d.h. der Baustoff ist aufgrund seiner Materialzusammensetzung in der Lage, Feuchte schnell aufzunehmen, aber ebenso schnell wieder abzugeben. Die Bestandteile sind Siliciumoxid, Calciumoxid, Cellulosefasern.

Calciumsilikatplatten haben einen geringen Dampfdiffusionswiderstandsfaktor (μ-Wert), einen hohen Wasseraufnahmekoeffizient w und einen sehr kleinen Trocknungskoeffizient D, d.h. der Trocknungsprozess vollzieht sich binnen kurzer Zeit. Daher sollen sie sich vor allem für Innendämmung eignen. A1-Produkt. pH-Wert 14, dadurch schimmelpilzresistent.

Die Verarbeitung muss im System erfolgen, soll ihre Wirkung erfolgreich sein, d.h. sie müssen mit dem zugehörigen Kleber vollflächig verklebt werden. Der Kleber hat quasi die Funktion einer Dampfbremse.

Zum System gehören die Komponenten: Kleber, Tiefengrund, Dammplatte, Innenputz.

Dadurch soll erreicht werden, dass die Desorption (Feuchteabgabe) vorwiegend nach der Raumseite erfolgen muss, was eine gediegene Wohnungslüftung zur Voraussetzung hat.

Bevorzugter Einsatz: Denkmalschutz, Fachwerk, Innendämmung

Weitere Dämmstoffe

Schafwolle, Kokosfasern, Baumwolle, Hanf, Flachs, Blähton, Stroh

Tabelle 1: Kurzzeichen für Anwendungsbereiche der Dämmung

Kurzzeichen	Anwendungsgebiet
Dach, Decke	
DAD	Außendämmung von Dach oder Decke, vor Bewitterung geschützt
DAA	Dämmung unter Flachdach
DUK	Dämmung bewittert, Umkehrdach
DZ	Zwischensparrendämmung, zweischaliges Dach
DI	Innendämmung der Decke oder des Daches, abgehängte Decke
DEO	Innendämmung der Decke oder Bodenplatte ohne Schallschutzanforderung
DES	Innendämmung der Decke oder Bodenplatte mit Schallschutzanforderung
Wand	
WAB	Außendämmung hinter Bekleidung
WAA	Außendämmung hinter Abdichtung
WAP	Außendämmung unter Putz
WZ	Dämmung von zweischaligen Wänden
Wand Fortsetzung	
WH	Dämmung von Holztafeln in Holzrahmen in Holztafelbauweise
WI	Innendämmung der Wand
WTH	Dämmung zwischen Haustrennwänden mit Schallschutz-Anforderungen
WTR	Dämmung von Raumtrennwänden
Perimeter-Dämmung	
PW	Außen liegende Dämmung von Wänden gegen Erdreich (außerhalb der Abdichtung)
PB	Außen liegende Wärmedämmung unter der Bodenplatte gegen Erdreich (außerhalb der Abdichtung)

Differenzierung der Produkteigenschaften	
Kurzzeichen	**Beschreibung der Produkteigenschaft**
die Druckfestigkeit betreffend	
dk	keine Druckfestigkeit
dg	geringe Druckfestigkeit
dm	mittlere Druckfestigkeit
dh	hohe Druckfestigkeit
ds	sehr hohe Druckfestigkeit
dx	extrem hohe Druckfestigkeit
die Wasseraufnahme betreffend	
wk	keine Anforderung an die Wasseraufnahme
wf	Wasseraufnahme durch flüssiges Wasser
wd	Wasseraufnahme durch flüssiges Wasser und/oder Diffusion.
die Zugfestigkeit betreffend	
zk	keine Anforderung an die Zugfestigkeit
zg	geringe Zugfestigkeit
zh	hohe Zugfestigkeit
den Schall betreffend	
sk	keine Anforderungen an schalltechnische Eigenschaften
sh	Trittschalldämmng, erhöhte Zusammendrückbarkeit
sm	mittlere Zusammendrückbarkeit
sg	geringe Zusammendrückbarkeit der Dämmung
die Verformung betreffend	
tk	keine Anforderung an die Verformung
tf	Dimensionsstabilität unter Feuchte und Temperatur
tj	Verformung unter Last und Temperatur

1.3.1 Dämmstoffe im Erdreich, in der Fassade und am Dach

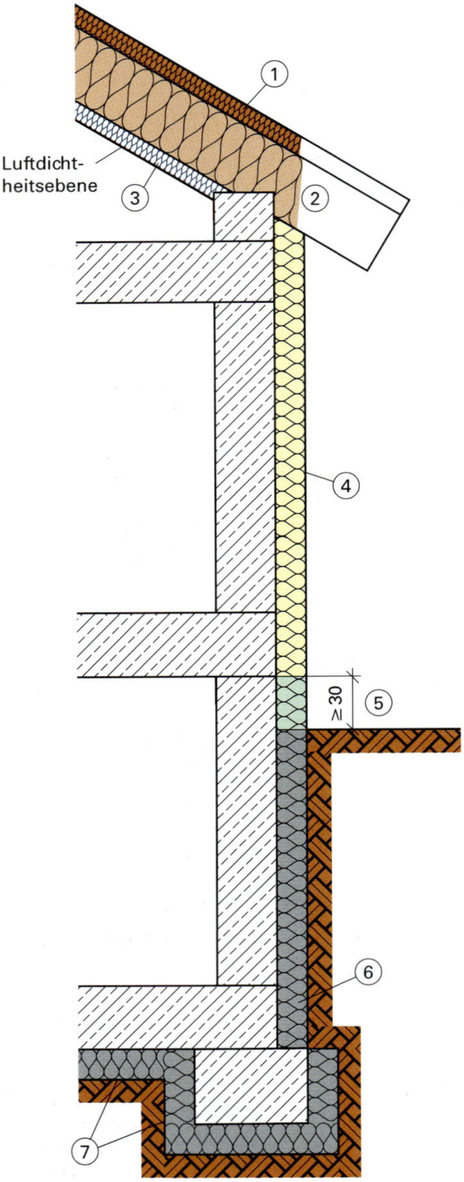

① **Aufsparrendämmung:**

- Holzweichfaserplatten (WF)
- Poly-Isocyanurart-Hartschaum (PIR)
- Polyurethan-Hartschaum (PUR)

② **Zwischensparrendämmung:**

- Mineralwolle (MW), Steinwolle, Glaswolle
- Holzweichfaserplatten (WF)
- Cellulose
- Baumwolle
- Hanf

③ **Untersparrendämmung:**

- Holzweichfaserplatten (WF)

④ **Fassade:**

- Holzweichfaserplatten (WF)
- Mineralwolle (MW)
  Steinwolle, Glaswolle – Fasern stehend, Stoßfestigkeit
- Polystyrol-Hartschaum (EPS)
  expandiertes (PS)

⑤ **Spritzbereich:**

- Polystyrol-Hartschaum (XPS)
  expandierendes PS
- Schaumglas (CG)

⑥ **Perimeterdämmung (im Erdreich):**

- Schaumglas (CG)
- Polystyrol-Hartschaum (XPS)

⑦ **Bodenplatte/Fundament:**

- Schaumglas (CG)
- Schaumglas-Granulat

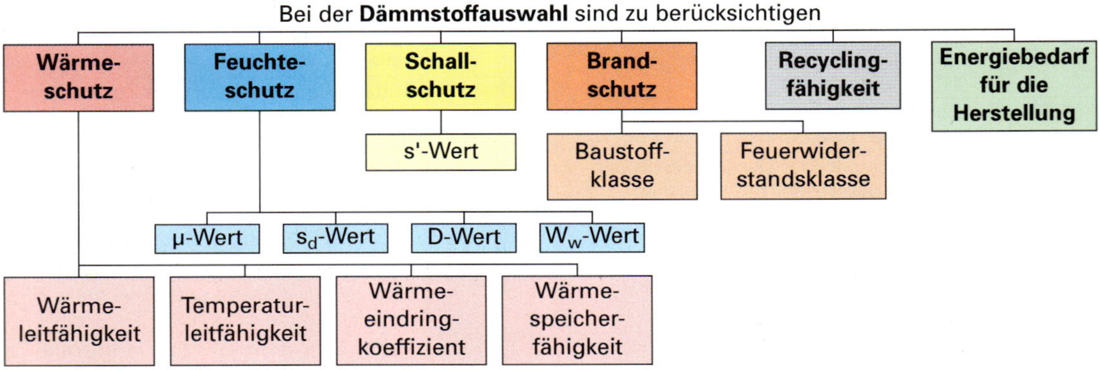

1.3.2 Wärmedämm-Verbund-Systeme WDVS

Vom Handwerker als System geliefert und angebracht, bestehend aus den

systemspezifischen Teilen (Komponenten)

Klebemasse	Dämmstoff	Unterputz	Armierung	Oberputz
+ evtl. erforderliche mechanische Befestigung	möglichst diffusionsoffen, Brandschutz!	Schaffung einer ebenen Fläche	Überbrückung von Spannungen	Ästhetisches Erscheinungsbild

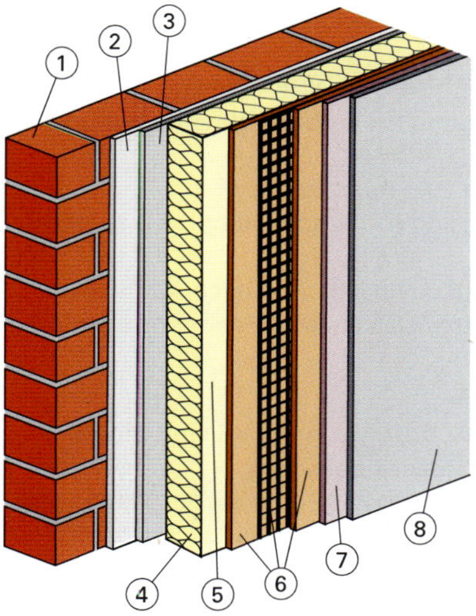

Legende:

1 Mauerwerk
2 Putz
3 Klebemasse
4 Dämmung
5 Haftgrund
6 Armierungsgewebe mit beidseitigem Mörtel
7 Grundputz
8 Oberputz

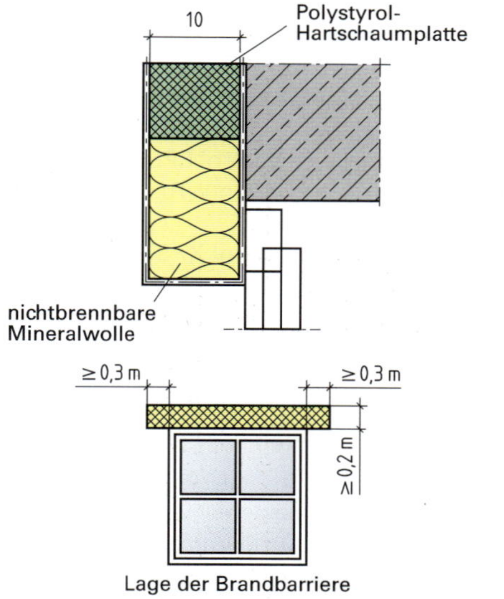

Bild 1: Beispiel für Sturzausbildung bei Dämmung mit Polystyrol-Hartschaumplatten >10 cm Dicke

Tabelle 1: Verkleben von Dämmstoffplatten

Auftragsart der Klebemasse	Auftrag auf	Polystyrol-Hartschaumplatten EPS	Mineralwolle MW	Lamellenplatten aus MW (stehende Fasern)	Lamellenplatten mit Haftrückenbeschichtung
Randwulst-Punkt-Verfahren	Dämmstoffplatten	x[a]	x[a]		
Ganzflächiger Auftrag mit Zahntraufel	Dämmstoffplatten	x	x	x	x
	Untergrund	x	x		x
Wulstverfahren (maschinell)	Untergrund	x[b]	x[c]		x[b]

[a] Sofern systemspezifisch nicht anders festgelegt, muss in eingedrückten Zustand eine Klebefläche ≥ 40 % erreicht werden.
[b] wie a, jedoch mit ≥ 50 %
[c] Mineralwolleplatten mit spezieller Beschichtung

Wärmedämm-Verbund-Systeme WDVS DIN 55 699

1. Komponenten

Bauseits angebrachtes System von werkmäßig hergestellten Produkten, bestehend nur aus systemspezifischen Komponenten, bezüglich:

- Klebmörtel, ggf. zusätzlich mechanische Befestigungsmittel
- Wärmedämmstoff
- Unterputz aus einer oder mehreren Schichten mit Bewehrungseinlage
- Bewehrung
- Oberputz oder Schlussbeschichtung

2. Dämmstoffe

- Mineralwolle MW (Steinwolle, Glaswolle)
  - als Platte (Fasern parallel zur Wand)
  - als Lamellenplatte (Fasern senkrecht zur Wandebene)
- Expandiertes Polystyrol EPS
- Holzweichfaserplatten WF
- Phenolharzplatten PF
- Extrudiertes Polystyrol XPS (im Spritzwasserbereich)
- Schaumglasplatten (als Platten im Bereich der Fundamente bzw. der Bodenplatte oder als Granulat)

3. Befestigungsarten

Dämmung

- ausschließlich geklebt
- geklebt und gedübelt (nur bauaufsichtliche Dübel)
- Profilbefestigung (Halte- und Befestigungsprofile)
- sonstige bauaufsichtlich zugelassene Befestigungsmittel

4. Bauliche Voraussetzungen

Untergrund	Der Untergrund muss dafür geeignet sein (tragfähig, ausreichend trocken, kleberverträglich)
Horizontalabdeckungen	Fensterbänke, Dachabschlüsse sollten vorhanden sein, um dichte Abschlüsse herzustellen.
Abdichtungen gegen Bodenfeuchte	Abdichtungen im Spritzwasserbereich sowie entsprechend geeignetes Dämmmaterial sowie unter der Bodenplatte und den Fundamenten

5. Verarbeitungstemperatur

Während der Verarbeitung und dem Abbindeprozess darf die Temperatur +5 °C nicht unterschreiten.

6. Verkleben der Dämmstoffplatten

Auftragen des Klebers auf die Dämmstoffplatten oder auf den Untergrund im Rand-Punkt-Wulst-Verfahren, oder ganzflächiger Auftrag.

Merke: Mit Klebemassen dürfen Unebenheiten des Untergrundes von 10 mm, an einzelnen Stellen bis zu 20 mm ausgeglichen werden.

Größere Unebenheiten sind mit einem Ausgleichsputz zu beseitigen.

7. Verlegen der Dämmstoffplatten:

- Die Platten sind im Verband zu verlegen und fugendicht zu stoßen.
- Kreuzfugen sind nicht zulässig
- Fehlstellen sind mit artgleichem Dämmstoff zu schließen.
- An den Gebäudeecken sind nach Möglichkeit die Dämmstoffplatten eckverzahnt anzuordnen

8. Brandschutz

- Für die Ausführung von WDVS sind die Regelungen der LBO zu beachten.
- Bei WDVS mit über 100 mm dicken Platten aus EPS und XPS können aus brandschutztechnischen Gründen besondere Maßnahmen erforderlich sein:
  z. B.
- Anbringen einer Brandbarriere oberhalb von Öffnungen aus nicht brennbarer Mineralwolle Baustoffklasse A, d. h. A! oder A2 nach DIN 4102 bzw. A1 oder A2-s1,d0 nach DIN EN 13 501.
- Die Erfahrung im konkreten Brandfall zeigte jedoch, dass ein Flammenüberschlag auf benachbarte Stockwerke trotz Brandbarriere nicht verhindert werden konnte.
  Daher ist aus brandschutztechnischen Gründen einen Dämmstoff, der der Brandbarriere entspricht zu empfehlen.
- Hauptgrund dafür ist daher die Verwendung eines
  - nichttropfenden bzw.
  - abfallenden Materials im Brandfall

  Deshalb die strengsten brandschutztechnischen Vorschriften s1,d0 bei der Klasse A2; Empfehlenswert: Baustoffklasse A1.

Aufdoppelung der Dämmschicht an Wärme-Dämm-Verbund-Systemen (WDVS)

Durch die mit jeder Wärme-Schutz-Verordnung (WSch-VO) bzw. Energie-Einspar-Verordnung (EnEV) geforderten Senkung des Transmissions-Wärmeverlustes entsprechen die vor Jahren durchgeführten Sanierungen nicht mehr dem heutigen Dämmstandard. Nicht immer ist ein Rückbau aus Umweltschutzgründen oder finanziellen Gründen angebracht, wodurch eine Aufdoppelung auf das bisherige System die sinnvollste Lösung ist. Wärmetechnisch stellt eine Aufdoppelung kein Problem dar, wohl aber in feuchtetechnischer. Wärmetechnisch werden die Wärmedurchlasswiderstände der einzelnen Bauteilschichten addiert und der Wärmedurchgangskoeffizient (U-Wert) daraus gebildet. Dabei spielt die Lage der Dämmschicht im Bauteil keine Rolle, auch kein feuchtetechnischer Kennwert μ oder s_d sondern nur der Wärmeleitwert λ.
Grundlage der Betrachtung sind Wandkonstruktionen wie sie in den Nachkriegsjahren in Form einer 24 cm dicken Wand aus Bimsbetonsteinen, innen und außen verputzt worauf später eine Dämmschicht aufgebracht wurde.
Nachfolgend werden Konstruktionen, wie sie im Bestand (B) nach der ersten Sanierung ausgesehen haben, und ihr Erscheinungsbild durch die Aufdoppelung (A) nach der zweiten Sanierung.

Konstruktion 1

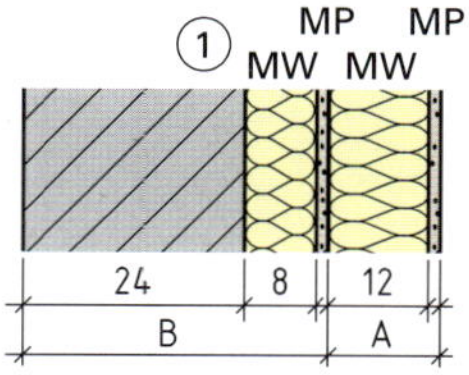

Konstruktion1 und 2 sind hinsichtlich des Aufbaus und des Materials fast gleich. Dennoch liegt bei 1 eine komplett diffusionsoffene Konstruktion vor bei der keine Feuchteprobleme zu erwarten sind.

Konstruktion 2

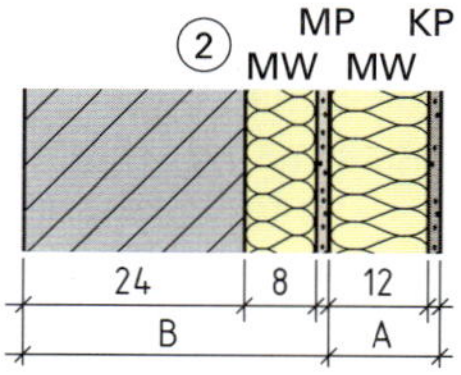

Diese Konstruktion ist nicht problemfrei. Auf die diffusionsoffenen zwei Dämmstofflagen folgt ein diffusionsdichter KP, mit $\mu = 50/200$, wobei in die Berechnung 200 anzusetzen sind.
Hinter dem Kunstharzputz bildet sich Tauwasser, das in die MW eindringt und von dort infolge der Schwerkraft nach unten wandert und den Dämmwert verschlechtert. Frostgefahr.

Konstruktion 3

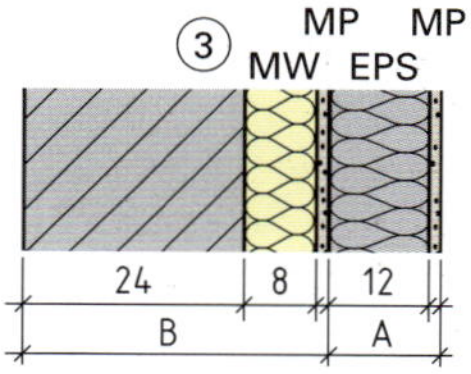

Diese Konstruktion ist mit 1 zu vergleichen, wobei durch den diffusionsoffenen Mineralputz das anfallende Tauwasser zwischen Dämmung und Außenputz von diesem nicht am Weitertransport gehindert wird.

Konstruktion 4

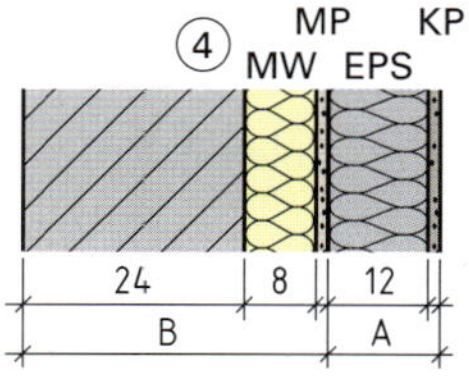

Auf den ersten Blick sehen 3 und 4 gleich aus: gleiches Material in gleicher Schichtenfolge sowie deren Schichtdicke, nur mit dem Unterschied, dass Konstruktion 4 mit einem Kunstharzputz versehen wurde.

Konstruktion 5

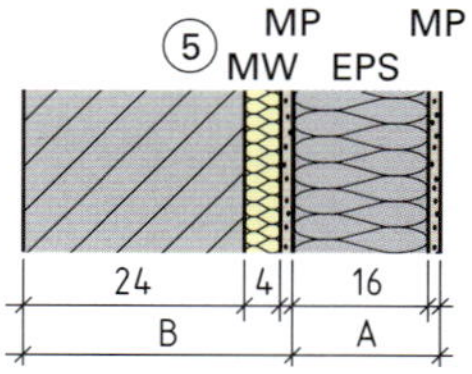

Konstruktion 5 kann mit 3 verglichen werden. Allerdings mit dem Unterschied, dass die Mineralwolle um 40 mm dünner ist und die Schaumdämmstoffplatte um 40 mm dicker.
Durch den diffusionsoffenen Außenputz kann die Feuchte entweichen.

Konstruktion 6

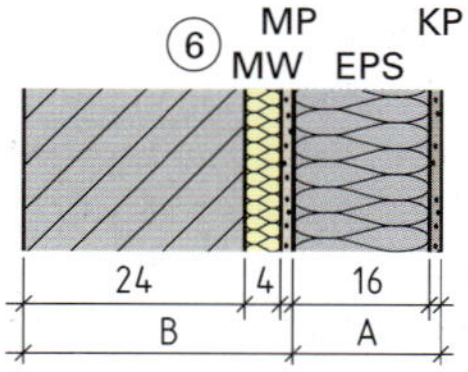

Durch Beibehaltung des gleichen diffusionshemmenden Dämm-Materials EPS ist das Verhältnis der s_d-Werte zum Kunstharzputz nicht so krass wie bei MW. Es sind hier keine Schäden zu erwarten.

Konstruktion 7

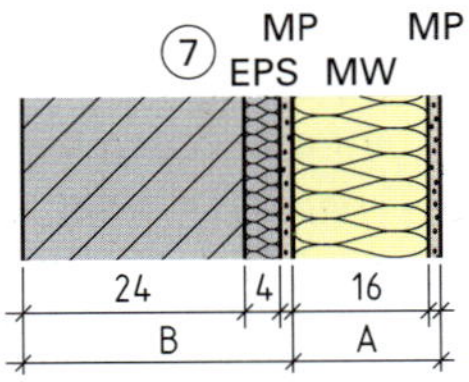

Die Diffusionsoffenheit nimmt von innen nach außen zu.
Der mineralische Putz reagiert schneller auf witterungsbedingte Veränderungen, gibt die Feuchte an die MW ab, die ihre positiven Eigenschaften verliert.

Konstruktion 8

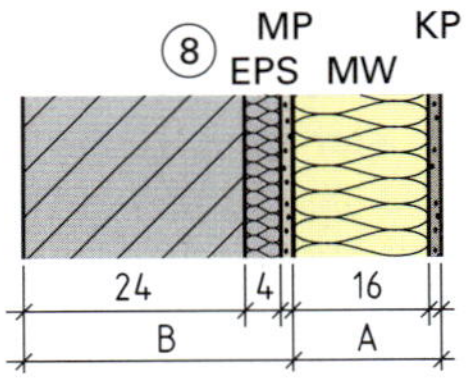

Nur im Material des Außenputzes unterscheidet sich diese Konstruktion von der Konstruktion 7.
Bei 8 ist es der dichte Kunstharz der auf die diffusionsoffene Mineralwolle folgt. Die Feuchteprobleme liegen ähnlich wie bei 2.

Konstruktion 9

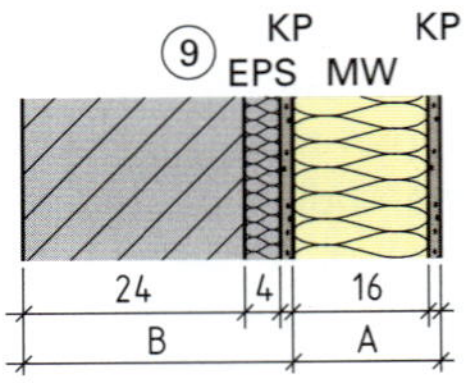

Der KP auf die Bestandsdämmung verlangsamt wohl den Feuchtestrom, nicht jedoch den Wärmestrom.
Die Feuchte in der Mineralwolle kann nicht schnell genug nach der Außenluft abgeführt werden. Dadurch gibt es Tauwasser in der MW.

Konstruktion 10

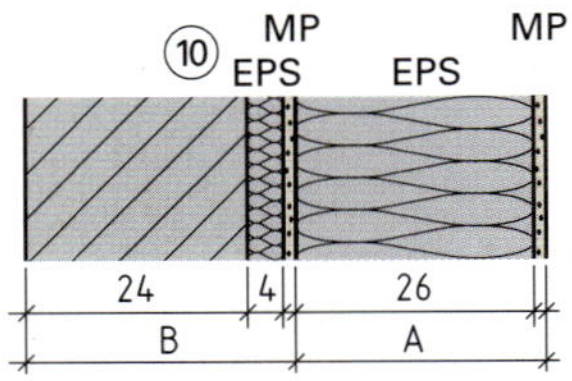

Legende zu den Bildern 1 bis 10:
- Wand: Bimsbetonsteine d = 24 cm
- EPS = expandiertes Polystyrol
- MW = Mineralwolle
- MP = Mineralischer Putz
- KP = Kunstharzputz
- Putzdicke:
  Bestandsputz 6 mm
  Neuer Außenputz 6 mm
- B = Aufbau im Bestand
- A = Aufdoppelung

Bei Konstruktion 10 liegen die Probleme nicht im Bereich der Feuchte, da beide Dämmstofflagen aus dem gleichen Material bestehen und der Außenputz auch diffusionsoffen ist. Durch die Hyperdämmung verringert sich der Wärmestrom dermaßen stark, dass sich auf der Außenputzseite Algen bilden können. In kalten Winternächten entzieht die kalte Globalstrahlung dem dünnen Außenputz die wenig gespeicherte Wärme, sodass die Wandoberfläche kälter ist als die Außenluft. Tauwasser bildet sich auf der Putzoberfläche, das Algenwachstum kann beginnen.
Ein zweites Problem liegt im wirtschaftlichen Bereich s. S. 32. Die Verbesserung des U-Wertes ist ab einer bestimmten Dämmstoffdicke nur noch im zweiten Kommabereich möglich und dies rechtfertigt nicht solch hohe Investitionskosten und Verschwendung von Baugelände.
Das Hauptproblem liegt im Brandfall, dessen katastrophale Folgen sind:
- Rauchentwicklung
- Behinderung der Löscharbeiten
- Hitzeeinwirkung auf Nachbargebäude mit Folgeschäden (Scheiben bersten, abgestellte Fahrzeuge gehen in Flammen auf, Feuer greift auf Nachbargebäude über)
- stark tropfendes Material (Gefährdung der Feuerwehr)
- giftige Gase.

Allgemein: Eine Aufdoppelung bringt bei richtiger Baustoffwahl eine Verbesserung der Feuchteproblematik.
Die Verwendung von Kunstharzputz auf Mineralwolle verschärft dieses Phänomen allerdings.

Folge: Hinter Kunstharzputz sammelt sich Tauwasser, das nicht schnell genug durch den diffusionsdichten Putz ausdiffundieren kann. Die Mineralwolle wird feucht, ihre Wärmeleitfähigkeit verschlechtert sich, Eisdruck wölbt den Kunstharzputz im Winter und lässt ihn schließlich abfallen.

Untersuchung der Beispiele 1, 9 und 5 bezüglich U-Wert sowie Verlauf der s_d-Werte von innen nach außen

Daten:			
Mauerwerk:	$\lambda = 0{,}68$ W/mK,	$\mu = 5$	
EPS	$\lambda = 0{,}035$	$\mu = 30$	EPS = expandiertes Polystyrol
MW	$\lambda = 0{,}035$	$\mu = 1$	MW = Mineralwolle
MP	$\lambda = 1{,}0$	$\mu = 10/35$	MP = mineralischer Putz
KP	$\lambda = 0{,}7$	$\mu = 50/200$	KP = Kunstharzputz

Beispiel 1:

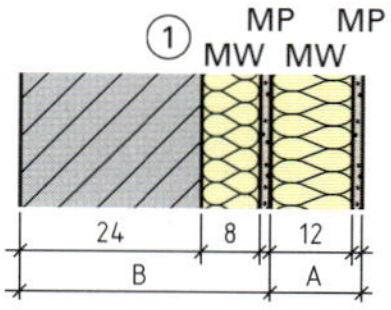

$$R_T = \frac{1}{8} + \frac{0{,}24}{0{,}68} + \frac{0{,}08}{0{,}035} + \frac{0{,}01}{1{,}0} + \frac{0{,}12}{0{,}035} + \frac{0{,}01}{1{,}0} + \frac{1}{23}$$

$R_T = 6{,}255$

$U_{neu} = 0{,}16$ W/m²K; $U_{alt} = 0{,}36$ W/m²K

	Mauerwerk	MW	MP	MW	MP
$s_d = \mu \cdot d$	5 · 0,24	1 · 0,08	10 · 0,01	1 · 0,12	35 · 0,01
s_d in m	1,20	0,08	0,1	0,12	0,35
R-Werte	0,35	2,28	0,01	3,43	0,04
Konstruktionsprinzip:	s_d-Werte von innen nach außen abnehmend, R-Werte zunehmend, denn dann ist die Wärmespeicherung begünstigt.				

Beispiel 2:

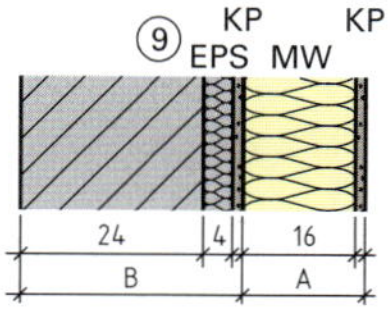

$$R_T = \frac{1}{8} + \frac{0{,}24}{0{,}68} + \frac{0{,}04}{0{,}035} + \frac{0{,}01}{0{,}7} + \frac{0{,}16}{0{,}035} + \frac{0{,}01}{0{,}7} + \frac{1}{23}$$

$R_T = 6{,}223$

$U_{neu} = 0{,}16$ W/m²K; $U_{alt} = 0{,}60$ W/m²K

	Mauerwerk	EPS	KP	MW	KP
$s_d = \mu \cdot d$	5 · 0,24	30 · 0,04	50 · 0,01	1 · 0,16	200 · 0,01
s_d in m	1,20	1,2	0,5	0,16	2,0
R-Werte	0,35	1,14	0,01	4,57	0,04
Konstruktionsprinzip:	s_d-Werte von innen nach außen zunächst abnehmend,dann jedoch mit dem Kunstharzputz stark zunehmend → Tauwassergefahr, Frostdruck auf den Putz → Ausbeulen und Abplatzen des Putzes. R-Werte zunehmend, → gute Wärmespeichermöglichkeit.				

Beispiel 3:

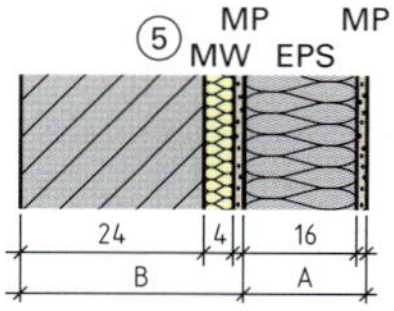

$$R_T = \frac{1}{8} + \frac{0{,}24}{0{,}68} + \frac{0{,}04}{0{,}035} + \frac{0{,}01}{1{,}0} + \frac{0{,}16}{0{,}035} + \frac{0{,}01}{1{,}07} + \frac{1}{23}$$

$R_T = 6{,}255$

$U_{neu} = 0{,}16$ W/m²K; $U_{alt} = 0{,}60$ W/m²K

	Mauerwerk	MW	MP	EPS	MP
$s_d = \mu \cdot d$	5 · 0,24	1 · 0,04	10 · 0,01	30 · 0,16	35 · 0,01
s_d in m	1,20	0,04	0,1	4,8	0,350
R-Werte	0,35	1,14	0,01	4,57	0,04
Konstruktionsprinzip:	s_d-Werte von innen nach außen abnehmend, R-Werte zunehmend. Die Wärmespeicherung wird durch den zunehmenden Wärmedurchlasswiderstand (R) begünstigt				

1.4 Entwicklung des U'-Wertes in Abhängigkeit von der Dämmstoffdicke

Dämmstoffdicke in	Wärmedurchlass-widerstand	U'-Wert (ohne R_{si} und R_{se})	Senkung ΔU' in W/m^2K bei	Senkung ΔU' in W/m^2K bei
mm	R	U' = 1/R	Δd = 50 mm	Δd = 100 mm
	λ = 0,04 W/mK			
12,5	0,31	3,2		
25	0,625	1,60	(1,60)	
50	1,25	0,80	(0,80)	
100	2,50	0,40	0,40	
150	3,75	0,27	0,13	
200	5,00	0,20	0,07	0,20
250	6,25	0,16	0,04	
300	7,50	0,13	0,03	0,07
350	8,75	0,11	0,02	
400	10,0	0,10	0,01	0,03
450	11,25	0,09	0,01	
500	12,50	0,08	0,01	0,02
550	13,75	0,07	0,01	
600	15,0	0,066	0,004	0,006

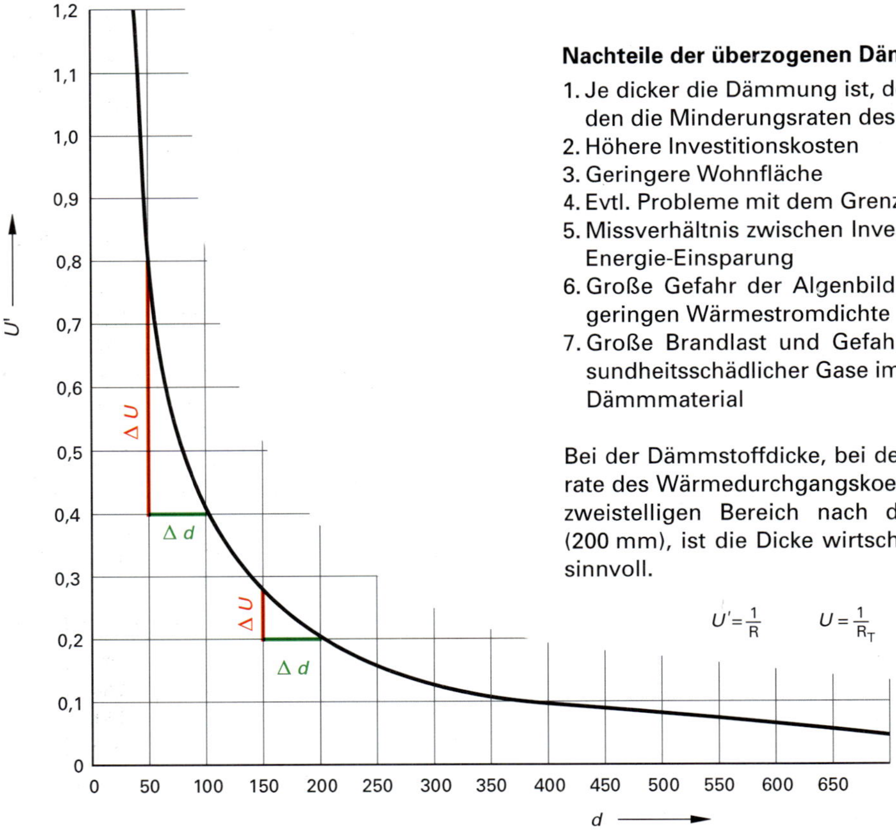

Dämmstoffdicke: Je mehr, desto besser?

Nachteile der überzogenen Dämmung

1. Je dicker die Dämmung ist, desto geringer werden die Minderungsraten des U'-Wertes.
2. Höhere Investitionskosten
3. Geringere Wohnfläche
4. Evtl. Probleme mit dem Grenzabstand
5. Missverhältnis zwischen Investitionskosten und Energie-Einsparung
6. Große Gefahr der Algenbildung aufgrund der geringen Wärmestromdichte
7. Große Brandlast und Gefahr der Bildung gesundheitsschädlicher Gase im Brandfall, je nach Dämmmaterial

Bei der Dämmstoffdicke, bei der die Minderungsrate des Wärmedurchgangskoeffizienten U in den zweistelligen Bereich nach dem Komma fällt (200 mm), ist die Dicke wirtschaftlich nicht mehr sinnvoll.

$U' = \frac{1}{R}$ $\qquad$ $U = \frac{1}{R_T}$

1.5 Stoffkennwerte

Zeile	Baustoff	Rohdichte ϱ kg/m³	Bemessungswert der Wärmeleitfähigkeit λ W/mK	Richtwert des Wasserdampfdiffusionswiderstandsfaktors μ (1)
	Putze, Estriche			
1	Kalkmörtel Kalkzementmörtel Hydraulischer Kalkmörtel	1 800	1,0	15/35
2	Kalkgipsmörtel Gipsmörtel mit Sandzusatz Kalk-Anhydritmörtel Anhydritmörtel	1 400	0,70	10
3	Gipsputz ohne Zuschlag	1 200	0,51	10
4	Leichtputz:	< 700	0,25	15/50
		≤ 1 000	0,38	
		< 1 300	0,56	
5	Wärmedämm-Putz	≥ 200	0,06	5/20
			0,07	
			0,08	
			0,09	
			0,10	
6	Kunstharzputz	1 100	0,70	50/200
7	Zementmörtel	2 000	1,6	15/35
8	Normalmörtel NM	1 800	1,2	15/35
9	Dünnbettmörtel DM	1 600	1,0	
10	Leichtmauermörtel LM21	≤700	0,21	15/35
	Leichtmauermörtel LM36	≤1 000	0,36	
11	Zement-Estrich CT	2 000	1,4	15/35
12	Anhydrit-Estrich CA	2 100	1,2	7
13	Gussasphalt-Estrich AS	2 300	0,90	∞
14	Magnesia-Estrich MA	1 400	0,47	15/35
		2 300	0,70	
	Beton			
15	Normalbeton DIN EN 206 unbewehrt	2 000	1,35	60/100
		2 200	1,65	70/120
		2 400	2,0	80/130
	bewehrt (Stahlbeton)	2 400	2,5	80/130
16	Leichtbeton und Stahlleichtbeton mit geschlossenem Gefüge DIN EN 206; DIN 1045; DIN 4226	800	0,39	70/150
		900	0,44	
		1 000	0,49	
		1 100	0,55	
		1 200	0,62	
		1 300	0,70	
		1 400	0,79	
		1 500	0,89	
		1 600	1,0	
		1 800	1,3	
		2 000	1,6	
17	Leichtbeton aus Naturbims	500	0,15	5/15
		600	0,18	
		700	0,20	
		800	0,24	
		900	0,27	
		1 000	0,32	
		1 200	0,41	
18	Leichtbeton aus Blähton	500	0,16	5/15
		600	0,19	
		700	0,23	
		800	0,26	
		900	0,30	
		1 000	0,35	
		1 200	0,44	
	Platten			
19	Porenbeton-Bauplatten normale Fugendicke Ppl Normalmörtel	400	0,20	5/10
		500	0,22	
		600	0,24	
		700	0,27	
		800	0,29	
20	Porenbeton. Planbauplatten Pppl in Dünnbett verlegt	350	0,11	5/10
		400	0,13	
		450	0,15	
		500	0,16	
		550	0,18	
		600	0,19	
		650	0,21	
		700	0,22	
		800	0,25	
21	Wandbauplatten aus Gips DIN 1863	750	0,35	5/10
		900	0,41	
		1 000	0,47	
22	Gipskartonplatten	800	0,25	4/10
	Mauersteine			
23	Vollklinker Hochlochklinker Keramikklinker	1 800	0,81	50/100
		2 000	0,96	
		2 200	1,2	
		2 400	1,4	
24	Vollziegel Hochlochziegel DIN 105 Füllziegel	1 200	0,50	5/10
		1 400	0,58	
		1 600	0,68	
		1 800	0,81	
		2 000	0,96	
		2 200	1,2	

Zeile	Baustoff	Rohdichte ϱ kg/m³	Bemessungswert der Wärmeleitfähigkeit λ W/mK	Richtwert des Wasserdampfdiffusionswiderstandsfaktors μ (1)
25	Hochlochziegel Lochung A und B DIN 105 mit LM 21	600 700 800 900 1 000	0,28 0,31 0,34 0,37 0,40	5/10
26	Leichthochlochziegel HlzW Wärmedämmziegel WDz Planwärmedämmziegel PWDz DIN 105 mit LM 21/LM 36	550 600 650 700 750 800 900 1 000	0,19 0,20 0,20 0,21 0,22 0,23 0,24 0,26	5/10
27	Kalksandsteine KS DIN 106	1 000 1 200 1 400	0,50 0,56 0,70	5/10
		1 600 1 800 2 000 2 200	0,79 0,99 1,1 1,3	15/25
28	Hüttensteine HS DIN 398	1 200 1 400 1 600 1 800 2 000	0,52 0,58 0,64 0,70 0,76	70/100
29	Porenbeton-Plansteine PP mit Dünnbettmörtel DIN 4165	300 350 400 450 500 550 600 700 800	0,10 0,11 0,13 0,15 0,16 0,18 0,19 0,22 0,25	5/10
30	Hohlblocksteine Hbl aus Leichtbeton mit poriger Gesteinskörnung 2-Kammer-Steine und Mehrkammersteine mit Normalmörtel	500 600 700 800 900 1 000 1 200 1 400	0,26 0,29 0,32 0,35 0,39 0,45 0,53 0,65	5/10
31	Vollsteine aus V Leichtbeton DIN 18 152	500 600 700 800 900 1 000 1 200 1 400	0,32 0,34 0,37 0,40 0,43 0,46 0,54 0,63	5/10

Zeile	Baustoff	Rohdichte ϱ kg/m³	Bemessungswert der Wärmeleitfähigkeit λ W/mK	Richtwert des Wasserdampfdiffusionswiderstandsfaktors μ (1)
32	Mauersteine aus Beton DIN 18 153	800 1 000 1 200	0,60 0,70 0,80	5/15
		1 400 1 600 1 800 2 000 2 200 2 400	0,90 1,1 1,2 1,4 1,7 2,1	20/30
	Dämmstoffe			
33	Holzwolle-Leichtbauplatten[1)] (Zement gebunden) WW DIN 1101 wood-wool Nennwert, Kategorie I	360 bis 480	0,065 0,070 0,075 0,080 0,085 0,090	2/5
34	Mehrschicht-Leicht-bauplatten[1)] DIN 13 168 mit: Hartschaumkern (EPS)	≥ 0,15	0,030 0,031 . . .	20/50
	Mineralwollekern (MW)		0,050	1
35	Korkplatten DIN WLGr 045 13 170 050 0,55	80 bis 500	0,045 0,050 0,055	5/10
36	Polystyrol-Hartschaum (EPS WLGr 025 expandiert) 030 DIN 13 163 035 040	10 bis 50	0,025 0,030 0,035 0,040	30/70
37	Polystyrol- DIN Extruder 13 164 Schaum WLGr 030 (XPS) 035 extrudiert 040	20 bis 45	0,030 0,035 0,040	80/250
38	Polyurethan-Hartschaum (PUR-Hartschaum) WLGr 020 DIN 025 13 165 030 035 040	28 bis 55	0,020 0,025 0,030 0,035 0,040	40/200
39	Vakuum-Isolations-panele VIP		0,005	
40	Phenolharz-Hartschaum (PF-Hartschaum) WLGr 030 phenolic foam 035 DIN 13 166 040 045	20 bis 50	0,030 0,035 0,040 0,045	10/60

Zeile	Baustoff	Rohdichte ϱ kg/m³	Bemessungswert der Wärmeleitfähigkeit λ W/mK	Richtwert des Wasserdampfdiffusionswiderstandsfaktors μ (1)
41	Mineralwolle: Steinwolle Glaswolle MW			
	DIN 13 162 WLGr 035	8	0,035	
	mineral wool 040	bis	0,040	1
	MW 045		0,045	
	050	500	0,050	
42	Schaumglas WLGr 045	100	0,045	∞
	DIN 18 174 050		0,050	d.h.
	(CG) 055	bis	0,055	$s_d \geq$
	celluar glas 060	150	0,060	1 500 m
43	Blähperlit EPB	≤ 100	0,06	3
44	Blähglimmer	≤ 100	0,07	3
45	Blähton, Blähschiefer	≤ 400	0,16	3
46	Korkschrot expandiert	≤ 200	0,055	3
47	Hüttenbims	≤ 600	0,13	3
48	Bimskies	≤ 1 000	0,19	3
49	Schaumlava	≤ 1 200	0,22	3
	Holz und Holzwerkstoffe			
50	Calciumsilicatplatten		0,15	4
51	Tanne, Fichte, Kiefer	500	0,13	20/50
52	Eiche, Buche	800	0,20	50/200
53	Sperrholz	500	0,13	70/200
		700	0,17	90/220
		1 000	0,24	110/250
54	Spanplatten	600	0,14	15/50
		900	0,18	20/50
55	Spanplatte, Zement gebunden	1 200	0,23	30/50
56	OSB-Platten	650	0,13	30/50
57	Holz-Hartfaserplatten	1 000	0,17	70
58	Holzfaser-Dämmplatten WF			
	DIN 68 755 WLGr 035	150	0,035	
	DIN EN 13 171 040		0,040	
	045		0,045	
	050	bis	0,050	
	055		0,055	5
	060		0,060	
	065		0,065	
	070	250	0,070	

Die Rohdichtewerte dienen zur Ermittlung der flächenbezogenen Masse für den Nachweis des sommerlichen Wärmeschutzes.

(1) Holzwolleschichten bei Holzwolle-Leichtbauplatten mit $d < 10$ mm bleiben unberücksichtigt.

Zeile	Baustoff	Rohdichte ϱ kg/m³	Bemessungswert der Wärmeleitfähigkeit λ W/mK	Richtwert des Wasserdampfdiffusionswiderstandsfaktors μ (1)
	Beläge			
59	Linoleum	1 200	0,17	
60	Linoleum-Verbundbeläge	100	0,12	
61	Kork-Linoleum	700	0,08	
62	Kunststoffbeläge (PVC)	1 500	0,23	
63	Asphaltmastix $d \geq 7$ mm	2 000	0,70	∞
64	Bitumendachbahnen	1 200	0,17	10 000/ 80 000
65	Glasvlies-Bitumen-dachbahnen			20 000/ 60 000
66	Kunststoff-dachbahnen PVC			10 000/ 30 000
	PIB			400 000/ 1750 000
	ECB			50 000/ 75 000
67	Folien PVC $d \geq 0,1$ mm			20 000/ 50 000
	PE $d \geq 0,1$ mm			100 000
	Aluminium $d \geq 0,05$ mm			∞
	Sonstige Baustoffe			
68	Luft (ruhend)	1,293	0,025	1
69	Edelgas Argon	1,70	0,017	1
70	Edelgas Krypton	3,56	0,010	1
71	Edelgas Xenon	5,68	0,006	1
72	Wasser	1 000	0,64	
73	Fliesen	2 300	1,3	
74	Glas	2 500	0,8	∞
75	Granit	2 600	2,8	10 000
76	Basalt, Marmor	2 800	3,5	10 000
77	Kalkstein (halbhart)	2 000	1,4	40/50
78	Kalkstein (hart)	2 200	2,2	150/200
79	Sandstein, Muschelkalk	2 600	2,3	30/40
80	Bindige Böden		2,1	
81	Sand, Kiessand		2,1	
82	Ton, Schluff	1 500	1,5	
83	Lehmbaustoffe	500 600 700 800 900 1 000 1 200 1 400 1 600 1 800	0,14 0,17 0,21 0,25 0,30 0,35 0,47 0,59 0,73 0,91	5/10
84	Hüttenbims geschüttet	≤ 600	0,13	3
85	Stahl	7 860	50	∞
86	Stahl unlegiert		60	
87	niedrig legiert (ferritisch)		40	
88	hoch legiert (austenitisch) Edelstahl		15	
89	Kupfer	8 900	380	∞
90	Aluminium	2 700	200	∞
91	Zink	7 200	110	∞
92	Blei	11 300	35	∞

Tabelle 1: Wärmedurchlasswiderstände von Decken

Zeile	Deckenart	Dicke d mm	Wärmedurchlasswiderstand R m^{2}K/W im Mittel	Wärmedurchlasswiderstand R m^{2}K/W an der ungünstigsten Stelle
1	Stahlbetonrippen- und Stahlbetonbalkendecken mit Hohlkörpern aus Bims (DIN 4158)		R	R
1.1	Stahlbetonrippendecke ohne Aufbeton und Putz	120	0,20	0,06
	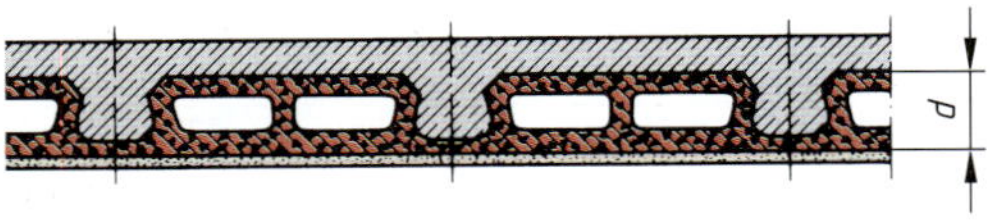	140	0,21	0,07
		160	0,22	0,08
		180	0,23	0,09
		200	0,24	0,10
		220	0,25	0,11
		250	0,26	0,12
1.2	Stahlbetonbalkendecke ohne Aufbeton und Putz	120	0,16	0,06
		140	0,18	0,07
		160	0,20	0,08
		180	0,22	0,09
		200	0,24	0,10
		220	0,26	0,11
		240	0,28	0,12
2	Stahlbetonrippen- und Stahlbetonbalkendecken mit Füllkörpern aus Ziegelsplitt (DIN 4160)			
2.1	Decke ohne Querstege, ohne Aufbeton und Putz	115	0,15	0,06
	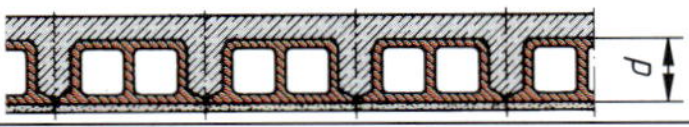	140	0,16	0,07
		165	0,18	0,08
2.2	Decke mit Querstegen, ohne Aufbeton und Putz	190	0,24	0,09
	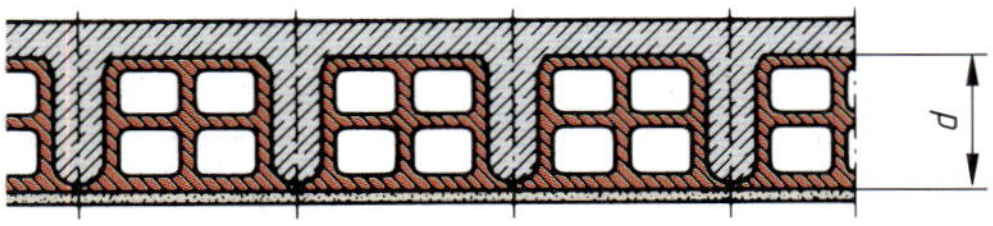	225	0,26	0,10
		240	0,28	0,11
		265	0,30	0,12
		290	0,32	0,13
3	Stahlsteindecken mit Füllkörpern aus Ziegel (DIN 4159)			
3.1	Ziegel für teilvermörtelbare Stoßfugen	115	0,15	0,06
	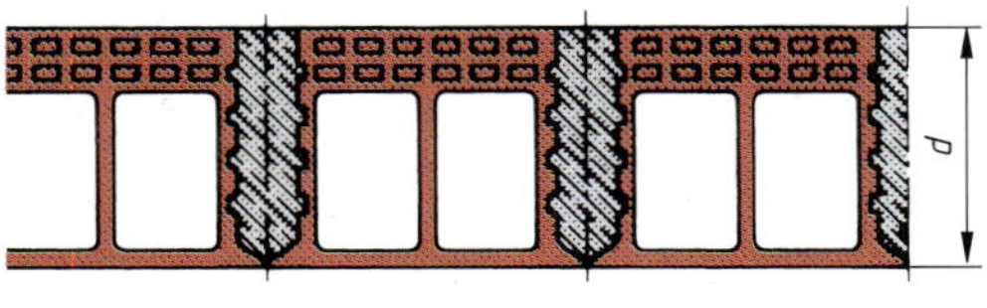	140	0,18	0,07
		165	0,21	0,08
		190	0,24	0,09
		215	0,27	0,10
		240	0,30	0,11
		265	0,33	0,12
		290	0,36	0,13
3.2	Ziegel für vollvermörtelbare Stoßfugen	115	0,13	0,06
	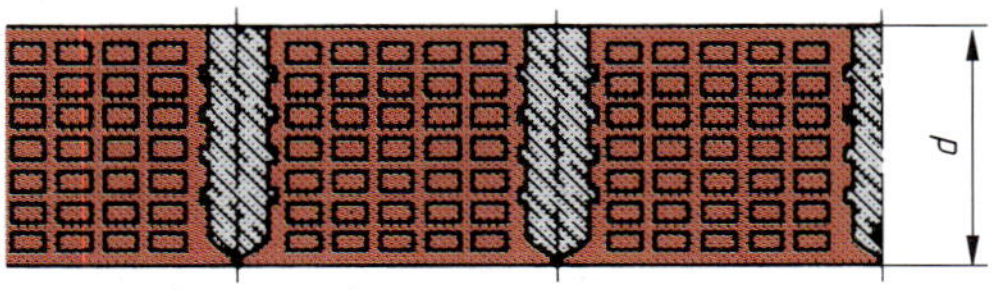	140	0,16	0,07
		165	0,19	0,08
		190	0,22	0,09
		215	0,25	0,10
		240	0,28	0,11
		265	0,31	0,12
		290	0,34	0,13

Zeile	Art des Bauteils	Kurz-zei-chen	F_x
1	Außenwand	F_{AW}	1,0
2	Fenster	F_W	1,0
3	Dach (bei ausgebautem Dachgeschoss)	F_D	1,0
4	Oberste Geschossdecke (bei nicht ausgebautem DG)	F_D	0,8
5	Wände und Decken zu Abseiten (Drempel)	F_U	0,8
6	Wände und Decken zu unbeheizten Räumen	F_U	0,5
7	Wände und Decken zu niedrig beheizten Räumen	F_{nb}	0,35
8	Wände und Fenster zu unbeheiztem Glasvorbau bei einer Verglasung des Glasvorbaus mit:		
8.1	Einfachverglasung	F_U	0,8
8.2	Zweischeibenverglasung	F_U	0,7
8.3	Wärmeschutzverglasung	F_U	0,5
	Unterer Gebäudeabschluss:		
9	Kellerdecken zu unbeheizten Kellern	F_G	0,6
10	Kellerdecken zu nicht belüftetem Hohlraum	F_U	0,6
11	Flächen des beheizten Kellers gegen Erdreich, auch Fußboden	F_G	0,6
12	Bauteile des unteren Gebäudeabschlusses für den Fall von B'= 5 m bis 10 m sowie $R_G > 1$; $R_{AW} > 1\ m^2K/W$		
12.1	Wand des beheizten Kellers	F_G	0,6
12.2	Fußboden des beheizten Kellers	F_G	0,4
12.3	Fußboden auf dem Erdreich, ohne Randdämmung bei $R_{AW} > 1 m^2K/W$	F_G	0,5
12.4	Fußboden auf dem Erdreich, mit 5,0 m Randdämmung	F_G	0,25
13	Kellerdecke und Kellerwand zum unbeheizten Keller: mit Perimeterdämmung ohne Perimeterdämmung	F_G F_G	0,5 0,6
14	Aufgeständerter Fußboden	F_G	0,9
15	Bodenplatte von niedrig beheizten Räumen (12 °C bis < 19 °C)	F_{nb}	0,5

Tabelle 1: Temperatur-Korrekturfaktoren F_x

$$B' = \frac{A_G}{0{,}5 \cdot U}$$

A_G = Bodenfläche
U = Umfang der Bodengrundfläche
R_G = Wärmedurchlasswiderstand der Bodenplatte
R_{AW} = Wärmedurchlasswiderstand der Kellerwand

Der Temperaturkorrekturfaktor F_x ermittelt sich zu:

$$F_x = \frac{\vartheta_i - \vartheta_x}{\vartheta_i - \vartheta_e}$$

ϑ_x = Temperatur des niedrig beheizten Raumes, des unbeheizten Raumes oder des Erdreiches.

1.5.1 Wärmedurchlasswiderstand von Luftschichten

Luftschichten dienen der konvektiven Feuchteabfuhr zur Umgebungsluft. Man unterscheidet

- **Ruhende Luftschichten**

  Eine Luftschicht gilt als ruhend, wenn der Luftraum keine Verbindung zur Umgebung hat.

  Beachte: Offene Stoßfugen bei zweischaligem Mauerwerk gelten nach DIN EN 6946 nicht als Lüftungsöffnung.

- **Schwach belüftete Luftschichten**

  Lüftungsöffnungen dürfen folgende Werte nicht überschreiten:

  1 500 mm^2/m Länge in horizontaler Richtung für vertikale Luftschichten

  1 500 mm^2/m^2 Fläche für horizontale Luftschichten.

  Als Wärmedurchlasswiderstand ist der halbe Wert nach Tabelle anzusetzen.

- **Stark belüftete Luftschichten**

  Lüftungsöffnungen sind größer als:

  1 500 mm^2/m Länge in horizontaler Richtung bei vertikalen Luftschichten

  1 500 mm^2/m^2 Fläche bei horizontalen Luftschichten.

Stark belüftete Luftschichten dürfen nicht eingerechnet werden.

Tabelle 1: Wärmedurchlasswiderstand R in m^2K/W von ruhenden Luftschichten nach DIN EN 6946

Dicke der Luftschicht in mm	Richtung des Wärmestromes aufwärts R	horizontal R	abwärts R
0	0,00	0,00	0,00
5	0,11	0,11	0,11
7	0,13	0,13	0,13
10	0,15	0,15	0,15
15	0,16	0,17	0,17
25	0,16	0,18	0,19
50	0,16	0,18	0,21
100	0,16	0,18	0,22
300	0,16	0,18	0,23

Die Werte unter „horizontal" gelten auch für ±30° zur horizontalen Ebene, bzw. bei einer geneigten Bauteilfläche (Dach) von $\alpha > 60°$.
Zwischenwerte können eingefügt werden.

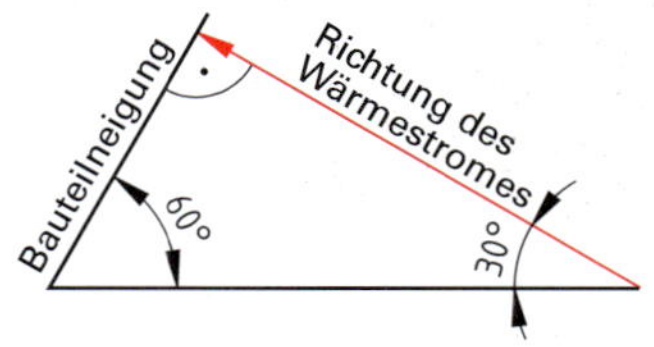

1.6 Nachweis des Wärmeschutzes

1.6.1 Wärmeschutz-Nachweis nach DIN 4108

Grundlage des Nachweises nach DIN ist die Tabelle Seite 39. Die Forderung nach DIN 4108 gilt dann als erfüllt, wenn für die einzelnen Bauteile die Werte des Wärmedurchlasswiderstandes *R* nicht unterschritten werden.

Tabelle 1: Rechenwerte der Wärmeübergangszahlen, bzw. Wärmeübergangswiderstände nach DIN EN 6946, DIN 4108, bzw. DIN EN ISO 13788

	Wärmeübergangszahlen		Wärmeübergangswiderstände	
	h_i	h_e	R_{si}	R_{se}
	W/m²K	W/m²K	m²K/W	m²K/W
Im Wärmeschutz				
Richtung des Wärmestromes				
• aufwärts	10	23[1,2]	0,10	0,04[1,2]
• horizontal	8	23[1,2]	0,13	0,04[1,2]
• abwärts	6	23[1,2]	0,17	0,04[1,2]
Im Feuchteschutz				
• Um Schimmelpilzbildung zu vermeiden	4	23[1,2]	0,25	0,04[1,2]
• hinter Schränken	2	23[1,2]	0,5	0,04[1,2]
• hinter Einbauschränken	1	23[1,2]	1,0	0,04[1,2]

[1] Bei innenliegenden Bauteilen gelten zu beiden Seiten die gleichen R_{si}-Werte. Beheizter Raum an unbeheizten Raum.
[2] Bei der Angrenzung an feste Stoffe (Erdreich u.a.) wird $h_e = \infty$ bzw. $R_{se} = 0$

• Die Werte unter „horizontal" gelten für Richtungen des Wärmestromes von ±30° zur Horizontalen, bzw. bei einer geneigten Bauteilfläche (Dach) von $\alpha \geq 60°$.

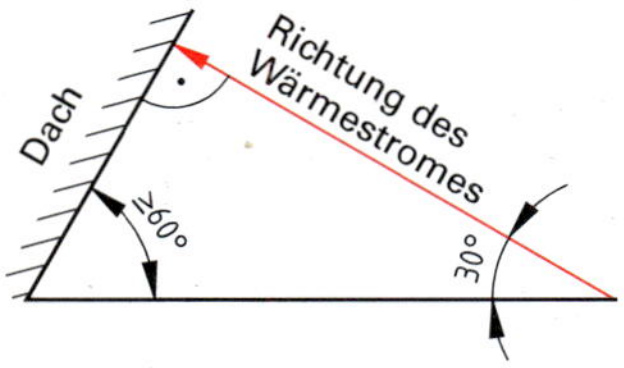

Tabelle 3: Temperaturrandbedingungen zur Wärmebrückenberechnung nach DIN ISO 10 211

Gebäudeteil bzw. Umgebung	Temperatur °C
Keller	10
Erdreich	10
Unbeheizte Pufferzone	10
Unbeheizter Dachraum, Tiefgaragen	–5

Wärmeübergangszahlen h_i bzw. h_e in Abhängigkeit von der Richtung des Wärmestromes.

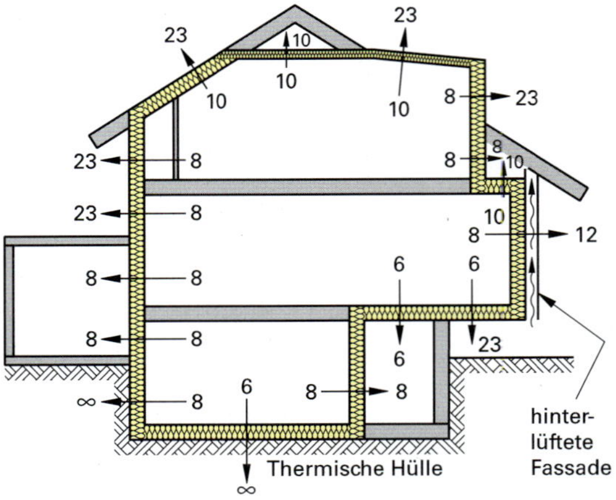

Anm.: Wenn die Dämmung bis zum Fußpunkt des Daches heruntergezogen wird, kann die Abseitenwand und der zugehörige Deckenbereich unberücksichtigt bleiben (s. S. 85).

Bild 1: Richtung des Wärmestromes

Tabelle 2: Wärmedämmung von Wärmeverteilungs- und Warmwasserleitungen sowie Armaturen

Zeile	Arten der Leitungen, bzw. Armaturen	Mindestdicke der Dämmschicht[1]
1	Innendurchmesser $d \leq 22$ mm	20 mm
2	Innendurchmesser 22 mm < $d \leq 35$ mm	30 mm
3	Innendurchmesser 35 mm < $d \leq 100$ mm	gleich dem Innendurchmesser
4	Innendurchmesser $d > 100$ mm	100 mm
5	Leitungen und Armaturen nach den Zeilen 1 bis 4 • in Wand- und Deckendurchbrüchen • im Kreuzungsbereich von Leitungen • an Leitungsverbindungsstellen • bei zentralen Leitungsnetzverteilern	die Hälfte der Anforderungen der Zeilen 1 bis 4
6	Leitungen von Zentralheizungen nach den Zeilen 1 bis 4, die nach dem 31. Januar 2002 in Bauteilen zwischen beheizten Räumen verschiedener Nutzer verlegt werden	die Hälfte der Anforderungen der Zeilen 1 bis 4
7	Leitungen im Fußboden (Bodenheizungen)	6 mm
8	Kälteverteilungs- und Kaltwasserleitungen sowie Klimakältesysteme	6 mm

[1] bezogen auf eine Wärmeleitfähigkeitsgruppe von 035

Tabelle 1: Mindestwerte für Wärmedurchlasswiderstände von Bauteilen nach DIN 4108			
Zeile	**Bauteile**	**Beschreibung**	***R*-Wert in m²K/W**
	Unterzeile		
1	**Wände beheizter Räume**	gegen Außenluft, Erdreich, Tiefgaragen, nicht beheizte Räume (auch nicht beheizte Dachräume, Kellerräume außerhalb der wärmeübertragenden Umfassungsfläche)	1,2 [b]
2	**Dachschrägen beheizter Räume**		
	2.1	gegen Außenluft	1,2
3	**Decken beheizter Räume nach oben sowie Flachdächer**		
	3.1	gegen Außenluft	1,2
	3.2	zu belüfteten Räumen, zwischen Dachschrägen und Abseitenwänden bei ausgebauten Dachräumen	0,90
	3.3	zu nicht beheizten Räumen, zu bekriechbaren oder noch niedrigeren Räumen	0,90
	3.4	zu Räumen zwischen gedämmten Dachschrägen und Abseitenwänden bei ausgebauten Dachräumen	0,35
4	**Decken beheizter Räume nach unten**		
	4.1 [a]	gegen Außenluft, Garagen, (auch beheizte),Tiefgaragen. Durchfahrten (auch verschließbare) und belüftete Kriechkeller	1,75
	4.2	gegen nicht beheizten Kellerraum	0,90
	4.3	unterer Abschluss (z. B. Sohlplatte) von Aufenthaltsräumen unmittelbar an das Erdreich grenzend bis zu einer Raumtiefe von 5 m	0,90
	4.4	über einen nicht belüfteten Hohlraum, z. B. Kriechkeller, an das Erdreich grenzend	0,90
5	**Bauteile an Treppenräumen**		
	5.1	Treppen zwischen beheiztem Raum und direkt beheiztem Treppenraum, Wände zwischen beheiztem Raum und indirekt beheiztem Treppenraum, sofern die andern Bauteile des Treppenraumes die Anforderungen dieser Tabelle erfüllen	0,07
	5.2	Wände zwischen beheiztem Raum und indirekt beheiztem Treppenraum, wenn nicht alle andern Bauteile des Treppenraumes die Anforderungen dieser Tabelle erfüllen	0,25
	5.3	oberer und unterer Abschluss eines beheizten oder indirekt beheizten Treppenraumes	wie Bauteile beheizter Räume
6	**Bauteile zwischen beheizten Räumen**		
	6.1	Wohnungs- und Gebäudetrennwände zwischen beheizten Räumen	0,07
	6.2	Wohnungstrenndecken, Decken zwischen Räumen unterschiedlicher Nutzung	0,35
7	**Skelett-, Rahmen- oder Holzständerbauweise, Pfosten-Riegel-Konstruktionen**		
	7.1	im Gefachbereich R_{Gefach}	1,75
		für den Gesamtbereich R_m	1,0
	7.2	Rolladenkasten: im Mittel R_m	1,0
		für den Deckel	0,55
8	**Bauteile mit einer flächenbezogenen Masse m' < 100 kg/m²**		1,75

a Vermeidung von Fußkälte
b bei niedrig beheizten Räumen $R = 0{,}55\ \frac{m^2 \cdot K}{W}$

Anforderungen an die einzelnen Bauteile nach Tab. 1 S. 39

● Wände

Der Mindestwärmeschutz muss **an jeder Stelle** vorhanden sein. Dies gilt insbesondere für Nischen unter Fenstern, Brüstungen von Fensterbauteilen, Fensterstürze, im Wandbereich auf der Außenseite von Heizkörpernischen, Rohrkanälen, insbesondere, wenn in diesen Kanälen ausnahmsweise Wasser führende Leitungen verlegt werden. Bei zweischaligen Außenwänden mit Luftschicht kann die Dämmung der Luftschicht und der Außensschale mit eingerechnet werden, wenn die **Außenschale mindestens 90 mm** dick ist. Dies gilt auch für Holzkonstruktionen mit vorgesetzten hinterlüftetem Mauerwerkschalen. Ist die Vorsatzschale weniger als 90 mm dick, so gilt sie als Beplankung bzw. Fassadenplatte und darf nicht mit eingerechnet werden, ebenso die Luftschicht.

● Leichte Bauteile

Für Außenwände, Decken unter nicht ausgebauten Dachräumen und Dächern mit einer flächenbezogenen Gesamtmasse von weniger als 100 kg/m² wird ein erhöhter Wärmeschutz gefordert: $R \geq 1{,}75$ m²K/W. Bei Rahmen- und Skelettbauarten gelten sie nur für den Gefachbereich. Für das gesamte Bauteil ist im Mittel der Wert $R = 1{,}0$ m²K/W einzuhalten.

● Bauteile mit Abdichtungen

Bei der Berechnung des Wärmedurchlasswiderstandes R werden nur die raumseitigen Schichten **bis zur Bauwerksabdichtung** (oberhalb der Sperrschicht unter der Bodenplatte, bzw. unterhalb der Dachhaut bei Flachdach berücksichtigt).

Davon ausgenommen sind: (hier geht die Dämmschicht in die Berechnung ein)

- Dämmschichten, die beim Umkehrdach auf der Dachhaut liegen
- Perimeterdämmung (= außenliegende Wärmedämmung erdberührender Gebäudeflächen) wenn diese nicht ständig im Grundwasser liegt. Lang anhaltendes Stauwasser oder drückendes Wasser ist im Bereich der Dämmschicht zu vermeiden

● Fenster, Fenstertüren, Türen

Außenliegende Fenster und Türen von beheizten Räumen sind mindestens mit Isolier- oder Doppelverglasung auszuführen. Beträgt der nichttransparente Teil der Ausfachung mehr als 50 % der gesamten Fläche, so sind die Anforderungen nach der Tabelle einzuhalten. Bei einem Anteil unter 50 % muss der Wärmedurchlasswiderstand $R \geq 1{,}0$ m²K/W betragen.

● Bodenheizungen

Bei Fußbodenheizungen gehen nur die Schichten **unterhalb der Estrichplatte** in die Berechnung ein.

● Oberste Geschossdecke

Genügt bei nicht ausgebautem Dachgeschoss die oberste Geschossecke Zeile 6 bzw. bei leichten Bauteilen die erhöhten Anforderungen, so ist ein Wärmeschutz des Daches nicht erforderlich.

● Abseitenwände

Bei ausgebauten Dachräumen mit Abseitenwänden soll die Wärmedämmung in der Dachschräge **bis zum Dachfußpunkt** hinabgeführt werden.

● Glasvorbauten

Bei Glasvorbauten (Wintergärten) müssen die trennenden Bauteile die Bedingungen des Mindestwärmeschutzes erfüllen, ebenso Trennwände und Trenndecken zu unbeheizten Fluren, Treppenräumen und Kellerabgängen.

● Rollladenkasten

Für den Deckel von Rollladenkästen ist der Wert von $R \geq 0{,}55$ m²K/W einzuhalten, für den ganzen Rollladenkasten $R \geq 1{,}0$ m² K/W.
Gebäude mit niedrigen Innentemperaturen:
Für sie gelten die Werte nach Tabelle mit Ausnahme von Zeile 1. Dort gilt $R \geq 0{,}55$ m²K/W

DIN 4108

- Berücksichtigt nur bauphysikalische Größen
- Verlangt Mindestwerte des Wärmedurchlasswiderstandes R der verschiedenen Bauteile wie
  Außenwände
  Wohnungstrennwände
  Treppenraumwände
  Wohnungstrenndecken
  Bodenplatten
  Kellerdecken
  Decken, die Aufenthaltsräume gegen die Außenluft abgrenzen
- Verlangt, dass an Nischen, Fensterstürzen, Rollläden der Wärmedurchlasswiderstand die Mindestvorschrift erfüllen muss. Besser wäre dagegen, dass bei diesen Bauteilen die Werte mindestens wie im übrigen Wandbereich eingehalten werden
- Verlangt, dass der trennende Abschluss des Gebäudes zu Glasvorbauten (Wintergärten) die Forderungen des Wärmeschutzes erfüllen muss
- Verlangt Mindestwerte bei leichten Bauteilen mit einer flächenbezogenen Masse unter 100 kg/m²
- Lässt bauphysikalische Schwachstellen erkennen
- Schützt Baustoffe und Bauteile vor zu großen thermischen Spannungen (= Spannungen infolge von Temperaturänderungen)
- stellt Anforderungen an die Luftdichtheit von Außenbauteilen
- stellt Anforderungen an den sommerlichen Wärmeschutz
- verlangt einen erhöhten Wärmeschutz im Bereich von Wärmebrücken, wenn Warmwasser führende Leitungen angeordnet sind
- verlangt einen Mindestwärmeschutz auch für Gebäude mit niedrigen Innentemperaturen
- an den Schnittstellen Rollladenkasten zu angrenzenden Bauteilen (Wand, Fenster) ist der Temperaturfaktor $f_{Rsi} \geq 0{,}70$ einzuhalten.

1.6.2 Gesamtenergiedurchlassgrad *g*

Fenster und Fenstertüren sind transparente, d.h. durchsichtige und lichtdurchlässige Bauteile. Dadurch, dass sie Licht durchlassen, gelangt Wärme, insbesondere in Form von Wärmestrahlung durch diese Bauelemente.

Die Energiedurchlässigkeit von Verglasungen wird durch den Energiedurchlassgrad *g* ausgedrückt. Ein Energiedurchlassgrad von z.B. 0,7 bedeutet, dass 70 % der auf das Fenster auftreffenden Wärmeenergie durch die Verglasung hindurchgeht.

Optimale Verglasungen haben einen U_g-Wert von 0,7 W/m²K und einen g-Wert von 0,6. Der Scheibenzwischenraum ist mit dem Edelgas Argon oder Krypton gefüllt. Das Beschichtungsmaterial ist davon abhängig, ob es ein Wärmedämmglas oder Sonnenschutzglas sein soll.

Niedrige Energiedurchlassgrade werden angestrebt:

im Sommer: von außen nach innen; dadurch soll eine Überhitzung der Raumluft vermieden werden.

im Winter: von innen nach außen; es sollen dadurch zu große Wärmeverluste vermieden werden.

Dies wird erreicht durch:

im Sommer:

- Anbringen von Sonnenschutzvorrichtungen wie Markisen, Jalousien, Sonnenschutzvordächer
- Beschichtung der Außenscheibe im Scheibenzwischenraum

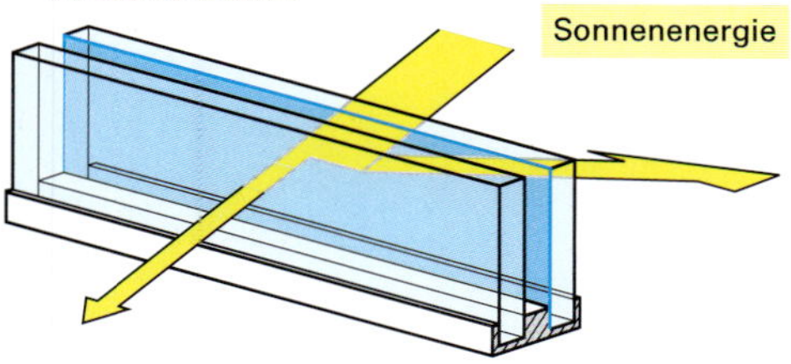

Bild 1: Beschichtung außen

im Winter:

- Beschichtung der Innenscheibe im Scheibenzwischenraum

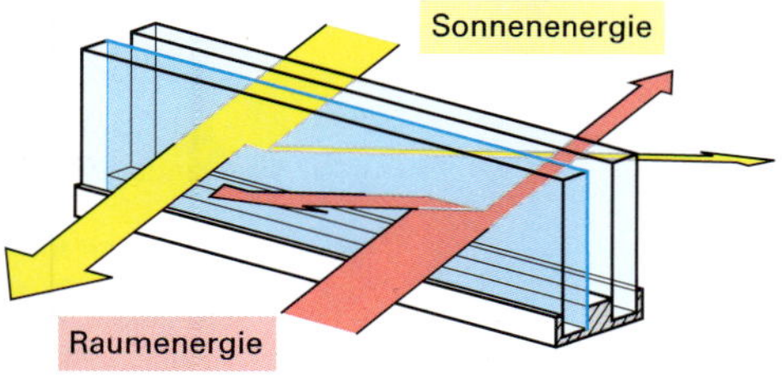

Bild 2: Beschichtung innen

Tabelle 1: Gesamtenergiedurchlassgrad *g* von Verglasungen nach DIN 4108

Zeile		Verglasung	*g*
1	1.1	Doppelverglasung aus Klarglas	0,8
	1.2	Dreifachverglasung aus Klarglas	0,5
2		Glasbausteine	0,6
3		Mehrfachverglasung mit Sondergläsern[1)] (Wärmeschutzglas, Sonnenschutzglas)	0,2 bis 0,8

[1)] Die Gesamtenergiedurchlassgrade *g* von Sondergläsern können aufgrund von Einfärbungen, Beschichtungen bzw. Oberflächenbehandlung sehr unterschiedlich sein.
Eine Beschichtung der Außenscheibe erfolgt dann, wenn damit ein Schutz vor zu großer Sonneneinstrahlung erreicht werden soll, eine Beschichtung der Innenscheibe, wenn Sonnenenergie in den Raum hereingelassen werden soll, Wärmestrahlungsenergie aus dem Raum jedoch in den Raum zurückgeworfen werden soll.

Durch die Beschichtung wird ein Großteil der ankommenden Wärmestrahlungsenergie in den Innenraum zurückgeworfen, d.h. reflektiert und bleibt so der Raumluft erhalten.

Wärmeleitung ist an Materie gebunden, Wärmestrahlung nicht. Beim Gesamt-Energiedurchlassgrad (g-Wert) handelt es sich vorwiegend um das Durchlassen von Wärmestrahlungsenergie. Diese kann man spüren, wenn man an einem kalten sonnigen Wintertag hinter einem Fenster sitzt.

Durch Beschichtung auf der Scheibenzwischenraumseite oder gar Einfärbung der Verglasung kann der Gesamtenergiedurchlassgrad (g-Wert) beeinflusst werden. Niedrige g-Werte sind im Sommer u. U. erwünscht, bringen dann im Winter wo Sonneneinträge erwünscht sind auch keine Einträge.

Hilfreicher dagegen jedoch sind Verglasungen mit einem höheren g-Wert, d. h. Verglasungen mit einem höheren Durchlass an Wärmestrahlung verbunden mit einer variablen Sonnenschutzvorrichtung mit einem Minderungsfaktor F_C von 0,5. Dies bedeutet, dass die ankommende Strahlungswelle um 50 % reduziert wird. Die Vorrichtung sollte mobil sein und sich jeder Situation anpassen können.

1.7 Nachweis nach der Energie-Einspar-Verordnung (EnEV)

1.7.1 Die Energie-Einspar-Verordnung in Beziehung zu den nationalen Normen

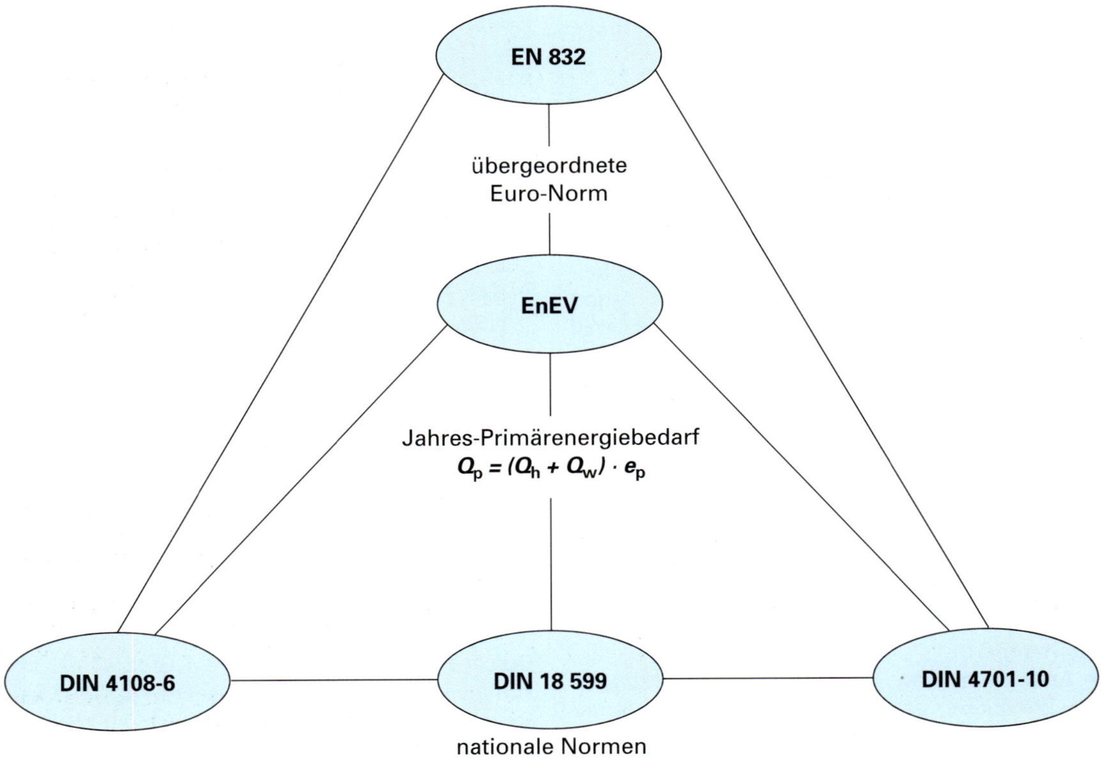

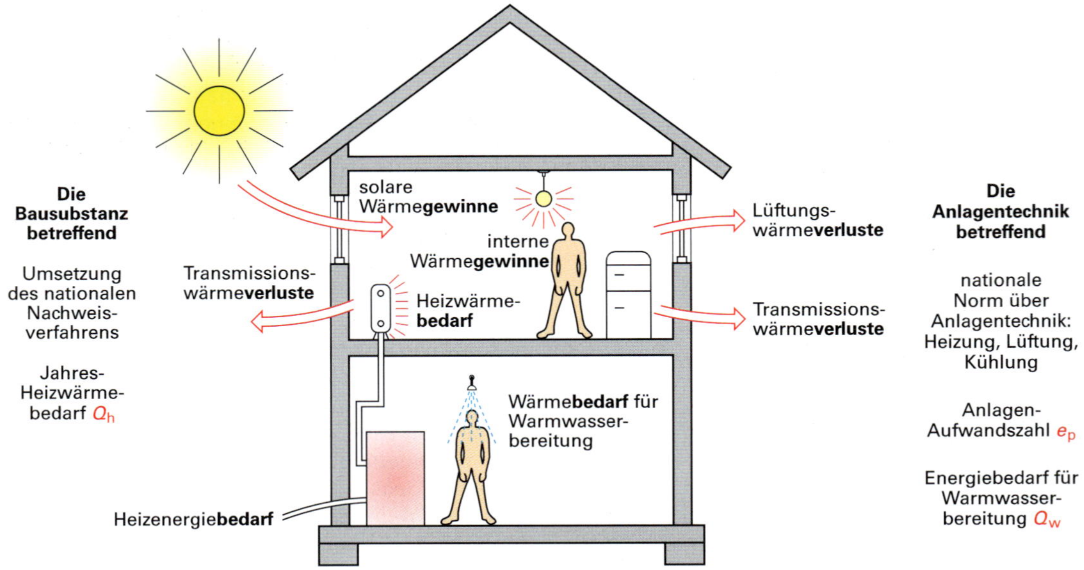

Bild 1: Wärmeverluste – Wärmegewinne

Sowohl auf der baulichen als auch auf der anlagetechnischen Seite werden ausführliche und vereinfachte Verfahren angeboten und können auch kombiniert werden.

1.7.2 Geltungsbereich der Energie-Einspar-Verordnung

Geltungsbereich der Energie-Einspar-Verordnung (EnEV)

Zu errichtende Gebäude

von mindestens 19 °C sowie jährlich mehr als 4 Monate beheizt, oder gekühlt werden

DIN 4108-6; EnEV

Zu errichtende Gebäude

von mehr als 12 °C und weniger als 19 °C die jährlich mehr als 4 Monaten beheizt, sowie mehr als 2 Monate gekühlt werden

DIN 4108-6; EnEV

Änderungen am Gebäudebestand

durch Sanierung

Erweiterung Ausbau

EnEV

Anlagen und Einrichtungen, die der Heizungstechnik, Kühltechnik, Raumlufttechnik, Beleuchtungstechnik sowie der Warmwasserbereitung dienen

DIN 4701-10; DIN EN 18599

Die EnEV gilt nicht für

- Betriebsgebäude, die überwiegend zur Aufzucht oder der Tierhaltung dienen
- Großflächige Betriebsgebäude, die lang anhaltend offen gehalten werden müssen
- unterirdische Bauwerke
- Unterglasanlagen und Kulturräume für Aufzucht, Vermehrung und Verkauf von Pflanzen
- Traglufthallen, Zelte und sonstige Gebäude, die wiederholt aufgebaut und zerlegt werden müssen.
- provisorische Gebäude mit einer geplanten Nutzungsdauer bis zu 2 Jahren
- Gebäude, die dem Gottesdienst oder anderen religiösen Zwecken gewidmet sind
- Wohngebäude, die für eine begrenzte Nutzungsdauer von weniger als 4 Monate pro Jahr bestimmt sind, wenn der zu erwartende Energieverbrauch weniger als 25 % des zu erwartenden Energieverbrauchs bei ganzjähriger Nutzung beträgt
- Betriebsgebäude, die auf eine Innentemperatur von weniger als 12 °C oder jährlich weniger als 4 Monate beheizt sowie jährlich weniger als 2 Monate gekühlt werden.

Ausnahmen:

- Baudenkmäler
- Sonstige Bausubstanz, wenn Maßnahmen des Wärmeschutzes das äußere Erscheinungsbild beeinflussen würden bzw. andere Maßnahmen zu einem unverhältnismäßig hohen Aufwand führen würden, kann auf Antrag von der Einhaltung der EnEV befreit werden.

Befreiungen:

- Auf Antrag haben die Behörden von der Einhaltung der EnEV zu befreien, wenn ein unangemessener Aufwand auf den Eigentümer zukommt oder es sonstwie zu einer unbilligen Härte führt. Eine solche liegt vor, wenn die erforderlichen Aufwendungen innerhalb der üblichen Nutzungsdauer nicht mehr erwirtschaftet werden können.

Die **En**ergie-**E**inspar-**V**erordnung (EnEV) gestattet mehr planerische Freiheiten. Es ist ein Ausgleich zwischen dem Wärmedämmstandard und der Anlagetechnik möglich.
Kann z.B. eine Fassade aus gestalterischen Gründen nicht gedämmt werden, so erlaubt die EnEV einen Ausgleich mit einer effizienteren Heizanlage anzugehen.
Architekt, Tragwerkplaner sowie Anlagetechniker müssen schon im Stadium der Vorplanung eng zusammenarbeiten.

Die Forderungen der EnEV können erfüllt werden

- durch einen verstärkten Wärmeschutz
- durch eine effiziente Anlagetechnik
- durch den Einsatz erneuerbarer Energien
- mit Wärmerückgewinnungs-Systemen

Die Energie-Einspar-Verordnung stellt über die DIN 4701-10, sowie DIN 18599 Anforderungen an Anlagen der

- Heizungstechnik
- Raumlufttechnik (künstliche Be- und Entlüftung, Klimatechnik)
- Warmwasserbereitung

1.7.3 Berechnungsgrundlagen nach der Energie-Einspar-Verordnung

Kriterien	**Übersicht über die Berechnungsgrundlagen** beheizter oder gekühlter Räume			
Baumaßnahme	• Zu errichtende Gebäude mit $A_{NF} > 50\ m^2$ • Erweiterung von Gebäuden $15\ m^2 < A_{NF} \leq 50\ m^2$ • Ausbau von Gebäuden			
Raumtemperatur	Gebäude (Wohngebäude und Nichtwohngebäude) mit Innentemperaturen von $\vartheta \geq 19$ °C die mehr als 4 Monate bezeizt sowie mehr als 2 Monate gekühlt werden		Nichtwohngebäude mit Innentemperaturen von < 12 °C ϑ < 19 °C Nutzungsdauer mehr als 4 Monate	Gebäude im Altbestand bei Sanierung Erweiterung Ausbau sowie für Kleingebäude mit $A_{NF} \leq 50\ m^2$ und einer Nutzungsdauer von max. 5 Jahren
Gebäudeart	Wohngebäude	Nichtwohngebäude	Nichtwohngebäude	Wohngebäude und Nichtwohngebäude
Nachweisverfahren	MB-Verfahren nach dem **Referenzgebäude**	MB-Verfahren nach dem **Referenzgebäude**	Bauteil-Verfahren	Bauteil-Verfahren
Nachweislage	Nicht zu überschreitende Werte für max. zul. q_p des Referenz-Gebäudes sowie H'_T nach Tab. S. 125	Nicht zu überschreitende Werte für max. zul. q_p des Referenz-Gebäudes sowie H'_T nach Tab. S. 125	Nichtüberschreitung von max. zul. U-Werten	Max. zul. U-Werte nach Tab. S. 46 dürfen nicht überschritten werden Bei Erweiterung und Ausbau darf zusätzlich max. zul. H'_T nicht überschritten werden Tab. S. 125

Zu Wohngebäuden zählen: Wohn-, Alten- und Pflegeheime, sowie ähnliche Einrichtungen, Kliniken. Krankenhäuser dagegen zählen zu Nichtwohngebäuden.

q_p ($\triangleq Q''_p$) = Jahres-Primärenergiebedarf, bezogen auf die beheizte Gebäude-Nutzfläche
H'_T = spezifischer Transmissionswärmeverlust, bzw. Transmissionswärmetransferkoeffizient, bezogen auf die Wärme übertragende Umfassungsfläche.

1.7.4 Begriffserläuterungen der EnEV

Zone
Bereich eines Gebäudes, der eine durchschnittliche um mind. 4 °C unterschiedliche Innentemperatur gegenüber den übrigen Gebäudeteilen aufweist.

Zonierung
Warme Räume nach innen, kühlere nach außen.

Systemgrenze
Die Wärme übertragende Hüllfläche bildet die Systemgrenze. Gebäudeteile, die sich außerhalb des beheizten Bereichs befinden, liegen außerhalb der Systemgrenze.

Wärme übertragende Hüllfläche *A*
Die Fläche aller Bauteile wie Wände, Decken, Bodenplatten, Dachflächen, Fenster, Türen, die an die Außenluft, an das Erdreich oder an nicht oder niedrig beheizte Räume grenzen und Wärme übertragen (Außenmaße).

Bruttovolumen V_e
Das Bruttovolumen V_e ist das von der Wärme übertragenden Hüllfläche umschlossene Volumen, ermittelt nach den Gebäudeaußenmaßen, einschließlich evtl. Dämmschichten und Vorsatzschalen.

A/V_e-Verhältnis
in diesem Verhältnis wird die Kompaktheit eines Gebäudes, d.h. die unterschiedlichen Gebäudeformen zum Ausdruck gebracht. Je geringer das A/V_e-Verhältnis, d.h. das Verhältnis der Wärme übertragenden Umfassungsfläche zum beheizten Bauwerksvolumen (auf Außenmaßen basierend) ist, desto geringer sind die Wärmeverluste.

Belüftetes Volumen *V*
Luftvolumen (Nettovolumen) einer beheizten Zone, das dem Luftaustausch unterliegt und damit einerseits der Raumhygiene dienlich ist, andererseits im Lüftungswärmeverlust zum Ausdruck kommt. Es wird auf der Grundlage der lichten Raummaße ermittelt.

Anlagen-Aufwandszahl e_p
Diese Kennzahl drückt das Verhältnis der von der Anlagetechnik aufgenommenen Primärenergie zu der ihr abgegebenen Nutzwärme aus (Heizung, Warmwasserbereitung). Die Anlagen-Aufwandszahl e_p gestattet auch, die verschiedenen Anlagen hinsichtlich des Energieaufwands miteinander zu vergleichen. Kommen regenerative Energien wie Pellets, Wärmepumpen, oder Solaranlagen zum Einsatz, können die e_p-Zahlen auch kleiner als 1 werden.

$$e_p = \frac{Q_p}{Q_h + Q_w}$$

Aus den Diagrammen S. 103 ff ist auch der Zusammmenhang zwischen Bausubstanz und Anlagentechnik ersichtlich: je geringer q_h ist, desto höher kann e_p sein.

Die Anlagen-Aufwandszahl e_p beinhaltet alle Teilverluste für:

- Erzeugung q_g (g = generation)
- Speicherung q_s (s = storage)
- Verteilung q_d (d = distribution)
- Kontrolle und Übergabe q_{ce} (ce = control and emission)
- Primärenergiefaktor f_p f = 1,1, für Öl, Gas, Kohle
- Hilfsenergie q_{HE} Strom für Pumpen

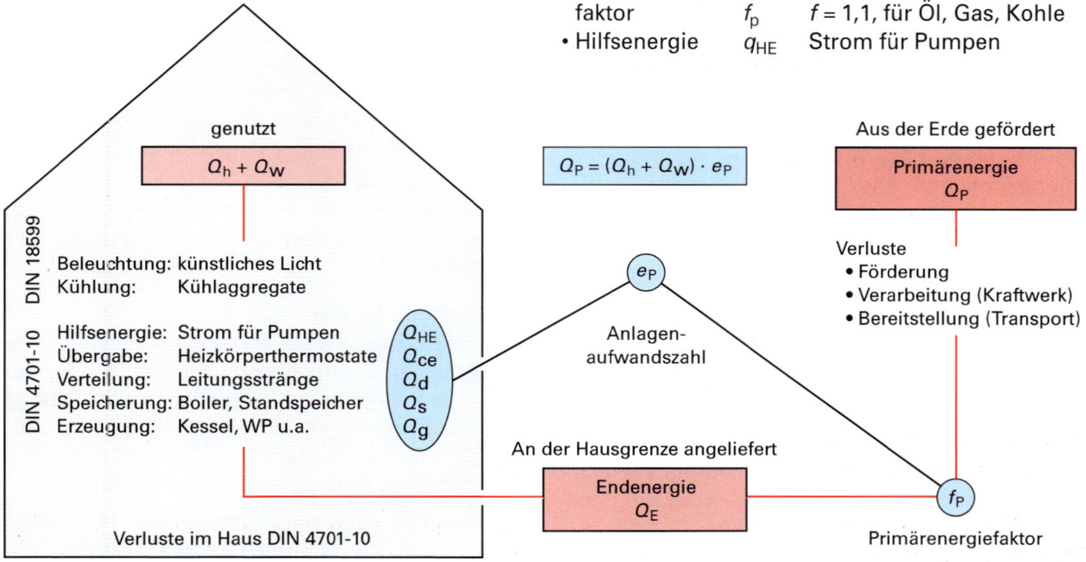

Bild 1: Wärmeverluste im Haus

Energieverbrauch

Es ist die gemessene Energiemenge, die zur Nutzung eines Gebäudes tatsächlich benötigt wird.

Energiebedarf

Die rechnerisch im Voraus ermittelte Größe der benötigten Energiemenge auf der Grundlage der in den Normen und der EnEV zugrundegelegten Randbedingungen.

Heizwärmebedarf Q_h

Es ist die Wärmemenge, die von den Heizkörpern dem zu beheizenden Gebäude oder Gebäudeteilen zur Verfügung gestellt werden muss, um die gewünschte Raumtemperatur aufrecht zu erhalten.

Der Heizwärmebedarf eines Gebäudes kann beeinflusst werden durch:

- die geografische Lage
- die Nachbarbebauung (Beschattung, Wind)
- Gebäudeform (stark oder schwach gegliedert)
- das A/V_e-Verhältnis
- Bepflanzung durch hohe Bäume (Beschattung)
- den Wärmedurchgangskoeffizienten der Bauteile der Wärme übertragenden Umfassungsfläche (Transmissionswärmeverlust)
- den Gesamtenergiedurchlassgrad von Verglasungen
- den Fensterflächenanteil
- die Orientierung der Fenster nach der Himmelsrichtung
- die Luftdichtheit des Gebäudes
- angebaute Pufferräume wie Wintergärten
- Vermeidung von Wärmebrücken
- automatisch betriebene Lüftungsanlagen mit Wärmerückgewinnung
- die Nutzung von solaren Wärmegewinnen

Der Heizwärmebedarf eines Gebäudes hängt ab:

- vom Transmissionswärmeverlust
- vom Lüftungswärmeverlust infolge Luftaustausch von warmer Raumluft durch kalte Außenluft über geöffnete Fenster sowie über die Fensterfugen
- von solaren Wärmegewinnen durch Strahlungsgewinne über transparente und opake (nicht transparente) Bauteile
- von internen Wärmegewinnen durch den Betrieb von elektrischen Geräten, Beleuchtung, Personen

Heizenergiebedarf

Zu ihm gehört jene Energiemenge, die zur Deckung des Heizwärmebedarfs dem Heizungs-System des Gebäudes zugeführt werden muss.

Darin sind Verluste des Heizungs-Systems bei der Wärmeübergabe, der Wärmeverteilung, der Wärmespeicherung sowie der Wärmeerzeugung enthalten. Diese Verluste werden in einer Anlagenaufwandszahl ausgedrückt. Eine kleine Aufwandszahl ist Ausdruck einer effizienten Heizanlage.

Ausnutzungsgrad η

Faktor, der zum Ausdruck bringt, wie viel des Wärmegewinnes (innerer Q_i, solarer Q_S) tatsächlich nutzbarer Wärmegewinn darstellt.

Wärmespeicherfähigkeit C_{wirk}

Fähigkeit der Bauteile, Wärmeenergie aufzunehmen und zu speichern. Die wirksame Wärmespeicherfähigkeit ist jener Teil der gesamten Wärmespeicherfähigkeit, der einen Einfluss auf den Heizwärmebedarf und auf die Raumtemperatur hat. Die wirksame Speicherfähigkeit hat Einfluss auf die Länge der Heizperiode und wird für den Fall Sommer und Heizperiode unterschiedlich ermittelt.

Erneuerbare Energien

Sie können zu Heizzwecken, Kühlzwecken, Lüftung sowie zur Warmwasserbereitung eingesetzt werden. Zu erneuerbaren Energien zählen:

- Solarenergie (Sonnenkollektoren, Photovoltaikanlagen)
- Umweltwärme: Wasser-Wasser-Wärmepumpe Luft-Wasser-Wärmepumpe
- Erdwärme (Sole-Wasser-Wärmepumpe)
- Tiefen-Geothermie
- Biomasse (fest, flüssig, gasförmig)
- Windkraft

Nachwachsende Energien

- Holz (Hackschnitzel, Pellets)
- Raps (Rapsöl)

Hilfsenergie

Energie, die zum Betreiben der Anlage wie Regelungstechnik, Pumpen u.a. benötigt wird.

Betriebsweisen eines Heiz-Systems

Anrechnung von Strom aus erneuerbaren Energien

Wird bei einem Gebäude (Wohn-, Nichtwohngebäude) Strom aus erneuerbaren Energien eingesetzt, darf dieser Strom von der berechneten Endenergie abgezogen werden, soweit er selbst genutzt wird und die überschüssige Energiemenge ins öffentliche Netz eingespeist wird.

Reduzierter Betrieb

Die abgegebene Wärmeenergie richtet sich nach der Außenlufttemperatur. Das Heiz-System fährt mit Teillast.

Abgesenkter Betrieb

Es wird eine abgesenkte Temperatur gegenüber der Solltemperatur vorgegeben, die unabhängig von der Außenlufttemperatur vorgegeben wird. Dies geschieht überwiegend während den Nachtstunden:

7 h bei Wohngebäuden

10 h bei Büro- und Verwaltungsgebäuden

Abgesenkter oder gar abgeschalteter Heizbetrieb bringt nicht nur Energieersparnis mit sich, sondern hat oft auch Feuchtigkeitsprobleme in Form von Schimmelpilzbildung zur Folge.

Verluste

Energiemengen, die das Gebäude durch Transmission (Wärmedurchgang durch die Bauteile) oder durch Lüftung über Fenster (geöffnete Fenster, Fensterfugen) das Gebäude verlassen und an die Außenluft gelangen.

Sonneneintragskennwert

Es ist eine rechnerisch ermittelte Größe zur Bewertung des Sonnenenergieeintrags von transparenten Bauteilen.

Heizgradtage

Heizgradtage werden aus der Summe der Heizgrenztemperatur (10 °C) minus der Tagesmitteltemperatur über die Anzahl der Heiztage berechnet.

Heizgrenztemperatur

Unter der Heizgrenztemperatur versteht man jene Außenlufttemperatur, ab der ein Gebäude bei einer vorgesehenen Raumlufttemperatur nicht mehr beheizt werden muss unter Nutzung solarer und interner Wärmegewinne.

Die Heizgrenztemperatur ist abhängig:

- vom Wärmedämmstandard
- den solaren und internen Wärmegewinnen
- der geografisschen Lage des Gebäudes (Referenzregion)

Heizgradtagzahl $Gt_{x/y}$

Es ist die Summe der täglichen Differenz zwischen der mittleren Raumtemperatur und der mittleren Außenlufttemperatur über die gesamte Heizperiode der zugehörigen Referenzregion.

Gt = Gradtag in Kd in Abhängigkeit von der Referenzregion und dem Dämmstandard des Gebäudes.

x = Innentemperatur

y = Heizgrenztemperatur

F_{Gt}

Faktor zur Ermittlung der Transmissions- (Q_T) und Lüftungswärmeverluste (Q_V) aus den spezifischen Verlusten H_T und H_V unter Berücksichtigung der Referenzregion.

T = Transmission (engl.)

V = Ventilation (engl.)

$F_{Gt} = Gt \cdot 1\ \text{Wd} \cdot f_{NA}$

1 Wd = 24 Wh = 0,024 kWh

f_{NA} = Korrekturfaktor für eingeschränkten Heizbetrieb während der Nacht.

Je höher das Wärmedämmniveau ist, desto niedriger ist die Heizgrenztemperatur. Die Heizgrenztemperatur liegt bei etwa +10 °C Außenlufttemperatur.

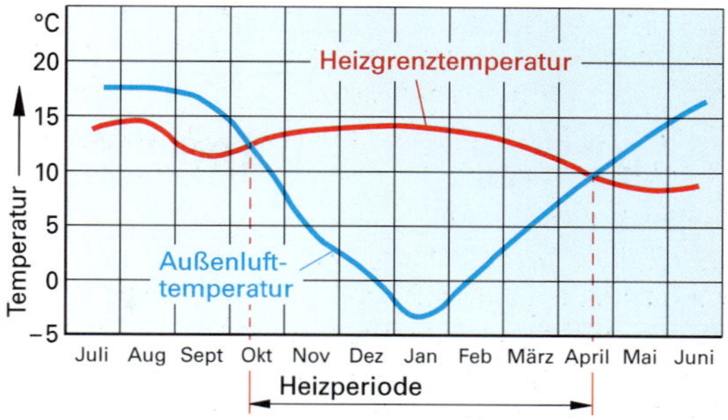

Bild 1: Heizperiode

Heizperiode

Als Heizperiode gilt jene Zeit, in der die Heizgrenztemperatur höher ist, als die mittlere Außenlufttemperatur.

Beim HP-Verfahren geht man von einer Heizperiode von 185 Heiztagen aus, das ist ein halbes Jahr, wobei für dieses halbe Jahr keine unterschiedlichen Außenlufttemperaturen angenommen werden, sondern ein Mittelwert.

Die Heizzeit hängt ab von:

- der geografischen Lage des Gebäudes und damit der durchschnittlichen Außenlufttemperatur
- dem Wärmedurchlasswiderstand der das Gebäude umschließenden Bauteile
- der Wärmespeicherfähigkeit der Bauteile, besonders der Innenbauteile
- solaren Wärmegewinnen transparenter und opaker Bauteile
- der Luftwechselrate
- Verschattungsfaktoren

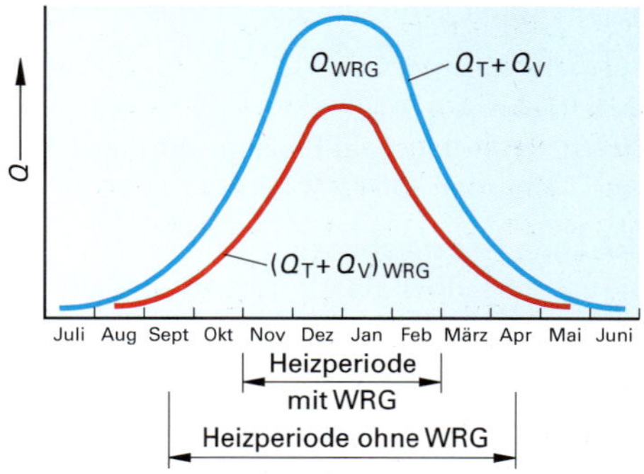

Bild 2: Heizperiode mit bzw. ohne Wärmerückgewinnung

$Q_T + Q_V$ = Transmissions- und Lüftungswärmebedarf ohne Wärmerückgewinnung

$(Q_T + Q_V)_{WRG}$ = Transmissions- und Lüftungswärmebedarf mit Wärmerückgewinnung

Flächenbegriffe nach DIN 277

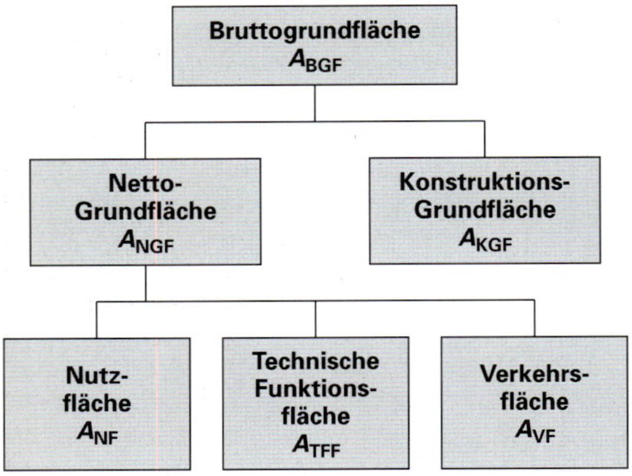

A_{BGF} = Fläche wie sie sich aufgrund der Außenmaße des Gebäudes ergeben, einschließlich Putz oder Vorsatzschalen

A_{KGF} = Querschnittsflächen von Wänden, Stützen, Schornsteinen, Installationshohlräumen

A_{TFF} = Flächen von zentralen Anlagen für Strom, Gas, Wasser, Heizung, Aufzug

A_{VF} = Flächen von Treppenräumen, Fluren

Flächenbezeichnungen in der EnEV

1. **Wohnflächen A_{WF}**
   Grundlage zur Berechnung ist die Wohnflächenverordnung.
   Sie dient der Ermittlung des Wärmebedarfs der Warmwasserbereitung. DIN 18 599
   $A_{NF} = 1{,}35 \cdot A_{WF}$ pauschal bis 2 WE
   $A_{NF} = 1{,}2 \cdot A_{WF}$ bei sonstigen Gebäuden

2. **Nettogrundfläche A_{NGF}**
   Sie dient der Ermittlung des Luftvolumens
   $V = A_{NGF} \cdot h$ h = lichte Raumhöhe

3. **Nutzfläche A_{NF}**
   Sie ist Grundlage bei Erweiterung und Ausbau von Gebäuden. DIN 277, EnEV

4. **Gebäude-Nutzfläche A_N**
   Sie ist eine über das Volumen und die Stockwerkshöhe hergeleitete Größe; EnEV

Geschosshöhe h_G = OKR bis OKR	Gebäude-Nutzfläche
$h_G < 2{,}50$ m	$A_N = \left(\frac{1}{h_G} - 0{,}04\ \text{m}^{-1}\right) \cdot V_e$
$h_G = 2{,}50$ m bis 3,0 m	$A_N = 0{,}32 \cdot V_e$ für $h_G = 2{,}75$ m
$h_G > 3{,}0$ m	$A_N = \left(\frac{1}{h_G} - 0{,}04\ \text{m}^{-1}\right) \cdot V_e$

Endenergiebedarf Q_E

Dazu zählt nicht nur der Heizenergiebedarf, sondern auch die Energiemenge, die zur Warmwasserbereitung, einschließlich der Verluste dieses Teilsystems benötigt wird.
Der Endenergiebedarf beinhaltet auch den Bedarf an Hilfsenergie für die Regelungstechnik und Pumpen. Endenergie ist jene Energie, die der Gebäudenutzer zur Aufrechterhaltung der gewünschten Raumtemperatur und der Warmwasserbereitung beziehen und letztendlich bezahlen muss.

Primärenergiebedarf Q_p

Es ist jene Energiemenge, die zur Deckung des Endenergiebedarfs benötigt wird unter Berücksichtigung der zusätzlichen Energiemenge, die vor dem Endverbraucher durch vorgelagerte Vorgänge bei der Gewinnung, Umwandlung und Verteilung der jeweiligen Energieträger wie Kohle, Öl, Gas und sonstige fossile Brennstoffe entstehen.
Der Primärenergiebedarf kann als Beurteilungsgröße für ökologische Kriterien wie Umweltbelastung in Folge von CO_2-Emissionen herangezogen werden.

Tabelle 1: Primär-Energiefaktoren f_p; DIN 19599-100

		Primärenergiefaktoren f_p	
Energieträger[1]		**insgesamt**	**nicht erneuerbarer Anteil**
Brennstoffe	Heizöl EL	1,1	1,1
	Erdgas H	1,1	1,1
	Flüssiggas	1,1	1,1
	Steinkohle	1,1	1,1
	Braunkohle	1,2	1,2
	Holz	1,2	0,2
Nah-/Fernwärme aus KWK[2]	fossiler Brennstoff	0,7	0,7
	erneuerbarer Brennstoff	0,7	0,0
Nah-/Fernwärme aus Heizwerken	fossiler Brennstoff	1,3	1,3
	erneuerbarer Brennstoff	1,3	0,1
Strom[3]	Strommix	3,0	2,6
Umweltenergie	Solarenergie, Umgebungswärme	1,0	0,0
Biogene Brennstoffe	Biogas Bioöl	1,5	0,5

[1] Bezugsgröße ist Endenergie H_i
[2] Anteil aus Kraft-Wärme-Kopplung mind. 70 %
[3] ab 1/2016 1,8

Beim Primärenergiefaktor f_p ist nur der nicht erneuerbare Anteil, der in die Berechnung einfließen kann.

1.7.5 Verwendung der fünf Flächenbegriffe in der EnEV

Gebäude-Nutzfläche	**Netto-Grundfläche**	**Nutzfläche**	**Wohnfläche**	**wärmeübertragende Umfassungsfläche**
A_N	A_{NGF}	A_{NF}	A_{WF}	A
EnEV	**DIN 277**	**DIN 277**	**WoFl-V**	**EnEV**
§ 15 Bezugsgrundlage für Klimaanlagen und raumlufttechnische Anlagen bei Wohngebäuden	§ 15 Bezugsgrundlage für raumlufttechnische Anlagen für: Nicht-Wohngebäude	§ 2 kleine Gebäude mit nicht mehr als 50 m²	Verweis Anl. 1 Punkt 2.2 a) DIN EN 18 599-10 S. 12, Tab 3	Anlage 1 S. 43
§ 19 Bezugsgrundlage für Wohngebäude für Heizung und Warmwasser § 3 Bezugsgrundlage für Referenzgebäude	§ 19 Bezugsgrundlage für Heizung Kühlung, Wasser, Lüftung, Beleuchtung für Nicht-Wohngebäude	§ 8 Raumzellen mit nicht mehr als 50 m² und max. 5 Jahre § 9 bei Erweiterung	Nutzenergie-Bedarf für Warmwasser DIN EN 18 599 EFH: q_W = 12 kWh/m²a MFH: q_W = 16 kWh/m²a	§ 3 Bezugsgrundlage für den spezifischen auf die wärmeübertragende Umfassungsfläche bezogenen Transmissionswärmeverlust H'_T § 9 bei Erweiterung
§ 22 Bezugsgrundlage für gemischt genutzte Gebäude: hier für den Wohngebäudeteil	§ 22 Bezugsgrundlage für gemischt genutzte Gebäude: hier für den Nicht-Wohngebäudeteil	§ 10 a sowie § 13 Außerbetriebnahme von Speicherheizungen		
Anlage 1: Grundlage für die Ermittlung des Primärenergiebedarfs q_P = 12,5 kWh/m²a für Heizung und Warmwasser nach DIN 4701-10	Anlage 1 für das Luftvolumen → Verweis auf DIN EN 18 599	§ 16 Energieausweise § 17 Ausweise nach: Energie**bedarf** Energie**verbrauch**	Grundsätzlich gilt: Q in kWh/a q in kWh/m²a	H'_T entspricht einem mittleren U-Wert des gesamten Gebäudes
Hergeleitet aus dem Bruttovolumen V_e $A_N = \left(\frac{1}{h_G} - 0{,}04\ m^{-1}\right) \cdot V_e$	Raum-Luftvolumen V $V = A_{NGF}$ · lichte Raumhöhe			
$q_P = Q_P / A_N$	$q_P = Q_P / A_{NGF}$	$q_P = Q_P / A_{NF}$	$q_P = Q_P / A_{WF}$	$H'_T = H_T / A$
$q_h = Q_h / A_N$	$q_h = Q_h / A_{NGF}$	$q_h = Q_h / A_{NF}$	$q_h = Q_h / A_{WF}$	
$q_W = Q_W / A_N$	$q_W = Q_W / A_{NGF}$	$q_W = Q_W / A_{NF}$	$q_W = Q_W / A_{WF}$	

1.7.6 Gebäudemaße und ihre Verwendung in der EnEV

Sowohl das beheizte und das gekühlte Gebäudevolumen V_e als auch die wärmeübertragende Gebäudehüllfläche A werden auf der Basis der Außenmaße ermittelt.

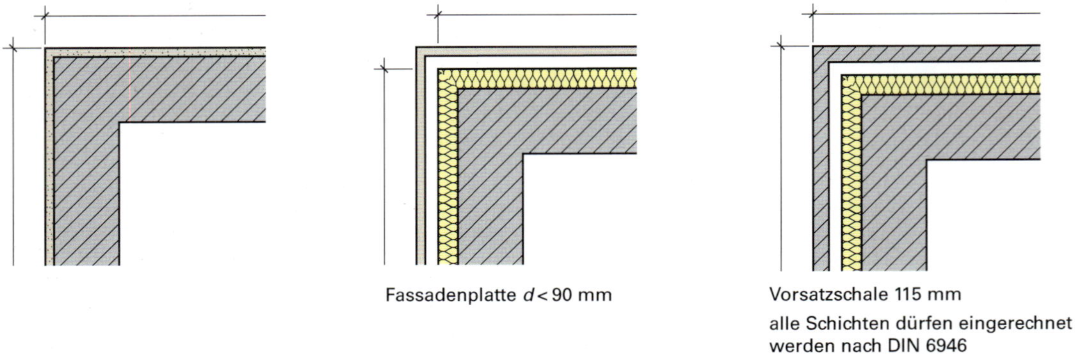

Bilder 1 bis 3: Außenmaße Wand

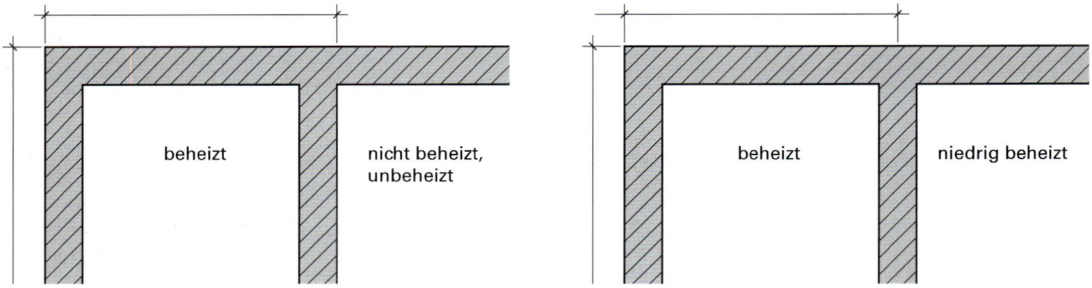

Bilder 4 und 5: maßgebliche Maße

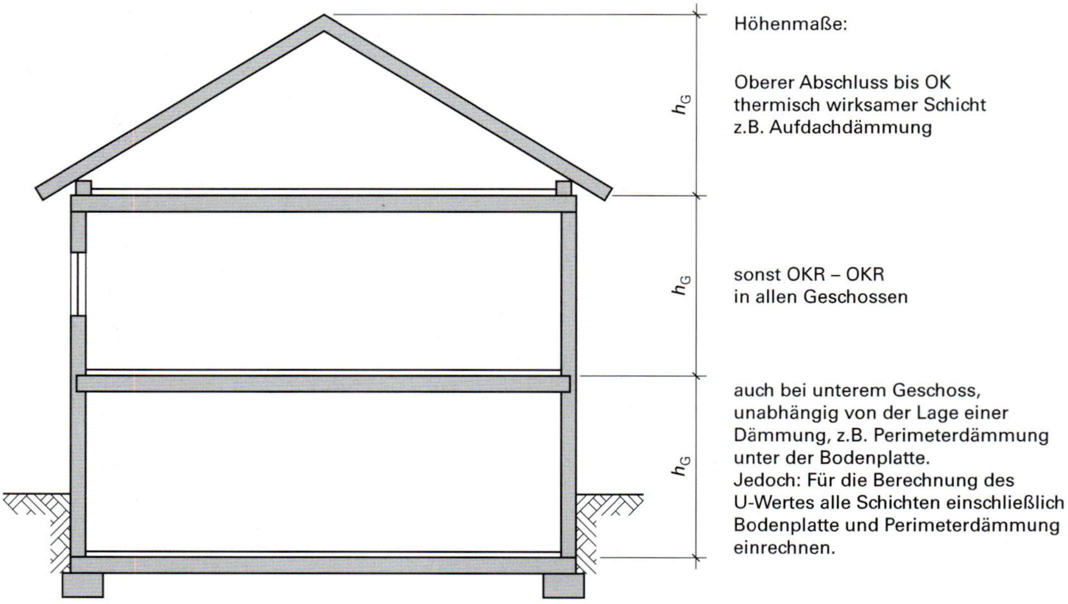

Bild 6: Höhenmaße

1.7.7 Von der Endenergie Q_E zur Primärenergie Q_P

$$Q_P = Q_{E,j} \cdot f_{P,j} \cdot f_{u,j}$$

$f_{P,j}$ = Primärenergiefaktor des Energieträgers
j = jeweiliger Energieträger

$$f_{u,j} = H_s / H_i$$

H_s = Brennwert (früher oberer Heizwert H_o)
Gibt die nutzbare Energie eines Brennstoffes an und berücksichtigt zusätzlich den im Wasserdampf des Abgases enthaltenen Energiegehalt. ⇒ Brennwerttechnik
⇒ Die Abgastemperatur liegt **oberhalb** der Kondensationstemperatur.

H_i = Heizwert (früher unterer Heizwert H_u)
Gibt die nutzbare Energie eines Brennstoffes an ohne die im Wasserdampf enthaltene nutzbare Energie zu nutzen.
⇒ Die Abgastemperatur liegt **unterhalb** der Kondensationstemperatur
⇒ Nicht-Brennwerttechnik

Beispiel:
1 000 *l* Heizöl
Brennwerttechnik

Lösung:
1 000 *l* ≙ 10 000 kWh
$Q_P = Q_{E,j} \cdot f_{P,j} \cdot f_{u,j}$
$= 10\,000 \cdot 1{,}1 \cdot 1{,}06$
$Q_P = 11\,660$ kWh

Tabelle 1: Heizwerte verschiedener Brennstoffe

Brennstoff	Heizwert kWh/kg
Steinkohle	9,3
Braunkohle	5,8
schweres Heizöl	10,9
leichtes Heizöl EL	10 kWh/l
Flüssiggas	13,0
Stadtgas	4,5 kWh/m³
Holz (lufttrocken)	4,1
Holzpellets	5,0
Holzhackschnitzel	650 kWh/SRm

SRm = Schütttraummeter

Tabelle 2: Energieträgerabhängige Umrechnungsfaktoren

Energieträger		Verhältnis Brennwerttechnik/Heizwert $\frac{H_s}{H_i}$	Umrechnungsfaktor für die Endenergie f_u
Brennstoffe	Heizöl	1,06	0,943
	Erdgas	1,11	0,901
	Flüssiggas	1,09	0,917
	Steinkohle	1,04	0,962
	Braunkohle	1,07	0,935
	Holz	1,08	1,000
Nah- und Fernwärme aus	fossiler Brennstoff	–	1,000
KWK (Kraft-Wärme-Kopplung)[1)]	erneuerbarer Brennstoff	–	1,000
	fossiler Brennstoff	–	1,000
Nah- und Fernwärme aus	erneuerbarer Brennstoff	–	1,000
Heizwerken		–	1,000
Strom	Strom-Mix	–	1,000
Umweltenergie	Solarenergie		
	Umgebungswärme		
Biogene Brennstoffe	Biogas, Bioöl		

[1)] Der Wert bezieht sich auf einen Anteil von 70 %

1.7.8 Interne Wärmegewinne

Wärmegewinne verringern den Wärmebedarf, der durch Wärmetransmission und Lüftung der Räume entsteht.
Jeder hat schon die Erfahrung gemacht, dass er bei Beginn einer Veranstaltung die Raumtemperatur noch wenig angenehm empfand, während er nach einigen Stunden, als der Saal gefüllt war, die Scheinwerfer in Betrieb waren ein Teil der Kleider auszog und nach etwas kühlerer Luft Verlangen hatte.

Wärmegewinne im Innern hängen ab:

- vom Gebäude und seiner Nutzung (Wohngebäude, Bürogebäude)
- von der technischen Ausstattung (Maschinen, Geräte)
- von der Personenbelegung
- vom Betrieb vorhandener Anlagen
- von der Beleuchtung
- vom Produktionsprozess

Interne Wärmegewinne berechnen sich zu:

$$\boldsymbol{Q_i = 22 \cdot A_N}$$ in kWh/a

$$\boldsymbol{A_N = 0{,}32 \cdot V_e}$$

A_N = Gebäudenutzfläche
V_e = Gebäudevolumen, ermittelt auf der Grundlage der Außenmaße

1 Wd = 1 W · 24 h = 24 Wh = 0,024 kWh

22 = 5 W/m² · 185 d · 0,024 kWh

$$0{,}32 = \left(\frac{1}{2{,}75} - 0{,}04\right)$$

2,75 m = mittlere Stockwerkshöhe (OKR – OKR)

Beträgt die Geschosshöhe h (OKR – OKR) weniger als 2,75 oder mehr als 3,0 m, so ist A_N nach Formel S. 48 zu ermitteln:
Nach DIN V 18599-10 ergeben sich die internen Wärmegewinne zu:

$$\boldsymbol{Q_i = q_i \cdot A_{WF} \cdot t}$$

q_i = 50 Wh/m² · d bei EFH
q_i = 100 Wh/m² · d bei MFH

A_{WF} = Wohnfläche nach WF-VO
d = Anzahl der Tage

Tabelle 1: Richtwerte für die mittlere Wärmeleistung von internen Wärmequellen in Gebäuden

Wärmequelle	mittlere interne Wärmeleistung in W
Personen (P)	65 W/P
Warmwasser	25 + 15 W/P
Kochen	110
Technische Geräte:	
Fernsehapparat	35
Kühlschrank	40
Wasserkocher	20
Gefriertruhe/-schrank	90
Waschmaschine	10
Geschirrspüler	20
Wäschetrockner	20
Beleuchtung bei Wohneinheiten:	
50 m² bis 100 m²	30
über 100m²	45

Nutzungsart der Gebäude	Pauschale Richtwerte für flächenbezogene interne Wärmegewinne q_i W/m²
Wohngebäude (24 h/d)	5
Büro- und Verwaltungsgebäude:	
während den Bürozeiten	15
außerhalb den Bürozeiten	2

1.7.9 Solare Wärmegewinne

Solare Wärmegewinne im MB-Verfahren

Für das MB-Verfahren sind die monatlichen Strahlungsintensitäten in 15 Klimazonen der Bundesrepublik aufgelistet. Diese Datensätze können als individuelle Randbedingungen zur Ermittlung des Jahres-Heizwärmebedarfs herangezogen werden. Strahlt die Sonne auf opake (= nicht transparente) Bauteile, so trägt die solare Energie zur Reduktion des Transmissionswärmeverlustes bei, die bei Südorientierung bis zu 10 % im Monat der Heizperiode betragen kann.

Solare Wärmegewinne ergeben sich über:

- transparente (= lichtdurchlässige) Bauteile, wie Fenster und sonstige Verglasungen
- opake (= nicht lichtdurchlässige) Bauteile wie Außenwände, Dächer
- transparente Wärmedämmung (TWD)
- unbeheizte Glasvorbauten (Wintergärten)

Solare Wärmegewinne hängen ab:

1. von der geografischen Lage des Gebäudes (Referenzregion)
2. von der Strahlungsintensität auf die Bauteiloberfläche
3. von der Ausrichtung des Bauteils nach der Himmelsrichtung
4. von der Neigung des Sonneneinstrahlwinkels
5. vom Gesamtenergiedurchlassgrad der Fenster und sonstigen transparenten Bauteile
6. von Abminderungsfaktoren durch Jalousien, Markisen für die solare Einstrahlung
7. vom Absorptionsgrad opaker Bauteile

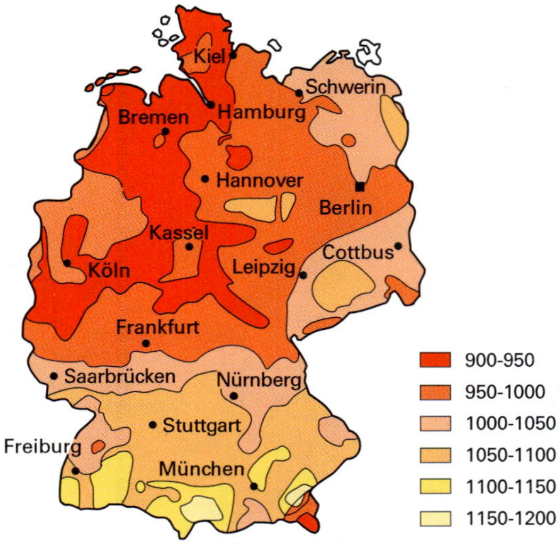

Jährliche Einstrahlung in kWh pro m²

Die monatlichen Strahlungsgewinne errechnen sich zu:

$$Q_{S,M} = 0{,}024 \cdot t_M \cdot I_{S,j} \cdot F_f \cdot F_S \cdot F_C \cdot g_j \cdot A_{W,j}$$

0,024 kWh = 1 Wd = 24 Wh = 0,024 kWh
1 Watt-Tag = 24 Watt-Stunden

t_M = Anzahl der Tage des Monats
$I_{S,j}$ = jeweilige Strahlungsintensität je nach Himmelsrichtung und Referenzregion
F_f = Abminderungsfaktor infolge Fensterrahmenanteil.
Bei einem Normfenster (1,26 m x 1,45 m) beträgt der Rahmenanteil 30 % $\Rightarrow F_f = 0{,}7$
F_S = Verschattungsfaktor $F_S = 0{,}9$
F_C = Abminderungsfaktor für Sonnenschutzvorrichtungen
g_j = Gesamtenergiedurchlassgrad der Verglasung
$A_{W,j}$ = Fläche des jeweiligen transparenten Bauteils nach Rohbaumaßen
j = jeweiliges Bauteil

Solare Wärmegewinne

Solare Wärmegewinne werden von außen durch Sonneneinwirkung in das Gebäude hineingetragen. Der Strahlungsanteil der Sonnenenergie ist es, der zur Erwärmung der Räume auch an Wintertagen beiträgt. An sonnigen Wintertagen spüren wir diese Strahlungswärme hinter einem Südfenster ganz besonders. Solare Wärmegewinne tragen wesentlich zur Reduzierung des Heizwärmebedarfs bei.

Tabelle 1: Richtwerte für den Strahlungsabsorptionsgrad verschiedener Oberflächen

Oberfläche	Strahlungsabsorptionsgrad α
Wandoberflächen:	
heller Anstrich	0,4
gedeckter Anstrich	0,6
dunkler Anstrich	0,8
Mauerwerk:	
Klinkermauerwerk	0,8
helles Sichtmauerwerk	0,6
Dachdeckungen:	
ziegelrote Oberfläche	0,6
dunkle Oberfläche	0,8
Metall (blank)	0,2
Bitumenbahn (besandet)	0,6

1.7.10 Luftdichtheit/Luftdichtheitsprüfung

Luftdichtheit

Je besser der Wärmedämmstandard eines Gebäudes ist, desto größer ist der prozentuale Anteil des Lüftungswärmeverlustes am Gesamtwärmeverlust.

Lüftung muss aus hygienischen Gründen wohl sein, eine gewollte oder ungewollte höhere Lüftungsrate darüber hinaus erhöht die Heizkosten und sollte daher vermieden werden.

Ein wesentlicher Beitrag zur Luftdichtheit kann auch dadurch gewährleistet werden, indem Anschlüsse auf nur wenige beschränkt und möglichst einfach gestaltet werden.

Eine weitere Möglichkeit der Erhaltung der Luftdichtheit – besonders während der Ausbauphase – besteht darin, dass vor der Luftdichtheitsschicht zur Raumseite hin eine Installationsschicht für Elektro-, Sanitär- und sonstigen technischen Installationen angeordnet wird.

Dadurch kann vermieden werden, dass beim Ausbau die Luftdichtheitsschicht zerstört wird bzw. luftdichte Hohlwandinstallationsdosen verwendet werden müssen.

Folgende Anschlüsse sollten eine besondere Beachtung finden:

- Fenster – Mauerwerk
- Tür – Bauwerk
- Briefkasten – Bauwerk
- Dachfenster – Dach
- Überlappungsstöße der Luftdichtheitsschicht
- Durchdringungen von Installationen aller Art durch die Luftdichtheitsschicht

Eine bestandene Luftdichtheitsprüfung reduziert die Lüftungswärmeverluste um ca. 14 %.

Luftdichtheit durch dichte Fenster, eine durch Folien erzeugte luftdichte Hülle kann bei falschem Nutzerverhalten auch Feuchteprobleme bringen. Durch den Aufenthalt von Personen und deren Tätigkeit in einem Raum wird auch Feuchte produziert, die abgeführt werden muss, soll es nicht zu Bauschäden kommen.

Feuchteabgabe:

Personen bei leichter Aktivität	30 – 40 g/h · Person
Kochen	600 g/d
Geschirr spülen	200 g/d
Wäsche trocknen	550 g/kg
Zimmerpflanzen	20 g/h
Aquarien	40 g/h · m^2 Oberfläche

Luftdichtheitsprüfung

Die Luftdichtheitsprüfung (Blower-Door) wird auf der Grundlage einer Druckdifferenz zwischen Raumluft und Außenluft von 50 Pa (Pascal) durchgeführt. Um eine höhere Genauigkeit der Ergebnisse zu erreichen, wird empfohlen, bis auf eine Druckdifferenz einzelner Messpunkte von ±100 Pa zu gehen. Es sollten zwei Messreihen durchgeführt werden, eine bei Über- und eine bei Unterdruck. Für die Luftdruckprüfung ist das Innenvolumen maßgebend.

Es können auch einzelne Teile eines Gebäudes wie z.B. jede Wohnung eines Mehrfamilienhauses separat gemessen werden.

Im Normalfall kann die Messung erst dann vorgenommen werden, wenn die Gebäudehülle fertig gestellt ist. Wird dagegen schon vor der Verkleidung der Luftdichtheitsschicht eine Messung vorgenommen, so kann eine Nachbesserung noch einfacher erfolgen.

Bei der Messung werden sämtliche Innentüren geöffnet, um so im Gebäudeinnern einen gleichmäßigen Druck zu erzielen.

Luftdurchlässe nach außen werden geschlossen bzw. abgedichtet. Waschbecken werden abgedichtet, um einen Luftdruckausgleich über den Geruchverschluss (Sifon) zu vermeiden.

Bei diesem vorhandenen Unterdruck im Gebäude darf der Luftvolumenstrom folgende Werte nicht überschreiten.

Bei Gebäuden ohne raumlufttechnische Anlagen gilt:

3 h^{-1}	bezogen auf das Raumvolumen
1,5 h^{-1}	mit raumlufttechnischen Anlagen wenn das Gebäude nach DIN EN 18 599 berechnet wurde
4,5 h^{-1}	ohne RT-Anlagen
2,5 h^{-1}	mit RT-Anlagen

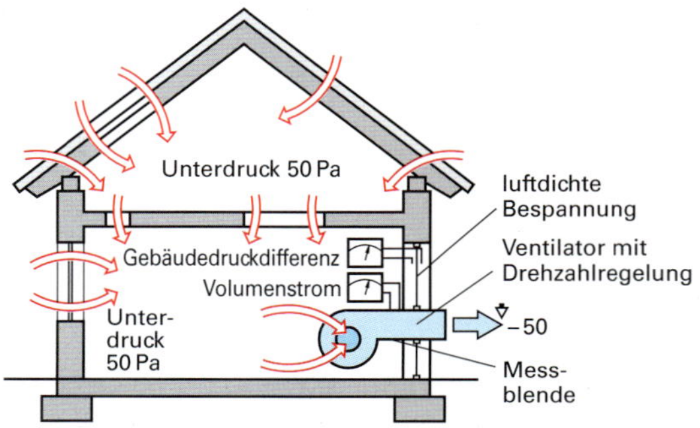

Bild 1: Luftdichtheitsprüfung

Beispiel 1:

Bei einer Blower-Door-Messung wurden in ein Gebäude ohne raumlufttechnische Anlage mit einem Luftvolumen $V_L = 170\ m^3$ bei einem konstanten Überdruck von 50 Pa 576 m^3/h Luft eingeblasen und 637 m^3/h bei einem gleichen Unterdruck entzogen.
Beurteilen Sie die Luftdichtheit des Gebäudes!

Lösung:

$$V_{50} = \frac{576 + 637}{2}$$

$$V_{50} = 606{,}50\ m^3/h$$

$$n_{50} = \frac{V_{50}}{V_L} = \frac{606{,}50}{170}$$

$n_{50} = 3{,}57\ h^{-1} > 3{,}0\ h^{-1} \rightarrow$ Die Forderung ist nicht erfüllt.

Beispiel 2:

Das Luftvolumen eines bei einer Luftdichtheitsprüfung zu beurteilenden Gebäudes beträgt 586 m^3. Das Gebäude ist nicht mit einer raumlufttechnischen Anlage ausgestattet. Bei der Überdruckmessung wurden 1 476 m^3/h Luft dem Gebäude zugeführt, während bei der Unterdruckmessung 1 350 m^3/h dem Gebäude entnommen wurden.
Kann dieses Gebäude als luftdicht nach der EnEV angesehen werden?

$$V_{50} = \frac{1\,476 + 1\,350}{2}$$

$$V_{50} = 1\,413\ m^3/h$$

$$n_{50} = \frac{1\,413}{586}$$

$n_{50} = 2{,}4\ h^{-1} < 3{,}0\ h^{-1} \rightarrow$ Die Forderung nach EnEV ist erfüllt.

Beispiel 3:

Ein Gebäude ist mit einer raumlufttechnischen Anlage ausgestattet und hat ein Luftvolumen von 1 237 m^3. Im Rahmen einer Luftdichtheitsprüfung wurden pro Stunde 2 187 m^3 Luft zugeführt und 1 853 m^3 entzogen.

Erfüllt dieses Gebäude die Forderung der EnEV?

$$V_{50} = \frac{2\,187 + 1\,853}{2}$$

$$V_{50} = 2\,020\ m^3/h$$

$$n_{50} = \frac{2\,020\ m^3/h}{1\,237\ m^3}$$

$n_{50} = 1{,}63\ h^{-1} > 1{,}5\ h^{-1} \rightarrow$ Die Forderung nach der EnEV ist nicht erfüllt.

1.7.11 Lüftungswärmeverluste

Wärmeverluste entstehen nicht nur durch Transmission durch die Bauteile hindurch, sondern auch durch geöffnete Fenster sowie durch die Fugen der Fenster und Außentüren oder durch Undichtheiten in der Gebäudehülle.

Die Lüftungswärmeverluste hängen ab von:

1. der Windgeschwindigkeit und Windrichtung
2. der Temperaturdifferenz zwischen Raumluft und Außenluft
3. der Gebäudeform
4. von der Dichtheit des Gebäudes, insbesondere der Fenster und Dachkonstruktion
5. den Lüftungsgewohnheiten der Nutzer (Luftwechselrate)
6. der Temperaturdifferenz zwischen Raumluft und Außenluft ($\vartheta_i - \vartheta_e$)
7. dem Lüftungs-System, freie – kontrollierte Lüftung

$V = 0{,}76 \cdot V_e$ bei Wohngebäuden mit bis zu 3 Vollgeschossen

$V = 0{,}80 \cdot V_e$ in übrigen Fällen

V = beheiztes Luftvolumen, das dem Luftaustausch unterliegt und Anforderungen an die Raumhygiene erfüllen muss

V_e = beheiztes Bruttovolumen auf der Grundlage der Außenmaße (evtl. Dämmschicht, Vorsatzschale)

Die **Luftwechselrate** gibt an, zu wie viel Prozent pro Stunde die Raumluft ausgetauscht wird.
Bei normal genutzten Räumen kann man davon ausgehen, dass die Raumluft innerhalb einer Stunde zu mindestens 80 % ausgetauscht wird, d.h. die Luftwechselrate beträgt 0,8. Durch die Verringerung der Belegungsdichte unserer Wohnungen von etwa 28 m^2/Person auf ca. 37 m^2/Person geht man von einer Luftwechselrate von 0,7 bis gar 0,6 aus.

$n = 1{,}0\ h^{-1}$ bei offensichtlichen Undichtheiten
$n = 0{,}7\ h^{-1}$ für Gebäude ohne Dichtheitsprüfung
$n = 0{,}6\ h^{-1}$ für Gebäude mit Dichtheitsprüfung
$n = 0{,}5\ h^{-1}$ zwischen unbeheizten Räumen und der Außenumgebung

Spezifischer Lüftungswärmeverlust

0,34 = Faktor, der die spezifische Wärmekapazität c sowie die Dichte ϱ der Luft ausdrückt.

$0{,}34 = c_L \cdot \varrho_L$ $c = 1\,000$ J/kgK $\triangleq$ 1 000 Ws/kgK
$\varrho = 1{,}25\ kg/m^3$ (Luft)
$n = 0{,}6\ h^{-1}$
$= 0{,}6/h$ (Luftwechselrate)
V = Luftvolumen
V_e = beheiztes Bruttovolumen
$V = 0{,}76 \cdot V_e$

$$\frac{1\,000\ Ws}{kg \cdot K} \cdot \frac{1{,}25\ kg}{m^3} = 0{,}34\ \frac{Wh}{m^3K}$$

$$H_V = 0{,}34 \cdot n \cdot V$$

1.7.12 Wärmespeicherung

Wärmespeicherung spielt sowohl für den sommerlichen, als auch für den winterlichen Wärmeschutz eine große Rolle.

Sommer: Die raumumschließenden Bauteile nehmen tagsüber einen Teil der Wärmeenergie auf und geben sie in den Abend- und Nachtstunden an die sich abkühlende Raumluft ab. Dadurch wird das so genannte Barackenklima vermieden.

Winter: Die Raum umschließenden Bauteile nehmen während der Heizzeit Wärme auf und können diese bei Wegfall der Heizung oder Nachtabsenkung an die Raumluft abgeben. Weiter wird durch die Wärmespeicherung erreicht, dass es in Wandnähe keine Zugerscheinung gibt und die Wand Wärme abstrahlen kann. Dadurch wird das Wohlbefinden in Wandnähe gesteigert.

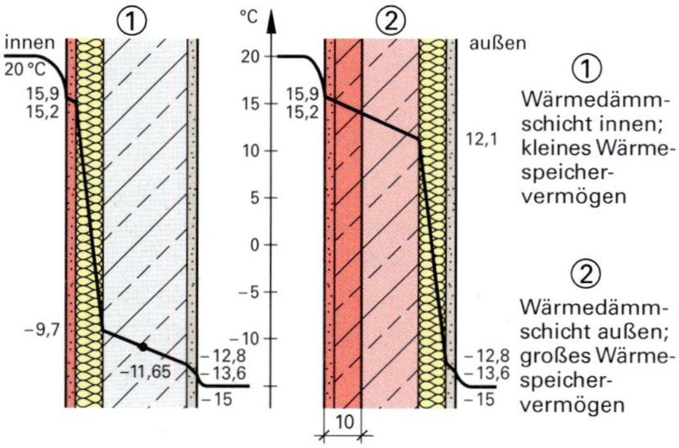

Bild 1: Wärmespeicherfähigkeit

Grundsatzforderung:

Außenbauteile ⇒ hohe Wärmedämmung

Innenbauteile ⇒ große Wärmespeicherfähigkeit

⇒ große Luftschalldämmung

Zur Wärmespeicherung können nach DIN 4108-6 nur Schichten mit $\lambda \geq 0{,}1$ W/mK herangezogen werden:

- die einseitig an die Raumluft grenzen, mit einer Dicke von maximal $d = 10$ cm
- bei beidseitig an die Raumluft grenzenden Bauteilen (Innenwände, Zwischendecken) die halbe Bauteildicke, oder max. 10 cm je Seite bei größeren Dicken
- bei Schichten vor einer Dämmschicht (z.B. Estrich, innen gedämmte Wand) nur die vor der Dämmschicht liegenden Schichten

Die wirksame Wärmespeicherfähigkeit errechnet sich zu: $\boldsymbol{C_{wirk} = c \cdot \varrho \cdot d \cdot A}$

c = spezifische Wärmekapazität in J/kgK

ϱ = Rohdichte in kg/m^3

d = halbe Bauteildicke, bzw. max. 10 cm bei $\lambda \geq 0{,}1$ W/mK

A = Fläche des Bauteiles

Vereinfacht kann angenommen werden:

für leichte Bauteile	für schwere Bauteile
$C_{wirk} = 15 \frac{Wh}{m^3K} \cdot V_e$	$C_{wirk} = 50 \frac{Wh}{m^3K} \cdot V_e$
Während der nächtlichen Abschaltzeit	
$C_{wirk} = 12 \frac{Wh}{m^3K} \cdot V_e$	$C_{wirk} = 18 \frac{Wh}{m^3K} \cdot V_e$
• Gebäude in Holztafelbauart ohne massive Innenbauteile • Gebäude mit abgehängten Decken und überwiegend leichten Trennwänden • Gebäude mit hohen Räumen (Museen, Turnhallen)	• Gebäude mit massiven Innen- und Außenbauteilen ohne abgehängte Decken

Energiebedarfsausweis (Energiepass)

Für zu errichtende Gebäude mit Innentemperaturen ≥ 19 °C ist ein Energiebedarfsausweis auszustellen, der für die zuständigen Stellen, aber besonders für Käufer, Mieter und sonstige Nutzungsberechtigte vom Bauherrn (Eigentümer) zur Verfügung zu stellen ist:

Dieser muss enthalten:

1. den spezifischen Wert des Transmissionswärmeverlustes H'_T
2. den spezifischen Wert des Lüftungswärmeverlustes H_V
3. das Ergebnis der Prüfung auf Luftdichtheit
4. den spezifischen Wert der Warmwasserbereitung q_w
5. die Anlagenaufwandszahl der Heizungsanlage e_p
6. den Jahres-Primärenergiebedarf q_p
7. den Endenergiebedarf für die einzelnen Energieträger

Ein Energiebedarfsausweis ist ebenfalls auszustellen, wenn

- innerhalb eines Jahres mindestens drei Änderungen an
  - Fassade
  - Fenster
  - Dach (Steildach, Flachdach) vorgenommen werden
- das beheizte Gebäudevolumen um mehr als 50 % erweitert wird

Für zu errichtende Gebäude mit Innentemperaturen > 12 ϑ < 19 °C ist insbesondere der spezifische auf die Wärme übertragende Umfassungsfläche bezogene Transmissionswärmeverlust H'_T in einem Wärmebedarfsausweis fest zu halten.

1.8 Nachweisverfahren nach der Energie-Einspar-Verordnung

1.8.1 Monatsbilanz-Verfahren (MB-Verfahren)/Bauteilverfahren (BT-Verfahren)

Als Grundlage aller Klimadaten dient eine Klimakarte, in der Deutschland in 15 Referenzregionen eingeteilt ist und in zugehörigen Tabellen das monatliche Strahlungsangebot der jeweiligen Referenzregion aufgeführt ist, in Abhängigkeit von der Himmelsrichtung und der Neigung der Glasflächen. Diese Tabellen dienen der Ermittlung der solaren Wärmegewinne. Ferner sind in Tabellen in Abhängigkeit von der jeweiligen Region die mittlere Außentemperatur des jeweiligen Monats angegeben. Mit Hilfe dieser Monatswerte lassen sich die Transmissionswärmeverluste genauer ermitteln. Die Anzahl der Heiztage hängt von der Referenz-Region und vom Wärmedämmstandard des Gebäudes ab. Die Heizperiode dauert so lang, so lang die Außenlufttemperatur unter der Heizgrenztemperatur liegt. Beim MB-Verfahren werden alle Wärmeverluste wie Transmissionswärmeverluste, Lüftungswärmeverluste, Anlageverluste, Verluste bei der Trinkwassererwärmung sowie Verluste über Wärmebrücken monatlich erfasst, über das Jahr addiert und den Gewinnen, d.s. im Wesentlichen interne Wärmegewinne und solare Wärmegewinne gegenübergestellt. Zu dem Zeitpunkt, zu dem die Verluste höher sind als die Gewinne, beginnt die Heizperiode und zu dem Zeitpunkt, zu dem die Gewinne wieder höher als die Verluste sind, endet die Heizperiode. Beim MB-Verfahren findet eine enge Verflechtung von der DIN 4108-6 (Bauschiene) und der DIN 4701-10 und der DIN V 18 599 (Anlageschiene) statt.

Der nähere Nachweis erfolgt auf der Grundlage eines Referenzgebäudes

Beim MB-Verfahren werden berücksichtigt:

- Nachtabsenkung des Heizsystems
- Heizunterbrechung
- exakte Erfassung der Heizzeit
- Wintergärten
- Außenlufttemperatur je nach geografischer Lage
- transparente Wärmedämm-Systeme
- Wärmerückgewinnungs-Systeme
- passive Sonnenenergie-Nutzungsmaßnahmen (thermische Solaranlagen, Photovoltaik-Anlagen)
- Nutzung der Erdwärme (Wärmepumpen) ⇒ Geothermie
- in Außenbauteile integrierte Heizflächen (Trombewände)
- Wärmeleitfähigkeit des Erdreichs
- exakte Erfassung von Wärmebrücken
- Verschattungsfaktoren
- wirksame Wärmespeicherfähigkeit der raumumschließenden Bauteile
- solare Wärmegewinne über opake (= nicht lichtdurchlässige) Bauteile.

Das MB-Verfahren ist nicht nur recht kompliziert, sondern auch sehr vielgestaltig und umfangreich, besonders im Nicht-Wohnungsbau, so dass es dort eigentlich nur mit Hilfe eines EDV-Programmes zu bewältigen ist.
Da das MB-Verfahren für den Nicht-Wohnungsbau den Rahmen hier sprengen würde, soll dieses Verfahren an dieser Stelle nicht weiter ausführlich behandelt werden.

Der Wohnungsbau ist nicht so vielschichtig wie der Nicht-Wohnungsbau, so dass das MB-Verfahren noch recht überschaubar ist und daher auch noch ohne EDV-Hilfe zu bewältigen ist.

Nachweisverfahren

Bei zu errichtenden Gebäuden (Neubauten)	Nur bei Gebäuden im Bestand (Sanierung)
MB-Verfahren	**BT-Verfahren**
• Bausubstanz betreffend (H_T)	• nur die Bausubstanz betreffend
• Anlagentechnik betreffend (e_P)	• Nichtüberschreitung von U-Höchstwerten
• Standort betreffend (F_{Gt})	
	• Bei Ausbau und Erweiterung Nichtüberschreitung von H'_T Tab. S. 125
⇒ **Referenzgebäude-Verfahren**	

Bauteilverfahren (BT-Verfahren)

Dieses Verfahren nennt sich deshalb Bauteilverfahren, weil es sich um Außenbauteile handelt, an denen eine Änderung, ein Ausbau oder eine Erweiterung vorgenommen wird wie Wände, Fenster, Dächer.
Die Anlagetechnik wird bei diesem Verfahren ebenfalls nicht berücksichtigt.
Es ist jedoch auch möglich, bei Gebäuden im Bestand das MB-Verfahren über ein Referenzgebäude anzuwenden. Dabei dürfen für sanierte Gebäude die Werte für den auf die Gebäude-Nutzfläche A_N bezogenen Jahres-Primärenergiebedarf q_p sowie den auf die wärmeübertragende Gebäude-Hüllfläche spezifischen Transmissionswärmeverlust H'_T den in Tabelle Seite 125 genannten Wert um maximal 40 % überschreiten.

Die EnEV unterscheidet bei Gebäuden zwischen Nichtwohngebäuden und Wohngebäuden

Nichtwohngebäude

Nichtwohngebäude gibt es in so vielfältiger und unterschiedlicher Art der Nutzung und technischen Ausstattung, dass es sinnvoll erscheint, nicht alle mit gleichen Maßstäben zu messen: Hotels, Schulen, Kliniken, Hallenbäder, Eishallen, Kindergärten, Verwaltungsgebäude, gewerblich genutzte Gebäude. Die Anforderungen bei der Nutzung und technischen Ausstattung dieser Bauwerke ist so grundverschieden, dass es Sinn macht, diese Gebäude entsprechend ihrer Kategorie zu erfassen. Dadurch ist eine bessere Vergleichbarkeit bezüglich ihrer energetischen Standards gegeben.

Der Nachweis je nach Gebäudekategorie erfolgt auf der Grundlage eines Referenzgebäudes, also Hotel, Hallenbad, Schule usw. Der Anforderungskatalog ist entsprechend der Nutzungsart und technischer Ausrüstung so umfangreich und komplex, dass der Nachweis nur mit einem EDV-Programm sinnvoll zu bewältigen ist.

Da das MB-Verfahren auf der Grundlage eines Referenzgebäudes für Nichtwohngebäude den Rahmen hier sprengen würde, soll dieses Verfahren an dieser Stelle nicht weiter behandelt werden.

Wohngebäude

Im Wohnungsbau ist der Unterschied der Nutzung und technischen Ausstattung nicht so groß wie im Nichtwohnungsbau. Ein- und Mehrfamilienhäuser lassen sich gut vergleichen, Hochhäuser und große Wohnanlagen stellen wieder ein getrenntes Anforderungsniveau dar.

Doch auch im Wohnungsbau ist man mit der EnEV 2009 vom bisherigen Nachweisverfahren abgerückt, dass bestimmte Tabellenwerte des Primärenergiebedarfs q_P in Abhängigkeit vom A/V_e-Verhältnis nicht überschritten werden dürfen und fordert auch hier den Nachweis nach einem Referenzgebäude gleicher Geometrie, Gebäude-Nutzfläche, Ausrichtung mit der gegebenen technischen Ausrüstung.

Im Wohnungsbau ist die technische Ausrüstung nicht so vielgestaltig wie im Nichtwohnungsbau. Dementsprechend ist auch das Nachweisverfahren einfacher und noch ohne EDV-Programm durchführbar. In den Nachweis auf der Grundlage eines Referenzgebäudes wird sowohl die Bausubstanz in Form von vorgegebenen max. U-Werten, als auch die Anlagetechnik mit einem vorgegebenen technischen Standard einbezogen.

Am Ende der Berechnung des Referenzgebäudes steht ein auf die Gebäude-Nutzfläche bezogener Jahres-Primärenergiebedarf q_P, der beim zu errichtenden Gebäude nicht überschritten werden darf und der auf die wärmeübertragende Gebäudehüllfläche bezogene Transmissionswärmeverlust H'_T, der einen bestimmten Wert in Abhängigkeit von A_N nach Tab. 2, S. 125 nicht überschreiten darf.

Bei der konkreten Ermittlung der Ergebnisse $q_{P,2}$ und H'_{T2} spielen die U-Werte der einzelnen Bauteile keine direkte Rolle. Sie dienen lediglich dem Ziel der Ermittlung von $q_{P,1}$ des Referenzgebäudes.

Der Primärenergiebedarf q_P ist der umfassendste Wert, denn in ihn gehen ein: Transmission, Lüftung, Anlagetechnik, Warmwasserbereitung sowie die solaren und internen Wärmegewinne, während H'_T nur den Transmissionswärmeverlust widerspiegelt. Auch die Anlagetechnik muss beim Referenzgebäude und dem zu errichtenden Gebäude nicht die gleiche sein.

Diese Methode hat den Vorteil, dass der Planer (Architekt) eine möglichst große Gestaltungsfreiheit bewahren kann und der Anlagetechniker die Vielfalt der technischen Möglichkeiten ausschöpfen kann.

Bautechnik und Anlagetechnik treten hier in ein Wechselspiel zur Erfüllung der EnEV. Was die Bausubstanz nicht zu leisten vermag, muss die Anlagetechnik erbringen, besonders, wenn es um q_P geht.

Der Nachweis des zu errichtenden Gebäudes muss mit dem gleichen Verfahren wie beim Referenzgebäude erfolgen.

Ablauf der Berechnung

Referenzgebäude

gleicher Geometrie
Gebäude-Nutzfläche
Ausrichtung
technischer Ausrüstung
wie zu errichtendes Gebäude

nach Vorgaben der EnEV bezüglich
U-Werten von Bauteilen

Anlagetechnik

Ergebnis 1

max. zul. $q_{P,1}$
max. zul. H'_{T1}

zu errichtendes Gebäude

freie Wahl der Materialien
freie Wahl der Konstruktion
freie Wahl der Anlagetechnik

Ergebnis 2

Nichtüberschreiten der Ergebnisse 1

vorh. $q_{P2} \leq$ max. zul. q_{P1}
vorh. $H'_{T2} \leq$ max. zul H'_{T1}

Gleiches Nachweisverfahren auch mit evtl. Vereinfachungen

1.8.2 Sanierung von Gebäuden im Bestand (Altbausanierung)

Altbausanierung heißt, Gebäude im Bestand sowohl bausubstanziell als auch anlagetechnisch zu modernisieren, d.h. auf den aktuellen technischen Stand zu bringen. Auf den aktuellen technischen Stand wäre das Mindeste, besser wäre, den Blick in die Zukunft richten und der Zeit bei der Modernisierung einige Jahre voraus zu sein. Ziel sollte es heute schon im Wohnungsbau sein, alle Register des Energiesparens zu ziehen, so dass ein Null-Energiehaus am Ende der Sanierung steht wie er von Regierungsseite bis spätestens 2050 für den gesamten Gebäudebestand gefordert wird. Der Einsatz alternativer Energien jedmöglicher Art, Wärmerückgewinnung sowie ein gediegener Dämmstandard sollten uns in die Lage versetzen, die wertvollen Rohstoffe Öl, Gas und Kohle wirklich nur als Rohstoffe und nicht als Brennstoffe zu nutzen. Wenn auch bei den Gebäuden im Bestand nicht alle Möglichkeiten ausgeschöpft werden können, so sollte bei Neubauten das energieautarke Haus festes Ziel sein.

Sanieren heißt aber nicht, den Blick nur auf den Wärmeschutz zu richten, weil mit ihm eine Reduzierung der Brennstoffkosten verbunden ist, sondern es sollten alle vier Grunddiszipline der Bauphysik, d.s. der Wärmeschutz, Feuchteschutz, Schallschutz und Brandschutz auf ihre Folgen der Sanierungsmaßnahme hinterfragt werden. Es nützt nichts, wenn wir nur energetisch sanieren und aus Unkenntnis der bauphysikalischen Zusammenhänge mit den anderen Bereichen der Bauphysik eine Schadensquelle eingebaut haben. In einem besonders kausalen Zusammenhang stehen hier ganz besonders der Wärmeschutz und Feuchteschutz. Während beim Wärmeschutz bei einem mehrschichtigen Bauteil $\Sigma d/\lambda$ gerechnet wird, wobei die Reihenfolge der Schichten keinen Einfluss auf das Ergebnis von R_T, bzw. dessen reziproker Wert U hat, das Material keine Rolle spielt, sondern nur der wärmeschutztechnische Kennwert λ, ist dies im Feuchteschutz ganz fundamental unterschiedlich.

Der materialspezifische Kennwert μ (Wasserdampfdiffusionswiderstandsfaktor) ist je nach Material verschieden und es hat im Feuchteschutz eine positive oder negative Auswirkung, wie die Schichtenfolge innerhalb eines Bauteiles ist. Was im Wärmeschutz gut ist, kann durch falsche Materialwahl oder Schichtenfolge im Feuchteschutz alles ins Negative mit den entsprechenden Bauschäden rücken.

Nicht nur der Wärmeschutz und Feuchteschutz mit ihrem folgenschweren ursächlichen Zusammenhang gilt es konsequent umzusetzen. Auch der Schallschutz mit dem wichtigen Kennwert für Dämmstoffe, der dynamischen Steifigkeit s' muss bedacht werden. Harte Dämmstoffe mit einer hohen dynamischen Steifigkeit s' können je nach Einbausituation eine Schallreflexion hervorrufen, die vor der Sanierung nicht vorhanden war.

Genauso sollte bei der Auswahl des Dämmstoffes auf das Verhalten im Brandfall geachtet werden. Handelt es sich um einen brennbaren (B) oder nicht brennbaren (A) Baustoff, werden durch ihn im Brandfall giftige Gase freigesetzt, wie hoch ist dessen Brandlast, hat der Dämmstoff Auswirkungen auf Rettungsmaßnahmen im Brandfall? Müssen aufgrund der Auswahl der Dämmstoffe für das WDVS über den Öffnungen der Fassade Brandbarrieren aus einem Baustoff der Brandschutzklasse A eingebaut werden? DIN EN 55 699 über WDVS schreibt solche aus nicht brennbarer Mineralwolle (MW) vor, wenn ein Polystyrol-Hartschaum mit $d > 100$ mm eingebaut wird. Grund: nicht tropfend, nicht abfallend, z. B. A1 bzw. A2 nach DIN 4102 oder A1 bzw. A2 – s1-d0, nach DIN EN 13 501

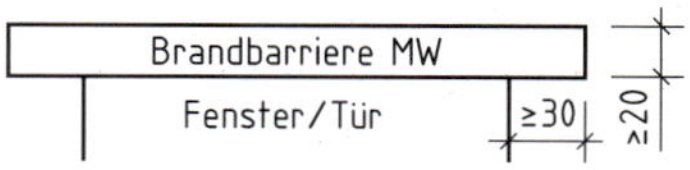

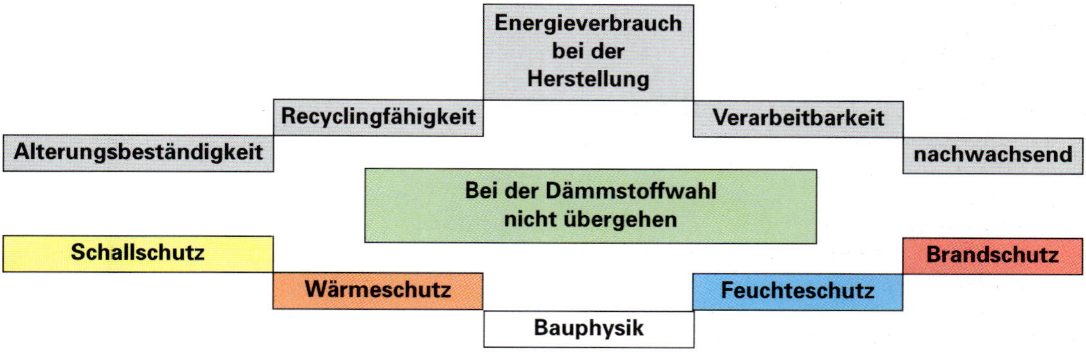

1.8.3 Struktogramm zur Ermittlung des Jahres-Primärenergiebedarfs in Reihenfolge 1 bis 10

Jahres-Primärenergie**bedarf**

8 $Q_p = (Q_h + Q_W) \cdot e_p$ in kWh/a

7 e_p = Anlagenaufwandszahl in Abhängigkeit von q_h und A_N sowie dem Heizanlagen-System

Energie**bedarf** für Brauchwasser

6 $Q_W = q_w \cdot A_{WF}$ in kWh/a

q_w = 50 kWh/m² (A_{WF}) bei EFH
q_w = 100 kWh/m² (A_{WF}) bei MFH

Jahres-Heizwärme**bedarf**

5 $Q_h = (H_T + H_V) - \eta(Q_S + Q_i)$ in kWh/a

Interne Wärme**gewinne**

1 $Q_i = q_i \cdot A_{WF} \cdot t$ in kWh/a

Solare Wärme**gewinne**

2 $Q_s = 0{,}024 \cdot t_M \cdot I_{S,j} \cdot g_j \cdot A_{W,j}$ in kWh/a

Lüftungswärme**verluste**

3 $H_V = 0{,}34 \cdot n \cdot V$ in W/K
$H_V = 0{,}34 \cdot 0{,}6 \cdot 0{,}76\ V_e$ mit Dichtheitsprüfung

Spezifische Transmissionswärme**verluste**

4 $H_T = \Sigma(F_{x,j} \cdot U_j \cdot A_j) + \Delta U_{WB} \cdot A_j$ in W/K

Bezogen auf die Gebäudenutzfläche

9 $q_P = \frac{Q_P}{A_N}$ in kWh/m²a

Vergleich mit q_P des Referenzgebäudes

Spezifische Transmissionswärme**verluste** bezogen auf die wärmeübertragende Gebäudehüllfläche

10 $H'_T = \frac{H_T}{A}$ in W/m²K

Vergleich mit Tab. S. 125

1.8.4 Energiebilanz

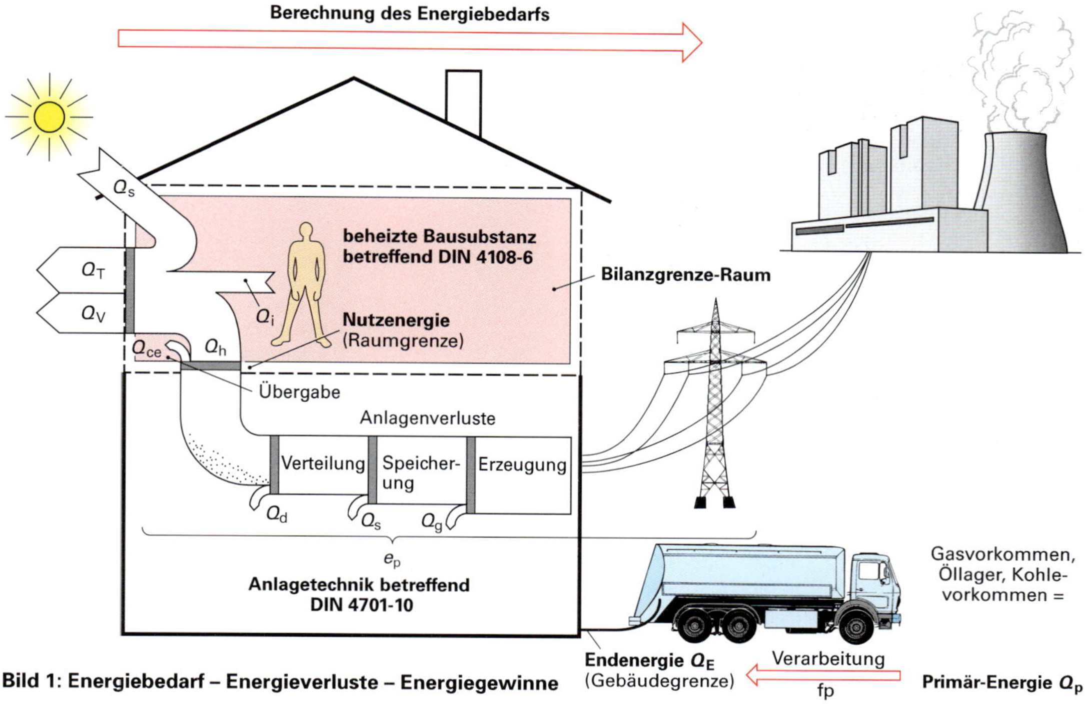

Bild 1: Energiebedarf – Energieverluste – Energiegewinne

g = generation = Erzeugung der Wärme	T = Transmission = Übertragung
s = storage = speichern der Wärme	WB = Wärmebrücken
d = distribution = Verteilung der Wärme zum Ort der Übergabe	V = ventilation = Belüftung
ce = control and emission = Überwachung und Übergabe der Wärme an den Raum	W = water = Wasser
h = heating = Heizung	A = Anlagen
	i = intern = innen
	s = solar = von der Sonne
	E = End = Endverbrauch

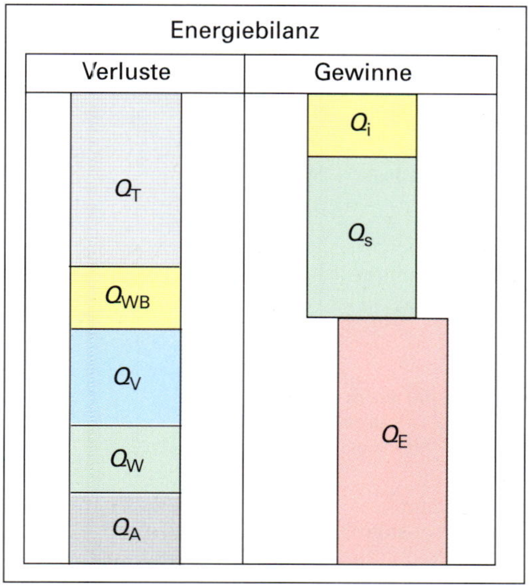

Bild 2: Energiebilanz

Q_E = Endenergie, die gekauft und dem Bauwerk zugeführt werden muss, um die gewünschte Raumtemperatur aufrecht zu erhalten sowie die Warmwasserbereitung einschließlich aller damit zusammenhängenden Verluste zu gewährleisten. Der Endenergiebedarf Q_E kann verringert werden durch Pufferräume wie Wintergärten, durch Nutzung solarer Energie in Form von Sonnenkollektoren, Photovoltaikanlagen, durch Wärmepumpen, Wärmerückgewinnungs-Systeme, Wärmespeicherfähigkeit der Raum umschließenden Bauteile u.a.

Beim MB-Verfahren setzt sich Q_s zusammen aus Wärmegewinnen durch Fenster, unbeheizte Glasvorbauten (Wintergärten), transparente Wärmedämmung, Trombewände, opake Bauteile.

Beim HP-Verfahren werden lediglich Wärmegewinne durch Fenster berücksichtigt.

Anlagenverluste Q_A werden im e_p-Wert berücksichtigt.

1.8.5 Maximalwerte der Wärmedurchgangskoeffizienten *U* nach der EnEV bei bestehenden, beheizten oder gekühlten Räumen

Tabelle 1: Höchstwerte des Wärmedurchgangskoeffizienten *U* bei
- **erstmaligem Einbau**
- **Ersatz**
- **Änderungen → bei mehr als 10 % der jeweiligen Bauteilfläche**
- **Erweiterung → wenn Nutzfläche (A_{NF}) < 50 m²**
- **Ausbau ↗**
- **Erneuerung von Bauteilen**

Zeile	Bauteil	Maßnahme	Wohngebäude und Zonen von Nichtwohngebäuden mit Innentemperaturen ≥ 19 °C	Zonen von Nichtwohngebäuden mit Innentemperaturen von 12 bis < 19 °C
			max U[1] in W/m²K	max U[1] in W/m²K
1	Außenwände	soweit bei beheizten oder gekühlten Räumen: • ersetzt oder erstmals eingebaut werden • erneuert werden durch: – Bekleidungen in Form von Platten – Verschalungen – Mauerwerks-Vorsatzschalen – Erneuerung des Außenputzes – Dämmschichten[5]	0,24[2]	0,35[2]
2	Fenster, Fenstertüren	• bei Ersetzung oder erstmaligem Einbau • Einbau zusätzlicher Vor- oder Innenfenster • die Verglasung ersetzt • der Flügelrahmen ersetzt	1,3[2]	1,9[2]
3	Dachflächenfenster		1,4[3]	1,9[3]
4	Verglasungen	• bei Ersatz der Verglasung oder des Flügelrahmens	1,1[4]	keine Anforderung
5	Vorhangfassaden	Sofern eine Pfosten-Riegelkonstruktion vorliegt • bei Erneuerung oder erstmaligem Einbau	1,5[3]	1,9[3]
6	Glasdächer	• bei Ersetzung oder erstmaligem Einbau • die Verglasung ersetzt • der Flügelrahmen ersetzt wird	2,0[3]	2,7[3]
7	Fenstertüren	bei Maßnahmen an Fenstern mit Klapp-, Falt-, Schiebe-, Hebemechanismus • bei Ersatz oder erstmaligem Einbau Wenn der vorhandene Rahmen zur Aufnahme der Verglasung ungeeignet ist • bei Ersatz der Verglasung • bei Ersatz des Flügelrahmens Bei Kasten- und Verbundfenstern gilt die Anforderung als erfüllt, wenn eine Glastafel mit einer infrarotreflektierenden Beschichtung mit einer Emissivität $\varepsilon_n \leq 0{,}2$ eingebaut wird. Dies bedeutet, dass von der ankommenden Wärmestrahlung nur 20 % wieder ausgesandt werden	1,6[2] 1,3	1,9[2]

Fortsetzung Tabelle 1

Bauteile mit Sonderverglasungen: 8, 9, 10				
8	Fenster, Fenstertüren, Dachflächenfenster	• bei Ersetzung oder erstmaligem Einbau • Einbau zusätzlicher Vor- oder Innenfenster • die Verglasung ersetzt • der Flügelrahmen ersetzt	2,0[2)]	2,8[2)]
9	Sonderverglasungen	• bei Ersatz der Verglasung • bei Ersatz des verglasten Flügelrahmens	1,6[3)]	keine Anforderung
10	Vorhangfassaden	• bei Ersetzung oder erstmaligem Einbau	2,3[4)]	3,0[4)]
11	• Dachflächen einschließlich Dachgauben, • Wände gegen unbeheizten Dachraum einschließlich Abseitenwände, • oberste Geschossdecken	• bei Ersatz oder erstmals eingebaut • bei Erneuerung Ist die Dämmstoffdicke der Zwischensparrendämmung begrenzt, so gilt die Anforderung als erfüllt, wenn ein Material mit WLG 035 eingebaut wird. Bei keilförmiger Dämmschicht ist die Dicke am tiefsten Punkt maßgebend.	0,24	0,35
12	Dachflächen mit Abdichtung	• Ersatz der alten Dachhaut einschließlich darunter liegender Lattungen, beim zweischaligen Dach.	0,20	keine Anforderung
13	• Wände gegen Erdreich oder unbeheizte Räume (Ausnahme Dachräume), • Decken nach unten gegen Erdreich oder unbeheizte Räume	• bei Ersatz oder erstmaligem Einbau • bei Erneuerung durch: – außenseitige Bekleidungen – Verschalungen – Feuchtigkeitssperren – Drainagen – Deckenbekleidungen auf der Kaltseite	0,30	keine Anforderung
14	Fußbodenaufbauten	• Aufbringen von Fußbodenaufbauten auf der beheizten Seite oder erneuern	0,50	keine Anforderung
15	Decken nach unten an Außenluft	• bei Ersatz, erstmaligem Einbau	0,24	0,35
16	Außentüren	• bei Erneuerung (gilt nicht für rahmenlose Türen und Karusselltüren)	1,8	
Sonderverglasungen das sind: Schallschutzgläser: mit einem bewerteten Schalldämm-Maß: $R_W \geq 40$ dB Sonnenschutzgläser Sicherheitsgläser: durchschusshemmend, durchbruchhemmend sprengwirkungshemmend Brandschutzgläser: Element-Dicke von mind. 18 mm				

1) Wärmedurchgangskoeffizient der vorhandenen und neu hinzugekommenen Bauteilschichten

2) Bemessungswert des U-Wertes des Fensters ist technischen Produkt-Spezifikationen zu entnehmen.

3) Bemessungswert des U-Wertes der Verglasung: siehe Fußnote 2

4) Wärmedurchgangskoeffizient ist nach DIN EN 13 947 zu ermitteln.

5) bei technischer Begrenzung der Dämmstoffdicke gilt die Anforderung als erfüllt, wenn die höchstmögliche Dicke mit $\lambda = 0{,}035$ W/mK eingebaut wird, bei nachwachsenden Rohstoffen WLG 045

Sonstige Anmerkungen

- Jeweilige Bauteilflächen können sein:
  Außenwand, Dach, Fenster
- Beträgt die Erweiterung bzw. der Ausbau von beheizten oder gekühlten Räumen zusammenhängend weniger als 15 m² Nutzfläche (A_{NF}), so ist für diesen Teil kein Nachweis erforderlich einen bestimmten U-Wert nicht zu überschreiten. Übersteigt die Erweiterung bzw. der Ausbau 50 m² A_{NF}, so ist für diesen Teil ein Nachweis wie für ein neu zu errichtendes Gebäude zu erbringen. Außerdem ist der sommerliche Wärmeschutz nachzweisen.
- Bei der Anbringung von Innendämmung an Außenwänden darf der U-Wert von 0,35 W/m²K nicht überschritten werden.
  Bei Wänden in Sichtfachwerkweise und Schlagregenbeanspruchungsgruppe I (s.S. 310) darf der U-Wert 0,84 W/m²K nicht überschreiten.
- Bisher ungedämmte aber zugängliche oberste Geschossdecken beheizter Räume dürfen den geforderten U-Wert von 0,24 W/m²K nicht überschreiten.
  Die Pflicht gilt als erfüllt, wenn an Stelle der Geschossdecke das bisher ungedämmte Dach gedämmt ist. Ist die einzubringende Dämmschicht mangels Sparrenhöhe bzw. wegen innenseitiger Bekleidung begrenzt, so gilt die Anforderung als erfüllt, wenn die höchstmögliche Dämmstoffdicke eingebaut wird.
- Werden Flachdächer mit Gefälledämmung ausgebildet, so richtet sich die maßgebliche Dämmstoffdicke nach dem tiefsten Punkt.
  Ist die Dämmstoffdicke aus technischen Gründen begrenzt, so gilt die Anforderung als erfüllt, wenn die höchstmögliche Dämmstoffdicke mit WLG 040 eingebaut wird.

1.8.6 Nachweisverfahren bei bestehenden Gebäuden (Altbauten)

Bei bestehenden Gebäuden kann der Nachweis eines energiesparenden Wärmeschutzes auf zwei Arten erfolgen:

1. Die in Tabelle 1 S. 62 aufgeführten Wärmedurchgangskoeffizienten (U-Werte) dürfen nicht überschritten werden. Da nur der wärmetechnische Standard einzelner Bauteile nachgewiesen werden muss, heißt dieses Nachweisverfahren auch **„Bauteilverfahren"**.
   Bei diesem Verfahren findet die Anlagetechnik keine Berücksichtigung, ebenso Lüftungswärmeverluste Q_V, solare und interne Wärmegewinne Q_s, Q_i.
2. Der auf der Grundlage eines Referenzgebäudes ermittelte auf die Gebäude-Nutzfläche bezogene Primärenergiebedarf q_p [kWh/m²a] für zu errichtende Gebäude (Neubauten) sowie der auf die Wärme übertragende Gebäudehüllfläche A bezogene spezifische Transmissionswärmeverlust H'_T [W/m²K] dürfen um nicht mehr als 40 % überschritten werden.
   Bei diesem Nachweisverfahren gehen sowohl die Bausubstanz als auch die Anlagetechnik in die Berechnung ein. Außerdem werden Wärmegewinne wie interne und solare verlustmindernd berücksichtigt.
3. Bei Erweiterung, bzw. beim Ausbau bestehender Wohngebäude darf außer den nicht zu überschreitenden maximal zulässigen U-Werten einzelner Bauteile der auf die wärmeübertragenden Gebäudehüllfläche bezogene Transmissionswärmeverlust H'_T den in Tabelle 2 S. 125 Zeile 4 genannten Wert nicht überschreiten.
   Auf Antrag haben die Behörden von der Einhaltung der EnEV zu befreien, wenn ein unangemessener Aufwand auf den Eigentümer zukommt oder es sonstwie zu einer unbilligen Härte führt. Eine solche liegt vor, wenn die erforderlichen Aufwendungen innerhalb der üblichen Nutzungsdauer nicht erwirtschaftet werden können.
4. Seit 01. 01. 2010 müssen bei einem Heizanlagenaustausch mindestens 10 % der Heizenergie aus erneuerbarer Energie hergestellt werden (EEWärmeG). Außerdem ist der sommerliche Wärmeschutz nachzuweisen.

1.9 Beispielrechnungen zum Wärmeschutz

1.9.1 Mittlerer *U*-Wert/*R*-Wert

Oft setzt sich ein Bauteil aus Teilen mit verschiedenen Wärmedurchgangskoeffizienten zusammen.
Wand: Wandteil – Nische – Sturz – Fenster

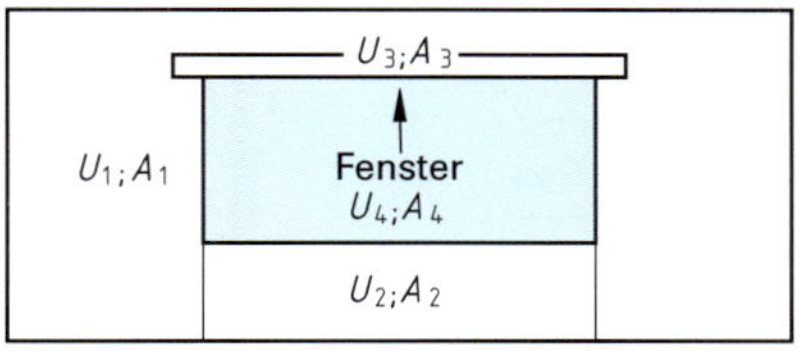

Bild 1: Mittlerer *U*-Wert/*R*-Wert

$$U_m = \frac{U_1 \cdot A_1 + U_2 \cdot A_2 + U_3 \cdot A_3 + ... U_n \cdot A_n}{\text{ges. } A}$$

$$R_m = \frac{\text{ges. } A}{\frac{A_1}{R_1} + \frac{A_2}{R_2} .... \frac{A_n}{R_n}}$$

Soll der mittlere *U*-Wert einer Balkendecke mit Balken- und Gefachbereich berechnet werden, so können anstatt der Balkenunterfläche sowie Gefachfläche nur deren Breiten angesetzt werden, da die Längen beider Bauteile gleich sind.

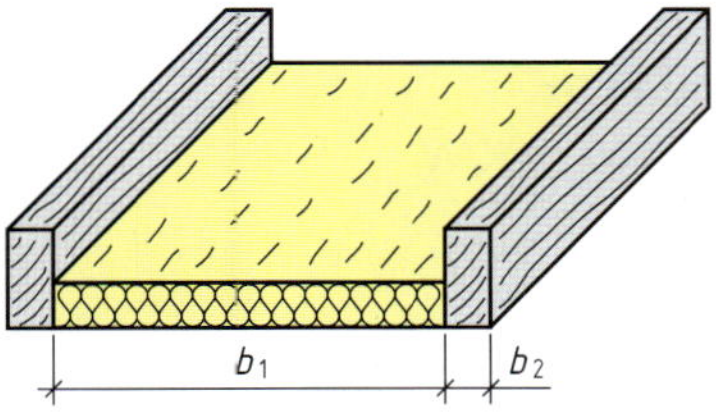

Bild 2: Mittlerer *U*-Wert/*R*-Wert

$$U_m = \frac{U_1 \cdot b_1 + U_2 \cdot b_2}{b_1 + b_2}$$

$$R_m = \frac{b_1 + b_2}{\frac{b_1}{R_1} + \frac{b_2}{R_2}}$$

Bei Ständerbauweisen mit Ausfachungen werden die Flächenverhältnisse von Holzteilen und Ausfachungen oft in einem prozentualen Verhältnis ausgedrückt.

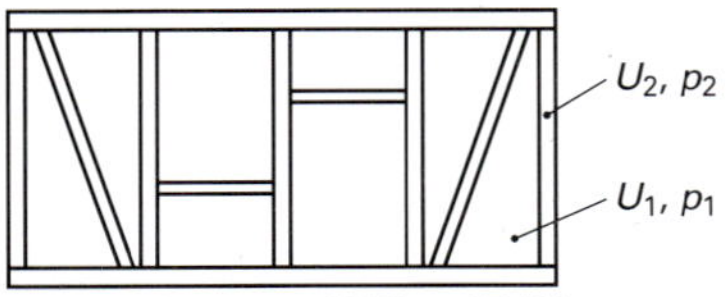

Bild 3: Mittlerer *U*-Wert/*R*-Wert

$$U_m = \frac{U_1 \cdot p_1 + U_2 \cdot p_2}{100\ \%}$$

$$R_m = \frac{100\ \%}{\frac{p_1}{R_1} + \frac{p_2}{R_2}}$$

1.9.2 Beispiele

Beispiel 1:
Dach

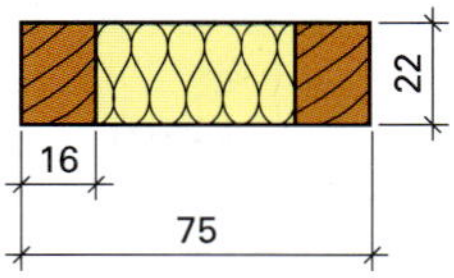

Sparren

$$R_{T1} = \frac{1}{10} + \frac{0,22}{0,13} + \frac{1}{23}$$

$$U_1 = 0,54\ \text{W/m}^2\text{K}$$

Gefach

$$R_{T2} = \frac{1}{10} + \frac{0,22}{0,035} + \frac{1}{23}$$

$$U_2 = 0,16\ \text{W/m}^2\text{K}$$

$$U_m = \frac{U_1 \cdot b_1 + U_2 \cdot b_2}{b_1 + b_2}$$

$$U_m = \frac{0,54 \cdot 0,16 + 0,16 \cdot 0,59}{0,75}$$

$$U_m = 0,24\ \text{W/m}^2\text{K}$$

Beispiel 2:
Fachwerkwand

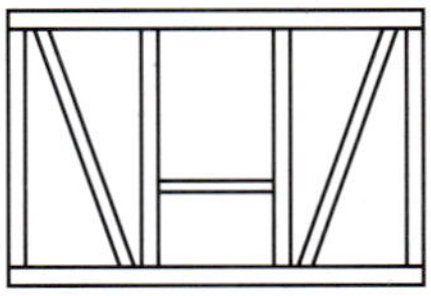

Wanddicke 17 cm
Lehmausfachung $\varrho = 900$ kg/m³
Holzanteil 26 %

Gefach

$$R_{T1} = \frac{1}{8} + \frac{0,17}{0,30} + \frac{1}{23}$$

$$U_1 = 1,36\ \text{W/m}^2\text{K}$$

Holz

$$R_{T1} = \frac{1}{8} + \frac{0,17}{0,13} + \frac{1}{23}$$

$$U_2 = 0,677\ \text{W/m}^2\text{K}$$

$$U_m = \frac{1,36 \cdot 74 + 0,677 \cdot 26}{100}$$

$$U_m = 1,18\ \text{W/m}^2\text{K}$$

Beispiel 3:
Außenwand

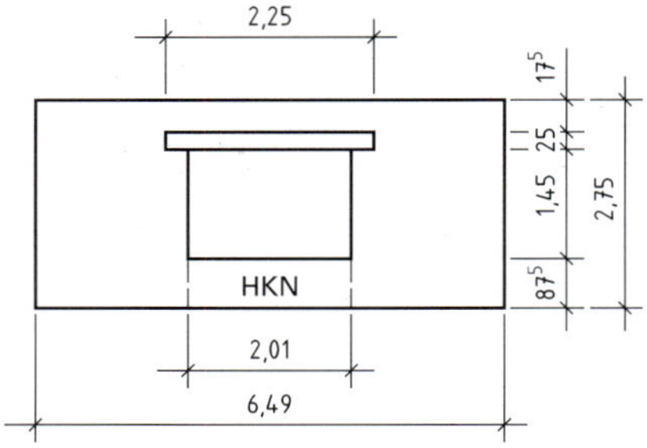

Bild 1: Wandansicht

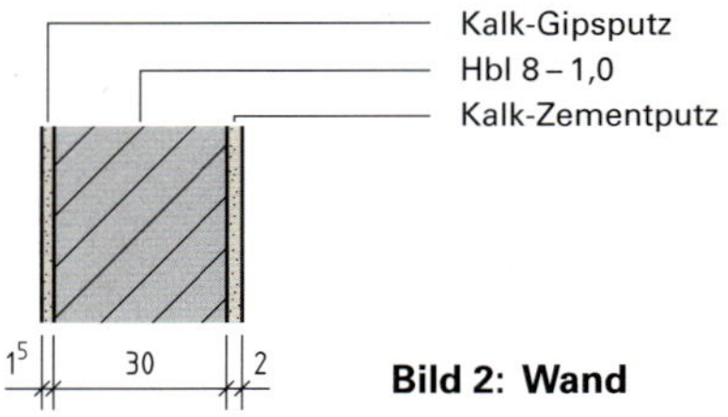

Bild 2: Wand

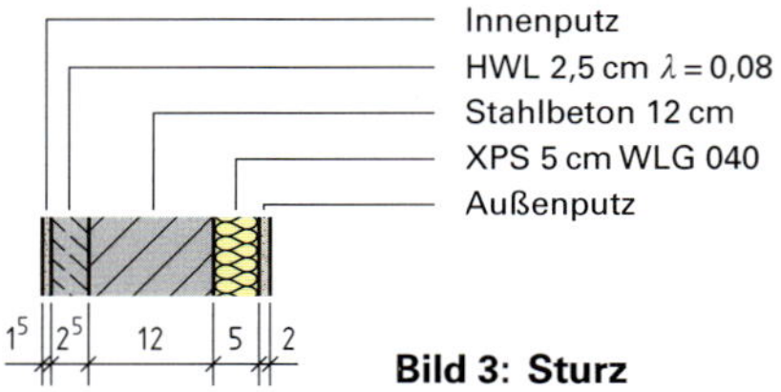

Bild 3: Sturz

In der Heizkörpernische ist das Mauerwerk nur 11,5 cm dick.
Fenster $U = 1{,}3$ W/m²K
$g = 0{,}6$

Lösung: über U

Wand

$$R_T = \frac{1}{8} + \frac{0{,}015}{0{,}70} + \frac{0{,}30}{0{,}45} + \frac{0{,}02}{1{,}0} + \frac{1}{23}$$

$U_{AW1} = 1{,}14$ W/m²K

HKN

$$R_T = \frac{1}{8} + \frac{0{,}015}{0{,}70} + \frac{0{,}115}{0{,}45} + \frac{0{,}02}{1{,}0} + \frac{1}{23}$$

$U_{AW2} = 2{,}15$ W/m²K

Sturz

$$R_T = \frac{1}{8} + \frac{0{,}015}{0{,}70} + \frac{0{,}025}{0{,}08} + \frac{0{,}12}{2{,}5} + \frac{0{,}05}{0{,}04} + \frac{0{,}02}{1{,}0} + \frac{1}{23}$$

$U_{ST} = 0{,}55$ W/m²K

HKN

$A_{AW2} = 2{,}01 \cdot 0{,}875$

$A_{AW2} = 1{,}76$ m²

Fenster

$A_W = 2{,}01 \cdot 1{,}45$

$A_W = 2{,}91$ m²

Sturz

$A_{st} = 2{,}25 \cdot 0{,}25$

$A_{st} = 0{,}56$ m²

Wand

$A_{AW1} = 17{,}85 - 5{,}23$

$A_{AW1} = 12{,}62$ m²

$$U = \frac{U_1 \cdot A_1 + U_2 \cdot A_2 + U_3 \cdot A_3 + U_4 \cdot A_4}{\text{gesA}}$$

$$U_m = \frac{1{,}14 \cdot 12{,}62 + 2{,}15 \cdot 1{,}76 + 0{,}55 \cdot 0{,}56 + 1{,}3 \cdot 2{,}91}{17{,}85}$$

$U_m = 1{,}25$ W/m²K

Lösung: über R

Wand $R = 0{,}708$ m²K/W
$A = 12{,}62$ m²

HKN $R = 0{,}297$ m²K/W
$A = 1{,}76$ m²

Sturz $R = 1{,}756$ m²K/W
$A = 0{,}56$ m²

Fenster $R = 0{,}600$ m²K/W
$A = 2{,}91$ m²

$$R_m = \frac{17{,}85}{\frac{12{,}62}{0{,}708} + \frac{1{,}76}{0{,}297} + \frac{0{,}56}{1{,}756} + \frac{2{,}91}{0{,}60}}$$

$R_m = 0{,}617$ m²K/W

$R_T = 1/8 + R_m + 1/23$

$U = 1{,}27$ Dieser Wert ist genauer, da die Übergangswiderstände nur einmal eingerechnet wurden.

Beispiel 4:
Fachwerkwand

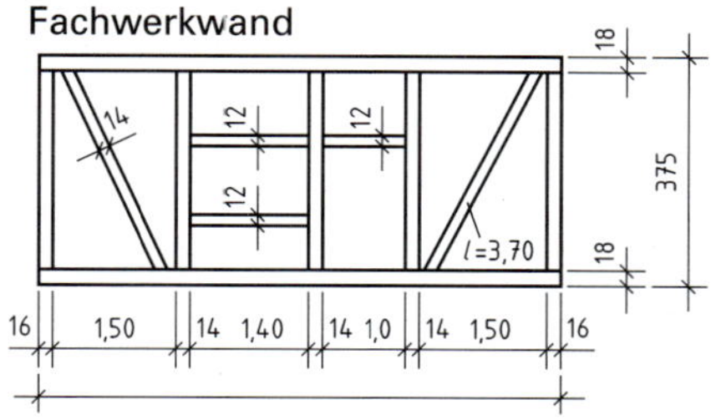

Bild 1: Wandansicht

Wanddicke 14 cm
Lehm ϱ = 800 kg/m³

Holzanteil

Schwelle	$A = 6{,}14 \cdot 0{,}18$	$= 1{,}105$ m²
Rähm	$A = 6{,}14 \cdot 0{,}18$	$= 1{,}105$ m²
Eckpfosten	$A = 3{,}39 \cdot 0{,}16 \cdot 2$	$= 1{,}085$ m²
Streben	$A = 3{,}70 \cdot 0{,}14 \cdot 2$	$= 1{,}036$ m²
Türpfosten	$A = 3{,}39 \cdot 0{,}14 \cdot 2$	$= 0{,}949$ m²
Türriegel	$A = 1{,}0 \cdot 0{,}12$	$= 0{,}12$ m²
Fensterpfosten	$A = 3{,}39 \cdot 0{,}14$	$= 0{,}475$ m²
Fensterriegel	$A = 1{,}40 \cdot 0{,}12 \cdot 2$	$= 0{,}336$ m²
	A_{Holz}	$= 6{,}21$ m²

ges. $A = 6{,}14 \cdot 3{,}75$
ges. $A = 23{,}03$ m²
Gefachanteil $A = 16{,}82$ m²

Holzbereich

$$R_{T1} = \frac{1}{8} + \frac{0{,}14}{0{,}13} + \frac{1}{23}$$

$U_1 = 0{,}80$ W/m²K

Gefachanteil

$$R_{T2} = \frac{1}{8} + \frac{0{,}14}{0{,}25} + \frac{1}{23}$$

$U_2 = 1{,}37$ W/m²K

$$U_m = \frac{0{,}80 \cdot 6{,}21 + 1{,}37 \cdot 16{,}82}{23{,}03}$$

$U_m = 1{,}25$ W/m²K

$$p = \frac{100\,\% \cdot 16{,}82}{23{,}03}$$

Gefach

$p = 73{,}04\,\%$

$$p = \frac{100\,\% \cdot 6{,}21}{23{,}03}$$

Holz

$p = 26{,}96\,\%$

Beispiel 5:
Dach

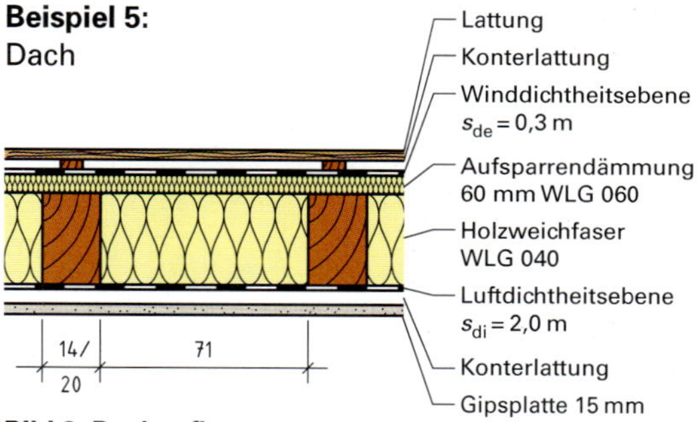

Bild 2: Dachaufbau

Sparrenbereich

$$R_T = \frac{1}{10} + \frac{0{,}015}{0{,}25} + 0{,}16 + \frac{0{,}20}{0{,}13} + \frac{0{,}06}{0{,}06} + \frac{1}{23}$$

$U_1 = 0{,}345$ W/m²K

Gefachbereich

$$R_T = \frac{1}{10} + \frac{0{,}015}{0{,}25} + 0{,}16 + \frac{0{,}20}{0{,}04} + \frac{0{,}06}{0{,}06} + \frac{1}{23}$$

$U_2 = 0{,}157$ W/m²K

$$U_m = \frac{0{,}345 \cdot 0{,}14 + 0{,}157 \cdot 0{,}71}{0{,}85}$$

$U_m = 0{,}19$ W/m²K

Genauerer Weg: Da Sparren und Gefach nicht vollflächig sind, wird zunächst der mittlere Wärmedurchlasswiderstand ermittelt. Dadurch wird R_{si} und R_{se} nur ein Mal eingerechnet.
Der Unterschied von genauer Lösung und Näherungslösung ist allerdings vernachlässigbar.

Um den Temperaturverlauf in einer solchen Konstruktion aufzuzeichnen, kann nur dieser Weg beschritten werden.

$$R_m = \frac{b_1 + b_2}{\frac{b_1}{R_1} + \frac{b_2}{R_2}} \qquad R_m = \frac{0{,}14 + 0{,}71}{\frac{0{,}14}{\frac{0{,}20}{0{,}13}} + \frac{0{,}71}{\frac{0{,}20}{0{,}04}}}$$

$R_m = 3{,}648$ m²K/W

$$R_T = \frac{1}{10} + \frac{0{,}015}{0{,}25} + 0{,}16 + 3{,}648 + \frac{0{,}06}{0{,}06} + \frac{1}{23}$$

$R_T = 5{,}01$ m²K/W

$U_m = 0{,}20$ W/m²K

Beispiel 6:

Wand mit Nische

Wärmedurchgangskoeffizient des Fensters $U_W = 1{,}8$ W/m²K

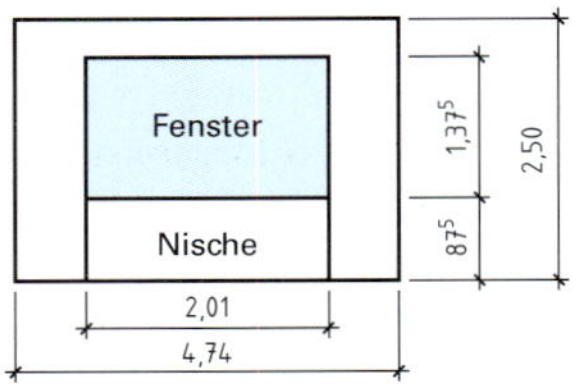

Bild 1: Wandansicht

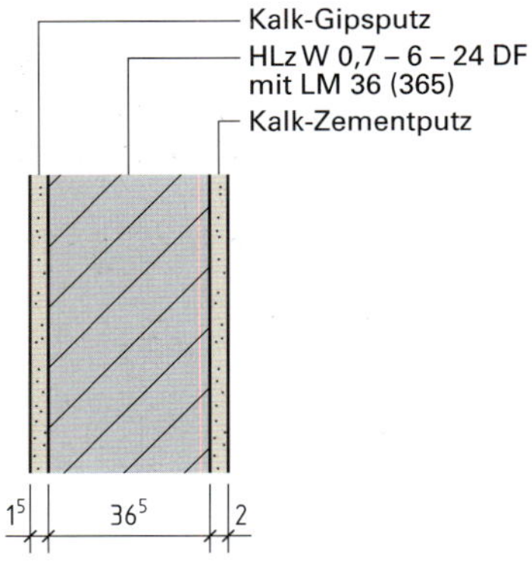

Bild 2: Wandaufbau

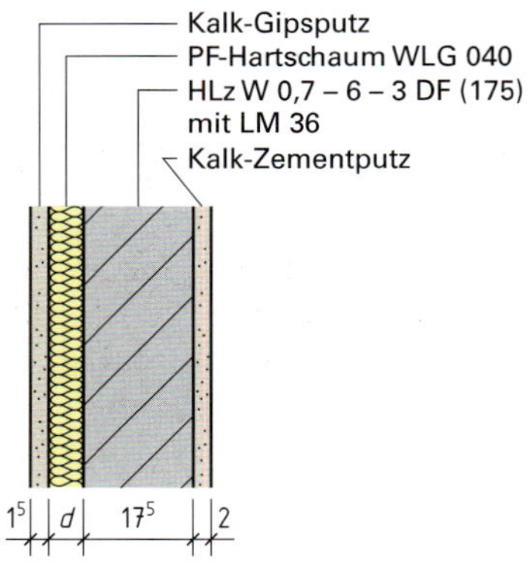

Bild 3: Wandnischenaufbau

Gesucht:

1. Die erforderliche Dicke der Dämmschicht in der Nischenwand. Nach DIN 4108 muss der Wärmedurchlasswiderstand im Nischenbereich den Mindestwert erfüllen.
2. Den mittleren Wärmedurchgangskoeffizienten (U-Wert) der Wand unter Berücksichtigung des Fensters (solare Wärmegewinne unberücksichtigt)

Lösung:

1. Wand:

$$R = \frac{d_1}{\lambda_1} + \frac{d_2}{\lambda_2} + \frac{d_3}{\lambda_3}$$

$$= \frac{0{,}015}{0{,}70} + \frac{0{,}365}{0{,}21} + \frac{0{,}02}{1{,}0}$$

$$R = 1{,}78 \text{ m}^2\text{K/W}$$

Nische:

$$1{,}2 = \frac{0{,}015}{0{,}70} + \frac{d}{0{,}04} + \frac{0{,}175}{0{,}21} + \frac{0{,}02}{1{,}0}$$

$$d = 0{,}013 \text{ m}$$

gewählt: $d = 15$ mm

2. Wand:

$$R_{T,AW1} = \frac{1}{h_i} + R + \frac{1}{h_e}$$

$$= \frac{1}{8} + 1{,}78 + \frac{1}{23}$$

$$R_{T,AW1} = 1{,}95 \text{ m}^2\text{K/W}$$

$$U_{AW1} = 0{,}51 \text{ W/m}^2\text{K}$$

Nische:

$$R_{T,AW2} = \frac{1}{8} + \frac{0{,}015}{0{,}70} + \frac{0{,}015}{0{,}04} + \frac{0{,}175}{0{,}21} + \frac{0{,}02}{1{,}0} + \frac{1}{23}$$

$$R_{T,AW2} = 1{,}42 \text{ m}^2\text{K/W} \rightarrow R_{AW2} = 1{,}25 \text{ m}^2\text{K/W} > \text{erf } R = 1{,}2$$

$$U_{AW2} = 0{,}70 \text{ W/m}^2\text{K}$$

Wandfläche: $A_{AW1} = 4{,}74 \text{ m} \cdot 2{,}50 \text{ m} - 2{,}01 \text{ m} \cdot 2{,}25 \text{ m}$
$A_{AW1} = 7{,}33 \text{ m}^2$

Nischenfläche: $A_{AW2} = 2{,}01 \text{ m} \cdot 0{,}875 \text{ m}$
$A_{AW2} = 1{,}76 \text{ m}^2$

Fensterfläche: $A_W = 2{,}01 \text{ m} \cdot 1{,}375 \text{ m}$
$A_W = 2{,}76 \text{ m}^2$

$$U_m = \frac{U_{AW1} \cdot A_{AW1} + U_{AW2} \cdot A_{AW2} + U_W \cdot A_W}{A_{AW1} + A_{AW2} + A_W}$$

$$= \frac{0{,}51 \cdot 7{,}33 + 0{,}70 \cdot 1{,}76 + 1{,}8 \cdot 2{,}76}{11{,}85}$$

$$U_m = 0{,}84 \text{ W/m}^2\text{K}$$

Beispiel 7:

Rollladenkasten

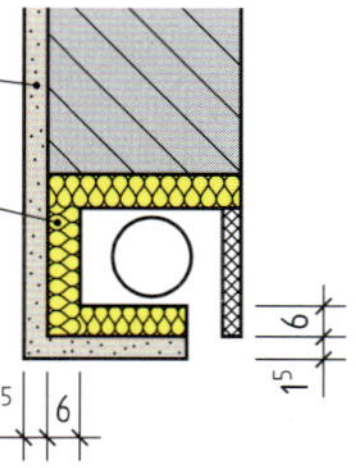

Bild 1: Rollladenkasten

Gesucht:

Wärmedurchgangskoeffizient U (U-Wert) und Vergleich mit der Energie-Einspar-Verordnung (EnEV)

Lösung:

$$R_T = \frac{1}{h_i} + \frac{d_1}{\lambda_1} + \frac{d_2}{\lambda_2} + \frac{1}{h_e}$$

$$= \frac{1}{8} + \frac{0{,}015}{0{,}70} + \frac{0{,}06}{0{,}035} + \frac{1}{23}$$

R = 1,73 m²K/W > *erf* R = 1,0 m²K/W ⇒ Forderung erfüllt

R_T = 1,90 m²K/W

U = 0,53 W/m²K

Für den Deckel des Rollladenkastens gilt $R \geq 0{,}55$ m²K/W für das gesamte Bauteil i. M. $R \geq 1{,}0$ m²K/W.
Rollladenkästen können nach DIN 4108 einzeln als Wärmebrücke erfasst werden oder übermessen werden und die Fläche in die Wärme übertragende Hüllfläche mit dem pauschalen Wärmebrückenfaktor eingerechnet werden.
An den Schnittstellen Rollladenkasten und Baukörper muss der Faktor f_{Rsi} mindestens 0,7 betragen, s. S. 295.
Rolladenkasten nach EnEV: max U = 0,28 W/m²K

Beispiel 8:

Decke mit Fußbodenheizung

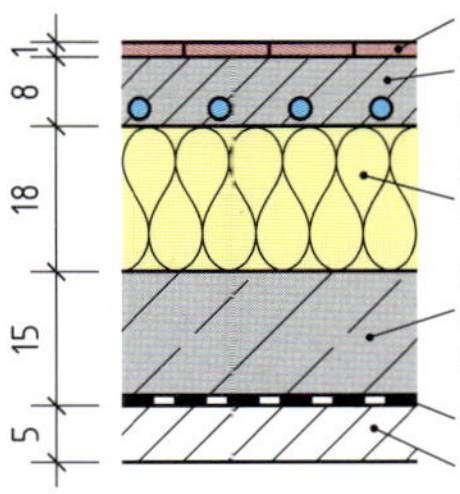

Bild 2: Fußbodenaufbau

Gesucht:

1. Wärmedurchlasswiderstand und Vergleich mit DIN 4108
2. Wärmedurchgangskoeffizient U und Vergleich mit der Energie-Einspar-Verordnung (EnEV) bei erstmaligem Einbau im Rahmen einer Sanierungsmaßnahme

Lösung:

1. $$R = \frac{d_1}{\lambda_1} + \frac{d_2}{\lambda_2}$$

$$R = \frac{0{,}18}{0{,}05} + \frac{0{,}15}{1{,}65}$$

R = 3,69 m²K/W > erf. R = 0,90 m²K/W nach DIN 4108 Zeile 5.1 ⇒ Forderung erfüllt

Anm.: Nach DIN 4108 werden bei der Berechnung des Wärmedurchlasswiderstandes nur die Schichten unterhalb der Heizfläche, bzw. innerhalb der Sperrfolie berücksichtigt.

2. $$R_T = \frac{1}{h_i} + \frac{d_1}{\lambda_1} + \frac{d_2}{\lambda_2} + \frac{1}{h_e}$$

$$= \frac{1}{\infty} + \frac{0{,}18}{0{,}05} + \frac{0{,}15}{1{,}65} + \frac{1}{\infty} \quad \left(\frac{1}{\infty} = 0\right)$$

R_T = 3,69 m²K/W ≙ R > erf. R =1,2 m²K/W nach DIN 4108

$$U = \frac{1}{R_T}$$

U = 0,27 W/m²K < zul. U = 0,30 W/m²K ⇒ Forderung erfüllt

Anm.: Da die Dämmschicht an die Heizfläche und die Bodenplatte an die Folie und Magerbetonschicht und nicht an eine Luftschicht angrenzen, entfällt auch der innere und äußere Wärmeübergangswiderstand $1/h_i$ und $1/h_e$.

Beispiel 9:

Außenwand mit beidseitigem Putz

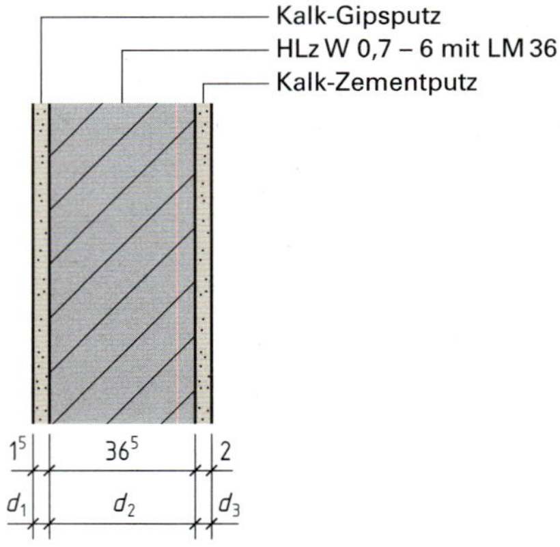

Bild 1: Wandaufbau

Gesucht:

1. Wärmedurchlasswiderstand *R* und Vergleich mit DIN 4108
2. Wärmedurchgangskoeffizient *U* (*U*-Wert)
3. Temperaturverlauf in der Konstruktion Randbedingungen nach DIN 4108: $\vartheta_i = 20\ °C$; $\vartheta_e = -5\ °C$
4. Das Wärmespeichervermögen
5. Beurteilung der Konstruktion

Anm.: Zur Wärmespeicherfähigkeit dürfen nach DIN 4108 nur 10 cm von der Raumseite her in die Berechnung einbezogen werden, wenn deren λ-Wert > 0,1 W/mK beträgt.

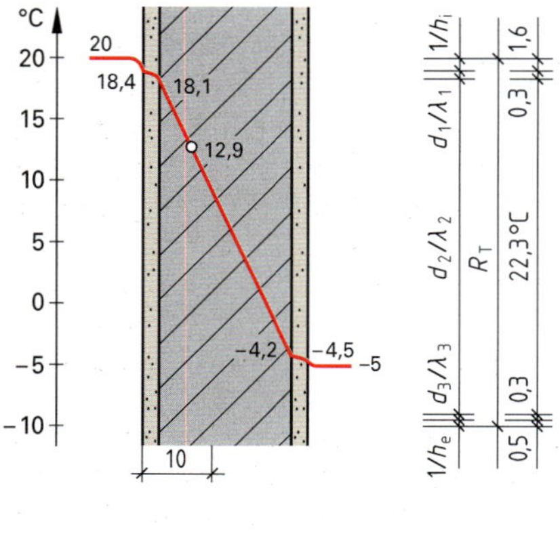

Bild 2: Temperaturverlauf

Lösung:

1. $$R = \frac{d_1}{\lambda_1} + \frac{d_2}{\lambda_2} + \frac{d_3}{\lambda_3}$$

$$= \frac{0{,}015}{0{,}70} + \frac{0{,}365}{0{,}21} + \frac{0{,}02}{1{,}0}$$

$R = 1{,}78\ m^2K/W >$ erf. $R = 1{,}2\ m^2K/W$ nach DIN 4108

2. $$R_T = \frac{1}{h_i} + R + \frac{1}{h_e}$$

$$= \frac{1}{8} + 1{,}78 + \frac{1}{23}$$

$R_T = 1{,}947\ m^2K/W$

$$U = \frac{1}{R_T} = \frac{1}{1{,}947} = 0{,}51\ W/m^2K$$

3. $$R_T = \frac{1}{8} + \frac{0{,}015}{0{,}70} + \frac{0{,}365}{0{,}21} + \frac{0{,}02}{1{,}0} + \frac{1}{23}$$

$$= 0{,}125 + 0{,}021 + 1{,}738 + 0{,}020 + 0{,}043$$

1,6 °C   0,3 °C   22,3 °C   0,3 °C   0,5 °C

$R_T = 1{,}947\ m^2K/W \triangleq \Delta\vartheta = 25\ °C\ (\vartheta_i - \vartheta_e)$

$$\text{z.B. } \frac{25 \cdot 0{,}125}{1{,}947} = 1{,}6\ °C$$

4. $Q = m' \cdot c \cdot \Delta\vartheta$

$= (1\,400\ kg/m^3 \cdot 0{,}015\ m + 700\ kg/m^3 \cdot 0{,}085\ m) \cdot 1\,000\ J/kgK \cdot 5{,}5\ K \quad (= 18{,}4\ °C - 12{,}9\ °C)$

$= 442\,750\ J/m^2$

$Q = 0{,}12\ kWh/m^2$

5. Durch das Fehlen einer Wärmedämmung kommt es im Mauerwerk zu einem sehr starken Temperaturabfall um 22,9 °C. Dadurch liegt noch ein Teil des Mauerwerks in der Gefrierzone bei 0 °C. Der steile Temperaturverlauf zeigt aber auch, dass bei Wegfall der Heizung die Wärmeenergie relativ schnell aus dem Wandinnern an die Außenluft geleitet wird. Dadurch wird die hohe Wärmespeicherkapazität schnell aufgebraucht.

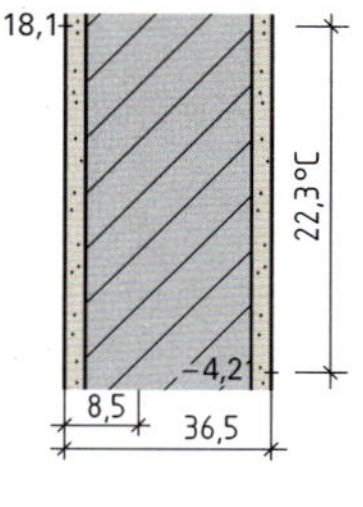

36,5 cm : 22,3 °C = 8,5 cm : x
36,5 · x = 8,5 · 22,3
x = 5,2 °C
18,1 °C – 5,2 °C = 12,9 °C

Beispiel 10:

Wand mit Außendämmung

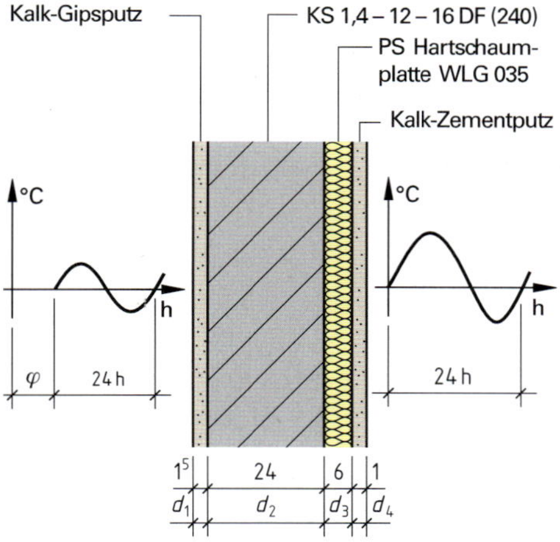

Bild 1: Wandaufbau

Gesucht:

1. Wärmedurchlasswiderstand R und Vergleich mit DIN 4108.
2. Wärmedurchgangskoeffizient U (U-Wert)
3. Temperaturverlauf in der Konstruktion Randbedingungen nach DIN 4108: $\vartheta_i = 20\ °C$; $\vartheta_e = -5\ °C$
4. Das Wärmespeichervermögen Anm.: Siehe Beispiel 1
5. Beurteilung der Konstruktion

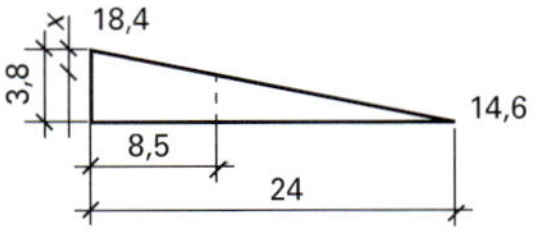

3,8: 24 = x : 8,5
x = 1,3 °C
18,4 °C - 1,3 °C = 17,1 °C

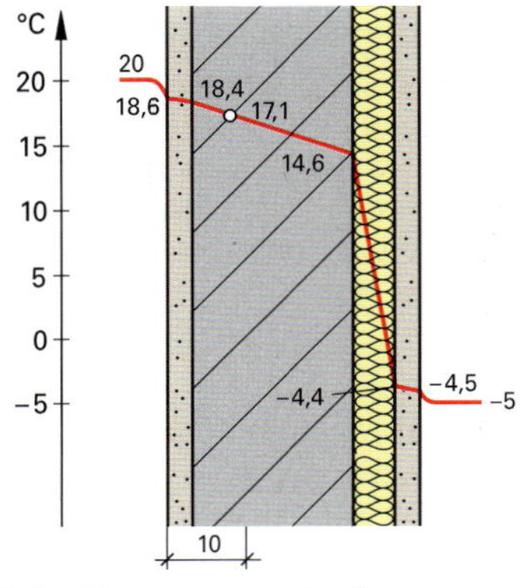

Bild 2: Temperaturverlauf

Lösung:

1. $R = \frac{d_1}{\lambda_1} + \frac{d_2}{\lambda_2} + \frac{d_3}{\lambda_3}$

$= \frac{0{,}015}{0{,}70} + \frac{0{,}24}{0{,}70} + \frac{0{,}06}{0{,}035} + \frac{0{,}01}{1{,}0}$

$R = 2{,}09\ m^2K/W >$ erf. $R = 1{,}2\ m^2K/W$

$\Rightarrow$ Forderung nach DIN 4108 erfüllt.

2. $R_T = \frac{1}{h_i} + \frac{d_1}{\lambda_1} + \frac{d_2}{\lambda_2} + \frac{d_3}{\lambda_3} + \frac{d_4}{\lambda_4} + \frac{1}{h_e}$

$= \frac{1}{8} + \frac{0{,}015}{0{,}70} + \frac{0{,}24}{0{,}70} + \frac{0{,}06}{0{,}035} + \frac{0{,}01}{1{,}0} + \frac{1}{23}$

$R_T = 2{,}26\ m^2K/W$

$U = \frac{1}{R_T}$

$U = 0{,}44\ W/m^2K$

Wärmeübergang innen	Innenputz	Mauerwerk	Dämmung	Außenputz	Wärmeübergang außen

3. $R_T = \frac{1}{8} + \frac{0{,}015}{0{,}70} + \frac{0{,}24}{0{,}70} + \frac{0{,}06}{0{,}035} + \frac{0{,}01}{1{,}0} + \frac{1}{23}$

$= 0{,}125 + 0{,}021 + 0{,}343 + 1{,}714 + 0{,}010 + 0{,}043$

1,4 °C 0,2 °C 3,8 °C 19 °C 0,1 °C 0,5 °C

$R_T = 2{,}26\ m^2K/W \triangleq \Delta\vartheta = 25\ °C$

4. $Q = m' \cdot c \cdot \Delta\vartheta$

$= (1\,400\ kg/m^3 \cdot 0{,}015\ m + 1\,400\ kg/m^3 \cdot 0{,}085\ m) \cdot 1\,000\ J/kgK \cdot 1{,}5\ K \quad (18{,}6\ °C - 17{,}1\ °C)$

$Q = 210\,000\ J/m^2$

$Q = 0{,}06\ kWh/m^2$

5. Je steiler die Temperaturkurve in den einzelnen Baustoffschichten verläuft, desto besser ist deren Anteil an der gesamten Wärmedämmung. Durch die Außendämmung sinkt die Temperatur an der Oberfläche des Mauerwerks zur Dämmschicht auf nur +14,6 °C ab, d.h. das Mauerwerk bleibt immer warm. Der flache Temperaturverlauf in der Wand zeigt, dass bei Wegfall der Heizung nur wenig Wärmeenergie nach außen transportiert wird, da dies durch die Dämmung erschwert wird. Es kommt daher zu keinen Spannungsrissen, Innenputz und eine große Wandmasse können die wichtige Aufgabe der Wärmespeicherung übernehmen. Ein behagliches Wohngefühl im Sommer und Winter sind die Folge.
Außendämmung hat ein günstiges TAV zur Folge. Durch die gute Wärmespeicherfähigkeit sind die Temperaturamplituden außen und innen zwischen Tag und Nacht nicht so groß. Die Phasenverschiebung wird groß, d.h. wirkt sich günstiger aus.

Beispiel 11:

Wand mit Innendämmung (wie Beispiel 10, jedoch Dämmschicht innen)

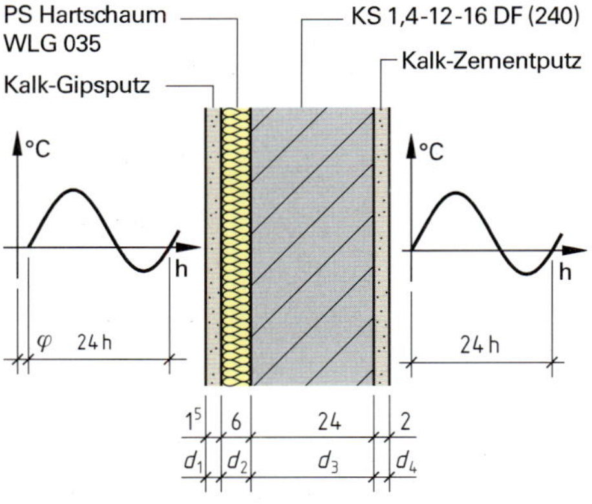

Bild 1: Wandaufbau

Gesucht:

1. Wärmedurchlasswiderstand R
2. Wärmedurchgangskoeffizient U (U-Wert)
3. Temperaturverlauf ($\vartheta_i = 20$ °C; $\vartheta_e = -5$ °C)
4. Das Wärmespeichervermögen
5. Beurteilung der Konstruktion

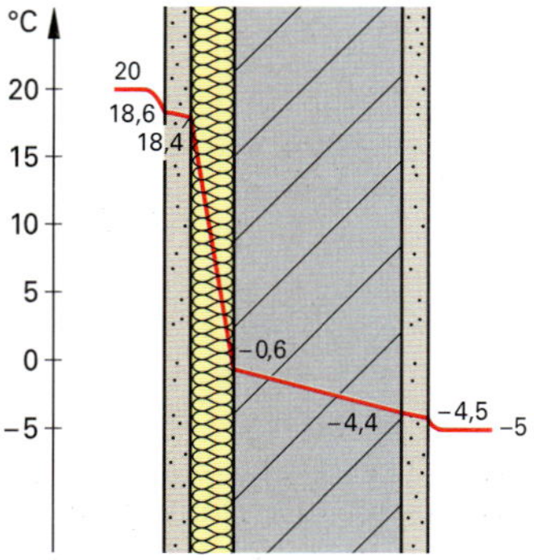

Bild 2: Temperaturverlauf

Steiler Temperaturverlauf
⇒ gute Wärmedämmeigenschaften schlechtes Wärmespeichervermögen

Flacher Temperaturverlauf
⇒ schlechte Wärmedämmeigenschaften gutes Wärmespeichervermögen

Lösung:

1. $R = 2{,}09$ m²K/W > erf. $R = 1{,}2$ m²K/W
   ⇒ Forderung nach DIN 4108 ist erfüllt

2. $U = 0{,}44$ W/m²K

4. $Q = m' \cdot c \cdot \Delta\vartheta$
   $= 1\,400$ kg/m³ · 0,015 m · 1 000 J/kgK · 0,2
   (= 18,6 °C – 18,4 °C)
   $Q = 4\,200$ J/m²
   $Q = 0{,}0016$ kWh/m²

5. Ein Vergleich von Beispiel 2 und 3 zeigt:

- **Keine Folgen:** Ob Außendämmung oder Innendämmung spielt für die Größe des Wärmedurchgangskoeffizienten (U-Wert) und die Wandoberflächentemperatur keine Rolle.

- **Negative Auswirkungen:** Eine Innendämmung führt zu thermischen Spannungen (= Spannungen infolge Wärmeeinwirkungen), da das Mauerwerk im Jahresverlauf größeren Temperaturschwankungen ausgesetzt ist, als bei Außendämmung. Bei Betonwänden und besonders bei einschaligen Flachdächern führt eine Innendämmung zu Spannungsrissen, da Beton einen doppelt so großen Wärmeausdehnungskoeffizienten hat wie das Mauerwerk.
  Beton: $\alpha_T = 0{,}012$ mm/m °C
  Mauerwerk: $\alpha_T = 0{,}006$ mm/m °C

- **Wärmespeicherung:** Wie aus Beispiel 2 ersichtlich ist, schützt eine **Außendämmung** das Mauerwerk im Winter vor zu starker Auskühlung und im Sommer vor zu großer Erwärmung und ermöglicht dadurch eine gute Wärmespeicherung. Durch Abgabe der gespeicherten Wärme an die Raumluft entsteht im Winter nicht das Gefühl von Zugerscheinungen in Wandnähe.
  Im Sommer kann das Mauerwerk während des Tages Überschusswärme aus der Raumluft aufnehmen und sie während der Nachtzeit an die abgekühlte Raumluft wieder abgeben. Die Wärmespeicherung sorgt auf diese Weise für einen Tag-Nacht-Ausgleich der Raumtemperatur.
  Bei der **Innendämmung** dagegen dient nur die dünne Innenputzmasse als Wärmespeicher. Das Mauerwerk liegt im kalten Bereich und steht als Wärmespeicher nicht zur Verfügung. Das TAV wird ungünstiger und die Phasenverschiebung wird geringer.

- **Tauwasserbildung:**
  Im Feuchteschutz (Tauwasser im Innern von Bauteilen) hat eine Innendämmung meist negative Auswirkungen. Großer Tauwasserausfall mit den entsprechenden Bauschäden, wie Schimmel-Pilzbildung, Fäulnis, Korrosion, sind die Folge (siehe Kapitel „Feuchteschutz").

Beispiel 12:

Zweischalige Wand mit Kerndämmung. Die Vorsatzschale ist mit 4 Stahlankern pro m² an der Tragwand verankert.

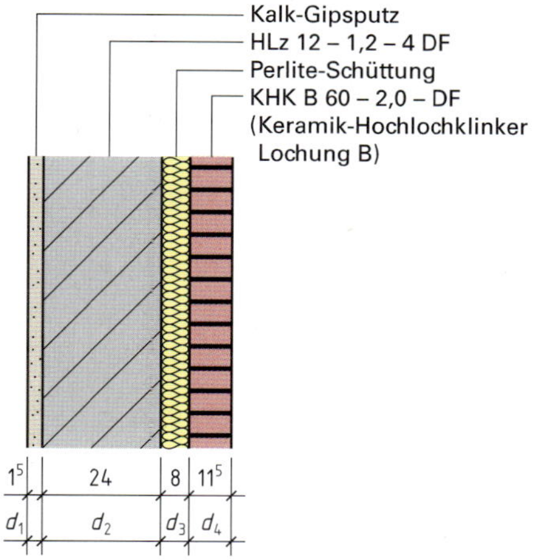

Bild 1: Wandaufbau

Gesucht:

1. Wärmedurchlasswiderstand *R* und Vergleich mit DIN 4108
2. Wärmedurchgangskoeffizient *U* (*U*-Wert)
3. Temperaturverlauf in der Konstruktion. Randbedingungen nach DIN 4108 $\vartheta_i = +20\ °C$; $\vartheta_e = -5\ °C$
4. Das Wärmespeichervermögen Siehe Anm. Beispiel 1
5. Beurteilung der Konstruktion

Anm.: Bei Verankerung der Vorsatzschale mit Stahlankern an der Tragwand wird empfohlen, den Dämmwert der Dämmschicht um 15 % zu verringern. Für die Stahlanker ist nach DIN 4108 kein Nachweis für Wärmebrücken zu führen.

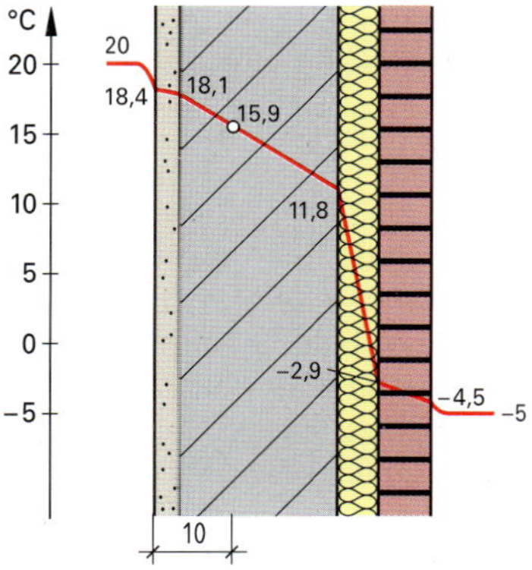

Bild 2: Temperaturverlauf

Lösung:

1. $R = \frac{d_1}{\lambda_1} + \frac{d_2}{\lambda_2} + \frac{d_3}{\lambda_3} + \frac{d_4}{\lambda_4}$

$$= \frac{0{,}015}{0{,}70} + \frac{0{,}24}{0{,}50} + 0{,}85 \cdot \frac{0{,}08}{0{,}06} + \frac{0{,}115}{0{,}96}$$

$R = 1{,}75\ m^2K/W >$ erf. $R = 1{,}2\ m^2K/W$ nach DIN 4108
$\Rightarrow$ Forderung erfüllt

2. $R_T = \frac{1}{h_i} + \frac{d_1}{\lambda_1} + \frac{d_2}{\lambda_2} + \frac{d_3}{\lambda_3} + \frac{d_4}{\lambda_4} + \frac{1}{h_e}$

$$= \frac{1}{8} + \frac{0{,}015}{0{,}70} + \frac{0{,}24}{0{,}50} + 0{,}85 \cdot \frac{0{,}08}{0{,}06} + \frac{0{,}115}{0{,}96} + \frac{1}{23}$$

$R_T = 1{,}92\ m^2K/W$

$U = \frac{1}{R_T}$

$U = 0{,}52\ W/m^2K$

3. $R_T = \frac{1}{8} + \frac{0{,}015}{0{,}70} + \frac{0{,}24}{0{,}50} + 0{,}85 \cdot \frac{0{,}08}{0{,}06} + \frac{0{,}115}{0{,}96} + \frac{1}{23}$

0,125 + 0,021 + 0,48 + 1,133 + 0,120 + 0,043

1,6 °C 0,3 °C 6,3 °C 14,7 °C 1,6 °C 0,5 °C

$R_T = 1{,}92\ m^2K/W \triangleq \Delta\vartheta = 25\ °C$
$[\vartheta_i - \vartheta_e = 20 - (-5)]$

4. $Q = m' \cdot c \cdot \Delta\vartheta$

$Q = (1\,400\ kg/m^3 \cdot 0{,}015\ m + 1\,200\ kg/m^3 \cdot 0{,}085\ m) \cdot 1\,000\ J/kgK \cdot 2{,}5\ K$ (18,4 – 15,9)

$Q = 307\,500\ J/m^2$

$Q = 0{,}085\ kWh/m^2$

5. Die Kerndämmung hat zur Folge, dass die Tragwand auf ihrer Außenfläche noch 11,8 °C hat und somit über längere Zeit Wärme an die abgekühlte Raumluft abgeben kann. Das Mauerwerk hat über das Jahr hinweg kaum Temperaturunterschiede und bleibt somit spannungsfrei. Der flache Verlauf der Temperaturkurve in der Tragwand zeigt, dass hier die Wärme lange gehalten wird und damit bei Abschaltung der Heizung Wärme an die Raumluft abgegeben werden kann. Für den Abtransport der Diffusionsfeuchte ist allerdings durch geeignete Maßnahmen Sorge zu tragen (siehe Kapitel Feuchteschutz).

Beispiel 13:

Zweischaliges Mauerwerk mit Außendämmung und hinterlüfteter Vorsatzschale.

Die Vorsatzschale ist mit 4 Stahlankern pro m^2 an der Tragwand befestigt.

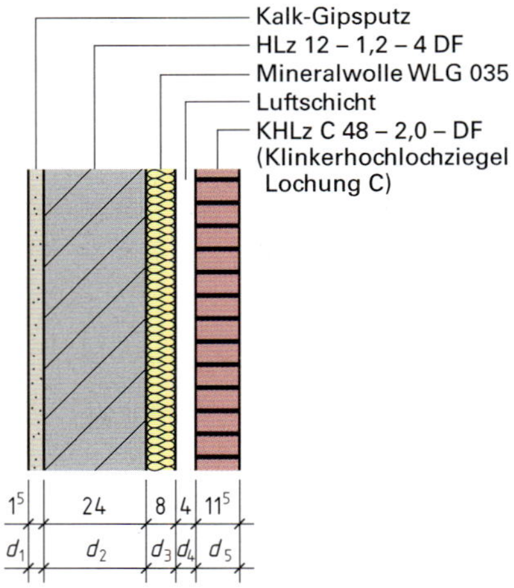

Bild 1: Wandaufbau

Gesucht:

1. Wärmedurchlasswiderstand R
2. Wärmedurchgangskoeffizient U (U-Wert)
3. Temperaturverlauf
4. Wärmespeicherfähigkeit
5. Beurteilung der Konstruktion

Anm.: Nach DIN 4108 darf eine Luftschicht und Vorsatzschale in die Wärmedämmberechnung mit einbezogen werden, wenn sie nach DIN EN 1053 als Vorsatzschale gilt, d.h. mindestens 90 mm dick ist. (d < 90 mm ⇒ Bekleidung). Nach DIN EN 6946 werden offene Stoßfugen nicht als Lüftungsöffnungen angesehen, s. S. 37.

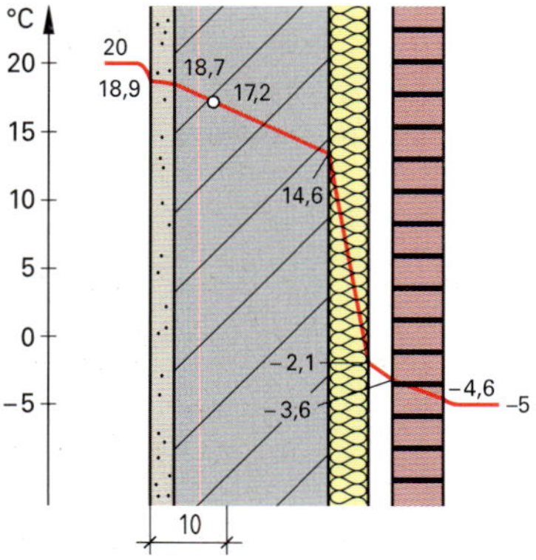

Bild 2: Temperaturverlauf

Lösung:

Bei Verankerung der Vorsatzschale mit Stahlankern an der Tragschale wird empfohlen, die Wirkung der Dämmung um 15 % zu verringern.

1. $$R = \frac{d_1}{\lambda_1} + \frac{d_2}{\lambda_2} + \frac{d_3}{\lambda_3} + R_4 + \frac{d_5}{\lambda_5}$$

$$R = \frac{0{,}015}{0{,}70} + \frac{0{,}24}{0{,}50} + 0{,}85 \cdot \frac{0{,}08}{0{,}035} + 0{,}18 + \frac{0{,}115}{0{,}96}$$

$$R = 2{,}74\ \text{m}^2\text{K/W} > \text{erf. } R = 1{,}2\ \text{m}^2\text{K/W nach DIN 4108}$$

⇒ Forderung ist erfüllt

2. $$R_T = \frac{1}{h_i} + \frac{d_1}{\lambda_1} + \frac{d_2}{\lambda_2} + \frac{d_3}{\lambda_3} + R_4 + \frac{d_5}{\lambda_5} + \frac{1}{h_e}$$

$$= \frac{1}{8} + \frac{0{,}015}{0{,}70} + \frac{0{,}24}{0{,}50} + 0{,}85 \cdot \frac{0{,}08}{0{,}035} + 0{,}18 + \frac{0{,}115}{0{,}96} + \frac{1}{23}$$

$$R_T = 2{,}912\ \text{m}^2\text{K/W}$$

$$U = \frac{1}{R_T}$$

$$U = 0{,}34\ \text{W/m}^2\text{K}$$

Dieser Wert würde nicht genügen, wenn im Rahmen einer Sanierungsmaßnahme eine Dämmschicht und eine Vorsatzschlale angebracht werden würden (siehe Tab. S. 62)

3. $$R_T = \frac{1}{8} + \frac{0{,}015}{0{,}70} + \frac{0{,}24}{0{,}50} + 0{,}85 \cdot \frac{0{,}08}{0{,}035} + 0{,}18 + \frac{0{,}115}{0{,}96} + \frac{1}{23}$$

$$= 0{,}125 + 0{,}021 + 0{,}48 + 1{,}943 + 0{,}18 + 0{,}12 + 0{,}043$$

1,1 °C 0,2 °C 4,8 °C 16,7 °C 1,5 °C 1,0 °C 0,4 °C

$$R_T = 2{,}912\ \text{m}^2\text{K/W} \triangleq \Delta\vartheta = 25\ °\text{C}$$

4. $$Q = m' \cdot c \cdot \Delta\vartheta$$

$$= (1\,400\ \text{kg/m}^3 \cdot 0{,}015\ \text{m} + 1\,200\ \text{kg/m}^3 \cdot 0{,}085\ \text{m}) \cdot 1\,000\ \text{J/kgK} \cdot 1{,}7\ \text{K} \quad (18{,}9 - 17{,}2)$$

$$Q = 209\,100\ \text{J/m}^2$$

$$Q = 0{,}058\ \text{kWh/m}^2$$

5. Außendämmung bewirkt, dass die Wand keinen großen Temperaturschwankungen zwischen Sommer und Winter ausgesetzt ist und dadurch kaum thermische Spannungen entstehen. Die Wand bleibt im Winter warm, da nur wenig Wärmeenergie nach außen geleitet wird. Dadurch entsteht ein behagliches Raumgefühl. Die Vorsatzschale ist ein hervorragender Wetterschutz, so dass keine Feuchte kapillar nach innen wandern kann.

Beispiel 14:

Zweischalige Wand mit Fassadenplatte.

Die Fassadenplatte ist mit 4 Stahlankern pro m² an der Tragwand befestigt.

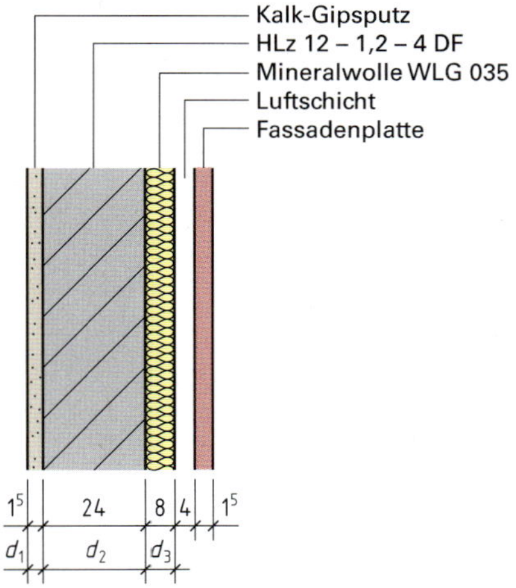

Bild 1: Wandaufbau

Gesucht:

1. Wärmedurchlasswiderstand R und Vergleich mit DIN 4108
2. Wärmedurchgangskoeffizient U (U-Wert)
3. Temperaturverlauf in der Konstruktion Randbedingungen nach DIN 4108: $\vartheta_i = +20\ °C$; $\vartheta_e = -5\ °C$
4. Wärmespeicherfähigkeit
5. Beurteilung der Konstruktion

Anm.: Nach DIN 4108 sind Luftschichten bei der Berechnung des Wärmedurchlasswiderstandes nicht zu berücksichtigen, wenn die Vorsatzschale $d < 90$ mm beträgt. Dadurch entfällt auch die Fassadenplatte.

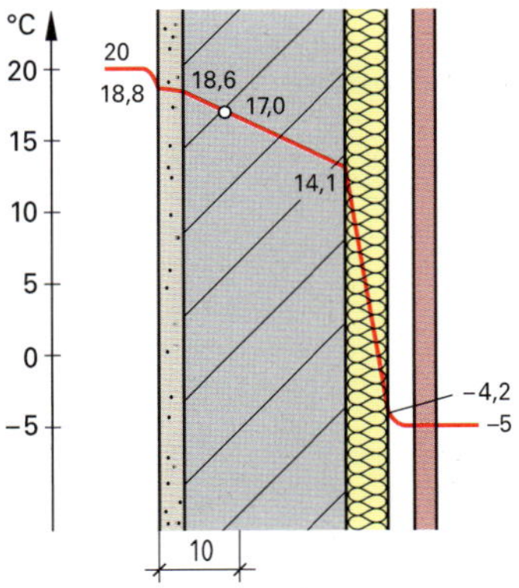

Bild 2: Temperaturverlauf

Lösung:

Es wird bei zweischaligen Wänden empfohlen die Dämmminderung in der Dämmschicht durch die Stahlanker mit 15 % anzunehmen. Ein Wärmebrückennachweis ist nach DIN 4108 für die Stahlanker nicht erforderlich.

1. $$R = \frac{d_1}{\lambda_1} + \frac{d_2}{\lambda_2} + \frac{d_3}{\lambda_3}$$

$$R = \frac{0{,}015}{0{,}70} + \frac{0{,}24}{0{,}50} + 0{,}85 \cdot \frac{0{,}08}{0{,}035}$$

$R = 2{,}44\ m^2K/W >$ erf. $R = 1{,}2\ m^2K/W$ nach DIN 4108
⇒ Forderung erfüllt

2. $$R_T = \frac{1}{h_i} + \frac{d_1}{\lambda_1} + \frac{d_2}{\lambda_2} + \frac{d_3}{\lambda_3} + \frac{1}{h_e}$$

$$R_T = \frac{1}{8} + \frac{0{,}015}{0{,}70} + \frac{0{,}24}{0{,}50} + 0{,}85 \cdot \frac{0{,}08}{0{,}035} + \frac{1}{12}$$

$R_T = 2{,}65\ m^2K/W$

$$U = \frac{1}{R_T}$$

$U = 0{,}38\ W/m^2K$

3. $$R_T = \frac{1}{8} + \frac{0{,}015}{0{,}70} + \frac{0{,}24}{0{,}50} + 0{,}85 \cdot \frac{0{,}08}{0{,}035} + \frac{1}{23}$$

$= 0{,}125 + 0{,}021 + 0{,}48 + 1{,}943 + 0{,}043$

1,2 °C 0,2 °C 4,5 °C 18,3 °C 0,8 °C

$R_T = 2{,}65\ m^2K/W \triangleq \Delta\vartheta = 25\ °C \quad (\vartheta_i - \vartheta_e)$

4. $Q = m' \cdot c \cdot \Delta\vartheta$

$= (1\,400\ kg/m^3 \cdot 0{,}015\ m + 1\,200\ kg/m^3 \cdot 0{,}085\ m) \cdot 1\,000\ J/kgK \cdot 1{,}8\ K \quad (18{,}8 - 17{,}0)$

$Q = 221\,400\ J/m^2$

$Q = 0{,}06\ kWh/m^2$

5. Obwohl der Aufbau der drei inneren Bauteilschichten (Innenputz, Tragwand, Dämmung) bei Beispiel 13 und 14 gleich ist, verschlechtert sich der U-Wert von $0{,}34\ W/m^2K$ auf $0{,}38\ W/m^2K$ dadurch, dass die Luftschicht und die Fassadenplatte nicht in die Berechnung eingehen dürfen.

Die Fassadenplatte hat lediglich eine Regenschutzfunktion.

Beispiel 15: Bestandsgebäude
Nachweis nach der EnEV eines nicht unterkellerten Hauses mit Flachdach

Daten:
Die Fenster haben einen Wärmedurchgangskoeffizienten von 2,8 W/m²K, die Außentür 3,2 W/m²K. Der Gesamtenergiedurchlassgrad der Fenster beträgt 0,6, der der Außentür 0,8.

Lichte Raumhöhe als Fertigmaß 2,55 m.
Bei der Sanierung werden die Anschlüsse nach DIN 4108 Bbl. 2 ausgeführt.
Es wird eine Luftdichtheitsprüfung vorgenommen.

Es sind durchzuführen:
1. Nachweis nach dem Bauteilverfahren
2. darüber hinaus: Den auf die Wärme übertragende Umfassungsfläche bezogenen Transmissionswärmeverlust H'_T
3. Gegenüberstellung der U_{ist}-Werte den U_{EnV}-Werten
4. Beurteilung eines Anbaues wie der Nachweis nach der EnEV zu führen ist.

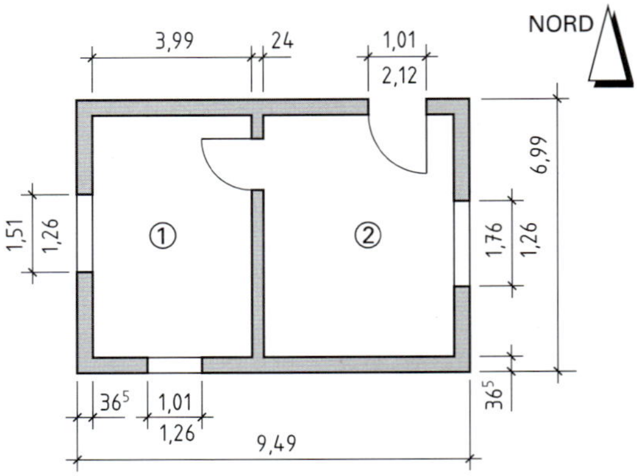

Bild 2: Grundriss

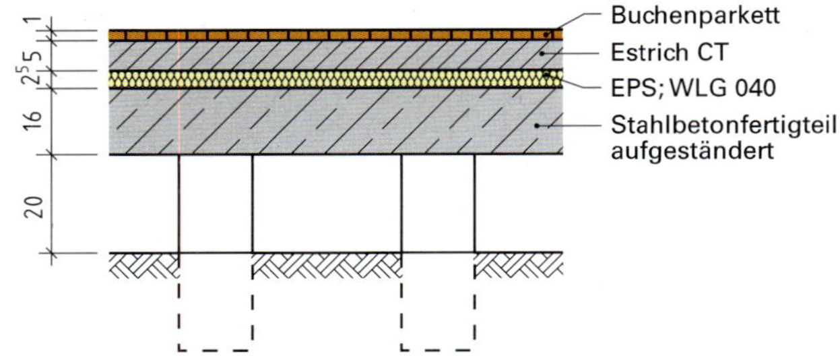

Bild 1: Bodenplatte

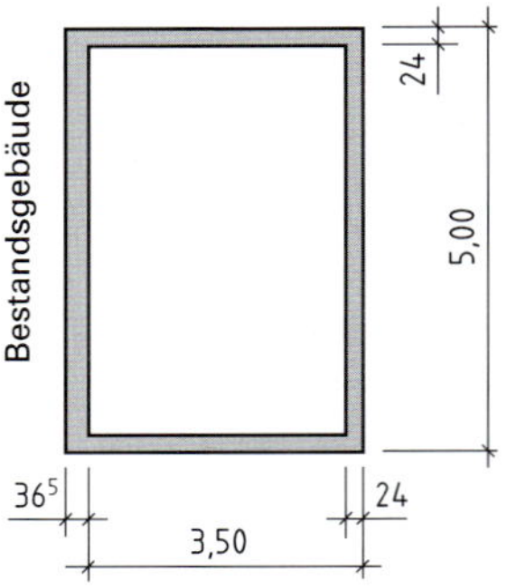

Bild 3: Anbau

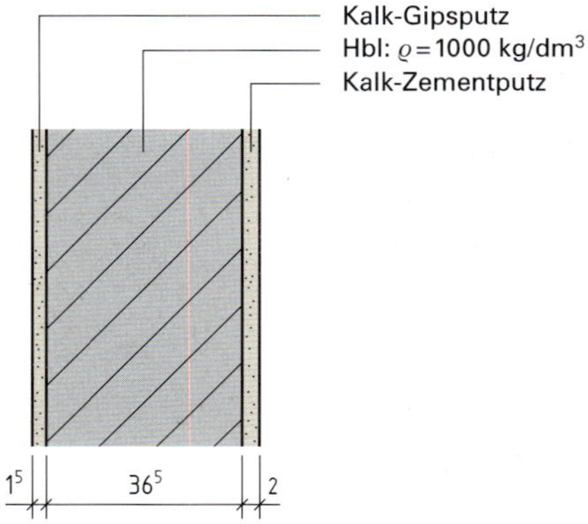

Bild 4: Außenwand

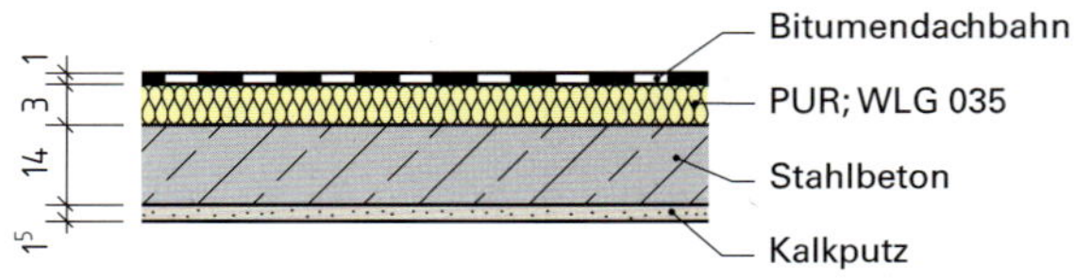

Bild 5: Flachdach

Lösung: Ist-Zustand – Sanierung

Flachdachaufbau

Ist-Zustand

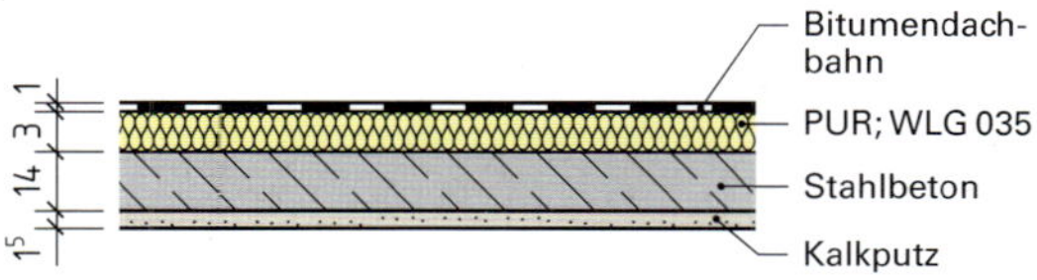

$$R_T = \frac{1}{10} + \frac{0{,}015}{1{,}0} + \frac{0{,}14}{2{,}5} + \frac{0{,}03}{0{,}035} + \frac{1}{23}$$

$R_T = 1{,}07$

$\mathbf{U_D = 0{,}93\ W/m^2K}$

Die Dachhaut wird nicht mitgerechnet.

Sanierungsmaßnahme

Da die Dachhaut mehrheitlich undicht ist, wird diese ersetzt durch eine Polymer-Bitumenschweißbahn.
Ebenso wird die Dämmung beseitigt, um auf die Rohdecke die bisher fehlende Dampfsperre und Dampfdruckausgleichsschicht aufbringen zu können.

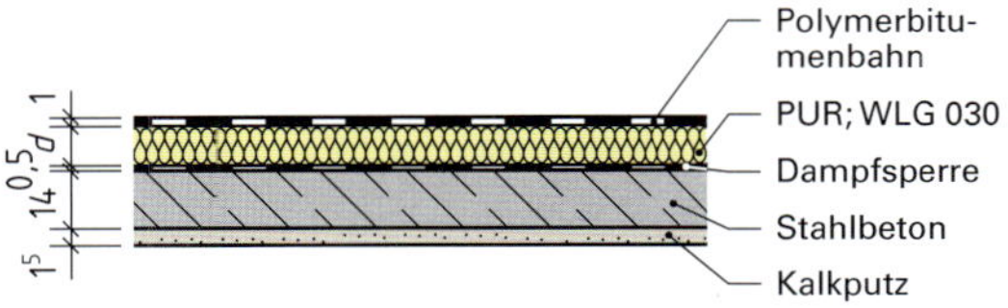

PUR: $\mu = 40/200$
$s' = 80\ MN/m^3$
$B\,2$
$c = 1\,500\ J/kgK$ (ist gut im sommerlichen Wärmeschutz)

max. zul. $U = 0{,}20\ W/m^2K$ nach EnEV

$$\frac{1}{0{,}20} = \frac{1}{10} + \frac{0{,}015}{1{,}0} + \frac{0{,}14}{2{,}5} + \frac{d}{0{,}03} + \frac{1}{23}$$

$d = 0{,}144$ m — Durch das WDVS auf der Außenwand vergrößert sich auch die
d = 150 mm — Fläche der Bodenplatte und des Flachdaches um $2 \cdot 11$ cm (Dämmung + Putz)

$\Rightarrow \mathbf{U_D = 0{,}19\ W/m^2K}$

$l = 9{,}49 + 2 \cdot 0{,}11$
$l = 9{,}71$ m
$b = 6{,}99 + 2 \cdot 0{,}11$
$b = 7{,}21$ m

$A_D = 9{,}71 \cdot 7{,}21$
$\mathbf{A_D = 70{,}01\ m^2}$

Bodenplatte

Ist-Zustand

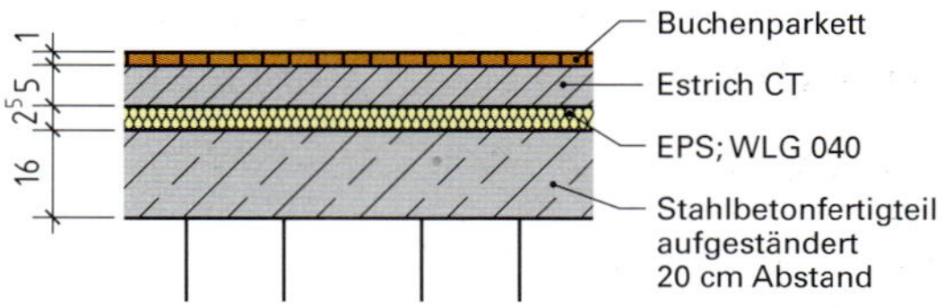

$$R_T = \frac{1}{6} + \frac{0{,}01}{0{,}20} + \frac{0{,}05}{1{,}4} + \frac{0{,}025}{0{,}04} + \frac{0{,}16}{2{,}5} + \frac{1}{23}$$

$R_T = 0{,}98\ m^2K/W$

$\mathbf{U_G = 1{,}02\ W/m^2K}$ > max. zul. $U = 0{,}24\ W/m^2K$

Sanierungsmaßnahme

Um Fußkälte zu vermeiden, wird die Bodenplatte freigelegt und darauf ein schwimmender Heizestrich eingebaut.

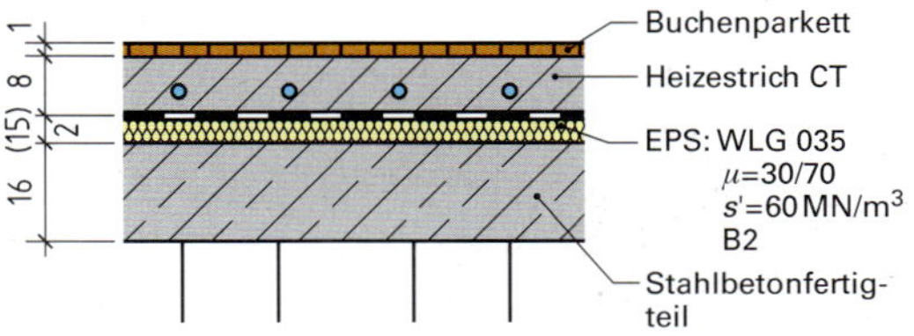

$$\frac{1}{0{,}24} = \frac{1}{\infty} + \frac{d}{0{,}035} + \frac{0{,}16}{2{,}5} + \frac{1}{23}$$

$d = 0{,}142$ m

$d = 150$ mm $\Rightarrow \mathbf{U_G = 0{,}23\ W/m^2K}$

Anm.: Nach DIN 4108 werden bei Heizestrichen nur die Schichten unterhalb der Heizfläche in den U-Wert eingerechnet. Da die Dämmung an einen festen Stoff (Heizestrich und nicht an Luft) grenzt ergibt sich:

$$\frac{1}{h_i} = \frac{1}{\infty} \Rightarrow R_{si} = 0$$

$\mathbf{A_G = 70{,}01\ m^2}$ wie beim Dach

Im Falle einer Sanierung mit EPS gäbe es mit den Türhöhen große Probleme. Sollte eine Sanierung unbedingt gewünscht werden, so käme als Dämmstoff nur eine Vakuum-Isolationspaneele (VIP) in Frage.

$$\frac{1}{0{,}24} = \frac{1}{\infty} + \frac{d}{0{,}005} + \frac{0{,}16}{2{,}5} + \frac{1}{23}$$

$d = 0{,}020$ m

$d = 20$ mm

In der Realität stellt sich allerdings die Frage, ob sich aus Kostengründen eine Sanierung lohnt.
Die Folgerechnung beruht auf der Grundlage von VIP.

Außenwände

Ist-Zustand

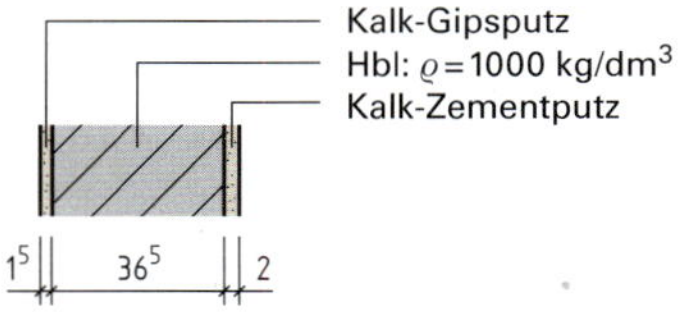

$$R_T = \frac{1}{8} + \frac{0{,}015}{0{,}7} + \frac{0{,}365}{0{,}45} + \frac{0{,}02}{1{,}0} + \frac{1}{23}$$

$R_T = 1{,}02\ m^2K/W$

$\boldsymbol{U_{AW} = 0{,}98\ W/m^2K}$ > max. zul. $U = 0{,}24\ W/m^2K$

Sanierungsmaßnahme

Anbringen eines WDVS aus EPS:	WLG 030
	$\mu = 30/70$
Der alte Putz ist schadhaft	$s' = 60\ MN/m^3$
und muss entfernt werden	*B* 2

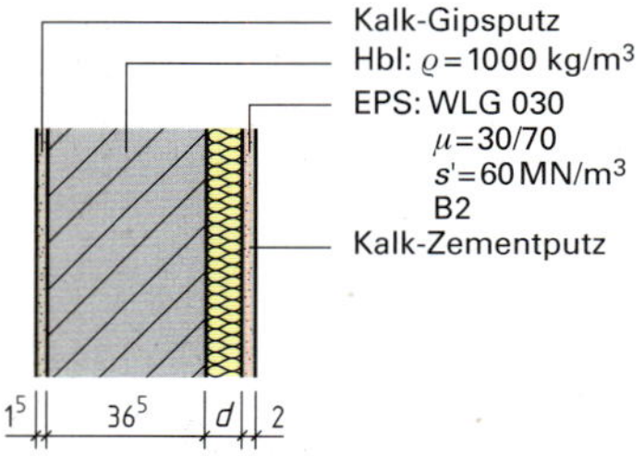

$$\frac{1}{0{,}24} = \frac{1}{8} + \frac{0{,}015}{0{,}7} + \frac{0{,}365}{0{,}45} + \frac{d}{0{,}030} + \frac{0{,}01}{1{,}0} + \frac{1}{23}$$

$d = 0{,}0946$ m

$d = 100$ mm $\Rightarrow$ $\boldsymbol{U_{AW} = 0{,}23\ W/m^2K}$

$h = 2{,}55 + 0{,}015 + 0{,}14 + 0{,}15 + 0{,}01 + 0{,}08 + 0{,}02$

$h = 2{,}97$ m

h oben: bis OK Dämmschicht

unten: bis OK Rohdecke, unabhängig von der Lage einer Dämmschicht (DIN EN 18599)

$A_{AW} = (9{,}71 + 7{,}21)2 \cdot 2{,}97 - 5{,}39 - 2{,}14$

$\boldsymbol{A_{AW} = 92{,}97\ m^2}$

Sanierung Fenster

Die bisherigen Fenster mit einem Wärmedurchgangskoeffizienten (*U*-Wert) von 3,0 W/m²K und fehlender Gummilippendichtung werden durch Fenster mit Wärmedämmverglasung und warmer Kante mit dem *U*-Wert = 1,3 W/m²K und *g* = 0,6 ersetzt.

Zweifache Gummilippendichtung und erhöhter Schallschutz sind von der Gebäudelage erstrebenswert.

Die alte undichte Hauseingangstür mit $U = 4{,}2\ W/m^2K$ wird durch eine 5-fach verriegelte Tür mit $U = 1{,}8\ W/m^2K$ nach EnEV ersetzt.

2. Spezifische Transmissionswärmeverluste

		W/K
	$H_T = F_{x,j} \cdot U_j \cdot A_j$	W/K
Bodenplatte	$H_T = 0{,}9 \cdot 0{,}23 \cdot 70{,}01$	= 14,49
Flachdach	$H_T = 1{,}0 \cdot 0{,}19 \cdot 70{,}01$	= 13,30
Außenwand	$H_T = 1{,}0 \cdot 0{,}23 \cdot 92{,}97$	= 21,38
Fenster	$H_T = 1{,}0 \cdot 1{,}3 \cdot 5{,}39$	= 7,00
Tür	$H_T = 1{,}0 \cdot 1{,}8 \cdot 2{,}14$	= 3,85
	A = 240,52 m²	H_T = 60,02
+ Wärmebrücken-zuschlag	$0{,}05 \cdot 240{,}52$	= 12,03
		$\Sigma H'_T$ = 72,05 W/K

$$\text{vorh } H'_T = \frac{H_T}{A}$$

$$\text{vorh } H'_T = \frac{72{,}05\ \frac{W}{K}}{240{,}52}$$

vorh $H'_T = 0{,}30\ W/m^2K$ ≙ einem mittleren *U*-Wert der gesamten wärmeübertragenden Gebäudehülle

4. Das Haus soll um einen Anbau (1 Raum) mit den Außenmaßen 5,0 m × 3,50 m erweitert werden.

An der Längsseite des Bestandsgebäudes liegt die Decke des Anbaus auf.

Es gilt zu untersuchen, inwieweit die Vorschriften der EnEV greifen.

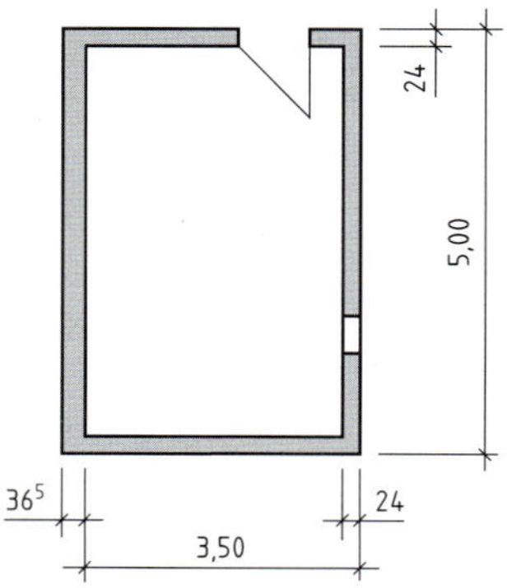

$A_{NF} = 4{,}52 \cdot 3{,}26$

$A_{NF} = 14{,}72\ m^2 <$ min. erf. $A_{NF} = 50{,}00\ m^2$

Da die Nutzfläche kleiner als 50,00 m² ist, entfällt ein wärmeschutztechnischer Nachweis nach dem Verfahren für neu zu errichtende Gebäude. Es sind lediglich die Werte nach Tab. 1 S. 62 einzuhalten.

⇒ Erweiterung

Beispiel 16: Gebäude im Bestand mit bisher nicht ausgebautem Kellergeschoss (KG) und Dachgeschoss (DG)

In den Giebeln befindet sich je ein Fenster mit den Maßen 1,76 m x 1,50 m; In den Dachflächen sind je zwei Dachflächenfenster mit den Abmessungen 1,01 m x 1,25 m.
Alle Fenster haben einen Wärmedurchgangskoeffizienten $U_W = 2{,}8$ W/m²K; die Eingangstür $U_T = 4{,}5$ W/m²K

Es sollen durchgeführt werden:
1. EnEV-Nachweis nach dem Bauteilverfahren

Darüber hinaus
2. den auf die wärmeübertragende Gebäudehüllfläche bezogenen Transmissionswärmeverlust H'_T
3. die für die Schimmelpilzbildung wichtigen Kenngrößen f_{Rsi} und Φ im Raum vor und nach der Sanierung
4. Je ein Glaser-Diagramm der Kellerwand vor und nach der Sanierung
   Anm.: Die Bearbeitung dieses Punktes setzt die Kenntnis des Kapitels Feuchteschutz voraus.

Nutzungsänderung:
Das bisher nicht ausgebaute Kellergeschoss soll künftig als Sous-Terrain-Wohnung genutzt werden.
Das Dachgeschoss, das momentan zwar nicht genutzt wird, soll jedoch energetisch jetzt schon auf EnEV-Standard saniert werden, um im Bedarfsfalle nicht nochmals von vorne beginnen zu müssen.
Nach jetziger Forderung der EnEV stünde sowieso zur Wahl, die oberste Geschossdecke an oder alternativ das Dach zu sanieren.

Um dem Kunden zu zeigen, wie weit die einzelnen Bauteile mit ihren Wärmedurchgangskoeffizienten (*U*-Werten) im Ist-Zustand von den Mindestanforderungen der EnEV entfernt liegen, sollen Ist-Zustand und Mindestanforderung der EnEV an die einzelnen Bauteile in einem Balkendiagramm gegenüber gestellt werden, ebenso die spezifischen Transmissions-Wärmeverluste im Ist-Zustand und im sanierten Zustand.

Damit soll dem Hauseigentümer die Notwendigkeit einer Sanierung nahegebracht werden.

Anm: Zur Lösung der Punkte 3 und 4 sollte zuerst das Kapitel Feuchteschutz erarbeitet werden.

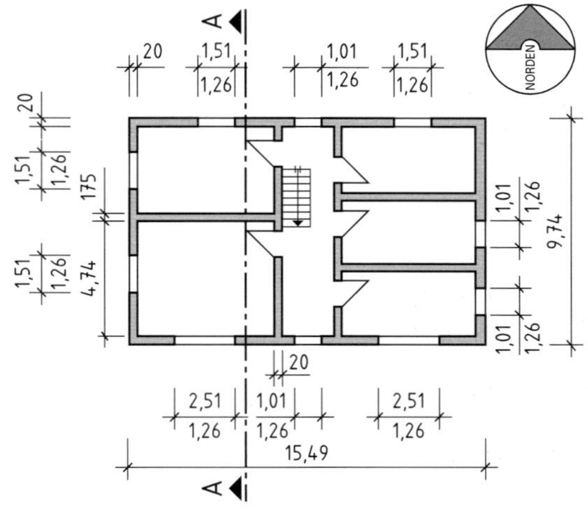

Bild 1: Grundriss KG

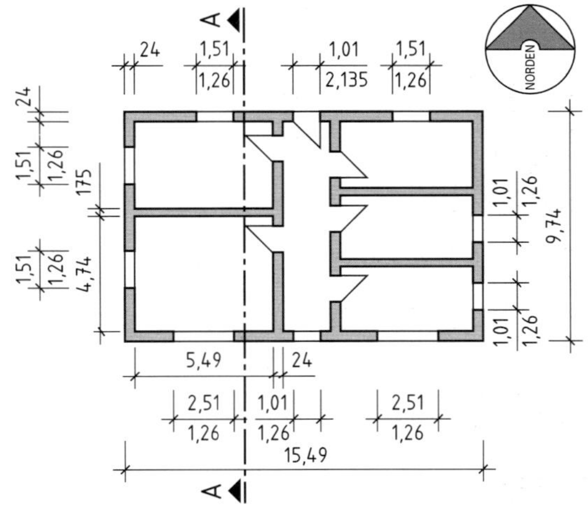

Bild 2: Grundriss EG

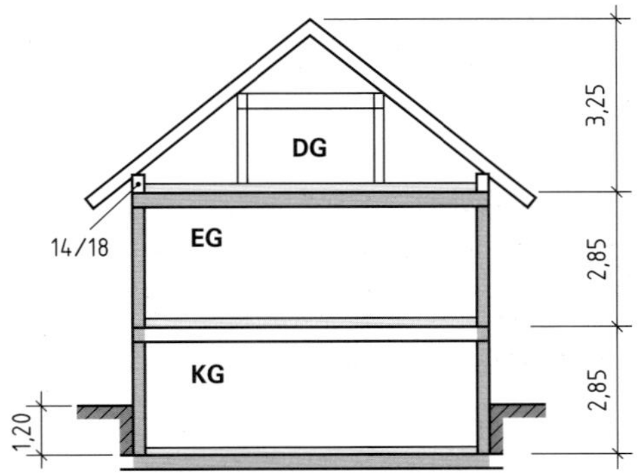

Bild 3: Schnitt

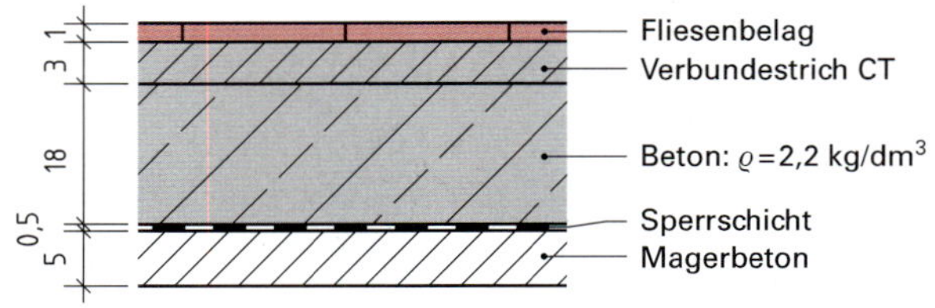

Bild 1: Bodenplatte

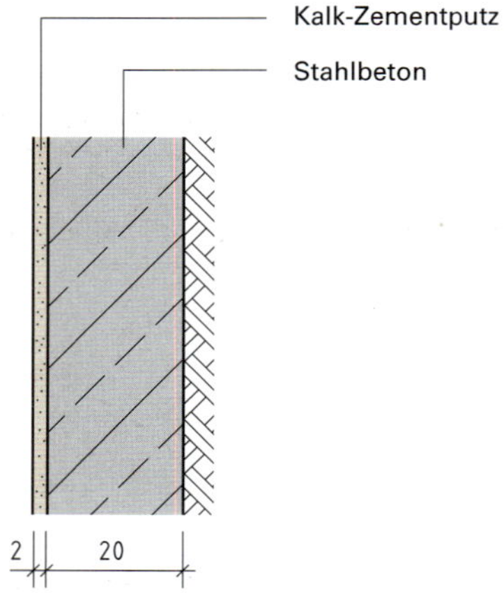

Bild 2: KG - Wand

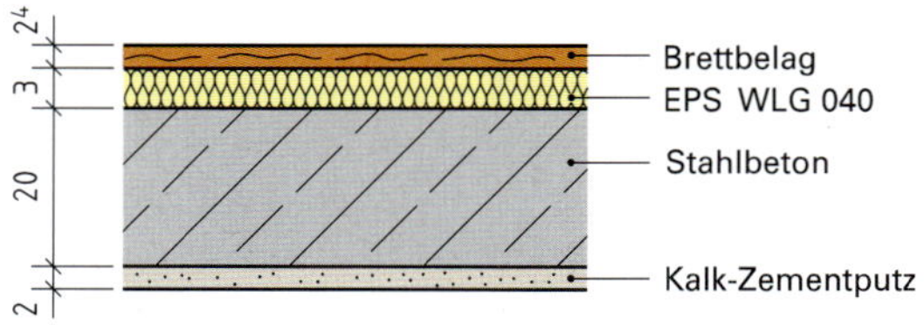

Bild 4: EG - Decke

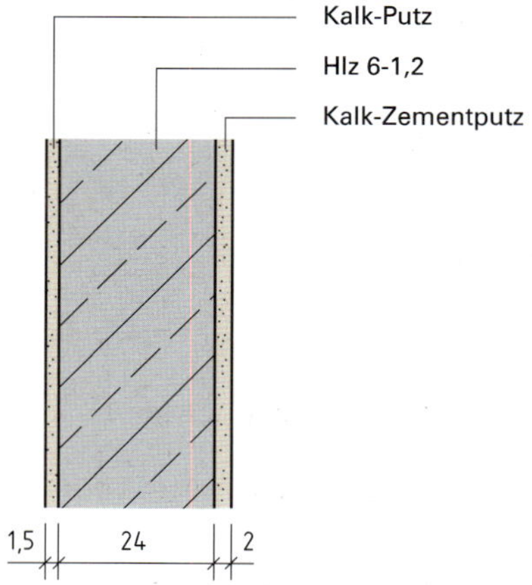

Bild 3: EG - Wand

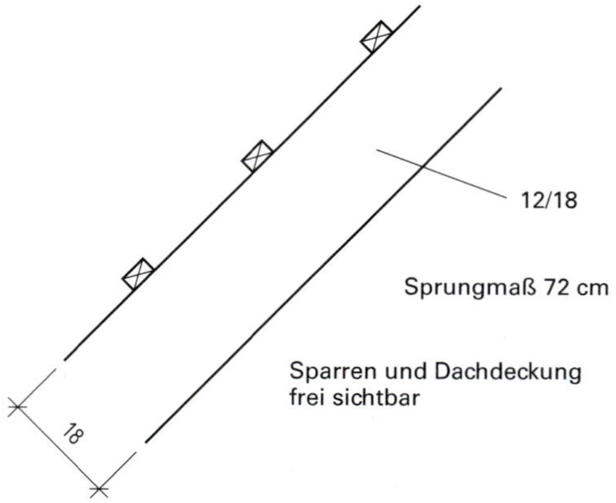

Bild 5: Dach

Bodenplatte

Ist-Zustand

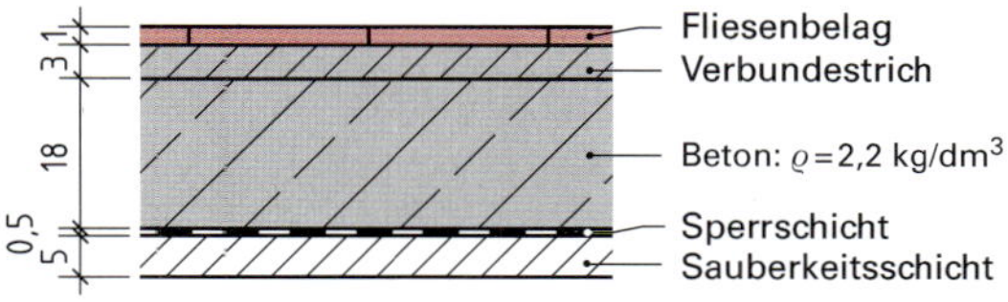

$$R_T = \frac{1}{6} + \frac{0{,}01}{1{,}3} + \frac{0{,}03}{1{,}4} + \frac{0{,}18}{1{,}65} + \frac{1}{\infty}$$

$R_T = 0{,}305\ m^2K/W$

$\mathbf{U_{G1} = 3{,}28\ W/m^2K}$ > max. zul. $U_{G1} = 0{,}30\ W/m^2K$

Sanierungsmaßnahme

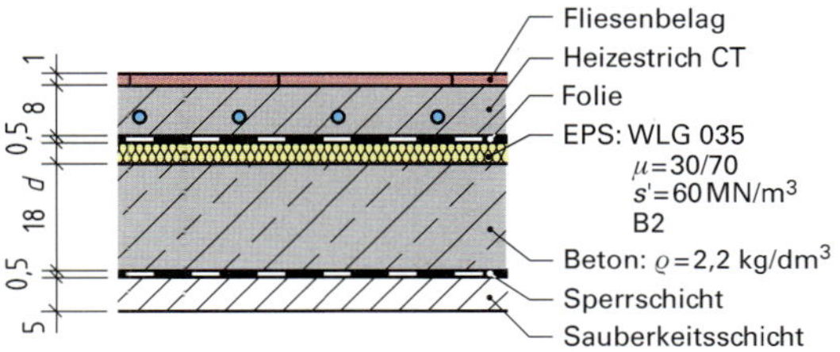

Der Verbundestrich ist stellenweise gelockert und sehr rissig. Er wird daher entfernt. Zur Vermeidung von Fußkälte wird ein Heizestrich eingebaut. Als Dämmmaterial wird ein EPS gewählt, das eine gewisse Druckfestigkeit und geringe Stauchung garantiert, wobei die dynamische Steifigkeit $s' = 60\ MN/m^3$ nicht so im Brennpunkt steht, da darunter kein Wohnraum vorhanden ist.
max. zul. $U = 0{,}50\ W/m^2K$, da auf der Warmseite erneuert.

$$\frac{1}{0{,}50} = \frac{1}{\infty} + \frac{d}{0{,}035} + \frac{0{,}18}{1{,}65} + \frac{1}{\infty}$$

$d = 0{,}066$ m

$d = 70$ mm

⇒ $\mathbf{U_{G1} = 0{,}47\ W/m^2K}$ < max. zul. $U = 0{,}50\ W/m^2K$

Anm.: Nach DIN 4108 gehen nur die Schichten unterhalb des Heizestrichs und innerhalb der Sperrschicht in die Berechnung des Wärmedurchgangskoeffizienten ein.
70 mm „Trittschalldämmung" aus Gründen des Wärmeschutzes sind schon außergewöhnlich.
Bei einem Neubau würde man den größten Teil der Dämmung unter der Bodenplatte einbauen.
Durch den Einsatz einer VIP mit WLG 005 würde sich eine Dämmstoffdicke von nur 10 mm ergeben.
Durch die Perimeterdämmung auf der Kellerwand vergrößert sich auch die Fläche der Bodenplatte.

$l = 15{,}49 + 2 \cdot 0{,}17 = 15{,}83$ m

$b = 9{,}74 + 2 \cdot 0{,}17 = 10{,}08$ m

$A_{G1} = 15{,}83 \cdot 10{,}08$

$\mathbf{A_{G1} = 159{,}57\ m^2}$

KG-Wand

Ist-Zustand

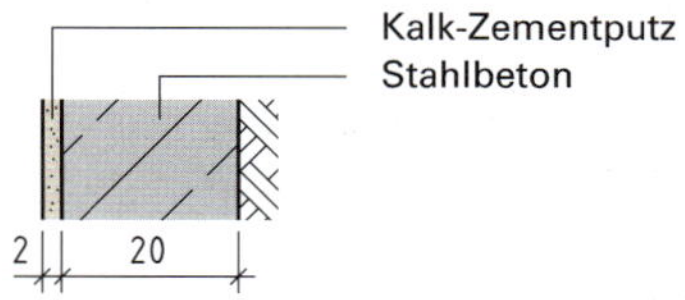

$$R_T = \frac{1}{8} + \frac{0{,}02}{1{,}0} + \frac{0{,}20}{2{,}5} + \frac{1}{\infty}$$

$R_T = 0{,}225\ m^2K/W$

$\mathbf{U_{G2} = 4{,}44\ W/m^2K}$ > max. zul. $U_{G2} = 0{,}24\ W/m^2K$

Sanierungsmaßnahme

Um diese energetisch schlechte Wand kräftig aufzubessern, wird eine Perimeterdämmung angebracht.
Schaumglas wird aus folgenden Gründen gewählt:

1. gute Wärmedämmung
2. sehr druckfest
3. formstabil
4. stauchungsfrei
5. alterungsbeständig
6. chemikalienbeständig
7. schädlingssicher
8. nimmt kein Wasser auf ⇒ keine Verschlechterung von λ
9. wasserunempfindlich
10. s_d-Wert ≥ 1 500 m ⇒ dampfdicht

Im Rahmen dieser Sanierungsmaßnahme wird rings um das Gebäude eine Drainageleitung gelegt.

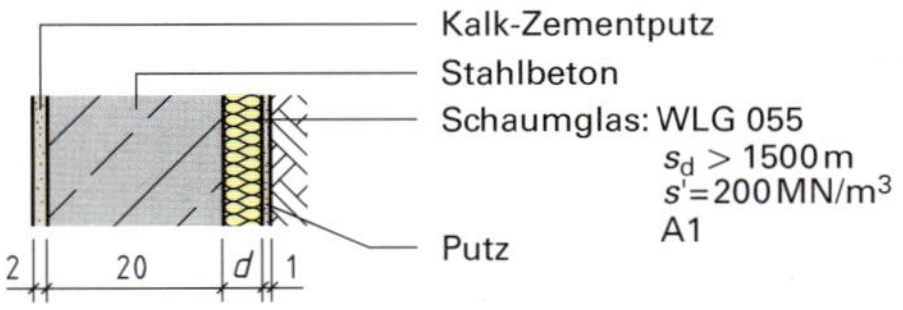

$$\frac{1}{0{,}30} = \frac{1}{8} + \frac{0{,}02}{1{,}0} + \frac{0{,}2}{2{,}5} + \frac{d}{0{,}050} + \frac{0{,}01}{1{,}0} + \frac{1}{\infty}$$

$d = 0{,}155$ m

$d = 160$ mm

⇒ $\mathbf{U_{G2} = 0{,}29\ W/m^2K}$ < max. zul. $U = 0{,}30$

im Erdreich: $l = 15{,}49 + 2 \cdot 0{,}16 + 2 \cdot 0{,}01$

$l = 15{,}83$ m

$b = 9{,}74 + 2 \cdot 0{,}16 + 2 \cdot 0{,}01$

$b = 10{,}08$ m

$A_{G2} = (15{,}83 + 10{,}08) \cdot 2 \cdot 1{,}20$

$\mathbf{A_{G2} = 62{,}18\ m^2}$

über Erdreich: gewählt XPS,
mit: WLG 040, μ = 80/250
s' = 80 MN/m^3; B 2/B-s3d2

Extrudiertes Polystyrol XPS gewählt wegen besserer Dampfdurchlässigkeit gegenüber Schaumglas CG

$$\frac{1}{0{,}24} = \frac{1}{8} + \frac{0{,}02}{1{,}0} + \frac{0{,}20}{2{,}5} + \frac{d}{0{,}04} + \frac{0{,}01}{1{,}0} + \frac{1}{23}$$

d = 0,155 m

d = 160 mm

$$R_{T,AW} = \frac{1}{8} + \frac{0{,}02}{1{,}0} + \frac{0{,}20}{2{,}5} + \frac{0{,}16}{0{,}04} + \frac{0{,}01}{1{,}0} + \frac{1}{23}$$

$\mathbf{U_{AW1} = 0{,}23\ W/m^2K}$ < max. zul. U = 0,24 W/m^{2}K

über Erdreich:

A_{AW1} = (15,83 + 10,08) · 2 · 1,65 – 19,03

$\mathbf{A_{AW1} = 66{,}47\ m^2}$

EG-Wand

Ist-Zustand

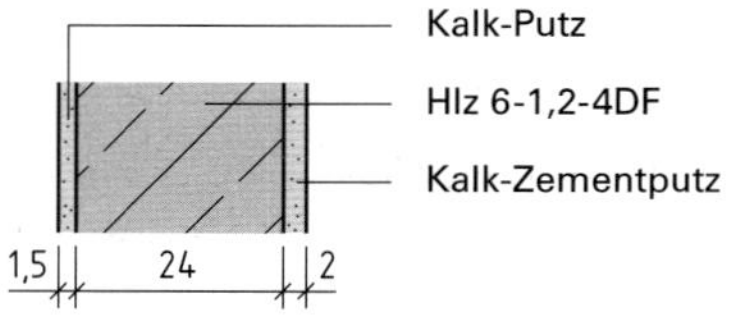

$$R_{T,AW} = \frac{1}{8} + \frac{0{,}015}{1{,}0} + \frac{0{,}24}{0{,}5} + \frac{0{,}02}{1{,}0} + \frac{1}{23}$$

$R_{T,AW}$ = 0,683 m^{2}K/W

$\mathbf{U_{AW2} = 1{,}46\ W/m^2K}$ > max. zul. U_{AW} = 0,24 W/m^{2}K

Sanierungsmaßnahme

Als Dämmmaterial werden Holzweichfaserplatten gewählt, weil:

1. diffusionsoffen; μ = 5
2. Naturstoff
3. nachwachsender Rohstoff
4. keine giftigen Gase im Brandfall
5. kein Abtropfen im Brandfall
6. keine Brandbarrieren erforderlich
7. große spezifische Wärmekapazität c
8. kleine Temperaturleitzahl a
9. gut recycelbar

Der alte Putz ist noch sehr gut erhalten und kann daher belassen werden.

Fenster

KG	2,51 · 1,26 · 2 =	6,33
	1,01 · 1,26 · 4 =	5,09
	1,51 · 1,26 · 4 =	7,61
	A_W =	19,03 m^2
EG	2,51 · 1,26 · 2 =	6,33
	1,01 · 1,26 · 3 =	3,82
	1,51 · 1,26 · 4 =	7,61
	A_W =	17,76 m^2
DG	1,76 · 1,50 · 2 Giebel A_W =	5,28
	1,01 · 1,25 · 4 DF A_W =	5,05
	ΣA_W =	47,12 m^2
Tür	1,01 · 2,135	2,16 m^2

max. zul. U = 0,24 W/m^{2}K

Aus konstruktiven Gründen gewählt d = 160 mm wie KG

$$\frac{1}{0{,}24} = \frac{1}{8} + \frac{0{,}015}{1{,}0} + \frac{0{,}24}{0{,}50} + \frac{0{,}02}{1{,}0} + \frac{0{,}16}{\lambda} + \frac{0{,}01}{1{,}0} + \frac{1}{23}$$

$$\frac{0{,}16}{\lambda} = 3{,}473$$

λ = 0,046 W/m^{2}K

gewählt: Dämmung Holzweichfaserplatten
d = 160 mm, WLG 045
μ = 5; s' = 8 MN/m^3; B 3 bzw. E-d2,s2

$$R_T = \frac{1}{8} + \frac{0{,}02}{1{,}0} + \frac{0{,}24}{0{,}5} + \frac{0{,}02}{1{,}0} + \frac{0{,}16}{0{,}045} + \frac{0{,}01}{1{,}0} + \frac{1}{23}$$

R_T = 4,254 m^{2}K/W

$\mathbf{U_{AW2} = 0{,}24\ W/m^2K}$ $\triangleq$ max. zul. U = 0,24 W/m^{2}K

EG: l = 15,49 + 2 · 0,02 + 2 · 0,16 + 2 · 0,01
l = 15,87 m

b = 9,74 + 2 · 0,02 + 2 · 0,16 + 2 · 0,01
b = 10,12 m

A_{AW2} = (15,87 + 10,12) · 2 · 2,85 – 17,76 – 2,16
$\mathbf{A_{AW2} = 128{,}22\ m^2}$

Durch die konstruktive Anpassung der Dämmstoffdicke im EG an das KG ergibt sich eine ringsum vorstehende EG-Wand vor der KG-Wand.

EG-Decke

Ist-Zustand

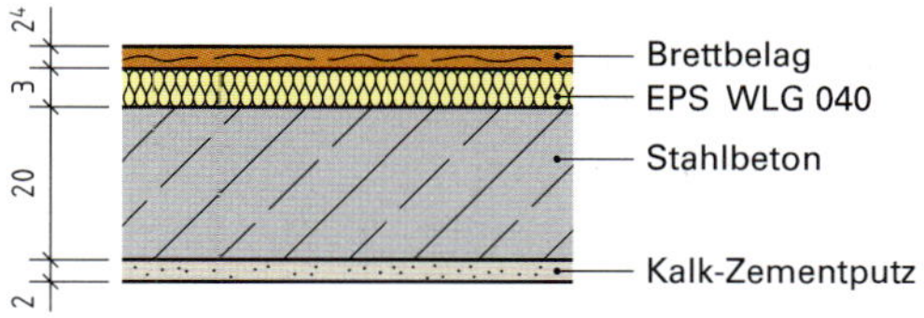

$$R_T = \frac{1}{10} + \frac{0{,}024}{0{,}13} + \frac{0{,}03}{0{,}04} + \frac{0{,}20}{2{,}5} + \frac{0{,}02}{1{,}0} + \frac{1}{10}$$

$R_T = 1{,}23$ m²K/W

$\boldsymbol{U = 0{,}81}$ **W/m²K** > max. zul. $U = 0{,}24$ W/m²K

Da die oberste Geschossdecke nach EnEV-Vorschrift den energetischen Forderungen angepasst werden müsste, hat sich der Bauherr entschlossen, die Alternative der EnEV aufzugreifen und das Dach in das Sanierungsprogramm mit aufzunehmen.
Dadurch kommt die EG-Decke innerhalb der beheizten Zone zu liegen und der U-Wert spielt keine Rolle mehr. Lediglich in trittschalltechnischer Hinsicht muss diese Decke den Bedürfnissen angepasst werden.

KG-Decke

gleicher Aufbau wie EG-Decke

$$R_T = \frac{1}{6} + \frac{0{,}024}{0{,}13} + \frac{0{,}03}{0{,}04} + \frac{0{,}20}{2{,}5} + \frac{0{,}02}{1{,}0} + \frac{1}{6}$$

$R_T = 1{,}3679$ m²K/W

$\boldsymbol{U = 0{,}73}$ **W/m²K** > max. zul. $U = 0{,}30$ W/m²K

Der Nachweis des Wärmedurchgangskoeffizienten (U-Wert) der KG-Decke ist nur für die Ist-Bewertung von Bedeutung, nicht dagegen für den sanierten Zustand, da die Kellerdecke dann innerhalb der beheizten Zone liegt.

Vorteile einer Fußbodenheizung
1. Niedrige Vorlauftemperaturen (35 °C)
2. großflächige Wärmeabgabe im gesamten Raum und nicht nur im Fensterbereich
3. keine störenden Heizkörper
4. angenehmes Wohlbefinden, da die Wärme gleichmäßig von unten kommt.
5. Für Alternativenergien besonders geeignet
6. Energieeinsparung gegenüber Radiatoren
7. Raumlufttemperatur kann 2 °C niedriger gefahren werden bei gleichem Wohlbefinden als bei Radiatorenheizung

Dach

Ist-Zustand

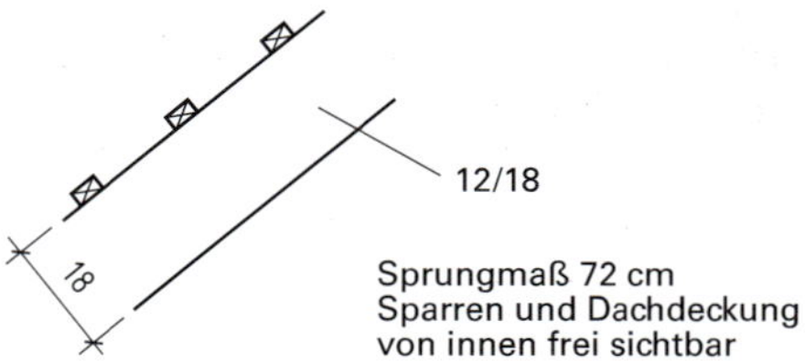

Die Größe des Wärmedurchgangskoeffizienten ist nicht bestimmbar.

Sanierungsmaßnahme

Das Dach in seinem jetzigen Stand entspricht der Rohbausituation der damaligen Zeit. Es ist weder auf, noch unter den Sparren eine Verschalung angebracht. Das hat allerdings den Vorteil, dass der Aufbau mit allen erforderlichen Schichten in optimaler Lage wie bei einem Neubau erfolgen kann. Dadurch, dass das Dach nun Abschluss der energetischen Hülle (Zone) ist, bleibt die EG-Decke unberücksichtigt. Durch die begrenzte Sparrenhöhe von 18 cm wird zur Einhaltung der EnEV eine Aufsparrendämmung (Aufdachdämmung) erforderlich werden.

Grundsatz im Feuchteschutz:
Die Luftdichtheitsebene sollte einen ca. 6 Mal größeren s_d-Wert haben als die Winddichtheitsebene (s. Tab. S. 69).

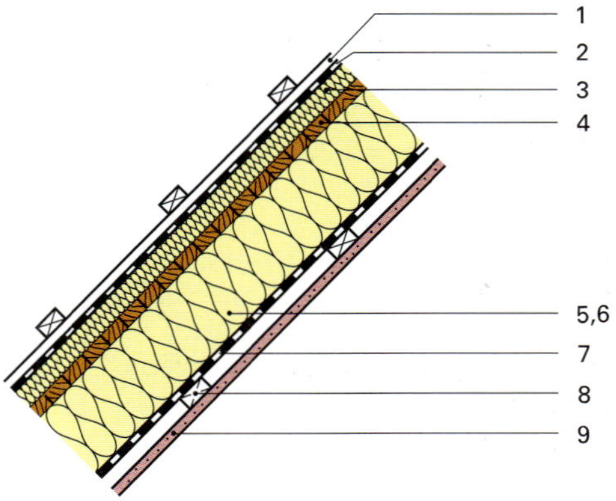

1 Konterlattung
2 Winddichtheitsebene z.B. $s_{de} = 0{,}5$ m
3 Aufsparrendämmung: WLG 050, $\mu = 5$; $s' = 6$ MN/m³; B 2 bzw. E-d2,s2
4 Holzschalung 24 mm, diagonal verlegt
5 Sparren 12/18; Sprungmaß 72 cm
6 Holzweichfaserplatten WLG 045
7 Luftdichtheitsebene z.B. $s_{di} = 3{,}0$ m
8 Lattung 30/50 mm
9 Holzvertäfelung 15 mm

Tabelle: s_d-Werte bei Dächern

außen $s_{d,e}$	**innen** $s_{d,i}$
Alle Schichten **oberhalb** der Dämmschicht bis zur ersten belüfteten Luftschicht (auch bei Aufsparren-dämmung)	Alle Schichten **unterhalb** der Dämmschicht bis zur ersten belüfteten Luftschicht (auch bei Untersparren-dämmung)
$\leq$ 0,1 m	$\geq$ 1,0 m
$\leq$ 0,3 m	$\geq$ 2,0 m
> 0,3 m	$s_{d,i} \geq 6 \cdot s_{d,e}$

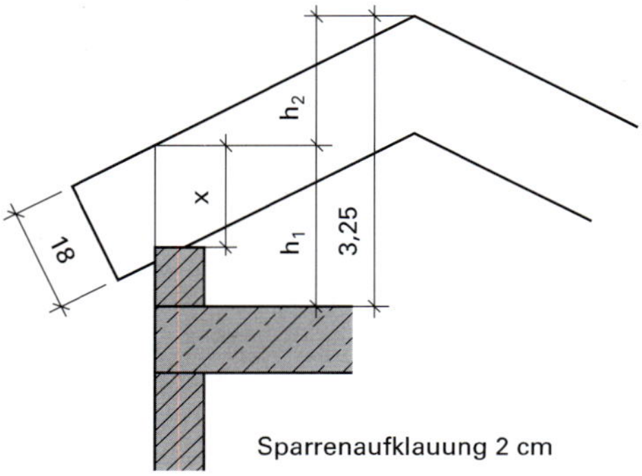

Bild 1: Maße am Dach

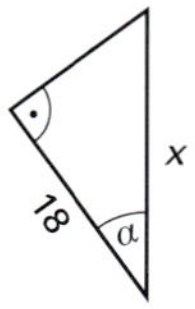

$x \approx 20$ cm bis 21 cm

$\cos\alpha = \frac{18}{20{,}7}$

$\alpha = 30°$

alternativ:

$h_1 = 18 - 2 + 20$

$h_1 = 36$ cm $\Rightarrow$ $h_2 = 3{,}25 - 0{,}36$

$h_2 = 2{,}89$ m

Dachneigung

$\tan\alpha = \frac{2{,}89}{4{,}89}$ (= 9,78/2)

$\alpha = 30{,}5° < 60°$ $\Rightarrow$ Wärmestrom aufwärts

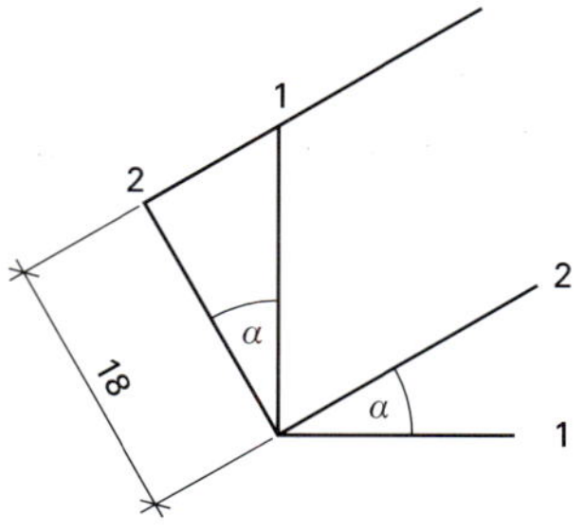

Beide Winkel α sind gleich, da ihre zugehörigen Winkelschenkel paarweise senkrecht aufeinander stehen. 1 $\perp$ 1, sowie 2 $\perp$ 2.

Gefachbereich (ohne Aufdachdämmung)

$$R_T = \frac{1}{10} + \frac{0{,}015}{0{,}13} + 0{,}16 + \frac{0{,}18}{0{,}045} + \frac{0{,}024}{0{,}13} + \frac{1}{23}$$

$R_{T1} = 4{,}60$ m²K/W

$U_{D1} = 0{,}22$ W/m²K

Sparrenbereich

$$R_T = \frac{1}{10} + \frac{0{,}015}{0{,}13} + 0{,}16 + \frac{0{,}18}{0{,}13} + \frac{0{,}024}{0{,}13} + \frac{1}{23}$$

$R_{T2} = 1{,}99$ m²K/W

$U_{D2} = 0{,}50$ W/m²K

$$U_{m,D} = \frac{U_{D1} \cdot b_1 + U_{D2} \cdot b_2}{b_1 + b_2}$$

$$U_{m,D} = \frac{0{,}22 \cdot 0{,}60 + 0{,}50 \cdot 0{,}12}{0{,}72}$$

$U_{m,D} = 0{,}27$ W/m²K > max. zul. $U = 0{,}24$ W/m²K

Es ist noch eine Aufsparrendämmung erforderlich.

erf. R_T = vorh. R_T + zusätzlich erf. R

oder erf. $d = \left(\frac{1}{\text{gef. } U} - \frac{1}{\text{vorh. } U}\right) \cdot \lambda_{\text{Dämmung}}$

Durch die Wahl der WLG 050 für die Aufsparrendämmung erhöht sich die Masse, sowie die Druckfestigkeit und es verbessert sich die Temperaturleitzahl a und damit der sommerliche Wärmeschutz

$\frac{1}{0{,}24} = \frac{1}{0{,}27} + \frac{d}{0{,}05}$ oder: erf. $d = \left(\frac{1}{0{,}24} - \frac{1}{0{,}27}\right) 0{,}05$

$d = 0{,}023$ m $\quad$ $d = 0{,}023$ m

$d = 25$ mm $\quad$ $d = 25$ mm

In der Praxis würde man wegen des sommerlichen Wärmeschutzes ca. 60 mm Holzweichfaserdämmplatten aufbringen.

Dieses Dämmmaterial hat den Vorteil, dass es eine niedrige (günstige) Temperaturleitzahl a hat.

Temperaturleitzahl a

$a = \frac{\lambda}{\varrho \cdot c}$ $\quad$ $a = \frac{0{,}05}{190 \cdot 2100}$

$a = 1{,}25 \cdot 10^{-7}$ m²/s

$a = 0{,}125$ mm²/s

In dieser Formel kommt das Verhältnis von Wärmeleitung λ zur Wärmespeicherung zum Ausdruck, welche sich im Produkt $\varrho \cdot c$ wiederspiegelt.

ϱ = Rohdichte in kg/m³

c = spezifische Wärmekapazität in J/kgK

Das Dach ist gerade im Sommer infolge der fast senkrechten Sonneneinstrahlung ein besonders kritisches Bauteil, s.S. 252.

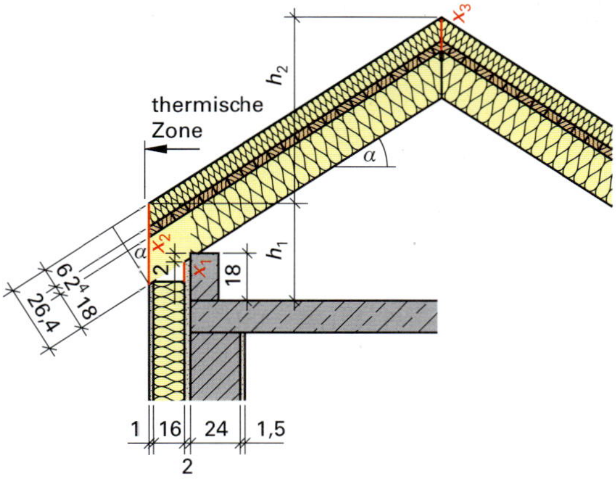

Bild 1: Maße am Dach

U-Wert des Daches bei 60 mm Aufsparrendämmung

R_T = vorh. $R_T + R_{Aufdach}$

$$R_T = \frac{1}{0{,}27} + \frac{0{,}06}{0{,}05}$$

$R_T = 4{,}90\ m^2K/W$

$\mathbf{U_D = 0{,}20\ W/m^2K}$

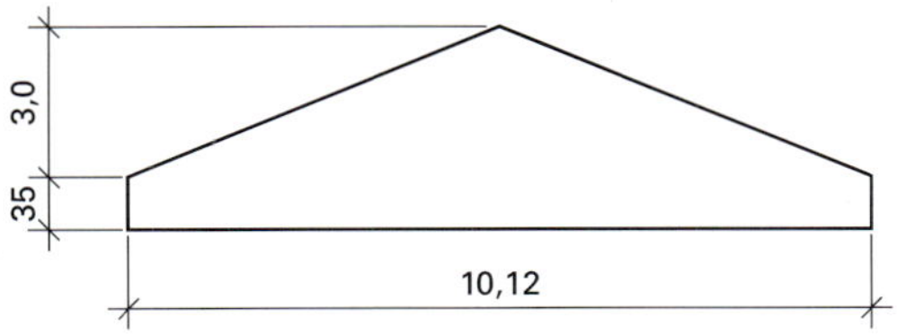

Allgemeine Vorgehensweise bei der Ermittlung der wärmeübertragenden Fläche (thermische Hülle) im Dachgeschoss mit zwei möglichen Varianten.

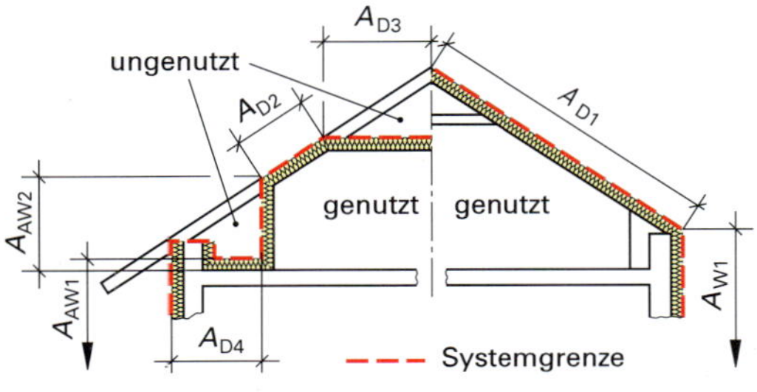

Bild 2: Wärmetechnische Systemgrenze

Ob die linke oder die rechte Variante gewählt wird, hängt vom Abstand der Abseitenwand und von der Außenkante der Außenwand ab, ebenfalls die Lage des Kehlbalkens.

Bei DN $\alpha = 30°$

$$\tan 30 = \frac{x_1}{19} \qquad \cos 30 = \frac{26{,}4}{x_2}$$

$x_1 = 11$ cm $\qquad x_2 = 30$ cm

$$\cos 30 = \frac{8{,}4}{x_3}$$

$x_3 = 10$ cm

$h_1 = 18 - 2 - x_1 + x_2$

$h_1 = 18 - 2 - 11 + 30$

$h_1 = 35$ cm

$h_2 = 3{,}25 - h_1 + x_3$

$h_2 = 3{,}25 - 0{,}35 - 0{,}10$

$h_2 = 3{,}00$ m

alternativ:

$h_1 + h_2 = 3{,}25 + 0{,}10$

$h_2 = 3{,}35 - 0{,}35$

$h_2 = 3{,}00$ m

$l_D \triangleq l_{AW2} = 15{,}87$ m

$$b = \frac{10{,}12}{2} \Rightarrow b = 5{,}06\ m$$

$S^2 = 3{,}0^2 + 5{,}06^2$

$S = 5{,}88$ m

$A_D = 15{,}87 \cdot 5{,}88 \cdot 2 - 5{,}05$

$\mathbf{A_D = 181{,}58\ m^2}$

alternativ:

$$A_D = \frac{A_{Grund}}{\cos\alpha} - A_{Fenster}$$

$$A = \frac{15{,}87 \cdot 10{,}12}{\cos 30} - 5{,}05$$

$A_D = 180{,}40\ m^2$

Giebel

$\mathbf{U_{AW3} \triangleq U_{AW2} = 0{,}24\ W/m^2K}$

$A_{AW3} = (15{,}87 + 10{,}12) \cdot 2 \cdot 0{,}35 + 10{,}12 \cdot 3{,}0 - 5{,}28$

$\mathbf{A_{AW3} = 43{,}27\ m^2}$

Bauteil	max. zul. *U*-Werte nach EnEV	F_x	Ist-Zustand			sanierter Zustand			
			U-Werte	*A*	H_T	*U*-Werte	*A*	H_T: $H_T = F_{x,j} \cdot U_j \cdot A_j + \Delta U_{WB} \cdot A$	H_T
	W/m²K	[-]	W/m²K	m²	W/K	W/m²K	m²		W/K
Bodenplatte	0,50	0,6	3,28			0,47	159,57	$H_T = 0{,}6 \cdot 0{,}47 \cdot 159{,}57$	45,0
Kellerwand:									
– im Erdreich	0,30	0,6	4,44			0,29	62,18	$H_T = 0{,}6 \cdot 0{,}29 \cdot 62{,}18$	10,82
– über Erdreich	0,24	1,0	4,44			0,23	66,47	$H_T = 1{,}0 \cdot 0{,}23 \cdot 66{,}47$	15,29
Kellerdecke	0,30	0,6	0,73	159,57	69,89				
EG-Wand	0,24	1,0	1,46	128,22	187,20	0,24	128,22	$H_T = 1{,}0 \cdot 0{,}24 \cdot 128{,}22$	30,77
EG-Decke	0,24	0,8	0,81	159,57	103,40				
Dachfläche	0,24	1,0	?			0,20	181,58	$H_T = 1{,}0 \cdot 0{,}20 \cdot 181{,}58$	36,32
DG/Giebel	0,24	1,0	1,46			0,24	43,27	$H_T = 1{,}0 \cdot 0{,}24 \cdot 43{,}27$	10,38
Fenster:									
KG	1,30	1,0	2,80			1,30	19,03	$H_T = 1{,}0 \cdot 1{,}30 \cdot 19{,}03$	24,74
EG	1,30	1,0	2,80	17,76	17,76	1,30	17,76	$H_T = 1{,}0 \cdot 1{,}30 \cdot 17{,}76$	23,09
DG/Giebel	1,30	1,0	2,80			1,30	10,33	$H_T = 1{,}0 \cdot 1{,}30 \cdot 5{,}28$	6,86
DF	1,40	1,0				1,40	5,05	$H_T = 1{,}0 \cdot 1{,}40 \cdot 5{,}05$	7,07
Haustür	2,90	1,0	4,50	2,16	9,72	1,80	2,16	$H_T = 1{,}0 \cdot 1{,}80 \cdot 2{,}16$	3,89
				467,28	419,94		690,57		214,23
+ Wärmebrückenzuschlag $\Delta U_{WB} = 0{,}1$ W/m²K · A [m²]			0,10 · 467,28		46,73	0,10 · 690,57			69,06
				ΣH_T	**466,67**			$\Sigma H_T =$	**283,29**

Ist-Zustand

$$\text{vorh.}H_T' = \frac{466{,}67 \frac{W}{K}}{467{,}28\ m^2} \qquad H_T' = \frac{H_T}{A}$$

vorh. H_T' = 1,0 W/m²K

Sanierter Zustand

$$\text{vorh.}H_T' = \frac{283{,}29}{690{,}57}$$

vorh. H_T' = 0,41 W/m²K ≙ einem mittleren *U*-Wert des ganzen Gebäudes

Vereinfachend können die sanierten Flächen auch für den Ist-Nachweis angesetzt werden.
Aus den durch den Ausbau entstandenen Nutzflächen (A_{NF}) im KG und DG ist ersichtlich, dass diese größer als 50 m² sind. Der H_T'-Wert dieser ausgebauten Teile darf 0,65 W/m²K nicht überschreiten.

Neu hinzugekommene Wärme übertragende Flächen aus dem KG und DG $A = 542{,}43$ m²
Transmissionswärmeverluste dieser hinzugekommenen Bauteilflächen $H_T = 163{,}01$ W/K
Wärmebrückenzuschlag 0,10 · 542,4 $H_T = $ <u>54,24 W/K</u>
$\Sigma H_T = 217{,}27$ W/K

$$\Rightarrow H_T' = \frac{217{,}27}{542{,}43}$$

$H_T' = 0{,}40$ W/m²K < max. zul. $H_T' = 0{,}65$ W/m²K (nach EnEV)

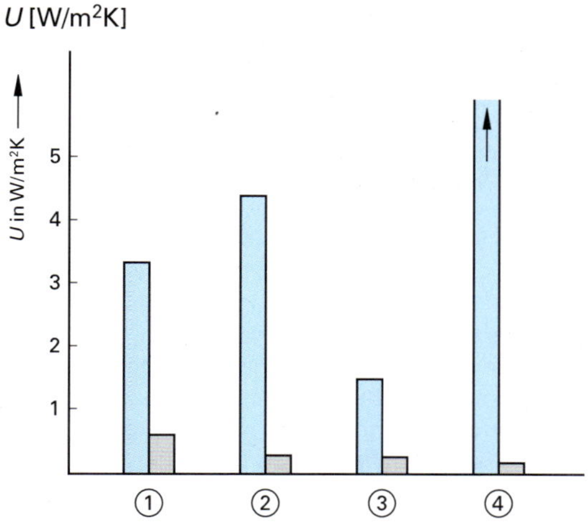

Bild 1: ***U*-Werte Ist-Saniert**

1 Bodenplatte
2 KG-Wand
3 EG-Wand
4 Dach

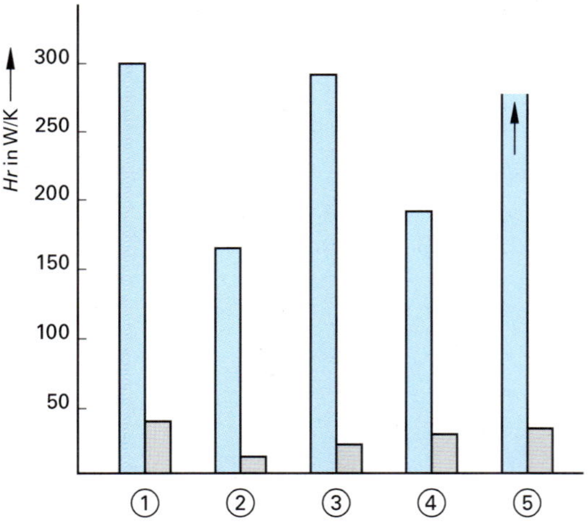

Bild 2: **H_T-Werte Ist-Saniert**

1 Bodenplatte
2 Kellerwand im Erdreich
3 Kellerwand über Erdreich
4 EG-Wand
5 Dach

Im Vergleich der spezifischen Transmissionswärmeverluste (H_T-Werte) zeigt sich sehr deutlich, bei welchen Bauteilen sich eine Sanierung lohnt.
Das sind jene Bauteile mit einer großen Fläche und einem hohen Wärmedurchgangskoeffizienten (*U*-Wert).

Schimmelpilzbetrachtung
Die schimmelpilzgefährdetste Wand ist die Kellerwand.

Kellerwand vor der Sanierung (Istzustand)
Wandoberfläche
Es wird mit dem ungünstigeren Fall gerechnet: An die Außenluft angrenzend.
Temperatur des Kellerraumes +10 °C

$$R_T = \frac{1}{4} + \frac{0{,}02}{1{,}0} + \frac{0{,}2}{2{,}5} + \frac{1}{23}$$

$$R_{AW} = 0{,}1 \text{ m}^2\text{K/W}$$

$$R_T = 0{,}39 \text{ m}^2\text{K/W} \mathrel{\hat{=}} \Delta\vartheta = 15\ °\text{C}$$

$$U = 2{,}56 \text{ W/m}^2\text{K}$$

$$\vartheta_{si} = 10 - \frac{15 \cdot 0{,}25}{0{,}39}$$

$$\vartheta_{si} = 0{,}4\ °\text{C}$$

alternativ: $q = 2{,}56(10 - (-5))$

$$q = 38{,}4 \text{ W/m}^2$$

$$\vartheta_{si} = 10 - 38{,}4 \cdot 0{,}25$$

$$\vartheta_{si} = 0{,}4\ °\text{C}$$

$$f_{R,si} = \frac{0{,}4 - (-5)}{10 - (-5)}$$

$$f_{R,si} = 0{,}36$$

in der Raumecke
Kellertemperatur nach DIN ISO 10 211 $\vartheta = 10\ °\text{C}$

$$R_{AW} = \frac{0{,}02}{1{,}0} + \frac{0{,}20}{2{,}5}$$

$$R_{AW} = 0{,}10 \text{ m}^2\text{K/W}$$

$$\vartheta_{si,E} = 10 - [10 - (-5)] \cdot \frac{1{,}5}{4 \cdot 0{,}10 + 1{,}5}$$

$$\vartheta_{si,E} = -1{,}8\ °\text{C}$$

$$f_{Rsi,E} = \frac{-1{,}8 - (-5)}{10 - (-5)}$$

$$f_{Rsi,E} = 0{,}21 < \text{min. erf. } \vartheta_{si} = 0{,}70$$

Der f_{Rsi}-Wert gibt Auskunft über die energetische Bonität der Bausubstanz. Diese ist katastrophal.

Max. zul. Raumluftfeuchte bei diesem schlechten f_{Rsi}-Wert, um in der Raumdecke Schimmelpilz zu vermeiden.

$$\Phi \leq 0{,}8 \cdot \left[\frac{109{,}8 + f_{Rsi} \cdot (\vartheta_i - \vartheta_e) + \vartheta_e}{109{,}8 + \vartheta_i}\right]^{8{,}02} \cdot 100\ \%$$

$$\Phi \leq 0{,}8 \cdot \left[\frac{109{,}8 + 0{,}21 \cdot [10 - (-5)] - 5}{109{,}8 + 10}\right]^{8{,}02} \cdot 100\ \%$$

$$\Phi \leq 34{,}7\ \%$$

alternativ:

bei 10 °C $\Rightarrow p_S = 1\,227$ Pa

bei −1,8 °C $\Rightarrow p_S =$ 526 Pa

$$\Phi \leq \frac{526}{1\,227} \cdot 100\ \%$$

$\Phi = 42{,}86\ \% \Rightarrow$ mögliche Tauwasserbildung bei höherer Luftfeuchte

$\Phi = 42{,}86 \cdot 0{,}80$

$\Phi = 34{,}3\ \% \Rightarrow$ um Schimmelpilzbildung zu vermeiden

Kellerwand nach der Sanierung

Nach der Sanierung ist beabsichtigt, den Raum als Souterrain-Wohnung zu nutzen, d. h. er wird als angrenzend an die Außenluft gerechnet.

Wandoberfläche

$$R_T = \frac{1}{4} + \frac{0{,}02}{1{,}0} + \frac{0{,}2}{2{,}5} + \frac{0{,}16}{0{,}04} + \frac{0{,}01}{1{,}0} + \frac{1}{23}$$

$R_T = 4{,}40\ m^2K/W \mathrel{\hat{=}} \Delta\vartheta = 25\ °C$

$U = 0{,}23\ W/m^2K <$ max. zul. $U = 0{,}24\ W/m^2K$ nach EnEV

$R_{AW} = 4{,}11\ m^2K/W$

$q = U(\vartheta_i - \vartheta_e)$

$q = 0{,}23\ (20 - (-5)$

$q = 5{,}75\ W/m^2$

$\vartheta_{si} = 20 - 5{,}75 \cdot 0{,}25$

$\vartheta_{si} = 18{,}5\ °C$

$$f_{R,si} = \frac{18{,}5 - (-5)}{20 - (-5)}$$

$f_{R,si} = 0{,}94$

Temperatur in der Raumecke

$$\vartheta_{si,E} = \vartheta_i - (\vartheta_i - \vartheta_e) \cdot \frac{1{,}5}{h_i \cdot R_{AW} + 1{,}5}$$

$$\vartheta_{si,E} = 20 - [20 - (-5)] \cdot \frac{1{,}5}{4 \cdot 4{,}11 + 1{,}5}$$

$\vartheta_{si,E} = 17{,}9\ °C$

Durch das Anbringen des WDVS hat sich die Temperatur unter diesen Normbedingungen in der Raumecke von −1,8 °C auf 17,9 °C erhöht.

Temperaturfaktor f_{Rsi} in der Raumecke

$$f_{Rsi,E} = \frac{\vartheta_{si,E} - \vartheta_e}{\vartheta_i - \vartheta_e}$$

$$f_{Rsi,E} = \frac{17{,}9 - (-5)}{20 - (-5)}$$

$f_{Rsi,E} = 0{,}92 >$ min. erf. $f_{Rsi} = 0{,}75$ nach Diagramm S. 296

Wenn es trotz dieses hervorragenden f_{Rsi}-Wertes zu Schimmelpilzbildung in der Raumecke kommt, kann es nur am Nutzer liegen, vorausgesetzt, die bauseitige Ausführung der Sanierungsmaßnahmen ist fachgerecht und ohne Mängel ausgeführt worden.

Maximal zulässige Raumluftfeuchte, um nach der Sanierung Schimmelpilzbildung in der Raumecke zu vermeiden.

$$\Phi \leq 0{,}8 \cdot \left[\frac{109{,}8 + f_{Rsi} \cdot (\vartheta_i - \vartheta_e) + \vartheta_e}{109{,}8 + \vartheta_i}\right]^{8{,}02} \cdot 100\ \%$$

$$\Phi \leq 0{,}8 \cdot \left[\frac{109{,}8 + 0{,}92 \cdot [20 - (-5)] - 5}{109{,}8 + 20}\right]^{8{,}02} \cdot 100\ \%$$

$\Phi \leq 70{,}6\ \%$

alternativ:

bei $\vartheta_i = 20\ °C \Rightarrow p_S = 2\,337$ Pa

bei $\vartheta_{si,E} = 17{,}9\ °C \Rightarrow p_S = 2\,050$ Pa

$$\Phi_{Raum} = \frac{p_{s,Ecke}}{p_{s,Raum}} \cdot 100\ \%$$

$$\Phi_{Raum} = \frac{2\,050\ Pa}{2\,337\ Pa} \cdot 100\ \%$$

$\Phi \leq 87{,}7\ \% \Rightarrow$ mögliche Tauwasserbildung bei höherer Raumluftfeuchte

$$\Phi = 87{,}7 \cdot \frac{80}{100}$$

$\Phi \leq 70{,}1\ \% \Rightarrow$ um Schimmelpilzbildung zu vermeiden

Das Ergebnis zeigt: Durch die wärmetechnisch sehr gute Bausubstanz ist im Raum schon eine hohe relative Luftfeuchte möglich, bis es zur Tauwasserbildung bzw. zur Schimmelpilzbildung in der Raumecke kommt.

Untersuchung auf Tauwasser: Kellerwand über Erdreich

Die Untersuchung erfolgt in dem Bereich, an dem die Kellerwand an die Außenluft grenzt und nicht an das wärmere Erdreich.

Ist-Zustand

$$R_{T,AW} = \frac{1}{4} - \frac{0{,}02}{1{,}0} + \frac{0{,}20}{2{,}5} + \frac{1}{23}$$

$0{,}25 + 0{,}02 + 0{,}08 + 0{,}043$

9,5 °C 0,8 3,1 1,6

$R_{T,AW} = 0{,}39\ m^2K/W \triangleq \Delta\vartheta = 15\ °C$ [10 – (–5)]

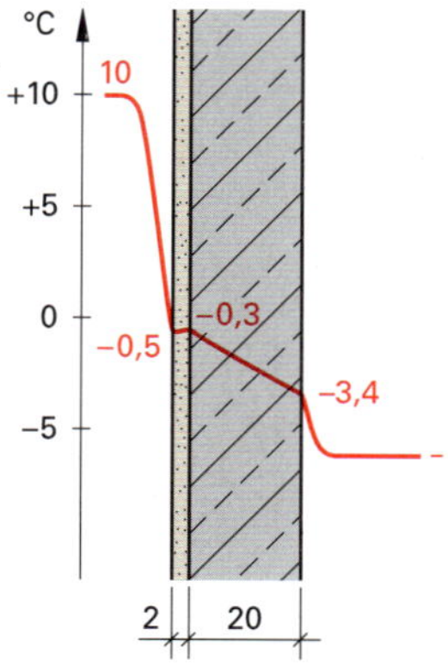

Bild 1: Temperaturverlauf, Istzustand

Äquivalente Luftschichtdicken s_d

Innenputz	$s_d = 35 \cdot 0{,}02\ m =$	0,70 m
Stahlbetonwand	$s_d = 130 \cdot 0{,}20\ m =$	26,00 m
	$\Sigma s_d =$	26,70 m

Wasserdampfsättigungsdrücke in Abhängigkeit vom Temperaturverlauf

+0,5 °C ⇒ p_s = 633 Pa	angenommen:
–0,3 °C ⇒ p_s = 596 Pa	$\Phi_i = \Phi_e = 80\ \%$
–3,4 °C ⇒ p_s = 460 Pa	$p_i = 0{,}8 \cdot 1\,227$
	$p_i = 982$ Pa
p_i = 10 °C ⇒ p_s = 1 227 Pa	$p_e = 0{,}8 \cdot 401$
p_e = –5 °C ⇒ p_s = 401 Pa	$p_e = 321$ Pa

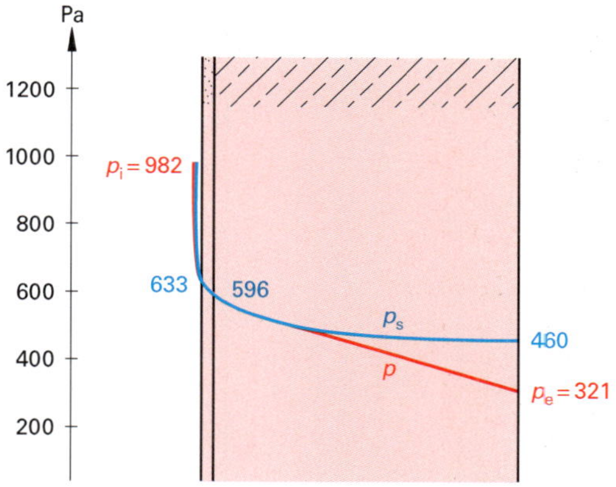

Bild 2: Glaser-Diagramm, Tauperiode, Istzustand

Der tatsächliche Dampfdruck (Partialdruck) kann nie höher als der Sättigungsdruck sein.
So zeigt das Glaser-Diagramm, dass der Partialdruck bereits auf der inneren Wandoberfläche mit dem Sättigungsdruck zusammenfällt, was bedeutet, dass es auf der inneren Wandoberfläche bereits zu Ausfall von Tauwasser kommt.

Nach der Sanierung

Über Erdreich mit Schaumglas dämmen, würde wegen der Dampfdichtheit des Materials zu Feuchteproblemen führen. Daher wird im Sockelbereich XPS WLG 040; μ = 80/250 vorgesehen.
Gewählt werden aus konstruktiven Gründen 160 mm (wie im Erdreich).

$$R_{T,AW} = \frac{1}{4} + \frac{0{,}02}{1{,}0} + \frac{0{,}20}{2{,}5} + \frac{0{,}16}{0{,}04} + \frac{0{,}01}{1{,}0} + \frac{1}{23}$$

$0{,}25 + 0{,}02 + 0{,}08 + 4{,}0 + 0{,}01 + 0{,}043$

1,4 °C 0,1 0,5 22,7 0,1 0,2

$R_{T,AW} = 4{,}40\ m^2K/W \triangleq \Delta\vartheta = 25\ °C$

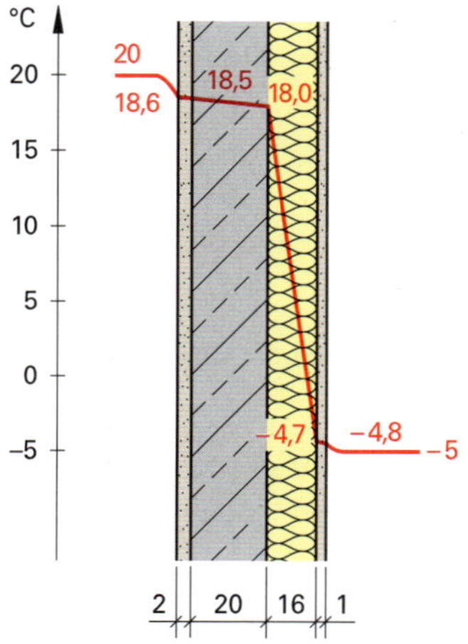

Bild 3: Temperaturverlauf, sanierter Zustand

Dampfsättigungsdrücke in Abhängigkeit vom Temperaturverlauf in der Konstruktion

bei 18,6 °C ⇒ p_s = 2 142 Pa
bei 18,5 °C ⇒ p_s = 2 129 Pa
bei 18,0 °C ⇒ p_s = 2 063 Pa
bei –4,7 °C ⇒ p_s = 412 Pa
bei –4,8 °C ⇒ p_s = 408 Pa

äquivalente Luftschichtdicken

Innenputz	$s_d = 15 \cdot 0{,}02$ m = 0,30 m
Stahlbeton	$s_d = 80 \cdot 0{,}20$ m = 16,00 m
Dämmung XPS	$s_d = 80 \cdot 0{,}16$ m = 12,80 m
Außenputz	$s_d = 35 \cdot 0{,}01$ m = 0,35 m
	Σs_d = 29,45 m

Anm.: Für den Außenputz sollte wegen der Schlagregenbeanspruchung stets der maximale μ-Wert angesetzt werden.

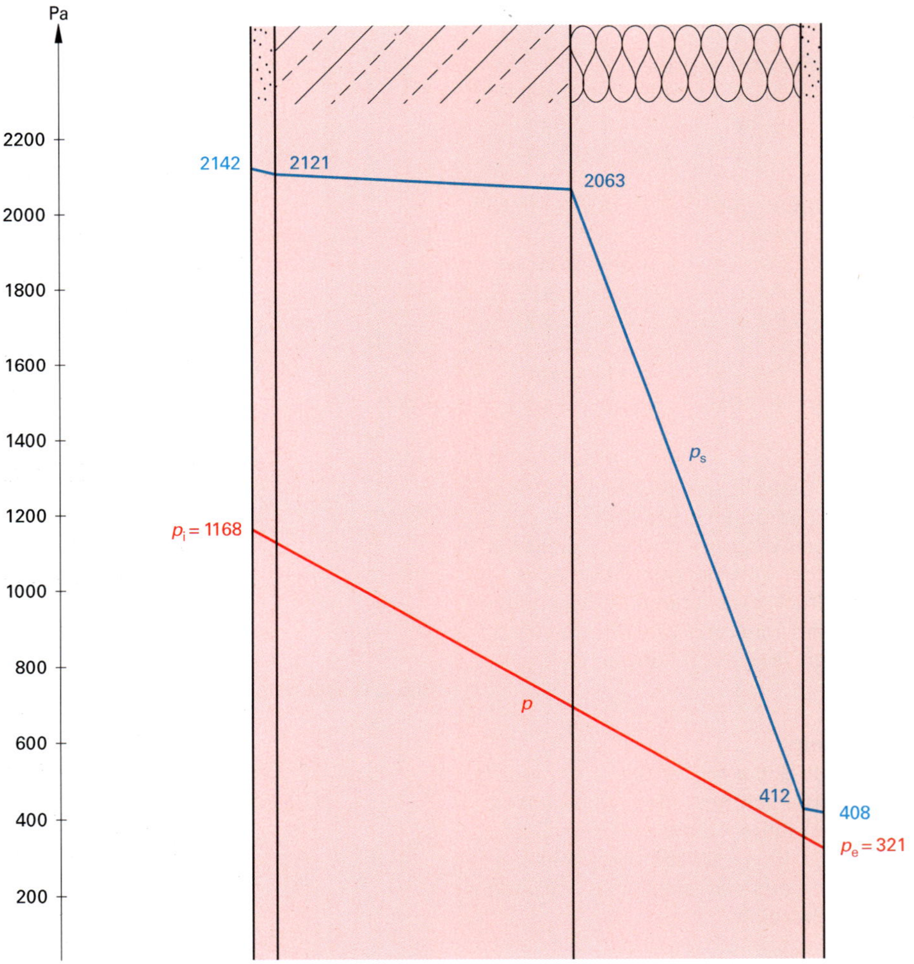

Bild 1: Glaser-Diagramm, Tauperiode, sanierter Zustand

Anm.: Nach DIN EN ISO 13 788 sind die Dampfsättigungslinien p_{sat} (p_s) zwischen den einzelnen Bauteilschichten als Gerade darzustellen.

Beispiel 17:
Altbausanierung

1. Sanierung eines Wohngebäudes mit ausgebautem Dachgeschoss und nicht ausgebautem Kellergeschoss
1.1 Der EnEV-Nachweis soll nach dem Bauteil-Verfahren erfolgen.
Bei den einzelnen Sanierungsmaßnahmen sollen die Materialwahl aufgrund der bauphysikalischen Kennwerte der vier Grunddisziplinе der Bauphysik kommentiert werden.
Andere Materialien als die vorgeschlagenen sind durchaus möglich.

1.2 Auflistung der spezifischen Transmissionswärmeverluste (H_T-Werte) der einzelnen Bauteile im Ist-Zustand und sanierten Zustand, sowie Ermittlung des auf die wärmeübertragenden Gebäudehüllfläche bezogene spezifische Transmissionswärmeverlust H'_T, was einem mittleren U-Wert des beheizten Gebäudes entspricht.

1.3 Darstellung der H_T-Werte vom Ist-Zustand und dem sanierten Zustand in einem Balkendiagramm.
Damit soll dem Kunden gezeigt werden, welche Einsparpotenziale aufgund der U-Werte und der zugehörigen Flächen A vorhanden sind.

2. Feuchtetechnische Untersuchung der Außenwand im Ist-Zustand und sanierten Zustand:
2.1 mittels Perioden-Bilanz-Diagramme (Tauperiode und Verdunstungsperiode)
2.2 Temperatur in der Raumecke
2.3 f_{Rsi}-Wert in der Raumecke
2.4 max. zul. Raumluftfeuchte, um Schimmelpilzbildung in der Raumecke zu vermeiden.

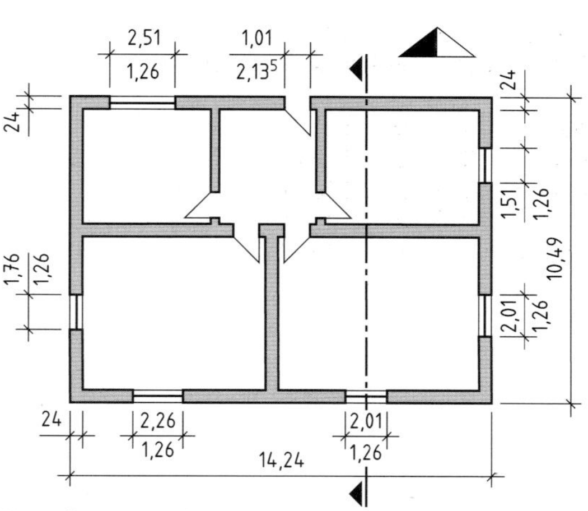

Bild 1: Grundriss EG

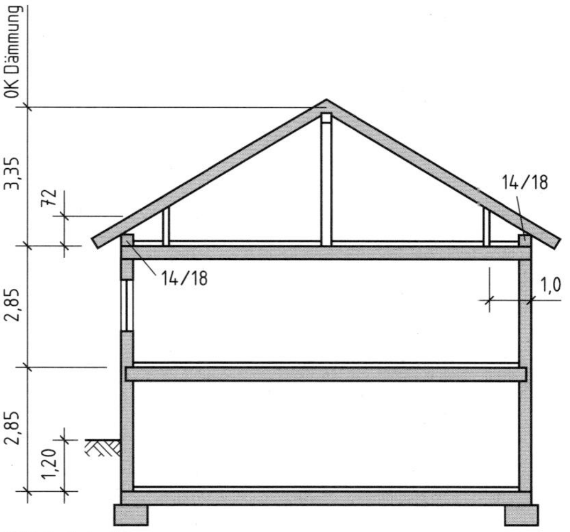

Bild 2: Schnitt

Daten:
1. Je ein Giebelfenster 2,26 m x 1,76 m
2. In beiden Dachflächen je 2 Dachflächenfenster mit 1,51 m x 1,01 m
3. Giebelfenster und Dachflächenfenster haben einen U-Wert von 2,6 W/m^{2}K und einen g-Wert von 0,6.
4. Die Fenster im Erdgeschoss haben einen U-Wert von 3,0 W/m^{2}K und einen g-Wert von 0,8.
5. Die Eingangstür ist nicht transparent und hat einen Wärmedurchgangskoeffizienten von 5,0 W/m^{2}K.
6. Alle Heizkörpernischen (HKN) mit BRH = 87,5 cm.
7. Im Dachgeschoss sind keine Heizkörpernischen.
8. Da im Rahmen der Sanierungsmaßnahmen auf der Raumseite keine Änderungen vorgenommen werden, wird weder eine Luftdichtheitsprüfung vorgenommen, noch können einzelne Wärmebrücken nach DIN 4108 Bbl. 2 ausgeführt werden.

Anm.: Die Aufgaben 16, 17 und 18 sind als Gesamtaufgabe für Wärmeschutz mit Auswirkungen auf den Feuchteschutz konzipiert. Daher sollte vor der Bearbeitung dieser Aufgabenteile das Kapitel Feuchteschutz erarbeitet werden.

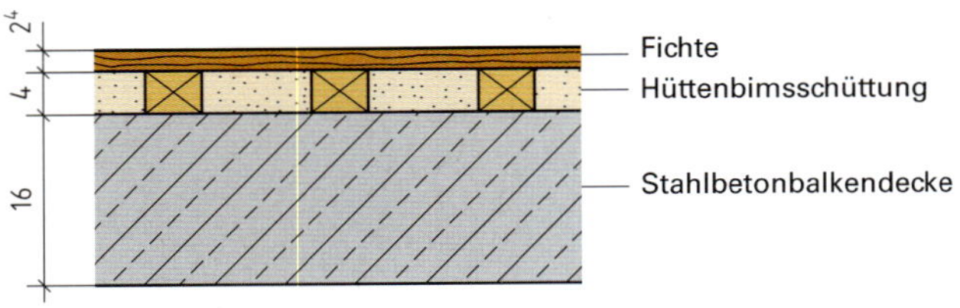

Bild 1: KG-Decke

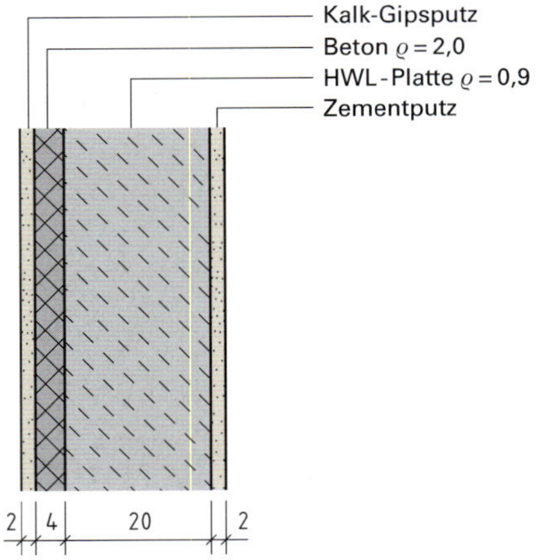

Bild 2: Wandaufbau KG

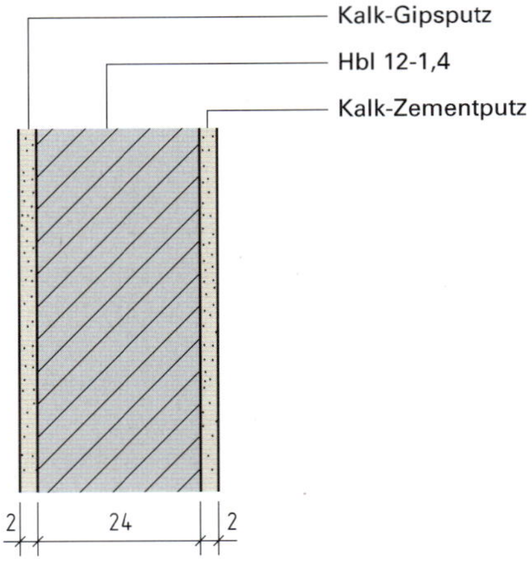

Bild 5: Wandaufbau EG und Giebel

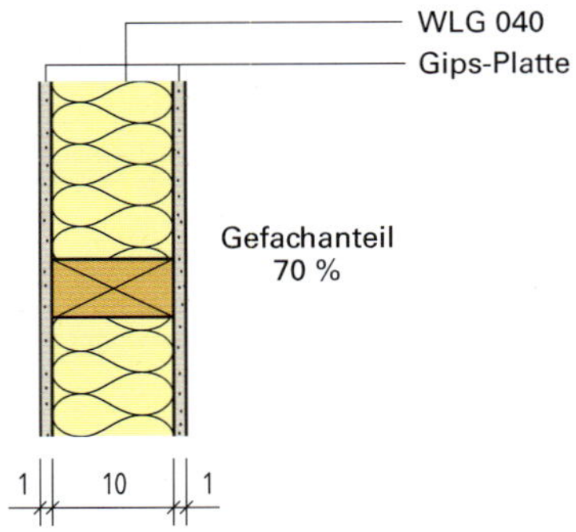

Bild 3: Wandaufbau Abseitenwand

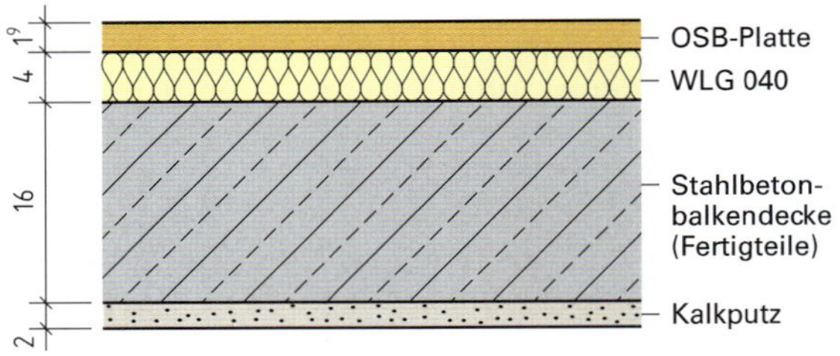

Bild 6: Deckenaufbau unter der Abseite

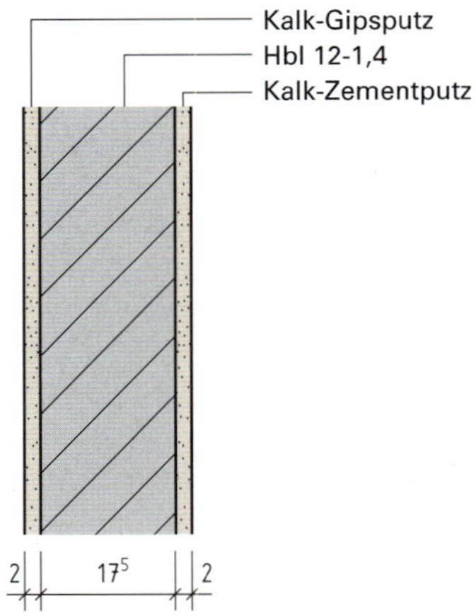

Bild 4: Wandaufbau HKN

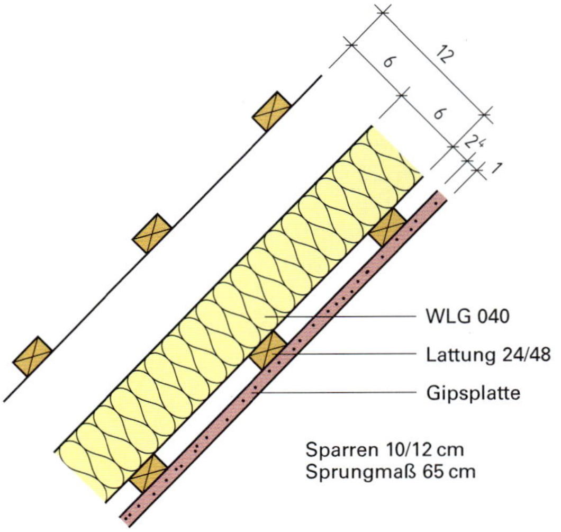

Bild 7: Dachaufbau

Lösung: Ist-Zustand

KG-Decke

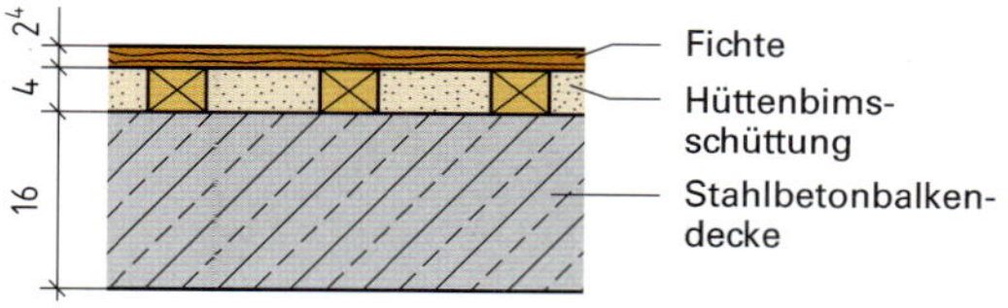

Anm.: Die Lagerhölzer bleiben unberücksichtigt, da sie den gleichen λ-Wert haben wie die Schüttung.

$$R_T = \frac{1}{6} + \frac{0{,}024}{0{,}13} + \frac{0{,}04}{0{,}13} + 0{,}20 + \frac{1}{6}$$

$= 1{,}03\ m^2K/W$

$\boldsymbol{U_G = 0{,}98\ W/m^2K}$ > max. zul. $U = 0{,}30\ W/m^2K$

Sanierungsmaßnahme

Anbringen der Dämmschicht unterseitig der KG-Decke.

Material EPS mit WLG 035

EPS ist rel. feuchteunempfindlich, lässt sich auch in Eigenarbeit anbringen, keine verschiedenen bauphysikalischen Anforderungen

$\mu = 30/70$

$s' = 80\ MN/m^3$

B 2

gef. R_T = vorh. R_T + zusätzl. R

$$\frac{1}{0{,}30} = 1{,}03 + \frac{d}{0{,}035}$$

$d = 0{,}08$ m

$d = 80$ mm

$\boldsymbol{U_G = 0{,}30\ W/m^2K}$

$A_G = 14{,}56 \cdot 10{,}81$

$\boldsymbol{A_G = 157{,}39\ m^2}$

Maße siehe EG-Wand

alternativ: $\text{erf. } d = \left(\frac{1}{\text{gef. } U} - \frac{1}{\text{vorh. } U}\right) \cdot \lambda_{\text{Dämmung}}$

$= \left(\frac{1}{0{,}30} - \frac{1}{0{,}98}\right) \cdot 0{,}035$

erf. $d = 0{,}08$ m

EG-Wand

Ist-Zustand

Wandaufbau EG und Giebel

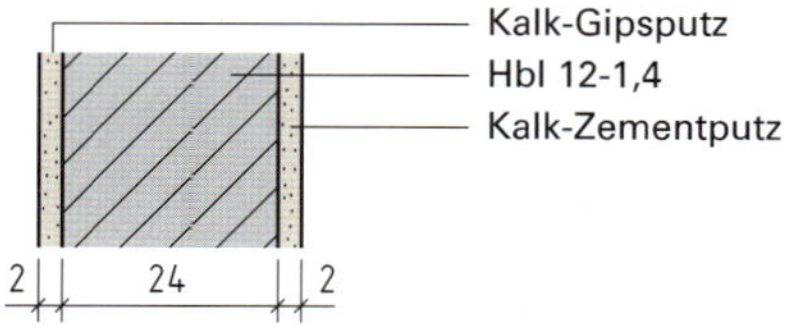

$$R_{T,AW} = \frac{1}{8} + \frac{0{,}02}{0{,}7} + \frac{0{,}24}{0{,}65} + \frac{0{,}02}{1{,}0} + \frac{1}{23}$$

$= 0{,}586\ m^2K/W$

$\boldsymbol{U_{AW1} = 1{,}71\ W/m^2K}$ > max. zul. $U = 0{,}24\ W/m^2K$

Sanierungsmaßnahme

Gründe für die Materialwahl:

Steinwolle:

- WLG 040, stehende Fasern
- ⇒ WDVS stoßfester
- ⇒ bessere Scherfestigkeit
- $\mu = 1$, diffusionsoffen
- $s' = 10\ MN/m^3$ schallschluckend
- A1 nicht brennbar
- ⇒ keine Brandbarrieren erforderlich

Der alte Putz ist in einem schlechten Zustand und muss daher entfernt werden.

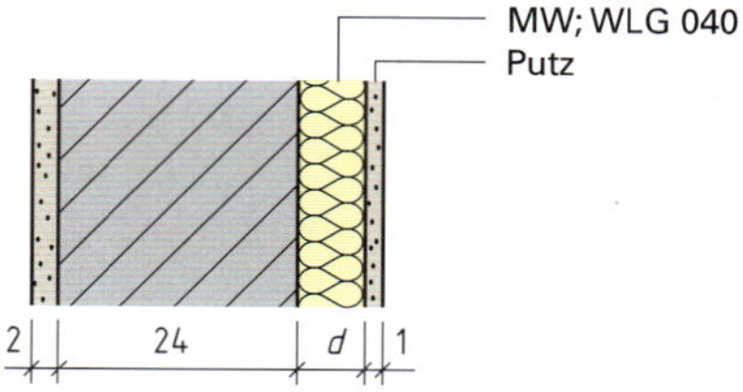

$$\frac{1}{0{,}24} = 0{,}585 + \frac{d}{0{,}04} + \frac{0{,}01}{1{,}0}$$

$d = 0{,}143$ m

$d = 150$ mm ⇒ $\boldsymbol{U_{AW1} = 0{,}23\ W/m^2K}$

$l = 14{,}24 + 2 \cdot 0{,}16$ $\quad b = 10{,}49 + 2 \cdot 0{,}16$

$l = 14{,}56$ m $\quad b = 10{,}81$ m

$A_{AW1} = (14{,}56 + 10{,}81) \cdot 2 \cdot 2{,}85$
$- 12{,}06 \cdot 1{,}26 - 12{,}06 \cdot 0{,}875$
$- 1{,}01 \cdot 2{,}135$

$12{,}06 = \Sigma$ Fensterbreiten

$\boldsymbol{A_{AW1} = 116{,}70\ m^2}$

Heizkörpernische

Ist-Zustand

$$R_{T,AW2} = \frac{1}{8} + \frac{0{,}02}{0{,}7} + \frac{0{,}175}{0{,}65} + \frac{0{,}02}{1{,}0} + \frac{1}{23}$$

$= 0{,}486\ m^2K/W$

$\boldsymbol{U_{AW2} = 2{,}06\ W/m^2K}$

Saniert: WDVS mit 150 mm MW

$$R_{T,AW2} = 0{,}466 + \frac{0{,}15}{0{,}04} + \frac{0{,}01}{1{,}0} = 4{,}226\ m^2W/K$$

$\boldsymbol{U_{AW2} = 0{,}24\ W/m^2K}$ ≙ max. zul. $U = 0{,}24\ W/m^2K$

Durch die dominierende Dämmschicht ist der U-Wert der HKN und Wand fast gleich. Im sanierten Zustand könnten beide Flächen zusammengefasst werden.

$A_{AW2} = 12{,}06 \cdot 0{,}875$

$\boldsymbol{A_{AW2} = 10{,}55\ m^2}$

Fenster: EG

Ist-Zustand

U_{W1} = 3,0 W/m²K > max. zul. U = 1,3 W/m²K

Sanierungsmaßnahme

Einbau von Fenstern mit $\boldsymbol{U_{W1}}$ **= 1,1 W/m²K** und erhöhten Anforderungen an den Schallschutz R = 48 dB.
Die Fenstermaße sind nach Rohbaumaßen zu ermitteln.

In den U-Wert des Fensters gehen die drei Komponenten ein:
Verglasung, Rahmen und Glasabstandsprofil

$$U_W = \frac{U_g \cdot A_g + U_f \cdot A_f + \Psi \cdot l}{A_g + A_f}$$

U = Wärmedurchgangskoeffizienten (U-Werte) der Verglasung und des Rahmens
A_g = Glasfläche
A_f = Fläche des Blend- und Flügelrahmens (engl. frame)
Ψ = Wärmebrücken-Verlustkoeffizient in W/mK
l = Länge des Glasabstandshalters in m

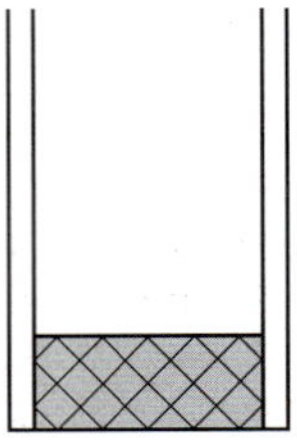

Material des Abstandshalters
Alu: λ = 200 W/mK
Edelstahl: λ = 17 W/mK
⇒ Warme Kante
Kunststoff: $\lambda \approx$ 0,80 W/mK
Wärmebrücken-Verlustkoeffizient
Ψ = 0,05 W/mK

Die Folge dieser hohen Wärmeleitfähigkeit des Aluminiums ist, dass es im Randbereich Glas-Rahmen zu Kondenswasserbildung kommt.

Eingangstür

Ist-Zustand

U_T = 5,0 W/m²K > max. zul. U_T = 1,8 W/m²K

Sanierungsmaßnahme

U_T = 1,8 W/m²K; g = 0,8 nach EnEV
Einbau einer neuen Tür mit moderner Schließ- und Sicherheitstechnik und erhöhtem Schallschutz.

Dachgeschoss

Ist-Zustand

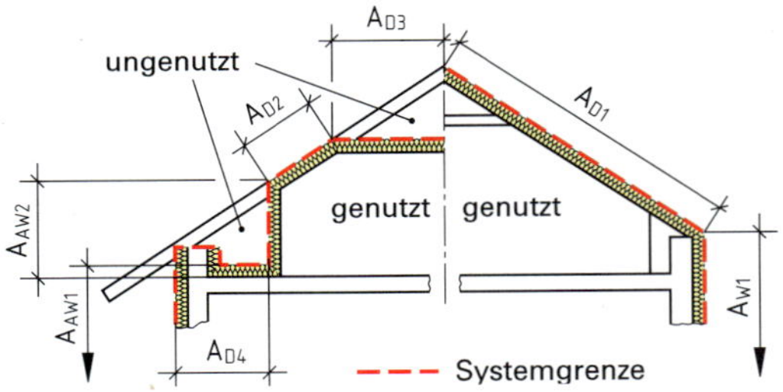

Bild 1: Wärmetechnische Systemgrenze

Ob die linke oder die rechte Variane gewählt wird, hängt vom Abstand der Abseitenwand von der Außenkante der Außenwand ab, ebenfalls die Lage des Kehlbalkens von der Höhenlage.

Da die Abseitenwand nur 1,0 m von der Außenwand entfernt liegt, wird die thermische Hülle bis zur Traufe gerechnet.

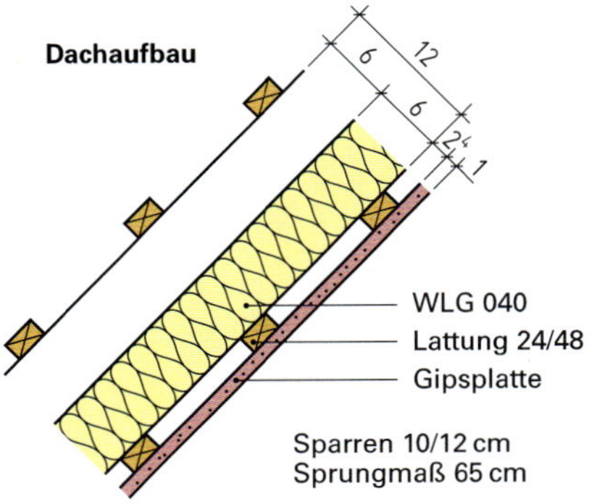

Gefachbereich

$$R_{T1} = \frac{1}{10} + \frac{0{,}01}{0{,}25} + 0{,}16 + \frac{0{,}06}{0{,}04} + \frac{1}{23}$$

R_{T1} = 1,84 m²K/W
U_{D1} = 0,54 W/m²K

Sparrrenbereich

$$R_{T2} = \frac{1}{10} + \frac{0{,}01}{0{,}25} + 0{,}16 + \frac{0{,}06}{0{,}13} + \frac{1}{23}$$

R_{T2} = 0,805 m²K/W
U_{D2} = 1,24 W/m²K

$$U_{m,D} = \frac{U_1 \cdot b_1 + U_2 \cdot b_2}{b_1 + b_2}$$

$$U_{m,D} = \frac{0{,}54 \cdot 0{,}55 + 1{,}24 \cdot 0{,}10}{0{,}65}$$

$\boldsymbol{U_{m,D}}$ **= 0,65 W/m²K**
> max. zul. $U_{m,D}$ = 0,24 W/m²K

Sanierungsmaßnahme

Es wird zunächst eine Dämmung in voller Sparrenhöhe vorgenommen und bei Überschreiten des max. zul. U-Wertes eine Aufsparrendämmung (Aufdachdämmung) vorgesehen.
Die vorhandene Dämmung ist lückenhaft verlegt und in einem schlechten Zustand und wird deshalb durch Holzweichfaser-Dämmplatten ersetzt. WLG 040

Vorzüge:
- diffusionsoffen $\mu = 5$
- Naturprodukt
- keine Brandbarrieren erforderlich
- kein Abtropfen im Brandfall
- keine giftigen Gase im Brandfall
- gut recycelbar
- hohe spezifische Wärmekapazität
- guter sommerlicher Wärmeschutz
- kleine Temperaturleitzahl
- günstiges TAV

Gefachbereich

$$R_{T1} = \frac{1}{10} + \frac{0{,}01}{0{,}25} + 0{,}16 + \frac{0{,}12}{0{,}04} + \frac{1}{23}$$

$R_{T1} = 3{,}34\ m^2K/W \Rightarrow U_{D1} = 0{,}30\ W/m^2K$

Es ist bereits schon jetzt abzusehen, dass die volle Zwischensparrendämmung nicht ausreichen wird.

Sparrenbereich

$$R_{T2} = \frac{1}{10} + \frac{0{,}01}{0{,}25} + 0{,}16 + \frac{0{,}12}{0{,}13} + \frac{1}{23}$$

$R_{T2} = 1{,}266\ m^2K/W \Rightarrow U_{D2} = 0{,}79\ W/m^2K$

$$U_{m,D} = \frac{0{,}30 \cdot 0{,}55 + 0{,}79 \cdot 0{,}10}{0{,}65}$$

$U_{m,D} = 0{,}375\ W/m^2K >$ max. zul. $U_D = 0{,}24\ W/m^2K$

Es muss zusätzlich noch eine Aufsparrendämmung aufgebracht werden.
Material: Holzweichfaserplatten WLG 050
Grund/Folge: Verbesserung des sommerlichen Wärmeschutzes
höhere WLG
⇒ höhere Rohdichte
⇒ größere Wärmespeicherfähigkeit
⇒ größere Druckfestigkeit

gefordert R_T = vorh. R_T + zusätzl. erforderlich R

$$\frac{1}{0{,}24} = \frac{1}{0{,}375} + \frac{d}{0{,}05}$$

$d = 0{,}075$ m
min $d = 80$ mm $\Rightarrow$ $\mathbf{U_{m,D} = 0{,}24\ W/m^2K}$

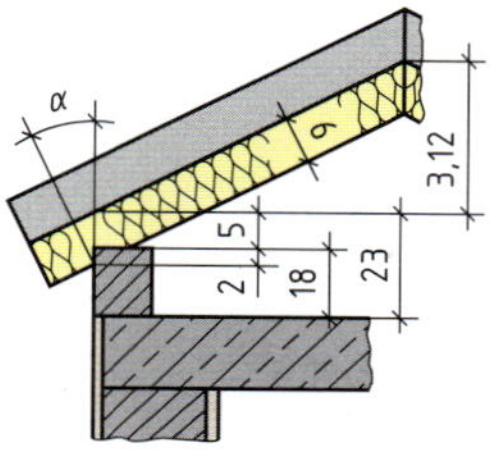

Bild 1: Maße am Dach

$\tan \alpha = \frac{3{,}12}{5{,}265}$

$\alpha = 30{,}6° < 60°$

⇒ Wärmestrom aufwärts

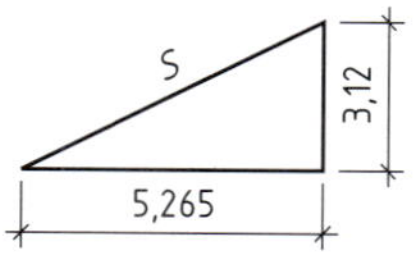

$b = 10{,}49 + 2 \cdot 0{,}16$

$b = 10{,}81$ m

$b/2 = 5{,}405$ m

$\cos 30{,}6 = \frac{5{,}405}{S}$

$S = 6{,}28$ m

$A_D = 14{,}56 \cdot 6{,}28 \cdot 2 - 1{,}51 \cdot 1{,}01 \cdot 4$

$\mathbf{A_D = 176{,}77\ m^2}$

Kein Bauteil ist zwischen Sommer und Winter, bedingt durch den Sonneneinstrahlwinkel solch wechselseitigen Wärme- und Feuchteströmen ausgesetzt wie das Dach.
Im Winter verläuft der Wärme- und damit auch der Feuchtestrom von innen nach außen und im Sommer umgekehrt.
Der s_d-Wert der Luftdichtheitsfolie (Luftdichtheitsebene) innen s_{di} sollte ca. 6-mal größer sein als der s_d-Wert der Winddichtheitsfolie (Winddichtheitsebene).
Dies könnten z.B. sein:
$s_{de} = 0{,}30$ m; $s_{di} = 2{,}0$ m.
Genauere Werte richten sich vielfach nach den örtlichen Gegebenheiten wie geografische Lage, Windhäufigkeit, Windstärke u.a.
Gelegentlich spielt auch der Wunsch des Planers oder Bauherren eine Rolle, ob mehr oder weniger diffusionsoffen gebaut werden soll.

Tabelle 1: Empfehlenswerte s_d-Werte bei Dächern

außen $s_{d,e}$	**innen** $s_{d,i}$
Alle Schichten **oberhalb** der Dämmschicht bis zur ersten belüfteten Luftschicht (auch bei Aufsparrendämmung)	Alle Schichten **unterhalb** der Dämmschicht bis zur ersten belüfteten Luftschicht (auch bei Untersparrendämmung)
≤ 0,1 m	≥ 1,0 m
≤ 0,3 m	≥ 2,0 m
> 0,3 m	$s_{d,i} \geq 6 \cdot s_{d,e}$

DG/Giebel

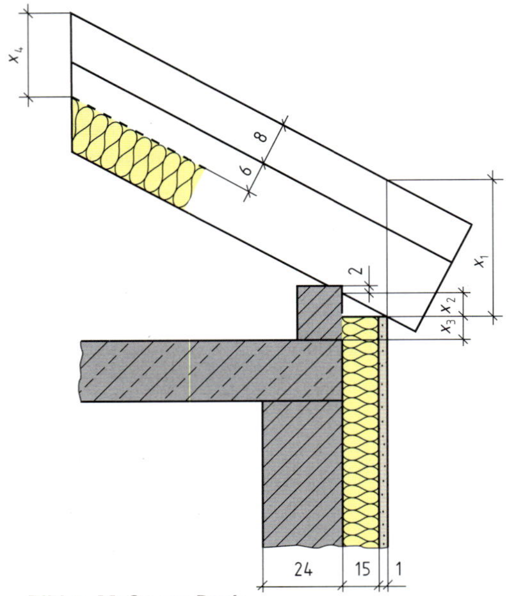

Bild 1: Maße am Dach

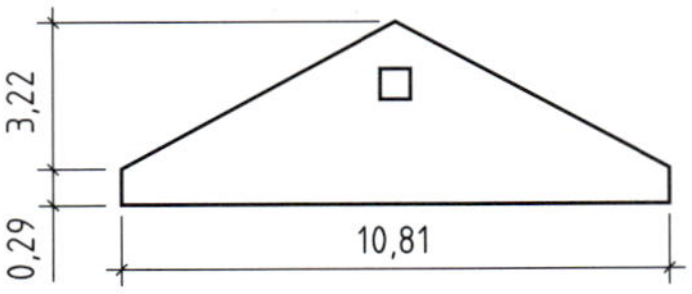

$U_{AW3} \triangleq U_{AW1} = 0{,}23\ \text{W/m}^2\text{K}$

$\cos 30{,}6 = \dfrac{20}{x_1}$ $\tan 30{,}6 = \dfrac{x_2}{16}$ $\cos 30{,}6 = \dfrac{14}{x_4}$

$x_1 = 23{,}2$ $x_2 = 9{,}46\ \text{cm}$

$x_1 = 23\ \text{cm}$ $x_2 = 10\ \text{cm}$ $x_4 = 16{,}0\ \text{cm}$

$x_3 = 18 - 2 - 10$

$x_3 = 6\ \text{cm}$

$h_1 = x_1 + x_3$ $h_2 = 3{,}35 + x_4 - h_1$

$h_1 = 23 + 6$ $h_2 = 3{,}35 + 0{,}16 - 0{,}29$

$h_1 = 29\ \text{cm}$ $h_2 = 3{,}22\ \text{m}$

$$A_{AW3} = (10{,}81 + 14{,}56) \cdot 2 \cdot 0{,}29 + \frac{10{,}81 \cdot 3{,}22 \cdot 2}{2} - 2{,}26 \cdot 1{,}76 \cdot 2$$

$\mathbf{A_{AW3} = 41{,}60\ m^2}$

1.2 Tabelle zu Aufgabe 17

Spezifische Tranmissionswärmeverluste									
Bauteil	**max. zul. *U*-Werte nach EnEV**	F_x	**Ist-Zustand**			**sanierter Zustand**			
			***U*-Werte**	***A***	H_T	***U*-Werte**	***A***	H_T	
								$H_T = F_{x,j} \cdot U_j \cdot A_j + \Delta U_{WB} \cdot A$	H_T
	W/m²K	**[-]**	**W/m²K**	**m²**	**W/K**	**W/m²K**	**m²**		**W/K**
Kellerdecke	0,30	0,6	0,98	157,39	92,54	0,30	157,39	$H_T = 0{,}6 \cdot 0{,}30 \cdot 157{,}39$	28,33
EG-Wand	0,24	1,0	1,71	116,70	199,56	0,23	116,70	$H_T = 1{,}0 \cdot 0{,}23 \cdot 116{,}70$	26,84
HKN	0,24	1,0	2,06	10,55	21,73	0,24	10,55	$H_T = 1{,}0 \cdot 0{,}24 \cdot 10{,}55$	2,53
Dachfläche	0,24	1,0	0,65	176,77	114,90	0,24	176,77	$H_T = 1{,}0 \cdot 0{,}24 \cdot 176{,}77$	42,42
DG/Giebel	0,24	1,0	1,71	41,60	71,14	0,23	41,60	$H_T = 1{,}0 \cdot 0{,}23 \cdot 43{,}27$	9,57
Fenster:									
EG	1,30	1,0	3,00	15,20	45,60	110	15,20	$H_T = 1{,}0 \cdot 1{,}10 \cdot 15{,}20$	16,72
DG/Giebel	1,30	1,0	2,60	7,96	20,70	1,10	7,96	$H_T = 1{,}0 \cdot 1{,}10 \cdot 7{,}96$	8,76
DF	1,40	1,0	2,60	6,10	15,86	1,10	6,10	$H_T = 1{,}0 \cdot 1{,}10 \cdot 6{,}10$	6,71
Haustür	2,90	1,0	5,00	2,16	10,80	1,80	2,16	$H_T = 1{,}0 \cdot 1{,}80 \cdot 2{,}16$	3,89
				534,43	592,33		534,43		145,77
+ Wärmebrückenzuschlag $\Delta U_{WB} = 0{,}1\ \text{W/m}^2\text{K} \cdot \text{A [m}^2]$			0,10 · 534,43		53,44	0,10 ·534,43			53,44
				ΣH_T	**646,27**			$\Sigma H_T =$	**199,21**

Ist-Zustand

$H'_T = \dfrac{H_T}{A}$ vorh. $H'_T = \dfrac{646{,}27\ \frac{\text{W}}{\text{K}}}{534{,}43\ \text{m}^2}$

vorh. H'_T = 1,21 W/m²K

Sanierter Zustand

vorh. $H'_T = \dfrac{199{,}21\ \frac{\text{W}}{\text{K}}}{534{,}43\ \text{m}^2}$

vorh. H'_T = 0,37 W/m²K ≙ einem mittleren *U*-Wert des ganzen Gebäudes

Vereinfachend können die sanierten Flächen auch für den Ist-Nachweis angesetzt werden, nicht jedoch umgekehrt.

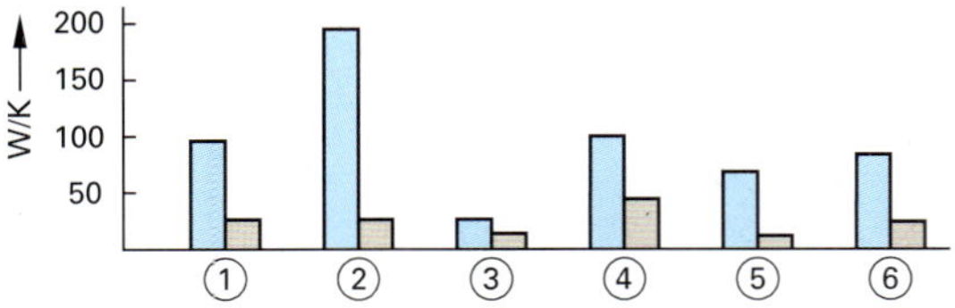

Bild 2: Vergleich H_T – Ist H_T – saniert

2. Feuchteschutztechnische Untersuchung der Außenwand im sanierten Zustand mittels
2.1 Periodenbilanz-Diagramme
2.2 Temperatur in der Raumecke unter der Option der Schimmelpilzvermeidung
2.3 f_{Rsi}-Wert in der Raumecke
2.4 die maximal zulässige Raumluftfeuchte Φ um Schimmelpilz in der Raumecke zu vermeiden.

Anm.: Es wird empfohlen vor der Bearbeitung dieses Teiles, das Kapitel Feuchteschutz zu erarbeiten.

Feuchtetechnische Untersuchung
Sanierter Zustand

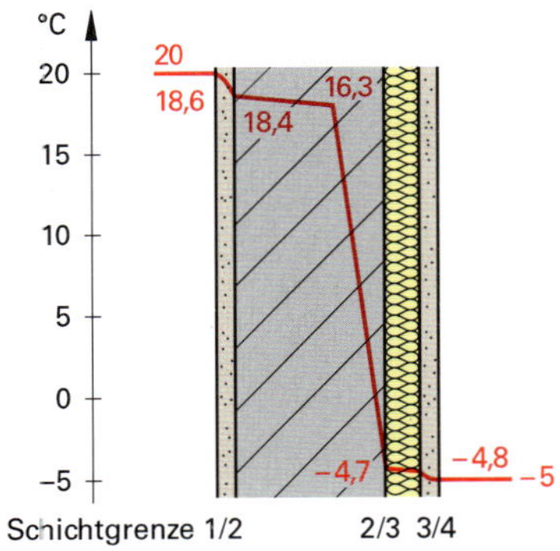

Diffusionsstromdichte

$$g = \delta_0 \frac{(p_i - p_e)}{s_{d,T}}$$

$$g = 2 \cdot 10^{-10} \frac{(1168 - 321)}{1{,}90}$$

$$g = 8{,}9158 \cdot 10^{-8}\ \text{kg/m}^2\text{s}$$

Quotient aus Diffusionsstromdichte Diffusionsleitkoeffizient

$$\frac{g}{\delta_0} = \frac{8{,}9158 \cdot 10^{-8}}{2 \cdot 10^{-10}}$$

$$\frac{g}{\delta_0} = 445{,}79\ \text{Pa/m}$$

2. Schichtaufbau und Schichtenkennwerte							
	1	**2**	**3**	**4**	**5**	**6**	**7**
Nr.	**Schicht**	d	μ	s_d	$\Sigma s_d / s_{d,T}$		**R**
		m	**[-]**	**m**	**[-]**	**W/mK**	**m²K/W**
	Wärmeübergangswiderstand innen R_{si}						0,250
1	Innenputz	0,02	10	0,20	0,105	0,70	0,029
3	Mauerwerk	0,24	5	1,20	0,737	0,65	0,369
4	Dämmung MW stehende Fasern	0,15	1	0,15	0,816	0,04	3,750
5	Außenputz	0,01	35	0,35	1,000	1,00	0,010
	Wärmeübergangswiderstand außen R_{se}						0,043
	Summenwerte	0,42		1,90		R_T =	4,451
						U =	0,224 W/m²K
	Wärmestromdichte	$q = U(\vartheta_i - \vartheta_e)$		$q = 0{,}22\ [20 - (-5)]$		q =	5,6 W/m²

3. Bestimmung der Temperaturen, Sättigungsdampfdrücke, Partialdrücke (Dampfteildrücke) in den Schichtgrenzen

Nr.	Bauteilschicht	Temperatur/ Temperaturdifferenz	Sättigungs- dampfdrücke	Partialdrücke
			p_{sat} in Pa	p in Pa
1	innere Oberfläche	$\vartheta_{si} = \vartheta_i - q \cdot R_{si}$ $\vartheta_{si} = 20 - 5{,}6 \cdot 0{,}25$ $\Delta\vartheta = 1{,}4$ °C $\vartheta_{si} = 18{,}6$ °C $\Rightarrow$	2142	$p_{si} = p_i = p_{sat} \cdot \varphi_i$ $p_{si} = 2337 \cdot 0{,}50$ $p_{si} = 1168$
2	Schichtgrenze 1/2 (Innenputz/ Mauerwerk)	$\vartheta_{1/2} = \vartheta_{si} - q \cdot R_1$ $\vartheta_{1/2} = 18{,}6 - 5{,}6 \cdot 0{,}029$ $\Delta\vartheta = 0{,}2$ °C $\vartheta_{1/2} = 18{,}4$ °C $\Rightarrow$	2115	$\frac{g}{\delta_0} = \frac{p_{1/2} - p_e}{s_{d,T} - s_{d1}}$ $445{,}79 = \frac{p_{1/2} - 321}{1{,}90 - 0{,}20}$ $p_{1/2} = 1079$
3	Schichtgrenze 2/3 (Mauerwerk/ Dämmung)	$\vartheta_{2/3} = \vartheta_{1/2} - q \cdot R_2$ $\vartheta_{2/3} = 18{,}4 - 5{,}6 \cdot 0{,}369$ $\Delta\vartheta = 2{,}1$ °C $\vartheta_{2/3} = 16{,}3$ °C $\Rightarrow$	1852	$\frac{g}{\delta_0} = \frac{p_{3/4} - p_e}{s_{d,T} - s_{d1} - s_{d2} - s_{d3}}$ $445{,}79 = \frac{p_{3/4} - 321}{1{,}90 - 0{,}20 - 1{,}20}$ $p_{2/3} = 544$
4	Schichtgrenze 3/4 (Dämmung/ Außenputz)	$\vartheta_{3/4} = \vartheta_{2/3} - q \cdot R_3$ $\vartheta_{3/4} = 16{,}3 - 5{,}6 \cdot 3{,}75$ $\Delta\vartheta = 21{,}0$ °C $\vartheta_{3/4} = -4{,}7$ °C $\Rightarrow$	412	$\frac{g}{\delta_0} = \frac{p_{3/4} - p_e}{s_{d,T} - s_{d1} - s_{d2} - s_{d3} - s_{d4}}$ $445{,}79 = \frac{p_{3/4} - 321}{1{,}90 - 0{,}20 - 1{,}20 - 0{,}15}$ $p_{3/4} = 477 > p_{sat} = 412 \rightarrow$ **Tauwasser**
5	äußere Oberfläche	$\vartheta_{se} = \vartheta_{3/4} - q \cdot R_4$ $\vartheta_{se} = -4{,}7 - 5{,}6 \cdot 0{,}01$ $\Delta\vartheta = 0{,}2$ °C $\vartheta_{se} = -4{,}8$ °C $\Rightarrow$	408	$p_{se} = p_{3/4} - \frac{g}{\delta_0} \cdot s_{d5}$ $p_{se} = 477 - 445{,}79 \cdot 0{,}35$ $p_{se} = 321$
6	Außenluft	$\vartheta_e = \vartheta_{se} - q \cdot R_{se}$ $\vartheta_e = -4{,}8 - 5{,}6 \cdot 0{,}043$ $\Delta\vartheta = 0{,}2$ °C $\vartheta_e = -5$ °C $\Rightarrow$	401	

Glaser-Diagramm

Tauperiode ca. Dezember bis Februar $t_c = 7{,}776 \cdot 10^6$ s ≙ 90 d

Randbedingungen: $m_c < 1{,}0$ kg/m²

$m_{ev} > m_c$

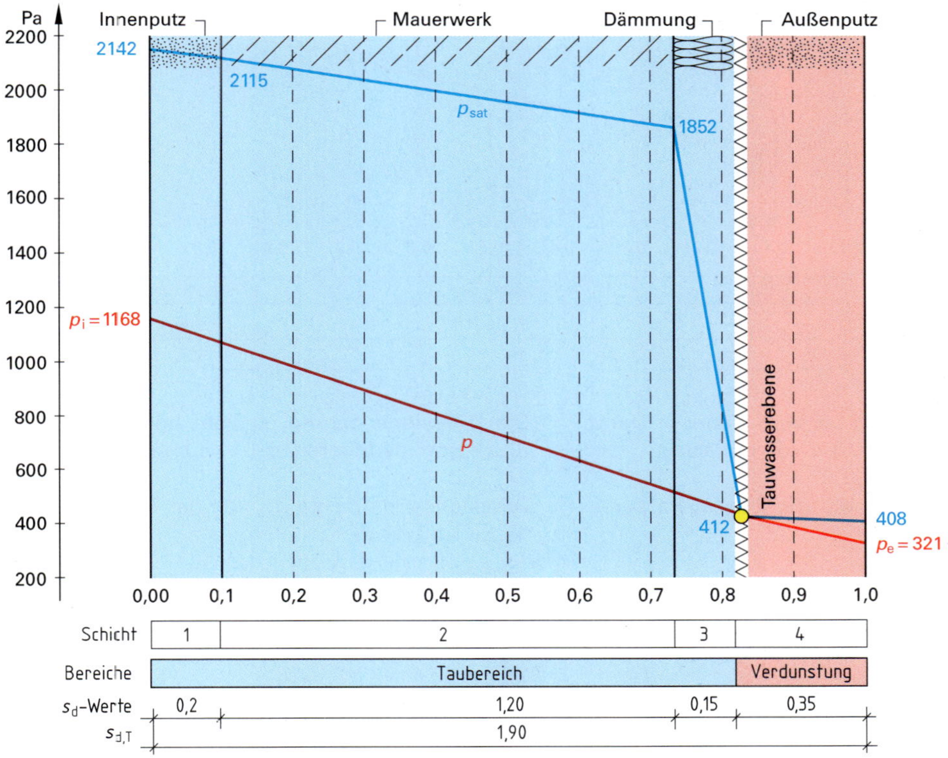

Diffusionsstromdichte g_c' vom Innenraum in das Bauteil bis zur Tauwasserebene.

$$g_c' = \delta_0 \left(\frac{p_i - p_c}{s_{d,c}}\right) \text{ in kg/m}^2\text{s}$$

$$g_c' = 2 \cdot 10^{-10} \left(\frac{1168 - 412}{1{,}55}\right)$$

$$g_c = 9{,}75 \cdot 10^{-8} \text{ kg/m}^2\text{s}$$

$$g_c = 0{,}35 \text{ g/m}^2\text{h} \quad \rightarrow \text{eindiffundierend}$$

Die Diffusionsrichtung geht vom höheren Dampfdruck zum niedrigeren.

Diffusionsrichtung von p_i nach $p_c \Rightarrow$

Diffusionsstromdichte g_{ev}' von der Tauwasserebene zur Außenluftseite.

$$g_{cv}' = \delta_0 \left(\frac{p_c - p_e}{s_{d,T} - s_{d,c}}\right) \text{ in kg/m}^2\text{s}$$

$$g_{cv}' = 2 \cdot 10^{-10} \left(\frac{412 - 321}{0{,}35}\right)$$

$$g_{ev}' = 5{,}2 \cdot 10^{-8} \text{ kg/m}^2\text{s}$$

$$g_{ev}' = 0{,}19 \text{ g/m}^2\text{h} \quad \rightarrow \text{ausdiffundierend}$$

Die Diffusionsrichtung geht vom höheren Dampfdruck zum niedrigeren.

Diffusionsrichtung von p_c nach $p_e \Rightarrow$

$g_c = 4{,}55 \cdot 10\text{-}8$ kg/m²s in der Tauwasserebene verbleibend

Sich anreichernde Feuchtigkeit während der Tauperiode

$$m_c = 4{,}55 \cdot 10^{-8} \cdot 7{,}776 \cdot 10^6 \text{ in kg/m}^2$$

$$m_c = 0{,}35 \text{ kg/m}^2 < \text{zul. } m_c = 1{,}0 \text{ kg/m}^2$$

Verdunstungsperiode ca. Juni bis August: $t_{ev} = 7{,}776 \cdot 10^6$ s $\hat{=}$ 90 d

Randbedingungen: $p_i = 1200$ Pa; $p_e = 1200$ Pa
Sättigungsdampfdruck in der Tauwasserebene $p_{sat} = 1700$ Pa

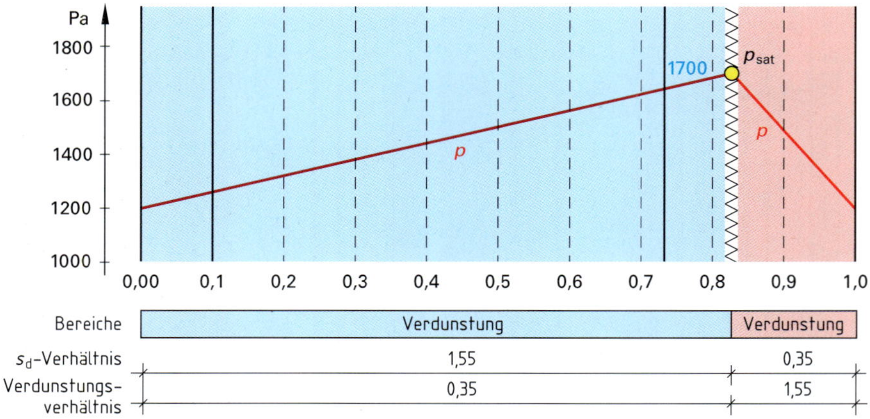

Die Diffusionsrichtung ist vom höheren Dampfdruck zum niedrigeren, d. i. von p_c nach p_i

⇐

Diffusionsstromdichte g'_{ev} von der Tauwasserebene zur Raumluft

$$g'_{cv} = \delta_0 \left(\frac{p_c - p_i}{s_{d,c}}\right)$$

$$g'_{cv} = 2 \cdot 10^{-10} \left(\frac{1700 - 1200}{1{,}55}\right)$$

$$g'_{ev} = 6{,}45 \cdot 10^{-8}\ \text{kg/m}^2\text{s}$$

$$g'_{ev} = 0{,}23\ \text{g/m}^2\text{h}$$

flacher Verlauf von *p*,
langer äquivalenter Weg

→ wenig Feuchte diffundiert von der Tauwasserebene zur Raumluftseite.

Die Diffusionsrichtung ist vom höheren Dampfdruck zum niedrigeren, d. i. von p_c nach p_e

⇒

Diffusionsstromdichte g''_{ev} von der Tauwasserebene zur Außenluft

$$g''_{ev} = \delta_0 \left(\frac{p_c - p_e}{s_{d,T} - s_{d,c}}\right) \text{ in kg/m}^2\text{s}$$

$$g''_{ev} = 2 \cdot 10^{-10} \left(\frac{1700 - 1200}{0{,}35}\right)$$

$$g''_{ev} = 2{,}857 \cdot 10^{-7}\ \text{kg/m}^2\text{s}$$

$$g''_{ev} = 1{,}028\ \text{g/m}^2\text{h}$$

steiler Verlauf von *p*,
kurzer äquivalenter Weg

→ viel Feuchte diffundiert von der Tauwasserebene aus dem Bauteil nach der Außenluftseite.

Die s_d-Werte verhalten sich wie 1,55 : 0,35 → 4,43 : 1
Die ausdiffundierende Tauwassermasse verhält sich umgekehrt, 1 : 4,43, d. h. nach der Außenluftseite wird 4,43 Mal mehr verdunsten können sls nach der Raumluftseite.

Gesamtdiffusionsstrom von der Tauwasserebene zur Raumluftseite und Außenluftseite

$$g_{ev} = \delta_0 \left(\frac{p_c - p_i}{s_{d,c}} + \frac{p_c - p_e}{s_{d,T} - s_{d,c}}\right) \text{ in kg/m}^2\text{s}$$

$$g_{ev} = 2 \cdot 10^{-10} \left(\frac{1700 - 1200}{1{,}55} + \frac{1700 - 1200}{0{,}35}\right)$$

$$g_{ev} = 3{,}503 \cdot 10^{-7}\ \text{kg/m}^2\text{h}$$

$$g_{ev} = 0{,}34\ \text{g/m}^2\text{h}$$

Insgesamt ausdiffundierende Wassermasse während der Verdunstungsperiode,

$$m_{ev} = g_{ev} \cdot t_{ev} \text{ in kg/m}^2$$

$$m_{ev} = 3{,}5 \cdot 10^{-7} \cdot 7{,}776 \cdot 10^6$$

$$m_{ev} = 2{,}7\ \text{kg/m}^2 > \text{mc} = 0{,}73\ \text{kg/m}^2$$

$m_{ev} > m_c$
$m_c < 1$ kg/m² Beide Randbedingungen sind erfüllt.

2.2 Temperatur in der Raumecke

Ist-Zustand

$$R_{AW} = \frac{0{,}02}{0{,}7} + \frac{0{,}24}{0{,}65} + \frac{0{,}02}{1{,}0}$$

$$R_{AW} = 0{,}41 \text{ m}^2\text{K/W}$$

$$\vartheta_{si,E} = \vartheta_i - (\vartheta_i - \vartheta_e) \cdot \frac{1{,}5}{h_i \cdot R_{AW} + 1{,}5}$$

$$\vartheta_{si,E} = 20 - [20 - (-5)] \cdot \frac{1{,}5}{4 \cdot 0{,}41 + 1{,}5}$$

$$\vartheta_{si,E} = 8{,}0\ °\text{C}$$

Temperatur in der Raumecke

saniert

$$R_{AW} = \frac{0{,}02}{0{,}70} + \frac{0{,}24}{0{,}65} + \frac{0{,}15}{0{,}04} + \frac{0{,}01}{1{,}0}$$

$$R_{AW} = 4{,}16 \text{ m}^2\text{K/W}$$

$$\vartheta_{si,E} = \vartheta_i - (\vartheta_i - \vartheta_e) \cdot \frac{1{,}5}{h_i \cdot R_{AW} + 1{,}5}$$

$$\vartheta_{si,E} = 20 - [20 - (-5)] \cdot \frac{1{,}5}{4 \cdot 4{,}16 + 1{,}5}$$

$$\vartheta_{si,E} = 18{,}6\ °\text{C}$$

Durch das WDVS hat sich die Temperatur in der Raumecke um 11,9 °C erhöht.

2.3 Temperaturfaktor f_{Rsi} (f_{Rsi}-Wert) in der Raumecke

Ist-Zustand

$$f_{Rsi,E} = \frac{\vartheta_{si,E} - \vartheta_e}{\vartheta_i - \vartheta_e}$$

$$f_{Rsi,E} = \frac{8{,}0 - (-5)}{20 - (-5)}$$

$$f_{Rsi,E} = 0{,}52 < \text{mind. erf. } f_{Rsi} = 0{,}70$$

Temperaturfaktor f_{Rsi} (f_{Rsi}-Wert) in der Raumecke

saniert

$$f_{Rsi,E} = \frac{\vartheta_{si,E} - \vartheta_e}{\vartheta_i - \vartheta_e}$$

$$f_{Rsi,E} = \frac{18{,}6 - (-5)}{20 - (-5)}$$

$$f_{Rsi,E} = 0{,}94 > \text{mind. erf. } f_{Rsi} = 0{,}70$$

Der Temperaturfaktor $f_{Rsi,E}$ gibt Auskunft über die energetische Bonität eines Bauteils. An der Stelle, an der zunächst Schimmel auftritt, sollte der $f_{Rsi,E}$-Wert ermittelt werden und das ist die Raumecke.

Sollte bei einem Temperaturfaktor von 0,94 Schimmel in der Raumecke auftreten, so ist eindeutig das Nutzerverhalten dafür verantwortlich.

2.4 Maximale relative Raumluftfeuchte

Ist-Zustand

$$\Phi \le 0{,}8 \cdot \left[\frac{109{,}8 + f_{Rsi} \cdot (\vartheta_i - \vartheta_e) + \vartheta_e}{109{,}8 + \vartheta_i}\right]^{8{,}02} \cdot 100\ \%$$

$$\Phi \le 0{,}8 \cdot \left[\frac{109{,}8 + 0{,}52 \cdot [20 - (-5)] - 5}{109{,}8 + 20}\right]^{8{,}02} \cdot 100\ \%$$

Der Faktor 0,8 besagt, dass Schimmelpilzgefahr schon bei 80 % der maximalen Raumluftfeuchte besteht.

$\Phi \le 36{,}7\ \% \Rightarrow$ Schimmelpilzvermeidung

alternativ:

bei 20 °C $\Rightarrow p_S = 2\,337$ Pa
bei 8,0 °C $\Rightarrow p_S = 1072$ Pa

$$\Phi_{Raum} = \frac{p_{s,Ecke}}{p_{s,Raum}} \cdot 100\ \%$$

$$\Phi_{Raum} = \frac{1072 \text{ Pa}}{2\,337 \text{ Pa}} \cdot 100\ \%$$

$\Phi_{Raum} = 45{,}87\ \% \Rightarrow$ Tauwassergefahr

$$\Phi_{Raum} = 38{,}7 \cdot \frac{80}{100}$$

$\Phi_{Raum} = 36{,}7\ \% \Rightarrow$ Schimmelpilzbildung

Maximale relative Raumluftfeuchte

saniert

$$\Phi \le 0{,}8 \cdot \left[\frac{109{,}8 + 0{,}94 \cdot [20 - (-5)] - 5}{109{,}8 + 20}\right]^{8{,}02} \cdot 100\ \%$$

$\Phi \le 73{,}8\ \% \Rightarrow$ Schimmelpilzvermeidung

alternativ:

bei 20 °C $\Rightarrow p_S = 2\,337$ Pa
bei 18,6 °C $\Rightarrow p_S = 2\,142$ Pa

$$\Phi_{Raum} = \frac{2\,142 \text{ Pa}}{2\,337 \text{ Pa}} \cdot 100\ \%$$

$\Phi_{Raum} = 91{,}65\ \% \Rightarrow$ Tauwassergefahr

$$\Phi_{Raum} = 91{,}65\ \% \cdot \frac{80}{100}$$

$\Phi_{Raum} = 73{,}3\ \% \Rightarrow$ Schimmelpilzbildung

Fazit: steigt die relative Raumluftfeuchte über 73,3 %, so besteht in der Raumecke Schimmelpilzgefahr.

Beispiel 18:
Bestandsgebäude; Referenzstandort Chemnitz; $Gt_{19/10}$ = 3 449 Kd, t_{Hp} = 210 d

Nachweis nach der EnEV eines teilweise unterkellerten Hauses mit nicht ausgebautem Kellergeschoss und Dachgeschoss.

1. nach dem Bauteilverfahren
2. nach der 40 %-Regelung, des Referenz-Gebäudeverfahrens

Daten:
Wände in den Heizkörpernischen d = 11,50 cm
PP 2 – 0,5
Eingangstür nicht verglast
U = 1,8 W/m²K

Anm.: Als Referenzstandort gilt nach EnEV Potsdam. In bestimmten Fällen kann auch davon abgewichen werden.

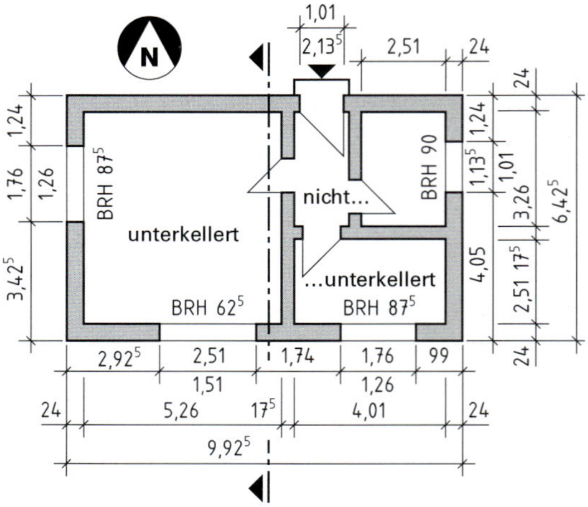

Bild 4: EG-Grundriss

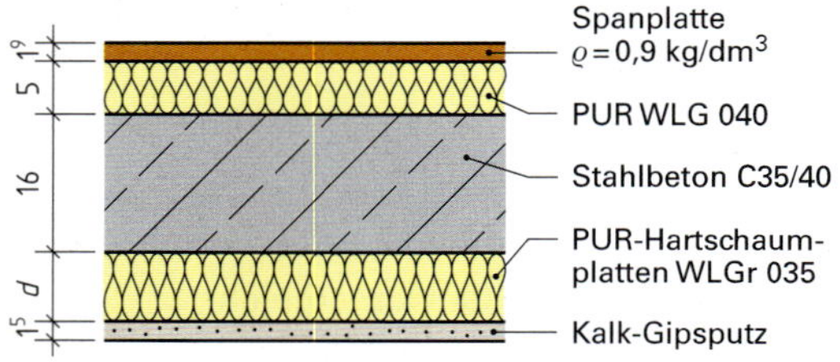

Bild 1: EG-Decke

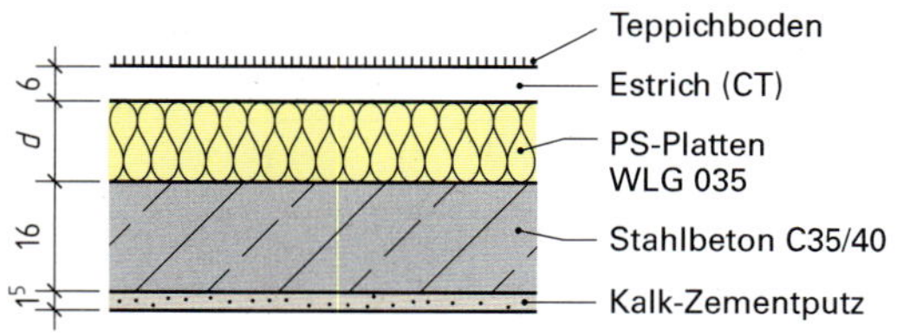

Bild 2: KG-Decke

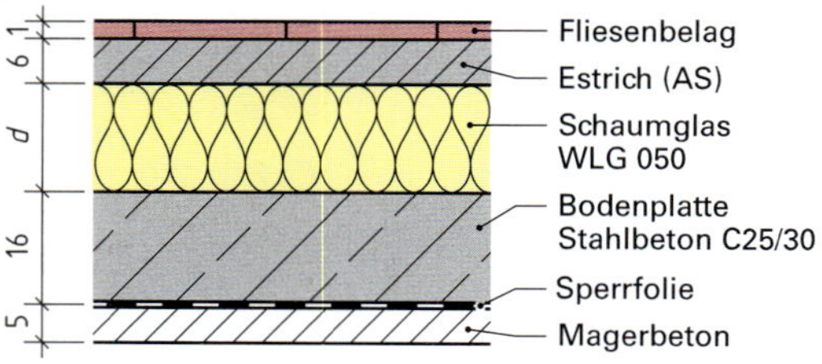

Bild 3: Nicht unterkellerter Bodenabschluss

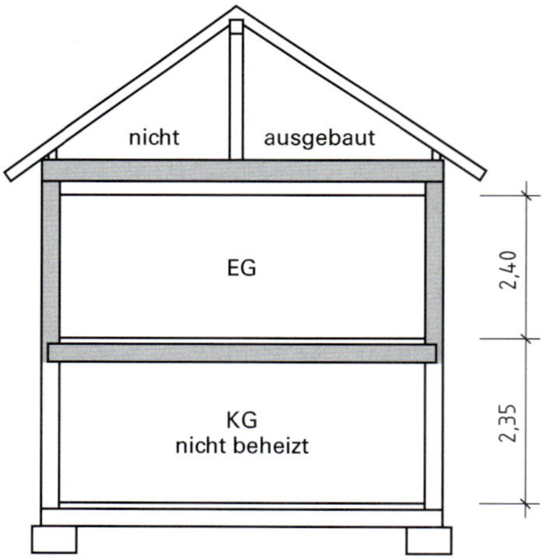

Bild 5: Schnitt

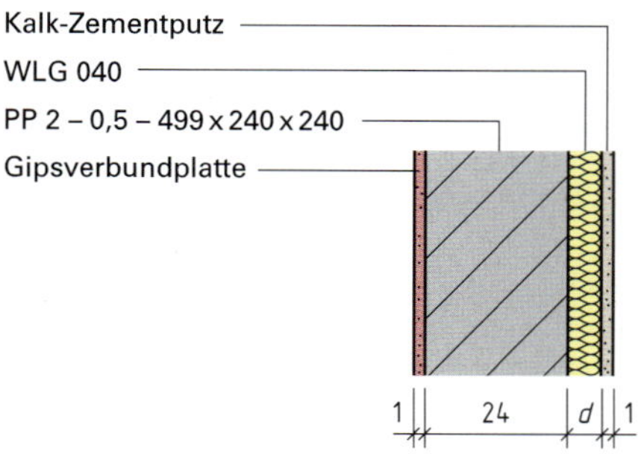

Bild 6: Wandaufbau

1. Nach dem Bauteilverfahren

Hier müssen nur die geforderten U-Werte eingehalten werden.

Ohne Ist-Aufnahme

Außenwand max. zul. $U = 0{,}24\ \mathrm{W/m^2K}$

$$\frac{1}{0{,}24} = \frac{1}{8} + \frac{0{,}01}{0{,}25} + \frac{0{,}24}{0{,}16} + \frac{d}{0{,}04} + \frac{0{,}01}{1{,}0} + \frac{1}{23}$$

$d = 0{,}098$ m

$d = 100$ mm $\qquad$ $\mathbf{U_{AW1} = 0{,}24\ W/m^2K}$

Heizkörpernische

$$\frac{1}{0{,}24} = \frac{1}{8} + \frac{0{,}01}{0{,}25} + \frac{d}{0{,}04} + \frac{0{,}115}{0{,}16} + \frac{0{,}10}{0{,}04} + \frac{0{,}01}{1{,}0} + \frac{1}{23}$$

$d = 0{,}029$ m

$d = 30$ mm $\qquad$ $\mathbf{U_{AW2} = 0{,}24\ W = m^2K}$

Durch das Anbringen der zusätzlichen Innendämmung können HKN und Wand mit dem gleichen U-Wert und in einer Fläche in die Berechnung einfließen. Dadurch, dass die Außendämmung etwa 3-mal so dick wie die Innendämmung ist, sind auch keine Feuchteprobleme zu befürchten.

Kellerdecke max. zul. $U = 0{,}30\ \mathrm{W/m^2K}$

$$\frac{1}{0{,}30} = \frac{1}{6} + \frac{0{,}06}{1{,}4} + \frac{d}{0{,}035} + \frac{0{,}16}{2{,}5} + \frac{0{,}015}{1{,}0} + \frac{1}{23}$$

$d = 0{,}10$ m

$d = 100$ mm $\qquad$ $\mathbf{U_{G1} = 0{,}30\ W/m^2K}$

Bodenplatte max. zul. $U = 0{,}30\ \mathrm{W/m^2K}$

$$\frac{1}{0{,}30} = \frac{1}{6} + \frac{0{,}01}{1{,}3} + \frac{0{,}06}{0{,}90} + \frac{d}{0{,}05} + \frac{0{,}16}{2{,}5} + \frac{1}{\infty}$$

$d = 0{,}15$ m

$d = 150$ mm $\qquad$ $\mathbf{U_{G2} = 0{,}30\ W/m^2K}$

EG-Decke

$$\frac{1}{0{,}24} = \frac{1}{10} + \frac{0{,}015}{0{,}70} + \frac{d}{0{,}035} + \frac{0{,}16}{2{,}5} + \frac{0{,}05}{0{,}04} + \frac{0{,}019}{0{,}13} + \frac{1}{10}$$

$d = 0{,}086$ m

$d = 90$ mm $\qquad$ $\mathbf{U_D = 0{,}24\ W/m^2K}$

Wenn das Dachgeschoss nicht ausgebaut ist, darf die oberste Geschossdecke max. $U = 0{,}24\ \mathrm{W/m^2K}$ haben (EnEV).

2. Sanierung auf der Basis eines Referenzgebäudes mit der 40 %-Regelung

Außenwand

Vorgabe nach EnEV $\qquad$ $U = 0{,}28\ \mathrm{W/m^2K}$

$$\frac{1}{0{,}28} = \frac{1}{8} + \frac{0{,}01}{0{,}25} + \frac{0{,}24}{0{,}16} + \frac{d}{0{,}04} + \frac{0{,}01}{1{,}0} + \frac{1}{23}$$

$d = 0{,}074$ m

$d = 80$ mm $\qquad$ vorh. $U = 0{,}27\ \mathrm{W/m^2K}$

$l = 9{,}925 + 2 \cdot 0{,}08 + 0{,}01$

$l = 10{,}11$ m

$b = 6{,}425 + 2 \cdot 0{,}08 + 0{,}01$

$b = 6{,}61$ m

$A_{AW1} = (10{,}11 + 6{,}61) \cdot 2 \cdot 2{,}96 - 9{,}37 - 2{,}16$

$\mathbf{A_{AW1} = 87{,}45\ m^2}$

Heizkörpernische

$$\frac{1}{0{,}28} = \frac{1}{8} + \frac{0{,}01}{0{,}25} + \frac{d}{0{,}04} + \frac{0{,}115}{0{,}16} + \frac{0{,}08}{0{,}04} + \frac{0{,}01}{1{,}0} + \frac{1}{23}$$

$d = 0{,}025$ m

$d = 30$ mm

In der HKN muss zusätzlich eine Innendämmung von 30 mm angebracht werden.
Der s_d-Wert der Innendämmung sollte größer sein als der der Außendämmung.
EG-Wand und HKN können so zusammengefasst werden.

Kellerdecke

Vorgabe nach EnEV $\qquad$ $U = 0{,}35\ \mathrm{W/m^2K}$

$$\frac{1}{0{,}35} = \frac{1}{6} + \frac{0{,}06}{1{,}4} + \frac{d}{0{,}035} + \frac{0{,}16}{2{,}5} + \frac{0{,}015}{1{,}0} + \frac{1}{6}$$

$d = 0{,}084$ m

$d = 90$ mm

$l = 5{,}26 + 0{,}24 + 0{,}175/2 + 0{,}09 = 5{,}68$ m

$b = 6{,}425 + 2 \cdot 0{,}09 = 6{,}61$ m

$A_{G1} = 5{,}68 \cdot 6{,}61$

$\mathbf{A_{G1} = 37{,}54\ m^2}$

Bodenplatte

Vorgabe nach EnEV $U = 0{,}35\ \text{W/m}^2\text{K}$

$$\frac{1}{0{,}35} = \frac{1}{6} + \frac{0{,}01}{1{,}3} + \frac{0{,}06}{0{,}90} + \frac{d}{0{,}05} + \frac{0{,}16}{2{,}5} + \frac{1}{\infty}$$

$d = 0{,}127$ m

$d = 130$ mm

$l = 4{,}01 + 0{,}24 + 0{,}009 + 0{,}175/2$

$l = 4{,}42$ m

$b = 6{,}425 + 2 \cdot 0{,}009$

$b = 6{,}59$ m

$A_{G2} = 4{,}42 \cdot 6{,}61$

$\mathbf{A_{G2} = 29{,}22\ m^2}$

EG-Decke

Vorgabe nach EnEV $U = 0{,}20\ \text{W/m}^2\text{K}$

$$\frac{1}{0{,}20} = \frac{1}{10} + \frac{0{,}015}{0{,}70} + \frac{d}{0{,}035} + \frac{0{,}16}{2{,}5} + \frac{0{,}05}{0{,}04} + \frac{0{,}019}{0{,}13} + \frac{1}{10}$$

$d = 0{,}116$ m

$d = 120$ mm

$l = 9{,}925 + 2 \cdot 0{,}009$

$l = 10{,}11$ m

$b = 6{,}61$ m

$A_D = 10{,}11 \cdot 6{,}61$

$\mathbf{A_D = 66{,}83\ m^2}$

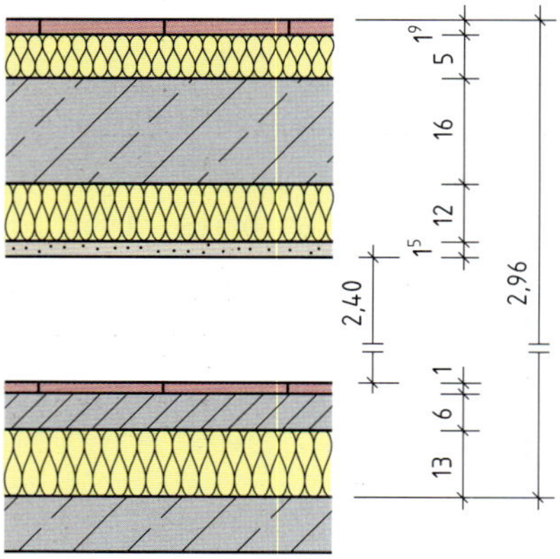

Bild 1: Höhenmaße

$h = 0{,}13 + 0{,}06 + 0{,}01 + 2{,}40 + 0{,}015 + 0{,}12 + 0{,}16 + 0{,}05 + 0{,}019$

$h = 2{,}964$ m

Fenster:	Süd	$A_W = 6{,}01\ \text{m}^2$
	Ost	$A_W = 1{,}15\ \text{m}^2$
	West	$A_W = 2{,}22\ \text{m}^2$

spezifische Transmissionswärmeverluste

$$H_T = F_{x,j} \cdot U_j \cdot A_j$$

		W/K
Bodenplatte	$H_T = 0{,}6 \cdot 0{,}35 \cdot 29{,}22 =$	6,14
Kellerdecke	$H_T = 0{,}6 \cdot 0{,}35 \cdot 37{,}54 =$	7,88
EG-Wand	$H_T = 1{,}0 \cdot 0{,}28 \cdot 87{,}45 =$	24,49
EG-Decke	$H_T = 0{,}8 \cdot 0{,}20 \cdot 66{,}83 =$	10,69
Fenster	$H_T = 1{,}0 \cdot 1{,}3 \cdot 9{,}38 =$	12,19
Tür	$H_T = 1{,}0 \cdot 1{,}8 \cdot 2{,}16 =$	3,89
	$A = 237{,}12\ \text{m}^2$	65,28 W/K
+ WB-Zuschlag	$0{,}05 \cdot 237{,}12 =$	11,86
	$\Sigma H_T =$	77,14 W/K

beheiztes Bruttovolumen

$V_e = 10{,}11 \cdot 6{,}61 \cdot 2{,}96$

$V_e = 197{,}81\ \text{m}^3$

da $h < 3{,}0$ m gilt:

$A_N = 0{,}32 \cdot V_e$

$= 0{,}32 \cdot 197{,}81$

$A_N = 63{,}30\ \text{m}^2 < 350\ \text{m}^2$

$\Rightarrow$ max. zul. $H'_T = 0{,}40\ \text{W/m}^2\text{K}$

vorh. $H'_T = \dfrac{H_T}{A}$ vorh. $H'_T = \dfrac{77{,}14\ \frac{\text{W}}{\text{K}}}{237{,}12\ \text{m}^2}$

vorh. $H'_T = 0{,}33\ \text{W/m}^2\text{K}$

$<$ max. zul. $H'_T = 0{,}40\ \text{W/m}^2\text{K}$

spezifische Lüftungswärmeverluste

$H_V = c_L \cdot \varrho_L \cdot n \cdot V$

$H_V = 0{,}347 \cdot 0{,}6 \cdot 0{,}76 \cdot 197{,}81$

$H_V = 31{,}30$ W/K

$c_L = 1\,000$ J/kgK

$\varrho_L = 1{,}25\ \text{kg/m}^3$

n = Luftwechselrate bei Dichtheitsprüfung

V = Luftvolumen

$V = 0{,}76 \cdot V_e$

Interne Wärmegewinne

$Q_i = q_i \cdot A_N$

$= 22 \cdot 63{,}30$

$Q_i = 1\,392{,}60$ kWh/a

Solare Wärmegewinne

$Q_S = 1\,317{,}77$ kWh/a siehe weiter hinten

Referenzgebäude 1: Referenzort **Chemnitz**; $Gt_{19/10}$ = 3 449 Kd; t_{HP} = 210 d

$$Q_{S,M} = 0{,}024 \cdot t_M \cdot I_S \cdot F_f \cdot F_S \cdot F_C \cdot g_j \cdot A_j$$

		$Q_{S,M}$ =	**0,024**	$t_M \cdot I_S$	$F_f \cdot F_S \cdot F_C$	$g_j \cdot A_j$	**kWh/a**	**Σ kWh/a**
Süd	Sept		0,024	10 · 113	0,7 · 0,9 · 1,0	0,6 · 6,01	61,61	
	Okt			31 · 105			177,47	
	Nov			30 · 67			109,59	
	Dez			31 · 49			82,82	
	Jan			31 · 69			116,62	
	Febr			28 · 109			166,40	
	März			31 · 108			182,54	
	Apr			18 · 115			112,86	1 009,91
				Σ 210 d				
	Sept	$Q_{S,M}$ =	0,024	10 · 84	0,7 · 0,9 · 1,0	0,6 · 1,14	8,69	
Ost	Okt			31 · 53			16,99	
	Nov			30 · 25			7,76	
	Dez			31 · 16			5,13	
	Jan			31 · 25			8,02	
	Febr			28 · 54			15,64	
	März			31 · 73			23,40	
	Apr			18 · 102			18,99	104,62
West	Sept	$Q_{S,M}$ =	0,024	10 · 77	0,7 · 0,9 · 1,0	0,6 · 2,22	15,51	
	Okt			31 · 52			32,47	
	Nov			30 · 27			16,31	
	Dez			31 · 17			10,61	
	Jan			31 · 27			16,86	
	Febr			28 · 51			28,76	
	März			31 · 75			46,83	
	Apr			18 · 99			35,89	203,24
							Σ	**1 317,77**

Monatswerte von Q_S des Standortes Chemnitz in kWh/m²a
Referenzregion 9

September	85,81
Oktober	226,93
November	133,66
Dezember	98,56
Januar	141,50
Februar	210,80
März	252,77
April	167,74

Q_S = 1 317,77 kWh/m²a

0,024 kWh = 1 Wd
1 Wd = 24 Wh = 0,024 kWh

- t_M = Anzahl der Tage des Monats
- I_S = Strahlungsintensität je nach Referenzregion, Himmelsrichtung und Neigungswinkel der transparenten Fläche (Verglasung)
- F_f = Rahmenanteil des Fensters 30 % ⇒ 70 % Glas
- F_S = Verschattungsfaktor
- F_C = Abminderungsfaktor für Sonnenschutzvorrichtungen
- g_j = Gesamtenergiedurchlassgrad der Verglasung
- A_j = jeweilige Fensterfläche in m², aus den Rohbaumaßen ermittelt

$F_{Gt} = 0{,}024 \cdot Gt_{19/10} \cdot f_{NA}$
$F_{Gt} = 0{,}024 \cdot 3449 \cdot 0{,}95$
$F_{Gt} = 78{,}64$ kKh/a

Jahres-Heizwärmebedarf
$Q_h = F_{Gt} \cdot (H_T + H_V) - \eta \cdot (Q_S + Q_i)$
$Q_h = 78{,}64 \cdot (77{,}14 + 31{,}30) - 0{,}95 \cdot (1\,317{,}77 + 1\,392{,}60)$
$Q_h = 5\,952{,}87$ kWh/a

$q_h = \frac{Q_h}{A_N}$ $\quad q_h = \frac{5\,952{,}87 \frac{kWh}{a}}{63{,}30\ m^2}$

$q_h = 94{,}06$ kWh/m²a

$\frac{A}{V_e} = \frac{237{,}12\ m^2}{197{,}81\ m^2}$ $\quad A/V_e = 1{,}18\ m^{-1}$

Der hohe Wert von q_h, der den Wärmeverlust für Heizung ausdrückt, rührt aus dem ungünstigen A/V_e-Verhältnis her. Im Verhältnis zum beheizten Volumen hat das Bauwerk eine sehr große wärmeabgebende Fläche.

bei $q_h = 94{,}04$ kWh/m²a
$A_N = 63{,}30\ m^2$
→ $e_P = 1{,}18$

Für BW-Gerät und solar unterstützter Trinkwassererwärmung.

$q_P = (q_h + q_W) \cdot e_P$
$q_P = (94{,}06 + 16{,}0) \cdot 1{,}18$
$q_P = 129{,}87$ kWh/m²a

Im Sanierungsfall dürfte dieser Wert um 40 % überschritten werden, ebenso der H'_T-Wert.
$q_P = 129{,}85 \cdot 1{,}40$
$q_P = 181{,}78$ kWh/m²a

$H'_T = 0{,}33 \cdot 1{,}40$
$H'_T = 0{,}46$ W/m²K

Einzelnachweis von e_P nach DIN EN 4701-10

Trinkwassererwärmung	kWh/m²a
Nach EnEV	16,0
+ Zuschlag für **Verteilung** (d) Mit Zirkulation Leitungen innerhalb der Thermischen Hülle Innenliegende Stränge Heizwärmegutschrift 4,0	15,0
+ Zuschlag für Speicherung (s) Leitungen innerhalb der Thermischen Hülle Solarspeicher Heizwärmegutschrift 1,6	5,0
	36,0
Mal e_g-Zahl 1,01 (Erzeugung)	36,4
Mal $f_P = 1{,}1$ (Primärenergiefaktor)	40,0
+ HE = 0,90 · 2,7 (Hilfsenergie Strom)	2,4
	42,4
Mal Deckungsanteil solar 0,57	−24,2
$Q_{h,TW}$ =	**18,2 kWh/m²a**

Heizenergie	kWh/m²a
Nach EnEV	94,06
Gutschrift aus Trinkwasser	−5,6
+ Verlust für Verteilung (d) Leitungen innerhalb der thermischen Hülle Innenliegende Stränge Auslegungstemperatur 55/45	2,5
+ Verluste für Übergabe (ce) Freie Heizflächen Ventile 1 K	1,1
	92,06
Mal e_g-Zahl 1,01 (Erzeugung)	93,0
Mal $f_P = 1{,}1$	102,3
+ HE = 085 · 2,7 (Hilfsenergie Strom)	2,3
$q_{P,h}$ =	**104,6 kWh/m²a**

$e_P = \frac{q_P}{q_h + q_W}$

$e_P = \frac{104{,}6 + 18{,}2}{94{,}06 + 16}$

$e_P = 1{,}12$ statt 1,18 nach Tabelle

1.10 Glas

Rohstoffgemenge
aus:

Quarz	SiO_2	58 %	eigentlicher Rohstoff
Soda	Na_2CO_3	18 %	Flussmittel: Reduzierung der Schmelztemperatur
Kalk	$CaCO_3$	10 %	Verbesserung der Witterungsbeständigkeit
Dolomt	CaO_3MgCO_3	10 %	und Festigkeit
Natriumsulf	Na_2SO_4	4 %	blasenfreies Glas

Herstellung: Die Rohstoffe werden fein gemahlen, sorgfältig gemischt und bei ca. 1500 °C geschmolzen.

Glasarten nach der Herstellung

- **geblasenes Glas**
  Trinkgläser
  Vasen
  Leuchtkörper
- **gezogenes Glas**
  - **Tafelglas**
    Die Maschine zieht ein breites Glasband aus der Glasschmelze, das nach dem Erstarren in Tafeln zerlegt wird. Durch das Ziehen entstehen Wellen in der Glastafel. Daher muss diese geschliffen und poliert werden.
    Tafelglas ist nicht verzerrungsfrei und findet daher Verwendung in einfachsten Fällen, z. B. Gärtnereien.
  - **Spiegelglas**
- **gegossenes Glas**
  - **Floatglas**
    float = obenauf schwimmen
    Das Gemenge hat eine geringere Dichte als die Glasschmelze und schwimmt obenauf. Die Glasschmelze wird auf ein Zinnbad geleitet und erlangt dadurch ein planparalleles Flachglasband.
    Die heutige Flachglasproduktion beruht fast ausschließlich auf diesem Verfahren.
  - **Gussglas**
    Das gegossene Glas wird gewalzt. Je nach der Oberfläche lassen sich verschiedene Oberflächen gestalten.
    - **Ornamentglas**
      gerippte, rautenförmige oder sonstige Oberfläche
      Anwendung: Türen, Fenster, Zierverglasungen
    - **Kathedralglas**
      wenig belebte Oberfläche
      Anwendung: Kirchenfenster, Möbeltürverglasungen
    - **Antikglas**
      erhält bei der Herstellung absichtlich Unreinheiten und Oberflächenfehler, die in der Antike nicht vermieden werden konnten.
  - **Drahtglas**
    Drahtgewebe in der Glasmasse erhöhte Festigkeit.
    Stallungen
    Industrie
    Fernsprechzellen
- **gepresstes Glas**
  Glasbausteine
  Glasdachziegel
  Getränkeflaschen

1.10.1 Besondere Gläser

Besondere Gläser

Sicherheitsgläser

Mehrscheiben-Sicherheitsglas VSG

VSG = Verbundsicherheitsglas

Zwei oder mehrere Glasscheiben aus Kristallspiegelglas werden durch splitterbindende Kunststoffzwischenschichten zu einer Scheibe verbunden.
Dicke: ca. 25 mm bis 60 mm

Verwendung:
Schaufenster, Brüstungsplatten, Bankschalter, Juwelierläden

Sonder-Verglasungen:
einbruchhemmend
durchwurfhemmend
durchschusshemmend

Einscheiben-Sicherheitsglas ESG

ESG = Einscheibensicherheitsglas

Ausgangsprodukt:
Kristallspiegelglas
Die Scheibe wird zugeschnitten und dann vorgespannt. Dabei wird das Glas bis zum Erweichungspunkt ca. 600 °C erhitzt und in kalter Luft abgeschreckt. Dadurch entsteht eine stark erhöhte Oberflächenspannung, welche die Biegefestigkeit und Widerstandsfestigkeit der Scheibe gegen Druck, Stoß und Temperaturschwankungen wesentlich steigert.
Einscheiben-Sicherheitsglas bricht entweder vollständig oder gar nicht.

Beachte:
Einscheibensicherheitsglas kann nach der Vorspannung nicht mehr beschnitten werden.

Dämm-Verglasungen

Wärmedämm-Verglasung

Diese Verglasung besteht aus zwei oder drei Glasscheiben mit einem Scheibenzwischenraum (SZR) von 12 mm und 16 mm.
Durch den geringen Abstand der Scheiben wird die Luftbewegung stark eingeschränkt, wodurch sich die Dämmwirkung erhöht und es nicht zur Konvektion im SZR kommt.
Das Edelgas im Scheibenzwischenraum erhöht die Dämmwirkung erheblich mehr als mit Luftfüllung.
Zur Erhöhung der Dämmwirkung werden bei diesen Verglasungen die Scheiben im SZR noch beschichtet. Durch die Beschichtung wird die auf die Scheibe auftreffende Wärmestrahlung aus dem Raum in den Raum zurückgeworfen und vermindert so den Wärmeverlust im Raum.

Schalldämm-Verglasung

Prinzip der Wirkungsweise dieser Verglasungen ist, dass jede Scheibe ein anderes Dickenmaß hat.
Unterschiedliche Dicke bedeutet eine unterschiedliche Masse und diese wieder eine unterschiedliche Eigenfrequenz. Je mehr verschiedene Eigenfrequenzen die einzelnen Scheiben einer Schalldämm-Verglasung haben, desto höher ist deren Luftschalldämmung. Durch Verklebung von zwei Scheiben mit einer elastischen Akustikfolie (AF) kann die Dämmwirkung noch erhöht werden.

Schutz-Verglasungen

Sonnenschutz-Verglasung

Diese Verglasungen haben zunächst im Scheibenzwischenraum wie die Wärmedämm-Verglasung eine Edelgasfüllung. Während bei der Wärmedämm-Verglasung die Beschichtung auf der Innenseite der Scheibe zur Raumseite hin ist, ist bei der Sonnenschutz-Verglasung die Beschichtung auf der Innenseite der Außenscheibe.
Die Reflexion der Sonnenstrahlung erfolgt nach der Außenluft und gelangt so weniger in das Rauminnere.

Brandschutz-Verglasung

Brandschutz-Verglasungen funktionieren so, dass die Scheibenzwischenräume mit einem Gel gefüllt sind. Dieses Gel schäumt im Brandfall auf und macht aus dem transparenten Bauteil ein mehr oder minder opakes Bauteil. Außerdem übernimmt das aufgeschäumte Gel eine Kühlfunktion, wodurch eine Verlängerung der Zeit seiner Schutzfunktion verbunden ist.

1.10.2 Fenster im sommerlichen Wärmeschutz und Wärmedämmverglasung

Tabelle 1: Bauphysikalische Kennwerte von Fenstern

Funktion	Gas-füllung	Glasaufbau	U_g	*g*-Wert	Schall-dämm-wert	Licht-Reflektions-grad	Licht-Trans-missions-grad
			W/m²K	%	dB	%	%
Wärme-dämm-gläser	Ar	4/15/:4	1,1	62	32	14	80
	Ar	4/12/:4	1,3	62	30	14	80
	Kr	4/12/:4	1,0	62	30	14	80
	Kr	4:/12/4/12/:4	0,6	61	33	19	73
	Kr	4:/8/4/8/:4	0,7	61	31	19	73
	Ar	4;/12/4/12/;4	0,8	61	32	19	73
	Ar	4:/14/4/14/:4	0,7	61	32	19	73
	Ar	4:/16/4/16/:4	0,7	61	32	19	72
	Ar	4:/18/4/18/:4	0,6	61	32	19	73
Schall-dämm-gläser	Ar	6/15/:4	1,1	61	36	14	80
	Ar	8/15/:4	1,1	59	37	14	79
	Ar	VSG 4,4/16/:4	1,1	54	38	13	76
	Ar	10/16/:4	1,1	58	39	14	79
	Kr	4,4/12/:4	1,0	54	39	13	76
	Kr	4,4/12/:6	1,0	56	40	14	78
	Ar	4,4/16/:6	1,1	56	42	14	78
	Ar	5,5/16/:8	1,1	55	43	14	77
	Ar	4,4/20/:8	1,1	56	44	14	78
	Ar	VSG 5,5/16/:6	1,1	55	40	14	78
	Ar	6,6/16/:4,4	1,1	53	47	13	76
	Ar	6,6/20/:4,4	1,1	53	49	13	76
	Ar	8,6/24/:4,6	1,2	53	52	14	71
Sonnen-schutz-gläser	Beschich-tung						
	platin	6:/15-16/4	1,1	42	36	20	71
	neutral	6:/15-16/4	1,1	36	36	15	66
	grün	6:/15-16/4	1,1	31	36	9	59
	silber	6:/15-16/4	1,1	27	36	42	39
	silberblau	6:/15-16/4	1,1	26	36	32	38

Als Fenstermaße gelten die Rohbaumaße Ar = Argon Kr = Krypton : Seite der Beschichtung

Der Wärmedurchgangskoeffizient U_W (*U*-Wert) des Fensters setzt sich zusammen aus:

$$U_W = \frac{U_g \cdot A_g + U_f \cdot A_f + \Psi \cdot l}{A_g + A_f}$$

Lichtdurchlässigkeit wird im Bereich der Wellenlänge von 380 nm bis 780 nm Scheibenabstandsprofil festgelegt.

Bei einem Normfenster der Größe 1,25 m x 1,50 m gilt nach DIN 4108 ein Rahmenanteil von 30 %.

Indice:
w = window (engl. Fenster)
g = glass (engl.) Glas
f = frame (engl.) Rahmen
Ψ = Wärmebrückenverlustkoeffizient durch den Scheibenverbund in W/mK
l = Länge des Abstandsprofils (Wärmebrücke)

Materialien: Alu λ = 200 W/mK
Edelstahl λ = 17 W/mK
⇒ warme Kante
Kunststoff λ = ca. 0,8 W/mK

U-Wertberechnung eines Fensters

Fenstergesamtmaße: 2,50 m/1,50 m Rohbaumaße (Blendrahmen Flügelrahmen)

Zweiflüglig; Rahmenanteil 30 %

$A_W = 2{,}50 \cdot 1{,}50$
$A_W = 3{,}75\ m^2$

$A_g = 3{,}75 \cdot 0{,}70$ $\quad A_f = 3{,}75 \cdot 0{,}30$
$A_g = 2{,}63\ m^2$ $\quad A_f = 1{,}12\ m^2$

Verhältnismaße der Verglasung
2,50 : 1,50 ⇒ 1,666 : 1

Glasfläche:
$1{,}666x \cdot 1x = 2{,}63\ m^2$
$1{,}666x^2 = 2{,}63\ m^2$
$x^2 = 1{,}578\ m^2$
$x = 1{,}26\ m \Rightarrow h = 1{,}26\ m$
$b = 1{,}666 \cdot 1{,}26 \Rightarrow b = 2{,}10\ m$

Probe: $A_g = 2{,}10 \cdot 1{,}26$
$A_g = 2{,}64\ m^2$

Holzrahmen: $d = 10$ cm

$$R_T = \frac{1}{8} + \frac{0{,}10}{0{,}13} + \frac{1}{23}$$

$R_{T,f} = 0{,}937\ m^2K/W$
$U_f = 1{,}07\ W/m^2K$ (*f* = frame engl. Rahmen)

Daten zur Berechnung:
$U_g = 0{,}7\ W/m^2K$
$U_f = 1{,}07\ W/m^2K$
$\Psi = 0{,}053\ W/mK$
$l = 1{,}26\ m \cdot 4 + 2{,}10\ m \cdot 2$
$l = 9{,}24\ m$ Länge der Glasabstandhalter

$$U_W = \frac{U_g \cdot A_g + U_f \cdot A_f + \Psi \cdot l}{A_g + A_f}$$

$$U_W = \frac{0{,}7 \cdot 2{,}63 + 1{,}07 \cdot 1{,}12 + 0{,}053 \cdot 9{,}24}{2{,}63 + 1{,}12}$$

$U_W = 0{,}94\ W/m^2K$

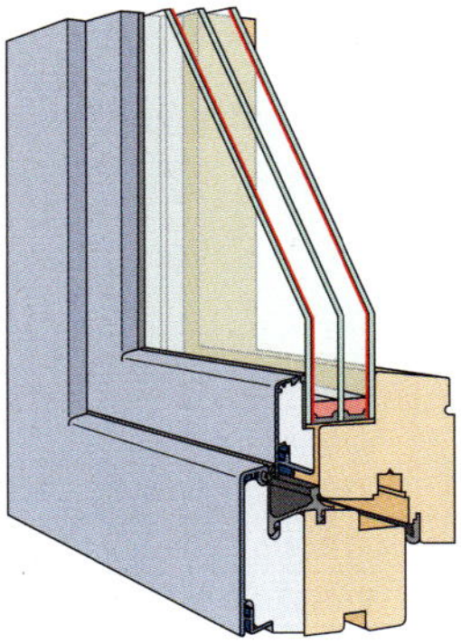

Bild 1: Wärmedämm-Verglasung in Holz-Alu-Konstruktion

Bild 2: Wärmedämm-Verglasung mit integrierter Jalousie in Holz-Alu-Konstruktion

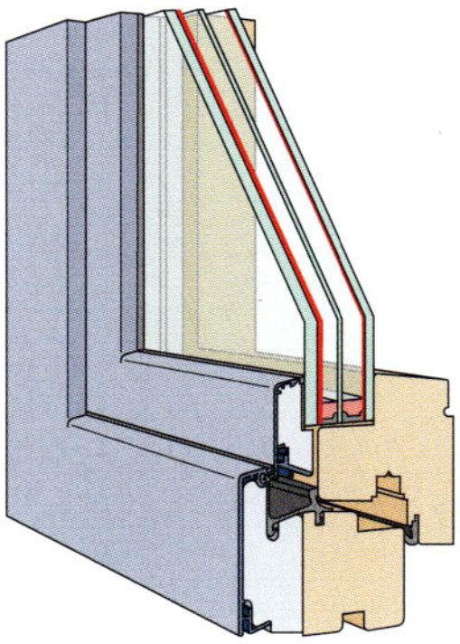

Bild 3: Wärmedämm- und Schalldämm-Verglasung in Holz-Alu-Konstruktion

Merkmal:
drei unterschiedlich dicke Scheiben

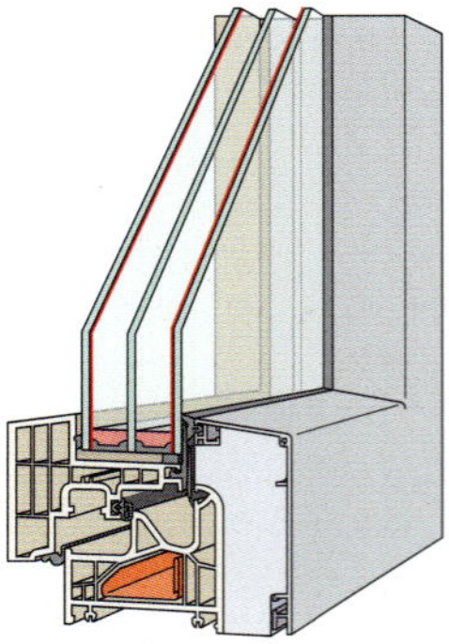

Bild 4: Wärmedämm-Verglasung in Kunststoff-Alu-Konstruktion

Tabelle 1: Wärmebrückenverlustkoeffizient Ψ DIN EN ISO 100 77

Material des Abstandhalters	Rahmenmaterial		Anzahl der Scheiben	Wärmeleitfähigkeit λ	Wärmebrückenverlustkoeffizient Ψ
Edelstahl	Holz		2	15	0,053
			3	15	0,053
		Kunststoff	2	15	0,051
			3	15	0,048
Kunststoff	Holz		2	0,16	0,032
			3	0,16	0,031
		Kunststoff	2	0,16	0,034
			3	0,16	0,032

Wärmedämm-Verglasung

Aufbau:

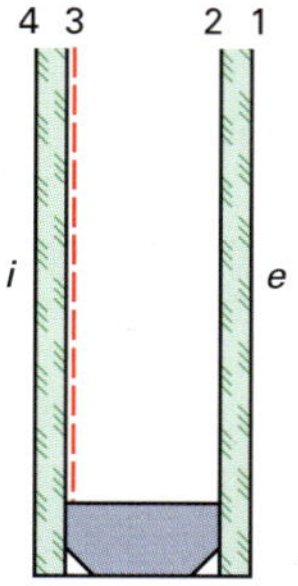

Bild 1

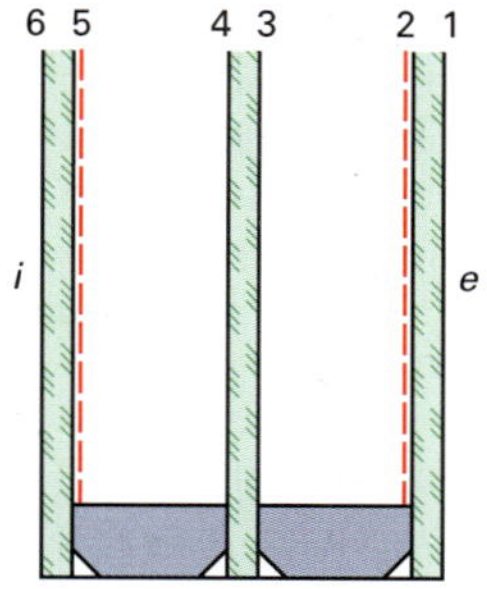

Bild 2

Beschichtung:
Wärmedämm-Verglasungen zeichnen sich dadurch aus, dass im Scheibenzwischenraum (SZR) sich Edelgase Argon oder Krypton befinden und dass eine oder mehrere Scheiben beschichtet sind. Die mittlere Scheibe (Bild 2) wird deshalb nicht beschichtet, da es dort zu thermischen Spannungen kommen würde und aus diesem Grunde diese Scheibe in ESG ausgeführt werden müsste. Außerdem würde sich der U-Wert von 0,7 W/m^{2}K auf 1,0 W/m^{2}K verschlechtern.
Prüfung: Die Prüfung, ob und welche Scheibe beschichtet ist, kann mit einer Kerze erfolgen.
Jede Scheibenoberfläche reflektiert eine Flamme.

Nach Bild 1: zwei Flammenpärchen, Flamme 3 bläulich
Nach Bild 2: drei Flammenpärchen, Flammen 2 und 5 bläuliches Aussehen

Dass die äußere Oberfläche von Verglasungen kälter ist als die Außenluft, zeigt sich an kalten Wintertagen daran, dass bei Fenstern mit Dreifach-Verglasung und damit einen U_g-Wert von ca. 0,6 W/m^{2}K, sich auf der Scheibenoberfläche außen Eisblumen bilden, während an Zweifach-Verglasungen mit einem U_g-Wert von 1,4 W/m^{2}K ein solches Phänomen sich nicht zeigt. Ursache dafür ist der geringe Wärmestrom der 3-fach-Verglasung von innen nach außen und damit als Folge die geringere Oberflächentemperatur.
Bei Einfachverglasungen bilden sich hingegen im Winter auf der Innenseite Eisblumen.
Ursache dafür ist der sehr große Wärmestrom, der die Einfachscheibe so stark auskühlen lässt.

Dreifachverglasung	Zweifachverglasung	
$q = 0{,}6(20 - (-10))$	$q = 1{,}4(20 - (-10))$	Die Wärmestromdichte ist bei der Dreifachverglasung
$q = 18$ W/m^2	$q = 42$ W/m^2	deutlich geringer.

Sonnenschutz-Verglasung

Aufbau

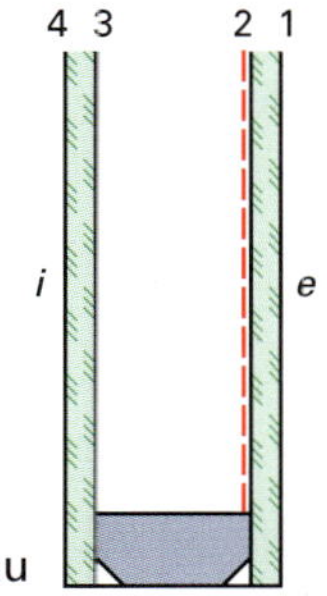

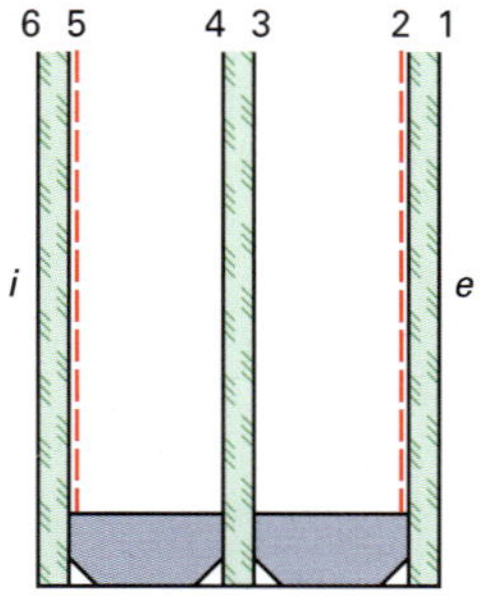

Bild 3

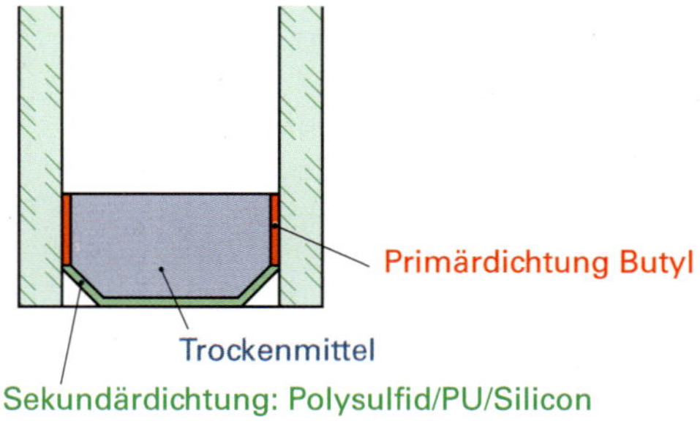

Beschichtung: Ob Sonnenschutz- oder Wärmedämm-Verglasung:
Bei Dreifach-Verglasung ist die Beschichtung immer auf den Positionen 2 und 5.
Lediglich die Materialzusammensetzung der Beschichtung ist bei Wärmedämm-Verglasung und Sonnenschutz-Verglasung unterschiedlich.

1.10.3 Temperaturleitzahl *a* (a-Wert) und Wärmeeindringkoeffizient *b* (b-Wert)

Im sommerlichen Wärmeschutz spielen bei Stoffen drei Materialkenngrößen eine zentrale Rolle.

1. Die Wärmeleitzahl λ	W/mK	Sie drückt aus, wie viel Watt pro Meter Bauteildicke und Kelvin K Temperaturdifferenz durch ein Bauteil hindurchgeht.
2. Die Rohdichte ϱ	kg/m³	Je mehr Masse in einem Volumen enthalten ist, desto mehr Wärme kann an diese Masse gebunden werden
3. Die spezifische Wärmekapazität c	J/kgK	Je größer diese Zahl ist, desto mehr Wärme in Joule (J) oder Wattsekunden (Ws) kann dieser Stoff pro kg und Temperaturdifferenz K aufnehmen bis er um 1 K wärmer wird.

Diese drei Stoffkenngrößen finden ihren Niederschlag in zwei für den sommerlichen Wärmeschutz elementaren Kenngrößen,

1. Temperaturleitzahl *a*

$$a = \frac{\lambda}{\varrho \cdot c}$$

Die Temperaturleitzahl *a* beschreibt die Wanderung der Temperatur in einem Baustoff von der wärmeren Raumseite zur kälteren Außenluftseite.
Je kleiner die Fortpflanzungsgeschwindigkeit ist, desto besser ist dieser Baustoff im sommerlichen Wärmeschutz.
Die beiden Formeln basieren auf den gleichen Stoffkenngrößen, jedoch in einem anderen Kontext.
Bei der Temperaturleitzahl *a* steht λ in einem reziproken d. i. umgekehrten Verhältnis zu $\varrho \cdot c$.
allgemein:
Je kleiner der Zähler, desto kleiner der Wert des Bruches
Je größer der Nenner, desto kleiner der Wert des Bruches.
hier:
Je kleiner λ, desto kleiner *a*
Je größer ϱ desto kleiner *a*
Je größer *c* desto kleiner *a*
Im a-Wert kommt das Verhältnis von Wärmedämmung zur Wärmespeicherung zum Ausdruck.
Für den sommerlichen Wärmeschutz sind also Dämmstoffe geeignet, die im Verhältnis zu einer guten Dämmeigenschaft noch ein gutes Wärmespeichervermögen aufweisen.
Beispiele

Stahlbeton	Holzweichfaser
$a = \frac{2{,}5}{2400 \cdot 1000}$	$a = \frac{0{,}045}{180 \cdot 2100}$
$a = 1{,}04 \cdot 10^{-6}$ m²/s	$a = 1{,}19 \cdot 10^{-7}$ m²/s
$a = 1{,}04$ mm²/s	$a = 0{,}119$ mm²/s

Die Beispiele zeigen, dass im sommerlichen Wärmeschutz Holzweichfaser beim a-Wert besser abschneiden als der Stahlbeton, jedoch beim b-Wert der Stahlbeton wesentlich bessere Werte bietet. Es werden heute schon Konstruktionen ausgeführt, bei denen beide Baustoffe in Kombination vorhanden sind.

2. Wärmeeindringkoeffizient *b*

$$b = \sqrt{\lambda \cdot \varrho \cdot c}$$

b gibt Auskunft über das Speichervermögen eines Baustoffes.
Beim Wärmeeindringkoeffizient *b* stehen alle drei Stoffkennwerte in einem linearen Verhältnis, da die Formel kein Quotient darstellt.

Je größer λ, desto größer *b*
Je größer ϱ, desto größer *b*
Je größer *c*, desto größer *b*

Große b-Werte werden erzielt, wenn alle drei Größen groß sind ⇒ schwere, massive Baustoffe.
Ein hoher b-Wert ist im sommerlichen Wärmeschutz gut, da viel Wärme in die raumbegrenzenden Bauteile wie Wände, Decke, Boden eindringen kann und so weniger Wärme für die Erwärmung der Raumluft zur Verfügung steht.
Im Winter dagegen steht dem Raum bei Wegfall der Heizung für eine lange Zeit Wärme für die Aufrechterhaltung der Raumtemperatur zur Verfügung.
Je größer der Wärmeeindringkoeffizient *b* ist, desto besser ist der Baustoff im sommerlichen Wärmeschutz.
Beim Fußboden ist die Situation eine andere.
Wir stehen auf ihm mit Körperkontakt und verspüren je nach Höhe des b-Wertes den Wärmeentzug beim Körper.
Beispiele

Stahlbeton	Holzweichfaser
$b = \sqrt{2{,}5 \cdot 2400 \cdot 1000}$	$b = \sqrt{0{,}045 \cdot 180 \cdot 2100}$
$b = 2449{,}5\ \frac{Ws^{0,5}}{m^2K}$	$b = 130{,}4\ \frac{Ws^{0,5}}{m^2K}$

Vergleich: Temperaturleitzahl *a* und Wärmeeindringkoeffizient *b* verschiedener Dämmstoffe

$a = \frac{\lambda}{\varrho \cdot c}$	*a* in m²/s bzw. mm²/s *b* in Ws^0,5/m²K	$b = \sqrt{\lambda \cdot \varrho \cdot c}$
	Zwischensparrendämmung	
$a = \frac{0{,}04}{45 \cdot 2100}$ $a = 0{,}42\ mm^2/s$	Holzweichfaser WF	$b = \sqrt{0{,}04 \cdot 45 \cdot 2100}$ $b = 61{,}5\ Ws^{0,5}/m^2K$
	Aufsparrendämmung	
$a = \frac{0{,}047}{200 \cdot 2100}$ $a = 0{,}11\ mm^2/s$	Holzweichfaser WF	$b = \sqrt{0{,}047 \cdot 200 \cdot 2100}$ $b = 140{,}5\ Ws^{0,5}/m^2K$
	Zwischensparrendämmung	
$a = \frac{0{,}035}{30 \cdot 1000}$ $a = 1{,}17\ mm^2/s$	Mineralwolle MW	$b = \sqrt{0{,}035 \cdot 30 \cdot 1000}$ $b = 32{,}4\ Ws^{0,5}/m^2K$
	Aufsparrendämmung	
$a = \frac{0{,}035}{30 \cdot 1500}$ $a = 0{,}78\ mm^2/s$	Polyurethan PUR	$b = \sqrt{0{,}035 \cdot 30 \cdot 1500}$ $b = 39{,}7\ Ws^{0,5}/m^2K$
	Zwischensparrendämmung	
$a = \frac{0{,}035}{30 \cdot 1000}$ $a = 1{,}17\ mm^2/s$	Mineralwolle MW	$b = \sqrt{0{,}035 \cdot 30 \cdot 1000}$ $b = 32{,}4\ Ws^{0,5}/m^2K$
	Aufsparrendämmung	
$a = \frac{0{,}045}{100 \cdot 1000}$ $a = 0{,}45\ mm^2/s$	Mineralwolle MW	$b = \sqrt{0{,}045 \cdot 100 \cdot 1000}$ $b = 67\ Ws^{0,5}/m^2K$

Übersicht		mm²/s	$Ws^{0,5}/m^2K$
Zwischensparrendämmung	WF	$a = 0{,}42$	$b = 61$
Aufsparrendämmung	WF	$a = 0{,}11$	$b = 140$
Zwischensparrendämmung	MW	$a = 1{,}17$	$b = 32$
Aufsparrendämmung	PUR	$a = 0{,}78$	$b = 39$
Zwischensparrendämmung	MW	$a = 1{,}17$	$b = 32$
Aufsparrendämmung	MW	$a = 0{,}45$	$b = 67$

Der sommerliche Wärmeschutz könnte durch eine Untersparrendämmung aus WF mit großer Rohdichte noch verbessert werden. Diese Dämmschicht wäre in der Lage, die durch die Dachflächenfenster eingetragene Wärmeenergie zu speichern.

Merke: Beide Kenngrößen *a* und *b* müssen in ihrer Kombination optimal sein. Dieses Optimum wird mit Holzweichfasern sowohl bei der Zwischensparrendämmung und Aufsparrendämmung erreicht.

1.11 Sommerlicher Wärmeschutz

Die in den letzten Jahren zu beobachtende Temperaturerhöhung während der Sommermonate machte eine DIN-Aufnahme des sommerlichen Wärmeschutzes erforderlich. Um die klimatischen Unterschiede innerhalb des Bundesgebietes während der Sommermonate zu berücksichtigen, wird Deutschland in drei Klima-Regionen eingeteilt.

Tabelle 1: Klimaregionen[1]

Sommer-Klima-region	Merkmal der Region	Grenz-Raum-temperatur °C	Übertem-peratur-stunden Kh/a
A	sommer-kühl	25	1200 (Wohn-gebäude) 500 (Nicht-wohn-gebäude)
B	gemäßigt	26	
C	sommer-heiß	27	

[1] Karte s. S. 119

Auf einen Nachweis kann verzichtet werden bei f_{WG} < 35 %, d. h. wenn der auf die Gebäude-Nutzfläche A_{GNF} bezogene Fensterflächenanteil kleiner 35 % beträgt sowie Fenster in Süd-, Ost- oder Westorientierung mit

$F_C \leq 0{,}30$ bei $g \geq 0{,}40$ (40 %)

$F_C \leq 0{,}35$ bei $g \leq 0{,}40$ (40 %)

Glasvorbauten (Wintergärten) werden nicht als kritische Räume betrachtet.

Der kritische Raum darf die Übertemperaturstunden in Kelvinstunden pro Jahr [Kh/a] nicht übersteigen.

Nutzungszeiten:

Wohngebäude:	täglich	0 Uhr – 24 Uhr
Nicht-Wohngebäude:	Mo–Fr	7 Uhr – 18 Uhr

- Die Nettogrundfläche eines Raumes wird mit den lichten Raummaßen ermittelt.
- Bei sehr großen Raumtiefen ist deren Maß nach der dreifachen lichten Raumhöhe zu bestimmen.
- Haben Räume zwei gegenüberliegende Fassaden, so ergibt sich keine Begrenzung der Raumtiefe, wenn der Abstand beider Fassaden maximal dem sechsfachen der lichten Raumhöhe beträgt.
- Dem vereinfachten Tabellenverfahren zum Nachweis des Wärmeschutzes liegt bei den Fenstern ein Rahmenanteil von 30 % zu Grunde.
- Die Ermittlung der Fensterfläche erfolgt nach den Rohbaumaßen (Maueröffnungsmaß).

Die Grenz-Raumtemperatur sollte nicht mehr als 10 % der Aufenthaltszeit (bei Wohngebäuden 24 h/d bei Büroräumen 10 h/d) betragen. Die unterschiedliche hohe Grenz-Raumtemperatur entspricht den unterschiedlichen Außentemperaturen der entsprechenden Region. Dadurch soll auch vermieden werden, dass der Fensterflächenanteil in den wärmeren Regionen nicht zu klein gehalten werden muss. Mit dem hier aufgeführten vereinfachten Verfahren kann für Räume, die in Verbindung stehen mit

- Wintergärten und sonstigen Pufferzonen
- Doppelfassaden
- transparente Wärmedämmung (TWD)

der sommerliche Wärmeschutznachweis erfolgen.

Um einen Energie sparenden sommerlichen Wärmeschutz sicher zu stellen, sind bei Gebäuden, deren Fensterflächenanteil 35 % überschreitet, die Anforderungen an die Sonneneintragskennwerte oder die Kühlleistung zu erfüllen.

Sind Dachflächen an der Wärmeübertragung beteiligt, (Dachflächenfenster im bewohnten Dachgeschoss) so sind auch diese mit zu berücksichtigen.

Tabelle 2: Zulässige Werte des Fensterflächenanteils bezogen auf die Nettogrundfläche unterhalb dessen auf einen sommerlichen Wärmeschutznachweis verzichtet werden kann

Neigung der Fenster gegenüber der Horizontalen	Orientierung der Fenster und der Fassade	Fensterflächenanteil[1] in %
$60° < \alpha \leq 90°$	Nordwest über Süd bis Nordost	10
	Nordost über Nord bis Nordwest	15
$\alpha \leq 60°$	alle Orientierungen	7

[1] Der Fensterflächenanteil f_{AG} ergibt sich aus dem Verhältnis der Fensterfläche A_W zu der Netto-Grundfläche A_{NGF} des betrachteten Raumes oder der Raumgruppe.
Gehören zu einem Raum mehrere Fassaden oder z.B. Erker, so ist f_{AG} aus der Summe aller Fensterflächen A_W zur Netto-Grundfläche A_{NGF} zu berechnen.
Das Fenstermaß ist aus den Rohbaumaßen zu ermitteln.
Sind bei einem Raum mehrere Orientierungen bezüglich der Himmelsrichtung gegeben, so ist der kleinere Wert von f_{AG} maßgebend.

$$f_{AG} = \frac{A_W}{A_{NGF}}$$

1.11.1 Abminderungsfaktoren F_C

Anhaltswerte für Abminderungfaktoren F_C von fest installierten Sonnenschutzvorrichtungen

Zeile		Art der Sonnenschutzvorrichtung[a]	F_C	
			für $g \leq 0{,}40$ Sonnenschutzglas	für $g > 0{,}40$ (40 %)
			zweifach	dreifach/ *zweifach*
1		**ohne Sonnenschutzvorrichtung**	1,00	1,00/***1,00***
2		**innenliegend oder zwischen den Scheiben**[b]		
	2.1	weiß oder hoch reflektierende Oberflächen mit geringer Transparenz[c]	0,65	0,70/***0,65***
	2.2	helle Farben oder geringe Transparenz[d]	0,75	0,80/***0,75***
	2.3	dunkle Farben oder höhere Transparenz	0,90	0,90/***0,85***
3		**außenliegend**		
	3.1	Fensterläden, Rollläden		
	3.1.1	Fensterläden, Rollläden; ¾ geschlossen	0,35	0,30
	3.1.2	Fensterläden, Rollläden; geschlossen	0,15	0,10
	3.2	Jalousie und Raffstore: drehbare Lamellen		
	3.2.1	Jalousie und Raffstore: drehbare Lamellen, 45° Lamellenstellung[e]	0,30	0,25
	3.2.2	Jalousie und Raffstore: drehbare Lamellen, 10° Lamellenstellung[e]	0,20	0,15
	3.3	Markise, parallel zur Verglasung[d]	0,30	0,25
	3.4	Vordächer allgemein, frei stehende Lamellen[f]	0,55	0,50

Anm.: kursiv und fett gedruckte Werte gelten für zweifach verglast

a Übliche dekorative Vorhänge gelten nicht als Sonnenschutzvorrichtung

b Für innen- und zwischen den Scheiben liegende Sonnenschutzvorrichtungen ist eine genaue Ermittlung zu empfehlen.

c Hoch reflektierende Oberflächen mit geringer Transparenz: Transparenz 10 %, Reflexion 60 %

d Geringe Transparenz < 15 %

e F_C-Werte für geschlossenen Sonnenschutz dienen der Information und sollen für den Nachweis des sommerlichen Wärmeschutzes nicht verwendet werden, da er den Raum so verdunkelt und dadurch künstliches Licht benötigt.

f Es ist sicherzustellen, dass keine direkte Besonnung erfolgt.

Dies ist der Fall, wenn

$\beta \geq 50°$ Abdeckwinkel bei Südorientierung

$\beta \geq 85°$ oder $\gamma \geq 115°$ bei Ost- oder Westorientierung

Zu der jeweiligen Orientierung gehören Winkelbereiche von ± 22,5°.

Bei Zwischenorientierungen ist der Abdeckwinkel $\beta \geq 80°$ erforderlich.

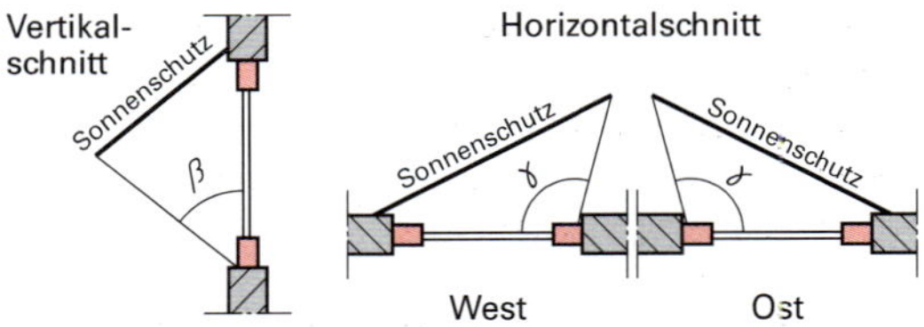

Bild 1: Mobile Sonnenschutzvorrichtungen

1.11.2 Sonneneintragskennwerte

Um den Energieverbrauch für Anlagen zur Raumluftkonditionierung, d.h. für Klimageräte, Klimatisierungsanlagen zu senken oder gar zu vermeiden, sind entsprechende planerische und bauliche Maßnahmen erforderlich.

Der sommerliche Wärmeschutz ist abhängig vom Sonneneintragskennwert S der transparenten (= Licht durchlässigen und damit Wärmestrahlung durchlässigen) Außenbauteile und der Bauart.

Der Sonneneintragskennwert *S* hängt von folgenden Größen ab:

- dem Gesamtenergiedurchlassgrad g der transparenten (= Licht durchlässigen) Außenbauteile wie Fenster verglaste Außentüren und sonstige Verglasungen
- Sonnenschutzvorrichtungen und deren Verschattungswirkung
- dem Verhältnis von Fensterfläche zur Grundfläche des Raumes, f_{AG}
- vom Rahmenanteil der Fenster
- bei Dachflächenfenstern vom Dachneigungswinkel
- vom Wärmedurchgangskoeffizient (U-Wert) der transparenten, aber besonders der opaken (nicht Licht durchlässigen) Bauteile
- von der sommerlichen Klimaregion des Standortes des Gebäudes
- von baulichen Maßnahmen wie Dachvorsprüngen, auskragende Balkone, außen liegende Sonnenschutzvorrichtungen, Fensterläden, Rollläden, Jalousien, Markisen, Vordächer, Loggien, Sonnenschutzverglasungen
- der Fensterorientierung hinsichtlich der Himmelsrichtung und der Fensterneigung (Dachflächenfenster)

Weitere Einflussgrößen auf die sommerliche Raumtemperatur:

- wirksame Wärmespeicherfähigkeit C_{wirk} der Raum umschließenden Flächen wie Wände, Boden, Decke, besonders der innen liegenden Wände. Schwere Bauteile haben auf Grund ihrer größeren Masse eine größere Wärmespeicherfähigkeit
- Von der Außen- oder Innendämmung (Außendämmung begünstigt die Wärmespeicherung und vermindert die Erwärmung der Raumluft im Sommer)
- Raumlüftung: besonders wirksam in der zweiten Nachthälfte und in den frühen Morgenstunden. Lüftung während der Nacht- oder Morgenstunden trägt dazu bei, die während des Tages gespeicherte Wärme wieder abzugeben. Querlüftung am wirksamsten
- interne Wärmequellen (Beleuchtung, Geräte, Personen)

Sonneneintragskennwert *S*

Um einen Raum vor sommerlicher Überhitzung zu schützen, darf ein höchst zulässiger Wert von S nicht überschritten werden.

$$S_{vorh} = \frac{g_{total} \cdot A_W}{A_{NGF}}$$

A_W = Fensterfläche in m² nach Rohbaumaßen

A_W erstreckt sich über alle Fenster des Raumes oder des Raumbereiches.

g_{total} = Gesamtenergiedurchlassgrad der Verglasung einschließlich Sonnenschutz

A_{NGF} = Nettogrundflächen des Raumes, ermittelt nach den lichten Raummaßen

$$g_{total} = g \cdot F_c$$

g = Gesamtenergiedurchlassgrad

F_C = Abminderungsfaktor für Sonnenschutzvorrichtungen

$$S_{vorh} = \frac{g \cdot F_c \cdot A_W}{A_{NGF}}$$

Der errechnete Sonneneintragskennwert S darf den zulässigen Höchstwert S_{zul} nicht überschreiten.

$$S_{vorh} \leq S_{zul}$$

Der maximal zulässige Sonneneintragskennwert ergibt sich zu

$$S_{zul} = \sum_{S_1}^{S_6} S_x$$

Der vorhandene Sonneneintragskennwert S_x ergibt sich aus Tabelle S. 117

S_{vorh} ist die Summe aller Sonneneintragskennwerte S_1 bis S_6.

Interne Wärmegewinne (über 24 h i.Mi.)

- Wohngebäude 120 Wh/m²A_{NGF}
- Nichtwohngebäude 144 Wh/m²A_{NGF}

A_{NGF} = Fläche, ermittelt aufgrund der lichten Raummaße

Tabelle 1: Anteilige Sonneneintragskennwerte *S* zur Bestimmung des zulässigen Sonneneintragskennwertes

			Anteiliger Sonneneintragskennwert S_x		
		Nutzung	Wohngebäude/Nichtwohngebäude		
		Klimaregion[a]	A	B	C
S	**Nachtlüftung**	**Bauart**[b]			
S_1	ohne	leicht	0,071/*0,013*	0,056/*0,007*	0,041/*0,00*
		mittel	0,080/*0,020*	0,067/*0,013*	0,05/*0,06*
		schwer	0,087/*0,025*	0,074/*0,018*	0,061/*0,011*
	erhöhte Nachtlüftung[c] mit $n \geq 2\ h^{-1}$	leicht	0,098/*0,071*	0,088/*0,060*	0,078/*0,048*
		mittel	0,114/*0,089*	0,103/*0,081*	0,092/*0,072*
		schwer	0,125/*0,101*	0,113/*0,092*	0,101/*0,083*
	hohe Nachtlüftung[d] mit $n \geq 5\ h^{-1}$	leicht	0,128/*0,090*	0,117/*0,082*	0,105/*0,074*
		mittel	0,160/*0,135*	0,152/*0,124*	0,143/*0,113*
		schwer	0,181/*0,170*	0,171/*0,158*	0,160/*0,145*
S_2	**Nettogrundflächenbezogener Fensterflächenanteil**[e]				
	$S_2 = a - b \cdot f_{WG}$	a	0,060/*0,030*		
		b	0,231/*0,115*		
S_3	**Sonnenschutzglas**[f,i]				
	Fenster mit Sonnenschutzglas[f] mit $g \leq 0{,}40$		0,03/*0,03*		
S_4	**Fensterneigung**[g,i]				
	0° ≤ Neigung ≤ 60° gegenüber der Horizontalen		$-\ 0{,}035 \cdot f_{neig}$		
S_5	**Orientierung nach der Himmelsrichtung**[h,j]				
	Nord-, Nordost- und Nordwest-orientierte Fenster soweit die Neigung gegenüber der Horizontalen >60° ist		$+\ 0{,}10 \cdot f_{nord}$		
S_6	**Einsatz passiver Kühlung**				
		Bauart			
		leicht	0,02		
		mittel	0,04		
		schwer	0,06		

Fußnoten zur Tabelle 1

[a] Ermittlung der Klimaregion nach Bild 1, S. 119	
[b] Bauart:	
leicht $\frac{c_{wirk}}{A_{NGF}} < 50\ \text{Wh/m}^2\text{K}$	massive Innen- und Außenbauteile mit $\varrho < 600\ \text{kg/m}^3$
mittel $50\ \text{Wh/m}^2\text{K} < \frac{c_{wirk}}{A_{NGF}} < 130\ \text{Wh/m}^2\text{K}$	massive Innen- und Außenbauteile mit $\varrho \geq 600\ \text{kg/m}^3$ keine innenliegende Wärmedämmung keine thermisch abgehängte Decken keine Räume $h \geq 4{,}50$ m
schwer $\frac{c_{wirk}}{A_{NGF}} > 130\ \text{Wh/m}^2\text{K}$	massive Innen- und Außenbauteile mit $\varrho \geq 1600\ \text{kg/m}^3$ keine innenliegende Wärmedämmung keine thermisch abgehängte Decken keine Räume $h \geq 4{,}50$ m
[c] nächtlicher Luftwechsel mindestens	$n = 2\ h^{-1}$
[d] nächtlicher Luftwechsel mindestens	$n = 5\ h^{-1}$
[e] Fensterflächenanteil	$f_{W/G} = \frac{A_W}{A_{NGF}}$ A_W = Fensterfläche, A_{NGF} = Nettogrundfläche Die angegebenen Werte für S_1 gelten für Fensterflächenanteile von etwa 25 %. Weicht der Fensterflächenanteil davon ab, so erfolgt durch S_2 eine Korrektur von S_1. Für Fensterflächenanteile < 25 % wird S_2 positiv. Für Fensterflächenanteile > 25 % wird S_2 negativ
[f] gleichwertige Maßnahme	Als gleichwertige Maßnahme gilt, wenn $g_{tot} \leq 0{,}4$ erreicht wird. Bei Fensterflächen mit unterschiedlichem g_{tot} wird S_3 flächenanteilig gemittelt $S_3 = \frac{0{,}03 \cdot A_{W,tot \leq 0,4}}{A_{W,gesamt}}$
[g] Fensterneigung	Fenster sind nicht immer senkrecht eingebaut, sondern geneigt. $f_{neig} = \frac{A_{W,neig}}{A_{W,gesamt}}$ $A_{W,neig}$ = geneigte Fensterfläche, $A_{W,gesamt}$ = gesamte Fensterfläche
[h] Orientierung nach der Himmelsrichtung	Orientierung nach Nord, Nordost, Nordwest, sowie Neigung gegenüber der Horizontalen > 60°. Sind Fensterflächen vom Gebäude selbst verschattet ist $S_5 = 0$ anzusetzen.
[j] bei unterschiedlichen Voraussetzungen	ggf. flächenanteilig gemittelt zwischen der gesamten Fensterfläche und jener Fensterfläche, auf die diese Bedingung zutrifft.

Um die Räume vor sommerlicher Überhitzung zu schützen, sind je nach Klimaregion entsprechende Sonnenschutzmaßnahmen vorzusehen.

Geeignete Sonnenschutzmaßnahmen

Variabler Art

- Markisen
- Jalousien
- Rollläden
- Fensterläden

Bei diesen Maßnahmen geht es darum, Wärmestrahlung zu reflektieren, so wenig wie möglich in das Bauwerk eindringen zu lassen, siehe Fc-Werte s. 115

Konstruktiver Art

- Innenbauteile mit großer Wärmespeicherfähigkeit
- Bauart: leicht-mittel-schwer
- Material mit großem Wärmeeindringkoeffizient (b-Wert)
- Verglasung mit niedrigem g-Wert
- Dämm-Material mit niedriger Temperaturleitzahl (a-Wert) → Temperaturfortplanzung

Apparativer Art

- Klimageräte
- Klimaanlagen

Diese Maßnahmen sollten als Letztes zum Einsatz kommen, da sie Energiefresser sind.

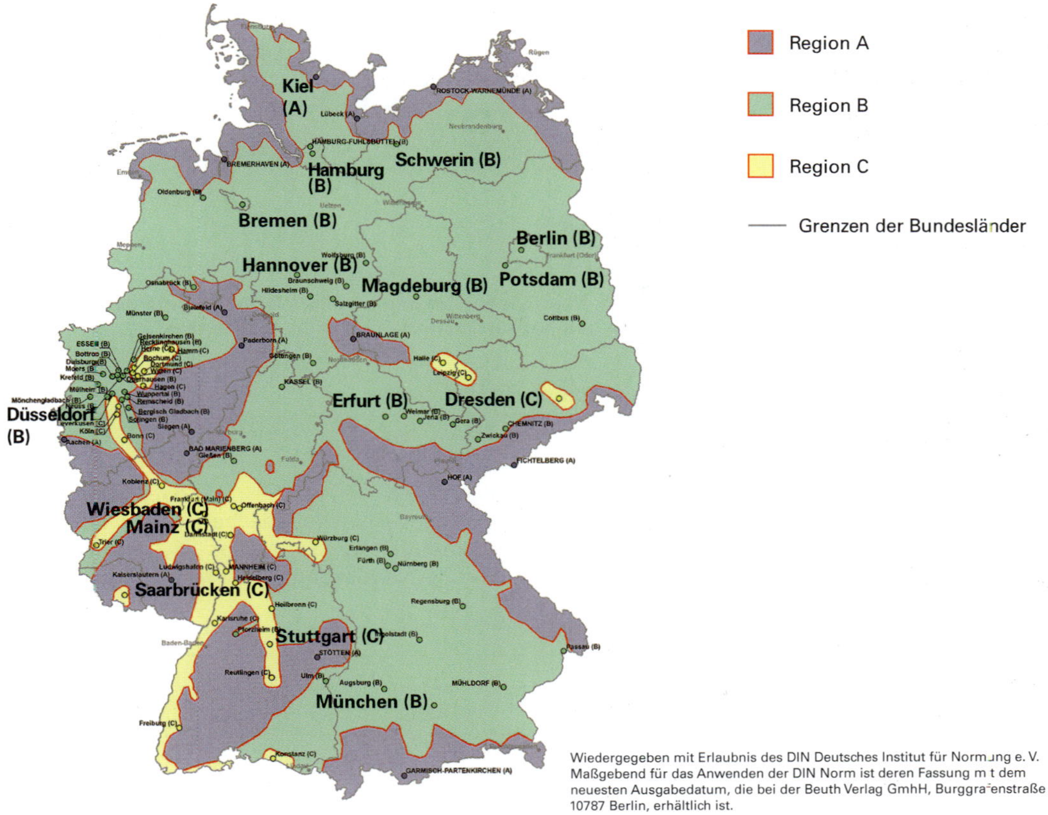

Bild 1: Sommerklimaregionen nach DIN 4108-2

Die 15 Klimaregionen des winterlichen Wärmeschutzes, s. S. 140, sind auf folgenden Grundlagen zu 3 Klimaregionen des sommerlichen Wärmeschutzes zusammengefasst worden:

- der mittleren Außentemperatur, siehe Tabelle 1 S. 140
- der Sonneneinstrahlungsintensität, siehe Bild S. 53
- der Anzahl der Sonnenstunden

Befindet sich ein Gebäude im Grenzbereich zwischen A und B, zwischen B und C bzw. zwischen A und C, so ist die höhere Region anzunehmen.

Beispiel für die Überschreitung der Grenzraumtemperatur
Klimaregion C, Grenzraumtemperatur 27 °C nach Tabelle 1 S. 114

Istzustand
29 °C während 212 h/a
30 °C während 167 h/a
31 °C während 28 h/a

Lösung
2 K · 212 h/a + 3 K · 167 h/a + 4 K · 28 h/h
Übertemperaturstunden
1037 Kh/a < 1200 Kh/a

Flächendefinition beim Rollladenkasten

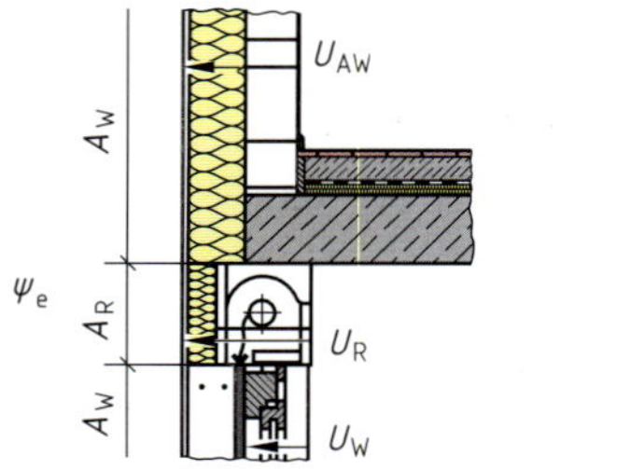

Bild 1: Einbau- oder Aufsatzkasten mit eigener Fläche und U-Wert

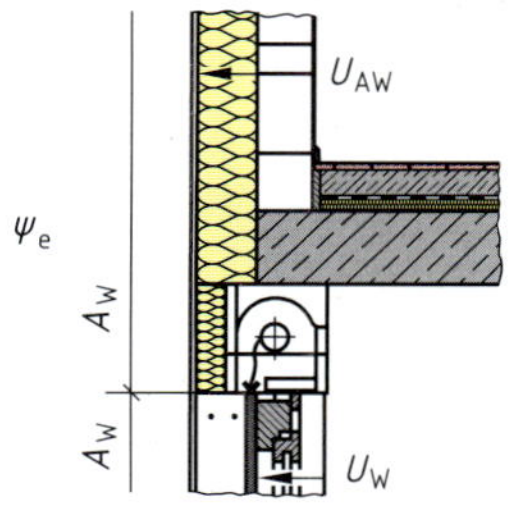

Bild 2: beim Übermessen des Einbau- und Aufsatzkastens

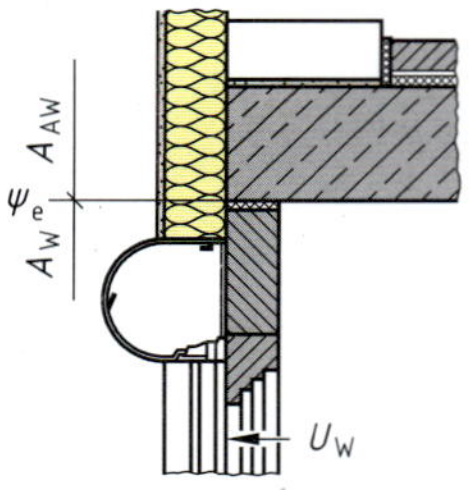

Bild 3: beim Übermessen des Vorsatzkastens

Beispielrechnung zum sommerlichen Wärmeschutz mit Variationen

Daten	
Wohngebäude in der Klimazone C mittlere Bauart ohne Nachtlüftung keine Verschattung Orientierung des Raumes nach Süden dreifache Wärmedämmverglasung	Fensterfläche $A_W = 9{,}0\ m^2$ zugehörige Außenwandfläche $A_{AW} = 19{,}0\ m^2$ Nettogrundfläche des Raumes $A_{NGF} = 36{,}0\ m^2$ g-Wert der Verglasung $g = 0{,}60\ (60\ \%)$

	zulässige Sonneneinträge	vorhandene Sonneneinträge
S_1	Klimazone C Bauart mittel $S_1 = 0{,}054$ ohne Nachtlüftung	$S_{vorh} = \frac{A_W \cdot g_{tot}}{A_{NGF}}$ $S_{vorh} = \frac{9{,}0 \cdot 0{,}60}{36}$ $S_{vorh} = 0{,}15 > S_{zul} = 0{,}0563$ $\frac{9{,}0 \cdot 0{,}60 \cdot F_C}{36} = 0{,}0563$ erf. $F_C = 0{,}38$
S_2	$f_{WG} = \frac{A_W}{A_{NGF}} = \frac{9{,}0}{36{,}0} = 0{,}25$ $S_2 = a - b \cdot f_{WG}$ $S_2 = 0{,}06 - 0{,}231 \cdot 0{,}25$ $S_2 = 0{,}0023$	
S_3	kein Sonnenschutzglas	
S_4	keine Fensterneigung	
S_5	keine Nordorientierung	
	Summe der zulässigen Einträge $\Sigma\ 0{,}0563$	

	Variante 1: Fettdruck: geänderte Daten vorhandene/zulässige Sonneneinträge	Variante 2: Fettdruck: geänderte Daten vorhandene/zulässige Sonneneinträge
S_1	Klimazone C	**Klimazone B**
	Bauart mittel $S_1 = 0{,}143$	**Bauart schwer** $S_1 = 0{,}113$
	hohe Nachtlüftung	**erhöhte Nachtlüftung**
S_2	$S_2 = 0{,}0023$	$S_2 = 0{,}0023$
	$\Sigma S_x = 0{,}145 \approx S_{zul} = 0{,}15$	$\Sigma S_x = 0{,}115 < S_{zul} = 0{,}15$ → kein Sonnenschutz erforderlich

1.11.3 Temperatur-Amplituden-Verhältnis (TAV) und Temperatur-Amplituden-Dämpfung (TAD)

Im sommerlichen Wärmeschutz spielen bausubstantiell drei Begriffe eine zentrale Rolle.
1. Das Temperatur-Amplituden-Verhältnis TAV
2. Die Phasenverschiebung φ
3. Temperatur-Amplituden-Dämpfung (aus TAV abgeleitet)

TAV und Phasenverschiebung

- Bauteilabhängig
  - opake Bauteile
    - Temperaturleitzahl a-Wert
      Wie schnell wandert die Temperatur von der äußeren Bauteiloberfläche zur inneren.
      Je kleiner a ist, desto langsamer ist die Temperaturwanderung.
    - Wärmeeindringkoeffizient b-Wert
      Wie groß ist das Speichervermögen der raumumschließenden Bauteilflächen. Je mehr Wärme gespeichert werden kann, desto weniger steht für die Überhitzung der Raumluft zur Verfügung.
  - transparente Bauteile
    Verglasung:
    - U-Wert
    - g-Wert
    - Fläche
    - Himmelsrichtung
    - Sonneneintragskennwert
    - Verschattung
- Nutzerabhängig
  - Lüftungsverhalten
    besonders effektiv sind die Nachtstunden von 4 bis 6 Uhr
  - Anzahl der Personen und Wärme abgebenden Geräte

Eine langsame Temperaturwanderung und eine große Wärmespeicherung sind zwei Grundvoraussetzungen für ein kleines TAV.
Geringe TAV-Werte erlangt man mit kleinem a-Wert der Außendämmung und speicherfähiger Masse der Wand.

Die Größe der gewünschten Phasenverschiebung ist sowohl von der Konstruktion, als auch vom Nutzerverhalten abhängig. Das Tagesmaximum um die Mittagszeit sollte idealerweise erst um Mitternacht im Raum ankommen, → Bedeutung der Nachtlüftung.

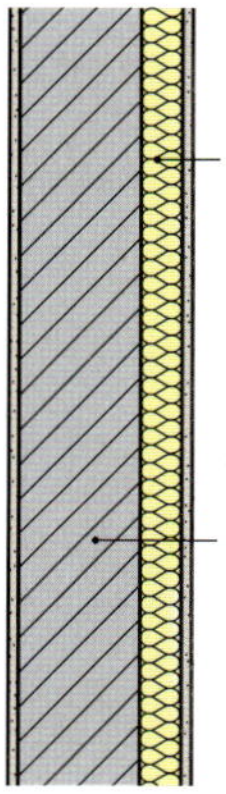

Bedingung für ein Außenbauteil:

kleiner a-Wert
→ geringe Temperaturwanderung
→ große Phasenverschiebung

großer b-Wert
→ großes Wärmespeichervermögen
→ keine Überhitzung des Raumes

Extremwerte auf der Bauteiloberfläche

außen:	Tag	$\vartheta_{se} = 32\ °C$
	Nacht	$\vartheta_{se} = 8\ °C$
innen:	Tag	$\vartheta_{si} = 22\ °C$
	Nacht	$\vartheta_{si} = 19\ °C$

$$TAV = \frac{\Delta\vartheta_{si}}{\Delta\vartheta_{se}} = \frac{22-19}{32-8} = \frac{3}{24} = 0{,}125$$

Ein kleines TAV bestimmt eine große Temperaturamplitudendämpfung.

$$TAD = \frac{1}{TAV} = \frac{1}{0{,}125} = 8$$

Die Maxima der inneren Temperaturdifferenz betragen nur den achten Teil der äußeren Temperaturdifferenz auf den Bauteiloberflächen.

TAV = 0,125 bedeutet, dass 12,5 % der Temperaturschwankung der äußeren Bauteilschicht auf die innere übertragen wird.
Idealerweise sollte die Schwankung der inneren Oberflächentemperatur von Außenbauteilen nicht mehr als 1/15 der Außenoberflächentemperaturschwankung betragen.

Bei den Temperaturangaben muss es sich um gemessene und nicht um gerechnete Werte nach Norm handeln, denn TAV und φ können nicht auf der Basis stationärer Daten ermittelt werden.

TAV

TAD

Temperatur-Amplituden-Dämpfung bedeutet, dass der Höchstwert der Außentemperatur mit geringerer, d. h. abgeschwächter Größe im Raum ankommt.

Dafür verantwortlich sind zwei bautechnisch wichtige Größen, d. s. der Temperaturfaktor *a* und der Wärmeeindringkoeffizient *b*.

Die TAD ist in erster Linie von der Speicherfähigkeit der raumumschließenden Bauteile abhängig. Die Speicherfähigkeit ist vor allem vom b-Wert abhängig. Je mehr Wärme von den raumumschließenden Bauteilen gespeichert werden kann, desto weniger Wärme steht zur Überhitzung der Raumluft zur Verfügung.

Die TAD ist eine vom TAV abgeleitete Größe.

Je kleiner das Verhältnis von maximaler Außentemperatur zu maximaler Raumtemperatur (TAV) ist, desto größer ist die Temperaturamplitudendämpfung (TAD).

Die TAD steht also in einem reziproken Verhältnis zum TAV.

$$\text{TAD} = \frac{1}{\text{TAV}}.$$

Phasenverschiebung

Für das Wohlbefinden, das Wohlfühlen in einem Raum ist nicht nur die im Raum ankommende Hitzewelle von Bedeutung, sondern die Zeitverschiebung, zu welcher Zeit im Raum das Maximum erreicht wird. In Räumen, in denen tagsüber gearbeitet wird, ist es besonders wichtig, dass die Hitzewelle zu einem Zeitpunkt im Raum ankommt, zu dem das Büro nicht mehr belegt ist. Wünschenswert sind hierfür 8 bis 10 Stunden, konkret von 14 Uhr auf 22 bis 24 Uhr.

In der restlichen Nachtzeit besteht dann die Möglichkeit durch Lüftung die tagsüber gespeicherte Wärme wieder an die kühlere Außenluft abzugeben.

Dafür ist in erster Linie der Temperaturfaktor verantwortlich. Der Temperaturfaktor *a*.

Er gibt Auskunft über die Temperaturwanderung in einem Baustoff. Je kleiner der a-Wert ist, desto langsamer pflanzt sich die Temperatur in einem Baustoff fort.

Dies hat seine Auswirkung auf die Verringerung der ankommenden Temperatur im Raum, aber vor allem auf die zeitliche Verzögerung der Hitzewelle.

Wie stark die Wärmewelle von außen nach innen gedämpft wird (TAD) und wie lange der Temperaturdurchgang dauert (Phasenverschiebung) hängt vom Aufbau der Konstruktion ab.

Beim winterlichen Wärmeschutz spielt der λ-Wert eine zentrale Rolle, beim sommerlichen Wärmeschutz sind dies der a-Wert und b-Wert. Nicht allein die Dämmung steht im Brennpunkt der Betrachtug, sondern die Temperaturfortpflanzung und Speicherung und somit die Überhitzung der Räume. Ein sehr gutes TAV würde sich bei 0,05 ergeben. Dies bedeutet, dass nur 5 % der Temperatur, die sich auf der äußeren Oberfläche einstellt auf die innere Oberfläche wandert.

$$\text{TAV} = 0{,}05 \rightarrow \text{TAD} = \frac{1}{0{,}05} = 20$$

Bei einem TAV < 0,025 (2,5 %) spielt die Phasenverschiebung φ kaum noch eine Rolle, da dies einer TAD von 40 entspricht, d. h. die innere Maxima nur noch dem 40 Teil der äußeren Maxima entspricht.

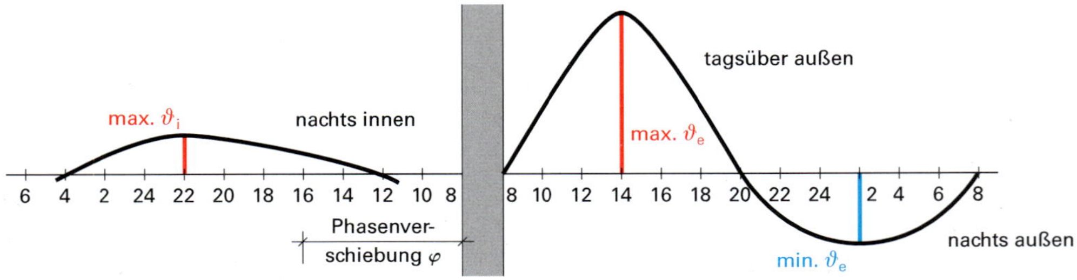

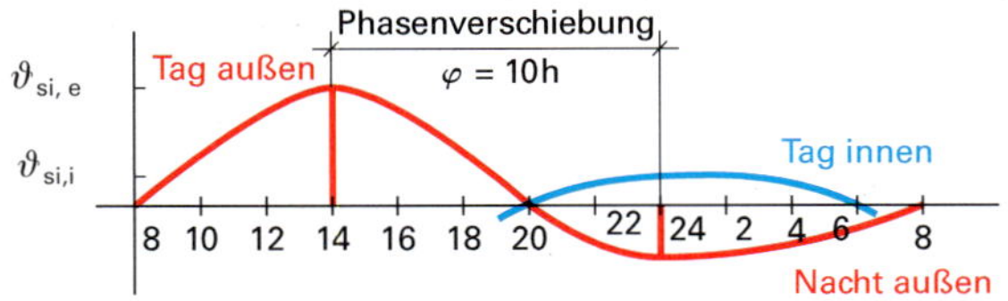

1.11.4 Vergleich sommerlicher und winterlicher Wärmeschutz einzelner Baustoffe

Eine wichtige Kennzahl für das Temperaturamplituden-Verhältnis, TAV besonders der Phasen-Verschiebung ist die Temperaturleitzahl *a*. Sie ist eine Maßzahl für die Fortpflanzungsgeschwindigkeit einer Temperaturänderung in einem Baustoff.

Sommerlicher Wärmeschutz				
λ = Kennwert für die Wärmedämmung ϱ und c = Kennwerte für die Wärmespeicherung		Temperaturleitzahl $a = \frac{\lambda}{\varrho \cdot c}$	λ = Wärmeleitfähigkeitswert in W/mK ϱ = Rohdichte in kg/m³ c = spezifische Wärmekapazität in J/kgK	
In der Temperaturleitzahl kommt das Verhältnis von Wärmeleitung zu Wärmespeicherung zum Ausdruck				
Beton	Kalksandstein KS	Porenbeton-Planstein PP	Holzweichfaser WF	Mineralwolle MW
ϱ = 2 400 kg/m³	ϱ = 1 600 kg/m³	ϱ = 500 kg/m³	ϱ = 180 kg/m³	ϱ = 50 kg/m³
$a = \frac{2{,}5}{2\,400 \cdot 1\,000}$ $a = 1{,}04 \cdot 10^{-6}$ m²/s a = 1,04 mm²/s	$a = \frac{0{,}79}{1\,600 \cdot 1\,000}$ $a = 4{,}93 \cdot 10^{-7}$ m²/s a = 0,493 mm²/s	$a = \frac{0{,}16}{500 \cdot 1\,000}$ $a = 3{,}2 \cdot 10^{-7}$ m²/s a = 0,32 mm²/s	$a = \frac{0{,}045}{180 \cdot 2\,100}$ $a = 1{,}19 \cdot 10^{-7}$ m²/s a = 0,119 mm²/s	$a = \frac{0{,}035}{50 \cdot 1\,000}$ $a = 7{,}0 \cdot 10^{-7}$ m²/s a = 0,7 mm²/s
8,74	**4,15**	**2,69**	**1,0**	**5,88**
Die Verhältniszahlen drücken die negative Wertigkeit im sommerlichen Wärmeschutz aus **Je kleiner der Wert der Temperaturleitzahl *a* ist, desto besser ist der Baustoff im sommerlichen Wärmeschutz**				
Winterlicher Wärmeschutz				
	Wärmedurchlasswiderstand *R*			
		$R = \frac{d}{\lambda}$	d = 10 cm	
$R = \frac{0{,}10}{2{,}5}$ $R = 0{,}04 \, \frac{m^2 \cdot K}{W}$	$R = \frac{0{,}10}{0{,}79}$ $R = 0{,}13 \, \frac{m^2 \cdot K}{W}$	$R = \frac{0{,}10}{0{,}16}$ $R = 0{,}63 \, \frac{m^2 \cdot K}{W}$	$R = \frac{0{,}10}{0{,}045}$ $R = 2{,}22 \, \frac{m^2 \cdot K}{W}$	$R = \frac{0{,}10}{0{,}035}$ $R = 2{,}86 \, \frac{m^2 \cdot K}{W}$
0,01	**0,05**	**0,22**	**0,78**	**1,0**
1 %	5 %	22 %	78 %	100 %
Je größer der Wärmedurchlasswiderstand *R* ist, desto besser ist der winterliche Wärmeschutz				

Bei Brüchen gilt:

Je kleiner der Zähler,
Je größer der Nenner, → desto kleiner ist der Wert des Bruches.

1.12 Nachweisverfahren bei zu errichtenden Gebäuden

Tab. 1: Anforderungen an das Referenzgebäude bei zu errichtenden Wohngebäuden

Zeile	Bauteil/System	Referenzausführung/Wert (Maßeinheit)
1.1	Außenwand einschließlich übermessenen Rollladenkasten nach Bild 2, S. 120, Geschossdecke gegen Außenluft	U = 0,28 W/m²K
1.2	Außenwand gegen Erdreich, Bodenplatte, Wände und Decken zu unbeheizten Räumen	U = 0,35 W/m²K
1.3	Dach, oberste Geschossdecke, Wände zu Abseiten	U = 0,20 W/m²K
1.4	Fenster, Fenstertüren	U_W = 1,30 W/m²K; $g_\perp$ = 0,60
1.5	Dachflächenfenster	U_W = 1,40 W/m²K; $g_\perp$ = 0,60
1.6	Lichtkuppeln	U_W = 2,70 W/m²K; $g_\perp$ = 0,64
1.7	Außentüren	U = 1,80 W/m²K
2	Wärmebrückenzuschlag der Bauteile 1.1 bis 1.7	ΔU_{WB} = 0,05 W/m²K
3	Luftdichtheit der Gebäudehülle	η_{50} = 3,0 h⁻¹ ohne raumlufttechnische Anlagen η_{50} = 1,5 h⁻¹ mit raumlufttechnischen Anlagen
4	Sonnenschutzvorrichtungen	keine
5	Heizungslage	• Wärmeerzeugung durch Brennwertgerät, Heizöl EL Aufstellung: – Gebäude bis zu 500 m² Gebäude-Nutzfläche A_N innerhalb der thermischen Hülle – Gebäude mit mehr als 500 m² Gebäude-Nutzfläche A_N außerhalb der thermischen Hülle • Auslegungstemperatur 55/45 °C – zentrales Verteilsystem innerhalb der wärmeübertragenden Umfassungsfläche – innen liegende Stränge und Anbindeleitungen – Pumpe auf Bedarf ausgelegt (Δp konstant) – Rohrnetz hydraulisch abgeglichen – Wärmedämmung der Rohrleitungen nach EnEV-Vorgabe • Wärmeübergabe mit freien statischen Heizflächen Thermostatventile mit Proportionalbereich 1 K
6	Anlage zur Warmwasserbereitung	• zentrale Warmwasserbereitung • gemeinsame Wärmebereitung mit Heizungsanlage nach Zeile 5 • Solaranlage (Kombi-System mit Flachkollektor) • Speicher, indirekt beheizt, gleiche Aufstellung wie Wärmeerzeuger – als kleine Solaranlage bei A_N < 500 m² (bivalenter Solarspeicher) – als große Solaranlage bei $A_N \geq$ 500 m² • Verteil-System innerhalb der wärmeübertragenden Umfassungsfläche • innen liegende Stränge • gemeinsame Installationswand • Wärmedämmung der Rohrleitungen nach Anlage 5 • mit Zirkulation • Pumpe auf Bedarf ausgelegt (Δp konstant)
7	Kühlung	keine
8	Lüftung	• Zentrale Abluftanlage, bedarfsgeführt mit geregeltem DC-Ventilator

Anmerkungen zu Tabelle 1

1. Soweit in dem zu errichtenden Wohngebäude eine elektrische Warmwasserbereitung ausgeführt wird, darf diese an Stelle von Zeile 6 berücksichtigt werden. Der Höchstwert von q_p ist um 11,3 kWh/m²a zu verringern.
2. Die für den Jahres-Primärenergiebedarf ermittelten Werte der Zeilen 1.1 bis 8 sind ab dem 1. Januar 2016 mit dem Faktor 0,75 zu multiplizieren. Dies bedeutet eine Verschärfung der Anforderungen um 25 %.
3. Am dem 1. Januar 2016 darf der spezifische, auf die wärmeübertragende Umfassungsfläche A bezogene Transmissionswärmeverlust H'T eines zu errichtenden Wohngebäudes das 1,0-fache des Wertes des zugehörigen Referenzgebäudes nicht überschreiten. Die jeweiligen Höchstwerte der Tabelle 2 dürfen ebenfalls nicht überschritten werden.

Tabelle 2: Höchstwerte des spezifischen, auf die wärmeübertragende Umfassungsfläche bezogenen Transmissionswärmeverlustes H'_T bei zu errichtenden Gebäuden, sowie bei Erweiterung und Ausbau von Gebäuden im Bestand bei mehr als 50 m² Nutzfläche (A_{NF})

Zeile	Gebäudetyp	Höchstwerte von H'_T in W/m²K
1	frei stehendes Wohngebäude mit $A_N \leq 350$ m² mit $A_N > 350$ m²	 0,40 0,50
2	einseitig angebautes Wohngebäude	0,45
3	alle anderen Wohngebäude	0,65
4	Erweiterungen und Ausbauten von Wohngebäuden	0,65

Einseitig angebaut ist ein Wohngebäude, wenn von den vertikalen Flächen einer Himmelsrichtung mindestens 80 % an ein anderes Wohn- oder Nichtwohngebäude mit einer Raum-Solltemperatur von mindestens 19 °C angrenzt.

Tabelle 3: Randbedingungen für die Berechnung des Jahres-Primärenergiebedarfs

Zeile	Kenngröße	Randbedingungen
1	Verschattungsfaktor F_S	$F_S = 0{,}9$ soweit die baulichen Bedingungen nicht detailliert berücksichtigt werden.
2	Solare Wärmegewinnung über opake Bauteile	– Emissionsgrad der Außenfläche für Wärmestrahlung: $\varepsilon = 0{,}8$ – Strahlungsabsorptionsgrad an opaken Oberflächen: $\alpha = 0{,}5$ für dunkle Dächer kann aweichend angenommen werden: $\alpha = 0{,}8$
3	Gebäudeautomation	– Summand $\Delta\vartheta_{EMS}$: Klasse C – Faktor adaptiver Betrieb f_{adapt}: Klasse C jeweils nach DIN V 18599-11:2011-12
4	Teilbeheizung	Für den Faktor a_{TB} (Anteil mitbeheizter Flächen) sind ausschließlich die Standardwerte nach DIN V 18599-10: Tabelle 4 zu verwenden.

Erneuerbare-Energie-Wärmegesetz

Bundes-Ministerium für Umwelt, Naturschutz und Reaktorsicherheit

Das Gesetz gilt ab dem 1. Januar 2009 bei zu errichtenden Gebäuden.

Wärmequelle	Mindestanteil	Sonstige Anforderung
Solare Strahlungsenergie (aktive, nicht passive)	15 %	Siegel: Solar Keymark (europ. Prüfzeichen) bis 2 WE 0,04 m^2Koll.-Fläche/$m^2 A_{NF}$ bei MFH 0,03 $m^2/m^2 A_{NF}$
Geothermie (Tiefen-/oberflächennahe)		Effizienzanforderungen: bestimmte Jahresarbeitszahlen Tiefen-GT: mind. 400 m ⇒ liefert bereits direkt nutzbare Wärme oberflächennahe GT: Wasser muss mit Hilfe einer WP auf die gewünschte Temperatur gebracht werden
Umweltwärme (Luft, Wasser)	50 %	Effizienzanforderungen: bestimmte Jahresarbeitszahlen
feste Biomasse (Holzpellets, Holzhackschnitzel, Scheitholz)	50 %	Effizienzanforderungen: Kessel müssen den bundesrechtlichen Immissionsschutzbestimmungen entsprechen und einen besonders effizienten Wirkungsgrad aufweisen
gasförmige Biomasse	30 %	Einsatz nur in KWK
flüssige Biomasse (Bio-Öle aus: Raps, Palm, Soja)	50 %	Moderne Heizkessel: beste verfügbare Technik

Kombinationen der einzelnen Energieträger sind möglich.

Wer keine erneuerbaren Energien einsetzen kann, kann Ersatzmaßnahmen vornehmen:
- Nutzung von Abwärme
- Nutzung von Wärme aus KWK-Anlagen
- Anschluss an das Nah- oder Fernwärme-Netz
- verbesserte Dämmung von mind. 15 % über dem Stand der EnEV

Befreiung kann auf Antrag erteilt werden:
- wenn die Realisierung von erneuerbaren Energien nicht möglich ist
- Ersatzmaßnahmen nicht möglich sind
- es zu unbilligen Härten führen würde.

$$\mathrm{JAZ} = \frac{\text{Nutzenergie}}{\text{Aufwandsenergie}} = \frac{Q_{ab}}{W_{el}}$$

Q_{ab} = abgegebene Wärmemenge

W_{el} = Stromverbrauch

Jahres-Arbeitszahlen (JAZ)

		bei Nutzung der WP nur für die Heizung	bei Nutzung der WP für Heizung und Warmwasser	Zählereinrichtungen
elektrisch betriebene	Luft- Luft-WP	3,5	3,3	Wärmemengenzähler und Stromzähler
	Luft-Wasser-WP	3,5	3,3	
	Sole-Wasser-WP	4,0	3,8	Wärmemengenzähler und Stromzähler Ausnahme: wenn Vorlauftemperatur max. 35 °C
	Wasser-Wasser-WP	4,0	3,8	
fossil angetriebene WP		1,2	1,2	Wärmemengenzähler und Brennstoffzähler

1.13 Heizanlagen-Systeme (DIN 4701-10)

Tabelle 1: Niedertemperatur-Kessel mit gebäudezentraler Trinkwassererwärmung		
Heizung:	Übergabe:	Radiatoren mit Thermostatventil 1 K
	Speicherung:	
	Verteilung:	max. Vorlauf-/Rücklauftemp. 70 °C/55 °C, horiz. Verteilung außerhalb der thermischen Hülle, vertikale Stränge innenliegend, geregelte Pumpe,
	Erzeugung:	Niedertemperaturkessel außerhalb der thermischen Hülle
TWW:	Speicherung:	indirekt beheizter Speicher außerhalb der thermischen Hülle,
	Verteilung:	horizontale Verteilung außerhalb der thermischen Hülle, mit Zirkulation
	Erzeugung:	zentral, Niedertemperaturkessel
Lüftung:	Übergabe:	–
	Verteilung:	–
	Erzeugung:	–

Aufwandszahl e_p **Grafisches Verfahren**

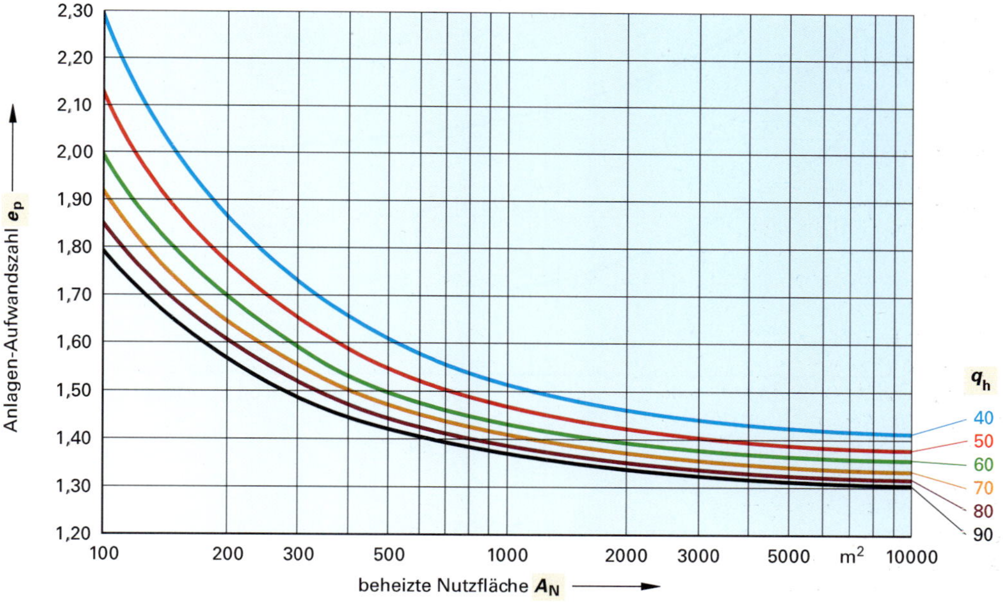

Tabellarisches Verfahren

Tabelle 2: Anlagenaufwandszahlen in Abhängigkeit von q_h und A_N											
A_N in m²	100	150	200	300	500	750	1 000	1 500	2 500	5 000	10 000
q_h in kWh/(m²a)	Anlagenaufwandszahl e_p (primärenergiebezogen)										
40	2,29	2,01	1,87	1,73	1,61	1,55	1,51	1,48	1,45	1,43	1,41
50	2,13	1,89	1,77	1,65	1,55	1,49	1,47	1,44	1,41	1,39	1,37
60	2,01	1,80	1,70	1,59	1,50	1,46	1,43	1,41	1,38	1,36	1,35
70	1,92	1,74	1,65	1,55	1,47	1,43	1,40	1,38	1,36	1,34	1,33
80	1,85	1,69	1,60	1,52	1,44	1,40	1,38	1,36	1,34	1,33	1,31
90	1,79	1,64	1,57	1,49	1,42	1,39	1,37	1,35	1,33	1,31	1,30

$Q_p = e_p \cdot (q_h + q_w) \cdot A_N$ mit $q_w = 12{,}5 \dfrac{\text{kWh}}{\text{m}^2 \cdot \text{a}}$ Q_P in kWh/a

$q_P = e_p(q_h + q_w)$ q_P in kWh/m²a $(q_p \triangleq Q''_p)$

Endenergie $Q_{WE,E}$ und $Q_{HE,E}$

Grafisches Verfahren

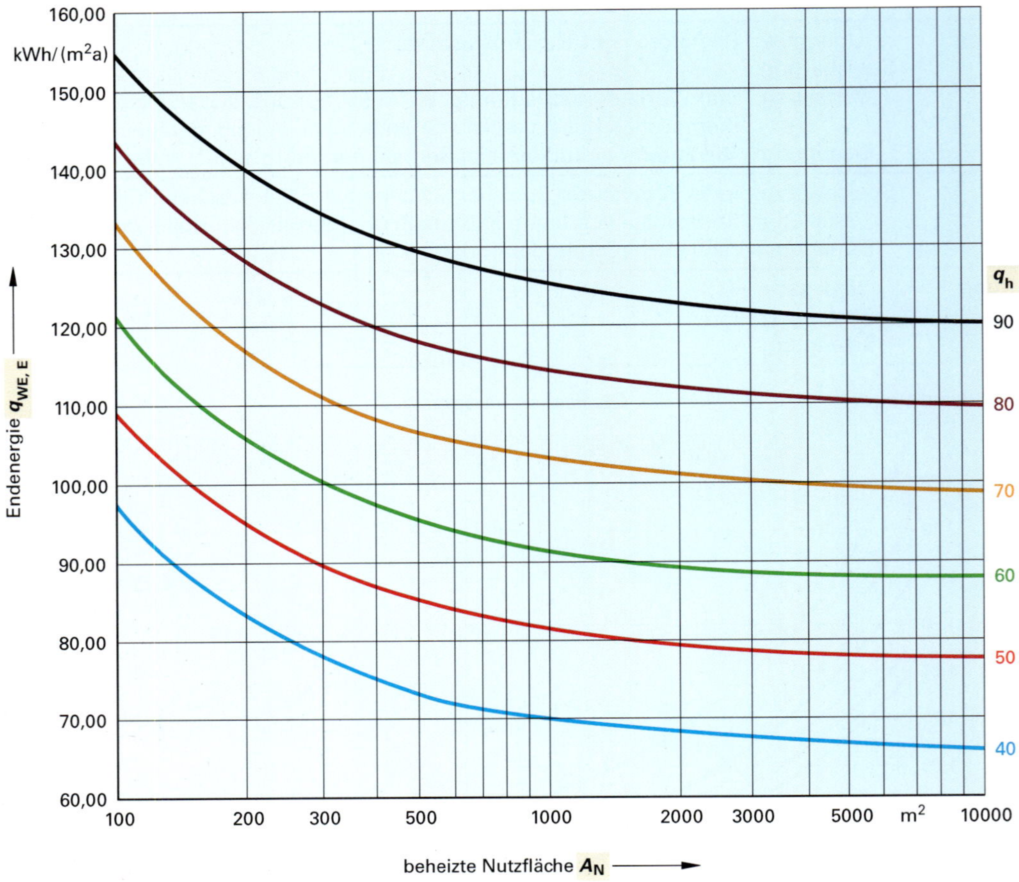

$$Q_{WE,E} = q_{WE,E} \cdot A_N$$

Tabellarisches Verfahren

Tabelle 1: Endenergiebedarf in Abhängigkeit von q_h und A_N

A_N in m²	100	150	200	300	500	750	1 000	1 500	2 500	5 000	10 000
q_h in kWh/(m²a)	Gesamt-Endenergie $q_{WE,E}$ in kWh/(m²a) (ohne Hilfsenergie)										
40	98,02	93,06	82,96	77,73	73,36	71,05	69,83	68,73	67,74	66,76	66,07
50	109,56	104,54	94,28	88,96	84,49	82,11	80,86	79,70	78,66	77,61	76,87
60	121,10	116,02	105,61	100,19	95,62	93,18	91,88	90,67	89,57	88,47	87,67
70	132,64	127,50	116,94	111,42	106,75	104,24	102,90	101,64	100,49	99,32	98,46
80	144,18	138,97	128,27	122,65	117,88	115,31	113,92	112,61	111,40	110,17	109,26
90	155,72	150,45	139,60	133,89	129,01	126,37	124,95	123,58	122,32	121,02	120,06
	Hilfsenergie $q_{HE,E}$ in kWh/(m²a)										
alle	4,12	3,54	2,38	1,79	1,29	1,02	0,88	0,72	0,59	0,47	0,40

$$Q_h = q_h \cdot A_N$$

$$q_h = \frac{Q_h}{A_N}$$

q_h in kWh/m²a
Q_h in kWh/a
A_N in m²

Tabelle 1: Brennwert-Kessel mit gebäudezentraler Trinkwassererwärmung		
Heizung:	Übergabe:	Radiatoren mit Thermostatventil 1 K
	Speicherung:	–
	Verteilung:	max. Vorlauf-/Rücklauftemp. 55 °C/45 °C, horiz. Verteilung außerhalb der thermischen Hülle, vertikale Stränge innenliegend, geregelte Pumpe,
	Erzeugung:	Brennwertkessel außerhalb der thermischen Hülle,
TWW:	Speicherung:	indirekt beheizter Speicher außerhalb der thermischen Hülle,
	Verteilung:	horizontale Verteilung außerhalb der thermischen Hülle, mit Zirkulation
	Erzeugung:	zentral, Brennwertkessel
Lüftung:	Übergabe:	–
	Verteilung:	–
	Erzeugung:	–

Aufwandszahl e_p

Grafisches Verfahren

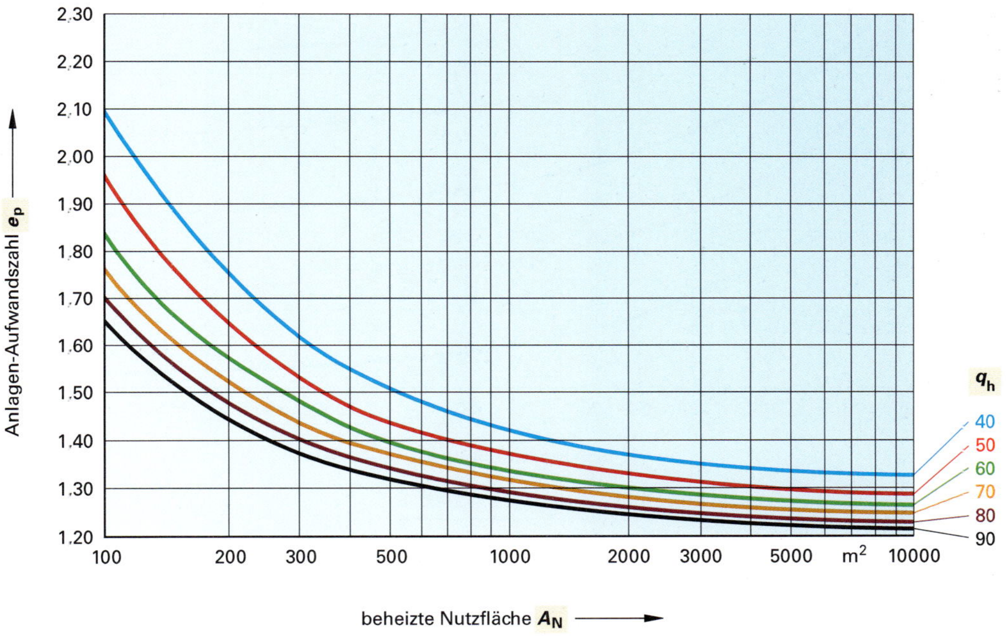

Tabellarisches Verfahren

Tabelle 2: Anlagenaufwandszahlen in Abhängigkeit von q_h und A_N											
A_N in m²	100	150	200	300	500	750	1 000	1 500	2 500	5 000	10 000
q_h in kWh/(m²a)	Anlagenaufwandszahl e_p (primärenergiebezogen)										
40	2,11	1,86	1,74	1,61	1,50	1,45	1,42	1,39	1,36	1,34	1,33
50	1,96	1,75	1,64	1,53	1,44	1,40	1,37	1,35	1,33	1,31	1,29
60	1,85	1,67	1,57	1,48	1,40	1,36	1,34	1,32	1,30	1,28	1,27
70	1,76	1,60	1,52	1,44	1,37	1,33	1,31	1,29	1,28	1,26	1,25
80	1,70	1,55	1,48	1,41	1,34	1,31	1,29	1,27	1,26	1,24	1,23
90	1,64	1,51	1,45	1,38	1,32	1,29	1,27	1,26	1,25	1,23	1,22

$Q_p = e_p \cdot (q_h + q_w) \cdot A_N$ mit $q_w = 12{,}5 \frac{\text{kWh}}{\text{m}^2 \cdot \text{a}}$ Q_P in kWh/a

$q_P = e_p(q_h + q_w)$ q_P in kWh/m²a $(q_p \triangleq Q''_p)$

Endenergie $Q_{WE,E}$ und $Q_{HE,E}$

Grafisches Verfahren

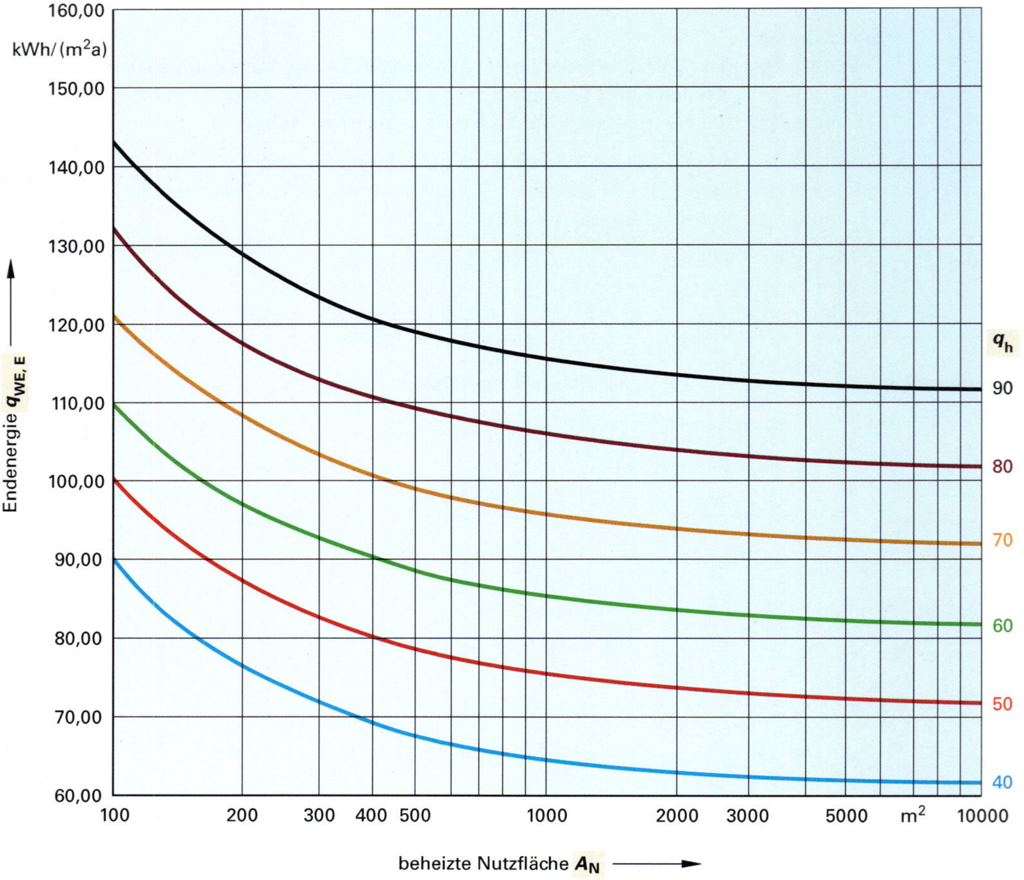

$$Q_{WE,E} = q_{WE,E} \cdot A_N$$

Tabellarisches Verfahren

Tabelle 1: Endenergiebedarf in Abhängigkeit von q_h und A_N

A_N in m²	100	150	200	300	500	750	1 000	1 500	2 500	5 000	10 000
q_h in kWh/(m²a)	Gesamt-Endenergie $q_{WE,E}$ in kWh/(m²a) (ohne Hilfsenergie)										
40	89,02	84,78	76,14	71,68	67,98	66,03	65,02	64,13	63,35	62,58	62,05
50	99,54	95,27	86,55	82,03	78,27	76,29	75,25	74,34	73,53	72,72	72,16
60	110,06	105,75	96,95	92,39	88,57	86,55	85,49	84,55	83,70	82,86	82,27
70	120,58	116,24	107,36	102,74	98,87	96,81	95,73	94,75	93,88	93,00	92,38
80	131,10	126,73	117,76	113,09	109,16	107,07	105,96	104,96	104,06	103,15	102,49
90	141,63	137,22	128,17	123,44	119,46	117,33	116,20	115,17	114,23	113,29	112,60
	Hilfsenergie $q_{HE,E}$ in kWh/(m²a)										
alle	4,27	3,67	2,48	1,87	1,37	1,10	0,95	0,79	0,65	0,53	0,46

$$Q_h = q_h \cdot A_N$$

$$q_h = \frac{Q_h}{A_N}$$

q_h in kWh/m²a
Q_h in kWh/a
A_N in m²

Tabelle 1: Brennwertkessel und solar unterstützte Trinkwassererwärmung		
Heizung:	Übergabe:	Radiatoren mit Thermostatventil 1 Kelvin
	Speicherung:	–
	Verteilung:	Aufstellung innerhalb der thermischen Hülle, Stränge innenliegend, 55/45 °C, geregelte Pumpe
	Erzeugung:	Brennwertkessel, Gas, Aufstellung innerhalb der thermischen Hülle
TWW:	Speicherung:	indirekt beheizter Speicher, Aufstellung innerhalb der thermischen Hülle
	Verteilung:	gebäudezentral, ohne Zirkulation, horizontale Verteilung innerhalb der themischen Hülle
	Erzeugung:	Brennwertkessel und Solaranlage
Lüftung:	Übergabe:	–
	Verteilung:	–
	Erzeugung:	–

Aufwandszahl e_p **Grafisches Verfahren**

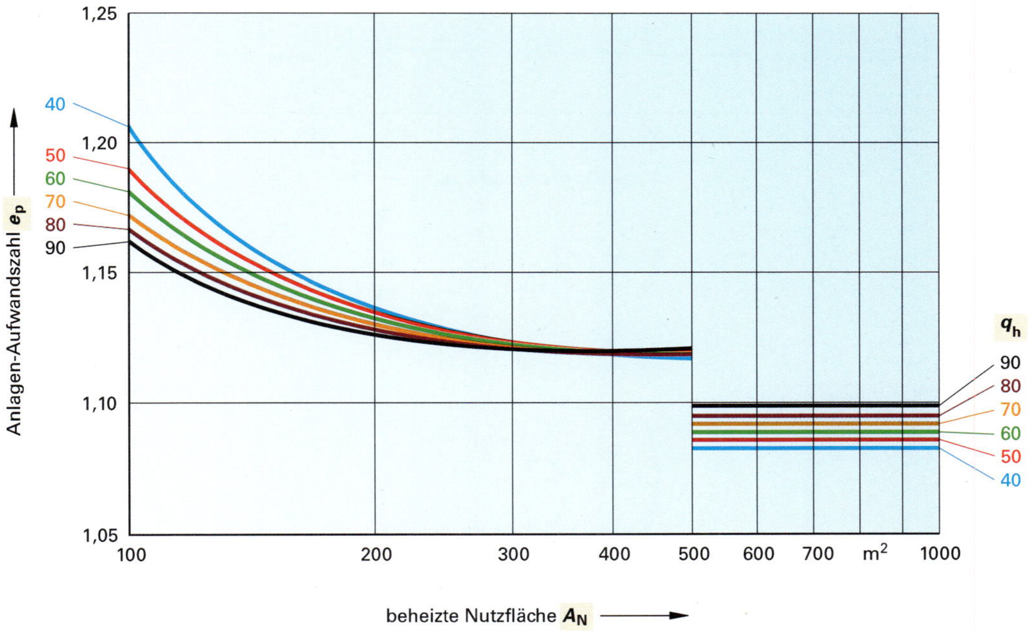

Tabellarisches Verfahren

Tabelle 2: Anlagenaufwandszahl in Abhängigkeit von q_h und A_N

A_N in m²	100	150	200	300	500	750	1000–3000
q_h in kWh/(m²a)	Anlagenaufwandszahl e_p (primärenergiebezogen)						
40	1,21	1,16	1,14	1,12	1,08	1,08	1,08
50	1,19	1,15	1,14	1,12	1,09	1,09	1,09
60	1,18	1,15	1,13	1,12	1,09	1,09	1,09
70	1,17	1,14	1,13	1,12	1,09	1,09	1,09
80	1,17	1,14	1,13	1,12	1,09	1,09	1,09
90	1,16	1,14	1,13	1,12	1,10	1,10	1,10

$Q_p = e_p \cdot (q_h + q_w) \cdot A_N$ mit $q_w = 12{,}5 \frac{\text{kWh}}{\text{m}^2 \cdot \text{a}}$ Q_P in kWh/a

$q_P = e_p(q_h + q_w)$ q_P in kWh/m²a $(q_p \triangleq Q''_p)$

Endenergie $Q_{WE,E}$ und $Q_{HE,E}$ **Grafisches Verfahren**

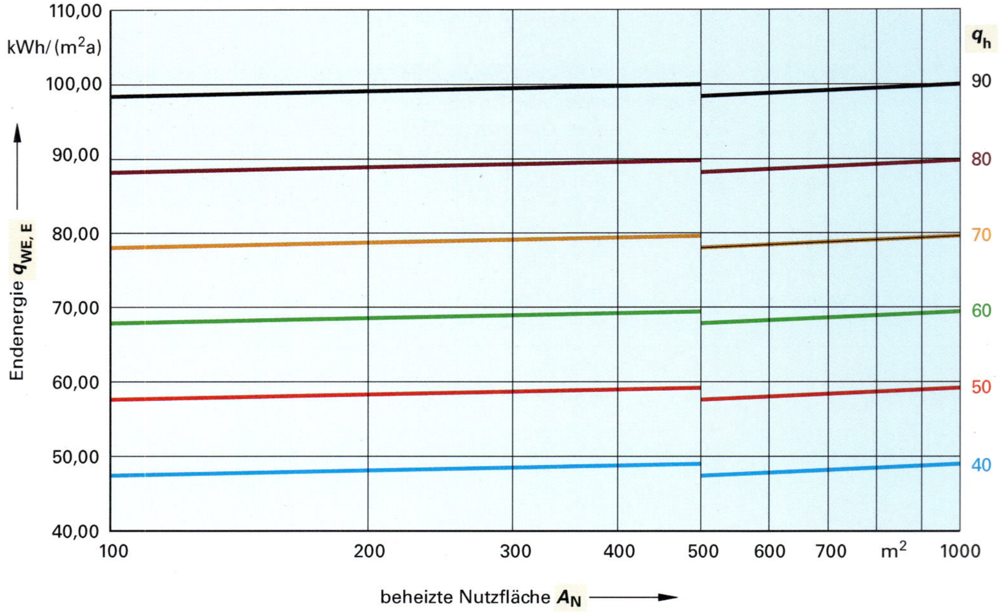

$$Q_{WE,E} = q_{WE,E} \cdot A_N$$

Tabellarisches Verfahren

Tabelle 1: Endenergiebedarf in Abhängigkeit von q_h und A_N

A_N in m²	100	150	200	300	500	750	1 000	1 500	2 500	3 000
q_h in kWh/(m²a)	Gesamt-Endenergie $q_{WE,E}$ in kWh/(m²a) (ohne Hilfsenergie)									
40	47,76	48,02	48,65	49,05	48,20	48,79	49,14	49,44	49,81	50,00
50	57,89	58,15	58,77	59,17	58,31	58,89	59,24	59,53	59,90	60,10
60	68,02	68,27	68,89	69,28	68,42	68,99	69,34	69,63	69,98	70,20
70	78,15	78,40	79,01	79,40	78,53	79,10	79,44	79,72	80,07	80,20
80	88,28	88,53	89,13	89,51	88,64	89,20	89,54	89,82	90,16	90,30
90	98,41	98,66	99,25	99,63	98,74	99,31	99,64	99,91	100,25	100,40
	Hilfsenergie $q_{HE,E}$ in kWh/(m²a)									
Hilfsenergie	3,59	3,10	2,13	1,65	1,23	1,02	0,91	0,79	0,68	0,65

Der Sprung in den obigen Diagrammen bzw. in den Tabellenwerten bei einer Nutzfläche von 500 m² ist auf den Wechsel zwischen kleinen und großen Solaranlagen bei der Berechnung des Deckungsanteils zurückzuführen.

$$Q_h = q_h \cdot A_N$$

$$q_h = \frac{Q_h}{A_N}$$

q_h in kWh/m²a
Q_h in kWh/a
A_N in m²

Tabelle 1: Brennwertkessel + Lüftungsanlage mit Wärmerückgewinnung		
Heizung:	Übergabe:	Radiatoren mit Thermostatventil 1 K
	Speicherung:	
	Verteilung:	max. Vorlauf-/Rücklauftemperatur 55 °C/45 °C, horiz. Verteilung innerhalb der thermischen Hülle, vertikale Stränge innenliegend, geregelte Pumpe
	Erzeugung:	Brennwertkessel innerhalb der thermischen Hülle
TWW:	Speicherung:	indirekt beheizter Speicher innerhalb der thermischen Hülle
	Verteilung:	horizontale Verteilung innerhalb der thermischen Hülle, mit Zirkulation
	Erzeugung:	zentral, Brennwertkessel
Lüftung:	Übergabe:	Lüftungsanlage mit Lufttemperaturen kleiner 20 °C
	Verteilung:	zentrale Zu- und Abluftanlage, Luftwechsel 0,4 h^{-1}, DC-Ventilatoren
	Erzeugung:	Wärmerückgewinnung 80 %

Aufwandszahl e_p

Grafisches Verfahren

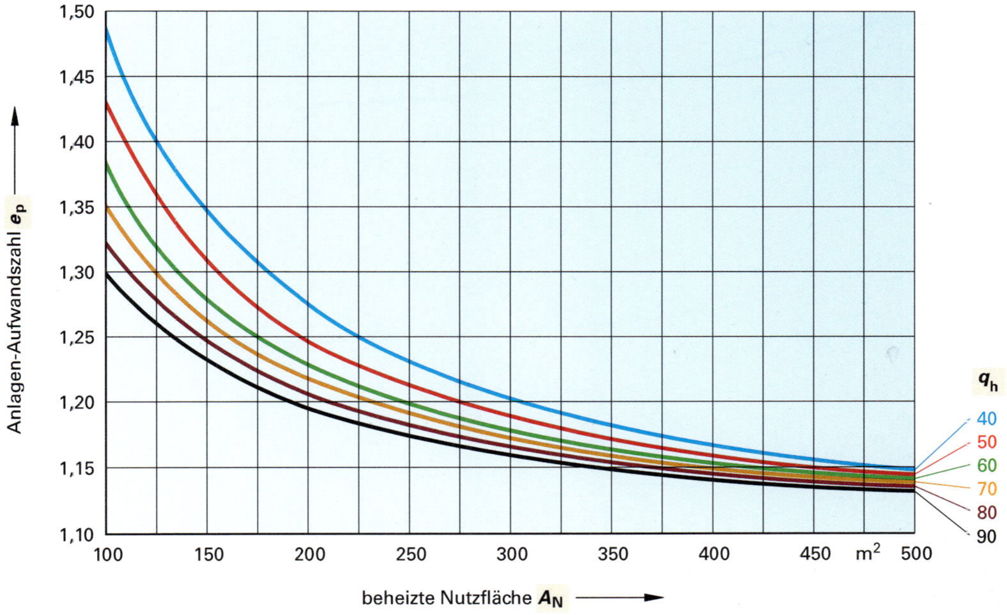

Tabellarisches Verfahren

Tabelle 2: Anlagenaufwandszahl in Abhängigkeit von q_h und A_N

A_N in m²	100	120	150	170	200	250	300	350	400	450	500
q_h in kWh/(m²a)	Anlagenaufwandszahl e_p (primärenergiebezogen)										
40	1,48	1,41	1,34	1,31	1,28	1,23	1,20	1,18	1,17	1,16	1,15
50	1,42	1,37	1,31	1,28	1,25	1,21	1,19	1,17	1,16	1,15	1,14
60	1,38	1,33	1,28	1,26	1,23	1,20	1,18	1,16	1,15	1,14	1,14
70	1,35	1,30	1,26	1,24	1,22	1,19	1,17	1,16	1,15	1,14	1,13
80	1,32	1,28	1,24	1,23	1,21	1,18	1,16	1,15	1,14	1,14	1,13
90	1,30	1,27	1,23	1,22	1,20	1,17	1,16	1,15	1,14	1,13	1,13

$Q_p = e_p \cdot (q_h + q_w) \cdot A_N$ mit $q_w = 12{,}5 \frac{\text{kWh}}{\text{m}^2 \cdot \text{a}}$ Q_P in kWh/a

$q_P = e_p(q_h + q_w)$ q_P in kWh/m²a ($q_p \triangleq Q''_p$)

Endenergie $Q_{WE,E}$ und $Q_{HE,E}$

Grafisches Verfahren

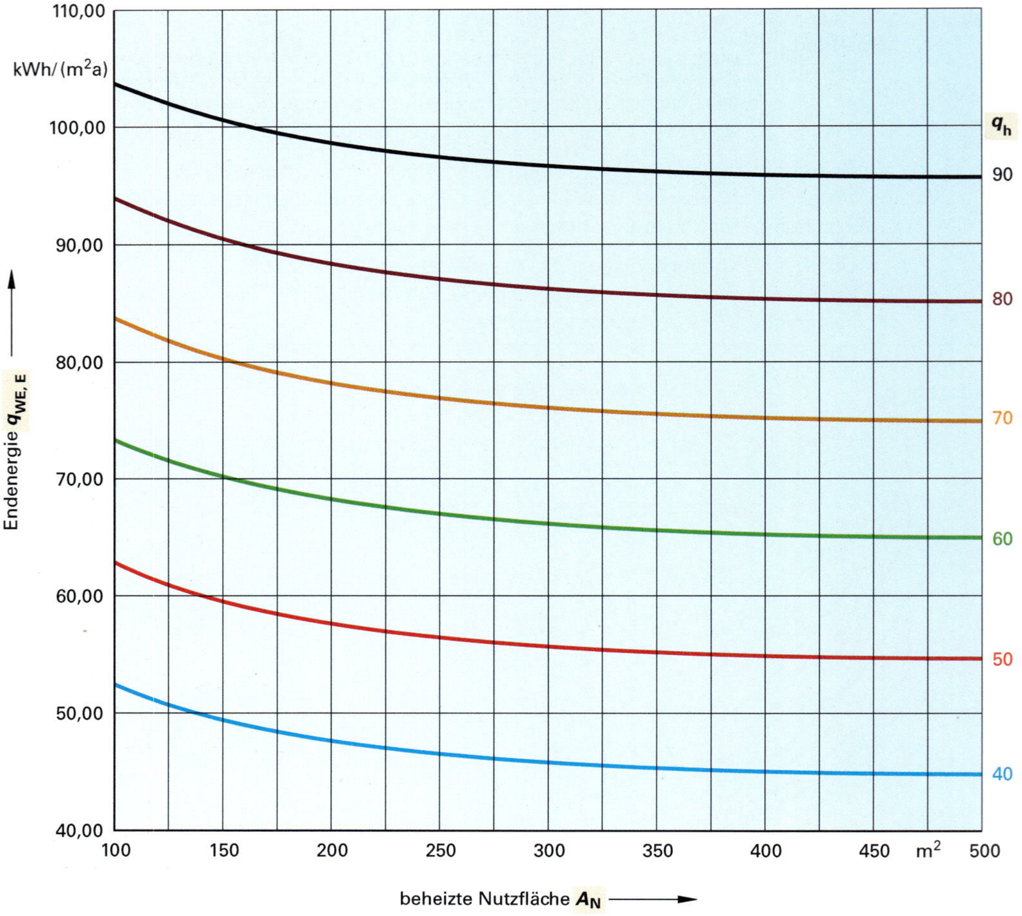

$$Q_{WE,E} = q_{WE,E} \cdot A_N$$

Tabellarisches Verfahren

Tabelle 1: Endenergiebedarf in Abhängigkeit von q_h und A_N

A_N in m²	100	120	150	170	200	250	300	350	400	450	500
q_h in kWh/(m²a)	Gesamt-Endenergie $q_{WE,E}$ in kWh/(m²a) (ohne Hilfsenergie)										
40	53,34	51,68	50,00	49,20	48,29	47,26	46,56	46,05	45,67	45,37	45,13
50	63,47	61,80	60,12	59,32	58,41	57,37	56,67	56,16	55,78	55,48	55,23
60	73,60	71,93	70,24	69,44	68,53	67,49	66,78	66,28	65,89	65,59	65,34
70	83,73	82,06	80,37	79,56	78,65	77,61	76,90	76,39	76,00	75,50	75,45
80	93,86	92,19	90,49	89,69	88,77	87,72	87,01	86,50	86,11	85,81	85,56
90	103,99	102,31	100,62	99,81	98,89	97,84	97,13	96,61	96,22	95,92	95,67
	Hilfsenergie $q_{HE,E}$ in kWh/(m²a)										
alle	6,40	5,80	5,20	4,92	4,61	4,25	4,01	3,83	3,69	3,59	3,50

$$Q_h = q_h \cdot A_N$$

$$q_h = \frac{Q_h}{A_N}$$

q_h in kWh/m²a
Q_h in kWh/a
A_N in m²

Tabelle 1: Wärmepumpe mit gebäudezentraler Trinkwassererwärmung		
Heizung:	Übergabe:	Flächenheizung mit Einzelraumregelung 2 K
	Speicherung:	Pufferspeicher außerhalb der thermischen Hülle
	Verteilung:	max. Vorlauf-/Rücklauftemp. 35 °C/28 °C, horiz. Verteilung außerhalb der thermischen Hülle, vertikale Stränge innenliegend, geregelte Pumpe
	Erzeugung:	Sole/Wasser-Wärmepumpe außerhalb der thermischen Hülle
TWW:	Speicherung:	indirekt beheizter Speicher außerhalb der thermischen Hülle
	Verteilung:	horizontale Verteilung innerhalb der thermischen Hülle, keine Zirkulation
	Erzeugung:	zentral, Sole/Wasser-Wärmepumpe
Lüftung:	Übergabe:	–
	Verteilung:	–
	Erzeugung:	–

Aufwandszahl e_p

Grafisches Verfahren

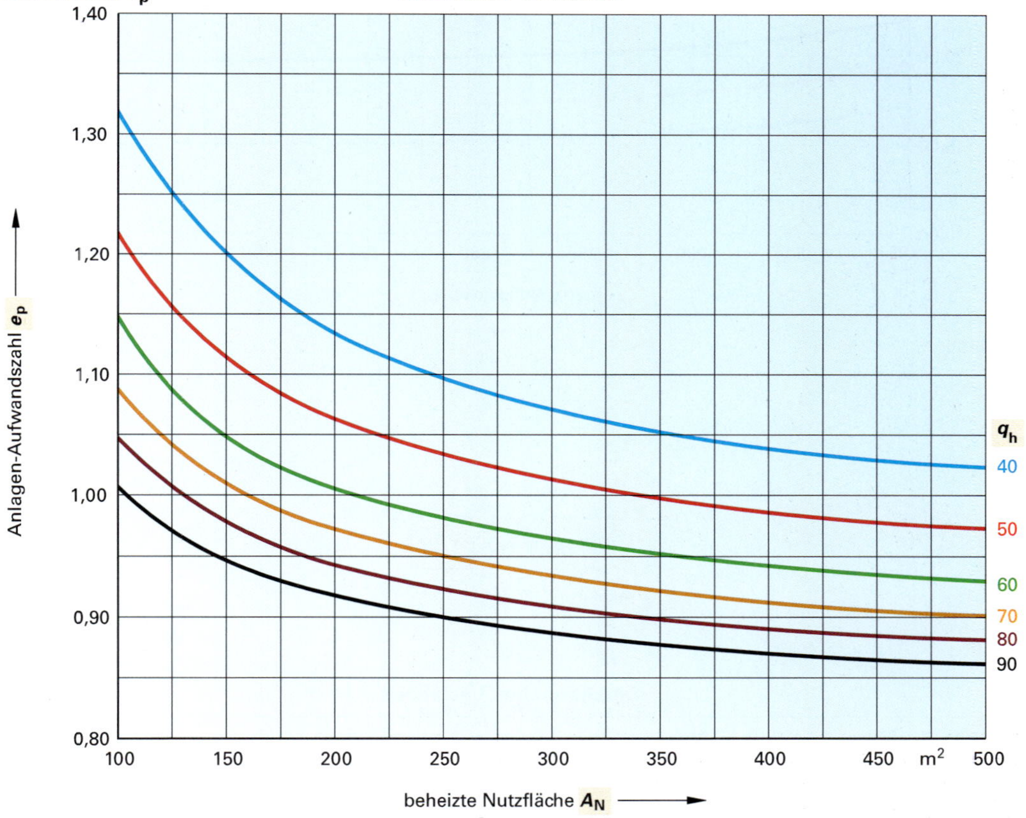

Tabellarisches Verfahren

Tabelle 2: Anlagenaufwandszahlen in Abhängigkeit von q_h und A_N											
A_N in m²	100	120	150	170	200	250	300	350	400	450	500
q_h in kWh/(m²a)	Anlagenaufwandszahl e_p (primärenergiebezogen)										
40	1,32	1,26	1,20	1,17	1,13	1,10	1,07	1,05	1,04	1,03	1,02
50	1,22	1,17	1,12	1,09	1,06	1,03	1,01	1,00	0,98	0,97	0,97
60	1,15	1,10	1,06	1,04	1,01	0,98	0,97	0,95	0,94	0,94	0,93
70	1,09	1,05	1,01	0,99	0,97	0,95	0,93	0,92	0,91	0,91	0,90
80	1,05	1,01	0,98	0,96	0,94	0,92	0,91	0,90	0,89	0,88	0,88
90	1,01	0,98	0,95	0,93	0,92	0,90	0,89	0,88	0,87	0,86	0,86

$Q_p = e_p \cdot (q_h + q_w) \cdot A_N$ mit $q_w = 12{,}5 \, \frac{\text{kWh}}{\text{m}^2 \cdot \text{a}}$

Q_P in kWh/a

$q_P = e_p(q_h + q_w)$ q_P in kWh/m²a ($q_p \triangleq Q''_p$)

Endenergie $Q_{WE,E}$ und $Q_{HE,E}$

Grafisches Verfahren

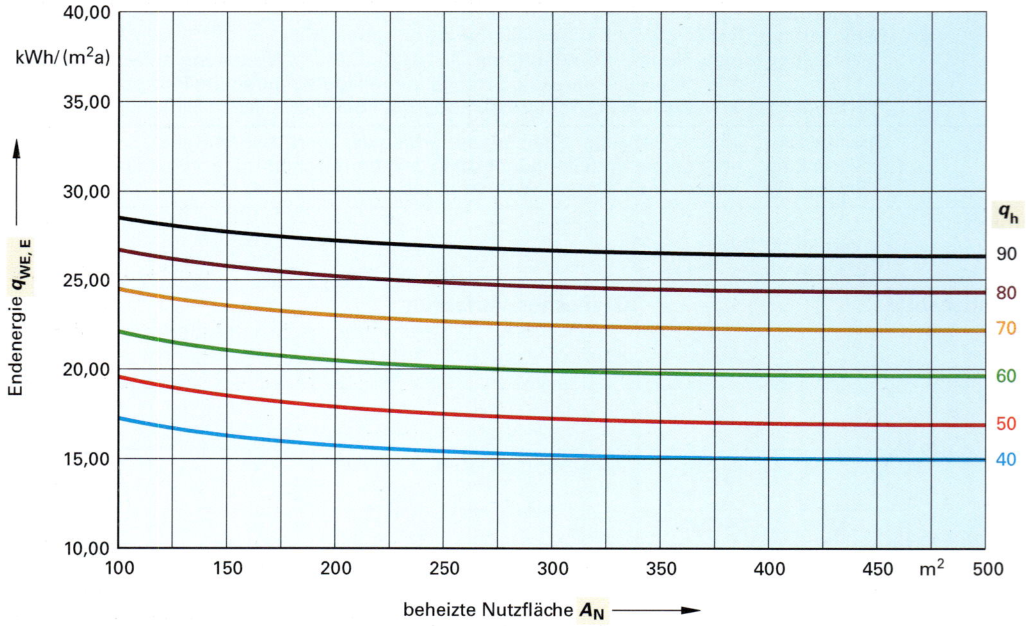

$$Q_{WE,E} = q_{WE,E} \cdot A_N$$

Tabellarisches Verfahren

Tabelle 1: Endenergiebedarf in Abhängigkeit von q_h und A_N

A_N in m²	100	120	150	170	200	250	300	350	400	450	500
q_h in kWh/(m²a)	Gesamt-Endenergie $q_{WE,E}$ in kWh/(m²a) (ohne Hilfsenergie)										
40	17,30	16,82	16,34	16,11	15,84	15,53	15,32	15,17	15,05	14,96	14,88
50	19,60	19,12	18,64	18,41	18,14	17,83	17,62	17,47	17,35	17,26	17,18
60	21,90	21,42	20,94	20,71	20,44	20,13	19,92	19,77	19,65	19,56	19,48
70	24,20	23,72	23,24	23,01	22,74	22,43	22,22	22,07	21,95	21,86	21,78
80	26,50	26,02	25,54	25,31	25,04	24,73	24,52	24,37	24,25	24,16	24,08
90	28,80	28,32	27,84	27,61	27,34	27,03	26,82	26,67	26,55	26,46	26,38
	Hilfsenergie $q_{HE,E}$ in kWh/(m²a)										
alle	5,86	5,22	4,60	4,32	4,01	3,66	3,43	3,26	3,14	3,04	2,96

$$Q_h = q_h \cdot A_N$$

$$q_h = \frac{Q_h}{A_N}$$

q_h in kWh/m²a
Q_h in kWh/a
A_N in m²

Tabelle 1: Dezentrale elektrische Direktheizung mit Lüftungsanlage, dezentrale Trinkwassererwärmung		
Heizung:	Übergabe:	Direktheizung
	Speicherung:	–
	Verteilung:	–
	Erzeugung:	dezentrale elektrische Direktheizung
TWW:	Speicherung:	–
	Verteilung:	–
	Erzeugung:	wohnungszentral, elektrischer Durchlauferhitzer
Lüftung:	Übergabe:	Luftauslässe im Außenwandbereich, ohne Einzelraumregelung, mit zentraler Vorregelung
	Verteilung:	innerhalb der thermischen Hülle, zentrale Zu- und Abluftanlage, Luftwechsel 0,6 h^{-1}, DC-Ventilatoren
	Erzeugung:	Abluft/Zuluft Wärmepumpe mit Wärmeübertrager innerhalb der thermischen Hülle, Wärmerückgewinnung 60 %

Aufwandszahl e_p

Grafisches Verfahren

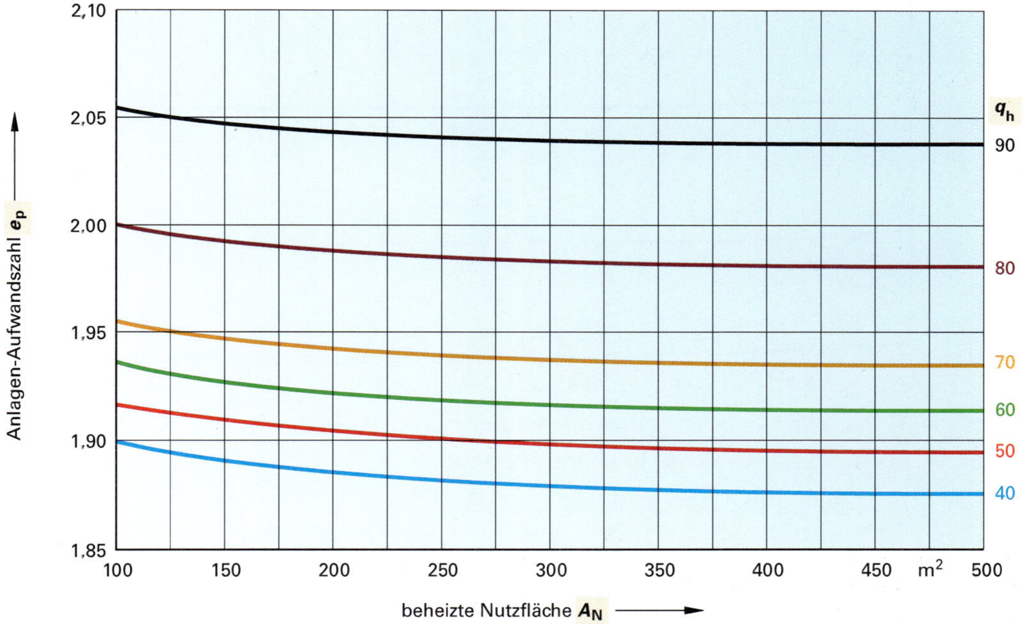

Tabellarisches Verfahren

Tabelle 2: Anlagenaufwandszahlen in Abhängigkeit von q_h und A_N											
A_N in m^2	100	120	150	170	200	250	300	350	400	450	500
q_h in kWh/(m^2a)	Anlagenaufwandszahl e_p (primärenergiebezogen)										
40	1,90	1,90	1,89	1,89	1,89	1,89	1,88	1,88	1,88	1,88	1,88
50	1,92	1,91	1,91	1,91	1,90	1,90	1,90	1,90	1,90	1,90	1,90
60	1,95	1,94	1,93	1,93	1,93	1,92	1,92	1,92	1,92	1,92	1,92
70	1,95	1,95	1,95	1,94	1,94	1,94	1,94	1,94	1,94	1,94	1,94
80	2,00	2,00	1,99	1,99	1,99	1,99	1,99	1,98	1,98	1,98	1,98
90	2,05	2,05	2,05	2,05	2,04	2,04	2,04	2,04	2,04	2,04	2,04

$Q_p = e_p \cdot (q_h + q_w) \cdot A_N$ mit $q_w = 12{,}5 \frac{kWh}{m^2 \cdot a}$

Q_P in kWh/a

$q_P = e_p(q_h + q_w)$ q_P in kWh/m^2a $(q_p \triangleq Q''_p)$

Endenergie $Q_{WE,E}$ und $Q_{HE,E}$

Grafisches Verfahren

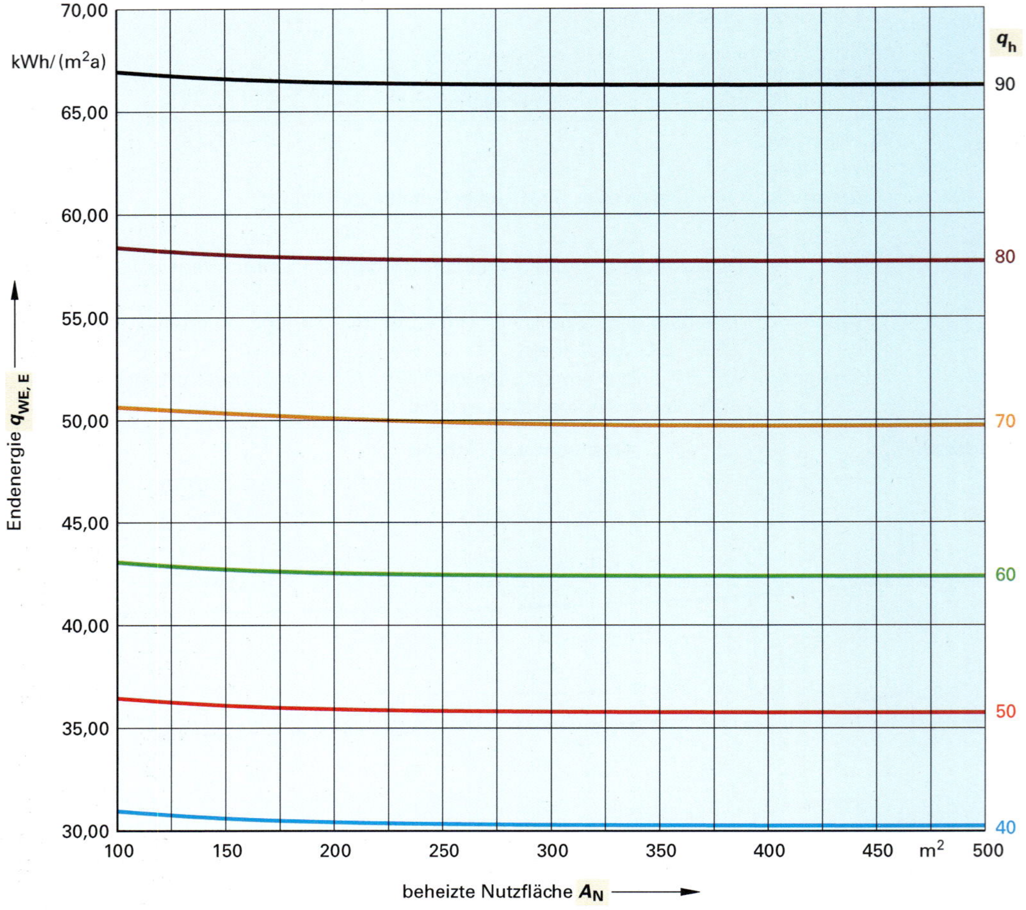

$$Q_{WE,E} = q_{WE,E} \cdot A_N$$

Tabellarisches Verfahren

Tabelle 1: Endenergiebedarf in Abhängigkeit von q_h und A_N

A_N in m²	100	120	150	170	200	250	300	350	400	450	500
q_h in kWh/(m²a)	Gesamt-Endenergie $q_{WE,E}$ in kWh/(m²a) (ohne Hilfsenergie)										
40	30,73	30,62	30,51	30,46	30,40	30,34	30,29	30,26	30,24	30,22	30,21
50	36,34	36,23	36,12	36,07	36,01	35,95	35,90	35,87	35,85	35,83	35,82
60	43,02	42,91	42,80	42,75	42,69	42,62	42,58	42,55	42,53	42,51	42,49
70	50,42	50,32	50,21	50,16	50,10	60,03	49,99	49,96	49,93	49,92	49,90
80	58,31	58,20	58,09	58,04	57,98	57,92	57,87	57,84	57,82	57,80	57,79
90	66,86	66,75	66,64	66,59	66,53	66,47	66,42	66,39	66,37	66,35	66,34
	Hilfsenergie $q_{HE,E}$ in kWh/(m²a)										
alle	3,33	3,33	3,33	3,33	3,33	3,33	3,33	3,33	3,33	3,33	3,33

$$Q_h = q_h \cdot A_N$$

$$q_h = \frac{Q_h}{A_N}$$

q_h in kWh/m²a
Q_h in kWh/a
A_N in m²

1.14 Referenzwerte der Strahlungsintensitäten und der Außentemperaturen für das Referenzklima Deutschland

Tabelle 1: Mittelwerte des monatlichen Strahlungsangebotes

Referenzklima Deutschland		Strahlungsangebot													
		Monatliche Mittelwerte W/m²												**Jahreswert kWh/m²**	Wert für die Heizperiode kWh/m²
Orientierung	Monat Neigung	Jan	Feb	Mrz	Apr	Mai	Jun	Jul	Aug	Sep	Okt	Nov	Dez	Jan bis Dez	Okt bis Mrz[a]
Horizontal	0	33	52	82	190	211	256	255	179	135	75	39	22	**1 120**	225
	30	51	67	99	210	213	250	252	186	157	93	55	31	**1 216**	295
Süd	45	57	71	101	205	200	231	235	178	157	97	59	34	**1 187**	310
	60	60	71	98	190	179	203	208	162	150	95	60	35	**1 104**	310
	90	56	61	80	137	119	130	135	112	115	81	54	33	**810**	270
	30	45	62	93	203	211	248	251	183	149	87	49	28	**1 177**	270
Süd-Ost	45	49	64	92	198	200	232	236	175	148	88	51	30	**1 142**	275
	60	49	62	88	185	182	208	213	161	140	85	51	30	**1 063**	270
	90	44	52	70	140	132	146	153	120	109	69	44	26	**809**	225
	30	45	62	93	203	211	248	251	183	149	87	49	28	**1 177**	270
Süd-West	45	49	64	92	198	200	232	236	175	148	88	51	30	**1 142**	275
	60	49	62	88	185	182	208	213	161	140	85	51	30	**1 063**	270
	90	44	52	70	140	132	146	153	120	109	69	44	26	**809**	225
	30	33	51	78	181	199	238	240	170	129	72	38	21	**1 062**	220
Ost	45	32	49	74	172	187	221	224	160	123	69	37	20	**1 002**	210
	60	30	46	68	160	171	201	205	148	114	65	35	19	**923**	196
	90	25	37	53	125	131	150	156	115	90	51	28	15	**713**	155
	30	33	51	78	181	199	238	240	170	129	72	38	21	**1 062**	220
West	45	32	49	74	172	187	221	224	160	123	69	37	20	**1 002**	210
	60	30	46	68	160	171	201	205	148	114	65	35	19	**923**	195
	90	25	37	53	125	131	150	156	115	90	51	28	15	**713**	155
	30	22	39	63	151	180	222	221	150	105	57	28	16	**918**	170
Nord-West	45	20	35	56	132	158	194	194	133	91	51	26	14	**808**	150
	60	18	32	49	116	139	168	170	118	81	46	23	13	**711**	135
	90	14	25	38	89	105	124	128	90	62	35	18	10	**541**	105
	30	22	39	63	151	180	222	221	150	105	57	28	16	**918**	170
Nord-Ost	45	20	35	56	132	158	194	194	133	91	51	26	14	**808**	150
	60	18	32	49	116	139	168	170	118	81	46	23	13	**711**	135
	90	14	25	38	89	105	124	128	90	62	35	18	10	**541**	105
	30	20	34	54	137	173	217	214	142	90	49	26	15	**857**	150
Nord	45	19	32	47	101	143	184	180	115	66	45	24	14	**710**	135
	60	17	29	44	79	109	143	139	90	59	41	22	13	**575**	125
	90	14	23	34	64	81	99	100	70	48	33	18	10	**433**	100
Temperatur	°C	–1,3	0,6	4,1	9,5	12,9	15,7	18,0	18,3	14,4	9,1	4,7	1,3	**8,9**	3,3

[a] Okt bis Mrz besagt, dass die hier zugrunde gelegte Heizperiode, bis auf wenige Tage abweichend, fast genau dem Monatszeitraum Oktober bis März entspricht. Die Heizzeit t_{HP} beträgt 185 Tage und gilt nur für das Referenzklima Deutschland mit einer Gradtagzahl von 2 900 Kd.

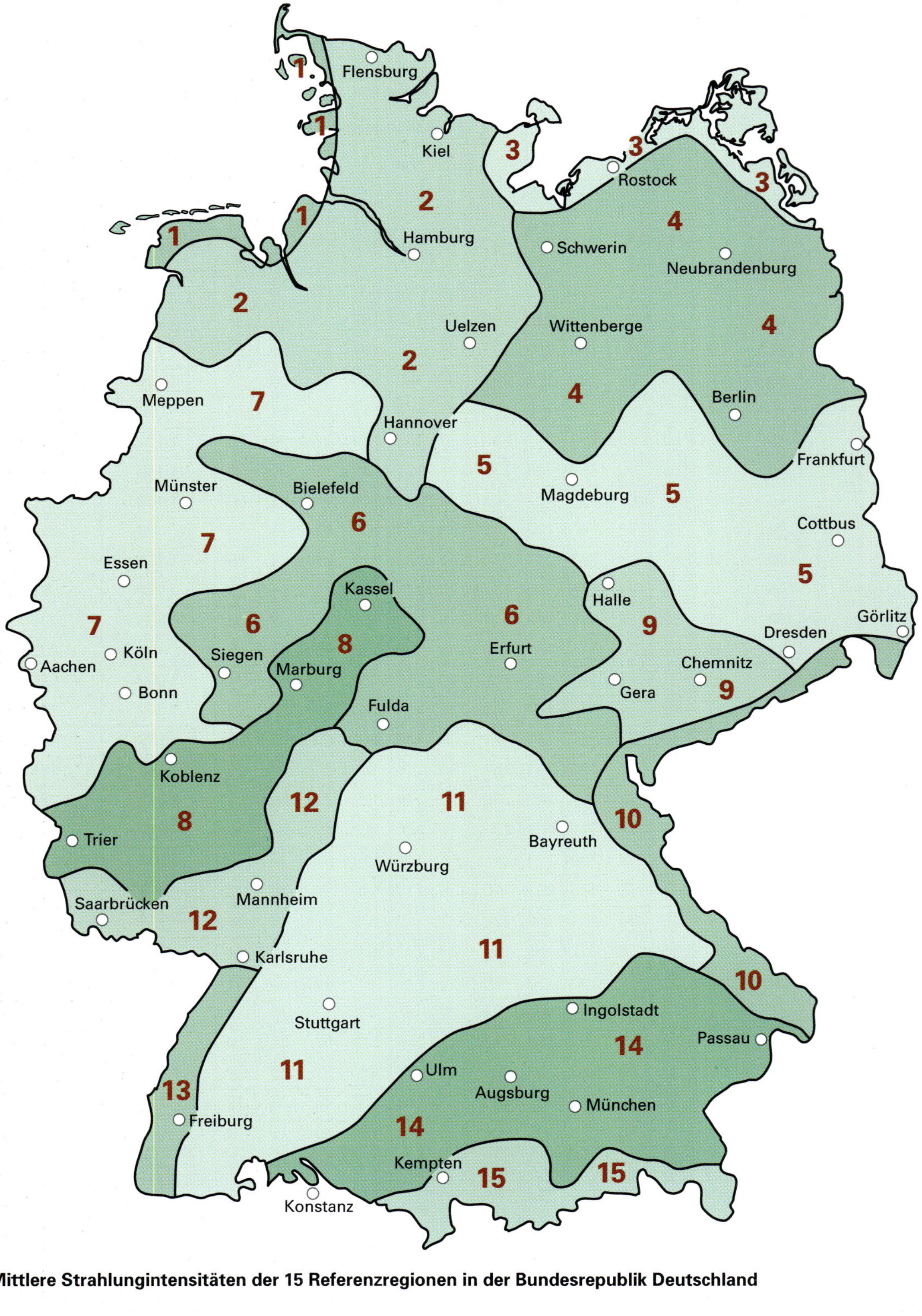

Mittlere Strahlungintensitäten der 15 Referenzregionen in der Bundesrepublik Deutschland

Tabelle 1: Mittlere Außentemperaturen der Referenzorte der Regionen 1 bis 15

Region	Referenzort	Mittlere monatliche Außentemperatur °C												
		Jan	Feb	Mrz	Apr	Mai	Jun	Jul	Aug	Sep	Okt	Nov	Dez	Jan bis Dez
	Deutschland	– 1,3	0,6	4,1	9,5	12,9	15,7	18,0	18,3	14,4	9,1	4,7	1,3	8,9
1	Norderney	1,6	1,8	4,0	6,9	11,2	14,4	16,3	16,8	14,5	10,8	6,3	3,2	9,0
	Husum	0,2	0,6	2,8	6,2	11,0	14,5	15,8	15,7	12,9	9,3	4,9	1,7	8,0
	Hamburg	0,5	1,1	3,7	7,3	12,2	15,5	16,8	16,6	13,5	9,7	5,1	1,9	8,7
2	Hannover	0,6	1,1	4,0	7,8	12,6	15,8	17,2	16,9	13,7	9,7	5,0	1,9	8,9
	Kiel	0,7	1,0	3,4	6,7	11,5	15,1	16,3	16,3	13,3	9,7	5,3	2,1	8,4
3	Arkona	0,2	0,2	2,1	5,0	9,7	14,1	16,2	16,5	13,6	9,9	5,3	2,0	7,9
	Warnemünde	0,2	0,7	3,1	6,3	11,3	15,0	16,8	16,7	13,9	9,9	5,3	1,9	8,4
	Potsdam	– 0,9	0,2	3,7	8,0	13,2	16,6	17,9	17,5	13,9	9,4	4,2	0,7	8,7
4	Schwerin	– 0,4	0,3	3,2	7,1	12,2	15,5	16,8	16,7	13,5	9,4	4,6	1,3	8,4
	Teterow	– 0,8	– 0,1	2,8	6,7	11,9	15,3	16,7	16,6	13,3	9,1	4,2	0,9	8,0
	Braunschw.	0,4	1,0	4,0	7,9	12,7	15,8	17,1	17,0	13,9	9,8	4,9	1,7	8,9
5	Dresden	– 0,7	0,4	3,9	8,1	13,1	16,5	18,0	17,7	14,2	9,8	4,4	1,0	8,9
	Wittenberg	– 0,8	0,2	3,7	7,9	13,1	16,6	18,0	17,6	14,0	9,4	4,3	0,8	8,7
	Erfurt	– 1,2	– 0,1	3,0	7,1	11,9	15,1	16,8	16,6	13,4	8,9	3,5	0,2	7,9
6	Harzgerode	– 1,6	– 1,1	1,8	5,8	10,8	14,0	15,4	15,0	11,8	7,8	2,9	– 0,4	6,9
	Lüdenscheid	0,0	0,8	3,3	6,7	11,3	14,1	15,8	15,6	12,8	9,1	4,0	1,2	7,9
	Essen	1,9	2,5	5,1	8,5	12,9	15,7	17,4	17,2	14,4	10,7	5,7	2,9	9,6
7	Köln	1,8	2,4	5,2	8,7	13,2	16,2	17,8	17,4	14,2	10,3	5,6	2,9	9,6
	Münster	1,4	2,0	4,7	8,2	12,7	15,7	17,0	16,8	13,8	10,0	5,3	2,6	9,2
	Geisenheim	1,2	2,3	5,6	9,4	13,9	17,0	18,6	18,1	14,7	10,0	5,1	2,3	9,9
8	Kassel	– 0,2	0,8	3,9	7,9	12,6	15,6	17,2	16,9	13,5	9,3	4,1	1,1	8,6
	Trier	0,9	1,9	4,9	8,4	12,6	15,7	17,6	17,1	14,0	9,8	4,6	1,8	9,1
9	Chemnitz	– 1,2	– 0,3	2,9	7,0	11,9	15,0	16,6	16,4	13,3	9,1	3,7	0,2	7,9
	Leipzig	– 0,1	0,7	4,2	8,4	13,3	16,6	18,2	17,7	14,3	9,9	4,8	1,3	9,1
10	Cham	– 2,1	– 0,4	3,3	7,8	12,6	15,7	17,4	16,8	13,4	8,4	3,0	– 0,6	7,9
	Hof	– 2,9	– 1,9	1,5	5,6	10,6	13,8	15,4	14,9	11,7	7,3	1,9	– 1,5	6,4
	Freudenstadt	– 1,5	– 0,8	1,8	5,3	9,8	13,0	15,2	14,7	12,0	7,9	2,5	– 0,4	6,6
11	Nürnberg	– 0,8	0,5	3,9	8,2	13,2	16,6	18,3	17,6	14,0	9,0	3,9	0,6	8,8
	Stuttgart	– 0,4	0,8	4,2	8,0	12,5	15,7	17,7	17,0	13,7	9,0	3,9	0,6	8,6
	Würzburg	– 0,4	1,0	4,6	8,7	13,3	16,5	18,3	17,8	14,4	9,4	4,1	1,0	9,1
	Frankfurt/M.	0,7	1,8	5,2	9,2	13,7	17,1	18,9	18,3	14,8	9,8	4,7	1,8	9,7
12	Mannheim	1,2	2,5	5,9	9,9	14,4	17,6	19,5	18,8	15,3	10,4	5,2	2,2	10,2
	Saarbrücken	0,4	1,6	4,7	8,3	12,5	15,6	17,6	17,1	14,1	9,6	4,3	1,4	8,9
13	Freiburg	1,8	3,2	6,6	10,2	14,4	17,7	19,9	19,2	16,2	11,3	6,0	2,7	10,8
	Konstanz	– 0,1	1,2	4,5	8,5	13,0	16,2	18,3	17,5	14,4	9,5	4,2	0,9	9,0
14	München	– 2,1	– 0,7	3,0	7,3	11,9	15,0	16,7	16,1	12,9	7,9	2,8	– 0,7	7,5
	Passau	– 2,4	– 0,3	3,5	8,0	12,8	15,8	17,5	16,8	13,4	8,5	2,9	– 0,9	8,0
15	Garmisch-P.	– 3,0	– 1,3	1,9	6,1	10,8	13,8	15,8	15,0	12,2	7,4	1,7	– 2,7	6,5
	Oberstdorf	– 2,8	– 1,7	1,2	5,0	10,0	13,2	15,3	14,5	11,7	7,4	1,8	– 2,1	6,1

Tabelle 1: Mittlere jährliche Heiztage und Heizgradtagzahlen

1	2	3	4	5	6	7	8	9	10
		Heizgrenztemperaturen, in °C							
		19		15		12		10	
		Jahresbilanzierung		Heizperiodenbilanzierung					
Region	Referenzort	t_a d	$Gt_{19/19}$ Kd	t_{HP} d	$Gt_{19/15}$ Kd	t_{HP} d	$Gt_{19/12}$ Kd	t_{HP} d	$Gt_{19/10}$ Kd
	Deutschland	330	3700	275	3600	220	3300	185	2900
1	Norderney	357,9	3657	292,2	3503	230,5	3176	198,3	2923
	Husum	355,1	4030	310,3	3920	240	3541	208	3287
	Hamburg	354,4	3806	293,3	3689	234,7	3377	201,7	3120
2	Hannover	341,6	3739	287	3622	229,4	3314	197,4	3063
	Kiel	351,7	3864	299,5	3745	239,4	3421	205,5	3154
3	Arkona	357,8	4052	303,8	3925	245,6	3614	216,3	3384
	Warnemünde	351,9	3875	292,7	3737	234,4	3430	205,8	3202
	Potsdam	333,0	3819	277,5	3711	227	3434	198,2	3210
4	Schwerin	345,3	3914	293	3800	234,7	3487	205,7	3258
	Teterow	347,1	4015	294,4	3900	238	3597	209,2	3371
	Braunschw.	341,1	3748	285,8	3633	229,3	3331	197,1	3080
5	Dresden	330,7	3736	274,8	3623	224,4	3352	194,7	3120
	Wittenberg	332,0	3815	277,7	3703	227	3431	198,7	3210
	Erfurt	344,0	4085	294,3	3979	240,4	3688	209,2	3443
6	Harzgerode	354,8	4439	316,2	4368	264,2	4078	228,2	3796
	Lüdenscheid	348,5	4082	307	3996	254,7	3712	217	3415
	Essen	338,5	3500	280,7	3380	222,5	3065	188,2	2796
7	Köln	335,1	3439	273,5	3312	218,8	3020	185,8	2762
	Münster	339,9	3536	282,7	3413	223,9	3097	191,1	2841
	Geisenheim	327,8	3419	265,4	3291	213	3009	184,9	2789
8	Kassel	336,6	3727	282,5	3614	227,3	3317	196,8	3076
	Trier	338,7	3661	282,5	3544	229,3	3256	195,2	2989
9	Chemnitz	343,1	4090	295,1	3992	243,5	3714	210	3449
	Leipzig	332,0	3696	274,4	3580	222,4	3302	192,9	3072
10	Cham	337,9	4080	286,9	3975	239,2	3718	205,7	3456
	Hof	353,2	4623	314,7	4541	269,6	4294	234,7	4021
	Freudenstadt	352,8	4532	317,9	4457	271,3	4207	237,7	3942
11	Nürnberg	330,6	3817	276,2	3707	229,1	3456	198,9	3222
	Stuttgart	334,9	3776	278,6	3659	228,4	3390	197,4	3147
	Würzburg	329,5	3699	274,1	3587	222,8	3312	193,1	3079
	Frankfurt/M.	325,1	3495	265,6	3374	215,2	3107	187,8	2892
12	Mannheim	317,5	3305	254,6	3181	206,3	2924	179,1	2711
	Saarbrücken	337,1	3728	282,5	3614	230,9	3334	198	3077
13	Freiburg	311,7	3178	249,1	3060	199,6	2796	169,3	2560
	Konstanz	331,9	3700	273,1	3584	226,1	3331	197,3	3106
14	München	339,0	4063	288,1	3958	240,1	3699	207,9	3446
	Passau	337,9	4075	284,4	3965	236,6	3705	205	3458
15	Garmisch-P.	353,5	4496	307	4394	259	4136	266,2	3878
	Oberstdorf	357,7	4699	317	4610	269,3	4351	238,5	4109

Tabelle 1 gibt die mittleren jährlichen Heiztage und Heizgradtagzahlen (einschließlich der Heiztage außerhalb der Heizperiode) in Abhängigkeit der Heizgrenztemperatur $\vartheta_{e,d/HP}$ für typische Standorte der Bundesrepublik Deutschland bei einer Innentemperatur von 19 °C an. Die angegebenen Regionsnummern beziehen sich auf die Referenzregionen des Bildes S. 140.

Die Referenzwerte in den Spalten 9 und 10 gelten für die Heizperiode. Die Werte der übrigen Orte gelten genau für die angegebenen Heizgrenztemperaturen, einschließlich der Heiztage außerhalb der Heizperiode.

Die Anwendung der Heizperiodenbilanzierung erfolgt, wenn für das Gebäude die Heizgrenztemperatur bestimmt wurde und mit den oben angegebenen Heizgrenztemperaturen nahezu übereinstimmen. Ist dies nicht der Fall, sollte die Monatsbilanzierung durchgeführt werden.

1.14.1 Ausgewählte Referenzorte für Strahlungsintensitäten

Tabelle 1: Mittelwerte der Strahlungsintensitäten und der Außenlufttemperaturen

Region 2 Referenzort: Hamburg		Durchschnittliche monatliche Strahlungsintensität W/m²												**Jährliches Strahlungsangebot** kWh/m²
	Monat	Jan	Feb	Mrz	Apr	Mai	Jun	Jul	Aug	Sep	Okt	Nov	Dez	Jan bis Dez
Orientierung	Neigung													
Horizontal	0	22	50	83	150	202	190	196	167	108	62	30	15	934
	30	36	75	103	168	209	189	198	182	128	86	48	24	1 057
Süd	45	40	82	105	166	200	177	187	177	130	91	54	27	1 049
	60	42	84	103	156	181	158	167	164	125	92	57	29	992
	90	40	76	85	115	123	105	113	117	99	81	53	27	754
	30	31	66	96	163	208	187	197	177	122	78	43	21	1 016
Süd-Ost	45	34	70	97	160	200	177	187	172	122	81	46	23	1 000
	60	34	70	93	151	183	160	170	159	117	80	47	23	941
	90	31	61	75	116	136	115	124	121	93	67	43	21	732
	30	31	67	96	161	205	188	195	175	119	77	42	21	1 007
Süd-West	45	34	71	96	158	196	178	185	170	118	80	45	23	989
	60	35	72	92	147	178	161	168	157	112	79	46	24	928
	90	31	62	74	113	131	116	122	118	88	66	41	22	719
	30	22	49	80	145	194	178	186	159	105	61	30	14	895
Ost	45	22	48	77	139	184	167	175	151	101	58	30	14	853
	60	21	46	72	129	171	153	161	139	94	55	28	13	791
	90	17	37	56	102	132	117	124	108	74	44	23	10	617
	30	22	50	80	142	189	179	184	157	101	60	29	15	884
West	45	22	49	76	135	179	169	173	148	96	58	28	14	839
	60	21	47	71	125	165	155	159	136	89	54	27	13	777
	90	17	38	56	99	128	118	122	106	70	43	22	11	606
	30	16	34	62	118	166	164	166	133	81	43	20	11	743
Nord-West	45	15	31	56	105	147	146	147	118	72	39	18	10	663
	60	14	28	51	95	132	130	132	106	66	36	17	9	596
	90	11	23	40	74	103	100	102	82	51	28	13	7	463
	30	16	34	63	120	170	163	167	135	84	43	20	11	751
Nord-Ost	45	15	31	56	107	151	145	149	119	75	39	19	10	670
	60	14	28	51	96	135	129	133	107	68	36	17	9	602
	90	11	22	40	75	105	99	103	82	52	28	13	7	466
	30	16	30	51	106	159	159	161	123	69	36	19	11	688
Nord	45	15	28	48	80	127	133	133	93	60	35	18	10	570
	60	14	26	44	75	104	106	107	83	56	32	17	9	492
	90	11	21	35	60	84	84	85	66	44	25	13	7	391
	Temperatur													
Temperatur	°C	0,5	1,1	3,7	7,3	12,2	15,5	16,8	16,6	13,5	9,7	5,1	1,9	8,7

Tabelle 1: Mittelwerte der Strahlungsintensitäten und der Außenlufttemperaturen

Region 4 Referenz-ort: Potsdam	Monat	Durchschnittliche monatliche Strahlungsintensität W/m²												Jährliches Strahlungs-angebot kWh/m²
		Jan	Feb	Mrz	Apr	Mai	Jun	Jul	Aug	Sep	Okt	Nov	Dez	Jan bis Dez
Orientie-rung	Neigung													
Horizontal	0	26	54	93	151	203	199	213	182	120	71	33	18	996
	30	38	79	115	170	212	198	216	199	144	97	50	27	1 130
Süd	45	42	86	119	167	202	185	204	193	145	104	55	31	1 120
	60	44	89	116	157	182	164	182	178	140	104	57	32	1 056
	90	41	80	95	115	122	108	120	127	110	90	53	30	796
	30	34	70	108	163	210	198	215	191	134	88	44	24	1 083
Süd-Ost	45	36	74	109	160	202	187	204	185	133	91	47	26	1 064
	60	36	74	105	150	185	168	185	171	127	90	47	26	999
	90	32	64	85	114	136	121	134	128	99	75	41	24	769
	30	34	71	107	162	203	195	212	191	135	88	44	24	1 072
Süd-West	45	36	75	107	158	193	183	200	185	134	91	47	26	1 049
	60	37	76	103	148	174	164	180	171	127	89	48	27	982
	90	32	65	82	112	126	118	130	128	99	74	42	24	755
	30	25	53	90	144	195	188	201	171	114	69	31	17	949
Ost	45	24	51	86	137	184	177	190	160	108	66	30	16	899
	60	23	48	81	126	169	161	174	147	100	62	28	15	830
	90	18	39	63	98	129	122	132	113	77	49	23	12	640
	30	25	53	88	142	185	184	198	171	114	68	32	17	934
West	45	24	52	84	134	172	173	185	161	108	65	31	16	882
	60	23	50	78	124	157	157	169	147	100	61	29	15	812
	90	18	40	62	97	120	120	129	114	78	48	23	12	629
	30	19	36	68	118	162	169	178	144	90	49	22	13	781
Nord-West	45	18	33	61	103	140	149	156	126	79	44	21	12	689
	60	16	30	55	93	124	133	138	112	71	40	19	11	616
	90	12	24	43	72	96	101	107	86	55	31	15	8	475
	30	19	36	69	119	169	172	180	143	90	49	22	13	791
Nord-Ost	45	18	33	61	105	148	152	159	125	79	44	20	12	700
	60	16	30	55	93	131	135	140	111	71	39	19	11	623
	90	12	24	43	72	99	102	107	84	54	31	15	8	476
	30	18	32	55	105	156	166	172	131	75	39	21	13	720
Nord	45	17	30	51	77	122	138	140	98	63	38	20	12	590
	60	16	28	47	72	95	106	107	86	59	35	18	11	497
	90	12	22	37	58	76	84	86	69	47	28	14	8	397
	Temperatur													
Temperatur	°C	–0,9	0,2	3,7	8,0	13,2	16,6	17,9	17,5	13,9	9,4	4,2	0,7	8,7

Tabelle 1: Mittelwerte der Strahlungsintensitäten und der Außenlufttemperaturen

Region 9 Referenz-ort: Chemnitz		Durchschnittliche monatliche Strahlungsintensität W/m²												**Jährliches Strahlungs-angebot** kWh/m²
	Monat	Jan	Feb	Mrz	Apr	Mai	Jun	Jul	Aug	Sep	Okt	Nov	Dez	Jan bis Dez
Orientie-rung	Neigung													
Horizontal	0	37	71	106	156	209	206	209	191	124	80	39	25	1 063
	30	61	107	133	174	216	204	211	208	149	112	62	43	1 228
Süd	45	69	117	137	171	205	190	198	202	151	120	69	48	1 224
	60	73	121	133	159	184	168	176	185	145	121	73	52	1 160
	90	69	109	108	115	121	107	114	129	113	105	67	49	879
	30	52	97	124	168	216	204	209	204	142	102	54	36	1 175
Süd-Ost	45	56	103	125	165	207	192	198	199	142	105	58	40	1 161
	60	58	104	120	154	190	174	180	185	135	104	58	41	1 097
	90	51	90	96	117	138	123	128	137	106	86	51	37	847
	30	54	94	125	166	208	201	207	197	138	101	55	37	1 157
Süd-West	45	59	99	126	162	197	188	195	190	136	104	59	41	1 136
	60	61	99	122	151	179	170	176	175	129	102	60	42	1 070
	90	55	85	98	114	128	119	125	128	100	84	53	38	823
	30	31	71	103	149	201	193	196	184	121	77	37	23	1 016
Ost	45	34	70	99	142	190	181	184	174	115	73	35	22	965
	60	31	67	92	131	175	165	167	161	107	69	33	20	890
	90	25	54	73	102	134	124	126	124	84	53	25	16	687
	30	36	68	104	147	190	189	193	175	115	75	38	24	991
West	45	35	66	100	138	177	177	180	163	109	71	37	23	933
	60	33	63	94	128	161	160	164	149	100	67	34	21	858
	90	27	51	75	99	123	121	124	114	77	52	27	17	663
	30	23	45	78	122	167	174	174	147	91	52	25	15	814
Nord-West	45	21	40	70	107	144	151	151	127	79	46	23	15	711
	60	20	37	63	95	126	133	133	112	70	41	21	13	632
	90	16	30	50	74	97	101	101	85	54	33	16	11	488
	30	23	46	78	124	175	176	176	154	94	53	24	15	833
Nord-Ost	45	21	41	69	108	153	154	153	135	83	46	22	15	732
	60	19	38	62	96	135	136	135	119	74	41	20	13	651
	90	15	30	49	74	102	102	101	91	57	33	16	11	498
	30	22	37	61	109	162	170	168	138	77	41	23	15	750
Nord	45	21	36	54	80	127	140	136	102	61	40	22	15	609
	60	19	33	50	72	95	105	101	84	58	37	20	13	503
	90	15	27	40	59	76	81	80	69	47	30	16	11	402
	Temperatur													
Temperatur	°C	–1,2	–0,3	2,9	7,0	11,9	15,0	16,6	16,4	13,3	9,1	3,7	0,2	7,9

Tabelle 1: Mittelwerte der Strahlungsintensitäten und der Außenlufttemperaturen														
Region 10 Referenz-ort: Hof		Durchschnittliche monatliche Strahlungsintensität W/m^2												**Jährliches Strahlungs-angebot** kWh/m^2
	Monat	Jan	Feb	Mrz	Apr	Mai	Jun	Jul	Aug	Sep	Okt	Nov	Dez	Jan bis Dez
Orientie-rung	Neigung													
Horizontal	0	36	69	110	153	186	179	189	166	118	78	37	23	982
	30	62	104	138	171	191	176	190	180	145	118	63	40	1 153
Süd	45	71	114	142	169	180	163	178	174	147	128	72	46	1 157
	60	75	118	139	157	161	143	157	160	142	131	76	50	1 102
	90	72	106	113	114	106	92	101	110	110	116	72	48	844
	30	53	94	130	168	193	177	190	178	136	105	55	35	1 107
Süd-Ost	45	58	100	132	166	186	167	181	174	137	111	60	39	1 104
	60	60	101	129	157	172	152	165	163	132	111	62	40	1 054
	90	55	88	104	120	125	108	118	123	104	95	56	37	827
	30	54	92	129	163	183	173	187	172	135	104	54	34	1 082
Süd-West	45	59	98	130	160	174	162	176	166	136	109	59	38	1 071
	60	61	99	126	150	158	146	160	154	130	109	61	39	1 016
	90	56	86	101	114	114	103	114	115	102	92	55	36	793
	30	36	70	108	151	182	169	179	162	115	77	37	22	957
Ost	45	36	70	105	145	174	160	170	156	111	75	37	22	921
	60	34	67	100	136	161	147	156	146	104	72	35	21	861
	90	28	56	80	108	125	112	120	115	83	59	29	17	681
	30	36	69	106	144	168	164	174	154	113	76	37	22	923
West	45	36	68	103	137	157	153	164	145	109	73	36	21	879
	60	35	65	97	127	144	140	150	135	102	70	34	20	816
	90	29	54	78	100	111	106	114	106	81	57	29	16	643
	30	22	45	80	119	148	151	157	129	87	47	22	14	746
Nord-West	45	21	41	72	104	128	131	136	113	76	41	20	13	655
	60	19	38	65	93	113	116	120	100	68	37	18	12	586
	90	15	31	52	73	88	88	92	78	53	30	15	10	456
	30	22	46	81	123	158	155	160	136	88	48	22	14	771
Nord-Ost	45	21	42	73	109	141	137	141	120	77	42	20	13	684
	60	19	39	66	99	125	122	125	108	69	38	18	12	613
	90	15	31	52	77	96	92	95	84	54	30	15	10	476
	30	21	37	62	107	145	148	152	120	70	33	20	14	679
Nord	45	20	35	55	77	115	123	123	89	53	32	19	13	551
	60	18	32	51	69	86	93	91	73	50	30	17	12	455
	90	15	26	41	56	68	71	72	59	41	25	14	10	364
	Temperatur													
Temperatur	°C	−2,9	−1,9	1,5	5,6	10,6	13,8	15,4	14,9	11,7	7,3	1,9	−1,5	6,4

Tabelle 1: Mittelwerte der Strahlungsintensitäten und der Außenlufttemperaturen

Region 13 Referenz-ort: Freiburg		Durchschnittliche monatliche Strahlungsintensität W/m²												**Jährliches Strahlungs-angebot** kWh/m²
	Monat	Jan	Feb	Mrz	Apr	Mai	Jun	Jul	Aug	Sep	Okt	Nov	Dez	Jan bis Dez
Orientie-rung	Neigung													
Horizontal	0	36	67	110	157	197	224	229	200	142	85	46	30	1 113
	30	54	95	134	171	200	220	230	216	172	115	70	47	1 261
Süd	45	58	102	137	166	188	204	215	208	173	121	78	53	1 245
	60	60	103	133	154	167	178	189	190	166	121	81	55	1 166
	90	55	90	106	109	109	111	118	129	127	103	74	52	862
	30	47	86	125	167	198	219	228	210	161	103	62	42	1 204
Süd-Ost	45	50	89	125	162	188	205	214	202	160	106	66	45	1 177
	60	50	88	119	151	171	184	193	186	152	103	66	46	1 101
	90	43	74	93	112	122	127	133	135	117	84	57	41	831
	30	48	85	125	163	195	217	226	208	160	105	62	41	1 195
Süd–West	45	51	88	124	157	184	202	212	200	158	107	66	44	1 165
	60	51	87	119	145	167	180	191	183	149	105	66	45	1 087
	90	44	73	93	107	118	124	132	132	114	86	58	40	818
	30	35	65	104	150	186	208	213	188	135	80	44	30	1 051
Ost	45	33	62	99	141	174	194	198	176	128	76	42	29	989
	60	31	59	91	130	158	176	179	160	117	71	39	27	905
	90	24	46	70	100	119	130	134	122	90	56	31	22	690
	30	36	64	104	145	182	205	211	186	133	81	44	29	1 039
West	45	34	61	98	135	169	190	196	173	125	78	42	28	973
	60	32	57	91	123	153	171	177	158	114	73	40	27	888
	90	25	45	70	94	115	127	132	120	87	57	31	22	677
	30	25	44	81	123	163	189	191	158	103	57	29	20	865
Nord-West	45	23	39	70	106	141	163	163	135	87	50	26	19	748
	60	21	35	63	94	123	142	142	118	77	44	23	17	658
	90	17	28	49	72	93	106	106	90	59	35	19	13	500
	30	25	45	81	126	166	192	192	159	104	57	29	20	875
Nord-Ost	45	23	40	71	110	145	167	165	137	89	49	26	19	761
	60	21	36	63	97	127	146	144	119	78	44	23	17	670
	90	17	28	48	74	96	108	107	90	60	35	19	13	508
	30	24	36	66	113	157	185	184	146	86	43	26	20	795
Nord	45	23	35	57	84	127	153	148	109	61	41	25	19	644
	60	21	32	53	72	94	115	106	84	59	38	23	17	523
	90	16	26	43	58	75	85	82	70	49	31	18	13	414
	Temperatur													
Temperatur	°C	1,8	3,2	6,6	10,2	14,4	17,7	19,9	19,2	16,2	11,3	6,0	2,7	10,8

Tabelle 1: Mittelwerte der Strahlungsintensitäten und der Außenlufttemperaturen

Region 15 Referenzort: Garmisch-Partenkirchen		Durchschnittliche monatliche Strahlungsintensität W/m^2												**Jährliches Strahlungsangebot** kWh/m^2
	Monat	Jan	Feb	Mrz	Apr	Mai	Jun	Jul	Aug	Sep	Okt	Nov	Dez	Jan bis Dez
Orientierung	Neigung													
Horizontal	0	53	86	131	171	203	211	226	192	144	100	58	41	1 183
	30	92	129	164	188	206	207	227	207	175	143	97	75	1 395
Süd	45	105	140	168	183	194	192	211	200	177	154	109	86	1 400
	60	111	144	163	169	172	167	185	182	170	155	115	92	1 332
	90	105	127	129	120	111	105	115	123	130	133	106	89	1 016
	30	79	115	153	183	207	208	224	202	164	129	84	64	1 324
Süd-Ost	45	86	121	154	178	197	195	211	195	163	134	91	71	1 312
	60	89	120	147	166	180	175	190	180	155	133	93	73	1 242
	90	80	103	116	124	129	122	131	132	120	110	82	67	959
	30	79	114	152	179	199	204	223	199	164	128	84	64	1 307
Süd-West	45	86	120	152	173	186	190	209	192	163	133	90	71	1 290
	60	89	120	146	160	168	170	188	176	155	130	92	73	1 218
	90	80	102	115	118	118	117	130	128	120	108	81	67	937
	30	52	84	126	164	195	199	210	183	136	97	57	41	1 130
Ost	45	51	82	120	155	184	186	196	172	129	94	55	41	1 071
	60	48	77	112	143	169	169	178	158	119	88	52	39	988
	90	39	62	87	110	128	126	133	122	93	70	42	33	764
	30	52	84	125	159	183	193	209	179	137	96	56	41	1 107
West	45	51	81	119	148	170	179	194	167	130	92	54	41	1 042
	60	48	77	110	135	153	162	176	153	120	86	51	39	958
	90	40	62	86	104	115	121	131	117	94	68	41	33	738
	30	30	54	94	133	164	179	188	151	104	63	32	24	890
Nord-West	45	27	47	81	115	141	155	162	130	89	54	28	22	768
	60	25	43	73	102	123	136	140	113	78	48	25	20	676
	90	20	34	57	78	93	101	104	86	60	38	21	16	518
	30	30	54	95	137	173	183	190	154	104	64	32	24	907
Nord-Ost	45	27	47	83	120	152	160	163	133	89	54	28	22	789
	60	24	43	74	106	134	141	142	117	78	48	25	20	697
	90	20	34	57	81	100	105	106	89	60	38	21	16	532
	30	27	40	75	123	161	177	182	140	85	44	27	22	807
Nord	45	25	40	61	90	129	147	146	104	59	42	26	21	651
	60	24	37	58	77	94	111	105	79	57	39	24	20	529
	90	19	30	47	63	75	82	80	65	47	33	20	16	422
	Temperatur													
Temperatur	°C	–3,0	–1,3	1,9	6,1	10,8	13,8	15,8	15,0	12,2	7,4	1,7	–2,7	6,5

1.15 Neu zu errichtende Wohngebäude

Beispiel 1:

1. Ermittlung des Referenzwertes von neu zu errichtenden Gebäuden für die Standorte Freiburg und Hof, sowie den Bedarf an Heizöl für beide Standorte
2. konkrete Ausführungsmöglichkeit für den Standort Freiburg. (Daten hierzu weiter hinten)

Daten:

1. Je ein Giebelfenster 2,26 m x 1,76 m
2. In beiden Dachflächen befinden sich je zwei Dachflächenfenster mit 1,01 m x 1,51 m
   Fenster $g = 0{,}6$
   Tür $g = 0{,}8$
3. Wohnflächen: KG: $A = 134\ m^2$
   EG: $A = 131\ m^2$
   DG: $A = 94\ m^2$

Aufbau der einzelnen Bauteile siehe Bearbeitung des Objektes

Anm.: Es wurden bewusst diese Standorte gewählt, da Freiburg als wärmster und Hof als sehr kalter Standort gelten.

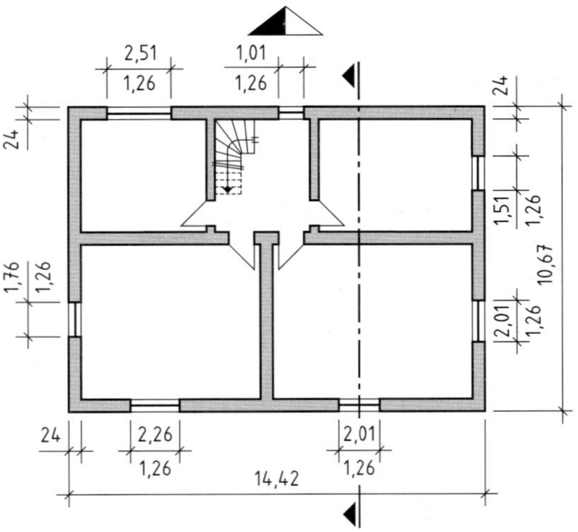

Bild 1: Grundriss KG

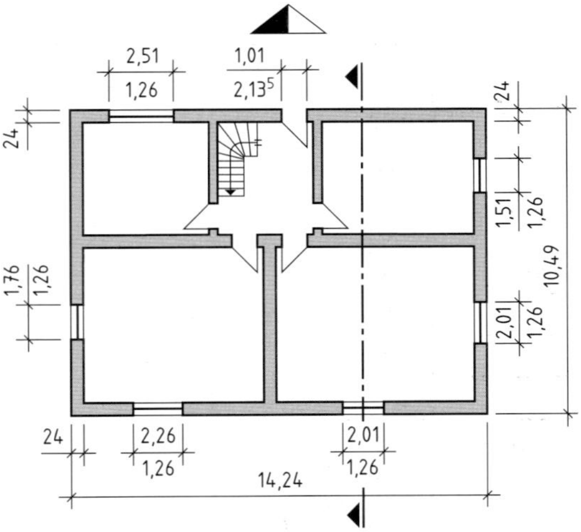

Bild 2: Grundriss EG

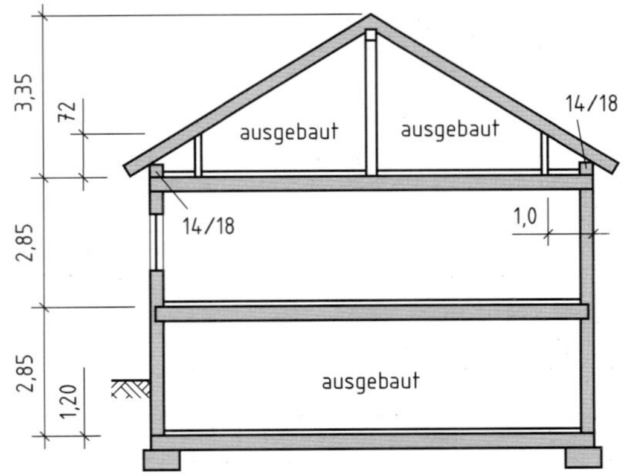

Bild 3: Schnitt

Kellerwand Vorgabe nach EnEV
$U = 0{,}35\ \text{W/m}^2\text{K}$

im Erdreich

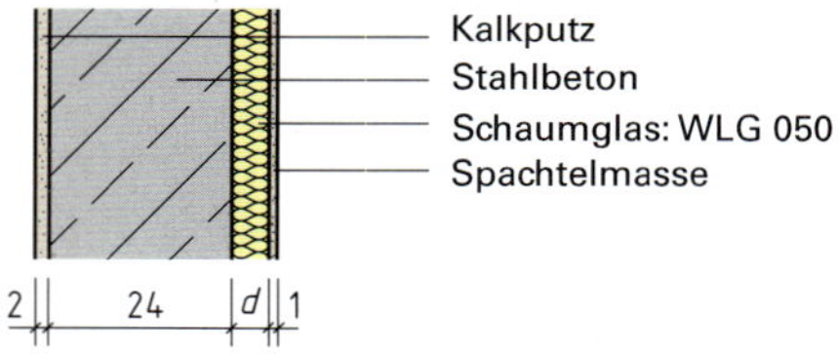

$$\frac{1}{0{,}35} = \frac{1}{8} + \frac{0{,}02}{1{,}0} + \frac{0{,}24}{2{,}5} + \frac{d}{0{,}05} + \frac{0{,}01}{1{,}0} + \frac{1}{\infty}$$

$d = 130\ \text{mm}$ Material: Extruderschaum XPS oder Schaumglas CG

$l = 14{,}42 + 2 \cdot 0{,}14$ $b = 10{,}67 + 2 \cdot 0{,}14$
$l = 14{,}70\ \text{m}$ $b = 10{,}95\ \text{m}$

Wandfläche im Erdreich
$A_{G2} = (14{,}70 + 10{,}95) \cdot 2 \cdot 1{,}20$
$\boldsymbol{A_{G2} = 61{,}56\ \text{m}^2}$ $\boldsymbol{U_{G2} = 0{,}35\ \text{W/m}^2\text{K}}$

über Erdreich

$$\frac{1}{0{,}28} = \frac{1}{8} + \frac{0{,}02}{1{,}0} + \frac{0{,}24}{2{,}5} + \frac{d}{0{,}05} + \frac{0{,}01}{1{,}0} + \frac{1}{23}$$

$d = 160\ \text{mm}$

Wandfläche über Erdreich
(Fenster: siehe getrennter Nachweis)
$A_{AW1} = (14{,}76 + 11{,}01) \cdot 2 \cdot 1{,}65 - 16{,}48$
$\boldsymbol{A_{AW1} = 68{,}56\ \text{m}^2}$ $\boldsymbol{U_{AW1} = 0{,}28\ \text{W/m}^2\text{K}}$

Bodenplatte Vorgabe nach EnEV
$U = 0{,}35\ \text{W/m}^2\text{K}$

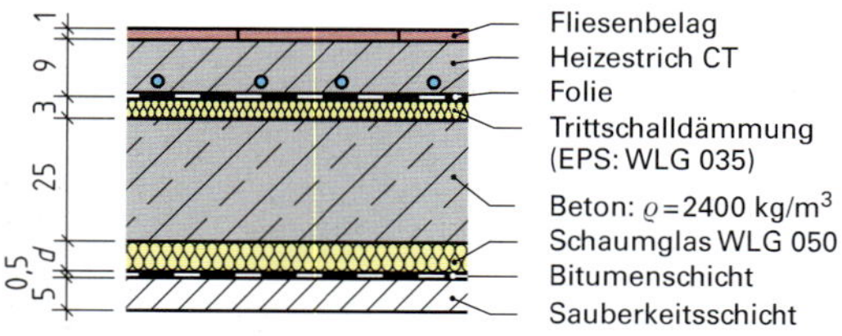

$$\frac{1}{0{,}35} = \frac{1}{\infty} + \frac{0{,}03}{0{,}035} + \frac{0{,}25}{2{,}0} + \frac{d}{0{,}05} + \frac{1}{\infty}$$

$d = 100\ \text{mm}$

Als Material wird Schaumglas gewählt. Gründe: gute Wärmedämmung, sehr druckfest, alterungsbeständig, chemikalienbeständig, schädlingssicher, wasserdicht, dampfdicht, verrottungsbeständig, maßhaltig
$A_{G1} = 14{,}70 \cdot 10{,}95$
$\boldsymbol{A_{G1} = 160{,}97\ \text{m}^2}$ $\boldsymbol{U_{G1} = 0{,}35\ \text{W/m}^2\text{K}}$

EG-Wand Vorgabe nach EnEV
$U = 0{,}28\ \text{W/m}^2\text{K}$

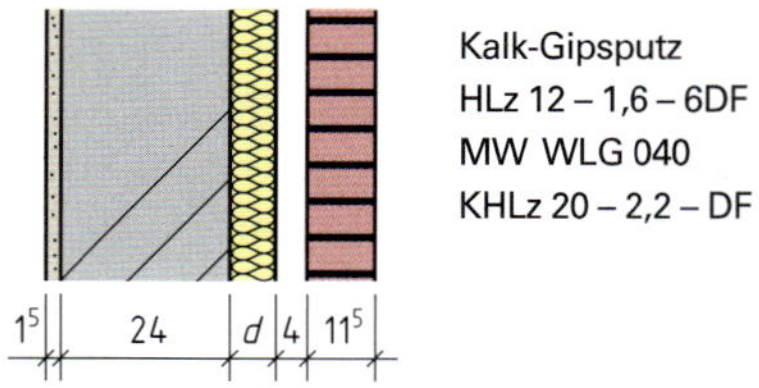

$$\frac{1}{0{,}28} = \frac{1}{8} + \frac{0{,}015}{0{,}70} + \frac{0{,}24}{0{,}68} + \frac{d}{0{,}04} + 0{,}18 + \frac{0{,}115}{1{,}2} + \frac{1}{23}$$

$d = 0{,}11\ \text{m}$
$d = 110\ \text{mm}$ (Praxis 120 mm)

$l = 14{,}24 + 2 \cdot 0{,}265$
$l = 14{,}77\ \text{m}$

$b = 10{,}492 \cdot 0{,}265$
$b = 11{,}02\ \text{m}$

$A_{AW2} = (14{,}77 + 11{,}02) \cdot 2 \cdot 2{,}85 - 15{,}20 - 1{,}01 \cdot 2{,}135$
$\boldsymbol{A_{AW2} = 129{,}65\ \text{m}^2}$ $\boldsymbol{U_{AW2} = 0{,}28\ \text{W/m}^2\text{K}}$

Dach Vorgabe nach EnEV
$U = 0{,}20\ \text{W/m}^2\text{K}$

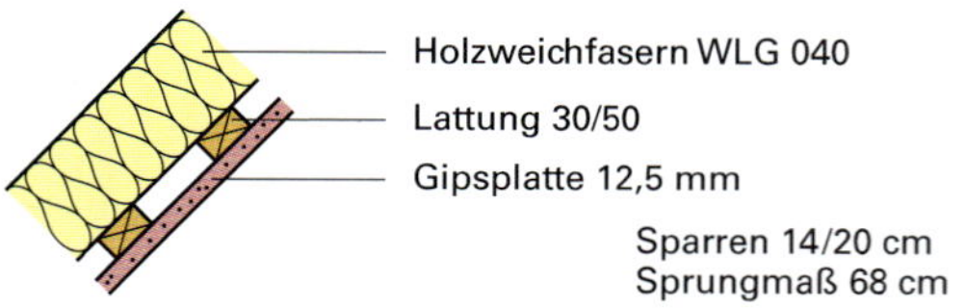

Gefachbereich

$$R_{T1} = \frac{1}{10} + \frac{0{,}0125}{0{,}25} + 0{,}16 + \frac{0{,}20}{0{,}040} + \frac{1}{23}$$

$R_{T1} = 5{,}35\ \text{m}^2\text{K/W}$
$U_{D1} = 0{,}187\ \text{W/m}^2\text{K}$

Sparrenbereich

$$R_{T1} = \frac{1}{10} + \frac{0{,}0125}{0{,}25} + 0{,}16 + \frac{0{,}20}{0{,}13} + \frac{1}{23}$$

$R_{T2} = 1{,}89\ \text{m}^2\text{K/W}$
$U_{D2} = 0{,}528\ \text{W/m}^2\text{K}$

$$U_{m,D} = \frac{U_1 \cdot b_1 + U_2 \cdot b_2}{b_1 + b_2}$$

$$U_{m,D} = \frac{0{,}187 \cdot 0{,}54 + 0{,}528 \cdot 0{,}14}{0{,}68}$$

$U_{m,D} = 0{,}257\ \text{W/m}^2\text{K} > \text{Vorgabe}\ U = 0{,}20\ \text{W/m}^2\text{K}$
$\Rightarrow$ Es ist zusätzlich eine Aufsparrendämmung aufzubringen; WLG 050

erf. R_T = vorh. R_T + zusätzl. erf. R

$$\frac{1}{0{,}20} = \frac{1}{0{,}257} + \frac{d}{0{,}05}$$

$d = 0{,}055\ \text{m}$

$d = 60\ \text{mm} \Rightarrow$ $\boldsymbol{U_D = 0{,}20\ \text{W/m}^2\text{K}}$

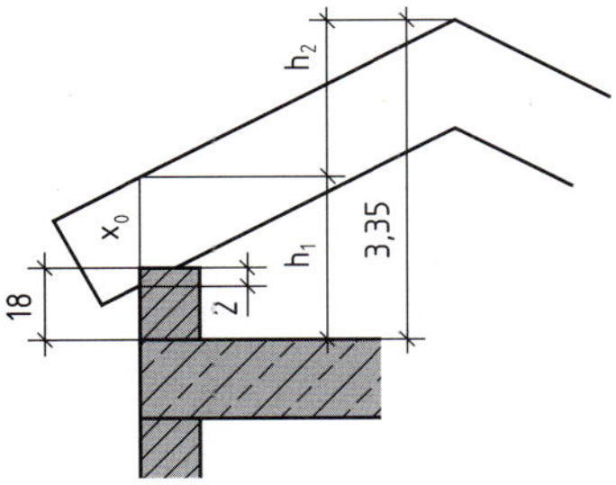

DN ca. 30°

$\cos 30 = \dfrac{20}{x_0}$ $\quad h_1 = 18 - 2 + 23$ $\quad \tan\alpha = \dfrac{2{,}96}{5{,}25}$

$x_0 = 23\ \text{cm}$ $\quad h_1 = 39\ \text{cm}$ $\quad \alpha = 29{,}4°$

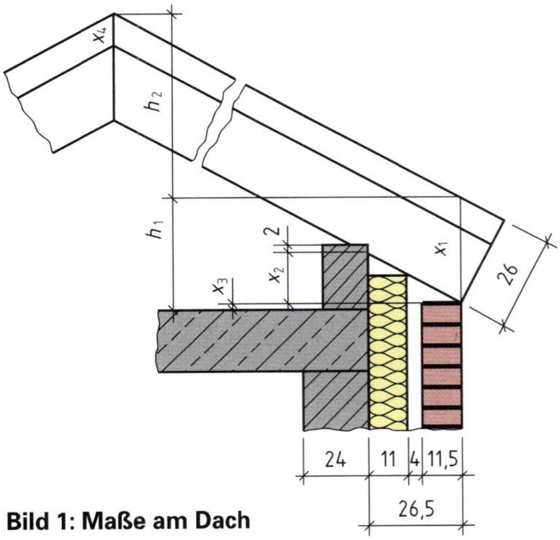

Bild 1: Maße am Dach

$\cos 29{,}4 = \dfrac{26}{x_1}$ $\quad \tan 29{,}4 = \dfrac{x_2}{26{,}5}$ $\quad h_1 = x_1 + x_3$

$x_1 = 30\ \text{cm}$ $\quad x_2 = 15\ \text{cm}$ $\quad h_1 = 31\ \text{cm}$

$\cos 29{,}4 = \dfrac{6}{x_4}$

$x_4 = 7\ \text{cm}$

$x_3 = 18 - 15 - 2$ $\quad h_2 = 3{,}35 + 0{,}07 - 0{,}31$

$x_3 = 1{,}0\ \text{cm}$ $\quad h_2 = 3{,}11\ \text{m}$

$\cos 29{,}4 = \dfrac{5{,}51}{S}$

$S = 6{,}33\ \text{m}$

$S^2 = 3{,}11^2 + 5{,}51^2$ $\quad b = \dfrac{10{,}49}{2} + 0{,}265$

$S = 6{,}33\ \text{m}$ $\quad b = 5{,}51\ \text{m}$

$A_D = 6{,}33 \cdot 14{,}77 \cdot 2 - 6{,}10$

$\boldsymbol{A_D = 180{,}89\ \text{m}^2}$ $\quad \boldsymbol{U_D = 0{,}20\ \text{W/m}^2\text{K}}$

DG/Giebel

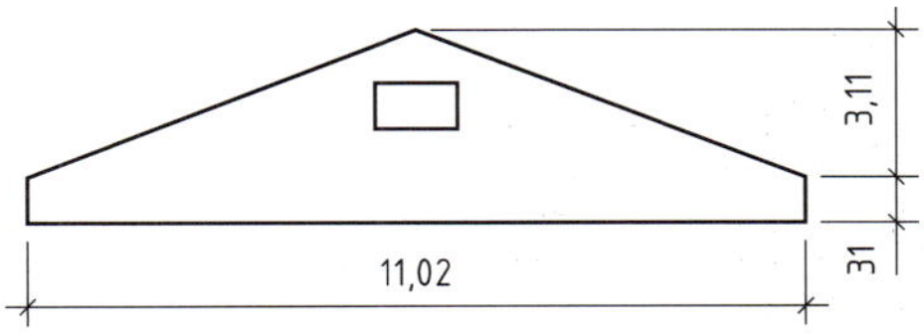

$\boldsymbol{U_{AW3} \triangleq U_{AW2} = 0{,}28\ \text{W/m}^2\text{K}}$

$$A_{AW3} = (14{,}77 + 11{,}02) \cdot 2 \cdot 0{,}31 + \frac{11{,}02 \cdot 3{,}11}{2} \cdot 2 - 7{,}96$$

$\boldsymbol{A_{AW3} = 42{,}30\ \text{m}^2}$

Fensterflächen nach der Himmelsrichtung

	KG	EG	Giebel	Σ
Süd	5,38	5,38		10,76
Ost	4,44	4,44	3,98	12,86
West	2,22	2,22	3,98	8,42
Nord	4,44	3,16		7,60
Σ	16,48	15,20	7,96	**39,64**
	U_{W1} = 1,3 W/m²K; g = 0,6			
Dach:				
Süd				3,05
Nord				3,05
	U_{W2} = 1,4 W/m²K; g = 0,6			Σ **45,74**
Tür:				
Nord	$U_T = 2{,}9$	$g = 0{,}8$	$A_T = 2{,}16$	

Spezifische Transmissionswärmeverluste

$$H_T = F_{x,j} \cdot U_j \cdot A_j$$

		W/K
Bodenplatte	$H_T = 0{,}25 \cdot 0{,}35 \cdot 160{,}97$ =	14,08
Kellerwand:		
i. Erdreich	$H_T = 0{,}6 \cdot 0{,}35 \cdot 61{,}56$ =	12,93
ü. Erdreich	$H_T = 1{,}0 \cdot 0{,}28 \cdot 68{,}56$ =	19,20
EG-Wand	$H_T = 1{,}0 \cdot 0{,}28 \cdot 129{,}65$ =	36,30
Dach	$H_T = 1{,}0 \cdot 0{,}20 \cdot 180{,}89$ =	36,18
DG/Giebel	$H_T = 1{,}0 \cdot 0{,}28 \cdot 42{,}30$ =	11,84
Fenster		
KG,EG,Giebel	$H_T = 1{,}0 \cdot 1{,}3 \cdot 39{,}64$ =	51,53
DF	$H_T = 1{,}0 \cdot 1{,}4 \cdot 6{,}10$ =	8,54
Tür	$H_T = 1{,}0 \cdot 1{,}8 \cdot 2{,}16$ =	3,89
	$A = 691{,}83\ \text{m}^2$	H_T = 194,49
+ Wärmebrückenzuschlag		
	$0{,}05 \cdot 691{,}83$ =	34,59
		Σ H_T = 229,08 W/K

Beheiztes Bruttovolumen

$V_e = 14{,}76 \cdot 10{,}95 \cdot 2{,}85 = 463{,}15\,m^3$ KG

$14{,}77 \cdot 11{,}02 \cdot 2{,}85 = 463{,}88\,m^3$ EG

$14{,}77 \cdot 11{,}02 \cdot 0{,}31 = 50{,}46\,m^2$ DG

$\frac{11{,}02 \cdot 3{,}11}{2} \cdot 14{,}77 = 253{,}10\,m^3$ DG

$\mathbf{V_e = 1\,230{,}59\,m^3}$

Gebäude-Nutzfläche

$A_N = 0{,}32 \cdot V_e$

$A_N = 0{,}32 \cdot 1\,230{,}59$

$A_N = 393{,}79\,m^2$

$A_N > 350\,m^2$

vorh. $H'_T = \frac{H_T}{A}$

vorh. $H'_T = \frac{229{,}08}{691{,}83}$

vorh. $H'_T = 0{,}33\,W/m^2K$

$\Rightarrow$ zul. $H'_T = 0{,}50\,W/m^2K$

vorh. $H'_T <$ zul. $H'_T \Rightarrow$ Nebenforderung erfüllt

Spezifische Lüftungswärmeverluste

0,34 = Faktor, der die spezifische Wärmekapazität c sowie die Dichte ϱ der Luft ausdrückt.

$0{,}34 = c_L \cdot \varrho_L$ $c = 1\,000\,J/kgK \triangleq 1\,000\,Ws/kgK$

$\varrho = 1{,}25\,kg/m^3$ (Luft)

$n = 0{,}6\,h^{-1}$

$= 0{,}6/h$ (Luftwechselrate)

V = Luftvolumen

V_e = beheiztes Bruttovolumen

$V = 0{,}76 \cdot V_e$

$$\frac{1000\,Ws}{kg \cdot K} \cdot \frac{1{,}25\,kg}{m^3} = 0{,}34\,\frac{Wh}{m^3K}$$

$H_V = 0{,}34 \cdot n \cdot V$

$H_V = 0{,}34 \cdot 0{,}6 \cdot 0{,}76 \cdot V_e$

$H_V = 0{,}34 \cdot 0{,}6 \cdot 0{,}76 \cdot 1\,230{,}59$

$H_V = 190{,}79\,W/K$

Standort Freiburg

Interne Wärmegewinne

nach DIN EN 18 559-10

Bei dem Objekt handelt es sich um ein ZFH

Vorgabe nach EnEV

EFH: $q_i = 50\,Wh/m^2d$

MFH: $q_i = 100\,Wh/m^2d$

Die Werte sind auf die beheizte Wohnfläche bezogen. Die Gebäude-Nutzfläche A_N darf mit dem 1,35fachen der beheizten Wohnfläche angesetzt werden.

Die beheizten Wohnflächen der einzelnen Räume betragen:

	EG	KG	DG	
1	24,75 m²	25,25 m²		
2	27,50 m²	28,75 m²		
3	32,50 m²	33,00 m²		
4	46,25 m²	47,00 m²		
	∑ 131,00 m²	∑ 134,00 m²	94 m²	∑ 359 m²

$Q_i = q_i \cdot A_{Wohn} \cdot t$

$Q_i = 100\,\frac{Wh}{m^2 \cdot d} \cdot 359\,m^2 \cdot 170\,d$

$Q_i = 6\,103\,000\,Wh/a$

$Q_i = 6\,103{,}0\,kWh/a$

Solare Wärmegewinne, Standort Freiburg

Siehe Sonderblatt S. 129

Gt = Gradtagzahl in Kd, je nach Referenzregion

0,0024 = 1 Wd = 24 Wh = 0,024 kWh

f_{NA} = berücksichtigt die Nachtabschaltung bzw. Nachtabsenkung der Heizung

F = Faktor, der diese drei Zusammenhänge ausdrückt.

$F_{Gt} = 0{,}024 \cdot Gt_{19/10} \cdot f_{NA}$

$F_{Gt} = 0{,}024 \cdot 2560 \cdot 0{,}95$

$F_{Gt} = 58{,}37\,kKh/a$

Im Faktor F_{Gt} wird der Standort des Gebäudes im Heizwärmebedarf berücksichtigt.
Im Klammerwert $(H_T + H_V)$ ist der Verlust durch Transmission und Lüftung rein auf das Gebäude bezogen, unabhängig vom Standort.
Der Faktor η berücksichtigt die Minderausnutzung der solaren und internen Wärmegewinne.
Die solaren Wärmegewinne sind vom Standort des Gebäudes abhängig.

Jahres-Heizwärmebedarf

$Q_h = F_{Gt} \cdot (H_T + H_V) - \eta \cdot (Q_S + Q_i)$

$Q_h = 58{,}37\,(229{,}08 + 190{,}79)$

$- 0{,}95 \cdot (3\,546{,}25 + 6\,103{,}0)$

$Q_h = 15\,341{,}02\,kWh/a$

$q_h = \frac{Q_h}{A_N}$ $q_h = \frac{15\,341{,}02\,\frac{kWh}{a}}{393{,}79\,m^2}$

$q_h = 39{,}0\,kWh/m^2a$

bei

$q_h = 39{,}0\,kWh/m^2a$

$A_N = 393{,}79\,m^2$

$\Rightarrow$ $e_P = 1{,}12$ für BW-Kessel + solar

Anm.: Nach DIN EN 18 599-10 sind für Trinkwassererwärmung anzusetzen:

Für EFH: $q_W = 12{,}0\,kWh/m^2$ Wohnfläche

MFH: $q_W = 16{,}0\,kWh/m^2$ Wohnfläche

$q_P = (q_h + q_W) \cdot e_P$

$q_P = (39{,}0 + 16{,}0) \cdot 1{,}12$

$q_P = 61{,}6\,kWh/a$

Wird dieses Gebäude errichtet, so darf dieser Wert für q_P für den Standort Freiburg nicht überschritten werden.

Referenzgebäude 1: Standort **Freiburg;** $Gt_{19/10} = 2560\,\text{Kd}$, $t_{HP} = 169{,}3\,\text{d}$

$$Q_{S,M} = 0{,}024 \cdot t_M \cdot I_S \cdot F_f \cdot F_S \cdot F_C \cdot g_j \cdot A_j$$

		$Q_{S,M}$ =	**0,024**	$t_M \cdot I_S$	$F_f \cdot F_S \cdot F_C$	$g_j \cdot A_j$	**kWh/a**	**∑ kWh/a**
Süd	Okt		0,024	25 · 103	0,7 · 0,9 · 1,0	0,6 · 10,76	251,36	
	Nov			30 · 74			216,70	
	Dez			31 · 52			157,35	
	Jan			31 · 55			166,43	
	Febr			28 · 90			245,99	
	März			25 · 106			258,68	1 296,51
				∑ 170 d				
				(169,3)				
Ost	Okt	$Q_{S,M}$ =	0,024	25 · 56	0,7 · 0,9 · 1,0	0,6 · 12,85	163,20	
	Nov			30 · 31			108,41	
	Dez			31 · 22			79,50	
	Jan			31 · 24			86,73	
	Febr			28 · 46			150,15	
	März			25 · 70			204,01	792,00
West	Okt	$Q_{S,M}$ =	0,024	25 · 57	0,7 · 0,9 · 1,0	0,6 · 8,41	108,72	
	Nov			30 · 31			70,95	
	Dez			31 · 22			52,03	
	Jan			31 · 25			59,13	
	Febr			28 · 46			98,27	
	März			25 · 70			133,52	522,62
Nord	Okt	$Q_{S,M}$ =	0,024	25 · 31	0,7 · 0,9 · 1,0	0,6 · 7,60	53,43	
	Nov			30 · 18			37,23	
	Dez			31 · 13			27,79	
	Jan			31 · 16			34,20	
	Febr			28 · 26			50,19	
	März			25 · 43			74,12	276,96
Süd	Okt	$Q_{S,M}$ =	0,024	25 · 115	0,7 · 0,9 · 1,0	0,6 · 3,05	79,55	
Dach	Nov			30 · 70			58,11	
	Dez			31 · 47			40,31	
	Jan			31 · 54			46,32	
	Febr			28 · 95			73,60	
	März			25 · 134			92,69	390,59
Nord	Okt	$Q_{S,M}$ =	0,024	25 · 43	0,7 · 0,9 · 1,0	0,6 · 3,05	29,74	
Dach	Nov			30 · 26			21,58	
	Dez			31 · 20			17,16	
	Jan			31 · 24			20,59	
	Febr			28 · 36			27,89	
	März			25 · 66			45,65	162,61
Nord	Okt	$Q_{S,M}$ =	0,024	25 · 31	0,7 · 0,9 · 1,0	0,8 · 2,16	20,25	
Tür	Nov			30 · 18			14,11	
	Dez			31 · 13			10,53	
	Jan			31 · 16			12,96	
	Febr			28 · 26			19,02	
	März			25 · 43			28,09	104,96
						$\sum A_W = 45{,}72$		
						m²	Q_s =	**3 546,25**

Solare Wärmegewinne je Monat in kWh/a des Standorts Freiburg Referenzregion 13

Oktober	706,25
November	527,09
Dezember	384,67
Januar	426,36
Februar	655,11
März	836,76
	∑ **3 546,24 kWh/a**

0,024 kWh = 1 Wd
1 Wd = 24 Wh = 0,024 kWh
t_M = Anzahl der Tage des Monats
I_S = Strahlungsintensität je nach Referenzregion, Himmelsrichtung und Neigungswinkel der transparenten Fläche (Verglasung)
F_f = Rahmenanteil des Fensters 30 %
⇒ 70 % Glas
F_S = Verschattungsfaktor
F_C = Abminderungsfaktor für Sonnenschutzvorrichtungen
g_j = Gesamtenergiedurchlassgrad der Verglasung
A_j = jeweilige Fensterfläche in m², aus den Rohbaumaßen ermittelt

Nachweis von e_P aus den Einzelwerten nach DIN EN 4701-10

Trinkwassererwärmung	kWh/m²a
Nach EnEV q_W =	16,0
+ Zuschlag für **Verteilung** (d)	
Mit Zirkulation	
Leitungen innerhalb der	
thermischen Hülle	
innenliegende Stränge	7,2
Heizwärmegutschrift 3,2	
+ Zuschlag für Speicherung (s)	
Leitungen innerhalb der	
thermischen Hülle	
Solarspeicher	1,4
Heizwärmegutschrift 0,6	
	24,6 kWh/m²a
Mal e_g-Zahl 1,01 (Erzeugung)	24,8
Mal f_P = 1,1 (Primärenergiefaktor)	27,3
HE 0,41 · 2,7 (Hilfsenergie Strom)	1,1
	28,4
− Deckungsanteil solar 0,52	− 14,8
$q_{h,TW}$ =	**13,6 kWh/m²a**

Heizenergie	kWh/m²a
Nach EnEV q_h =	39,0
− Gutschrift aus Trinkw.	3,8
+ Verlust für Verteilung (d)	
Leitungen innerhalb der	
thermischen Hülle	
innenliegende Stränge	
Auslegungstemperatur	
55/45	1,4
+ Verluste für Übergabe (ce)	
Freie Heizflächen	
Ventile 1 K	1,1
	37,7 kWh/m²a
Mal e_g-Zahl (Erzeugung) 1,01	38,1
Mal f_P = 1,1	41,9
+ HE = 0,43 · 2,7	1,2
(Hilfsenergie Strom)	
q_P =	**43,1 kWh/m²a**

$$e_P = \frac{q_P}{q_h + q_W} \qquad e_P = \frac{43{,}1 + 13{,}6}{39{,}0 + 16{,}0}$$

e_P = 1,03 statt 1,12 nach Tabelle

$q_P = (q_h + q_W) \cdot e_P$
q_P = (39,0 + 16,0) · 1,03
q_P = 56,6 kWh/m²a

Nach dieser e_P-Zahl dürfte dieser Wert nicht überschritten werden. Der Einzelnachweis von e_P nach DIN EN 4701 bringt günstigere Werte von e_P.

Bei einem zu sanierenden Gebäude dürfte dieser Wert von q_P bei Anwendung des Referenzverfahrens um 40 % überschritten werden.

q_P = 1,40 · 56,4
q_P = 79,2 kWh/m²a

Referenzgebäude 1: Referenzstandort **Hof**; $Gt_{19/10}$ = 4 021 Kd; t_{HP} = 234,7 d

$$Q_{S,M} = 0{,}024 \cdot t_M \cdot I_S \cdot F_f \cdot F_S \cdot F_C \cdot g_j \cdot A_j$$

		$Q_{S,M}$ =	**0,024**	$t_M \cdot I_S$	$F_f \cdot F_S \cdot F_C$	$g_j \cdot A_j$	**kWh/a**	**∑ kWh/a**
Süd	Sept		0,024	23 · 110	0,7 · 0,9 · 1,0	0,6 · 10,76	246,97	
	Okt			31 · 116			351,02	
	Nov			30 · 72			210,85	
	Dez			31 · 48			145,25	
	Jan			31 · 72			217,88	
	Febr			28 · 106			289,72	
	März			31 · 113			341,94	
	Apr			30 · 114			333,84	2 137,47
				235 *d*				
Ost	Sept	$Q_{S,M}$ =	0,024	23 · 83	0,7 · 0,9 · 1,0	0,6 · 12,85	222,54	
	Okt			31 · 59			213,22	
	Nov			30 · 29			101,42	
	Dez			31 · 17			61,44	
	Jan			31 · 28			101,19	
	Febr			28 · 56			182,79	
	März			31 · 80			289,11	
	Apr			30 · 108			377,70	1 549,41
West	Sept	$Q_{S,M}$ =	0,024	23 · 81	0,7 · 0,9 · 1,0	0,6 · 8,41	142,14	
	Okt			31 · 57			134,81	
	Nov			30 · 29			66,38	
	Dez			31 · 16			37,84	
	Jan			31 · 29			68,59	
	Febr			28 · 54			115,36	
	März			31 · 78			184,48	
	Apr			30 · 100			228,89	978,49
Nord	Sept	$Q_{S,M}$ =	0,024	23 · 41	0,7 · 0,9 · 1,0	0,6 · 7,60	65,02	
	Okt			31 · 25			53,43	
	Nov			30 · 14			28,96	
	Dez			31 · 10			21,37	
	Jan			31 · 15			32,06	
	Febr			28 · 26			50,19	
	März			31 · 41			87,63	
	Apr			30 · 56			115,83	454,49
Süd	Sept	$Q_{S,M}$ =	0,024	23 · 145	0,7 · 0,9 · 1,0	0,6 · 3,05	92,28	
Dach	Okt			31 · 118			101,22	
30°	Nov			30 · 63			52,30	
	Dez			31 · 40			34,31	
	Jan			31 · 62			53,18	
	Febr			28 · 104			80,57	
	März			31 · 138			118,37	
	Apr			30 · 171			141,95	674,18
Nord	Sept	$Q_{S,M}$ =	0,024	23 · 70	0,7 · 0,9 · 1,0	0,6 · 3,05	44,55	
Dach	Okt			31 · 33			28,31	
30°	Nov			30 · 20			16,60	
	Dez			31 · 14			12,00	
	Jan			31 · 21			18,01	
	Febr			28 · 37			28,67	
	März			31 · 62			53,18	
	Apr			30 · 107			88,82	290,14

Forts. Referenzstandort **Hof**

Nord	Sept	$Q_{S,M}$ =	0,024	$23 \cdot 41$	$0{,}7 \cdot 0{,}9 \cdot 1{,}0$	$0{,}8 \cdot 2{,}16$	24,64	
Tür	Okt			$31 \cdot 25$			20,25	
	Nov			$30 \cdot 14$			10,97	
	Dez			$31 \cdot 10$			8,10	
	Jan			$31 \cdot 15$			12,15	
	Febr			$28 \cdot 26$			19,02	
	März			$31 \cdot 41$			33,21	
	Apr			$30 \cdot 56$		$\Sigma A_W = 45{,}72$	43,89	172,23
						m²		
						$A_T = 2{,}16\,m^2$	Q_S =	**6 256,41**

Monatswerte von Q_S des Standortes Hof in kWh/a von allen Himmelsrichtungen
Referenzregion 10

September	838,14 kWh/a
Oktober	902,26
November	487,48
Dezember	320,31
Januar	503,06
Februar	766,32
März	1 107,92
April	1 330,92

$\Sigma Q_S = 6\,256{,}41$ kWh/m²a

Standort Hof

Interne Wärmegewinne

nach DIN EN 18 559-10

Bei dem Objekt handelt es sich um ein ZFH
EFH: $q_i = 50$ Wh/m²d pro m² Wohnfläche
MFH: $q_i = 100$ Wh/m²d

$$Q_i = q_i \cdot A_{Wohn} \cdot t$$
$$Q_i = 100\,\frac{Wh}{m^2 \cdot d} \cdot 359\,m^2 \cdot 235\,d$$
$$Q_i = 8\,436\,500\ Wh/a$$
$$Q_i = 8\,436{,}50\ kWh/a$$

$$F_{Gt} = 0{,}024 \cdot Gt_{19/10} \cdot f_{NA}$$
$$F_{Gt} = 0{,}024 \cdot 4021 \cdot 0{,}95$$
$$F_{Gt} = 91{,}7\ kKh/a$$

Jahres-Heizwärmebedarf

$$Q_h = F_{Gt} \cdot (H_T + H_V) - \eta \cdot (Q_S + Q_i)$$
$$Q_h = 91{,}7 \cdot (229{,}08 + 190{,}79) - 0{,}95 \cdot (6\,256{,}41 + 8\,436{,}50)$$
$$Q_h = 24\,543{,}82\ kWh/a$$

$$q_h = \frac{Q_h}{A_N} \qquad q_h = \frac{24\,543{,}82\ \frac{KWh}{a}}{393{,}79\,m^2}$$
$$q_h = 62{,}33\ kWh/m^2a$$

Bei $q_h = 62{,}33$ kWh/m²a und $A_N = 393{,}79$ m → $e_P = 1{,}12$ für BWK + solar

$$q_P = (q_h + q_W) \cdot e_P$$
$$q_P = (62{,}33 + 16{,}0) \cdot 1{,}12$$

$$q_P = 87{,}7\ kWh/m^2a$$

Dieser Wert darf für dieses in Hof zu errichtende Gebäude nicht überschritten werden.

Ein Vergleich der Primärenergieverbräuche von Freiburg mit 61,6 kWh/m²a und Hof mit 87,7 kWh/m²a zeigt schon den Standortvorteil beim Heizenergiebedarf.

Heizölverbrauch während der Heizperiode
Endenergie

Freiburg	**Hof**
bei $q_h = 39{,}0$ kWh/m²K	bei $q_h = 62{,}3$
$A_N = 393{,}79\,m^2$	$A_N = 393{,}79\,m^2$
$\Rightarrow q_{WE,E} = 48{,}6$ kWh/m²a	$\Rightarrow q_{WE,E} = 68{,}8$ kWh/m²a
$Q_{WE,E} = q_{WE,E} \cdot A_N$	$Q_{WE,E} = q_{WE,E} \cdot A_N$
$Q_{WE,E} = 48{,}6 \cdot 393{,}79$	$Q_{WE,E} = 68{,}8 \cdot 393{,}79$
$Q_{WE,E} = 19\,138{,}19$ kWh/m²a	$Q_{WE,E} = 27\,092{,}8$ kWh/m²a

Bei 1 Liter Heizöl ≙ 10 kWh

$V = 1\,900$ Liter	$V = 2\,700$ Liter

Der Heizölbedarf in Hof liegt 41,5 % über dem von Freiburg.

1.2 Auf der Grundlage des Referenzwertes für den Standort Freiburg soll der Nachweis nach der EnEV für das konkret zu errichtende Wohngebäude geführt werden. Das zweischalige Mauerwerk hat sich für den Bauherrn als sehr kostenintensiv herausgestellt und soll durch ein einschaliges Mauerwerk ersetzt werden. Außerdem hat er Bedenken bei Wärmedämmverbund-Systemen im Brandfall je nach Dämmmaterial. Auch die Anfälligkeit gegen mechanische Beschädigung ließen ihn wenig für die Ausführung eines WDS begeistern.
Ausgeführt in Planwärmedämmziegel (PWDz), $d = 30$ cm; $\varrho = 650$ kg/m³; $\lambda = 0{,}10$ W/mK nach amtlicher Zulassung; innen 1,5 cm Kalk-Gipsputz, außen 2 cm Kalk-Zementputz.
Die Kellerwände sollen wie ursprünglich vorgesehen mit einem WDVS ausgeführt werden.
Die Maße des Kellergeschosses (KG) sind Ausgangspunkt für das EG.
Die 30 cm dicke Wand des EG soll im Fertigmaß 2,5 cm vor der fertigen Kellerwand vorspringen.
Zur Verbesserung des sommerlichen Wärmeschutzes (große Amplitudendämpfung, große Phasenverschiebung, TAV) soll die Aufsparrendämmung WLG 050 mit 120 mm statt 60 mm ausgeführt werden.
Alle Fenster werden mit einem Wärmedurchgangskoeffizienten $U_W = 1{,}1$ W/m²K, einem Schalldämmwert $R = 44$ dB und einem Gesamtenergiedurchlassgrad $g = 0{,}6$ eingebaut.
Eingangstür mit U nach EnEV-Vorschrift; $g = 0{,}8$
Anlagentechnik: Wie bei Referenzwertermittlung

Umsetzung des geplanten Referenzobjektes Freiburg

Bauteil	Aufbau	d	λ	d/λ
Keller-wand: im Erdreich	Innenputz	0,02	1,0	0,02
	Stahlbeton	0,24	2,5	0,096
	Schaumglas WLG 050	0,13	0,05	2,60
	Spachtelmasse (Putz)	0,01	1,0	0,01
	R =			2,726
	R_{si} (1/8)			0,125
	R_{se} (1/∞)			0,0
	R_T =			2,851
	($U = 1/R_T$) $\boldsymbol{U_{G1}}$ =			**0,35**
	$A_{G1} = (14{,}70 + 10{,}95) \cdot 2 \cdot 1{,}20$ $l = 14{,}42 + 2 \cdot 0{,}14$ $\boldsymbol{A_{G1}}$ **= 61,56 m²** $l = 14{,}70$ m $b = 10{,}95$ m			
über Erdreich	Innenputz	0,02	1,0	0,02
	Stahlbeton	0,24	2,5	0,096
	Schaumglas	0,16	0,05	3,2
	Spachtelmasse (Putz)	0,01	1,0	0,01
	R =			3,326
	R_{si} (1/8)			0,125
	R_{se} (1/23)			0,043
	($U = 1/R_T$) $\boldsymbol{U_{G1}}$ =			**0,29**
	$A_{AW1} = (14{,}76 + 11{,}01) \cdot 2 \cdot 1{,}65 - 16{,}48$ $\boldsymbol{A_{AW1}}$ **= 68,56 m²** $b = 10{,}67 + 2 \cdot 0{,}17 = 11{,}01$			
Boden-platte	Trittschalldämmung	0,03	0,035	0,857
	Betonplatte	0,25	2,0	0,125
	Perimeterdämmung	0,10	0,050	2,0
	R =			2,982
	R_{si} (1/∞)			0
	R_{se} = (1/∞)			0
	R_T =			2,98
	($U = 1/R_T$) $\boldsymbol{U_{G2}}$ =			**0,34**
	$A_{G2} = 14{,}70 \cdot 10{,}95$ $\boldsymbol{A_{G2}}$ **= 160,97 m²**			

Bauteil		d	λ	d/λ
EG-Wand	Innenputz	0,015	0,70	0,021
	Mauerwerk	0,30	0,10	3,0
	Außenputz	0,02	1,0	0,02
	R =			3,04
	R_{si} (1/8)			0,125
	R_{se} = (1/23)			0,043
	R_T =			3,21
	($U = 1/R_T$) $\boldsymbol{U_{AW2}}$			**0,31**
	$A_{W2} = (14{,}81 + 11{,}06) \cdot 2 \cdot 2{,}85$ $- 15{,}20 - 2{,}16$ $\boldsymbol{A_{W2}}$ **= 130,10 m²**			
Dach: Gefach-bereich	Gipsplatte	0,0125	0,25	0,05
	Luftschicht			0,16
	Dämmung	0,20	0,04	5,0
	Aufsparrendäm.	0,12	0,05	2,40
	R =			7,61
	R_{si} = (1/10)			0,10
	R_{se} = (1/23)			0,043
	R_T			7,753
	U_{D1} =			0,129
Dach: Sparren-bereich	Gipsplatte	0,0125	0,25	0,05
	Luftschicht			0,16
	Sparren	0,20	0,13	1,538
	Aufsparrendäm.	0,12	0,05	2,4
	R =			4,148
	R_{si} = (1/10)			0,10
	R_{se} = (1/23)			0,043
	R_T =			4,291
	($U = 1/R_T$) U_{D2} =			0,233

$$U_{m,D} = \frac{U_1 \cdot b_1 + U_2 \cdot b_2}{b_1 + b_2}$$

$$U_{m,D} = \frac{0{,}129 \cdot 0{,}54 + 0{,}233 \cdot 0{,}14}{0{,}68}$$

$$\boldsymbol{U_{m,D} = 0{,}15\ W/m^2K}$$

Dachfläche

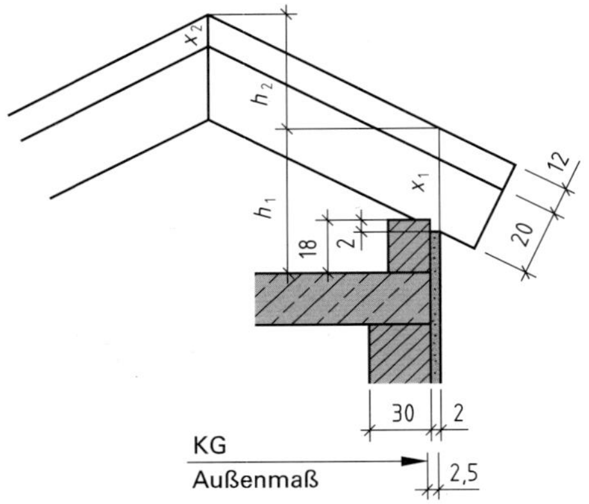

Bild 1: Maße am Dach

DN ca. 29,4°

$\cos 29{,}4 = \frac{20}{x}$ $\quad$ $\tan \alpha = \frac{2{,}96}{5{,}53}$ $\quad$ $\cos 28{,}2 = \frac{32}{x_1}$

$x = 23$ cm $\quad$ $\alpha = 28{,}2°$ $\quad$ $x_1 = 36$ cm

$h_1' = 18 - 2 + 23$ $\quad$ $h_1 = 36 - 2 + 18$

$h_1' = 39$ cm $\quad$ $h_1 = 52$ cm

$h_2' = 3{,}35 - 0{,}39$ $\quad$ $h_2 = 3{,}35 + 0{,}14 - 0{,}52$

$h_2' = 2{,}96$ m $\quad$ $h_2 = 2{,}97$ m

$\cos 28{,}2 = \frac{12}{x_2}$

$x_2 = 14$ cm $\quad$ $A_D = 6{,}27 \cdot 14{,}81 \cdot 2 - 6{,}10$

$\boldsymbol{A_D = 179{,}62\ m^2}$

$\cos 28{,}2 = \frac{5{,}53}{S}$

$S = 6{,}27$ m

DG/Giebel

$\boldsymbol{U_{AW3} \triangleq U_{AW2} = 0{,}31\ W/m^2K}$

$$A_{AW3} = (14{,}81 + 11{,}06) \cdot 2 \cdot 0{,}52 + \frac{11{,}06 \cdot 2{,}96}{2} \cdot 2 - 2{,}26 \cdot 1{,}76 \cdot 2$$

$\boldsymbol{A_{AW3} = 51{,}69\ m^2}$

Fensterflächen nach der Himmelsrichtung

	KG	EG	Giebel	Σ m²
Süd	5,38	5,38		10,76
Ost	4,44	4,44	3,98	12,86
West	2,22	2,22	3,98	8,42
Nord	4,44	3,16		7,60
Σ m²	16,48	15,20	7,96	**39,64**
Dach:				
Süd				3,05
Nord				3,05
			Σ m²	**45,74**
Tür Nord	$g = 0{,}8$	2,16		

Alle Fenster: $U_W = 1{,}1$ W/m²K; $\quad g = 0{,}6$

Beheiztes Bruttovolumen

$V_e = 14{,}70 \cdot 10{,}95 \cdot 1{,}20 = 193{,}16$ m³ KG

$14{,}76 \cdot 11{,}01 \cdot 1{,}65 = 268{,}14$ m³ KG

$14{,}81 \cdot 11{,}06 \cdot 2{,}85 = 466{,}83$ m³ EG

$11{,}0 \cdot 0{,}52 \cdot 14{,}81 = 85{,}16$ m³ DG

$+ \frac{11{,}06 \cdot 2{,}97 \cdot 14{,}81}{2} = 242{,}42$ m³ DG

$V_e = 1\,255{,}71$ m³

Gebäude-Nutzfläche

$A_N = 0{,}32 \cdot V_e$

$= 0{,}32 \cdot 1\,255{,}71$

$A_N = 401{,}83$ m²

bei $A_N > 350$ m² $\Rightarrow$ zul. $H_T' = 0{,}50$ W/m²K

Spezifische Transmissionswärmeverluste

$$H_T = F_{x,j} \cdot U_j \cdot A_j$$

		W/K
Bodenplatte	$H_T = 0{,}25 \cdot 0{,}34 \cdot 160{,}97$	= 13,68
Kellerwand:		
im Erdreich	$H_T = 0{,}6 \cdot 0{,}35 \cdot 61{,}56$	= 12,93
über Erdreich	$H_T = 1{,}0 \cdot 0{,}28 \cdot 68{,}56$	= 19,20
EG-Wand	$H_T = 1{,}0 \cdot 0{,}31 \cdot 130{,}10$	= 40,33
Dach	$H_T = 1{,}0 \cdot 0{,}15 \cdot 179{,}62$	= 26,94
DG/Giebel	$H_T = 1{,}0 \cdot 0{,}31 \cdot 51{,}79$	= 16,05
Fenster	$H_T = 1{,}0 \cdot 1{,}1 \cdot 45{,}74$	= 50,31
Tür	$H_T = 1{,}0 \cdot 1{,}8 \cdot 2{,}16$	= 3,89
	$A = 700{,}5$ m²	
	H_T	= 183,33
+ Wärmebrückenzuschlag $0{,}05 \cdot 700{,}5$		= 35,03
	$\boldsymbol{\Sigma H_T}$	**= 218,36 W/K**

Spezifische Transmissionswärmeverluste, bezogen auf die wärmeübertragende Gebäudehüllfläche

$$\text{vorh. } H'_T = \frac{H_T}{A} \qquad \text{vorh. } H'_T = \frac{218{,}36\ \frac{W}{K}}{700{,}5\ m^2}$$

vorh. $H'_T = 0{,}31\ W/m^2K$ < zul. $H'_T = 0{,}50\ W/m^2K$
⇒ Nebenforderung erfüllt

spezifische Lüftungswärmeverluste

$H_V = 0{,}34 \cdot n \cdot V$
$H_V = 0{,}34 \cdot n \cdot 0{,}76 \cdot V_e$
$H_V = 0{,}34 \cdot 0{,}6 \cdot 0{,}76 \cdot 1\,255{,}71$

$H_V = 194{,}69\ W/K$

Interne Wärmegewinne

nach DIN EN 18 559-10

EFH: $q_i = 50\ Wh/m^2d$
MFH: $q_i = 100\ Wh/m^2d$

Bei dem Objekt handelt es sich um ein ZFH

$Q_i = q_i \cdot A_{Wohn} \cdot t$

$$Q_i = 100\ \frac{Wh}{m^2 \cdot d} \cdot 359\ m^2 \cdot 170\ d$$

$Q_i = 6\,103\,000\ Wh/a$
$Q_i = 6\,103{,}0\ kWh/a$

$F_{Gt} = 0{,}024 \cdot Gt_{19/10} \cdot f_{NA}$
$= 0{,}024 \cdot 2\,560 \cdot 0{,}95$
$F_{Gt} = 58{,}37\ kKh/a$

Jahres-Heizwärmebedarf

$Q_h = F_{Gt} \cdot (H_T + H_V) - 0{,}95 \cdot (Q_S + Q_i)$

$58{,}37 \cdot (218{,}36 + 194{,}69)$
$- 0{,}95 \cdot (3\,546{,}25 + 6\,103{,}0)$
$Q_h = 14\,942{,}94\ kWh/a$

$$q_h = \frac{Q_h}{A_N} \qquad q_h = \frac{14\,942{,}94\ \frac{kWh}{a}}{401{,}83\ m^2}$$

$q_h = 37{,}19\ kWh/m^2a$

bei $q_h = 37{,}19\ kWh/m^2a$ und $A_N = 401{,}83\ m^2$ → $e_P = 1{,}12$

bei Brennwertkessel mit gebäudezentraler Trinkwassererwärmung.

Jahresprimärenergiebedarf bezogen auf den m² Gebäude-Nutzfläche

$q_P = (q_h + q_w) \cdot e_P$
$q_P = (37{,}19 + 16{,}0) \cdot 1{,}12$
$q_P = 59{,}57\ kWh/m^2a$ < Referenzwert
$q_P = 61{,}6\ kWh/m^2a$

Hauptforderung erfüllt.

Bei WP mit gebäudezentraler Trinkwassererwärmung ⇒ $e_P = 1{,}04$

$q_P = (37{,}19 + 16{,}0) \cdot 1{,}04$
$q_P = 55{,}3\ kWh/m^2a$

Durch den Einsatz einer Sole-Wasser-Wärmepumpe wird der Referenzwert noch leichter erreicht.

Beispiel 2:

Freistehendes zu errichtendes Zweifamilienhaus (EFH) mit beheiztem Kellergeschoss und Dachgeschoss.

Daten:
Die Fenster im Kellergeschoss (KG) haben die Abmessungen 1,26 m x 0,76 m.
Die Anzahl ist dem Grundriss zu entnehmen.
An den Giebelseiten befinden sich je ein Fenster mit den Abmessungen 1,76 m x 1,26 m.
In den Dachflächen sind jeweils drei Dachflächenfenster eingebaut: Abmessungen 1,26 m x 1,51 m
$g_{\text{Tür}}$ wie g_{Fenster}.

Gesucht ist der Nachweis nach dem Gebäude-Referenzverfahren für den Referenzstandort Potsdam.

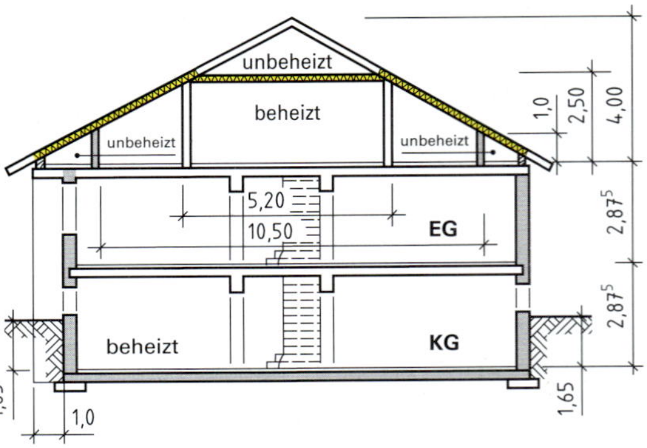

Bild 3: Schnitt

Anm.: Bei ausgebauten Dachräumen mit Abseitenwänden sollte nach DIN 4108 die Wärmedämmung in der Dachschräge bis zum Dachfußpunkt hinabgeführt werden.

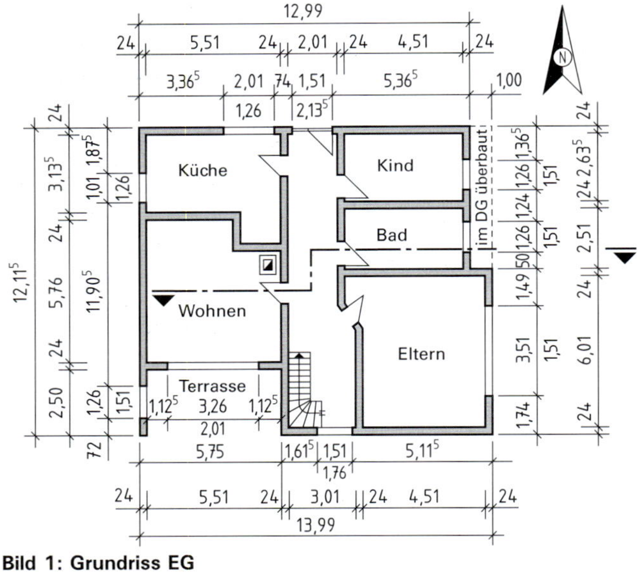

Bild 1: Grundriss EG

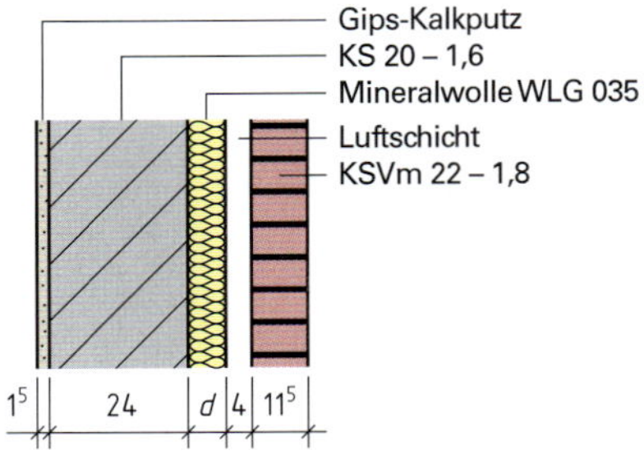

Bild 4: Wandaufbau EG und Giebel

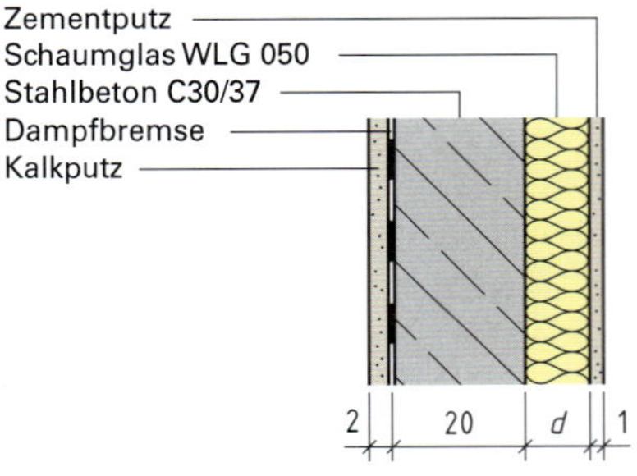

Bild 5: Wandaufbau KG

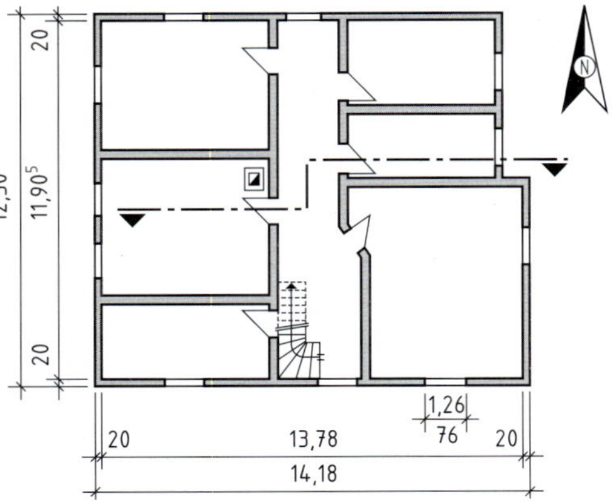

Bild 2: Grundriss KG

Abseitenwand: Skelettanteil 20 %
Holzskelett

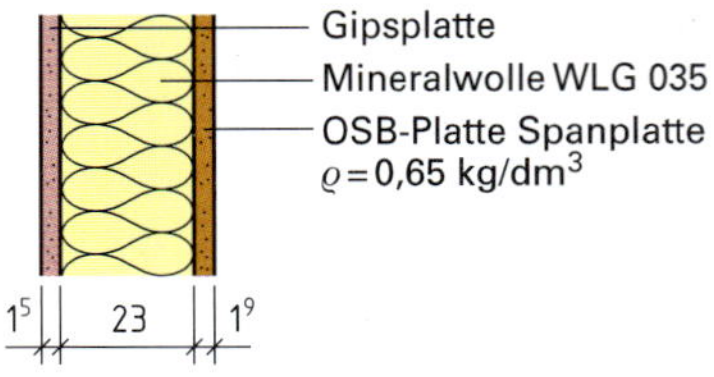

Bild 6: Wandaufbau Abseitenwand

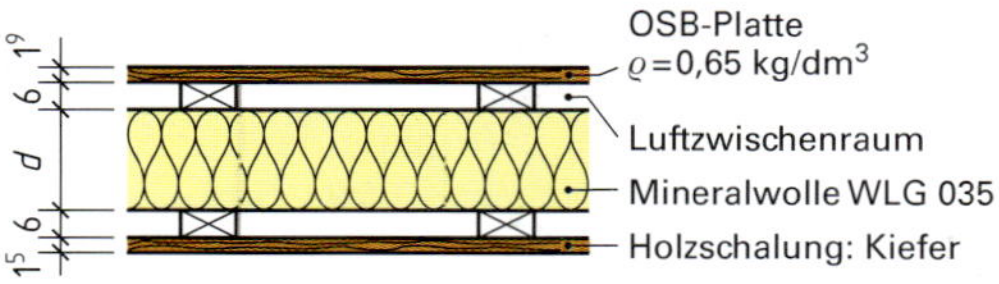

Bild 1: Kehlbalkendecke

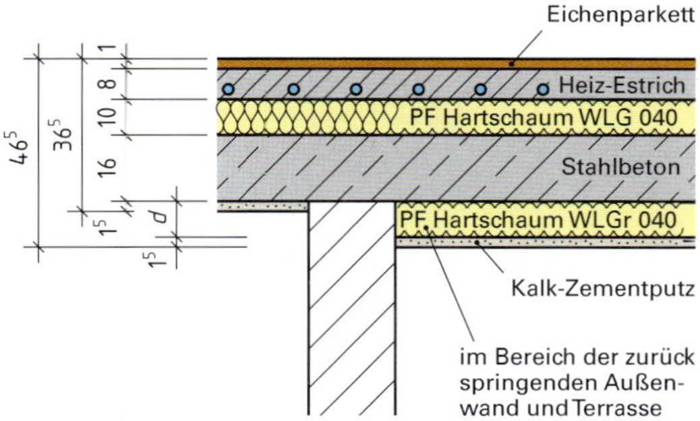

Bild 2: EG-Decke

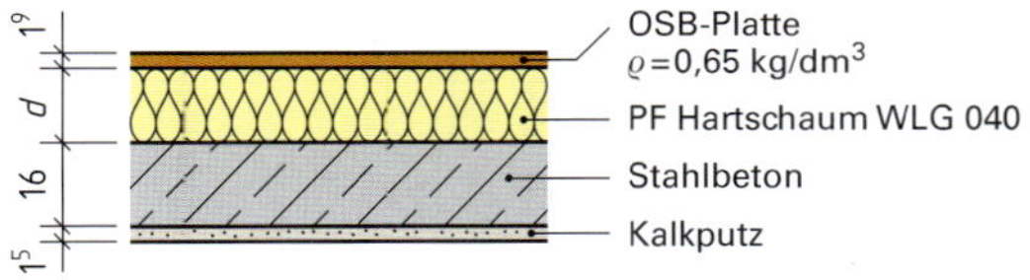

Bild 3: EG-Decke unter der Abseite

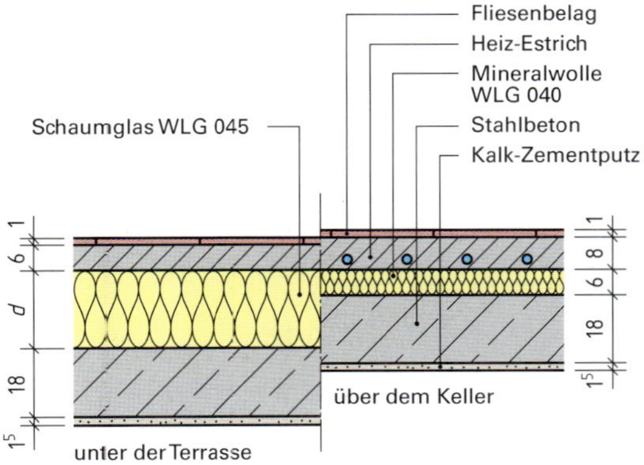

Bild 4: KG-Decke

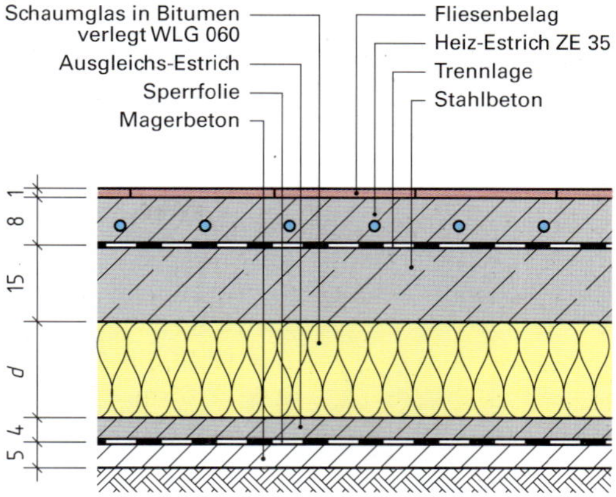

Bild 5: Bodenplatte

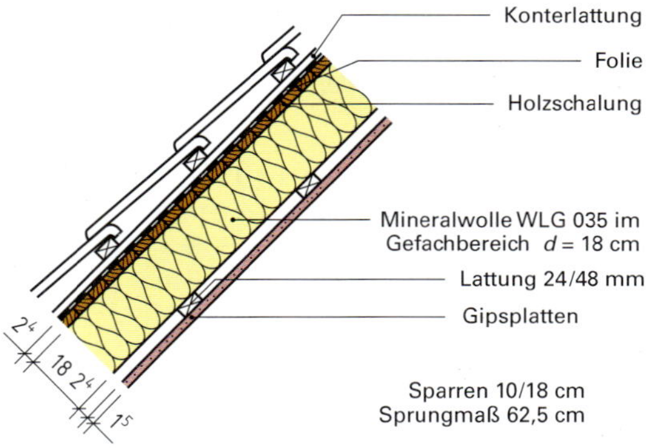

Bild 6: Dachaufbau

Kellerwand
über Erdreich

Vorgabe nach EnEV
$U = 0{,}28\,\text{W/m}^2\text{K}$

$$\frac{1}{0{,}28} = \frac{1}{8} + \frac{0{,}015}{0{,}7} + \frac{0{,}20}{2{,}5} + \frac{d}{0{,}05} + \frac{001}{1{,}0} + \frac{1}{23}$$

$d = 0{,}16\,\text{m}$
$d = 160\,\text{mm}$

$l = 14{,}18 + 2 \cdot 0{,}17$
$l = 14{,}52\,\text{m}$
$b = 12{,}305 + 2 \cdot 0{,}17$
$b = 12{,}65\,\text{m}$

$A_{AW1} = (14{,}52 + 12{,}65) \cdot 2 \cdot 1{,}225 - 1{,}26 \cdot 0{,}76 \cdot 11$
$\boldsymbol{A_{AW1} = 56{,}03\,\text{m}^2}$ $\boldsymbol{U_{AW1} = 0{,}28\,\text{W/m}^2\text{K}}$

im Erdreich

Vorgabe nach EnEV
$U = 0{,}35\,\text{W/m}^2\text{K}$

$$\frac{1}{0{,}35} = \frac{1}{8} + \frac{0{,}015}{1{,}0} + \frac{0{,}20}{2{,}5} + \frac{d}{0{,}05} + \frac{0{,}01}{1{,}0} + \frac{1}{\infty}$$

$d = 0{,}13\,\text{m}$
$d = 130\,\text{mm}$

$l = 14{,}18 + 2 \cdot 0{,}14$
$l = 14{,}46\,\text{m}$
$b = 12{,}305 + 2 \cdot 0{,}14$
$b = 12{,}585\,\text{m}$

$A_{G1} = (14{,}46 + 12{,}585) \cdot 2 \cdot 1{,}65$
$\boldsymbol{A_{G1} = 89{,}25}\,\text{m}^2$

$\boldsymbol{U_{G1} = 0{,}35\,\text{W/m}^2\text{K}}$

In der Ausführung des konkreten Gebäudes wird aus konstruktiven Gründen über die ganze Außenwand die Dämmung mit 160 mm angebracht.

Bodenplatte

Vorgabe nach EnEV
$U = 0{,}35\,\text{W/m}^2\text{K}$

$$\frac{1}{0{,}35} = \frac{1}{\infty} + \frac{0{,}15}{2{,}5} + \frac{d}{0{,}060} + \frac{0{,}04}{1{,}4} + \frac{1}{\infty}$$

$d = 0{,}166$
$d = 170\,\text{mm}$

$A_{G2} = 14{,}46 \cdot 12{,}585$
$\boldsymbol{A_{G2} = 181{,}98\,\text{m}^2}$ $\boldsymbol{U_{G2} = 0{,}35\,\text{W/m}^2\text{K}}$

EG-Wand

Vorgabe nach EnEV
$U = 0{,}28\,\text{W/m}^2\text{K}$

$$\frac{1}{0{,}28} = \frac{1}{8} + \frac{0{,}015}{0{,}7} + \frac{0{,}24}{0{,}79} + \frac{d}{0{,}035} + 0{,}18 + \frac{0{,}115}{0{,}99} + \frac{1}{23}$$

$d = 0{,}097\,\text{m}$
$d = 100\,\text{mm}$

$l = 13{,}99 + 2 \cdot 0{,}255$
$l = 14{,}50\,\text{m}$
$b = 12{,}115 + 2 \cdot 0{,}255$
$b = 12{,}63\,\text{m}$

$A_{AW2} = (14{,}50 + 12{,}63) \cdot 2 \cdot 2{,}875 - 22{,}12$
$\boldsymbol{A_{AW2} = 133{,}88\,\text{m}^2}$ $\boldsymbol{U_{AW2} = 0{,}28\,\text{W/m}^2\text{K}}$

Fensterflächen nach der Himmelsrichtung

	KG	EG	DG	$\sum$ m²
Süd	2,87	9,21	2,22	14,30
Ost	2,87	9,11		11,98
West	2,87	1,27		4,14
Nord	1,92	2,53	2,22	6,67
$\sum$	10,53	22,12	4,44	37,09
	$U_W = 1{,}3$; $g = 0{,}6$			
DF 30°	$U_W = 1{,}4$; $g = 0{,}6$			
Ost				5,71
West				5,71
			$\sum$	48,51
Tür	$U_T = 1{,}80$; $g = 0{,}6$			3,22
			$\sum$	51,73

Dach

Vorgabe nach EnEV
$U = 0{,}20\,\text{W/m}^2\text{K}$

Gefachbereich

$$R_{T1} = \frac{1}{10} + \frac{0{,}015}{0{,}25} + 0{,}16 + \frac{0{,}18}{0{,}035} + \frac{0{,}024}{0{,}13} + \frac{1}{23}$$

$R_{T1} = 5{,}69\,\text{m}^2\text{K/W}$
$U_{D1} = 0{,}176\,\text{W/m}^2\text{K}$

Sparrenbereich

$$R_{T2} = \frac{1}{10} + \frac{0{,}015}{0{,}25} + 0{,}16 + \frac{0{,}18}{0{,}13} + \frac{0{,}024}{0{,}13} + \frac{1}{23}$$

$R_{T2} = 1{,}932\,m^2K/W$
$U_{D2} = 0{,}517\,W/m^2K$

$$U_{m,D} = \frac{U_1 \cdot b_1 + U_2 \cdot b_2}{b_1 + b_2}$$

$$U_{m,D} = \frac{0{,}176 \cdot 0{,}525 + 0{,}517 \cdot 0{,}10}{0{,}625}$$

$U_{m,D} = 0{,}23\,W/m^2K > \text{Referenz } U = 0{,}20\,W/m^2K$

Es ist eine Aufdachdämmung erforderlich WLG 045

gefordert R_T = vorhanden R_T + zusätzlich erf. R

$$\frac{1}{0{,}20} = \frac{1}{0{,}23} + \frac{d}{0{,}045}$$

$d = 0{,}029\,m$
$d = 30\,mm$

$$\tan \alpha = \frac{1{,}50}{2{,}65}$$

$\alpha = 29{,}5°$ $\qquad S^2 = 2{,}65^2 + 1{,}50^2$
$\alpha \approx 30°$ $\qquad S = 3{,}05\,m$

$A_{D1} = 3{,}05 \cdot 12{,}63 \cdot 2 - 11{,}42$
$A_{D1} = 65{,}62\,m^2$ $\qquad$ **$U_{D1} = 0{,}20\,W/m^2K$**

DG/Giebel

$$A_{AW3} = 10{,}50 \cdot 1{,}0 \cdot 2 + \frac{10{,}50 + 5{,}20}{2} \cdot 1{,}50 \cdot 2 - 4{,}44$$

$A_{AW3} = 40{,}11\,m^2$ $\qquad$ **$U_{AW3} \triangleq U_{AW2} = 0{,}28\,W/m^2K$**

Abseitenwand

Vorgabe nach EnEV
$U = 0{,}20\,W/m^2K$

$$R_{T1} = \frac{1}{8} + \frac{0{,}015}{0{,}25} + \frac{0{,}23}{0{,}035} + \frac{0{,}019}{0{,}13} + \frac{1}{8}$$

$U_{AW1} = 0{,}142\,W/m^2K$

$$R_{T2} = \frac{1}{8} + \frac{0{,}015}{0{,}25} + \frac{0{,}23}{0{,}13} + \frac{0{,}019}{0{,}13} + \frac{1}{8}$$

$U_{AW2} = 0{,}449\,W/m^2K$

$$U_{m,AW4} = \frac{0{,}142 \cdot 80 + 0{,}449 \cdot 20}{100}$$

$U_{m,AW4} = 20\,W/m^2K$ $\qquad A_{AW4} = 12{,}63 \cdot 1{,}0 \cdot 2$
$A_{AW4} = 25{,}26\,m^2$

KG-Decke unter der Terrasse

$$\frac{1}{0{,}28} = \frac{1}{10} + \frac{0{,}015}{0{,}7} + \frac{0{,}18}{2{,}5} + \frac{d}{0{,}045} + \frac{0{,}06}{1{,}4} + \frac{0{,}01}{1{,}3} + \frac{1}{23}$$

$d = 0{,}147\,m$
$d = 150\,mm$

$A_{D2} = 5{,}51 \cdot 2{,}50$
$A_{D2} = 13{,}78\,m$ $\qquad$ **$U_{D2} = 0{,}28\,W/m^2K$**

Auskragende Decke im Rücksprung der Außenwand sowie über der Terrasse

$$\frac{1}{0{,}28} = \frac{1}{\infty} + \frac{0{,}10}{0{,}04} + \frac{0{,}16}{2{,}5} + \frac{d}{0{,}040} + \frac{0{,}015}{1{,}0} + \frac{1}{23}$$

$d = 0{,}038\,m$
$d = 40\,mm$

$A_{D3} = 5{,}51 \cdot 2{,}50 + 5{,}625 \cdot 1{,}0$
$A_{D3} = 19{,}40\,m^2$ $\qquad$ **$U_{D3} = 0{,}28\,W/m^2$**

Wenn die Abseitenwand relativ nahe der Außenwand steht und die Dachdämmung bis zum Fußpunkt (Schnitt Außenkante Außenwand – Dach) gezogen wird, kann als energetische Zone das Dach bis zu diesem Schnittpunkt gerechnet werden. Ebenso kann mit dem Kehlbalken verfahren werden. Liegt dieser weit oben, so dass der Dachspitz relativ klein ist, so kann die Dachdämmung bis zum First gezogen werden und der Dachspitz in die beheizte Zone einbezogen werden.
Dies ist besonders dann zu empfehlen, wenn eine Aufdachdämmung aufgebracht werden muss.

EG-Decke unter der Abseite

$$\frac{1}{0{,}20} = \frac{1}{10} + \frac{0{,}015}{1{,}0} + \frac{0{,}16}{2{,}5} + \frac{d}{0{,}040} + \frac{0{,}019}{0{,}13} + \frac{1}{10}$$

$d = 0{,}18\,m$
$d = 180\,mm$

$A_{D4} = 12{,}63 \cdot 1{,}855 \cdot 2$
$A_{D4} = 46{,}86\,m^2$ $\qquad$ **$U_{D4} = 0{,}20\,W/m^2K$**

Kehlbalken

$$\frac{1}{0{,}20} = \frac{1}{10} + \frac{0{,}015}{0{,}13} + 0{,}16 + \frac{d}{0{,}035} + 0{,}16 + \frac{0{,}019}{0{,}13} + \frac{1}{10}$$

$d = 0{,}147\,m$
$d = 150\,mm$

$A_{D5} = 5{,}20 \cdot 12{,}63$
$A_{D5} = 65{,}68\,m^2$ $\qquad$ **$U_{D5} = 0{,}20\,W/m^2K$**

Spezifische Transmissionswärmeverluste

		$F_{x,j} \cdot U_j \cdot A_j$ =	H_T
Bodenplatte	H_T =	0,25 · 0,35 · 181,98	15,92
Kellerwand:			
im Erdreich	H_T =	0,6 · 0,35 · 89,25	18,74
über Erdreich	H_T =	1,0 · 0,28 · 56,03	15,69
EG-Wand	H_T =	1,0 · 0,28 · 133,88	37,48
Dach	H_T =	1,0 · 0,20 · 65,62	13,12
DG//Giebel	H_T =	1,0 · 0,28 · 40,11	11,23
Abseiten-wand	H_T =	0,8 · 0,20 · 25,26	4,04
KG-Decke u. Terrasse	H_T =	1,0 · 0,28 · 13,78	3,86
auskragende Decke im Rücksprung der Wand sowie über Terrasse	H_T =	1,0 · 0,28 · 19,40	5,43
EG-Decke unter Abseite	H_T =	0,8 · 0,20 · 46,86	7,50
Kehlbalken-decke	H_T =	0,80 · 0,20 · 65,68	10,51
Fenster:			
KG	H_T =	1,0 · 1,3 · 10,53	13,69
EG	H_T =	1,0 · 1,3 · 22,12	28,76
DG	H_T =	1,0 · 1,3 · 4,44	5,77
DF	H_T =	1,0 · 1,4 · 11,42	15,99
Tür	H_T =	1,0 · 1,8 · 3,22	5,80
		A = 789,58 m²	213,53
+ WB-Zuschlag	H_T =	0,05 · 789,58	39,48
		$\sum H_T$ =	**253,01**

Auf die wärmeübertragende Gebäudehüllfläche bezogener Transmissionswärmeverlust.

$$H'_T = \frac{H_T}{A}$$

$$\text{vorh. } H'_T = \frac{253{,}01 \frac{W}{K}}{789{,}58\,m^2}$$

vorh. H'_T = 0,32 W/m²K ≙ einem mittleren U-Wert aller Wärme übertragenden Flächen des ganzen Gebäudes

beheiztes Bruttovolumen

V_e = 14,52 · 12,65 · 2,875 = 528,07 m³ KG
14,50 · 12,63 · 2,875 = 526,51 m³ EG
10,50 · 1,0 · 12,63 = 132,62 m³ DG

$$\frac{10{,}50 + 5{,}20}{2} \cdot 1{,}50 \cdot 12{,}63 = 148{,}72\,m^3 \text{ DG}$$

$\boldsymbol{V_e}$ **= 1 335,92 m³**

Gebäude-Nutzfläche

$A_N = 0{,}32 \cdot V_e$
$= 0{,}32 \cdot 1\,335{,}92$
$\boldsymbol{A_N}$ **= 427,49 m²**

Lüftungswärmeverluste

$H_V = c_L \cdot \varrho_L \cdot n \cdot V$
$H_V = 1\,000 \cdot 1{,}25 \cdot 0{,}6 \cdot 0{,}76 \cdot V_e$
$H_V = 1\,000 \cdot 1{,}25 \cdot 0{,}6 \cdot 0{,}76 \cdot 1\,335{,}92$

$$H_V = 761\,474{,}4 \frac{Ws}{K} \cdot 3\,600\ s$$

$\boldsymbol{H_V}$ **= 211,52 W/K**

c_L = spez. Wärmekapazität der Luft in J/kgK
ϱ_L = Dichte der Luft in kg/m³
0,6 = Luftwechselrate 0,6 h^{-1}
0,76 · V_e = Luftvolumen m³

interne Wärmegewinne

$$Q_i = 100 \frac{Wh}{m^2 \cdot d} \cdot 360\,m^2 \cdot 199\,d$$

Q_i = 7 164 000 Wh/a
$\boldsymbol{Q_i}$ **= 7 164 kWh/a**

Für Referenzort Potsdam

$F_{Gt} = 0{,}024 \cdot Gt_{x/y} \cdot f_{NA}$
$F_{Gt} = 0{,}024 \cdot 3210 \cdot 0{,}95$
F_{Gt} = 73,2 kKh/a

Jahres-Heizwärmebedarf

$Q_h = F_{Gt} \cdot (H_T + H_V) - \eta \cdot (Q_S + Q_i)$
$Q_h = 73{,}2 \cdot (253{,}01 + 211{,}52)$
$- 0{,}95 \cdot (4\,200{,}47 + 7\,164{,}00)$
$\boldsymbol{Q_h}$ **= 23 207,35 kWh/a**

Referenzgebäude 2: Referenzstandort **Potsdam;** $Gt_{19/10}$ = 3 210 Kd; t_{HP} = 198,2 d

$$Q_{S,M} = 0{,}024 \cdot t_M \cdot I_S \cdot F_f \cdot F_S \cdot F_C \cdot g_j \cdot A_j$$

		$Q_{S,M}$ =	**0,024**	$t_M \cdot I_S$	$F_f \cdot F_S \cdot F_C$	$g_j \cdot A_j$	**kWh/a**	**Σ kWh/a**
Süd	Sept		0,024	7 · 110	0,7 · 0,9 · 1,0	0,6 · 14,30	99,89	
	Okt			31 · 90			361,95	
	Nov			30 · 53			206,27	
	Dez			31 · 30			120,65	
	Jan			31 · 41			166,89	
	Febr			28 · 80			240,59	
	März			31 · 95			382,05	
	Apr			10 · 115			149,19	1 775,48
				199d				
	Sept	$Q_{S,M}$ =	0,024	7 · 77	0,7 · 0,9 · 1,0	0,6 · 11,98	58,58	
Ost	Okt			31 · 49			165,09	
	Nov			30 · 23			74,99	
	Dez			31 · 12			40,43	
	Jan			31 · 18			60,64	
	Febr			28 · 39			118,68	
	März			31 · 63			212,26	
	Apr			10 · 98			106,51	837,18
West	Sept	$Q_{S,M}$ =	0,024	7 · 78	0,7 · 0,9 · 1,0	0,6 · 4,15	20,56	
	Okt			31 · 48			56,02	
	Nov			30 · 23			25,98	
	Dez			31 · 12			14,01	
	Jan			31 · 18			24,52	
	Febr			28 · 40			42,17	
	März			31 · 62			72,36	
	Apr			10 · 97			36,52	292,14
Nord	Sept	$Q_{S,M}$ =	0,024	7 · 47	0,7 · 0,9 · 1,0	0,6 · 6,67	12,39	
	Okt			31 · 28			32,68	
	Nov			30 · 14			15,81	
	Dez			31 · 8			9,34	
	Jan			31 · 12			14,01	
	Febr			28 · 22			23,19	
	März			31 · 37			43,18	
	Apr			10 · 58			21,84	172,44
Ost	Sept	$Q_{S,M}$ =	0,024	7 · 114	0,7 · 0,9 · 1,0	0,6 · 5,71	41,34	
Dach	Okt			31 · 69			110,80	
30°	Nov			30 · 31			48,18	
	Dez			31 · 17			27,30	
	Jan			31 · 25			40,15	
	Febr			28 · 53			76,87	
	März			31 · 90			144,53	
	Apr			10 · 144			74,59	563,76
West	Sept	$Q_{S,M}$ =	0,024	7 · 114	0,7 · 0,9 · 1,0	0,6 · 5,71	41,34	
Dach	Okt			31 · 68			109,20	
30°	Nov			30 · 32			49,73	
	Dez			31 · 17			27,30	
	Jan			31 · 25			40,15	
	Febr			28 · 53			76,87	
	März			31 · 88			141,31	
	Apr			10 · 142			73,56	559,46
							Σ	**4 200,47**

Forts. Referenz-Standort Potsdam

Monatswerte von Q_S des Standortes Potsdam in kWh/a
Referenzregion 4

September	274,10
Oktober	835,74
November	420,96
Dezember	239,03
Januar	344,36
Februar	628,37
März	995,69
April	462,21

$\sum \mathbf{Q_S} =$ **4 200,46 kWh/m²a**

0,024 kWh = 1 Wd
1 Wd = 24 Wh = 0,024 kWh

t_M = Anzahl der Tage des Monats
I_S = Strahlungsintensität je nach Referenzregion, Himmelsrichtung und Neigungswinkel der transparenten Fläche (Verglasung)
F_f = Rahmenanteil des Fensters 30 %
$\Rightarrow$ 70 % Glas
F_S = Verschattungsfaktor
F_C = Abminderungsfaktor für Sonnenschutzvorrichtungen
g_j = Gesamtenergiedurchlassgrad der Verglasung
A_j = jeweilige Fensterfläche in m², aus den Rohbaumaßen ermittelt

Heizwärmebedarf, bezogen auf die Gebäude-Nutzfläche

$$q_h = \frac{Q_h}{A_N}$$

$$q_h = \frac{23\,207{,}35\ \frac{\text{kWh}}{\text{a}}}{427{,}49\ \text{m}^2}$$

q_h = 54,29 kWh/m²a

bei q_h = 54,29 kWh/m²a und A_N = 427,49 m² → BWK + solar, e_P = 1,12

$q_P = (q_h + q_W) \cdot e_P$

q_P = (54,29 + 16,0) · 1,12
q_P = 78,72 kWh/m²a

Dieser Wert darf bei Erstellung des Wohngebäudes nicht überschritten werden.

Der Bauherr hat eine Vorliebe für zweischaliges Mauerwerk und ist überzeugt, dass das Haus in die umgebende Architektur passt.
Auch kennt er die bauphysikalischen Vorteile dieser zweischaligen Konstruktion sowie die Dauerhaftigkeit und Pflegeleichtigkeit einer solchen Fassade.

Bei der Anlagetechnik ist er allerdings zur Überzeugung gelangt, von den fossilen Brennstoffen weg zu kommen. Er plant daher die Installierung einer Photovoltaik-Anlage mit deren Ertrag in kWh er eine Wärmepumpe (WWP) betreiben möchte.
Mit der Wärmepumpe möchte er den gesamten Energiebedarf für Heizung und Warmwasserbereitung abdecken.
Die PV-Anlage soll so ausgelegt werden, dass er mehr Strom erzeugen kann, als er für den Betrieb der Wärmepumpe benötigt.

Bei einer Wärmepumpe mit gebäudezentraler Trinkwassererwärmung ergibt sich eine Anlagenaufwandszahl e_P von 0,96.
Daraus ergibt sich:
q_P = (54,29 + 16,0) · 0,96
q_P = 67,48 kWh/m²a

Durch den Einsatz der Wärmepumpe kann der Referenzwert deutlich unterschritten werden.

Außerdem ist damit die Forderung nach dem „Erneuerbaren-Energie-Wärmegesetz“ mehr als erfüllt.

1.16 Längenänderung von Bauteilen infolge von Temperatureinflüssen

Jeder Körper erfährt durch Zufuhr von Wärmeenergie eine Volumenvergrößerung und durch Entzug von Wärmeenergie eine Volumenverkleinerung. Im Bauwesen spielt die Volumenänderung keine wesentliche Rolle. Vielmehr reduziert sich die Volumenänderung auf die Änderung in der Länge. Längenänderungen verursachen bei vielen Baustoffen wie Beton, Mauerwerk, Putz, Risse. Ob sich ein Bauteil nach dem Einbau mehr ausdehnt oder zusammenzieht, hängt im Wesentlichen von der Einbautemperatur des Bauteils ab.

$$\Delta l = l_0 \cdot \alpha_T \cdot \Delta\vartheta_{Verl.}$$

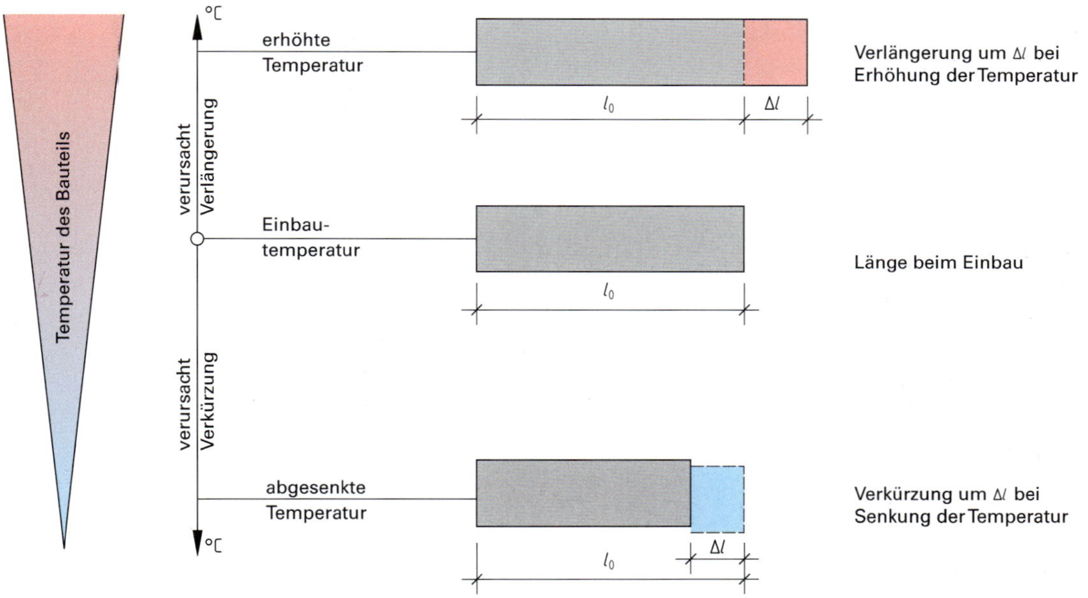

Bild 1: Temperatureinfluss

Ausführung und Verformung bei Stehfalzen

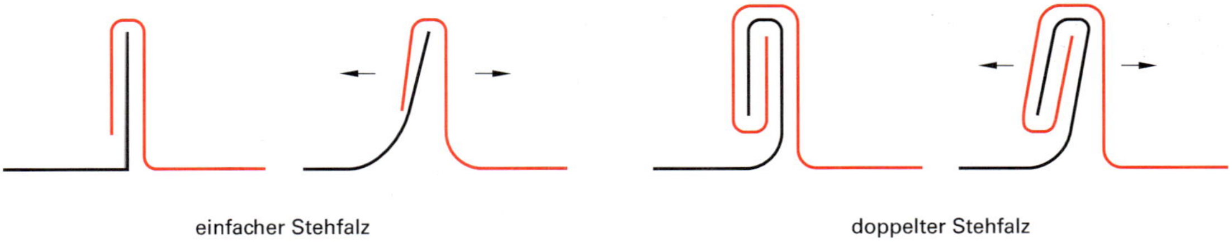

Dehnschlangen bei Rohren

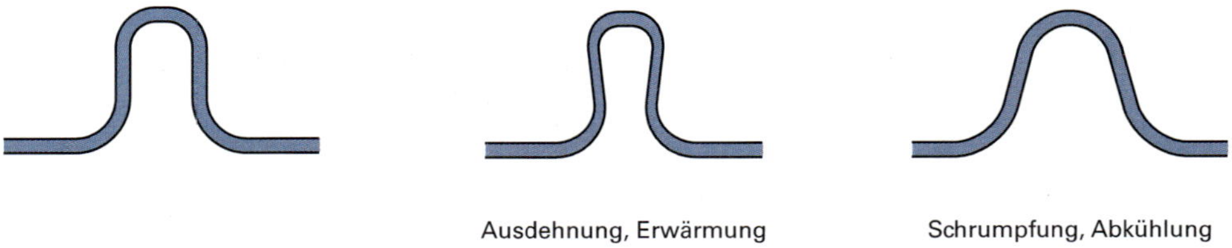

Die gesamte Längenänderung errechnet sich zu:

$$\Delta l = l_0 \cdot \alpha_T \cdot \Delta\vartheta$$

Δl Längenänderung in m infolge Temperatureinflüssen

l_0 ursprüngliche Länge des Bauteils in m (Dehnfugenabstand)

α_T Wärmeausdehnungskoeffizient in m/m °C (1/°C)

$\Delta\vartheta$ Temperaturunterschied in °C

Will man die gesamte Längenänderung in den Anteil der Bauteilverlängerung und Bauteilverkürzung (Dehnung – Schrumpfung) zerlegen, so ist die Einbautemperatur zu berücksichtigen.

Beispiel 1:

Ein Betondach, C 30/37, hat die Abmessungen: $l = 8{,}0$ m; $b = 4{,}50$ m; $d = 16$ cm.

Es wird bei +12 °C betoniert. Im Winter wird es auf –15 °C abgekühlt, während es im Sommer auf 58 °C erwärmt wird.

Verkürzung:

$\Delta l_{Verk.} = l_0 \cdot \alpha_T \cdot \Delta\vartheta$

$\Delta l_{Verk.} = 8{,}0 \text{ m} \cdot 0{,}000\,012 \text{ m/m °C} \cdot 27 \text{ °C}$

$= 0{,}002\,59 \text{ m}$

$\Delta l_{Verk.} = 2{,}6 \text{ mm}$

gesamte Längenänderung

$\Delta l = 2{,}6 \text{ mm} + 4{,}4 \text{ mm}$

$\Delta l = 7{,}0 \text{ mm}$

oder

$\Delta l = 8{,}0 \text{ m} \cdot 0{,}000\,012 \text{ m/m °C} \cdot 73 \text{ °C}$

$\Delta l = 7{,}0 \text{ mm}$

Jede Längenänderung, ob Verkürzung oder Verlängerung, verursacht in einem Bauteil Spannungen, die zu Bauwerksschäden führen können. Für die Spannungsermittlung gilt folgende Verhältnisgleichung:

$$\Delta l : l_0 = \sigma : E$$

Δl Längenänderung in mm

l_0 ursprüngliche Länge in mm

σ Spannung in N/mm²

E Elastizitätsmodul in N/mm²

Die Verlängerung der Betonplatte verursacht auf angrenzende Bauteile, auf Fugen oder Putz Druck. Diese Druckkraft errechnet sich nach der Formel:

$$\sigma = \frac{F}{A}$$

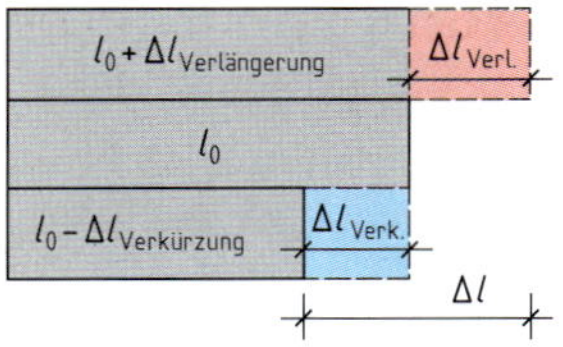

Bild 1: Längenänderung infolge Temperatureinfluss

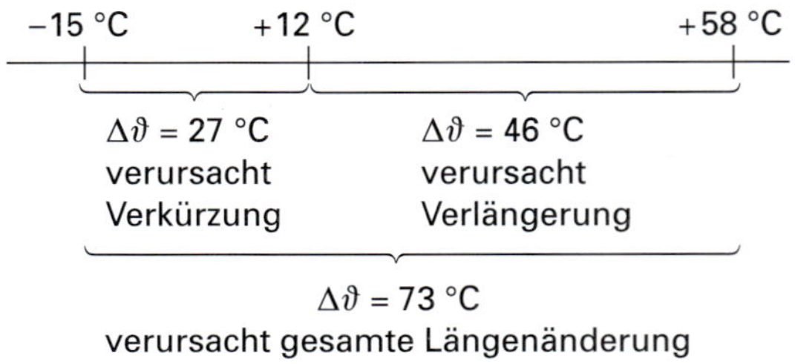

Verlängerung

$\Delta l_{Verl.} = l_0 \cdot \alpha_T \cdot \Delta\vartheta$

$\Delta l_{Verl.} = 8{,}0 \text{ m} \cdot 0{,}000\,012 \text{ m/m °C} \cdot 46 \text{ °C}$

$= 0{,}004\,416 \text{ m}$

$\Delta l_{Verl.} = 4{,}4 \text{ mm}$

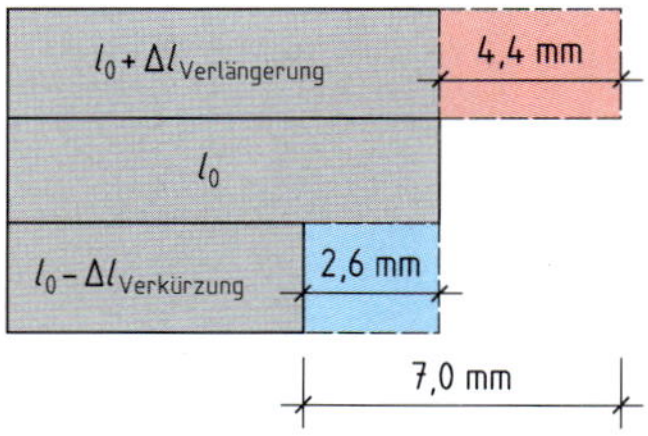

Bild 2: Längenänderung durch Temperatureinwirkung

Druckspannungen im Bauteil selbst

$2{,}6 \text{ mm} : 8\,000 \text{ mm} = \sigma : 34\,000 \text{ N/mm}^2$

$\sigma = 11{,}05 \text{ N/mm}^2$

Zugspannungen im Bauteil selbst

$4{,}4 \text{ mm} : 8\,000 \text{ mm} = \sigma : 34\,000 \text{ N/mm}^2$

$\sigma = 18{,}7 \text{ N/mm}^2$

Druckkraft auf Nachbarbauteile

$F = \sigma \cdot A$

$= 18{,}7 \text{ N/mm}^2 \cdot 4\,500 \text{ mm} \cdot 160 \text{ mm}$

$F = 13\,464\,000 \text{ N}$

$F = 13{,}46 \text{ MN}$

1.16.1 Berechnungsbeispiele von Flachdächern

Beispiel 1:

Flachdach: Dämmung außen
Länge 8,50 m
Betoniertemperatur +19 °C
Daten: Winter: $\vartheta_e = -15$ °C
$\vartheta_i = +20$ °C
Sommer: $\vartheta_e = +80$ °C

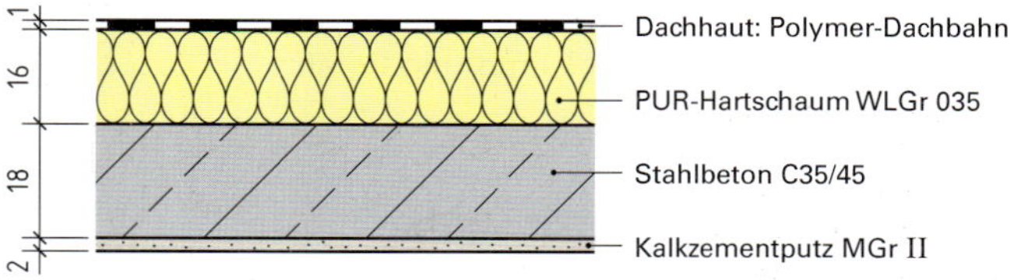

Bild 1: Dachaufbau

Gesucht:

1. DIN-Nachweis
2. Nachweis nach der Energie-Einspar-Verordnung (Sanierungsfall)
3. Temperaturverlauf: Sommer – Winter
4. Längenänderung infolge Temperatureinfluss
5. Spannungen (Druck und Zug) durch die thermische Beanspruchung.

Lösung:

1. $$R = \sum \frac{d}{\lambda} = \frac{d_1}{\lambda_1} + \frac{d_2}{\lambda_2} + \frac{d_3}{\lambda_3}$$
$$= \frac{0{,}02}{1{,}0} + \frac{0{,}18}{2{,}5} + \frac{0{,}16}{0{,}035}$$
$$R = 4{,}66 \text{ m}^2\text{K/W} > \text{erf. } R = 1{,}20 \text{ m}^2\text{K/W}$$

⇒ Forderung erfüllt; Zeile 8.2

2. $$R_T = \frac{1}{h_i} + R + \frac{1}{h_e}$$
$$= \frac{1}{10} + 4{,}663 + \frac{1}{23} = 4{,}806 \text{ m}^2\text{K/W}$$
$$U = 0{,}21 \text{ W/m}^2\text{K} < \text{zul. } U = 0{,}20 \text{ W/m}^2\text{K}$$

⇒ Forderung in etwa erfüllt

3. $$R_T = \frac{1}{h_i} + \frac{d_1}{\lambda_1} + \frac{d_2}{\lambda_2} + \frac{d_3}{\lambda_3} + \frac{1}{h_e}$$
$$= \frac{1}{10} + \frac{0{,}02}{1{,}0} + \frac{0{,}18}{2{,}5} + \frac{0{,}16}{0{,}035} + \frac{1}{23}$$
$$= 0{,}10 + 0{,}02 + 0{,}072 + 4{,}571 + 0{,}043$$
$$R_T = 4{,}806 \frac{\text{m}^2\text{K}}{\text{W}} \triangleq \Delta\vartheta = 95 \text{ °C}$$

Sommer: $\triangleq \Delta\vartheta = 60$ °C
1,3 °C 0,2 0,9 57,1 0,5

Winter: $\triangleq \Delta\vartheta = 35$ °C
0,7 °C 0,2 0,5 33,3 0,3

4. Betoniertemperatur +19 °C

Winter: min $\vartheta = 18{,}8$ °C
⇒ in der statisch neutralen Zone ⇒ $\Delta\vartheta = 0{,}2$ °C
Sommer: max $\vartheta = 21{,}9$ °C ⇒ $\Delta\vartheta = 2{,}9$ °C

Winter:
$\Delta l = l_0 \cdot \alpha_T \cdot \Delta\vartheta$
$\Delta l = 8{,}50 \text{ m} \cdot 0{,}000\,012 \text{ m/m °C} \cdot 0{,}2 \text{ °C}$
$\Delta l = 0{,}000\,020\,4 \text{ m}$
$\Delta l = 0{,}02$ mm Schrumpfung

Sommer:
$\Delta l = 8{,}50 \text{ m} \cdot 0{,}000\,012 \text{ m/m °C} \cdot 2{,}9 \text{ °C}$
$\Delta l = 0{,}000\,295\,8 \text{ m}$
$\Delta l = 0{,}30$ mm Dehnung

gesamte Längenänderung:
$\Delta l = 0{,}02 \text{ mm} + 0{,}30 \text{ mm}$
$\Delta l = 0{,}32$ mm

5. Spannung

$\Delta l : l_0 = \sigma : E$

Winter:
$0{,}02 \text{ mm} : 8\,500 \text{ mm} = \sigma : 34\,000 \text{ N/mm}^2$
$\sigma = 0{,}08 \text{ N/mm}^2$

Sommer:
$0{,}30 \text{ mm} : 8\,500 \text{ mm} = \sigma : 34\,000 \text{ N/mm}^2$
$\sigma = 1{,}2 \text{ N/mm}^2$

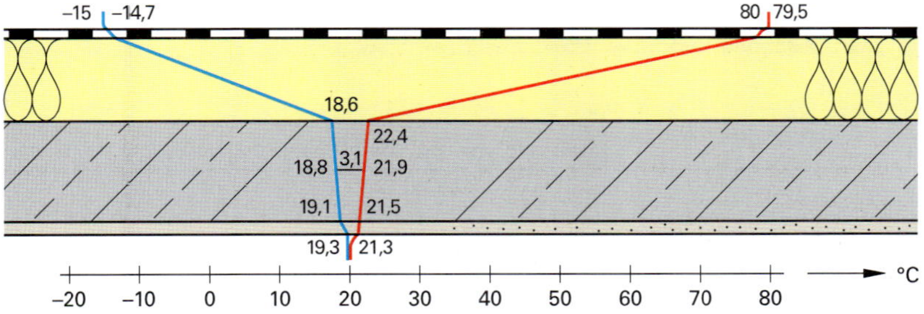

Bild 2: Temperaturverlauf: Sommer – Winter

Anm.: Nach DIN 4108 werden bei der Berechnung des Wärmedurchlasswiderstandes nur die raumseitigen Schichten bis zur Dachabdichtung berücksichtigt.

Ausnahmen: Umkehrdächer, Perimeterdämmung bei Wänden

Beispiel 2:

Flachdach
Wie Beispiel 1, jedoch mit Dämmung innen

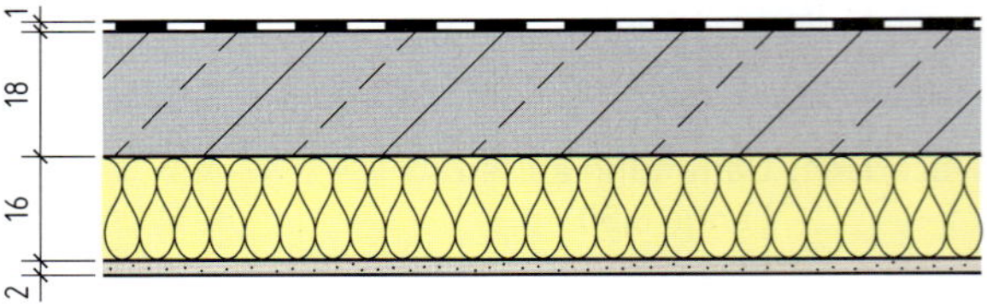

Bild 1: Dachaufbau

Gesucht:

1. DIN-Nachweis
2. Temperaturverlauf: Sommer – Winter
3. Längenänderung infolge Temperatureinfluss
4. Spannungen durch die thermische Beanspruchung

Lösung:

1. $R = \sum \frac{d}{\lambda}$

$= \frac{0{,}02}{1{,}0} + \frac{0{,}16}{0{,}035} + \frac{0{,}18}{2{,}5}$

$R = 4{,}66\ \mathrm{m^2K/W}$ wie nach Beispiel 2
⇒ Forderung erfüllt Zeile 8.2

2. $R_T = \frac{1}{h_i} + \frac{d_1}{\lambda_1} + \frac{d_2}{\lambda_2} + \frac{d_3}{\lambda_3} + \frac{1}{h_e}$

$R_T = \frac{1}{10} + \frac{0{,}02}{1{,}0} + \frac{0{,}16}{0{,}035} + \frac{0{,}18}{2{,}5} + \frac{1}{23}$

$= 0{,}10 + 0{,}02 + 4{,}571 + 0{,}072 + 0{,}043$

Sommer:
1,3 °C 0,2 57,1 0,9 0,5

Winter:
0,7 °C 0,2 33,3 0,5 0,3

$R_T = 4{,}806\ \mathrm{m^2K/W}$ < ≙ $\Delta\vartheta = 60$ °C Sommer; ≙ $\Delta\vartheta = 35$ °C Winter

$U = 0{,}21\ \mathrm{W/m^2K}$

3. Betoniertemperatur + 19 °C
In der statisch neutralen Zone:
Winter: min $\vartheta = -14{,}4$ °C ⇒ $\Delta\vartheta = 33{,}4$ °C
Sommer: max $\vartheta = 79{,}1$ °C ⇒ $\Delta\vartheta = 60{,}1$ °C

Winter:
$\Delta l = l_0 \cdot \alpha_T \cdot \Delta\vartheta$
$= 8{,}50\ \mathrm{m} \cdot 0{,}000\,012\ \mathrm{m/m\,°C} \cdot 33{,}4\ \mathrm{°C}$
$\Delta l = 3{,}41$ mm Schrumpfung (Verkürzung)

Sommer:
$\Delta l = 8{,}50\ \mathrm{m} \cdot 0{,}000\,012\ \mathrm{m/m\,°C} \cdot 60{,}1\ \mathrm{°C}$
$\Delta l = 6{,}13$ mm Dehnung (Verlängerung)

4. $\Delta l : l_0 = \sigma : E$
3,41 mm : 8 500 mm = σ : 34 000 N/mm²
Winter: $\sigma = 13{,}64\ \mathrm{N/mm^2}$

6,13 mm : 8 500 mm = σ : 34 000 N/mm²
Sommer: $\sigma = 24{,}52\ \mathrm{N/mm^2}$

Beurteilung:
Durch die Verlegung der Dämmschicht an die Innenseite hat sich wohl der *U*-Wert nicht verändert, jedoch ist die Temperaturdifferenz in der statisch neutralen Zone der Betondecke von 3,1 °C auf 93,5 °C gestiegen. Die Folge dieser Innendämmung ist ein Wärmestau in der Betonplatte. Dies hat eine beträchtliche Vergrößerung der Längenänderungen zur Folge:

Schrumpfung	3,41 mm statt 0,02 mm
Dehnung	6,13 mm statt 0,30 mm

Infolge dieser großen Längenänderung erhöhen sich die Spannungen in der Betondecke, so dass es zu Rissen in der Decke und zum Abriss der Decke in der Auflagerung kommt, wenn kein Gleitlager mit entsprechender Fugenausbildung vorgesehen wird. Außerdem kann es im Feuchteschutz zu Problemen kommen.

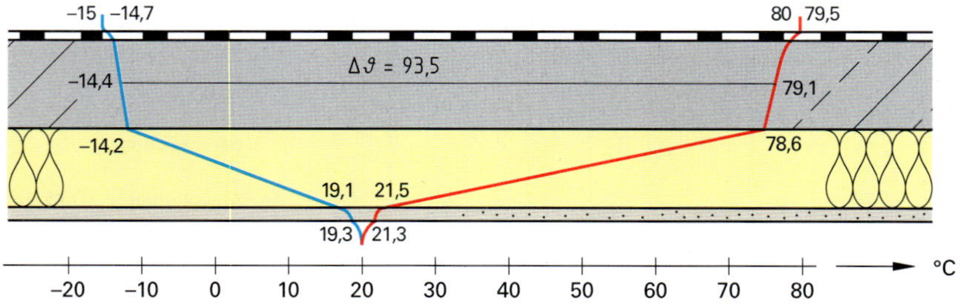

Bild 2: Temperaturverlauf: Sommer – Winter

Beispiel 3:

Wie Beispiel 1, jedoch ohne Dämmung

Gesucht:

1. DIN-Nachweis
2. Nachweis nach der Energie-Einspar-Verordnung bei Ersatz
3. Temperaturverlauf: Sommer – Winter
4. Längenänderung infolge Temperatureinfluss
5. Spannungen durch die thermische Beanspruchung
6. Druck- und Zugkräfte des Daches in Längsrichtung

Lösung:

1. $R = \frac{0{,}02}{1{,}0} + \frac{0{,}18}{2{,}5}$

$R = 0{,}092\ m^2K/W < \text{erf. } R = 1{,}20\ m^2K/W$

⇒ Forderung nicht erfüllt; Zeile 8.2

2. $R_T = \frac{1}{10} + R + \frac{1}{23}$

$= \frac{1}{10} + 0{,}092 + \frac{1}{23} = 0{,}235\ m^2K/W$

$U = 4{,}26\ W/m^2K > \text{zul. } U = 0{,}25\ W/m^2K$

⇒ Forderung nicht erfüllt

3. $R_T = \frac{1}{h_i} + \frac{d_1}{\lambda_1} + \frac{d_2}{\lambda_2} + \frac{1}{h_e}$

$= \frac{1}{10} + \frac{0{,}02}{1{,}0} + \frac{0{,}18}{2{,}5} + \frac{1}{23}$

$= 0{,}10 + 0{,}02 + 0{,}072 + 0{,}043$

Sommer:	25,5 °C	5,1	18,4	11,0
Winter:	14,9 °C	3,0	10,7	6,4

$R_T = 0{,}235\ m^2K/W$ ≙ $\Delta\vartheta = 60$ °C Sommer; ≙ $\Delta\vartheta = 35$ °C Winter

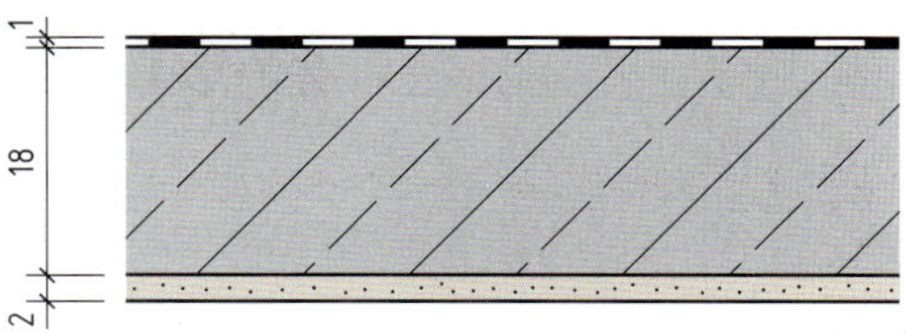

Bild 1: Dachaufbau

4. Betoniertemperatur +19 °C

In der statisch neutralen Zone:
Winter: $\min \vartheta = -5{,}4$ °C ⇒ $\Delta\vartheta = 24{,}4$ °C
Sommer: $\max \vartheta = 59{,}8$ °C ⇒ $\Delta\vartheta = 40{,}8$ °C

Winter:

$\Delta l = l_0 \cdot \alpha_T \cdot \Delta\vartheta$
$= 8{,}50\ m \cdot 0{,}000\ 012\ m/m\ °C \cdot 24{,}4\ °C$
$\Delta l = 2{,}5$ mm Schrumpfung

Sommer:

$\Delta l = 8{,}50\ m \cdot 0{,}000\ 012\ m/m\ °C \cdot 40{,}8\ °C$
$\Delta l = 4{,}2$ mm Dehnung

5. $\Delta l : l_0 = \sigma : E$
$2{,}5 : 8\,500 = \sigma : 34\,000$
Winter: $\sigma = 10{,}0\ N/mm^2$

$4{,}2 : 8\,500 = \sigma : 34\,000$
Sommer: $\sigma = 16{,}8\ N/mm^2$

6. Winter: $F = 10 \cdot 6\,200 \cdot 180$
$F = 11{,}16$ MN
Sommer: $F = 16{,}8 \cdot 6\,200 \cdot 180$
$F = 18{,}75$ MN

Beurteilung

Infolge der Verschlechterung des *U*-Wertes um das 20fache, werden weder die Forderung der DIN noch der EnEV erfüllt. Durch den Wegfall des Wärmestaus in der Decke kommt es nicht zu einer solch immensen Temperaturdifferenz.

Dieses Beispiel zeigt auch, dass eine Innendämmung, mit Ausnahme des *U*-Wertes, alle andern Werte verschlechtert, bis hin zum Tauwasserschutz (siehe Kapitel Feuchteschutz).

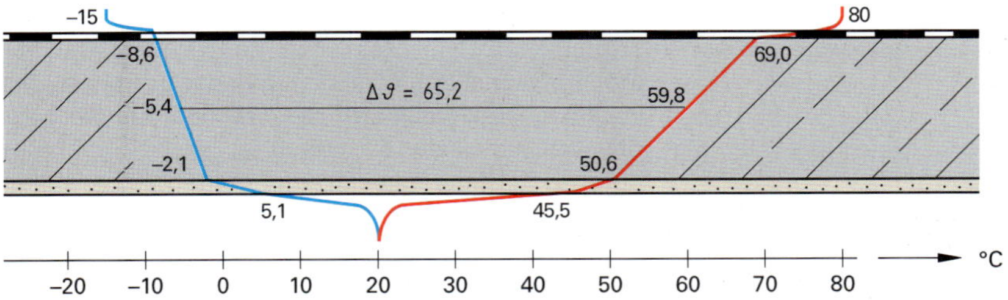

Bild 2: Temperaturverlauf: Sommer – Winter

Beispiel 4:

Intensiv begrüntes Flachdach
Länge 8,50 m
Betoniertemperatur +19 °C
Daten:
Winter: $\vartheta_{o,e}$ = +6 °C (Oberfläche Dachhaut)
ϑ_i = +20 °C
Sommer: $\vartheta_{o,e}$ = +10 °C (Oberfläche Dachhaut)

Gesucht:

1. DIN-Nachweis
2. Temperaturverlauf: Sommer – Winter
3. Längenänderung infolge Temperatureinfluss
4. Spannungen durch die thermische Beanspruchung

Lösung:

1. $R = \sum \frac{d}{\lambda}$

$$R = \frac{d_1}{\lambda_1} + \frac{d_2}{\lambda_2} + \frac{d_3}{\lambda_3}$$

$$R = \frac{0{,}02}{1{,}0} + \frac{0{,}18}{2{,}5} + \frac{0{,}20}{0{,}045}$$

R = 4,54 m²K/W > erf. R = 1,20 m²K/W

⇒ Forderung erfüllt; Zeile 8.2

2. $$R_T = \frac{1}{h_i} + \frac{d_1}{\lambda_1} + \frac{d_2}{\lambda_2} + \frac{d_3}{\lambda_3} + \frac{1}{h_e}$$

$$= \frac{1}{10} + \frac{0{,}02}{1{,}0} + \frac{0{,}30}{2{,}5} + \frac{0{,}20}{0{,}045} + \frac{1}{\infty}$$

= 0,10 + 0,02 + 0,12 + 4,444 + 0

0,2 °C	0,1	0,2	9,5	Sommer
0,3 °C	0,1	0,3	13,3	Winter

R_T = 4,684 m²K/W ≙ $\Delta\vartheta$ = 14 °C Winter; ≙ $\Delta\vartheta$ = 10 °C Sommer

Der Dachaufbau bewirkt, dass die Dachoberflächentemperatur im Winter nicht so niedrig und im Sommer nicht so hoch ist.

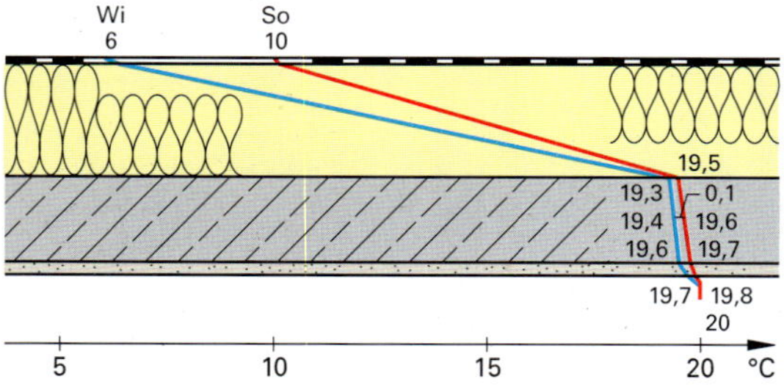

Bild 1: Temperaturverlauf

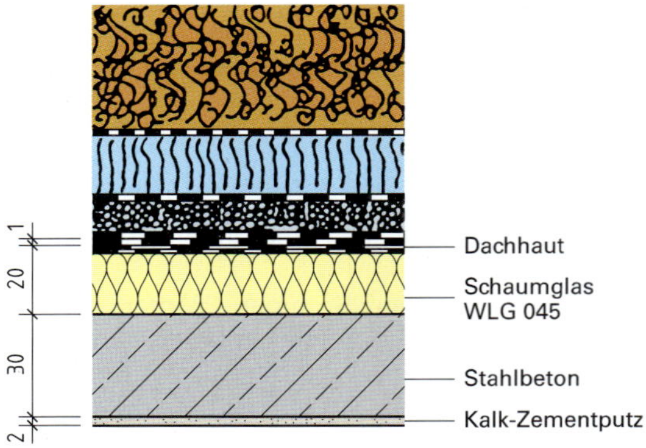

Bild 2: Dachaufbau

3. Betoniertemperatur +19 °C
Winter:
min ϑ = 19,6 °C in der statisch neutralen Zone
⇒ $\Delta\vartheta$ = 0,4 °C

Sommer:
min ϑ = 19,6 °C in der statisch neutralen Zone
⇒ $\Delta\vartheta$ = 0,6 °C

Winter: $\Delta l = l_0 \cdot \alpha_T \cdot \Delta\vartheta$
Δl = 8,50 m · 0,000 012 m/m °C · 0,4 °C
Δl = 0,000 040 8 m
Δl = 0,041 mm Dehnung

Sommer: Δl = 8,50 m · 0,000 012 m/m °C · 0,6 °C
Δl = 0,000 06 m
Δl = 0,06 mm Dehnung

4. Spannungen
$\Delta l : l_0 = \sigma : E$
0,041 mm : 8 500 mm = σ : 34 000 N/mm²
σ = 0,16 N/mm² Druckspannung

0,06 mm : 8 500 mm = σ : 34 000 N/mm²
σ = 0,24 N/mm² Druckspannung

Beurteilung:

Der Temperaturverlauf von Sommer und Winter zeigt, dass durch die intensive Begrünung zwischen Sommer und Winter in der statisch neutralen Zone kaum eine Temperaturdifferenz vorhanden ist und sich dadurch so gut wie keine thermische Spannung ergibt.

Im Vergleich aller fünf Gestaltungsmöglichkeiten des Flachdaches erweist sich das begrünte als das bauphysikalisch beste. Das Dach ist weder im Winter noch im Sommer den extremen Außentemperaturen ausgesetzt und auch Schnee, Hagel, Eis, sowie UV-Strahlung haben keine Einwirkungen auf die Dachhaut. Ökologisch gesehen gibt man der Natur die Fläche wieder zurück, die man ihr durch die Bebauung genommen hat.

1.16.2 Arten von Flachdächern

Flachdach

- einschalig → **nicht belüftetes Flachdach**
- zweischalig → **belüftetes Flachdach**

nicht belüftetes Flachdach

Kriterium:
- Regenschutzfunktion
- Wärmeschutzfunktion
- Schallschutzfunktion
- statische Funktion

Alle Funktionen in einem monolithischen Aufbau

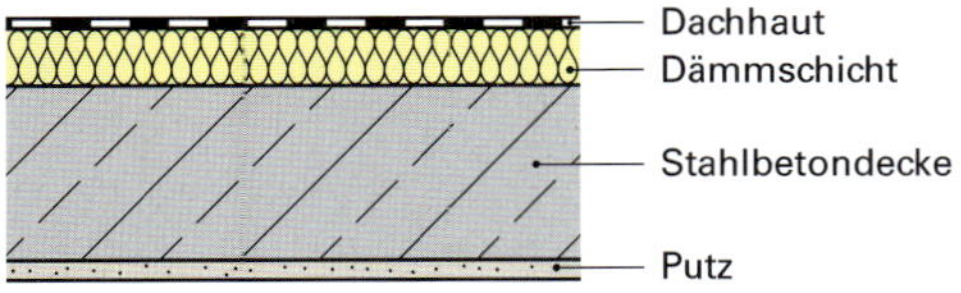

Bild 1: Dachaufbau

belüftetes Flachdach

Kriterium:
- Regenschutzfunktion sowie
- Wärmeschutzfunktion
- Schallschutzfunktion
- statische Funktion

Alle Funktionen durch zwei getrennte Schalen

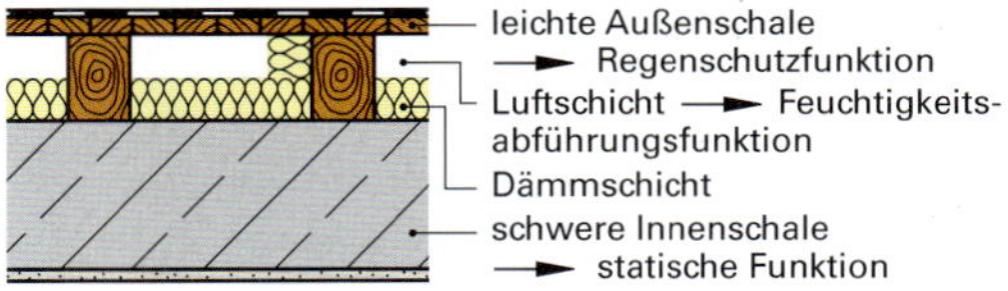

Bild 3: Dachaufbau

normales, nicht belüftetes Flachdach

Kriterium: Dämmschicht **unterhalb** der Dachabdichtung

Vorteile des Umkehrdaches gegenüber dem Normalaufbau
- Keine Zerstörung der Dachabdichtung durch Stauchung der Dämmschicht
- Schutz der Dachabdichtung vor Überhitzung, Frost, UV-Strahlen
- Schutz der Dachabdichtung vor mechanischer Beanspruchung, z.B. Begehen
- Keine Schäden an der Dachabdichtung durch ungewisses Alterungsverhalten des Dämmmaterials

Umkehrdach

Kriterium: Dämmschicht **oberhalb** der Dachabdichtung

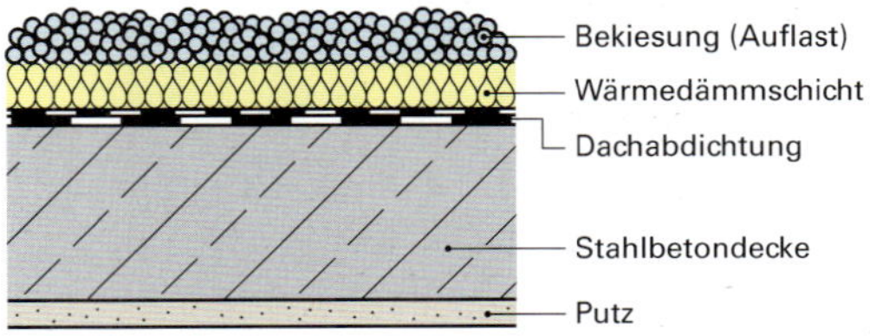

Bild 4: Dachaufbau

Nutzungsmöglichkeiten

- **nicht genutzte Dachflächen**
  - **nicht begehbar**: bekiest oder Dachhaut freiliegend. Nur für Wartungsarbeiten begehbar
- **genutzte Dachflächen**
  - **begehbar**: Terrassen, Plattenbelag auf Stelzlager, im Sandbett oder Kiesbett
  - **befahrbar**: Plattenbelag auf Estrich ⇒ Parkdecks ⇒ Dämmung sehr druckfest ⇒ Schaumglas
  - **begrünt**
    - **extensiv**: bepflanzt mit Gras oder kleinen Pflanzen bis 15 cm Aufbauhöhe ca. 10–20 cm
    - **intensiv**: bepflanzt mit Gras, Sträuchern sowie Bäumen bis ca. 5 m Höhe und mehr Aufbauhöhe ca. 60 cm

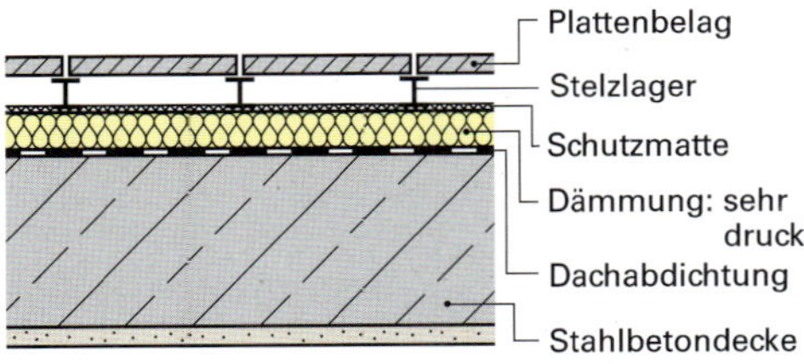

Bild 2: Dachaufbau

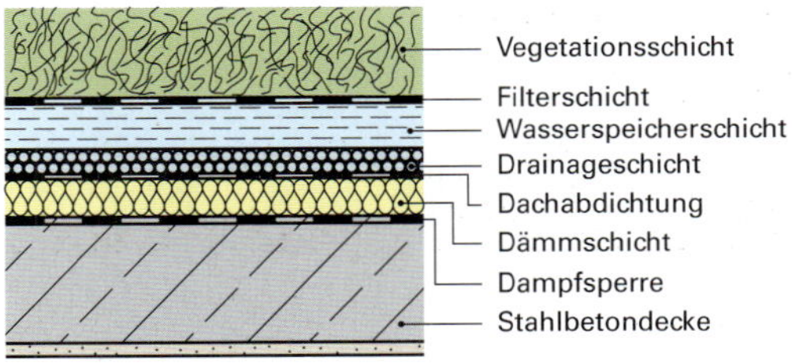

Bild 5: Dachaufbau

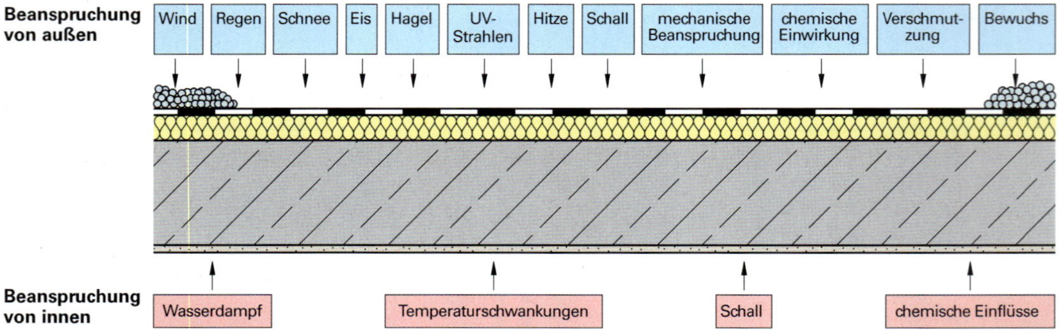

Bild 1: Einwirkungen auf ein Flachdach

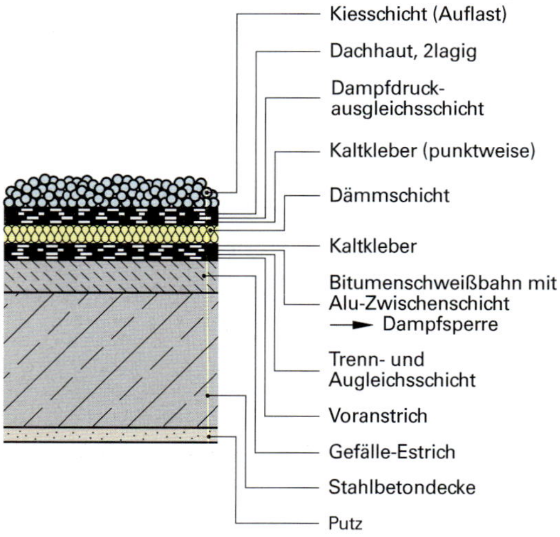

Bild 2: Aufbau eines nicht belüfteten Flachdaches

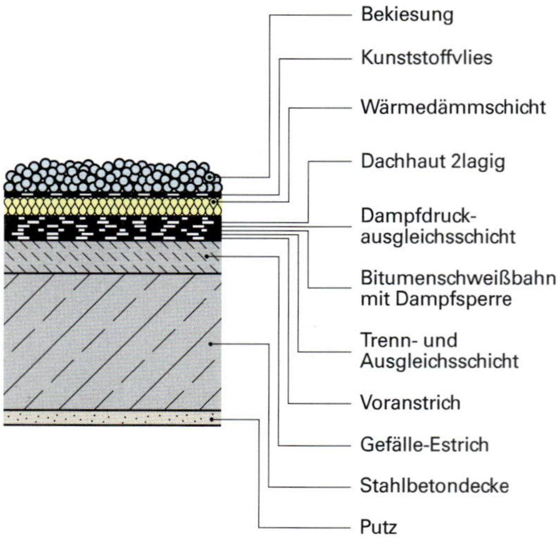

Bild 3: Aufbau eines Umkehrdaches

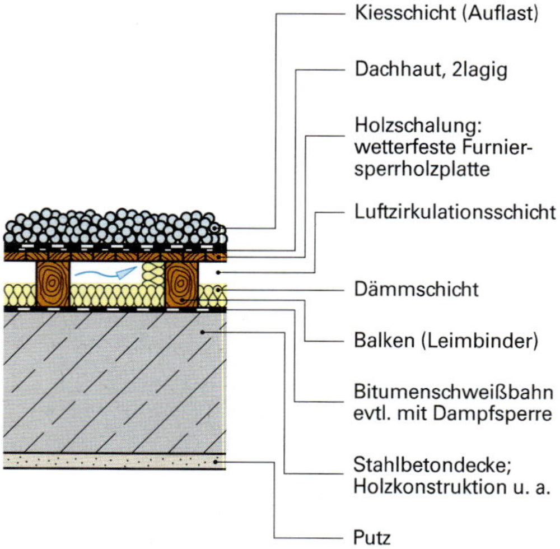

Bild 4: Aufbau eines belüfteten Flachdaches

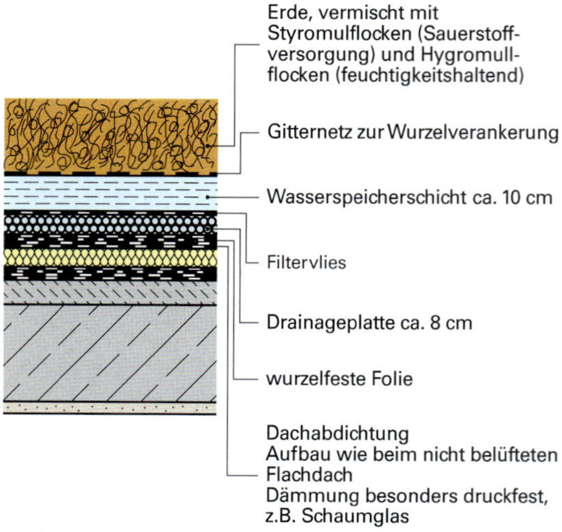

Bild 5: Aufbau eines intensiv begrünten Flachdaches

Aufgabe der einzelnen Schichten

Erde:	– Vegetationsschicht, – Ersatz des Teiles Natur, der durch die Bebauung verloren geht – Schutz der Dachabdichtung vor Witterungseinflüssen (Wärme, Frost, Hagel, Schnee, UV-Strahlen) – Schutz der Dachabdichtung vor mechanischen Einwirkungen, z.B. durch Begehen
Kiesschicht:	– Schutz der Dachabdichtung vor Sonnenstrahlen (UV) – Schutz vor dem Abheben der Dachabdichtung (Auflast) – Schutz vor Erhitzen und zu schnellem Austrocknen der Dachoberfläche – Wärmestrahlen reflektieren
Dach-abdichtung:	– Regenschutzfunktion, aus Sicherheitsgründen mindestens 2fach ⇒ Polymerbahnen
Dampfdruck-ausgleichs-schicht:	– Als Sicherheitsschicht, falls die Dampfsperre beschädigt sein sollte – Um Blasen unter der Dachabdichtung zu vermeiden
Dämmschicht:	– Um Wärmeverluste zu minimieren ⇒ Energieersparnis – Um thermische Spannungen in der Tragkonstruktion zu minimieren ⇒ Ausdehnung – Schrumpfung – Um die Taupunkttemperatur oberhalb der Dampfsperre zu verlagern
Bitumen-schweiß-bahn mit Alu-Folie:	– Beidseitige Bitumendachbahnen schützen die Aluminium-Folie vor Zerstörung – Bitumenbahn ist für den Dachdecker besser zu verschweißen, als die Alu-Schicht zu verkleben – Alu-Schicht übernimmt Dampfsperrfunktion
Trenn- und Ausgleichs-schicht:	– Zur Überbrückung von Schwind- und Spannungsrissen in der Tragkonstruktion z.B. Lochglasvlies-Bitumenbahn oder streifenweise verklebte Bitumenbahn
Voranstrich:	– Um die Trenn- und Ausgleichsschicht besser und sicherer verkleben zu können
Gefälleestrich:	– Egalitätsschicht ⇒ egalisieren = ausgleichen – Unebenheiten der Rohdecke auszugleichen – Gefälle zum Dachgully (Innenentwässerung) oder zur Dachrinne herzustellen – Glatte Oberfläche herstellen ⇒ Ersparnis an Voranstrichmaterial
Stahlbeton-decke:	– statische Funktion ⇒ Tragfunktion – Wärmespeicherfunktion – Schallschutzfunktion – Brandschutzfunktion
Putz:	– Ästhetische Funktion – Wasserdampfaufnahme – Dampfabgabe ⇒ Feuchtigkeitsausgleich – Schallabsorption ⇒ rauer Putz
Belüftetes Flachdach:	– Belüftung an der tiefsten Stelle durch Rohre von 3 cm bis 4 cm Durchmesser oder Schlitzen – Entlüftung an der höchsten Stelle – Belüftungsquerschnitt 1/500–1/600 der Dachfläche je nach Dachneigung – Faustformel: pro 20 m^3 Lüftungshohlraum 100 cm^2 Belüftungsquerschnitt – Entlüftungsquerschnitte sind um das 1,5fache größer zu bemessen als die Belüftungsquerschnitte, um den Feuchtetransport zu beschleunigen.

1.16.3 Berechnungsbeispiele verschiedener Bauteile

Beispiel 1:

Stützmauer
Länge 12,50 m
Betoniertemperatur +15 °C
Betontemperatur: Sommer: +45 °C
Winter: −18 °C

Gesucht: Dicke der Dehnfuge

Lösung:

$\Delta l = l_0 \cdot \alpha_T \cdot \Delta\vartheta$
$= 12{,}50\ \text{m} \cdot 0{,}000\,012\ \text{m/m °C} \cdot 30\ \text{°C}$
$\Delta l = 0{,}004\,5\ \text{m}$
$\Delta l = 4{,}5\ \text{mm}$

Dehnfugendicke: $d = 4{,}5\ \text{mm} \cdot 2$ (· 2 wegen Nachbarelement)
$d = 9\ \text{mm}$
ausgeführt: $d = 12\ \text{mm}$

Beispiel 2:

Estrich
Estrichplatte 6,0 x 6,0 m
Betoniertemperatur 12 °C
Estrichtemperatur 18 °C

Gesucht: Dicke der Dehnfuge

Lösung:

$\Delta l = l_0 \cdot \alpha_T \cdot \Delta\vartheta$
$= 6{,}0\ \text{m} \cdot 0{,}000\,010\ \text{m/m °C} \cdot 6\ \text{°C}$
$\Delta l = 0{,}000\,36\ \text{m}$
$\Delta l = 0{,}36\ \text{mm}$

Dehnfugendicke: $d = 0{,}36\ \text{mm} \cdot 2$
$d = 0{,}72\ \text{mm}$
ausgeführt: $d = 1{,}2\ \text{mm}$

Beispiel 3:

Heizestrich
Estrichplatte 6,0 x 6,0 m
Betoniertemperatur +12 °C
Estrichtemperatur +45 °C

Gesucht: Dicke der Dehnfuge

Lösung:

$\Delta l = l_0 \cdot \alpha_T \cdot \Delta\vartheta$
$= 6{,}0\ \text{m} \cdot 0{,}000\,010\ \text{m/m °C} \cdot 33{,}0\ \text{°C}$
$\Delta l = 0{,}001\,98\ \text{m}$
$\Delta l = 1{,}98\ \text{mm}$

Dehnfugendichte: $d = 1{,}98\ \text{mm} \cdot 2$
$d = 3{,}96\ \text{mm}$
ausgeführt: $d = 5{,}0\ \text{mm}$

Tabelle 1: Thermische Längenausdehnungskoeffizienten α_T

Stoff	α_T in m/m °C (1/°C)
Aluminium	0,000 024
Kupfer	0,000 017
Baustahl	0,000 012
Granit	0,000 007 4
Basalt	0,000 006 5
Quarzit	0,000 011 8
Sandstein	0,000 011 8
Kalkstein	0,000 008
Mauerziegel	0,000 006
Klinker	0,000 003 5
Kalksandsteine	0,000 008
Leichtbetonsteine	0,000 010
Porenbetonsteine	0,000 008
Beton: nichtquarzitische	0,000 010
quarzitische Gesteinskörnung	0,000 012
Stahlbeton	0,000 012
Zementmörtel	0,000 010
Kalkmörtel	0,000 009
Edelputze	0,000 006
Holz II Faser	0,000 005
Glas	0,000 009

Tabelle 2: Elastizitätsmodule von Baustoffen

Baustoff			E-Modul N/mm²
Baustahl			210 000
Grauguss			100 000
Beton		C8/10	22 000
		C12/15	26 000
		C20/25	30 000
		C30/37	34 000
		C40/50	37 000
		C50/60	39 000
Mauerwerk		MGr	
Steinfestigkeit	2	II a	2 000
	4	II a	3 000
	6	II a	5 000
	12	II a	6 000
	20	II a	7 000
	28	II a	8 000
	36	II a	10 000
	48	II a	11 000
	60	II a	12 000
Nadelholz		II Faser	10 000
		⊥ Faser	300
Eiche/Buche		II Faser	12 500
		⊥ Faser	600
Spanplatten	$d = 22$ mm		2 400

2 Feuchte – Feuchteschutz

2.1 Arten der Feuchte

Feuchte – Feuchteschutz

Arten der Feuchte

- **Regen**
  - Schnee, Eis, Hagel
  - **Regenschutz**
- **Bodenfeuchte**
  - nicht drückendes Wasser
    - seitlich eindringend
    - kapillar aufsteigend
    - **Bodenfeuchteschutz**
  - drückendes Wasser
    - **Grundwasserschutz**
- **Wasserdampf**
  - Tauwasserbildung an der Oberfläche von Bauteilen
  - Tauwasserbildung im Innern von Bauteilen
  - **Tauwasserschutz**

Bauliche Schutzmaßnahmen

- Regenschutz: geeigneter Wetterschutz gegen Schlagregen wie Dachvorsprung, Giebeldach, Vorsatzschale
- Bodenfeuchteschutz: Sperrbeton, Sperrputz, Bituminöse Anstriche, Bitumenbahnen, Kunststoff-Folien, Schaumglas in Bitumen verlegt, Grobkiesschicht
- Grundwasserschutz: Ausbildung als Wanne mit Fugendichtungsband, sowie außen- oder innenliegender Dichtung; Weiße – schwarze Wanne
- Tauwasserbildung an der Oberfläche: Ausreichend großer Wärmedurchlasswiderstand der Bauteile an jeder Stelle ⇒ entsprechend ausreichende Wandoberflächentemperatur
- Tauwasserbildung im Innern: Richtige Schichtenauswahl und vor allem die richtige Schichtenfolge der Baustoffe innerhalb des Bauteils. ⇒ Gegebenenfalls Dampfbremse aus Bitumenpappen, Kunststoff-Folien oder Dampfsperre aus Aluminiumfolie oder Schaumglas

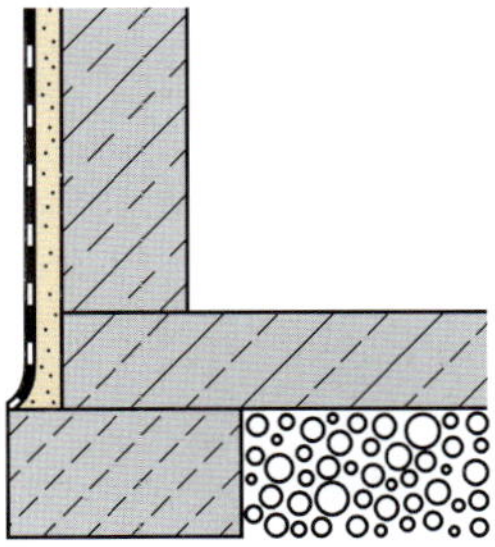

Bild 1: Wanddichtung

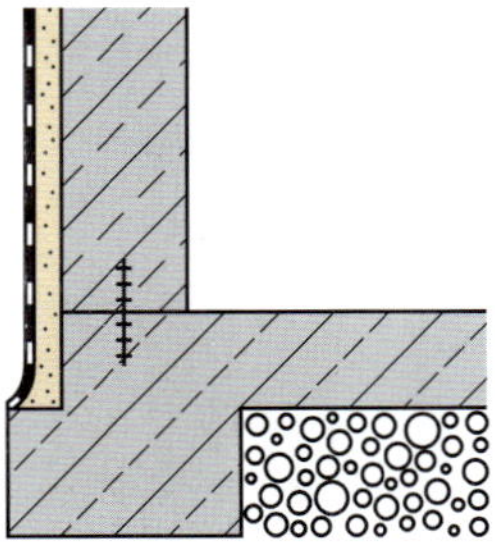

Bild 2: Wannenausbildung

2.2 Aggregatzustände

Feuchte stellt chemisch und physikalisch gesehen immer Wasser in irgendeiner Form dar. Wasser kann die drei Zustandsformen fest, flüssig, gasförmig haben, wobei bei der Zustandsänderung i.d. Regel keine der Zustandsformen übersprungen werden kann.

Bezüglich der Aggregatzustände gilt:

- Wird einem festen Körper Wärme zugeführt so schmilzt er, d.h. er wird flüssig.
- Jeder Körper schmilzt bei einer bestimmten Temperatur.
- Lösungen haben einen tieferen Gefrierpunkt und einen höheren Siedepunkt als Wasser (Salzstreuen im Winter).
- Wenn sich Gase abkühlen, werden sie flüssig ⇒ (kondensieren).
- Beim Erstarren und Kondensieren gibt der Körper die beim Schmelzen und Verdampfen aufgenommene Wärme wieder ab.
- Auch ohne zu sieden verwandelt sich Wasser in Dampf
  Verdunsten: Dampfbildung unter 100 °C
  Verdampfen: Dampfbildung bei 100 °C und mehr
- Die Verdunstung geht umso schneller vor sich:
  - je größer die Verdunstungsfläche ist
  - je höher die Temperatur ist
  - je stärker der Luftzug ist.
- In der Umgebung des verdunstenden Wassers kühlt sich die Luft ab, denn ihr wird Wärme entzogen, die zum Verdunsten notwendig ist. → Seeklima

Nicht nur hinsichtlich der Zustandsformen besteht ein Kreislauf, sondern eng damit verbunden liegt auch ein energetischer Kreislauf vor, der darin besteht, dass die Wärme, die beim Schmelzen und Verdampfen zugeführt werden muss, beim Erstarren und Kondensieren wieder abgegeben wird.

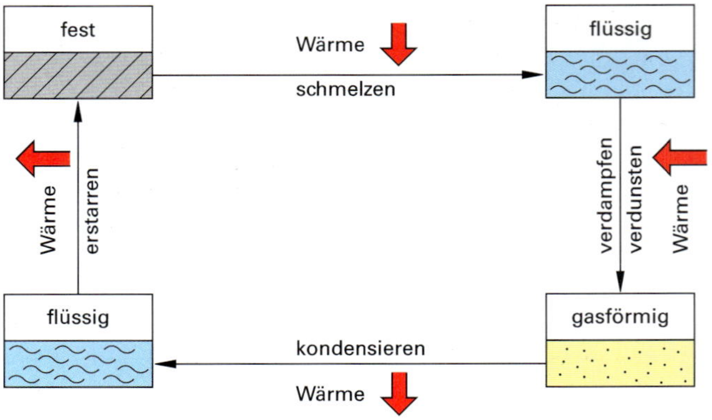

Bild 1: Aggregatzustände

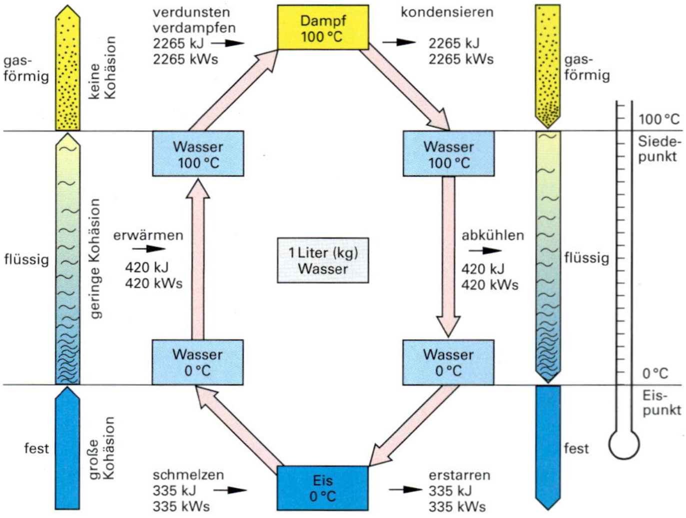

Bild 2: Energiebilanz der Zustandsänderung

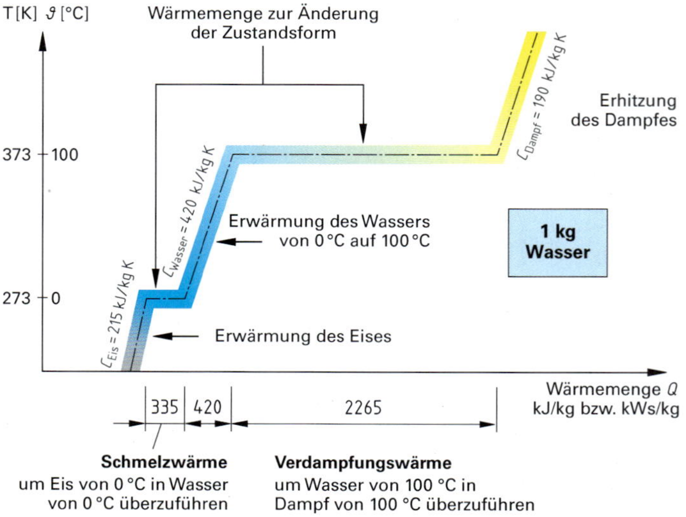

Bild 3: Energiebilanz-Diagramm der Zustandsänderung

2.3 Arten der Wässer

Wasser ist ein Stoff, der im täglichen Leben eine nicht verzichtbare Aufgabe zu übernehmen hat.
Diese sind u.a.:

- Lebensnotwendigkeit für Mensch, Tier und Pflanze
- leitet den elektrischen Strom
- leitet Schall und Wärme
- löst die meisten Stoffe
- kann gelöste feste Stoffe, sowie Gase, Säuren und Laugen enthalten
- hat bei +4 °C seine größte Dichte (1 $dm^3 \triangleq$ 1 kg)
- Voraussetzung für Erosion und Sedimentation

2.4 Kreislauf des Wassers

Wasser ist kein Verbrauchsgut, sondern ein Gebrauchsgut und kann daher immer wieder seinen Zweck erfüllen.

Nur der Verschmutzung unserer Umwelt ist es zuzuschreiben, dass Wasser in der gewünschten Qualität und benötigten Quantität nicht mehr überall unbegrenzt zur Verfügung steht.

Das Bevölkerungswachstum, die zivilisatorischen Ansprüche und der sorglose Umgang mit dem lebenswichtigen Gut haben dazu geführt, dass Wasser nicht mehr so benutzt werden kann wie es die Natur uns zur Verfügung stellt, sondern, dass zwischen dem Wasservorkommen und dem „Verbrauch" eine Station der Aufbereitung geschaltet werden musste.

Erst viel später reifte beim Menschen die Einsicht, dass das von ihm in vielfältiger Hinsicht verschmutzte Wasser bearbeitet, d.h. geklärt werden muss, bevor es dem Kreislauf der Natur wieder zugeführt werden kann.

So wurde der natürliche Kreislauf des Wassers durch die Stationen „Wasseraufbereitung" und „Kläranlage" erweitert, um diesen lebenserhaltenden Stoff weiterhin genießen zu können.

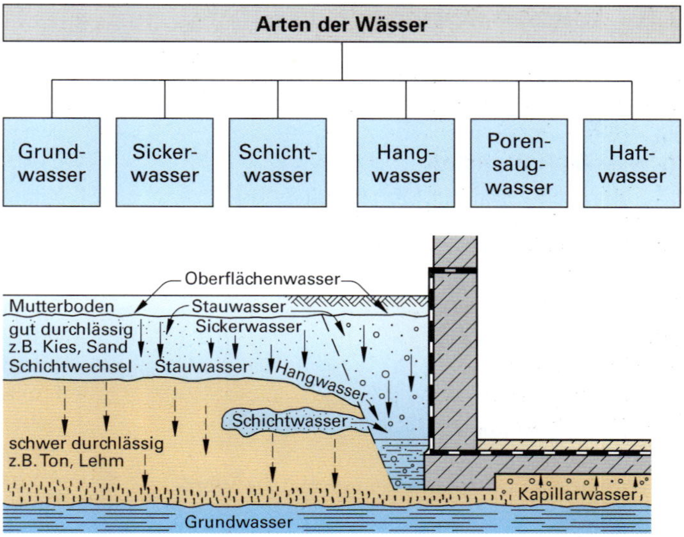

Bild 1: Arten der Wässer im Erdreich

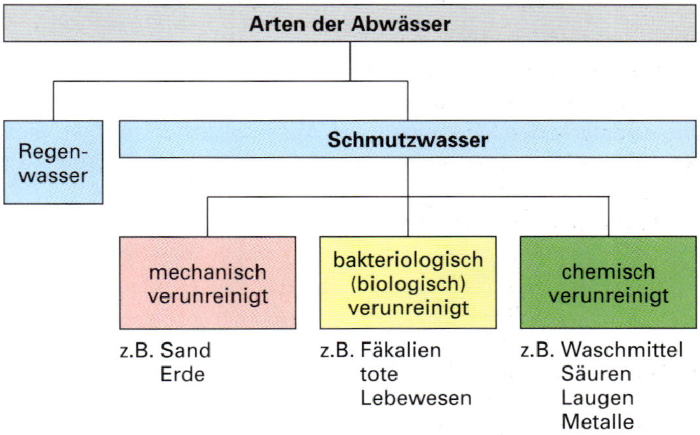

Bild 2: Arten der Wässer – Schmutzwässer

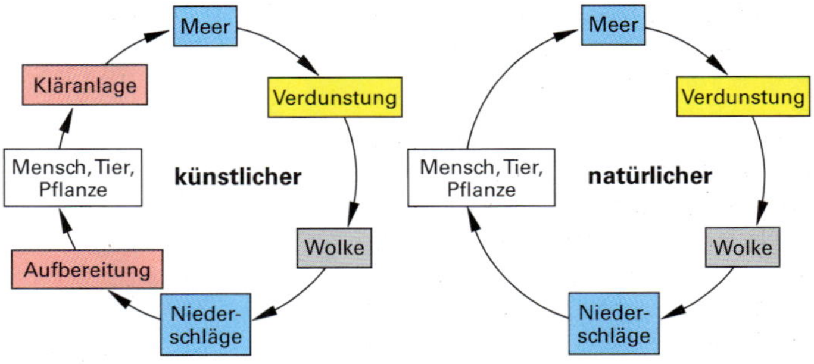

Bild 3: Kreislauf des Wassers

2.5 Wasser in seiner Bedeutung

Reduziert man den Stoff Wasser von seiner vielfältigen Bedeutung und Anwendung auf den Sektor Bau, so kann man unterscheiden:

1. Wasser als Werkstoff
- Anmachwasser für Mörtel und Beton
- Zum Löschen von Kalk $CaO + H_2O \rightarrow Ca(OH)_2$
- Kristallisation des Gipses $CaSO_4 \cdot 2H_2O$

2. Wasser als Hilfsstoff
- Transportmittel
- Reinigungsmittel
- Lösungsmittel $NaCl + H_2O$

3. Wasser als Faktor für das menschliche Wohlbefinden
- Feuchte Räume fördern Allergien und verursachen bestimmte Krankheiten wie Gelenkkrankheiten, Rheuma, Tuberkulose.

4. Wasser als Schadensursache bei Bauwerken
- Kapillarität
- Kondenswasserbildung, Tauwasser → Taupunkttemperatur
- Korrosion → Bewehrung im Stahlbeton und Spannbeton
- Ausblühungen → gelöste Salze werden durch Wasser an die Oberfläche befördert
- Frostwirkungen → Fundamente, Straßen heben sich
- Schwämme und Fäulnis bei Holz
- Aggressive Wässer durch Säuren und Laugen
- Herabsetzung der Dämmwirkung bei Baustoffen (mit Wasser gefüllte Poren leiten die Wärme besser)
- Schimmel- und Pilzbefall bei Putz, Mauerwerk und Holz

2.6 Kapillarität

Wie das Thema des Kapitels „Feuchteschutz“ es ausdrückt, soll der Schwerpunkt der Betrachtung auf die schädigenden Wirkungen des Wassers konzentriert werden. Eine der schädigenden Auswirkungen des Wassers hat ihre Ursache in der Kapillarität der Baustoffe. Wie das Struktogramm zeigt, hängt Kapillarität vom Zusammenwirken der Faktoren Porosität, Kohäsion und Adhäsion ab.

Kapillarität

Porosität

Eine der Grundvoraussetzungen dafür ist die, dass die meisten Baustoffe Poren besitzen. Nur in poröse Stoffe kann Wasser eindringen und sich darin festsetzen.

Vorteile der Porosität für die Baustoffe:
- leicht
- gut ver- und bearbeitbar
- gute Wärmedämmung
- gute Schallabsorption
- guter Luft- und Feuchteaustausch

Nachteile der Porosität für die Baustoffe:
- wenig druck- und zugfest
- frostgefährdet
- Kapillarwirkung
- wasserdurchlässig
- Zersetzungsgefahr

Kohäsion

Kohäsion (cohere = zusammenhalten lat.) oder Zusammenhangskraft wirkt sich ebenfalls auf die Kapillarität aus. Bei festen Stoffen haben die Moleküle eine starke Bindung unter sich, während bei flüssigen Stoffen die Moleküle nur wenig zusammenhalten und dadurch sehr beweglich sind. Bei Wasser wird die Kohäsionskraft an der Wasseroberfläche auch mit Oberflächenspannung bezeichnet. Sie ist so groß, dass eine Nadel oder Rasierklinge auf dem Wasser schwimmt.

Bild 1: Kohäsion

Gase haben so gut wie keine Kohäsion, was bedeutet, dass sie sich in der Luft leicht verflüchtigen. Bei Böden ist die Kohäsionskraft an der Größe des Böschungswinkels zu erkennen.

Adhäsion

Nicht nur die Moleküle innerhalb eines Stoffes halten aneinander fest, sondern auch zwei verschiedene Stoffe haften aneinander. Diese Eigenschaft bezeichnet man mit Adhäsion oder Anhangskraft

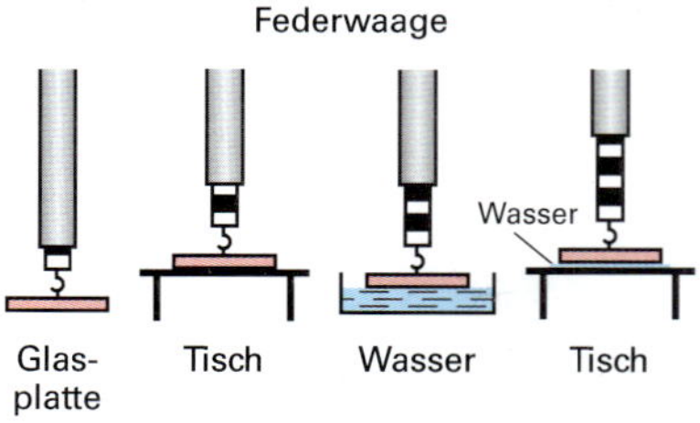

Bild 2: Adhäsion

Es gibt Adhäsion zwischen:
- zwei festen Stoffen
- festen und flüssigen Stoffen
- festen und gasförmigen Stoffen (Rauch in Kleidern)
- flüssigen und gasförmigen Stoffen

Versuch:

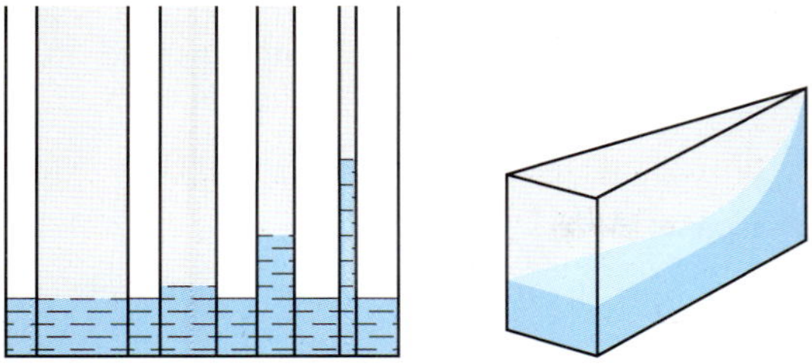

Bild 1: Kapillarität in Abhängigkeit vom Querschnitt

Die Versuche zeigen: Je enger der Querschnitt ist, desto höher steigt das Wasser.

Diese Tatsache lässt sich folgendermaßen erklären:

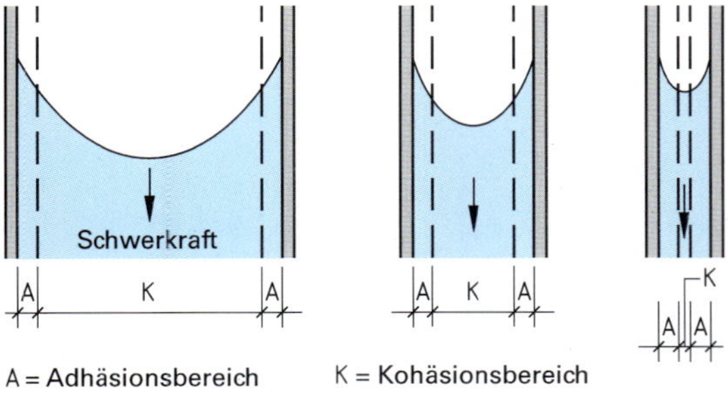

Bild 2: Zusammenhang zwischen Kohäsion – Adhäsion – Schwerkraft

Betrachtet man den Querschnitt der Glasröhrchen als Pore, so findet innerhalb dieser Pore ein Kräftemessen statt;
die Adhäsionskraft zwischen den Stoffen Wasser und Glaswand ist nach oben gerichtet, da diese oben trocken ist;
die Schwerkraft des Wassers ist nach unten gerichtet. Die Schwerkraft ist von der Kohäsion des Stoffes abhängig.

Die Größe des Adhäsionsbereiches ist zwar materialabhängig, jedoch trotz unterschiedlicher Porengröße nahezu gleich groß. Der Kohäsionsbereich, in dem die Schwerkraft stärker als die Adhäsionskraft ist, wird mit abnehmendem Porendurchmesser immer kleiner, sodass sich bei feinen Poren das Kräfteverhältnis zugunsten der Adhäsion verlagert und somit das Wasser nach oben steigen kann.

Somit kann man sagen:

Kapillarität beruht auf dem Zusammenwirken von Kohäsion, Adhäsion sowie der Schwerkraft. Je poröser ein Stoff ist und je feiner die Poren sind, desto größer ist die Kapillarität.

Praxis:

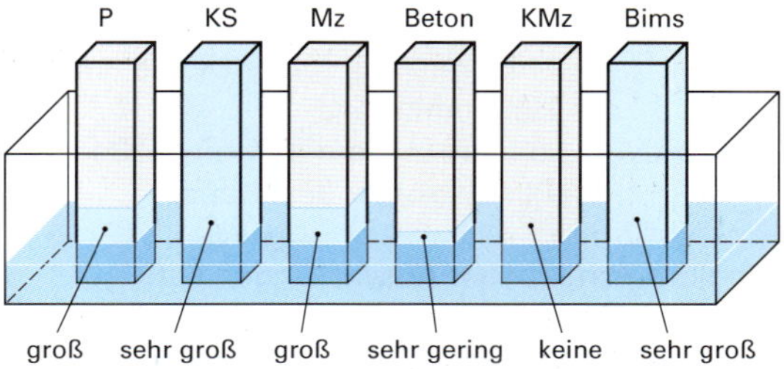

Bild 3: Verschiedene Baustoffe in ihrem Kapillarverhalten

Je dichter der Baustoff ist, desto geringer ist seine Kapillarität.
Je kleiner die Poren und je größer die Anzahl der Poren ist, desto größer ist die Kapillarität.

Daher sollten in einer Wand keine verschiedenen Baustoffe verwendet werden ⇒ unterschiedliches Saugverhalten der Baustoffe, was besonders bei Putz negative Auswirkungen hat.

Bild 4: Verschiedene Bodenarten in ihrem Kapillarverhalten

Die Versuche zeigen:
Je größer die Haufwerksporen (Poren zwischen den einzelnen Körnern) sind, desto geringer ist die Kapillarität.
Praxis: Kapillarbrechende Grobkiesschicht unter einer Bodenplatte

Gleichgewichtsfeuchte von Baustoffen bei einer Temperatur von 10 °C und einer relativen Luftfeuchte von 50 %

Baustoff	Wassergehalt in Masse-%
Mauerziegel $\varrho = 1\,400$ kg/m^3	0,15
Kalkputz	0,50
Beton $\varrho = 2\,400$ kg/m^3	1,10
Kalk-Zementputz $\varrho = 1\,800$ kg/m^3	2,80
Kalksandsteine, Hüttensteine	3,45

Wasser kann sich also bewegen:

nach unten: entsprechend seiner Schwerkraft
seitlich: entsprechend seiner Dichte und Höhendifferenz
nach oben: entsprechend der Porengröße und Porenstruktur des Stoffes

Die Porenstruktur hat Auswirkungen auf:

- die Wasseraufnahme
- den Wassertransport
- die Aufnahmekapazität

Das Steigvermögen des Wassers ist vom Porenradius abhängig.

Die maximale Steighöhe des Wassers errechnet sich zu:

$$\text{max. } h = \frac{0{,}15}{R_P}$$

R_P = Porenradius in cm
h = Steighöhe in cm

Porenradien:

Beton: R_P = ca. 0,02 μm bis 10 μm, je nach w/z-Wert und Hydratationsgrad
Ziegel: R_P = ca. 0,01 μm bis 100 μm je nach Brenntemperatur

Beispiele:

Ziegel: R_P = 10 μm = 0,000 010 m = 0,0010 cm

max. h = 0,15/0,001 cm
max. h = 150 cm
max. h = 1,50 m

Beton: R_P = 1 μm = 0,000 001 m = 0,0001 cm
max. h = 0,15/0,000 10 cm
max. h = 1 500 cm
max. h = 15,0 m

2.7 Sperrung

2.7.1 Sperrung gegen Wasser

Da das Vorhandensein von Wasser in Baustoffen schädlich und dadurch nicht wünschenswert ist, werden vielfältige Wege beschritten, Wasser von unseren Bauwerken fernzuhalten. Dies kann nur durch den Einbau von Sperrschichten geschehen.

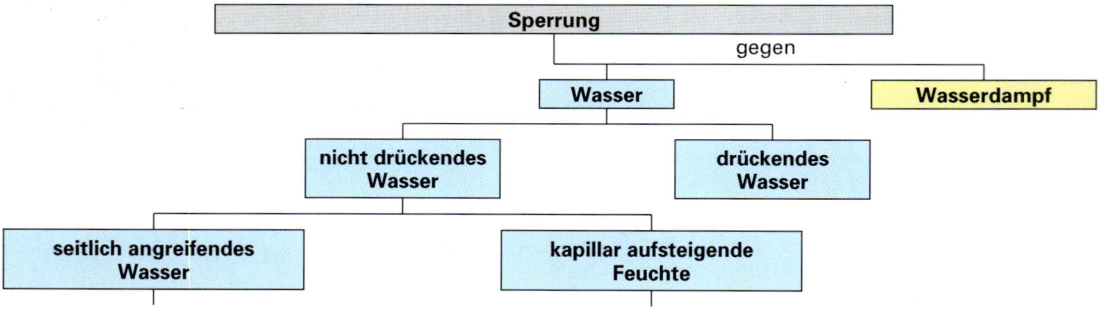

Mit nicht drückendem Wasser bezeichnet man jenes Wasser, das als Oberflächenwasser durch den Boden sickert und sich in den Bodenporen als Bodenfeuchte sammelt.
Drückendes Wasser ist in der Regel Grundwasser, das als im Boden befindliche Wassersäule von unten oder seitlich gegen Bauwerke drückt.

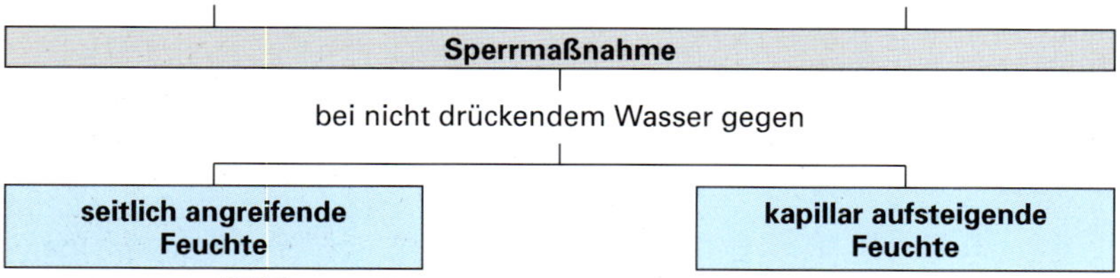

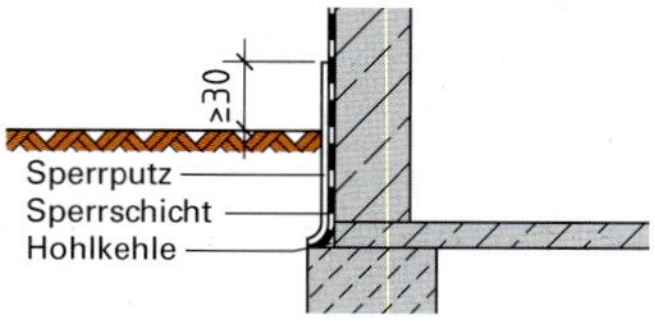

Bild 1: Senkrechte Sperrung

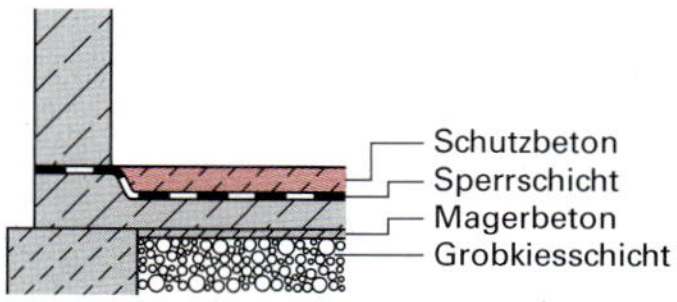

Bild 2: Waagerechte Sperrung

Aufgabe der einzelnen Schichten:

Filterkies: Durch die Grobkiesschicht entstehen zwischen den einzelnen Körnern große Hohlräume, sogenannte Haufwerksporen. In ihnen ist das Wasser nicht in der Lage kapillar nach oben zu steigen s. S. 181 Bild 1, 2 u. 4.

Sauberkeitsschicht: Sie hat in der Regel die Konsistenz C0 und C1 und soll:
- verhindern, dass beim Betonieren der Bodenplatte Beton in die Grobkiesschicht läuft.
- eine von Erde freie Schicht zur Verlegung der Bewehrung bieten.

Bodenplatte: Neben der Aufnahme der Lasten aus dem Baukörper bildet sie einen wasserdichten Abschluss nach unten.

Sperrputz: Es handelt sich um einen mehrlagigen Zementputz, der mit einem bituminösen Anstrich versehen wird.

Drainageplatte: Sie soll gewährleisten, dass Wasser, welches bis zur Wandoberfläche vordringt, sofort nach unten abgeführt werden kann.

2.7.1.1 Sperrung gegen nichtdrückendes Wasser

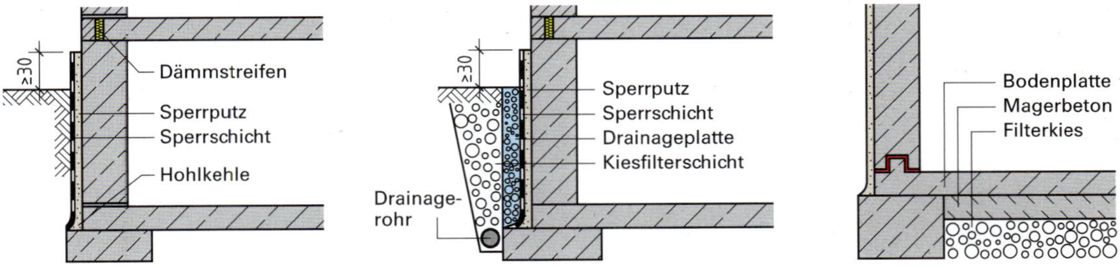

Bild 1: Seitlich angreifende Feuchte

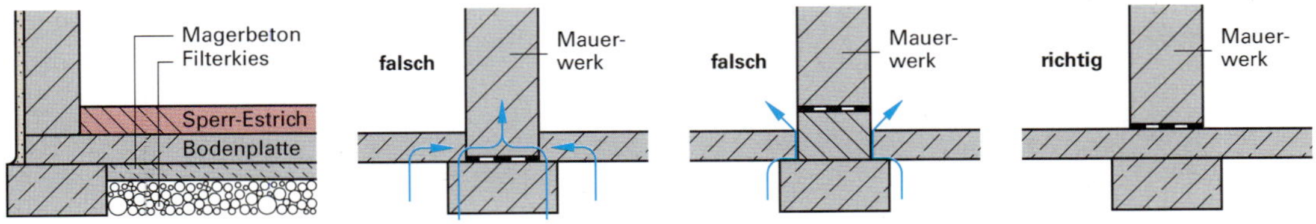

Bild 2: Kapillar aufsteigende Feuchte

2.7.1.2 Sperrung gegen drückendes Wasser (Grundwasser)

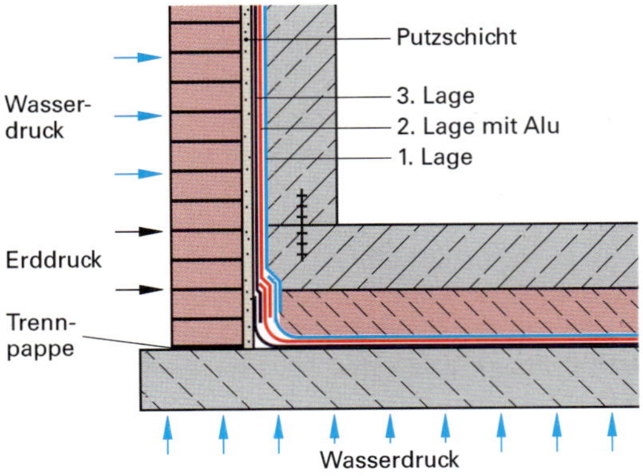

Bild 3: Wasserdruckhaltende Außenhautdichtung

- Schutz der Außendichtung durch Vormauerung
- Übergang von der Sohlendichtung zur Wanddichtung durch Kehlenstoß

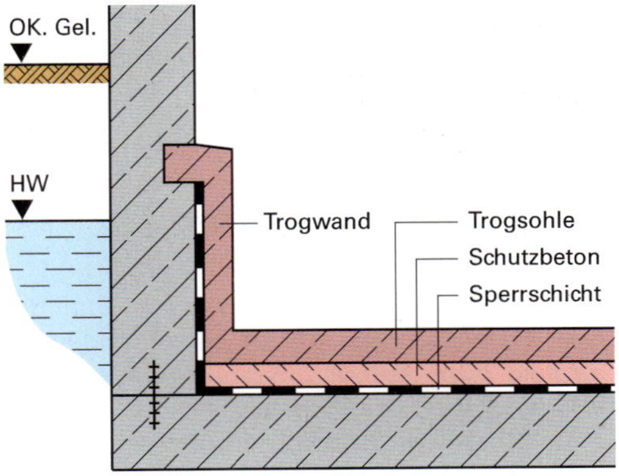

Bild 4: Innentrogdichtung

- Der Wasserdruck drückt die Sperrschicht vom Bauwerk weg (ungünstig)
- fast ausschließlich bei nachträglichem Einbau

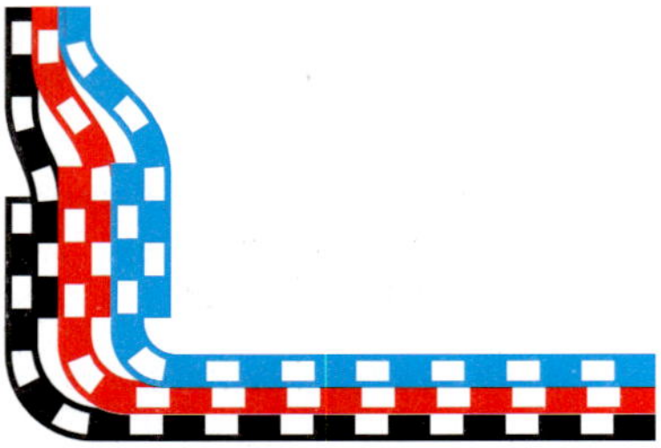

Bild 1: Kehlenstoß

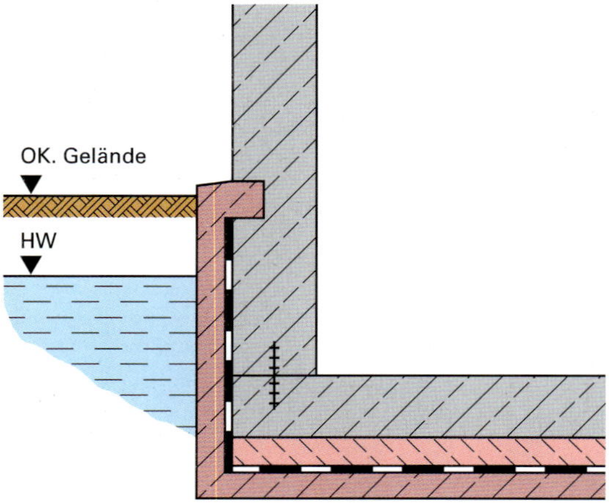

Bild 2: Außentrogdichtung

Außendichtung:

- günstige Anordnung der Sperrschicht bei äußerem Wasserangriff
- der an den Außenflächen der Dichtung angreifende hydrostatische Druck beansprucht ausschließlich tragende Bauteile
- die Sohlendichtung wird durch die Bauwerkslast angepresst
- der Erddruck drückt die Dichtung an die Tragkonstruktion
- geringe Gefahr der Beschädigung der Dichtung durch spätere bauliche Maßnahmen
- Abdichtung der tragenden Bauteile sowohl gegen Grundwasser, als auch gegen eventuell darin gelöster chemisch aggressiver Stoffe
- von der Dichtungsanordnung unabhängige Aufteilung durch Zwischenwände

2.7.1.3 Fugen – Fugenbänder

Fugen

Dehnfugen

Jeder Körper dehnt sich bei steigender Temperatur aus und zieht sich bei fallender Temperatur zusammen.

Beton schwindet bereits durch den Abbindeprozess, durch den es zu Spannungen im Betongefüge und zu Längenänderungen kommt, die durch Fugen aufgefangen werden müssen.

Um bei langen Bauteilen, besonders im Stahlbetonbau Spannungsrisse infolge Längenänderung zu vermeiden, müssen in bestimmten Abständen Dehnfugen vorgesehen werden. An das Material einer Dehnfuge wird die Forderung gestellt, sich bei Ausdehnung zweier Bauteile ohne Schaden zusammenpressen zu lassen und bei Schrumpfung der Bauteile sich strecken zu lassen.

Als Fugenfüllmaterial eignen sich dauerelastische Stoffe.

Arbeitsfugen

Arbeitsfugen entstehen konstruktionsbedingt durch das Zusammentreffen von Bauteilen aus verschiedenen Materialien (Fachwerk), aber auch bei monolitischen Baukörpern aus Beton. Große Baukörper aus Beton können oft in zeitlicher Hinsicht, aber auch bezüglich des Konstruktionsablaufes nicht in einem Zuge betoniert werden. So ist es konstruktiv nicht möglich, eine Platte mit aufgehenden Wänden in einem Zuge zu betonieren. Andererseits wird ein Betoniervorgang oft durch Pausen (Ende des Arbeitstages) unterbrochen.

An diesen Stellen, die planerisch vorgegeben sind, werden Fugen vorgesehen. Die Verbindung von einem Bauteil zum andern wird durch ein Arbeitsfugenband überbrückt. Im Tunnelbau, aber auch Behälterbau und Wannenbau sind Arbeitsfugenbänder für die Wasserdichtigkeit unerlässlich.

Dehnfugenbänder

Bedingt durch Verlängerung der Bauteile im Sommer und Verkürzung im Winter, werden die Dehnfugenbänder unterschiedlichen Beanspruchungen ausgesetzt.

Dehnfugenbänder bestehen aus einem Dehnteil, Dichtungsteil und Verankerungsteil.

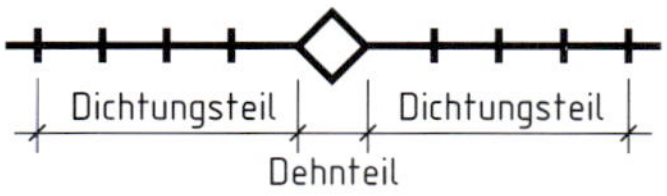

Bild 1: Fugenbandteile

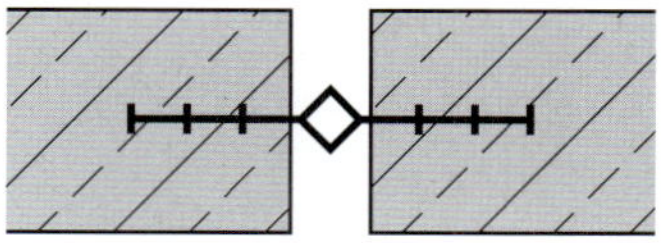

Bild 2: Einbauzustand

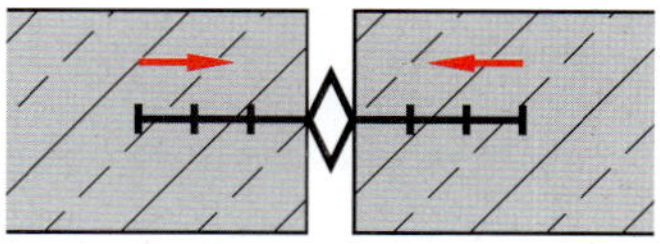

Bild 3: Stauchungszustand

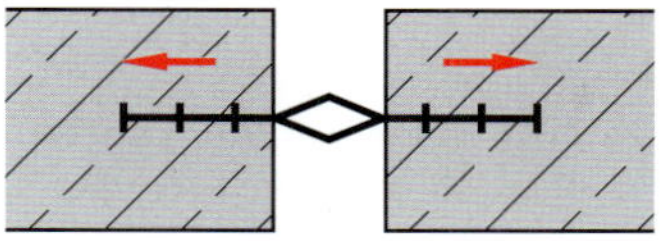

Bild 4: Dehnungszustand

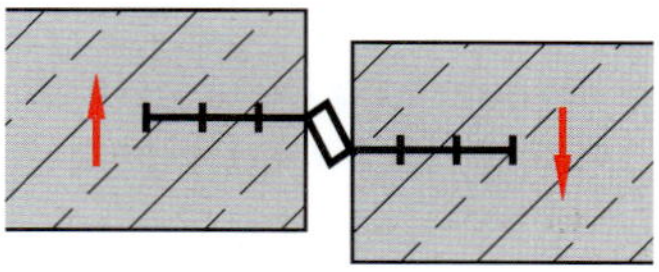

Bild 5: Zerrungszustand

Arbeitsfugenbänder

Diese Bänder unterscheiden sich von den Dehnfugenbändern dadurch, dass sie keinen Dehnungsteil haben. Arbeitsfugenbänder werden, wie ihr Name sagt, dort eingesetzt, wo eine Unterbrechung eines Arbeitsablaufes in zeitlicher Hinsicht oder von der Konstruktion bedingt unerlässlich ist.

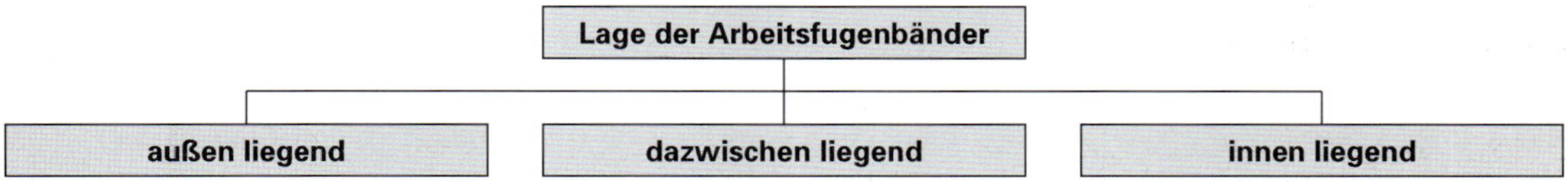

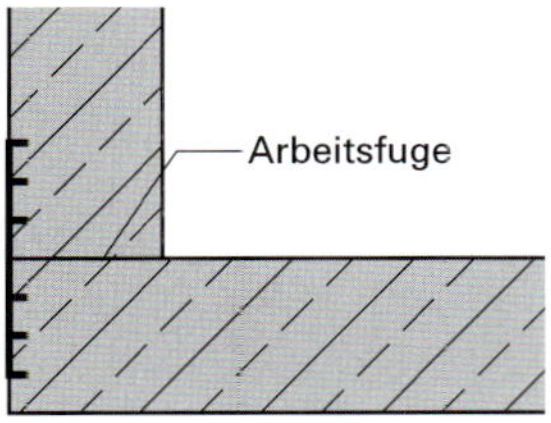

Bild 6: außen liegend

Vorteile:

- Das Fugenband wird an die Fuge angepresst
- Das Wasser gelangt nicht in die Fugen hinein
- Es ist gut an der Schalung zu befestigen

Nachteile:

- Das Band kann beim Verfüllen der Baugrube beschädigt werden
- Zersetzungsgefährdet durch Schadstoffe im Boden

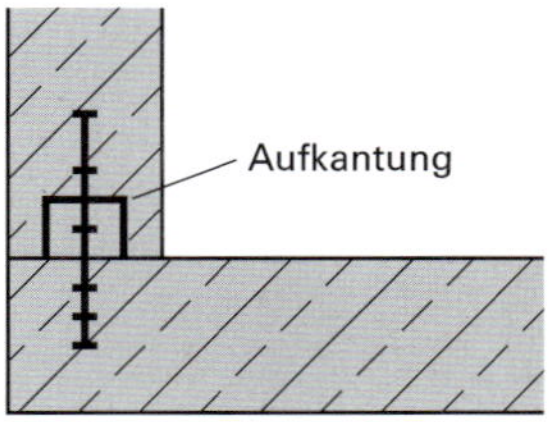

Bild 7: mittig

Vorteile:

- keine mechanische Beschädigung möglich
- keine Zersetzungsgefahr durch Gefahrstoffe im Boden
- wird nicht UV-Strahlen ausgesetzt

Nachteile:

- Wasser kann bis in das halbe Bauteil vordringen
- erschwerter Einbau
- aufwendige und erschwerte Bewehrungsführung

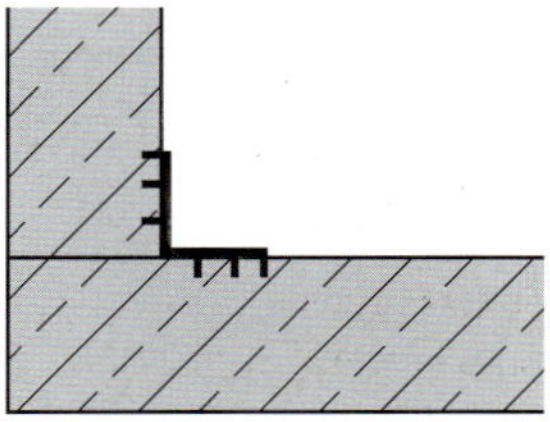

Bild 8: innen liegend

Vorteile:

- kann nachträglich eingebaut werden

Nachteile:

- Zerstörungsgefahr durch mechanische Beanspruchung
- UV-strahlungsgefährdet
- Das Wasser dringt durch die ganze Fuge in das Bauteil ein
- das Wasser drückt das Band von der Wand weg

2.7.2 Sperrung gegen Wasserdampf

Wasser in Dampfform entsteht vor allem in den Wohn- und Arbeitsräumen. Die Raumluftfeuchten werden im Wesentlichen durch die Art der Raumnutzung bestimmt. Durch die Nutzung unserer Wohn- und Arbeitsräume werden etwa folgende Wasserdampfmassen an die Raumluft abgegeben:

Atemluft des Menschen	20 bis 70 g/h
Kochen (nach Anzahl der Kochstellen)	50 bis 500 g/h
Baden, Duschen	500 bis 800 g/h
Wäsche trocknen (je nach Nässegrad)	50 bis 500 g/h
Zimmerpflanzen (je nach Größe und Art)	5 bis 20 g/h

Wasserdampf ist chemisch gesehen immer noch Wasser, denn er hat auch die chemische Formel H_2O. Durch Temperatur- und Windeinwirkung werden an der Wasseroberfläche einzelne Wassermoleküle herausgelöst und können wegen ihres nun sehr geringen Gewichtes von der Luft getragen werden.

Die Verdunstung ist umso größer

- je höher die Temperatur des Wassers ist: Bei warmem Wasser sind die Wassermoleküle beweglicher als bei kaltem
- je höher die Lufttemperatur ist: Warme Luft zieht zum Austritt fähige Wassermoleküle eher an und kann diese auch eher aufnehmen als kalte Luft
- je stärker die Windeinwirkung ist: starker Windsog entreißt die absprungbereiten Wassermoleküle der Oberfläche und trägt sie fort, sodass gleich weitere Moleküle nachfolgen können.
- je größer die Verdunstungsoberfläche ist: Verdunstung kann nur an der Flüssigkeitsoberfläche stattfinden.

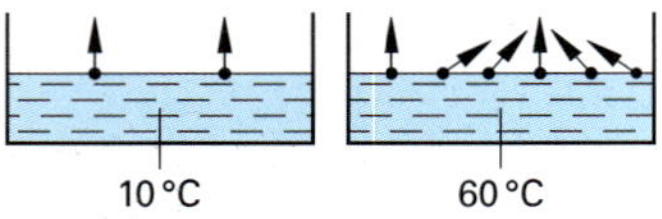

Bild 1: Wassertemperatur

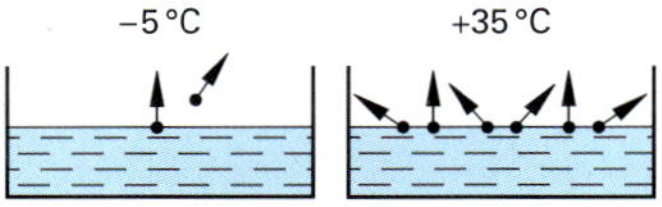

Bild 2: Lufttemperatur

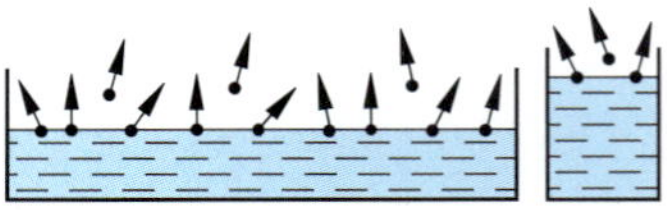
Bild 3: Verdunstungsfläche

Nicht nur manche festen Körper können Wasserdampf speichern, sondern auch Luft. Luft kann in Abhängigkeit von der Temperatur eine jeweils maximale Masse von Wasser in Dampfform speichern.

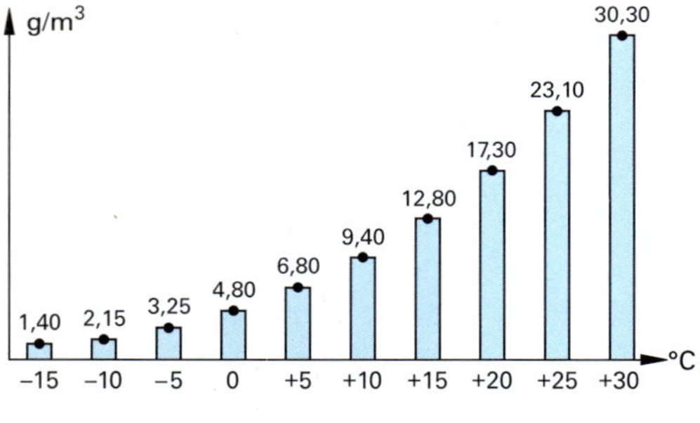

Bild 4: Maximaler Feuchtegehalt der Luft

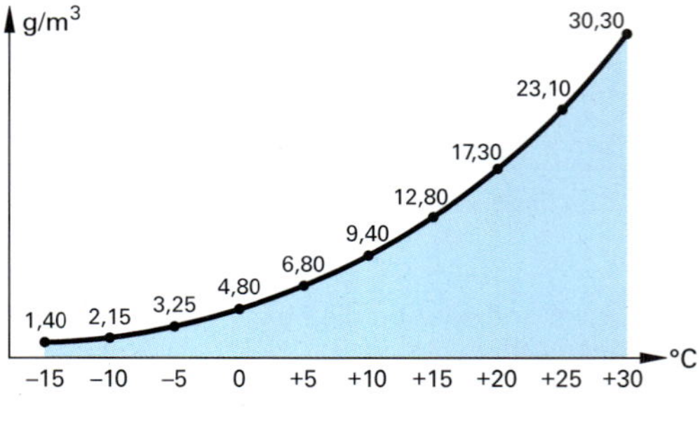

Bild 5: Maximaler Feuchtegehalt der Luft

Verbindet man die oberen Punkte des Balkendiagrammes zu einer Linie, so erhält man ein Liniendiagramm, auf dem auch Zwischenwerte abgelesen werden können.
Dass die Luft Feuchtigkeit enthält, ist für unser Wohlbefinden, aber auch für die Technik und die meisten Produktionsprozesse unerlässlich. Das Sprechen würde uns in trockener Luft schon nach wenigen Stunden Beschwerden bereiten, auf der andern Seite empfinden wir zu feuchte Luft ermüdend und niederdrückend. Allein aus dieser Tatsache ist zu erkennen, dass Luft in den meisten Fällen nur ein gewisses Maß an Feuchte enthalten darf.

2.8 Luftfeuchte

2.8.1 Absolute Luftfeuchte

Unter absoluter Luftfeuchte versteht man die in der Luft tatsächlich gespeicherte Wassermasse in g/m³, unabhängig von der Lufttemperatur.

2.8.2 Relative Luftfeuchte

Setzt man diese absolute Feuchtemasse ins Verhältnis zur maximal aufnehmbaren Feuchtemasse, so bezeichnet man dieses Verhältnis mit relativer Luftfeuchte. Die maximal aufnehmbare Feuchte wird auch als Sättigungsmenge bezeichnet, weil die Luft dabei mit Wasserdampf satt ist, d.h. nicht mehr an Feuchte aufnehmen kann.

Die relative Luftfeuchte ist das Verhältnis vom tatsächlichen Feuchtegehalt zum Sättigungsgehalt. Wird die maximal aufnehmbare Feuchte 100 % gesetzt, so kann dieses Verhältnis durch die folgende Verhältnisgleichung ausgedrückt werden.

relative Feuchte (in %)	:	maximal aufnehmbare Feuchte (in %)	=	vorhandener Feuchtegehalt	:	maximaler Feuchtegehalt
φ	:	100 %	=	vorhandener Feuchtegehalt	:	maximaler Feuchtegehalt

Die relative Luftfeuchte wird mit dem griechischen Buchstaben Phi (Φ) bezeichnet. Durch Umformen erhält man aus obiger Verhältnisgleichung folgende Formel:

$$\text{relative Luftfeuchte } (\varphi) = \frac{\text{vorhandener Feuchtegehalt [g/m}^3] \cdot 100\ \%}{\text{maximaler Feuchtegehalt [g/m}^3]}$$

Der in Prozent angegebene Wert drückt aus, zu wieviel % die Luft mit Wasserdampf gesättigt ist, bezogen auf ihren maximalen Sättigungsgrad 100 % in Abhängigkeit von der jeweiligen Temperatur. Da die maximal aufnehmbare Wassermasse von der Temperatur abhängig ist, so ist auch die relative Luftfeuchte eine temperaturabhängige Größe. Eine relative Luftfeuchte von z.B. 65 % bei 20 °C bedeutet, dass in der Luft $17{,}3\ \text{g/m}^3 \cdot \frac{65}{100} = 11{,}2$ g Wasser pro m³ Luft enthalten sind.

2.9 Tauwasserbildung – Taupunkttemperatur

Die Wassermasse, die Luft in Dampfform speichern kann, ist von der Temperatur abhängig

Erläuterung des Diagrammes

Bei der Temperatur t_1 enthält die Luft die Wassermasse m_1, obwohl sie bei dieser hohen Temperatur eine größere Wassermasse in Dampfform speichern könnte. Sie ist daher nur zu einem gewissen Prozentsatz, das sind hier x %, mit Dampf gesättigt. Die relative Luftfeuchte beträgt also x %. Wird diese Luft nun auf die Temperatur t_2 abgekühlt, so kann sie immer weniger Wasser in Dampfform speichern, sodass die Speicherreserve immer geringer wird und bei t_2 schließlich vollständig aufgezehrt ist. Die relative Luftfeuchte ist somit von x % auf 100 % gestiegen, die vollständige Sättigung ist erreicht.

Die zugehörige Temperatur, bei der dieser Sättigungsgrad erreicht wird, wird mit Taupunkttemperatur, manchmal kurz auch nur mit Taupunkt bezeichnet.

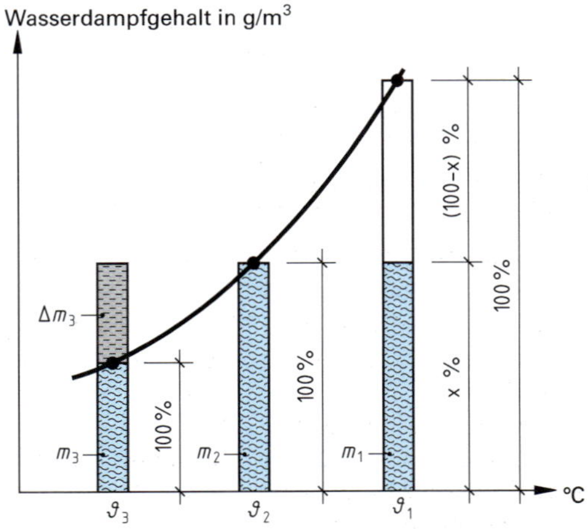

Bild 1: Relative Luftfeuchte

Wird ab der Temperatur t_2 die Luft noch weiter abgekühlt, so würde die relative Luftfeuchte noch weiter steigen, d.h. über 100 %. Dies ist jedoch nicht möglich. Die nicht mehr speicherbare Feuchtigkeit in Dampfform wird unterhalb von t_2 in Form von Wasser ausgeschieden. Wird Wasserdampf abgekühlt, so kondensiert er. Dieses Wasser nennt man Tauwasser oder auch Kondenswasser.

Man kann daher auch sagen:

Unter der Taupunkttemperatur versteht man jene Temperatur, bei der die Luft beginnt, Feuchtigkeit in Form von Wasser auszuscheiden (Kondensatbildung).

Zahlenbeispiel

Angenommen, die Luft enthielte bei 25 °C 12,8 g/m³ Wasser in Dampfform, so hätte sie noch 10,3 g/m³ Reserve bis zur Sättigung, denn maximal kann sie 23,1 g/m³ Wasser in Dampfform speichern (siehe Bild 5, Seite 162).

Die relative Luftfeuchte bei 25 °C ergibt sich zu:

rel. Feuchte : Sättigungsfeuchte = vorhandener Feuchtegehalt : maximaler Feuchtegehalt

$$\varphi_1 : 100\,\% = 12{,}8\ \text{g/m}^3 : 23{,}1\ \text{g/m}^3$$
$$\varphi_1 = 55{,}41\,\%$$

Eine Abkühlung der Luft auf 20 °C zeigt, dass diese maximal nur noch 17,3 g/m³ speichern kann. Die freie Speicherkapazität hat sich von 10,3 g/m³ (23,1 – 12,8) auf 4,5 g/m³ (17,3 – 12,8) verringert.

Dies bedeutet, dass sich die relative Luftfeuchte erhöht hat und zwar auf

$$\varphi_2 : 100\,\% = 12{,}8\ \text{g/m}^3 : 17{,}3\ \text{g/m}^3$$
$$\varphi_2 = 74\,\%$$

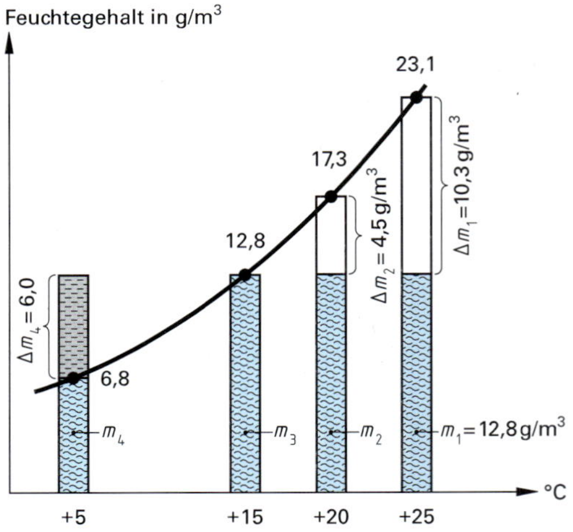

Bild 1: Relative Luftfeuchte

Wird die Luft nun weiter abgekühlt, so kann diese kühlere Luft immer weniger Feuchtigkeit speichern, obwohl der absolute Feuchtegehalt immer noch 12,8 g/m³ beträgt. Daher wird die Speicherreserve der Luft immer geringer, bis sie schließlich Null wird, d.h. die relative Luftfeuchte steigt, bis sie 100 % erreicht.

Dies ist in diesem Beispiel bei 15 °C der Fall, denn:

$$\varphi_3 : 100\,\% = 12{,}8\ \text{g/m}^3 : 12{,}8\ \text{g/m}^3$$
$$\varphi_3 = 100\,\%$$

Wird die Luft nun weiter abgekühlt, so kann sie keine weitere Feuchte mehr speichern, da sie bei 100 % bereits ihre maximale Speicherkapazität erreicht hat. Ab jetzt scheidet die Luft die überschüssige Feuchte in flüssiger Form, als sogenanntes Tauwasser oder Kondensat aus.

Das sind bei einer Temperatur von 5 °C 6 g/m³ Kondensat (12,8 – 6,8), denn die Luft kann nur noch 6,8 g/m³ Feuchtigkeit in Dampfform speichern.

Bei weniger als 15 °C würde die relative Luftfeuchte über 100 % steigen.

Dies wären:

$$\varphi_4 : 100\,\% = 12{,}8\ \text{g/m}^3 : 6{,}8\ \text{g/m}^3$$
$$\varphi_4 = 188{,}2\,\%$$

Da dies jedoch nicht möglich ist, wird die Überschussfeuchte 12,8 g/m³ – 6,8 g/m³ = 6,0 g/m³ in Form von Kondenswasser (Tauwasser) ausgeschieden.

Die Beispiele zeigen, je kühler die Luft wird, desto höher ist die relative Luftfeuchte und desto geringer ist die Sättigungsfeuchte.

Tabelle 1: Taupunkttemperatur ϑ_s der Luft in Abhängigkeit von Temperatur und relativer Feuchte der Luft

Lufttemperatur ϑ °C	Taupunkttemperatur ϑ_s in °C bei einer relativen Luftfeuchte von														
	30 %	**35 %**	**40 %**	**45 %**	**50 %**	**55 %**	**60 %**	**65 %**	**70 %**	**75 %**	**80 %**	**85 %**	**90 %**	**95 %**	**100 %**
30	10,5	12,9	14,9	16,8	18,4	20,0	21,4	22,7	23,9	25,1	26,2	27,2	28,2	29,1	30,0
29	9,7	12,0	14,0	15,9	17,5	19,0	20,4	21,7	23,0	24,1	25,2	26,2	27,2	28,1	29,0
28	8,8	11,1	13,1	15,0	16,6	18,1	19,5	20,8	22,0	23,2	24,2	25,2	26,2	27,1	28,0
27	8,0	10,2	12,2	14,1	15,7	17,2	18,6	19,9	21,1	22,2	23,3	24,3	25,2	26,1	27,0
26	7,1	9,4	11,4	13,2	14,8	16,3	17,6	18,9	20,1	21,2	22,3	23,3	24,2	25,1	26,0
25	6,2	8,5	10,5	12,2	13,9	15,3	16,7	18,0	19,1	20,3	21,3	22,3	23,2	24,1	25,0
24	5,4	7,6	9,6	11,3	12,9	14,4	15,8	17,0	18,2	19,3	20,3	21,3	22,3	23,1	24,0
23	4,5	6,7	8,7	10,4	12,0	13,5	14,8	16,1	17,2	18,3	19,4	20,3	21,3	22,2	23,0
22	3,6	5,9	7,8	9,5	11,1	12,5	13,9	15,1	16,3	17,4	18,4	19,4	20,3	21,2	22,0
21	2,8	5,0	6,9	8,6	10,2	11,6	12,9	14,2	15,3	16,4	17,4	18,4	19,3	20,2	21,0
20	1,9	4,1	6,0	7,7	9,3	10,7	12,0	13,2	14,4	15,4	16,4	17,4	18,3	19,2	20,0
19	1,0	3,2	5,1	6,8	8,3	9,8	11,1	12,3	13,4	14,5	15,5	16,4	17,3	18,2	19,0
18	0,2	2,3	4,2	5,9	7,4	8,8	10,1	11,3	12,5	13,5	14,5	15,4	16,3	17,2	18,0
17	– 0,6	1,4	3,3	5,0	6,5	7,9	9,2	10,4	11,5	12,5	13,5	14,5	15,3	16,2	17,0
16	– 1,4	0,5	2,4	4,1	5,6	7,0	8,2	9,4	10,5	11,6	12,6	13,5	14,4	15,2	16,0
15	– 2,2	– 0,3	1,5	3,2	4,7	6,1	7,3	8,5	9,6	10,6	11,6	12,5	13,4	14,2	15,0
14	– 2,9	– 1,0	0,6	2,3	3,7	5,1	6,4	7,5	8,6	9,6	10,6	11,5	12,4	13,2	14,0
13	– 3,7	– 1,9	– 0,1	1,3	2,8	4,2	5,5	6,6	7,7	8,7	9,6	10,5	11,4	12,2	13,0
12	– 4,5	– 2,6	– 1,0	0,4	1,9	3,2	4,5	5,7	6,7	7,7	8,7	9,6	10,4	11,2	12,0
11	– 5,2	– 3,4	– 1,8	– 0,4	1,0	2,3	3,5	4,7	5,8	6,7	7,7	8,6	9,4	10,2	11,0
10	– 6,0	– 4,2	– 2,6	– 1,2	0,1	1,4	2,6	3,7	4,8	5,8	6,7	7,6	8,4	9,2	10,0
Raumzustand	zu trocken	trocken		normal feucht			feucht			zu feucht		zu nass			
Behaglichkeit	unbehaglich	noch behaglich		besonders behaglich			noch behaglich			unbehaglich					

$$\vartheta_s = \left(\frac{\varphi}{100}\right)^{1/8,02} \cdot (109,8 + \vartheta) - 109,8$$

z. B. $\varphi = 52{,}4\ \%$, $\vartheta = 16{,}8\ °C$ $> \vartheta_s = \left(\frac{52{,}4}{100}\right)^{1/8,02} \cdot (109{,}8 + 16{,}8) - 109{,}8$

$\vartheta_s = 7\ °C$

φ = relative Luftfeuchte im Raum
ϑ = Raumtemperatur

Tabelle 1: Wasserdampfsättigungsdruck p_s in Abhängigkeit von der Temperatur in °C										
	Wasserdampfsättigungsdruck in Pascal Pa									
°C	,0	,1	,2	,3	,4	,5	,6	,7	,8	,9
30	4 241	4 265	4 289	4 314	4 339	4 364	4 389	4 414	4 439	4 464
29	4 003	4 026	4 050	4 073	4 097	4 120	4 144	4 168	4 192	4 216
28	3 778	3 800	3 822	3 844	3 867	3 889	3 912	3 934	3 957	3 980
27	3 563	3 584	3 605	3 626	3 648	3 669	3 691	3 712	3 734	3 756
26	3 359	3 379	3 399	3 419	3 440	3 460	3 480	3 501	3 522	3 542
25	3 166	3 185	3 204	3 223	3 242	3 261	3 281	3 300	3 320	3 340
24	2 982	3 000	3 018	3 036	3 055	3 073	3 091	3 110	3 128	3 147
23	2 808	2 825	2 842	2 859	2 876	2 894	2 911	2 929	2 947	2 964
22	2 642	2 659	2 675	2 691	2 708	2 724	2 741	2 757	2 774	2 791
21	2 486	2 501	2 516	2 532	2 547	2 563	2 579	2 594	2 610	2 626
20	2 337	2 351	2 366	2 381	2 395	2 410	2 425	2 440	2 455	2 470
19	2 196	2 210	2 224	2238	2 252	2 266	2 280	2 294	2 308	2 323
18	2 063	2 076	2 089	2 102	2 115	2 129	2 142	2 155	2 169	2 182
17	1 937	1 949	1 961	1 974	1 986	1 999	2 012	2 024	2 037	2 050
16	1 817	1 829	1 841	1 852	1 864	1 878	1 888	1 900	1 912	1 924
15	1 704	1 715	1 726	1 738	1 749	1 760	1 771	1 783	1 794	1 806
14	1 598	1 608	1 619	1 629	1 640	1 650	1 661	1 672	1 683	1 693
13	1 497	1 507	1 517	1 527	1 537	1 547	1 557	1 567	1 577	1 587
12	1 402	1 411	1 420	1 430	1 439	1 449	1 458	1 468	1 477	1 487
11	1 312	1 321	1 330	1 338	1 347	1 356	1 365	1 374	1 383	1 393
10	1 227	1 236	1 244	1 252	1 261	1 269	1 278	1 286	1 295	1 303
9	1 147	1 155	1 163	1 171	1 179	1 187	1 195	1 203	1 211	1 219
8	1 072	1 080	1 087	1 094	1 102	1 109	1 117	1 124	1 132	1 140
7	1 001	1 008	1 015	1 022	1 029	1 036	1 043	1 050	1 058	1 065
6	935	941	948	954	961	967	974	981	988	994
5	872	878	884	890	897	903	909	915	922	928
4	813	819	824	830	836	842	848	854	860	866
3	757	763	768	774	779	785	790	796	801	807
2	705	710	715	721	726	731	736	741	747	752
1	656	661	666	671	676	680	685	690	695	700
0	611	615	619	624	629	633	638	642	647	652
−0	611	605	601	596	591	586	581	576	571	567
−1	562	557	553	548	544	539	535	530	526	521
−2	517	513	509	504	500	496	492	488	484	479
−3	475	471	468	464	460	456	452	448	444	441
−4	437	433	430	426	422	419	415	412	408	405
−5	401	398	394	391	388	384	381	378	375	371
−6	368	365	362	359	356	353	350	347	344	341
−7	338	335	332	329	326	323	320	318	315	312
−8	309	307	304	301	299	296	294	291	288	286
−9	283	281	278	276	274	271	269	266	264	262
−10	259	257	255	252	250	248	246	244	241	239

z. B. bei 26,4 °C → p_{sat} = 3 440 Pa — bei −0,8 °C → p_{sat} = 571 Pa

bei 17,6 °C → p_{sat} = 2 012 Pa — bei −5,0 °C → p_{sat} = 401 Pa

$$p_{sat} = 288{,}68 \left(1{,}098 + \frac{\vartheta}{100\ °C}\right)^{8{,}02} \quad \text{bei } 0\ °C < \vartheta \leq 30\ °C$$

$$p_{sat} = 4{,}689 \left(1{,}486 + \frac{\vartheta}{100}\right)^{12{,}3} \quad \text{bei } \vartheta = -0\ °C \text{ bis } -20\ °C$$

Tabelle 1: Wasserdampfsättigungskonzentration in Abhängigkeit von der Temperatur										
	Sättigungskonzentration von Wasserdampf in g/m³									
°C	,0	,1	,2	,3	,4	,5	,6	,7	,8	,9
30	30,3	30,5	30,6	30,8	31,0	31,2	31,4	31,5	31,7	31,9
29	28,7	28,9	29,0	29,2	29,4	29,5	29,7	29,9	30,0	30,2
28	27,2	27,3	27,5	27,6	27,8	28,0	28,1	28,3	28,5	28,6
27	25,7	25,9	26,0	26,2	26,3	26,5	26,6	26,8	26,9	27,1
26	24,3	24,5	24,6	24,8	24,9	25,0	25,2	25,3	25,5	25,6
25	23,0	23,1	23,3	23,4	23,5	23,7	23,8	24,0	24,1	24,3
24	21,7	21,9	22,0	22,1	22,3	22,4	22,5	22,7	22,8	22,9
23	20,5	20,7	20,8	20,9	21,0	21,2	21,3	21,4	21,5	21,7
22	19,4	19,5	19,6	19,7	19,9	20,0	20,1	20,2	20,4	20,5
21	18,3	18,4	18,5	18,6	18,8	18,9	19,0	19,1	19,2	19,3
20	17,3	17,4	17,5	17,6	17,7	17,8	17,9	18,0	18,1	18,2
19	16,3	16,4	16,5	16,6	16,7	16,8	16,9	17,0	17,1	17,2
18	15,3	15,4	15,5	15,6	15,7	15,8	15,9	16,0	16,1	16,2
17	14,5	14,5	14,6	14,7	14,8	14,9	15,0	15,1	15,2	15,3
16	13,6	13,7	13,8	13,9	14,0	14,1	14,1	14,2	14,3	14,4
15	12,8	12,9	13,0	13,1	13,1	13,2	13,3	13,4	13,5	13,6
14	12,0	12,1	12,2	12,3	12,4	12,4	12,5	12,6	12,7	12,8
13	11,3	11,4	11,5	11,6	11,6	11,7	11,8	11,9	11,9	12,0
12	10,6	10,7	10,8	10,9	10,9	11,0	11,1	11,1	11,2	11,3
11	10,0	10,1	10,1	10,2	10,3	10,3	10,4	10,5	10,5	10,6
10	9,4	9,5	9,5	9,6	9,6	9,7	9,8	9,8	9,9	10,0
9	8,8	8,9	8,9	9,0	9,0	9,1	9,2	9,2	9,3	9,4
8	8,3	8,3	8,4	8,4	8,5	8,5	8,6	8,7	8,7	8,8
7	7,7	7,8	7,8	7,9	8,0	8,0	8,1	8,1	8,2	8,2
6	7,3	7,3	7,4	7,4	7,5	7,5	7,6	7,6	7,7	7,7
5	6,8	6,8	6,9	6,9	7,0	7,0	7,1	7,1	7,2	7,2
4	6,4	6,4	6,4	6,5	6,5	6,6	6,6	6,7	6,7	6,8
3	5,9	6,0	6,0	6,1	6,1	6,2	6,2	6,2	6,3	6,3
2	5,6	5,6	5,6	5,7	5,7	5,8	5,8	5,8	5,9	5,9
1	5,2	5,2	5,3	5,3	5,3	5,4	5,4	5,5	5,5	5,5
0	4,8	4,9	4,9	4,9	5,0	5,0	5,1	5,1	5,1	5,2
–0	4,8	4,8	4,8	4,7	4,7	4,6	4,6	4,6	4,5	4,5
–1	4,5	4,4	4,4	4,4	4,3	4,3	4,3	4,2	4,2	4,1
–2	4,1	4,1	4,1	4,0	4,0	4,0	3,9	3,9	3,9	3,8
–3	3,8	3,8	3,7	3,7	3,7	3,7	3,6	3,6	3,6	3,5
–4	3,5	3,5	3,5	3,4	3,4	3,4	3,3	3,3	3,3	3,3
–5	3,2	3,2	3,2	3,2	3,1	3,1	3,1	3,1	3,0	3,0
–6	3,0	3,0	2,9	2,9	2,9	2,9	2,8	2,8	2,8	2,8
–7	2,7	2,7	2,7	2,7	2,7	2,6	2,6	2,6	2,6	2,5
–8	2,5	2,5	2,5	2,5	2,4	2,4	2,4	2,4	2,4	2,3
–9	2,3	2,3	2,3	2,3	2,2	2,2	2,2	2,2	2,2	2,1
–10	2,1	2,1	2,1	2,1	2,1	2,0	2,0	2,0	2,0	2,0

$$\text{Wasserdampfsättigungskonzentration [kg/m}^3] = \frac{\text{Wasserdampfsättigungsdruck [Pa]}}{\text{Gaskonstante}\left[\frac{\text{Pa}\cdot\text{m}^3}{\text{kg}\cdot\text{K}}\right]\cdot\text{Temperatur [K]}}$$

$$\varrho_{D,max} = \frac{288{,}68\left[1{,}098 + \left(\frac{\vartheta}{100}\right)^{8{,}02}\right]}{R_D \cdot T} = \frac{288{,}68\left[1{,}098 + \left(\frac{20}{100}\right)^{8{,}02}\right]}{461{,}51 \cdot 293} = 0{,}01729\ \text{kg/m}^3$$

Tabelle 1: Mindestwerte der raumseitigen Oberflächentemperaturen in Abhängigkeit vom Dampfteildruck der Raumluft sowie vom kritischen Höchstwert der relativen Luftfeuchte an der Bauteiloberfläche

Dampfteildruck in Pa	kritische relative Luftfeuchte an der Bauteiloberfläche in %					
	50	60	70	80	90	100
	Mindestwerte der raumseitigen Oberflächentemperaturen in °C					
3 000	36,2	32,9	30,2	27,9	25,9	24,1
2 900	35,6	32,3	29,6	27,3	25,3	23,5
2 800	34,9	31,7	29,0	26,7	24,7	23,0
2 700	34,3	31,0	28,4	26,1	24,1	22,4
2 600	33,6	30,4	27,7	25,4	23,5	21,7
2 500	32,9	29,7	27,0	24,8	22,8	21,1
2 400	32,2	29,0	26,3	24,1	22,2	20,4
2 300	31,4	28,3	25,6	23,4	21,5	19,7
2 200	30,6	27,5	24,9	22,7	20,7	19,0
2 100	29,8	26,7	24,1	21,9	20,0	18,3
2 000	29,0	25,9	23,3	21,1	19,2	17,5
1 900	28,1	25,0	22,4	20,3	18,4	16,7
1 800	27,2	24,1	21,6	19,4	17,5	15,9
1 700	26,2	23,1	20,6	18,5	16,6	15,0
1 600	25,2	22,2	19,6	17,5	15,7	14,0
1 500	24,1	21,1	18,6	16,5	14,7	13,0
1 400	23,0	20,0	17,5	15,4	13,6	12,0
1 300	21,7	18,8	16,3	14,3	12,5	10,9
1 200	20,4	17,5	15,1	13,0	11,2	9,7
1 100	19,0	16,1	13,7	11,7	9,9	8,4
1 000	17,5	14,7	12,3	10,3	8,5	7,0
900	15,9	13,0	10,7	8,7	7,0	5,5
800	14,0	11,2	8,9	7,0	5,3	3,8
700	12,0	9,2	7,0	5,1	3,4	1,9

z. B. $\left.\begin{matrix}\varphi_{i,o} = 50\ \%\\ p_i = 1\,400\ \text{Pa}\end{matrix}\right. > \vartheta_{min} = 23\ °C$

2.10 Wasserdicht – wasserdampfdicht – Dampfbremse – Dampfsperre

Die meisten unserer Baustoffe müssen weder wasser- noch wasserdampfdicht sein, da der Feuchteanfall so gering ist, dass er durch die Baustoffe hindurchgehen kann. Der Feuchteaustausch zwischen der Raumluft und der Außenluft erfolgt bei Gebäuden über die Außenwände, Türen, Fenster sowie Rahmenfugen dieser Bauteile ohne in der Regel Schäden zu hinterlassen.

Baustoffe, die wasserdicht sind, sind noch lange nicht wasserdampfdicht. Ein Wassermolekül hat die Größe von 1/100 000 mm, ein Wasserdampfmolekül dagegen ist nur 1/10 000 000 mm (= 10^{-7} mm) groß. Dies bedeutet, dass durch Poren, durch die ein Wassermolekül nicht mehr hindurchgelangt, ein Wasserdampfmolekül immer noch hindurchgelangen kann. Man bezeichnet diesen Vorgang mit Wasserdampfdiffusion (lat. diffundere = hindurchfließen).

Sind die Poren so klein, dass kein Wassermolekül hindurchgelangen kann, so bezeichnet man den Baustoff als wasserdicht. Dies sind die Baustoffe Beton, Klinkermauerziegel, Dachziegel, aber auch Dichtungsstoffe wie bituminöse Anstriche, Bitumenpappen, Kunststofffolien.

Da solche Dichtungsstoffe zwar wasserdicht, aber noch nicht dampfdicht sind, werden sie auch als Dampfbremse (diffusionshemmende Schicht) bezeichnet. Besitzt dagegen ein Stoff keine Poren mehr, d.h. kann durch ihn nicht einmal mehr ein Wasserdampfmolekül gelangen, so spricht man von einer Dampfsperre (diffusionsdichte Schicht).

2.10.1 Wasserdampf-Diffusions-Widerstandsfaktor (μ-Wert)

Die Eigenschaft, dem Wasserdampfdurchgang einen Widerstand entgegenzusetzen, wird durch den Wasserdampf-Diffusions-Widerstandsfaktor μ (μ-Wert) ausgedrückt.

Es handelt sich um einen stoffspezifischen Kennwert, der angibt, wieviel Mal größer der Widerstand des jeweiligen Stoffes gegen Wasserdampfdiffusion ist, als Luft der gleichen Schichtdicke. Ein μ-Wert von z.B. 100 bedeutet, dass dieser Baustoff der Wasserdampfdiffusion einen 100-mal größeren Widerstand entgegensetzt als Luft der gleichen Schichtdicke, oder anders ausgedrückt: 1 cm dieses Baustoffes leistet dem Wasserdampf den gleichen Widerstand wie 100 cm Luftschicht. μ ist also eine dimensionslose Verhältniszahl. Die μ-Werte sind keine konstanten Größen, sondern hängen vom Feuchtegehalt des Baustoffes ab.

Sind zwei μ-Werte gegeben, so ist jeweils der ungünstigere Wert zu wählen, d. i. vor der Tauwasserebene der kleine und nach der Tauwasserebene der größere Wert.

Grund: Die Ab-Sorption verläuft schneller als die De-Sorption.

Trockene Kleider nehmen schnell Feuchte auf, (kleiner Widerstand), nasse trocknen nur langsam (großer Widerstand). Hauptursache dafür sind die Adhäsionskräfte zwischen Wasser und Material.

Für absolut dampfdichte Stoffe wie Metalle, Glas, Schaumglas mit einem μ-Wert ∞ sollte nach DIN EN ISO 13 788 für die Praxis ein konkreter (finiter) Wert von 100 000 angesetzt werden.

Der s_d-Wert ($\mu \cdot d$) von ruhenden Luftschichten ist konstant mit s_d = 0,01 m anzusetzen, unabhängig von ihrer Neigung und Dicke.

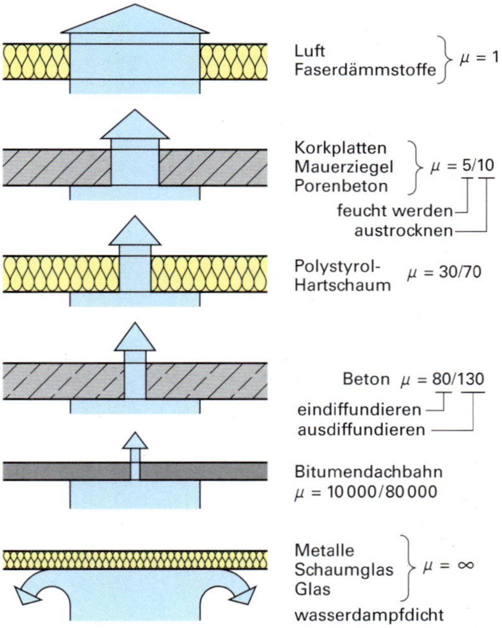

Bild 1: μ-Werte

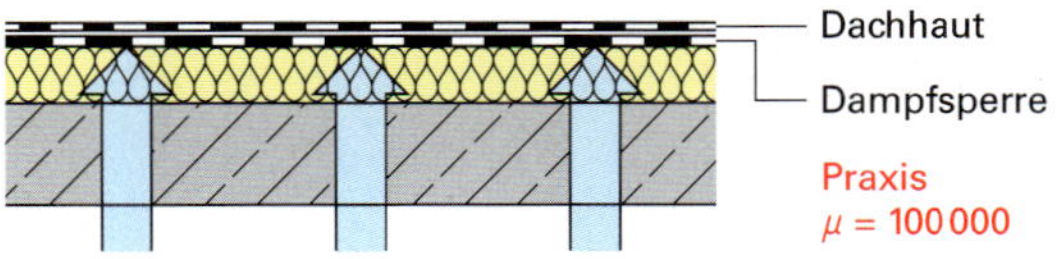

Bild 2: Falsche Lage der Dampfsperre

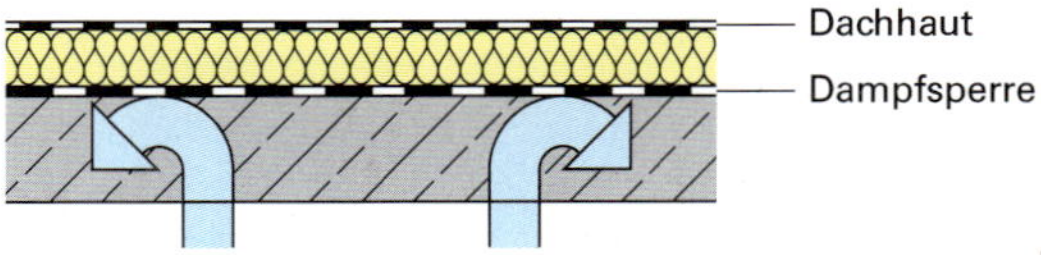

Bild 3: Richtige Lage der Dampfsperre

2.11 Vergleich Wärmeschutz – Feuchteschutz

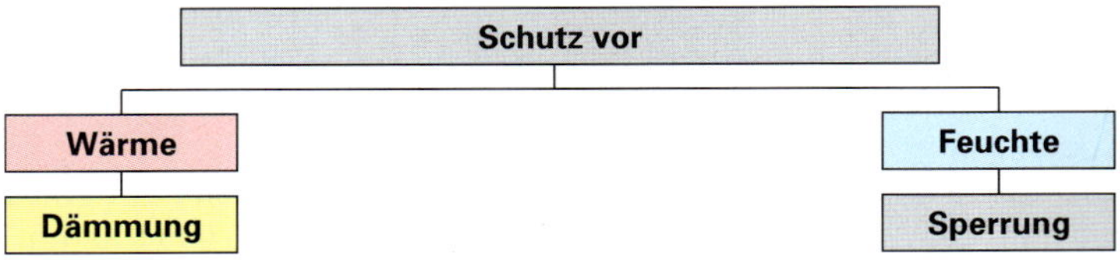

Richtung des Wärmestromes

innen | außen

warme Seite | kältere Seite

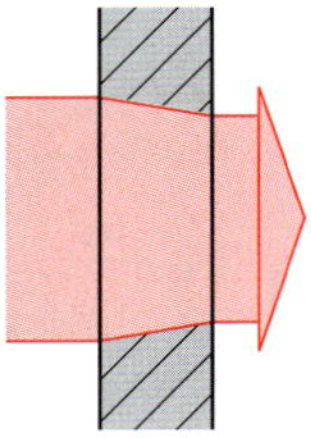

Bild 1

Übertragung der Wärme durch Wärmeleitung von der wärmeren zur kälteren Seite.

Abhilfe: Dämmschicht

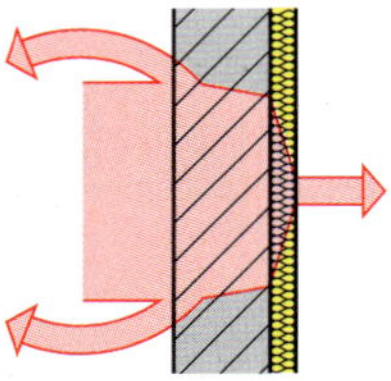

Bild 2

Grundsatz:
Anordnung der Dämmschicht in der Regel auf der Außenseite (kalten Seite)

Folge:
Das tragende Bauteil hat so während des Jahres etwa die gleiche Temperatur und erfährt somit nur geringe Längenänderungen ⇒ rissefrei. Ebenfalls kann durch die Außendämmung die Wärmespeicherfähigkeit der Wand voll ausgenützt werden.

Wärmedurchlasswiderstand

$$R = \sum \frac{d}{\lambda}$$

λ: Wärmeleitfähigkeit in W/mK

Richtung des Dampfstromes

innen | außen

hoch: Temperatur, Luftdruck, Dampfdruck, rel. Luftfeuchte | niedrig: Temperatur, Luftdruck, Dampfdruck, rel. Luftfeuchte

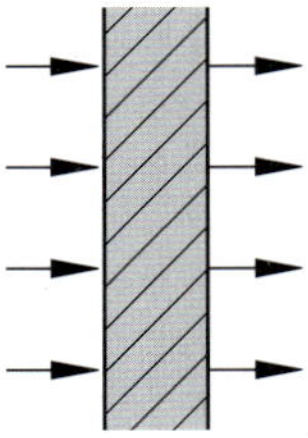

Bild 3

Übertragung der Feuchte durch Dampfdiffusion von der wärmeren zur kälteren Seite.

Abhilfe: Sperrschicht

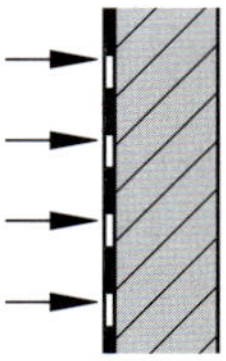

Bild 4

Grundsatz:
Anordnung der Sperrschicht auf der Innenseite (warmen Seite)

Folge:
Es kann beim Sinken der Temperatur im Bauteil nicht zu Kondensatausfall kommen. Die Baustoffe faulen und rosten nicht, blühen nicht aus und werden nicht bröckelig oder nehmen sonstigen Schaden. Eine außenliegende Dämmschicht wird nicht von Kondenswasser durchfeuchtet.

Wasserdampfdiffusionsdurchlasswiderstand

$$\frac{1}{\Delta} = s_d = \sum \mu \cdot d$$

d: Schichtdicke in m

μ: Wasserdampf-Diffusions-Widerstandsfakor
s_d: wasserdampfäquivalente Luftschichtdicke

Konstruktionsgrundsatz:

Der Wasserdampf-Diffusionswiderstand $s_d = \mu \cdot d$ der einzelnen Schichten sollte von innen nach außen abnehmen, der Wärmedurchlasswiderstand $R = d/\lambda$ der einzelnen Schichten von innen nach außen jedoch zunehmen.

Erklärung:
$\frac{d}{\lambda}$ sollte zunehmen, weil der Wärmestrom immer mehr gebremst werden soll, um die Wärmespeicherfähigkeit zu begünstigen. $\mu \cdot d$ sollte abnehmen, um bereits eingedrungene Feuchte schneller in die nächste Schicht und schließlich nach außen leiten, um dadurch einen Feuchtestau zu vermeiden.

2.12 Erklärung des Wärmestromprinzips

Werden zwei Wässer mit unterschiedlicher Wasserspiegelhöhe durch ein Bauteil getrennt, so ist der Druck des höherstehenden Wassers umso größer, je größer der Höhenunterschied zwischen beiden Wasseroberflächen ist. Ist das trennende Bauteil wasserdicht, so bleibt die Höhendifferenz bestehen. Ist dagegen dieses trennende Bauteil wasserdurchlässig und die Höhendifferenz der beiden Wasserspiegel groß, so stellt sich je nach der Wasserdurchlässigkeit mehr oder weniger schnell ein gleich hoher Wasserstand zu beiden Seiten des Bauteils ein. Ein Wassertransport erfolgt nur so lange, bis ein Ausgleich beider Höhen erreicht ist.

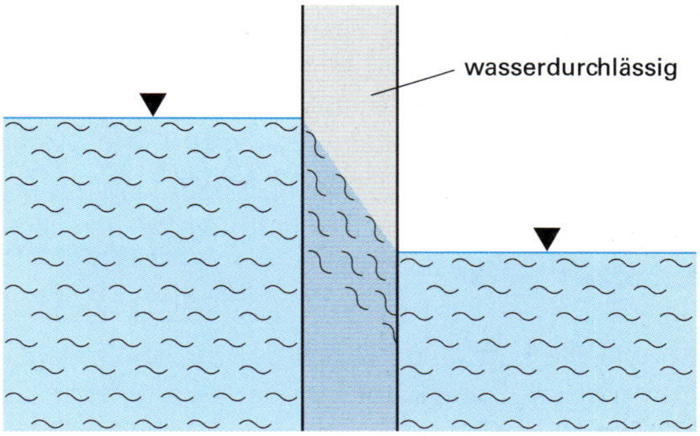

Bild 1: Prinzip des Wärmestromes

Genau so verhält es sich mit der Wärme. Warme Luft dehnt sich aus, übt also einen größeren Druck aus als kalte Luft. Da im Winter die Innenräume eines Bauwerkes wärmer sind als die Außenluft, ergibt sich hier ein Wärmestrom von innen nach außen. Dieser Wärmestrom ist umso größer, je besser das Bauteil die Wärme hindurchlässt, also von innen nach außen leitet, d.h., je schlechter dessen Dämmwirkung ist. Da es keine Baustoffe und auch keine Dämmstoffe gibt, die die Wärme nicht mehr weiterleiten, gibt es immer einen gewissen Wärmeenergietransport von der warmen zur kalten Seite eines Bauteils. Dies geschieht im Winter von innen nach außen und im Sommer umgekehrt.

Die Dämmschicht sollte im Regelfall auf der kalten Außenseite angebracht werden, um das Bauteil vor zu großen Temperaturschwankungen zu schützen und um dadurch große Längenänderungen auszuschließen. Vor allem aber soll damit erreicht werden, dass im massiven Bauteil die Wärme gehalten, d.h. gespeichert werden kann, um sie so in den Abend- und Nachtstunden an den Raum wieder abgeben zu können. Auf diese Weise kann im Sommer tagsüber die überschüssige Wärme im Bauteil gespeichert und dadurch eine zu große Erwärmung der Raumluft während des Tages vermieden werden. Der Konstruktionsgrundsatz bei der Wärmedämmung verlangt, dass der Wärmedurchlasswiderstand der einzelnen Schichten, bei z.B. drei Schichten von innen nach außen zunehmen soll, um so die Wärmeenergie immer langsamer nach außen gehen zu lassen.

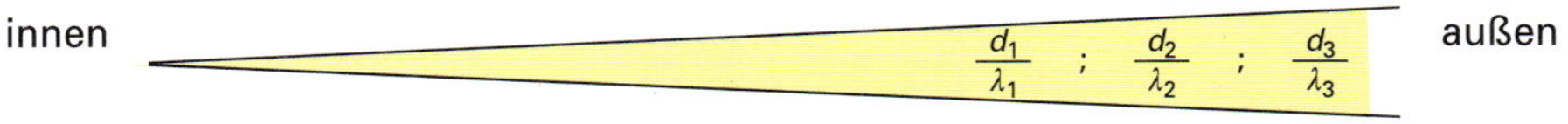

2.13 Erklärung des Prinzips der Sperrung gegen Feuchte

Ähnlich wie beim Wärmetransport geschieht es auch beim Feuchtetransport bei einem vorhandenen Temperatur- und Feuchteungleichgewicht. So will sich auch bei einem Feuchteungleichgewicht ein Ausgleich einstellen. Unterschiedliche relative Luftfeuchten von zwei Räumen gleichen sich dadurch aus, dass die Feuchte so lange aufgrund des Temperaturunterschiedes durch das Bauteil hindurchgeführt wird, bis sich ein Ausgleich vollzogen hat. Diesen Vorgang nennt man Dampfdiffusion (lat. diffundere = hindurchfließen). Anders als bei der Wärme möchte man bei der Feuchte, dass schon gar keine Feuchte in das Bauteil gelangen und dort bei Erreichung der Taupunkt-Temperatur als Kondenswasser ausfallen kann. Deshalb muss im Bedarfsfalle eine Sperrschicht unbedingt auf der Seite mit der höheren Temperatur und dem größeren Feuchteanfall angeordnet werden.

Beim Dampfdurchgang ist nicht nur der Wasserdampf-Diffusions-Widerstandsfaktor μ (μ-Wert) wichtig, sondern die Dicke der Schicht ist für die Größe des Feuchtetransportes ebenso verantwortlich. Das mathematische Produkt aus μ mal der Schichtdicke d ($\mu \cdot d$) der sogenanne s_d-Wert sollte deshalb von innen nach außen abnehmen, weil Feuchte, die in eine Schicht gelangt, durch die nächste besser hindurchgehen und von der nächsten wiederum besser hindurchgelassen werden soll, um eine Feuchteanreicherung im Bauteilinnern zu vermeiden. bei s_d bedeutet s = Strecke d = Diffusion

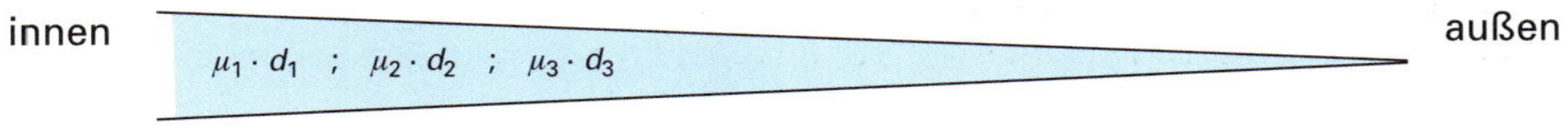

2.14 Dampfdruck

Luft hat, wenn auch nur eine sehr geringe, so doch auch eine Masse. Ein Liter (= 1 dm^3) Luft wiegt 1,293 g oder in einer größeren Einheit: 1 m^3 Luft wiegt 1,293 kg. Die Lufthülle über der Erdoberfläche übt somit einen Druck auf diese aus. Der Druck der atmosphärischen Lufthülle als Massengröße ausgedrückt beträgt 1 kg/cm^2. Dies entspricht etwa 10 Tafeln Schokolade auf die Fläche eines mittleren Fingernagels.

Da Druck in Pascal (Pa), Bar (bar) oder Newton pro Quadratmillimeter (N/mm^2) ausgedrückt wird, ergibt sich der Druck der irdischen Lufthülle zu

$$1\ \text{bar} = 100\,000\ \text{Pa} = 100\,000\ \text{N/m}^2 = 0{,}1\ \text{N/mm}^2$$

So wie die Luft einen Druck ausübt, so erzeugt auch der Wasserdampf in der Luft einen Druck, den Dampfdruck. Der Dampfdruck ist dem Luftdruck quasi überlagert. Der Wasserdampfdruck ist abhängig von der

- Temperatur
- relativen Luftfeuchte.

Beträgt die relative Luftfeuchte 100 %, so ist auch der Dampfdruck am größten. Man spricht vom Wasserdampf-Sättigungsdruck p_s. Ist die relative Luftfeuchte unter 100 %, so ist auch der Wasserdampfdruck geringer. Man spricht vom Wasserdampfteildruck p oder Wasserdampfpartialdruck p. Der tatsächliche Wasserdampfdruck (Teildruck, Partialdruck) errechnet sich zu:

$$p = \varphi \cdot p_s$$

Beispiel: Temperatur = 22 °C

$\varphi = 60\ \%$

Lösung: Bei $\vartheta_i = 22\ °C \Rightarrow p_s = 2\,645$ Pa (nach Tab. S. 166)

$$p = \varphi \cdot p_s$$

$$p = \frac{60}{100} \cdot 2\,645\ \text{Pa}$$

$$p = 1\,587\ \text{Pa}$$

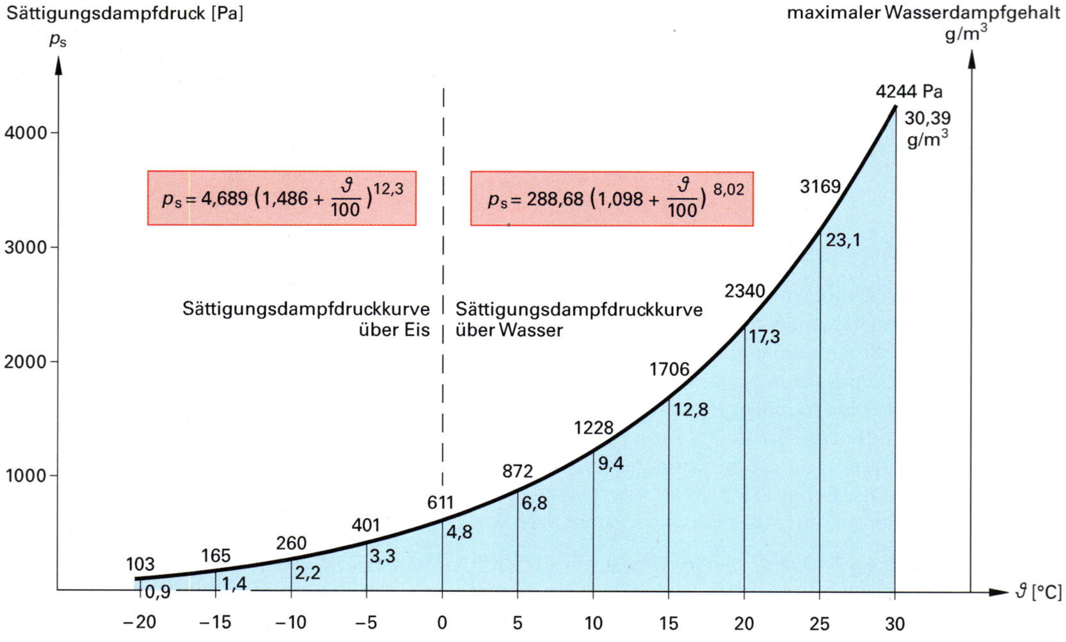

Bild 1: Sättigungsdampfdruck und maximaler Wasserdampfgehalt in Abhängigkeit von der Temperatur

Die Abbildung zeigt die maximal aufnehmbare Feuchtemasse pro m^3 in Abhängigkeit von der Temperatur und einen diesem Maximalwert zugeordneten maximalen Dampfdruck, den so genannten Sättigungsdruck p_S.

2.15 Feuchteschutz infolge Wasserdampfdiffusion

2.15.1 Bedingungen im Feuchteschutz nach DIN 4108

Bezüglich der Wasserdampfdiffusion bei Bauteilen gelten folgende Forderungen:

1. Durch die Kondensation von Wasserdampf dürfen in den Bauteilen keine Schäden entstehen (Korrosion, Pilzbefall, Fäulnis, Frostschäden).
   Bedingung: Man lässt eine solche Kondensatmenge während der Winterperiode (Tauperiode) zu, dass sie im Laufe der Sommerperiode (Verdunstungsperiode) wieder vollständig ausdiffundieren kann.
   $\Rightarrow m_c > m_{ev}$ m_{ev} = verdunstende Wassermasse; m_c = Tauwassermasse

2. Durch die Kondensation von Wasserdampf darf der Wärmeschutz des Bauteils sich nicht so verschlechtern, dass er nicht mehr der Forderung der DIN 4108 genügt oder gar seine Dämmfunktion verliert.

3. An den Berührflächen mindestens einer nicht wasseraufnahmefähiger Schichten (Sperrschichten, Schaumglas) dürfen höchstens 0,5 kg Tauwasser je m² auftreten.
   Bedingung: Die während der Wintermonate (Tauperiode) anfallende Kondensatmenge darf nur ein bestimmtes Maß erreichen:

- für Wände und Dächer sowie Decken unter nicht ausgebauten Dachräumen maximal 1 kg/m²
- für Holz, maximale Zunahme um 5 Masse-%
- für Holzwerkstoffe (Stabsperrholzplatten, Furniersperrholzplatten, Spanplatten) maximale Zunahme um 3 Masse-% (nicht für Holzwolle-Leichtbauplatten und Mehrschicht-Leichtbauplatten).

Für alle andern Konstruktionen oder Baustoffe gilt, dass die im Winter sich in einem Bauteil bildende Kondensatmenge im Sommer wieder vollständig ausdiffundieren kann. Es müssen jeweils beide Bedingungen erfüllt werden.

2.15.2 Vermeidung von Tauwasser an der Bauteiloberfläche

Um Tauwasser an der inneren Oberfläche zu vermeiden, ist eine bei der bestehenden Raumtemperatur und relativen Luftfeuchte notwendige Mindestoberflächentemperatur erforderlich. Die Taupunkt-Temperatur darf also nicht erreicht und schon gar nicht unterschritten werden. Um diese Mindesttemperatur zu erhalten, ist eine entsprechende Wärmedämmung erforderlich.
Der höchst zulässige Wärmedurchgangskoeffizient U (U-Wert) zur Vermeidung von Tauwasser an der Bauteiloberfläche errechnet sich nach folgender Formel:

$$\text{zul. } U \leq h_i \cdot \frac{\vartheta_i - \vartheta_{sat}}{\vartheta_i - \vartheta_e}$$

h_i = Wärmeübergangskoeffizient innen
ϑ_i = Lufttemperatur im Raum
ϑ_e = Außenlufttemperatur
ϑ_{sat} = Taupunkt-Temperatur

Beispiel:

Einschaliges Flachdach einer Spinnerei
geg.: Raumtemperatur ϑ_i = 26 °C
Außenlufttemperatur ϑ_e = –5 °C
relative Luftfeuchte φ_i = 80 %
ges.: Dicke der Dämmschicht (WLGr 040)

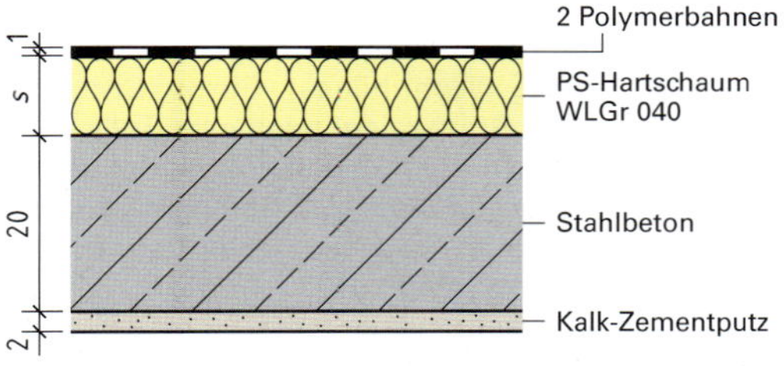

Bild 1: Einschaliges Flachdach

Lösung:

Bei ϑ_i = 26 °C, φ_i = 80 % $\Rightarrow \vartheta_s$ = 22,3 °C

$$\text{zul. } U = 4 \cdot \frac{26\,°C - 22{,}3\,°C}{26\,°C - (-5\,°C)}$$

zul. U = 0,48 W/m²K

$$\frac{1}{0{,}48} = \frac{1}{4} + \frac{0{,}02}{1{,}0} + \frac{0{,}2}{2{,}5} + \frac{d}{0{,}04} + \frac{1}{23}$$

d = 0,0676 m
gewählt: d = 80 mm

2.15.3 Vermeidung von Tauwasser im Innern von Bauteilen

Zur Untersuchung von Bauteilen auf Tauwasserbildung hat Prof. Helmut Glaser schon im Jahr 1959 ein Verfahren entwickelt, das es gestattet, sowohl die Kondensationsstelle, als auch die Kondensatmenge zu bestimmen.

Glaser ging dabei von der Tatsache aus, dass der vorhandene Dampfdruck an keiner Stelle im Bauteil größer sein kann als der Sättigungsdruck. Das bedeutet, dass die Linie des tatsächlichen Dampfdruckes nie oberhalb des Sättigungsdampfdruckes verlaufen kann, denn es tritt vorher Tauwasser aus. Es ist ein Verfahren, das teils mit grafischer Methode und teils mit Berechnungen arbeitet. Der grafische Teil des Verfahrens wird in der Fachwelt kurz mit „Glaser-Diagramm" bezeichnet. Auf der Grundlage von Glaser hat die DIN dieses Verfahren aufgenommen und bietet für den feuchteschutztechnischen Nachweis zwei Verfahren an.

Nachweisverfahren

Perioden-Bilanzverfahren (PB-Verfahren) **DIN 4108-3**	**Monats-Bilanzverfahren** (MB-Verfahren) **DIN EN ISO 13 788**

Es handelt sich hier im Grunde um das Verfahren nach Glaser.

Das Jahr wird in zwei Perioden eingeteilt: eine Periode mit dem Feuchteeintrag, in der sich in einem Bauteil Tauwasser bilden kann, die **„Tauperiode"** und eine Periode, in der die Austrocknung wieder stattfinden kann, die **„Verdunstungsperiode"**. Beiden Perioden liegen feste Randbedingungen zugrunde. Man bezeichnet diese auch als Blockklima-Randbedingungen.
Die Randbedingungen sind vom Standort unabhängig.

Tauperiode

$\vartheta_i = 20\,°C \quad \varphi_i = 50\,\%$

$\vartheta_e = -5\,°C \quad \varphi_e = 80\,\%$

$R_{si} = 0{,}25\ m^2K/W$

$R_{se} = 0{,}04\ m^2K/W$

Bei $\vartheta_i = 20\,°C$

$\rightarrow p_{sat} = 2\,337$ Pa

Bei $\vartheta_e = -5\,°C$

$\rightarrow p_{sat} = 401$ Pa

Wasserdampfteildruck

$p_i = p_{sat} \cdot \varphi_i$

$p_i = 2\,337 \cdot 0{,}50$

$p_i = 1\,168$ Pa

$p_e = p_{sat} \cdot \varphi_e$

$p_e = 401 \cdot 0{,}80$

$p_e = 321$ Pa

Dauer $t_c = 90\ d = 2\,160\ h$
$= 7{,}776 \cdot 10^6\ s$

Die Tauwassererfassung erfolgt schichtweise von innen nach außen, i.d.R. unabhängig von ihrer Dicke und ihrem Wärmedurchlasswiderstand.

Verdunstungsperiode

Dampfteildruck

Innenklima $p_i = 1\,200$ Pa

Außenklima $p_e = 1\,200$ Pa

Sättigungsdampfdruck im Tauwasserbereich:

- bei Wänden, die Aufenthaltsräume gegen Außenluft abgrenzen 1 700 Pa
- Decken unter nicht ausgebauten Dachräumen 1 700 Pa
- Dächer, die Aufenthaltsräume gegen Außenluft abschließen. 2 000 Pa

Dauer $t_{ev} = 90\ d = 2\,160\ h$
$= 7{,}776 \cdot 10^6\ s$

In der Verdunstungsperiode werden keine Temperaturen und Luftfeuchten vorgegeben, sondern nur die Wasserdampfteildrücke, bzw. die Sättigungsdrücke bei bestimmten Bauteilen.

Der s_d-Wert von ruhenden Luftschichten ist nach DIN 6946 konstant mit 0,01 m anzusetzen, unabhängig von ihrer Lage und Dicke.

Auch das MB-Verfahren hat seinen Ursprung im Verfahren nach Glaser.

Dieses Verfahren geht nicht von Perioden mit festen Randbedingungen aus, sondern erfasst jeden Monat des Jahres einzeln und stellt die monatlichen Feuchteeinträge den Verdunstungen gegenüber.
Die Berechnung beginnt mit dem Monat, in dem Tauwasser vermutet wird.
Ergibt sich in dem Monat kein Tauwasserausfall geht man zum nächsten Monat bis Tauwasser anfällt oder auch nicht. Dies zeigt sich in positiven Beträgen von g_c. Diese werden monatsweise aufaddiert. Ergibt g_c ein negatives Ergebnis so stellt sich Verdunstung ein. Diese werden von der Summe der positiven Beträge subtrahiert bis der Saldo Null ergibt. Ist dies der Fall, so ist der Monat ersichtlich in dem die Konstruktion tauwasserfrei ist.
Günstig für die Konstruktion wäre, wenn zwischen angezeigter Tauwasserfreiheit und erneutem Tauwasserausfall noch etwas Zeit verbliebe.
Die Berechnungen basieren auf einer

- monatlich mittleren Außentemperatur und
- einer monatlich mittleren relativen Außenluftfeuchte des Standortes.
- Der Nachweis ist also Standort bezogen.
- außerdem spielt die Belegung des Gebäudes (normale oder starke Belegung, sowie die Art der Nutzung (Wohnhäuser, Büros, Sporthallen, Küchen, Brauereien) noch eine Rolle

Bei beiden Verfahren handelt es sich um stationäre Methoden, obwohl das Monats-Bilanzverfahren schon näher an der Realität ist als das Perioden-Bilanzverfahren.
Bei Bauteilschichten mit $R > 0{,}25\ m^2K/W$ wird empfohlen diese in Schichten mit max. $R = 0{,}25\ m^2K/W$ zu zerlegen.

2.15.4 Nachweisverfahren: Perioden-Bilanzverfahren und Monats-Bilanzverfahren

Nachweisverfahren

Perioden-Bilanzverfahren

DIN 4108-3

unabhängig von den klimatischen Verhältnissen wie Außenluftftemperatur, relative Außenluftfeuchte des Standortes, Gebäudeart und deren Nutzung.

Tauperiode	Verdunstungsperiode
Dauer 90 Tage	Dauer 90 Tage

Monats-Bilanzverfahren

DIN EN ISO 13 788

Ausgangslage:
- geografischer Standort mit monatlich-mittlerer Außenlufttemperatur und relativer Außenluftfeuchte,
- Gebäudeart mit Nutzung,
- monatliche Erfassung des Tauwasserausfalls bzw. der Verdunstung des sich gebildeten Tauwassers.

Das Verfahren nach DIN ISO 13 788 nimmt als Grundlage das Verfahren nach Helmut Glaser, modifiziert es jedoch, indem es zwei wesentliche Verfeinerungen einführt:
1. den geografischen Standort mit den monatlichen Mitteltemperaturen
2. die monatliche Erfassung von Tauwasserbildung und Tauwasserverlust.
   Auch bei diesem modifizierten Verfahren zur Tauwasserbildung im Innern, das ebenfalls ein stationäres Verfahren ist, wird nur von Wasserdampfdiffusion ausgegangen.

In beiden Verfahren werden nicht berücksichtigt:
1. Änderung der Wärmeleitfähigkeit in Abhängigkeit vom Feuchtegehalt. Wenn in den Poren Wasser statt Luft ist, verschlechtert sich λ. $\Rightarrow \lambda_{Luft} = 0{,}025$ W/mK; $\lambda_{Wasser} = 0{,}64$ W/mK
2. Änderung des Wasserdampfdiffusionswiderstandsfaktors μ (μ-Wert) durch Feuchteaufnahme. Feuchtegehalt vergrößert den Widerstand, erhöht den μ-Wert.
3. Bildung und Verbrauch von latenter Wärme
   Tauwasserbildung setzt Wärme frei: Durch Kühlung (Wärmeentzug) von Wasserdampf entsteht Wasser.
   Verdunstung verbraucht Wärme: frösteln bei nassem Körper
   $\Rightarrow$ beide Vorgänge haben eine Änderung der Temperaturverteilung und damit eine Änderung der Sättigungsfeuchte p_{sat} zur Folge und haben damit Auswirkung auf die Tauwassermenge.
4. Hygroskopisches Verhalten der Baustoffe. $\rightarrow$ Absorptionsvermögen
   Dies wird im Wasseraufnahmekoeffizient w in kg/m^{2}h^{0,5} zum Ausdruck gebracht (s. S. 310), sowie im Trocknungskoeffizient D in $\frac{h}{\sqrt{d}}$ h = Zeit in Stunden; d = Materialdicke in Meter (s. S. 312).
   Wasser zu binden, aber auch schnell wieder abgeben ist eine positive Eigenschaft eines Baustoffes.
5. Kapillartransport von Wasser im Baustoff:
   Je kapillar aktiver ein Baustoff ist, desto schneller erfolgt die Austrocknungszeit. Siehe Wasseraufnahmekoeffizient w und Trocknungskoeffizient D. Die Vernachlässigung des Kapillartransports hat eine Überbewertung des Tauwasserrisikos zur Folge. Daher liegt das Ergebnis nach Glaser auf der sicheren Seite.
6. Luftbewegung in Spalten (konvektive Wärmebrücken) oder in Luftschichten (zweischaliges Mauerwerk).
7. Ein Feuchtetransport parallel zur Bauteiloberfläche sondern nur senkrecht zu Bauteiloberfläche (eindimensionaler Feuchtetransport).
8. Einflüsse der Sonneneinstrahlung auf die Bauteiltemperatur und damit auf den Feuchtetransport, außer bei Dächern.
9. Die fehlende Konstanz der angesetzten monatlichen Randbedingungen über die Jahre (Temperatur, Niederschlag, relative Luftfeuchte).
10. Unterschiedliche Materialeigenschaften, besonders bei Naturstoffen wie Holz, Natursteine.

Aufgrund der vielen Gegebenheiten, die nicht in die Berechnung eingehen ist leicht zu schließen, dass selbst das modifizierte Monatsbilanzverfahren nicht den Anspruch der genauen Berechnung erheben kann, sondern lediglich eine Näherung darstellt, die erlauben soll eine Konstruktion annähernd zu beschreiben.

Bedenke: Die Vernachlässigung des Feuchtetransports in der flüssigen Form (Kapillartransport) führt in der Regel zu einer Überbewertung des Tauwasserrisikos im Bauteilinnern.

Anm.:
Sind zwei μ-Werte gegeben, so ist jeweils der ungünstigere Wert zu wählen, d. i. vor der Tauwasserebene der kleine und nach der Tauwasserebene der größere Wert.
Grund: Die Ab-Sorption verläuft schneller als die De-Sorption.

Trockene Kleider nehmen schnell Feuchte auf, (kleiner Widerstand), nasse trocknen nur langsam (großer Widerstand). Hauptursache dafür sind die Adhäsionskräfte zwischen dem Wasser und dem Material.
Für absolut dampfdichte Stoffe wie Metalle, Glas, Schaumglas mit einem μ-Wert ∞ sollte nach DIN EN ISO 13 788 für die Praxis ein konkreter (finiter) Wert von 100 000 angesetzt werden.
Der s_d-Wert ($\mu \cdot d$) von ruhenden Luftschichten ist konstant mit s_d = 0,01 m anzusetzen, unabhängig von ihrer Neigung und Dicke.

2.15.5 Arten des Feuchtetransportes

Feuchtetransport kann erfolgen durch

Diffusion

Der Diffusionsstrom folgt dem Wärmestrom von der warmen zur kalten Seite, d. i. im Winter von der Raumseite zur Außenluftseite und im Sommer umgekehrt. Beim Diffusionsstrom im Winter kühlt das Wasserdampfgemisch entsprechend dem Temperaturrückgang von innen nach außen ab, bis es schließlich zur Kondensation kommt und sich das Tauwasser in der Tauwasserebene niederschlägt. Dieser Art von Transport widmet sich Helmut Glaser mit seinem teils grafischen, teils mathematischen Ansatz.

Transportrichtung:
von der warmen Seite zur kalten Seite

Kapillarität

Beim Kapillartransport läuft der Weg umgekehrt. Während der Diffusionsweg vom Warmen zum Kalten verläuft, läuft der Kapillartransport vom Kalten zum Warmen. Die warme Raumluft vermag mehr Feuchte aufzunehmen als die kalte Außenluft. Diesen Tatbestand macht man sich bei der Innendämmung mit kapillaraktiven Dämmstoffen wie Calciumsilicatplatten zunutze, die zwar Feuchte aufnehmen, diese puffern, jedoch wieder an die Raumluft per Kapillartransport abgeben. Die Frage stellt sich allerdings nach der Beeinträchtigung der Dämmwirkung durch den Feuchtegehalt.

Transportrichtung:
von der kalten Seite zur warmen Seite.
Siehe Trocknungskoeffizient *D*. S. 312

Konvektion

Der Feuchtetransport per Konvektion tritt dann ein, wenn im Bauteil undichte Stellen, sog. Leckagen sind, in die warme und damit feuchte Raumluft einstreicht, auf dem Weg nach der kalten Außenluft kondensiert und damit Tauwasser bildet. Dies sind nicht nur konvektive Wärmebrücken mit Wärmeverlust, sondern Grundlage für Schimmelpilzbildung.

Aggregatzustand ändert sich:
gasförmig–flüssig

Indizes zu den Formeln der folgenden Seiten

Index	Bedeutung
i	Raumluft (interior, intern)
e	Außenluft (exterior, extern)
s	Oberfläche (surface)
si	Raumseitige Oberfläche
se	Außenseitige Oberfläche

Index	Bedeutung
c	Tauwasser (condensation)
sat	Wert bei Sättigung
cr	kritischer Wert
ev	Verdunstung (ventilation)
min	Mindestwert
T	Gesamtwert für ein Bauteil oder Element

2.15.6 Formeln für die Nachweisverfahren im Bereich des Feuchteschutzes

	Nr.	Formel		Formeleinheit
Wärmestromdichte	1	$q = U(\vartheta_i - \vartheta_e)$	U = Wärmedurchgangskoeffizient W/m^2K	W/m^2
Wärmestromdichte	2	$q = \frac{\vartheta_i - \vartheta_e}{R_T}$	R_T = Wärmedurchgangswiderstand m^2K/W	W/m^2
Temperaturfaktor f für die raumseitige Oberfläche bei Einrechnung für $R_{si} = 0{,}25\ m^2K/W$	3	$f_{Rsi} = \frac{\vartheta_{si} - \vartheta_e}{\vartheta_i - \vartheta_e}$	ϑ_i = Raumtemperatur °C ϑ_{si} = innere Oberflächentemperatur °C ϑ_e = Außenlufttemperatur °C	[–]
Temperaturfaktor, der an der kältesten Stelle der inneren Oberfläche mindestens erreicht werden muss.	4	$f_{Rsi,min} = \frac{\vartheta_{si,min} - \vartheta_e}{\vartheta_i - \vartheta_e}$	$\vartheta_{si,min}$ = tiefste Oberflächentemperatur (z. B. Raumecke, hinter Einbauschrank)	[–]
Für eben begrenzte Bauteile wie Wände, Decken	5	$f_{Rsi} = 1 - R_{si} \cdot U$	gilt nicht für Raumecken	[–]
Mindestwärmedurchlasswiderstand in Abhängigkeit vom Temperaturfaktor	6	$R_{min} = \frac{R_{si}}{1 - f_{Rsi,min}} - R_{si} - R_{se}$		m^2K/W
Mindestoberflächentemperatur in Abhängigkeit von R_{AW} (Wärmedurchlasswiderstand) der Wand) $R_{si} = 0{,}25\ m^2K/W$	7	$\vartheta_{si} = \vartheta_i - \left(\frac{R_{si}}{R_{si} + R_{AW} + R_{se}}\right)(\vartheta_i - \vartheta_e)$		°C
	8	$\vartheta_{si} = \vartheta_i - \left(\frac{R_{si}}{R_T}\right)(\vartheta_i - \vartheta_e)$		°C
Mindestoberflächentemperatur in Abhängigkeit von der rel. Raumluftfeuchte φ_i, und der Raumtemperatur ϑ_i	9	$\vartheta_{si} = 100\left[\left(\frac{\varphi_i}{0{,}80}\right)^{\frac{1}{8{,}02}}\left(1{,}098 + \frac{\vartheta_i}{100}\right) - 1{,}098\right]$		°C
Sich ergebende Temperatur in der Raumecke unter Bedingungen der Schimmelpilzvermeidung in Abhängigkeit von R_{AW}.	10	$\vartheta_{si,E} = \vartheta_i - (\vartheta_i - \vartheta_e)\frac{1{,}5}{h_i\ R_{AW} + 1{,}5}$	R_{AW} = Wärmedurchlasswiderstand der Wand	°C
Mindestoberflächentemperatur an der kritischen Stelle, um Tauwasser zu vermeiden	11	$\vartheta_{si,min} = f_{Rsi,min}(\vartheta_i - \vartheta_e) + \vartheta_e$	$f_{Rsi,min}$ = Mindestwert, der erreicht werden muss, um Tauwasser zu vermeiden	°C
Wasserdampf-Diffusionswiderstandszahl (μ = Wert)	12	$\mu = \frac{\delta_0}{\delta}$	δ_0 = Diffusionsleitkoeffizient von Luft δ = Wasserdampf-Diffusionsleitkoeffizient eines Stoffes kg/m · s · Pa	[–]
wasserdampfäquivalente Luftschichtdicke (s_d-Wert) Für Luftschichten gilt unabhängig von der Dicke $s_d = 0{,}01$ m Für $\mu = \infty$ Ansatz 100 000	13	$s_d = \mu \cdot d$	μ = Wasserdampfdiffusionswiderstandstandsfaktor [–] d = Materialdicke m	m
relative Luftfeuchte $\varphi_{Erde} = 1$	14	$\varphi = \frac{p \cdot 100\ \%}{p_{sat}}$	p = tatsächlicher Dampfdruck (Partialdruck, Dampfteildruck) Pa p_{sat} = Sättigungsdampfdruck Pa	%
Maximal zulässige Raumluftfeuchte in Abhängigkeit vom f_{Rsi}-Wert (Bausubstanz)	15	$\varphi_i \leq 0{,}80 \cdot \left(\frac{109{,}8 + f_{Rssi}(\vartheta_i - \vartheta_e) + \vartheta_e}{109{,}8 + \vartheta_i}\right)^{8{,}02} \cdot 100\ \%$	Faktor 0,8: s. S. 295	%
Wasserdampf-Diffusionsstromdichte (Feuchtetransport in Dampfform)	16	$g = \delta_0 \cdot \frac{\Delta p}{s_{d,T}}$	δ_0 = Wasserdampf-Diffusions-Leitkoeffizient von Luft bezogen auf den Dampfdruck. $\delta_0 = 2 \cdot 10^{-10}$ kg/msPa Δp in Pa; s_d in m	kg/m^2s

	Nr.	Formel	Erläuterung	Formeleinheit
Raumseitiger Dampfüberdruck	**17**	$\Delta p = \frac{G}{n \cdot V} \cdot R_v \cdot \frac{T_i + T_e}{2}$	G = Feuchteproduktion im Raum kg/h n = Luftwechselrate h^{-1} R_v = Gaskonstante für Wasserdampf in Pa m^3/kgK	Pa
	18	$\Delta p = \Delta v \cdot R_v \cdot \frac{T_i + T_e}{2}$	T in K	Pa
Raumseitiger Feuchteüberschuss in kg/m^3	**19**	$\Delta v = \frac{G}{n \cdot V}$	Δv = raumseitiger Feuchteüberschuss in kg/m^3	kg/m^2
raumseitiger Dampfüberdruck	**20**	$\Delta p = p_i - p_e$		Pa
Dampfdruck im Rauminnern	**21**	$p_i = p_e + \Delta p$	Δp nach Grafik s. S. 266 oder Formel 22	Pa
Dampfdruck der Außenluft	**22**	$p_e = p_{sat,e} \cdot \varphi_e$	φ_e = relative Außenluftfeuchte (monatlicher Mittelwert) %	Pa
Dampfdruck der Raumluft	**23**	$p_i = p_{sat,i} \cdot \varphi_i$	$p_{sat,e}$ = Sättigungsdruck der Außenluft	Pa
Wasserdampfsättigungsdruck p_{sat}, in Abhängigkeit von der Außentemperatur für $\vartheta_e \geq 0$ °C	**24**	$p_{sat} = 288{,}68 \left(1{,}098 + \frac{\vartheta_e}{100}\right)^{8{,}02}$	alternativ **25**: $p_{sat} = 610{,}5 \cdot e^{\frac{17{,}269 \cdot \vartheta_e}{237{,}3 + \vartheta_e}}$ e = 2,7182818	Pa
Wasserdampfsättigungsdruck p_{sat}, in Abhängigkeit von der Außentemperatur für $\vartheta_e < 0$ °C	**26**	$p_{sat} = 4{,}689 \left(1{,}486 + \frac{\vartheta_e}{100}\right)^{12{,}3}$	alternativ **27**: $p_{sat} = 610{,}5 \cdot e^{\frac{21{,}87 \cdot \vartheta_e}{265{,}5 + \vartheta_e}}$	Pa
Sättigungsdampfdruck für den kritischen Mindestwert der inneren Oberflächentemperatur.	**28**	$p_{sat,si} = \frac{\varphi_i}{\varphi_{si,cr}} \cdot p_{sat,i}$	alternativ **29**: $p_{sat,si} = \frac{p_i}{\varphi_{si,cr}}$ ln = $\log_e$	Pa
Mindestoberflächentemperatur $\vartheta_{si,min}$ bei Sättigungsdruck für $\vartheta_e \geq 0$ °C	**30**	$\vartheta_{si,min} = 100 \left[\left(\frac{p_{sat,si}}{288{,}68}\right)^{\frac{1}{8{,}02}} - 1{,}098\right]$	alternativ **31**: $\vartheta_{si,min} = \frac{237{,}3 \cdot \ln\frac{p_{sat,si}}{610{,}5}}{17{,}269 - \ln\frac{p_{sat,si}}{610{,}5}}$ für $p_{sat} \geq 610{,}5$ Pa	°C
Mindestoberflächentemperatur $\vartheta_{si,min}$ bei Sättigungsdruck für $\vartheta_e < 0$ °C	**32**	$\vartheta_{si,min} = 100 \left[\left(\frac{p_{sat,si}}{4{,}689}\right)^{\frac{1}{12{,}3}} - 1{,}486\right]$	alternativ **33**: $\vartheta_{si,min} = \frac{265{,}5 \cdot \ln\frac{p_{sat,si}}{610{,}5}}{21{,}875 - \ln\frac{p_{sat,si}}{610{,}5}}$ für $p_{sat} < 610{,}5$ Pa	°C
Temperatur an jeder Grenzfläche zwischen Materialien	**34**	$\vartheta'_n = \vartheta_e + \frac{R'_n}{R_T} \cdot (\vartheta_i - \vartheta_e)$	$\vartheta_{si} = \vartheta_i - q \cdot R_{si}$ $\vartheta_{se} = \vartheta_e + q \cdot R_{se}$	°C
Temperatur von der Außenluft bis zur Grenzfläche *n*	**35**	$\vartheta'_n = \vartheta_e + \frac{R_n}{R_T} \cdot (\vartheta_i + \vartheta_e)$	R_n = R-Werte von innen bis zur Grenzfläche R_T = Gesamtwärmedurchgangswiderstand	°C
Temperatur von der Innenluft bis zur Grenzfläche *n*	**36**	$\vartheta'_n = \vartheta_i - \frac{R_n}{R_T} \cdot (\vartheta_i + \vartheta_e)$		°C
niedrigster, zulässiger Sättigungsdampfdruck	**37**	$p_{sat} = \frac{p_i}{0{,}8}$	Schimmel kann sich schon bei 80 % der Sättigungsfeuchte bilden. Zur Vermeidung von Korrosion kann auch 0,6 gewählt werden.	Pa
Wärmedurchgangswiderstand der gesamten Konstruktion	**38**	$R_T = R_{si} + \sum_{j=1}^{N} R_j + R_{se}$	kurz: $R_T = R_{si} + R_{ges.} + R_{se}$	m^2h/W

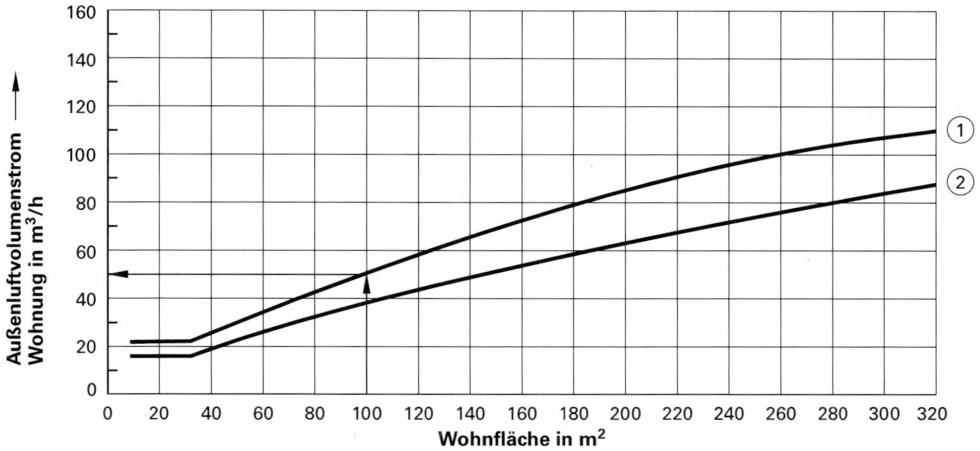

Bild 1: Erforderlicher Außenluftvolumenstrom in Abhängigkeit von der Wohnfläche zum Feuchteschutz bei kontinuierlicher Lüftung nach DIN 4108-8 i.V. mit DIN 1946-6. (Raumhöhe 2,50 m)

① Feuchteschutzlüftung bei geringem Wärmeschutz (bis 1995 errichtet, un- oder teilsaniert)
② Feuchteschutzlüftung bei hohem Wärmeschutz (seit 1995 errichtet oder mit entsprechendem Wärmeschutz komplett saniert)

Bestandsgebäude: bei geringem Wärmeschutz (bis 1995 errichtet oder teilsaniert)

$$n = \frac{50\ \frac{m^3}{h}}{100\ m^2 \cdot 2{,}50\ m}$$

$n = 0{,}20\ h^{-1}$

Bestandsgebäude: bei hohem Wärmeschutz (seit 1995 errichtet oder komplett saniert nach geltender WSchV bzw. EnEV)

$$n = \frac{38\ \frac{m^3}{h}}{100\ m^2 \cdot 2{,}50\ m}$$

$n = 0{,}15\ h^{-1}$

Erforderlicher Außenluft-Volumenstrom bei kontinuierlicher Lüftung, um Schimmelpilz zu vermeiden.

39 $q_V = n \cdot V$; $q_V = n \cdot A \cdot h$

40 $n = \frac{q_V}{A \cdot h}$

Nach Bild 1, S. 204 kann n abgeleitet werden:
DIN 4108-8 i.V. mit DIN 1946-6

q_V = Außenluft-Volumenstrom in m^3/h
n = Luftwechselrate: Einheit $h^{-1} \hat{=} 1/h$
V = lichtes Raumvolumen in m^3
A = Wohnfläche in m^2
h = lichte Raumhöhe in m
(Die Tabellenwerte gehen von einer lichten Raumhöhe von 2,50 m aus.)

Beispiel 1: Wohnfläche $A = 140\ m^2$
Lichte Raumhöhe $h = 2{,}50$ m
Luftwechselrate $n = 0{,}60\ h^{-1}$

erforderlicher Außenluft-Volumenstrom
$q_V = n \cdot V$
$q_V = 0{,}60 \cdot 140\ m^2 \cdot 2{,}50\ m$
$q_V = 210\ m^3/h \Rightarrow$ Wert nach Grafik $210\ m^3/h$

Beispiel 2: Wohnfläche $170\ m^2$
Luftwechselrate $n = 0{,}80\ h^{-1}$
$q_V = 340\ m^3/h$ nach Bild 1

berechnet:
$q_V = n \cdot A \cdot h$
$q_V = 0{,}80 \cdot \frac{1}{h} \cdot 170\ m^2 \cdot 2{,}50\ m$
$q_V = 340\ m^3/h$

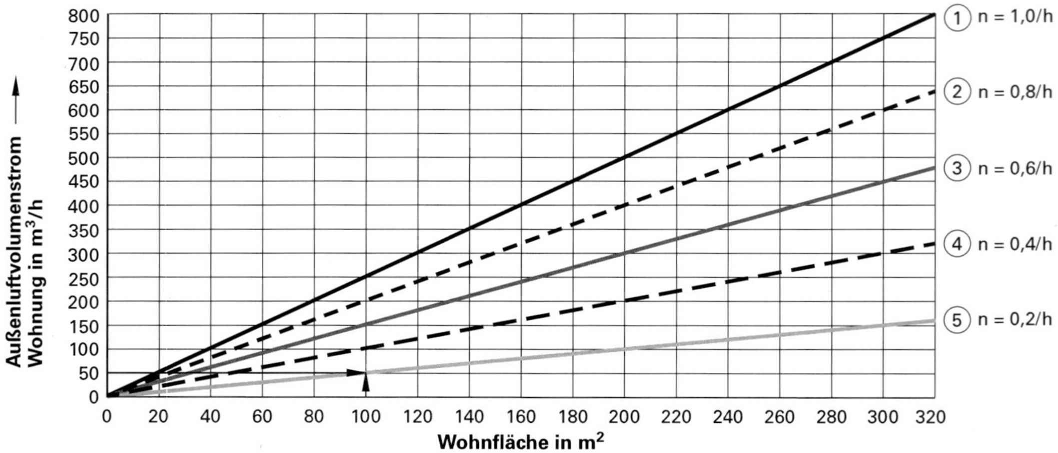

Bild 1: Resultierender Luftwechsel in Abhängigkeit von Wohnfläche [m^2] und Luftvolumenstrom [m^3/h] bei kontinuierlicher Lüftung nach DIN 4108-8 i.V. mit DIN 1946-6 (mittlere Raumhöhe 2,50 m)

Für die in DIN 1946-6 angenommenen Randbedingungen bezüglich des Wärmeschutzes, der Feuchtefreisetzung, der Belegungsdichte, des Luftaustausches per Infiltration, sowie des Nutzerverhaltens kann für die Heizperiode bei einem üblichen Nutzerverhalten für eine Wohnung im Bestand für eine Wohnfläche von 100 m^2 aus der Grafik ein Außenluft-Volumenstrom von 50 m^3 angesetzt werden, um Schimmelpilzgefahr auszuschließen. Dies entspricht bei kontinuierlichem Luftwechsel einer Luftwechselrate von 0,20 h^{-1}, d. h. pro Stunde müssen 20 % des Raumluftvolumens ausgetauscht werden.

Beispiel1:

Erforderlicher Außenluft-Volumenstrom 50 m^3/h, Wohnfläche 100 m^2, Raumhöhe 2,50 m.

$$n = \frac{q_V}{A \cdot h}$$

$$n = \frac{50\ m^3/h}{100\ m^2 \cdot 2{,}50\ m}$$

$$n = 0{,}20\ h^{-1}$$

Beispiel 2:

Erforderlicher Außenluft-Volumenstrom 200 m^3/h, Wohnfläche 180 m^2, Raumhöhe 2,50 m.

$$n = \frac{q_V}{A \cdot h}$$

$$n = \frac{200\ m^3/h}{180\ m^2 \cdot 2{,}50\ m}$$

$$n = 0{,}44\ h^{-1}$$

Beispiel 3:

Erforderlicher Außenluft-Volumenstrom 250 m^3/h, Wohnfläche 180 m^2, Raumhöhe 2,90 m.

$$n = \frac{q_V}{A \cdot h}$$

$$n = \frac{250\ m^3/h}{180\ m^2 \cdot 2{,}90\ m}$$

$$n = 0{,}48\ h^{-1}$$

Beispiel 4:

Erforderlicher Außenluft-Volumenstrom 380 m^3/h, Wohnfläche 270 m^2, Raumhöhe 3,30 m.

$$n = \frac{q_V}{A \cdot h}$$

$$n = \frac{380\ m^3/h}{270\ m^2 \cdot 3{,}30\ m}$$

$$n = 0{,}43\ h^{-1}$$

Monats-Bilanzverfahren

Wasserdampfdiffusionsstromdichte Feuchtemasse, die bis zur Tauwasserebene eingetragen wird, minus der Masse, die im betreffenden Monat verdunstet.

41 $$g_c = \delta_0 \left(\frac{p_i - p_c}{s_{d,c}} - \frac{p_c - p_e}{s_{d,T} - s_{d,c}} \right)$$

Rate der Verdunstung
Beide Formeln g_c und g_{ev} sind gleich, da der s_d-Wert über alle Monate unverändert bleibt.

42 $$g_{ev} = \delta_0 \left(\frac{p_i - p_c}{s_{d,c}} - \frac{p_c - p_e}{s_{d,T} - s_{d,c}} \right)$$

Einem positiven Ergebnis wird Tauwasserbildung zugrunde gelegt, einem negativen Ergebnis Verdunstung.

Bei Tauwasserausfall ist $p_i > p_c$,
bei Verdunstung ist $p_c > p_i$.
Die Feuchte geht immer vom höheren zum niedrigeren Dampfdruck.

δ_0 = Wasserdampf-Diffusions-Leitkoeffizient eines Materials, bezogenen auf den Dampfteildruck,
= $2 \cdot 10^{-10}$ kg/msPa
p_i = Dampfdruck im Raum
p_e = Dampfdruck außen
p_c = Dampfdruck in der Tauwasserebene
$s_{d,T}$ = aller Schichten
$s_{d,c}$ = von innen bis zur Tauwasserebene
$s_{d,e}$ = von der Tauwasserebene bis zur Außenseite ($s_{d,T} - s_{d,c}$)

Perioden-Bilanzverfahren

Tauperiode
Wasserdampfdiffusionsstromdichte von innen zur Tauwasserebene minus von dort zur Außenluft.

43 $$g_c = \delta_0 \left(\frac{p_i - p_c}{s_{d,c}} - \frac{p_c - p_e}{s_{d,T} - s_{d,c}} \right)$$

g_c, g_e in kg/m²s

Tauwassermasse

44 $$m_c = g_c \cdot t_c$$

m_c, m_{ev} in kg/m²
$t_c = t_{ev} = 7{,}776 \cdot 10^6$ s (= 90 d)

Verdunstungsperiode
Wasserdampfdiffusionsstromdichte von der Tauwasserebene nach beiden Luftseiten, deshalb Pluszeichen

45 $$g_{ev} = \delta_0 \left(\frac{p_c - p_i}{s_{d,c}} + \frac{p_c - p_e}{s_{d,T} - s_{d,c}} \right)$$

$$90\ \text{d} \cdot \frac{24\ \text{h}}{\text{d}} \cdot \frac{60\ \text{min}}{\text{h}} \cdot \frac{60\ \text{s}}{\text{min}}$$
$= 7\,776\,000$ s

Verdunstungsmasse

46 $$m_{ev} = g_{ev} \cdot t_{ev}$$

Formel 43 und 45 sind gleich, jedoch ist in der
- Tauperiode $p_i > p_c$
- Verdunstungsperiode $p_i < p_c$

$$\delta_0 = \frac{D_0}{R_v \cdot T}$$
$$\delta_0 = \frac{2{,}454 \cdot 10^{-5}}{462 \cdot 283}$$
$$\delta_0 = 1{,}88 \cdot 10^{-10}\ \frac{\text{kg}}{\text{msPa}}$$
praxisgenau
$$\delta_0 = 2 \cdot 10^{-10}\ \frac{\text{kg}}{\text{msPa}}$$

δ_0 = Wasserdampf-Diffusions-Leitkoeffizient in Luft bezogen auf den Dampfteildruck

D_0 = Wasserdampf-Diffusions-Koeffizient in Luft in m²/s bezogen auf den Dampfteildruck

$$D_0 = 0{,}023 \cdot 10^{-3} \cdot \left(\frac{T}{273}\right)^{1{,}81}$$
$$D_0 = 0{,}023 \cdot 10^{-3} \cdot \left(\frac{283}{273}\right)^{1{,}81}$$
$$D_0 = 2{,}454 \cdot 10^{-5}\ \frac{\text{m}^2}{\text{s}}$$

Bezugstemperatur + 10 °C
Bei dieser Temperatur erfolgt die Festlegung der λ-Werte.

$T = 273 + 10$
$T = 283$ °C
$$R_v = 462\ \frac{\text{Pa} \cdot \text{m}^3}{\text{kg} \cdot \text{K}}$$

2.16 Aufbau des Glaser-Diagrammes der Tauperiode

Nachweis nach DIN 4108-3

Glaser-Diagramm

2.16.1 Tauperiode

ca. Dezember bis Februar

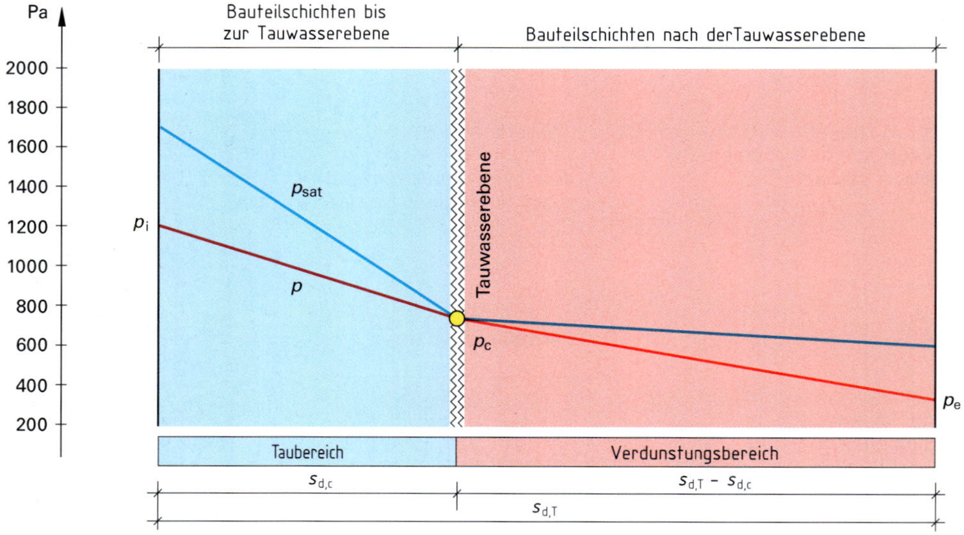

Äquivalente Luftschichtdicken $s_{d,c}$

$$s_{d,c} = \min \mu \cdot d$$ in m

Wasserdampf-Diffusions-Leitkoeffizient in Luft δ_o

$$\delta_o = 2 \cdot 10^{-10}$$ in kg/msPa

Diffusionsstromdichte g_c' vom Innenraum in das Bauteil bis zur Tauwasserebene. Die Diffusionsrichtung geht vom höheren Dampfdruck zum niedrigeren.

Diffusionsrichtung von p_i nach $p_c \Rightarrow$

$$g_c' = \delta_0 \left(\frac{p_i - p_c}{s_{d,c}}\right)$$ in kg/m²s

Steiler Verlauf von *p*:
→ viel Feuchte strömt in das Bauteil ein und kondensiert in der Tauwasserebene.

Äquivalente Luftschichtdicken $s_{d,T} - s_{d,c}$

$$s_{d,T} - s_{d,c} = \max \mu \cdot d$$ in m

Wasserdampf-Diffusions-Leitkoeffizient in Luft δ_o

$$\delta_o = 2 \cdot 10^{-10}$$ in kg/msPa

Diffusionsstromdichte g_c'' von der Tauwasserebene zur Außenluftseite.

Die Diffusionsrichtung geht vom höheren Dampfdruck zum niedrigeren.

Diffusionsrichtung von p_c nach $p_e \Rightarrow$

$$g_c'' = \delta_0 \left(\frac{p_c - p_e}{s_{d,T} - s_{d,c}}\right)$$ in kg/m²s

Flacher Verlauf von *p*:
→ wenig Feuchte kann bei der geringen Temperatur aus dem Bauteil ausdiffundieren.

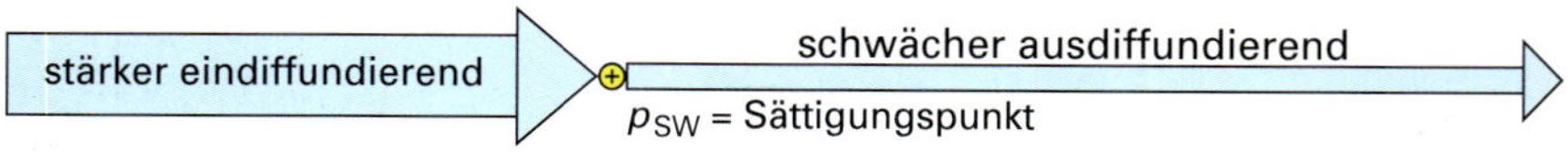

Verbleibender Gesamtdiffusionsstrom von der Raumseite bis zur Außenluftseite

$$g_c = \delta_0 \left(\frac{p_i - p_c}{s_{d,c}} - \frac{p_c - p_e}{s_{d,T} - s_{d,c}}\right)$$ in kg/m²s

Sich anreichernde Feuchtigkeit während der Tauperiode

$$m_c = g_c \cdot t_c$$ in kg/m²

.2 Erklärung des Diagrammaufbaus

Auf der waagerechten Achse werden nicht die Schichtdicken in ihrer jeweiligen Dicke d aufgetragen, sondern die Dicken, wie sie sich aus der Multiplikation von $\mu \cdot d$ ergeben.

$$s_d = \mu \cdot d$$

s_d = äquivalente Luftschichtdicke; s für Strecke, d für Diffusion

Die äquivalente Luftschichtdicke s_d bringt zum Ausdruck, dass der Widerstand, Wasserdampf hindurchzulassen nicht nur vom Wasserdampfdiffusionswiderstandsfaktor μ (μ-Wert) abhängt, sondern genauso von der Schichtdicke d dieses Stoffes.
Die äquivalente Luftschichtdicke s_d hat die Einheit Meter (m) und will zum Ausdruck bringen, dass diese Schicht dem Wasserdampf einen gleich großen Widerstand entgegensetzt wie Luft mit der Schichtdicke d.

Pa Auf der senkrechten Achse werden die Dampfdrücke in Pascal (Pa) aufgetragen. Es werden sowohl der Wasserdampfsättigungsdruck p_{sat} als auch der tatsächliche Dampfdruck p (Partialdruck, Dampfteildruck) aufgetragen. Der Sättigungsdruck p_{sat} ist von der Temperatur abhängig, die in der jeweiligen Bauteiltrennschicht herrscht. Er kann der Tabelle Seite 191 entnommen werden.
Es muss also zuvor der Temperaturverlauf im Bauteil ermittelt werden.

p_{sat} Der Sättigungsdruck p_{sat} entspricht dem Dampfdruck bei der relativen Luftfeuchte von 100 %. In den meisten Fällen liegt die relative Luftfeuchte sowohl der Außenluft als auch der Raumluft unter 100 %, sodass auch der tatsächlich vorhandene Dampfdruck p (Dampfteildruck) unter dem Sättigungsdruck p_s liegt. Es ergeben sich demnach die vorhandenen Dampfdrücke an der raumseitigen Bauteiloberfläche sowie an der Außenfläche des Bauteils zu:

p_i, p_e

$$p_i = p_{sat} \cdot \varphi_i \qquad p_e = p_{sat} \cdot \varphi_e$$

Φ sind die relativen Luftfeuchten der Außenluft sowie der Raumluft und sind den feuchteschutztechnischen Randbedingungen zu entnehmen (φ_i = 50 %; φ_e = 80 %) S. 198.
Nachdem nun die Sättigungskurve p_{sat} eingetragen ist, werden die tatsächlichen Dampfdrücke p_i und p_e an der Innen- und Außenfläche des Bauteils aufgetragen. p_i müsste mittels einer Geraden mit p_e verbunden werden, da die Schichtdicken als äquivalente Schichtdicken aufgetragen sind. Würde man p_i mit p_e direkt verbinden, so würde der tatsächlich vorhandene Dampfdruck je nach Konstruktion teilweise über dem Sättigungsdruck p_s liegen, was ja nicht möglich sein kann, da es relative Luftfeuchten mit mehr als 100 % nicht geben kann.

p_c Deshalb wird die Dampfteildruckkurve p als Tangente an die Sättigungskurve p_{sat} gelegt. Der Berührpunkt beider Kurven ergibt den Wasserdampfsättigungspunkt p_c, die Fläche an dieser Stelle im Bauteil ergibt die Tauwasserebene. In dieser Ebene fällt Feuchte in Form von Tauwasser (Kondenswasser) aus. Die Erfahrung hat gezeigt, dass Wasser in der Regel in der Berührfläche zweier Schichten ausfällt, da Materialänderung → μ-Wertänderung, λ-Änderung.

$s_{d,c}$ Alle äquivalenten Luftschichtdicken $\mu \cdot d$ von der Tauwasserebene zum Raum hin werden mit $s_{d,c}$,
$s_{d,T-c}$ alle von dort zur Außenluft hin mit $s_{d,T-c}$ bezeichnet.

Taubereich Der Taubereich ist jener Bereich von der Raumseite des Bauteils bis zur Tauwasserebene, in den der Wasserdampf noch ohne Gefahr für das Bauteil vom Raum her einströmt. Die große von der Raumseite einströmende Feuchtemenge sättigt das Bauteil immer mehr, so dass es durch das Temperaturgefälle von innen nach außen in der Tauwasserebene schließlich zu Kondensatausfällen kommt.

min μ Den Berechnungen für den Taubereich werden daher die kleinen μ-Werte der Baustoffe zugrunde gelegt, weil der zunächst noch trockene Baustoff der einströmenden Feuchte keinen so großen Widerstand entgegen setzt (Absorption). Außerdem liegt die Berechnung auf der sicheren Seite.

Verdunstungsbereich Der Verdunstungsbereich liegt von der Tauwasserebene bis zur Außenfläche des Bauteils. Die Austrocknung in diesem Bereich verläuft allerdings wegen der niedrigen Temperatur und den Adhäsionskräften zwischen den Wassermolekülen und dem Baustoff nur sehr langsam. Außerdem muss das Wasser der Tauwasserebene zunächst in die Dampfform überführt werden, um überhaupt ausdiffundieren zu können. Dieser Tatsache wird dadurch Rechnung getragen, dass für den

max μ Verdunstungsbereich die größeren μ-Werte verwendet werden (De-Sorption).

g_c Ähnlich wie bei der Wärme die Wärmestromdichte, so gibt auch die Diffusionsstromdichte g_c die Masse an Feuchte in Dampfform oder flüssiger Form an, die durch jeden m^2 Bauteilfläche und je Sekunde (s) von der Raumluft während der Tauperiode in das Bauteil bis zur Tauwasserebene einströmt.

Diffusionsrichtung

$$g_c' = \delta_0 \left(\frac{p_i - p_c}{s_{d,c}} \right)$$

in kg/m^2s

g_e Während der Tauperiode kann nur ein geringer Teil der Bauteilfeuchte von der Tauwasserebene nach außen transportiert werden, da die Außenlufttemperatur niedrig ist und damit die Luft nur wenig Feuchte speichern kann. Die relative Luftfeuchte ist im Winter daher sehr hoch, sodass die Speicherkapazität für Feuchtigkeit nur sehr gering ist. Ein Feuchtetransport nach der Innenseite ist kaum möglich, da von dort ständig erneut Feuchte einströmt und der Wärmestrom immer von der warmen zur kalten Seite fließt.

Diffusionsrichtung

$$g_c'' = \delta_0 \left(\frac{p_c - p_e}{s_{d,T} - s_{d,c}}\right) \quad \text{in kg/m}^2\text{s}$$

$$g_c = \delta_0 \left(\frac{p_i - p_c}{s_{d,c}} - \frac{p_c - p_e}{s_{d,T} - s_{d,c}}\right) \quad \text{in kg/m}^2\text{s}$$

m_c Die Wassermasse, die sich in einem Bauteil während der Tauperiode (Wintermonate) ansammelt, berechnet sich zu:

g_e wird deshalb abgezogen, weil dieser Anteil bereits nach der Außenluft ausdiffundieren konnte.

Sich anreichernde Feuchtigkeit während der Tauperiode

$$m_c = g_c \cdot t_c \quad \text{in kg/m}^2$$

$2 \cdot 10^{-10}$ $2 \cdot 10^{-10}$ δ_0 = Wasserdampf-Diffusions-Leitkoeffizient von Luft bezogen auf p

D_o = Wasserdampf-Diffusions-Koeffizient von Luft bezogen auf $p = 2{,}454 \cdot 10^{-5}$ m²/s

R_V = Gaskonstante $462 \, \frac{\text{Pa} \cdot \text{m}^3}{\text{kg} \cdot \text{K}}$

T = 283 K, da Materialtemperatur für λ-Festlegung +10 °C

$$\delta_o = \frac{D_o}{R_v \cdot T} \qquad \delta_o = \frac{2{,}454 \cdot 10^{-5}}{462 \cdot 283} \qquad \delta_o = 1{,}88 \cdot 10^{-10} \, \frac{\text{kg}}{\text{msPa}} \qquad \delta_o \approx 2 \cdot 10^{-10} \, \frac{\text{kg}}{\text{msPa}}$$

2.16.3 Verdunstungsperiode

von etwa Mitte Juni bis Mitte September

Während der Verdunstungsperiode, d.h. während der Sommermonate, muss die Feuchte, die sich während der Wintermonate im Bauteil angesammelt hat, wieder ausdiffundieren können, sollen die Baustoffe keinen Schaden nehmen.
Da nach DIN 4108-3 im Raum und außen mit der gleichen Temperatur und der gleichen relativen Luftfeuchte gerechnet wird, werden in der Tauwasserebene für Wände und Decken 1700 Pa, für Dächer 2000 Pa und für die Raum- und Außenluft 1200 Pa angesetzt.

p_{sat} Für die Dauer der Tau- und Verdunstungsperiode werden je $7{,}776 \cdot 10^6$ s, d. s. 90 Tage angenommen.

p_i Die der Berechnung zugrunde gelegten s_d-Werte der Tauperiode sind auch in der Verdunstungsperiode beizubehalen, vorausgesetzt für den Verdunstungsbereich der Tauperiode wurden die maximalen μ-Werte angesetzt.

Die Verdunstung erfolgt im Sommer von der Tauwasserebene sowohl nach der Raumseite, als auch nach der Außenluft. Die Verdunstungsmasse ist nach der Seite am größten, nach der der äquivalente Weg s_d am kürzesten ist, d.h. nach der Seite, nach der die Dampfteildruckkurve p am steilsten verläuft.

Soll es nicht zu irreparablen Bauschäden kommen, so muss die in den Wintermonaten sich eingelagerte Feuchte in den Sommermonaten wieder vollständig austrocknen können. Besser wäre, dass $g'_{ev} + g''_{ev}$ der Verdunstungsperiode größer ist als g_i der Tauperiode.

m_{ev} Die verdunstende Wassermasse während der Verdunstungsperiode berechnet sich zu:

$$g_{ev} = \delta_0 \left(\frac{p_c - p_i}{s_{d,c}} + \frac{p_c - p_e}{s_{d,T} - s_{d,c}}\right) \quad \text{in kg/m}^2\text{s}$$

g'_{ev} und g''_{ev} werden deshalb addiert, weil die Verdunstung von der Tauwasserebene nach beiden Seiten erfolgen kann.

$$m_{ev} = g_{ev} \cdot t_{ev} \quad \text{in kg/m}^2$$

2.16.4 Aufbau des Diagrammes der Verdunstungsperiode

Glaser-Diagramm

Verdunstungsperiode ca. Juni bis August

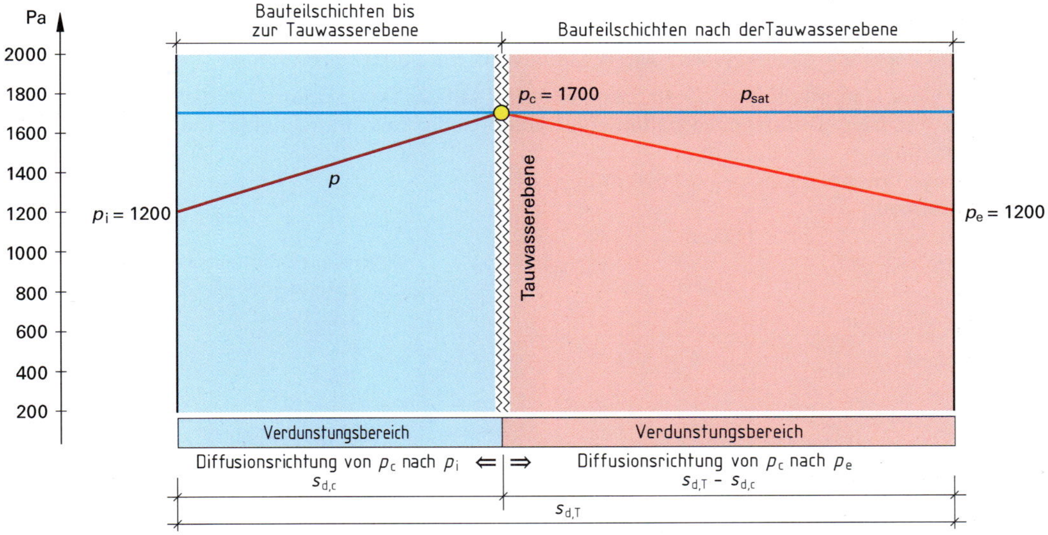

Äquivalente Luftschichtdicken $s_{d,c}$

$$s_{d,c} = \min \mu \cdot d \quad \text{in m}$$

Wasserdampf-Diffusionsleitkoeffizient in Luft δ_o

$$\delta_o = 2 \cdot 10^{-10} \quad \text{in kg/msPa}$$

Diffusionsstromdichte g'_{ev} von der Tauwasserebene zur Raumluft.

Die Diffusionsrichtung ist vom höheren Dampfdruck zum niedrigeren.

Diffusionsrichtung von p_c nach p_i ⇐

$$g'_{cv} = \delta_0 \left(\frac{p_i - p_c}{s_{d,c}}\right) \quad \text{in kg/m}^2\text{s}$$

Steiler Verlauf von *p*:
→ viel Feuchte diffundiert von der Tauwasserebene zur Raumluftseite.

Äquivalente Luftschichtdicken $s_{d,T} - s_{d,c}$

$$s_{d,T} - s_{d,c} = \max \mu \cdot d \quad \text{in m}$$

Wasserdampf-Diffusionsleitkoeffizient in Luft δ_o

$$\delta_o = 2 \cdot 10^{-10} \quad \text{in kg/msPa}$$

Diffusionsstromdichte g''_{ev} von der Tauwasserebene zur Außenluft.

Die Diffusionsrichtung ist vom höheren Dampfdruck zum niedrigeren.

⇒ Diffusionsrichtung von p_c nach p_e

$$g''_{ev} = \delta_0 \left(\frac{p_c - p_e}{s_{d,T} - s_{d,c}}\right) \quad \text{in kg/m}^2\text{s}$$

Flacher Verlauf von *p*:
→ wenig Feuchte diffundiert von der Tauwasserebene aus dem Bauteil nach der Außenluftseite.

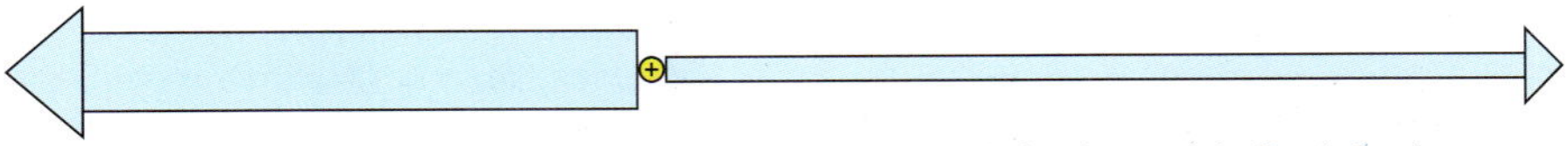

Gesamtdiffusionsstrom von der Tauwasserebene zur Raumluftseite und Außenluftseite

$$g_{ev} = \delta_0 \left(\frac{p_c - p_i}{s_{d,c}} + \frac{p_c - p_e}{s_{d,T} - s_{d,c}}\right) \quad \text{in kg/m}^2\text{s}$$

Insgesamt ausdiffundierende Wassermasse während der Verdunstungsperiode,

$$m_{ev} = g_{ev} \cdot t_{ev} \quad \text{in kg/m}^2$$

2.17 Maßnahmen zur Tauwasservermeidung

Kommt es zu Tauwasserbildung innerhalb eines Bauteils, so kommen als Lösungsmöglichkeit in Frage:

1. Änderung der Baustoffschichten in ihrer Reihenfolge und/oder der Dicke, bzw. s_d-Werte.
   Im Wärmeschutz spielt die Reihenfolge der Schichtanordnung keine so wichtige Rolle, im Feuchteschutz kommt ihr jedoch eine zentrale Bedeutung zu. Da jedoch Feuchteschutz auch Wärmeschutz bedeutet, hat der Feuchteschutz auch direkte Auswirkungen auf den Wärmeschutz.
2. Hinterlüftung der tauwassergefährdeten Schicht.
   Durch eine Hinterlüftung kann Tauwasser schnell ins Freie abgeführt und dadurch für das Bauteil unschädlich gemacht werden → zweischaliges Mauerwerk mit Luftschicht.
3. Anbringen einer Dampfbremse oder je nach Feuchteanfall gar Dampfsperre auf der Bauteilinnenseite (warmen Seite). Beim Diffusionsverhalten von Baustoffschichten unterscheidet man:
   - diffusionsoffen: $s_d \leq 0{,}5$ m
   - diffusionshemmend: $0{,}5 \text{ m} < s_d < 1\,500$ m (Dampfbremse)
   - diffusionsdicht: $s_d \geq 1\,500$ m (Dampfsperre)

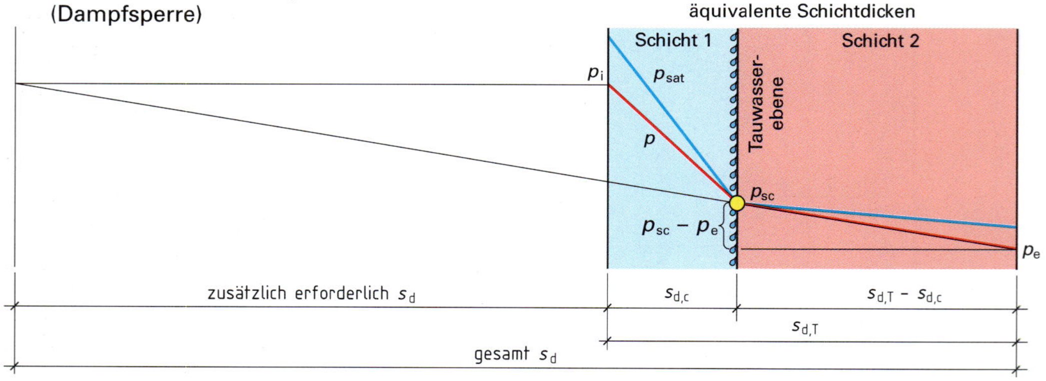

Bild 1: Zusätzlich erforderliche Schicht in Form einer Dampfbremse oder Dampfsperre

Die grafische Ermittlung der zusätzlich erforderlichen äquivalenten Luftschichtdicke s_d erfolgt dadurch, dass die Strecke $\overline{p_e\ p_{sc}}$ verlängert wird bis sie die Horizontale von p_i aus schneidet. Die erforderliche Größe von s_d kann durch entsprechende Wahl von μ oder d erreicht werden, denn $s_d = \mu \cdot d$.
Die Lage der Dampfbremse oder Dampfsperre ergibt sich ebenfalls aus dem Diagramm eindeutig. Sie muss auf jeden Fall **vor** der tauwassergefährdeten Schicht liegen und zwar von der warmen Seite her gesehen. Die zusätzlich erforderliche äquivalente Luftschichtdicke s_d kann bei maßstäblicher Zeichnung einfach aus dem Diagramm abgelesen oder auch genau berechnet werden.

Mathematischer Nachweis:

Anstieg: $m = -\dfrac{p_{sat} - p_e}{s_{d,T-c}}$

Ordinatenabschnitt: p_e

allgemeine Gleichung: $y_1 = m \cdot x + b$

Gerade 1: $y_1 = -\dfrac{p_c - p_e}{s_{d,T-c}} \cdot \text{ges. } s_d + p_e$

Gerade 2: Horizontale in p_i $\Rightarrow y_2 = p_i$

Schnitt beider Geraden und Auflösung nach ges. s_d

$$-\frac{p_c - p_e}{s_{d,T-c}} \cdot \text{ges. } s_d + p_e = p_i$$

$$\text{ges. } s_d = \frac{p_i - p_e}{p_e - p_c} \cdot s_{d,T-c}$$

Um einen negativen Anstieg der Geraden zu vermeiden, kann der Nenner in der Steigung auch vertauscht werden, sodass sich die Formel ergibt zu:

$$\text{ges. } s_d = \frac{p_i - p_e}{p_c - p_e} \cdot s_{d,T} - s_{d,c}$$

$$\text{erf. zusätzlich } s_d = \text{ges. } s_d - s_{d,T}$$

Es muss μ bzw. d so gewählt werden, dass der zusätzlich erf. s_d-Wert erreicht wird.

2.18 Mögliche Fälle der Tauwassersituation

Kennzeichen | Tauperiode | Verdunstungsperiode

2.18.1 Kein Tauwasserausfall

Kommt es zwischen den beiden Kurven p_{sat} und p zu keiner Berührung, d. h. erreicht der vorhandene Dampfdruck (Teildruck, Partialdruck) an keiner Stelle im Bauteil den Sättigungsdruck, so fällt kein Tauwasser (Kondenswasser) aus. Somit entfällt auch ein Nachweis der verdunstenden Wassermasse.

Tauperiode:

$$g_c = \delta_0 \left(\frac{p_i - p_c}{s_{d,c}} - \frac{p_c - p_e}{s_{d,T} - s_{d,c}} \right)$$

$$m_c = g_c \cdot t_c$$

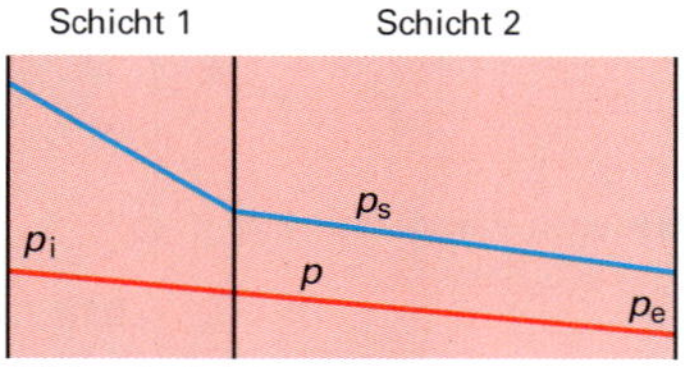

Bild 1: kein Tauwasser

2.18.2 Tauwasser in einer Ebene

Die Verbindung von p_i und p_e mit einer Geraden ist auf direktem Weg nicht möglich, sondern nur als Tangente an die Sättigungskurve. Der Berührpunkt zeigt den Punkt in der Flächenebene, in der Tauwasser ausfällt.

Tauperiode:

$$g_c = \delta_0 \left(\frac{p_i - p_c}{s_{d,c}} - \frac{p_c - p_e}{s_{d,T} - s_{d,c}} \right)$$

$$m_c = g_c \cdot t_c$$

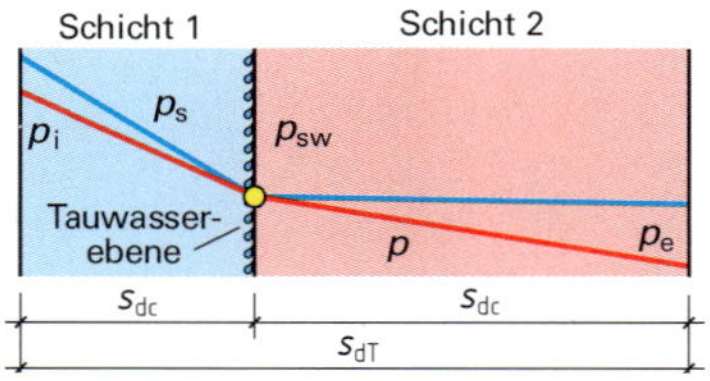

Bild 2: Tauwasser in einer Ebene

Verdunstungsperiode:

$$g_{ev} = \delta_0 \left(\frac{p_c - p_i}{s_{d,c}} + \frac{p_c - p_e}{s_{d,T} - s_{d,c}} \right)$$

$$m_{ev} = g_{ev} \cdot t_{ev}$$

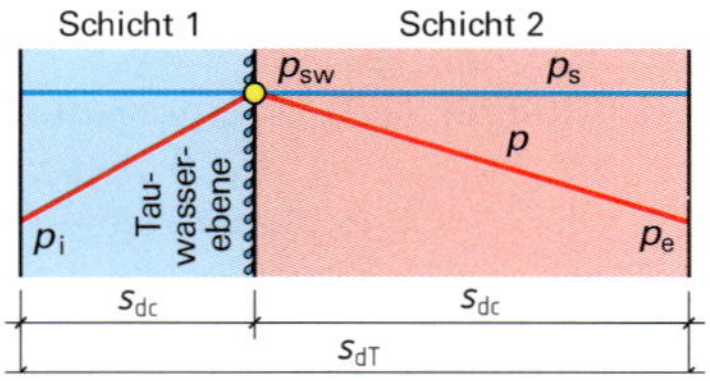

Bild 3: Verdunstung aus einer Ebene

2.18.3 Tauwasserausfall in zwei Ebenen

Bei mehrschichtigen Bauteilen und bei unterschiedlichen Materialien kann Tauwasser auch gelegentlich auch in zwei Ebenen auftreten.

Tauperiode:

Tauwasserebene c1:

$$g_{c1} = \delta_0 \left(\frac{p_i - p_{c1}}{s_{d,c1}} - \frac{p_{c1} - p_{c2}}{s_{d,c2} - s_{d,c1}} \right)$$

$$m_{c1} = g_{c1} \cdot t_c$$

Tauwasserebene c2:

$$g_{c2} = \delta_0 \left(\frac{p_{c1} - p_{c2}}{s_{d,c2} - s_{d,c1}} - \frac{p_{c2} - p_e}{s_{d,T} - s_{d,c1}} \right)$$

$$m_{c2} = g_{c2} \cdot t_c$$

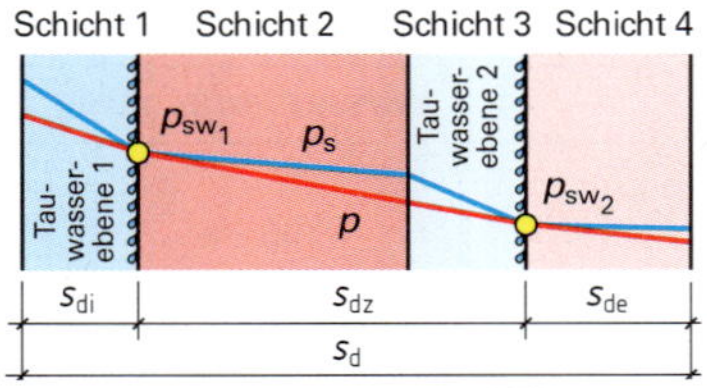

Bild 4: Tauwasser in zwei Ebenen

Verdunstungsperiode:

Tauwasserebene c1:

$$g_{ev1} = \delta_0 \left(\frac{p_{i1} - p_i}{s_{d,c1}} \right)$$

Verdunstungszeit:

$$t_{ev1} = \frac{m_{c1}}{g_{ev1}}$$

Tauwasserebene c2:

$$g_{ev2} = \delta_0 \left(\frac{p_{c2} - p_e}{s_{d,T} - s_{d,c2}} \right)$$

Verdunstungszeit:

$$t_{ev2} = \frac{m_{c2}}{g_{ev2}}$$

Es muss sein: $t_{ev1} > t_{ev}$ und $t_{ev2} > t_{ev}$

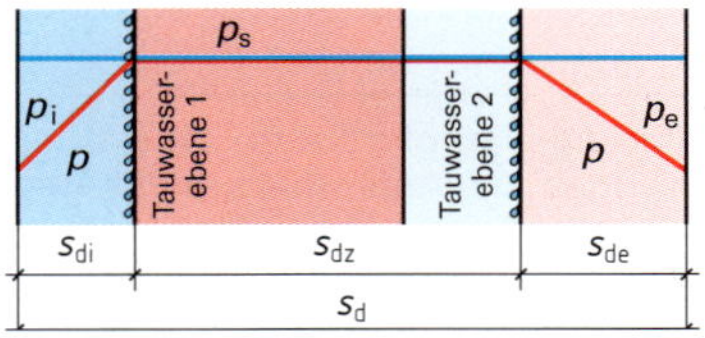

Bild 5: Verdunstung aus zwei Ebenen

2.18.4 Tauwasserausfall in einem Bereich

Das Kennzeichen dieses Falles besteht darin, dass zwischen zwei Tauwasserebenen die Dampfteildruckkurve p deckungsgleich mit der Dampfsättigungskurve p_s liegt.

$$g_c = \delta_0 \left(\frac{p_i - p_{c1}}{s_{d,c1}} - \frac{p_{c2} - p_e}{s_{d,T} - s_{d,c2}} \right)$$

$$m_c = g_c \cdot t_c$$

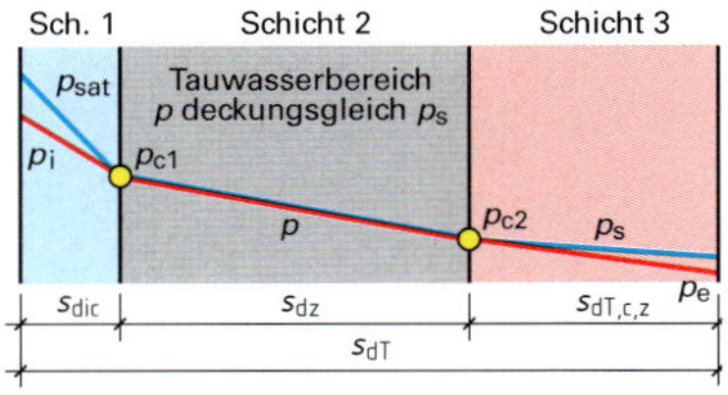

Bild 6: Tauwasser in einem Bereich

$$g_{ev} = \delta_0 \left(\frac{p_c - p_{c1i}}{s_{d,cm}} + \frac{p_c - p_e}{s_{d,T} - s_{d,c,m}} \right)$$

$$s_{d,c,m} = s_{d,c1} + 0{,}5\,(s_{d,c2} - s_{d,c1})$$

$$m_{ev} = g_{ev} \cdot t_{ev}$$

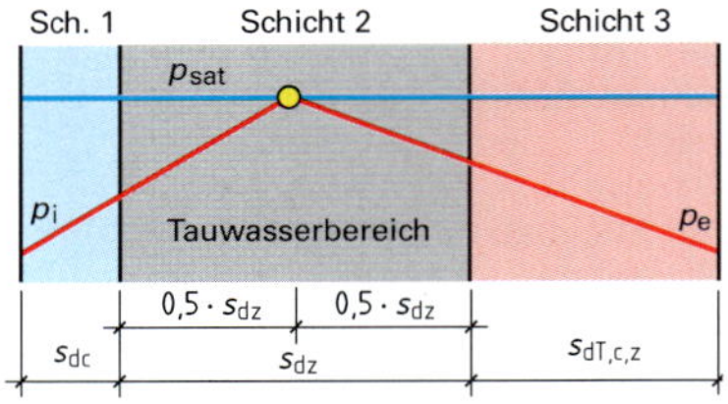

Bild 7: Verdunstung aus einem Bereich

Glaser geht in seiner Betrachtung davon aus, dass das an Schichtgrenzen sich gebildete Tauwasser dort verbleibt und in der Verdunstungsperiode wieder an die Umgebung abgegeben wird. Die Praxis zeigt allerdings, dass Tauwasser je nach Wasseraufnahmefähigkeit der beiden Schichten in diese kapillar eindringt.
Die Eindringtiefe in beide Schichten lässt sich mit folgender Formel ermitteln:

$$d_w = \frac{m_w}{w_{cr}}$$

wobei bedeuten:
d_w = Eindringtiefe in m
m_w = Tauwassermasse in kg/m²
w_{cr} = kritischer Feuchtegehalt in kg/m²

Kritischer Feuchtegehalt ist jene Feuchtemenge, ab der der Baustoff beginnt, Schaden zu nehmen.

Beispiel:
Errechnete Tauwassermasse bei einer Ziegelwand 0,91 kg/m²

$$d_w = \frac{0{,}91\ \text{kg/m}^2}{130\ \text{kg/m}^3} = 7\ \text{mm}$$

Bei wenigen Baustoffen sind solche Werte bekannt:
Porenbeton ca. 180 kg/m³:
Ziegel ca. 130 kg/m³
Kalksandsteine ca. 110 kg/m³

Randbedingungen nach DIN 4108-3 zur Beurteilung der Tauwasserbildung und Verdunstung im Innern von Bauteilen.

	Temperatur	relative Luftfeuchte	Wasserdampfteildruck	Dauer
	Tauperiode: ca. Dezember bis Februar			
innen außen	20 °C −5 °C	50 % 80 %	1 168 Pa 321 Pa	$7{,}776 \cdot 10^6$ s ≙ 2 160 h ≙ 90 d
	Verdunstungsperiode: ca. Juni bis August			
innen außen			1 200 Pa 1 200 Pa	$7{,}776 \cdot 10^6$ s ≙ 2 160 h ≙ 90 d
			Wasserdampfsättigungsdrücke	
Sättigungsdampfdruck im Tauwasserbereich bei: • Wänden, die Aufenthaltsräume gegen Außenluft abschließen, • Decken unter nicht ausgebauten Dachräumen. • Dächern, die Aufenthaltsräume gegen Außenluft abschließen.			1 700 Pa 1 700 Pa 2 000 Pa	$7{,}776 \cdot 10^6$ s ≙ 2 160 h ≙ 90 d $7{,}776 \cdot 10^6$ s ≙ 2 160 h ≙ 90 d

2.19 Feuchtetechnische Untersuchung verschiedener Konstruktionen

Beispiel 1: Betonwand mit innenliegender Dämmung (EPS) und beidseitigem Putz

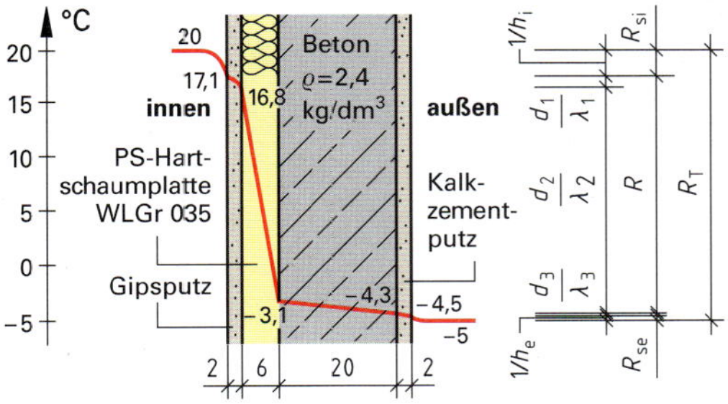

1. Ermittlung des Temperaturverlaufs

$$R_T = \frac{1}{h_i} + \frac{d_1}{\lambda_1} + \frac{d_2}{\lambda_2} + \frac{d_3}{\lambda_3} + \frac{d_4}{\lambda_4} + \frac{1}{h_e}$$

$$R_T = \frac{1}{4} + \frac{0{,}02}{0{,}7} + \frac{0{,}06}{0{,}035} + \frac{0{,}20}{2{,}0} + \frac{0{,}02}{1{,}0} + \frac{1}{23}$$

$$R_{si} \quad R_1 \quad R_2 \quad R_3 \quad R_4 \quad R_{se}$$

$$R_T = 0{,}25 + 0{,}03 + 1{,}714 + 0{,}1 + 0{,}02 + 0{,}043$$

$$2{,}9\ °C \quad 0{,}3 \quad 19{,}9 \quad 1{,}2 \quad 0{,}2 \quad 0{,}5$$

$$R_T = 2{,}156\ m^2K/W \mathrel{\hat=} \vartheta \mathrel{\hat=} 25\ °C$$

$$U = 0{,}46\ W/m^2K \qquad \frac{25 \cdot 0{,}25}{2{,}156} \mathrel{\hat=} 2{,}9\ °C$$

2. Diffusionsstromdichte

$$g = \frac{\delta_o\,(p_i - p_e)}{s_{d,T}} \qquad g = 5{,}90 \cdot 10^{-9}\ kg/m^2s$$

$$g = \frac{2 \cdot 10^{-10}\,(1168 - 321)}{28{,}7} \qquad \frac{g}{\delta_o} = \frac{5{,}90 \cdot 10^{-9}}{2 \cdot 10^{-10}} = 29{,}5\ Pa/m$$

$$p_{si} = p_{i,sat} \cdot \varphi_i$$
$$p_{si} = 2337 \cdot 0{,}50$$
$$= 1168\ Pa$$

$$p_{se} = p_{e,sat} \cdot \varphi_e$$
$$p_{se} = 401 \cdot 0{,}80 = 321\ Pa$$

3. Wärmestromdichte

$$q = U\,(\vartheta_i - \vartheta_e)$$
$$q = 0{,}46\,[20 - (-5)]$$
$$q = 11{,}59\ W/m^2K$$

4. Temperaturverlauf, Sättigungsdampfdrücke und Dampfteildrücke in den Schichtgrenzen

Bauteilschicht	Temperatur	Sättigungsdampfdrücke p_{sat} in Pa	Dampfteildrücke p in Pa
Innere Oberfläche	$\vartheta s_i = \vartheta_i - q \cdot R_{si}$ $\vartheta s_i = 20 - 11{,}59 \cdot 0{,}25$ $\vartheta s_i = 17{,}1\ °C$ ⇒	nach Tabelle S. 190 1 949	$p_i = p_{i,sat} \cdot \varphi_i$ $p_i = 2\,337 \cdot 0{,}50$ $p_i = 1\,168$ Pa
Schichtgrenze 1/2 Innenputz/ Dämmschicht	$\vartheta_{1/2} = \vartheta s_i - q \cdot R_1$ $\vartheta_{1/2} = 17{,}1 - 11{,}59 \cdot 0{,}03$ $\vartheta_{1/2} = 16{,}8\ °C$ ⇒	1 912	$\frac{g}{\delta_o} = \frac{p_{1/2} - p_e}{s_{d,T} - s_{d1}}$ $29{,}5 = \frac{p_{1/2} - 321}{28{,}70 - 0{,}2}$ $p_{1/2} = 1\,162\ Pa < p_{sat} = 1912$
Schichtgrenze 2/3 Dämmschicht/ Betonwand	$\vartheta_{2/3} = \vartheta_{1/2} - q \cdot R_2$ $\vartheta_{2/3} = 16{,}8 - 11{,}59 \cdot 1{,}714$ $\vartheta_{2/3} = -3{,}1\ °C$ ⇒	471	$\frac{g}{\delta_o} = \frac{p_{2/3} - p_e}{s_{d,T} - s_{d1} - s_{d2}}$ $29{,}5 = \frac{p_{2/3} - 321}{28{,}70 - 0{,}2 - 1{,}80}$ $p_{2/3} = 1\,109\ Pa > p_{sat} = 471$ Tauwasserausfall
Schichtgrenze 3/4 Betonwand/ Außenputz	$\vartheta_{3/4} = \vartheta_{2/3} - q \cdot R_3$ $\vartheta_{3/4} = -3{,}1 - 11{,}59 \cdot 0{,}1$ $\vartheta_{3/4} = -4{,}3\ °C$ ⇒	426	$\frac{g}{\delta_o} = \frac{p_{3/4} - p_e}{s_{d,T} - s_{d1} - s_{d2} - s_{d3}}$ $29{,}5 = \frac{p_{3/4} - 321}{28{,}70 - 0{,}2 - 1{,}80 - 26{,}0}$ $p_{3/4} = 342\ Pa < p_{sat} = 426$
Äußere Oberfläche	$\vartheta_{se} = \vartheta_{3/4} - q \cdot R_4$ $\vartheta_{se} = -4{,}3 - 11{,}59 \cdot 0{,}02$ $\vartheta_{se} = -4{,}5\ °C$ ⇒	419	$p_{se} = p_{3/4} - \frac{g}{\delta_o} \cdot s_{d4}$ $p_{se} = 342 - 29{,}5 \cdot 0{,}70$ $p_{se} = 321$ Pa
Außenluft	$\vartheta_e = \vartheta_{se} - q \cdot R_{se}$ $\vartheta_e = -4{,}5 - 11{,}59 \cdot 0{,}043$ $\vartheta_e = -5\ °C$ ⇒	401	

5. Ermittlung der äquivalenten Luftschichtdicken	6. Auftragen der äquivalenten Luftschichtdicken s_d im gewählten Maßstab.
$s_d = \mu \cdot d$	M: 10 mm $\hat{=}$ s_d = 3,0 m
Innenputz: $s_d = 10 \cdot 0{,}02$ m = 0,2 m	Innenputz: s_d = 0,20 m $\hat{=}$ 0,7 mm
Dämmschicht: $s_d = 30 \cdot 0{,}06$ m = 1,80 m	Dämmschicht: s_d = 1,80 m $\hat{=}$ 6,0 mm
Betonwand: $s_d = 130 \cdot 0{,}20$ m = 26,0 m	Betonwand: s_d = 26,00 m $\hat{=}$ 86,7 mm
Außenputz: $s_d = 35 \cdot 0{,}02$ m = 0,70 m	Außenputz: s_d = 0,70 m $\hat{=}$ 2,3 mm
Σs_d = 28,70 m	Σs_d = 28,70 m $\hat{=}$ 95,7 mm

7. Taubereich $s_{d,c}$

Der Bereich von der Innenwandoberfläche bis zur Tauwasserebene wird Taubereich genannt. Die relative Luftfeuchte erlangt erst am Ende dieses Bereichs 100 % und dort wird auch Tauwasser ausgeschieden. Im Taubereich werden die Minimalwerte der Wasserdampfdiffusionswiderstandsfaktoren (μ-Werte) verwendet, da die Baustoffe zu Beginn der Tauperiode noch trocken sind, erst feucht werden und den Wasserdampf daher noch gut weitertransportieren, d.h. keinen großen Widerstand entgegensetzen.
Trockene Baustoffe nehmen Feuchte begierig auf, nasse geben sie nur sehr langsam wieder ab. Adhäsionskräfte sind hauptsächlich dafür verantwortlich.

8. Verdunstungsbereich $s_{d,T} - s_{d,c}$

Der Bereich von der Tauwasserebene bis zur Außenfläche der Wand wird mit Verdunstungsbereich bezeichnet. Durch diesen Bereich muss das in der Tauwasserebene angesammelte Wasser zur Wandaußenfläche diffundieren können, um dort zu verdunsten. Es ist in der Tauperiode nur dieser Weg möglich, da auch der Wärmestrom von innen nach außen verläuft und so Tauwasser von der Tauwasserebene zur Außenluft transportiert wird.
Da aus diesem feuchten Bereich das Wasser verdunsten muss, die Kohäsionskraft des Wassers, vor allem aber die Adhäsionskraft zwischen Wasser und Baustoff die Diffusion erschweren, werden im Verdunstungsbereich die Maximalwerte der Wasserdampfdiffusionswiderstandsfaktoren (μ-Werte) verwendet. Ähnlich ist es mit unseren Kleidern. Trockene Kleider nehmen begierig Feuchtigkeit auf, nasse Kleider trocknen nur sehr langsam.
Der De-Sorptionsvorgang dauert länger als der Ab-Sorptionsvorgang.

9. Verlauf von p_{sat} und p

Die Sättigungsdampfdrücke sind eine Folge der Temperaturen zwischen den einzelnen Bauteilschichten. Fallende Temperaturen haben fallende Sättigungsdampfdrücke zur Folge, denn je kälter die Luft und somit auch ein Baustoff ist, desto weniger Feuchte kann gespeichert werden.
Würde man beim Verlauf der Dampfteildruckkurve p p_i mit p_e verbinden, so würde die Kurve des vorhandenen Dampfdruckes (Partialdruckes) über der Sättigungskurve liegen, was nicht möglich sein kann, denn der Sättigungskurve liegt eine relative Feuchte von 100 % zugrunde. Der vorhandenen Dampfdruckkurve würden Feuchten mit mehr als 100 % zugrunde liegen, was es gar nicht geben kann.
Erreicht Luft eine relative Feuchte von 100 %, so ist ihr Höchstmaß an Feuchtespeicherkapazität erreicht, es wird Kondensat (Tauwasser) ausgeschieden.
Es wird daher von p_i und p_e der Dampfteildruckkurve die Tangente an die Dampfsättigungskurve p_{sat} gelegt. Der Tangentenpunkt liegt beim Dampfdruck p_c = 471 Pa. In dieser Schichtgrenze zwischen Dämmschicht und Betonwand fällt Tauwasser aus.
Man nennt diese Berührfläche **Tauwasserebene.**

Anmerkung:
Mit der Annahme, dass es bei dieser Konstruktion zwischen der Innendämmschicht und der Betonwand zu Tauwasserausfall kommt und damit sowohl die Betonwand als auch der Außenputz im Verdunstungsbereich liegen, befindet man sich bei der Verwendung der Maximalwerte von μ bei der Betonwand auf der sicheren Seite.
Der Außenputz wird außerdem oft mit Schlagregen beaufschlagt und sollte daher immer mit dem Maximalwert von μ gerechnet werden.

Tauperiode ca. Dezember bis Februar $t_c = 7{,}776 \cdot 10^6$ s ≙ 90 d

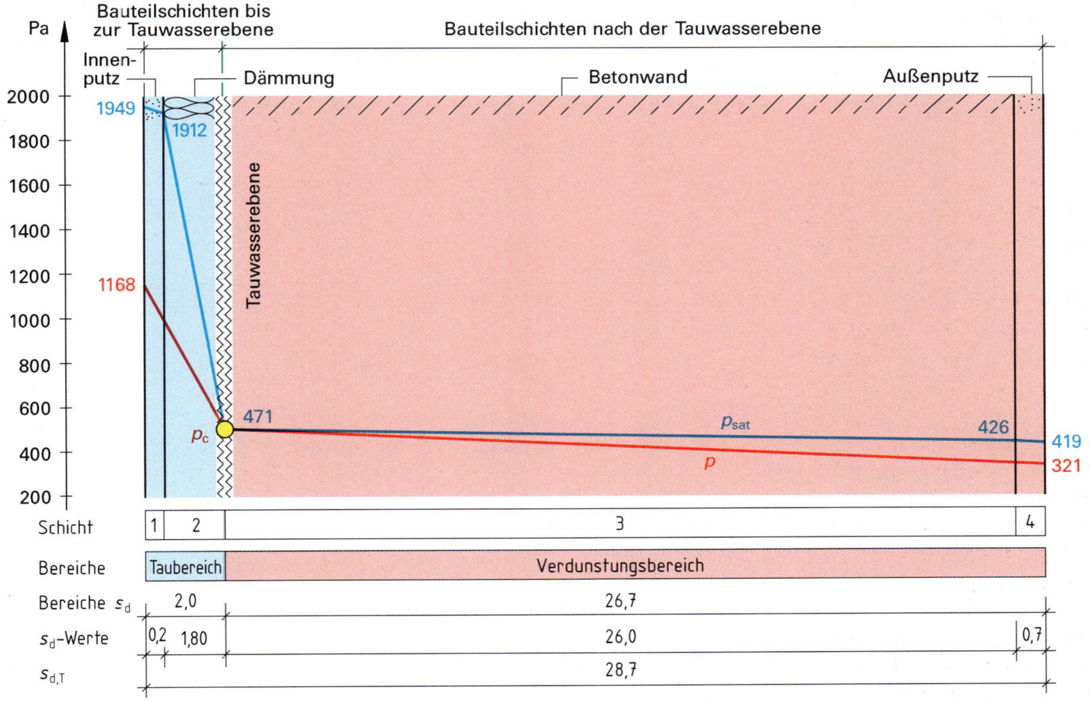

Diffusionsstromdichte g_c' vom Innenraum in das Bauteil bis zur Tauwasserebene.
Die Diffusionsrichtung geht vom höheren Dampfdruck zum niedrigeren.
Diffusionsrichtung von p_i nach $p_c \Rightarrow$

$$g_c' = \delta_0 \left(\frac{p_i - p_c}{s_{d,T} - s_{d,c}}\right) \quad \text{in kg/m}^2\text{s}$$

$$g_c' = 2 \cdot 10^{-10} \left(\frac{1168 - 471}{0{,}2 + 1{,}80}\right)$$

$$g_c' = 6{,}97 \cdot 10^{-8} \text{ kg/m}^2\text{s} \quad \text{eindiffundierend}$$

Diffusionsstromdichte g_{ev}'' von der Tauwasserebene zur Außenluftseite.
Die Diffusionsrichtung geht vom höheren Dampfdruck zum niedrigeren.
Diffusionsrichtung von p_c nach $p_e \Rightarrow$

$$g_{cv}' = \delta_0 \left(\frac{p_c - p_e}{s_{d,c}}\right) \quad \text{in kg/m}^2\text{s}$$

$$g_{cv}' = 2 \cdot 10^{-10} \left(\frac{471 - 321}{28{,}70 - 2{,}0}\right)$$

$$g_{ev}' = 1{,}12 \cdot 10^{-9} \text{ kg/m}^2\text{s} \quad \text{ausdiffundierend}$$

$$g_c = 6{,}858 \cdot 10^{-8} \text{ kg/m}^2\text{s} \quad \text{in der Tauwasserebene verbleibend}$$

Steiler Verlauf von *p*
→ viel Feuchte strömt in das Bauteil ein und kondensiert in der Tauwasserebene.

Flacher Verlauf von *p*
→ wenig Feuchte kann bei der geringen Temperatur aus dem Bauteil ausdiffundieren.

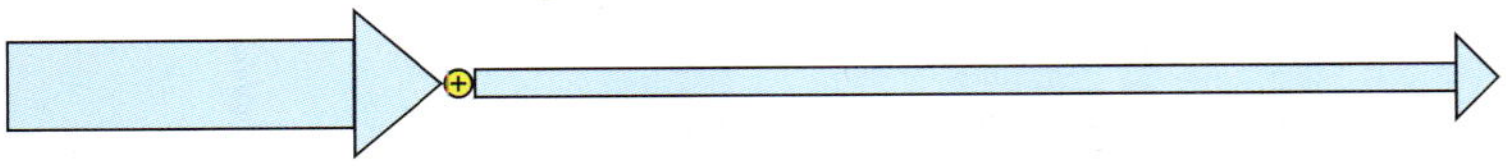

Sich anreichernde Feuchtigkeit während der Tauperiode

$$m_c = 6{,}858 \cdot 10^{-8} \cdot 7{,}776 \cdot 10^6 \quad \text{in kg/m}^2$$

$$m_c = 0{,}53 \text{ kg/m}^2 < \text{zul. } m_c = 1{,}0 \text{ kg/m}^2$$

Verdunstungsperiode

ca. Juni bis August $t_{ev} = 7{,}776 \cdot 10^6$ s $\hat{=}$ 90 d

Randbedingungen: $p_i = 1200$ Pa, $p_e = 1200$ Pa — Sättigungsdampfdruck in der Tauwasserebene $p_{sat} = 1700$ Pa

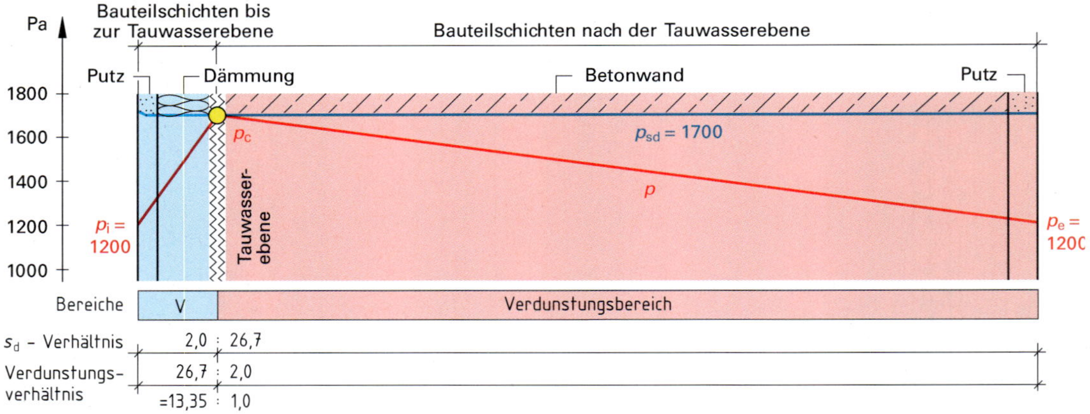

Diffusionsstromdichte g'_{ev} von der Tauwasserebene zur Raumluft.

$$g'_{cv} = \delta_0 \left(\frac{p_c - p_i}{s_{d,c}}\right) \quad \text{in kg/m}^2\text{s}$$

$$g'_{cv} = 2 \cdot 10^{-10} \left(\frac{1700 - 1200}{2{,}0}\right)$$

$$g'_{ev} = 5 \cdot 10^{-8}\ \text{kg/m}^2\text{s}$$
$$g'_{ev} = 0{,}18\ \text{g/m}^2\text{h}$$

Die Diffusionsrichtung ist vom höheren Dampfdruck zum niedrigeren.

Diffusionsrichtung von p_c nach $p_i \Leftarrow$

Diffusionsstromdichte g''_{ev} von der Tauwasserebene zur Außenluft.

$$g''_{ev} = \delta_0 \left(\frac{p_c - p_e}{s_{d,T} - s_{d,c}}\right) \quad \text{in kg/m}^2\text{s}$$

$$g''_{ev} = 2 \cdot 10^{-10} \left(\frac{1700 - 1200}{26{,}70}\right)$$

$$g''_{ev} = 3{,}745 \cdot 10^{-9}\ \text{kg/m}^2\text{s}$$
$$g''_{ev} = 0{,}0135\ \text{g/m}^2\text{h}$$

Die Diffusionsrichtung ist vom höheren Dampfdruck zum niedrigeren.

$\Rightarrow$ Diffusionsrichtung von p_c nach p_e

Steiler Verlauf von *p*
→ viel Feuchte diffundiert von der Tauwasserebene zur Raumluftseite.

Flacher Verlauf von *p*
→ wenig Feuchte diffundiert von der Tauwasserebene aus dem Bauteil nach der Außenluftseite.

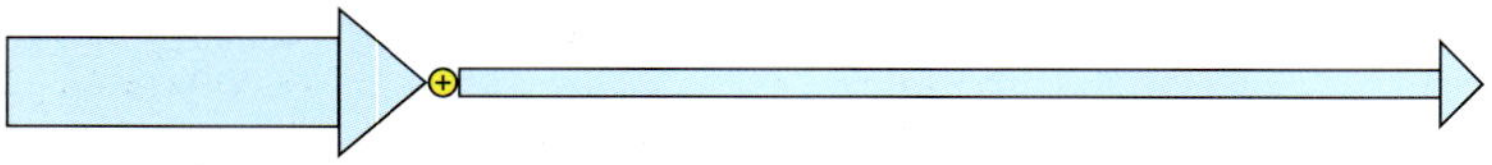

Gesamtdiffusionsstrom von der Tauwasserebene zur Raumluftseite und Außenluftseite

$$g_{ev} = \delta_0 \left(\frac{p_c - p_i}{s_{d,c}} + \frac{p_c - p_e}{s_{d,T} - s_{d,c}}\right) \quad \text{in kg/m}^2\text{s}$$

$$g_{ev} = 2 \cdot 10^{-10} \left(\frac{1700 - 1200}{2{,}0} + \frac{1700 - 1200}{26{,}70}\right)$$

$$g_{ev} = 5{,}37 \cdot 10^{-8}\ \text{kg/m}^2\text{s}$$
$$g_{ev} = 0{,}19\ \text{g/m}^2\text{h}$$

Insgesamt ausdiffundierende Wassermasse während der Verdunstungsperiode,

$$m_{ev} = g_{ev} \cdot t_{ev} \quad \text{in kg/m}^2$$
$$m_{ev} = 5{,}37 \cdot 10^{-8} \cdot 7{,}776 \cdot 10^6$$
$$m_{ev} = 0{,}42\ \text{kg/m}^2 < m_c = 0{,}53\ \text{kg/m}^2$$

1. Bedingung: $m_c = 0{,}53\ \text{kg/m}^2 < m_{c\,max.} = 1{,}0\ \text{kg/m}^2$ erfüllt
2. Bedingung: $m_{ev} < m_c$; $0{,}42\ \text{kg/m}^2 < 0{,}53\ \text{kg/m}^2$ nicht erfüllt

Beide Bedingungen müssen erfüllt sein. Konstruktion so nicht zulässig.

Beispiel 2: Wie Beispiel 1, jedoch Dämmschicht außen

1. Konstruktionsaufbau

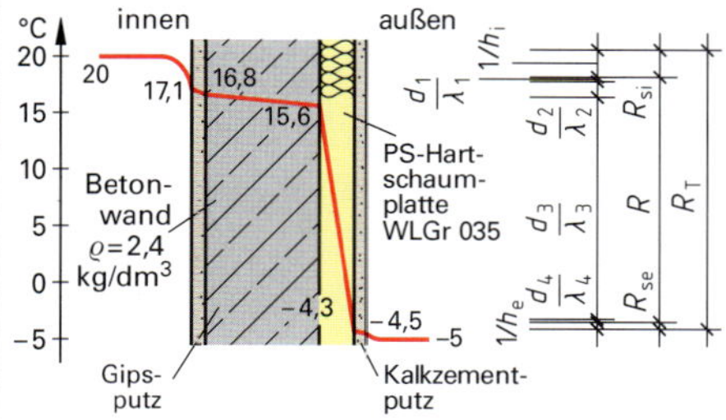

Bild 1: Wandaufbau

Randbedingungen nach DIN 4108-3

Tauperiode: $7{,}776 \cdot 10^6$ s ≙ 90 d

$\vartheta_i = 20$ °C $\varphi_i = 50$ %	$\vartheta_e = -5$ °C $\varphi_e = 80$ %	$p_i = 2337 \cdot 0{,}50 = 1168$ Pa $p_e = 401 \cdot 0{,}80 = 321$ Pa

Diffusionsstromdichte

$$g = \delta_0 \frac{(p_i - p_e)}{s_{d,T}}$$

$$g = 2 \cdot 10^{-10} \frac{(1168 - 321)}{18{,}70}$$

$$g = 9{,}0588 \cdot 10^{-9} \text{ kg/m}^2\text{s}$$

Verhältnis von Diffusionsstromdichte zu Diffusionsleitkoeffizient

$$\frac{g}{\delta_0} = \frac{9{,}0588 \cdot 10^{-9}}{2 \cdot 10^{-10}}$$

$$\frac{g}{\delta_0} = 45{,}29 \text{ Pa/m}$$

2. Schichtaufbau und Schichtenkennwerte

	1	2	3	4	5	6	7
Nr.	**Schicht**	d	μ	s_d	$\Sigma s_d / s_{d,T}$	λ	R
		m	**[-]**	**m**	**[-]**	**W/mK**	**m²K/W**
	Wärmeübergangswiderstand innen R_{si}						0,25
1	Innenputz	0,02	10	0,2	0,010	0,7	0,03
2	Betonwand	0,20	80	16,0	0,866	2,0	0,1
3	Dämmung	0,06	30	1,8	0,963	0,035	1,714
4	Außenputz	0,02	35	0,7	1,000	1,0	0,02
	Wärmeübergangswiderstand außen R_{se}						0,043
	Summenwerte	0,30		18,70		$R_T =$	2,157 m²K/W
						$U =$	0,46 W/m²K
	Wärmestromdichte	$q = U(\vartheta_i - \vartheta_e)$		$q = 0{,}46\,[20 - (-5)]$		$q =$	11,59 W/m²

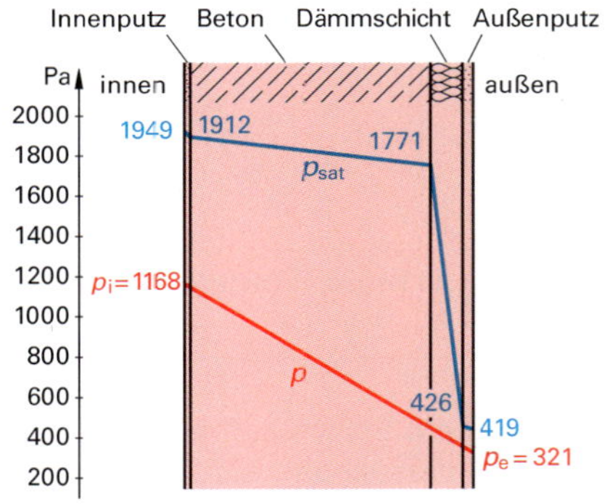

Bild 2: Glaser-Diagramm: Tauperiode

Verbindet man p_i mit p_e, so stellt man fest, dass die Dampfteildruckkurve (Partialdruck, tatsächlich vorhandener Dampfdruck) an keiner Stelle die Sättigungskurve schneidet, ja nicht einmal berührt.

Dies bedeutet: Es kommt an keiner Stelle in der Wand zu Tauwasserausfall.

Die Berechnung ist hier zu Ende. Eine Untersuchung in der Verdunstungsperiode ist aufgrund fehlender Tauwassermasse hinfällig.

Die Anordnung einer ausreichend dicken Dämmschicht auf der Außenseite der Betonwand hat in der Regel zur Folge, dass keine Tauwassergefährdung besteht. Deshalb wurden die minimalen μ-Werte gewählt.

Da Außenputze durchweg mit Schlagregen beaufschlagt werden und dadurch eine Austrocknung erschwert wird, wurde beim Außenputz deshalb der maximale μ-Wert angesetzt.

3. Bestimmung der Temperaturen, Sättigungsdampfdrücke, Partialdrücke (Dampfteildrücke) in den Schichtgrenzen

Nr.	Bauteilschicht	Temperatur/ Temperaturdifferenz	Sättigungs-dampfdrücke p_{sat} in Pa	Partialdrücke p in Pa
1	innere Oberfläche	$\vartheta s_i = \vartheta_i - q \cdot R_{si}$ $\vartheta s_i = 20 - 11{,}59 \cdot 0{,}25$ $\Delta\vartheta = 2{,}9$ °C $\vartheta_{si} = 17{,}10$ °C $\Rightarrow$	1 949	$p_{si} = p_i = p_{sat} \cdot \varphi_i$ $p_{si} = 2\,337 \cdot 0{,}50$ $p_{si} = 1\,168$
2	Schichtgrenze 1/2 (Innenputz/ Betonwand)	$\vartheta_{1/2} = \vartheta s_i - q \cdot R_1$ $\vartheta_{1/2} = 17{,}10 - 11{,}59 \cdot 0{,}03$ $\Delta\vartheta = 0{,}3$ °C $\vartheta_{1/2} = 16{,}8$ °C $\Rightarrow$	1 912	$\frac{g}{\delta_o} = \frac{p_{1/2} - p_e}{s_{d,T} - s_{d1}}$ $45{,}29 = \frac{p_{1/2} - 321}{18{,}70 - 0{,}20}$ $p_{1/2} = 1\,159$
3	Schichtgrenze 2/3 (Betonwand/ Dämmung)	$\vartheta_{2/3} = \vartheta_{1/2} - q \cdot R_2$ $\vartheta_{2/3} = 16{,}8 - 11{,}59 \cdot 0{,}10$ $\Delta\vartheta = 1{,}2$ °C $\vartheta_{2/3} = 15{,}6$ °C $\Rightarrow$	1 771	$\frac{g}{\delta_o} = \frac{p_{2/3} - p_e}{s_{d,T} - s_{d1} - s_{d2}}$ $45{,}29 = \frac{p_{2/3} - 321}{18{,}70 - 0{,}20 - 16{,}0}$ $p_{2/3} = 434$
4	Schichtgrenze 3/4 (Dämmung/ Außenputz)	$\vartheta_{3/4} = \vartheta_{2/3} - q \cdot R_3$ $\vartheta_{3/4} = 15{,}6 - 11{,}59 \cdot 1{,}714$ $\Delta\vartheta = 19{,}9$ °C $\vartheta_{3/4} = -4{,}3$ °C $\Rightarrow$	426	$\frac{g}{\delta_o} = \frac{p_{3/4} - p_e}{s_{d,T} - s_{d1} - s_{d2} - s_{d3}}$ $45{,}29 = \frac{p_{3/4} - 321}{18{,}70 - 0{,}20 - 16{,}0 - 1{,}8}$ $p_{3/4} = 353$
5	äußere Oberfläche	$\vartheta_{se} = \vartheta_{3/4} - q \cdot R_4$ $\vartheta_{se} = -4{,}3 - 11{,}59 \cdot 0{,}02$ $\Delta\vartheta = 0{,}2$ °C $\vartheta_{se} = -4{,}5$ °C $\Rightarrow$	419	$p_{se} = p_{3/4} - \frac{g}{\delta_o} \cdot s_{d4}$ $p_{se} = 353 - 45{,}29 \cdot 0{,}70$ $p_{se} = 321$
6	Außenluft	$\vartheta_e = \vartheta_{se} - ros_e$ $\vartheta_e = -4{,}5 - 11{,}59 \cdot 0{,}043$ $\Delta\vartheta = 0{,}5$ °C $\vartheta_e = -5$ °C $\Rightarrow$	401	

Mit einer Außen- statt Innendämmung ist die Konstruktion tauwasserfrei, da an keiner Schichtgrenze der tatsächlich vorhandene Dampfdruck über dem Sättigungsdampfdruck liegt. $p < p_{sat}$

Ein Vergleich mit Beispiel 1 (Dämmschicht innen) zeigt, dass bei gleichem Schichtaufbau einer Wand rechnerisch wohl der gleiche *U*-Wert vorhanden ist, jedoch bei einer Untersuchung auf Tauwasser die Reihenfolge der Schichten im Feuchteschutz eine zentrale Rolle spielt. Im Wärmeschutz spielt die Reihenfolge der Schichten keine Rolle, auch wenn die Baustoffe in der Tauperiode Feuchte aufnehmen und sich dadurch der λ-Wert verschlechtert, was nach DIN 4108-3 nicht berücksichtigt werden muss.
Im Wärmeschutz wird die Summe d/λ aller Schichten gebildet, ganz gleich, an welcher Stelle diese Schicht sich befindet. Im Feuchteschutz wird bei den Bauteilschichten das Produkt aus $\mu \cdot d$ gebildet, das ein Kennwert für die Dampfdichtheit ist. Daher spielt die Stelle eine Rolle, an der die einzelne Schicht eingebaut wird. Eine Grundregel lautet, dass der s_d-Wert der einzelnen Bauteilschichten nach der Innenputzschicht von innen nach außen abnehmen soll.
Will man daher neben einem optimalen Wärmeschutz gleichzeitig noch einen einwandfreien Feuchteschutz so sollte die Dämmschicht grundsätzlich auf der Außenseite (kalten Seite) angeordnet werden.

Beispiel 3: Wärmedämmung innen und außen (Manteldämmung, Mantelbauweise)

1. Konstruktionsaufbau

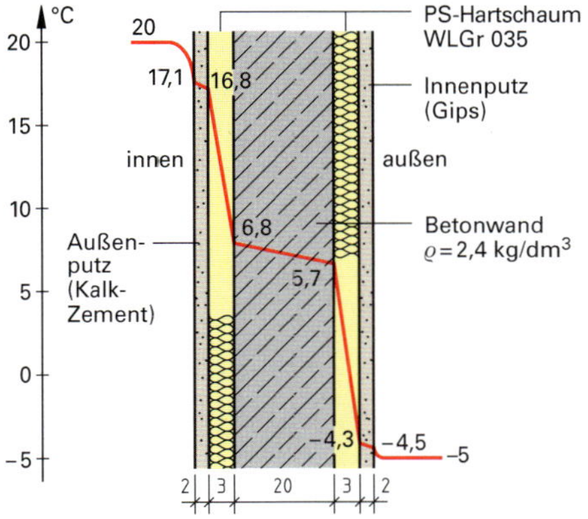

Bild 1: Wandaufbau

Randbedingungen nach DIN 4108-3

Tauperiode: $t_c = 7{,}776 \cdot 10^6$ s ≙ 90 d

$\vartheta_i = 20$ °C $\varphi_i = 50$ %	$\vartheta_e = -5$ °C $\varphi_e = 80$ %	$p_i = 2337 \cdot 0{,}50 = 1168$ Pa $p_e = 401 \cdot 0{,}80 = 321$ Pa

Diffusionsstromdichte

$$g = \delta_0 \frac{(p_i - p_e)}{s_{d,T}}$$

$$g = 2 \cdot 10^{-10} \frac{(1168 - 321)}{29{,}90}$$

$$g = 5{,}6655 \cdot 10^{-9}\ \text{kg/m}^2\text{s}$$

Quotient aus Diffusionsstromdichte und Diffusionsleitkoeffizient

$$\frac{g}{\delta_0} = \frac{5{,}6655 \cdot 10^{-9}}{2 \cdot 10^{-10}}$$

$$\frac{g}{\delta_0} = 28{,}33\ \text{Pa/m}$$

Es könnte sein, dass aufgrund der Dämmschichtdicke innen es zwischen dieser und der Betonwand zu Tauwasserausfall kommt. Deshalb wurde bei der Betonwand und äußeren Dämmung der größere μ-Wert gewählt.

Sollte diese Annahme nicht zutreffen, muss die Berechnung unter neuen Vorgaben durchgeführt werden.

2. Schichtaufbau und Schichtenkennwerte

	1	2	3	4	5	6	7
Nr.	**Schicht**	d	μ	s_d	$\Sigma s_d / s_{d,T}$	λ	R
		m	**[-]**	**m**	**[-]**	**W/mK**	**m²K/W**
	Wärmeübergangswiderstand innen R_{si}						0,250
1	Innenputz	0,02	10	0,2	0,007	0,7	0,029
2	Dämmschicht EPS	0,030	30	0,9	0,037	0,035	0,857
3	Betonwand	0,20	130	26,0	0,906	2,0	0,100
4	Dämmung EPS	0,030	70	2,1	0,976	0,035	0,857
5	Außenputz	0,02	35	0,7	1,000	1,0	0,020
	Wärmeübergangswiderstand außen R_{se}						0,043
	Summenwerte	0,30		29,90		R_T =	2,156 m²K/W
						U =	0,46 W/m²K
	Wärmestromdichte	$q = U(\vartheta_i - \vartheta_e)$		$q = 0{,}46\,[20 - (-5)]$		q =	11,59 W/m²

Soll eine Konstruktion komplett tauwasserfrei sein, so gibt es drei Möglichkeiten:

1. Man wählt die raumseitige Dämmschicht mit einem größeren μ-Wert (s_d-Wert) als die äußere, damit weniger Feuchte eindringen kann.
2. Bei gleichen Materialkennwerten: Man erhöht die Dicke der äußeren Dämmschicht, wobei die äußere etwa doppelt so dick sein sollte.
3. Einbau einer nicht überdimensionierten Dampfbremse.
   Voraussetzung für den wirkungsvollen Einbau ist allerdings, dass sie an der richtigen Stelle im Bauteil eingebaut wird.

Diese Vorgehensweise ist erst recht dann geboten, wenn die Randbedingungen nicht erfüllt sind. Weiterhin gilt für den Feuchteschutz der Konstruktionsgrundsatz, dass die s_d-Werte der einzelnen Bauteilschichten von der warmen zu kalten Seite abnehmen, d.h. diffusionsoffener werden sollten, während der Wärmedurchlasswiderstand (R-Wert) von innen nach außen zunehmen sollte.

Anmerkungen zum Ergebnis:
$m_c = 0{,}21$ kg/m² < zul. m_c = 1,0 kg/m²
$m_{ev} = 0{,}73$ kg/m³ > m_c
Beide Forderungen sind erfüllt.
Da m_{ev} ca. drei Mal größer als m_c ist, wird für die sommerliche Austrocknung nur ein Drittel der Zeit benötigt, d.s. etwa 30 Tage.

3. Bestimmung der Temperaturen, Sättigungsdampfdrücke, Partialdrücke (Dampfteildrücke) in den Schichtgrenzen

Nr.	Bauteilschicht	Temperatur/ Temperaturdifferenz	Sättigungs-dampf-drücke p_{sat} in Pa	Partialdrücke p in Pa
1	innere Oberfläche	$\vartheta s_i = \vartheta_i - q \cdot R_{si}$ $\vartheta s_i = 20 - 11{,}59 \cdot 0{,}25$ $\Delta\vartheta = 2{,}9$ °C $\vartheta s_i = 17{,}10$ °C $\Rightarrow$	1 949	$p_{si} = p_i = p_{sat} \cdot \varphi_i$ $p_{si} = 2\,337 \cdot 0{,}50$ $p_{si} = 1\,168$
2	Schichtgrenze 1/2 (Innenputz/ Dämmschicht)	$\vartheta_{1/2} = \vartheta s_i - q \cdot R_1$ $\vartheta_{1/2} = 17{,}10 - 11{,}59 \cdot 0{,}029$ $\Delta\vartheta = 0{,}3$ °C $\vartheta_{1/2} = 16{,}8$ °C $\Rightarrow$	1 912	$\frac{g}{\delta_o} = \frac{p_{1/2} - p_e}{s_{d,T} - s_{d1}}$ $28{,}33 = \frac{p_{1/2} - 321}{29{,}90 - 0{,}20}$ $p_{1/2} = 1\,162$
3	Schichtgrenze 2/3 (Dämmung/ Betonwand)	$\vartheta_{2/3} = \vartheta_{1/2} - q \cdot R_2$ $\vartheta_{2/3} = 16{,}8 - 11{,}59 \cdot 0{,}857$ $\Delta\vartheta = 10{,}0$ °C $\vartheta_{2/3} = 6{,}8$ °C $\Rightarrow$	988	$\frac{g}{\delta_o} = \frac{p_{2/3} - p_e}{s_{d,T} - s_{d1} - s_{d2}}$ $28{,}33 = \frac{p_{2/3} - 321}{29{,}90 - 0{,}20 - 0{,}9}$ $p_{2/3} = 1\,137 > p_{sat} \Rightarrow$ Tauwasserausfall
4	Schichtgrenze 3/4 (Betonwand/ Außendämmung)	$\vartheta_{3/4} = \vartheta_{2/3} - q \cdot R_3$ $\vartheta_{3/4} = 6{,}8 - 11{,}59 \cdot 0{,}10$ $\Delta\vartheta = 1{,}1$ °C $\vartheta_{3/4} = 5{,}7$ °C $\Rightarrow$	915	$\frac{g}{\delta_o} = \frac{p_{3/4} - p_e}{s_{d,T} - s_{d1} - s_{d2} - s_{d3}}$ $28{,}33 = \frac{p_{3/4} - 321}{29{,}90 - 0{,}20 - 0{,}90 - 26{,}0}$ $p_{3/4} = 400$
5	Schichtgrenze 4/5 (Dämmung/ Außenputz)	$\vartheta_{4/5} = \vartheta_{3/4} - q \cdot R_4$ $\vartheta_{4/5} = 5{,}7 - 11{,}59 \cdot 0{,}857$ $\Delta\vartheta = 10{,}0$ °C $\vartheta_{4/5} = -4{,}3$ °C $\Rightarrow$	426	$\frac{g}{\delta_o} = \frac{p_{3/4} - p_e}{s_{d,T} - s_{d1} - s_{d2} - s_{d3} - s_{d4}}$ $28{,}33 = \frac{p_{3/4} - 321}{29{,}90 - 0{,}20 - 0{,}90 - 26{,}0 - 2{,}1}$ $p_{4/5} = 341$
6	äußere Oberfläche	$\vartheta_{se} = \vartheta_{4/5} - q \cdot R_5$ $\vartheta_{se} = -4{,}3 - 11{,}59 \cdot 0{,}02$ $\Delta\vartheta = 0{,}2$ °C $\vartheta_{se} = -4{,}5$ °C $\Rightarrow$	419	$p_{se} = p_{4/5} - \frac{g}{\delta_o} \cdot s_{d5}$ $p_{se} = 341 - 28{,}33 \cdot 0{,}70$ $p_{se} = 321$
7	Außenluft	$\vartheta_e = \vartheta_{se} - q \cdot R_{se}$ $\vartheta_e = -4{,}5 - 11{,}59 \cdot 0{,}043$ $\Delta\vartheta = 0{,}5$ °C $\vartheta_e = -5$ °C $\Rightarrow$	401	

Eine weitere Darstellungsmöglichkeit des Diagrammes ist, dass man auf der Abszisse (waagrechte Achse) zunächst nicht die s_d-Werte einträgt, sondern deren Summe bis zur jeweiligen Schicht und diese ins Verhältnis zum gesamten s_d-Wert ($s_{d,T}$) der Konstruktion setzt. Siehe Spalte 5: $\Sigma s_d/s_{d,T}$.
Dies hat den Vorteil, dass nicht bei jedem Diagramm ein neuer Maßstab gewählt werden muss.
Das Diagramm hat daduch immer die gleiche Breite, da $s_{d,T}$ =1,0 d.s. 100 % entspricht.
In dieses Rasterdiagramm, das für jeden Fall, unabhängig von der Summe der äquivalenten Schichtdicken s_d-Werte) verwendet werden kann, werden dann die s_d-Werte mit dem akkumulierten Zahlenwert in diesem Maßstab eingetragen. Breite und Höhe des Diagrammes sind frei wählbar.
Es gilt jedoch: Je größer das Diagramm gezeichnet werden kann, desto besser kann es interpretiert werden.
Für die Verdunstungsperiode wird das gleiche Rasterprogramm verwendet, nur dass die Ordinate (senkrechte Achse) entsprechend den Randbedingungen nur Werte von p_{sat} = 1700 Pa bis p_i und p_e mit jeweils 1200 Pa enthalten muss. Für Dächer, die an die Außenluft grenzen, ist für p_{sat} = 2000 Pa anzusetzen.
Auch sind nach DIN 4108-3 für das Diagramm der Verdunstungsperiode die gleichen s_d-Werte wie für die Tauperiode anzusetzen, obwohl die μ-Werte vom Feuchtegehalt der Baustoffe abhängen.

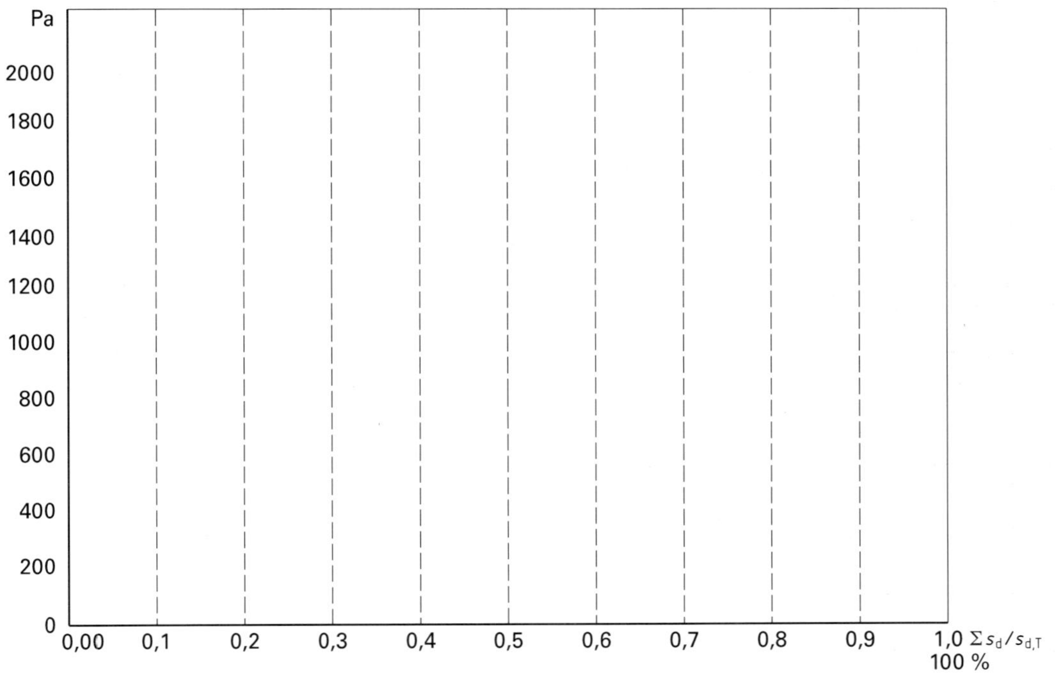

5. Glaser-Diagramm

Tauperiode ca. Dezember bis Februar $t_c = 7{,}776 \cdot 10^6$ s $\hat{=}$ 90 d

Randbedingungen: $m_c < 1{,}0$ kg/m²
$m_{ev} > m_c$

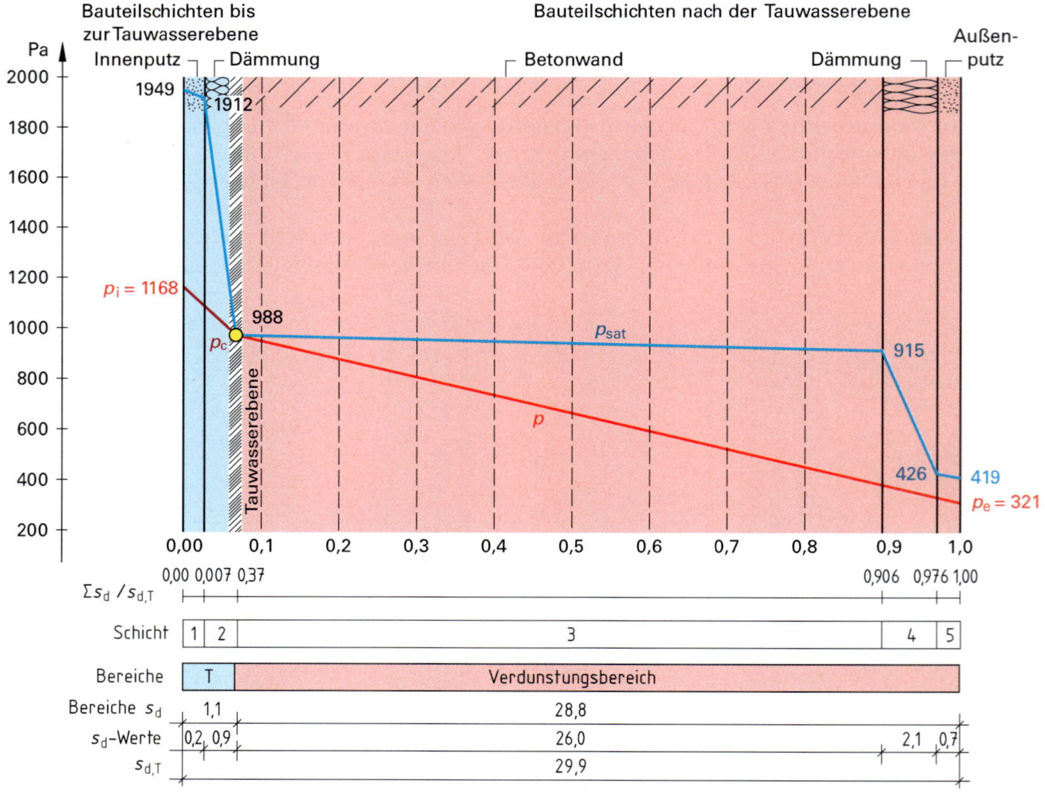

Diffusionsstromdichte g'_c vom Innenraum in das Bauteil bis zur Tauwasserebene.

$$g'_c = \delta_0 \left(\frac{p_i - p_c}{s_{d,c}}\right) \quad \text{in kg/m}^2\text{s}$$

$$g'_c = 2 \cdot 10^{-10} \left(\frac{1168 - 988}{1{,}10}\right)$$

$g_c = 3{,}27 \cdot 10^{-8}$ kg/m²s
$g_c = 0{,}117$ g/m²h → eindiffundierend

Die Diffusionsrichtung geht vom höheren Dampfdruck zum niedrigeren.
Diffusionsrichtung von p_i nach $p_c \Rightarrow$

Diffusionsstromdichte g''_{ev} von der Tauwasserebene zur Außenluftseite.

$$g'_{cv} = \delta_0 \left(\frac{p_c - p_e}{s_{d,T} - s_{d,c}}\right) \quad \text{in kg/m}^2\text{s}$$

$$g'_{cv} = 2 \cdot 10^{-10} \left(\frac{988 - 321}{28{,}8}\right)$$

$g_{ev} = 4{,}63 \cdot 10^{-9}$ kg/m²s
$g_{ev} = 0{,}017$ g/m²h → ausdiffundierend

Die Diffusionsrichtung geht vom höheren Dampfdruck zum niedrigeren.
Diffusionsrichtung von p_c nach $p_e \Rightarrow$

$g_c = 2{,}81 \cdot 10^{-8}$ kg/m²s in der Tauwasserebene verbleibend

Am schwachen Knick der Teildruckkurve ist zu erkennen, dass nur sehr wenig Tauwasser anfällt.

Sich anreichernde Feuchtigkeit während der Tauperiode

$$m_c = 2{,}81 \cdot 10^{-8} \cdot 7{,}776 \cdot 10^6 \quad \text{in kg/m}^2$$

$$m_c = 0{,}22 \text{ kg/m}^2 < \text{zul. } m_c = 1{,}0 \text{ kg/m}^2$$

Verdunstungsperiode ca. Juni bis August $t_{ev} = 7{,}776 \cdot 10^6$ s $\hat{=}$ 90 d

Randbedingungen: $p_i = 1\,200$ Pa; $p_e = 1\,200$ Pa
Sättigungsdampfdruck in der Tauwasserebene $p_{sat} = 1\,700$ Pa

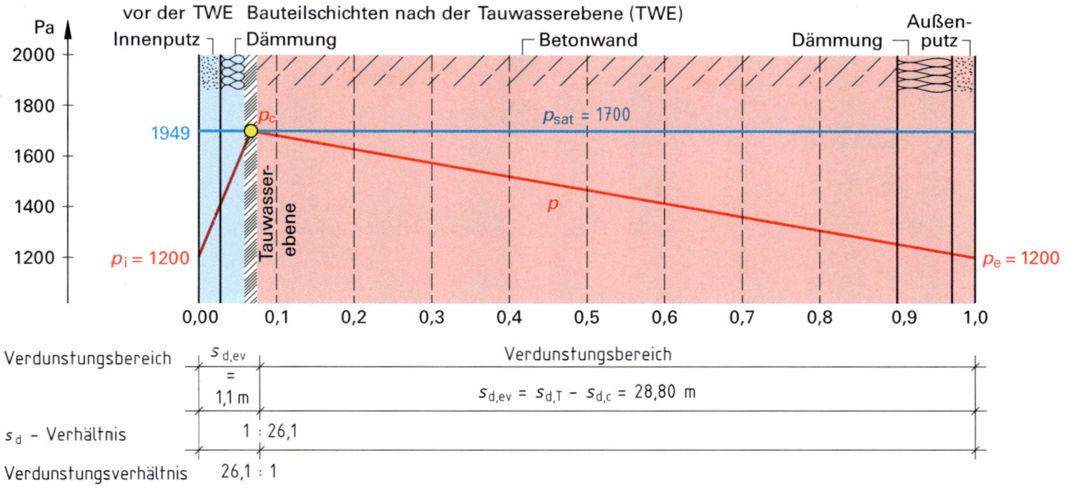

Die Diffusionsrichtung ist vom höheren Dampfdruck zum niedrigeren, d.i. von p_c nach p_i

⇐

Diffusionsstromdichte g'_{ev} von der Tauwasserebene zur Raumluft.

$$g'_{cv} = \delta_0 \left(\frac{p_c - p_i}{s_{d,c}}\right)$$

$$g'_{cv} = 2 \cdot 10^{-10} \left(\frac{1700 - 1200}{1{,}10}\right)$$

$$g'_{ev} = 9{,}09 \cdot 10^{-8}\ \text{kg/m}^2\text{s}$$
$$g'_{ev} = 0{,}327\ \text{g/m}^2\text{h}$$

Steiler Verlauf von *p*,
kurzer äquivalenter Weg

→ viel Feuchte diffundiert von der Tauwasserebene zur Raumluftseite.

Die Diffusionsrichtung ist vom höheren Dampfdruck zum niedrigeren, d.i. von p_c nach p_e

⇒

Diffusionsstromdichte g''_{ev} von der Tauwasserebene zur Außenluft.

$$g''_{ev} = \delta_0 \left(\frac{p_c - p_e}{s_{d,T} - s_{d,c}}\right) \quad \text{in kg/m}^2\text{s}$$

$$g''_{ev} = 2 \cdot 10^{-10} \left(\frac{1700 - 1200}{28{,}80}\right)$$

$$g''_{ev} = 3{,}472 \cdot 10^{-9}\ \text{kg/m}^2\text{s}$$
$$g''_{ev} = 0{,}0125\ \text{g/m}^2\text{h}$$

Flacher Verlauf von *p*,
langer äquivalenter Weg

→ wenig Feuchte diffundiert von der Tauwasserebene aus dem Bauteil nach der Außenluftseite.
Die s_d-Werte verhalten sich wie 1,10 : 28,8 → 1: 26,6
Es wird nach der Raumluftseite 26,6 Mal mehr Feuchte ausdiffundieren als nach der Außenluftseite.

Gesamtdiffusionsstrom von der Tauwasserebene zur Raumluftseite und Außenluftseite

$$g_{ev} = \delta_0 \left(\frac{p_c - p_i}{s_{d,c}} + \frac{p_c - p_e}{s_{d,T} - s_{d,c}}\right) \quad \text{in kg/m}^2\text{s}$$

$$g_{ev} = 2 \cdot 10^{-10} \left(\frac{1700 - 1200}{1{,}10} + \frac{1700 - 1200}{28{,}80}\right)$$

$$g_{ev} = 9{,}43 \cdot 10^{-8}\ \text{kg/m}^2\text{s}$$
$$g_{ev} = 0{,}34\ \text{g/m}^2\text{h}$$

Insgesamt ausdiffundierende Wassermasse während der Verdunstungsperiode,

$$m_{ev} = g_{ev} \cdot t_{ev} \quad \text{in kg/m}^2$$
$$m_{ev} = 9{,}43 \cdot 10^{-8} \cdot 7{,}776 \cdot 10^6$$
$$m_{ev} = 0{,}73\ \text{kg/m}^2 > m_c = 0{,}22\ \text{kg/m}^2$$

$m_{ev} > m_c$
$m_c < 1$ kg/m² Beide Randbedingungen sind erfüllt.

Soll die Konstruktion komplett Tauwasser frei sein, so ist bei der Berechnung des s_d-Wertes der Dampfbremse folgendermaßen vorzugehen:

$$\text{ges. } s_d = \frac{p_i - p_e}{p_c - p_e} \cdot (s_{d,T} - s_{d,c})$$

$$\text{ges. } s_d = \frac{1168 - 321}{988 - 321} \cdot 28{,}8$$

$$\text{ges. } s_d = 36{,}57 \text{ m}$$

$$\text{zusätzl. erf. } s_d = \text{ges. } s_d - \text{vorh. } s_d$$

$$\text{zusätzl. erf. } s_d = 36{,}57 - 29{,}9$$

$$\text{zusätzl. erf. } s_d = 6{,}67 \text{ m}$$

$$\text{gewählt } s_d = 8{,}0 \text{ m}$$

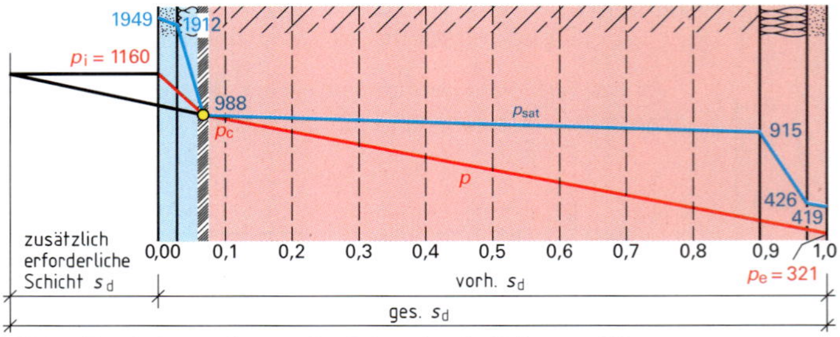

Bild 1: Ermittlung des zusätzlich erforderlichen s_d-Wertes

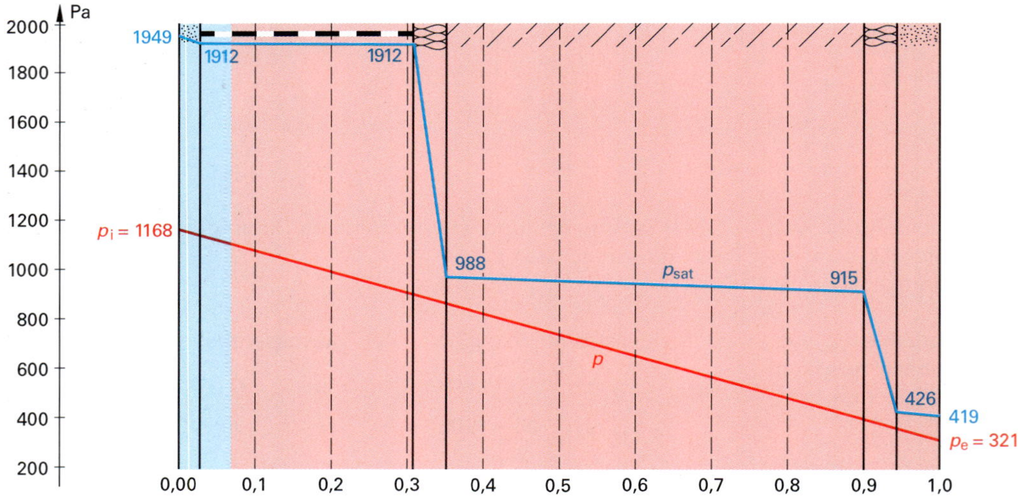

Bild 2: Richtige Lage der Dampfbremse vor der inneren Dämmschicht, p und p_{sat} berühren sich nicht

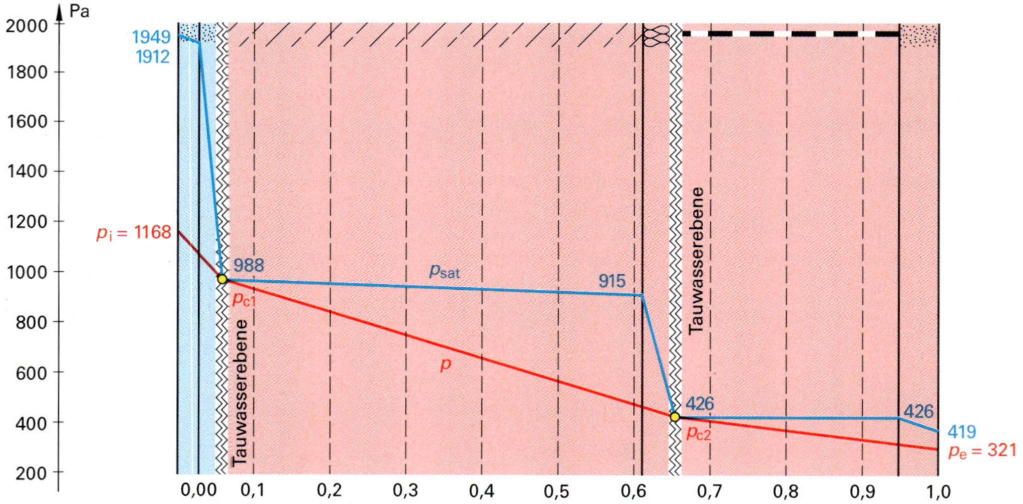

Bild 3: Durch das Anbringen der Dampfbremse an der falschen Stelle im Bauteil wird die Konstruktion nicht tauwasserfrei, sondern es ist Tauwasser in zwei Ebenen zu erwarten

Je mehr sich p und p_{sat} nähern, desto größer ist die Gefahr der Tauwasserbildung.
Je weiter die Näherung der beiden Kurven in Richtung Außenwandfläche liegt, umso problemloser ist dies feuchtetechnisch.

Beispiel 4: Manteldämmung: Dämmschicht innen: EPS μ = 30/70, λ = 0,035 W/mK, d = 30 mm
Dämmschicht außen: WF μ = 5, λ = 0,045 W/mK, d = 30 mm

2. Schichtaufbau und Schichtenkennwerte							
	1	2	3	4	5	6	7
Nr.	Schicht	d	μ	s_d	$\Sigma s_d / s_{d,T}$	λ	R
		m	[-]	m	[-]	W/mK	m²K/W
	Wärmeübergangswiderstand innen R_{si}						0,250
1	Innenputz	0,02	10	0,2	0,01	0,7	0,029
2	Dämmschicht: EPS	0,030	30	0,9	0,06	0,035	0,857
3	Betonwand	0,20	80	16,0	0,95	2,0	0,100
4	Dämmung: WF	0,030	5	0,15	0,96	0,045	0,667
5	Außenputz	0,02	35	0,7	1,00	1,0	0,020
	Wärmeübergangswiderstand außen R_{se}						0,043
	Summenwerte	0,30		17,95		R_T =	1,966 m²K/W
						U =	0,51 W/m²K
	Wärmestromdichte	$q = U(\vartheta_i - \vartheta_e)$		q = 0,51 [20 – (–5)]		q =	12,75 W/m²

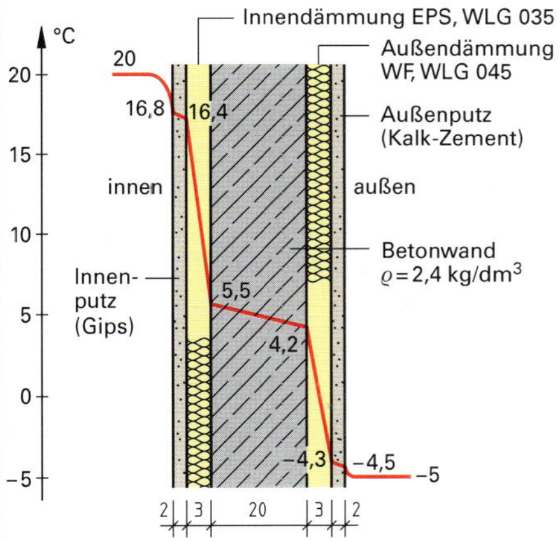

Bild 1: Wandaufbau

Diffusionsstromdichte

$$g = \delta_0 \frac{(p_i - p_e)}{s_{d,T}}$$

$$g = 2 \cdot 10^{-10} \frac{(1168 - 321)}{17,95}$$

$$g = 9,44 \cdot 10^{-9} \text{ kg/m}^2\text{s}$$

Quotient aus Diffusionsstromdichte und Diffusionsleitkoeffizient

$$\frac{g}{\delta_0} = \frac{9,44 \cdot 10^{-9}}{2 \cdot 10^{-10}}$$

$$\frac{g}{\delta_0} = 47,20 \text{ Pa/m}$$

Tauperiode		Verdunstungsperiode	
Vom Raum zur Tauwasserebene $g'_c = \delta_0 \left(\frac{p_i - p_e}{s_{d,c}}\right)$ $= 2 \cdot 10^{-10} \left(\frac{1168 - 903}{1,1}\right)$ $g'_c = 4,818 \cdot 10^{-8}$ kg/m²s	Von der Tauwasserebene zur Außenluft $g'_{ev} = \delta_0 \left(\frac{p_i - p_e}{s_{d,c}}\right)$ $= 2 \cdot 10^{10} \left(\frac{903 - 321}{16,85}\right)$ $g'_c = 6,908 \cdot 10^{-9}$	Von der Tauwasserebene zum Raum $g''_{ev} = \delta_0 \left(\frac{p_c - p_i}{s_{d,c}}\right)$ $= 2 \cdot 10^{-10} \left(\frac{1700 - 1200}{1,1}\right)$ $g''_{ev} = 9,09 \cdot 10^{-8}$ kg/m²s	Von der Tauwasserebene zur Außenluft $g''_{ev} = \delta_0 \left(\frac{p_c - p_e}{s_{d,T} - s_{d,c}}\right)$ $= 2 \cdot 10^{-10} \left(\frac{1700 - 1200}{16,85}\right)$ $g''_{ev} = 5,935 \cdot 10^{-9}$ kg/m²s

$g_c = 4,818 \cdot 10^{-8} - 6,908 \cdot 10^{-9}$
$g_c = 4,127 \cdot 10^{-8}$ kg/m²s
$m_c = 4,127 \cdot 10^{-8} \cdot 7,776 \cdot 10^6$
m_c = 0,32 kg/m² < zul. m_c = 1,0 kg

$g_{ev} = 9,09 \cdot 10^{-8} + 5,935 \cdot 10^{-9}$
$g_{ev} = 9,683 \cdot 10^{-8}$ kg/m²s
$g_{ev} = 8,4965 \cdot 10^{-8} \cdot 7,776 \cdot 10^6$
m_{ev} = 0,66 kg/m² > m_c

Beide Bedingungen sind erfüllt.
1. m_c < 1,0 kg/m²
2. $m_c < m_{ev}$

3. Bestimmung der Temperaturen, Sättigungsdampfdrücke, Partialdrücke (Dampfteildrücke) in den Schichtgrenzen

Nr.	Bauteilschicht	Temperatur/ Temperaturdifferenz	Sättigungs-dampf-drücke p_{sat} in Pa	Partialdrücke p in Pa
1	innere Oberfläche	$\vartheta_{si} = \vartheta_i - q \cdot R_{si}$ $\vartheta_{si} = 20 - 12{,}75 \cdot 0{,}25$ $\Delta\vartheta = 3{,}2$ °C $\vartheta_{si} = 16{,}8$ °C $\Rightarrow$	1 912	$p_{si} = p_i = p_{sat} \cdot \varphi_i$ $p_{si} = 2\,337 \cdot 0{,}50$ $p_{si} = 1\,168$
2	Schichtgrenze 1/2 (Innenputz/ Dämmschicht)	$\vartheta_{1/2} = \vartheta_{si} - q \cdot R_1$ $\vartheta_{1/2} = 16{,}8 - 12{,}75 \cdot 0{,}029$ $\Delta\vartheta = 0{,}4$ °C $\vartheta_{1/2} = 16{,}4$ °C $\Rightarrow$	1 864	$\frac{g}{\delta_o} = \frac{p_{1/2} - p_e}{s_{d,T} - s_{d1}}$ $47{,}20 = \frac{p_{1/2} - 321}{17{,}95 - 0{,}20}$ $p_{1/2} = 1\,159$
2	Schichtgrenze 2/3 (Dämmung/ Betonwand)	$\vartheta_{2/3} = \vartheta_{1/2} - q \cdot R_2$ $\vartheta_{2/3} = 16{,}4 - 12{,}75 \cdot 0{,}857$ $\Delta\vartheta = 10{,}9$ °C $\vartheta_{2/3} = 5{,}5$ °C $\Rightarrow$	903	$\frac{g}{\delta_o} = \frac{p_{2/3} - p_e}{s_{d,T} - s_{d1} - s_{d2}}$ $47{,}20 = \frac{p_{2/3} - 321}{17{,}95 - 0{,}20 - 0{,}9}$ $p_{2/3} = 1\,116 > p_{sat} \Rightarrow$ Tauwasser
3	Schichtgrenze 3/4 (Betonwand/ Außendämmung)	$\vartheta_{3/4} = \vartheta_{2/3} - q \cdot R_3$ $\vartheta_{3/4} = 5{,}5 - 12{,}75 \cdot 0{,}10$ $\Delta\vartheta = 1{,}3$ °C $\vartheta_{3/4} = 4{,}2$ °C $\Rightarrow$	824	$\frac{g}{\delta_o} = \frac{p_{3/4} - p_e}{s_{d,T} - s_{d1} - s_{d2} - s_{d3}}$ $47{,}20 = \frac{p_{3/4} - 321}{17{,}95 - 0{,}20 - 0{,}90 - 16{,}0}$ $p_{3/4} = 361$
4	Schichtgrenze 4/5 (Dämmung/ Außenputz)	$\vartheta_{4/5} = \vartheta_{3/4} - q \cdot R_4$ $\vartheta_{4/5} = 4{,}2 - 12{,}75 \cdot 0{,}667$ $\Delta\vartheta = 8{,}5$ °C $\vartheta_{4/5} = -4{,}3$ °C $\Rightarrow$	426	$\frac{g}{\delta_o} = \frac{p_{3/4} - p_e}{s_{d,T} - s_{d1} - s_{d2} - s_{d3} - s_{d4}}$ $47{,}20 = \frac{p_{3/4} - 321}{17{,}95 - 0{,}20 - 0{,}90 - 16{,}0 - 0{,}15}$ $p_{4/5} = 355$
5	äußere Oberfläche	$\vartheta_{se} = \vartheta_{4/5} - q \cdot R_5$ $\vartheta_{se} = -4{,}3 - 12{,}75 \cdot 0{,}02$ $\Delta\vartheta = 0{,}2$ °C $\vartheta_{se} = -4{,}5$ °C $\Rightarrow$	419	$p_{se} = p_{4/5} - \frac{g}{\delta_o} \cdot s_{d5}$ $p_{se} = 355 - 47{,}20 \cdot 0{,}70$ $p_{se} = 321$
6	Außenluft	$\vartheta_{se} = \vartheta_{4/5} - q \cdot R_{se}$ $\vartheta_{se} = -4{,}5 - 12{,}75 \cdot 0{,}043$ $\Delta\vartheta = 0{,}5$ °C $\vartheta_e = -5{,}0$ °C $\Rightarrow$	401	

Der Nachweis hat gezeigt, dass bei gleicher Schichtdicke der beiden Dämmlagen trotz unterschiedlicher μ-Werte eine Tauwasserfreiheit allein noch nicht garantiert werden kann. Der Tauwasserausfall ist jedoch so gering, dass weder ein rechnerischer Nachweis erfolgen muss, noch eine Dampfbremse angebracht werden muss.

Beispiel 5: Betonwand mit Manteldämmung:

Gleiches Material wie bei Beispiel 3, innen und außen EPS

jedoch: Innendämmung $d = 30$ mm

Außendämmung $d = 60$ mm

2. Schichtaufbau und Schichtenkennwerte

	1	2	3	4	5	6	7
Nr.	**Schicht**	d	μ	s_d	$\Sigma s_d / s_{d,T}$	λ	R
		m	**[-]**	**m**	**[-]**	**W/mK**	**m²K/W**
	Wärmeübergangswiderstand innen R_{si}						0,250
1	Innenputz	0,02	10	0,2	0,010	0,7	0,029
2	Dämmschicht: EPS	0,030	30	0,9	0,056	0,035	0,857
3	Betonwand	0,20	80	16,0	0,872	2,0	0,100
4	Dämmung: EPS	0,060	30	1,8	0,969	0,035	1,714
5	Außenputz	0,02	35	0,7	1,000	1,0	0,020
	Wärmeübergangswiderstand außen R_{se}						0,043
	Summenwerte	0,30		19,6		$R_T =$	3,01 m²K/W
						$U =$	0,33 W/m²K
	Wärmestromdichte	$q = U(\vartheta_i - \vartheta_e)$		$q = 0{,}33\,[20 - (-5)]$		$q =$	8,25 W/m²

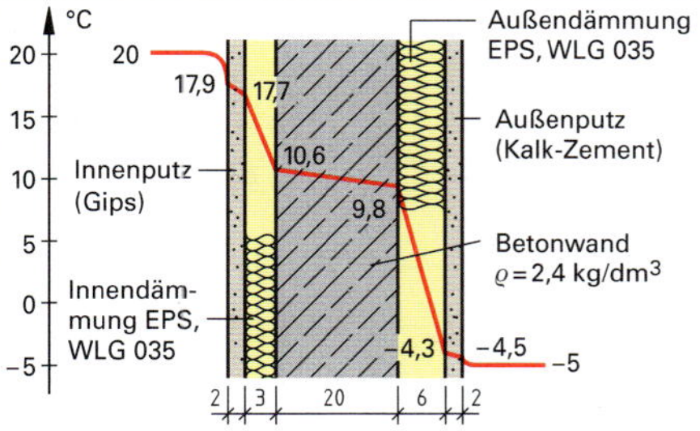

Bild 1: Wandaufbau

Diffusionsstromdichte

$$g = \delta_0 \frac{(p_i - p_e)}{s_{d,T}}$$

$$g = 2 \cdot 10^{-10} \frac{(1168 - 321)}{19{,}6}$$

$$g = 8{,}64 \cdot 10^{-9} \text{ kg/m}^2\text{s}$$

Quotient aus Diffusionsstromdichte und Diffusionsleitkoeffizient

$$\frac{g}{\delta_0} = \frac{8{,}64 \cdot 10^{-9}}{2 \cdot 10^{-10}}$$

$$\frac{g}{\delta_0} = 43{,}21 \text{ Pa/m}$$

Glaserdiagramm: Tauperiode

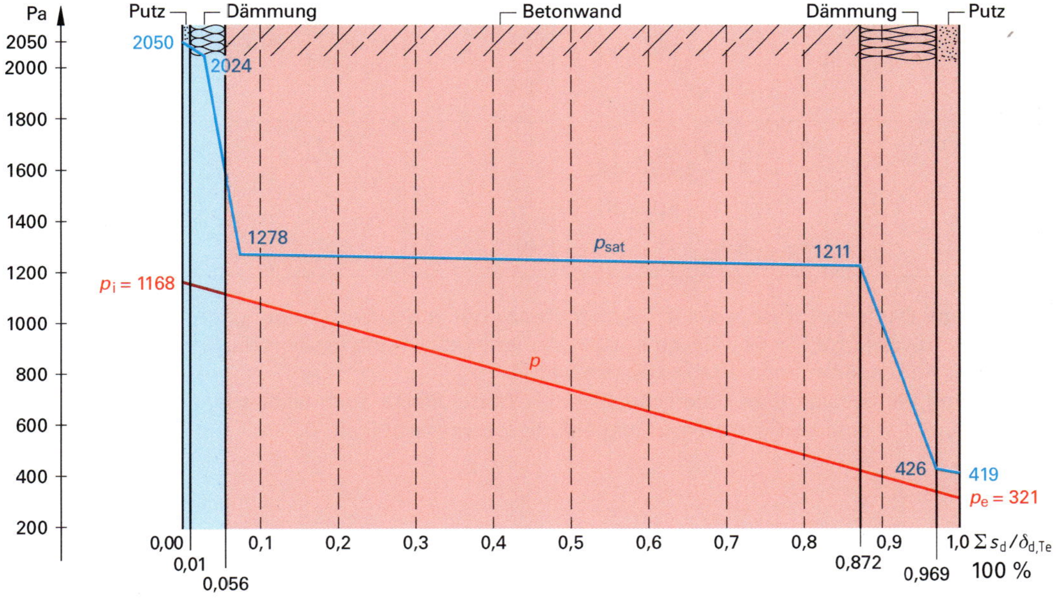

3. Bestimmung der Temperaturen, Sättigungsdampfdrücke, Partialdrücke (Dampfteildrücke) in den Schichtgrenzen				
Nr.	**Bauteilschicht**	**Temperatur/ Temperaturdifferenz**	**Sättigungs-dampf-drücke p_{sat} in Pa**	**Partialdrücke p in Pa**
0	innere Oberfläche	$\vartheta_{si} = \vartheta_i - q \cdot R_{si}$ $\vartheta_{si} = 20 - 8{,}25 \cdot 0{,}25$ $\Delta\vartheta = 2{,}1$ °C $\vartheta_{si} = 17{,}9$ °C $\Rightarrow$	2 050	$p_{si} = p_i = p_{sat} \cdot \varphi_i$ $p_{si} = 2\,337 \cdot 0{,}50$ $p_{si} = 1\,168$
1	Schichtgrenze 1/2 (Innenputz/ Dämmschicht)	$\vartheta_{1/2} = \vartheta_{si} - q \cdot R_1$ $\vartheta_{1/2} = 17{,}9 - 8{,}25 \cdot 0{,}029$ $\Delta\vartheta = 0{,}3$ °C $\vartheta_{1/2} = 17{,}7$ °C $\Rightarrow$	2 024	$\frac{g}{\delta_o} = \frac{p_{1/2} - p_e}{s_{d,T} - s_{d1}}$ $43{,}21 = \frac{p_{1/2} - 321}{19{,}6 - 0{,}20}$ $p_{1/2} = 11\,594$
2	Schichtgrenze 2/3 (Dämmung/ Betonwand)	$\vartheta_{2/3} = \vartheta_{1/2} - q \cdot R_2$ $\vartheta_{2/3} = 17{,}7 - 8{,}25 \cdot 0{,}857$ $\Delta\vartheta = 7{,}1$ °C $\vartheta_{2/3} = 10{,}6$ °C $\Rightarrow$	1 278	$\frac{g}{\delta_o} = \frac{p_{2/3} - p_e}{s_{d,T} - s_{d1} - s_{d2}}$ $43{,}21 = \frac{p_{2/3} - 321}{19{,}6 - 0{,}20 - 0{,}9}$ $p_{2/3} = 1\,120$
3	Schichtgrenze 3/4 (Betonwand/ Außendämmung)	$\vartheta_{3/4} = \vartheta_{2/3} - q \cdot R_3$ $\vartheta_{3/4} = 10{,}6 - 8{,}25 \cdot 0{,}10$ $\Delta\vartheta = 0{,}8$ °C $\vartheta_{3/4} = 9{,}8$ °C $\Rightarrow$	1 211	$\frac{g}{\delta_o} = \frac{p_{3/4} - p_e}{s_{d,T} - s_{d1} - s_{d2} - s_{d3}}$ $43{,}21 = \frac{p_{3/4} - 321}{19{,}6 - 0{,}20 - 0{,}90 - 16{,}0}$ $p_{3/4} = 429$
4	Schichtgrenze 4/5 (Dämmung/ Außenputz)	$\vartheta_{4/5} = \vartheta_{3/4} - q \cdot R_4$ $\vartheta_{4/5} = 9{,}8 - 8{,}25 \cdot 1{,}714$ $\Delta\vartheta = 15{,}0$ °C $\vartheta_{4/5} = -4{,}3$ °C $\Rightarrow$	426	$\frac{g}{\delta_o} = \frac{p_{3/4} - p_e}{s_{d,T} - s_{d1} - s_{d2} - s_{d3} - s_{d4}}$ $43{,}21 = \frac{p_{3/4} - 321}{19{,}6 - 0{,}20 - 0{,}90 - 16{,}0 - 1{,}80}$ $p_{4/5} = 351$
5	äußere Oberfläche	$\vartheta_{se} = \vartheta_{4/5} - q \cdot R_5$ $\vartheta_{se} = -4{,}3 - 8{,}25 \cdot 0{,}02$ $\Delta\vartheta = 0{,}2$ °C $\vartheta_{se} = -4{,}5$ °C $\Rightarrow$	419	$p_{se} = p_{4/5} - \frac{g}{\delta_o} \cdot s_{d5}$ $p_{se} = 351 - 43{,}21 \cdot 0{,}7$ $p_{se} = 321$
6	Außenluft	$\vartheta_e = \vartheta_{se} - q \cdot R_{se}$ $\vartheta_{se} = -4{,}5 - 8{,}25 \cdot 0{,}043$ $\Delta\vartheta = 0{,}2$ °C $\vartheta_{se} = -5$ °C $\Rightarrow$	401	

Der vorhandene Dampfdruck ist in keiner Schichtgrenze höher als der Sättigungsdruck. Die Konstruktion ist somit tauwasserfrei. Fazit: Je nach s_d-Wert der Innendämmung tendiert die Konstruktion zu Tauwasserausfall, Außendämmung zu Tauwasserfreiheit.

Die Berechnung hat gezeigt, dass unterschiedliche s_d-Werte alleine noch nicht ausreichen. Die dickere Außendämmung hat eine größere Auswirkung auf die Tauwasserfreiheit.

Beispiel 6: Manteldämmung wie Beisiel 3, jedoch Einbau einer Dampfbremse an der richtigen Stelle

2. Schichtaufbau und Schichtenkennwerte

	1	2	3	4	5	6	7
Nr.	**Schicht**	d	μ	s_d	$\Sigma s_d / s_{d,T}$	λ	R
		m	**[-]**	**m**	**[-]**	**W/mK**	**m²K/W**
	Wärmeübergangswiderstand innen R_{si}						0,250
1	Innenputz	0,02	10	0,2	0,007	0,7	0,029
	Dampfbremse			8,0			
2	Dämmschicht EPS	0,030	30	0,9	0,341	0,035	0,857
3	Betonwand	0,20	80	16,0	0,940	2,0	0,100
4	Dämmung EPS	0,030	30	0,9	0,973	0,035	0,857
5	Außenputz	0,02	35	0,7	1,000	1,0	0,020
	Wärmeübergangswiderstand außen R_{se}						0,043
	Summenwerte	0,30		26,7		R_T =	2,156 m²K/W
						U =	0,46 W/m²K
	Wärmestromdichte	$q = U(\vartheta_i - \vartheta_e)$		$q = 0{,}46\,[20 - (-5)]$		q =	11,59 W/m²

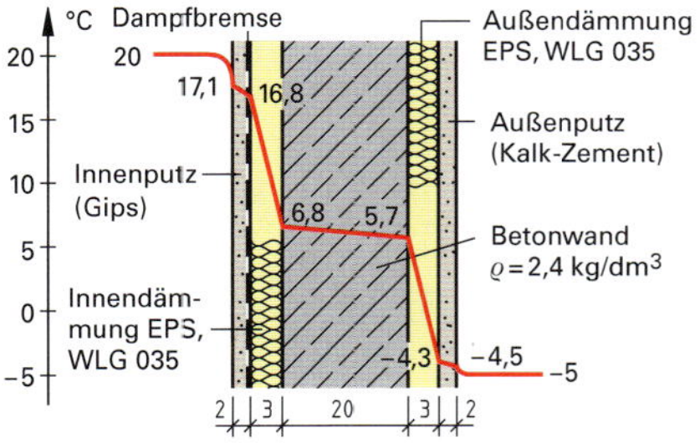

Bild 1: Wandaufbau

Diffusionsstromdichte

$$g = \delta_0 \frac{(p_i - p_e)}{s_{d,T}}$$

$$g = 2 \cdot 10^{-10} \frac{(1168 - 321)}{26{,}7}$$

$$g = 6{,}34 \cdot 10^{-9}\ \text{kg/m}^2\text{s}$$

Quotient aus Diffusionsstromdichte und Diffusionsleitkoeffizient

$$\frac{g}{\delta_0} = \frac{6{,}34 \cdot 10^{-9}}{2 \cdot 10^{-10}}$$

$$\frac{g}{\delta_0} = 31{,}72\ \text{Pa/m}$$

Die richtige Stelle für die Dampfbremse ist möglichst weit innen von der warmen Seite her. In der inneren Dämmschicht fällt die Temperatur stark ab und damit auch der Sättigungsdampfdruck p_{sat}. Die Dampfbremse sollte also **vor** der inneren Dämmschicht angebracht werden, damit wenig Feuchte in das Innere der Konstruktion gelangen kann.

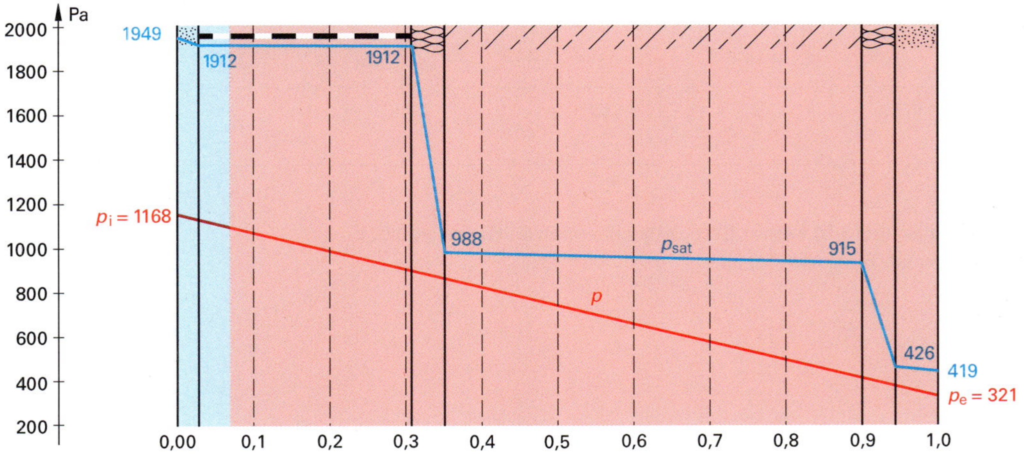

Bild 2: Richtige Lage der Dampfbremse: p und p_{sat} berühren sich nicht.

3. Bestimmung der Temperaturen, Sättigungsdampfdrücke, Partialdrücke (Dampfteildrücke) in den Schichtgrenzen				
Nr.	**Bauteilschicht**	**Temperatur/ Temperaturdifferenz**	**Sättigungs-dampf-drücke p_{sat} in Pa**	**Partialdrücke p in Pa**
1	innere Oberfläche	$\vartheta_{si} = \vartheta_i - q \cdot R_{si}$ $\vartheta_{si} = 20 - 11{,}59 \cdot 0{,}25$ $\Delta\vartheta = 2{,}9\ °C$ $\vartheta_{si} = 17{,}10\ °C$ ⇒	1 949	$p_{si} = p_i = p_{sat} \cdot \varphi_i$ $p_{si} = 2\,337 \cdot 0{,}50$ $p_{si} = 1\,168$
2	Schichtgrenze 1/2 (Innenputz/ Dämmschicht)	$\vartheta_{1/2} = \vartheta_{si} - q \cdot R_1$ $\vartheta_{1/2} = 17{,}10 - 11{,}59 \cdot 0{,}029$ $\Delta\vartheta = 0{,}3\ °C$ $\vartheta_{1/2} = 16{,}8\ °C$ ⇒	1 912	$\frac{g}{\delta_0} = \frac{p_{1/2} - p_e}{s_{d,T} - s_{d1}}$ $31{,}72 = \frac{p_{1/2} - 321}{26{,}7 - 0{,}20 - 8{,}0}$ $p_{1/2} = 908$
	Dampfbremse	$\vartheta_{1/2} = 16{,}8\ °C$ ⇒	1 912	
3	Schichtgrenze 2/3 (Dämmung/ Betonwand)	$\vartheta_{2/3} = \vartheta_{1/2} - q \cdot R_2$ $\vartheta_{2/3} = 16{,}8 - 11{,}59 \cdot 0{,}857$ $\Delta\vartheta = 10{,}0\ °C$ $\vartheta_{2/3} = 6{,}8\ °C$ ⇒	988	$\frac{g}{\delta_0} = \frac{p_{2/3} - p_e}{s_{d,T} - s_{d1} - s_{d2}}$ $31{,}72 = \frac{p_{2/3} - 321}{26{,}70 - 0{,}20 - 8{,}0 - 0{,}9}$ $p_{2/3} = 879$
4	Schichtgrenze 3/4 (Betonwand/ Außendämmung)	$\vartheta_{3/4} = \vartheta_{2/3} - q \cdot R_3$ $\vartheta_{3/4} = 6{,}8 - 11{,}59 \cdot 0{,}10$ $\Delta\vartheta = 1{,}1\ °C$ $\vartheta_{3/4} = 5{,}7\ °C$ ⇒	915	$\frac{g}{\delta_0} = \frac{p_{3/4} - p_e}{s_{d,T} - s_{d1} - s_{d2} - s_{d3}}$ $31{,}72 = \frac{p_{3/4} - 321}{26{,}70 - 0{,}20 - 8{,}0 - 0{,}90 - 16{,}0}$ $p_{3/4} = 372$
5	Schichtgrenze 4/5 (Dämmung/ Außenputz)	$\vartheta_{4/5} = \vartheta_{3/4} - q \cdot R_4$ $\vartheta_{4/5} = 5{,}7 - 11{,}59 \cdot 0{,}857$ $\Delta\vartheta = 10{,}0\ °C$ $\vartheta_{4/5} = -4{,}3\ °C$ ⇒	426	$\frac{g}{\delta_0} = \frac{p_{3/4} - p_e}{s_{d,T} - s_{d1} - s_{d2} - s_{d3} - s_{d4}}$ $31{,}72 = \frac{p_{3/4} - 321}{26{,}70 - 0{,}20 - 8{,}0 - 0{,}90 - 16{,}0 - 0{,}90}$ $p_{4/5} = 343$
6	Schichtgrenze 5/6 Außenputz/ äußere Oberfläche	$\vartheta_{se} = \vartheta_{4/5} - q \cdot R_5$ $\vartheta_{se} = -4{,}3 - 11{,}59 \cdot 0{,}02$ $\Delta\vartheta = 0{,}2\ °C$ $\vartheta_{se} = -4{,}5\ °C$ ⇒	419	$p_{se} = p_{4/5} - g/\delta_0 \cdot s_{d5}$ $p_{se} = 343 - 31{,}72 \cdot 0{,}7$ $p_{se} = 321$
7	Außenluft	$\vartheta_e = -4{,}5 - 11{,}59 \cdot 0{,}043$ $\vartheta_e = -5\ °C$ ⇒	401	

Der Partialdruck erreicht in keiner Schichtgrenze den Sättigungsdruck.
Die Konstruktion ist Tauwasser frei.

Beispiel 7: Manteldämmung wie Beisiel 3, jedoch Einbau einer Dampfbremse zwischen Dämmung und Außenputz

2. Schichtaufbau und Schichtenkennwerte							
	1	**2**	**3**	**4**	**5**	**6**	**7**
Nr.	**Schicht**	d	μ	s_d	$\Sigma s_d / s_{d,T}$	λ	R
		m	**[-]**	**m**	**[-]**	**W/mK**	**m²K/W**
	Wärmeübergangswiderstand innen R_{si}						0,250
1	Innenputz	0,02	10	0,2	0,007	0,7	0,029
2	Dämmschicht	0,030	30	0,9	0,041	0,035	0,857
3	Betonwand	0,20	80	16,0	0,640	2,0	0,100
4	Dämmung	0,030	30	0,9	0,674	0,035	0,857
	Dampfbremse			8,0	0,973	–	–
5	Außenputz	0,02	35	0,7	1,000	1,0	0,020
	Wärmeübergangswiderstand außen R_{se}						0,043
	Summenwerte	0,30		26,7		R_T =	2,156 m²K/W
						U =	0,46 W/m²K
	Wärmestromdichte	$q = U(\vartheta_i - \vartheta_e)$		$q = 0{,}46\,[20 - (-5)]$		q =	11,59 W/m²
		$g = 6{,}344 \cdot 10^{-9}$: $g/\delta_0 = 31{,}72$ Pa/m					

Das Ergebnis zeigt: Im Wärmeschutz spielt es keine Rolle, an welcher Stelle die Dampfbremse und die andern Bauteilschichten liegen, daher bei Konstruktion 1 bis 4 gleicher U-Wert. Im Feuchteschutz spielt die Lage aller Schichten eine fundamentale Rolle ob Tauwassergefahr besteht oder keine. Durch die falsche Anordnung der Dampfbremse zwischen Außenputz Dämmung hat sich die Feuchteschutzsituation gegenüber dem Fall 3 „ohne Dampfbremse" sogar noch verschlechtert. Aus einer Tauwasserebene sind zwei geworden. Tauwasser bildet sich gerne an den Berührflächen zweier Schichten, besonders dann, wenn sie sehr unterschiedliche *R*-Werte, bzw. *λ*-Werte haben.

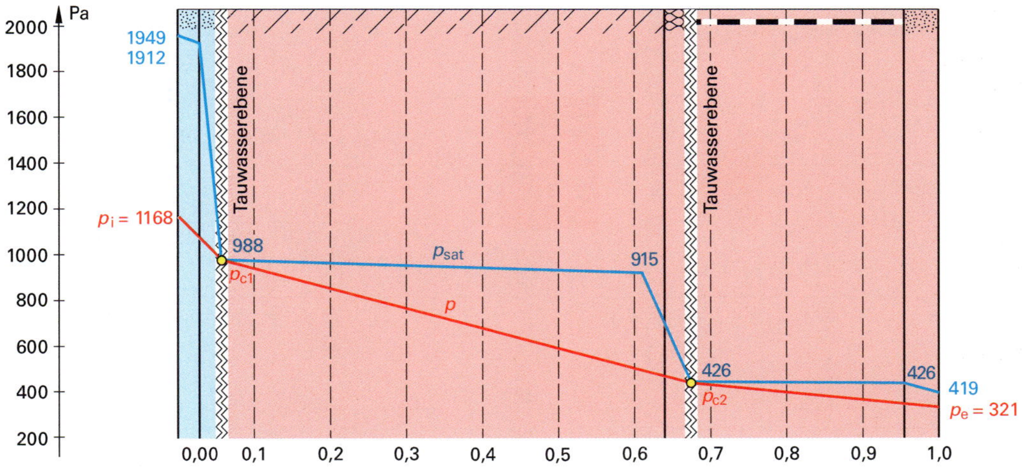

Bild 1: Durch das Anbringen der Dampfbremse an der falschen Stelle im Bauteil, wird die Konstruktion nicht tauwasserfrei, sondern es ist evtl. Tauwasser in zwei Ebenen zu erwarten.

$$g = \delta_0 \left(\frac{p_i - p_e}{s_{d,T}}\right)$$

$$g = 2 \cdot 10^{-10} \left(\frac{1168 - 321}{26{,}7}\right)$$

$$g = 6{,}344 \cdot 10^{-9}\ \text{kg/m}^2\text{s}$$

$$\frac{g}{\delta_0} = \frac{6{,}344 \cdot 10^{-9}}{2 \cdot 10^{10}}$$

$$\frac{g}{\delta_0} = 31{,}72\ \text{Pa/m}$$

3. Bestimmung der Temperaturen, Sättigungsdampfdrücke, Partialdrücke (Dampfteildrücke) in den Schichtgrenzen				
Nr.	**Bauteilschicht**	**Temperatur/ Temperaturdifferenz**	**Sättigungs-dampf-drücke p_{sat} in Pa**	**Partialdrücke p in Pa**
0	innere Oberfläche	$\vartheta_{si} = \vartheta_i - q \cdot R_{si}$ $\vartheta_{si} = 20 - 11{,}59 \cdot 0{,}25$ $\Delta\vartheta = 2{,}9$ °C $\vartheta_{si} = 17{,}10$ °C $\Rightarrow$	1 949	$p_{si} = p_i = p_{sat} \cdot \varphi_i$ $p_{si} = 2\,337 \cdot 0{,}50$ $p_{si} = 1\,168$
1	Schichtgrenze 1/2 (Innenputz/ Dämmschicht)	$\vartheta_{1/2} = \vartheta_{si} - q \cdot R_1$ $\vartheta_{1/2} = 17{,}10 - 11{,}59 \cdot 0{,}029$ $\Delta\vartheta = 0{,}3$ °C $\vartheta_{1/2} = 16{,}8$ °C $\Rightarrow$	1 912	$\frac{g}{\delta_o} = \frac{p_{1/2} - p_e}{s_{d,T} - s_{d1}}$ $31{,}72 = \frac{p_{1/2} - 321}{26{,}7 - 0{,}20}$ $p_{1/2} = 1\,162$
2	Schichtgrenze 2/3 (Dämmung/ Betonwand)	$\vartheta_{2/3} = \vartheta_{1/2} - q \cdot R_2$ $\vartheta_{2/3} = 16{,}8 - 11{,}59 \cdot 0{,}857$ $\Delta\vartheta = 10{,}0$ °C $\vartheta_{2/3} = 6{,}8$ °C $\Rightarrow$	988	$\frac{g}{\delta_o} = \frac{p_{2/3} - p_e}{s_{d,T} - s_{d1} - s_{d2}}$ $31{,}72 = \frac{p_{2/3} - 321}{26{,}7 - 0{,}20 - 0{,}9}$ $p_{2/3} = 1\,133 > p_{sat} = 988$ $\Rightarrow$ Tauwassergefahr
3	Schichtgrenze 3/4 (Betonwand/ Außendämmung)	$\vartheta_{3/4} = \vartheta_{2/3} - q \cdot R_3$ $\vartheta_{3/4} = 6{,}8 - 11{,}59 \cdot 0{,}10$ $\Delta\vartheta = 1{,}1$ °C $\vartheta_{3/4} = 5{,}7$ °C $\Rightarrow$	915	$\frac{g}{\delta_o} = \frac{p_{3/4} - p_e}{s_{d,T} - s_{d1} - s_{d2} - s_{d3}}$ $31{,}72 = \frac{p_{3/4} - 321}{26{,}7 - 0{,}20 - 0{,}90 - 16{,}0}$ $p_{3/4} = 626$
	Dampfbremse		915	
4	Schichtgrenze 4/5 (Dämmung/ Außenputz)	$\vartheta_{4/5} = \vartheta_{3/4} - q \cdot R_4$ $\vartheta_{4/5} = 5{,}7 - 11{,}59 \cdot 0{,}857$ $\Delta\vartheta = 9{,}9$ °C $\vartheta_{4/5} = -4{,}2$ °C $\Rightarrow$	426	$\frac{g}{\delta_o} = \frac{p_{3/4} - p_e}{s_{d,T} - s_{d1} - s_{d2} - s_{d3} - s_{d4}}$ $31{,}72 = \frac{p_{3/4} - 321}{26{,}7 - 0{,}20 - 0{,}9 - 16{,}0 - 0{,}9}$ $p_{4/5} = 597 \Rightarrow$ Tauwassergefahr
5	äußere Oberfläche	$\vartheta_{se} = -4{,}2 - 11{,}59 \cdot 0{,}02$ $\Delta\vartheta = 0{,}3$ °C $\vartheta_{se} = -4{,}5$ °C $\Rightarrow$	419	$31{,}72 = \frac{p_{3/4} - 321}{26{,}7 - 0{,}20 - 0{,}9 - 16{,}0 - 0{,}9 - 8{,}0}$ $p_{se} = 343$
	Außenluft	$\vartheta_e = -4{,}5 - 11{,}59 \cdot 0{,}043$ $\Delta\vartheta = 0{,}3$ °C $\vartheta_e = -5$ °C $\Rightarrow$	401	$p_e = 343 - 31{,}72 \cdot 0{,}7$ $p_e = 321$

Beispiel 8: Wärmedämmung dazwischenliegend (Kerndämmung)

1. Konstruktionsaufbau

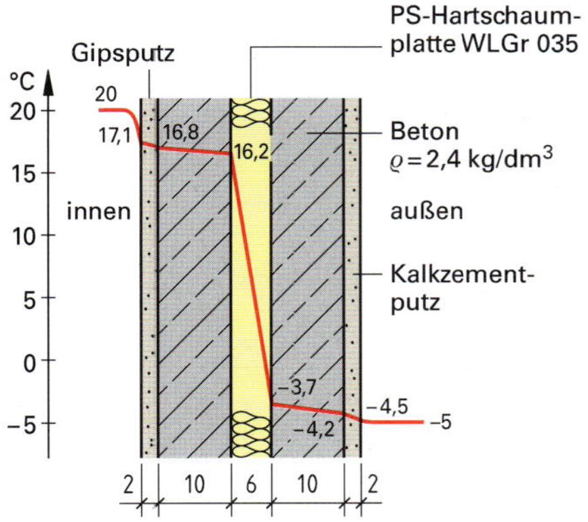

Bild 1: Wandaufbau

Randbedingungen nach DIN 4108-3

Tauperiode: $t_c = 7{,}776 \cdot 10^6$ s = 90 d

$\vartheta_i = 20$ °C $\varphi_i = 50$ %	$\vartheta_e = -5$ °C $\varphi_e = 80$ %	$p_i = 2337 \cdot 0{,}50 = 1168$ Pa $p_e = 401 \cdot 0{,}80 = 321$ Pa

Diffusionsstromdichte

$$g = \delta_0 \frac{(p_i - p_e)}{s_{d,T}}$$

$$g = 2 \cdot 10^{-10} \frac{(1168 - 321)}{23{,}70}$$

$$g = 7{,}148 \cdot 10^{-9} \text{ kg/m}^2\text{s}$$

Quotient aus Diffusionsstromdichte und Diffusionsleitkoeffizient

$$\frac{g}{\delta_0} = \frac{7{,}148 \cdot 10^{-9}}{2 \cdot 10^{-10}}$$

$$\frac{g}{\delta_0} = 35{,}74 \text{ Pa/m}$$

Bei Kerndämmung und besonders, wenn eine kalte Betonschicht an eine Wärmedämmschicht grenzt, ist mit Sicherheit anzunehmen, dass es zwischen der äußeren Betonschicht und der Dämmschicht zu Tauwasserausfall kommt. Daher auch die entsprechenden μ-Werte.

2. Schichtaufbau und Schichtenkennwerte

	1	2	3	4	5	6	7
Nr.	**Schicht**	d	μ	s_d	$\Sigma s_d / s_{d,T}$	λ	R
		m	**[-]**	**m**	**[-]**	**W/mK**	**m²K/W**
	Wärmeübergangswiderstand innen R_{si}						0,250
1	Innenputz	0,02	10	0,20	0,008	0,7	0,029
3	Betonschicht	0,10	80	8,00	0,346	2,0	0,05
4	Dämmung EPS	0,060	30	1,80	0,422	0,035	1,714
5	Betonschicht	0,10	130	13,0	0,970	2,0	0,05
5	Außenputz	0,02	35	0,7	1,000	1,0	0,020
	Wärmeübergangswiderstand außen R_{se}						0,043
	Summenwerte	0,30		23,70		R_T =	2,156 m²K/W
						U =	0,46 W/m²K
	Wärmestromdichte	$q = U(\vartheta_i - \vartheta_e)$		$q = 0{,}46\,[20 - (-5)]$		q =	11,59 W/m²

Anm.: Eine Kerndämmung mit

- Mineralwolle (MW),
- extrudiertem Polystyrol (XPS)
- Holzweichfaser (WF)

bringt auch kein wesentlich anderes Bild.

Die Lage der Tauwasserebene verändert sich nicht, lediglich der Wert von $p_{3/4}$ in der Schicht zwischen Dämmschicht und äußerer Betonschicht ändert sich auf:

849 statt 811 bei MW
755 statt 811 bei XPS
844 statt 811 bei WF

Alle drei Werte sind höher als der Sättigungsdampfdruck mit 448 Pa.

3. Bestimmung der Temperaturen, Sättigungsdampfdrücke, Partialdrücke (Dampfteildrücke) in den Schichtgrenzen				
Nr.	**Bauteilschicht**	**Temperatur/ Temperaturdifferenz**	**Sättigungs-dampf-drücke p_{sat} in Pa**	**Partialdrücke p in Pa**
1	innere Oberfläche	$\vartheta_{si} = \vartheta_i - q \cdot R_{si}$ $\vartheta_{si} = 20 - 11{,}59 \cdot 0{,}25$ $\Delta\vartheta = 2{,}9$ °C $\vartheta_{si} = 17{,}10$ °C ⇒	1 949	$p_{si} = p_i = p_{sat} \cdot \varphi_i$ $p_{si} = 2\,337 \cdot 0{,}50$ $p_{si} = 1\,168$
2	Schichtgrenze 1/2 (Innenputz/ Betonschicht)	$\vartheta_{1/2} = \vartheta_{si} - q \cdot R_1$ $\vartheta_{1/2} = 17{,}10 - 11{,}59 \cdot 0{,}029$ $\Delta\vartheta = 0{,}3$ °C $\vartheta_{1/2} = 16{,}8$ °C ⇒	1 912	$\frac{g}{\delta_o} = \frac{p_{1/2} - p_e}{s_{d,T} - s_{d1}}$ $35{,}74 = \frac{p_{1/2} - 321}{23{,}70 - 0{,}20}$ $p_{1/2} = 1\,161$
3	Schichtgrenze 2/3 (Betonschicht/ Dämmschicht)	$\vartheta_{2/3} = \vartheta_{1/2} - q \cdot R_2$ $\vartheta_{2/3} = 16{,}8 - 11{,}59 \cdot 0{,}05$ $\Delta\vartheta = 0{,}6$ °C $\vartheta_{2/3} = 16{,}2$ °C ⇒	1 841	$\frac{g}{\delta_o} = \frac{p_{2/3} - p_e}{s_{d,T} - s_{d1} - s_{d2}}$ $35{,}74 = \frac{p_{2/3} - 321}{23{,}70 - 0{,}20 - 8{,}0}$ $p_{2/3} = 875$
4	Schichtgrenze 3/4 (Dämmschicht/ Betonschicht)	$\vartheta_{3/4} = \vartheta_{2/3} - q \cdot R_3$ $\vartheta_{3/4} = 16{,}2 - 11{,}59 \cdot 1{,}714$ $\Delta\vartheta = 19{,}9$ °C $\vartheta_{3/4} = -3{,}7$ °C ⇒	448	$\frac{g}{\delta_o} = \frac{p_{3/4} - p_e}{s_{d,T} - s_{d1} - s_{d2} - s_{d3}}$ $35{,}74 = \frac{p_{3/4} - 321}{23{,}7 - 0{,}20 - 8{,}0 - 1{,}80}$ $p_{3/4} = 811 > p_{sat}$ ⇒ Tauwasserausfall
5	Schichtgrenze 4/5 (Betonschicht/ Außenputz)	$\vartheta_{4/5} = \vartheta_{3/4} - q \cdot R_4$ $\vartheta_{4/5} = -3{,}7 - 11{,}59 \cdot 0{,}050$ $\Delta\vartheta = 0{,}5$ °C $\vartheta_{4/5} = -4{,}2$ °C ⇒	430	$\frac{g}{\delta_o} = \frac{p_{3/4} - p_e}{s_{d,T} - s_{d1} - s_{d2} - s_{d3} - s_{d4}}$ $35{,}74 = \frac{p_{3/4} - 321}{23{,}7 - 0{,}20 - 8{,}0 - 1{,}80 - 13{,}0}$ $p_{4/5} = 346$
6	äußere Oberfläche	$\vartheta_{se} = \vartheta_{4/5} - q \cdot R_5$ $\vartheta_{se} = -4{,}2 - 11{,}59 \cdot 0{,}02$ $\Delta\vartheta = 0{,}3$ °C $\vartheta_{se} = -4{,}5$ °C ⇒	419	$p_{se} = p_{4/5} - \frac{g}{\delta_o} \cdot s_{d5}$ $p_{se} = 346 - 35{,}74 \cdot 0{,}70$ $p_{se} = 321$
7	Außenluft	$\vartheta_e = \vartheta_{se} - q \cdot R_{se}$ $\vartheta_e = -4{,}5 - 11{,}59 \cdot 0{,}043$ $\Delta\vartheta = 0{,}5$ °C $\vartheta_e = -5$ °C ⇒	401	

Tauperiode ca. Dezember bis Februar $t_c = 7{,}776 \cdot 10^6$ s = 90 d

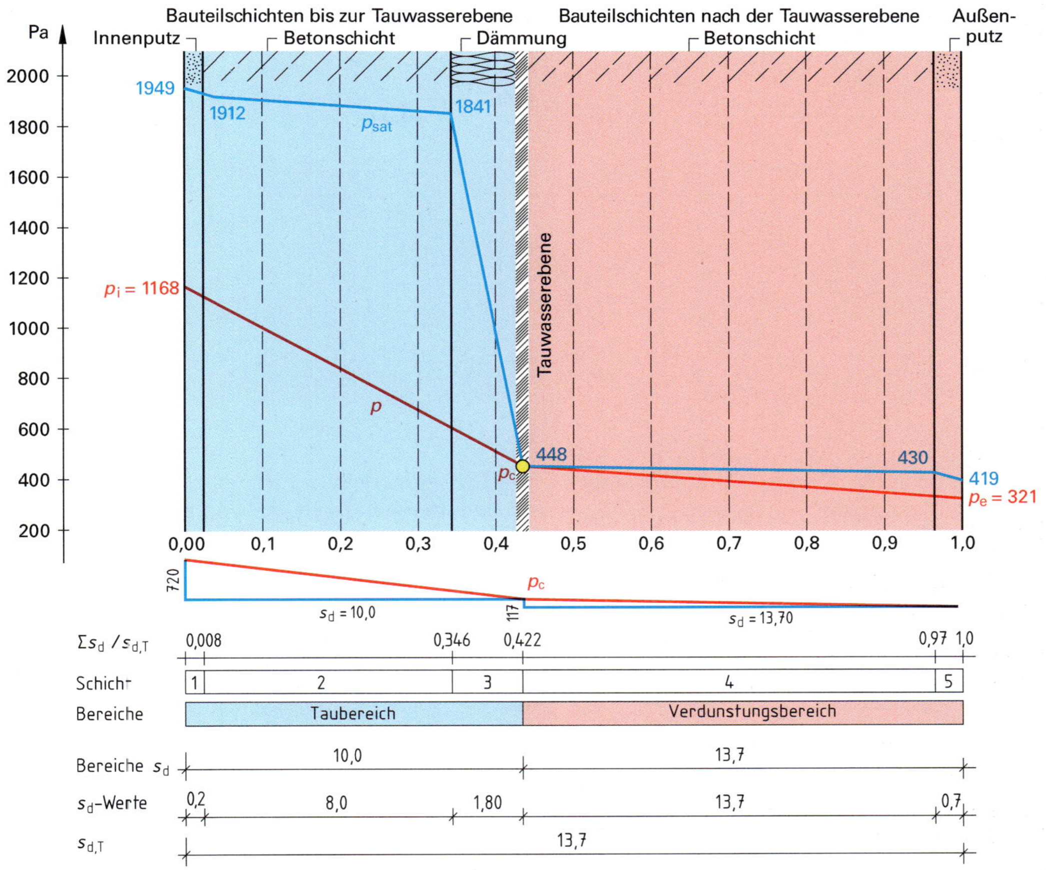

Die Diffusionsrichtung geht vom höheren Dampfdruck zum niedrigeren, d. i. von p_i nach p_c ⇒

Diffusionsstromdichte g_c' vom Innenraum in das Bauteil bis zur Tauwasserebene.

$$g_c' = \delta_0 \left(\frac{p_i - p_c}{s_{d,c}}\right) \quad \text{in kg/m}^2\text{s}$$

$$g_c' = 2 \cdot 10^{-10} \left(\frac{1168 - 448}{10{,}0}\right)$$

$g_c' = 1{,}44 \cdot 10^{-8}$ kg/m²s
$g_c' = 0{,}052$ g/m²h eindiffundierend

Die Diffusionsrichtung geht vom höheren Dampfdruck zum niedrigeren, d. i. von p_c nach p_e ⇒

Diffusionsstromdichte g_{ev}'' von der Tauwasserebene zur Außenluftseite.

$$g_{ev}' = \delta_0 \left(\frac{p_c - p_e}{s_{d,T} - s_{d,c}}\right) \quad \text{in kg/m}^2\text{s}$$

$$g_{ev}' = 2 \cdot 10^{-10} \left(\frac{448 - 321}{13{,}70}\right)$$

$g_{ev}' = 1{,}854 \cdot 10^{-9}$ kg/m²s
$g_{ev}' = 0{,}0067$ g/m²h ausdiffundierend

$$g_c = 1{,}255 \cdot 10^{-8} \text{ kg/m}^2\text{s}$$

$g_c = 0{,}045$ g/m² in der Tauwasserebene verbleibend

Die Dampfteildrucklinie p hat am Punkt p_c der Tauwasserebene nur einen schwachen Knick. Das bedeutet, dass nur sehr wenig Tauwasser ausfallen wird.

Sich anreichernde Feuchtigkeit während der Tauperiode

$$m_c = 1{,}255 \cdot 10^{-8} \cdot 7{,}776 \cdot 10^6 \quad \text{in kg/m}^2$$

$$m_c = 0{,}098 \text{ kg/m}^2 << \text{zul. } m_c = 1{,}0 \text{ kg/m}^2$$

Verdunstungsperiode ca. Juni bis August $t_{ev} = 7{,}776 \cdot 10^6$ s = 90 d

Randbedingungen: p_i = 1200 Pa p_e = 1200 Pa	Sättigungsdampfdruck in der Tauwasserebene p_{sat} = 1700 Pa

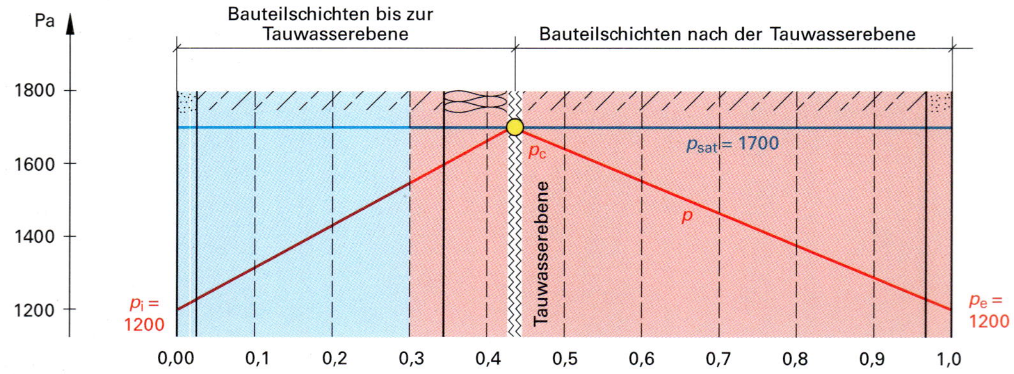

Die Diffusionsrichtung ist vom höheren Dampfdruck zum niedrigeren, d. i. von p_c nach $p_i \Leftarrow$

Diffusionsstromdichte g'_{ev} von der Tauwasserebene zur Raumluft

$$g'_{cv} = \delta_0 \left(\frac{p_c - p_i}{s_{d,c}}\right)$$

$$g'_{cv} = 2 \cdot 10^{-10} \left(\frac{1700 - 1200}{10{,}0}\right)$$

$$g'_{ev} = 1{,}0 \cdot 10^{-8} \text{ kg/m}^2\text{s}$$

$$g'_{ev} = 0{,}036 \text{ g/m}^2\text{h}$$

Die Diffusionsrichtung ist vom höheren Dampfdruck zum niedrigeren, d. i. von p_c nach $p_e \Rightarrow$

Diffusionsstromdichte g''_{ev} von der Tauwasserebene zur Außenluft

$$g''_{ev} = \delta_0 \left(\frac{p_c - p_e}{s_{d,T} - s_{d,c}}\right) \quad \text{in kg/m}^2\text{s}$$

$$g''_{ev} = 2 \cdot 10^{-10} \left(\frac{1700 - 1200}{13{,}70}\right)$$

$$g''_{ev} = 7{,}30 \cdot 10^{-9} \text{ kg/m}^2\text{s}$$

$$g''_{ev} = 0{,}026 \text{ g/m}^2\text{h}$$

Der äquivalente Weg nach der Raumseite mit 10,0 m ist etwas kürzer als nach der Außenluftseite mit 13,7 m.
Je kürzer der äquivalente Weg ist, desto mehr Feuchte kann entlang dieses Weges ausdiffundieren.
Die Feuchte geht den Weg des geringeren Widerstandes.

Gesamtdiffusionsstrom von der Tauwasserebene zur Raumluftseite und Außenluftseite

$$g_{ev} = \delta_0 \left(\frac{p_c - p_i}{s_{d,c}} + \frac{p_c - p_e}{s_{d,T} - s_{d,c}}\right) \quad \text{in kg/m}^2\text{s}$$

$$g_{ev} = 2 \cdot 10^{-10} \left(\frac{1700 - 1200}{10{,}0} + \frac{1700 - 1200}{13{,}7}\right)$$

$$g_{ev} = 2 \cdot 10^{-10} \,(50{,}0 + 36{,}5)$$

$$g_{ev} = 1{,}73 \cdot 10^{-8} \text{ kg/m}^2\text{s}$$

$$g_{ev} = 0{,}062 \text{ kg/m}^2\text{s}$$

Insgesamt ausdiffundierende Wassermasse während der Verdunstungsperiode,

$$m_{ev} = g_{ev} \cdot t_{ev} \quad \text{in kg/m}^2$$

$$m_{ev} = 1{,}73 \cdot 10^{-8} \cdot 7{,}776 \cdot 10^6$$

$$m_{ev} = 0{,}13 \text{ kg/m}^2 > m_c = 0{,}098 \text{ kg/m}^2$$

Es könnte das 1,3fache an Feuchte verdunsten, die sich in der Tauperiode gebildet hat.
Folge: Die sommerliche Austrocknung wird nicht die ganze Zeit der Verdunstungsperiode in Anspruch nehmen.

Beispiel 9: Kellerwand aus Beton mit Kunstharzputz

1. Konstruktionsaufbau

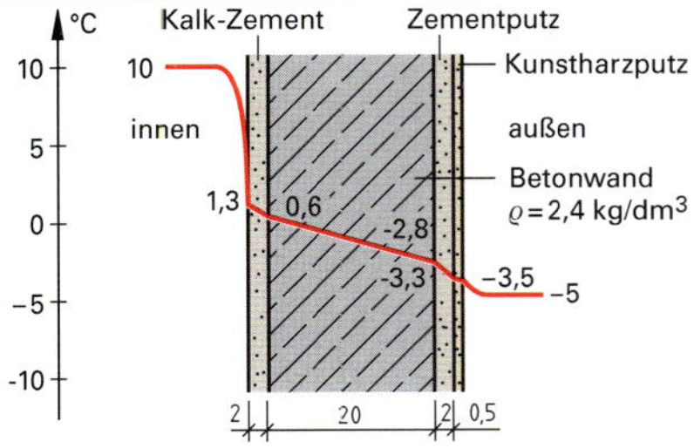

Bild 1: Wandaufbau

Randbedingungen nach DIN 4108-3

Tauperiode: $t_c = 7{,}776 \cdot 10^6$ s = 90 d

ϑ_i = 10 °C φ_i = 60 %	ϑ_e = −5 °C φ_e = 80 %	p_i = 1227 · 0,60 = 736 Pa p_e = 401 · 0,80 = 321 Pa

Diffusionsstromdichte

$$g = \delta_0 \frac{(p_i - p_e)}{s_{d,T}}$$

$$g = 2 \cdot 10^{-10} \frac{(736 - 321)}{28{,}40}$$

$$g = 2{,}923 \cdot 10^{-9}\ \text{kg/m}^2\text{s}$$

Quotient aus Diffusionsstromdichte und Diffusionsleitkoeffizient

$$\frac{g}{\delta_0} = \frac{2{,}923 \cdot 10^{-9}}{2 \cdot 10^{-10}}$$

$$\frac{g}{\delta_0} = 14{,}61\ \text{Pa/m}$$

2. Schichtaufbau und Schichtenkennwerte

	1	2	3	4	5	6	7
Nr.	**Schicht**	d	μ	s_d	$\Sigma s_d / s_{d,T}$	λ	R
		m	**[-]**	**m**	**[-]**	**W/mK**	**m²K/W**
	Wärmeübergangswiderstand innen R_{si}						0,250
1	Kalk-Zementputz	0,02	35	0,70	0,02	1,0	0,02
2	Betonwand	0,20	130	26,00	0,94	2,0	0,1
3	Zementputz	0,02	35	0,70	0,965	1,6	0,013
4	Kunstharzputz	0,005	200	1,00	1,000	0,7	0,007
	Wärmeübergangswiderstand außen R_{se}						0,043
	Summenwerte	0,245		28,40		R_T =	0,433 m²K/W
						U =	2,31 W/m²K
	Wärmestromdichte	$q = U(\vartheta_i - \vartheta_e)$		q = 2,31 [10 − (−5)]		q =	34,64 W/m²

$$g_1 = \delta_0 \cdot \frac{p_i - p_{1/2}}{s_{d1}}$$

$$g_1 = 2 \cdot 10^{-10} \cdot \frac{1227 - 726}{0{,}7}$$

$$g_1 = 1{,}43 \cdot 10^{-7}\ \text{kg/m}^2\text{s}$$

$$g_2 = \delta_0 \cdot \frac{p_{i/2} - p_{2/3}}{s_{d2}}$$

$$g_2 = 2 \cdot 10^{-10} \cdot \frac{726 - 346}{26{,}0}$$

$$g_2 = 2{,}92 \cdot 10^{-9}\ \text{kg/m}^2\text{s}$$

$g_{ges} = 1{,}46 \cdot 10^{-7}$ kg/m²s

$m_c = 1{,}46 \cdot 10^{-7} \cdot 7{,}776 \cdot 10^6$

m_c = 1,13 kg/m² > $m_{c,zul.}$ = 1,0 kg/m²

Die Konstruktion ist so nicht zulässig.

Mindestoberflächentemperatur in Abhängigkeit von der Raumtemperatur und der relativen Raumluftfeuchte nach Tab. Seite 189

für ϑ_i = 10 °C, φ_i = 60 % → ϑ_{si} = 2,6 °C

Um Tauwasser an der Oberfläche auszuschließen, dürfte der Wärmedurchgangskoeffizient U höchstens den Wert erreichen von:

$$U \leq h_i \cdot \frac{\vartheta_i - \vartheta_{si}}{\vartheta_i - \vartheta_e}$$

$$U \leq 4 \cdot \frac{10 - 2{,}6}{10 - (-5)}$$

$U_{erf.}$ = 1,97 W/m²K < $U_{vorh.}$ = 2,31 W/m²K

Auch diese Bedingung ist nicht erfüllt.

3. Bestimmung der Temperaturen, Sättigungsdampfdrücke, Partialdrücke (Dampfteildrücke) in den Schichtgrenzen				
Nr.	**Bauteilschicht**	**Temperatur/ Temperaturdifferenz**	**Sättigungs-dampf-drücke p_{sat} in Pa**	**Partialdrücke p in Pa**
1	innere Oberfläche	$\vartheta_{si} = \vartheta_i - q \cdot R_{si}$ $\vartheta_{si} = 10 - 34{,}64 \cdot 0{,}25$ $\Delta\vartheta = 8{,}7\ °C$ $\vartheta_{si} = 1{,}3\ °C \Rightarrow$	671	$p_{si} = p_i = p_{sat} \cdot \varphi_i$ $p_{si} = 1\,227 \cdot 0{,}60$ $p_{si} = 736 > p_{sat} \Rightarrow$ Tauwasserausfall
2	Schichtgrenze 1/2 (Innenputz/ Betonschicht)	$\vartheta_{1/2} = \vartheta_{si} - q \cdot R_1$ $\vartheta_{1/2} = 1{,}3 - 34{,}64 \cdot 0{,}02$ $\Delta\vartheta = 0{,}7\ °C$ $\vartheta_{1/2} = 0{,}6\ °C \Rightarrow$	581	$\frac{g}{\delta_o} = \frac{p_{1/2} - p_e}{s_{d,T} - s_{d1}}$ $14{,}61 = \frac{p_{1/2} - 321}{28{,}40 - 0{,}70}$ $p_{1/2} = 726 > p_{sat} \Rightarrow$ Tauwasserausfall
3	Schichtgrenze 2/3 (Betonschicht/ Zementputz)	$\vartheta_{2/3} = \vartheta_{1/2} - q \cdot R_2$ $\vartheta_{2/3} = 0{,}6 - 34{,}64 \cdot 0{,}1$ $\Delta\vartheta = 3{,}4\ °C$ $\vartheta_{2/3} = -2{,}8\ °C \Rightarrow$	484	$\frac{g}{\delta_o} = \frac{p_{2/3} - p_e}{s_{d,T} - s_{d1} - s_{d2}}$ $14{,}61 = \frac{p_{2/3} - 321}{28{,}40 - 0{,}70 - 26{,}0}$ $p_{2/3} = 346$
4	Schichtgrenze 3/4 (Zementputz/ Kunstharzputz)	$\vartheta_{3/4} = \vartheta_{2/3} - q \cdot R_3$ $\vartheta_{3/4} = -2{,}8 - 34{,}64 \cdot 0{,}013$ $\Delta\vartheta = 0{,}5\ °C$ $\vartheta_{3/4} = -3{,}3\ °C \Rightarrow$	464	$\frac{g}{\delta_o} = \frac{p_{3/4} - p_e}{s_{d,T} - s_{d1} - s_{d2} - s_{d3}}$ $14{,}61 = \frac{p_{3/4} - 321}{28{,}40 - 0{,}70 - 26{,}0 - 0{,}70}$ $p_{3/4} = 336$
5	äußere Oberfläche	$\vartheta_{se} = \vartheta_{3/4} - q \cdot R_4$ $\vartheta_{se} = -3{,}3 - 34{,}64 \cdot 0{,}007$ $\Delta\vartheta = 0{,}2\ °C$ $\vartheta_{se} = -3{,}5\ °C \Rightarrow$	456	$p_{se} = p_{3/4} - \frac{g}{\delta_o} \cdot s_{d4}$ $p_{se} = 336 - 14{,}61 \cdot 1{,}0$ $p_{se} = 321$
6	Außenluft	$\vartheta_e = \vartheta_{se} - q \cdot R_{se}$ $\vartheta_e = -3{,}5 - 34{,}64 \cdot 0{,}043$ $\Delta\vartheta = 1{,}5\ °C$ $\vartheta_e = -5{,}0\ °C \Rightarrow$	401	

Wie die Werte von Dampfteildruck p und Dampfsättigungsdruck p_{sat} zeigen, bildet sich bereits auf der inneren Oberfläche Tauwasser. Dies kam bereits durch das Nichterreichen des Mindest-U-Wertes zum Ausdruck. Ohne äußere Dämmschicht funktioniert diese Konstruktion nicht.

Tauperiode ca. Dezember bis Februar $t_c = 7{,}776 \cdot 10^6$ s = 90 d

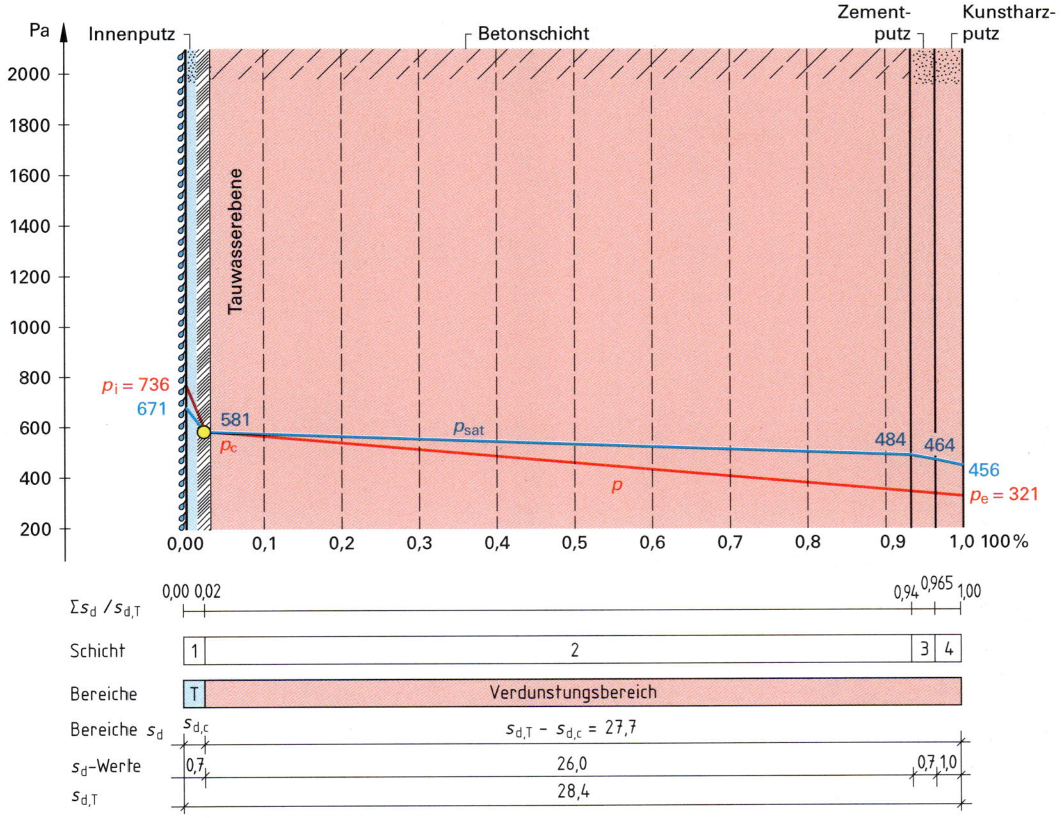

$$g_c' = \delta_0 \left(\frac{p_i - p_c}{s_{d,c}}\right) \text{ in kg/m}^2\text{s}$$

$$g_c' = 2 \cdot 10^{-10} \left(\frac{736 - 581}{0{,}7}\right)$$

$g_c' = 4{,}43 \cdot 10^{-8}$ kg/m²s eindiffundierend

$$g_{ev}' = \delta_0 \left(\frac{p_c - p_e}{s_{d,T} - s_{d,c}}\right) \text{ in kg/m}^2\text{s}$$

$$g_{ev}' = 2 \cdot 10^{-10} \left(\frac{581 - 321}{27{,}7}\right)$$

$g_{ev}' = 1{,}87 \cdot 10^{-9}$ kg/m²s ausdiffundierend

$g_c = 4{,}24 \cdot 10^{-8}$ kg/m²s in der Tauwasserebene verbleibend

Sich anreichernde Feuchtigkeit während der Tauperiode

$$m_c = 4{,}24 \cdot 10^{-8} \cdot 7{,}776 \cdot 10^6 \text{ in kg/m}^2$$

$$m_c = 0{,}33 \text{ kg/m}^2 < \text{zul. } m_c = 1{,}0 \text{ kg/m}^2$$

Verdunstungsperiode ca. Juni bis August $t_{ev} = 7{,}776 \cdot 10^6$ s = 90 d

Randbedingungen: $p_i = 1\,200$ Pa
$p_e = 1\,200$ Pa

Sättigungsdampfdruck in der Tauwasserebene $p_{sat} = 1\,700$ Pa

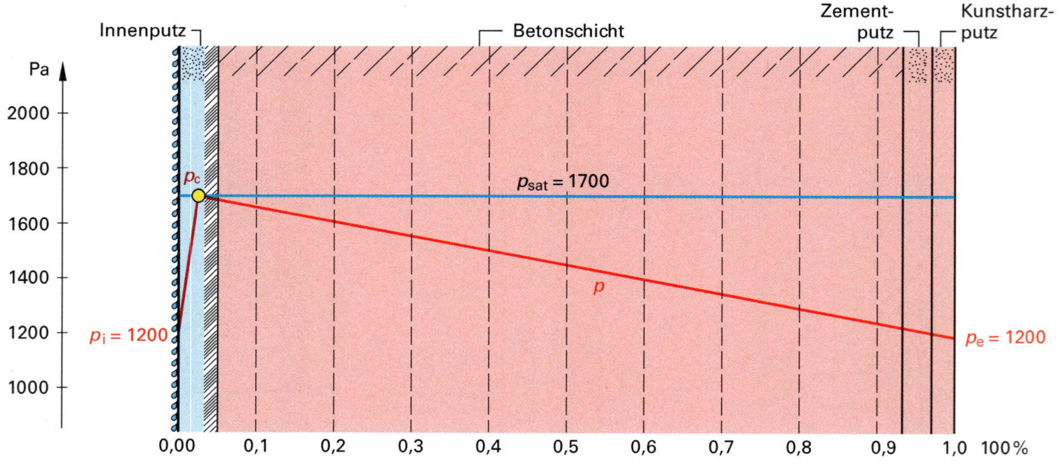

$$g'_{cv} = \delta_0 \left(\frac{p_c - p_i}{s_{d,c}}\right)$$

$$g'_{cv} = 2 \cdot 10^{-10} \left(\frac{1700 - 1200}{0{,}7}\right)$$

$$g'_{ev} = 1{,}43 \cdot 10^{-7}\ \text{kg/m}^2\text{s}$$

$$g'_{ev} = 0{,}51\ \text{g/m}^2\text{h}$$

$$g''_{ev} = \delta_0 \left(\frac{p_c - p_e}{s_{d,T} - s_{d,c}}\right) \quad \text{in kg/m}^2\text{s}$$

$$g''_{ev} = 2 \cdot 10^{-10} \left(\frac{1700 - 1200}{27{,}7}\right)$$

$$g''_{ev} = 3{,}61 \cdot 10^{-9}\ \text{kg/m}^2\text{s}$$

$$g''_{ev} = 0{,}013\ \text{g/m}^2\text{h}$$

Gesamtdiffusionsstrom von der Tauwasserebene zur Raumluftseite und Außenluftseite

$$g_{ev} = \delta_0 \left(\frac{p_c - p_i}{s_{d,c}} + \frac{p_c - p_e}{s_{d,T} - s_{d,c}}\right) \quad \text{in kg/m}^2\text{s}$$

$$g_{ev} = 2 \cdot 10^{-10} \left(\frac{1700 - 1200}{0{,}7} + \frac{1700 - 1200}{27{,}7}\right)$$

$$g_{ev} = 2 \cdot 10^{-10}\,(714{,}28 + 18{,}05)$$

$$g_{ev} = 1{,}46 \cdot 10^{-7}\ \text{kg/m}^2\text{s}$$

$$g_{ev} = 0{,}52\ \text{g/m}^2\text{h}$$

Insgesamt ausdiffundierende Wassermasse während der Verdunstungsperiode,

$$m_{ev} = g_{ev} \cdot t_{ev} \quad \text{in kg/m}^2$$

$$m_{ev} = 1{,}46 \cdot 10^{-7} \cdot 7{,}776 \cdot 10^6$$

$$m_{ev} = 1{,}13\ \text{kg/m}^2 > m_c = 0{,}33\ \text{kg/m}^2$$

Obwohl die Konstruktion jährlich austrocknet ist zu empfehlen außen eine Dämmung anzubringen, denn eine nasse innere Wandoberfläche bedeutet nicht nur ein Schönheitsfehler. Der erforderliche Mindest-U-Wert wurde nicht erreicht. Käme noch die Forderung der DIN sowie der EnEV zum Tragen, so würde die Konstruktion beiden Forderungen nicht genügen.

Beispiel 10: Wand aus porosierten Plan-Leichthochlochziegeln PWDz 6-0,65 – 10 DF (300)

1. Konstruktionsaufbau

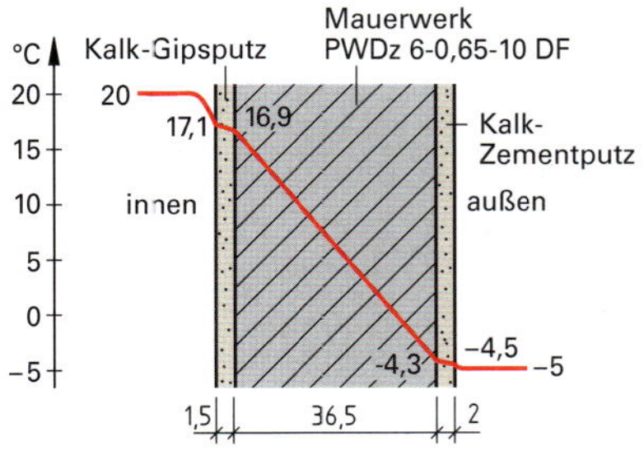

Bild 1: Wandaufbau

Randbedingungen nach DIN 4108-3

Tauperiode: $t_c = 7{,}776 \cdot 10^6$ s = 90 d

$\vartheta_i = 20$ °C $\varphi_i = 50$ %	$\vartheta_e = -5$ °C $\varphi_e = 80$ %	$p_i = 2337 \cdot 0{,}50 = 1168$ Pa $p_e = 401 \cdot 0{,}80 = 321$ Pa

Diffusionsstromdichte

$$g = \delta_0 \frac{(p_i - p_e)}{s_{d,T}}$$

$$g = 2 \cdot 10^{-10} \frac{(1168 - 321)}{2{,}68}$$

$$g = 6{,}32 \cdot 10^{-8} \text{ kg/m}^2\text{s}$$

Quotient aus Diffusionsstromdichte und Diffusionsleitkoeffizient

$$\frac{g}{\delta_0} = \frac{6{,}32 \cdot 10^{-8}}{2 \cdot 10^{-10}}$$

$$\frac{g}{\delta_0} = 316{,}0 \text{ Pa/m}$$

2. Schichtaufbau und Schichtenkennwerte

	1	2	3	4	5	6		7
Nr.	Schicht	d	μ	s_d	$\Sigma s_d / s_{d,T}$	λ		R
		m	[-]	m	[-]	W/mK		m²K/W
	Wärmeübergangswiderstand innen R_{si}							0,250
1	Kalk-Gipsputz	0,015	10	0,15	0,056	0,70		0,02
2	Mauerziegelwand	0,365	5	1,83	0,739	0,20		1,825
3	Kalk-Zementputz	0,02	35	0,70	1,00	1,0		0,02
	Wärmeübergangswiderstand außen R_{se}							0,043
	Summenwerte	0,40		2,68		R_T =		2,158 m²K/W
						U =		0,46 W/m²K
	Wärmestromdichte	$q = U(\vartheta_i - \vartheta_e)$		$q = 0{,}46\,[20 - (-5)]$		q =		11,59 W/m²

3. Bestimmung der Temperaturen, Sättigungsdampfdrücke, Partialdrücke (Dampfteildrücke) in den Schichtgrenzen				
Nr.	**Bauteilschicht**	**Temperatur/ Temperaturdifferenz**	**Sättigungs-dampf-drücke p_{sat} in Pa**	**Partialdrücke p in Pa**
0	innere Oberfläche	$\vartheta_{si} = \vartheta_i - q \cdot R_{si}$ $\vartheta_{si} = 20 - 11{,}59 \cdot 0{,}25$ $\Delta\vartheta = 2{,}9$ °C $\vartheta_{si} = 17{,}1$ °C $\Rightarrow$	1 949	$p_{si} = p_i = p_{sat} \cdot \varphi_i$ $p_{si} = 2\,337 \cdot 0{,}50$ $p_{si} = 1168$
1	Schichtgrenze 1/2 (Innenputz/ Mauerwerk)	$\vartheta_{1/2} = \vartheta_{si} - q \cdot R_1$ $\vartheta_{1/2} = 17{,}1 - 11{,}59 \cdot 0{,}02$ $\Delta\vartheta = 0{,}3$ °C $\vartheta_{1/2} = 16{,}9$ °C $\Rightarrow$	1 924	$\frac{g}{\delta_o} = \frac{p_{1/2} - p_e}{s_{d,T} - s_{d1}}$ $316{,}0 = \frac{p_{1/2} - 321}{2{,}68 - 0{,}15}$ $p_{1/2} = 1120$
2	Schichtgrenze 2/3 (Mauerwerk/ Außenputz)	$\vartheta_{2/3} = \vartheta_{1/2} - q \cdot R_2$ $\vartheta_{2/3} = 16{,}9 - 11{,}59 \cdot 1{,}825$ $\Delta\vartheta = 20{,}7$ °C $\vartheta_{2/3} = -4{,}3$ °C $\Rightarrow$	426	$\frac{g}{\delta_o} = \frac{p_{2/3} - p_e}{s_{d,T} - s_{d1} - s_{d2}}$ $316{,}0 = \frac{p_{2/3} - 321}{2{,}68 - 0{,}15 - 1{,}83}$ $p_{2/3} = 542 > p_{sat} \rightarrow$ Tauwasser
3	äußere Oberfläche	$\vartheta_{se} = \vartheta_{2/3} - q \cdot R_3$ $\vartheta_{se} = -4{,}3 - 11{,}59 \cdot 0{,}02$ $\Delta\vartheta = 0{,}2$ °C $\vartheta_{3/4} = -4{,}5$ °C $\Rightarrow$	419	$p_{se} = 544 - \frac{g}{\delta_o} \cdot s_{d3}$ $p_{se} = 542 - 316{,}0 \cdot 0{,}7$ $p_{se} = 321$
4	Außenluft	$\vartheta_e = \vartheta_{se} - q \cdot R_{se}$ $\vartheta_e = -4{,}5 - 11{,}59 \cdot 0{,}043$ $\Delta\vartheta = 0{,}5$ °C $\vartheta_e = -5{,}0$ °C $\Rightarrow$	401	

Der Unterschied von p und p_{sat} in derTauwasserebene ist so gering, dass keine potenzielle Gefahr für die Baukonstruktion besteht.

Tauperiode	ca. Dezember bis Februar $t_c = 7{,}776 \cdot 10^6$ s ≙ 90 d

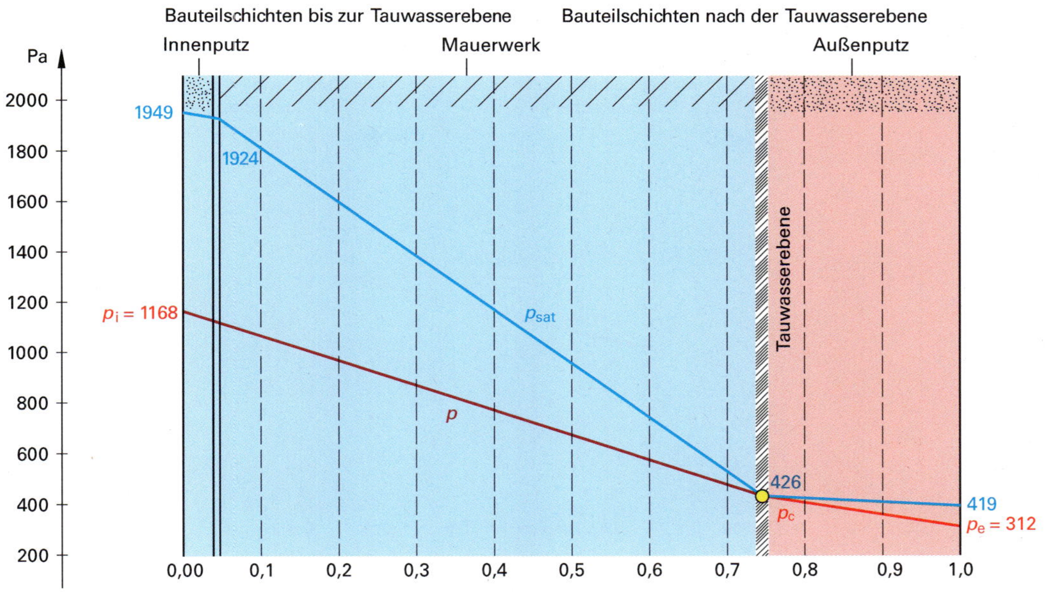

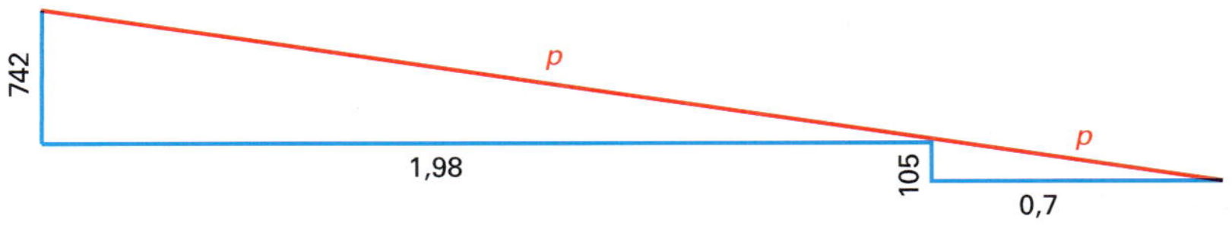

Die zwei Steigungsdreiecke zeigen schon in mathematischer Hinsicht, dass während der Tauperiode wesentlich mehr Feuchte einströmt als ausdiffundieren kann, d. s. 742 : 1,98 = 105 : 0,7
(1168 – 426 = 742; 426 – 321 = 105) 374,7 : 150
2,5 : 1

eindiffundierend:

$$g_c' = \delta_0 \frac{(p_i - p_c)}{s_{d,c}}$$

$$g_c' = 2 \cdot 10^{-10} \frac{(1168 - 426)}{0{,}15 + 1{,}83}$$

$$g_c' = 7{,}49 \cdot 10^{-8} \text{ kg/m}^2\text{s}$$

ausdiffundierend:

$$g_{ev}' = \delta_0 \frac{(p_c - p_e)}{s_{d,T} - s_{d,c}}$$

$$g_{ev}' = 2 \cdot 10^{-10} \frac{(426 - 321)}{2{,}68 - 1{,}98}$$

$$g_{ev}' = 3{,}0 \cdot 10^{-8} \text{ kg/m}^2\text{s}$$

In der Tauperiode sich anreichernde Feuchte

$$m_c = (7{,}49 \cdot 10^{-8} - 3{,}0 \cdot 10^{-8}) \cdot 7{,}776 \cdot 10^6$$

$$m_c = 0{,}35 \text{ kg/m}^2 < \text{zul. } m_c = 1{,}0 \text{ kg/m}^2$$

Verdunstungsperiode ca. Juni bis August $t_{ev} = 7{,}776 \cdot 10^6$ s = 90 d

Randbedingungen: p_i = 1 200 Pa Sättigungsdampfdruck in der Tauwasserebene p_{sat} = 1 700 Pa
p_e = 1 200 Pa

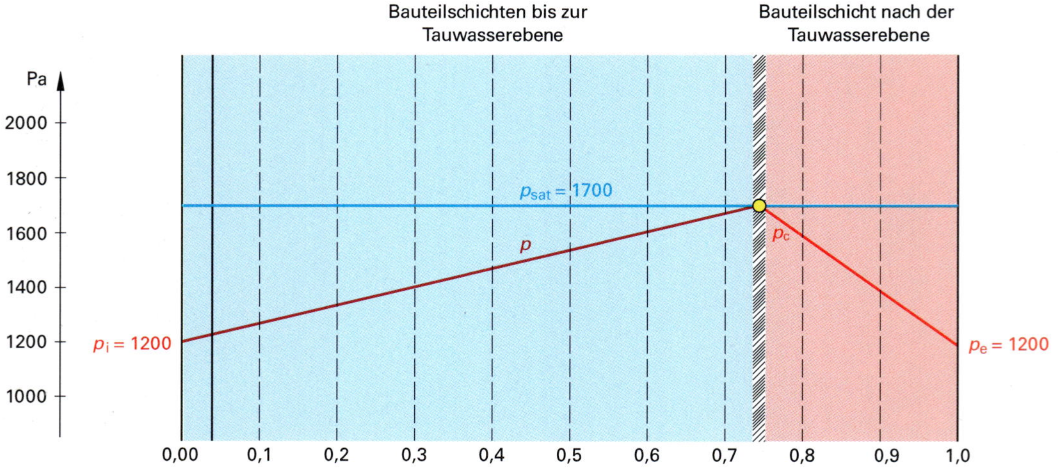

Die Diffusionsrichtung ist vom höheren Dampfdruck zum niedrigeren, von p_c nach $p_i \Leftarrow$

Diffusionsstromdichte g'_{ev} von der Tauwasserebene zur Raumluft.

$$g'_{cv} = \delta_0 \left(\frac{p_c - p_i}{s_{d,c}}\right)$$

$$g'_{cv} = 2 \cdot 10^{-10} \left(\frac{1700 - 1200}{1{,}98}\right)$$

$$g'_{ev} = 5{,}05 \cdot 10^{-8} \text{ kg/m}^2\text{s}$$
$$g'_{ev} = 0{,}18 \text{ g/m}^2\text{h}$$

Die Diffusionsrichtung ist vom höheren Dampfdruck zum niedrigeren, von p_c nach $p_e \Rightarrow$

Diffusionsstromdichte g''_{ev} von der Tauwasserebene zur Außenluft

$$g''_{ev} = \delta_0 \left(\frac{p_c - p_e}{s_{d,T} - s_{d,c}}\right) \text{ in kg/m}^2\text{s}$$

$$g''_{ev} = 2 \cdot 10^{-10} \left(\frac{1700 - 1200}{0{,}7}\right)$$

$$g''_{ev} = 1{,}43 \cdot 10^{-7} \text{ kg/m}^2\text{s}$$
$$g''_{ev} = 0{,}51 \text{ g/m}^2\text{h}$$

Die s_d-Werte vom Taubereich und Verdunstungsbereich verhalten sich wie 1,98 m zu 0,70 m oder 2,8 : 1. Das Austrocknungspotential verhält sich wegen der Kürze des äquivalenten Weges umgekehrt d. i. 1 : 2,8. Je kürzer der äquivalente Weg ist, desto mehr Feuchte kann entlang dieses Weges ausdiffundieren. Die Feuchte geht den Weg des geringeren Widerstandes.

flacher Verlauf von *p*
→ wenig Feuchte diffundiert von der Tauwasserebene zur Raumluftseite.

steiler Verlauf von *p*
→ viel Feuchte diffundiert von der Tauwasserebene aus dem Bauteil nach der Außenluftseite.

Gesamtdiffusionsstrom von der Tauwasserebene zur Raumluftseite und Außenluftseite

$$g_{ev} = \delta_0 \left(\frac{p_c - p_i}{s_{d,c}} + \frac{p_c - p_e}{s_{d,T} - s_{d,c}}\right) \text{ in kg/m}^2\text{s}$$

$$g_{ev} = 2 \cdot 10^{-10} \left(\frac{1700 - 1200}{1{,}98} + \frac{1700 - 1200}{0{,}70}\right)$$

$$g_{ev} = 1{,}93 \cdot 10^{-7} \text{ kg/m}^2\text{s} \mathrel{\hat=} 0{,}69 \text{ g/m}^2\text{h}$$

Insgesamt ausdiffundierende Wassermasse während der Verdunstungsperiode,

$$m_{ev} = g_{ev} \cdot t_{ev} \text{ in kg/m}^2$$
$$m_{ev} = 1{,}935 \cdot 10^{-7} \cdot 7{,}776 \cdot 10^6$$
$$m_{ev} = 1{,}50 \text{ kg/m}^2 > m_c = 0{,}34 \text{ kg/m}^2$$

Es könnte das 4,4-fache an Feuchte verdunsten, die sich in der Tauperiode gebildet hat.
Folge: Die Austrocknungszeit verkürzt sich entsprechend.

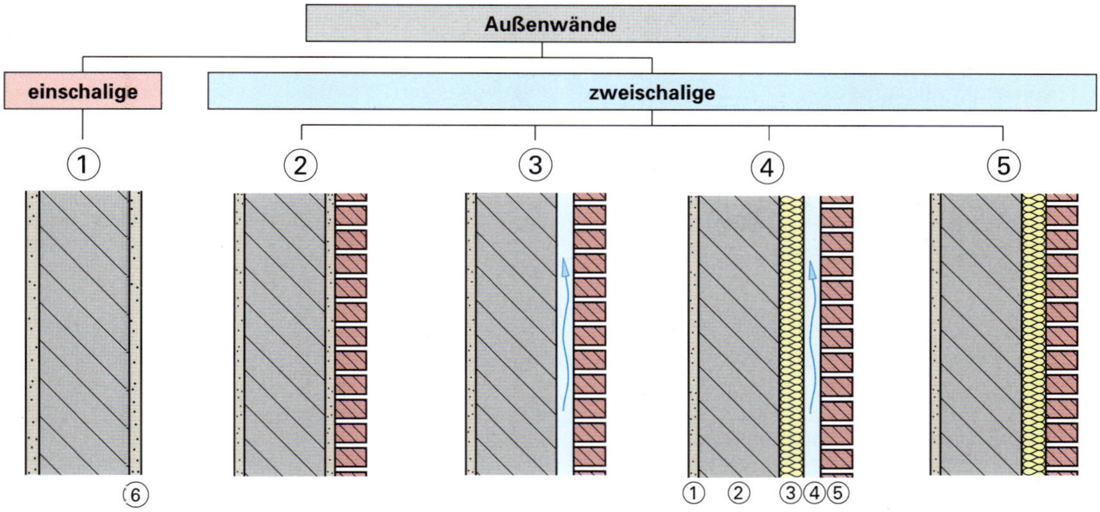

mit Putzschicht (Mörtelschicht) | **mit Luftschicht** | **mit Luftschicht und Dämmung** | **mit Kerndämmung**

Aufgabe:

1. Statisch ausreichende Trag- und Standfestigkeit
2. Ausreichende Abdichtung gegen Regenwasser
3. Windschutz
4. Sommerlicher und winterlicher Wärmeschutz
5. Schallschutz

Merkmal:

Eine einzige Schicht übernimmt alle Aufgaben

Beachte:
Jede einschalige Wand erfordert hinsichtlich der Anforderungen, die wir an sie stellen, Kompromisse.

Aufgabe der einzelnen Schichten:

① Innenputz
- Ausgleich von Unebenheiten im Mauerwerk
- ästhetische Funktion ⇒ verschiedene Putzweisen
- Untergrund für die Tapete
- Feuchteausgleich

② Tragwand
- Statisch ausreichende Trag- und Standfestigkeit
- Wärmespeicherfunktion ⇒ Förderung eines behaglichen Raumklimas im Sommer und Winter
- Schalldämmung

③ Dämmschicht
- Verminderung des Wärmestromes von innen nach außen im Winter und von außen nach innen im Sommer
- verhindert schnelles Auskühlen der Wärmespeicherschicht (Tragwand) und verringert thermische Spannungen (= Spannungen infolge von Wärmeeinwirkungen)
- Erhöhung der inneren Wandoberflächentemperatur

④ Luftschicht
- Hinterlüftung: Abtransport der Raumluftfeuchte
- Verhinderung der Durchnässung der Dämmung durch undichte Stellen in der Vorsatzschale
- Schalldämmend durch ihre Komprimierbarkeit ⇒ Federwirkung

⑤ Vorsatzschale
- Schutzschicht gegen das Eindringen von Regen, Schnee und Wind
- Schutz gegen mechanische Beschädigungen
- schalldämmend, da die Vorsatzschale als so genannte biegeweiche Schale eine andere Eigenfrequenz hat, als die biegesteife Schale (Tragwand)

⑥ Außenputz
- Wetterschutzfunktion
- ästhetische Funktion
- Windschutzfunktion

Merkmal:

Jede Schicht dient einer speziellen Funktionserfüllung

Beispiel 11: Zweischaliges Mauerwerk ohne Hinterlüftung (Kerndämmung) aus Kalksandsteinen und Vorsatzschale aus Kalksand-Vormauersteinen

1. Konstruktionsaufbau

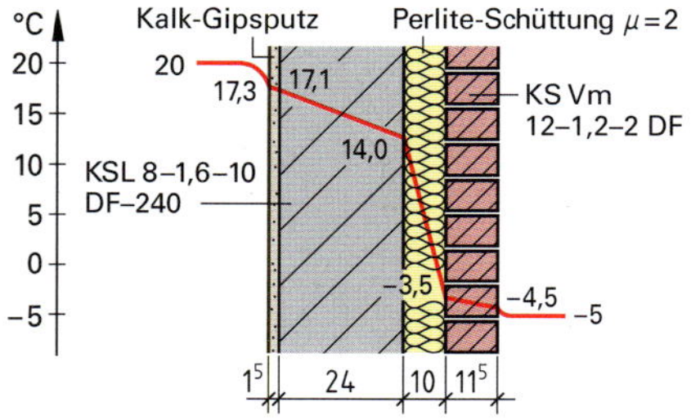

Randbedingungen nach DIN 4108-3

Tauperiode: $t_c = 7{,}776 \cdot 10^6\ s = 90\ d$

$\vartheta_i = 20\ °C$ $\varphi_i = 50\ \%$	$\vartheta_e \mathrel{\hat=} -5\ °C$ $\varphi_e = 80\ \%$	$p_i = 2337 \cdot 0{,}50 = 1168\ Pa$ $p_e = 401 \cdot 0{,}80 = 321\ Pa$

Diffusionsstromdichte

$$g = \delta_0 \frac{(p_i - p_e)}{s_{d,T}}$$

$$g = 2 \cdot 10^{-10} \frac{(1168 - 321)}{6{,}93}$$

$$g = 2{,}44 \cdot 10^{-8}\ kg/m^2s$$

Quotient aus Diffusionsstromdichte und Diffusionsleitkoeffizient

$$\frac{g}{\delta_0} = \frac{2{,}44 \cdot 10^{-8}}{2 \cdot 10^{-10}}$$

$$\frac{g}{\delta_0} = 122{,}22\ Pa/m$$

2. Schichtaufbau und Schichtenkennwerte

Nr.	1 Schicht	2 d m	3 μ [-]	4 s_d m	5 $\Sigma s_d / s_{d,T}$ [-]	6 λ W/mK	7 R m²K/W
	Wärmeübergangswiderstand innen R_{si}						0,250
1	Kalk-Gipsputz	0,015	10	0,15	0,022	0,70	0,021
2	Mauerwerk KS	0,24	15	3,6	0,541	0,79	0,304
3	Perlite-Schüttung	0,10	3	0,3	0,584	0,06	1,666
4	Vorsatzschale KS-V	0,115	25	2,88	1,00	1,3	0,088
	Wärmeübergangswiderstand außen R_{se}						0,043
	Summenwerte	0,47		6,93		R_T =	2,37 m²K/W
						U =	0,42 W/m²K
	Wärmestromdichte	$q = U(\vartheta_i - \vartheta_e)$		$q = 0{,}42\,[20 - (-5)]$		q =	10,5 W/m²

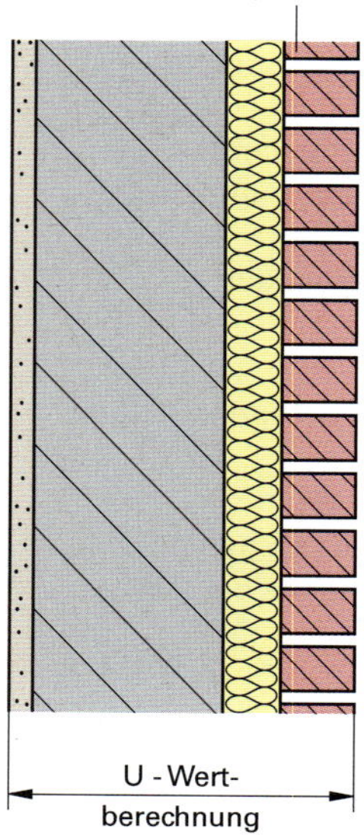

Bild 1: Kerndämmung

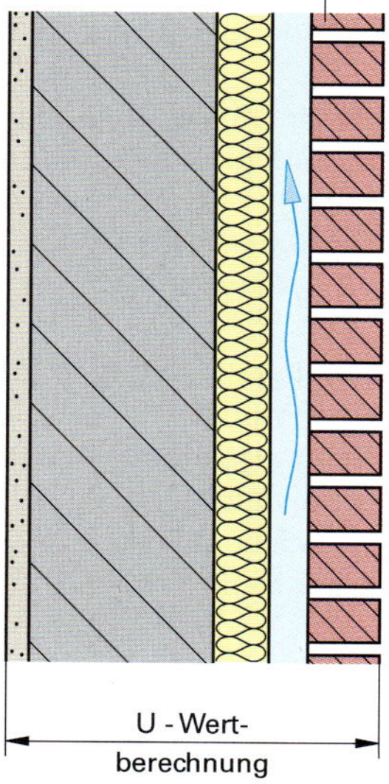

Bild 2: Dämmung und Luftschicht

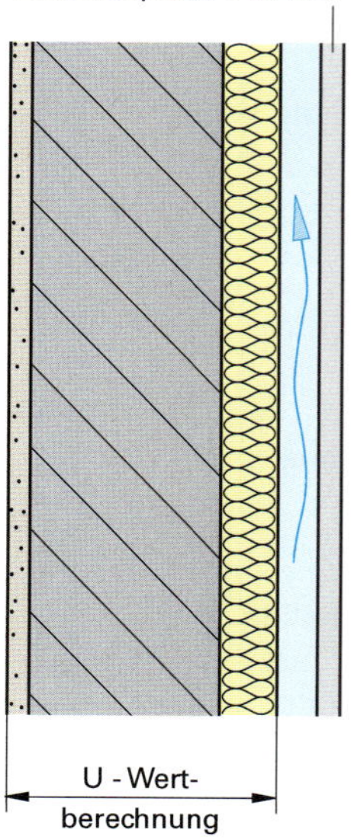

Bild 3: Dämmung und Luftschicht

3. Bestimmung der Temperaturen, Sättigungsdampfdrücke, Partialdrücke (Dampfteildrücke) in den Schichtgrenzen				
Nr.	**Bauteilschicht**	**Temperatur/ Temperaturdifferenz**	**Sättigungs-dampf-drücke p_{sat} in Pa**	**Partialdrücke p in Pa**
0	innere Oberfläche	$\vartheta_{si} = \vartheta_i - q \cdot R_{si}$ $\vartheta_{si} = 20 - 10{,}5 \cdot 0{,}25$ $\Delta\vartheta = 2{,}7$ °C $\vartheta_{si} = 17{,}3$ °C $\Rightarrow$	1974	$p_{si} = p_i = p_{sat} \cdot \varphi_i$ $p_{si} = 2\,337 \cdot 0{,}50$ $p_{si} = 1168$
1	Schichtgrenze 1/2 (Innenputz/ Mauerwerk)	$\vartheta_{1/2} = \vartheta_{si} - q \cdot R_1$ $\vartheta_{1/2} = 17{,}3 - 10{,}5 \cdot 0{,}021$ $\Delta\vartheta = 0{,}2$ °C $\vartheta_{1/2} = 17{,}1$ °C $\Rightarrow$	1949	$\frac{g}{\delta_o} = \frac{p_{1/2} - p_e}{s_{d,T} - s_{d1}}$ $122{,}22 = \frac{p_{1/2} - 321}{6{,}93 - 0{,}15}$ $p_{1/2} = 1150$
2	Schichtgrenze 2/3 (Mauerwerk/ Perlite-Schüttung)	$\vartheta_{2/3} = \vartheta_{1/2} - q \cdot R_2$ $\vartheta_{2/3} = 17{,}1 - 10{,}5 \cdot 0{,}304$ $\Delta\vartheta = 3{,}1$ °C $\vartheta_{2/3} = 14{,}0$ °C $\Rightarrow$	1598	$\frac{g}{\delta_o} = \frac{p_{2/3} - p_e}{s_{d,T} - s_{d1} - s_{d2}}$ $122{,}22 = \frac{p_{2/3} - 321}{6{,}93 - 0{,}15 - 3{,}6}$ $p_{2/3} = 710$
3	Schichtgrenze 3/4 (Perlite-Schüttung/ Vorsatzschale)	$\vartheta_{3/4} = \vartheta_{2/3} - q \cdot R_3$ $\vartheta_{3/4} = 14{,}0 - 10{,}5 \cdot 1{,}67$ $\Delta\vartheta = 17{,}5$ °C $\vartheta_{3/4} = -3{,}5$ °C $\Rightarrow$	456	$\frac{g}{\delta_o} = \frac{p_{3/4} - p_e}{s_{d,T} - s_{d1} - s_{d2} - s_{d3}}$ $122{,}22 = \frac{p_{3/4} - 321}{6{,}93 - 0{,}15 - 3{,}6 - 0{,}3}$ $p_{3/4} = 673 > p_{sat} \rightarrow$ Tauwasser
4	äußere Oberfläche	$\vartheta_{se} = \vartheta_{3/4} - q \cdot R_4$ $\vartheta_{se} = -3{,}5 - 10{,}5 \cdot 0{,}09$ $\Delta\vartheta = 1{,}0$ °C $\vartheta_{se} = -4{,}5$ °C $\Rightarrow$	419	$p_{se} = p_{3/4} - \frac{g}{\delta_o} \cdot s_{d4}$ $p_{se} = 673 - 122{,}22 \cdot 2{,}88$ $p_{se} = 321$
	Außenluft	$\vartheta_e = \vartheta_{se} - q \cdot R_{se}$ $\vartheta_e = -4{,}5 - 10{,}5 \cdot 0{,}043$ $\Delta\vartheta = 0{,}5$ °C $\vartheta_e = -5{,}0$ °C $\Rightarrow$	401	

In der Schichtgrenze Dämmung/Vorsatzschale kommt es zu geringem Tauwasserausfall. Der Unterschied zwischen p und p_{sat} ist allerdings gering, so dass die Dampfteildruckkurve p nur einen kleinen Knick macht.

Tauperiode

ca. Dezember bis Februar $t_c = 7{,}776 \cdot 10^6$ s = 90 d

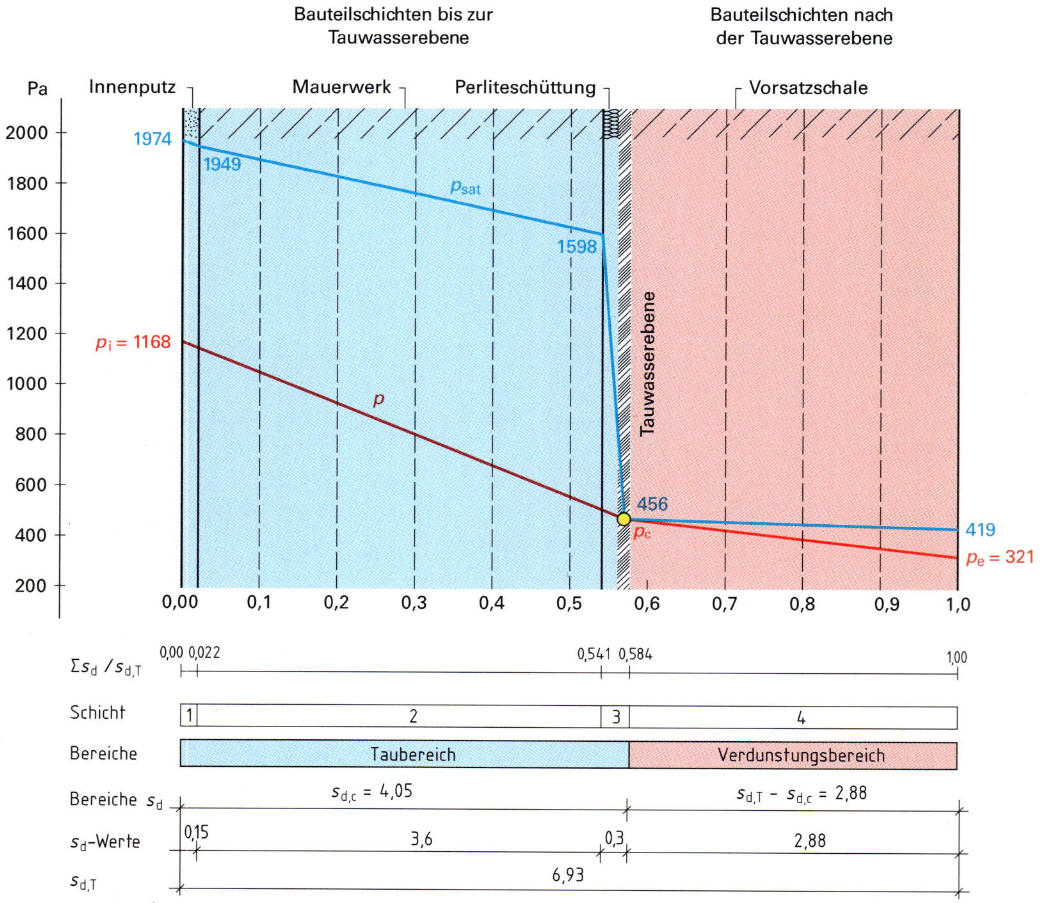

Je steiler die Temperatur in einer Bauteilschicht abfällt, desto mehr fällt auch der Dampfsättigungsdruck p_{sat} in dieser Schicht ab. Grund: Der Dampfdruck ist dem Luftdruck überlagert.

eindiffundierend:

$$g_c' = 2 \cdot 10^{-10} \frac{(p_i - p_c)}{s_{d,c}}$$

$$g_c' = 2 \cdot 10^{-10} \frac{(1168 - 456)}{0{,}15 + 3{,}6 + 0{,}3}$$

$$g_c' = 3{,}52 \cdot 10^{-8} \text{ kg/m}^2\text{s}$$

$$g_c' = 0{,}13 \text{ g/m}^2\text{h}$$

ausdiffundierend:

$$g_{ev}' = 2 \cdot 10^{-10} \frac{(p_c - p_e)}{s_{d,T} - s_{d,c}}$$

$$g_{ev}' = 2 \cdot 10^{-10} \frac{(456 - 321)}{6{,}93 + 4{,}05}$$

$$g_{ev}' = 9{,}38 \cdot 10^{-9} \text{ kg/m}^2\text{s}$$

$$g_{ev}' = 0{,}03 \text{ g/m}^2\text{h}$$

In der Tauperiode sich anreichernde Feuchte

$$m_c = (3{,}52 \cdot 10^{-8} - 9{,}38 \cdot 10^{-9}) \cdot 7{,}776 \cdot 10^6$$

$m_c = 0{,}20$ kg/m² < zul. $m_c = 1{,}0$ kg/m²,
bzw. 0,50 kg/m² bei nicht wasseraufnahmefähiger Schicht (Vorsatzschale)

Es diffundiert in der Tauperiode ca. 4 Mal mehr Feuchte ein, als ausdiffundiert

Verdunstungsperiode   ca. Juni bis August $t_{ev} = 7{,}776 \cdot 10^6\ \text{s} = 90\ \text{d}$

Randbedingungen: $p_i = 1\,200$ Pa   Sättigungsdampfdruck in der Tauwasserebene $p_{sat} = 1\,700$ Pa
$p_e = 1\,200$ Pa

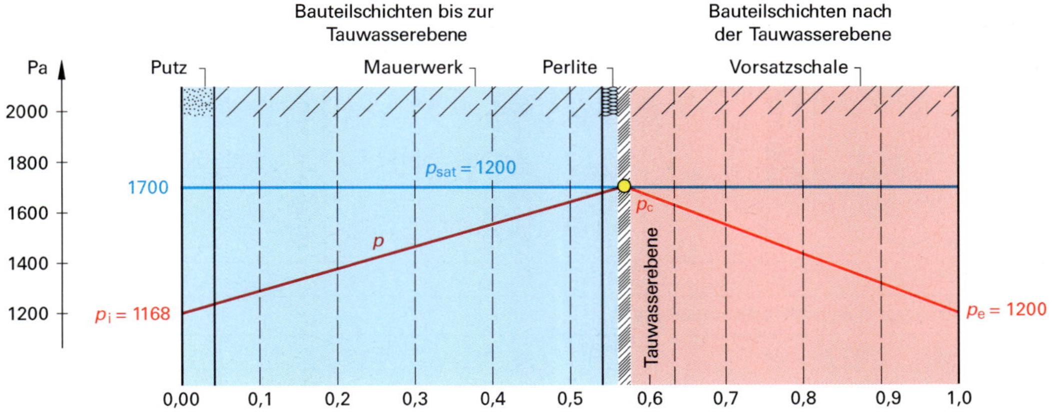

Die Diffusionsrichtung ist vom höheren Dampfdruck zum niedrigeren.

Diffusionsrichtung von p_c nach p_i ⇐

Diffusionsstromdichte g'_{ev} von der Tauwasserebene zur Raumluft.

$$g'_{cv} = \delta_0 \left(\frac{p_c - p_i}{s_{d,c}}\right)$$

$$g'_{cv} = 2 \cdot 10^{-10} \left(\frac{1700 - 1200}{4{,}05}\right)$$

$$g'_{ev} = 2{,}47 \cdot 10^{-8}\ \text{kg/m}^2\text{s}$$
$$g'_{ev} = 0{,}089\ \text{g/m}^2\text{h}$$

Die Diffusionsrichtung ist vom höheren Dampfdruck zum niedrigeren.

⇒ Diffusionsrichtung von p_c nach p_e

Diffusionsstromdichte g''_{ev} von der Tauwasserebene zur Außenluft

$$g''_{ev} = \delta_0 \left(\frac{p_c - p_e}{s_{d,T} - s_{d,c}}\right) \quad \text{in kg/m}^2\text{s}$$

$$g''_{ev} = 2 \cdot 10^{-10} \left(\frac{1700 - 1200}{2{,}88}\right)$$

$$g''_{ev} = 3{,}47 \cdot 10^{-8}\ \text{kg/m}^2\text{s}$$
$$g''_{ev} = 0{,}125\ \text{g/m}^2\text{h}$$

Der äquivalente Weg nach der Außenseite ist etwas kürzer (2,88 m) als nach der Raumseite (4,05 m). Je kürzer der äquivalente Weg ist, desto mehr Feuchte kann entlang dieses Weges ausdiffundieren. Die Feuchte geht den Weg des geringeren Widerstandes.

flacher Verlauf von *p*
→ wenig Feuchte diffundiert von der Tauwasserebene zur Raumluftseite.

steiler Verlauf von *p*
→ etwas mehr Feuchte diffundiert von der Tauwasserebene aus dem Bauteil nach der Außenluftseite.

Gesamtdiffusionsstrom von der Tauwasserebene zur Raumluftseite und Außenluftseite

$$g_{ev} = \delta_0 \left(\frac{p_c - p_i}{s_{d,c}} + \frac{p_c - p_e}{s_{d,T} - s_{d,c}}\right) \quad \text{in kg/m}^2\text{s}$$

$$g_{ev} = 2 \cdot 10^{-10} \left(\frac{1700 - 1200}{4{,}05} + \frac{1700 - 1200}{2{,}88}\right)$$

$$g_{ev} = 5{,}94 \cdot 10^{-8}\ \text{kg/m}^2\text{s}$$

Insgesamt ausdiffundierende Wassermasse während der Verdunstungsperiode,

$$m_{ev} = g_{ev} \cdot t_{ev} \quad \text{in kg/m}^2$$
$$m_{ev} = 5{,}94 \cdot 10^{-8} \cdot 7{,}776 \cdot 10^6$$
$$m_{ev} = 0{,}46\ \text{kg/m}^2 > m_c = 0{,}20\ \text{kg/m}^2$$

Es könnte das doppelte an Feuchte verdunsten, die sich in der Tauperiode gebildet hat.
Folge: Die Austrocknungszeit verkürzt sich entsprechend.

Beispiel 12: Zweischaliges Mauerwerk mit Dämmung und Luftschicht, bestehend aus Hochlochziegeln und Klinker-Vorsatzschale

1. Konstruktionsaufbau

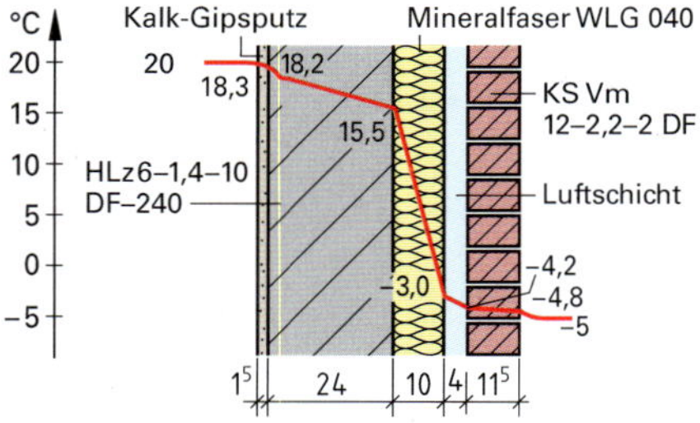

Bild 1: Wandaufbau

Randbedingungen nach DIN 4108-3

Tauperiode: $t_c = 7{,}776 \cdot 10^6\ \text{s} \mathrel{\hat=} 90\ \text{d}$

$\vartheta_i = 20\ °C$ $\varphi_i = 50\ \%$	$\vartheta_e = -5\ °C$ $\varphi_e = 80\ \%$	$p_i = 2337 \cdot 0{,}50 = 1168\ \text{Pa}$ $p_e = 401 \cdot 0{,}80 = 321\ \text{Pa}$

Diffusionsstromdichte

$$g = \delta_0 \frac{(p_i - p_e)}{s_{d,T}}$$

$$g = 2 \cdot 10^{-10} \frac{(1168 - 321)}{12{,}96}$$

$$g = 1{,}31 \cdot 10^{-8}\ \text{kg/m}^2\text{s}$$

Quotient aus Diffusionsstromdichte und Diffusionsleitkoeffizient

$$\frac{g}{\delta_0} = \frac{1{,}31 \cdot 10^{-8}}{2 \cdot 10^{-10}}$$

$$\frac{g}{\delta_0} = 65{,}35\ \text{Pa/m}$$

2. Schichtaufbau und Schichtenkennwerte

	1	2	3	4	5	6	7
Nr.	**Schicht**	d	μ	s_d	$\Sigma s_d / s_{d,T}$	λ	R
		m	**[-]**	**m**	**[-]**	**W/mK**	**m²K/W**
	Wärmeübergangswiderstand innen R_{si}						0,250
1	Kalk-Gipsputz	0,015	10	0,15	0,012	0,70	0,020
2	Mauerwerk HLz	0,24	5	1,20	0,104	0,58	0,414
3	Dämmung MW	0,10	1	0,10	0,112	0,035	2,857
4	Luftschicht	0,04		0,01	0,113		0,18
4	Vorsatzschale KHLz	0,115	100	11,5	1,00	1,2	0,096
	Wärmeübergangswiderstand außen R_{se}						0,043
	Summenwerte	0,51		12,96		R_T =	3,86 m²K/W
						U =	0,26 W/m²K
	Wärmestromdichte	$q = U(\vartheta_i - \vartheta_e)$		$q = 0{,}26\,[20 - (-5)]$		q =	6,5 W/m²

Anm.: Bei zweischaligen Wänden darf die Luftschicht und die Vorsatzschale in die Berechnung mit einbezogen werden, wenn diese mindestens 90 mm dick ist. Be- und Entlüftungsöffnung (offene Stoßfugen) werden nach DIN EN 6946 nicht als Lüftungsöffnungen angesehen. Infolgedessen gilt die Luftschicht als ruhend und die Vorsatzschale mit d = 11,5 cm ist mit einzurechnen.

Ruhende Luftschichten sind nach DIN 4108-3 mit einem s_d-Wert von 0,01 m einzurechnen, unabhängig von ihrer Dicke und Neigung.

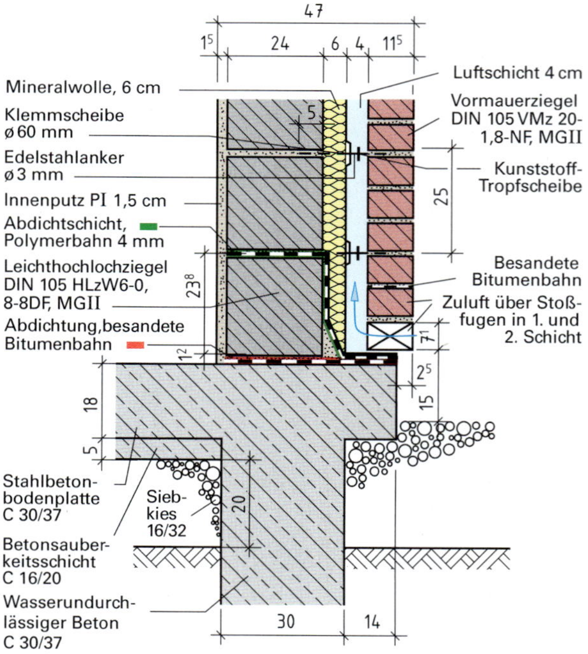

3. Bestimmung der Temperaturen, Sättigungsdampfdrücke, Partialdrücke (Dampfteildrücke) in den Schichtgrenzen				
Nr.	**Bauteilschicht**	**Temperatur/ Temperaturdifferenz**	**Sättigungs-dampf-drücke p_{sat} in Pa**	**Partialdrücke p in Pa**
1	innere Oberfläche	$\vartheta_{si} = \vartheta_i - q \cdot R_{si}$ $\vartheta_{si} = 20 - 6{,}50 \cdot 0{,}25$ $\Delta\vartheta = 1{,}7\ °C$ $\vartheta_{si} = 18{,}3\ °C \Rightarrow$	2 102	$p_{si} = p_i = p_{sat} \cdot \varphi_i$ $p_{si} = 2\,337 \cdot 0{,}50$ $p_{si} = 1168$
2	Schichtgrenze 1/2 (Innenputz/ Mauerwerk)	$\vartheta_{1/2} = \vartheta_{si} - q \cdot R_1$ $\vartheta_{1/2} = 18{,}3 - 6{,}50 \cdot 0{,}02$ $\Delta\vartheta = 0{,}1\ °C$ $\vartheta_{1/2} = 18{,}2\ °C \Rightarrow$	2 089	$\frac{g}{\delta_o} = \frac{p_{1/2} - p_e}{s_{d,T} - s_{d1}}$ $65{,}35 = \frac{p_{1/2} - 321}{12{,}96 - 0{,}15}$ $p_{1/2} = 1158$
3	Schichtgrenze 2/3 (Mauerwerk/ Dämmschicht)	$\vartheta_{2/3} = \vartheta_{1/2} - q \cdot R_2$ $\vartheta_{2/3} = 18{,}2 - 6{,}50 \cdot 0{,}414$ $\Delta\vartheta = 2{,}7\ °C$ $\vartheta_{2/3} = 15{,}5\ °C \Rightarrow$	1 760	$\frac{g}{\delta_o} = \frac{p_{2/3} - p_e}{s_{d,T} - s_{d1} - s_{d2}}$ $65{,}35 = \frac{p_{2/3} - 321}{12{,}96 - 0{,}15 - 1{,}20}$ $p_{2/3} = 1079$
4	Schichtgrenze 3/4 (Dämmschicht/ Luftschicht)	$\vartheta_{3/4} = \vartheta_{2/3} - q \cdot R_3$ $\vartheta_{3/4} = 15{,}5 - 6{,}50 \cdot 2{,}85$ $\Delta\vartheta = 18{,}5\ °C$ $\vartheta_{3/4} = -3{,}0\ °C \Rightarrow$	475	$\frac{g}{\delta_o} = \frac{p_{3/4} - p_e}{s_{d,T} - s_{d1} - s_{d2} - s_{d3}}$ $65{,}35 = \frac{p_{3/4} - 321}{12{,}96 - 0{,}15 - 1{,}20 - 0{,}10}$ $p_{3/4} = 1073 > p_{sat} \rightarrow$ Tauwasser
5	Schichtgrenze 4/5 (Luftschicht/ Vorsatzschale)	$\vartheta_{4/5} = \vartheta_{3/4} - q \cdot R_4$ $\vartheta_{4/5} = -3{,}0 - 6{,}50 \cdot 0{,}18$ $\Delta\vartheta = 1{,}2\ °C$ $\vartheta_{3/4} = -4{,}2\ °C \Rightarrow$	430	$\frac{g}{\delta_o} = \frac{p_{4/5} - p_e}{s_{d,T} - s_{d1} - s_{d2} - s_{d3} - s_{d4}}$ $65{,}35 = \frac{p_{3/4} - 321}{12{,}96 - 0{,}15 - 1{,}20 - 0{,}10 - 0{,}01}$ $p_{4/5} = 1072 > p_{sat} \rightarrow$ Tauwasser
6	äußere Oberfläche	$\vartheta_{se} = \vartheta_{3/4} - q \cdot R_4$ $\vartheta_{se} = -4{,}2 - 6{,}50 \cdot 0{,}096$ $\Delta\vartheta = 0{,}6\ °C$ $\vartheta_{se} = -4{,}8\ °C \Rightarrow$	408	$p_{se} = p_{4/5} - \frac{g}{\delta_o} \cdot s_{d4}$ $p_{se} = 1072 - 65{,}35 \cdot 11{,}5$ $p_{se} = 321$
	Außenluft	$\vartheta_e = \vartheta_{se} - q \cdot R_{se}$ $\vartheta_e = -4{,}8 - 6{,}50 \cdot 0{,}043$ $\Delta\vartheta = 0{,}2\ °C$ $\vartheta_e = -5{,}0\ °C \Rightarrow$	401	

Entsprechend dem Nachweis fällt in der Grenzschicht Dämmung/Luftschicht bereits Tauwasser aus. Maßgebend jedoch ist das Tauwasser, das in der Grenzschicht Luftschicht/Vorsatzschale ausfällt. Das Tauwasser bildet sich nicht an zwei Materialberührflächen sondern an einer kalten Materialfläche, die an Luft angrenzt.

Eine Tauwasseranreicherung ist nicht möglich, da das Tauwasser an der Innenfläche der Vorsatzschale nach unten läuft und durch die Belüftungsschlitze nach außen abgeführt wird. Die ausdiffundierende Feuchte in Dampfform kann durch die Entlüftungsschlitze (offene Stoßfugen) am oberen Rand der Vorsatzschale entweichen.

Tauperiode ca. Dezember bis Februar $t_c = 7{,}776 \cdot 10^6$ s ≙ 90 d

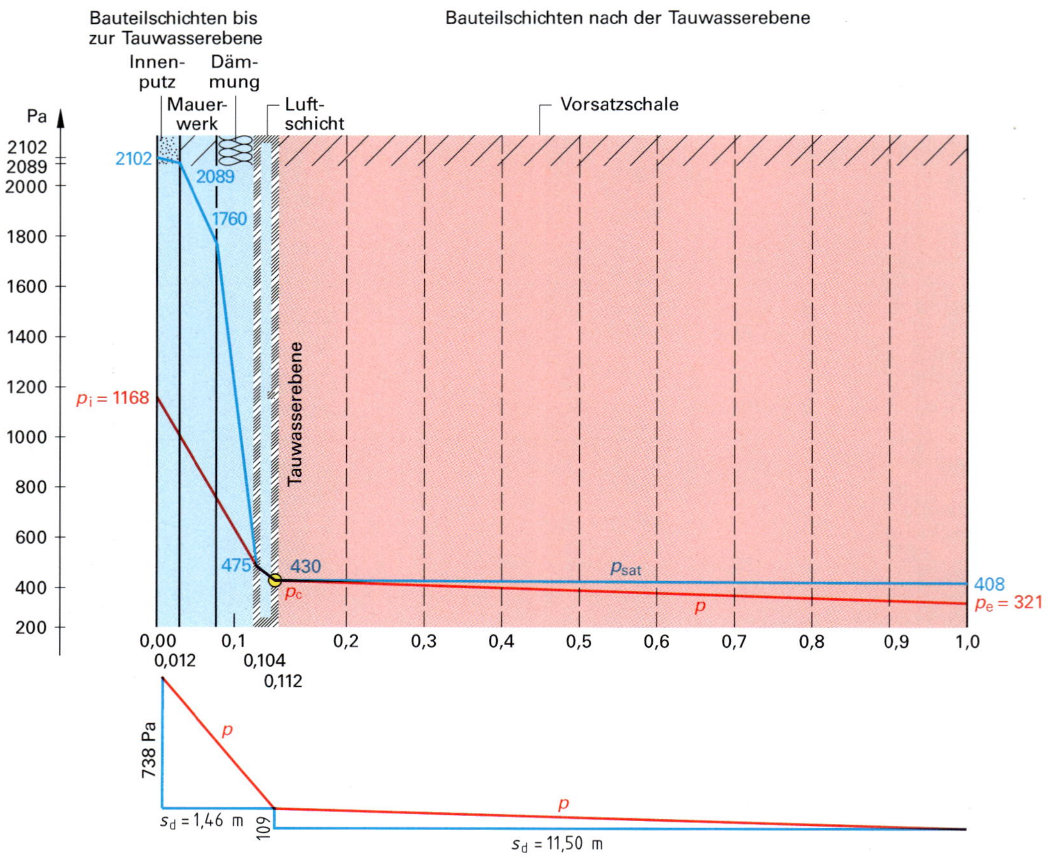

eindiffundierend:	In der Tauperiode sich anreichernde Feuchte	ausdiffundierend:
$g'_c = 2 \cdot 10^{-10} \frac{(p_i - p_c)}{s_{d,c}}$	$m_c = (1{,}01 \cdot 10^{-7} - 1{,}90 \cdot 10^{-9}) \cdot 7{,}776 \cdot 10^6$	$g'_{ev} = 2 \cdot 10^{-10} \frac{(p_c - p_e)}{s_{d,T} - s_{d,c}}$
$g'_c = 2 \cdot 10^{-10} \frac{(1168 - 430)}{1{,}46}$	$m_c = 0{,}77$ kg/m^2 < zul. $m_c = 1{,}0$ kg/m^2	$g'_{ev} = 2 \cdot 10^{-10} \frac{(430 - 321)}{12{,}96 - 1{,}46}$
$g'_c = 1{,}01 \cdot 10^{-7}$ kg/m^{2}s		$g'_{ev} = 1{,}90 \cdot 10^{-9}$ kg/m^{2}s
$g'_c = 0{,}36$ g/m^{2}h		$g'_{ev} = 0{,}0068$ g/m^{2}h

Die auf den ersten Blick hier hohe Tauwassermase ist hier nicht über zu bewerten, da das Kondenswasser nicht in die Dämmung eindringen kann. Die Tropfscheibe am Drahtanker verhindert dies. Ein kleiner Teil des Tauwassers läuft am Anker bis zur Tropfscheibe entlang, fällt nach unten und wird durch die offene Stoßfuge nach außen abgeführt. Die Klinkerschale nimmt aufgrund der Sinterung kein Wasser kapillar auf.
Somit läuft das Tauwasser an der kalten Innenfläche der Vosatzschale nach unten und wird durch die Belüftungsöffnungen (offene Stoßfugen) ins Freie abgeführt. Wenn auch die im Sommer verdunstende Wassermasse (0,60 kg/m²) den Wert der rechnerisch anfallenden Tauwassermasse (0,77 kg/m²) fast erreicht, so sieht die Wirklichkeit anders aus. Die Luftschicht mit den Be- und Entlüftungsöffnungen in Form von offenen Stoßfugen wirken wie eine Dränage, so dass das Kondensat gar nicht im Material eingelagert wird, sondern durch diese Dränagenwirkung nach außen gelangt. Das zweischalige Mauerwerk ist bauphysikalisch die problemloseste Konstruktion.

Verdunstungsperiode ca. Juni bis August $t_{ev} = 7{,}776 \cdot 10^6$ s ≙ 90 d

Randbedingungen: $p_i = 1\,200$ Pa
$p_e = 1\,200$ Pa

Sättigungsdampfdruck in der Tauwasserebene $p_{sat} = 1\,700$ Pa

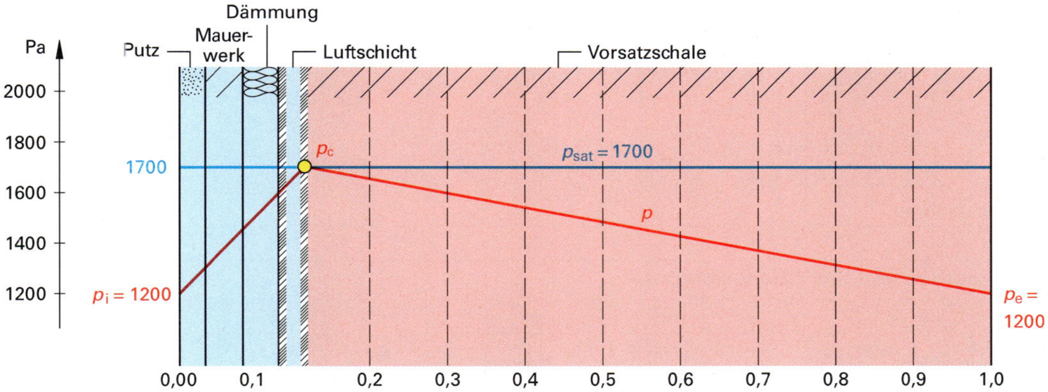

Die Diffusionsrichtung ist vom höheren Dampfdruck zum niedrigeren, d. i. von p_c nach $p_i \Leftarrow$

Diffusionsstromdichte g'_{ev} von der Tauwasserebene zur Raumluft.

$$g'_{cv} = \delta_0 \left(\frac{p_c - p_i}{s_{d,c}}\right)$$

$$g'_{cv} = 2 \cdot 10^{-10} \left(\frac{1700 - 1200}{1{,}46}\right)$$

$$g'_{ev} = 6{,}85 \cdot 10^{-8} \text{ kg/m}^2\text{s}$$
$$g'_{ev} = 0{,}25 \text{ g/m}^2\text{h}$$

Die Diffusionsrichtung ist vom höheren Dampfdruck zum niedrigeren, d. i. von p_c nach $p_e \Rightarrow$

Diffusionsstromdichte g''_{ev} von der Tauwasserebene zur Außenluft

$$g''_{ev} = \delta_0 \left(\frac{p_c - p_e}{s_{d,T} - s_{d,c}}\right) \quad \text{in kg/m}^2\text{s}$$

$$g''_{ev} = 2 \cdot 10^{-10} \left(\frac{1700 - 1200}{11{,}5}\right)$$

$$g''_{ev} = 8{,}70 \cdot 10^{-9} \text{ kg/m}^2\text{s}$$
$$g''_{ev} = 0{,}03 \text{ g/m}^2\text{h}$$

Der äquivalente Weg nach der Raumseite ist wesentlich kürzer (1,46 m) als nach der Außenseite (11,5 m). Je kürzer der äquivalente Weg ist, desto mehr Feuchte kann entlang dieses Weges ausdiffundieren. Die Feuchte geht den Weg des geringeren Widerstandes.

steiler Verlauf von *p*
→ viel Feuchte diffundiert von der Tauwasserebene zur Raumluftseite.

flacher Verlauf von *p*
→ wenig Feuchte diffundiert von der Tauwasserebene aus dem Bauteil nach der Außenluftseite.

Gesamtdiffusionsstrom von der Tauwasserebene zur Raumluftseite und Außenluftseite

$$g_{ev} = \delta_0 \left(\frac{p_c - p_i}{s_{d,c}} + \frac{p_c - p_e}{s_{d,T} - s_{d,c}}\right) \quad \text{in kg/m}^2\text{s}$$

$$g_{ev} = 2 \cdot 10^{-10} \left(\frac{1700 - 1200}{1{,}46} + \frac{1700 - 1200}{11{,}5}\right)$$

$$g_{ev} = 7{,}72 \cdot 10^{-8} \text{ kg/m}^2\text{s}$$

Insgesamt ausdiffundierende Wassermasse während der Verdunstungsperiode,

$$m_{ev} = g_{ev} \cdot t_{ev} \quad \text{in kg/m}^2$$
$$m_{ev} = 7{,}72 \cdot 10^{-8} \cdot 7{,}776 \cdot 10^6$$
$$m_{ev} = 0{,}60 \text{ kg/m}^2 < m_c = 0{,}77 \text{ kg/m}^2$$

Der Berechnung nach kommt es nicht nur zu Tauwasserausfall, sondern m_{ev} ist auch noch geringer als m_c. Da der größte Dampfdruckunterschied zwischen p und p_{sat} an der Innenseite der Klinkervorsatzschale besteht (Schichtgrenze 4/5) bildet sich dort der größte Teil des Tauwassers, das bereits in der Tauperiode durch die offenen Stoßfugen abgeführt wurde.

Beispiel 13: Wand mit Dämmung und hinterlüfteter Bekleidung

1. Konstruktionsaufbau

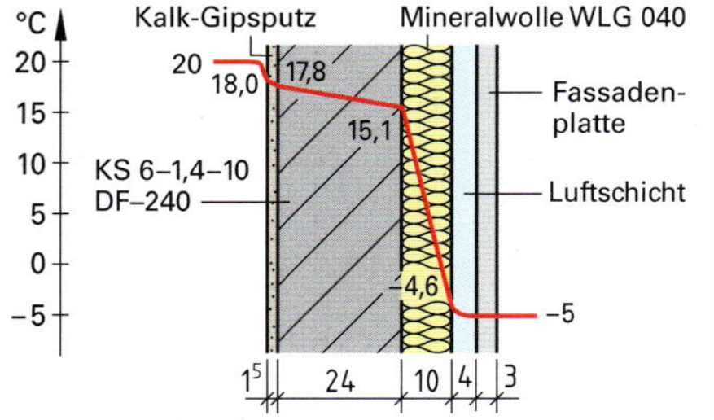

Bild 1: Wandaufbau

Randbedingungen nach DIN 4108-3

Tauperiode: $t_c = 7{,}776 \cdot 10^6$ s ≙ 90 d

ϑ_i = 20 °C φ_i = 50 %	ϑ_e ≙ −5 °C φ_e = 80 %	$p_i = 2337 \cdot 0{,}50 = 1168$ Pa $p_e = 401 \cdot 0{,}80 = 321$ Pa

Diffusionsstromdichte

$$g = \delta_0 \frac{(p_i - p_e)}{s_{d,T}}$$

$$g = 2 \cdot 10^{-10} \frac{(1168 - 321)}{1{,}45}$$

$$g = 1{,}17 \cdot 10^{-7}\ \text{kg/m}^2\text{s}$$

Quotient aus Diffusionsstromdichte und Diffusionsleitkoeffizient

$$\frac{g}{\delta_0} = \frac{1{,}17 \cdot 10^{-7}}{2 \cdot 10^{-10}}$$

$$\frac{g}{\delta_0} = 584{,}14\ \text{Pa/m}$$

2. Schichtaufbau und Schichtenkennwerte

	1	2	3	4	5	6	7
Nr.	**Schicht**	***d***	***μ***	***s_d***	**$\Sigma s_d / s_{d,T}$**	***λ***	***R***
		m	**[-]**	**m**	**[-]**	**W/mK**	**m²K/W**
	Wärmeübergangswiderstand innen R_{si}						0,250
1	Kalk-Gipsputz	0,015	10	0,15	0,103	0,70	0,021
2	Mauerwerk KS	0,24	5	1,20	0,931	0,70	0,343
3	Dämmung MW	0,10	1	0,10	1,000	0,040	2,500
	Wärmeübergangswiderstand außen R_{se}						0,043
	Summenwerte	0,425	(0,355)	1,45		R_T =	3,157 m²K/W
						U =	0,32 W/m²K
	Wärmestromdichte	$q = U(\vartheta_i - \vartheta_e)$		$q = 0{,}316\,[20 - (-5)]$		q =	7,92 W/m²

Tauperiode ca. Dezember bis Februar $t_c = 7{,}776 \cdot 10^6$ s ≙ 90 d

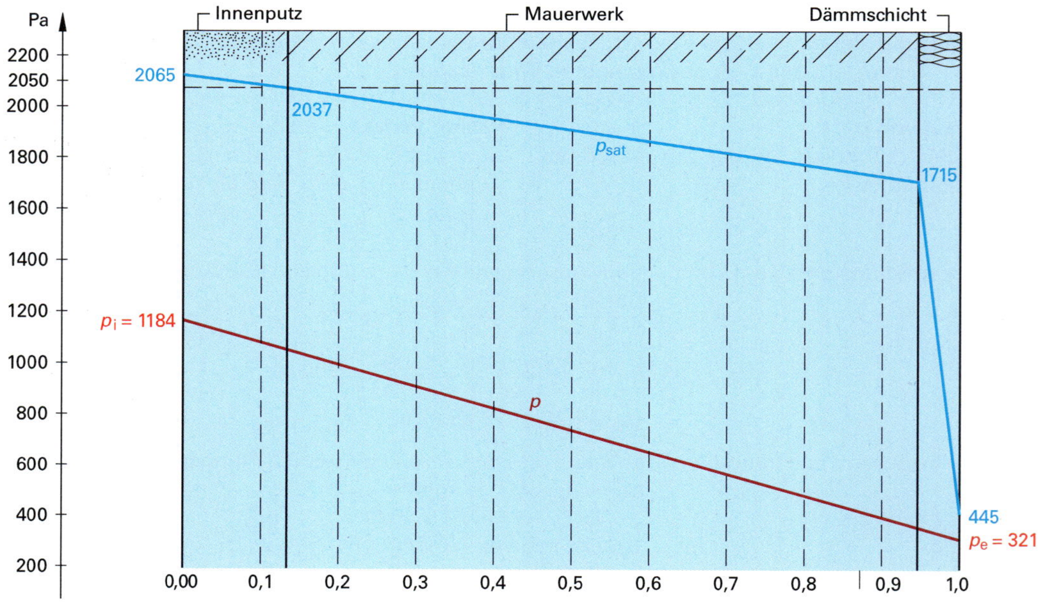

Aus dem Diagramm ist ersichtlich, dass die Dampfteildruckkurve (der tatsächlich vorhandene Dampfdruck) an keiner Stelle die Sättigungskurve erreicht. Dies bedeutet: Die Konstruktion ist tauwasserfrei.

3. Bestimmung der Temperaturen, Sättigungsdampfdrücke, Partialdrücke (Dampfteildrücke) in den Schichtgrenzen				
Nr.	**Bauteilschicht**	**Temperatur/ Temperaturdifferenz**	**Sättigungs-dampf-drücke p_{sat} in Pa**	**Partialdrücke p in Pa**
1	innere Oberfläche	$\vartheta_{si} = \vartheta_i - q \cdot R_{si}$ $\vartheta_{si} = 20 - 7{,}92 \cdot 0{,}25$ $\Delta\vartheta = 2{,}0\ °C$ $\vartheta_{si} = 18{,}0\ °C \Rightarrow$	2 063	$p_{si} = p_i = p_{sat} \cdot \varphi_i$ $p_{si} = 2\,337 \cdot 0{,}50$ $p_{si} = 1168$
2	Schichtgrenze 1/2 (Innenputz/ Mauerwerk)	$\vartheta_{1/2} = \vartheta_{si} - q \cdot R_1$ $\vartheta_{1/2} = 18{,}0 - 7{,}92 \cdot 0{,}02$ $\Delta\vartheta = 0{,}2\ °C$ $\vartheta_{1/2} = 17{,}8\ °C \Rightarrow$	2 037	$\frac{g}{\delta_o} = \frac{p_{1/2} - p_e}{s_{d,T} - s_{d1}}$ $584{,}14 = \frac{p_{1/2} - 321}{1{,}45 - 0{,}15}$ $p_{1/2} = 1\,080$
3	Schichtgrenze 2/3 (Mauerwerk/ Dämmschicht)	$\vartheta_{2/3} = \vartheta_{1/2} - q \cdot R_2$ $\vartheta_{2/3} = 17{,}8 - 7{,}92 \cdot 0{,}343$ $\Delta\vartheta = 2{,}7\ °C$ $\vartheta_{2/3} = 15{,}1\ °C \Rightarrow$	1 715	$\frac{g}{\delta_o} = \frac{p_{2/3} - p_e}{s_{d,T} - s_{d1} - s_{d2}}$ $584{,}14 = \frac{p_{2/3} - 321}{1{,}45 - 0{,}15 - 1{,}20}$ $p_{2/3} = 379$
4	Schichtgrenze 3/4 (Dämmschicht/ Luftschicht)	$\vartheta_{3/4} = \vartheta_{2/3} - q \cdot R_3$ $\vartheta_{3/4} = 15{,}1 - 7{,}92 \cdot 2{,}50$ $\Delta\vartheta = 19{,}7\ °C$ $\vartheta_{3/4} = -4{,}6\ °C \Rightarrow$	415	$p_{se} = p_{2/3} - \frac{g}{\delta_o} \cdot s_{d4}$ $p_{se} = 379 - 584{,}14 \cdot 0{,}1$ $p_{se} = 321$
		$\vartheta = \vartheta_{se} - q \cdot R_3$ $\vartheta_{3/4} = -4{,}6 - 7{,}92 \cdot 0{,}043$ $\Delta\vartheta = 0{,}4\ °C$ $\vartheta_{3/4} = -5{,}0\ °C \Rightarrow$	401	

Die Konstruktion ist tauwasserfrei, da p in keiner Schichtgrenze größer p_{sat} ist.

Anm.: Fassadenabschlüsse mit weniger als 90 mm Dicke gelten nach DIN 1053 als Bekleidungen und dürfen nach DIN 4108-3 weder selbst, noch die dahinterliegende Luftschicht (nach DIN 6946 stark belüftete Luftschicht) wegen der starken Konvektion in die Wärmedämmberechnung einbezogen werden.

Aus dem Diagramm ist ersichtlich, dass die Dampfteildruckkurve p (der tatsächliche Dampfdruck) an keiner Stelle die Sättigungskurve erreicht. Dies bedeutet: die Konstruktion ist tauwasserfrei.

Je weiter die Kurven p und p_{sat} voneinander entfernt sind, desto geringer ist die Gefahr der Tauwasserbildung. Zum Ende der Schichtgrenze Dämmung/Luft nähert sich die Kurve p_{sat} der Kurve p, bedingt durch den Temperatursturz sehr schnell, jedoch ohne diese zu erreichen.

Beispiel 14: Außenwand in Holzständerbauweise

1. Konstruktionsaufbau

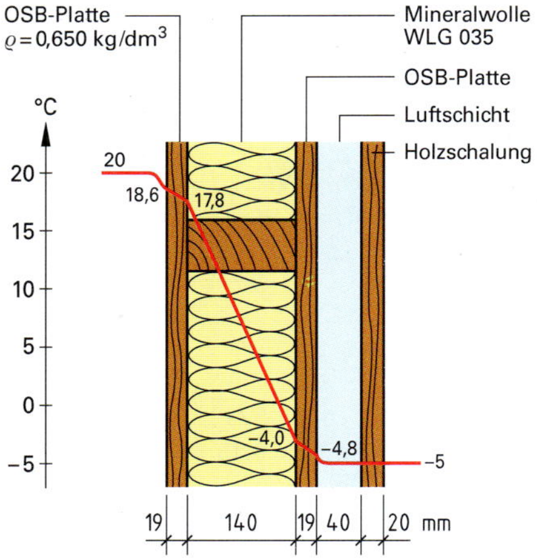

Bild 1: Wandaufbau

Randbedingungen nach DIN 4108-3

Tauperiode: $t_c = 7{,}776 \cdot 10^6$ s ≙ 90 d
Verdunstungsperiode: $t_{ev} = 7{,}776 \cdot 10^6$ s ≙ 90 d

$\vartheta_i = 20$ °C $\varphi_i = 50$ %	$\vartheta_e = -5$ °C $\varphi_e = 80$ %	$p_i = 2337 \cdot 0{,}50 = 1168$ Pa $p_e = 401 \cdot 0{,}80 = 321$ Pa

Diffusionsstromdichte

- Holzständerbereich

$$g = \delta_0 \, \frac{(p_i - p_e)}{s_{d,T}}$$

$$g = 2 \cdot 10^{-10} \, \frac{(1168 - 321)}{4{,}32}$$

$$g = 3{,}92 \cdot 10^{-8} \text{ kg/m}^2\text{s}$$

- Gefachbereich

$$g = 2 \cdot 10^{-10} \, \frac{(1168 - 321)}{1{,}66}$$

$$g = 1{,}02 \cdot 10^{-7} \text{ kg/m}^2\text{s}$$

Quotient aus Diffusionsstromdichte und Diffusionsleitkoeffizient

- Holzständerbereich

$$\frac{g}{\delta_0} = \frac{3{,}92 \cdot 10^{-8}}{2 \cdot 10^{-10}}$$

$$\frac{g}{\delta_0} = 196{,}1 \text{ Pa/m}$$

- Gefachbereich

$$\frac{g}{\delta_0} = 510{,}24 \text{ Pa/m}$$

Holzständeranteil 25 %

2. Schichtaufbau und Schichtenkennwerte

	1	2	3	4	5	6	7
Nr.	**Schicht**	d	μ	s_d	$\Sigma s_d / s_{d,T}$	λ	R
		m	**[-]**	**m**	**[-]**	**W/mK**	**m²K/W**
	Gefachbereich						
	Wärmeübergangswiderstand innen R_{si}						0,250
1	OSB-Platte	0,019	30	0,57	0,343	0,13	0,146
2	Dämmung MW	0,140	1	0,14	0,445	0,035	4,00
3	OSB-Platte	0,019	50	0,95	1,000	0,13	0,146
	Wärmeübergangswiderstand außen R_{se}						0,043
	Summenwerte	0,178		1,66		$R_T =$	4,585 m²K/W
						$U =$	0,22 W/m²K
	Wärmestromdichte	$q = U(\vartheta_i - \vartheta_e)$		$q = 0{,}22\,[20 - (-5)]$		$q =$	5,45 W/m²
	Holzständerbereich						
	Wärmeübergangswiderstand innen R_{si}						0,250
1	OSB-Platte	0,019	30	0,57	0,132	0,13	0,146
2	Holzständer	0,140	20	2,80	0,780	0,13	1,077
3	OSB-Platte	0,019	50	0,95	1,000	0,13	0,146
	Wärmeübergangswiderstand außen R_{se}						0,043
	Summenwerte	0,238		4,32		$R_T =$	1,66 m²K/W
						$U =$	0,60 W/m²K
	Wärmestromdichte	$q = U(\vartheta_i - \vartheta_e)$		$q = 0{,}60\,[20 - (-5)]$		$q =$	15,05 W/m²

Mittelwert aus Balken- und Gefachanteil

$$R_m = 4{,}0 \cdot \frac{75}{100} + 1{,}077 \cdot \frac{25}{100}$$

$$R_m = 3{,}269 \text{ m}^2\text{K/W}$$

$$R_{T,m} = 0{,}25 + 0{,}146 + 3{,}269 + 0{,}146 + 0{,}043$$

$$R_{T,m} = 3{,}854 \text{ m}^2\text{K/W}$$

$$U_m = 0{,}26 \text{ W/m}^2\text{K}$$

feuchtetechnische Untersuchung für den Ständerbereich und Gefachbereich (Fettdruck)

3. Bestimmung der Temperaturen, Sättigungsdampfdrücke, Partialdrücke (Dampfteildrücke) in den Schichtgrenzen

Nr.	Bauteilschicht	Temperatur/ Temperaturdifferenz	Sättigungsdampfdrücke p_{sat} in Pa	Partialdrücke p in Pa
1	innere Oberfläche	$\vartheta_{si} = \vartheta_i - q \cdot R_{si}$ $\vartheta_{si} = 20 - 15{,}05 \cdot 0{,}25$ $\Delta\vartheta = 1{,}8$ °C $\vartheta_{si} = 16{,}2$ °C ⇒ $\boldsymbol{\vartheta_{si} = 20 - 5{,}45 \cdot 0{,}25}$ $\Delta\vartheta = 1{,}4$ °C $\boldsymbol{\vartheta_{si} = 18{,}6}$ **°C** ⇒	1 841 **2 142**	$p_{si} = p_i = p_{sat} \cdot \varphi_i$ $p_{si} = 2\,337 \cdot 0{,}50$ $p_{si} = 1\,168$ $\boldsymbol{p_{si} = 1\,168}$
2	Schichtgrenze 1/2 OSB-Platte/ Holzständer **OSB-Platte/ Dämmschicht**	$\vartheta_{1/2} = \vartheta_{si} - q \cdot R_1$ $\vartheta_{1/2} = 16{,}2 - 15{,}05 \cdot 0{,}146$ $\Delta\vartheta = 2{,}2$ °C $\vartheta_{1/2} = 14{,}0$ °C ⇒ $\boldsymbol{\vartheta_{1/2} = 18{,}6 - 5{,}45 \cdot 0{,}146}$ $\Delta\vartheta = 0{,}8$ °C $\boldsymbol{\vartheta_{1/2} = 17{,}8}$ **°C** ⇒	1 598 **2 037**	$\frac{g}{\delta_o} = \frac{p_{1/2} - p_e}{s_{d,T} - s_{d1}}$ $196{,}1 = \frac{p_{1/2} - 321}{4{,}32 - 0{,}57}$ $p_{1/2} = 1\,056$ $\boldsymbol{510{,}24 = \frac{p_{1/2} - 321}{1{,}66 - 0{,}57}}$ $\boldsymbol{p_{1/2} = 877}$
3	Schichtgrenze 2/3 Holzständer/ OSB-Platte **Dämmschicht/ OSB-Platte**	$\vartheta_{2/3} = \vartheta_{1/2} - q \cdot R_2$ $\vartheta_{2/3} = 14{,}0 - 15{,}05 \cdot 1{,}077$ $\Delta\vartheta = 16{,}2$ °C $\vartheta_{2/3} = -2{,}2$ °C ⇒ $\boldsymbol{\vartheta_{2/3} = 17{,}8 - 5{,}45 \cdot 4{,}0}$ $\Delta\vartheta = 21{,}8$ °C $\boldsymbol{\vartheta_{2/3} = -4{,}0}$ **°C** ⇒	509 **437**	$\frac{g}{\delta_o} = \frac{p_{2/3} - p_e}{s_{d,T} - s_{d1} - s_{d2}}$ $196{,}1 = \frac{p_{2/3} - 321}{4{,}32 - 0{,}57 - 2{,}80}$ $p_{2/3} = 507$ $\boldsymbol{510{,}24 = \frac{p_{2/3} - 321}{1{,}66 - 0{,}57 - 0{,}14}}$ $\boldsymbol{p_{2/3} = 806 > p_{sat} = 437}$ → **Tauwassergefahr**
4	Schichtgrenze 3/4 OSB-Platte/ Luftschicht **OSB-Platte/ Luftschicht**	$\vartheta_{se} = \vartheta_{2/3} - q \cdot R_3$ $\vartheta_{se} = -2{,}2 - 15{,}05 \cdot 0{,}146$ $\Delta\vartheta = 2{,}2$ °C $\vartheta_{se} = -4{,}4$ °C ⇒ $\boldsymbol{\vartheta_{se} = 4{,}0 - 5{,}45 \cdot 0{,}146}$ $\Delta\vartheta = 0{,}8$ °C $\boldsymbol{\vartheta_{se} = -4{,}8}$ **°C** ⇒	422 **408**	$p_{se} = p_{2/3} - \frac{g}{\delta_o} \cdot s_{d4}$ $p_{se} = 507 - 196{,}1 \cdot 0{,}95$ $p_{se} = 321$ $\boldsymbol{p_{se} = 806 - 510{,}24 \cdot 0{,}95}$ $\boldsymbol{p_{se} = 321}$
5	Außenluft	$\vartheta_e = \vartheta_{3/4} - q \cdot R_3$ $\vartheta_e = -4{,}4 - 15{,}05 \cdot 0{,}043$ $\Delta\vartheta = 0{,}6$ °C $\vartheta_e = -5{,}0$ °C ⇒ $\boldsymbol{\vartheta_e = -4{,}8 - 5{,}45 \cdot 0{,}043}$ $\Delta\vartheta = 0{,}2$ °C $\boldsymbol{\vartheta_e = -5{,}0}$ **°C** ⇒	401 **401**	

Dass im Gefachbereich zwischen Dämmschicht und äußerer OSB-Platte Tauwasserbildung angesagt wird, ist dadurch zu erklären, dass auf die diffusionsoffene MW die diffusionsdichtere OSB-Platte folgt. Die weitere Bearbeitung bezieht sich auf den Gefachbereich.

Masse der OSB-Platte in der Schichtgrenze 2/3 $m' = 0{,}019\ \text{m} \cdot 650\ \text{kg/m}^3$ $m' = 12{,}35\ \text{kg/m}^2$	max. zul. Tauwassermasse bei Holzwerkstoffen 3 % $m' = 12{,}35\ \text{kg/m}^2 \cdot 3/100$ $m' = 0{,}37\ \text{kg/m}^2$

Tauperiode		
eindiffundierend	ausdiffundierend	sich bildende Tauwassermasse
$g_c' = \frac{g}{\delta_0}\left(\frac{p_i - p_c}{s_{d,c}}\right)$ $g_c' = 2 \cdot 10^{-10}\left(\frac{1168 - 437}{0{,}57 + 0{,}14}\right)$ $g_c' = 2{,}059 \cdot 10^{-7}\ \text{kg/m}^3\text{s}$	$g_{ev}' = \frac{g}{\delta_0}\left(\frac{p_c - p_e}{s_{d,T} - s_{d,c}}\right)$ $g_{ev}' = 2 \cdot 10^{-10}\left(\frac{437 - 321}{1{,}66 - 0{,}57 - 0{,}14}\right)$ $g_{ev}' = 2{,}44 \cdot 10^{-8}\ \text{kg/m}^2\text{s}$	$g_c = g_c' - g_{ev}'$ $g_c = 2{,}059 \cdot 10^{-7} - 2{,}44 \cdot 10^{-8}$ $g_c = 1{,}815 \cdot 10^{-7}\ \text{kg/m}^2\text{s}$ $m_c = g_c \cdot t_c$ $m_c = 1{,}815 \cdot 10^{-7} \cdot 7{,}776 \cdot 10^6$ $m_c = 1{,}41\ \text{kg/m}^2 >$ max. zul. $m_c = 0{,}37\ \text{kg/m}^2$

Verdunstungsperiode	
$g_{ev}' = 2 \cdot 10^{-10}\left(\frac{1\,700 - 1\,200}{0{,}57 + 0{,}14}\right)$ $g_{ev}' = 1{,}408 \cdot 10^{-7}\ \text{kg/m}^2\text{s}$ nach der Raumseite	$g_{ev}'' = 2 \cdot 10^{-10}\left(\frac{1\,700 - 1\,200}{1{,}66 - 0{,}57 - 0{,}14}\right)$ $g_{ev}'' = 1{,}053 \cdot 10^{-7}\ \text{kg/m}^2\text{s}$ nach der Außenseite

Bei Dampfsperren ist der μ-Wert bei Berechnungen nach DIN 4108-3 mit maximal 100 000 anzunehmen, auch wenn dieser höher angegeben ist.	$g_{ev} = (g_{ev}' + g_{ev}'')\ t_{ev}$ $g_{ev} = (1{,}408 \cdot 10^{-7} + 1{,}053 \cdot 10^{-7}) \cdot 7{,}776 \cdot 10^6$ $g_{ev} = 2{,}46 \cdot 10^{-7}\ \text{kg/m}^2\text{s}$ $m_{ev} = g_{ev} \cdot t_{ev}$ $m_c = 2{,}46 \cdot 10^{-7} \cdot 7{,}776 \cdot 10^6$ $m_{ev} = 1{,}91\ \text{kg/m}^2 >$ max. $m_c = 1{,}41\ \text{kg/m}^2$	Obwohl die verdunstende Wassermasse größer ist, als die in der Tauperiode anfallende, ist die Konstruktion so nicht zulässig, da die maximal zulässige von $0{,}37\ \text{kg/m}^2$ überschritten ist.

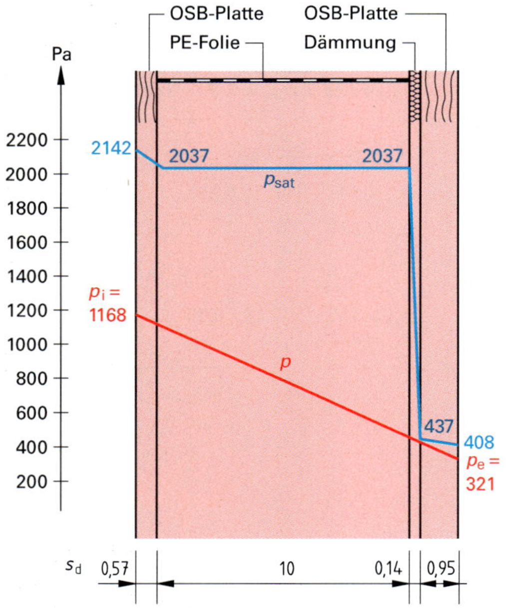

Zwischen der inneren OSB-Platte und der Dämmschicht ist eine Dampfbremse einzubauen.

erf. gesamt $s_d = \frac{p_i - p_e}{p_{sat} - p_e}(s_{d,T} - s_{d,c})$

erf. gesamt $s_d = \frac{1168 - 321}{408 - 321} \cdot 0{,}95$

erf.gesamt $s_d = 9{,}25\ \text{m}$

erf. zusätzlich $s_d = 9{,}25 - 1{,}66$

erf. zusätzlich $s_d = 7{,}59\ \text{m}$, gewählt 10 m

	$s_d = \mu \cdot d$	
OSB-Platte	$30 \cdot 0{,}019\ \text{m}$	$= 0{,}57\ \text{m}$
PE_Folie	$100\,000 \cdot 0{,}0001\ \text{m}$	$= 10\ \text{m}$
oder	$50\,000 \cdot 0{,}0002\ \text{m}$	
Mineralwolle	$1 \cdot 0{,}14\ \text{m}$	$= 0{,}14\ \text{m}$
OSB-Platte	$50 \cdot 0{,}019\ \text{m}$	$= 0{,}95\ \text{m}$
		$\Sigma s_d = 11{,}66\ \text{m}$

Bei der äußeren OSB-Platte ist wegen der Bewitterung der größere μ-Wert zu wählen.

Beim Temperaturverlauf wurde der Wärmetransport in der Plattenebene zwischen Balken- und Gefachbereich nicht berücksichtigt.

Allgemein:
Bei Wänden mit Innendämmung, Manteldämmung oder Kerndämmung sollte die Dampfbremse oder Dampfsperre grundsätzlich **vor** der Innendämmung angebracht werden und nicht danach.

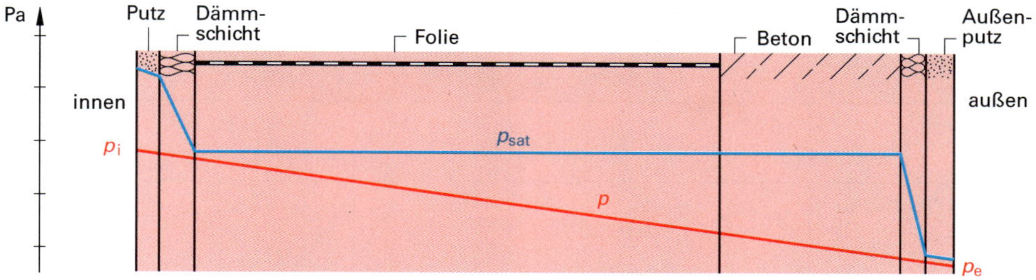

Bild 1: Glaser-Diagramm nach Einbau der Folie zwischen Dämmung und Betonwand

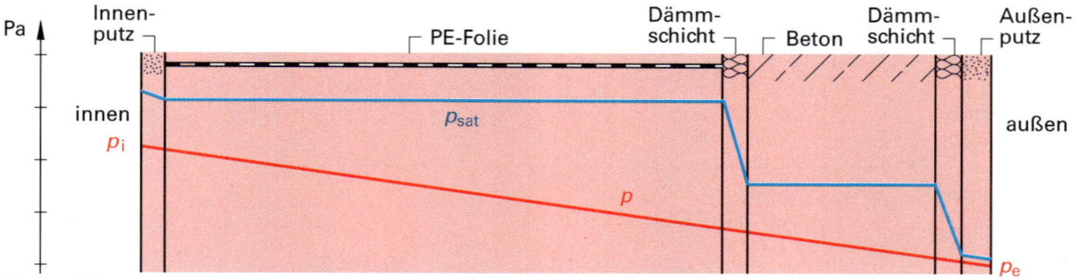

Bild 2: Glaser-Diagramm nach Einbau der Folie zwischen Innenputz und Dämmung

Beispiel 15: Einschaliges Flachdach (Nicht belüftetes FD, Warmdach)

1. Konstruktionsaufbau	Randbedingungen nach DIN 4108-3		
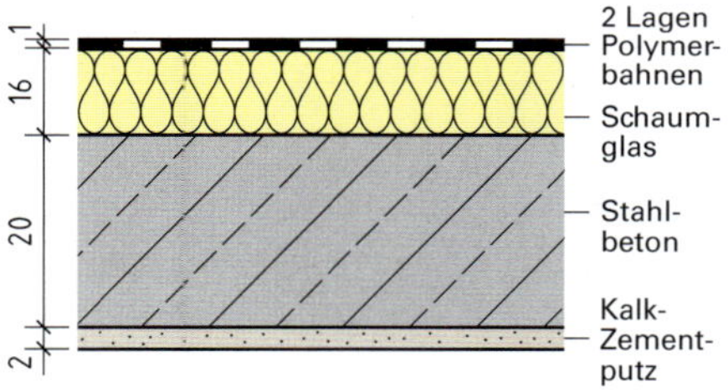	Tauperiode: $t_c = 7{,}776 \cdot 10^6$ s $\hat{=}$ 90 d		
	$\vartheta_i = 20$ °C $\varphi_i = 50$ %	$\vartheta_e \hat{=} -5$ °C $\varphi_e = 80$ %	$p_i = 2337 \cdot 0{,}50 = 1168$ Pa $p_e = 401 \cdot 0{,}80 = 321$ Pa
	Diffusionsstromdichte $g = \delta_0 \dfrac{(p_i - p_e)}{s_{d,T}}$ $g = 2 \cdot 10^{-10} \dfrac{(1168 - 321)}{196{,}3}$ $g = 8{,}63 \cdot 10^{-10}$ kg/m²s		Quotient aus Diffusionsstromdichte und Diffusionsleitkoeffizient $\dfrac{g}{\delta_0} = \dfrac{8{,}63 \cdot 10^{-10}}{2 \cdot 10^{-10}}$ $\dfrac{g}{\delta_0} = 4{,}31$ Pa/m

2. Schichtaufbau und Schichtenkennwerte

	1	2	3	4	5	6	7
Nr.	**Schicht-**	d	μ	s_d	$\Sigma s_d / s_{d,T}$	λ	R
	Art	**m**	**[-]**	**m**	**[-]**	**W/mK**	**m²K/W**
	Wärmeübergangswiderstand außen R_{se}						0,043
1	Dachhaut Polmerahnen			80	0,408		
2	Dämmung und Dampfsperre CG	0,16		> 1500 Anrechnung 100	0,917	0,045	3,55
3	Stahlbetondecke	0,20	80	16,0	0,998	2,5	0,08
4	Kalk-Zementputz	0,02	15	0,3	1,00	1,0	0,02
	Wärmeübergangswiderstand innen R_{si}						0,10
				196,3		$R_T =$	3,80 m²K/W
						$U =$	0,263 W/m²K
	Wärmestromdichte	$q = U(\vartheta_i - \vartheta_e)$		$q = 0{,}263\,[20 - (-5)]$		$q =$	6,68 W/m²

3. Bestimmung der Temperaturen, Sättigungsdampfdrücke, Partialdrücke (Dampfteildrücke) in den Schichtgrenzen				
Nr.	**Bauteilschicht**	**Temperatur/ Temperaturdifferenz**	**Sättigungs-dampf-drücke p_{sat} in Pa**	**Partialdrücke p in Pa**
	Außenluft	–5 °C		p_{sat} = 401 Pa p_e = 401 · 80/100
0	äußere Oberfläche	$\vartheta_{se} = \vartheta_e - q \cdot R_{ei}$ $\vartheta_{si} = -5 + 6{,}58 \cdot 0{,}043$ $\Delta\vartheta = 0{,}3$ °C $\vartheta_{si} = -4{,}7$ °C ⇒	412	$p_{si} = p_i = p_{sat} \cdot \varphi_i$ $p_{si} = 401 \cdot 0{,}80$ $p_{si} = 321$
1	Schichtgrenze 1/2 (Dachhaut/ Dämmung)	$\vartheta_{si} = -4{,}7$ °C ⇒	412	$p_{1/2} = 666 - 4{,}31 \cdot 80$ $p_{1/2} = 321$
2	Schichtgrenze 2/3 (Dämmung/Decke)	$\vartheta_{1/2} = \vartheta_{si} - q \cdot R_1$ $\vartheta_{1/2} = -4{,}7 + 6{,}58 \cdot 3{,}55$ $\Delta\vartheta = 23{,}3$ °C $\vartheta_{1/2} = 18{,}6$ °C ⇒	2 142	$\frac{g}{\delta_o} = \frac{p_{1/2} - p_e}{s_{d,T} - s_{d1} - s_{d3}}$ $4{,}31 = \frac{p_{1/2} - 321}{196{,}3 - 0{,}3 - 16 - 100}$ $p_{2/3} = 666$
3	Schichtgrenze 3/4 (Decke/Innenputz)	$\vartheta_{2/3} = \vartheta_{1/2} - q \cdot R_2$ $\vartheta_{2/3} = 18{,}6 - 6{,}58 \cdot 0{,}08$ $\Delta\vartheta = 0{,}6$ °C $\vartheta_{2/3} = 19{,}2$ °C ⇒	2 224	$\frac{g}{\delta_o} = \frac{p_{2/3} - p_e}{s_{d,T} - s_{d1} - s_{d2}}$ $4{,}31 = \frac{p_{2/3} - 321}{196{,}36 - 0{,}3 - 16}$ $p_{3/4} = 1\,097$
4	innere Deckenoberfläche	$\vartheta_{3/4} = \vartheta_{2/3} - q \cdot R_3$ $\vartheta_{3/4} = 19{,}2 + 6{,}58 \cdot 0{,}02$ $\Delta\vartheta = 0{,}1$ °C $\vartheta_{3/4} = 19{,}3$ °C ⇒	2 238	$\frac{g}{\delta_o} = \frac{p_{3/4} - p_e}{s_{d,T} - s_{d1}}$ $4{,}31 = \frac{p_{3/4} - 321}{196{,}3 - 0{,}3}$ $p_{se} = 1\,166$
5	Raumluft	$\vartheta_{se} = \vartheta_{3/4} - q \cdot R_4$ $\vartheta_{se} = 19{,}3 + 6{,}58 \cdot 0{,}10$ $\Delta\vartheta = 0{,}7$ °C $\vartheta_{se} = 20{,}0$ °C ⇒	2 337	

Sowohl die Sättigungsdrücke als auch die Dampfteildrücke fallen von der warmen zur kalten Seite, das ist hier von unten nach oben.
Der Partialdruck (Dampfteildruck, tatsächlich vorhandener Dampfdruck) erreicht an keiner Stelle den Sättigungsdruck. Die Konstruktion ist somit tauwasserfrei.

Beispiel 16: Vergleichende Betrachtung der Beispiele 1, 2, 3 und 8

Die aufgeführten Beispiele der Konstruktionen 1, 2, 3 und 8 haben in der Summe die gleiche Dämmstoffdicke und dadurch den gleichen Wärmedurchgangskoeffizienten (*U*.-Wert).
Die Lage der Dämmung hat jedoch Auswirkung auf die Wärmespeicherfähigkeit und vor allem das Verhalten im Feuchteschutz. Während die Wärmespeicherfähigkeit sich primär auf das Wohlfühlen auswirkt, können die Folgen für die Baukonstruktion von fataler Wirkung sein.

Beispiel 1
Dämmung innen

$\vartheta_{AWi} = 17{,}1$ °C
$U = 0{,}46$ W/m²K

Wärmespeicherung:
$Q = 1\,400$ kg/m³ · 0,02 m · 1 000 J/kgK · 0,3 K (17,1 °C – 16,8 °C)
$Q = 8\,400$ J/m²
$Q = 0{,}0023$ kWh/m²

Tauperiode
$m_c = 0{,}53$ kg/m²

Verdunstungsperiode
$m_{ev} = 0{,}42$ kg/m²
$m_c > m_{ev}$
$0{,}53 > 0{,}42$ kg/m²

Beurteilung:
Da die anfallende Feuchtemasse größer ist als die in den Sommermonaten verdunstende, käme es zu schwerwiegenden Bauschäden. Eine Wärmedämmung innen ist je nach μ-Wert bzw. s_d-Wert feuchteschutztechnisch meist schlechter als keine Wärmedämmung.

Beispiel 2
Dämmung außen

$\vartheta_{AWi} = 17{,}1$ °C
$U = 0{,}46$ W/m²K

Wärmespeicherung:
$Q = (1\,400$ kg/m³ · 0,02 m + 2 400 kg/m³ · 0,08 m) · 1 000 J/kgK · 0,8 K (17,1 °C + 16,3 °C)
$Q = 176\,000$ J/m²
$Q = 0{,}049$ kWh/m²

Tauperiode
kein Tauwasserausfall

Ein weiterer Nachweis kann daher entfallen.

Beurteilung:
Eine außenliegende Dämmung ist sowohl im Wärmeschutz bezüglich der Wärmespeicherung, als auch im Feuchteschutz wegen der Tauwasservermeidung die bauphysikalisch beste Lösung.
Die Wärmespeicherfähigkeit ist ca. 21 Mal größer als bei Innendämmung. Vorteil sowohl im winterlichen als auch im sommerlichen Wärmeschutz.

Beispiel 3
Dämmung außen und innen
(⇒ Manteldämmung)
$\vartheta_{AWi} = 17{,}1$ °C
$U = 0{,}46$ W/m²K

Wärmespeicherung:
$Q = 1\,400$ kg/m³ · 0,02 m · 1 000 J/kgK · 0,3 K (17,1 °C – 16,8 °C)
$Q = 8\,400$ J/m²
$Q = 0{,}0023$ kWh/m²

Tauperiode
$m_c = 0{,}23$ kg/m²

Verdunstungsperiode
$m_{ev} = 0{,}73$ kg/m²
$m_c < m_{ev}$
$0{,}23 < 0{,}73$ kg/m²

Beurteilung:
Da die anfallende Feuchtemasse kleiner ist als die, die im Sommer verdunsten kann, ist nicht mit nennenswerten Bauschäden zu rechnen.
Die Wärmespeicherfähigkeit ist bei den Beispielen 1 bis 3 vergleichbar, da diese Wände den gleichen *U*-Wert haben.
Bei der Manteldämmung gilt die Faustformel: Die äußere Dämmung sollte ca. doppelt so dick wie die innere sein, um Feuchteprobleme auszuschließen.

Beispiel 8
Dämmung dazwischen
(⇒ Kerndämmung)
$\vartheta_{AWi} = 17{,}1$ °C
$U = 0{,}46$ W/m²K

Wärmespeicherung:
$Q = (1\,400$ kg/m³ · 0,02 m + 2 400 kg/m³ · 0,08 m) · 1 000 J/m² · 0,8 K (17,1 °C – 16,3 °C)
$Q = 176\,000$ J/m²
$Q = 0{,}049$ kWh/m²

Tauperiode
$m_c = 0{,}098$ kg/m²

Verdunstungsperiode
$m_{ev} = 0{,}13$ kg/m²
$m_c < m_{ev}$
$0{,}098 < 0{,}13$ kg/m²

Beurteilung:
Die in den Wintermonaten anfallende Tauwassermasse ist nur unwesentlich geringer als die in den Sommermonaten verdunstende. Es wäre deshalb empfehlenswert zwischen Innenschale und Dämmschicht eine PE-Folie mit $d = 0{,}5$ mm anzubringen.

Beispiel 17: Wände mit 60 mm Innendämmung, gleichem Wärmeleitfähigkeitswert λ, jedoch unterschiedlichen μ-Werten der Dämmschicht

Dämmschicht Mineralwolle μ = 1

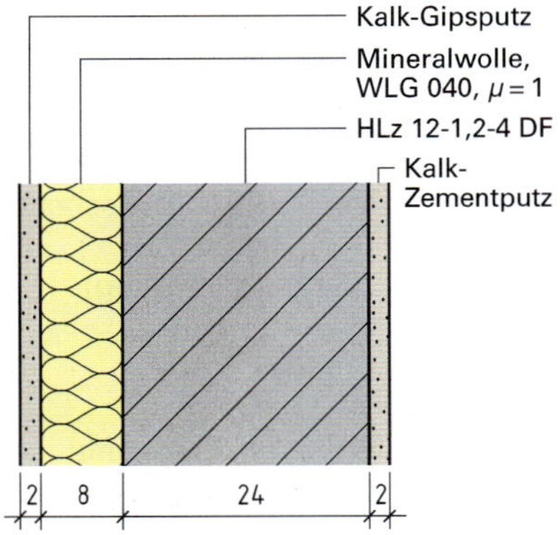

Bild 1: Wandaufbau

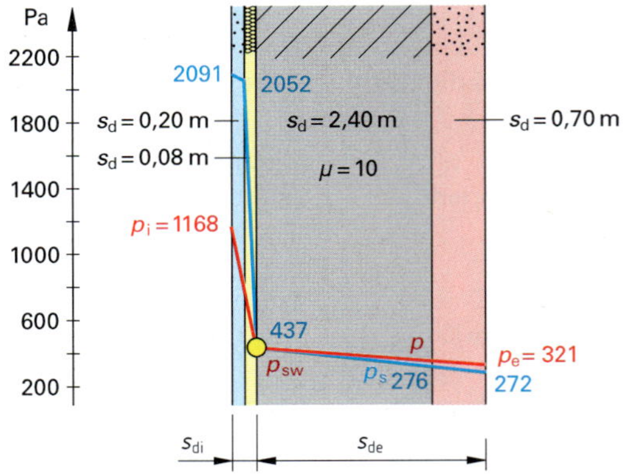

Bild 2: Glaser-Diagramm: Tauperiode
m_c = 3,14kg/m²
m_{ev} = 2,80 kg/m²

Dämmschicht PS-Hartschaum EPS

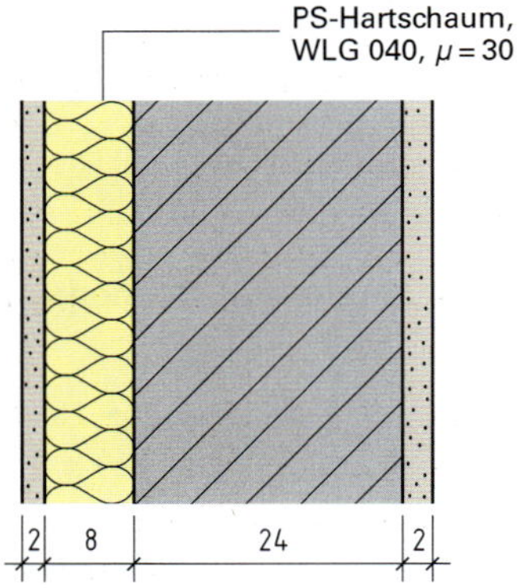

Bild 3: Wandaufbau

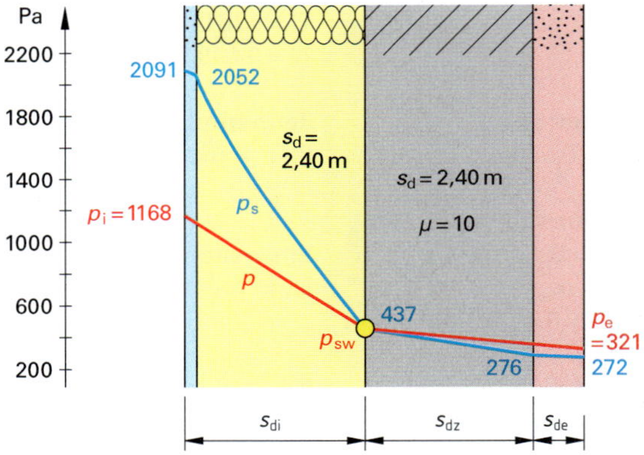

Bild 4: Glaser-Diagramm: Tauperiode
m_c = 0,32 kg/m²
m_{ev} = 0,32 kg/m²

Dämmschicht Extruderschaum XPS

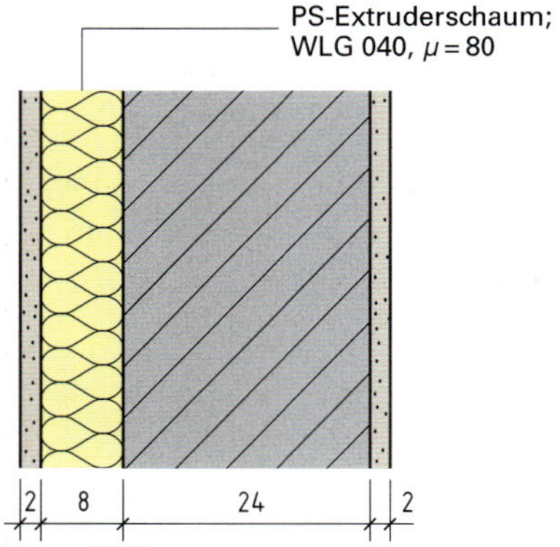

Bild 5: Wandaufbau

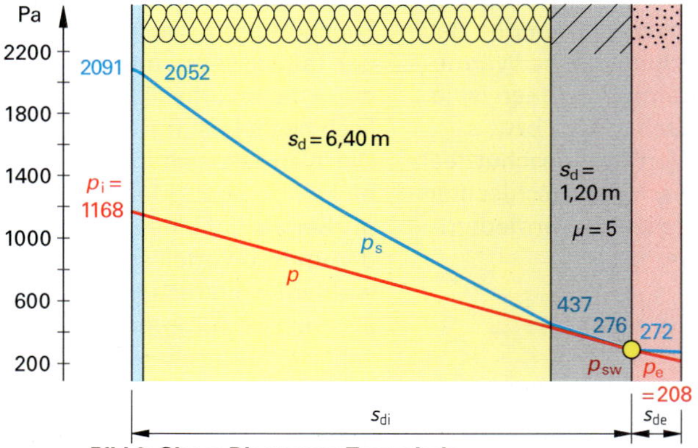

Bild 6: Glaser-Diagramm: Tauperiode
m_c = 0,12 kg/m²
m_{ev} = 0,14 kg/m²

Die Glaser-Diagramme zeigen:
Je größer der s_d-Wert bei der Innendämmung ist, desto mehr ist das Konstruktionsprinzip erfüllt, dass der s_d-Wert der einzelnen Schichten von innen nach außen abnehmen soll.
Dadurch lässt sich Tauwassergefahr vermeiden.

2.20 Der Temperaturfaktor f_{Rsi}

f_{Rsi}-Wert

Es ist ein Kennwert, der gebildet werden kann für die

Wandoberfläche	Raumkante	Raumecke
$f_{Rsi,AW} = \frac{\vartheta_{si,AW} - \vartheta_e}{\vartheta_i - \vartheta_e}$	$f_{Rsi,K} = \frac{\vartheta_{si,K} - \vartheta_e}{\vartheta_i - \vartheta_e}$	$f_{Rsi,E} = \frac{\vartheta_{si,E} - \vartheta_e}{\vartheta_i - \vartheta_e}$

Innen handelt es sich bei der inneren Oberflächentemperatur jeweils um die zu untersuchende Stelle. Die Frage der Schimmelpilzbildung auf der Wandoberfläche wird sich nur in solchen Fällen stellen, in denen auf der Wand ein größeres Bild sich befindet oder hinter Einbaumöbeln. Am häufigsten wird sich die Fragestellung nach der Schimmelpilzvermeidung in der Raumecke ergeben, da sich dort aufgrund der zweidimensionalen geometrischen Wärmebrücke manchmal auch dreidimensionale Wärmebrücken (zwei Wände plus Decke zur Außenluft) zuerst Schimmelpilz bilden kann. In Raumkanten und erst recht in Raumecken ist der Luftstrom wesentlich geringer als an der ebenen Wandoberfläche, so dass ein Wegtransport der Oberflächenfeuchte sehr stark eingeschränkt ist. Strömungstechnisch wäre es besser, wenn die Raumkanten und vor allem die Raumecken ausgerundet wären, was in manchen Schwimmbädern für die Erhaltung der Wasserqualität in diesen Zonen auch gemacht wird. Bei geometrischen Wärmebrücken ist die kalte Außenseite größer als die warme Innenseite. Die Wärme liefernde kleinere Innenseite kann nicht so viel Wärme liefern wie die größere kalte Außenseite nach der Außenluft abtransportiert. Dadurch kühlt die Raumecke besonders stark aus. Eine sinkende Temperatur in der Raumecke hat eine steigende relative Luftfeuchte in dieser Zone zur Folge, was wiederum Voraussetzung für die Schimmelpilzbildung ist. Beim f_{Rsi}-Wert handelt es sich um einen Temperaturdifferenzen-Quotient, denn im Zähler steht eine Temperaturdifferenz und im Nenner ebenfalls. Der Wert von f_{Rsi} ist daher dimensionslos. Aus den Formeln ist ersichtlich: Je mehr sich die Oberflächentemperatur der Raumtemperatur nähert, desto mehr nähert sich f_{Rsi} dem Wert 1. Daher ist der Temperaturfaktor f_{Rsi} i. d. R. auch < 1, in ganz einzelnen Fällen, wie z. B. Wandheizungen kann f_{Rsi} auch einmal > 1 sein.

Es ist ein Kennwert, der über den energetischen Standard der Bausubstanz aussagt, sowie in Folge dann Auswirkungen auf das Nutzerverhalten bezüglich der maximal zulässigen rel. Raumluftfeuchte hat.

Beim Schimmelpilznachweis ist h_i mit 4 anzusetzen, in besonderen Fällen sogar mit 2 oder gar 1.
Die Außentemperatur ist nach DIN 4108-2 auf –5 °C festgelegt, die Raumluftfeuchte auf 50 %. In der Praxis geht die Außentemperatur jedoch standortbezogen in die Berechnung ein, die Raumluftfeuchte richtet sich nach Art der Nutzung.
Ist von einem Bauteil der Temperaturfaktor f_{Rsi} bekannt, so lässt sich durch Rückrechnung die innere Oberflächen-Temperatur ermitteln.

$f_{Rsi} = \frac{\vartheta_{si} - \vartheta_e}{\vartheta_i - \vartheta_e}$ $f_{Rsi}\,(\vartheta_i - \vartheta_e) = \vartheta_{si} - \vartheta_e$ $\vartheta_{si} = f_{Rsi}\,(\vartheta_i - \vartheta_e) + \vartheta_e$ Durch Auflösung der Formel nach der inneren Oberflächentemperatur ϑ_{si} ist ersichtlich, dass zur Außentemperatur die Differenz zwischen Raum- und Außentemperatur, multipliziert mit dem Temperaturfaktor addiert werden muss, um die innere Oberflächentemperatur zu erhalten.	Beispiel 1: $f_{Rsi} = 0{,}7 \mathrel{\hat=} 70\ \%$ $\vartheta_e = -5\ °C$ $\vartheta_{si} = 0{,}7\ [20 - (-5)] - 5$ $\vartheta_{si} = 12{,}5\ °C$ oder $\Delta\vartheta = 25 \cdot \frac{70}{100}$ $\Delta\vartheta = 17{,}5\ °C$ $\vartheta_{si} = -5 + 17{,}5$ $\vartheta_{si} = 12{,}5\ °C$ Dies bedeutet, dass die Temperatur von der Außenluft bis zur inneren Oberfläche um 17,5 °C steigt.	Beispiel 2: Außenecke $f_{Rsi} = 0{,}51$ Randbedingungen Außenecke f_{Rsi} 0,51 $\mathrel{\hat=}$ 51 % Randbedingungen: $\vartheta_i = 20\ °C$, $\vartheta_e = -10\ °C$ $\Delta\vartheta = 30 \cdot \frac{51}{100}$ $\Delta\vartheta = 15{,}3\ °C$ $\vartheta_{si} = -10\ °C + 15{,}3\ °C$ $\vartheta_{si} = 5{,}3\ °C$

Der Temperaturfaktor f_{Rsi} findet seine Anwendung im:

Nachweis von Wärmebrücken für die Bausubstanz

$$f_{Rsi} = \frac{\vartheta_{si} - \vartheta_e}{\vartheta_i - \vartheta_e}$$

Aus der Formel ist ersichtlich:

Je höher die Oberflächentemperatur ist, desto mehr nähert sich f_{Rsi} dem Wert 1.

Spezifische Wärmebrücken

$$H_{T,WB} = (1 - f_{Rsi}) \cdot \psi \cdot l$$

ψ = Wärmebrückenverlustkoeffizient in W/mK
l = Länge der Wärmebrücke

In dieser Formel ist ersichtlich: Je mehr f_{Rsi} sich 1 nähert, desto geringer ist der wärmebrückenbedingte Transmissionswärmeverlust $H_{T,WB}$

Beispiel: ψ = 0,35 W/mK
l = 48 m
$f_{Rsi,1}$ = 0,52
$f_{Rsi,2}$ = 0,89

$H_{T1} = (1 - 0{,}52) \cdot 0{,}035 \cdot 48$
H_{T1} = 0,81 W/K

$H_{T2} = (1 - 0{,}89) \cdot 0{,}035 \cdot 48$
H_{T2} = 0,18 W/K

Das Ergebnis zeigt:
kleiner f_{Rsi}-Wert
⇒ schlechte Bausubstanz
⇒ hoher wärmebrückenbedingter Transmissionswärmeverlust.

Schimmelpilznachweis für die Bausubstanz

Mindest-f_{Rsi}-Wert, um Schimmelpilz zu vermeiden

Temperaturfaktor f_{Rsi}
in Abhängigkeit von der Außenlufttemperatur und der relativen Raumluftfeuchte

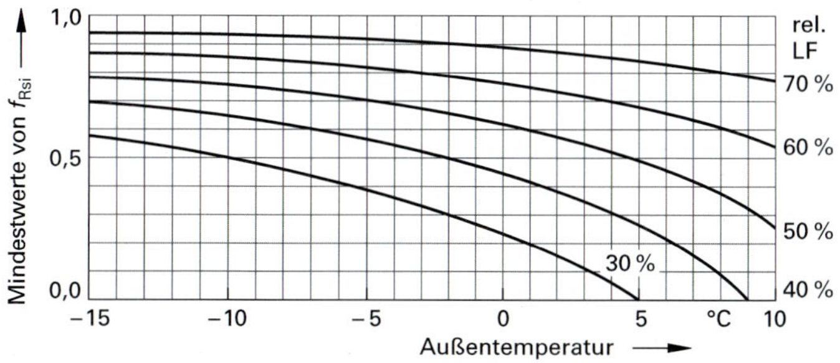

Aus der Grafik ist ersichtlich:
Je tiefer die Außentemperatur und je höher die relative Raumluftfeuchte ist, desto größer muss der Temperaturfaktor f_{Rsi} sein, um Schimmelpilz zu vermeiden. Soll die Bausubstanz keinen Schaden erleiden, so darf ein Mindestwert von f_{Rsi} nicht unterschritten werden. Dieser Mindestwert von f_{Rsi} kann in Abhängigkeit von der Außentemperatur und der relativen Raumluftfeuchte aus dem Diagramm abgelesen werden.
Z. B. Außentemperatur −8 °C; φ = 60 % ⇒ min. erf. f_{Rsi} = 0,82

Je besser die Bausubstanz in energetischer Hinsicht ist, desto höher ist die Wandoberflächentemperatur innen und umso höher ist auch der Temperaturfaktor f_{Rsi}.

Der Temperaturfaktor f_{Rsi} gibt den prozentualen Temperaturanstieg von der Außenluft zur inneren Oberflächentemperatur an der Raumecke bzw. der Außenwand wieder.

Beispiel 1:

Außenwand f_{Rsi} = 0,72 ≙ 72 %
Randbedingungen ϑ_i = 20 °C; ϑ_e = −7 °C

$\Delta\vartheta = 27 \cdot \frac{72}{100} = 19{,}44$ °C

ϑ_{si} = −7 °C + 19,44 °C = 12,44 °C

Beispiel 2:

Außenecke: f_{Rsi} = 0,48 ≙ 48 %
Randbedingungen ϑ_i = 20 °C; ϑ_e = −5 °C

$\Delta\vartheta = 25 \cdot \frac{48}{100} = 12{,}0$ °C

ϑ_{si} = −5 °C + 12,0 °C = 7,0 °C

Schimmelpilznachweis für die rel. Raumluftfeuchte

Maximal zul. rel. Raumluftfeuchte in Abhängigkeit von f_{Rsi} um Schimmelpilz zu vermeiden.

$$\Phi \le 0{,}8 \cdot \left[\frac{109{,}8 + f_{Rsi} \cdot (\vartheta_i - \vartheta_e) + \vartheta_e}{109{,}8 + \vartheta_i}\right]^{8{,}02} \cdot 100\ \%$$

In dieser Formel wird das Nutzerverhalten angesprochen. Es wird dem Nutzer vorgegeben, welchen Wert die relative Raumluftfeuchte φ nicht überschreiten darf, wenn Schimmelpilzbildung vermieden werden soll.

Auch hier ist ersichtlich:
Da f_{Rsi} im Zähler steht, ergeben sich bei großen f_{Rsi}-Werten höhere im Raum zugelassene relative Luftfeuchten, d. h. die Raumluftfeuchte kann höher sein bis es zur Schimmelpilzbildung kommt.
Der Faktor 0,8 vor der Klammer bedeutet, dass es schon vor Erreichung von 100% zur Tauwasserbildung und damit zur Schimmelpilzbildung kommen kann.
Dadurch dass in der Formel der Temperaturfaktor eingeht, zeigt, dass die relative Raumluftfeuchte und der f_{Rsi}-Wert in einem ursächlichen Zusammenhang stehen.

Die Ursache für die Schimmelpilzbildung kann liegen:
1. in der energetisch schlechten Bausubstanz
2. in der zu hohen Raumluftfeuchte (Nutzerverhalten)
3. im Heizungs- und Lüftungsverhalten (Nutzerverhalten)
4. in der Positionierung der Möbel (Nutzerverhalten)
5. in der fehlerhaften Ausführung

Beispiel:
f_{Rsi1} = 0,52
f_{Rsi2} = 0,89

$$\varphi \le 0{,}8 \cdot \left[\frac{109{,}8 + 0{,}52 \cdot [20 - (-10)] - 10}{109{,}8 + 20}\right]^{8{,}02} \cdot 100\ \%$$

φ_1 = 31,2 %
ϑ_2 = 65,1 % bei f_{Rsi} = 0,89

Das Ergebnis zeigt: Je größer der Temperaturfaktor ist, desto höher kann die Raumluftfeuchte sein, bis Schimmelpilzgefahr auftritt.

2.21 Feuchtetechnische Untersuchung nach DIN EN ISO 13 788

Das Verfahren nach DIN ISO 13 788 nimmt als Grundlage das Verfahren nach Helmut Glaser, modifiziert es jedoch, indem es zwei wesentliche Verfeinerungen einführt:

1. den geografischen Standort mit den monatlichen Mitteltemperaturen
2. die monatliche Erfassung von Tauwasserbildung und Tauwasserverlust.
   Auch bei diesem modifizierten Verfahren zur Tauwasserbildung im Innern, das ebenfalls ein stationäres Verfahren ist, wird nur von Wasserdampfdiffusion ausgegangen.

Nicht berücksichtigt werden:

1. Unterschiedliche Materialeigenschaften, besonders bei Naturstoffen.
2. Änderung der Wärmeleitfähigkeit in Abhängigkeit vom Feuchtegehalt. Wenn in den Poren Wasser statt Luft ist, verschlechtert sich λ. $\Rightarrow \lambda_{Luft} = 0{,}025$ W/mK; $\lambda_{Wasser} = 0{,}64$ W/mK
3. Bildung und Verbrauch von latenter Wärme
   Tauwasserbildung setzt Wärme frei: Durch Kühlung (Wärmeentzug) von Wasserdampf entsteht Wasser.
   Verdunstung verbraucht Wärme: frösteln bei nassem Körper
   $\Rightarrow$ beide Vorgänge haben eine Änderung der Temperaturverteilung und damit eine Änderung der Sättigungsfeuchte p_{sat} zur Folge und haben damit Auswirkung auf die Tauwassermenge.
4. Hygroskopisches Verhalten der Baustoffe (Sorptionsvermögen = Absorption + Desorption).
   Dies wird im Wasseraufnahmekoeffizient w in kg/m²h^{0,5} zum Ausdruck gebracht, sowie im Trocknungskoeffizient D in $\frac{\sqrt{t}}{d}$ t = Zeit in Stunden; d = Materialdicke in Meter.
   Wasser zu binden, aber auch schnell wieder abgeben ist eine positive Eigenschaft eines Baustoffes.
5. Kapillartransport von Wasser im Baustoff:
   Je kapillar aktiver ein Baustoff ist, desto schneller erfolgt die Austrocknungszeit. Siehe Wasseraufnahmekoeffizient W_w und Trocknungskoeffizient D. Die Vernachlässigung des Kapillartransports hat eine Überbewertung des Tauwasserrisikos zur Folge. Daher liegt das Ergebnis nach Glaser auf der sicheren Seite.
6. Luftbewegung in Spalten (konvektive Wärmebrücken) oder in Luftschichten (zweischaliges Mauerwerk)
7. Ein Feuchtetransport parallel zur Bauteiloberfläche sondern nur senkrecht zu Bauteiloberfläche (eindimensionaler Feuchtetransport).
8. Einflüsse der Sonneneinstrahlung auf die Bauteiltemperatur und damit auf den Feuchtetransport.
9. Die Nicht-Konstanz der angesetzten monatlichen Randbedingungen über die Jahre (Temperatur, Niederschlag, relative Luftfeuchte der Außenluft.

Zur Beurteilung von Tauwasserbildung im Innern von Bauteilen sowie zur Beurteilung von Schimmelbildung sind, unabhängig vom Wärme- und Feuchtestrom folgende Werte der Wärmeübergangszahlen, bzw. -übergangswiderstände anzuwenden:

Wärmeübergangszahl, bzw. Wärmeübergangswiderstand	h_i	R_{si}	h_e	R_{se}
an der außenseitigen Oberfläche			23	0,04
an der raumseitigen Oberfläche:				
• an Verglasungen und Rahmen	8	0,13		
• an allen raumseitigen Oberflächen auch in der Raumecke	4	0,25		

2.21.1 Nachweisverfahren nach DIN EN ISO 13 788

Im Kern handelt es sich um das von Helmut Glaser bereits in den Jahren entwickeltes Verfahren. Es ist sozusagen ein modifiziertes und damit verfeinertes Glaser-Verfahren, bei dem ähnlich wie nach dem Monatsbilanzverfahren in der EnEV nun auch im Feuchteschutz es um eine monatliche Bilanzierung von Tauwasserausfall und Tauwasserverdunstung geht.
Der Nachweis beruht auf einem rechnerischen und zur besseren Veranschaulichung einem graphischen Teil.

Um der Wirklichkeit möglist nahezu kommen, sind zunächst erforderlich:
- Mittelwerte der monatlichen Außentemperaturen am Standort
- Mittelwerte der monatlichen Raumtemperaturen
- Mittelwerte der monatlichen relativen Luftfeuchten der Außenluft am Standort
- Mittelwerte der monatlichen relativen Luftfeuchten der Raumluft
- die Gebäudeart und deren Nutzung

Gebäude haben aufgrund ihrer Nutzung nicht nur unterschiedliche Raumtemperaturen sondern auch unterschiedliche Luftfeuchten. Dazu werden Gebäude in 5 raumseitige Luftfeuchteklassen eingeteilt.

Luftfeuchteklasse	Gebäudeart
1	unbelegte Gebäude, Lager für trockene Güter
2	Büros, Wohnhäuser bei normaler Belegung und Lüftung
3	Wohnhäuser mit unbekannter Belegung
4	Sporthallen, Küchen, Kantinen
5	Besondere Gebäude: Wäschereien, Brauereien, Schwimmbäder

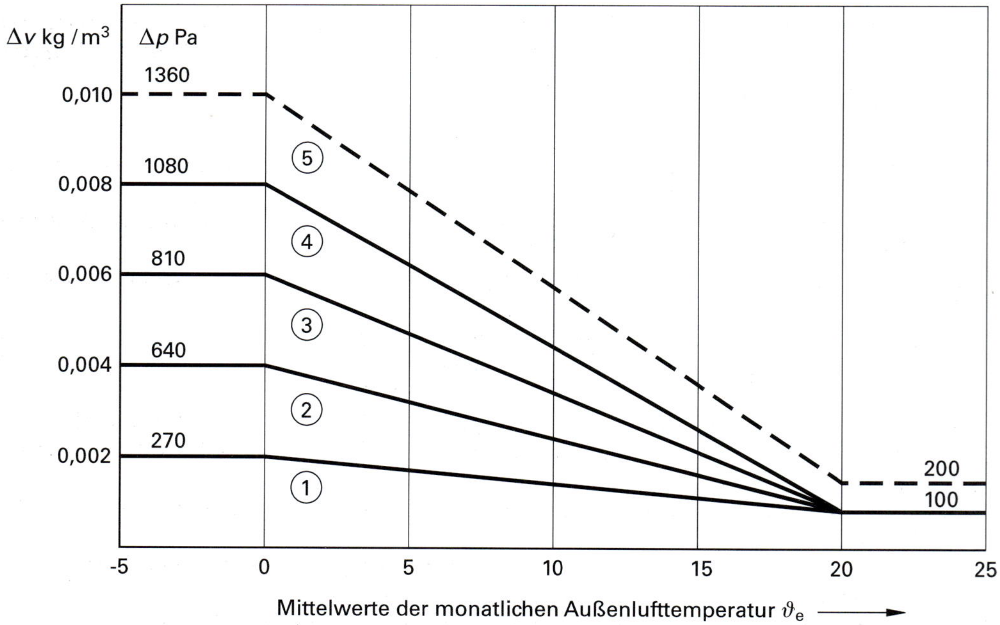

Bild: 1 Veränderung der raumseitigen Luftfeuchteklassen in Abhängigkeit von der Außentemperatur
Bei der Bemessung ist von der Obergrenze der Feuchteklasse auszugehen, z. B. Klasse 3 ⇒ Δp = 810 Pa

Liegen für einen Raum keine exakten Randbedingungen bezüglich der Temperatur ϑ_i vor, so darf ein vereinfachter Ansatz für die Ermittlung der Raumtemperatur und die relative Luftfeuchte φ_i auf der Grundlage der Außentemperatur nach Bild 1 und Bild 2 durchgeführt werden.

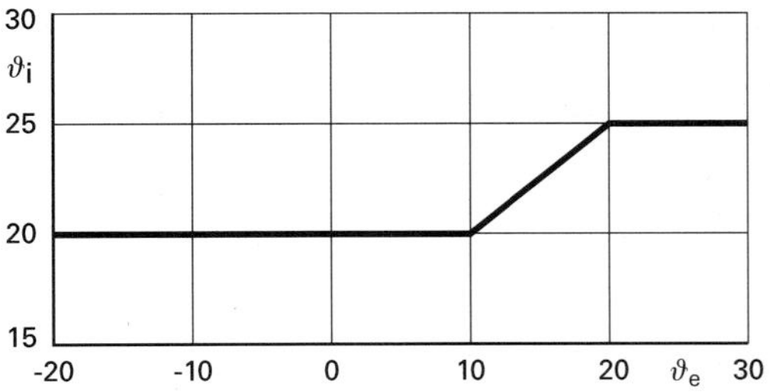

Bild 1: Tagesmittel der Raumtemperatur (ϑ_i) in Wohn- und Büroräumen in Abhängigkeit vom Tagesmittel der Außentemperatur

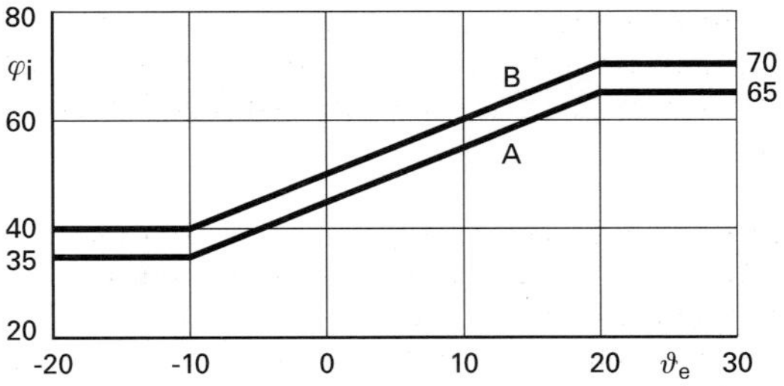

Bild 2: Tagesmittel der relativen Luftfeuchte (φ_i) in Wohn- und Büroräumen in Abhängigkeit vom Tagesmittel der Außentemperatur

A = normale Belegung und Lüftung
B = starke Belegung, unbekannte Belegung

Beispiel 1:	Beispiel 2:	Beispiel 3:
geg.: $\vartheta_e = 22$ °C Belegung A: $\vartheta_i = 25$ °C $\varphi_i = 65$ % Belegung B: $\vartheta_i = 25$ °C $\varphi_i = 70$ %	geg.: $\vartheta_e = -5$ ° Belegung A: $\vartheta_i = 20$ °C $\varphi_i = 40$ % Belegung B: $\vartheta_i = 20$ °C $\varphi_i = 45$ %	Luftfeuchteklasse 2 $\rightarrow \Delta p = 640$ Pa geg.: $s_d = 2{,}8$ m nach Formel Nr. 17 S. 202 $g = \delta_0 \cdot \frac{\Delta p}{s_{d,T}}$ $g = 2 \cdot 10^{-10} \cdot \frac{640}{2{,}8}$ $g = 4{,}57 \cdot 10^{-8}$ kg/m²h

Bevor man mit der Tauwasserberechnung beginnen kann, müssen bestimmte Grunddaten ermittelt werden.

1. Mittelwerte der monatlichen Außenlufttemperaturen ϑ_e, je nach geografischer Lage des Projektes.
2. Monatswerte der relativen Feuchte der Außenluft je nach Standort φ_e
3. Festlegung der Raumtemperatur
4. Berechnung der rel. Raumluftfeuchte
5. Berechnung des niedrigsten zulässigen Sättigungsdampfdruckes p_{sat} mit der höchstens angenommenen rel. Luftfeuchte an der Oberfläche.
6. Bestimmung der niedrigst zulässigen Oberflächentemperatur $\vartheta_{si,min}$ aus der niedrigst zulässigen Sättigungsfeuchte.
7. Berechnung des Mindestwertes des Temperaturfaktors $f_{Rsi,min}$, bezüglich der angenommenen Raumtemperatur ϑ_i und der Außentemperatur ϑ_e.
   Der Monat mit dem höchsten erforderlichen f_{Rsi}-Wert ist der kritische Monat.
   Das Bauteil ist so zu gestalten, dass vorh. f_{Rsi} > max. erf. f_{Rsi} ist.

Folgende Fälle der feuchtetechnischen Untersuchungn sind nach DIN EN ISO 13788 möglich:

1. Die Raumtemperatur ϑ_i und die relative Raumluftfeuchte ergeben sich nach der Außentemperatur ϑ_e, (Bild 1 und Bild 2).
2. bei konstanter Raumtemperatur und konstanter raumseitiger relativen Luftfeuchte → konstant p_i, $p_{sat}(\vartheta_{si})$, $\vartheta_{si,min}$
3. mit bekannter, abgestimmter Feuchtezufuhr oder Feuchteentzug $G \rightarrow \Delta p$ und konstanter Luftwechselrate $n \rightarrow$ konstant ϑ_i
4. konstante Raumtemperatur ϑ_i und konstante Raumluftfeuchte $\varphi_i \rightarrow$ konstant p_i, p_{sat}, $\vartheta_{si,min}$
5. mit bekannter Feuchtezufuhr oder Feuchteentzug G und konstanter Luftwechselrate $n \rightarrow$ konstant Δp, ϑ_i
6. konstante Feuchteregulierung G und variaber Luftwechselrate $n \rightarrow$ konstant ϑ_i

Durch Vereinfachungen können folgende Fehlerquellen entstehen:

1. Die Wärmeleitähigkeit hängt vom Feuchtegehalt ab:
   Wärme wird durch Tauwasserbildung freigesetzt
   Dadurch ändert sich der Temperaturverlauf, die Sättigungswerte, die Tauwassermasse
2. Die Materialeigenschaften sind nicht konstant
3. Veränderung der Feuchteverteilung durch Kapillartransport
4. Luftbewegungen in Baustoffen, durch Spalten, Fugen führen zu einer Änderung der Feuchteverteilung durch Konvektion. Regen, Schnee und Eis beeinflussen die Feuchtebedingungen ebenfalls.
5. Die Konstanz der monatlichen Randbedingungen ist nicht gegeben.
6. Die hygroskopische Eigenschaft der Materialien ist sehr unterschiedlich
7. Es wird eindimensionaler Feuchtetransport angenommen und dies senkrecht zur Bauteilebene.
8. Der Einfluss der Sonnenstrahlung wird vernachlässigt.

Merke: Die Vernachlässigung des Kapillartransportes, d. h. des Feuchtetransportes in flüssiger Form führt zu einer Überbewertung der Tauwasserbildung. Damit befindet man sich selbst beim Monats-Bilanzverfahren auf der sicheren Seite.

Vorgehensweise

1. Auftragen der einzelnen Bauteilschichten mit ihrem s_d-Wert (wasserdampfdiffusionsäquivalente Luftschichtdicke). Dabei sind für die μ-Werte von innen bis zu einer evtl. Tauwasserebene die **minimalen Werte** anzusetzen und nach der Tauwasserebene die **maximalen Werte.** Grund: Die Absorption verläuft schneller als die De-Sorption – die Wasseraufnahme geschieht schneller als die Austrocknung. Hauptgrund für die langsamere Austrocknung sind die Adhäsionskräfte zwischen dem Material und dem Wasser.
2. Aus dem Temperaturverlauf in der Konstruktion und den Einzelwerten zwischen den Bauteilschichten werden nach Tab. S. 190 die Wasserdampfsättigungsdrücke in das Diagramm eingetragen.
3. Ermittlung des Wasserdampfteildruckes an beiden Bauteiloberflächen innen und außen.
   p_i und p_r gemäß den Klimadaten wie sie am Standort des Gebäudes vorliegen.
4. Verbindung von p_i und p_e.
   Ergibt sich bei der Verbindung von p_i mit p_e weder ein Schnitt noch eine Berührung mit der Sättigungskurve p_{sat}, so ist das Bauteil tauwasserfrei. Der tatsächliche Dampfdruck p kann nie höher als der Sättigungsdruck p_S sein. Analog: Die Luftfeuchte kann nie größer 100 % sein.

Verdunstung

Bei der Erstellung des Verdunstungsdiagramms werden die gleichen s_d-Werte der einzelnen Bauteilschichten aufgetragen wie bei der Tauperiode. Hat sich Tauwasser in einer Ebene gebildet, so entspricht in dieser Ebene der tatsächliche Dampfdruck (Dampfteildruck, Partialdruck) dem Sättigungsdruck. Von diesem Punkt aus wird eine Verbindung zum Dampfdruck an der Bauteilinnen- und Bauteilaußenfläche entsprechend den Klimadaten des Gebäudestandorts gezogen.

Beispiel 1

Klimadaten für ein Wohnhaus, Luftfeuchteklasse 3, Standort München bei starker Belegung

Monat	Außenseitig		Raumseitig	
	ϑ_e	φ_e	ϑ_i	φ_i
	°C	%	°C	%
Januar	– 3,3	88	20	46
Februar	– 0,4	83	20	50
März	7,3	77	20	57
April	7,6	72	20	58
Mai	12,1	73	21	61
Juni	15,3	73	22,5	62
Juli	17,4	73	23,5	68
August	17,0	75	23,5	67
September	14,0	78	22	63
Oktober	9,0	82	20	59
November	6,7	86	20	55
Dezember	3,1	86	20	50
	gegeben: nach Standort	gegeben: nach Standort	nach Bild 1 S. 267	nach Bild 2 S. 267

Um die Berechnungsverfahren nach DIN 4108-3 (Perioden-Verfahren) und DIN EN ISO 13 788 besser vergleichen zu können, werden hier die Beispiele 1 und 3 noch nach dem Monatsbilanz-Verfahren aufgeführt.

Wie Beispiel 1: Betonwand mit innenliegender Dämmung (EPS) und beidseitigem Putz

Lösung:
Feuchtetechnische Untersuchung nach DIN EN ISO 13 788
Monats-Bilanzverfahren

1. Konstruktionsaufbau

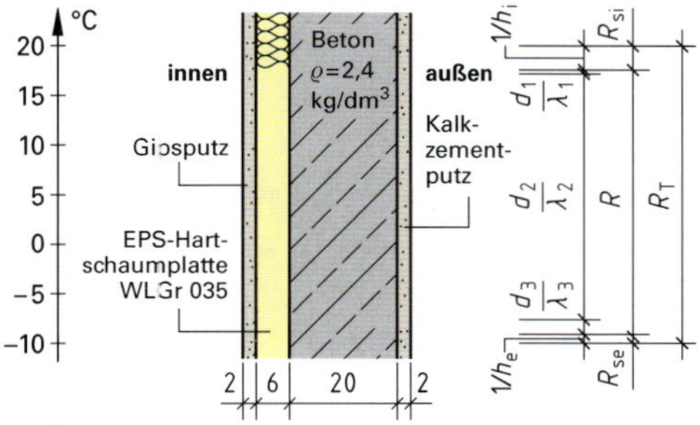

Bild 1: Wandaufbau

Bedingungen:
Standort München mit ϑ_e, φ_e Monatswerten nach Tabelle: Spalten 1 und 2

Objektspezifische Daten:
Feuchteproduktion G = 0,600 kg/h = 14,4 kg/d durch Personen, Kochen, Baden, Waschen u. a. (Erfahrungswert)
Raum-/Gebäudevolumen V = 300 m³
lichte Raumhöhe 2,50 m
Luftwechselrate in Abhängikeit von ϑ_e
Luftfeuchteklasse 3; starke Belegung
p_i abhängig von p_e

Klimadaten für ein Wohnhaus, Luftfeuchteklasse 3, Standort München bei starker Belegung

Monat	1	2	3	4	5	6	7	8	9	10	11
	ϑ_e	φ_e	ϑ_i	φ_i	p_e	n	Δp	p_i	$p_{sat(\vartheta si)}$	$\vartheta_{si(min)}$	$f_{Rsi,min}$
	°C	%	°C	%	Pa	h⁻¹	Pa	Pa	Pa	°C	[–]
Januar	– 3,3	88	20	46	408	0,20 2)	810	1 218	1 523	11,4 1)	0,63 1)
Februar	– 0,4	83	20	50	491	0,20 2)	810	1 301	1 626	12,3	0,62
März	7,3	77	20	57	787	0,49	541	1 328	1 660	14,6	0,57
April	7,6	72	20	58	751	0,50	530	1 281	1 601	14,0	0,52
Mai	12,1	73	21	61	1 030	0,68	393	1 423	1 779	15,7	0,40
Juni	15,3	73	22,5	62	1 285	0,81	333	1 618	2 023	17,7	0,33
Juli	17,4	73	23,5	68	1 450	0,90	301	1 751	2 189	18,9	0,24
August	17,0	75	23,5	67	1 453	0,88	308	1 761	2 201	19,0	0,31
September	14,0	78	22	63	1 246	0,76	354	1 600	2 000	17,5	0,44
Oktober	9,0	82	20	59	941	0,56	475	1 416	1 770	15,6	0,60
November	6,7	86	20	55	844	0,47	563	1 407	1 759	15,5	0,66
Dezember	3,1	86	20	50	656	0,32	810	1 466	1 833	16,1 1)	0,77 1)
	geg.	geg.	nach Bild 1 und 2 S. 267		$p_{sat} \cdot \varphi_e$	$n = 0{,}20 + 0{,}04 \cdot \varphi_e$	Formel Nr. 18 S. 202	Spalte 5 + 7	Spalte 8 : 0,80	Formel Nr. 30 bzw. 32 S. 202	Formel Nr. 4 S. 201

Der Faktor 0,80 in Spalte 9 bringt zum Ausdruck, dass Schimmelpilzbildung bereits bei 80 % der maximalen relativen Luftfeuchte gegeben ist. 1) 2) siehe Folgeseite

Der kritische Monat ist der Dezember.

Fazit: Das Bauteil muss an der energetisch schwächsten Stelle (i. d. R. Raumecke) einen Temperaturfaktor von mindestens 0,70 aufweisen.
Die Luftwechelrate n hängt bei manueller Lüftung von der Außentemperatur und Außenluftfeuchte ab.
Der räumliche Dampfdruck p_i wird beeinflusst vom äußeren Dampfdruck p_e

Nachweis von Δp für die Monate des Jahres

Monat	$\Delta p = \frac{G}{n \cdot V} \cdot R_v \cdot \frac{T_i + T_e}{2}$
Januar[2)]	$\Delta p = \frac{0{,}600}{0{,}20 \cdot 300} \cdot 462 \cdot \frac{293 + 269{,}7}{2}$ $\Delta p = 1\,299{,}8$ Pa > max. $\Delta p = 810$ Pa nach Bild 1 S. 266
Februar[2)]	$\Delta p = \frac{0{,}600}{0{,}20 \cdot 300} \cdot 462 \cdot \frac{293 + 272{,}6}{2}$ $\Delta p = 1\,306{,}5$ Pa > max. $\Delta p = 810$ Pa nach Bild 1 S. 266
März	$\Delta p = \frac{0{,}600}{0{,}49 \cdot 300} \cdot 462 \cdot \frac{293 + 280{,}3}{2}$ $\Delta p = 541$ Pa
April	$\Delta p = \frac{0{,}600}{0{,}50 \cdot 300} \cdot 462 \cdot \frac{293 + 280{,}6}{2}$ $\Delta p = 530$ Pa
Mai	$\Delta p = \frac{0{,}600}{0{,}68 \cdot 300} \cdot 462 \cdot \frac{294 + 285{,}1}{2}$ $\Delta p = 393$ Pa
Juni	$\Delta p = \frac{0{,}600}{0{,}81 \cdot 300} \cdot 462 \cdot \frac{295{,}5 + 288{,}3}{2}$ $\Delta p = 333$ Pa
Juli	$\Delta p = \frac{0{,}600}{0{,}90 \cdot 300} \cdot 462 \cdot \frac{296{,}5 + 290{,}4}{2}$ $\Delta p = 301$ Pa
August	$\Delta p = \frac{0{,}600}{0{,}88 \cdot 300} \cdot 462 \cdot \frac{296{,}5 + 290{,}0}{2}$ $\Delta p = 308$ Pa
September	$\Delta p = \frac{0{,}600}{0{,}76 \cdot 300} \cdot 462 \cdot \frac{295{,}0 + 287{,}0}{2}$ $\Delta p = 354$ Pa
Oktober	$\Delta p = \frac{0{,}600}{0{,}56 \cdot 300} \cdot 462 \cdot \frac{293 + 282}{2}$ $\Delta p = 475$ Pa
November	$\Delta p = \frac{0{,}600}{0{,}47 \cdot 300} \cdot 462 \cdot \frac{293 + 279{,}7}{2}$ $\Delta p = 563$ Pa
Dezember	$\Delta p = \frac{0{,}600}{0{,}32 \cdot 300} \cdot 462 \cdot \frac{293 + 276{,}1}{2}$ $\Delta p = 822$ Pa > max. $\Delta p = 810$ Pa nach Bild 1 S. 266

Δp = raumseitiger Dampfüberdruck in Pa

n = Luftwechselrate in h^{-1}: laut Tabelle S. 269

V = Raum- bzw. Gebäudevolumen in m³
Annahme: $V = 300$ m³, lichte Raumhöhe 2,50 m

Annahme: Gebäudekategorie 3
(Wohn- und Bürogebäude mit starker Nutzung)

Raum- und Außentemperatur
T_e standortbezogen
T_i nach Bild 1 S. 267
T_i und T_e in Kelvin

R_v = Gaskonstante für Wasserdampf 462 in Pa m³/kgK

G = Feuchtepoduktion im Raum bzw. Gebäude in kg/h
Annahme: $G = 600$ g/m³

Δv = raumseitiger Feuchteüberschuss in kg/m³

$\Delta v = \frac{G}{n \cdot V}$

Δp = raumseitiger Dampfüberdruck in Pa

$\Delta p = \Delta v \cdot R_v \cdot \frac{T_i + T_e}{2}$

Nachweis der Mindest-Luftwechselrate nach DIN 1946-6[2)]

Gebäude vor 1995 errichtet. Erforderlicher Außenluft-Volumenstrom bei geringem Wärmeschutz nach Bild 1, Kurve 1, S. 203
$q_v = 58$ m³/h

$\text{min.erf. } n = \frac{q_v}{A \cdot h}$

$\text{min.erf. } n = \frac{58}{120 \cdot 2{,}50}$

min. erf. $n = 0{,}193$
min. erf. $n = 0{,}20\ h^{-1}$

[1)] Zu Tabelle 1 S. 269
Nachweis von $\vartheta_{si,minv}$ für Januar
Formel 33, S. 202

$$\vartheta_{si,min} = \frac{265{,}5 \cdot \ln\frac{p_{sat,si}}{610{,}5}}{21{,}875 - \ln\frac{p_{sat,si}}{610{,}5}}$$

$\vartheta_{si,min} = 11{,}5$ °C

alternativ

$$\vartheta_{si,min} = 100\left[\left(\frac{p_{sat,si}}{4{,}689}\right)^{\frac{1}{12{,}3}} - 1{,}486\right]$$

$$\vartheta_{si,min} = 100\left[\left(\frac{1523}{4{,}689}\right)^{\frac{1}{12{,}3}} - 1{,}486\right]$$

$\vartheta_{si,min} = 11{,}4$ °C

für Dezember
Formel 31, S. 202

$$\vartheta_{si,min} = \frac{237{,}3 \cdot \ln\frac{p_{sat,si}}{610{,}5}}{17{,}269 - \ln\frac{p_{sat,si}}{610{,}5}}$$

$\vartheta_{si,min} = 16{,}1$ °C

alternativ

$$\vartheta_{si,min} = 100\left[\left(\frac{p_{sat,si}}{288{,}68}\right)^{\frac{1}{8{,}02}} - 1{,}098\right]$$

$$\vartheta_{si,min} = 100\left[\left(\frac{1833}{288{,}68}\right)^{\frac{1}{8{,}02}} - 1{,}098\right]$$

$\vartheta_{si,min} = 16{,}1$ °C

$f_{R,si}$ für Januar
Formel 4, S. 201

$$f_{Rsi,min} = \frac{\vartheta_{si,min} - \vartheta_e}{\vartheta_i - \vartheta_e}$$

$$f_{R,si,min} = \frac{11{,}4 - (-3{,}3)}{20 - (-3{,}3)}$$

$f_{R,si,min} = 0{,}63$

für Dezember

$$f_{R,si,min} = \frac{16{,}1 - 3{,}1}{20 - 3{,}1}$$

$f_{R,si,min} = 0{,}77$

Einheit von v

$$\Delta v = \frac{G}{n \cdot V}$$

$$\Delta v = \frac{\frac{kg}{h}}{\frac{1}{h \cdot m^3}}$$

$$\Delta v = \frac{kg}{h} \cdot \frac{h}{1 \cdot m^3}$$

$$\Delta v = \frac{kg}{m^3}$$

Einheit von p

$$\Delta p = \Delta v \cdot R_v \cdot \frac{T_i + T_e}{2}$$

$$\Delta p = \frac{kg}{m^3} \cdot \frac{Pa \cdot m^3 \cdot K}{kg \cdot K}$$

$\Delta p = Pa$

Berechnung von Beispiel 1: Betonwand mit Innendämmung nach DIN EN ISO 13 788

			I-Putz	Däm-mung	Tau-wasser-ebene	Beton	A-Putz		
		R_{si}	R_1	R_2		R_3	R_4	R_{se}	
	R_T = 2,157	0,25	0,03	1,714		0,1	0,02	0,043	$\Sigma\Delta\vartheta$
Januar	20/–3,3 °C	$\Delta\vartheta$ =2,7	0,3	18,5	p_c	1,1	0,2	0,5	23,3
	T-Verlauf	17,3	17,0	–1,5		–2,6	–2,8	–3,3	
	p_{sat}	1974	1937	539		492	484	464	
	p_i = 1 218				539			p_e =	408
Februar	20/–0,4 °C	2,4	0,3	16,2		0,9	0,2	0,4	20,4
	T-Verlauf	17,6	17,3	1,1		0,2	0,0	–0,4	
	p_{sat}	2012	1974	661		619	611	591	
	p_i = 1 301				661			p_e =	491
März	20/7,3 °C	1,4	0,2	10,1		0,6	0,1	0,3	12,7
	T-Verlauf	18,6	18,4	8,3		7,7	7,6	7,3	
	p_{sat}	2142	2115	1094		1050	1043	1022	
	p_i = 1 277				1087			p_e =	787
April	20/7,6	1,4	0,2	9,9		0,6	0,1	0,2	12,4
	T-Verlauf	18,6	18,4	8,5		7,9	7,8	7,6	
	p_{sat}	2142	2115	1109		1065	1058	1043	
	p_i = 1 233				1109			p_e =	751
Mai	21/12,1	1,0	0,1	7,1		0,4	0,1	0,2	8,9
	T-Verlauf	20	19,9	12,8		12,4	12,3	12,1	
	p_{sat}	2337	2323	1477		1439	1430	1411	
	p_i = 1 396				1477			p_e =	1 030
Juni	22,5/15,3	0,8	0,1	5,7		0,3	0,1	0,2	7,2
	T-Verlauf	21,7	21,6	15,9		15,6	15,5	15,3	
	p_{sat}	2594	2579	1806		1771	1760	1738	
	p_i = 1 598				1806			p_e =	1 285
Juli	23,5/17,4	0,7	0,1	4,8		0,3	0,1	0,1	6,1
	T-Verlauf	22,8	22,7	17,9		17,6	17,5	17,4	
	p_{sat}	2774	2757	2050		2012	1999	1986	
	p_i = 1 735				2050			p_e =	1 450
August	23,5/17,0	0,7	0,1	5,2		0,3	0,1	0,1	6,5
	T-Verlauf	22,8	22,7	17,5		17,2	17,1	17,0	
	p_{sat}	2774	2757	1999		1961	1949	1937	
	p_i = 1 744				1999			p_e =	1 453
September	22/14,0	0,9	0,1	6,3		0,4	0,1	0,2	8,0
	T-Verlauf	21,1	21,0	14,7		14,3	14,2	14,0	
	p_{sat}	2501	2486	1672		1629	1619	1598	
	p_i = 1 576				1672			p_e =	1 244
Oktober	20/9,0	1,3	0,2	8,7		0,5	0,1	0,2	11,0
	T-Verlauf	18,7	18,5	9,8		9,3	9,2	9,0	
	p_{sat}	2155	2129	1211		1171	1163	1147	
	p_i = 1 376				1211			p_e =	941
November	20/6,7	1,5	0,2	10,6		0,6	0,1	0,3	13,3
	T-Verlauf	18,5	18,3	7,7		7,1	7,0	6,7	
	p_{sat}	2129	2102	1050		1008	1001	981	
	p_i = 1 353				1050			p_e =	844
Dezember	20/3,1	2,0	0,2	13,4		0,8	0,2	0,3	16,9
	T-Verlauf	18,0	17,8	4,0		3,6	3,4	3,1	
	p_{sat}	2063	2037	813		790	779	763	
	p_i = 1 366				813			p_e =	656

Die Tauwasserebene liegt zwischen Dämmschicht und Betonwand.
Die Tauwasserbildung erfolgt in den Monaten (Oktober (1376/1211) bis April (1233/1109), denn in diesen Monaten ist $p_i > p_c$ während die Verdunstung in den Monaten Mai bis September sich vollzieht ($p_c > p_i$).
Die quantitative Auswertung erfolgt in tabellarischer Form auf S. 272.

Monatsraten der Tauwasserbildung bzw. Verdunstung nach Beispiel 1

		Der Monat wird einheitlich mit 30 Tagen = $2{,}592 \cdot 10^6$ s angesetzt	Akkumulierte Feuchte
	$g_c = 2 \cdot 10^{-10} \left(\frac{p_i - p_c}{s_{dc}} - \frac{p_c - p_e}{s_{dT} - s_{dc}} \right)$	+ Monatlicher Eintrag – monatliche Verdunstung	
Oktober	$g_c = 2 \cdot 10^{-10} \left(\frac{1376 - 1211}{2{,}0} - \frac{1211 - 941}{28{,}7 - 2{,}0} \right)$ $g_c = 1{,}448 \cdot 10^{-8}$ kg/m²s	$+ m_c = 0{,}0375$ kg/m²s	$m_c = 0{,}0375$ kg/m²
November	$g_c = 2 \cdot 10^{-10} \left(\frac{1353 - 1050}{2{,}0} - \frac{1050 - 844}{28{,}7 - 2{,}0} \right)$ $g_c = 2{,}948 \cdot 10^{-8}$ kg/m²s	$+ m_c = 0{,}0764$ kg/m²s	$m_c = 0{,}1139$ kg/m²
Dezember	$g_c = 2 \cdot 10^{-10} \left(\frac{1366 - 813}{2{,}0} - \frac{813 - 656}{28{,}7 - 2{,}0} \right)$ $g_c = 5{,}412 \cdot 10^{-8}$ kg/m²s	$+ m_c = 0{,}1403$ kg/m²s	$m_c = 0{,}2542$ kg/m²
Januar	$g_c = 2 \cdot 10^{-10} \left(\frac{1218 - 539}{2{,}0} - \frac{539 - 408}{28{,}7 - 2{,}0} \right)$ $g_c = 6{,}692 \cdot 10^{-8}$ kg/m²s	$+ m_c = 0{,}1734$ kg/m²s	$m_c = 0{,}4276$ kg/m²
Februar	$g_c = 2 \cdot 10^{-10} \left(\frac{1301 - 661}{2{,}0} - \frac{661 - 491}{28{,}7 - 2{,}0} \right)$ $g_c = 3{,}273 \cdot 10^{-8}$ kg/m²s	$+ m_c = 0{,}0848$ kg/m²s	$m_c = 0{,}5124$ kg/m²
März	$g_c = 2 \cdot 10^{-10} \left(\frac{1277 - 1087}{2{,}0} - \frac{1087 - 787}{28{,}7 - 2{,}0} \right)$ $g_c = 1{,}675 \cdot 10^{-8}$ kg/m²s	$+ m_c = 0{,}0434$ kg/m²s	$m_c = 0{,}5558$ kg/m²
April	$g_c = 2 \cdot 10^{-10} \left(\frac{1233 - 1109}{2{,}0} - \frac{1109 - 751}{28{,}7 - 2{,}0} \right)$ $g_c = 9{,}718 \cdot 10^{-9}$ kg/m²s	$+ m_c = 0{,}0252$ kg/m²s	**$m_c = 0{,}5581$ kg/m² = max. m_c**
Mai	$g_c = 2 \cdot 10^{-10} \left(\frac{1396 - 1477}{2{,}0} - \frac{1477 - 1030}{28{,}7 - 2{,}0} \right)$ $-g_c = 1{,}145 \cdot 10^{-8}$ kg/m²s	$- m_{ev} = 0{,}0296$ kg/m²s	$m_c = 0{,}5514$ kg/m²
Juni	$g_c = 2 \cdot 10^{-10} \left(\frac{1598 - 1806}{2{,}0} - \frac{1806 - 1285}{28{,}7 - 2{,}0} \right)$ $-g_c = 2{,}095 \cdot 10^{-8}$ kg/m²s	$- m_{ev} = 0{,}0543$ kg/m²s	$m_c = 0{,}49271$ kg/m²
Juli	$g_c = 2 \cdot 10^{-10} \left(\frac{1735 - 2050}{2{,}0} - \frac{2050 - 1450}{28{,}7 - 2{,}0} \right)$ $-g_c = 3{,}599 \cdot 10^{-8}$ kg/m²s	$- m_{ev} = 0{,}0932$ kg/m²s	$m_c = 0{,}4051$ kg/m²
August	$g_c = 2 \cdot 10^{-10} \left(\frac{1744 - 1999}{2{,}0} - \frac{1999 - 1453}{28{,}7 - 2{,}0} \right)$ $-g_c = 2{,}959 \cdot 10^{-8}$ kg/m²s	$- m_{ev} = 0{,}0766$ kg/m²s	$m_c = 0{,}3285$ kg/m²
September	$g_c = 2 \cdot 10^{-10} \left(\frac{1576 - 1672}{2{,}0} - \frac{1672 - 1244}{28{,}7 - 2{,}0} \right)$ $-g_c = 1{,}281 \cdot 10^{-8}$ kg/m²s	$- m_{ev} = 0{,}0332$ kg/m²s	**$m_c = 0{,}2953$ kg/m²** verbleibende Restgröße

Die maximale Tauwassermasse erreicht zwar nicht den höchst zulässigen Wert von 1,0 kg/m², jedoch die zweite Bedingung, dass $m_{ev} > m_c$ sein muss, wurde nicht erfüllt. Eine weitere Anhäufung über die Jahre wäre die Folge.

Abhilfe: 1. Dämmschicht mit einem höheren s_d-Wert

2. Einbau einer Dampfbremse an der richtigen Stelle (vor der Tauwasserebene).

Diagramm: Monat **Januar** mit maximalem Feuchteeintrag m_c = 0,1734 kg/m^{2}s

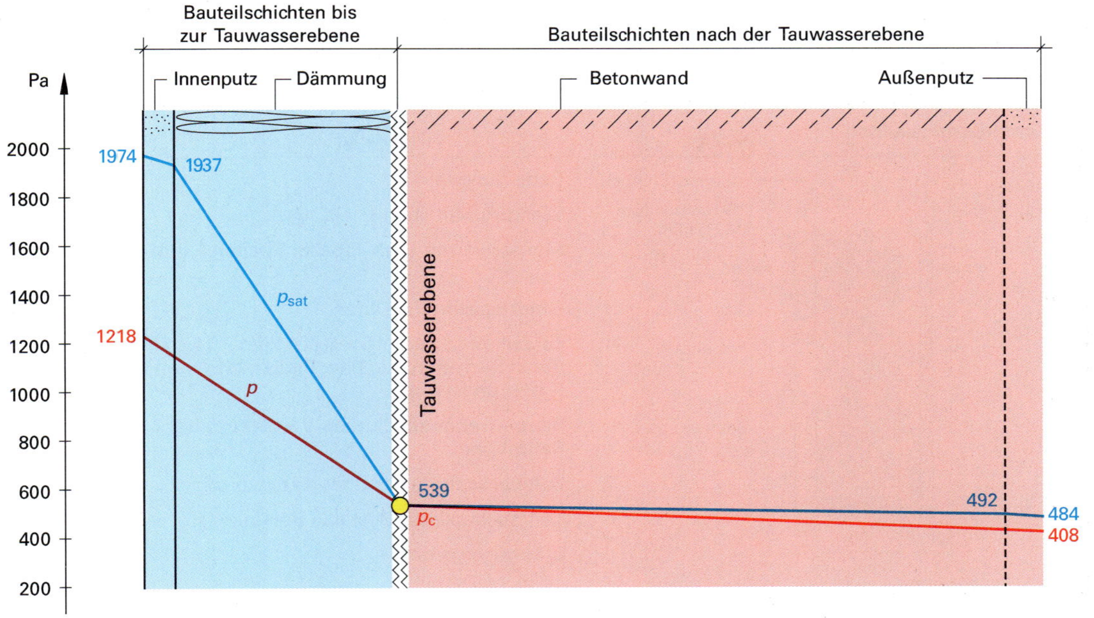

Diagramm: Monat **Juli** mit maximalem Feuchteaustrag (Verdunstung) m_{ev} = 0,0932 kg/m^{2}s

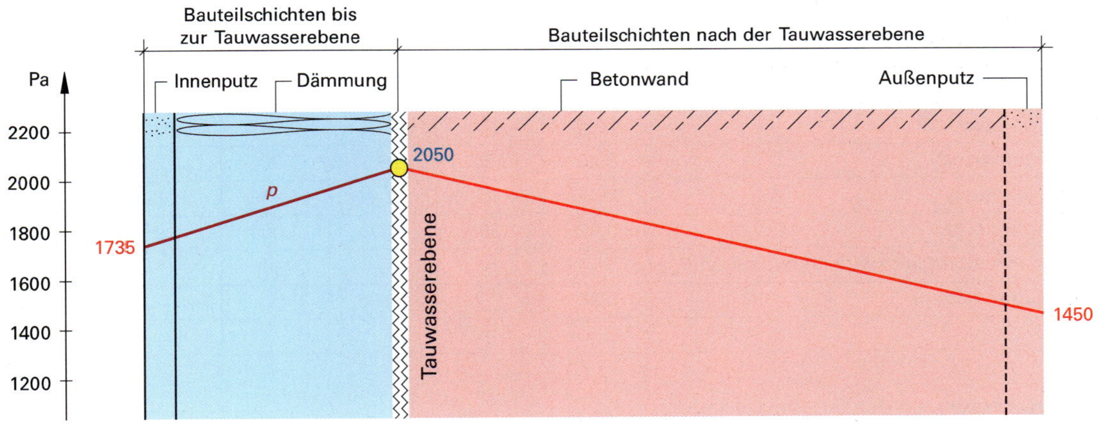

Beispiel 2: Manteldämmung

Wie Beispiel 3, Betonwand mit innen- und außenliegender Dämmung (EPS) (Manteldämmung) und beidseitigem Putz	Lösung: Feuchtetechnische Untersuchung nach DIN EN ISO 13 788 Monats-Bilanzverfahren

1. Konstruktionsaufbau

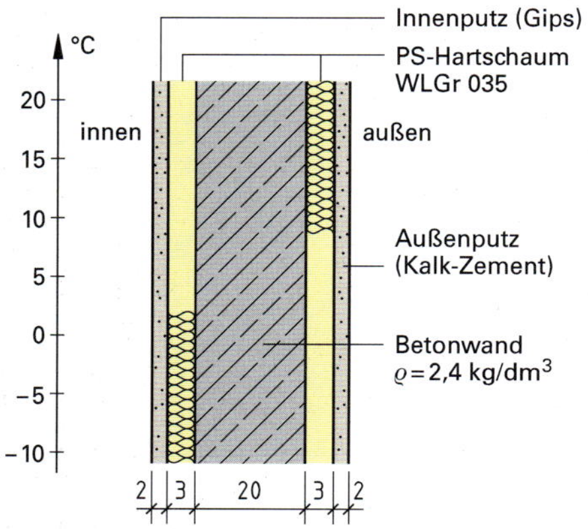

Bild 1: Wandaufbau

Bedingungen:

Standort München mit ϑ_e, φ_e

Monatswerten nach Tabelle: Spalten 1 und 2 S. 269

Objektspezifische Daten:

Feuchteproduktion G = 0,600 kg/h = 14,4 kg/d durch Personen, Kochen, Baden, Waschen u. a. (Erfahrungswert)

Raum-/Gebäudevolumen V = 300 m³, bei 2,50 m lichte Raumhöhe

Luftwechselrate in Abhängikeit von ϑ_e

Luftfeuchteklasse 3; starke Belegung

p_i abhängig von p_e

2. Schichtaufbau und Schichtenkennwerte

	1	2	3	4	5	6	7
Nr.	**Schicht**	d	μ	s_d	$\Sigma s_d / s_{d,T}$	λ	R
		m	**[-]**	**m**	**[-]**	**W/mK**	**m²K/W**
	Wärmeübergangswiderstand innen R_{si}						0,250
1	Innenputz	0,02	10	0,2	0,007	0,7	0,029
2	Dämmschicht	0,030	30	0,9	0,037	0,035	0,857
3	Betonwand	0,20	130	26,0	0,906	2,0	0,100
4	Dämmung	0,030	70	2,1	0,976	0,035	0,857
5	Außenputz	0,02	35	0,7	1,000	1,0	0,020
	Wärmeübergangswiderstand außen R_{se}						0,043
	Summenwerte	0,30		29,90		R_T =	2,156 m²K/W
						U =	0,46 W/m²K

Gegenüberstellung der Ergebnisse von:

Beispiel 1 nach

DIN 4108-3	DIN EN ISO 13 788
m_c = 0,53 kg/m²	Eintrag = 0,56 kg/m²
m_{ev} = 0,42 kg/m²	Verdunstung = 0,26 kg/m²

Beispiel 3 nach

DIN 4108-3	DIN EN ISO 13 788
m_c = 0,22 kg/m²	Eintrag = 0,18 kg/m²
m_{ev} = 0,73 kg/m²	Verdunstung = 1,42 kg/m²

Randbedingungen:

DIN 4108-3 während 90 d	DIN EN ISO 13 788
ϑ_i = 20 °C ϑ_e = −5 °C φ_i = 50 % φ_e = 80 %	ϑ_i = 20 °C ϑ_e = −3,3 °C / −0,4 °C während 30 d, sonst monatsabhängig Plusgrade φ_i je nach Außentemperatur φ_e je nach Außentemperatur

Klimadaten für ein Wohnhaus, Luftfeuchteklasse 3, Standort München bei starker Belegung

Monat	1	2	3	4	5	6	7	8	9	10	11
	ϑ_e	φ_e	ϑ_i	φ_i	p_e	n	Δp	p_i	$p_{sat(\vartheta si)}$	$\vartheta_{si(min)}$	$f_{Rsi,min}$
	°C	%	°C	%	Pa	h^{-1}	Pa	Pa	Pa	°C	[–]
Januar	– 3,3	88	20	46	408	0,20 2)	810	1 218	1 523	11,4 1)	0,63 1)
Februar	– 0,4	83	20	50	491	0,20 2)	810	1 301	1 626	12,3	0,62
März	7,3	77	20	57	787	0,49	541	1 328	1 660	14,6	0,57
April	7,6	72	20	58	751	0,50	530	1 281	1 601	14,0	0,52
Mai	12,1	73	21	61	1 030	0,68	393	1 423	1 779	15,7	0,40
Juni	15,3	73	22,5	62	1 285	0,81	333	1 618	2 023	17,7	0,33
Juli	17,4	73	23,5	68	1 450	0,90	301	1 751	2 189	18,9	0,24
August	17,0	75	23,5	67	1 453	0,88	308	1 761	2 201	19,0	0,31
September	14,0	78	22	63	1 246	0,76	354	1 600	2 000	17,5	0,44
Oktober	9,0	82	20	59	941	0,56	475	1 416	1 770	15,6	0,60
November	6,7	86	20	55	844	0,47	563	1 407	1 759	15,5	0,66
Dezember	3,1	86	20	50	656	0,32	810	1 466	1 833	16,1 1)	0,77 1)
	geg.	geg.	nach Bild 1 und 2 S. 267		$p_{sat} \cdot \varphi_e$	$n = 0{,}20 + 0{,}04 \cdot \varphi_e$	Formel Nr. 18 S. 202	Spalte 5 + 7	Spalte 8 : 0,80	Formel Nr. 30 bzw. 32 S. 202	Formel Nr. 4 S. 201

Der Faktor 0,80 in Spalte 9 bringt zum Ausdruck, dass Schimmelpilzbildung bereits bei 80 % der maximalen relativen Luftfeuchte gegeben ist. 1) 2) siehe Folgeseite

Der kritische Monat ist der Dezember.

Fazit: Das Bauteil muss an der energetisch schwächsten Stelle (i. d. R. Raumecke) einen Temperaturfaktor von mindestens 0,70 aufweisen.
Die Luftwechelrate n hängt bei manueller Lüftung von der Außentemperatur und Außenluftfeuchte ab.
Der räumliche Dampfdruck p_i wird beeinflusst vom äußeren Dampfdruck p_e

Auflistung der drei wichtigen Dampfdruckwerte für die Tauwasserberechnung

Januar	p_i = 1 218	p_c = 1 050	p_e = 408
Februar	p_i = 1 301	p_c = 1 163	p_e = 492
März	p_i = 1 328	p_c = 1 527	p_e = 787
April	p_i = 1 281	p_c = 1 537	p_e = 752
Mai	p_i = 1 423	p_c = 1 852	p_e = 1 032
Juni	p_i = 1 618	p_c = 2 155	p_e = 1 285
Juli	p_i = 1 751	p_c = 2 381	p_e = 1 450
August	p_i = 1 761	p_c = 2 351	p_e = 1 453
September	p_i = 1 600	p_c = 2 050	p_e = 1 246
Oktober	p_i = 1 416	p_c = 1 619	p_e = 941
November	p_i = 1 407	p_c = 1 497	p_e = 844
Dezember	p_i = 1 466	p_c = 1 321	p_e = 656
		$p_c = p_{sat}$	

An den Tabellenwerten ist schon zu erkennen, in welchen Monaten sich Tauwasser bildet und in welchen das angesammelte Tauwasser wieder verdunstet.

Tauwasserbildung vollzieht sich in den Monaten, in denen $p_i > p_c$ ist.
Dies sind die Monate
Dezember, Januar, Februar.
Ist $p_c > p_i$ so ist Verdunstung angesagt.
Die Richtung des Dampfstromes geht immer vom höheren zum niedrigeren Dampfdruck.

Nachweis von Δp für die Monate des Jahres

Monat	$\Delta p = \frac{G}{n \cdot V} \cdot R_v \cdot \frac{T_i + T_e}{2}$
Januar[2)]	$\Delta p = \frac{0{,}600}{0{,}20 \cdot 300} \cdot 462 \cdot \frac{293 + 269{,}7}{2}$ Δp = 1 299,8 Pa > max. Δp = 810 Pa nach Bild 1 S. 266
Februar[2)]	$\Delta p = \frac{0{,}600}{0{,}20 \cdot 300} \cdot 462 \cdot \frac{293 + 272{,}6}{2}$ Δp = 1 306,5 Pa > max. Δp = 810 Pa nach Bild 1 S. 266
März	$\Delta p = \frac{0{,}600}{0{,}49 \cdot 300} \cdot 462 \cdot \frac{293 + 280{,}3}{2}$ Δp = 541 Pa
April	$\Delta p = \frac{0{,}600}{0{,}50 \cdot 300} \cdot 462 \cdot \frac{293 + 280{,}6}{2}$ Δp = 530 Pa
Mai	$\Delta p = \frac{0{,}600}{0{,}68 \cdot 300} \cdot 462 \cdot \frac{294 + 285{,}1}{2}$ Δp = 393 Pa
Juni	$\Delta p = \frac{0{,}600}{0{,}81 \cdot 300} \cdot 462 \cdot \frac{295{,}5 + 288{,}3}{2}$ Δp = 333 Pa
Juli	$\Delta p = \frac{0{,}600}{0{,}90 \cdot 300} \cdot 462 \cdot \frac{296{,}5 + 290{,}4}{2}$ Δp = 301 Pa
August	$\Delta p = \frac{0{,}600}{0{,}88 \cdot 300} \cdot 462 \cdot \frac{296{,}5 + 290{,}0}{2}$ Δp = 308 Pa
September	$\Delta p = \frac{0{,}600}{0{,}76 \cdot 300} \cdot 462 \cdot \frac{295{,}0 + 287{,}0}{2}$ Δp = 354 Pa
Oktober	$\Delta p = \frac{0{,}600}{0{,}56 \cdot 300} \cdot 462 \cdot \frac{293 + 282}{2}$ Δp = 475 Pa
November	$\Delta p = \frac{0{,}600}{0{,}47 \cdot 300} \cdot 462 \cdot \frac{293 + 279{,}7}{2}$ Δp = 563 Pa
Dezember	$\Delta p = \frac{0{,}600}{0{,}32 \cdot 300} \cdot 462 \cdot \frac{293 + 276{,}1}{2}$ Δp = 822 Pa > max. Δp = 810 Pa nach Bild 1 S. 266

Δp = raumseitiger Dampfüberdruck in Pa

n = Luftwechselrate in h^{-1}: laut Tabelle S. 269

V = Raum- bzw. Gebäudevolumen in m³
Annahme: V = 300 m³, lichte Raumhöhe 2,50 m

Annahme: Gebäudekategorie 3
(Wohn- und Bürogebäude mit starker Nutzung)

Raum- und Außentemperatur in Kelvin
T_e standortbezogen
T_i nach Bild 1 S. 267

R_v = Gaskonstante für Wasserdampf 462 in Pa m³/kgK

G = Feuchtepoduktion im Raum bzw. Gebäude in kg/h
Annahme: G = 600 g/m³

Δv = raumseitiger Feuchteüberschuss in kg/m³

$$\Delta v = \frac{G}{n \cdot V}$$

Δp = raumseitiger Dampfüberdruck in Pa

$$\Delta p = \Delta v \cdot R_v \cdot \frac{T_i + T_e}{2}$$

Nachweis der Mindest-Luftwechselrate nach DIN 1946-6[2)]

Gebäude vor 1995 errichtet. Erforderlicher Außenluft-Volumenstrom bei geringem Wärmeschutz nach Bild 1, Kurve 1, S. 203
q_v = 58 m³/h

$$\text{min.erf. } n = \frac{q_v}{A \cdot h}$$

$$\text{min.erf. } n = \frac{58}{120 \cdot 2{,}50}$$

min. erf. n = 0,193
min. erf. n = 0,20 h^{-1}

1) Zu Tabelle 1 S.
Nachweis von $\vartheta_{si,minv}$ für Januar
Formel 33

$$\vartheta_{si,min} = \frac{265{,}5 \cdot \ln \frac{p_{sat,si}}{610{,}5}}{21{,}875 - \ln \frac{p_{sat,si}}{610{,}5}}$$

$\vartheta_{si,min}$ = 11,5 °C

alternativ

$$\vartheta_{si,min} = 100 \left[\left(\frac{p_{sat,si}}{4{,}689}\right)^{\frac{1}{12{,}3}} - 1{,}486\right]$$

$$\vartheta_{si,min} = 100 \left[\left(\frac{1523}{4{,}689}\right)^{\frac{1}{12{,}3}} - 1{,}486\right]$$

$\vartheta_{si,min}$ = 11,4 °C

für Dezember

$$\vartheta_{si,min} = \frac{237{,}3 \cdot \ln \frac{p_{sat,si}}{610{,}5}}{17{,}269 - \ln \frac{p_{sat,si}}{610{,}5}}$$

$\vartheta_{si,min}$ = 16,1 °C

alternativ

$$\vartheta_{si,min} = 100 \left[\left(\frac{p_{sat,si}}{288{,}68}\right)^{\frac{1}{8{,}02}} - 1{,}098\right]$$

$$\vartheta_{si,min} = 100 \left[\left(\frac{1833}{288{,}68}\right)^{\frac{1}{8{,}02}} - 1{,}098\right]$$

$\vartheta_{si,min}$ = 16,1 °C

$f_{R,si}$ für Januar
Formel 4, S. 201

$$f_{Rsi,min} = \frac{\vartheta_{si,min} - \vartheta_e}{\vartheta_i - \vartheta_e}$$

$$f_{R,si,min} = \frac{\vartheta_{si,min} - \vartheta_e}{\vartheta_i - \vartheta_e}$$

$$f_{R,si,min} = \frac{11{,}4 - (-3{,}3)}{20 - (-3{,}3)}$$

$f_{R,si,min}$ = 0,63

für Dezember

$$f_{R,si,min} = \frac{16{,}1 - 3{,}1}{20 - 3{,}1}$$

$f_{R,si,min}$ = 0,77

Einheit von v

$$\Delta v = \frac{G}{n \cdot V}$$

$$\Delta v = \frac{\frac{kg}{h}}{\frac{1}{h \cdot m^3}}$$

$$\Delta v = \frac{kg}{h} \cdot \frac{h}{1 \cdot m^3}$$

$$\Delta v = \frac{kg}{m^3}$$

Einheit von p

$$\Delta p = \Delta v \cdot R_v \cdot \frac{T_i + T_e}{2}$$

$$\Delta p = \frac{kg}{m^3} \cdot \frac{Pa \cdot m^3 \cdot K}{kg \cdot K}$$

Δp = Pa

Verlauf der Temperaturwerte und Wasserdampfsättigungswerte durch die einzelnen Schichten, Beispiel 3

			Putz	Dämm	Tau-wasser-ebene	Beton	Dämm	Putz		
Monat		R_{si}	R_1	R_2		R_3	R_4	R_5	R_{se}	
		0,25	0,029	0,857		0,1	0,857	0,02	0,043	
	s_d		0,2	0,9		26,0	2,1	0,7		$\Sigma\vartheta$
Januar	20/–33 °C	$\Delta\vartheta$ = 2,7	0,3	9,3	p_c	1,1	9,3	0,2	0,4	
	T-Verlauf	17,3	17,0	7,7		6,6	–2,7	–2,9	–3,3	23,3
	p_{sat}	1974	1937	1050		974	488	479	464	
	p_i = 1218				1050				p_e =	408
Febr.	20/–0,4 °C	$\Delta\vartheta$ =2,4	0,3	8,1		0,9	8,1	0,2	0,4	20,4
	T-Verlauf	17,6	17,3	9,2		8,3	0,2	0,0	–0,4	
	p_{sat}	2012	1974	1163		1034	610	611	591	
	p_i = 1301				1163				p_e =	492
März	20/7,3 °C	$\Delta\vartheta$ = 1,5	0,2	5,0		0,6	5,0	0,1	0,3	12,7
	T-Verlauf	18,5	18,3	13,3		12,7	7,7	7,6	7,3	
	p_{sat}	2129	2102	1527		1468	1050	1043	1022	
	p_i = 1 328				1527				p_e =	787
April	20/7,6 °C	$\Delta\vartheta$ = 1,5	0,2	4,9		0,6	4,9	0,1	0,2	12,4
	T-Verlauf	18,5	18,3	13,4		12,8	7,9	7,8	7,6	
	p_{sat}	2129	2102	1537		1477	1065	1058	1043	
	p_i = 1281				1537				p_e =	752
Mai	21/12,1 °C	$\Delta\vartheta$ = 1,1	0,1	3,5		0,4	3,5	0,1	0,2	8,9
	T-Verlauf	19,9	19,8	16,3		15,9	12,4	12,3	12,1	
	p_{sat}	2323	2308	1852		1806	1439	1430	1411	
	p_i = 1423				1852				p_e =	1032
Juni	22,5/15,3 °C	$\Delta\vartheta$ = 0,8	0,1	2,9		0,3	2,9	0,1	0,1	7,2
	T-Verlauf	21,7	21,6	18,7		18,4	15,5	15,4	15,3	
	p_{sat}	2594	2579	2155		2115	1760	1749	1738	
	p_i = 1618				2155				p_e =	1285
Juli	23,5/17,4 °C	$\Delta\vartheta$ = 0,7	0,1	2,4		0,3	2,4	0,1	0,1	6,1
	T-Verlauf	22,8	22,7	20,3		20,0	17,6	17,5	17,4	
	p_{sat}	2774	2757	2381		2337	2012	1999	1786	
	p_i = 1751				2381				p_e =	1450
August	23,5/17,0 °C	$\Delta\vartheta$ = 0,7	0,1	2,6		0,3	2,6	0,1	0,1	6,5
	T-Verlauf	22,8	22,7	20,1		19,8	17,2	17,1	17,0	
	p_{sat}	2774	2757	2351		2308	1961	1949	1937	
	p_i = 1761				2351				p_e =	1453
Sept.	22/14,0 °C	$\Delta\vartheta$ = 0,9	0,1	3,2		0,4	3,2	0,1	0,1	7,5
	T-Verlauf	21,1	21,0	17,9		17,5	14,3	14,2	14,0	
	p_{sat}	2561	2486	2050		1999	1629	1619	1683	
	p_i = 1 600				2050				p_e =	1246
Okt.	20/9,0 °C	$\Delta\vartheta$ = 1,3	0,1	4,4		0,5	4,4	0,1	0,2	11,0
	T-Verlauf	18,7	18,6	14,2		13,7	9,3	9,2	9,0	
	p_{sat}	2155	2142	1619		1567	1171	1163	1147	
	p_i = 1416				1619				p_e =	941
Nov.	20/6,7 °C	$\Delta\vartheta$ =1,5	0,2	5,3		0,6	5,3	0,1	0,3	13,3
	T-Verlauf	18,5	18,3	13,0		12,4	7,1	7,0	6,7	
	p_{sat}	2129	2102	1497		1439	1008	1001	981	
	p_i = 1407				1497				p_e =	844
Dezember	20/3,1	$\Delta\vartheta$ =2,0	0,2	6,7		0,8	6,7	0,2	0,3	16,9
	T-Verlauf	18,0	17,8	11,1		10,3	3,6	3,4	3,1	
	p_{sat}	2063	2037	1321		1252	790	779	763	
	p_i = 1466				1321				p_e =	656

Tauwasser fällt in den Monaten Dezember bis März aus, da dort $p_i > p_{sat}$.

Monatsraten der Tauwasserbildung, Beispiel 3

		Der Monat wird einheitlich mit 30 Tagen = $2{,}592 \cdot 10^6$ s angesetzt	Akkumulierte Feuchte
	$g_c = 2 \cdot 10^{-10} \left(\frac{p_i - p_c}{s_{de}} - \frac{p_c - p_e}{s_{dT} - s_{dc}} \right)$	+ Monatlicher Eintrag m_c – monatliche Verdunstung m_{ev}	
Dezember	$g_c = 2 \cdot 10^{-10} \left(\frac{1466 - 1321}{1{,}1} - \frac{1321 - 656}{29{,}9 - 1{,}1} \right)$ $g_c = 2{,}1745 \cdot 10^{-8}$ kg/m²s	$- m_c = 0{,}0564$ kg/m²	$m_c = 0{,}0564$ kg/m²
Januar	$g_c = 2 \cdot 10^{-10} \left(\frac{1281 - 1050}{1{,}1} - \frac{1050 - 408}{29{,}9 - 1{,}1} \right)$ $g_c = 2{,}608 \cdot 10^{-8}$ kg/m²s	$+ m_c = 0{,}0676$ kg/m²	$m_c = 0{,}1240$ kg/m²
Februar	$g_c = 2 \cdot 10^{-10} \left(\frac{1301 - 1163}{1{,}1} - \frac{1163 - 492}{29{,}9 - 1{,}1} \right)$ $g_c = 2{,}043 \cdot 10^{-8}$ kg/m²s	$+ m_c = 0{,}0529$ kg/m²	$m_c = 0{,}1769$ kg/m²
März	$g_c = 2 \cdot 10^{-10} \left(\frac{1328 - 1527}{1{,}1} - \frac{1527 - 787}{29{,}9 - 1{,}1} \right)$ $g_c = 4{,}1321 \cdot 10^{-8}$ kg/m²s	$- m_{ev} = 0{,}1071$ kg/m²	$m_c = 0{,}0698$ kg/m²
April	$g_c = 2 \cdot 10^{-10} \left(\frac{1281 - 1537}{1{,}1} - \frac{1537 - 752}{29{,}9 - 1{,}1} \right)$ $g_c = 5{,}1997 \cdot 10^{-8}$ kg/m²s	$- m_{ev} = 0{,}1347$ kg/m²	$< 0 = (-0{,}0649)$ $(0{,}0698 - 0{,}1347)$
Mai	$g_c = 2 \cdot 10^{-10} \left(\frac{1423 - 1852}{1{,}1} - \frac{1852 - 1032}{29{,}9 - 1{,}1} \right)$ $g_c = 8{,}3694 \cdot 10^{-8}$ kg/m²s	$m_{ev} = 0{,}2169$ kg/m²	$-m_c = -0{,}2818$ ab hier könnte eine weitere Berechnung entfallen
Juni	$g_c = 2 \cdot 10^{-10} \left(\frac{1618 - 2155}{1{,}1} - \frac{2155 - 1285}{29{,}9 - 1{,}1} \right)$ $g_c = 1{,}0367 \cdot 10^{-7}$ kg/m²s	$- m_{ev} = 0{,}2687$ kg/m²	–0,5505 kg/m³
Juli	$g_c = 2 \cdot 10^{-10} \left(\frac{1751 - 2381}{1{,}1} - \frac{2381 - 1450}{29{,}9 - 1{,}1} \right)$ $g_c = 1{,}210 \cdot 10^{-7}$ kg/m²s	$- m_{ev} = 0{,}3138$ kg/m²	–0,8643 kg/m³
August	$g_c = 2 \cdot 10^{-10} \left(\frac{1716 - 2351}{1{,}1} - \frac{2351 - 1453}{29{,}9 - 1{,}1} \right)$ $g_c = 1{,}1351 \cdot 10^{-7}$ kg/m²s	$- m_{ev} = 0{,}2942$ kg/m²	–1,1551 kg/m³
September	$g_c = 2 \cdot 10^{-10} \left(\frac{1600 - 2050}{1{,}1} - \frac{2050 - 1246}{29{,}9 - 1{,}1} \right)$ $g_c = 8{,}7402 \cdot 10^{-8}$ kg/m²s	$- m_{ev} = 0{,}2265$ kg/m²	–1,3820 kg/m³
Oktober	$g_c = 2 \cdot 10^{-10} \left(\frac{1416 - 1619}{1{,}1} - \frac{1619 - 941}{29{,}9 - 1{,}1} \right)$ $g_c = 4{,}1617 \cdot 10^{-8}$ kg/m²s	$- m_{ev} = 0{,}1078$ kg/m²	–1,4898 kg/m³
November	$g_c = 2 \cdot 10^{-10} \left(\frac{1407 - 1497}{1{,}1} - \frac{1497 - 844}{29{,}9 - 1{,}1} \right)$ $g_c = 2{,}089 \cdot 10^{-8}$ kg/m²s	$- m_{ev} = 0{,}054$ kg/m²	**–1,54 kg/m³** Diese Feuchtemasse könnte noch verdunsten.

Mitte April ist die Konstruktion bereits tauwasserfrei.

2.22 Energetische Schwachstellen und ihre Folgen

2.22.1 Wärmebrückenarten

Brücken sind schmale Verbindungen zwischen zwei größeren Landflächen. Auch Wärmebrücken stellen eine solche schmale Verbindung zwischen dem großen, warmen Baukörper und der kalten Außenluft dar. Mit Wärmebrücken bezeichnet man solche kleinen Flächenanteile in der Außenhaut eines Bauwerkes, die im Verhältnis zur Gesamtfläche durch einen unverhältnismäßig hohen Wärmeabfluss gekennzeichnet sind. Sie unterscheiden sich von den angrenzenden Bauteiloberflächen durch eine höhere Wärmestromdichte.

Der größte Nachteil der Wärmebrücken ist nicht der, dass über diese relativ kleine Fläche viel Wärmeenergie zur kalten Außenluft geführt wird, sondern ihr eigentlicher Nachteil liegt darin, dass sie an der inneren Oberfläche eine wesentlich geringere Temperatur aufweisen, als das angrenzende Mauerwerk und somit sich bereits an der Bauteiloberfläche Tauwasser (Kondenswasser) bildet. Schimmel, Pilze, Sporen sind das daraus entstehende Schadensbild. Außerdem besteht an solchen Stellen verstärkt Rissegefahr durch erhöhte thermische Spannungen (Winter kalte Oberfläche; Sommer warme bis heiße Oberfläche). Um Wärmebrücken (WB) zu vermeiden, sollten Warmwasserleitungen innerhalb der thermischen Hülle verlegt werden und vorzugsweise an Innenwänden.

In den obersten Raumecken treffen drei zweidimensionale Wärmebrücken zusammen, wodurch dreidimensionale Temperaturfelder entstehen. Daher entstehen in Raumecken oben im Deckenbereich geringere Temperaturen als in der Raumecke unterhalb, wo nur zwei Wärmebrücken zusammentreffen.

Das Ergebnis ist zunächst Schimmelbildung und z.T. Tauwasser zunächst in der dreidimensionalen Raumecke oben.

Durch Temperaturmessung und Berechnung hat man festgestellt, dass infolge der geometrischen Wärmebrücke der Wärmedurchlasswiderstand R in der Raumecke je nach Wanddicke und Wandaufbau nur ca. 55 % bis 65 % dem übrigen Wandbereich entspricht s. S. 157.

Auskragende Bauteile wie Balkonplatten, Attiken, frei stehende Stützen sowie Wände mit λ > 0,5 W/mK, die in den ungedämmten Dachbereich oder ins Freie ragen, sind wegen des Wärmebrückeneffektes unzulässig.

Ein genauer Wärmebrückennachweis erfolgt nach der Formel:

$$H_{T,WB} = (1 - f_{Rsi}) \cdot \Psi_j \cdot l_j$$

f_{Rsi} = Temperaturfaktor des j-ten Bauteils
Ψ_j = längenbezogener Wärmedurchgangskoeffizient des j-ten Bauteils in W/mK
l_j = Länge der Wärmebrücke des j-ten Bauteils in m

Vereinfachend kann bei Wärmebrücken ohne Nachweis angenommen werden:
ΔU_{WB} = 0,1 W/m²K, bei Innendämmung 0,15 W/m²K

Werden Konstruktionen gemäß DIN 4108 Bbl 2 ausgeführt, so gilt:

ΔU_{WB} = 0,05 W/m²K

Wärmebrückenarten

1. Geometrisch bedingte Wärmebrücken (WB)

Einer kleineren Wärme liefernden Fläche steht eine größere Wärme abgebende Fläche gegenüber.

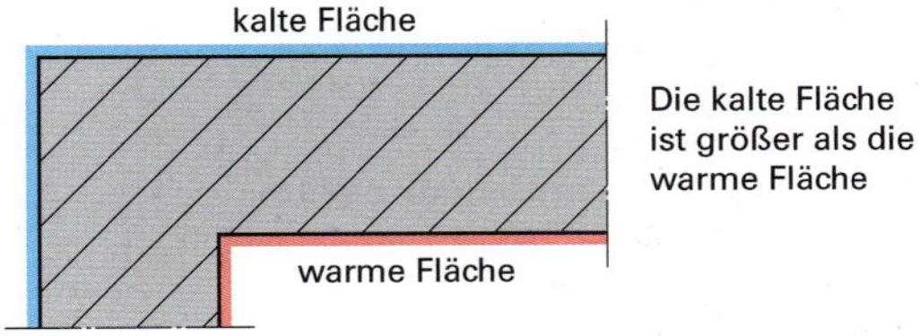

Bild 1: Verstärkter Wärmeabfluss in der Raumecke

2. Konstruktions- bzw. materialbedingte WB

In einem Bauteil liegen konstruktionsbedingt zwei Materialien mit verschiedener Wärmeleitfähigkeit nebeneinander, z.B. Stahlbetonskelettwand, Fachwerkwand, Fußpunkt von Außenwänden auf Bodenplatte oder KG-Decke, Mischmauerwerk, Kragplatten.

3. Massenstrombedingte Wärmebrücken (konvektive WB)

Sie entstehen durch undichte Stellen in der Gebäudehülle, bei Rohrdurchdringungen.

4. Umgebungsbedingte Wärmebrücken

Diese Art findet sich oft in Heizkörpernischen, da dort die Wandoberfläche eine höhere Temperatur aufweist als der übrige Wandbereich.
Je größer der Temperaturunterschied zwischen innerer Wandoberfläche und Außenluft ist, desto größer ist der Wärmestrom. Thermografieaufnahmen zeigen dies.

Wärmebrücken können außerdem sein:

- linienförmig: z.B. Fensterbank, Fensterleibung, Stürze, einbindende Decken, Rollladenkästen, frei auskragende Balkonplatten
- punktförmig: Mischmauerwerk
  Anker bei Vorsatzschalen

Beispiel 1: Stahlbetonskelettbau oder ungedämmter Fenstersturz

Wollte man Tauwasser vermeiden, so müsste bei einer relativen Luftfeuchte im Raum von Φ_i = 60 % die Raumtemperatur auf 14 °C abgesenkt werden; dann wäre eine Bewohnung allerdings nicht mehr gegeben. Bei einer Raumtemperatur von +20 °C und Φ = 55 % ist bereits bei 10,7 °C die Taupunkttemperatur erreicht.

Beispiel 2: Fenster mit Aluminiumrahmen

Beurteilung: Vor der Sanierung betrug der Temperaturunterschied zwischen Fensterrahmen und Wandoberfläche nur 4,5 °C, während er nach der Sanierung sich auf 9,4 °C vergrößerte, d.h. der Unterschied hat sich etwa verdoppelt. Dies hat zur Folge, dass der Schwachpunkt Fensterrahmen im Verhältnis zur Wand noch schwächer geworden ist und der Wärmestrom und Feuchtestrom noch mehr auf diese Schwachstelle gelenkt wird. Der Wärmestrom ist umso größer, je größer die Temperaturdifferenz zwischen Raumluft und Bauteiloberfläche ist.

Beispiel 3: Frei auskragender Balkon

Frei auskragende Balkone bilden eine besonders stark wirkende Wärmebrücke, da die Auskühlung sowohl nach der Ober- als auch Unterseite der Balkonfläche gegeben ist.
Zur Minderung des Wärmebrücken-Effektes ist zu empfehlen, an der inneren Deckenoberfläche einen mindestens 1,0 m breiten Dämmstreifen an die Decke anzubetonieren. Besser zu lösen ist das Problem durch den Einbau z.B. eines Isokorbes oder das unter- und oberseitige Verkleiden der Balkonplatte mit Dämmmaterial einschließlich der drei Stirnseiten.

Geometrisch bedingte Wärmebrücken

Die kalte, wärmeabgebende Außenfläche ist größer als die warme, wärmeliefernde Innenfläche. Hinzu kommt noch, dass die Luftströmung nicht in die Ecke gelangen kann, um so Feuchte wegzutransportieren.

Dass sich in einer Raumecke Feuchte als Kondensat niederschlägt, zeigt folgender Zusammenhang:

Bei ϑ_i = + 20 °C und φ_i = 55 % → ϑ_s = 10,7 °C

Dies bedeutet, dass bereits bei einer Temperatur von 10,7 °C (= Taupunkttemperatur) sich Feuchte von der Dampfform in die flüssige Form umwandelt.

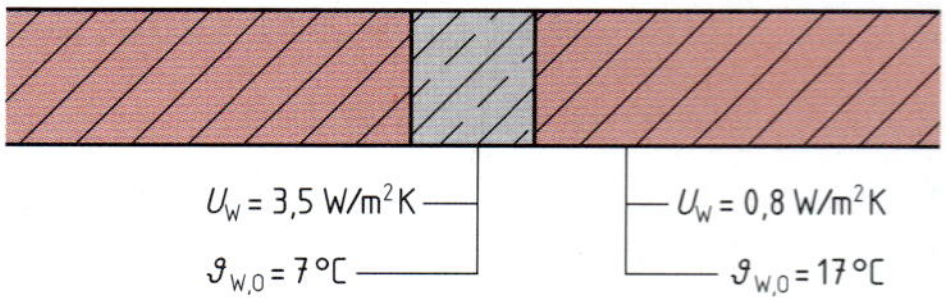

Bild 1: Stahlbetonskelett

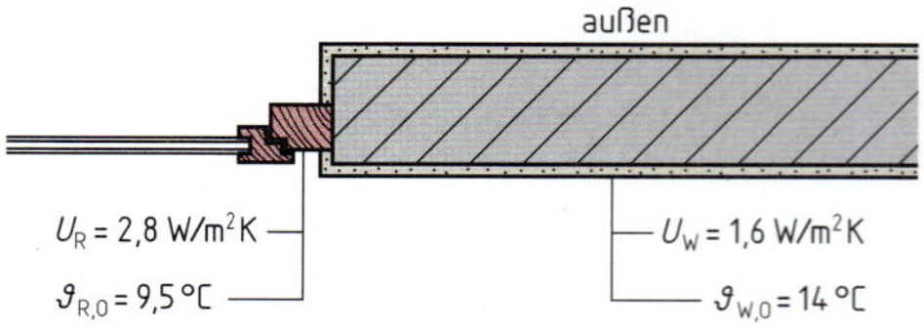

Bild 2: Fenster-Wand vor der Sanierung

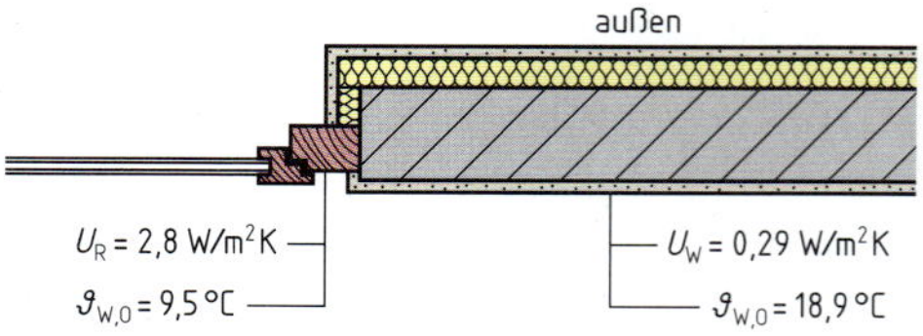

Bild 3: Fenster-Wand nach der Sanierung

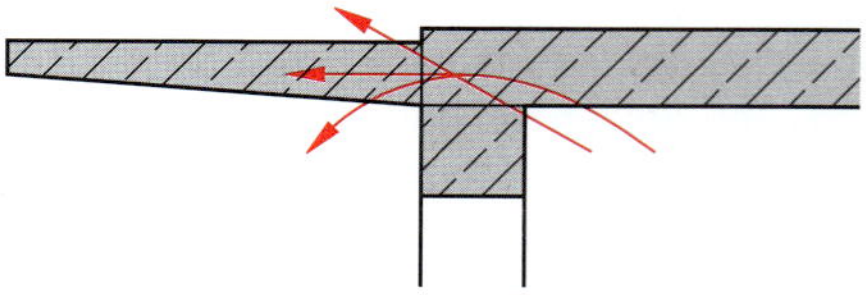
Bild 4: Balkon ohne Dämmung

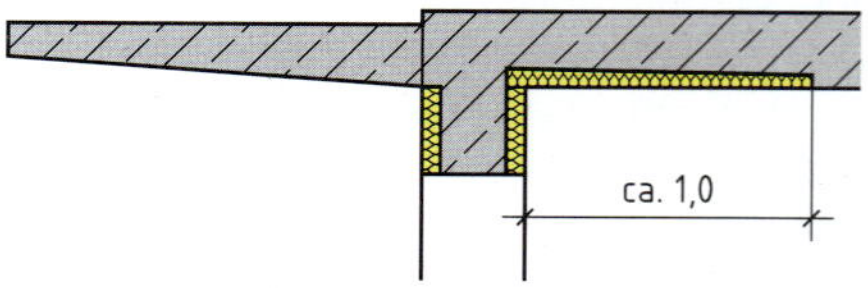

Bild 5: Balkon mit Innendämmung

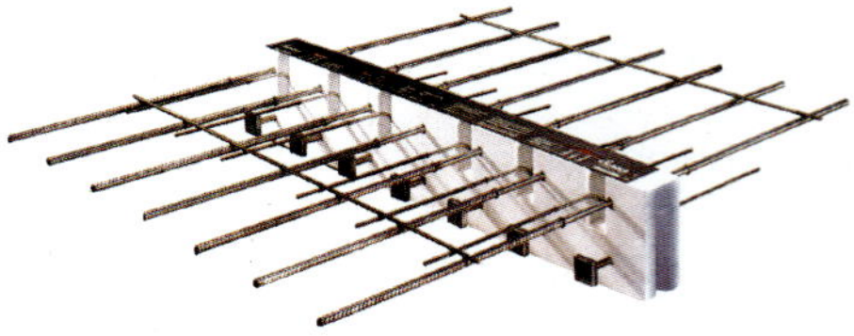
Bild 6: Isokorb

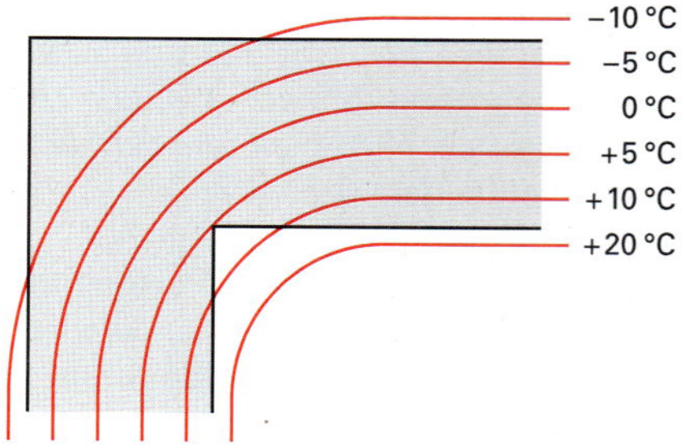

Bild 7: Außenecke: Isothermenverlauf

2.22.2 Wärmebrücken: Berechnungsbeispiele

Die DIN 4108 verlangt, dass an jeder Stelle einer Wand, also auch in Nischen unter Fenster, Stürzen, Heizkörpernischen der Mindestwärmeschutz gewährleistet sein muss, d.h. der Wärmedurchlasswiderstand R darf bei diesen Baueilen auch nicht kleiner als 1,2 m²K/W sein.

Energetisch stellt eine Heizkörpernische eine Wärmebrücke dar, feuchtetechnisch besteht allerdings keine Gefahr, da während der Tauperiode durch den Heizbetrieb die Nischenoberfläche sehr warm ist. Für h_i ist daher 8 W/m²K zu setzen. Ist der U-Wert der Heizkörpernische (HKN) größer als der der übrigen Wand, so verstärkt sich der Wärmebrückeneffekt noch, da die Lufttemperatur hinter dem Heizkörper höher ist als im übrigen Raum. Dadurch ergibt sich zwischen der Luft hinter dem Heizkörper und der Außenluft ein größeres Temperaturgefälle als im übrigen Wandbereich.

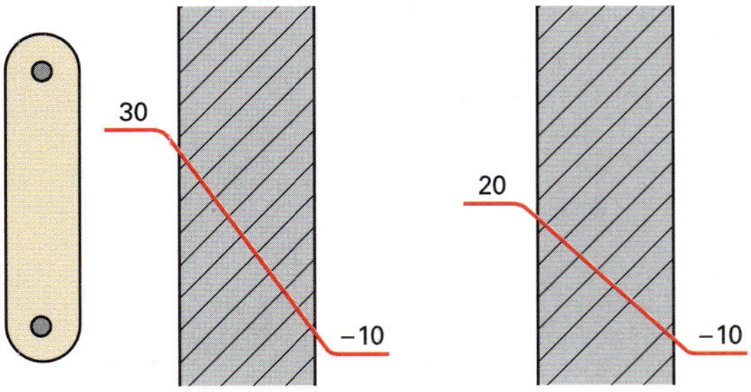

Bild 1: Temperatur Wand-HKN

Aus diesem Grund sollte der *U*-Wert der Nischenwand nicht höher als der der Wand sein, eher niedriger.
Besser wäre, wenn die Wärmestromdichte q der Wand und der Heizköpernische gleich wären.
Je steiler der Temperaturverlauf, desto größer ist *q*.
Wärmestromdichte *q*

$$q = U\,(\vartheta_i - \vartheta_e) \quad \text{in W/m}^2$$

Die Formel zeigt:
Die Wärmestromdichte ist umso größer, je größer *U*, bzw. die Temperaturdifferenz ist.

Beispiel 1:

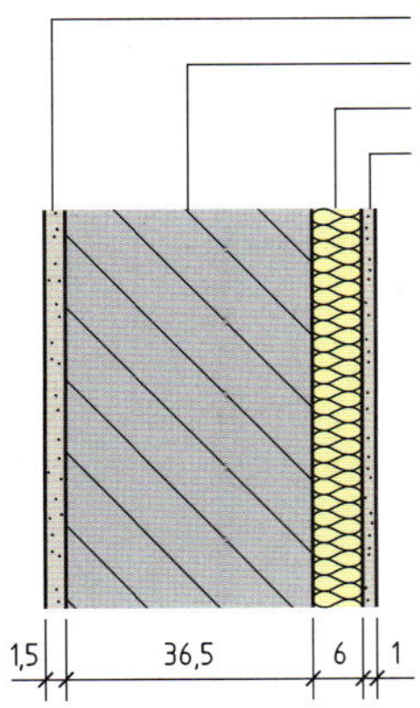

Bild 2: Wand

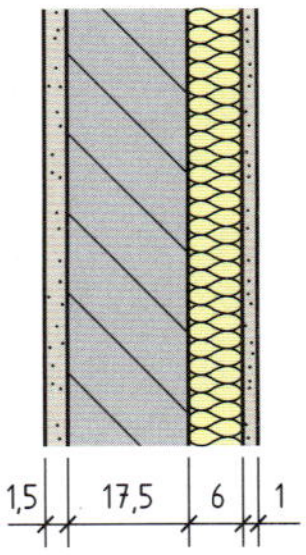

Bild 3: HK-Nische

Berechnen Sie:
1. den *U*-Wert der Wand
2. den *U*-Wert der Heizkörpernische
3. die zusätzlich erforderliche Dämmschicht, wenn die Wärmestromdichte in der Nische nicht höher als in der Wand sein soll.

Lösung:

1. Wand

$$R_{AW} = \frac{d_1}{\lambda_1} + \frac{d_2}{\lambda_2} + \frac{d_3}{\lambda_3} + \frac{d_4}{\lambda_4}$$

$$R_{AW} = \frac{0{,}015}{0{,}70} + \frac{0{,}365}{0{,}20} + \frac{0{,}06}{0{,}035} + \frac{0{,}01}{1{,}0}$$

$$R_{AW} = 3{,}57\ \text{m}^2\text{K/W} > \text{erf. } R_{AW} = 1{,}2\ \text{m}^2\text{K/W}$$

$$R_T = \frac{1}{8} + 3{,}57 + \frac{1}{23}$$

$$R_T = 3{,}74\ \text{m}^2\text{K/W}$$

$$U_{AW} = 0{,}26\ \text{W/m}^2\text{K}$$

2. Nische

$$R_{HKN} = \frac{0{,}015}{0{,}70} + \frac{0{,}175}{0{,}20} + \frac{0{,}06}{0{,}035} + \frac{0{,}01}{1{,}0}$$

$$R_{HKN} = 2{,}62\ \text{m}^2\text{K/W} > \text{erf. } R = 1{,}2\ \text{m}^2\text{K/W}$$

$$R_{HKN} = \frac{1}{8} + 2{,}62 + \frac{1}{23}$$

$$R_{T,HKN} = 2{,}79\ \text{m}^2\text{K/W}$$

$$U_{HKN} = 0{,}36\ \text{W/m}^2\text{K}$$

3. Wärmestromdichte

Wand

$$q = 0{,}26 \cdot [20 - (-10)]$$
$$q = 7{,}8\ \text{W/m}^2$$

Nische

$$q = 0{,}36 \cdot [30 - (-10)]$$
$$q = 14{,}4\ \text{W/m}^2$$

$$p = \frac{100\ \% \cdot 14{,}4}{7{,}8}$$

$$p = 184{,}6\ \%$$

Die Wärmestromdichte in der Heizkörpernische ist um 84,6 % höher als im übrigen Wandbereich.
Um diesen energetischen Schwachpunkt zu beseitigen, sollte der *U*-Wert in der Nische höchstens betragen:

$$q = U\,(\vartheta_i - \vartheta_e)$$
$$7{,}8 = U \cdot [30 - (-10)]$$
$$U = 0{,}195\ \text{W/m}^2\text{K}$$
$$R_T = \frac{1}{U}$$
$$\frac{1}{0{,}195} = \frac{d}{0{,}035} + 2{,}79$$
$$d = 8\ \text{cm}$$

In der Heizkörpernische müsste innen eine zusätzliche Dämmschicht angebracht werden. Dabei ist auf den Tauwasserschutz zu achten. Siehe Kap. Feuchteschutz.

Beispiel 2:

Wie dick muss die Dämmschicht in der Heizkörpernische mindestens sein, wenn

1. die Vorschrift der DIN 4108 erfüllt sein muss.

2. der Wärmedurchlasswiderstand so groß wie im übrigen Wandbereich sein soll.

3. der Wärmedurchlasswiderstand der Nische 30 % besser, als im übrigen Wandbereich sein soll.

4. der Wärmedurchgangskoeffizient 25 % gegenüber dem übrigen Wandbereich besser sein soll.

5. hinter dem Heizkörper eine Temperatur von +35 °C herrscht und die Wärmestromdichte q nicht größer als im übrigen Wandbereich sein soll.

6. Um wie viel % muss sich nach 5. der Wärmedurchgangskoeffizient verbessern?

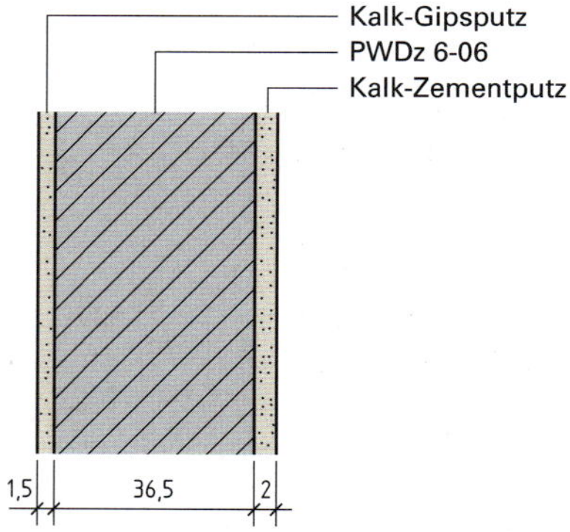

Bild 1: Wandaufbau

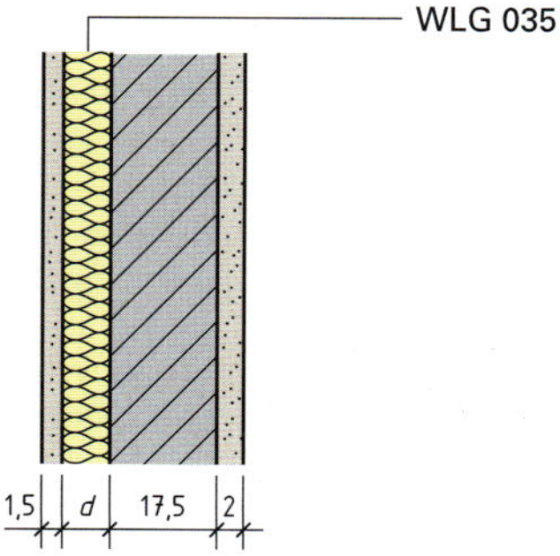

Bild 2: Nischenaufbau

1. Nische

$$1{,}2 = \frac{0{,}015}{0{,}70} + \frac{d}{0{,}035} + \frac{0{,}175}{0{,}20} + \frac{0{,}02}{1{,}0}$$

$d = 0{,}0099$ m

$d = 10$ mm

2. Wand

$$R_{AW} = \frac{0{,}015}{0{,}70} + \frac{0{,}365}{0{,}20} + \frac{0{,}02}{1{,}0}$$

$R_{AW} = 1{,}866$ m²K/W

Nische

$$1{,}866 = \frac{0{,}015}{0{,}70} + \frac{d}{0{,}035} + \frac{0{,}175}{0{,}20} + \frac{0{,}02}{1{,}0}$$

$d = 0{,}033$ m

$d = 35$ mm

3.

$$1{,}866 \cdot 1{,}3 = \frac{0{,}015}{0{,}70} + \frac{d}{0{,}035} + \frac{0{,}175}{0{,}20} + \frac{0{,}02}{1{,}0}$$

$d = 0{,}0528$ m

$d = 55$ mm

4. Wand

$$R_{T,AW} = \frac{1}{8} + 1{,}866 + \frac{1}{23}$$

$U_{AW} = 0{,}49$ W/m²K

$$\frac{1}{0{,}49 \cdot 0{,}75} = \frac{1}{8} + \frac{0{,}015}{0{,}70} + \frac{d}{0{,}035} + \frac{0{,}175}{0{,}20} + \frac{0{,}02}{1{,}0} + \frac{1}{23}$$

$d = 0{,}057$ m

$d = 60$ mm

5. Wandbereich $q = U\,(\vartheta_i - \vartheta_e)$

$q = 0{,}49 \cdot [20 - (-10)]$

$q = 14{,}7$ W/m²

Nische $14{,}7 = U \cdot [35 - (-10)]$

$U = 0{,}33$ W/m²K

$$\frac{1}{0{,}33} = \frac{1}{8} + \frac{0{,}015}{0{,}70} + \frac{d}{0{,}035} + \frac{0{,}175}{0{,}20} + \frac{0{,}02}{1{,}0} + \frac{1}{23}$$

$d = 0{,}068$ m

$d = 70$ mm

Dadurch hat die Heizkörpernische auf der inneren Wandoberfläche die gleiche Temperatur wie die Wand.

6.

$$p = \frac{100\,\% \cdot 0{,}33}{0{,}49}$$

$p = 67{,}3\,\% \rightarrow$ Verbesserung um 32,7 %

Beispiel 3:

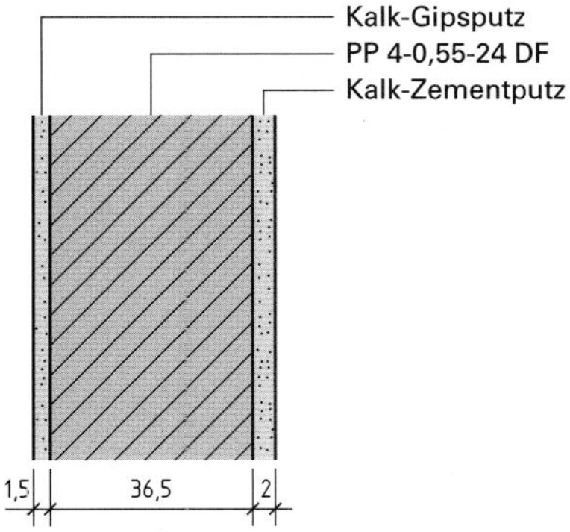

Bild 1: Wandaufbau

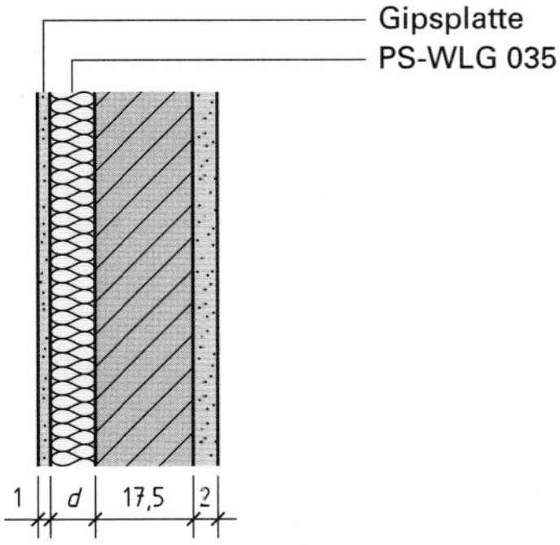

Bild 2: Nischenaufbau

Wie dick muss die Dämmschicht in der Heizkörpernische mindestens sein, wenn

1. die Vorschrift der DIN 4108 erfüllt sein muss.
2. der Wärmedurchlasswiderstand genauso groß wie im übrigen Wandbereich sein soll.
3. der Wärmedurchgangskoeffizient der Nische der Vorschrift der EnEV im Sanierungsfall von Außenwänden entsprechen muss.
4. die Wärmestromdichte in der Nische nicht größer als nach Teil 2. im übrigen Außenwandbereich sein soll und die Temperatur zwischen Heizkörper und Nische 36 °C beträgt.
5. Um wie viel % hat sich der U-Wert in der Nische nach Teil 4. im Verhältnis zu Teil 1. verbessert?
6. in der Heizkörpernische (HKN) eine Vakuum-Isolationspaneele (VIP) mit dem Wärmeleitfähigkeitswert $\lambda = 0{,}0046$ W/mK angebracht wird und die Wärmestromdichte der im übrigen Wandbereich entsprechen soll.

Lösung

1. **nach DIN 4108**

$$R = \frac{d_1}{\lambda_1} + \frac{d_2}{\lambda_2} + \frac{d_3}{\lambda_3} + \frac{d_4}{\lambda_4}$$

$$1{,}2 = \frac{0{,}01}{0{,}25} + \frac{d}{0{,}035} + \frac{0{,}175}{0{,}18} + \frac{0{,}02}{1{,}0}$$

$d = 0{,}00587$ m

$d = 6$ mm

2. Wand:

$$R = \frac{0{,}015}{0{,}70} + \frac{0{,}365}{0{,}18} + \frac{0{,}02}{1{,}0}$$

$R = 2{,}07\,\mathrm{m^2K/W}$

$$R_T = \frac{1}{8} + 2{,}07 + \frac{1}{23}$$

$$U = \frac{1}{R_T} = \frac{1}{2{,}24} = 0{,}45 \frac{\mathrm{W}}{\mathrm{m^2K}}$$

Nische

$$2{,}07 = \frac{0{,}01}{0{,}25} + \frac{d_2}{0{,}035} + \frac{0{,}175}{0{,}18} + \frac{0{,}02}{1{,}0}$$

$d = 0{,}036$ m

$d = 36$ mm

3. **Nach EnEV**

$$\frac{1}{0{,}24} = \frac{1}{8} + \frac{0{,}01}{0{,}25} + \frac{d}{0{,}035} + \frac{0{,}175}{0{,}18} + \frac{0{,}02}{1{,}0} + \frac{1}{23}$$

$d = 0{,}103$ m

$d = 100$ mm

4. Wand: $q = U\,(\vartheta_i - \vartheta_e)$

$q = 0{,}45 \cdot [20 - (-10)]$

$q = 13{,}5\ \mathrm{W/m^2}$

Nische: $13{,}5 = U \cdot [36 - (-10)]$

$U = 0{,}29\ \mathrm{W/m^2K}$

$$\frac{1}{0{,}29} = \frac{1}{8} + \frac{0{,}01}{0{,}25} + \frac{d}{0{,}035} + \frac{0{,}175}{0{,}18} + \frac{0{,}02}{1{,}0} + \frac{1}{23}$$

$d = 0{,}0786$ m

$d = 80$ mm

5. nach 1. $U = 0{,}73\ \mathrm{W/m^2K}$

nach 4. $U = 0{,}29\ \mathrm{W/m^2K}$

$$p = \frac{100\,\% \cdot 0{,}29}{0{,}73}$$

$p = 39{,}7$ %

$\Rightarrow$ Verbesserung um 60,3 %

6.

$$\frac{1}{0{,}29} = \frac{1}{8} + \frac{0{,}01}{0{,}25} + \frac{d}{0{,}0046} + \frac{0{,}175}{0{,}18} + \frac{0{,}02}{1{,}0} + \frac{1}{23}$$

$d = 0{,}0103$ m

$d = 10$ mm

2.22.3 Einzelnachweis von Wärmebrücken gemäß DIN 4108 Beiblatt 2

Wärmebrücken bedeuten nicht nur einen Wärmeverlust sondern können auch gravierende Feuchteschäden bis zur Schimmelpilzbildung hervorrufen.
Ein wichtiger Faktor für die Bewertung der Bausubstanz hinsichtlich Wärmebrücken und Schimmelpilzbildung ist der f_{Rsi}-Wert. Bei der f_{Rsi}-Wertberechnung handelt es sich um die Ermittlung von energetischen Schwachstellen, die somit auch Wärmebrücken darstellen und für die daher Schimmelpilzgefahr bestehen kann.

$$f_{Rsi} = \frac{\vartheta_{si} - \vartheta_e}{\vartheta_i - \vartheta_e}$$

Da bei Wärmebrücken auch mit Feuchteschäden bis zur Schimmelpilzbildung zu rechnen ist, wird für h_i der Wert 4 angesetzt. Der spezifische Transmissionswärmeverlust H_T der Wärmebrücke errechnet sich zu:

$$H_T = (1 - f_{Rsi}) \cdot \Psi \cdot l \quad \text{in W/K}$$

f_{Rsi} = Temperaturfaktor
Ψ = Wärmebrückenverlust-Koeffizient in W/mK
l = Länge der Wärmebrücke in m

Gleichwertigkeitskriterien für die Ψ-Werte nach DIN EN ISO 10 211 sowie DIN 4108 Bbl. 2

1	Wärmedämmung	λ = 0,04 W/mK
2	Mauerwerk	$\lambda \leq$ 0,21
3	Mauerwerk	0,21 < λ < 1,1
4	Mauerwerk	λ > 1,1
5	Stahlbeton	λ = 2,5
6	Estrich	λ = je nach Material
7	Gipskartonplatte	λ = 0,25 W/mK
8	Holzwerkstoffplatte	λ je nach Material

Ein Wärmebrückennachweis muss an den im Beiblatt 2 der DIN 4108 aufgeführten kritischen Punkten erfolgen. Dies sind vor allem Deckenauflager, Rollladenkästen, Fenster- und Türleibungen, Bodenplatten usw.

Beispiel 4:
Geschossdecke – außen gedämmtes Mauerwerk

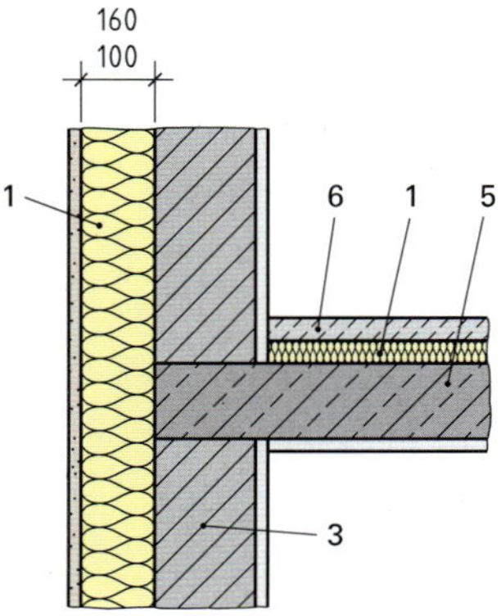

Ein Nachweis der Gleichwertigkeit entfällt.
Damit ist keine Wärmebrücke vorhanden.

Beispiel 5:
Flachdach – Mauerwerk mit Kerndämmung

Daten:
ϑ_{si} = 18,3 °C
ϑ_i = +20 °C
ϑ_e = −5 °C
Ψ ≤ 0,14 W/mK
l = 78 m

gesucht: Transmissionswärmeverlust durch die Wärmebrücke.

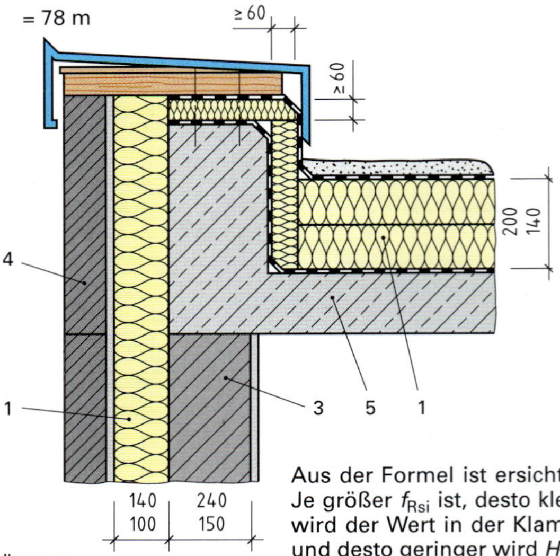

Aus der Formel ist ersichtlich: Je größer f_{Rsi} ist, desto kleiner wird der Wert in der Klammer und desto geringer wird H_T.

Lösung:

$$f_{Rsi} = \frac{\vartheta_{si} - \vartheta_e}{\vartheta_i - \vartheta_e} \qquad H_T = (1 - f_{Rsi}) \cdot \Psi \cdot l$$

$$f_{Rsi} = \frac{18{,}3 - (-5)}{20 - (-5)} \qquad H_T = (1 - 0{,}93) \cdot 0{,}14 \cdot 78{,}00$$

$$f_{Rsi} = 0{,}93 \qquad H_T = 0{,}76 \text{ W/K}$$

> min. erf. f_{Rsi} = 0,70 nach Diagramm S. 264

Beispiel 6:
Geschossdecke – monolithisches Mauerwerk

gemessen:
ϑ_{si} = +14,7 °C
ϑ_i = +20 °C
ϑ_e = −10 °C
Ψ ≤ 0,06 W/mK
l = 12,50 m

gesucht: Transmissionswärmeverlust durch die Wärmebrücke.

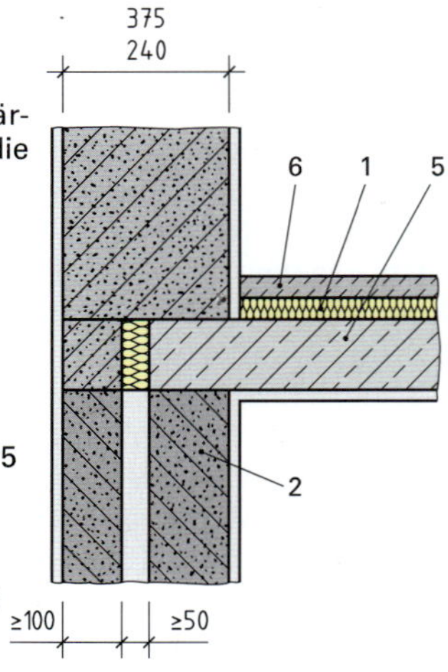

Lösung:

$$f_{Rsi} = \frac{\vartheta_{si} - \vartheta_e}{\vartheta_i - \vartheta_e}$$

$$f_{Rsi} = \frac{14{,}7 - (-10)}{20 - (-10)}$$

f_{Rsi} = 0,82 > min. erf. 0,75 nach Diagramm

$$H_T = (1 - f_{Rsi}) \cdot \Psi \cdot l$$

$$H_T = (1 - 0{,}82) \cdot 0{,}06 \cdot 12{,}50$$

$$H_T = 0{,}14 \text{ W/K}$$

Beispiel 7:
Bodenplatte – Keller

Daten:
ϑ_{si} = 14,7 °C
ϑ_i = 20 °C
ϑ_e = +5 °C
Φ_i = 55 %
Ψ ≤ 0,50 W/mK
l = 60 m

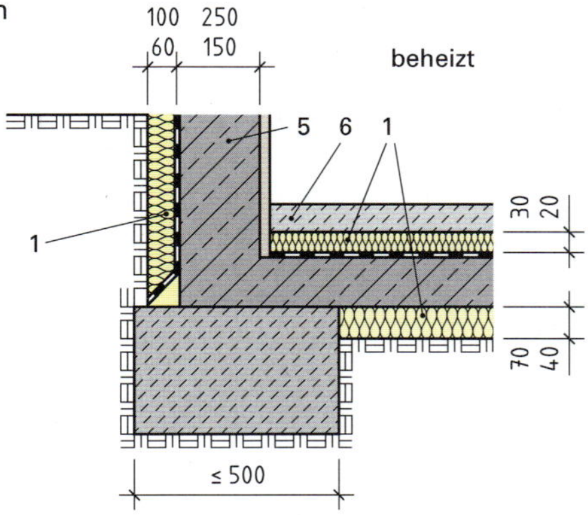

gesucht:
Transmissionswärmeverlust durch die Wärmebrücke.

Lösung:

$$f_{Rsi} = \frac{\vartheta_{si} - \vartheta_e}{\vartheta_i - \vartheta_e} \qquad H_T = (1 - f_{Rsi}) \cdot \Psi \cdot l$$

$$f_{Rsi} = \frac{14{,}7 - 5}{20 - 5} \qquad H_T = (1 - 0{,}65) \cdot 0{,}50 \cdot 60{,}00$$

f_{Rsi} = 0,65 > min. H_T = 10,5 W/K
erf. f_{Rsi} = 0,58 nach Diagramm S. 264

Beispiel 8:
Rollladenkasten

gemessen:
ϑ_{si} = +12,4 °C
ϑ_i = +20 °C
ϑ_e = −5 °C
Ψ ≤ 0,31 W/mK
l = 12,50 m
Fenster: 2,50m x 1,50

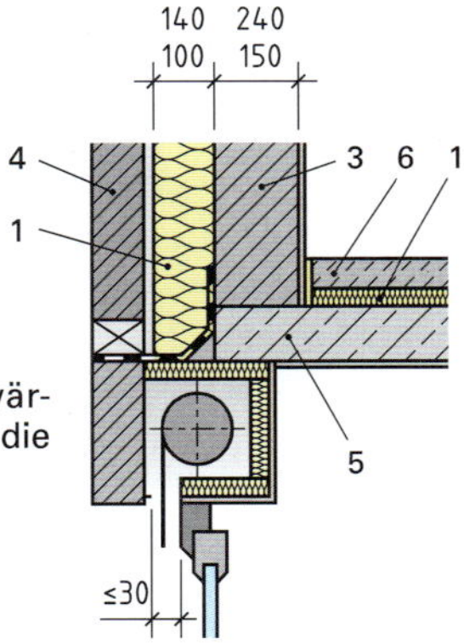

gesucht: Transmissionswärmeverlust durch die Wärmebrücke.

Lösung:

$$f_{Rsi} = \frac{\vartheta_{si} - \vartheta_e}{\vartheta_i - \vartheta_e}$$

$$f_{Rsi} = \frac{12{,}4 - (-5)}{20 - (-5)}$$

f_{Rsi} = 0,696 ≙ min. erf. f_{Rsi} · 0,70 nach Diagramm S. 264

$H_T = (1 - f_{Rsi}) \cdot \Psi \cdot l$

$H_T = (1 - 0{,}696) \cdot 0{,}31 \cdot 2 \cdot 1{,}50$

H_T = 0,29 W/K

Beispiel 9:
Kellerwand mit Perimeterdämmung – Bodenplatte mit darunter liegender Dämmung

gemessen:
ϑ_{si} = +17,0 °C
ϑ_i = +20 °C
ϑ_e = +10 °C
Φ_i = 60 %
Ψ ≤ −0,04 W/mK
l = 45,0 m

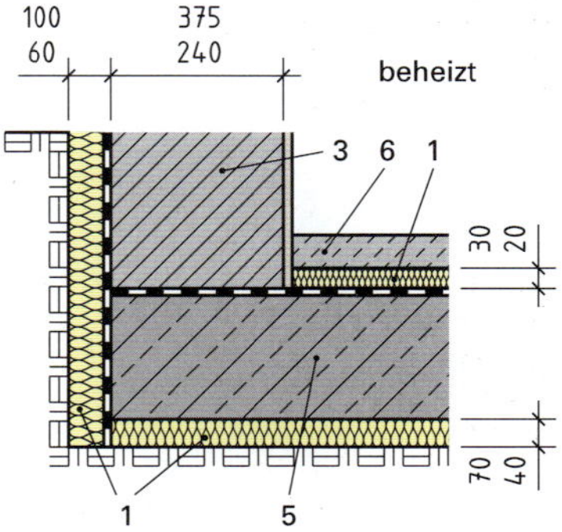

gesucht:
Transmissionswärmeverlust durch die Wärmebrücke.

Lösung:

$$f_{Rsi} = \frac{\vartheta_{si} - \vartheta_e}{\vartheta_i - \vartheta_e} \qquad H_T = (1 - f_{Rsi}) \cdot \Psi \cdot l$$

$$H_T = (1 - 0{,}7) \cdot (-0{,}04) \cdot 45{,}00$$

$$f_{Rsi} = \frac{17{,}0 - 10}{20 - 10} \qquad H_T = -0{,}54 \text{ W/K}$$

⇒ Wärmegutschrift

f_{Rsi} = 0,7 > min.
erf. f_{Rsi} = 0,55 nach Diagramm S. 264

gegen Außenluft wäre dieser f_{Rsi}-Wert nicht zulässig

Beispiel 10:
Fensterleibung bei Mauerwerk mit Kerndämmung

Daten:
ϑ_{si} = 18,3 °C
ϑ_i = +20 °C
ϑ_e = −5 °C
Ψ ≤ 0,03 W/mK
Fenster:
2,0 m / 1,50 m

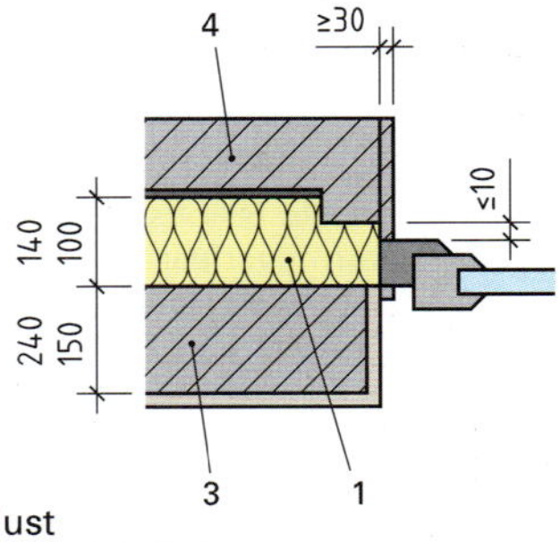

gesucht: Transmissionswärmeverlust durch die Wärmebrücke.

Lösung:

$$f_{Rsi} = \frac{\vartheta_{si} - \vartheta_e}{\vartheta_i - \vartheta_e} \qquad H_T = (1 - f_{Rsi}) \cdot \Psi \cdot l$$

$$f_{Rsi} = \frac{18{,}3 - (-5)}{20 - (-5)} \qquad H_T = (1 - 0{,}93) \cdot 0{,}03 \cdot 2 \cdot 1{,}50$$

H_T = 0,006 W/K

f_{Rsi} = 0,93 > min. erf. = 0,7 nach Diagramm S. 264

Beispiel 11:
Dachflächenfenster
Daten:
$\vartheta_{si} = 18{,}5$ °C
$\vartheta_i = +20$ °C
$\vartheta_e = -10$ °C
$\Psi \leq 0{,}16$ W/mK
$l = 2{,}20$ m

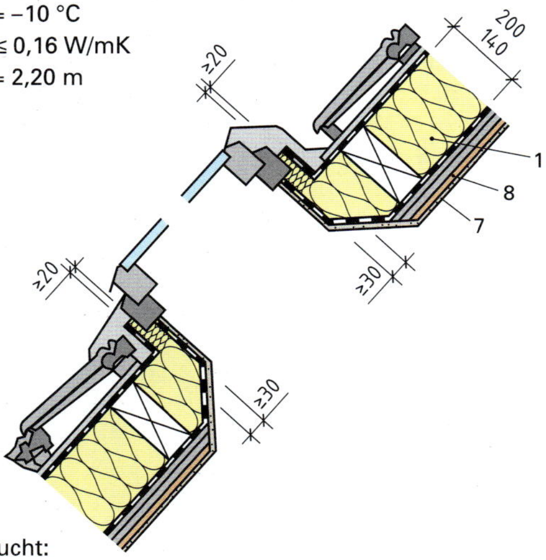

gesucht:
Transmissionswärmeverlust durch die Wärmebrücke.

Lösung:

$$f_{Rsi} = \frac{\vartheta_{si} - \vartheta_e}{\vartheta_i - \vartheta_e}$$

$$f_{Rsi} = \frac{18{,}5 - (-10)}{20 - (-10)}$$

$f_{Rsi} = 0{,}95 >$ min. erf. $f_{Rsi} = 0{,}75$

$H_T = (1 - f_{Rsi}) \cdot \Psi \cdot l$

$H_T = (1 - 0{,}95) \cdot 0{,}16 \cdot 2{,}20$

$H_T = 0{,}02$ W/K

Beispiel 12:
Fensterbrüstung bei Mauerwerk mit Kerndämmung

gemessen:
$\vartheta_{si} = +15{,}8$ °C
$\vartheta_i = +20$ °C
$\vartheta_e = -10$ °C
$l = 2{,}0$ m
$\Psi \leq 0{,}11$ W/mK

gesucht: Transmissionswärmeverlust durch die Wärmebrücke.

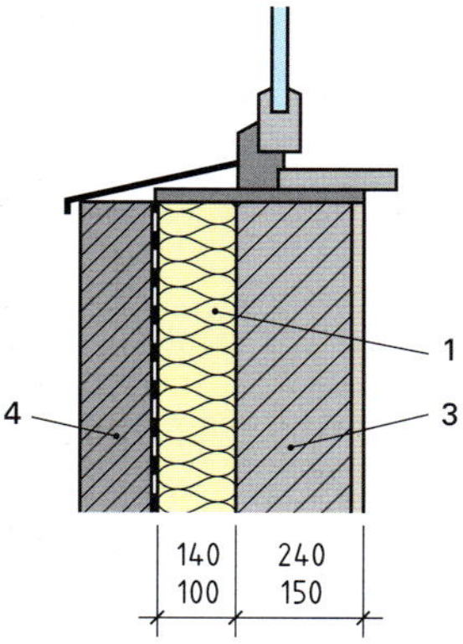

Lösung:

$$f_{Rsi} = \frac{\vartheta_{si} - \vartheta_e}{\vartheta_i - \vartheta_e}$$

$$f_{Rsi} = \frac{15{,}8 - (-10)}{20 - (-10)}$$

$f_{Rsi} = 0{,}86 >$ min. erf. $f_{Rsi} = 0{,}75$

$H_T = (1 - f_{Rsi}) \cdot \Psi \cdot l$

$H_T = (1 - 0{,}86) \cdot 0{,}11 \cdot 2{,}00$

$H_T = 0{,}03$ W/K

Beispiel 13:
Bodenplatte auf Erdreich – Holzständerwand

Daten:
$\vartheta_{si} = 17{,}3$ °C
$\vartheta_i = +20$ °C
$\vartheta_e = -5$ °C
$\Psi \leq -0{,}03$ W/mK
$l = 48{,}0$ m

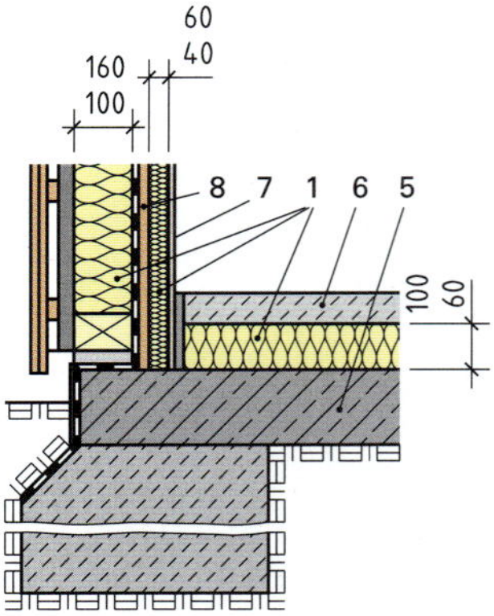

gesucht:
Transmissionswärmeverlust durch die Wärmebrücke.

Lösung:

$$f_{Rsi} = \frac{\vartheta_{si} - \vartheta_e}{\vartheta_i - \vartheta_e}$$

$$f_{Rsi} = \frac{17{,}3 - (-5)}{20 - (-5)}$$

$f_{Rsi} = 0{,}89 >$ min. erf. $f_{Rsi} = 0{,}70$

$H_T = (1 - f_{Rsi}) \cdot \Psi \cdot l$

$H_T = (1 - 0{,}89) \cdot (-0{,}03) \cdot 48{,}00$

$H_T = -0{,}16$ W/K

$\Rightarrow$ Wärmegutschrift

Beispiel 14:
Anschluss Innenwand – unbeheizter Keller

Daten:
$\vartheta_{si} = 15{,}8$ °C
$\vartheta_i = +20$ °C
$\vartheta_e = +10$ °C
$\Phi_i = 60$ %
$\Psi \leq 0{,}56$ W/mK
$l = 16{,}5$ m

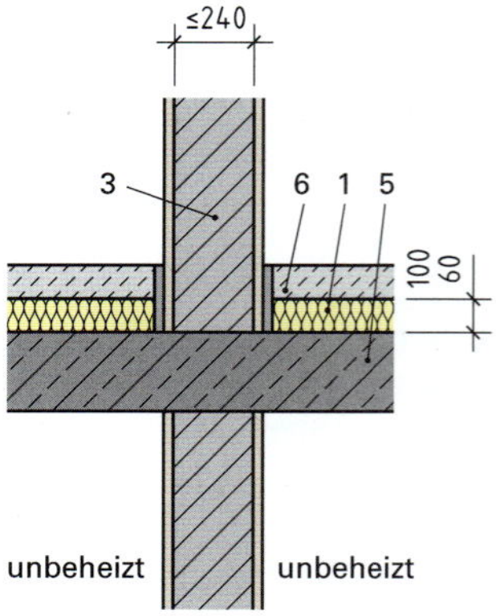

gesucht:
Transmissionswärmeverlust durch die Wärmebrücke.

Lösung:

$$f_{Rsi} = \frac{\vartheta_{si} - \vartheta_e}{\vartheta_i - \vartheta_e}$$

$$f_{Rsi} = \frac{15{,}8 - 10}{20 - 10}$$

$f_{Rsi} = 0{,}58 >$ min. erf. $f_{Rsi} = 0{,}55$

$H_T = (1 - f_{Rsi}) \cdot \Psi \cdot l$

$H_T = (1 - 0{,}58) \cdot 0{,}56 \cdot 16{,}50$

$H_T = 3{,}88$ W/K

2.22.4 Eine Wärmebrücke der besonderen Art, der frei auskragende Balkon

Eine Wärmebrücke der besonderen Art ist der frei auskragende Balkon in Stahlbetonweise.
Dieses Bauteil stellt im wahrsten Sinne des Wortes eine Kühlrippe dar.
Das Besondere besteht darin, dass im energetischen Sanierungsfalle die thermische Trennung oft als alleinige Lösungsmöglichkeit gesehen wird. Man geht so vor wie gelegentlich im medizinischen Bereich. Die Entfernung des erkrankten Organs steht alternativlos im Focus der Lösung, ohne die Möglichkeit der Rettung des Organs in die Gesamtbehandlung mit einzubeziehen. Auch wird der Auswirkung des dann fehlenden Organs auf den Gesamtorganismus zu wenig Aufmerksamkeit geschenkt.
Zurück zum Balkon.
Organentfernung → Thermische Trennung → Folgen:
Das statische System ändert sich grundlegend. Aus einem Einfeldträger mit Kragarm werden zwei Einfeldträger. Die Lage der vorhandenen Bewehrung ist eine gänzlich andere als der, die jetzt notwendig wäre. Dies kann zu Schaden oder gar zur Zerstörung der nun getrennten Bauteile führen.
Rettung des Organs → Rundumdämmung der Balkonplatte unter Beibehaltung der Auskragung wäre ein Maßnahme.
Keine störenden Stützen und der energetische Schwachpunkt Wärmebrücke ist beseitigt.

Statisches System vor der thermischen Trennung		
Statisches System	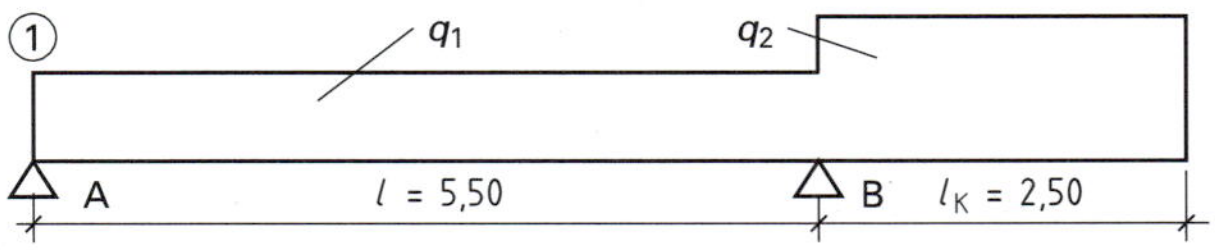	l = Stützweite; l_K = Kragarmlänge Gleichstreckenlasten q_1 = 2 kN/m; q_2 = 3,5 kN/m
Querkraft-Fläche Q-Fläche	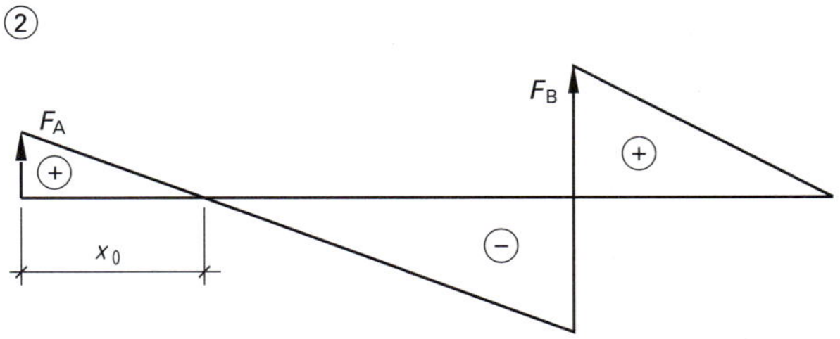	F_A = 3,51 kN; F_B = 16,24 kN Querkraft-Nullstelle $x_0 = F_A/q$ x_0 = 3,51/ 2,0 = 1,755 m An der x_0-Stelle hat das Feldmoment M_F ein Maximum. Die zweite Null-Stelle liegt am Auflager B. Dort ist das Stützenmoment M_B maximal.
Momenten-Fläche M-Fläche + bedeutet: unten Zug, – bedeutet: oben Zug	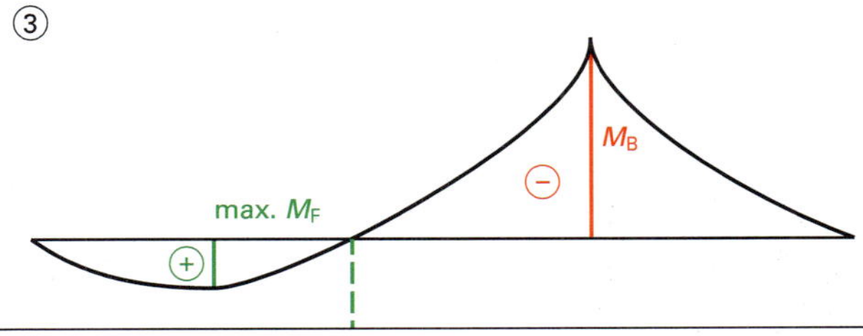	Feldmoment: $M_F = F_A \cdot x_0/2$ M_F = 3,08 kNm Stützenmoment: $M_B = -q_2 \cdot l_K^2/2$ M_B = – 10,94 kNm Die erf. Bewehrung richtet sich nach dem maximalen (Stützen)-Moment.
Bewehrungs-Führung Wärmeabfluss Wärmebrücke	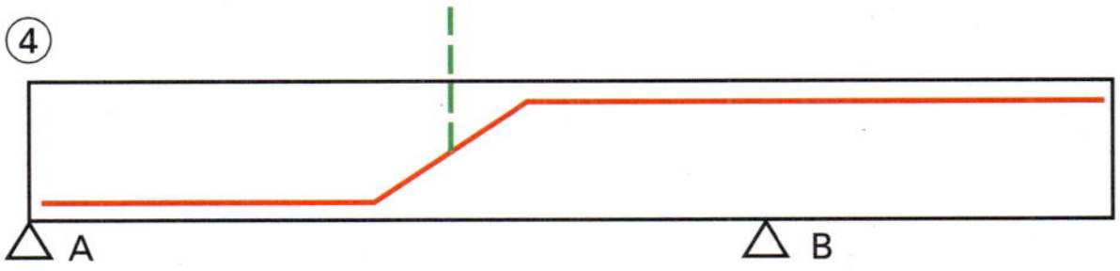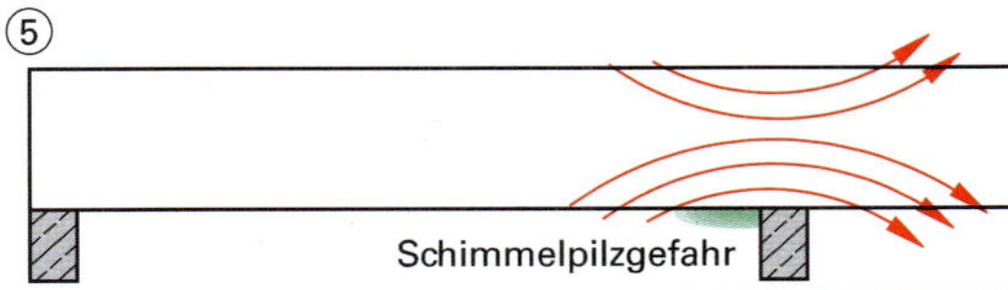	Die tragende Bewehrung liegt immer im Zugbereich. Beton übernimmt die Druckkräfte, Stahl die Zugkräfte An der Wärmebrücke besteht ein erhöhter Wärmeabfluss, der zu Schimmelpilzbildung führen kann.
Spezifischer Transmisionswärmeverlust $H_T = \psi \cdot l$ = 0,4 W/mK · 4,50 m = 1,8 W/K		

Statisches System nach der thermischen Trennung.
Aus dem Einfeldträger mit Kragarm (z. B. Wohnzimmer mit Balkon) sind zwei Einfeldträger geworden.

<table>
<tr><td>Statisches System</td><td>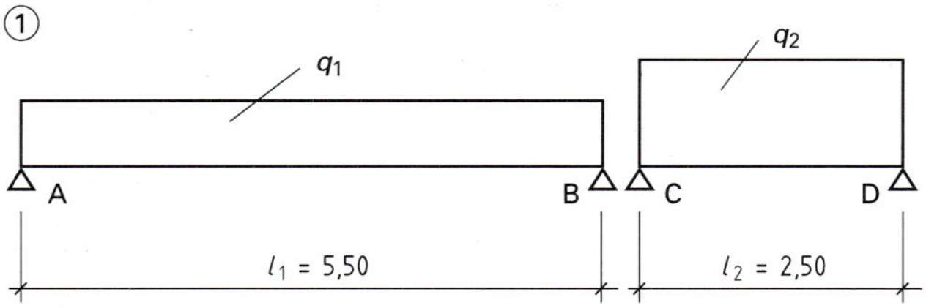
</td><td>$q_1 = 2$ kN/m
$q_2 = 3{,}5$ kN/m
$F_A = F_B = 2\,\frac{kN}{m} \cdot \frac{5{,}5\,m}{2}$
$F_A = F_B = 5{,}50$ kN
$F_C = F_D = 3{,}5\,\frac{kN}{m} \cdot \frac{2{,}5\,m}{2}$
$F_C = F_D = 4{,}375$ kN</td></tr>
<tr><td>Querkraft-Fläche

Q-Fläche</td><td>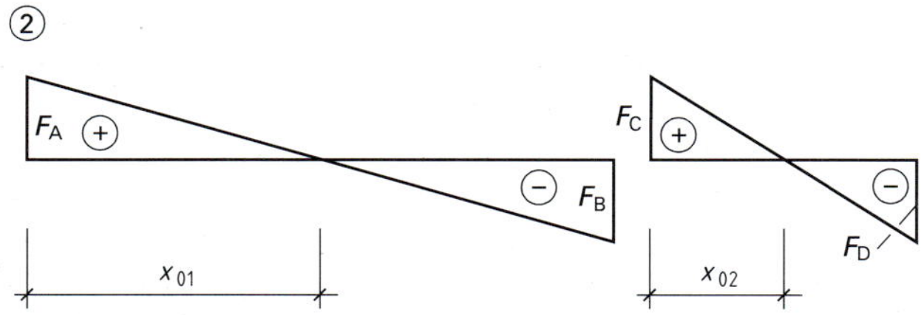
</td><td>An der Querkraft-Nullstelle x_0 hat das Moment sein Maximum, M_{F1} sowie M_{F2}</td></tr>
<tr><td>Momenten-Fläche

M-Fläche</td><td>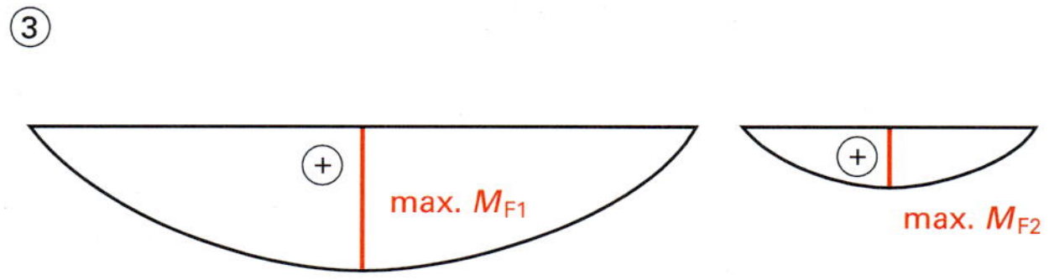
</td><td>$\max M_{F1} = \frac{q \cdot l^2}{8}$
$\max M_{F1} = \frac{2{,}0 \cdot 5{,}50^2}{8}$
$\max M_{F1} = +7{,}56$ kNm
$\max M_{F2} = \frac{3{,}50 \cdot 2{,}50^2}{8}$
$\max M_{F2} = +2{,}73$ kNm</td></tr>
<tr><td>Lage der Bewehrung</td><td>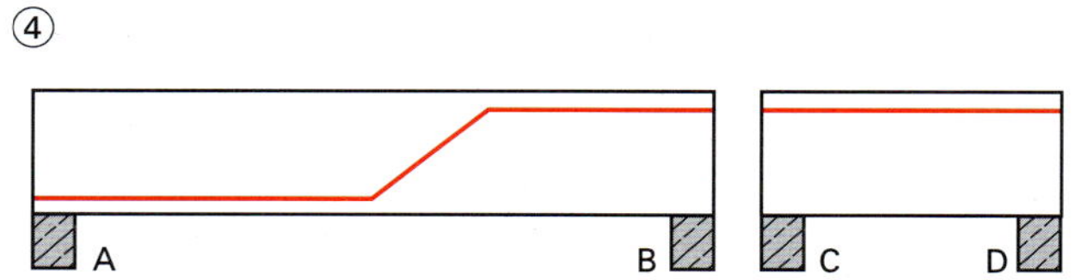

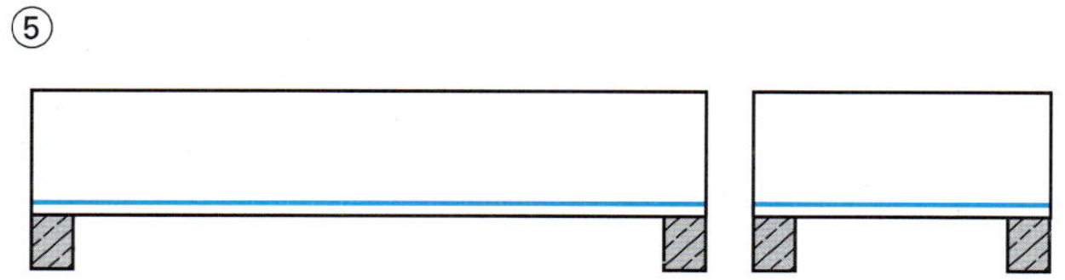
</td><td>rot: vorhandene Lage der Bewehrung
blau: erforderliche Lage der Bewehrung

Die thermische Trennung verlangt beim Balkon Bewehrung unten, aber da liegt kein tragender Stahl und im Bereich des Auflagers B fehlt unten der Stahl.</td></tr>
</table>

Merke: Ohne genaue Prüfung durch einen Statiker keine thermische Trennung vornehmen: Verantwortung !

Eine Lösung ohne Änderung des statischen Systems wäre die Rundum-Dämmung der Balkonplatte: Oberseite, Unterseite sowie den drei Stirnseiten. Als Materialien kämen in Frag: EPS, XPS, PUR, PF u. a.
Sollte an der Oberfläche die Aufbauhöhe Probleme bereiten, wäre auch der Einsatz einer VIP denkbar.

<table>
<tr><td>Dämmung der Balkonplatte</td><td>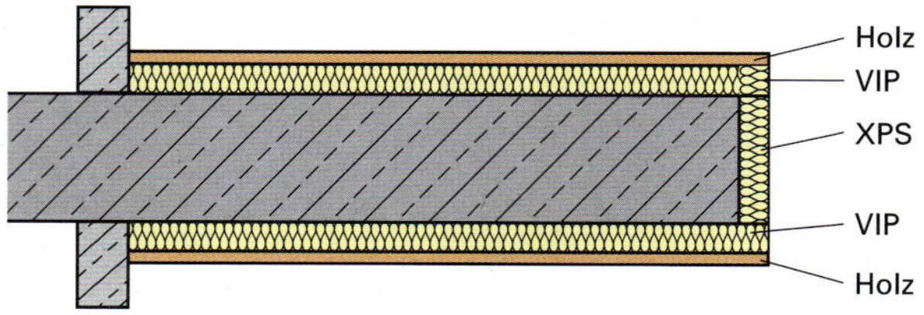
</td><td>oben und unten VIP-Platte
Stirnseiten XPS</td></tr>
</table>

2.22.5 Schimmelpilzbildung

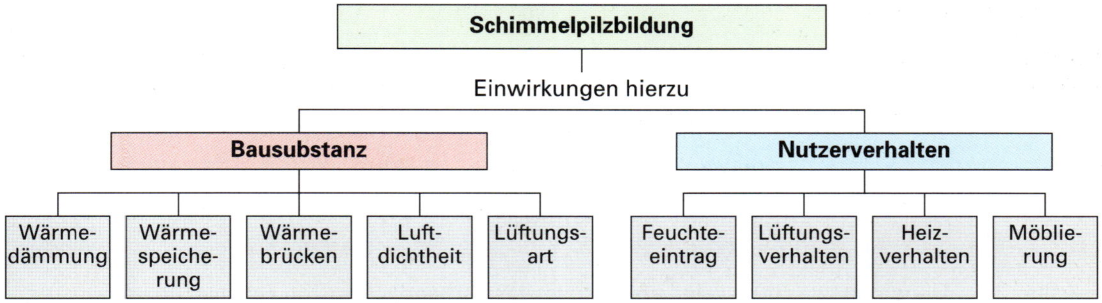

Wärmedämmung	An der richtigen Stelle im Bauteil ⇒ außen, innen, Kerndämmung Das richtige Material für den zugedachten Zweck (offenporig – geschlossenporig) Berücksichtigung der Kennwerte R, f_{Rsi}, s_d, W_w, D
Wärmespeicherung	Ob Außendämmung oder Innendämmung
Wärmebrücken	Wärmebrücken sind nicht nur energetische Schwachstellen, sondern durch die geringere Temperatur auch ideale Bedingung zur Schimmelpilzbildung. Geometrisch bedingt, materialbedingt, umgebungsbedingt, konvektiv, DIN 4108, Bbl 2
Luftdichtheit:	Luftdichtheitsprüfung ja oder nein, DIN 4108-7, DIN EN 13829; Leckagen erkannt oder nicht
Lüftungsart	Freie Lüftung von Hand oder kontrollierte Zwangslüftung mit oder ohne Wärmerückgewinnung (WRG)
Feuchteeintrag	Feuchtequellen im Haus: Durch Menschen und Tiere, Baden/Duschen, Kochen, Spülen, Wäsche trocknen, Springbrunnen, Aquarien, Luftbefeuchter
Lüftungsverhalten	betrifft nur die freie Lüftung. permanent: ist im Winter zu vermeiden, da dadurch nicht nur die Wärme in der Raumluft verloren geht sondern auch hygienisch einwandfreie Raumluft ausgetauscht wird und die in den Wänden und sonstigen Bauteilen gespeicherte Wärme verloren geht. Anzustreben: Stoßlüftung mehrmals kurz und kräftig mit Querlüftung, denn für den kompletten Luftaustausch eines normal großen Raumes werden benötigt bei: gekipptem Fenster ca. 60 Minuten geöffnetem Fenster ca. 10 Minuten geöffnetem Fenster mit Querlüftung (diagonal) ca. 2 Minuten Die winterliche Außenluft hat zwar eine hohe relative Luftfeuchte (80 bis 97 %), jedoch eine geringe absolute Luftfeuchte. Lüftet man also im Winter, so holt man im unteren Teil des geöffneten Fensters trockene Außenluft herein, während im oberen Teil die Wärme und Feuchte abtransportiert wird
Heizverhalten:	Nachtabsenkung – Heizunterbrechung – Teilbeheizung – Ganzbeheizung Höhe der Raumtemperatur
Möblierung	Möblierung hemmt oder verhindert den Luftstrom zur Wandoberfläche und fördert dadurch die Schimmelpilzbildung. Anzustreben sind bei Einbaumöblierung Öffnungen in Blenden unten und oben, Vorwandmöblierung mit mind. 5 cm Wandabstand. Werden diese Vorkehrungen nicht getroffen, so ist hinter Einbauschränken noch eher mit Schimmel zu rechnen, als in der freien Raumecke, denn in die Raumecke gelangt ein, wenn auch noch so kleiner Luftstrom, der die Feuchte wegtransportiert. Wandbilder und dichte Vorhänge haben auch eine schimmelpilzfördernde Wirkung.
Licht/Zeit	Neben diesen fundamentalen Wachstumsvoraussetzungen spielen marginal auch noch die Lichtverhältnisse und die Zeit der Einwirkung eine Rolle. Pilze mögen kein Licht, Einwirkungszeiten von weniger als einer Woche sind noch nicht Schimmelpilz fördernd.

Aus diesen beiden Voraussetzungen, Bausubstanz und Nutzerverhalten, ergeben sich die eigentlichen Ursachen für die Entstehung und das Wachstum der Schimmelpilze.

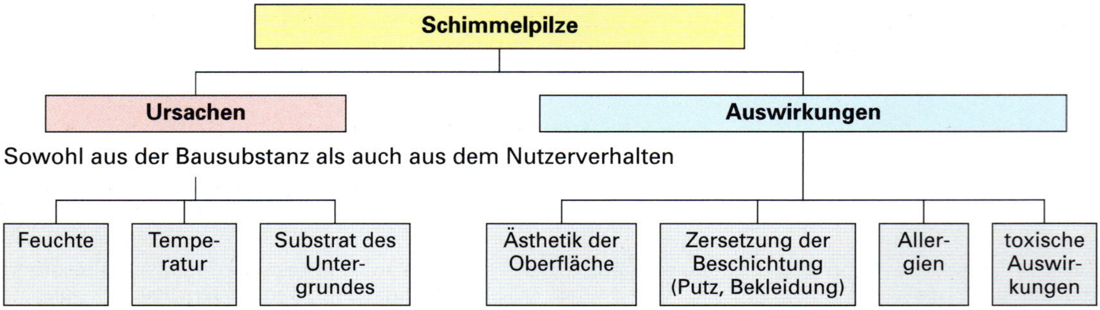

Feuchte: Ohne Wasser gibt es kein Leben. So ist das Vorhandensein von Feuchte, ob im Substrat oder in der Luft eine Grundvoraussetzung für die Entstehung und das das Wachstum von Schimmelpilzen. Je nach dem Porengehalt und der Art der Poren (offen oder geschlossenporig) des Baustoffes ist die Wasserspeicherfähigkeit unterschiedlich. (Schwamm – Holz – Putz – Beton)

Ein Feuchtegleichgewicht ist dann erreicht, wenn der Wasserdampfdruck in der Pore dem in der Umgebungsluft entspricht. Je nach Art der Pilze sind relative Raumluftfeuchten von ca. 85 % bis 95 % für das Wachstum verantwortlich. Bei 80 % der Raumluftfeuchte erreichen die meisten Pilze ihr Optimum zur Entstehung.

Temperatur: Bei keinem der vier Kernbereiche der Bauphysik besteht ein solch enger Zusammenhang wie zwischen dem Wärmeschutz und Feuchteschutz. So auch hier zwischen Feuchte und Wärme bei der der Schimmelpilzbildung. Die Entstehung und das Wachstum findet je nach Pilzart in einem Temperaturbereich von 0 °C bis 50 °C statt. Optimale Temperatur für die meisten Pilze sind 30 °C. Hitze schränkt die Entstehung und das Wachstum stark ein oder bringt es gar zum Erliegen.

Bei niedrigen Wandoberflächentemperaturen ist in bauphysikalischer Konsequenz die rel. Luftfeuchte sehr hoch, so dass die Entstehung von Schimmelpilz gefördert wird, zumal sich Schimmelpilze schnell neuen Situationen anpassen können. Minimale Werte der rel. Luftfeuchte sind nur dann noch schimmelpilzfördernd, wenn gleichzeitig optimale Temperaturen vorhanden sind. Diese Feststellung gilt auch im umgekehrten Falle.

Untergrund: Optimale Feuchte und Temperatur nutzen für die Entstehung nichts, wenn das Substrat nicht zur Entstehung von Schimmelpilz beträgt. Das Sorptionsvermögen spielt eine nicht unwesentliche Rolle. Der Untergrund ist wesentlicher Faktor für die Art des Schimmelpilzes. Nicht nur der Gehalt des Untergrundes an pilzfördernden Substanzen ist ausschlaggebend, sondern auch Verschmutzungen der Oberfläche durch Staub (setzt sich auf feuchtem Untergrund besonders haftend ab, auch Fette begünstigen das Wachstum.

Der Untergrund ist eine chemische Substanz mit einer basischen (alkalischen) oder sauren Reaktion, die mit dem pH-Wert klassifiziert wird, s. S. 435

Optimale pH-Werte für die Schimmelpilzbildung liegen zwischen 3 und 6, also im sauren Bereich. Einzelne Pilzarten geben sich auch bis pH 10 zufrieden.

Tapeten, Gips(karton)platten haben einen pH-Wert von etwa 5–8, Putze ca. 11.

Was Schimmel nicht mag: pH-Werte > 11; Zugluft (Entfeuchtung); Licht

Die Anfänge der Pilze bezeichnet man mit Sporen, danach beginnt das Mycelwachstum. Sporen nehmen ihre Feuchte noch aus der Luft, wodurch sie auch in unsere Atemwege gelangen. Erst das Pilzmycel setzt sich auf der Baustoffoberfläche fest und entzieht diesem Feuchte und Nährstoffe. Zunächst reichen ihm Staub und Fett von der Oberfläche, später Nährstoffe aus dem Untergrund des Substrates.

Lebensphase der Pilze:

Sporenkeimung – Myzelwachstum – Sporulation – Sporenbildung

vegetatives Wachstum reproduktives Wachstum

Die Auswirkungen sind farbliche Veränderungen, dass der Belag wie Putze, Fliesen porös wird und sich schließlich ablöst oder Holz sich zersetzt. Schließlich sind auch gesundheitliche Probleme bis hin zur Toxizität verschiedener Organe als Folgen möglich.

Die Atmungsorgane sind betroffen, Lunge, Leber, Milz, Haut und Augen werden in Mitleidenschaft gezogen.

2.22.6 Vermeidung von Schimmel hinter Schrankwänden und Einbauschränken nach DIN 4108-8

Wärmeübergangswiderstände nach DIN 4108-8 im nicht störungsfreien Verlauf

Voraussetzungen für die Verwendung von R_{si} nach DIN4108-8 sind:

- Gleichmäßige Beheizung
- Ausreichender Wärmestrahlungsaustausch zwischen wärmeren Innenbauteilen und der raumseitigen Außenwandoberfläche
- Ausreichende Lüftung, um die Feuchte von der Oberfläche wegzutransportieren
- Ungehinderte Luftzirkulation an den inneren Oberflächen der Außenbauteile

Sind die oben genannten Voraussetzungen behindert, ergibt sich eine Kette von Folgen besonders aufgrund von Punkt zwei:

⇒ geringerer Wärmeübergang

⇒ größerer Wärmeübergangswiderstand R_{si} $(1/h_i)$

⇒ niedrigere Temperatur auf der Innenseite der Außenwand

Bereits dichte Gardinen, Bilder an der Außenwand, Möbel mit Abstand rechtfertigen den R_{si}-Wert von 0,25 m²K/W (h_i = 4).

Bei frei stehenden Schränken und Einbauschränken kann mit einem äquivalenten R_{si}-Wert, dem $R_{si,äq}$-Wert statt dem sonst üblichen R_{si}-Wert gerechnet werden. Der $R_{si,äq}$-Wert beinhaltet nicht nur den Wärmeübergangswiderstand R_{si} sondern bereits den Wärmedurchlasswiderstand R des Schrankes.

Zur Ermittlung der raumseitigen Oberflächentemperatur können folgende äquivalente Wärmeübergangswiderstände verwendet werden:

Bereiche hinter frei stehenden Schränken:
$R_{si,äq}$ = 0,50 m²K/W ⇒ $h_{i,äq}$ = 2 W/m²K
($R_{si,äq} = 1/h_{i,äq}$)

Bereiche hinter Einbauschränken:
$R_{si,äq}$ = 1,0 m²K/W ⇒ $h_{i,äq}$ = 1 W/m²K
($R_{si,äq} = 1/h_{i,äq}$)

Wandoberflächentemperaturen hinter: frei stehendem Schrank – Einbauschrank			
Auf der Grundlage der Mindestwerte von R_{AW} = 1,2 m²K/W der Außenwand nach DIN 4108-8: ϑ_e = –5 °C, bzw. standortbedingt ϑ_e = –10 °C		**Auf der Ausgangslage der EnEV 2014; max. U = 0,24 W/m²K/W; ϑ_e = –5 °C, bzw. standortbedingt ϑ_e = –10 °C**	
Frei stehender Schrank	**Einbauschrank**	**Frei stehender Schrank**	**Einbauschrank**
Randbedingungen: R_{si} = 0,5 m²K/W $h_{i,äq}$ = 2 W/m²K R_{AW} = 1,2 m²K/W ϑ_i = 20 °C **ϑ_e = –5 °C**	Randbedingungen: R_{si} = 1,0 m²K/W $h_{i,äq}$ = 1,0 W/m²K R_{AW} = 1,2 m²K/W ϑ_i = 20 °C **ϑ_e = –5 °C**	Randbedingungen: R_{si} = 0,50 m²K/W $h_{i,äq}$ = 2 W/m²K U = 0,24 W/m²K ϑ_i = 20 °C **ϑ_e = –5 °C**	Randbedingungen: R_{si} = 1,0 m²K/W $h_{i,äq}$ = 1 W/m²K U = 0,24 W/m²K ϑ_i = 20 °C **ϑ_e = –5 °C**
geg.: R_{AW} = 1,2 m²K/W; ϑ_e = –5 °C ges. Wandoberflächentemperatur hinter dem freistehenden Schrank $R_T = \frac{1}{h_{i,äq}} + R_{AW} + \frac{1}{h_e}$ $R_T = \frac{1}{2{,}0} + 1{,}2 + \frac{1}{23}$ R_T = 1,743 ≙ $\Delta\vartheta$ = 25 °C $\Delta\vartheta = \frac{R_{si}}{R_T}(\vartheta_i - \vartheta_e)$ $\Delta\vartheta = \frac{0{,}50}{1{,}743}(20 - (-5))$ $\Delta\vartheta$ = 7,2 °C **ϑ_{si} = 12,8 °C**	geg.: R_{AW} = 1,2 m²K/W; ϑ_e = –5 °C ges. Wandoberflächentemperatur hinter dem Einbauschrank $R_T = \frac{1}{h_{i,äq}} + R_{AW} + \frac{1}{h_e}$ $R_T = \frac{1}{1{,}0} + 1{,}2 + \frac{1}{23}$ R_T = 2,243 ≙ $\Delta\vartheta$ = 25 °C $\Delta\vartheta = \frac{R_{si}}{R_T}(\vartheta_i - \vartheta_e)$ $\Delta\vartheta = \frac{1{,}0}{2{,}243}(20 - (-5))$ $\Delta\vartheta$ = 11,1 °C **ϑ_{si} = 8,9 °C**	geg.: U = 0,24 W/m²K; ϑ_e = –5 °C ges. Wandoberflächentemperatur hinter dem freistehenden Schrank ⇒ $R_T = 1/U = 1/0{,}24$ R_T = 4,167 m²K/W $R_{AW} = R_T - 1/h_i - 1/h_e$ R_{AW} = 4,167 – 1/8 – 1/23 R_{AW} = 4,0 m²K/W $R_T = \frac{1}{h_{i,äq}} + R_{AW} + \frac{1}{h_e}$ $R_T = \frac{1}{2{,}0} + 4{,}0 + \frac{1}{23}$ R_T = 4,543 m²K/W $\Delta\vartheta = \frac{R_{si}}{R_T}(\vartheta_i - \vartheta_e)$ $\Delta\vartheta = \frac{0{,}50}{4{,}543}(20 - (-5))$ $\Delta\vartheta$ = 2,8 °C **ϑ_{si} = 17,2 °C**	geg.: U = 0,24 W/m²K; ϑ_e = –5 °C ges. Wandoberflächentemperatur hinter dem Einbauschrank ⇒ $R_T = 1/U = 1/0{,}24$ R_T = 4,167 m²K/W $R_{AW} = R_T - 1/h_i - 1/h_e$ R_{AW} = 4,167 – 1/8 – 1/23 R_{AW} = 4,0 m²K/W $R_T = \frac{1}{h_{i,äq}} + R_{AW} + \frac{1}{h_e}$ $R_T = \frac{1}{1} + 4{,}0 + \frac{1}{23}$ R_T = 5,043 m²K/W $\Delta\vartheta = \frac{R_{si}}{R_T}(\vartheta_i - \vartheta_e)$ $\Delta\vartheta = \frac{1{,}0}{5{,}043}(20 - (-5))$ $\Delta\vartheta$ = 5,0 °C **ϑ_{si} = 15,0 °C**

Wandoberflächentemperaturen hinter: frei stehendem Schrank – Einbauschrank			
Auf der Grundlage der Mindestwerte von $R_{AW} = 1{,}2$ m²K/W der Außenwand nach DIN 4108-8: $\vartheta_e = -5$ °C, bzw. standortbedingt $\vartheta_e = -10$ °C		**Auf der Ausgangslage der EnEV 2014; max. $U = 0{,}24$ W/m²K/W; $\vartheta_e = -5$ °C, bzw. standortbedingt $\vartheta_e = -10$ °C**	
Frei stehender Schrank	**Einbauschrank**	**Frei stehender Schrank**	**Einbauschrank**
Randbedingungen: $R_{si} = 0{,}5$ m²K/W $h_{i,äq} = 2$ W/m²K $R_{AW} = 1{,}2$ m²K/W $\vartheta_i = 20$ °C **$\vartheta_e = -10$ °C**	Randbedingungen: $R_{si} = 1{,}0$ m²K/W $h_{i,äq} = 1{,}0$ W/m²K $R_{AW} = 1{,}2$ m²K/W $\vartheta_i = 20$ °C **$\vartheta_e = -10$ °C**	Randbedingungen: $R_{si} = 0{,}50$ W/m²K $h_{i,äq} = 2$ W/m²K $U = 0{,}24$ W/m²K $\vartheta_i = 20$ °C **$\vartheta_e = -10$ °C**	Randbedingungen: $R_{si} = 1{,}0$ W/m²K $h_{i,äq} = 1$ W/m²K $U = 0{,}24$ W/m²K $\vartheta_i = 20$ °C **$\vartheta_e = -10$ °C**
geg.: $R_{AW} = 1{,}2$ m²K/W; $\vartheta_e = -10$ °C → Standort bezogen ges.: Wandoberflächen-temperatur hinter dem freistehenden Schrank $R_T = \frac{1}{h_{i,äq}} + R_{AW} + \frac{1}{h_e}$ $R_T = \frac{1}{2} + 1{,}2 + \frac{1}{23}$ $R_T = 1{,}743 \mathrel{\hat{=}} \Delta\vartheta = 30$ °C $\Delta\vartheta = \frac{R_{si}}{R_T}(\vartheta_i - \vartheta_e)$ $\Delta\vartheta = \frac{0{,}50}{1{,}743}(20 - (-10))$ $\Delta\vartheta = 8{,}6$ °C **$\vartheta_{si} = 11{,}4$ °C**	geg.: $R_{AW} = 1{,}2$ m²K/W; $\vartheta_e = -10$ °C → Standort bezogen ges.: Wandoberflächen-temperatur hinter dem Einbauschrank $R_T = \frac{1}{h_{i,äq}} + R_{AW} + \frac{1}{h_e}$ $R_T = \frac{1}{1} + 1{,}2 + \frac{1}{23}$ $R_T = 2{,}243 \mathrel{\hat{=}} \Delta\vartheta = 30$ °C $\Delta\vartheta = \frac{R_{si}}{R_T}(\vartheta_i - \vartheta_e)$ $\Delta\vartheta = \frac{1{,}0}{2{,}243}(20 - (-10))$ $\Delta\vartheta = 13{,}4$ °C **$\vartheta_{si} = 6{,}6$ °C**	geg.: $U = 0{,}24$ m²K/W; $\vartheta_e = -10$ °C → Standort bezogen ges.: Wandoberflächen-temperatur hinter dem freistehenden Schrank $R_T = 1/U = 1/0{,}24$ $R_T = 4{,}167$ m²K/W $R_{AW} = R_T - 1/h_i - 1/h_e$ $R_{AW} = 4{,}167 - 1/8 - 1/23$ $R_{AW} = 4{,}0$ m²K/W $R_T = \frac{1}{h_{i,äq}} + R_{AW} + \frac{1}{h_e}$ $R_T = \frac{1}{2} + 4{,}0 + \frac{1}{23}$ $R_T = 4{,}543$ m²K/W $\Delta\vartheta = \frac{R_{si}}{R_T}(\vartheta_i - \vartheta_e)$ $\Delta\vartheta = \frac{0{,}50}{4{,}543}(20 - (-10))$ $\Delta\vartheta = 3{,}3$ °C **$\vartheta_{si} = 16{,}7$ °C**	geg.: $U = 0{,}24$ m²K/W; $\vartheta_e = -10$ °C → Standort bezogen ges.: Wandoberflächen-temperatur hinter dem Einbauschrank $R_T = 1/U = 1/0{,}24$ $R_T = 4{,}167$ m²K/W $R_{AW} = R_T - 1/h_i - 1/h_e$ $R_{AW} = 4{,}167 - 1/8 - 1/23$ $R_{AW} = 4{,}0$ m²K/W $R_T = \frac{1}{h_{i,äq}} + R_{AW} + \frac{1}{h_e}$ $R_T = \frac{1}{1} + 4{,}0 + \frac{1}{23}$ $R_T = 5{,}043$ m²K/W $\Delta\vartheta = \frac{R_{si}}{R_T}(\vartheta_i - \vartheta_e)$ $\Delta\vartheta = \frac{1{,}0}{4{,}543}(20 - (-10))$ $\Delta\vartheta = 6{,}6$ °C **$\vartheta_{si} = 13{,}4$ °C**

Temperatur in der Raumecke in Anlehnung an die DIN 4108 bzw. die EnEV.			
auf der Grundlage von DIN 4108: min $R = 1{,}2$ m²K/W		auf der Grundlage der EnEV: max $U = 0.24$ W/m²K	
geg.: $R_{AW} = 1{,}2$ m²K/W; $\vartheta_e = -5$ °C ges.: Ecktemperatur $\vartheta_{si,E} = \vartheta_i - \left[(\vartheta_i - \vartheta_e) \cdot \frac{1{,}5}{h_i \cdot R_{AW} + 1{,}5}\right]$ $\vartheta_{si,E} = 20 - \left[(20 - (-5)) \cdot \frac{1{,}5}{4 \cdot 1{,}2 + 1{,}5}\right]$ **$\vartheta_{si,E} = 14{,}0$ °C**	geg.: $R_{AW} = 1{,}2$ m²K/W; $\vartheta_e = -10$ °C ges.: Ecktemperatur $\vartheta_{si,E} = \vartheta_i - \left[(\vartheta_i - \vartheta_e) \cdot \frac{1{,}5}{h_i \cdot R_{AW} + 1{,}5}\right]$ $\vartheta_{si,E} = 20 - \left[(20 - (-10)) \cdot \frac{1{,}5}{4 \cdot 1{,}2 + 1{,}5}\right]$ **$\vartheta_{si,E} = 12{,}9$ °C**	geg.: $R_{AW} = 1{,}2$ m²K/W; $\vartheta_e = -5$ °C ges.: Ecktemperatur $\vartheta_{si,E} = \vartheta_i - \left[(\vartheta_i - \vartheta_e) \cdot \frac{1{,}5}{h_i \cdot R_{AW} + 1{,}5}\right]$ $\vartheta_{si,E} = 20 - \left[(20 - (-5)) \cdot \frac{1{,}5}{4 \cdot 4{,}0 + 1{,}5}\right]$ **$\vartheta_{si,E} = 17{,}9$ °C**	geg.: $R_{AW} = 1{,}2$ m²K/W; $\vartheta_e = -10$ °C ges.: Ecktemperatur $\vartheta_{si,E} = \vartheta_i - \left[(\vartheta_i - \vartheta_e) \cdot \frac{1{,}5}{h_i \cdot R_{AW} + 1{,}5}\right]$ $\vartheta_{si,E} = 20 - \left[(20 - (-10)) \cdot \frac{1{,}5}{4 \cdot 4{,}0 + 1{,}5}\right]$ **$\vartheta_{si,E} = 17{,}4$ °C**

Der Temperaturvergleich Raumecke zeigt, dass in der Raumecke die Temperatur höher ist als hinter Schränken. Grund: Die Raumecke stellt ein dreidimensionales geometrisches Gebilde dar, das zwar nur von einem geringen Luftstrom erreicht wird und dadurch etwas Feuchte abgeführt werden kann. Hinter dem Einbauschrank streicht weder ein Luftstrom nach oben noch gelangt Licht hinter die Schrankwand. Kein Feuchte mitführender Luftstrom, kein Licht, da hat der Schimmel nichts zu befürchten.

Baustoffe nehmen durch die Raumluftfeuchte Wasser in Dampfform auf und geben dies durch Lüften wieder ab. Diese Vorgänge nennt man **Adsorption, Absorption** und Desorption. Diese drei Abläufe werden mit Sorption bezeichnet.

Sorption

- **Adsorption** – an der Oberfläche
- **Absorption** – im Innern
- **Desorption** – Feuchteabgabe

Der Vorgang der Absorption ist im Vergleich zur Desorption kürzer d. h. der Prozess der Feuchteaufnahme läuft schneller ab, als der der Austrocknung. Dies kommt auch in den Werten des Wasserdampfdiffusionswiderstandsfaktors (μ-Wert) zum Ausdruck , da für die Feuchteaufnahme (Absorption) der kleinere μ-Wert anzusetzen ist, während für die Austrocknung (Desorption) der größere μ-Wert in die Berechnung einfließt.
kleiner μ-Wert → geringer Widerstand
großer μ-Wert → großer Widerstand.
Schuld am größeren Widerstand sind die Adhäsionskräfte zwischen dem Material und dem Wasser.
Beim Desorptionsprozess verdunstet zunächst die Adsorptionsfeuchte und dann erst das tiefer im Material tiefer liegende Wasser, das per Absorption aufgenommen wurde.
Bei Innendämmung werden an das Dämm-Material besonders hohe Ansprüche gestellt bezüglich schadensfreien Feuchteaufnahme. Die Calcium-Silicatplatte bietet hier ihre Vorteile, da sie aufgrund ihrer Alkalität einen pH-Wert von mehr als 11 hat und so für die Schimmelbildung keinen interessanten Nährstoff bietet.
Beispiel

Calcium-Silicatplatte	CaSiO2
Daten:	$\lambda = 0{,}15$ W/mK
Rohdichte	$\varrho = 350$ kg/m³
Porosität:	$p = 85\,\%$
Feuchtegehalt:	$f = 70\,\%$

Feuchte Stoffe verschlechtern sich in ihrer Dämmwirkung, da sich in den Poren Feuchte festsetzt und Wasser einen schlechteren λ-Wert hat als Luft.
Die Verschlechterung lässt sich mit folgender Formel berechnen:

$\Delta\lambda$ = Porosität in % · Feuchtegehalt in % · $(\lambda_{Wasser} - \lambda_{Luft})$

$\Delta\lambda = 0{,}85 \cdot 0{,}70 \cdot (0{,}64 - 0{,}025)$

$\Delta\lambda = 0{,}37$ W/mK

Der λ-Wert verschlechtert sich durch die Durchfeuchtung von 0,15 W/mK auf 0,52 W/mK.

$\Delta\lambda$ = Porosität in % · Feuchtegehalt in % · $(\lambda_{Wasser} - \lambda_{Luft})$

$\Delta\lambda = 0{,}85 \cdot 0{,}70 \cdot (0{,}64 - 0{,}025)$

$\Delta\lambda = 0{,}37$ W/mK

Der λ-Wert verschlechtert sich durch die Durchfeuchtung von 0,15 W/mK auf 0,52 W/mK.

Bei trockener Dämmschicht:

$R_T = 1/8 + 0{,}01/1{,}0 + 0{,}12/0{,}15 + 0{,}30/0{,}30 + 0{,}02/1{,}0 + 1/23$

$R_T = 1{,}998$ m²K/W

$U = 0{,}50$ W/m²K

Bei feuchter Dämmschicht (70 %)

$R_T = 1/8 + 0{,}01/1{,}0 + 0{,}12/0{,}52 + 0{,}3/0{,}3 + 0{,}02/1{,}0 + 1/23$

$R_T = 1{,}425$ m²K/W

$U = 0{,}70$ W/m²K

Der U-Wert hat sich um 40 % verschlechtert.

Oft ist es gerade bei Altbauten nicht möglich, den U-Wert nachzurechnen. Dabei ist es möglich, diesen unter Einhaltung von bestimmten Bedingungen nachzuweisen. Es müssen die Wandoberflächentemperaturen innen und außen mehrmals gemessen werden.
Voraussetzung dabei ist, dass Windstille herrscht, um übermäßige Konvektionen auszuschließen und dass die Wandoberfläche nicht von der Sonne angestrahlt wird oder dass die Wand verschattet wird.

Der U-Wert errechnet sich zu:

$$U = h_i \cdot \frac{\vartheta_i - \vartheta_{si}}{\vartheta_i - \vartheta_e}$$

gilt nur für eben begrenzte Bauteile

ϑ_e ist unter Berücksichtigung des Vorzeichens einzusetzen.
Bestimmung der Wandoberflächentemperaturen innen ϑ_{si} sowie außen ϑ_{se}.

$$\vartheta_{si} = \vartheta_i - \frac{U}{h_i} \cdot (\vartheta_i - \vartheta_e) \qquad \vartheta_{se} = \vartheta_e + \frac{U}{h_e} \cdot (\vartheta_i - \vartheta_e)$$

ϑ_e ist unter Berücksichtigung des Vorzeichens einzusetzen.
Der Effekt, dass im Wärmeschutz $h_i = 8$, im Feuchteschutz bei Schimmelpilzvermeidung $h_i = 4$ und bei Einbauschränken $h_i = 2$ angesetzt wird, hat zur Folge, dass die Wandoberflächentemperatur entsprechend niedriger ausfällt und man so auf der sicheren Seite liegt.

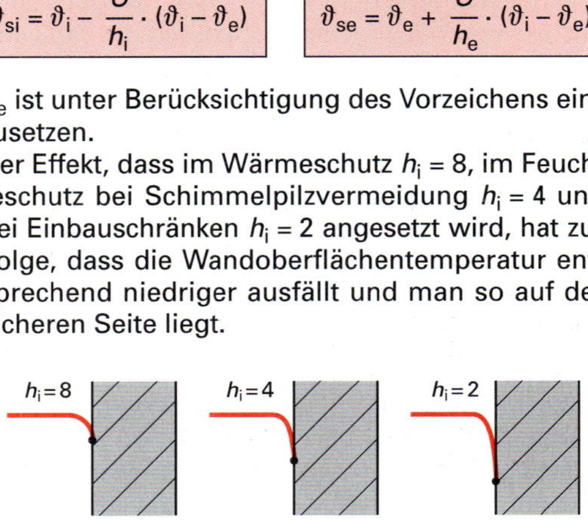

Bild 1: Wandoberflächentemperaturen

Wie aus dem Temperaturverlauf einer Konstruktion zu erkennen ist, fällt die Temperatur vom Raum zur Wandoberfläche ab. Die absolute Luftfeuchte ist in Wandnähe gleich der im Rauminnern. Die relative dagegen steigt infolge des Temperaturabfalles zur Wandoberfläche hin wie die Abbildung zeigt.

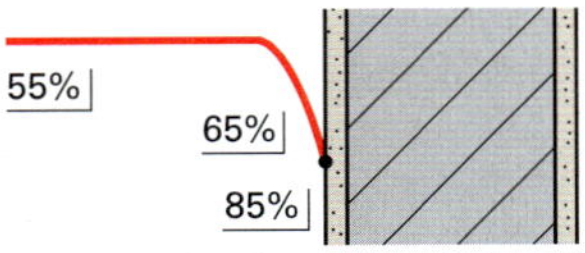

Bild 1: Temperaturverlauf zur Wandoberfläche

Sinkt die Oberflächentemperatur an einem Bauteil, steigt damit die relative Luftfeuchte und somit die Tauwassergefahr. Wärme und Feuchte sind zwei Grundvoraussetzungen zur Schimmelpilzbildung.

Dabei spielt nicht nur die Raumtemperatur und die relative Luftfeuchte im Raum eine Rolle, sondern auch die Temperatur und die relative Luftfeuchte auf der Wandoberfläche.

Wärmedurchgangskoeffizient (U-Wert) und Wandoberflächentemperatur stehen in einem engen Zusammenhang.

Je kälter Luft ist, desto weniger Feuchte kann sie speichern und desto früher fällt Tauwasser aus.

An feuchten Oberflächen haftet Staub und sonstiger Schmutz besonders intensiv, der wiederum Nährboden für Pilze ist. Erhöhte relative Luftfeuchten fördern die Schimmelpilzbildung.

Hängen vor einer Außenwand Bilder, so ist an dieser Stelle die Wärmekonvektion stark eingeschränkt, was zu einer Erhöhung des Wärmeübergangswiderstandes führt und schließlich einen Temperaturabfall zur Wandoberfläche zur Folge hat. Den gleichen Effekt haben Einbauschränke, dichte Vorhänge u.a.

Feuchte wird in einem Raum nicht nur durch das Ausatmen produziert, sondern durch die verschiedenen Aktivitäten in einem Raum.

So produziert ein Vier-Personenhaushalt pro Tag ca. 12 bis 14 l Wasser, das von der Wohnraumluft und von der Wandoberfläche aufgenommen werden muss und über die Lüftung an die Außenluft abgeführt werden muss.

Dieser Entfeuchtungsvorgang ist im Winter besonders wichtig. Die winterliche Außenluft hat zwar eine hohe relative Luftfeuchte (80 bis 95% und mehr, jedoch eine geringe absolute Luftfeuchte.

Luft von −10 °C kann maximal 2,15 g/m³ Wasser speichern, Luft mit +20 °C dagegen 1,73 g/m³.

Lüftet man also im Winter, so holt man sich bei Stoßlüftung im unteren Teil eines Fensters trockene Luft herein und gibt im oberen Teil des Fensters feuchte Luft ab. Dieser Strömungsverlauf kann mit einer Kerze gezeigt werden, indem man sie im unteren und oberen Teil eines geöffneten Fensters hält. Neigung der Flamme oben: nach außen, unten: nach innen. Winterliches Lüften sorgt nicht nur für Sauerstoffzufuhr, sondern auch für CO_2-Abtransport und Feuchteabgabe.

Nachweis, dass durch Lüftung im Winter die relative Raumluftfeuchte gesenkt wird.

Beispiel:

Außenluft	$\vartheta_e = -10\ °C$
relative Luftfeuchte	$\varphi_e = 90\ \%$
Raumluft	$\vartheta_i = +20\ °C$
relative Luftfeuchte	$\varphi_i = 55\ \%$
Raumvolumen	$V = 70\ m^3$
Luftwechselrate	$\eta = 0{,}7\ h^{-1}$

Lösung:

Luftaustausch pro Stunde: $V = 70 \cdot \frac{70}{100}\ m^3$

$V = 49\ m^3$

Ursprüngliche Feuchte im Rau bei 20 °C und rel. Luftfeuchte $\varphi_i = 55\ \%$

$m = 70\ m^3 \cdot 17{,}3\ g/m^3 \cdot 55/100$

$m = 666{,}0\ g \mathrel{\hat{=}}$ absolute Feuchte

Durch die kalte, aber trockene Außenluft (obwohl 90 % rel. Luftfeuchte) kommen pro Stunde herein:

$m = 49\ m^3 \cdot 2{,}15\ g/m^3 \cdot 90/100$

$m = 94{,}80\ g$

Durch den Luftaustausch entweichen pro Stunde:

$m = 49\ m^3 \cdot 17{,}3\ g/m^3 \cdot 55/100$

$m = 466{,}2\ g$

ursprünglicher Feuchtegehalt	666,0 g
+ einströmende Feuchte	94,8 g
– ausströmende Feuchte	466,2 g
Feuchtegehalt nach der Lüftung	294,6 g

Die Berechnung zeigt, dass der tatsächliche Feuchtegehalt (absolute Feuchte) um mehr als die Hälfte reduziert wurde unter der Annahme, dass beim Luftaustausch keine Vermengung der beiden Luftmassen stattgefunden hat. Dadurch senkt sich im Raum auch die relative Luftfeuchte , wenn sich die Raumluft wieder auf 20 °C erwärmt.

Φ: 100 % = vorhandene Feuchte : maximale Feuchte

ϑ: 100 % = 294,6 g : 17,3 g/m³ · 70 m³

$\vartheta = 24{,}3\ \%$

Durch diese enorme Reduzierung der relativen Luftfeuchte von 55 % auf 24,3 % ist es möglich, die Feuchte, die im Putz und sonstigem sorptionsfähigen (Feuchte aufnehmenden und abgebendem) Material sich festgesetzt hatte, der Raumluft wieder zuzuführen, so zu einer Wandentfeuchtung verhelfen. und schließlich zur Vermeidung der Schimmelpilzbildung beizutragen.

Um Schimmelpilz auf der Wandoberfläche zu vermeiden, müssen zwei Bedingungen erfüllt sein:

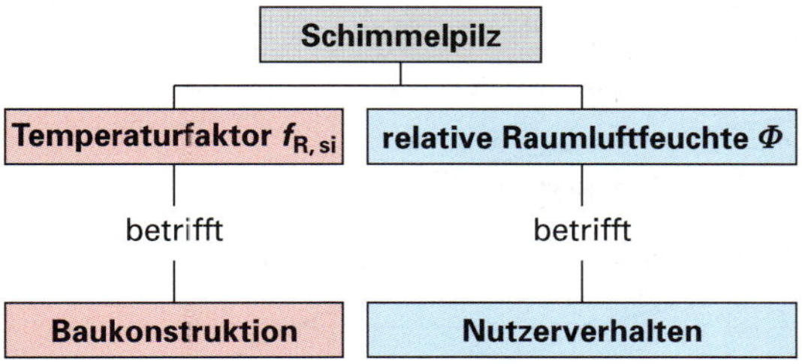

$$f_{R,si} = \frac{\vartheta_{si} - \vartheta_e}{\vartheta_i - \vartheta_e}$$

Beim Temperaturfaktor f_{Rsi} handelt es sich um einen Temperaturdifferenzenquotienten, denn es werden beim Zähler und Nenner Temperaturdifferenzen ins Verhältnis gesetzt.
Dem Mindestwert von $f_{Rsi} = 0{,}7$ liegen nach DIN 4108-2 folgende Randbedingungen zugrunde:
$\vartheta_i = +20$ °C $h_i = 4$ m²K/W bei beheizten Räumen
$\vartheta_e = -5$ °C $h_i = 6$ m²K/W bei unbeheizten Räumen
$\Phi_i = 50$ % $h_e = 23$ m²K/W

Auf der Basis dieser Randbedingungen ergibt sich eine raumseitige Oberflächentemperatur der kritischsten Stelle von mindestens +12,6 °C, um Schimmelpilz zu vermeiden.
Für andere Randbedingungen wie z.B. für Schwimmbäder, Großküchen, andere relative Luftfeuchten, oder andere Standorte ($\vartheta_e = -10$ °C) können die unteren Grenzwerte von f_{Rsi} auf der entsprechenden Kennlinie der rel. Luftfeuchte im Diagramm abgelesen werden.
Wird der min. erf. f_{Rsi}-Wert unterschritten, so liegt von Seiten der Konstruktion ein Mangel vor, der zur Schimmelpilzbildung führt.
Bildet sich Schimmel, obwohl der f_{Rsi}-Wert größer als der Mindestwert ist, so ist das Nutzerverhalten oder die Ausführung die Schadensursache.
Um Schimmelpilz zu vermeiden, darf die maximale Raumluftfeuchte nach folgender Formel nicht überschritten werden:

$$\varphi \leq 0{,}8 \cdot \left[\frac{109{,}8 + f_{Rsi} \cdot (\vartheta_i - \vartheta_e) + \vartheta_e}{109{,}8 + \vartheta_i}\right]^{8{,}02} \cdot 100\ \%$$

Der Faktor 0,8 vor der Klammer besagt, dass die Gefahr der Schimmelpilzbildung schon dann besteht, wenn die Sättigungsfeuchte zu 80 % erreicht ist.
Der f_{Rsi}-Wert und die relative Raumluftfeuchte Φ stehen in einem ursächlichen Zusammenhang:
Je kleiner der f_{Rsi}-Wert ist, desto geringer darf die relative Raumluftfeuchte ϑ nur sein, um Schimmelpilzbildung zu vermeiden.

Zur Bestimmung der maximal zulässigen relativen Luftfeuchte im Raum, um Schimmelpilzbildung zu vermeiden kann auch so vorgegangen werden:

1. Es werden die Raumlufttemperatur sowie die Oberflächentemperatur in der schimmelpilzgefährdetsten Zone, das in der Regel die Raumecke ist, ermittelt.

2. Zu den beiden Temperaturen werden die Wasserdampfsättigungsdrücke aus der Tabelle S. 166 abgelesen.

3. Es wird das Verhältnis Sättigungsdruck in der Raumecke zu Sättigungsdruck im Raum gebildet. Daraus ergibt sich die maximal zulässige relative Raumluftfeuchte, bei der Tauwasser auf der Oberfläche der Ecke ausfällt.
   Begründung: In der Raumecke wird sich dann Tauwasser bilden, wenn der vorhandene Dampfdruck (Partialdruck, Dampfteildruck) im Raum dem Sättigungsdruck in der Raumecke entspricht.

$$\varphi_{Raum} = \frac{p_{s,\,Ecke}}{p_{s,\,Raum}} \cdot 100\ \%$$

4. Da Schimmelpilzbildung schon vor der Tauwasserbildung auf der Bauteiloberfläche möglich ist, hat man durch Versuche und Erfahrung festgestellt, dass dies bereits bei ca. 80 % der relativen Raumluftfeuchte eintreten wird.
   Dies ist auch eine Forderung der DIN 4108.

Beispiel:

1. Raumlufttemperatur $\vartheta_i = +20$ °C
   Oberflächentemperatur in der Raumecke $\vartheta_{si,E} = +11{,}6$ °C

2. bei $\vartheta_i = +20$ °C $\Rightarrow p_s = 2\,340$ Pa
   $\vartheta_{si,E} = +11{,}6$ °C $\Rightarrow p_s = 1\,367$ Pa

3. $\varphi = \frac{1\,367\ \text{Pa}}{2\,340\ \text{Pa}} \cdot 100\ \%$
   $\varphi = 58{,}4\ \% \rightarrow$ Tauwasserbildung
   Steigt die relative Raumluftfeuchte über 58,4 % so fällt in der Raumecke Tauwasser aus.

4. $\varphi = 58{,}4\ \% \ \frac{80}{100}$
   $\varphi = 46{,}7\ \% \rightarrow$ Schimmelpilzgefahr
   Ab einer Raumluftfeuchte von 46,7 % wird sich aufgrund dieser geringen Oberflächentemperatur Schimmel in der Raumecke bilden können.

Temperaturfaktor f_{Rsi}
in Abhängigkeit von der Außenlufttemperatur und der relativen Raumluftfeuchte

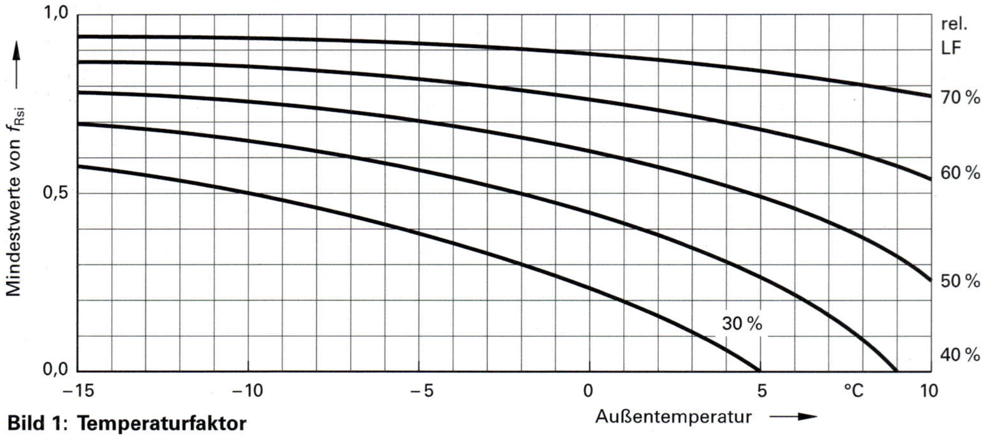

Bild 1: Temperaturfaktor

Da Schimmel sich zuerst in der Raumecke bildet, sollte der Temperaturfaktor f_{Rsi} (f_{Rsi}-Wert) auf der Grundlage der Ecktemperatur ermittelt werden.

Temperatur in der Raumecke:

$$\vartheta_{si,E} = \vartheta_i - (\vartheta_i - \vartheta_e) \cdot \frac{1{,}5}{h_i \cdot R_{AW} + 1{,}5}$$

Wärmedurchlasswiderstand der Außenwand:

$$R_{AW} = \frac{1{,}5}{h_i} \cdot \frac{\vartheta_{si,E} - \vartheta_e}{\vartheta_i - \vartheta_{si,E}}$$

Im Faktor R_{AW} drückt sich der Wärmedämmstandard der Außenwand aus, im Faktor h_i die Beeinträchtigung des Luftstromes durch Möblierung, Vorhänge, geometrische Wärmebrücken.

2.22.7 Aufgaben zur Vermeidung von Schimmelpilzbildung

Beispiel 1:
Bei einer Außenwand wurde bei einer Raumtemperatur von +20 °C eine Wandoberflächentemperatur von +18,7 °C gemessen. Auf der äußeren Wandoberfläche wurden −9,5 °C bei einer Außenlufttemperatur von −10 °C gemessen.
Welchen U-Wert und R-Wert hat die Wand unter Bedingungen des Feuchteschutzes?

$$U = h_i \cdot \left(\frac{\vartheta_i - \vartheta_{si}}{\vartheta_i - \vartheta_e}\right)$$

$$U = 8 \cdot \left[\frac{20 - 18{,}7}{20 - (-10)}\right]$$

$$U = 0{,}35 \text{ W/m}^2\text{K}$$

$$R_T = \frac{1}{U}$$

$$\frac{1}{0{,}35} = \frac{1}{8} + R + \frac{1}{23}$$

$$R = 2{,}40 \text{ m}^2\text{K/W}$$

$$R_T = \frac{1}{4} + R + \frac{1}{23}$$

$$R_T = 0{,}25 + 2{,}69 + 0{,}043$$

$$R_T = 2{,}983$$

$$U = 0{,}33$$

Beispiel 2:
Eine Außenwand hat einen Wärmedurchlasswiderstand von 1,80 m²K/W
1. Wie groß ist der Wärmedurchlasswiderstand in der Raumecke, wenn dieser 53 % dem der Wand entspricht?
2. Wie groß ist der Temperaturfaktor f_{Rsi} in der Raumecke, wenn Schimmelpilz vermieden werden soll?

1. $R_{Ecke} = 0{,}53 \cdot R_{AW}$

$R_{Ecke} = 0{,}53 \cdot 1{,}80$

$R_{Ecke} = 0{,}95 \text{ m}^2\text{K/W}$

2. $\vartheta_{si,E} = 20 - [20 - (-5)] \cdot \frac{1{,}5}{4 \cdot 1{,}80 + 1{,}5}$

$\vartheta_{si,E} = 15{,}7$ °C

$$f_{Rsi,E} = \frac{15{,}7 - (-5)}{20 - (-5)}$$

$$f_{Rsi,E} = 0{,}82 > 0{,}70$$

Von Seiten der Konstruktion besteht keine Gefahr der Schimmelpilzbildung.

Beispiel 3:

Der Wärmedurchgangskoeffizient einer Außenwand wurde unter den Bedingungen des Wärmeschutzes mit 0,40 W/m²K errechnet. Raumluftfeuchte 53 %.

Wie groß ist die Oberflächentemperatur sowie die relative Luftfeuchte auf der Wandoberfläche

1. bei Bedingungen nach dem Feuchteschutz zur Vermeidung von Schimmelpilzbefall nach DIN 4108?
2. Ermitteln Sie die in der Raumecke herrschende relative Oberflächenfeuchte.

1. $\vartheta_{si} = \vartheta_i - \frac{U}{h_i} \cdot (\vartheta_i - \vartheta_e)$

$\vartheta_{si} = 20 - \frac{0{,}40}{8} \cdot [(20 - (-5)]$

$\vartheta_{si} = 18{,}7\ °C$

Absolute Luftfeuchte bei 20 °C

$m = 17{,}3 \cdot \frac{53}{100}$

$m = 9{,}17\ g/m^3$

bei $\vartheta_{si} = 18{,}7\ °C$

nach Diagramm S. 186, 196

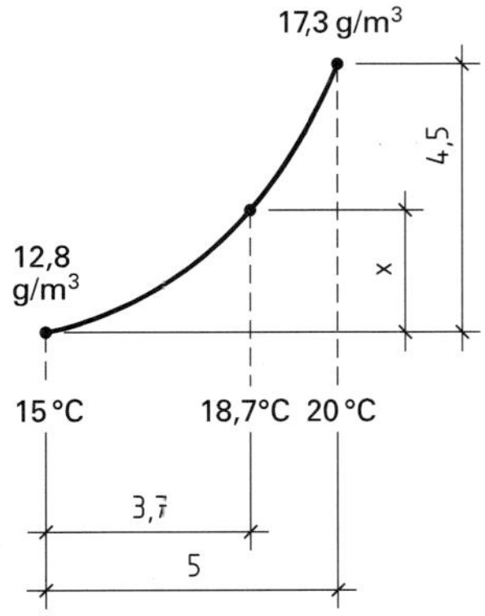

$4{,}5\ g/m^3 : 5\ °C = x : 3{,}7\ °C$
$x = 3{,}33\ g/m^3$

maximaler Dampfgehalt bei 18,7 °C

$m = 12{,}8\ g/m^3 + 3{,}33\ g/m^3$
$m = 16{,}13\ g/m^3$

$\varphi : 100\ \% = 9{,}17\ g/m^3 : 16{,}13\ g/m^3$
$\varphi = 51{,}13\ \%$

alternativ:
bei 18,7 °C → $p_s = 2\,155$ Pa

in % / in Pa

vorh. : max = vorh. : max

$\varphi : 100\ \% = 2\,337 \cdot \frac{53}{100} : 2\,155$

$\varphi = 57{,}5\ \%$

2.
$R = \frac{1}{U} - \frac{1}{h_i} - \frac{1}{h_e}$

$R = \frac{1}{0{,}40} - \frac{1}{8} - \frac{1}{23}$

$R = 2{,}33\ m^2K/W$

$R_T = \frac{1}{4} + 2{,}33 + \frac{1}{23}$

$R_T = 2{,}623\ m^2K/W$

$U = \frac{1}{R_T} = 0{,}38\ \frac{W}{m^2K}$

$\vartheta_{si} = \vartheta_i - \frac{U}{h_i} \cdot (\vartheta_i - \vartheta_e)$

$\vartheta_{si} = 20 - \frac{0{,}38}{4} \cdot [20 - (-5)]$

$\vartheta_{si} = 17{,}6\ °C$

nach Diagramm S. 186, 196

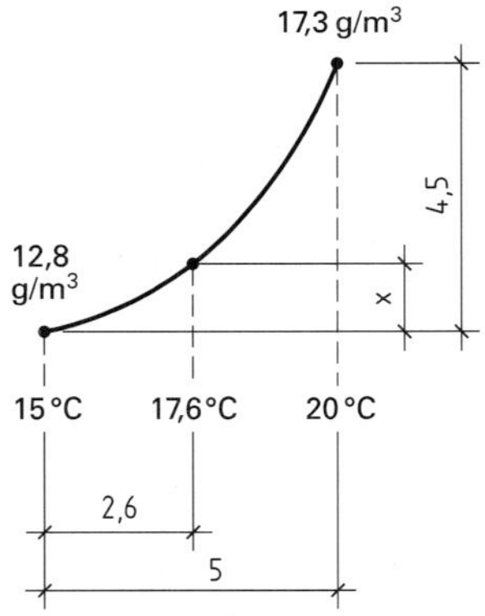

bei $\vartheta_{si} = 17{,}6\ °C$

$4{,}5\ g/m^3 : 5\ °C = x : 2{,}6\ °C$
$x = 2{,}34\ g/m^3$

maximaler Dampfgehalt bei 17,6 °C

$m = 12{,}8 g/m^3 + 2{,}34\ g/m^3$
$m = 15{,}14\ g/m^3$

$\varphi : 100\ \% = 9{,}17\ g/m^3 : 15{,}14\ g/m^3$
$\Phi = 60{,}6\ \%$

alternativ:
bei 17,6 °C → $p_s = 2\,012$ Pa

in % / in Pa

vorh. : max = vorh. : max

$\varphi : 100\ \% = 2\,337 \cdot \frac{53}{100} : 2\,012$

$\varphi = 61{,}6\ \%$

3.

$\vartheta_{si,E} = \vartheta_i - (\vartheta_i - \vartheta_e) \cdot \frac{1{,}5}{h_i \cdot R_{AW} + 1{,}5}$

$\vartheta_{si,E} = 20 - [20 - (-5)] \cdot \frac{1{,}5}{4 \cdot 2{,}33 + 1{,}5}$

$\vartheta_{si,E} = 16{,}5\ °C$

nach Diagramm S. 186, 196

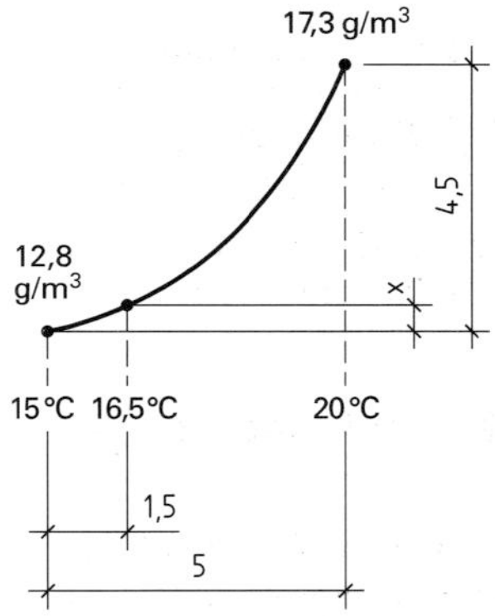

$4{,}5\ g/m^3 : 5\ °C = x : 1{,}5\ °C$
$x = 1{,}35\ g/m^3$

maximaler Dampfgehalt bei 16,5 °C

$m = 12{,}8 + 1{,}35$
$m = 14{,}15\ g/m^3$

$\varphi : 100\ \% = 9{,}17\ g/m^3 : 14{,}15\ g/m^3$
$\varphi = 64{,}8\ \%$

alternativ:
bei 16,5 °C → $p_s = 1\,876$ Pa

in % / in Pa

vorh. : max = vorh. : max

$\varphi : 100\ \% = 2\,337 \cdot \frac{53}{100} : 1\,876$

$\varphi = 66{,}0\ \%$

Die mathematische Lösung bringt genauere Werte als die grafische.

Beispiel 4: Außenecke eines Wohnraumes

Anm.: In Raumecken ist die Luftzirkulation nicht so gut wie an den Wandoberflächen. Das hat zur Folge, dass die kaum vorhandene Luftströmung die Feuchte nicht so gut wegtransportieren kann. Analog ist es in Schwimmbecken mit Betrieb der Gegenstromanlage. Die Strömung des Wassers gelangt auch nicht in die Ecken, sondern vollzieht eine Kurve in der Ecke. Dies wiederum verschlechtert die Wasserqualität und ist Ursache für Algenbildung in diesem Bereich.
Tauwasser auf der Oberfläche hat zur Folge, dass Staub auf der feuchten Oberfläche besser haften bleibt, der dann wieder Nährboden für Schimmelpilze ist.

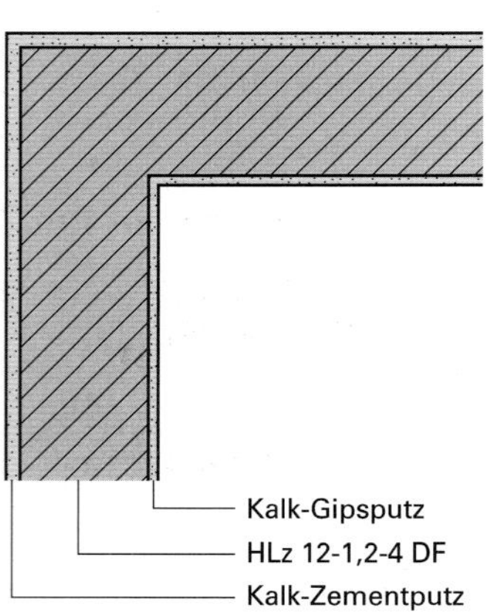

Bild 1: Außenwandecke

Daten:
Raumluftfeuchte 57 %
Raumtemperatur +20 °C

Ermitteln Sie die Wandoberflächentemperatur sowie die Oberflächentemperatur in der Raumecke

1. unter den Maßgaben des Wärmeschutzes nach DIN 4108 (nur Wand)
2. unter den Maßgaben des Feuchteschutzes zur Vermeidung von Schimmelpilzbildung nach DIN 4108-3 bzw. DIN EN ISO 13 788
3. Ermitteln Sie die relative Luftfeuchte an der Wandoberfläche sowie in der Raumecke unter Berücksichtigung der Schimmelpilzvermeidung
4. Wie groß ist der f_{Rsi}-Wert in der Raumecke sowie die zugehörige maximal zulässige relative Raumluftfeuchte, um Schimmelpilz zu vermeiden
5. Wie groß dürfte der Wärmedurchgangskoeffizient maximal sein, wenn Tauwasser auf der Oberfläche der Ecke sowie Schimmelpilzbildung in der Ecke vermieden werden soll?
6. Wie groß dürfte der Wärmedurchgangskoeffizient maximal sein, wenn bei einer Raumluftfeuchte von 55 % Tauwasser in der Raumecke vermieden werden sollte?

Lösung:

1. Wand

$$R_{AW} = \frac{0{,}015}{0{,}70} + \frac{0{,}30}{0{,}50} + \frac{0{,}02}{1{,}0}$$

$$R_{AW} = 0{,}64 \text{ m}^2\text{K/W}$$

$$R_T = \frac{1}{8} + 0{,}64 + \frac{1}{23}$$

$$U_{AW} = 1{,}24 \text{ W/m}^2\text{K}$$

Wand:

$$\vartheta_{si} = \vartheta_i - \frac{U}{h_i} \cdot (\vartheta_i - \vartheta_e)$$

$$\vartheta_{si} = 20 - \frac{1{,}24}{8} \cdot [20 - (-5)]$$

$$\vartheta_{si} = 16{,}1 \text{ °C}$$

2. Wand

$$R_{T,AW} = \frac{1}{4} + 0{,}64 + \frac{1}{23}$$

$$R_{T,AW} = 0{,}93 \text{ m}^2\text{K/W}$$

$$U_{AW} = 1{,}07 \text{ W/m}^2\text{K}$$

$$\vartheta_{si} = \vartheta_i - \frac{U}{h_i} \cdot (\vartheta_i - \vartheta_e)$$

$$\vartheta_{si} = 20 - \frac{1{,}07}{4} \cdot [20 - (-5)]$$

$$\vartheta_{si} = 13{,}3 \text{ °C}$$

Ecke:

$$\vartheta_{si,E} = \vartheta_i - (\vartheta_i - \vartheta_e) \cdot \frac{1{,}5}{h_i \cdot R_{AW} + 1{,}5}$$

$$\vartheta_{si,E} = 20 - [20 - (-5)] \cdot \frac{1{,}5}{4 \cdot 0{,}64 + 1{,}5}$$

$$\vartheta_{si,E} = 10{,}8 \text{ °C}$$

3. Absolute Luftfeuchte bei +20 °C

$m = 17{,}3\,\frac{g}{m^3} \cdot \frac{57}{100}$

$m = 9{,}86\ \text{g/m}^3$

Wand: grafische Lösung

$5\ °C : 3{,}40\ \text{g/m}^3 = 3{,}3\ °C : x$

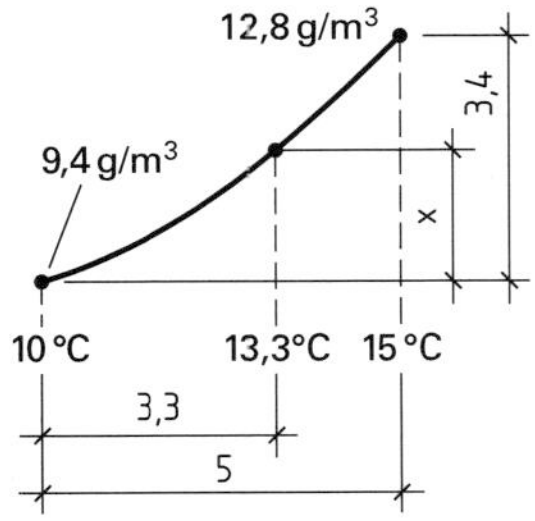

$x = 2{,}24\ \text{g/m}^3$

$m_{(12\ °C)} = 9{,}40 + 2{,}24$

$m_{(12\ °C)} = 11{,}84\ \text{g/m}^3$

relative Luftfeuchte bei dieser Temperatur an der Wandoberfläche

$\varphi : 100\ \% =$ vorh. Luftfeuchte : max. Luftfeuchte

$\varphi : 100\ \% = 9{,}86\ \text{g/m}^3 : 11{,}84\ \text{g/m}^3$

$\Phi = 83{,}3\ \%$

Raumecke: rechnerische Lösung

bei 20 °C → $p_s = 2\,337$ Pa

8,9 °C → $p_s = 1\,285$ Pa

in % in Pa

vorh. : max = vorh. : max

$\varphi : 100\ \% = 2\,337\ \text{Pa} \cdot \frac{57}{100} : 1\,285\ \text{Pa}$

$\varphi = 103{,}66\ \%$

mehr als 100 % sind nicht möglich.

4.

$f_{Rsi} = \frac{\vartheta_{si} - \vartheta_e}{\vartheta_i - \vartheta_e}$ $\qquad f_{Rsi} = \frac{10{,}8 - (-5)}{20 - (-5)}$

$f_{Rsi} = 0{,}63 < 0{,}70 \Rightarrow$ konstruktionsbedingter Tauwasserausfall in der Raumecke

An der Baukonstruktion muss die Wärmedämmung verbessert werden.

$$\varphi \le 0{,}8 \cdot \left[\frac{109{,}8 + f_{Rsi} \cdot (\vartheta_i - \vartheta_e) + \vartheta_e}{109{,}8 + \vartheta_i}\right]^{8{,}02} \cdot 100\ \%$$

$$\varphi \le 0{,}8 \cdot \left[\frac{[109{,}8 + 0{,}63 \cdot [20 - (-5)] + (-5)]}{109{,}8 + 20}\right]^{8{,}02} \cdot 100\ \%$$

$\varphi \le 44{,}2\ \%$

Bei einem f_{Rsi}-Wert von 0,63 dürfte die relative Luftfeuchte maximal 44,2 % betragen. Eine solch geringe relative Luftfeuchte trocknet die Schleimhäute im Mund stark aus und erschwert das Sprechen.

5. Raumecke

$f_{Rsi} = \frac{\vartheta_{si} - \vartheta_e}{\vartheta_i - \vartheta_e}$

$0{,}70 = \frac{\vartheta_{si,E} - (-5)}{20 - (-5)}$

$\vartheta_{si,E} = 12{,}5\ °C$

$\vartheta_{si,E} = \vartheta_i - (\vartheta_i - \vartheta_e) \cdot \frac{1{,}5}{h_i \cdot R_{AW} + 1{,}5}$

$12{,}5 = 20 - [20 - (-5)] \cdot \frac{1{,}5}{4 \cdot R_{AW} + 1{,}5}$

$R_{AW} = 0{,}77\ \text{m}^2\text{K/W}$

$R_T = \frac{1}{4} + 0{,}77 + \frac{1}{23}$

$R_{T,AW} = 1{,}06\ \text{m}^2\text{K/W}$

$U_{AW} = 0{,}94\ \text{W/m}^2\text{K}$

6.

Im Alltag sind relative Raumluftfeuchten zwischen 50 % und 55 % anzutreffen.

Dies hat zur Folge, dass der f_{Rsi}-Wert mehr als 0,75 haben muss und damit der *U*-Wert der Wand kleiner als 1,24 W/m²K sein muss.

Ein f_{Rsi}-Wert von 0,78 erlaubt eine normale Raumluftfeuchte von ca. 55 %.

Beweis:

$$\varphi \le 0{,}8 \cdot \left[\frac{[109{,}8 + 0{,}78 \cdot [20 - (-10)] + (-10)]}{109{,}8 + 20}\right]^{8{,}02} \cdot 100\ \%$$

$\varphi \le 56{,}5\ \%$

Ein f_{Rsi}-Wert von 0,78 erfordert einen *U*-Wert von:

$0{,}78 = 1 - \frac{U}{4}$

$U \le 0{,}88\ \text{W/m}^2\text{K}$

Soll der *U*-Wert von 1,24 W/m²K auf 0,88 W/m²K gesenkt werden, so gilt die Formel:

gefordert R_T = vorhanden R_T + zusätzlich R

Für $R_T = 1/U$ und $\lambda = 0{,}04$ W/mK gilt:

$\frac{1}{0{,}88} = \frac{1}{1{,}24} + \frac{d}{0{,}04}$

$d = 0{,}013$ m

$= 15$ mm Es sind zusätzlich 15 mm Dämmstoff erforderlich.

alternativ:

$\text{erf}\ d = \left(\frac{1}{\text{gef.}U} - \frac{1}{\text{vorh.}U}\right) \cdot \lambda_{Dämm}$

$= \left(\frac{1}{0{,}88} - \frac{1}{1{,}24}\right) \cdot 0{,}04$

$d = 13$ mm

Beispiel 5:

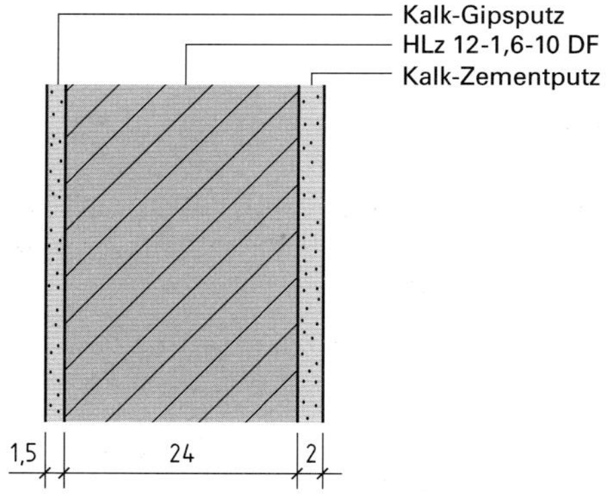

Bild 1: Außenwand

1. Berechnen Sie die Wandoberflächentemperatur sowie die Oberflächentemperatur in der Raumecke unter der Maßgabe der Vermeidung von Schimmelpilzbildung.
2. Untersuchen sie die Wand sowie die Raumecke auf Schimmelpilzgefahr.
3. Ermitteln Sie die Dicke einer Dämmschicht WLG 040, die in Form eines WDVS angebracht werden muss, um Schimmelpilz in der Raumecke zu vermeiden und die EnEV für den Fall der Sanierung zu erfüllen. (Der alte Putz ist schadhaft und muss entfernt werden). Der neue Außenputz ist 1,0 cm dick.

Lösung

1.

$$R = \frac{0{,}015}{0{,}70} + \frac{0{,}24}{0{,}68} + \frac{0{,}02}{1{,}0}$$

$R = 0{,}394\ \text{m}^2\text{K/W}$

$$R_T = \frac{1}{4} + 0{,}394 + \frac{1}{23}$$

$R_T = 0{,}68\ \text{m}^2\text{K/W}$

$$U = \frac{1}{R_T} = \frac{1}{0{,}68}$$

$U = 1{,}45\ \text{W/m}^2\text{K}$

$$\vartheta_{si} = \vartheta_i - \frac{U}{h_i} \cdot (\vartheta_i - \vartheta_e)$$

$$\vartheta_{si} = 20 - \frac{1{,}45}{4} \cdot [20 - (-5)]$$

Wand: $\vartheta_{si} = 10{,}9\ °\text{C}$

Raumecke:

$$\vartheta_{si,E} = \vartheta_i - (\vartheta_i - \vartheta_e) \cdot \frac{1{,}5}{h_i \cdot R_{AW} + 1{,}5}$$

$$\vartheta_{si,E} = 20 - [20 - (-5)] \cdot \frac{1{,}5}{4 \cdot 0{,}394 + 1{,}5}$$

$\vartheta_{si,E} = 7{,}8\ °\text{C}$

2. Wand

$$f_{Rsi} = 1 - \frac{U}{h_1}$$

$$f_{Rsi} = 1 - \frac{1{,}45}{4}$$

alternativ

$$f_{Rsi} = \frac{\vartheta_{si} - \vartheta_{se}}{\vartheta_{si} - \vartheta_e}$$

$$f_{Rsi} = \frac{10{,}9 - (-5)}{20 - (-5)}$$

$f_{Rsi} = 0{,}63$

$f_{Rsi} = 0{,}63 <$ erf. $f_{Rsi} = 0{,}75$

$\Rightarrow$ An der Wandoberfläche besteht bei dichter Möblierung bereits Schimmelpilzgefahr.

Ecke

$$f_{Rsi} = \frac{\vartheta_{si} - \vartheta_e}{\vartheta_i - \vartheta_e} \qquad f_{Rsi} = \frac{7{,}8 - (-5)}{20 - (-5)}$$

$f_{Rsi} = 0{,}51 < 0{,}70$ In der Raumecke besteht große Schimmelpilzgefahr

3. bei Außenputzerneuerung und $U_{AW} > 0{,}9\ \text{W/m}^2\text{K}$
Nach EnEV: $U = 0{,}24\ \text{W/m}^2\text{K}$

$$R_{AW} = \frac{1}{U} - \frac{1}{h_i} - \frac{1}{h_e}$$

$$R_{AW} = \frac{1}{0{,}24} - \frac{1}{8} - \frac{1}{23}$$

erf. $R_{AW} = 4{,}0\ \text{m}^2\text{K/W}$

$$\text{vorh. } R_{AW} = \frac{0{,}015}{0{,}7} + \frac{0{,}24}{0{,}68}$$

vorh. $R_{AW} = 0{,}374\ \text{m}^2\text{K/W}$

zusätzl. R_{AW} = erf. R_{AW} – vorh. R_{AW}

$= 4{,}0 - 0{,}374$

zusätzl. $R_{AW} = 3{,}63\ \text{m}^2\text{K/W}$

$$3{,}63 = \frac{d}{0{,}04} + \frac{0{,}01}{1{,}0}$$

$d = 0{,}14\ \text{m} \quad \Rightarrow \quad d = 140\ \text{mm}$

$$R_{AW} = \frac{0{,}015}{0{,}70} + \frac{0{,}24}{0{,}68} + \frac{0{,}14}{0{,}04} + \frac{0{,}01}{1{,}0}$$

$R_{AW} = 3{,}884\ \text{m}^2\text{K/W}$

$$\vartheta_{si,E} = \vartheta_i - (\vartheta_i - \vartheta_e) \cdot \frac{1{,}5}{h_i \cdot R_{AW} + 1{,}5}$$

$$\vartheta_{si,E} = 20 - [20 - (-5)] \cdot \frac{1{,}5}{4 \cdot 3{,}884 + 1{,}5}$$

$\vartheta_{si,E} = 17{,}8\ °\text{C}$

in der Raumecke

$$f_{Rsi} = \frac{\vartheta_{si} - \vartheta_e}{\vartheta_i - \vartheta_e}$$

$$f_{Rsi} = \frac{17{,}8 - (-5)}{20 - (-5)}$$

$f_{Rsi} = 0{,}92 >$ erf. $f_{Rsi} = 0{,}70$

Beispiel 6:

Untersuchung einer Raumecke unter dem Gesichtspunkt der Schimmelpilzvermeidung.
Raumtemperatur +20 °C
Außentemperatur −10 °C

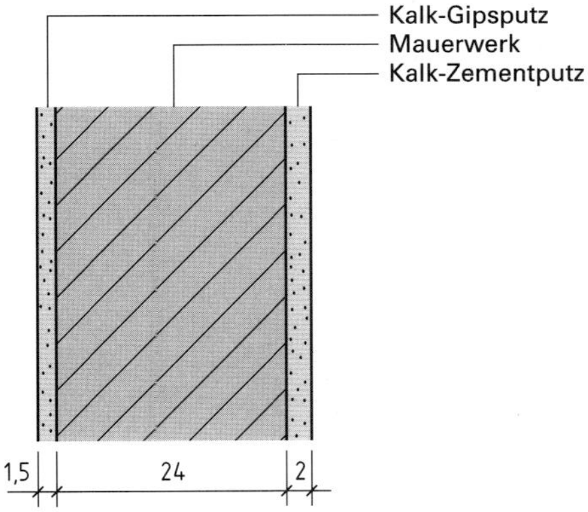

Bild 1: Wandaufbau

Bestimmen Sie

1. die Wandoberflächentemperatur, wenn die Temperatur in der Raumecke +10 °C aufweist.
2. die maximal zulässige relative Luftfeuchte
3. den Höchstwert des Wärmeleitwertes λ des Mauerwerks.
4. Um Schimmelpilz in der Raumecke zu vermeiden, soll der f_{Rsi}-Wert auf 0,80 erhöht werden. Auf welchen Wert verbessert sich die Oberflächentemperatur in der Raumecke?

Lösung:

1. Ecke

$$R_{AW} = \frac{1{,}5}{h_i} \cdot \frac{\vartheta_{si,E} - \vartheta_e}{\vartheta_i - \vartheta_{si,E}}$$

$$R_{AW} = \frac{1{,}5}{4} \cdot \frac{10 - (-5)}{20 - (+10)}$$

$$R_{AW} = 0{,}56 \text{ m}^2\text{K/W}$$

$$R_{T,AW} = \frac{1}{4} + 0{,}56 + \frac{1}{23}$$

$$R_{T,AW} = 0{,}85 \text{ m}^2\text{K/W}$$

$$U_{AW} = 1{,}17 \text{ W/m}^2\text{K}$$

Wand:

$$\vartheta_{si} = \vartheta_i - \frac{U}{h_i} \cdot (\vartheta_i - \vartheta_e)$$

$$\vartheta_{si} = 20 - \frac{0{,}96}{4} \cdot [(20 - (-5)]$$

$$\vartheta_{si} = 12{,}7 \text{ °C}$$

2. Ecke:

$$f_{Rsi} = \frac{\vartheta_{si} - \vartheta_e}{\vartheta_i - \vartheta_e)}$$

$$f_{Rsi} = \frac{10 - (-5)}{20 - (-5)}$$

$f_{Rsi} = 0{,}60 <$ mind. erf. $f_{Rsi} = 0{,}70$. Von Seiten der Konstruktion besteht Schimmelpilzgefahr.

$$\varphi \leq 0{,}8 \cdot \left[\frac{109{,}8 + f_{Rsi} \cdot (\vartheta_i - \vartheta_e) + \vartheta_e}{109{,}8 + \vartheta_i}\right]^{8{,}02} \cdot 100\ \%$$

$$\varphi \leq 0{,}8 \cdot \left[\frac{[109{,}8 + 0{,}60 \cdot [20 - (-5)] - 5]}{109{,}8 + 20}\right]^{8{,}02} \cdot 100\ \%$$

$$\varphi \leq 42{,}0\ \%$$

Überschreitet die relative Raumluftfeuchte 42 % so besteht Schimmelpilzgefahr.

alternativ:
bei $\vartheta_i = +20 \text{ °C} \Rightarrow p_s = 2\,337$ Pa
Ecke: $\vartheta_{si} = +10 \text{ °C} \Rightarrow p_s = 1\,227$ Pa

$$\varphi = \frac{1\,227 \text{ Pa} \cdot 100\ \%}{2\,337 \text{ Pa}}$$

$$\varphi = 52{,}50\ \%$$

Steigt die relative Raumluftfeuchte über 52,50 %, fällt in der Raumecke Tauwasser aus.

$$\varphi = 52{,}50\ \% \cdot \frac{80}{100}$$

$$\varphi = 42{,}0\ \%$$

Steigt die relative Raumluftfeuchte über 42 %, besteht in der Raumecke Schimmelpilzgefahr. Schimmelpilzgefahr besteht schon bei 80 % der Raumluftfeuchte, bei der Tauwasser ausfällt.

3. $$R_{AW} = \frac{d_1}{\lambda_1} + \frac{d_2}{\lambda_2} + \frac{d_3}{\lambda_3}$$

$$0{,}56 = \frac{0{,}015}{0{,}7} + \frac{0{,}24}{\lambda_2} + \frac{0{,}02}{1{,}0}$$

$$\lambda = 0{,}46 \text{ W/mK}$$

Dem Ergebnis dieser Wandanalyse liegt ein Wärmeleitwert von 0,46 W/mK zugrunde.
Um den f-Wert zu verbessern, muss der Wärmedurchgangskoeffizient der Wand verbessert werden.

4. $$0{,}80 = 1 - \frac{U}{4} \qquad R_{AW} = \frac{1}{0{,}8} - \frac{1}{4} - \frac{1}{23}$$

$$U = 0{,}8 \text{ W/m}^2\text{K} \qquad R_{AW} = 0{,}957 \text{ m}^2\text{K/W}$$

$$\vartheta_{si,E} = \vartheta_i - (\vartheta_i - \vartheta_e) \cdot \frac{1{,}5}{h_i \cdot R_{AW} + 1{,}5}$$

$$\vartheta_{si,E} = 20 - [20 - (-5)] \cdot \frac{1{,}5}{4 \cdot 0{,}957 + 1{,}5}$$

$$\vartheta_{si,E} = 13{,}0 \text{ °C}$$

Beispiel 7:

An einer Wandoberfläche wurden bei Messung an drei verschiedenen Tagen unter optimalen Bedingungen:

- keine Einwirkung von Sonnenstrahlung
- in den frühen Morgenstunden (Einwirkung des vergangenen Tages ist noch nicht vorhanden)
- kein Regen
- kein Nebel
- trockene Wand

bei einer Außentemperatur von –7 °C und einer Raumtemperatur von 20 °C eine Wandoberflächentemperatur von 11,4 °C gemessen. In der Raumecke betrug die Oberflächentemperatur 8,4 °C.

Raumluftfeuchte $\varphi_i = 57\ \%$

1. Wie groß ist der Wärmedurchlasswiderstand der Wand?
2. Wie groß ist der Temperaturfaktor f_{Rsi} der Wand sowie der Raumecke?
3. Wie viel Prozent darf die Raumluftfeuchte nicht übersteigen, wenn bei dieser f_{Rsi}-Wand in der Raumecke keine Schimmelpilzgefahr bestehen soll?

Lösung:

1. Wand

$$U = h_i \cdot \frac{\vartheta_i - \vartheta_{si}}{\vartheta_i - \vartheta_e}$$

$$U = 4 \cdot \frac{20 - 11{,}4}{20 - (-7)} \qquad R = \frac{1}{1{,}27} - \frac{1}{4} - \frac{1}{23}$$

$$U = 1{,}27\ \text{W/m}^2\text{K} \qquad R = 0{,}49\ \text{m}^2\text{K/W}$$

2. Wand:

$$f_{Rsi} = \frac{11{,}4 - (-7)}{20 - (-7)}$$

$f_{Rsi} = 0{,}68 >$ min.
erf. $f_{Rsi} = 0{,}788$

Ecke:

$$f_{Rsi,E} = \frac{8{,}6 - (-7)}{20 - (-7)}$$

$f_{Rsi,E} = 0{,}57 <$ min.
erf. $f_{Rsi} = 0{,}788$

bei $\vartheta_e = -7$ °C und $\varphi_i = 55\ \%$ nach Grafik S. 296

3.

$$\varphi \leq 0{,}8 \cdot \left[\frac{109{,}8 + f_{Rsi} \cdot (\vartheta_i - \vartheta_e) + \vartheta_e}{109{,}8 + \vartheta_i}\right]^{8{,}02} \cdot 100\ \%$$

$$\varphi \leq 0{,}8 \cdot \left[\frac{[109{,}8 + 0{,}57 \cdot [20 - (-7)] + (-7)]}{109{,}8 + 20}\right]^{8{,}02} \cdot 100\ \%$$

$\varphi = 37{,}7\ \%$

Alternativlösung

Ermittlung der maximal zulässigen relativen Luftfeuchte im Raum über das Verhältnis der Sättigungsdrücke.

bei 20 °C $\Rightarrow p_s = 2\,337$ Pa
8,6 °C $\Rightarrow p_s = 1\,117$ Pa

$\varphi : 100\ \% = 1\,117\ \text{Pa} : 2\,337\ \text{Pa}$

$\Phi = 47{,}8\ \%$ Höchstgrenze zur Vermeidung von Tauwasserausfall

Zur Vermeidung von Schimmelpilz:

Schimmelpilzgefahr besteht nicht erst bei Tauwasserausfall, sondern bereits schon bei ca. 80 % der Sättigungsfeuchte.

$$\varphi = 47{,}8\ \% \cdot \frac{80}{100}$$

$\varphi = 38{,}2\ \%$ Höchstgrenze der relativen Raumluftfeuchte zur Vermeidung von Schimmelpilzbildung in der Raumecke.

Beispiel 8:

Auf einer Außenwandoberfläche wurden 14,3 °C, in der Raumecke innen 12,0 °C gemessen. Die Raumtemperatur beträgt 22 °C, die Außentemperatur –8 °C ($\varphi_i = 57\ \%$).

1. Erfüllt die Konstruktion der Wand und der Raumecke den Mindestwert f_{Rsi} des Temperaturfaktors?
2. Wie viel Prozent darf die relative Luftfeuchte im Raum maximal erreichen, wenn in der Raumecke keine Schimmelpilzgefahr bestehen soll?

3. alternativ

bei 22 °C $\Rightarrow p_s = 2\,642$ Pa
bei 12,0 °C $\Rightarrow p_s = 1\,402$ Pa

Ecke: $\varphi : 100\ \% = 1\,402\ \text{Pa} : 2\,642\ \text{Pa}$

$\varphi = 53\ \%$ Tauwasserbildung

$$\varphi = 53\ \% \cdot \frac{80}{100}$$

$\varphi = 42{,}4\ \%$ Schimmelpilzvermeidung

Lösung:

1. Wand:

$$f_{Rsi} = \frac{14{,}3 - (-8)}{22 - (-8)}$$

$f_{Rsi} = 0{,}74 >$ min.
erf. $f_{Rsi} = 0{,}80$

Ecke:

$$f_{Rsi,E} = \frac{12 - (-8)}{22 - (-8)}$$

$f_{Rsi,E} = 0{,}66 <$ min.
erf. $f_{Rsi} = 0{,}80$

Die Konstruktion muss energetisch verbessert werden.

2.

$$\varphi \leq 0{,}8 \cdot \left[\frac{109{,}8 + 0{,}66 \cdot [22 - (-8) - 8]}{109{,}8 + 22}\right]^{8{,}02} \cdot 100\ \%$$

$\varphi \leq 42\ \%$ Soll Schimmelpilz in der Raumecke vermieden werden, darf die Raumluftfeuchte maximal 42 % erreichen.

Beispiel 9:

An einer Außenwand wurden bei einer Außentemperatur von –6 °C und einer Raumtemperatur von +20 °C eine Wandoberflächentemperatur von 13,3 °C gemessen. In der Raumecke betrug die Temperatur 10,6 °C. Im Raum herrscht eine relative Luftfeuchte von 53 %.

1. ab welcher relativen Luftfeuchte im Raum bildet sich Tauwasser an der Wandoberfläche und in der Raumecke?
2. ab welcher relativen Raumluftfeuchte besteht die Gefahr von Schimmelpilzbildung in der Raumecke?
3. wie ändert sich das Ergebnis von 2., wenn durch geeignete Dämmmaßnahmen der Wärmedurchgangskoeffizient der Wand dem Standart der EnEV im Sanierungsfall entspricht?

Lösung:

Sättigungsdrücke

1. bei 20 °C $\Rightarrow p_s = 2\,337$ Pa
   bei 13,3 °C $\Rightarrow p_s = 1\,527$ Pa
   bei 10,6 °C $\Rightarrow p_s = 1\,278$ Pa

für die Wand:

$\varphi : 100\ \% = 1\,527\ \text{Pa} : 2\,337\ \text{Pa}$

$\varphi = 65{,}3\ \%$

Ab einer relativen Luftfeuchte im Raum von 65,3 % besteht Tauwassergefahr auf der Wandoberfläche.

Für die Raumecke:

$\varphi : 100\ \% = 1\,278\ \text{Pa} : 2\,337\ \text{Pa}$

$\varphi = 54{,}7\ \%$

Steigt die relative Luftfeuchte im Raum über 54,7 %, besteht in der Raumecke Tauwassergefahr.

2. Schimmelpilzgefahr besteht nicht erst, wenn Tauwasser ausfällt, also bei 100 % relativer Luftfeuchte, sondern bereits bei 80 % der maximalen relativen Luftfeuchte.

$$\varphi = 54{,}7\ \% \cdot \frac{80}{100}$$

$$\varphi = 43{,}7\ \%$$

Alternativ über den Temperaturfaktor f_{Rsi}

In der Raumecke:

$$f_{Rsi,E} = \frac{10{,}6 - (-6)}{20 - (-6)}$$

$f_{Rsi,E} = 0{,}63 <$ erf. $f_{Rsi} = 0{,}75$ Die Konstruktion garantiert keine Schimmelpilzfreiheit

$$\varphi \leq 0{,}8 \cdot \left[\frac{109{,}8 + f_{Rsi} \cdot (\vartheta_i - \vartheta_e) + \vartheta_e}{109{,}8 + \vartheta_i}\right]^{8{,}02} \cdot 100\ \%$$

$$\varphi \leq 0{,}8 \cdot \left[\frac{109{,}8 + 0{,}63 \cdot [20 - (-6)] - 6}{109{,}8 + 20}\right]^{8{,}02} \cdot 100\ \%$$

$\varphi = 43{,}1\ \%$ Steigt die rel. Raumluftfeuchte über 43,1 %, besteht in der Raumecke Schimmelpilzgefahr

3. Außenwand nach EnEV: $U_{AW} = 0{,}24\ \text{W/m}^2\text{K}$

$$R = \frac{1}{0{,}24} - \frac{1}{8} - \frac{1}{23}$$

$$R_{AW} = 4{,}0\ \text{m}^2\text{K/W}$$

Ecke:

$$\vartheta_{si,E} = \vartheta_i - (\vartheta_i - \vartheta_e) \cdot \frac{1{,}5}{h_i \cdot R_{AW} + 1{,}5}$$

$$\vartheta_{si,E} = 20 - [20 - (-6)] \cdot \frac{1{,}5}{4 \cdot 4{,}0 + 1{,}5}$$

$$\vartheta_{si,E} = 17{,}7\ °\text{C}$$

$$f_{Rsi} = \frac{17{,}7 - (-6)}{20 - (-6)}$$

$f_{Rsi} = 0{,}91 >$ min. erf. $f_{Rsi} = 0{,}75$ bei $\varphi_i = 55\ \%$, $\vartheta_e = -6\ °\text{C}$

$$\varphi \leq 0{,}8 \cdot \left[\frac{109{,}8 + f_{Rsi} \cdot (\vartheta_i - \vartheta_e) + \vartheta_e}{109{,}8 + \vartheta_i}\right]^{8{,}02} \cdot 100\ \%$$

$$\varphi \leq 0{,}8 \cdot \left[\frac{[109{,}8 + 0{,}91 \cdot [20 - (-6)] - 6]}{109{,}8 + 20}\right]^{8{,}02} \cdot 100\ \%$$

$$\varphi \leq 69\ \%$$

Durch die verbesserte Dämmung kann die Raumluftfeuchte ohne die Gefahr der Schimmelpilzbildung in der Raumecke von 43,1 % auf 69 % steigen.

2.22.8 Außenwände unter verschiedener feuchtetechnischer Betrachtung

1. ohne Außendämmung

Feuchteschutz um Schimmelpilz zu vermeiden

auf der Wandoberfläche

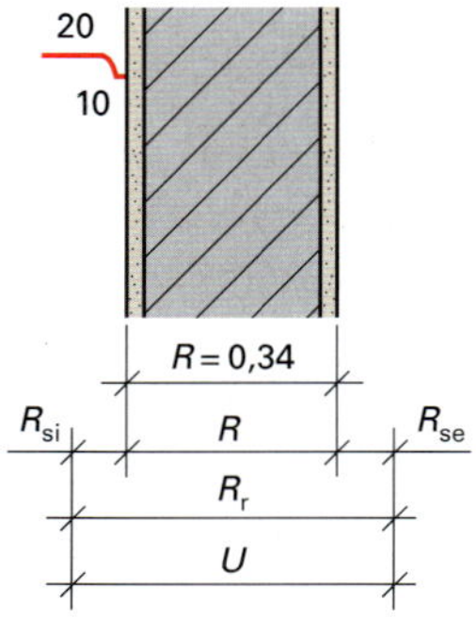

$$U = \frac{1}{R_r}$$

$$R_{AW} = \frac{0{,}015}{0{,}7} + \frac{0{,}24}{0{,}81} + \frac{0{,}02}{1{,}0}$$

$R_{AW} = 0{,}34\ m^2K/W$

$$R_T = \frac{1}{h_i} + R + \frac{1}{h_e}$$

$$R_T = \frac{1}{4} + 0{,}34 + \frac{1}{23}$$

$R_T = 0{,}63\ m^2K/W = \Delta\vartheta = 25\ °C$

$U = 1{,}58\ m^2K/W$

$$\vartheta_{si} = \vartheta_i - \frac{\Delta\vartheta}{R_T} \cdot R_{si}$$

$$\vartheta_{si} = 20 - \frac{25}{0{,}63} \cdot 0{,}25$$

$\vartheta_{si} = 10\ °C$

$$f_{R,si} = \frac{\vartheta_{si} - \vartheta_e}{\vartheta_i - \vartheta_e}$$

$$f_{R,si} = \frac{10{,}0 - (-5)}{20 - (-5)}$$

$f_{Rsi} = 0{,}60 < \text{min. erf. } f_{Rsi} = 0{,}70$

bei $\vartheta_i = 20\ °C$
$\vartheta_e = -5\ °C$
$\varphi_I = 50\ \%$

in der Raumecke

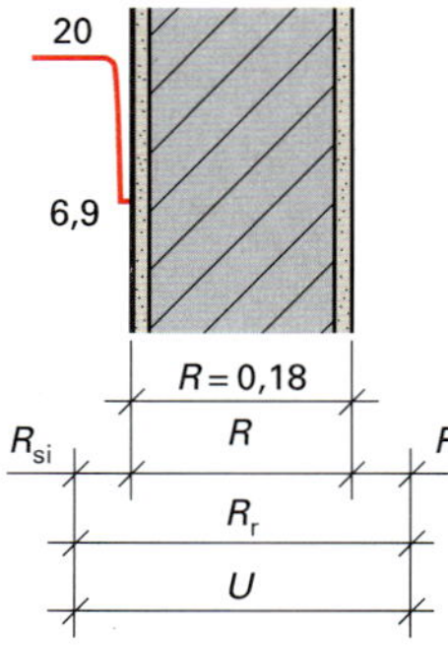

$$U = \frac{1}{R_r}$$

$$\vartheta_{siE} = \vartheta_i - (\vartheta_i - \vartheta_e) \cdot \frac{1{,}5}{4 \cdot R_W + 1{,}5}$$

$$\vartheta_{siE} = 20 - [20 - (-5)] \cdot \frac{1{,}5}{4 \cdot 0{,}34 + 1{,}5}$$

$\vartheta_{siE} = 6{,}9\ °C$

$$f_{R,si} = \frac{\vartheta_{si} - \vartheta_e}{\vartheta_i - \vartheta_e}$$

$$f_{R,si} = \frac{6{,}9 - (-5)}{20 - (-5)}$$

$f_{R,si} = 0{,}47 < \text{min. erf. } f_{R,si} = 0{,}70$

bei $\vartheta_i = 20\ °C$
$\vartheta_e = -5\ °C$
$\varphi_I = 50\ \%$

$$\vartheta_{si,E} = \vartheta_i - \frac{U}{4} \cdot (\vartheta_i - \vartheta_e)$$

$$6{,}9 = 20 - \frac{U}{4} \cdot [20 - (-5)]$$

$U = 2{,}10 W/\ m^2K$

$$R_T = \frac{1}{U} = \frac{1}{2{,}10} = 0{,}476\ m^2K/W$$

$$R_E = 0{,}476 - \frac{1}{4} - \frac{1}{23}$$

$R_E = 0{,}18\ m^2K/W$

$$\frac{100\ \%}{0{,}34} \cdot 0{,}18 = 53\ \%$$

hinter einem Einbauschrank

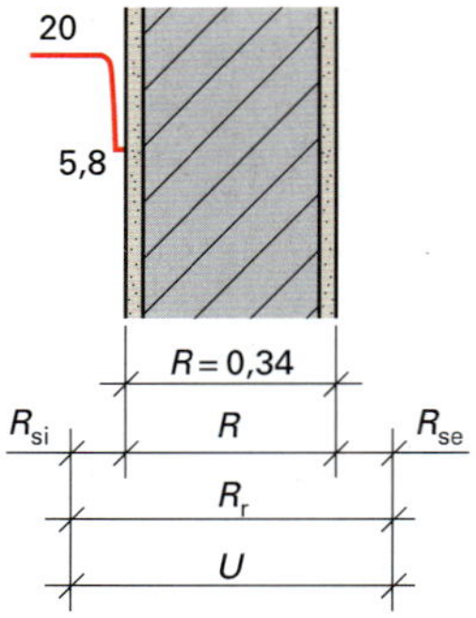

$$U = \frac{1}{R_r}$$

Hinter Einbauschränken
$h_i = 2$ nach DIN 4108-8

$$R_T = \frac{1}{h_i} + R + \frac{1}{h_e}$$

$$R_T = \frac{1}{2} + R_{AW} + \frac{1}{23}$$

$$R_T = \frac{1}{2} + 0{,}34 + \frac{1}{23}$$

$R_T = 0{,}883\ m^2K/W = \Delta\vartheta = 25\ °C$

$U = 1{,}13\ W/m^2K$

$$\vartheta_{si} = 20 - \frac{\Delta\vartheta}{R_T} \cdot R_{si}$$

$$\vartheta_{si} = 20 - \frac{25}{0{,}883} \cdot 0{,}50$$

$\vartheta_{si} = 5{,}8\ °C$

$$f_{R,si} = \frac{\vartheta_{si} - \vartheta_e}{\vartheta_i - \vartheta_e}$$

$$f_{R,si} = \frac{5{,}8 - (-5)}{20 - (-5)}$$

$f_{R,si} = 0{,}43 < \text{min. erf. } f_{R,si} = 0{,}70$

Die Konstruktion ist so auszuführen, dass das Bauteil an der Stelle mit dem kleinsten f_{Rsi}-Wert der Vorschrift genügt.

Der Wärmedurchlasswiderstand in der Raumecke ist um 47 % (100 – 53) geringer als der der Wand.

Die Näherungslösung für die Berechnung des Wärmedurchlasswiderstandes in der Raumecke R_E hat gezeigt, dass dieser durch die geometrische Wärmebrücke wesentlich geringer ist, als im übrigen Wandbereich. Dies ist auch Hauptursache für die Schimmelpilzbildung.

2. mit Außendämmung

Feuchteschutz um Schimmelpilz zu vermeiden		
auf der Wandoberfläche	in der Raumecke	hinter einem Einbauschrank
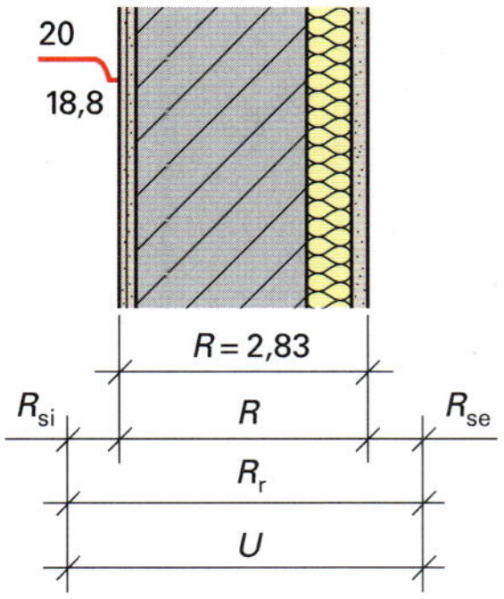	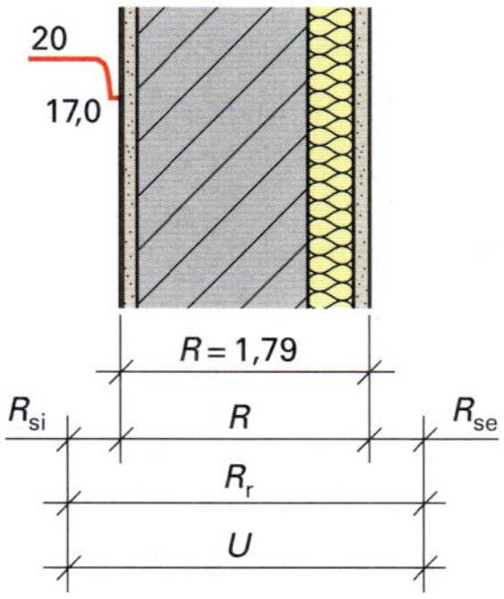	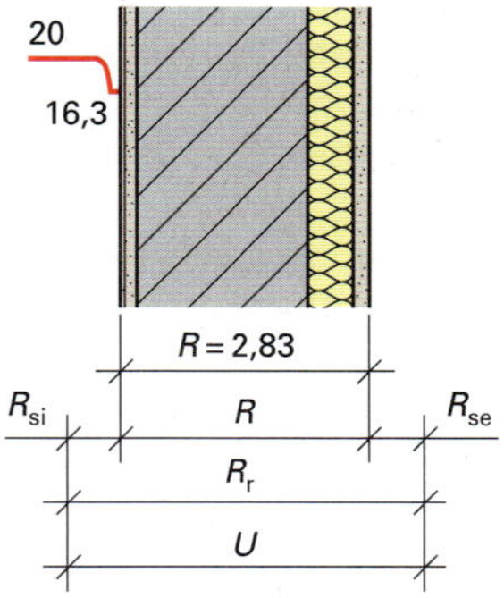
$R_{AW} = \frac{0,015}{0,70} + \frac{0,24}{0,80} + \frac{0,10}{0,04} + \frac{0,01}{1,0}$ $R_{AW} = 2,827$ $R_T = \frac{1}{4} + R_{AW} + \frac{1}{23}$ $R_T = \frac{1}{4} + 2,827 + \frac{1}{23}$ $R_T = 3,12 \mathrel{\hat=} \Delta\vartheta = 25\ °C$ $U = 0,32\ W/m^2K$ $\vartheta_{si} = \vartheta_i - \frac{\Delta\vartheta}{R_T} \cdot R_{si}$ $\vartheta_{si} = 20 - \frac{25}{3,12} \cdot 0,25$ $\vartheta_{si} = 18,0\ °C$ $f_{R,si} = \frac{\vartheta_{si} - \vartheta_e}{\vartheta_i - \vartheta_e}$ $f_{R,si} = \frac{18,0 - (-5)}{20 - (-5)}$ $f_{Rsi} = 0,92 > \text{min. erf. } f_{R,si} = 0,70$	$R_T = \frac{1}{4} + R_{AW} + \frac{1}{23}$ $R_T = \frac{1}{4} + 2,827 + \frac{1}{23}$ $R_T = 3,12$ $U = 0,32$ $\vartheta_{siE} = \vartheta_i - (\vartheta_i - \vartheta_e) \cdot \frac{1,5}{4 \cdot R_{AW} + 1,5}$ $\vartheta_{siE} = 20 - [20 - (-5)] \cdot \frac{1,5}{4 \cdot 2,827 + 1,5}$ $\vartheta_{siE} = 17,0\ °C$ $f_{R,si} = \frac{\vartheta_{si} - \vartheta_e}{\vartheta_i - \vartheta_e}$ $f_{R,si} = \frac{17,0 - (-5)}{20 - (-5)}$ $f_{R,si} = 0,88 > \text{min. erf. } f_{Rsi} = 0,70$ $\vartheta_{si} = \vartheta_i - \frac{U}{4} \cdot (\vartheta_i - \vartheta_e)$ $17,0 = 20 - \frac{U}{4} \cdot [20 - (-5)]$ $U = 0,48\ W/m^2K$ $R_T = \frac{1}{0,48} = 2,08$ $R_E = 2,08 - \frac{1}{4} - \frac{1}{23}$ $R_E = 1,79\ m^2K/W$	Hinter Einbauschränken $h_i = 2$ nach DIN 4108-8 $R_T = \frac{1}{h_i} + R + \frac{1}{h_e}$ $R_T = \frac{1}{2} + R_{AW} + \frac{1}{23}$ $R_T = \frac{1}{2} + 2,827 + \frac{1}{23}$ $R_T = 3,37 \mathrel{\hat=} \Delta\vartheta = 25\ °C$ $U = 0,296\ W/m^2K$ $\vartheta_{si} = \vartheta_i - \frac{\Delta\vartheta}{R_T} \cdot R_{si}$ $\vartheta_{si} = 20 - \frac{25}{3,37} \cdot 0,50$ $\vartheta_{si} = 16,3\ °C$ $f_{R,si} = \frac{16,3 - (-5)}{20 - (-5)}$ $f_{R,si} = 0,85 > \text{min. erf. } f_{R,si} = 0,70$

Fazit:
Ob im Wärmeschutz, Feuchteschutz nach Glaser oder bei der Schimmelpilzbetrachtung, der Wärmedurchlasswiderstand R (R-Wert) ändert sich nicht. Nur die Wärmeübergänge auf der Innenseite ändern sich durch Beeinträchtigungen durch Vorhänge, Möblierung, Bilder oder geometrisch bedingt (Raumecke).
Die Raumecke ist die erste Stelle, an der sich Schimmelpilz bildet, erst danach in der Raumkante bzw. an der Wandoberfläche.

2.23 Algenbildung auf Außenwänden mit Wärmedämm-Verbundsystemen (WDVS)

Als Hauptursache für Algenwachstum wurde eine erhöhte Außenputzfeuchte erkannt, da Wasser eine Grundvoraussetzung für mikrobiologischen Bewuchs darstellt. Die erhöhte Außenputzfeuchte bei WDVS lässt sich auf die Kondensation von Wasserdampf während der Nacht in porösem Material zurückfuhren, die durch die Unterkühlung der Oberfläche infolge des Strahlungsaustausches zwischen der Gebäudehülle und dem Himmel ausgelöst wird.

Der Strahlungsaustausch zwischen der Fassadenoberfläche und dem Nachthimmelsbogen wird als eine der Randbedingungen für die Modellierung der Temperatur- und Feuchteübertragung in EN 15026 benannt.

Das Hauptaugenmerk richtet sich auf die Abminderung des spektralen Emissionsgrades der Oberflächenbeschichtung, um den Abkühlungsvorgang zu bremsen, bzw. die Kondensation zu vermeiden. Der Algenbewuchs beeinträchtigt nicht nur das ästhetische Ansehen des Gebäudes, sondern auch das Diffusionsvermögen der Oberflächenbeschichtung. Das Problem entsteht häufig innerhalb von einigen Jahren nach dem Aufbringen des WDVS. Algen sind weltweit verbreitete Mikroorganismen, die anspruchslos und adaptiv sind. Durch ihre Anpassungsfähigkeit können sie auch dort leben, wo die anderen Mikroorganismen nicht mehr existieren können. Sie sind im Wasser, im Boden oder auf dem Boden verstreut und sind nur in der Überproduktion sichtbar, wenn sie das Wasser verfärben oder farbige Überzüge bilden. Sie bevorzugen pH-Werte < 9. Nur eine starke UV-Strahlung kann Algen angreifen oder vernichten.

Auch mikroskopische Schimmelpilze wachsen an Gebäudeoberflächen, verfärben die Fassade meist grau-schwarz, befallen aber im Unterschied zu Algen die Oberfläche nicht flächendeckend. Typisch ist schwarzer Schimmelpilz über Fensteröffnungen, aus denen bei kaltem Wetter feuchte Luft aufsteigt. Der Wasserdampf kondensiert an der kalten Fassade und ermöglicht den Schimmelpilzbefall.

An Tagen mit klarem Himmel findet durch die Sonneneinstrahlung die Erwärmung der Oberfläche statt, aber in klaren Nächten emittiert die Oberfläche die Wärmestrahlung und kühlt dadurch ab. An Tagen mit bewölktem Himmel ist der Wärmestrom viel kleiner, da der Großteil der Infra-Rotstrahlung von den einzelnen Bestandteilen in der Atmosphäre aufgefangen wird. Bei massiven Wänden ohne Dämmung ist der Wärmestrom durch die Wand nahezu gleich verteilt und von der Wärmespeicherfähigkeit abhängig. Deshalb findet die Nachtabkühlung langsamer und schichtenweise statt. Das sind die eigentlichen Ursachen für die enormen Temperaturschwankungen an den Oberflächen solcher WDVS. Mit Hilfe der Thermografie lassen sich unterschiedliche Temperaturen an der Oberfläche darstellen.

An zwei Wandoberflächen konnten bei einem Experiment, bei einer Außentemperatur von $\vartheta_e = -8$ °C und einer rel. Luftfeuchte $\varphi = 85$ %, folgende Temperaturen gemessen werden:

gedämmtes Gebäude
$\vartheta_{s,e} = -10{,}6$ °C
$\vartheta_e = -8$ °C

hier ist die Wandoberflächentemperatur um 2,6 °C geringer als die Außentemperatur.

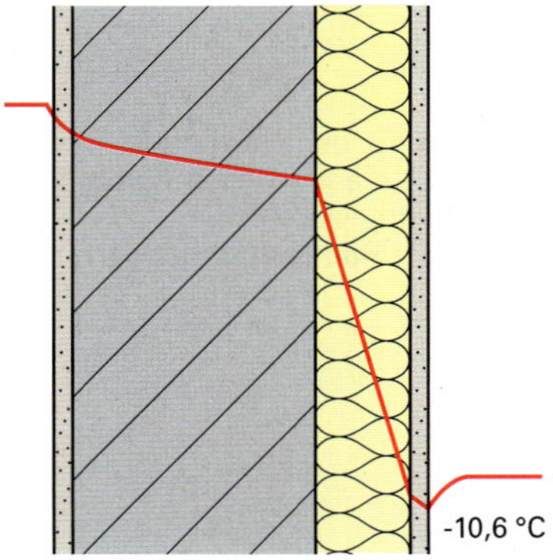

Bild 1: Wand mit WDVS

nicht gedämmtes Gebäude
$\vartheta_{s,e} = -3{,}6$ °C
$\vartheta_e = -8$ °C

hier ist die Wandoberflächentemperatur um 4,4 °C höher als die Außentemperatur.

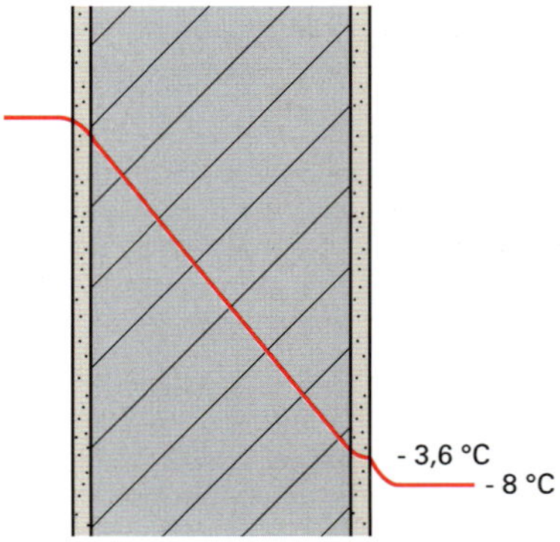

Bild 2: Wand ohne WDVS

Wand mit WDVS

1. Durch die abfallende Temperatur zur Wandoberfläche hin, steigt noch die relative Luftfeuchte.
2. Durch die Dämmung verringert sich der Wärmedurchgangskoeffizient *U*.
3. Der energetisch geforderte kleine Wärmedurchgangskoeffizient *U* hat auch eine verringerte Wärmestromdichte *q* (W/m^2) zur Folge.
4. Ein verringerter Wärmetransport nach außen hat wiederum eine niedrigere Wandoberflächentemperatur auf der Außenseite zur Folge.
5. Der dünne Außenputz, der durch die Dämmung thermisch getrennt ist, kann tagsüber nur wenig Wärme speichern, so dass in klaren Winternächten eine starke Auskühlung stattfindet.
6. Als Folge dieser Auskühlung, hervorgerufen durch die Globalstrahlung, besonders in klaren Winternächten und die starke Emissivität (hoher Emissionsgrad) des Putzes, bildet sich viel Tauwasser, was andererseits die Algenbildung verursacht.

Monolithische Wand

1. Durch die steigende Temperatur von der Außenluft zur Wandoberfläche verringert sich die rel. Luftfeuchte auf der Oberfläche.
2. Durch die fehlende Dämmung hat die Wand einen relativ hohen *U*-Wert.
3. Der große *U*-Wert hat eine große Wärmestromdichte *q* zur Folge, was bedeutet, dass viel Wärmeenergie (W/m^2) an die Außenoberfläche transportiert wird.
4. Ein höherer Wärmetransport nach der Außenseite hat zur Folge, dass die äußere Wandoberfläche eine höhere Temperatur aufweist.
5. Der dickere Außenputz und die Wand dahinter (auch die Nordwand im Winter) können tagsüber etwas Wärme speichern, die vor zu starker nächtlicher Auskühlung schützt.
6. Der dickere Außenputz, der ohne thermische Trennung auf die Wand aufgebracht ist, ist nicht nur aufgrund der größeren Wärmestromdichte und die damit verbundene höhere Temperatur auf der Wandoberfläche außen weniger anfällig für die Algenbildung, sondern der dickere Putz kann durch seine hygrische Eigenschaft mehr Feuchte aufnehmen und nach innen transportieren und so der Oberfläche entziehen.

Bei Untersuchungen zeigte sich, dass die Menge des Oberflächenwassers neben der Temperatur und dem Wassergehalt abhängig ist von der:

- Orientierung der Fassade
- Bewölkung
- Temperatur
- rel. Luftfeuchte der Umgebungsluft
- Windgeschwindigkeit
- Windrichtung

u.a. Umgebungsbedingungen.

Auf einen Körper auftreffende Strahlung wird

absorbiert	**transmittiert**	**reflektiert**

Absorptionsgrad α:	Maßzahl für das Vermögen, Infra-Rotstrahlung **aufzunehmen.**
Emissionsgrad ε:	Maßzahl für das Vermögen, Infra-Rotstrahlung **auszusenden.**
Transmissionsgrad τ:	Maßzahl für das Vermögen, Infra-Rotstrahlung **hindurch zulassen.**
Reflexionsgrad ϱ:	Maßzahl für das Vermögen, Infra-Rotstrahlung **zu reflektieren.**
Es gilt die Beziehung:	$\alpha + \tau + \varrho = 1$
Die Gleichung besagt:	Die Summe der Gesamtstrahlung wird entweder • absorbiert (aufgenommen), • transmittiert (hindurchgelassen) oder • reflektiert (zurückgeworfen)
Ferner gilt: $\alpha = \varepsilon$	Dies besagt: Es kann nicht mehr Strahlungsenergie ausgesandt (emittiert) werden, als absorbiert werden konnte.

Die Tauwasserbildung und damit das Algenwachstum kann man mit Infrarot-aktiven Anstrichen verringern. Tauwasser bildet sich in klaren Nächten infolge langwelliger Abstrahlung, besonders wenn die Oberflächentemperatur unter die Taupunkt-Temperatur sinkt. Dies ist besonders auf der Nordseite der Gebäude der Fall.

Versuche mit dunklen, statt hellen Anstrichen des Putzes mit den Absorptionskoeffizienten von 0,6 statt 0,4 haben gezeigt, dass die Putzfarbe einen nicht entscheidenden Einfluss auf die Betauungszeit hat. Dagegen ist der Emissionsgrad ε, eine wesentliche Einflussgröße für das Abstrahlungsvermögen, abhängig vom jeweiligen Material.
Bei üblichen Baustoffen, so auch bei Putzen, liegt der Emissionsgrad ε bei ca. 0,9. Mit Beschichtungen ist es möglich, den Emissionsgrad im Infra-Rotbereich zu senken. Dadurch vermindert sich die Wärmeabstrahlung bei gleichzeitiger Erhöhung der Wärmereflexion. Mit einer Infarot-Bildkamera lässt sich dieser Effekt nachweisen.
Durch die Beimengung von Aluminiumpartikeln wurden Emissionsgrade von $\varepsilon = 0,1$ erzielt, bei Umhüllung mit Farbpigmenten konnten immerhin Emissionsgrade von 0,3 erzielt werden.

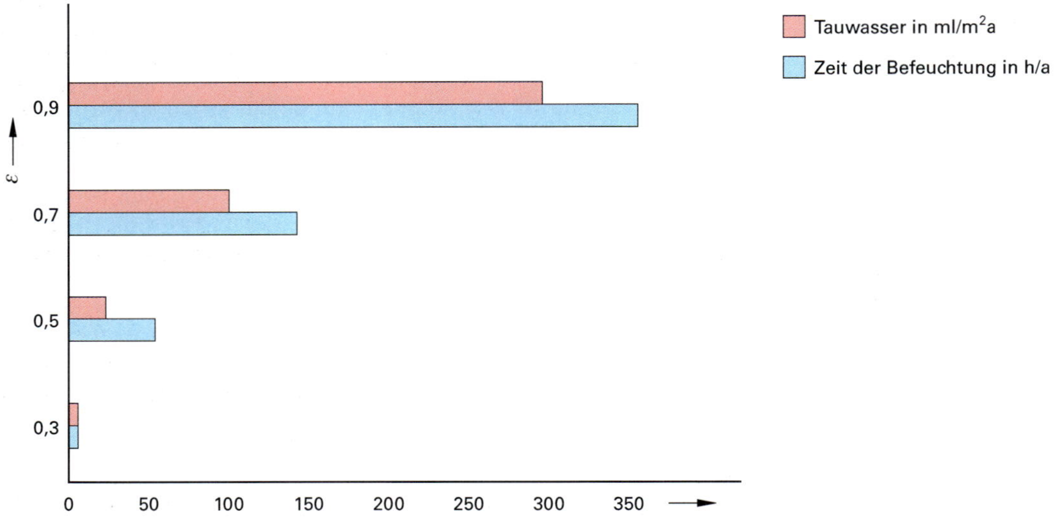

Bild: Tauwassermasse und Zeit der Befeuchtung eines Wärmedämm-Verbundsystems WDVS in Abhängigkeit vom Emissionsgrad ε.

Das Bild zeigt, dass bei einem Emissionsgrad von $\varepsilon = 0,3$ und weniger eine gravierende Verringerung des Tauwasserausfalls und damit der Algenbildung erzielt.

Mit der Emissivität ε wird die Wärmeabstrahlung einer Oberfläche im Verhältnis zu einem schwarzen Körper (alle auftreffenden Strahlen werden absorbiert) bei gleicher Temperatur bezeichnet.

Auch die Putzdicke spielt für die Betauung eine wichtige Rolle. Auf der Oberfläche einer Standardputzdicke (ca. 6 mm) eines WDVS wurde etwa die doppelte Tauwassermasse gemessen wie bei einem Dickputz (ca. 20 mm). Der Dickputz kann nachts mehr Feuchtigkeit speichern und tagsüber wieder abgeben. An Dünnputzen haftet etwa die doppelte Masse an Wasser wie an Dickputzen (ca. 30 g/m^2 zu 15 g/m^2). Dagegen haben Untersuchungen gezeigt, dass bei Putzen mit Infrarot-Anstrichen zur Verringerung des Emissionsgrades der Infrarot-Strahlung eine nur ganz geringe Tauwassermasse bilden.

Die Emission der Wärmestrahlen hängt von der Temperatur der Wandoberfläche und den Absorptionseigenschaften ab. Es sind sowohl die Reflexion, als auch die Emission von den Materialeigenschaften und der Oberflächenbeschaffenheit abhängig.
Die gewöhnlichen Baumaterialien besitzen relativ niedrige Reflexionsgrade, d.h. andererseits hohe Emissionsgrade, wodurch das Problem der nächtlichen Abkühlung bzw. des Algenbefalls verschärft wird.

2.24 Auswirkung der Globalstrahlung auf Fenster und Verglasungen

Wenn an einem Hochsommertag der Himmel wolkenlos ist, weiß man, dass es ein heißer Tag werden wird. Es fehlt die schützende Wolkendecke, die globale Sonnenstrahlung kommt mit voller Wucht an. Umgekehrt ist es im Winter auch nachts. Wenn in sternenklaren Winternächten die Wolkendecke fehlt, gelangt die Kältestrahlung des Weltalls ungehindert auf die Erdoberfläche. Diese globale Kältestrahlung entzieht der Oberfläche unserer Bauwerke, also dem Putz soviel Wärme, dass die Wandoberfläche eine niedrigere Temperatur aufweist als die Außenluft. Ursache hierfür ist nicht nur die Globalstrahlung sondern auch die z. T. überzogenen Dämmstoffdicken. Je dicker die Dämmung ist, desto geringer ist die Wärmestromdichte. Kommt weniger Wärme an der Außenseite der Wand an, entzieht die Globalstrahlung die in der dünnen Putzschicht tagsüber gespeicherte Wärme. Die von innen nach außen transportierte Wärme sowie die tagsüber durch Sonneneinstrahlung gespeicherte Wärmemenge reicht nicht aus, um den nächtlichen Abtransport auszugleichen. Dies hat Tauwasser zur Folge und die geringe Sonneneinstrahlung tagsüber – besonders auf der Nordseite – begünstigt dadurch das Algenwachstum.

Bei Fenstern mit einem Wärmedurchgangskoeffizienten (U-Wert) < 1,0 W/m²K ergibt sich eine ähnliche Folge wie bei Wänden, nur mit dem Unterschied, dass das Tauwasser beim Glas auf der Außenscheibe zu sehen ist, während der Putz das Tauwasser absorbiert. Glas hat nur eine Adsorptionsfähigkeit, d. h. das Tauwasser haftet nur der Oberfläche während der Putz Absorptionsfähigkeit besitzt. Auch fehlt dem Glas im Gegensatz zum Putz das Substrat zur Algenbildung, wodurch beim Glas nur Tauwasser die Folge ist. Schon in den ersten Morgenstunden nach Tagesanbruch verdunstet das Tauwasser, bzw. lösen sich die Eisblumen auf.

Bei der alten Einfachverglasung gab es Eisblumen auf der Scheibeninnenseite. Ein Beweis dafür, dass der Wärmeabfluss sehr hoch ist und dass durch das Auskühlen der Scheibe die Temperatur auf der Innenseite auf Null Grad oder gar Minusgrade fällt.

Fazit: Bei Einfachverglasungen gab es Eisblumen auf der inneren Oberfläche der Scheibe, bei hoch gedämmten Dreifachverglasungen gibt es in kalten Winternächten Eisblumen auf der Oberfläche der äußeren Scheibe, nur mit dem Unterschied, dass die Einfachverglasung Energieverschwendung bedeutet, während die Dreifachverglasung für Energie-Effizienz steht.

Einfach-Verglasung	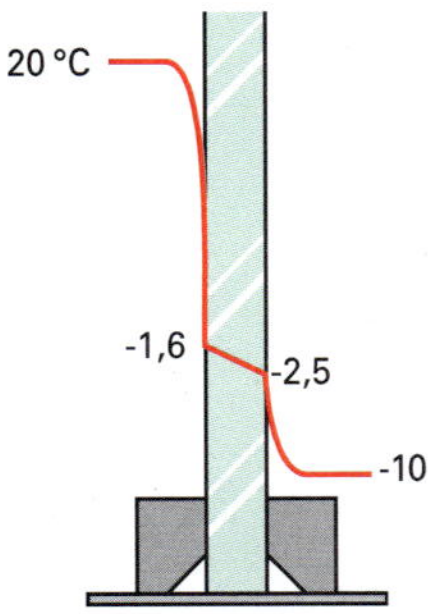	**Wärmedämm-Verglasung**	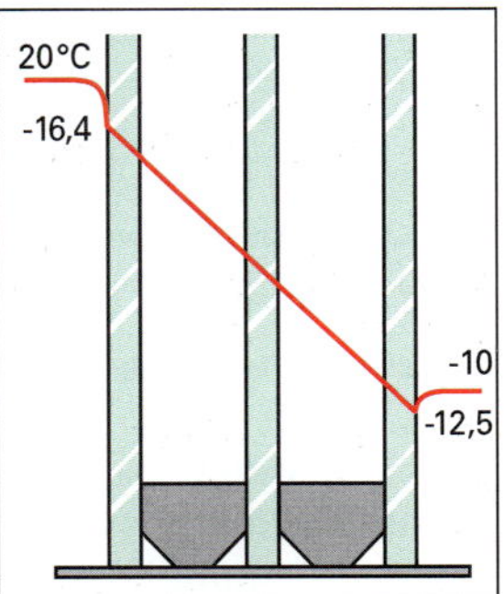
$U_g = 5{,}8$ W/m²K		$U_g = 0{,}7$ W/m²K	
Wärmestromdichte $q = U\,(\vartheta_i - \vartheta_e)$ $q = 5{,}8\,[20 - (-10)]$ $q = 174$ W/m²	$R_T = \frac{1}{8} + \frac{0{,}004}{0{,}8} + \frac{1}{23}$ 0,125 + 0,005 + 0,043 21,6 °C 0,9 °C 7,5 °C bei $\vartheta_i = 20$ °C; $\vartheta_e = -10$ °C $R_T = 0{,}173$ m²K/W $U_g = 5{,}78$ W/m²K	Wärmestromdichte $q = U\,(\vartheta_i - \vartheta_e)$ $q = 0{,}7\,[20 - (-10)]$ $q = 21$ W/m² Je geringer die Wärmestromdichte ist, desto weniger Wärme gelangt an die Außenoberfläche der Wand.	$R_T = R_{si} + R + R_{se}$ $\frac{1}{U_g} = 0{,}125 + R_g + 0{,}043$ $R_g = 1{,}26$ m²K/W $R_T = 0{,}125 + 1{,}26 + 0{,}043$ 2,6 °C 26,5 °C 0,9 °C $R_T = 1{,}428$ m²K/W $U_g = 0{,}70$ W/m²K
Da sich an Glas mangels Substrats kein Schimmel bildet, wird nach DIN 13 788 $h_i = 8$ W/m²K, bzw. $R_{si} = 0{,}125$ m²KW gesetzt.		Es gilt: $R_T = \frac{1}{U}$ bzw. $U = \frac{1}{R_T}$	

2.25 Schlagregen

Außenputze und sonstige Beschichtungen werden durch Schlagregen beansprucht. Dabei müssen diese äußersten Gebäudeabschlussschichten bestimmten Beanspruchungsgruppen genügen.

Schlagregenbeanspruchungsgruppen

Beanspruchungsgruppe I

geringe Schlagregenbeanspruchung
Jahresniederschlagsmengen < 600 mm sowie für windgeschützte Lagen bei größeren Niederschlagsmengen.

Beanspruchungsgruppe II

mittlere Schlagregenbeanspruchung
Niederschlagsmengen 600 mm bis 800 mm sowie für windgeschützte Lagen bei größeren Niederschlagsmengen sowie für Hochhäuser in Gebieten, die einer geringeren Schlagregenbeanspruchung zuzuordnen wären.

Beanspruchungsgruppe III

starke Schlagregenbeanspruchung
Niederschlagsmengen über 800 mm sowie für windreiche Gebiete auch bei geringeren Niederschlagsmengen. z.B. Küstengebiete, Mittel- und Hochgebirgslagen, Hochhäuser in exponierter Lage.

Übersichtkarte zur Schlagregenbeanspruchung in der Bundesrepublik Deutschland

Wassseraufnahmekoeffizient
Außenputze haben u.a. eine Regenschutzfunktion zu erfüllen.

Dazu gelten folgende Anforderungen:

wassersaugende Schicht: $W_W \geq 2{,}0$ kg/m^{2}h^{0,5}

wasserhemmende Schicht: $0{,}5$ kg/m^{2}h^{0,5} $< W_W <$ $2{,}0$ kg/m^{2}h^{0,5}

wasserabweisende Schicht: $W_W \leq 0{,}5$ kg/m^{2}h^{0,5}

Dabei müssen diese Putze und Beschichtungen die in der Tabelle erforderlichen
- Wasseraufnahmekoeffizient
- wasserdampfdiffusionsäquivalente Luftschichtdicke s_d
- das Produkt aus $W_W \cdot s_d$ erfüllen

Kriterien für den Regenschutz	Wasseraufnahmekoeffizient	Wasserdampfdiffusionsäquivalente Luftschichtdicke	Produkt aus W_W und s_d Regenschutzfunktion
	W_W	s_d	$W_W \cdot s_d$
	kg/m^{2}h^{0,5}	m	kg/mh^{0,5}
wassserhemmend	$0{,}5 < W_W < 2{,}0$	*	*
wasserabweisend	$W_W \leq 0{,}5$	$\leq 2{,}0$	$\leq 0{,}2$

* keine Festlegung; $h^{0,5} = \sqrt{h}$

Tabelle 1: Beispiele für die Zuordnung von Wandbauarten und Beanspruchungsgruppen; DIN 4108

Zeile	Beanspruchungsgruppe I	Beanspruchungsgruppe II	Beanspruchungsgruppe III
	geringe Beanspruchung	**mittlere Beanspruchung**	**starke Beanspruchung**
1	Außenputz ohne besondere Anforderungen an den Schlagregenschutz	Wasserhemmender Außenputz	Wasserabweisender Außenputz oder Kunstharzputz
	Putze der Zeile 1 auf: • Außenwänden aus Mauerwerk, Wandbauplatten, Beton u.ä. • verputzten außenseitigen Wärmebrückendämmungen		
2	Einschaliges Sichtmauerwerk nach DIN 1053 mit einer Dicke 31 cm, incl. Innenputz	Einschaliges Sichtmauerwerk nach DIN 1053 mit einer Dicke 37,5 cm, incl. Innenputz	Zweischaliges Mauerwerk nach DIN 1053 mit Luftschicht und Dämmung oder mit Kerndämmung, incl. Innenputz
3	Außenwände, Fliesen oder Platten, in Dick- oder Dünnbett angemörtelt; DIN 18515		wie Gruppe I und II, jedoch mit wasserabweisendem Mörtel.
4	Außenwände mit gefügedichter Betonaußenschicht nach DIN EN 206, bzw. DIN 1045		
5	Wände mit hinterlüfteten Außenwandverkleidungen nach DIN 18516[a]		
6	Wände mit Wärmedämmputz (WDP) oder Wärme-Dämm-Verbund-System (WDVS)		
7	Außenwände in Holzbauart mit Wetterschutz nach DIN 68800		

[a] Offene Fugen zwischen den Bekleidungsplatten beeinträchtigen den Regenschutz nicht.

Fugen und Anschlüsse

Im Bereich von Fugen und Anschlüssen muss der Schlagregenschutz ebenfalls sichergestellt sein. Dazu können Fugen und Anschlüsse durch Dichtstoffe, Dichtbänder, Folien oder durch konstruktive Maßnahmen abgedichtet werden. Die Wartung dieser Fugen und Anschlüsse muss gewährleistet sein.

Tabelle 1: Beispiele für die Zuordnung von Fugenabdichtungsarten und Beanspruchungsgruppen

Zeile	Fugenart	Beanspruchungsgruppe I	Beanspruchungsgruppe II	Beanspruchungsgruppe III
		geringe Beanspruchung	**mittlere Beanspruchung**	**starke Beanspruchung**
1	Vertikalfugen	Konstruktive Fugenausbildung[a]		
2		Fugen nach DIN 18540[a]		
3	Horizontalfugen	Offene, schwellenförmige Fugen		
		Schwellenhöhe $h \geq 60$ mm	Schwellenhöhe $h \geq 80$ mm	Schwellenhöhe $h \geq 100$ mm
4		Fugen nach DIN 18540 mit zusätzlichen konstruktiven Maßnahmen, Schwellenhöhe $h \geq 50$ mm		

[a] Nicht in Bergsenkungsgebieten

Daten:
Putzdicke 20 mm;
Zeitdauer 24 h
Putzfläche 25 m²;
$s_d = \mu \cdot d = 35 \cdot 0{,}02$ m
$s_d = 0{,}70$ m
Regenmasse:
$m_1 = 20$ kg; $m_2 = 55$ kg

Beispiel 1: $W_w = \frac{20}{25 \cdot \sqrt{24}} = 0{,}163\ \text{kg/m}^2\sqrt{\text{h}}$

$W_w \cdot s_d = 0{,}163 \cdot 0{,}70$
$= 0{,}11\ \text{kg/m}\sqrt{\text{h}} < \text{max. zul.} = 0{,}2\ \text{kg/m}\sqrt{\text{h}}$

Beispiel 2: $W_w = \frac{55}{25 \cdot \sqrt{24}} = 0{,}163\ \text{kg/m}^2\sqrt{\text{h}}$

$W_w \cdot s_d = 0{,}45 \cdot 0{,}70$
$= 0{,}311\ \text{kg/m}\sqrt{\text{h}} < \text{max. zul.} = 0{,}2\ \text{kg/m}\sqrt{\text{h}}$

Der Putz besitzt für diese Wassermasse keine Regenschutzfunktion.

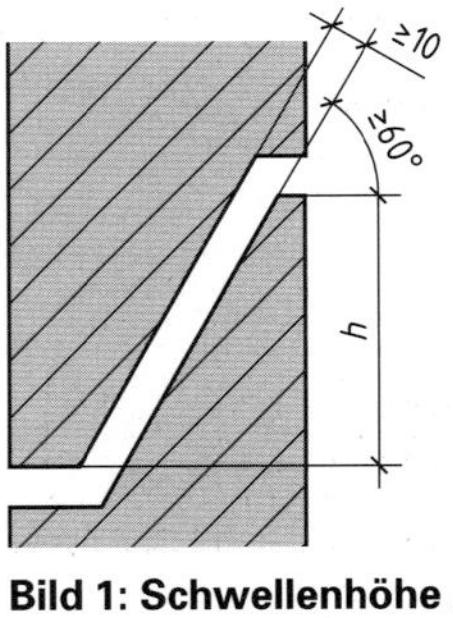

Bild 1: Schwellenhöhe *h*

2.26 Kapillaraktive Dämmstoffe

Der Feuchteschutz ist von drei Kennwerten gekennzeichnet.

1. dem **Wasseraufnahme-Koeffizient** W_w in $kg/m^2h^{0,5}$
   Dieser Kennwert gibt Auskunft über die Aufnahmegeschwindigkeit von Wasser durch den Baustoff. Besonders bei Außenputzen mit ihrer Schlagregenbeanspruchung ist diese Fähigkeit von Bedeutung.
2. dem **Wasserdampfdiffusionswiderstandsfaktor** μ (μ-Wert)
   Dieser Kennwert gibt Auskunft, wie viel mal größer der Widerstand eines Baustoffes ist, dem Wasserdampf einen Widerstand entgegenzusetzen als Luft.
   Luft ist die Verhältniszahl, weil kein Stoff dampfdurchlässiger ist und daher ist μ dimensionslos.
   Der s_d-Wert $\mu \cdot d$ (wasserdampfäquivalente Luftschichtdicke) beschreibt das Feuchteverhalten nur in Dampfform. Die kapillare Leitfähigkeit wird durch den s_d-Wert wenig beeinflusst, wohl aber vom D-Wert.
3. dem **Trocknungskoeffizient D** $D = \frac{\sqrt{t}}{d}$ t in Stunden h, d = Materialdicke in m
   Das Trocknungsverhalten poröser Baustoffe hängt allgemein von drei Einflussgrößen ab:
   - von den **Materialeigenschaften**: Feuchtespeicherung und Feuchtetransport
     Fragestellung: wie schnell, wie viel Feuchte wird im Material transportiert?
   - von den **Randbedingungen** (klimatischen Verhältnissen): Temperatur, rel. Luftfeuchte
     Fragestellung: wie viel Feuchte wird an die Umgebung abgegeben?
   - von den **Übergangsbedingungen** an der Trocknungsoberfläche: Luftgeschwindigkeit, Oberflächenrauigkeit.

Der Trocknungsprozess wird in zwei Abschnitte eingeteilt:

Der **erste Trocknungsabschnitt** (1. TA) ist wie Bild 1 zeigt, von einem linearen Verlauf gekennzeichnet. Während des 1. TA wird die Trocknungsgeschwindigkeit fast ausschließlich von den äußeren Randbedingungen bestimmt. Der kapillare Transport im oberflächennahen Materialinnern ist so groß, dass gilt: kapillarer Flüssigtransport = Verdunstungsmassestrom an der Oberfläche. Daher der lineare Verlauf des 1. TA. Das Ende des 1. TA ist dadurch gekennzeichnet, dass der Kapillartransport durch den geringer gewordenen Wassergehalt nicht mehr gleich groß ist wie die an der Oberfläche mögliche Verdunstung.
Die Zeitdauer des ersten Abschnittes ist meist kurz, und ist von einem großen Austrocknungspotential gekennzeichnet.

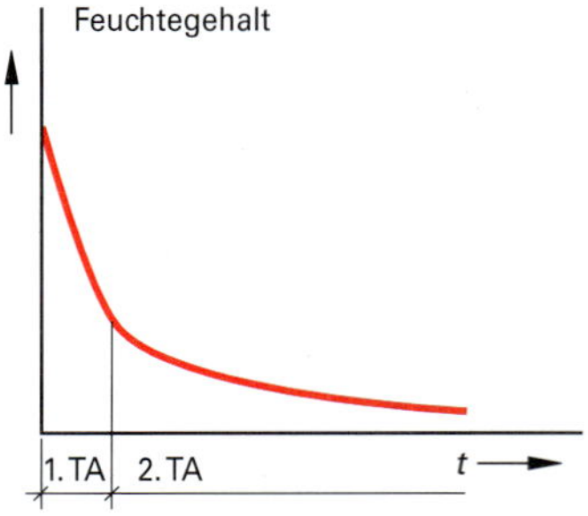

Bild 1: Verlauf der Trocknungsabschnitte

Der **zweite Trocknungsabschnitt** ist, bedingt durch den abnehmenden Feuchtegehalt, von einem geringer werdenden Feuchtetransport gekennzeichnet. Es kann nicht mehr so viel Feuchte an die Oberfläche transportiert werden wie dort verdunsten könnte. Die Verdunstungsfront wandert im 2. TA von der Oberfläche nach innen, sieht sich jedoch einem Diffusionswiderstand des Materials ausgesetzt und hat dadurch eine abnehmende Trocknungsgeschwindigkeit zur Folge. Da die Feuchte vom Innern an die Oberfläche geführt werden muss, spielt die Probendicke eine wesentliche Rolle, nicht so beim Wasseraufnahmekoeffizient W_w. Je nach Materialeigenschaft wie Feuchtespeichervermögen sowie Feuchtetransporteigenschaften kann die Feuchte im Innern mit unterschiedlicher Geschwidigkeit an die Oberfläche transportiert werden.
Der zweite Trocknungsabschnitt dauert dadurch auch wesentlich länger. Die Masse der Entfeuchtungsraten werden immer geringer. Der zweite Trocknungsabschnitt entspricht in etwa einem hyperbolischen Verlauf.

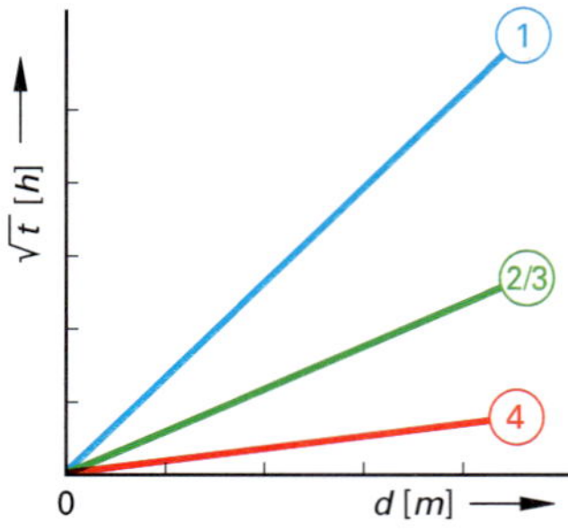

Bild 2: Austrocknungsverhalten verschiedener Baustoffe

$\sqrt{t}$ = Wurzel aus der Zeit in Stunden
d = Materialdicke in m

1 Kalksandstein
2/3 Porenbeton/Ziegel
4 Calciumsilikat

Bild 2 von S. 312 zeigt, dass Calciumsilikat für alle Probenhöhen die kürzeste Austrocknungszeit hat. Diese Eigenschaft, große Mengen an Feuchte aufnehmen zu können, jedoch auch die Fähigkeit, diese ebenso wieder sehr schnell abgeben zu können und dies, ohne die Gefahr, dass der Baustoff dabei Schaden nimmt, machen Calciumsilikatplatten zu einem begehrten Baustoff für Innendämmungen. Voraussetzung für die Funktionsfähigkeit ist die systemgerechte Verarbeitung, d. h. vollfächig aufgebrachter Kleber.
Um die Trocknungszeit genauer festlegen zu können, ist die Zeit des 2. Trocknungsabschnittes maßgebend, denn dort spielen die Materialeigenschaften eine dominante Rolle.

Der Zahlenwert des Trocknungskoeffizienten D gibt an, wie viel Zeit benötigt wird, um 1 m des wassergesättigten Baustoffes vollständig auszutrocknen.

$D = \frac{\sqrt{t_{2.TA}}}{d}$	$t_{2.TA}$ = Trocknungszeit des zweiten Trocknungsabschnittes in [h] d = Materialdicke in [m] D = Einheit h/m

Zwischen dem Trocknungskoeffizienten D und dem μ-Wert, sowie dem Wasseraufnahmekoeffizienten W_w besteht ein gewisser Zusammenhang, da sowohl der Flüssigkeits-, als auch der Dampftransport das Trocknungsverhalten beeinflussen, was mit der Porenstruktur zusammenhängt. Eine gegenseitige Abhängigkeit zwischen dem Dampfdiffusionswiderstandsfaktor μ und dem Trocknungskoeffizienten D ist am Naheliegendsten, weil die Trocknung über einen langen Zeitraum von der Dampfdiffusion dominiert wird. Der Flüssigkeitstransport ist um vieles größer und leistungsfähiger als der Dampftransport.

Darstellung in den Bildern 1 und 2:
Quartal 4: ca. Oktober bis Dezember
Quartal 1: ca. Januar bis März
Quartal 2: ca. April bis Juni
Quartal 3: ca. Juli bis September

Farbliche Zuordnung der Dämmstoffe:
blau: Mineralwolle
grün: Zellulose
schwarz: Expandiertes Polystyrol (EPS)
rot: Calciumsilikat ($CaSiO_2$)

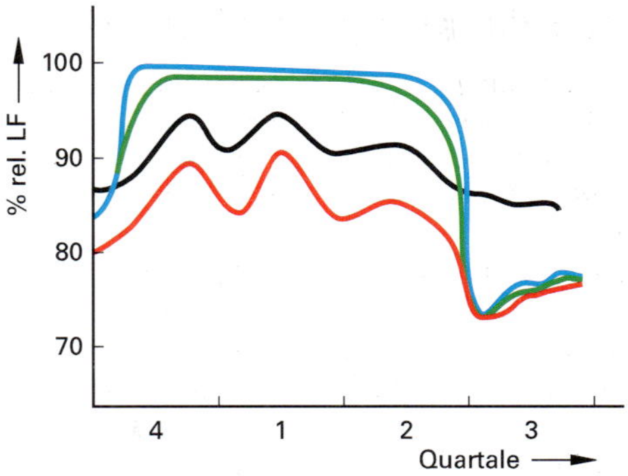

Bild 1: Entwicklung der rel. Luftfeuchte zwischen einer Außenwand aus Beton und der Innendämmung, mit verschiedenen Dämmstoffen

Bild 1 zeigt, dass bei Mineralwolle und Zellulose bereits gleich zu Beginn des 4. Quartals (Oktober) die relative Luftfeuchte zwischen Dämmung und Beton rapide zunimmt und zum Ende des Sommers auf das Maß der rel. Luftfeuchte der Außenluft sich einpendelt. Auch hier zeigt sich der Vorteil der Calciumsilikatplatte. Selbst bei dieser ungünstigen Materialkombination Betonwand mit Innendämmung ist Calciumsilikat am problemlosesten.

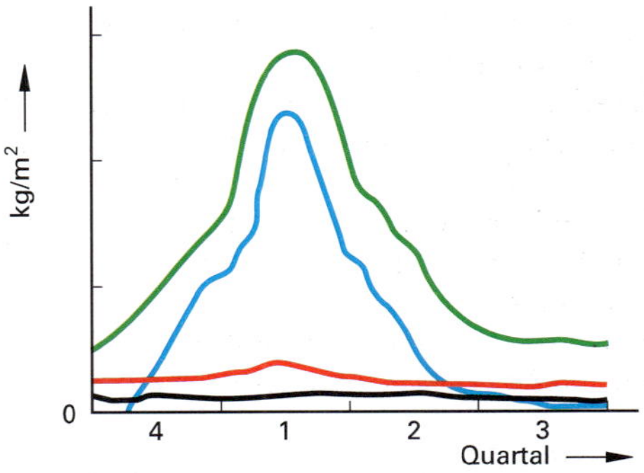

Bild 2: Sich entwickelnder Wassergehalt in verschiedenen Dämmstoffen während eines Jahres einer Außenwand aus Beton mit Innendämmung

Bild 2 zeigt, dass der hygroskopische Dämmstoff Zellulose, sowie der offenporige Dämmstoff Mineralwolle bei Innendämmung ohne Dampfbremse zu Bauschäden führt, während der geschlossenporige Dämmstoff EPS mit dem relativ hohen μ-Wert 30/70 und erst recht XPS mit $\mu = 80/250$ ohne Dampfbremse als Innendämmung empfohlen werden kann. Calciumsilikatplatten können aufgrund ihrer kapillaraktiven Wirkungsweise ohne Dampfbremse als Innendämmung eingesetzt werden. Der kapillare Transport erfolgt entgegen dem Diffusionsstrom nach der warmen Seite und dies ist die Raumseite.

Tabelle 1: Trocknungskoeffizient D – Dampfdiffusionswiderstand μ – Wasseraufnahmekoeffizient W_w

Baustoff	Trocknungskoeffizient D	Wasserdampfdiffusions-widerstandsfaktor μ	Wasseraufnahme-koeffizient W_w
	D in $\frac{\sqrt{t}}{d}$	μ [–]	W_w in kg/m²s^{0,5}
Calciumsilikat	40	4	1,10
Sandstein	82	17	0,14
Porenbeton	105	8	0,04
Ziegel	107	14	0,23
Lehm	112	11	0,18
Gipsputz	164	12	0,37
Granit (verwittert)	175	54	0,08
Sanierputz	355	33	0,03
Kalksandstein	268	40	0,05

Merke: Je kleiner **D**, desto schneller erfolgt die Austrocknung eines Baustoffes
Je kleiner μ, desto diffusionsoffener ist der Baustoff
Je größer W_w, desto mehr kann dieser Baustoff Wasser aufnehmen und speichern

Aus diesen drei Kennwerten ist ersichtlich, dass die Calciumsilikatplatte für eine störungsfreie Innendämmung geradezu prädestiniert ist.

2.26.1 Feuchte adaptive Dampfbremse

Unser Auge ist auch zur Adaption fähig, wenn wir plötzlich von einem ganz hellen Raum in einen stark abgedunkelten Raum kommen.
Eine ähnliche Anforderung in feuchtetechnischer Hinsicht wird auch an eine Feuchte adaptive Dampfbremse gestellt. Ihren Einsatz hat sie vor allem auf der Innenseite von Holzständerwänden (Fachwerkwänden) und Steildächern. Holzständerwände werden durch Schlagregen beaufschlagt. Feuchte dringt durch die Fugen zwischen Holz und der Ausfachung ein. Eine Austrocknung zur Raumseite sollte daher auch möglich sein. Dämmt man mit einem herkömmlichen Dämmstoff, so ist oft eine Folie auf der Innenseite als Dampfbremse für die winterliche Situation erforderlich. Die sommerliche Austrocknung nach der Raumseite sollte auch möglich sein, zumal die Austrocknung nach der Raumseite meist größer ist, als nach der Außenseite. Ein ähnliches Problem stellt auch das Steildach dar. Das Dach ist, bedingt durch die Dachneigung, besonders stark der wechselnden Wirkung des Sommers und Winters ausgesetzt. Auf Dachflächen herrschen durch die Richtungseinwirkung der Sonnenstrahlen im Sommer wesentlich höhere Temperaturen als an Wandoberflächen. Auf der Raumseite wird, wo im Winter der Wärmestrom und damit auch der Feuchtestrom von innen nach außen verläuft, eine Folie mit einem Mindest-s_d-Wert von 2,0 m empfohlen. Im Sommer jedoch soll, wo der Wärmestrom von außen nach innen verläuft, eine Austrocknung auch zur Raumseite hin möglich sein. Dies ist besonders notwendig, da auf die Dachschalung oder Aufsparrendämmung oft eine Folie (Winddichtheitsebene) angebracht wird, deren s_d-Wert zu hoch ist. Eine Diffusionsoffenheit der inneren Folie (Luftdichtheitsebene) mit einem s_d-Wert von kaum höher als 0,5 m ist daher gefordert.
Einer solchen Forderung können besonders Kunststoffe auf Polyamid-Basis (PA) entsprechen. Es handelt sich dabei um Polymere. Von Polymeren ist bekannt, dass ihre Dampfdurchlässigkeit sowohl von der Umgebungsfeuchte, als auch von der Temperatur abhängig ist. Bei Feuchtezuführung quellen diese Folien auf und vergrößern dabei ihren μ-Wert. In der Verdunstungsperiode im Sommer verdunstet das gespeicherte Wasser in der Folie und der μ-Wert wird wieder kleiner, die Folie wird diffusionsoffener.

So wird diese Folie beim
Feuchteintrag diffusionshemmender und bei der Austrocknung diffusionsoffener.

Polyamid (PA) verträgt im Gegensatz zu Polyethylen (PE) auch tiefe Temperaturen und wird nicht spröde. Eine Feuchte adaptive Dampfbremse auf PA-Basis stellt eine Folie dar, deren s_d-Wert im Winter bis zu 2,0 m und im Sommer ca. 0,5 m entspricht. Zur Verklebung der Folien haben sich Acrylatklebebänder besser bewährt als Butylkautschukbänder. Für den Wandanschluss sollte ein Kompriband und eine Anpresslatte verwendet werden.

2.26.2 Innendämmung mit Calciumsilicatplatten

Innendämmung hat Nachteile bzw. sollte gar vermieden werden. So hört man immer wieder.
Je diffusionsoffener allerdings die Dämmung (kleiner s_d-Wert) ist, desto größer ist die Gefahr der Tauwasserbildung.
Eine Ausnahme soll die Calcium-Silicatplatte sein.
Um ihre Wirkung als Innendämmung voll entfalten zu können, muss sie vollflächig auf die Wand geklebt werden, wobei der Kleber eine Dampfbremse darstellt. Eine Entfeuchtung wird bei diesem Material vorwiegend nach der Raumseite erfolgen.
Die Feuchte dringt ins Dämm-Material ein, wandert in Richtung Außenluft weiter, wird an der Kleberschicht zur Umkehr gezwungen, weil sich die Randbedingungen im Raum inzwischen wieder verbessert haben. Die Bauteilfeuchte gelangt in die Raumluft und muss von dort per Fensteröffnung an die Außenluft abgeführt werden. Die Calcium-Silicatplatte ist wohl aufgrund ihrer hohen Alkalität (pH-Wert ca. 12) nicht schimmelpilzgefährdet, wohl aber vergrößert sich der λ-Wert, was wiederum Auswirkungen auf den Temperaturverlauf hat und somit auch ein anderes Dampfsättigungsverhalten zur Folge hat.
Das Tauwasser wird aufgrund der kapillaraktiven Porenstruktur der Silicatplatte ($CaSiO_2$) entlang des kapillaren Druckgefälles zurück zur wärmeren Seite transportiert und dort an die Raumluft abgegeben.

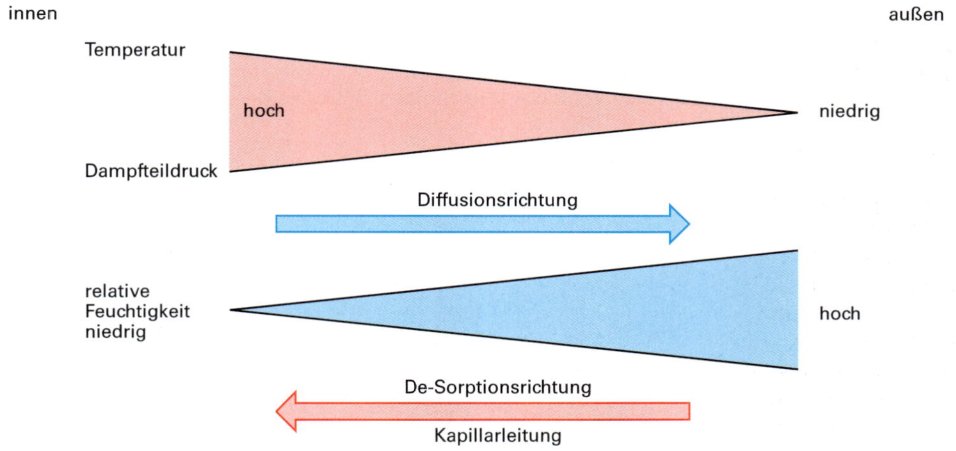

Ein Berechnungsverfahren nach DIN 4108-3 oder DIN EN ISO 13788 ist nicht anwendbar, da bei dieser Konstruktion Feuchte eindiffundiert, an der Dampfbremse kondensiert und von dort per Kapillartransport wieder zur inneren Wandoberfläche transportiert werden soll und dort letztendlich verdunstet.
Da mittels Glaser-Verfahren nur Dampfdiffusion erfasst wird und nicht Kapillarität, ist bei diesem Dämm-Material mit seiner sehr aktiven Porenstruktur das „Glaser-Verfahren" nicht anwendbar.
Voraussetzung für die Funktionsfähigkeit des Dämm-Systems mit Calciumsilicatplatten ist, dass das Dämm-System als Ganzes betrachtet und vor allem auch ausgeführt wird.

Dies betrifft die Komponenten: Kleber (Dampfbremse), Tiefengrund, Dämmplatte, Innenputz.

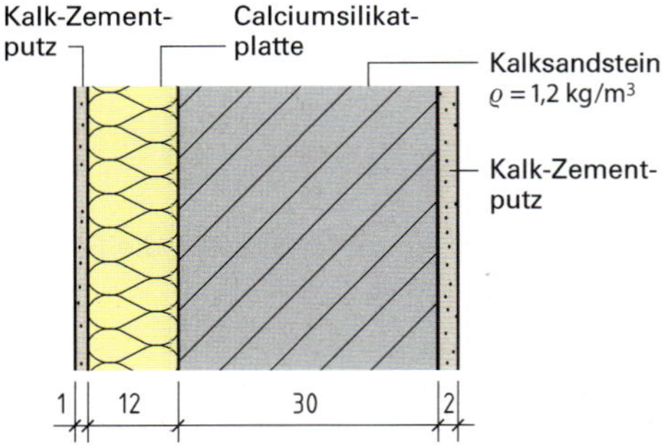

Bild 1: Aufbau einer Wand mit Innendämmung

Daten der Calcium-Silicatplatte:	Formel: $\Delta\lambda$ = Porosität in % · Feuchtegehalt in % · $(\lambda_{Wasser} - \lambda_{Luft})$
λ = 0,15 W/mK Porosität 85 % Feuchtegehalt 70 % Mauerwerk: λ = 0,56 W/mK	$\Delta\lambda = 0{,}85 \cdot 0{,}70 \cdot (0{,}64 - 0{,}025) = 0{,}37$ W/mK Verschlechterung λ_{feucht} = 0,15 W/mK + 0,37 W/mK λ_{feucht} = 0,52 W/mK Durch die Feuchteaufnahme hat die Dämmplatte etwa den gleichen λ-Wert wie das Mauerwerk.

Dämmung trocken

$$R_T = \frac{1}{4} + \frac{0{,}01}{1{,}0} + \frac{0{,}12}{0{,}15} + \frac{0{,}30}{0{,}56} + \frac{0{,}02}{1{,}0} + \frac{1}{23}$$

R_T = 0,25 + 0,01 + 0,80 + 0,536 + 0,02 + 0,043

3,8 °C 0,2 12,0 8,1 0,3 0,6

R_T = 1,66 m²K/W = $\Delta\vartheta$ = 25 °C

U = 0,60 W/m²K

Dämmung feucht

$$R_T = \frac{1}{4} + \frac{0{,}01}{1{,}0} + \frac{0{,}12}{0{,}52} + \frac{0{,}30}{0{,}56} + \frac{0{,}02}{1{,}0} + \frac{1}{23}$$

R_T = 0,25 + 0,01 + 0,23 + 0,536 + 0,02 + 0,043

5,7 °C 0,2 5,3 12,3 0,5 1,0

R_T = 1,09 m²K/W

U = 0,92 W/m²K

$$\frac{25\ °C}{1{,}66\ m^2K/W} \cdot 0{,}25\ m^2K/W = 3{,}8\ °C$$

$\Delta\vartheta$ in der Dämmschicht

$\Delta\vartheta$ = 16,0 °C – 4,0 °C

$\Delta\vartheta$ = 12,0 °C

R-Wert der Dämmschicht

$$R = \frac{0{,}12}{0{,}15}$$

R = 0,80 m²K/W

Prozentuale Verschlechterung des R-Wertes der Dämmung

$$p = \frac{100\,\%}{0{,}80\ m^2K/W} \cdot 0{,}23\ m^2K/W$$

p = 28,75 % → Verschlechterung um 71,25 %

$$\frac{25}{1{,}09} \cdot 0{,}25 = 5{,}7\ °C$$

$\Delta\vartheta$ in der Dämmschicht

$\Delta\vartheta$ = 14,1 °C – 8,8 °C

$\Delta\vartheta$ = 5,3 °C

R-Wert der Dämmschicht

$$R = \frac{0{,}12}{0{,}52}$$

R = 0,23 m²K/W

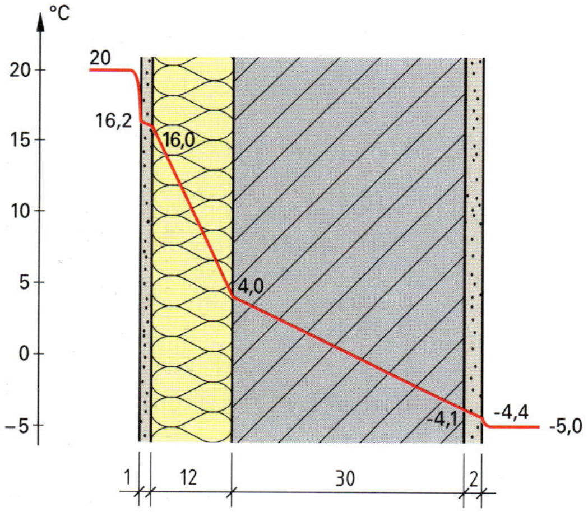

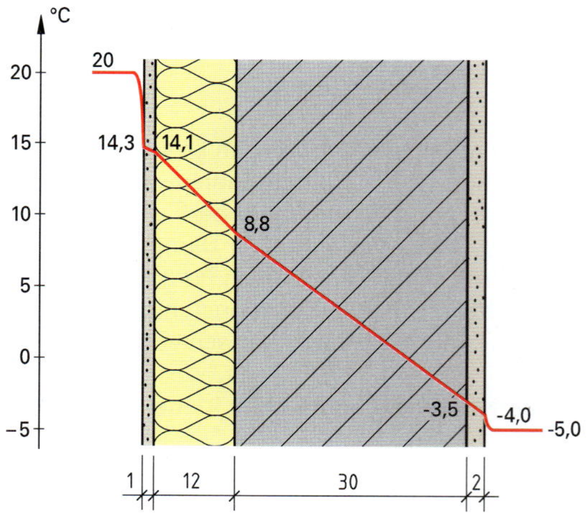

Je steiler die Temperaturkurve in der Dämmung verläuft, desto besser ist die Dämmwirkung.

Dem Verlauf der Temperaturkurve ist zu entnehmen, dass der λ-Wert der Dämmplatte durch die Feuchteaufnahme etwa gleich dem des Mauerziegels ist → gleiche Steigung (Berechnung s. o.).
Auch ist die innere Wandoberflächentemperatur um 1,9 °C gesunken.

2.27 Das Steildach als besonderes Bauteil

Das Steildach (alle Dachformen außer dem Flachdach) als sogenanntes leichtes Bauteil (m' < 100 kg/m²) ist besonders im Sommer großen Anforderungen ausgesetzt. Während im winterlichen Wärmeschutz der Wärmedämmung erste Aufmerksamkeit geschenkt werden muss, gilt es, im sommerlichen Wärmeschutz neben der Wärmedämmung die Wärmespeicherung, Temperaturfortpflanzung a und Eindringkoeffizient b nicht aus dem Auge zu verlieren.
Aus folgenden Gründen gilt dem sommerlichen Wärmeschutz erste Priorität:

Tagsüber

- große Hitze; großer Wärmestrom von außen nach innen durch die Dachkonstruktion, besonders durch die Dachflächenfenster.
- Durch die Schrägneigung der Dachfläche ist der Wärmeeinstrahlwinkel fast senkrecht zur Dachfläche und damit der Wärmeeintrag besonders intensiv.
- geringe Wärmespeicherfähigkeit der Dachkonstruktion, da leichtes Bauteil (Masse fehlt).
- sehr geringe Temperaturamplitudendämpfung (TAD) (= Tagesspitzenwerte außen kommen nur wenig vermindert, gedämpft im Gebäudeinnern an)
- sehr geringes Temperatur-Amplituden-Verhältnis (TAV)
- kaum eine Phasenverschiebung der Temperatur verhältnisse von ϑ_e zu ϑ_i, die große Hitzewelle kommt nur wenig zeitverschoben im Gebäudeinnern an
- Folge: unerträgliche Raumlufttemperaturen

Nachts

- kaum Abkühlung im Raum, da durch die geringe Temperaturdifferenz zwischen Außenluft und Raumluft ein merklicher Wärmeaustausch nicht stattfinden kann.
- der Wärmestrom nachts von innen nach außen ist wesentlich geringer als der Wärmestrom tagsüber von außen nach innen. Ein spürbarer Wärmeaustausch kann sowieso doch nur in den Morgenstunden ab vier Uhr stattfinden.

Mit dem Wärmestrom verbunden ist aber immer der Feuchtestrom. Die Luft enthält nicht nur Wärmeenergie sondern auch Wasser in Dampfform. So ergibt sich tagsüber ein Feuchtestrom (Dampfdiffusionsstrom) von außen nach innen und nachts der gleiche Vorgang von der Raumseite nach der Außenseite.

Wenn in der zweiten Nachthälfte die Dachoberflächentemperatur unter die Raumtemperatur fällt, dreht sich nicht nur die Richtung des Wärmestromes sondern auch die Beanspruchung der Dampfbremse.
Bei keinem andern Bauteil eines Gebäudes ist diese Wechselwirkung zwischen Tag/Nacht sowie Sommer/Winter so extrem wie beim Steildach.
Im Sommer extreme Wärmeeinträge im Winter Schnee, ja im Extremfall Eis auf dem Dach.
Weil nicht nur der Wärmestrom, sondern mit ihm auch der Feuchtestrom in beiden Richtungen verläuft, ist es bauphysikalisch auch verkehrt, beim Steildach eine Dampfsperre anzubringen, denn sie wirkt in beiden Richtungen und würde so auch das Dämm-Material nicht vor einer Durchfeuchtung schützen.
Daher fordert die DIN 4108 diffusionsoffene Dampfbremsen mit entsprechenden Werten der wasserdampfäquivalenten Luftschichtdicke (s_d-Werten), besonders den der Luftdichtheitsebene und der Winddichtheitsebene.
Aus Tabelle 1 ist ersichtlich, dass der s_d-Wert der Luftdichtheitsebene ca. 6-Mal größer sein sollte als der s_d-Wert der Winddichtheitsebene. Der Grund liegt darin, dass der winterliche Dampfdiffusionsstrom größer ist als der sommerliche Diffusionsstrom.

Tabelle 1: Empfehlenswerte s_d-Werte bei Dächern

außen $s_{d,e}$	**innen** $s_{d,i}$
Alle Schichten **oberhalb** der Dämmschicht bis zur ersten belüfteten Luftschicht (auch bei Aufsparrendämmung)	Alle Schichten **unterhalb** der Dämmschicht bis zur ersten belüfteten Luftschicht (auch bei Untersparrendämmung)
≤ 0,1 m	≥ 1,0 m
≤ 0,3 m	≥ 2,0 m
> 0,3 m	$s_{d,i} \geq 6 \cdot s_{d,e}$

Heute ist man aufgrund der Erfahrungen geneigt soweit als möglich diffusionsoffen zu bauen, wobei das Bauteil jedoch keinen Schaden nehmen darf.
So wurde für die Luftdichtheitsebene eine Folie entwickelt, die sich feuchteadaptive Dampfbremse nennt, oder Produktnamen wie Vario.
Bei der anfallenden Feuchte auf ein Bauteil unterscheidet man hinsichtlich einer statischen sowie einer hygro-thermischen Feuchtelast.

Bei der statischen Feuchtelast handelt es sich um ständig vorhandene hohe Feuchtelasten wie um Kühlräume oder Hallenbäder. Einer hygro-thermischen Feuchtelast ausgesetzt sind Gebäude mit normaler Nutzungsart.

Bei statischer Feuchtebelastung ist eine Dampfsperre angebracht, bei hygro-thermischer Belastung reicht eine Dampfbremse mit adäquatem s_d-Wert.

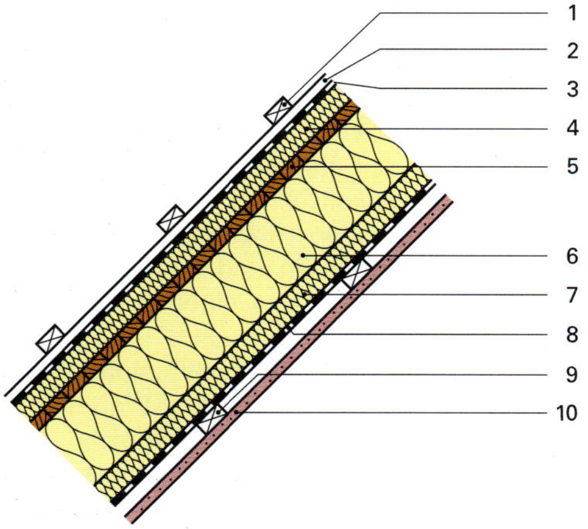

Bild 1: Aufbau eines Steildaches

Bauphysikalisch optimaler Aufbau eines Steildaches, der sowohl dem winterlichen, als auch dem sommerlichen Wärmeschutz genügt.

Legende:

1 Lattung

Aufnahme der Bedachung (Ziegel, Beton-Dachsteine)

2 Konterlattung

Hinterlüftung der Dachhaut; Luftstrom von der Traufe bis zum First entsprechend der Strömungsrichtung ungehindert möglich.

3 Winddichtheitsebene

Fernhalten von Regen, Flugschnee, Staub auf die Aufsparrendämmung.

diffusionsoffene Folie mit $s_{de} \approx 0{,}1$ m bis 0,5 m

Je nach Material der Aufsparrendämmung kann auf die Winddichtheitsfolie verzichtet werden, z. B. hydrophobierte Holzweichfaserplatten

4 Aufsparrendämmung

Material mit optimalen Werten bezüglich Wärmedämmung, Wärmespeicherung, Druckfestigkeit, geringe Stauchung, Temperaturleitzahl (a-Wert möglichst klein), Wärmeeindringkoeffizient (b-Wert möglichst hoch)

hohe spezifische Wärmekapazität (c)

Eine Aufsparrendämmung hat den Vorteil, dass Wärmebrücken geschlossenflächig überbrückt werden und Leckagen in der Zwischensparrendämmung minimiert werden.

5 Holzschalung

Dadurch kann die Aufsparrendämmung vollflächig gelagert werden.

Aussteifung der Dachfläche; beim Sparrendach; Erhöhung der Aussteifungswirkung durch Diagonalschalung.

→ Dreieck = stabilste Grundfigur

6 Zwischensparrendämmdung

Material mit guten Wärmedämmeigenschaften (kleiner λ-Wert, diffusionsoffen, gute Anpassung im Gefach erforderlich → Vermeidung konvektiver Wärmebrücken.

Die Sparrenhöhe bestimmt die Dämmstoffdicke sowie die Tragfähigkeit der Sparren, denn diese geht mit der dritten Potenz in das Trägheitsmoment ein.

$$I_y = \frac{b \cdot h^3}{12}$$

geeignet: Mineralwolle (Stein-, Glas-), einblasbare Produkte, Holzweichfaserplatten

7 Untersparrendämmung

Neben der Wärmedämmung ist die Hauptaufgabe dieser Schicht möglichst viel der tagsüber, vor allem über die Fenster, eingetragenen Wärme zu speichern, um die Raumtemperatur im Sommer nicht zu hoch ansteigen zu lassen. Materialien mit noch geringerem a-Wert als bei der Aufsparrendämmung und möglichst hohem b-Wert sind hier besonders sinnvoll.

geeignet: Holzweichfaserplatten, wegen der hohen spezifischen Wärmekapazität c

Beton: großer b-Wert (gut), schlechte Wärmedämmung, großer a-Wert (schlecht) großes Gewicht).

Die Untersparrendämmung verkleinert wohl den Wohnraum im Dachgeschoss, bietet dagegen ein sehr behagliches Wohngefühl im Sommer.

8 Luftdichtheitsebene

Der s_{di}-Wert sollte ca. 6-Mal so groß sein wie der der Winddichtheitsebene, hier $s_{di} \approx 1{,}0$ m bis 3,0 m

Bei der Luftdichtheitsebene ist besonders auf die einwandfreie Verklebung der Stoßfugen zu achten und auf die Dichtheit um Anschlüsse wie Schornsteine, Lüftungsrohre. Eine feuchteadaptive Dampfbremse böte eine problemlose Lösung.

9 Konterlattung innen

Zur Schaffung von Hohlraum, um Hinterwand-Instalationen (Steckdosen u. a.) anzubringen, ohne die Luftdichtheitsebene zu zerstören. Lattung 30/50 und mehr. → Installationsebene

Schaffung einer ebenen Fläche für die Verkleidung.

10 Verkleidung

Holz, Gipsplatten, Platten aus Holzwerkstoffen

Im sommerlichen Wärmeschutz spielen drei Materialkenngrößen eine zentrale Rolle.

1. die Wärmeleitgruppe WLG
2. die Rohdichte ϱ
3. die spezifische Wärmekapazität c

Diese drei Materialkenngrößen sind Grundlage für den Temperaturleitwert a und den Wärmeeindringkoeffizent b. Beide Kennwerte sind auch Grundlage für die Ermittlung der Temperatur-Amplituden-Dämpfung (TAD), das Temperatur-Amplituden-Verhältnis (TAV) sowie die Phasenverschiebung φ.

Daten zum Dach

Sparren 12/20 cm
Holzschalung OK Sparren 24 mm
Konterlattung OK Aufsparrendämmung 30/50 mm
Konterlattung Raumseite 40/60 mm
Innenverkleidung 15 mm, Kiefer

Aufsparrendämmung:

Holzweichfaserplatten WF;
d = 80 mm, WLG 044
spez. Wärmekapazität c = 2 100 J/kgK
Rohdichte ϱ = 140 kg/m³
μ-Wert = 3

Zwischensparrendämmung

Mineralwolle MW
d = 200 mm (≙ Sparrenhöhe), WLG 035
c = 900 J/kgK
ϱ = 50 kg/m³
μ = 1

Untersparrendämmung

Holzweichfaserplatten (Wood Fibre WF)
d = 80 mm, WLG = 044
c = 2 100 J/kgK
ϱ = 180 kg/m³
μ = 3

Es soll berechnet werden:

1. U-Wert (nur Gefachbereich)

$$R_T = \frac{1}{10} + \frac{0{,}015}{0{,}13} + 0{,}16 + \frac{0{,}08}{0{,}044} + \frac{0{,}20}{0{,}035} + \frac{0{,}024}{0{,}13} + \frac{0{,}08}{0{,}044} + \frac{1}{23}$$

R_1	R_2	R_3	R_4	R_5	R_6
0,115	0,16	1,818	5,714	0,185	1,818

R_T = 9,954 m²K/W
U_D = 0,10 W/m²K

Wärmestromdichte bei:

−10 °C	−5 °C
$q = U(\vartheta_i - \vartheta_e)$	$q = U(\vartheta_i - \vartheta_e)$
$q = 0{,}10[20 - (-10)]$	$q = 0{,}10[20 - (-5)]$
q = 3,0 W/m²	q = 2,5 W/m²

Temperaturleitwert *a*-Werte	**Wärmeeindringkoeffizient *b*-Werte**
Aufsparrendämmung	
$a = \frac{\lambda}{\varrho \cdot c}$	$b = \sqrt{\lambda \cdot \varrho \cdot c}$
$a = \frac{0{,}044}{140 \cdot 2100}$ $a = 1{,}50 \cdot 10^{-7}$ m²/s	$b = \sqrt{0{,}044 \cdot 140 \cdot 2100}$ $b = 113{,}74\ \frac{W \cdot s^{0,5}}{m^2 \cdot K}$
Zwischensparrendämmung	
$a = \frac{0{,}035}{50 \cdot 900}$ $a = 7{,}78 \cdot 10^{-7}$ m²/s	$b = \sqrt{0{,}035 \cdot 50 \cdot 900}$ $b = 39{,}69\ \frac{W \cdot s^{0,5}}{m^2 \cdot K}$
Untersparrendämmung	
$a = \frac{0{,}044}{180 \cdot 2100}$ $a = 1{,}16 \cdot 10^{-7}$ m²/s	$b = \sqrt{0{,}044 \cdot 180 \cdot 2100}$ $b = 128{,}97\ \frac{W \cdot s^{0,5}}{m^2 \cdot K}$

Aufsparrendämmung

Für die Aufsparrendämmung eignen sich Materialien mit guten Wärmedämmeigenschaften wie WF, PUR, PIR, PF. Sie sollen wenig stauchungsfähig sein, um die Konterlattung ohne Eindrücke auf der Dämmschicht anzubringen.

Zwischensparrendämmung

Diese Dämmschicht ist rein auf Dämmung ausgelegt und nicht auf Wärmespeicherung.
Außerdem soll sie sich gut und ohne Fugen an die Sparren anpassen lassen

Untersparrendämmung

Bei dieser Schicht kommt es fast nur auf Wärmespeicherung an. Sie soll die tagsüber über die Fenster eingetragene Wärme speichern und in den Morgenstunden wieder an die Raumluft abgeben.
Geeignete Materialien wären Beton, Leichtbeton, Porenbeton. Aus Gewichtsgründen scheiden diese Materialien im Wohnungsbau i.d.R. aus.
Wegen der hohen spezifischen Wärmekapazität c (c-Wert) sind für die Untersparrendämmung Holzweichfaserplatten geradezu prädestiniert.
Alle diese Dämm-Materialien sind sehr diffusionsoffen μ = 1 bis 3 und bei WF handelt es sich um einen nachwachsenden Rohstoff → gut recyclingfähig.

Vergleich: Stahl-Beton	
$a = \frac{\lambda}{\varrho \cdot c}$ $a = \frac{2{,}5}{2400 \cdot 1000}$ $a = 1{,}04 \cdot 10^{-6}$ m²/s a = 1,04 mm²/s	$b = \sqrt{\lambda \cdot \varrho \cdot c}$ $b = \sqrt{2{,}5 \cdot 2400 \cdot 1000}$ $b = 2449{,}49\ \frac{W \cdot s^{0,5}}{m^2 \cdot K}$

Der Temperaturtransport ist bei Stahlbeton im Vergleich mit den Dämmstoffen sehr hoch, dafür ist der Wärmeeindringkoeffizient ca. 19-Mal größer als bei WF. Merke: a sollte möglichst klein und b möglichst groß sein.

3 Schall – Schallschutz

3.1 Bedeutung des Schallschutzes

Steigende Lärmeinwirkungen von außen, erhöhte Schalleinwirkungen aus dem Innern eines Hauses lenken den Blick der Bauausführenden immer mehr auf den Schallschutz.

Ursachen für eine wachsende Bedeutung des Schallschutzes:

- höheres Straßenverkehrsaufkommen
- zunehmender Flugverkehr
- kleinere Baugrundstücke
- dichtere Bebauung (Ausnutzung der GRZ)
- unterschiedliche Arbeitszeiten der Familienmitglieder
- unterschiedliche Schichtzeiten und damit unterschiedliche Schlaf- und Ruhezeiten
- größere Belastung des Menschen am Arbeitsplatz durch Lärm von Maschinen und Geräten und dadurch ein größeres Bedürfnis nach Ruhe
- leistungsstärkere Stereoanlagen
- unterschiedliche Gewohnheiten bezüglich der Lautstärke von Fernsehapparaten und dem Hören von Musik
- mehr und leistungsstärkere Haushaltsgeräte

All diese Lärmeinwirkungen machen den Menschen empfindlicher. Die Maßnahmen für den Schallschutz können meist nicht nachträglich ohne Berücksichtigung der Hauskonstruktion hinzugefügt werden. Sie berühren oft grundsätzliche Fragen der Bauausführung.

Folgende Gesichtspunkte sind aus der Sicht des Schallschutzes schon vor der Planung und Erstellung eines Bauobjektes zu berücksichtigen:

1. **Wahl des Grundstücks:** Mit der Grundstückswahl findet schon der Hauptfaktor der Lärmbelästigung von außen seine größte Berücksichtigung (Straßenlärm, Fluglärm, Industrielärm).

2. **Orientierung des Hauses auf dem Grundstück:** Welche Räume werden zur Straßenseite hin gelegt und welche zur Straße abgewandten Seite.

3. **Grundrissgestaltung:**
   Prinzip: laute Räume neben laute Räume,
   ruhebedürftige Räume neben leise Räume,
   z.B. **nicht:** Treppenhaus neben Schlafräume,
   einziges WC neben das Schlafzimmer,
   Aufzugsschacht neben Krankenzimmer,
   Hotelzimmer

4. **Wahl der Bauart:**
   Massivbauweise – Stahlbetonskelettbauweise
   Holzständerbauweise – sonstige Leichtbauweise

5. **Art der Wände und Decken:**
   Außenwände: einschalige – zweischalige, Ausführung
   Zwischenwände: Materialart
   Wanddicke
   Rohdichte des Materials
   Decken: Massivdecken
   Fertigteilrippendecken
   Plattenbalkendecken
   Rippendecken
   Holzbalkendecken
   einschalige – zweischalige Ausführung der Decken

6. **Ausbildung der Fenster:**
   Einfachfalz – Doppelfalz
   mit Gummidichtung – ohne Gummidichtung
   Schallschutzverglasung oder nur Wärmeschutzverglasung

7. **Ausbildung der Türen:**
   gewöhnliche Türen – besondere Türen
   Türen aus Röhrenspanplatte:
   Röhren mit Sand gefüllt oder leer
   spezielle Schallschutztüren mit Bodendichtungsmechanismus beim Schließen der Tür.

8. **Ausbildung der Wasser- und Abwasserinstallation:**
   Querschnittsgröße der Wasserleitungen:
   großer Querschnitt ⇒ geringe Strömungsgeräusche
   kleiner Querschnitt ⇒ große Strömungsgeräusche
   elastische Lagerung der Leitungen
   Material der Abwasserrohre:
   Kunststoffrohre ⇒ Strömungsgeräusche hörbar
   Gussrohre ⇒ Strömungsgeräusche kaum hörbar

9. **Auswahl und Anordnung, bzw. Einbau der haustechnischen Ausrüstung:**
   Aufzüge, Müllschlucker, Waschmaschinen, Wäschetrockner, Wärmepumpen, Heizung.
   z.T. elastische Lagerung dieser Geräte

10. **Nutzungsart:**
    z.B. Tierhaltung: gewerblich – privat

3.2 Schall

Definition: Mit Schall bezeichnet man die mechanischen Schwingungen eines elastischen Körpers im Frequenzbereich des menschlichen Hörens.

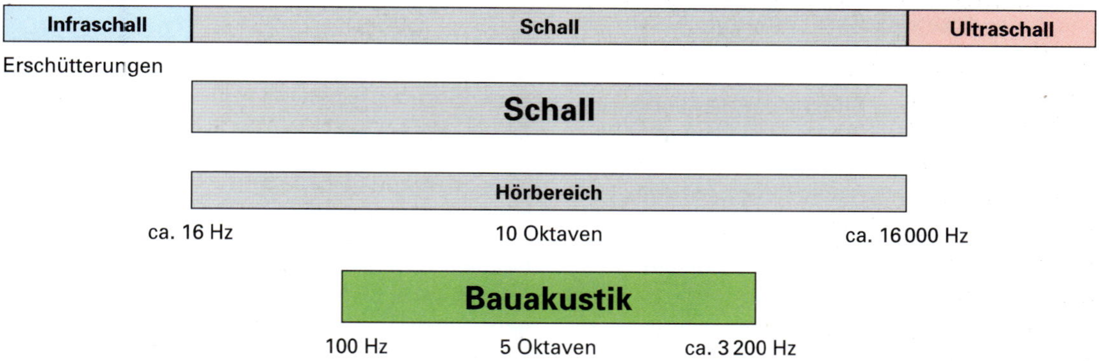

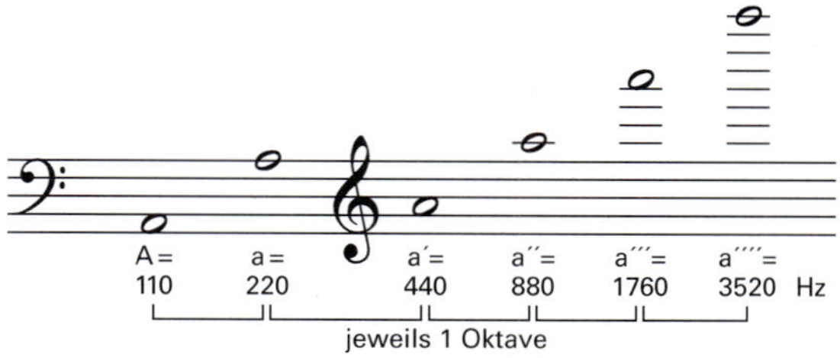

Bild 1: Frequenzen in Oktav-Intervallen

Der Abstand von einem Ton zum nächsthöheren oder nächsttieferen gleichnamigen Ton einer Tonleiter bezeichnet man als Oktave. Der erwachsene, noch nicht gehörgeschädigte, Mensch kann Frequenzen von ca. 16 bis ca. 16 000 Hertz (Hz) wahrnehmen. Jüngere, noch nicht gehörgeschädigte Menschen können Frequenzen bis ca. 20 000 Hz, Babys bis ca. 24 000 Hz wahrnehmen, während alte Menschen einen weit geringeren Hörbereich aufweisen.

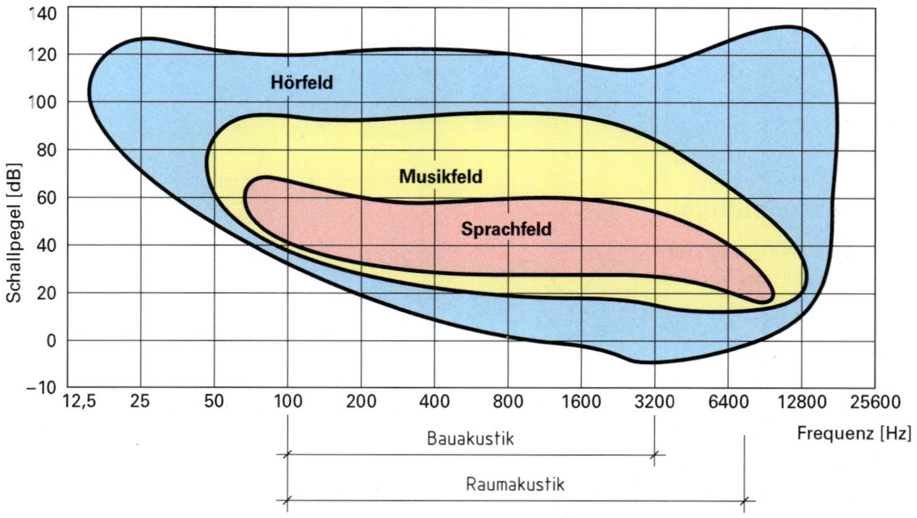

Bild 2: Sprachfeld – Musikfeld – Hörfeld

3.2.1 Frequenz

Zupft man die Saite einer Gitarre an, oder bringt man mit dem Bogen die Saite einer Violine zum Schwingen, so führt die Saite je nach Saitenlänge und Saitendicke eine ganz bestimmte Anzahl von Schwingungen in einer Zeiteinheit aus. Bei einem Blasinstrument wird durch die Schwingung der Lippen, sowie durch Öffnen und Schließen von Klappen eine verschieden lange Luftsäule im Instrument in Schwingungen versetzt. Das Verhältnis von Anzahl der Schwingungen pro Zeiteinheit bezeichnet man mit Frequenz.

$$\text{Frequenz } f = \frac{\text{Anzahl der Schwingungen}}{\text{Sekunde}}$$

3.2.2 Amplitude

Während die Anzahl der Schwingungen pro Sekunde die Tonhöhe bestimmt, bestimmt die Schwingungsweite, d.h. die Amplitude, die Lautstärke eines Tones. Je stärker man eine Saite beim Anzupfen spannt, desto stärker schwingt diese hin und her und desto stärker ist der Ton.

Versieht man eine Stimmgabel an einem ihrer Zinken mit einer Schreibvorrichtung und versetzt man nun diese Stimmgabel in Schwingung, während man gleichzeitig unter der Schreibvorrichtung ein Blatt Papier kontinuierlich transportiert, so zeichnet das Schreibgerät eine gleichmäßige Kurve, die einer Sinuskurve entspricht. Die geringer werdende Amplitude, verbunden mit einer abnehmenden Hörbarkeit des Tones ist ebenfalls erkennbar.

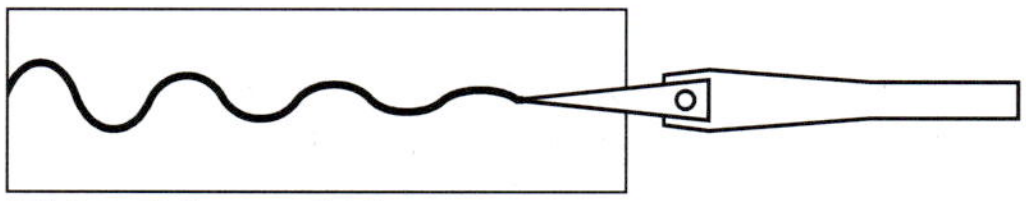

Bild 1: Stimmgabel

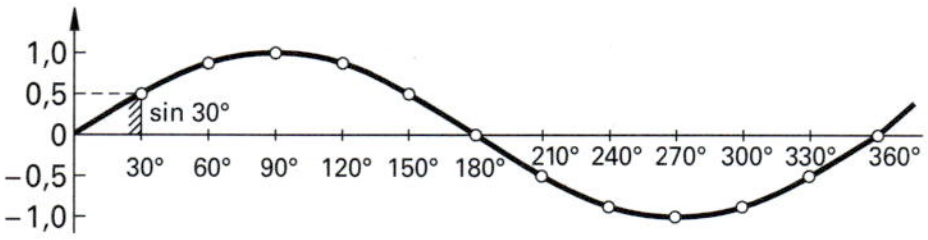

Bild 2: Sinuslinie

3.2.3 Schallbezeichnungen

Ton: Schallschwingung mit sinusförmigem Verlauf

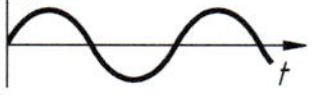

Klang: Überlagerung mehrerer Töne

Geräusch: unregelmäßige Schwingung, ohne gesetzmäßigen Zusammenhang

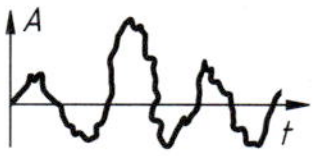

Knall: kurzzeitiger, sehr starker, schnell abklingender Schalleindruck

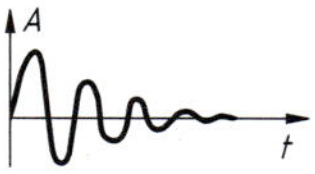

Schwingung	Schallempfindung
Frequenz	bestimmt ⇒ Tonhöhe
Amplitude	bestimmt ⇒ Lautstärke
Schwingungsform	bestimmt ⇒ Klangfarbe

Klang: Der physikalisch reine Ton mit seiner sinusförmigen Schwingung ist fade und farblos. Vom reinen Ton mit seinem harmonischen, sinusförmigen Schwingungsbild ist der Klang zu unterscheiden. Ein Klang ist dadurch gekennzeichnet, dass sein Schwingungsbild nicht rein sinusförmig ist, sondern dass über dem reinen Grundton mit der tiefsten Frequenz noch Obertöne, d.s. besonders Oktaven in mehrfacher Weise, aber auch, wenn nur schwach, Quinten und Quarten darüber gelagert sind. Man spricht daher von der Klangfarbe. Bedingt durch diese Obertöne hat z.B. jedes Musikinstrument, aber auch die menschliche Stimme eine ganz spezifische Klangfarbe. Bei reinen Tönen sind wir nicht in der Lage, den Erzeuger zu bezeichnen, wohl aber bei Klängen, nämlich durch die Klangfarbe. z.B. Saxophon – Trompete

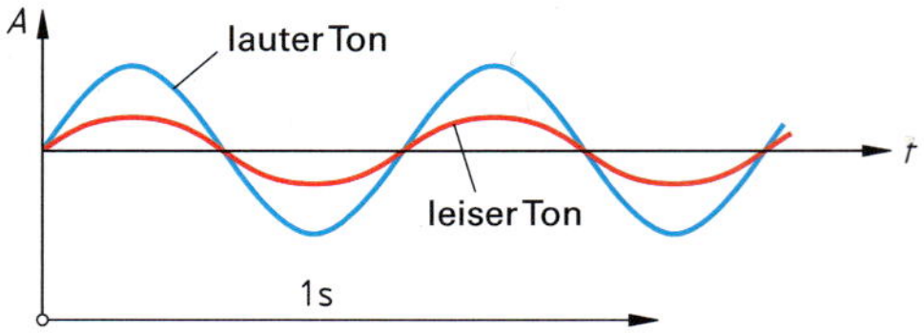

Bild 3: lauter – leiser Ton

gleiche Tonhöhe – verschiedene Lautstärke

Da beide Töne dieselben Nulldurchgänge und damit die gleiche Anzahl von Schwingungen pro Sekunde haben, ist ihre Höhe gleich. Durch die unterschiedliche Größe der Amplitude sind sie jedoch verschieden laut.

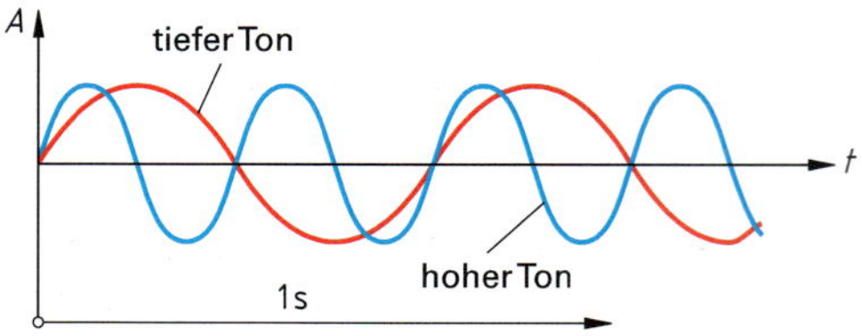

Bild 4: tiefer – hoher Ton

gleiche Lautstärke – verschiedene Tonhöhe

Die gleiche Amplitude beider Töne besagt, dass beide die gleiche Lautstärke besitzen. Der höhere Ton hat hier in 1 Sekunde genau die doppelte Anzahl von Schwingungen, was bedeutet, dass er nicht nur höher ist, sondern, dass er genau 1 Oktave höher ist als der tiefere Ton.

3.3 Grundbegriffe

Schalldruck *p*

Ein Schallereignis versetzt die Luft in Schwingungen. Dies geschieht dadurch, dass der Impuls an die Luftmoleküle übertragen und von diesen an die nächsten Luftmoleküle übertragen wird und so im Wechsel Zonen der Luftverdünnung und Luftverdichtung entstehen. Dadurch entsteht ein Schalldruck, der in unserem Ohr eine Schallempfindung bewirkt.
Unter Schalldruck versteht man also die Veränderung des atmosphärischen Luftdruckes innerhalb einer Zeitperiode.
Bezugsgröße ist $p_0 = 2 \cdot 10^{-5}$ N/m²
oder 20 μPa (1 Pa = 1 N/m²)
Dies ist der niedrigste Schalldruck, den das Ohr eines nicht gehörgeschädigten Menschen noch wahrnehmen kann **(Hörschwelle)**.

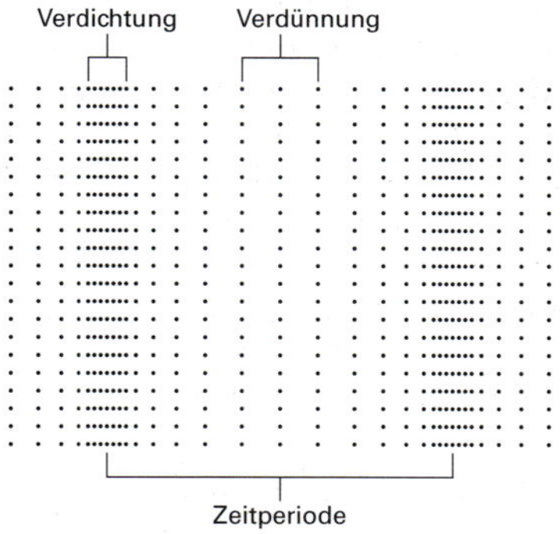

Bild 1: Luftmoleküle

Schallleistung *P*
engl. Power

Mit Schallleistung bezeichnet man die gesamte, in 1 Sekunde von einer Schallquelle nach allen Richtungen in einen Raum abgestrahlte Schallenergie.

$$\text{Schallleistung} = \frac{\text{Schallenergie}}{\text{Zeit}}$$

$$P = \frac{E}{t}$$ Einheit: Watt (W)

Schallquelle	**Leistung** in Watt
Unterhaltungssprache	10^{-5}
Höchstleistung der menschlichen Stimme	$2 \cdot 10^{-3}$
Klavier	$2 \cdot 10^{-3}$
Trompete	$3 \cdot 10^{-1}$
Autohupe	5
Lautsprecher	10^2
Alarmsirene	$3 \cdot 10^3$
Düsentriebwerk	10^4
Raketentriebwerk	10^6

Schallenergie *E*

Die Schallenergie hängt sowohl von der Größe der Schallleistung, als auch von der einwirkenden Zeit ab.

$$\text{Schallenergie} = \text{Schallleistung} \cdot \text{Zeit}$$

$$E = P \cdot t$$ Einheit: Wattsekunde (Ws)

geg.: Trompete $P = 3 \cdot 10^{-1}$ W
Spielzeit: $t = 60$ s
ges.: Schallenergie E
Lösung:
$E = 3 \cdot 10^{-1}\ \text{W} \cdot 60\ \text{s}$
$E = 180 \cdot 10^{-1}\ \text{Ws}$
$E = 18\ \text{Ws}$

Schallintensität I

Unter Schallintensität versteht man die Schallleistung (W) pro Flächeneinheit (m²)

$$\text{Schallintensität} = \frac{\text{Schallleistung}}{\text{Fläche}}$$

$$I = \frac{P}{A}$$ Einheit: Watt pro m² (W/m²)

geg.: Lautsprecher $P = 60$ W
beschallte Fläche $A = 80$ m²
ges.: Schallintensität I
Lösung:
$I = \frac{60\ \text{W}}{80\ \text{m}^2}$
$I = 75 \cdot 10^{-2}\ \text{W/m}^2$
$I = 0{,}75\ \text{W/m}^2$

Die Hörschwelle liegt bei einer Schallintensität von $I_0 = 10^{-12}$ W/m²

Schallpegel L
engl. Level

Setzt man zwei benachbarte Schallintensitäten ins logarithmische Verhältnis, so benennt man das Intensitätsverhältnis dem amerikanischen Physiologen und Taubstummenlehrer Alexander Graham Bell zu Ehren „Bel". Er verbesserte das von Johann Philipp Reis erfundene Telefon und führte es in Amerika ein.

$$\text{Schallpegel} = 10 \cdot lg \frac{I_1}{I_0}$$

geg.: $I_1 = 10^{-11}$ W/m²
$I_0 = 10^{-12}$ W/m²
ges.: Schallpegel L

Lösung:

$$L = 10 \cdot lg \frac{10^{-11}\ \text{W/m}^2}{10^{-12}\ \text{W/m}^2} = 10\ lg \frac{\frac{1}{10^{11}}}{\frac{1}{10^{12}}}$$

$L = 10 \cdot lg\ 10$
$L = 10$ dB $= 1$ Bel

Die Festlegung der Einheit Dezibel, sowie Berechnungen können ebenso durch das logarithmische Verhältnis der Schallenergie, Schallleistung oder des Schalldruckes erfolgen. Um Kommawerte möglichst zu vermeiden, wird der Schallpegel in Dezibel angegeben.

Addiert oder subtrahiert werden muss stets im logarithmischen Verhältnis, weil unser Ohr in einem „logarithmischen Maßstab" hört.

Eine Schallquelle, die sich an der Schwelle der Hörsamkeit befindet, d.h. die noch nicht wahrgenommen werden kann, hat einen Schallpegel von 0 dB.
Man bezeichnet dies als Hörschwelle.

Logarithmus

Neben den Grundrechenarten

- Addition – Subtraktion
- Multiplikation – Division

gibt es noch

- Potenzrechnung – Wurzelrechnung – Logarithmenrechnung

Sowohl bei der Potenzrechnung als auch bei der Logarithmenrechnung kommen in der Baupraxis Potenzen mit der Basis 10 (Zehnerlogarithmen) als auch Logarithmen mit beliebiger Basis vor.

Anmerkung: Schreibweise: *log* bei allgemeiner, beliebiger Basis
lg bei Basis 10

Potenzrechnung	Wurzelrechnung	Logarithmenrechnung
geg.: ges.:	geg.: ges.:	geg.: ges.: x
Basis 10: $10^3 = 1\,000$ Basis 12: $12^4 = 20\,736$	Basis 10: $\sqrt[3]{1\,000} = 10$ Basis 12: $\sqrt[4]{20\,736} = 12$	Basis 10: $10^x = 1\,000$ *Lösung:* $x \cdot \lg 10 = \lg 1\,000$; $x = \frac{\lg 1\,000}{\lg 10}$; $x = 3$ Basis 12: $12^x = 20\,736$ *Lösung:* $x \cdot log\ 12 = \log 20\,736$; $x = \frac{\log 20\,736}{\log 12}$; $x = 4$
Aufgabe: Aus gegebener Grundzahl (Basis) 10 und der Hochzahl (Exponent) 3 den Wert der Potenz 1 000 ermitteln.	**Aufgabe**: Aus dem Wert der Potenz (Radikand) 1 000 und der Hochzahl (Wurzelexponent) 3 die Grundzahl (Basis) 10 ermitteln.	**Aufgabe**: Aus dem Wert der Potenz 1 000 und der Grundzahl (Basis) 10 die Hochzahl (Exponent) *x* bestimmen. Fragestellung: Mit welcher Zahl x muss 10 potenziert werden, um 1 000 zu erhalten

Der Exponent der Potenz wird bei der Wurzelrechnung zum Wurzelexponenten.

Die Logarithmenrechnung reduziert die Vorgänge

- multiplizieren auf addieren: $lg\,(25 \cdot 3) = \lg 25 + \lg 3$
- dividieren auf subtrahieren: $lg\,(25 : 3) = \lg 25 - \lg 3$
- potenzieren auf multiplizieren: $lg\ 25^3 = 3 \cdot \lg 25$

Schallgeschwindigkeit c

Die Schallgeschwindigkeit ist abhängig:

- vom Stoff, in dem sich der Schall ausbreitet
- von der Temperatur des Stoffes
- von der Frequenz

Je höher die Stofftemperatur ist, desto besser ist die Leitung des Schalles, denn warme Moleküle sind beweglicher als kalte.

Für Luft gilt:

$$c_L = 331{,}2 + 0{,}6 \cdot \Delta T$$

c_L = Schallgeschwindigkeit der Luft, in Abhängigkeit von der Temperatur

331,2 m/s = Schallgeschwindigkeit der Luft bei 0 °C Lufttemperatur

ΔT = Temperaturdifferenz zu 0 °C

Beispiele:

Schallgeschwindigkeit bei −20 °C

$c_L = 331{,}2 + 0{,}6 \cdot (-20)$

$c_L = 319{,}2$ m/s

Schallgeschwindigkeit bei +20 °C

$c_L = 331{,}2 + 0{,}6 \cdot 20$

$c_L = 343{,}2$ m/s

allgemein:

$$c = 10^3 \cdot \sqrt{\frac{E_{dyn}}{\varrho}}$$

E_{dyn} = dynamischer Elastizitätsmodul in MN/m²

ϱ = Rohdichte des Materials in kg/m³

Tabelle 1: Schallgeschwindigkeit in verschiedenen Stoffen

Material	Elastizitätsmodul E_{dyn} MN/m²	Dichte kg/m³	Schallgeschwindigkeit c m/s
Beton	$48 \cdot 10^3$	2 400	4 400
Leichtbeton	$4 \cdot 10^3$	1 000	2 000
Mauerziegel	$1 \cdot 10^3 \ldots 5 \cdot 10^3$	600 … 2 000	1 290 … 1 580
Kalksandstein	$3 \cdot 10^3 \ldots 8 \cdot 10^3$	600 … 1 200	2 236 … 2 580
Gipskartonplatten	$3 \cdot 10^3$	900	1 826
Stahl	$208 \cdot 10^3$	7 800	5 164
Glas	$52 \cdot 10^3$	2 500	4 560
Holz	$7 \cdot 10^3 \ldots 15 \cdot 10^3$	600	3 416 … 5 000
Sand	$0{,}02 \cdot 10^3 \ldots 0{,}2 \cdot 10^3$	2 000	100 … 317

Wellenlänge λ

Schall breitet sich kugelförmig aus.
Die Wellenlänge ist abhängig:

- von der Schallausbreitung in der Luft
- von der Frequenz

Die Wellenlänge kann gemessen werden:

- von Hochpunkt zu Hochpunkt
- von Nulldurchgang zum wiederholenden gleichen Nulldurchgang

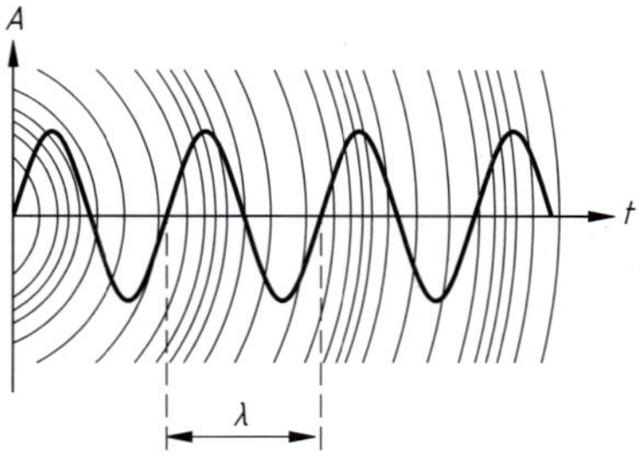

Bild 1: Wellenlänge λ

$$\text{Wellenlänge } \lambda = \frac{\text{Schallgeschwindigkeit der Luft } c_L}{\text{Frequenz } f}$$

A = Amplitude

t = Zeit (lat. tempora)

Durch Einsetzen einer mittleren Schallgeschwindigkeit in der Luft von 343 m/s erhält man eine von der Frequenz abhängige Wellenlänge

Intervall jeweils eine Oktave

f in Hz	31,5	63	125	250	500	1 000	2 000	4 000	8 000	16 000	32 000
λ in m	10,90	5,44	2,74	1,37	0,69	0,34	0,17	0,0858	0,0429	0,0214	0,0107

Daraus folgt: **Je niedriger die Frequenz, desto größer ist die Wellenlänge.**

Wellenlänge λ

Schallwellen können senkrecht, aber auch schräg auf ein Bauteil auftreffen. Schräg auftreffende Schallwellen rufen in einem Bauteil größere Biegewellen hervor, als der Wellenlänge des Schalls entspricht.

$$\lambda_B = \frac{\lambda}{\sin \beta}$$

λ_B = Spurwellenlänge in m

Sind Ausbreitungsgeschwindigkeit der Biegewellen und Spurwelle gleich, so haben die Biegewellen in der Wand ihre größte Amplitude. Ist dies der Fall, so verschlechtert sich die Schalldämmung. Der Transmissionsgrad (= Schalldurchgang) wird bei schrägem Schalleinfall immer größer. Diesen Effekt bezeichnet man als Spuranpassungs- oder Koinzidenzeffekt. (koinzidend = zusammenfallend)

Bild 1: Wellenlänge λ

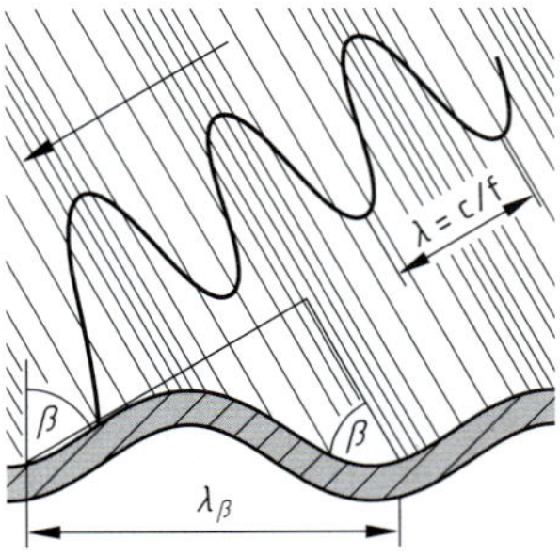

Bild 2: Wellenlänge λ_B

Grenzfrequenz f_{Gr}
in Hz

Die Frequenz, bei der Koinzidenz eintritt, heißt Grenzfrequenz. s.S. 266
Sie errechnet sich zu:

$$f_{Gr} = \frac{60}{d} \sqrt{\frac{\varrho}{E_{dyn}}}$$

d = Dicke des Bauteile in m
ϱ = Rohdichte des Baustoffs in kg/m^3
E_{dyn} = dynamischer Elastizitätsmodul in MN/m^2

Erfolgt der Schalleinfall unter einem Winkel β, so erfolgt eine Spuranpassung.
Die Grenzfrequenz ergibt sich dann zu:

$$f_{Gr} = \frac{60}{d \cdot \sin \beta} \sqrt{\frac{\varrho}{E_{dyn}}}$$

Die Grenzfrequenz oder Koinzidenzfrequenz ist jene Frequenz, bei der die Wellenlänge des Luftschalls mit der Länge der freien Biegewelle des Bauteils übereinstimmt, d.h. wenn gilt:

$$\lambda = \lambda_B$$

Einbruch der Schalldämmung bei einschaligen Bauteilen.

Je niedriger die Grenzfrequenz eines Baustoffes ist, desto schalltechnisch wertvoller ist er.

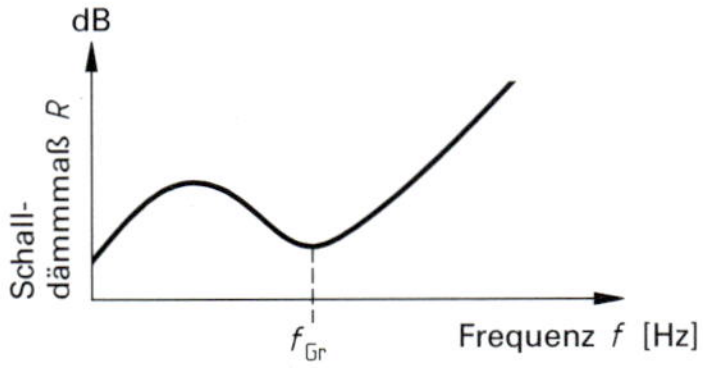

Bild 3: Grenzfrequenz

Beispiel 1:
Betonwand: ϱ = 2 400 kg/m^3
d = 24 cm
Schalleinfall senkrecht

$$f_{Gr} = \frac{60}{0{,}24} \sqrt{\frac{2\,400}{48 \cdot 10^3}}$$

f_{Gr} = 55,9 Hz

Beispiel 2:
Leichtbetonwand: ϱ = 1600 kg/m^3
d = 24 cm

$$f_{Gr} = \frac{60}{0{,}24} \sqrt{\frac{1\,600}{4\,000}}$$

f_{Gr} = 158,1 Hz

Beispiel 3:
Wie Beispiel 1, jedoch mit einem Schalleinfallswinkel unter 45°

$$f_{Gr} = \frac{60}{0{,}24 \cdot \sin 45} \sqrt{\frac{2\,400}{48 \cdot 10^3}}$$

f_{Gr} = 79 Hz

3.4 Hörschwelle – Schmerzgrenze

	Hörschwelle	Schmerzgrenze
Frequenz	ca. 16 Hz	ca. 16 000 Hz
Schalldruck	$p_0 = 2 \cdot 10^{-5}\ \text{N/m}^2 = 20\ \mu\text{Pa}$	$p = 20\ \text{N/m}^2$
Schallintensität	$I_0 = 10^{-12}\ \text{W/m}^2$	$I = 1\ \text{W/m}^2$
Schallpegel	$L_0 = 0\ \text{dB}$	$L = 120\ \text{dB}$

Ein Schallereignis ist gerade so stark, dass es von einem noch nicht gehörgeschädigten etwa 30 Jahre alten Menschen noch wahrgenommen werden kann. Da lg 1 = 0 ist, ergibt sich für den Bezugswert der Schallpegel 0 dB, den man für die Hörschwelle festlegte.

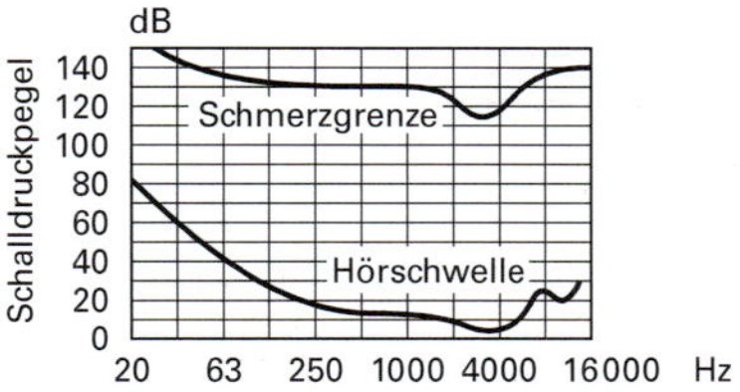

Bild 1: Hörschwelle – Schmerzgrenze

Ein Schallereignis erreicht einen solch hohen Schallpegel, dass wir seinen Druck bzw. seine Intensität als Schmerz empfinden.

geg.: Hörschwelle $I_0 = 10^{-12}\ \text{W/m}^2$
Schmerzgrenze $I = 1\ \text{W/m}^2$

$$L = 10 \cdot \lg \frac{I}{I_0}$$

$$L = 10 \cdot \lg \frac{1}{10^{-12}}$$

$$L = 10 \cdot \lg 10^{12}$$

$$L = 120\ \text{dB}$$

Die Schmerzgrenze liegt bei einem Schallpegel von 120 dB

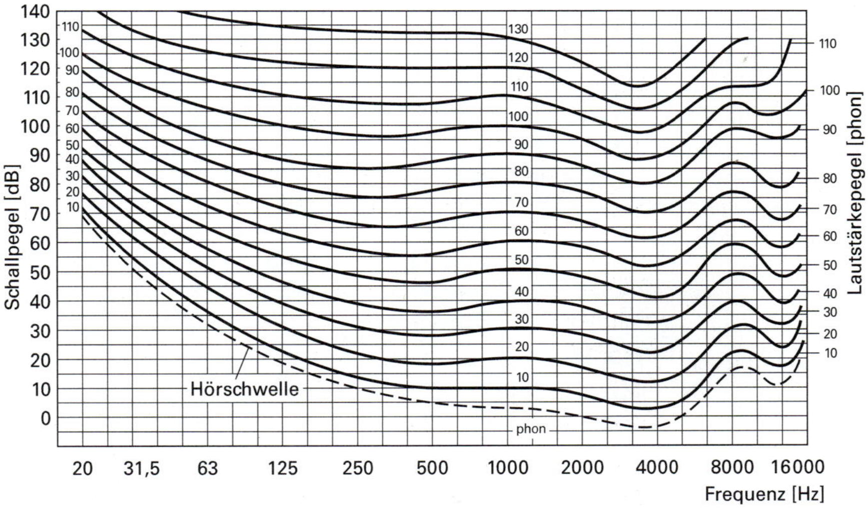

Bild 2: Schallpegel – Lautstärkepegel

Die Frequenz ist im logarithmischen Maßstab aufgetragen, d.h. eine Frequenzverdoppelung hat jeweils den gleichen Abstand auf der waagerechten Achse zur Folge. Die Abbildung zeigt, dass sowohl die Hörschwelle als auch die Schmerzgrenze je nach Frequenz unterschiedliche Schalldruckpegel erreichen kann. Es wird z.B. ein Schallereignis mit einer Frequenz von 31,5 Hz erst bei ca. 50 dB wahrgenommen, während ein solches mit 2 000 Hz schon bei 0 dB wahrgenommen wird. Andererseits lässt ein Schallereignis von 135 dB uns dies bei 31,5 Hz als Schmerz empfinden, während dies bei einer Frequenz von 2 000 Hz schon bei 112 dB der Fall ist.

Daraus lässt sich schließen:

Tiefe Töne empfinden wir angenehmer als hohe Töne.

Lautstärkepegel L_A

Lautstärkepegel werden in Phon angegeben. Es ist eine Größe, die das subjektive Empfinden eines Schallereignisses ausdrückt, während Dezibel (dB) eine physikalische Größe ist. Die physikalische Größe des Schallpegels wird daher mit Dezibel (dB) bezeichnet. Bei 1 000 Hz allerdings entsprechen Dezibel Phon. Um den Begriff Phon zu vermeiden bezeichnet man den Lautstärkepegel als A-Pegel $L_{(A)}$ und gibt ihm die Einheit dB(A). Die physikalische Größe des Schallpegels wird daher mit Dezibel (dB) bezeichnet.

Ein Schallereignis wird subjektiv als doppelt so laut empfunden, wenn der Lautstärkepegel (Schallpegel), bei einem Grundschallpegel von 40 dB, um 10 dB(A) zunimmt, im Bereich von ca. 25 dB Grundschallpegel bereits bei einer Zunahme um 3 dB (A).

3.5 Zusammenhang Phon – Dezibel

Zwischen Phon dB(A) und Dezibel dB besteht folgender Zusammenhang:

$f < 1\,000$ Hz

Das Ohr wird immer unempfindlicher.
Es empfindet:

dB > phon

Beispiel:
$f = 100$ Hz
60 dB ≙ 52 phon

Während der Lautstärkepegel 52 phon beträgt, der unser Lärmempfinden ausdrückt, zeigt das Schallpegelmessgerät einen Schallpegel von 60 dB.

$f = 1\,000$ Hz

Das Ohr empfindet:

dB = phon

Beispiel:
$f = 1\,000$ Hz
60 dB ≙ 60 phon

Bei einer Frequenz von 1 000 Hz entspricht der Lautstärkepegel gleichzeitig dem Schallpegel, d.h. die Empfindung durch unser Ohr, was durch die Lautstärke phon ausgedrückt wird, entspricht auch gleichzeitig dem Schallpegel in dB.

$f > 1\,000$ Hz

Das Ohr wird immer empfindlicher.
Es empfindet:

dB < phon

Beispiel:
$f = 5\,000$ Hz
60 dB ≙ 65 phon

Misst man einen Lautstärkepegel von 65 phon mit einem Schallpegelmessgerät, so zeigt dies nur 60 dB an, was bedeutet, dass unser Ohr solch hohe Frequenzen störender empfindet, als tiefe Frequenzen.

Schalldämmung:

Das Maß Dezibel (dB) ist nicht nur ein Maß für die Intensitätsverhältnisse von Schallquellen, sondern auch ein Maß für die Schalldämmung eines Bauteiles. Verhält sich die Schallintensität auf der Seite des Senders zu der auf der Seite des Empfängers wie 1 000 : 1, dann beträgt das Schalldämmmaß der Wand 30 dB.
$I_2 : I_1 = 1 : 10^{-3}$
andere Schreibweise
$I_2 : I_1 = 1 : 1/10^3$
$I_2 : I_1 = 1 : 1/1\,000$

Ein Schalldämmmaß von z.B.
50 dB bedeutet, dass 1/100 000 (= 10^{-5}),
40 dB bedeutet, dass 1/10 000 (= 10^{-4})

der auf die Wand auftreffenden Schallenergie in den Nachbarraum gelangt.

Beispiel: Wand

Sender		Empfänger
Schallintensität		Schallintensität
$I_2 = 1\ \text{W/m}^2$		$I_1 = 10^{-3}\ \text{W/m}^2$
Schalldämmung *in dB*		oder: *in Bell*
$L = 10 \cdot \lg \frac{I_2}{I_1}$		$L = \lg \frac{I_2}{I_1}$
$L = 10 \cdot \lg \frac{1}{10^{-3}}$		$L = \lg \frac{1}{10^{-3}}$
$L = 10 \cdot \lg 10^3$		$L = 3$ Bel
$L = 30$ dB		$L = 30$ dB

3.6 Lautstärkeskala

Lärmstufe	Phon dB(A)	Vorgang		Empfindung
	20	Ticken einer leisen Uhr leichtes Blätterrauschen ruhiges Zimmer nachts		sehr leise
Lärmstufe	30	Blätterrauschen Flüstern Sprache von nebenan gerade noch verständlich		leise
1	40	nahes Flüstern mittlere Wohngeräusche		ziemlich leise
	50	Unterhaltungssprache		mäßig laut
	60	Bürolärm Restaurant Warenhaus		mäßig laut
2	70	laute Unterhaltung lautes Radio rufen		laut
	80	Straßenlärm bei starkem Verkehr	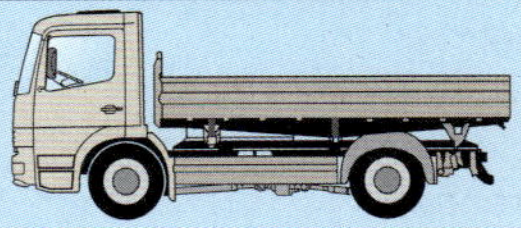	laut
	90	lauter Fabriksaal Signalhorn eines Autos	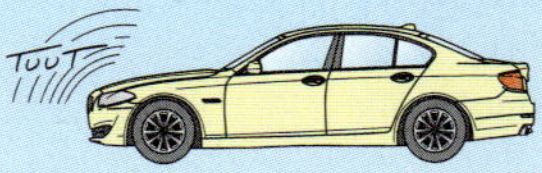	laut bis unerträglich
3	100	Presslufthammer kleines Verkehrsflugzeug	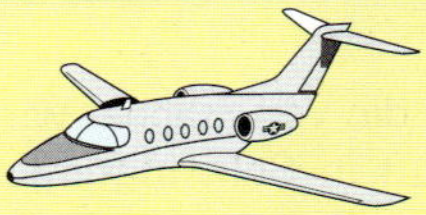	
	110	Kesselschmiede laute Musik Martinshorn	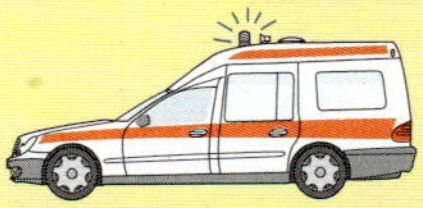	
4	≥ 120	Düsentriebwerk Raketentriebwerk	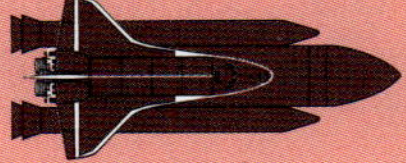	

Ab Lärmstufe 1: **psychische Reaktionen**
Ab Lärmstufe 2: **physiologische Reaktionen**

Es können auftreten:

Nervöse Störungen
Schlafstörungen
Gehörschäden
Kreislaufstörungen
Störungen der Herztätigkeit
Störungen der Hirnströme
Schäden am Rückenmark
Magengeschwüre

3.7 Schallarten

Arten der Schallübertragung

Luftschall | **Körperschall**

Bild 1: Luftschallübertragung

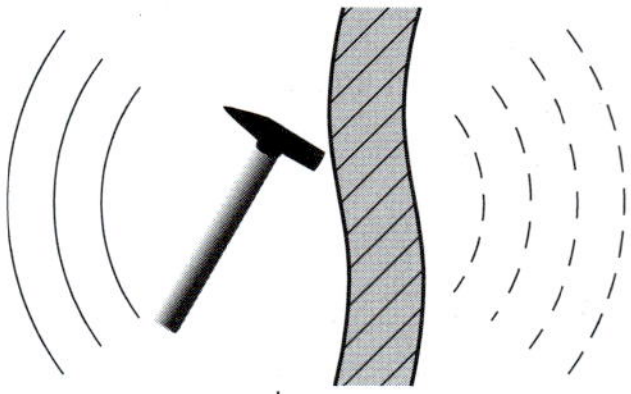

Bild 2: Körperschallübertragung

als besondere Form des Körperschalls

Trittschall

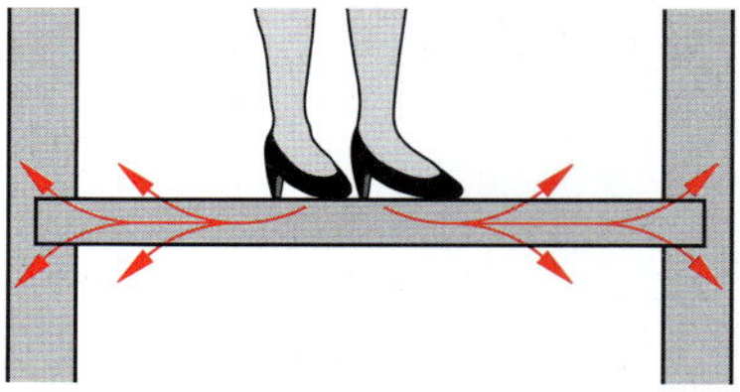

Bild 3: Trittschallübertragung

	Luftschall	Körperschall	Trittschall
Medium der Übertragung	Luft	feste, flüssige Stoffe	feste Stoffe
Ursache	Sprechen Musizieren Radio Fernsehen	Tür schließen Lichtschalter betätigen WC-Spülung Strömungsgeräusche der Wasserleitung, Zentralheizung	Begehen eines Fußbodens (Decke)
Wirkung	Durch die Verursacher wird die Luft in Schwingungen versetzt. Diese periodische Luftschwankung ihrerseits versetzt die Wand oder Decke in Biegeschwingungen, die wiederum die Luftteilchen des Nachbarraumes in Schwingungen versetzt.	Die Wand oder Decke wird durch mechanische Beanspruchung in Biegeschwingungen versetzt, die wiederum zu entsprechenden Schwingungen der Luftteilchen des Nachbarraumes führen. Die Übertragung erfolgt nicht nur über das Bauteil, sondern auch über die angrenzenden Wände zu den Nachbarräumen ⇒ Flankenübertragung ⇒ Flankeneffekt	Die Decke wird durch Fußauftritt (Begehen) in Biegeschwingungen versetzt. Diese versetzen die darüber und darunter befindlichen Luftteilchen in Schwingungen. Außerdem werden die Schwingungen über die Decke in die darunter und darüber liegenden Wandteile weitergeleitet und dort in den Räumen wahrgenommen.
	⇒ Luftschall	⇒ Luftschall	⇒ Luftschall

Da alle drei Schallarten schließlich vom menschlichen Ohr in den Nachbarräumen wahrgenommen werden, ist die letztendliche Wirkung immer Luftschall.

3.8 Akustik

Akustik

Raum-Akustik

Die Raumakustik befasst sich mit der Frage der Schalleinwirkung auf den Menschen, der sich im gleichen Raum aufhält, in dem der Schall erzeugt wird. Schallereignis und wahrnehmender Mensch befinden sich also im gleichen Raum. Es wird angestrebt, die Zuhörer mit einem möglichst gleichmäßigen Direktschall in allen Bereichen eines Raumes zu versorgen. Die Übertragung des Schalles erfolgt ausschließlich über die Luft. Die Raumakustik ist für Räume, wie Wohnräume, Büroräume, Konzertsäle, Vortragsräume, Kirchen, Turnhallen, Mehrzweckhallen und dergleichen von unterschiedlicher Bedeutung. Für die Raumakustik, d.h. die Auswirkung eines Schallereignisses auf den Raum selbst, in dem es erzeugt wurde, sind besonders wichtig:

- die Nachhallzeit
- die Schallschluckmöglichkeit (Schallabsorption) der Bauteiloberflächen wie Wände, Decken, Fußböden, aber auch die Ausstattung des Raumes
- die gleichmäßige Ausbreitung und Verteilung des Schalles zur Gewährleistung einer an jeder Stelle des Raumes gleichen Hörsamkeit und Verständlichkeit des ausgesandten Schallereignisses (Sprache, Musik) ⇒ Absorber, Resonatoren (s. S. 270)

Sind alle diese Punkte optimal gelöst, so fühlt sich der Besucher und Zuhörer an keiner Stelle des Raumes vom Schall erschlagen oder beklagt sich über mangelnde Verständlichkeit und Deutlichkeit dessen, was er hören möchte.

Bau-Akustik

Die Bau-Akustik untersucht das Problem der Schallausbreitung in Gebäuden. Hier sind Schallverursacher und der den Schall wahrnehmende Mensch in verschiedenen Räumen.

Die Übertragung des Schalles erfolgt sowohl durch die Luft (⇒ Luftschall), als auch durch die Bauteile wie Wände und Decken ⇒ Körperschall
⇒ Trittschall

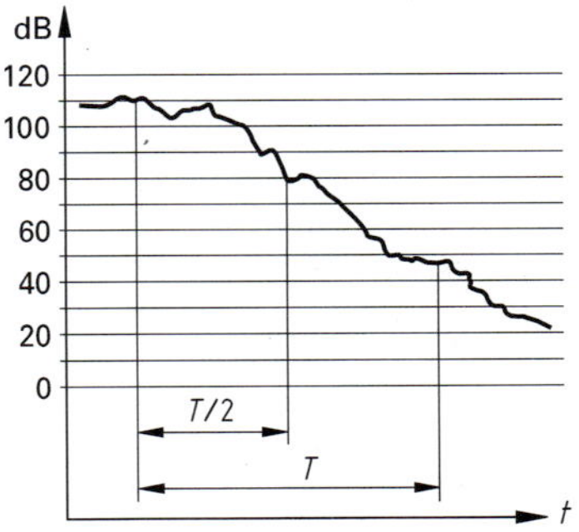

Bild 1: Verlauf der Nachhallzeit

3.8.1 Nachhallzeit *T*

Unter der Nachhallzeit T in geschlossenen Räumen versteht man die Zeitspanne, die vergeht, bis der Schallpegel einer plötzlich abgebrochenen Schalleinwirkung um 60 dB gesunken ist. Oft wird aus messtechnischen Gründen nur die Zeit gemessen, um die der Schallpegel um 30 dB fällt und das Ergebnis mit 2 multipliziert.

Die Nachhallzeit berechnet sich nach der Formel:

$$T = 0{,}163 \cdot \frac{V}{A_0}$$

T = Nachhallzeit in Sekunden s
V = Raumvolumen in m^3
A_0 = Schallabsorptionsfläche aller im Raum vorhandenen Schallschlucker

Die Formel zeigt, dass die Nachhallzeit sowohl von der Raumgröße als auch von der äquivalenten Schallabsorptionsfläche A_0 abhängig ist.

- Großes Raumvolumen ⇒ große Nachhallzeit
- Kleines Raumvolumen ⇒ geringe Nachhallzeit

Die äquivalente Schallabsorptionsfläche kann nicht direkt angegeben werden, sondern muss über die gemessene Nachhallzeit und das vorhandene Raumvolumen ermittelt werden. Die Nachhallzeit wird mittels eines Nachhallzeit-Messgerätes bestimmt.

Die äquivalente Schallabsorptionsfläche ist eine Ersatzfläche, die bei 100%iger Absorption den gleichen Schall schlucken würde wie die gesamte Oberfläche des Raumes.

Die Größe der äquivalenten Schallabsorptionsfläche bestimmt den Raumeindruck.

- Große A_0-Fläche ⇒ geringe Halligkeit ⇒ stumpfe, trockene Raumakustik
- Kleine A_0-Fläche ⇒ große Halligkeit ⇒ voluminöser, voller Klang, Echowirkung, Flatterecho

Die Nachhallzeit wird in Terz- oder Oktav-Intervallen für die Frequenzen 63 Hz bis 8000 Hz ermittelt.

Terzschritte (Terz-Intervalle)

25 31,5 40 50 63 80 100 125 160 200 250 315 400 500 630 800 1 000 1 250

Oktavschritte (Oktav-Intervalle)

1 600 2 000 2 500 3 150 4 000 5 000 6 300 8 000 10 000 12 500 16 000 20 000

Die Nachhallzeit ist um so geringer:

- je größer und besser die schallabsorbierende Oberfläche eines Raumes ist,
- je weicher und offenporiger die Bauteiloberflächen sind
  ⇒ Schallabsorption
  → Harte und glatte Bauteiloberflächen erhöhen die Nachhallzeit
  → Offenporige Baustoffe sind besser als geschlossenporige

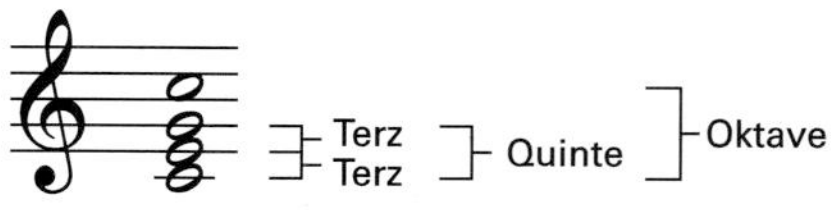

Bild 1: Intervalle

- je biegeweicher die Bauteiloberflächen sind
  → Biegesteife Bauteile haben eine größere Schallreflexion als biegeweiche
- je gebrochener die Wand- und Deckenoberflächen verlaufen ⇒ Raumgeometrie
  → Durch gebrochene Oberflächen wird der Schall umgelenkt und gleichmäßig in den Raum gestreut
  ⇒ geometrische Raumakustik
- je geringer das Raumvolumen ist ⇒ Echowirkung

Für Konzertsäle, Vortragsräume, Hörsäle, Klassenzimmer und dergleichen ist eine optimale Nachhallzeit von großer Bedeutung. So erfordern Vortragsräume wegen der gewünschten klaren und verständlicheren Hörsamkeit des gesprochenen Wortes geringe Nachhallzeiten, das sind ca. 1 Sekunde. Konzertsäle hingegen verlangen wegen des gewünschten vollen und abgerundeten Klangbildes eine höhere Nachhallzeit (ca. 1 bis 2 s): Räume für Gesangsdarbietungen und kammermusikalische Darbietungen verlangen noch größere Nachhallzeiten, um ein volleres Klangvolumen zu erzeugen. In Sporthallen und Großraumbüros werden wegen der Lärmbelästigung Nachhallzeiten von ca. 0,5 Sekunden angestrebt. Für Wohnräume werden nach DIN 52 210 als Nachhallzeit 0,5 Sekunden festgelegt.

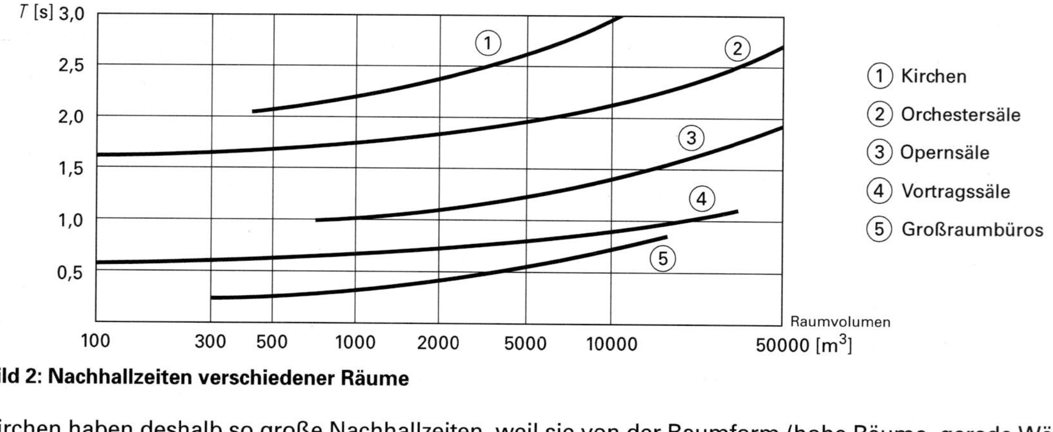

Bild 2: Nachhallzeiten verschiedener Räume

Kirchen haben deshalb so große Nachhallzeiten, weil sie von der Raumform (hohe Räume, gerade Wände) und Ausstattung (kaum Absorber an Boden, Decke und Wänden, z.B. keine Vorhänge, Polsterstühle, Teppichboden) keine Voraussetzung für niedrige Nachhallzeiten bringen. Mehrzweckräume, und erst recht Mehrzweckhallen, sollten mobile Elemente wie schwere Vorhänge an Fenstern und, wenn erforderlich, an Wänden sowie in der Höhe und im Winkel steuerbare Deckenelemente haben, um dem Zweck entsprechende Nachhallzeiten zu erreichen.

3.8.2 Grenzfrequenz

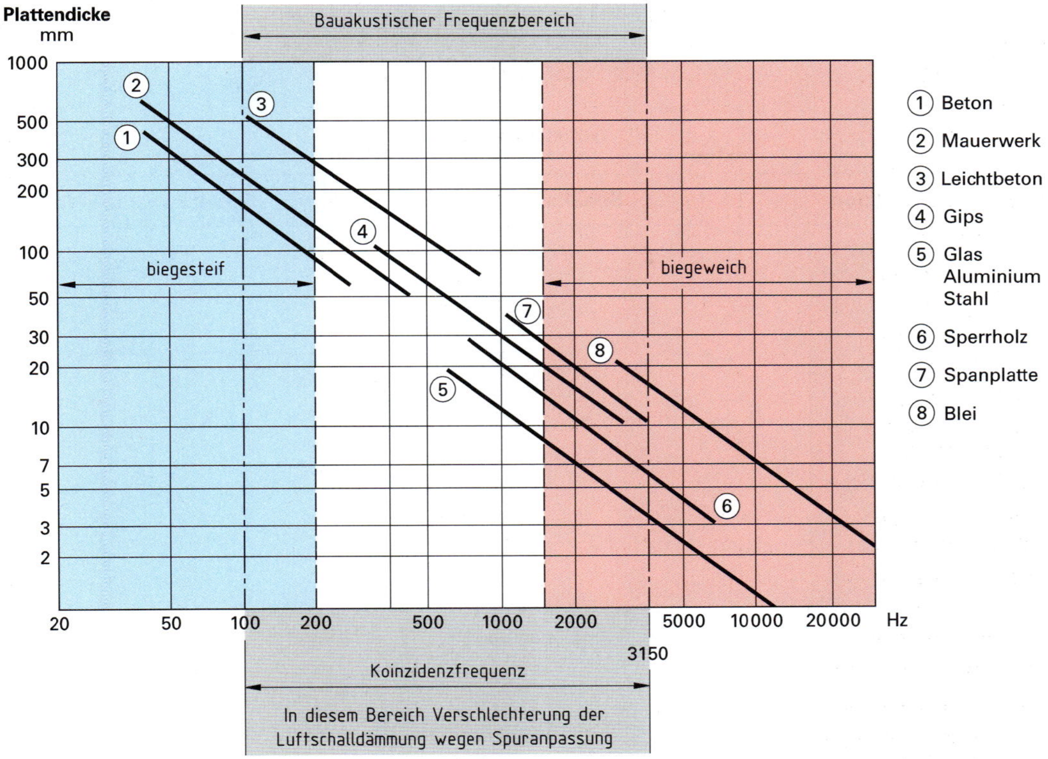

Bild 1: Koinzidenzfrequenz von Plattenbaustoffen in Abhängigkeit von der Dicke
(Auftragung der Frequenzen im logarithmischen Maßstab)

Die Abbildung zeigt: Biegesteife Bauteile eignen sich für niedrige Frequenzen, biegeweiche bei hohen Frequenzen

biegesteif

Bauteile gelten dann als biegesteif, wenn ihre Grenzfrequenz maximal 200 Hz beträgt
Die Grenzfrequenz errechnet sich zu:

biegeweich

Im akustischen Sinne gelten Platten als biegeweich, wenn ihre Grenzfrequenz oberhalb 1 800 Hz liegt

$$f_{Gr} = \frac{60}{d} \sqrt{\frac{\varrho}{E_{dyn}}}$$

d = Plattendicke in m
ϱ = Rohdichte des Baustoffes in kg/m³
E_{dyn} = dynamischer Elastizitätsmodul des Bauteils in MN/m²

Beispiel 1: Betonwand: $d = 30$ cm

$$f_{Gr} = \frac{60}{0{,}30} \sqrt{\frac{2\,400}{48 \cdot 10^3}}$$

$f_{Gr} = 45$ Hz $\Rightarrow$ biegesteif: $f_{Gr} < 200$ Hz

Beispiel 2: Kalksandsteinwand: $d = 24$ cm

$$f_{Gr} = \frac{60}{0{,}24} \sqrt{\frac{1\,000}{5 \cdot 10^3}}$$

$f_{Gr} = 112$ Hz $\Rightarrow$ biegesteif: $f_{Gr} < 200$ Hz

Beispiel 3: Glas: $d = 4$ mm

$$f_{Gr} = \frac{60}{0{,}004} \sqrt{\frac{2\,500}{52 \cdot 10^3}}$$

$f_{Gr} = 3\,289$ Hz $\Rightarrow$ biegeweich: $f_{Gr} > 1\,800$ Hz

Beispiel 4: Gipskartonplatte: $d = 10$ mm

$$f_{Gr} = \frac{60}{0{,}01} \sqrt{\frac{900}{3 \cdot 10^3}}$$

$f_{Gr} = 3\,286$ Hz $\Rightarrow$ biegeweich: $f_{Gr} > 1\,800$ Hz

3.9 Wege des Schalls

Beim Weg, den der Schall in Richtung auf ein Bauteil und im Bauteil selbst einnimmt, gibt es mehrere Möglichkeiten.

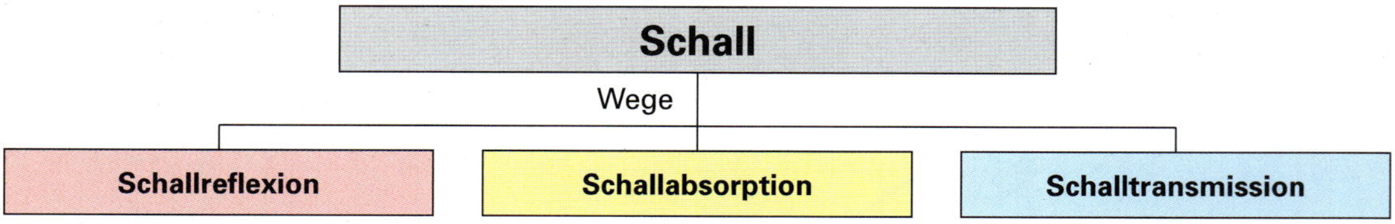

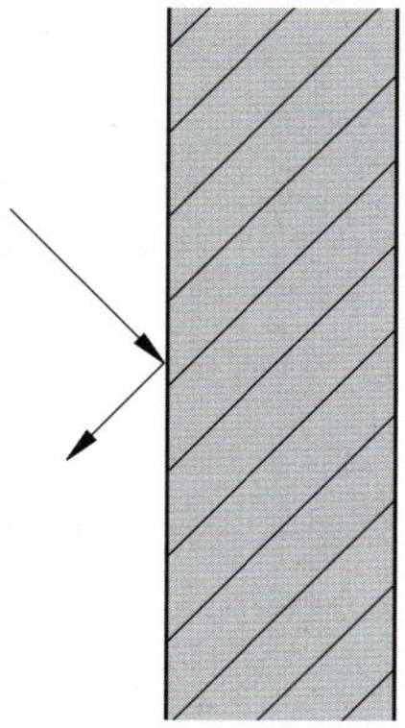

Bild 1: Reflexionsweg

Fragestellung:

Wie viel der auftreffenden Schallenergie wird in den Raum zurückgeworfen?

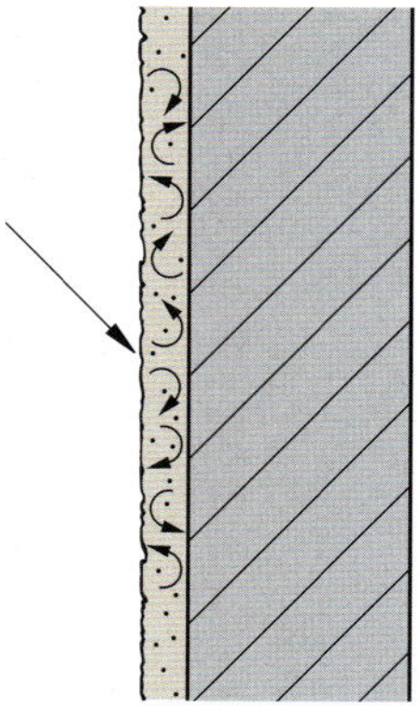

Bild 2: Absorptionsweg

Wie viel der auftreffenden Schallenergie wird von der Bauteiloberfläche geschluckt?

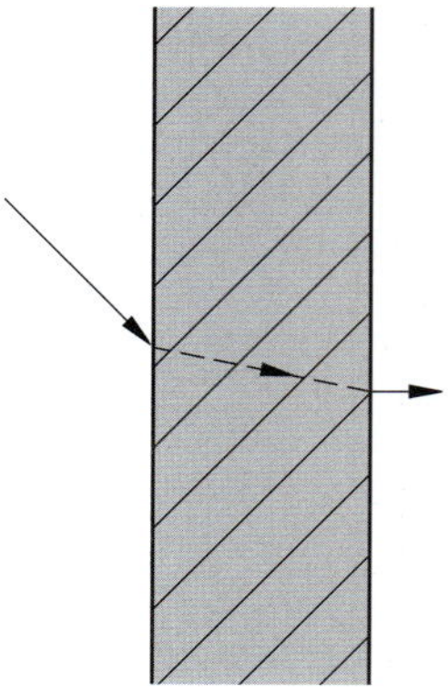

Bild 3: Transmissionsweg

Wie viel der ankommenden Schallenergie wird durch das Bauteil in den Nachbarraum hindurchgelassen?

3.9.1 Schallabsorption

Schallabsorption oder Schallschluckung ist ein Teilaspekt, der dazu beiträgt, eine angenehme Raumakustik zu erlangen. Dabei kommt der Ausgestaltung der Bauteiloberflächen eine zentrale Bedeutung zu, weil dies nichtmobile Bestandteile des Raumes sind. Auch Möbel, Vorhänge, Teppichböden, Personen stellen Absorber in einem Raum dar, die jedoch wegen ihres nichtständigen Vorhandenseins in dieser Betrachtung nicht berücksichtigt werden sollen.
Je größer die Schallabsorption ist, desto größer ist die Lärmminderung in dem Raum, in dem sich die Schallquelle befindet.

Die Schallabsorption ist frequenzabhängig und wird in der Praxis durch den Schallabsorptionsgrad α_s ausgedrückt.

$$\alpha_s = \frac{\text{nichtreflektierte Schallenergie}}{\text{auftreffende Schallenergie}}$$

Bei vollständiger Reflexion ist $\alpha_s = 0$
Bei vollständiger Absorption ist $\alpha_s = 1$

Ein Schallabsorptionsgrad $\alpha_s = 0{,}6$ bedeutet demnach, dass 60 % der auf das Bauteil auftreffenden Schallenergie absorbiert, d.h. geschluckt wird.

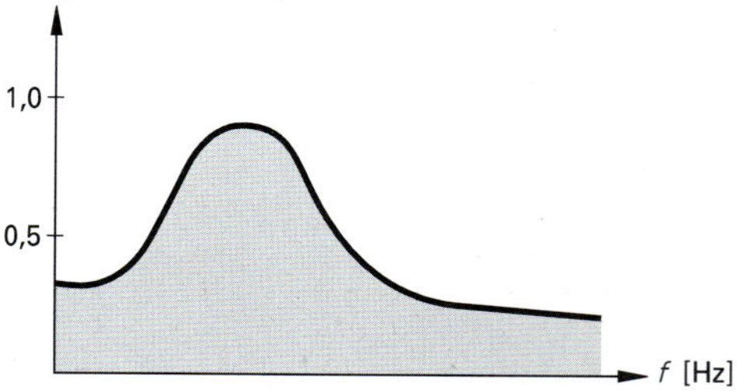

Bild 4: Schallabsorptionsgrad

3.9.2 Schallabsorptionsgrad α_s verschiedener Verkleidungen

Tabelle 1: Schallabsorptionsgrad α_s verschiedener Verkleidungen nach DIN EN 12 354

Nr.	Verkleidungsmaterial	Schallabsorptionsgrad α_s bei Frequenzen in Hz von					
		1 Oktave		1 Oktave		1 Oktave	
		125	250	500	1 000	2 000	4 000
1	Beton, verputztes Mauerwerk	0,01	0,01	0,01	0,02	0,02	0,03
2	Mauerwerk (Mz, KS), verputzt	0,01	0,01	0,02	0,02	0,03	0,04
3	Mauerwerk (Mz) unverputzt	0,02	0,02	0,03	0,04	0,05	0,07
4	Mauerwerk (Bimsbeton) unverputzt	0,15	0,40	0,60	0,60	0,60	0,60
5	Lochsteine (HLz, KSL), Löcher dem Raum zugekehrt, unverkleidet, mit 60 mm Hohlraum zum tragenden Mauerwerk Hohlraum leer: Hohlraum mit Mineralwolle gefüllt	 – 0,15	 0,06 0,63	 0,12 0,44	 0,20 0,44	 0,13 0,40	 0,10 0,70
6	Harter Bodenbelag (PVC, Parkett auf massiver Decke)	0,02	0,03	0,04	0,05	0,05	0,06
7	Weicher Bodenbelag auf massiver Decke ≤ 5 mm	0,02	0,03	0,06	0,15	0,30	0,40
8	Weicher Bodenbelag auf massiver Decke ≥ 10 mm	0,04	0,08	0,15	0,30	0,45	0,55
9	Fenster, Glasfassade	0,12	0,08	0,05	0,04	0,03	0,02
10	Mineralfaserplatten 50 mm	0,30	0,60	1,0	1,0	1,0	1,0
11	Mineralfaserplatten 16 mm 20 cm Abstand zur Decke	0,40	0,45	0,60	0,65	0,85	0,85
12	Gipskartonplatten, gelocht 30 mm Mineralfaserauflage 20 cm Abstand zur Decke	0,40	0,95	0,90	0,70	0,70	0,60
13	Holz-Wolle-Leichtbauplatten, d = 25 mm starr mit der Wand verbunden	0,05	0,10	0,50	0,75	0,60	0,70
14	Profilbretter 100 mm breit mit 10 mm breiten offenen Fugen Hohlraum 20 mm Mineralfaser bei 30 mm Deckenabstand bei 200 mm Deckenabstand	 0,10 0,40	 0,25 0,70	 0,80 0,50	 0,70 0,40	 0,30 0,35	 0,40 0,30
15	Akustikplatten, 2 cm dick auf die Wand geklebt in 2 cm Abstand	 0,05 0,10	 0,15 0,20	 0,55 0,85	 0,50 1,0	 1,0 1,0	 1,0 1,0
16	Teppichboden, 7 mm	0,05	0,05	0,15	0,30	0,50	0,60
17	Wandteppich, Wandabstand 50 mm	0,10	0,40	0,90	0,90	0,90	0,90
18	Vorhänge (Mittelwert)	0,05	0,10	0,25	0,30	0,40	0,50

3.9.3 Schallabsorber

Schallabsorber

dienen dazu, die Nachhallzeit zu verkürzen

Resonanzabsorber

Physikalisch gesehen stellen sie Masse-Feder-Systeme dar. Als schwingende Masse wirkt dabei die Plattenverkleidung, als Feder der Lufthohlraum, sowie die elastische Abhängung

poröse Absorber

Plattenabsorber

Ausführung:
Elastisch abgehängte Platten, Oberfläche geschlossen

Bild 1: Plattenabsorber

Verkleidung aus:
Gipskarton-Platten (GKPl)
Nut- und Federtäfelung
Spanplatten
Furnierplatten

vorwiegend für niedrige Frequenzen < 250 Hz

Lochabsorber

Elastisch abgehängte Platten, Oberfläche gelocht, geschlitzt oder offene Fugen

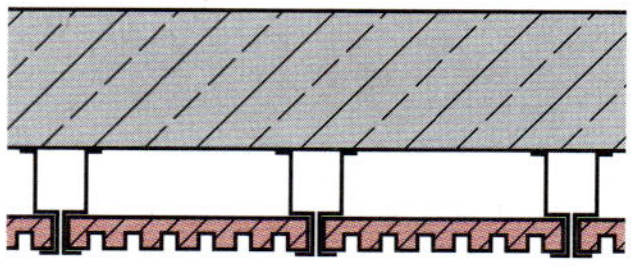

Bild 2: Lochabsorber

Profilkantbretter
gelochte, geschlitzte Platten
gelochte Gipskartonplatten
Leichtmetallpaneele
Schwere Polstermöbel

vorwiegend für mittlere Frequenzen 250 bis ca. 2 000 Hz

poröse Absorber

Elastisch abgehängte oder direkt aufgebrachte Stoffe mit poröser Oberfläche

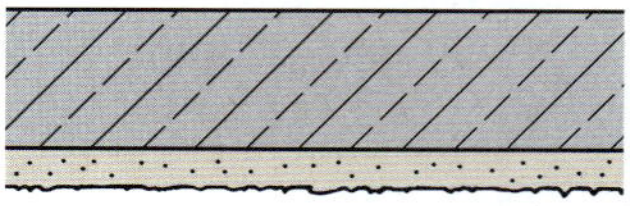

Bild 3: poröse Absorber

Personen, Vorhänge
Teppichböden, Teppiche
Schaumstoff-Akustikplatten
Mineralwolle-Platten
Holz-Wolle-Leichtbauplatten
Weichfaserlochplatten
poröser, grober Putz

vorwiegend für hohe Frequenzen > ca. 2 000 Hz

Legt man Faserdämmstoffe in den Hohlraum, so kann der Dämpfungseffekt noch erhöht werden. Zu beachten ist allerdings, dass das Dämmmaterial die Verkleidungsplatte nicht am Schwingen hindert. Der Luftzwischenraum darf nicht zu klein sein, da sonst die Federwirkung des Luftpolsters verloren geht (mind. 50 mm). In Konzertsälen nimmt die Plattenverkleidung tiefe Frequenzen auf, während die Personen und die Bestuhlung hohe und mittlere Frequenzen aufnehmen. Die Wirksamkeit von Personen ist jedoch sehr unterschiedlich und daher oft nicht vorhersehbar, da die Besetzung des Saales – wie viele Personen, wo diese Personen platziert sind, d.h. vorne, hinten, Mitte, gruppenweise; die Jahreszeit (Winter: Wollkleidung; Sommer: leichte Kleidung) – sehr unterschiedlich sein kann. Dieser Unvorhersehbarkeit versucht man dadurch zu begegnen, dass man die Unterseite der Klappsitzschalen mit Löchern und textilen Bezügen versieht um die Nichtbesetzung dadurch in etwa auszugleichen. Gelegentlich werden zu diesem Zweck auch an der Decke bewegliche und ausrichtbare Plattenschwinger angebracht.

Abgehängte Absorber sind wesentlich wirksamer als solche, die direkt aufgebracht sind. Bei direkt aufgebrachten Absorbern wird nur die Schallabsorption verbessert, jedoch kaum die Schalldämmung. Poröse Absorber sind nur dann wirksam, wenn sie offenporig sind. Stoffe mit geschlossener Porenstruktur, wie z.B. Polystyrolschaum, sind als Schallschluckmaterial nicht geeignet. Größe, Anzahl und Verteilung (gleichmäßig – ungleichmäßig) der Poren sowie der Querschnitt der Porenverbindung sind für den Schallschluckgrad maßgebend.

3.9.4 Schallreflektoren

Während Schallabsorber der Verminderung der Nachhallzeit dienen, haben Schallreflektoren die Aufgabe, durch ihre geometrische Form eine möglichst günstige und gleichmäßige direkte Schallübertragung zu gewährleisten. Schallreflektoren sind besonders bei großen Räumen erforderlich, denn mit zunehmender Entfernung von der Schallquelle nimmt die Schallintensität ab. Diese Minderung der direkten Schallintensität soll durch erzwungene Schallreflexionen, besonders zu den hinteren Raumbereichen ausgeglichen werden. Reflektoren sollten möglichst nach der Schallquelle, aber auch in gewisser Entfernung von der Schallquelle angebracht werden, jedoch wegen des Echo-Effektes nie an der Rückseite eines Raumes. An der Rückseite großer Räume sollten Schallabsorber, gelegentlich auch Schalldiffusoren angebracht werden. Schalldiffusoren sind konvex, d.h. nach außen gekrümmte Platten, die den Schall in möglichst viele Richtungen streuen.

Gelangt der reflektierte Schall innerhalb von 0,05 Sekunden vom Sender zum Empfänger, so ist die Wirkung positiv. Ist die Zeitdifferenz zwischen Sendung und Empfang des Schalles größer als 0,05 Sekunden, d.h. wird der indirekte Schall später als der direkte wahrgenommen, so spricht man vom Echo.

Schallreflektoren können durch die geometrische Gestaltung eines Raumes, aber auch durch zusätzliche Anbringung von Reflektoren erzeugt werden.

Reflektoren durch die Raumgeometrie:

- Gebrochene Wand- und Deckenflächen
  konkav (= nach innen) gekrümmte Deckenflächen oder Teile von Deckenflächen (wirken schallzerstreuend)
- Sitzüberhöhungen nach hinten in Hörsälen begünstigen neben der besseren Sicht auch die direkte Schallversorgung

a) ungünstig

Bild 1: Ungünstige Reflexion

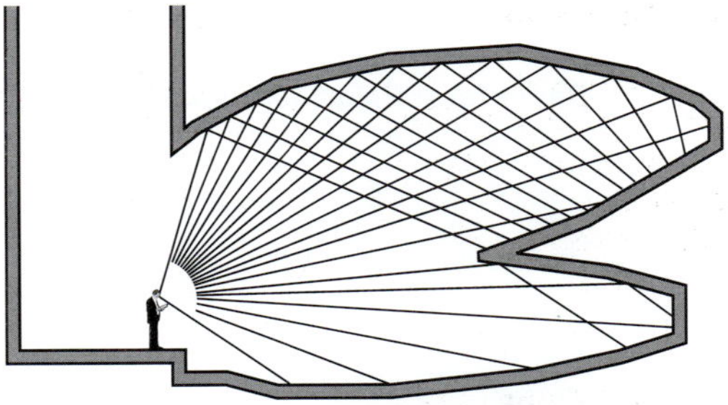

Bild 2: Große akustische Wirksamkeit durch häufig gebrochene Decke

a) ungünstig b) günstig c) günstig

Bild 3: Reflexionen an der Decke

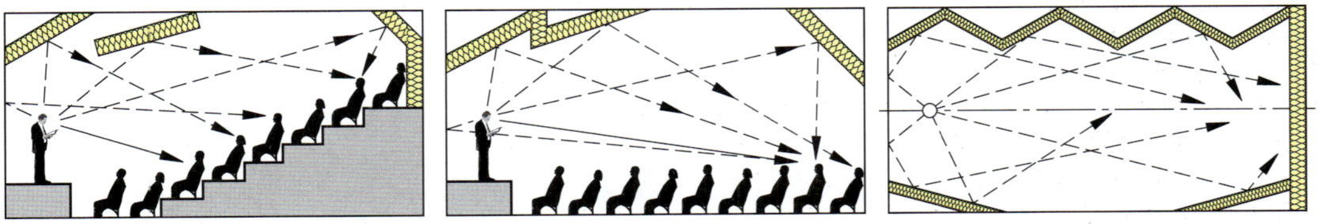

a) b) c) Grundriss

Bild 4: Nützliche Reflexionen für den hinteren Raumbereich

3.10 Schalldämmung von Bauteilen

3.10.1 Luftschalldämmung

Bei der Luftschalldämmung kommt es hauptsächlich darauf an, wie leicht bzw. wie schwer ein Bauteil durch die auf ihn auftreffende Schallenergie in Schwingungen versetzt wird.

Die Schalldämmung einschaliger Bauteile hängt ab von der:

- flächenbezogenen Masse in kg/m^2
- Biegesteifigkeit, d.h. wie starr bzw. wie weich ein Material ist
- Frequenz des Schalles (= Anzahl der Schwingungen pro Sekunde)
- Schalllängsleitung über flankierende Bauteile wie Decken, Wände
- Undichtheiten, z.B. offene Fugen

Beim Schalldämmmaß wird zwischen zwei Größen unterschieden.

R_W: Schalldämmmaß ohne Berücksichtigung flankierender Bauteile wie Längswände, Decken, Fußböden (= Laborwert der zu prüfenden Wand)

R'_W: Schalldämmmaß des Bauteils unter Berücksichtigung flankierender Bauteile durch Schalllängsleitung über flankierende Seitenwände, Decke, Fußboden. Bei m' der flankierenden Bauteile entspricht $R_W = R'_W$ s.S. 351
⇒ **Bauschalldämmmaß**

Um Anhaltspunkte über zu erreichende Schalldämmmaße zu erhalten gelten folgende subjektive Höreindrücke in benachbarten Räumen:

Tabelle 1: Bewertetes Schalldämmmaß R'_W und das Durchhören von Sprache bzw. Geräten

Senderaum	Empfangsraum	Erforderliches bewertetes Schalldämmmaß R'_W in dB bei einem Grundgeräusch von 30 dB im Empfangsraum
Normale Sprache	gut zu verstehen	35
Normale Sprache	eben noch zu verstehen	40
Laute Sprache	kaum zu verstehen	45
Radio, Fernseher in normaler Lautstärke	gut zu verstehen	45
Laute Sprache	schwach hörbar	50
Radio, Fernseher in normaler Lautstärke	schwach zu hören	50
Normale Sprache	nicht zu hören	55
Radio, Fernseher in lauter Einstellung	eben noch hörbar	55
Laute Sprache	nicht mehr zu hören	60
Radio, Fernseher in lauter Einstellung	nicht mehr hörbar	60

Bei einem Grundgeräusch von 20 dB(A) im Empfangsraum erhöhen sich die Werte um 10 dB(A).

Das Maß der Luftschalldämmung kann über das logarithmische Verhältnis der Schallleistung, der Schallintensität oder der Schallenergie vom Senderaum zum Empfangsraum ermittelt werden.

$$R = 10 \cdot \lg \frac{P_S}{P_E} = 10 \cdot \lg \frac{I_S}{I_E} = 10 \cdot \lg \frac{E_S}{E_E}$$

P = Schallleistung
I = Schallintensität
E = Schallenergie

Indices:
S = Senderaum
E = Empfangsraum

In der Praxis vorherrschend ist allerdings jene Methode, dass sowohl im Senderaum als auch im Empfangsraum der Schallpegel und im Empfangsraum noch zusätzlich die Nachhallzeit gemessen wird.

Wird das Schalldämmmaß eines Bauteils über den Schallpegel ermittelt, so ergibt es sich zu:

$$R'_W = L_S - L_E + 10 \cdot \lg \frac{A}{A_0}$$

L_S = Schallpegel im Senderaum jeweils in Abhängigkeit von der Frequenz
L_E = Schallpegel im Empfangsraum jeweils in Abhängigkeit von der Frequenz
A = zu prüfende Wandfläche
A_0 = Äquivalente Schallabsorptionsfläche

Die Fläche, die Senderaum und Empfangsraum trennen, wird mit A bezeichnet; die äquivalente Schallabsorptionsfläche A_0 drückt dagegen aus, wie groß die Summe aller raumbegrenzenden Flächen sein müsste, wenn diese einen Schallabsorptionsgrad von 100 % besitzen würden. Äquivalent bedeutet gleichwertig, d.h. die nur rechnerisch vorhandene kleinere Fläche A_0 mit einem Schallabsorptionsgrad von 100 % entspricht den wirklich vorhandenen raumtrennenden größeren Flächen A.

Da in der Praxis die äquivalente Schallabsorptionsfläche A_0 nicht direkt ermittelt werden kann, muss sie über die Formel bestimmt werden:

$$T = 0{,}163 \cdot \frac{V}{A_0} \qquad A_0 = 0{,}163 \cdot \frac{V}{T}$$

V = Volumen des Empfangsraumes in m^3
T = Nachhallzeit im Empfangsraum in s

Beispiel:
Zu beurteilende Wand: $A = 18\ m^2$
Volumen des Empfangsraumes: $V = 80\ m^3$
Nachhallzeit: 0,8 s

Gemessene Schallpegel im Sende- und Empfangsraum, in Abhängigkeit von der Frequenz

		*			Oktave			Oktave			Oktave			Oktave		
Frequenz in Hz	100	125	160	200	250	315	400	500	630	800	1000	1250	1600	2000	2500	3150
Senderaum in dB	90	92	91	91	91	92	89	90	89	89	89	88	88	88	87	86
Empfangsraum in dB	54	52	52	53	53	51	52	51	50	48	47	45	43	42	37	32

* Terz $\sqrt[3]{2}$ Oktave = $f_r \cdot 2$

Lösung:

$$A_0 = 0{,}163 \cdot \frac{V}{T}$$

$$A_0 = 0{,}163 \cdot \frac{80\ m^3}{0{,}8\ s}$$

$$A_0 = 16{,}3\ m^2$$

Diese Zahl bedeutet, dass bei einer Fläche von 16,3 m^2 mit einem Schallabsorptionsgrad von 1,0 (= 100 %) genauso viel Schall geschluckt wird, wie die vorhandenen Oberflächen des Raumes (Wände, Decke, Fußboden).

$R'_W = L_S - L_E + 10 \cdot \lg A/A_0$
$R'_{W,100} = 90\ dB - 54\ dB + 10 \cdot \lg 18\ m^2/16{,}3\ m^2$
$R'_{W,100} = 90\ dB - 54\ dB + 0{,}4\ dB$
$R'_{W,100} = 36{,}4\ dB$

Der Korrekturfaktor $10 \cdot \lg A/A_0$ zeigt, dass er so klein ist, dass er unberücksichtigt bleiben könnte. Dies rührt daher, dass bei kleinen Raumvolumen die Nachhallzeit sehr gering ist und da diese im Nenner steht, sich eine relativ große äquivalente Schallabsorptionsfläche A_0 ergibt.

$R'_{W,125} = 92\ dB - 52 + 0{,}4\ dB$
$R'_{W,125} = 40{,}4\ dB$

$R'_{W,160} = 91\ dB - 52\ dB + 0{,}4\ dB$
$R'_{W,160} = 39{,}4\ dB$

$R'_{W,200} = 91\ dB - 53\ dB + 0{,}4\ dB$
$R'_{W,200} = 38{,}4\ dB$

$R'_{W,250} = 91\ dB - 53\ dB + 0{,}4\ dB$
$R'_{W,250} = 38{,}4\ dB$

$R'_{W,315} = 92\ dB - 51\ dB + 0{,}4\ dB$
$R'_{W,315} = 41{,}4\ dB$

$R'_{W,400} = 89\ dB - 52\ dB + 0{,}4\ dB$
$R'_{W,400} = 37{,}4\ dB$

$R'_{W,500} = 90\ dB - 51\ dB + 0{,}4\ dB$
$R'_{W,500} = 39{,}4\ dB$

$R'_{W,630} = 89\ dB - 50\ dB + 0{,}4\ dB$
$R'_{W,630} = 39{,}4\ dB$

$R'_{W,800} = 89\ dB - 48\ dB + 0{,}4\ dB$
$R'_{W,800} = 41{,}4\ dB$

$R'_{W,1\,000} = 89\ dB - 47\ dB + 0{,}4\ dB$
$R'_{W,1\,000} = 42{,}4\ dB$

$R'_{W,1\,250} = 88\ dB - 45\ dB + 0{,}4\ dB$
$R'_{W,1\,250} = 43{,}4\ dB$

$R'_{W,1\,600} = 88\ dB - 43\ dB + 0{,}4\ dB$
$R'_{W,1\,600} = 45{,}4\ dB$

$R'_{W,2\,000} = 88\ dB - 42\ dB + 0{,}4\ dB$
$R'_{W,2\,000} = 46{,}4\ dB$

$R'_{W,2\,500} = 87\ dB - 37\ dB + 0{,}4\ dB$
$R'_{W,2\,500} = 50{,}4\ dB$

$R'_{W,3\,150} = 86\ dB - 32\ dB + 0{,}4\ dB$
$R'_{W,3\,150} = 54{,}4\ dB$

3.10.2 Rechnerische Methode zur Ermittlung des bewerteten Schalldämmmaßes nach dem Beispiel

Das bewertete Schalldämmmaß soll in der Praxis immer mit einem Einzahlwert angegeben werden. Dieser Einzahlwert wird folgendermaßen ermittelt. Es werden die Schalldämmwerte aller Frequenzen addiert und durch die Gesamtzahl der in akustischer Hinsicht nach DIN 4109 relevanten Frequenzen geteilt. Dabei wird der Wert der ersten und letzten Frequenz halbiert und die Summe durch 15 geteilt. (Anzahl der Intervalle ≙ Summe der Faktoren)

		Faktor
$R'_{W,100}$ = 36,4 dB : 2 =	18,2 dB	0,5
$R'_{W,125}$ =	40,4 dB	1
$R'_{W,160}$ =	39,4 dB	1
$R'_{W,200}$ =	38,4 dB	1
$R'_{W,250}$ =	38,4 dB	1
$R'_{W,315}$ =	41,4 dB	1
$R'_{W,400}$ =	37,4 dB	1
$R'_{W,500}$ =	39,4 dB	1
$R'_{W,630}$ =	39,4 dB	1
$R'_{W,800}$ =	41,4 dB	1
$R'_{W,1\,000}$ =	42,4 dB	1
$R'_{W,1\,250}$ =	43,4 dB	1
$R'_{W,1\,600}$ =	45,4 dB	1
$R'_{W,2\,000}$ =	46,4 dB	1
$R'_{W,2\,500}$ =	50,4 dB	1
$R'_{W,3\,150}$ = 54,4 dB : 2 =	27,2 dB	0,5
	Σ 629 :	15
	= 41,9 dB	

⇒ $\mathbf{R'_W = 42\ dB}$

3.10.3 Grafische Methode zur Ermittlung des Schalldämmmaßes

Bei der grafischen Methode zur Ermittlung des bewerteten Schalldämmmaßes wird die Bezugskurve so weit verschoben, bis der Mittelwert aller Unterschreitungen der Messkurve zur verschobenen Bezugskurve nicht mehr als 2 dB beträgt. Das bewertete Schalldämmmaß wird dann an der verschobenen Bezugskurve bei der Frequenz 500 Hz abgelesen.

Frequenz Hz	Messkurve dB	verschobene Bezugskurve dB	Differenz dB
400	37	41	4
500	39	42	3
630	39	43	4
800	41	44	3
1 000	42	45	3
1 250	43	46	3
1600	45	47	2
			Σ 22 : 15 = 1,5

Das Schalldamm-Maß wird deshalb mit *R* bezeichnet, weil mit ihm ein Widerstand zum Ausdruck gebracht werden soll, Schall hindurch zulassen.
Daher:

Je höher der R'_W-Wert ist, desto besser ist die Schalldämmung der Konstruktion.

Teilt man die Summe aller Differenzen durch die Anzahl der Terzen von 100 Hz bis 3 150 Hz, so erhält man den Mittelwert, der nicht größer als 2 dB sein darf.
Der Mittelwert aller Unterschreitungen beträgt somit 1,5 dB. Bei der Frequenz 500 Hz zeigt die verschobene Bezugskurve 42 dB (Bild 1 Seite 274). Somit beträgt das bewertete Schalldämmmaß 42 dB.

3.10.4 Ermittlung des bewerteten Schalldämmmaßes bei Oktavbreiten (Oktav-Intervallen)

Nicht immer stehen Schallpegelmessgeräte zur Verfügung, die in der Lage sind, den Schallpegel bei Frequenzen in Terzschritten zu messen. Hat man nur ein Messgerät, das Schallpegel in Oktavschritten messen kann, so lassen sich auch schon brauchbare Werte erzielen. Dies wären in unserem Beispiel

Rechnerische Methode

		Faktor
$R'_{W,125}$ = 40,4 dB : 2 =	20,2 dB	0,5
$R'_{W,250}$ =	38,4 dB	1
$R'_{W,500}$ =	39,4 dB	1
$R'_{W,1\,000}$ =	42,4 dB	1
$R'_{W,2\,000}$ = 46,4 dB : 2 =	23,2 dB	0,5
Σ 163,6 dB : 4 =	40,9 dB	

Das Schalldämmmaß beträgt **41 dB**

3.10.5 Grafische Methode zur Ermittlung des Schalldämmmaßes

Bei der grafischen Methode besteht trotz Nichtvorhandenseins von Messwerten im Terzbereich die Möglichkeit, aus den Kurven diese Werte zu übernehmen. Die Genauigkeit wird dabei nur unwesentlich beeinträchtigt.

Die mittlere Unterschreitung beträgt ca. 1,5 < 2 dB. Das bewertete Schalldämmmaß wird bei der Frequenz 500 Hz an der verschobenen Bezugskurve mit 41 dB abgelesen.

Frequenz Hz	Messkurve dB	verschobene Bezugskurve dB	Differenz dB
315	37	40	3
400	38	41	3
500	39	42	3
630	40	43	3
800	41	44	3
1 000	42	45	3
1 250	43	46	3
1 600	45	47	2
			Σ 23 : 15 = 1,5

Frequenz Hz	Bezugswert dB
100	33
125	36
160	39
200	42
250	45
315	48
400	51
500	52
630	53
800	54
1 000	55
1 250	56
1 600	56
2 000	56
2 500	56
3 150	56

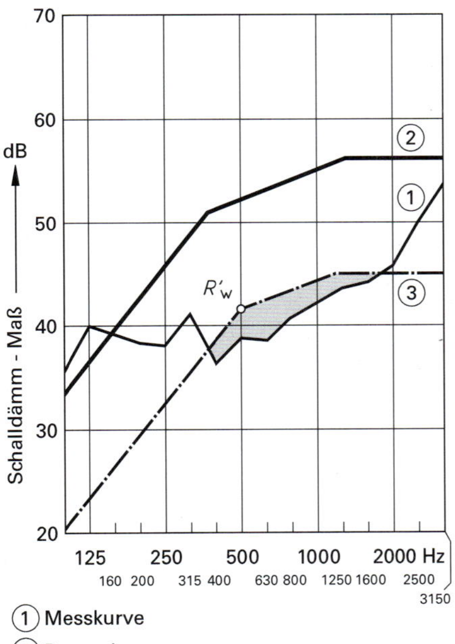

① Messkurve
② Bezugskurve
③ verschobene Bezugskurve

Bild 1: Messkurve bei Terzfilter

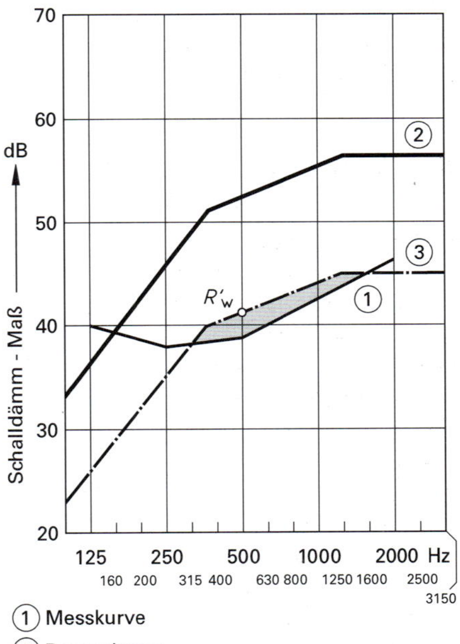

① Messkurve
② Bezugskurve
③ verschobene Bezugskurve

Bild 2: Messkurve bei Oktavfilter

Der Vergleich beider Messkurven zeigt, dass es im Normalfall unwesentlich ist, ob die Messwerte mit einem Gerät mit Terzfilter oder nur mit Oktavfilter ermittelt wurden.

Die Bezugskurve hat deshalb diesen Verlauf, weil unser Ohr für höhere Frequenzen empfindlicher ist, sie also störender empfindet als tiefere. Deshalb werden für höhere Frequenzen auch höhere Anforderungen an den Schallschutz gestellt

3.11 Ermittlung des bewerteten Schalldämmmaßes vor Erstellung des Bauwerkes

Die oben beschriebenen Methoden zur Bestimmung des bewerteten Schalldämmmaßes haben zwei Voraussetzungen:

1. Das Bauteil muss am fertigen Objekt bereits eingebaut sein.

2. Es muss ein Schallpegelmessgerät mindestens mit Oktavfilterung zur Verfügung stehen.

In den meisten Fällen möchte ein Bauherr schon vor der Erstellung seines Bauwerkes wissen, wie groß die Schalldämmwerte verschiedener Bauteile seines Hauses sind. Da man weiß, dass für die Luftschalldämmung die flächenbezogene Masse (d.h. wie viel kg Masse hat die Wand oder Decke pro m^2) ausschlaggebend ist, orientieren sich sowohl die grafische, als auch die rechnerische Methode an der flächenbezogenen Masse.

3.11.1 Grafische Methode

Zur Ermittlung des bewerteten Schalldämmmaßes dient untenstehendes Diagramm.

Bewertetes Schalldämmmaß R'_w von Bauteilen, in Abhängigkeit der flächenbezogenen Masse (kg/m^2)

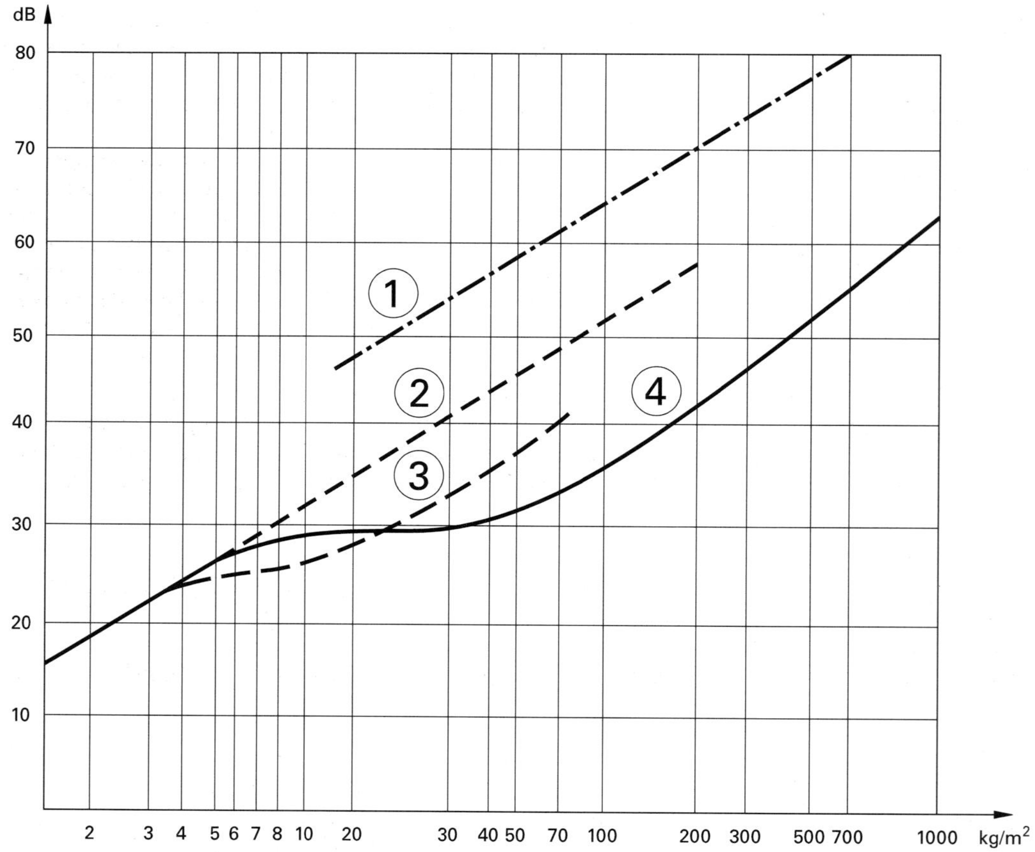

Bild 1: Schalldämmmaß in Abhängigkeit von der Masse

① Maximalwerte zweischaliger Bauteile mit Hohlraumdämpfung
② Nach dem Massengesetz für einschalige Platten (nur für Bleiblech und Gummi erreichbar)
③ Holz und Holzwerkstoffe in einschaliger Bauweise
④ Mauerwerk, Beton, Gips, Glas in einschaliger Bauweise

Das Diagramm zeigt, dass das bewertete Schalldämmmaß

- bei Verdoppelung der flächenbezogenen Masse um ca. 7 dB zunimmt.
- Holz und Holzwerkstoffe bei einer Massenerhöhung von 4 kg/m² bis 20 kg/m² kaum eine Erhöhung des bewerteten Schalldämmmaßes bringen.
- Beton und Mauerwerk, aber auch Gips und Glas von 6 kg/m² bis etwas 40 kg/m² so gut wie keine Steigerung des bewerteten Schalldämmmaßes bringen.

Diese Tatsache rührt daher, dass durch die schräg auf das Bauteil auftreffenden Schallwellen die Wellenlänge des Schalles mit der hervorgerufenen Biegewellenlänge im Bauteil übereinstimmt (Spuranpassung). Sind beide Wellenlängen gleich groß, so wird der Schall ungehindert durchgelassen, die Schalldämmwirkung ist Null. Die zugehörige Frequenz bezeichnet man als Grenzfrequenz f_{Gr}.

Die Grenzfrequenz hängt ab:

- vom Verhältnis der flächenbezogenen Masse (kg/m²) zur Biegesteifigkeit eines Bauteils.

Die Biegesteifigkeit hängt ab:

- von der Art des Materials ⇒ Beton ist biegesteifer als Holz
- von der Plattendicke ⇒ Je dicker eine Platte ist, desto biegesteifer ist sie.

Das Diagramm zeigt weiter folgendes:
Betonwände, Betondecken, Mauerwerk, aber auch die Baustoffe Glas und Gips bringen erst ab einer flächenbezogenen Masse von 50 kg/m² und mehr gute und vor allem stetig steigende Schalldämmwerte. Dies ist bei den Baustoffen Mauerwerk und Beton durchweg der Fall. Platten aus Holz oder Holzwerkstoffen bringen erst ab einer flächenbezogenen Masse von mehr als 20 kg/m² nennenswerte Ergebnisse.

Beispiel 1:
Holz (Tanne)
$d = 60$ mm
$\varrho = 600$ kg/m³
$\Rightarrow m' = 600$ kg/m³ · 0,06 m
$m' = 36$ kg/m²
$\Rightarrow R'_W = 34$ dB

Das Diagramm zeigt auch, dass einschalige Wände bezüglich der Schalldämmung oft an ihre Grenze gelangen, will man Schalldämmmaße von 55 dB und mehr erreichen und will man nicht Wanddicken von 49 cm und mehr hinnehmen. Solch dicke Wände sind weder aus statischen Gründen noch aus Wärmespeichergründen erforderlich. Sie würden jedoch ein großes Maß der Bauwerksgrundfläche auf Kosten der Wohnraumflächen beanspruchen.

Beispiel 2:
Gefordert: $R'_W = 60$ dB (lautes Radio, lauter Fernseher kaum mehr hörbar)
Nach dem Diagramm ist hierzu eine flächenbezogene Masse von 800 kg/m² erforderlich.
Als Wandrohdichte sind bei den jeweiligen Steinrohdichten die Werte nach Tab. 1 S. 351 anzunehmen. Beton und Stahlbeton sind im Schallschutz mit 2300 kg/m³ anzunehmen.

Lösung:
Dies würde erreicht werden durch:

Beton
$\varrho = 2\,300$ kg/m³
$m' = d \cdot \varrho$
800 kg/m² = $d \cdot 2\,300$ kg/m³
$\Rightarrow d = 34$ cm

Mauerziegel (Tab. S. 351)
$\varrho = 1\,400$ kg/m³
$m' = d \cdot \varrho$
800 kg/m² = $d \cdot 1\,360$ kg/m³
$d = 59$ cm
$\Rightarrow d = 61{,}5$ cm

Leichthochlochziegel (Tab. S. 351)
$\varrho = 800$ kg/m³
$m' = d \cdot \varrho$
800 kg/m² = $d \cdot 820$ kg/m³
$d = 97$ cm
$\Rightarrow d = 99$ cm

Kalksandstein
$\varrho = 1\,800$ kg/m³
$m' = d \cdot \varrho$
800 kg/m² = $d \cdot 1\,720$ kg/m³
$d = 46$ cm
$\Rightarrow d = 49$ cm

Porenbeton
$\varrho = 400$ kg/m³
$m' = d \cdot \varrho$
800 kg/m² = $d \cdot 460$ kg/m³
$d = 1{,}74$ m
$\Rightarrow d = 1{,}74$ m

Leichtbetonsteine
$\varrho = 1\,000$ kg/m³
$m' = d \cdot \varrho$
800 kg/m² = $d \cdot 1\,000$ kg/m³
$d = 80$ cm
$\Rightarrow d = 86{,}5$ cm

Wie die Berechnungen zeigen, können solche Schalldämmwerte nur mit schweren Materialien und entsprechender Dicke erreicht werden. Werden Schalldämmmaße von 55 dB und mehr gewünscht, so ist dies nur mit zweischaligen Wänden möglich.

3.11.2 Rechnerische Ermittlung des bewerteten Schalldämmmaßes

3.11.2.1 Einschalige Wände ohne Öffnungen, wie Türen und Fenster

Das bewertete Schalldämmmaß solcher Bauteile kann näherungsweise berechnet werden nach der Formel:

$$R'_W \approx 25 \cdot \lg \frac{m'}{m_0} - 12 \text{ dB}$$

$$m' = d \cdot \varrho$$

R'_W = bewertetes Schalldämmmaß unter Berücksichtigung der Schallübertragung durch flankierende Bauteile, wie Längswände, Decke, Fußboden, sofern diese Bauteile eine flächenbezogene Masse von mind. 300 kg/m² haben

m' = flächenbezogene Masse in kg/m²

m_0 = bezugsflächenbezogene Masse 1 kg/m²

Beispiel 1:

geg.:			
$m' = 100$ kg/m²	⇒	$R'_W = 25 \cdot \lg 100 - 12$ dB $R'_W = 38$ dB	
			$\Delta R'_W = 7{,}5$ dB
$m' = 200$ kg/m²	⇒	$R'_W = 25 \cdot \lg 200 - 12$ dB $R'_W = 45{,}5$ dB	
			$\Delta R'_W = 7{,}5$ dB
$m' = 400$ kg/m²	⇒	$R'_W = 25 \cdot \lg 400 - 12$ dB $R'_W = 53$ dB	
			$\Delta R'_W = 7{,}5$ dB
$m' = 800$ kg/m²	⇒	$R'_W = 25 \cdot \lg 800 - 12$ dB $R'_W = 60{,}5$ dB	
			$\Delta R'_W = 7{,}5$ dB
$m' = 1\,600$ kg/m²	⇒	$R'_W = 25 \cdot \lg 1\,600 - 12$ dB $R'_W = 68$ dB	

Die Berechnung zeigt, dass sich das bewertete Schalldämmmaß bei einer Verdoppelung der flächenbezogenen Masse um jeweils 7,5 dB erhöht.

Ferner geht aus der Berechnung hervor, dass die flächenbezogene Masse mindestens 400 kg/m² betragen muss, um die DIN-Forderung von Wohnungstrennwänden zu erfüllen (siehe DIN-Vorschrift S. 318).

Beispiel 2: gegeben: Wände, bestehend aus: Beton, Kalksandsteinen, Leichthochlochziegeln, Porenbeton
gesucht: bewertetes Schalldämmmaß R'_W

Beton	**Kalksandstein**	**Leichthochlochziegel**	**Porenbeton**
$\varrho = 2{,}4$ kg/dm³	$\varrho = 1{,}8$ kg/dm³	$\varrho = 0{,}8$ kg/dm³	$\varrho = 0{,}5$ kg/dm³

$d = 11{,}5$ cm

	Tab. S. 284	Tab. S. 284	Tab. S. 284
$m' = 2\,300$ kg/m³ · 0,115 m	$m' = 1\,720$ kg/m³ · 0,115 m	$m' = 820$ kg/m³ · 0,115 m	$m' = 550$ kg/m³ · 0,115 m
$m' = 264{,}5$ kg/m²	$m' = 197{,}8$ kg/m²	$m' = 94{,}3$ kg/m²	$m' = 63{,}2$ kg/m²
$R'_W = 25 \cdot \lg 264{,}5 - 12$ dB	$R'_W = 25 \cdot \lg 197{,}8 - 12$ dB	$R'_W = 25 \cdot \lg 94{,}3 - 12$ dB	$R'_W = 25 \cdot \lg 63{,}2 - 12$ dB
$R'_W = 48$ dB	$R'_W = 45$ dB	$R'_W = 37$ dB	$R'_W = 33$ dB

$d = 24$ cm

$m' = 2\,300$ kg/m³ · 0,24 m	$m' = 1\,720$ kg/m³ · 0,24 m	$m' = 820$ kg/m³ · 0,24 m	$m' = 550$ kg/m³ · 0,24 m
$m' = 552$ kg/m²	$m' = 412{,}8$ kg/m²	$m' = 196{,}8$ kg/m²	$m' = 132$ kg/m²
$R'_W = 25 \cdot \lg 552 - 12$ dB	$R'_W = 25 \cdot \lg 412{,}8 - 12$ dB	$R'_W = 25 \cdot \lg 196{,}8 - 12$ dB	$R'_W = 25 \cdot \lg 132 - 12$ dB
$R'_W = 56$ dB	$R'_W = 53$ dB	$R'_W = 45$ dB	$R'_W = 41$ dB

$d = 36{,}5$ cm			
$m' = 2\,300\ kg/m^3 \cdot 0{,}365\ m$ $m' = 839{,}5\ kg/m^2$ $R'_W = 25 \cdot \lg 839{,}5 - 12\ dB$ $R'_W = 61\ dB$	$m' = 1\,720\ kg/m^3 \cdot 0{,}365\ m$ $m' = 627{,}8\ kg/m^2$ $R'_W = 25 \cdot \lg 627{,}8 - 12\ dB$ $R'_W = 58\ dB$	$m' = 820\ kg/m^3 \cdot 0{,}365\ m$ $m' = 299{,}3\ kg/m^2$ $R'_W = 25 \cdot \lg 299{,}3 - 12\ dB$ $R'_W = 50\ dB$	$m' = 550\ kg/m^3 \cdot 0{,}365\ m$ $m' = 200{,}7\ kg/m^2$ $R'_W = 25 \cdot \lg 200{,}7 - 12\ dB$ $R'_W = 45\ dB$

Soll ein lautes Radio oder ein lautes Fernsehgerät nicht mehr hörbar sein, so wären Wände aus Beton oder Kalksandsteinen mit einer Dicke von 36,5 cm erforderlich.

Beispiel 3: gegeben: Wanddicke 30 cm
gefordert: $R'_W = 57$ dB
gesucht: Material mit Rohdichte

Lösung:

$R'_W = 25 \cdot \lg m' - 12\ dB$
$57\ dB = 25 \cdot \lg m' - 12\ dB$
$\lg m' = 69/25$
$\lg m' = 2{,}76$
$\Rightarrow m' = 10^{2{,}76}$
$m' = 575{,}4\ kg/m^2$

$m' = d \cdot \varrho$
$575{,}4\ kg/m^2 = 0{,}30\ m \cdot \varrho$
$\varrho = 1\,918\ kg/m^3$

Mögliche Baustoffe: Beton, Klinker, Kalksandsteine, Hüttensteine mit $\varrho = 2{,}0\ kg/dm^3$

Beispiel 4: gegeben: Rohdichte der Wand $1\,600\ kg/m^3$
gefordert: Wohnungstrennwand nach DIN 4109 mit $R'_W = 53$ dB
gesucht: Wanddicke

Lösung:

$R'_W = 25 \cdot \lg m' - 12\ dB$
$53\ dB = 25 \cdot \lg m' - 12\ dB$
$25 \cdot \lg m' = 53\ dB + 12\ dB$
$\lg m' = 65/25$
$\lg m' = 2{,}6$
$\Rightarrow m' = 10^{2{,}6}$
$m' = 398{,}1\ kg/m^2$

$m' = d \cdot \varrho$
$398{,}1\ kg/m^2 = d \cdot 1\,600\ kg/m^3$
$d = 0{,}249\ m$

ausgeführt: Wand $d = 24$ cm, beidseitig verputzt

Beispiel 5: gegeben: Rohdichte der Wand $1\,400\ k/m^3$
gefordert: $R'_W = 56$ dB
gesucht: Wanddicke d

Lösung:

$R'_W = 25 \cdot \lg m' - 12\ dB$
$56\ dB = 25 \cdot \lg m' - 12\ dB$
$\lg m' = 68/25$
$\lg m' = 2{,}72$
$\Rightarrow m' = 10^{2{,}72}$
$m' = 524{,}8\ kg/m^2$

$m' = d \cdot \varrho$
$524{,}8\ kg/m^2 = d \cdot 1\,400\ kg/m^2$
$d = 0{,}375\ m$

ausgeführt: $d = 36{,}5$ cm, beidseits verputzt.

wahlweise: bei $\varrho = 1\,800\ kg/m^3$
$524{,}8\ kg/m^2 = d \cdot 1\,800\ kg/m^2$
$d = 0{,}29\ m$

ausgeführt: $d = 30$ cm

Beispiel 6: gefordert: $R'_W = 60$ dB
gesucht: Materialart mit Rohdichte Wanddicke d

Lösung:

$R'_W = 25 \cdot \lg m' - 12\ dB$
$60\ dB = 25 \cdot \lg m' - 12\ dB$
$25 \cdot \lg m' = 72$
$\lg m' = 72/25$
$\lg m' = 2{,}88$
$\Rightarrow m' = 10^{2{,}88}$
$m' = 758{,}6\ kg/m^2$

Ausführung:

1. Betonwand $m' = d \cdot \varrho$
$758{,}6\ kg/m^2 = d \cdot 2\,300\ kg/m^3$
$d = 0{,}33\ m$
$d = 33\ cm$

2. Kalksandsteine, Hüttensteine, Klinker mit $\varrho = 2\,000\ kg/m^3$ in DM
$m' = d \cdot \varrho$
$758{,}6\ kg/m^2 = d \cdot 2\,000\ kg/m^3$
$d = 0{,}379\ m$
$d = 36{,}5$ cm beidseits verputzt

3.11.2.2 Einschalige Wände mit Öffnungen, wie Türen und Fenster

Da jeder Raum mindestens eine Tür und meist auch Fenster hat, ist es von besonderer Bedeutung, solche Wände mit ihrem Gesamtschalldämmmaß, einschließlich solcher Öffnungen zu bestimmen. Türen und Fenster stellen die schwächste Stelle in einer Wand dar, wobei das Hauptaugenmerk auf Zwischenwände mit Türen gelegt wird, weil Störgeräusche aus dem Innern eines Hauses das Wohngefühl seiner Bewohner wesentlich beeinflussen. Bei Häusern, die an stark befahrenen Straßen angrenzen, spielt die Schalldämmung der Fenster als schwächstem Glied in der Außenfassade eine entscheidende Rolle.

3.11.2.3 Grafische Methode zur Ermittlung des Gesamtschalldämmmaßes zusammengesetzter Bauteile

Die grafische Methode gestattet eine relativ schnelle Abschätzung des bewerteten Gesamtschalldämmmaßes einer Wand mit Öffnungen wie Türen und Fenster.

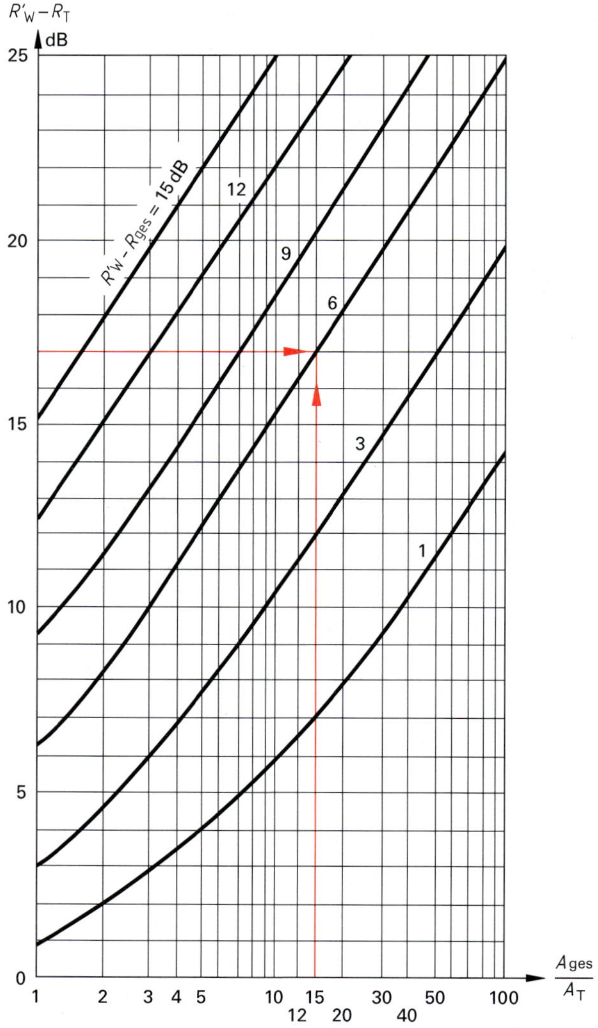

Bild 1: Diagramm zur Ermittlung des Schalldämmmaßes von Bauteilen mit Öffnungen

$A_{ges} = A_{W+T}$

Beispiel 1:

gegeben:

Schalldämmmaß der Wand: $R'_W = 44$ dB

Schalldämmmaß der Tür: $R_T = 27$ dB

Wandfläche einschl. Tür: $A_{W+T} = 30$ m²

Türfläche: $A_T = 2{,}0$ m²

gesucht: Schalldämmmaß der Wand, einschließlich Tür R_{ges}

Lösung:

Verhältnis $\frac{A_{W+T}}{A_T} = \frac{30 \text{ m}^2}{2 \text{ m}^2} = 15$

Differenz der Schalldämmung:
Wand – Tür
$R'_W \;\; - R_T$
44 dB – 27 dB = 17 dB

daraus folgt

nach dem Diagramm $R'_W - R_{ges} = 6$ dB

Setzt man für $R'_W = 44$ dB so folgt:

$R_{ges} = R'_W - 6$ dB
$= 44$ dB $- 6$ dB
$\mathbf{R_{ges} = 38}$ **dB**

Beispiel 2:

angestrebt: $R_{ges} = 46$ dB

errechnet: $R'_W = 53$ dB

vorh.: $A_{W+T} = 40$ m²

vorh.: $A_T = 2{,}0$ m²

gesucht: R_T

Lösung:

Verhältnis $\frac{A_{W+T}}{A_T} = \frac{40 \text{ m}^2}{2 \text{ m}^2} = 20$

$R'_W - R_{ges} = 53$ dB $- 46$ dB $= 7$ dB

Nach dem Diagramm folgt: $R'_W - R_T = 19$ dB

Setzt man für $R'_W = 53$ dB
so erhält man 53 dB $- R_T = 19$ dB
$R_T = 34$ dB

3.11.2.4 Rechnerische Methode zur Bestimmung des Gesamtschalldämmmaßes R_{ges}

Das Gesamtschalldämmmaß einer Wand mit einer Tür oder Fenstern berechnet sich zu:

$$R_{ges} = R'_W - 10 \cdot \lg \left\{ 1 + \frac{A_T}{A_{W+T}} \left(10^{\frac{R'_W - R_T}{10}} - 1 \right) \right\}$$

R'_W = Schalldämmmaß der Wand
R_T = Schalldämmmaß der Tür
A_{W+T} = Wandfläche, einschließlich Tür- oder Fensterfläche
A_T = Tür- oder Fensterfläche

Beispiel 1:
Wand mit Tür
gegeben: $R'_W = 55$ dB $A_{W+T} = 25$ m^2
$R_T = 26$ dB $A_T = 2$ m^2

gesucht: R_{ges}

Lösung:

$$R_{ges} = R'_W - 10 \cdot \lg \left\{ 1 + \frac{A_T}{A_{W+T}} \left(10^{\frac{R'_W - R_T}{10}} - 1 \right) \right\}$$

$$R_{ges} = 55 \text{ dB} - 10 \cdot \lg \left\{ 1 + \frac{2 \text{ m}^2}{25 \text{ m}^2} \left(10^{\frac{55 \text{ dB} - 26 \text{ dB}}{10}} - 1 \right) \right\}$$

$$R_{ges} = 55 \text{ dB} - 10 \cdot \lg \left\{ 1 + \frac{8}{100} \left(10^{2,9} - 1 \right) \right\}$$

$$= 55 \text{ dB} - 10 \cdot \lg \left\{ 1 + \frac{8}{100} \left(794,33 - 1 \right) \right\}$$

$R_{ges} = 55$ dB $- 10 \cdot \lg 64,47$
$R_{ges} = 55$ dB $- 18,09$ dB
$R_{ges} = 37$ dB

Beispiel 2:
gegeben: Wand aus HLz; in NM
$\varrho = 0,8$ kg/dm^3;
$d = 24$ cm
Wandfläche einschließlich Tür 32 m^2
Türfläche 2,5 m^2
Schalldämmmaß der Tür 30 dB

gesucht: gesamtes Schalldämmmaß der Wand einschließlich Tür

Lösung:

$m' = d \cdot \varrho$

$m' = 820 \frac{\text{kg}}{\text{m}^3} \cdot 0,24$ m (Tab. 1 S. 284)

$m' = 196,8 \frac{\text{kg}}{\text{m}^2}$

$R'_W = 25 \lg m' - 12$ dB
$R'_W = 25 \lg 196,8 - 12$ dB
$R'_W = 45$ dB

$$R_{ges} = R'_W - 10 \cdot \lg \left\{ 1 + \frac{A_T}{A_{W+T}} \left(10^{\frac{R'_W - R_T}{10}} - 1 \right) \right\}$$

$$R_{ges} = 45 \text{ dB} - 10 \cdot \lg \left\{ 1 + \frac{2,5 \text{ m}^2}{32 \text{ m}^2} \left(10^{\frac{45 \text{ dB} - 30 \text{ dB}}{10}} - 1 \right) \right\}$$

$$R_{ges} = 45 \text{ dB} - 10 \cdot \lg \left\{ 1 + \frac{2,5 \text{ m}^2}{32 \text{ m}^2} \left(10^{\frac{15 \text{ dB}}{10}} - 1 \right) \right\}$$

$$R_{ges} = 45 \text{ dB} - 10 \cdot \lg \left\{ 1 + \frac{2,5 \text{ m}^2}{32 \text{ m}^2} \cdot 30,6 \right\}$$

$R_{ges} = 45$ dB $- 10 \cdot \lg 3,39$
$R_{ges} = 45$ dB $- 10 \cdot 0,53$ dB
$R_{ges} = 39,7$ dB

Das erforderliche Türschalldämmmaß (Fensterschalldämmmaß) errechnet sich zu:

$$R_T = R'_W - 10 \cdot \lg \left\{ \frac{A_{W+T}}{A_T} \left(10^{\frac{R'_W - R_{ges}}{10}} - 1 \right) + 1 \right\}$$

Das Schalldämmmaß R' einer Tür errechnet sich zu:

$$R'_T = L_1 - L_2 + 10 \lg \frac{A}{A_o} - 3 \text{ dB}$$

L_1 = mittlerer Schalldruckpegel an der Oberfläche der Tür (ca. 10 mm Abstand)
L_2 = mittlerer Schalldruckpegel im Raum hinter der Tür
A = Türfläche (lichte Öffnung in der Wand)
A_o = äquivalente Schallabsorptionsfläche im Empfangsraum A_o, s.S. 331

Beispiel 3:

gegeben: $R_{ges} = 42$ dB

vorhanden: Wand $\varrho = 1{,}8$ kg/dm³;

$d = 24$ cm

$A_{W+T} = 15$ m²

$A_T = 2$ m²

gesucht: R_T

Lösung:

$m' = d \cdot \varrho$

$m' = 0{,}24$ m · 1 720 kg/m³ (Tab. 1 S. 284)

$m' = 412{,}8$ kg/m²

$R'_W = 25 \cdot \lg m' - 12$ dB

$R'_W = 25 \cdot \lg 412{,}8 - 12$ dB

$R'_W = 53$ dB

$$R_T = R'_W - 10 \cdot \lg \left\{ \frac{A_{W+T}}{A_T} \left(10^{\frac{R'_W - R_{ges}}{10}} - 1 \right) + 1 \right\}$$

$$R_T = 53\text{ dB} - 10 \cdot \lg \left\{ \frac{15\text{ m}^2}{2\text{ m}^2} \left(10^{\frac{53\text{ dB} - 42\text{ dB}}{10}} - 1 \right) + 1 \right\}$$

$$R_T = 53\text{ dB} - 10 \cdot \lg \left\{ \frac{15\text{ m}^2}{2\text{ m}^2} \left(10^{1{,}1} - 1 \right) + 1 \right\}$$

$R_T = 53$ dB $- 10 \cdot \lg\,[7{,}5\,(10^{1{,}1} - 1) + 1]$

$R_T = 53$ dB $- 10 \cdot \lg 87{,}9$

$R_T = 53$ dB $- 10 \cdot 1{,}94$ dB

$R_T = 33{,}6$ dB

$R_T = 34$ dB

3.11.2.5 Kurzform zur Berechnung des Schalldämmmaßes zusammengesetzter Bauteile

In den meisten Fällen ist die Wandfläche im Verhältnis zur Türfläche sehr groß, ebenso das Verhältnis der Schalldämmung der Wand zum Schalldämmmaß der Tür.

Wenn gilt:

$R'_W \gg R_T$

$A_{W+T} : A_T \geq 10 : 1$

- $R'_W - R_T$ = mindestens 15 dB, d.h. das Schalldämmmaß der Wand muss mindestens 15 dB höher sein als das Türschalldämmmaß
- Die Wandfläche einschließlich Tür muss mindestens 10-mal größer als die Türfläche sein
  Je besser die Bedingungen erfüllt sind, desto mehr entsprechen sich genaue Rechnung und Näherungslösungen

dann kann das bewertete Gesamtschalldämmmaß berechnet werden zu:

$$R_{ges} = R_T + 10 \cdot \lg \frac{A_{W+T}}{A_T}$$

nach Beispiel 1 gilt:

Bedingung: $R'_W - R_T$ = 55 dB – 26 dB = 29 dB > 15

$A_{W+T} : A_T$ = 25 m² : 2 m² = 12,5 : 1 > 10

$R_{ges} = 26$ dB $+ 10 \cdot \lg 25$ m²/2 m²

$R_{ges} = 26$ dB $+ 10 \cdot \lg 12{,}5$

$R_{ges} = 26$ dB $+ 10 \cdot 1{,}10$

$R_{ges} = 26$ dB + 11 dB

$R_{ges} = 37$ dB

Berechnung nach Beispiel 2 über die Kurzform:

Bedingungen:

$R'_W \gg R_T$ erfüllt: 45 dB – 30 dB = 15 dB

$A_{W+T} : A_T \geq 10 : 1$ erfüllt: 32 m² : 2,5 m² = 12,8 : 1

$$R_{ges} = R_T + 10 \cdot \lg \frac{A_{W+T}}{A_T}$$

$$R_{ges} = 30\text{ dB} + 10 \cdot \lg \frac{32\text{ m}^2}{2{,}5\text{ m}^2}$$

$R_{ges} = 30$ dB $+ 10 \cdot \lg 12{,}8$

$R_{ges} = 30$ dB $+ 10 \cdot 1{,}1$ dB

$R_{ges} = 30$ dB + 11 dB

$R_{ges} = 41$ dB

Ermittlung des Schalldämmmaßes der Tür nach Beispiel 3 über die Kurzform

$$R_{ges} = R_T + 10 \cdot \lg \frac{A_{W+T}}{A_T}$$

$$42\text{ dB} = R_T + 10 \cdot \lg \frac{15}{2}$$

$R_T = 42$ dB $- 10 \cdot \lg 15/2$

$R_T = 42$ dB $- 10 \cdot 0{,}88$

$R_T = 33{,}2$ dB

$R_T = 33$ dB

Die Vergleiche zeigen, dass in den meisten Fällen der Nachweis über die Kurzform möglich ist.

3.11.2.6 Gesamtschalldämmmaß mit zwei verschiedenen Öffnungen

Oft befinden sich in einer Wand zwei Öffnungen (Fenster, Tür), die unterschiedliche Schalldämmmaße haben. Um das Gesamtschalldämmmaß zu ermitteln, wird zuerst das resultierende Schalldämmmaß von zwei Bauteilen berechnet und danach mit dem dritten Bauteil das Gesamtschalldämmmaß. (resultierend = das Resultat, d.i. das Ergebnis betreffend)

Beispiel: $R'_{AW} = 55$ dB, $R'_{W} = 35$ dB, $R'_{T} = 24$ dB; $A_{AW} = 32{,}0\ m^2$, $A_{W} = 4{,}0\ m^2$, $A_{T} = 2{,}0\ m^2$

Variante 1: Fenster/Tür – Wand

Zunächst Fenster und Tür:

$$R_{res} = R_W - 10 \cdot \lg\left[1 + \frac{A_T}{A_W + A_T} \cdot \left(10^{\frac{R_W - R_T}{10}} - 1\right)\right]$$

$$R_{res} = 35\ \text{dB} - 10 \cdot \lg\left[1 + \frac{2}{6} \cdot \left(10^{\frac{35-24}{10}} - 1\right)\right]$$

$$R_{res} = 35\ \text{dB} - 10 \cdot \lg\left[1 + \frac{2}{6} \cdot \left(10^{1,1} - 1\right)\right]\ \text{dB}$$

$$R_{res} = 28{,}1\ \text{dB}$$

dann R_{res} mit der Wand:

$$R_{ges} = R_{AW} - 10 \cdot \lg\left[1 + \frac{A_W + A_T}{A_{AW} + A_W + A_T} \cdot \left(10^{\frac{R_{AW} - R_{res}}{10}} - 1\right)\right]$$

$$R_{ges} = 55\ \text{dB} - 10 \cdot \lg\left[1 + \frac{6}{38} \cdot \left(10^{\frac{55-28,1}{10}} - 1\right)\right]$$

$$R_{ges} = 55\ \text{dB} - 10 \cdot \lg\left[1 + \frac{6}{38} \cdot \left(10^{2,69} - 1\right)\right]\ \text{dB}$$

$$R_{ges} = 36{,}07\ \text{dB}$$

Variante 2: Wand/Tür – Fenster

Zunächst Wand mit Tür:

$$R_{res} = R_{AW} - 10 \cdot \lg\left[1 + \frac{A_T}{A_{AW} + A_T} \cdot \left(10^{\frac{R_{AW} - R_T}{10}} - 1\right)\right]$$

$$R_{res} = 55\ \text{dB} - 10 \cdot \lg\left[1 + \frac{2}{34} \cdot \left(10^{\frac{55-24}{10}} - 1\right)\right]$$

$$R_{res} = 55\ \text{dB} - 10 \cdot \lg\left[1 + \frac{2}{34} \cdot \left(10^{3,1} - 1\right)\right]\ \text{dB}$$

$$R_{res} = 36{,}24\ \text{dB}$$

dann R_{res} mit Fenster:

$$R_{ges} = R_{res} - 10 \cdot \lg \left[1 + \frac{A_W}{A_{AW} + A_W + A_T} \cdot \left(10^{\frac{R_{res} - R_W}{10}} - 1 \right) \right]$$

$$R_{ges} = 36{,}2 \text{ dB} - 10 \cdot \lg \left[1 + \frac{4}{38} \cdot \left(10^{\frac{36{,}2 - 35}{10}} - 1 \right) \right]$$

$$R_{ges} = 36{,}2 \text{ dB} - 10 \cdot \lg \left[1 + \frac{4}{38} \cdot \left(10^{0{,}12} - 1 \right) \right] \text{dB}$$

$$R_{ges} = 36{,}06 \text{ dB}$$

Variante 3: Wand/Fenster – Tür

Zunächst Wand mit Fenster:

$$R_{res} = R_{AW} - 10 \cdot \lg \left[1 + \frac{A_W}{A_{AW} + A_W} \cdot \left(10^{\frac{R_{AW} - R_W}{10}} - 1 \right) \right]$$

$$R_{res} = 55 \text{ dB} - 10 \cdot \lg \left[1 + \frac{4}{36} \cdot \left(10^{\frac{55 - 35}{10}} - 1 \right) \right]$$

$$R_{res} = 55 \text{ dB} - 10 \cdot \lg \left[1 + \frac{4}{36} \cdot \left(10^{2{,}0} - 1 \right) \right]$$

$$R_{res} = 44{,}2 \text{ dB}$$

dann R_{res} mit Tür:

$$R_{ges} = R_{res} - 10 \cdot \lg \left[1 + \frac{A_T}{A_{AW} + A_W + A_T} \cdot \left(10^{\frac{R_{res} - R_T}{10}} - 1 \right) \right]$$

$$R_{ges} = 44{,}2 \text{ dB} - 10 \cdot \lg \left[1 + \frac{2}{38} \cdot \left(10^{\frac{44{,}2 - 24}{10}} - 1 \right) \right]$$

$$R_{ges} = 44{,}2 \text{ dB} - 10 \cdot \lg \left[1 + \frac{2}{38} \cdot \left(10^{2{,}02} - 1 \right) \right] \text{dB}$$

$$R_{ges} = 36{,}1 \text{ dB}$$

Vorgehensweise:

Variante 1: Im Bruch vor der Klammer steht im ersten Schritt im Zähler zunächst die kleinste Bauteilfläche A_T und im Nenner die Flächen der beiden betrachteten Bauteile $A_W + A_T$. Im zweiten Schritt stehen im Zähler die Flächen der zunächst betrachteten kleinen Bauteile $A_W + A_T$ und im Nenner alle drei Bauteilflächen $A_{AW} + A_W + A_T$.

Variante 2: Hier stehen im ersten Schritt im Zähler die kleinste Bauteilfläche A_T und im Nenner die beiden betrachteten Flächen $A_{AW} + A_T$.
Im zweiten Schritt steht im Zähler die Fläche des hinzugekommenen Bauteils A_W und im Nenner alle drei Bauteilflächen $A_{AW} + A_W + A_T$.

Variante 3: Auch hier steht im ersten Schritt im Zähler die kleinste Bauteilfläche A_W und im Nenner die beiden betrachteten Flächen $A_{AW} + A_W$.
Im zweiten Schritt steht im Zähler die Fläche des hinzugekommenen Bauteils A_T und im Nenner alle drei Bauteilflächen.

3.11.2.7 Korrekturwerte des bewerteten Schalldämmmaßes für flankierende Bauteile

Tabelle 1: Rohdichten für die Berechnung der Schalldämmung einschaliger biegesteifer Wände aus Steinen und Platten DIN 4109

Rohdichte[1] der Steine kg/m³	Wandrohdichte[2)3)] bei Verwendung von Normalmörtel NM kg/m³	Leichtmörtel LM kg/m³	Dünnbettmörtel DM kg/m³
2 200	2 080	1 940	2 200
2 000	1 900	1 770	2 000
1 800	1 720	1 600	1 800
1 600	1 540	1 420	1 600
1 400	1 360	1 260	1 400
1 200	1 180	1 090	1 200
1 000	1 000	950	1 000
900	910	860	900
800	820	770	800
700	730	680	700
600	640	590	600
500	550	500	500
400	460	410	400

Tabelle 2: Flächenbezogene Masse von Wand- und Deckenputzen

Putzdicke mm	Flächenbezogene Masse von Kalkgipsputz Gipsputz kg/m²	Kalkputz Kalk-Zementputz Zementputz kg/m²
10	10	18
15	15	25
20	–	30

1) Werden Hohlblocksteine mit den Öffnungen nach oben vermauert und die Hohlräume mit Sand oder Mörtel gefüllt, so sind die Werte der Wandrohdichte um 400 kg/m² zu erhöhen.
2) Die angegebenen Werte gelten für alle Steinformate.
3) Dicke der Mörtelfugen nach DIN 1053

Anm.: Beton und Stahlbeton ist im Schallschutz mit einer Rohdichte von 2 300 kg/m³ anzunehmen.

Die Werte von Tab. 1 zeigen, dass bei Steinrohdichten > 1 000 kg/m³ die anzusetzenden Rohdichten vermindert werden müssen, während sie bei Steinrohdichten < 1 000 kg/m³ höher anzusetzen sind, bedingt durch das Mörtelgewicht.

Tabelle 3: Korrekturwerte $K_{L,1}$ für das bewertete Schalldämmmaß R'_W von biegesteifen Wänden und Decken als trennende Bauteile bei flankierenden Bauteilen mit der mittleren flächenbezogenen Masse $m'_{L,m}$ DIN 4109

Zeile	Art des trennenden Bauteils	$K_{L,1}$ in dB für mittlere flächenbezogene Massen $m'_{L,m}$ in kg/m² 400	350	300	250	200	150	100
1	Einschalige, biegesteife Wände und Decken	0	0	0	0	−1	−1	−1
2	Einschalige, biegesteife Wände mit biegeweichen Vorsatzschalen	+2	+1	0	−1	−2	−3	−4
3	Massivdecken mit schwimmendem Estrich oder Holzfußboden							
4	Massivdecken mit schwimmendem Estrich und Unterdecke							

Tabelle 4: Korrekturwerte $K_{L,1}$ für das bewertete Schalldämmmaß R'_W von zweischaligen Wänden aus biegeweichen Schalen und von Holzbalkendecken als trennende Bauteile bei flankierenden Bauteilen mit der mittleren flächenbezogenen Masse $m'_{L,m}$ DIN 4109

Zeile	R'_W der Trennwand bzw. -decke für $m'_{L,m}$ von etwa 300 kg/m² dB	$K_{L,1}$ in dB für mittlere flächenbezogene Massen $m'_{L,m}$ in kg/m² 450	400	350	300	250	200	150
1	50	+4	+3	+2	0	−2	−4	−7
2	49	+2	+2	+1	0	−2	−3	−6
3	47	+1	+1	+1	0	−2	−3	−6
4	45	+1	+1	+1	0	−1	−2	−5
5	43	0	0	0	0	−1	−2	−4
6	41	0	0	0	0	−1	−1	−3

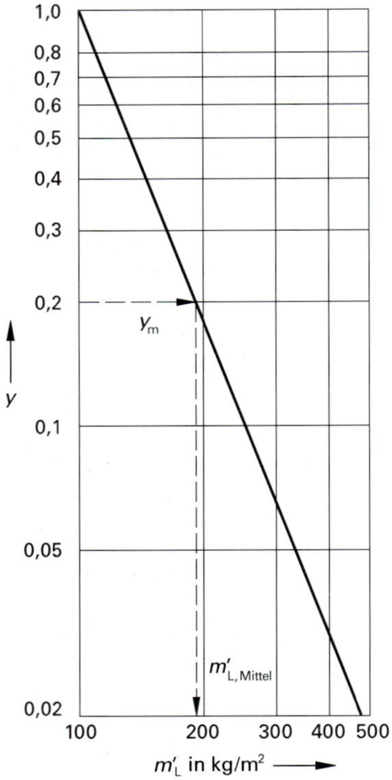

Bild 1: Diagramm zur Ermittlung der mittleren flächenbezogenen Masse $m'_{L,m}$ der flankierenden Bauteile für Trennwände aus biegeweichen Schalen oder für Holzbalkendecken als trennende Bauteile

Die in den Tabellen 3 und 4 auf der Seite 351 erforderlichen Werte von $m'_{L,m}$ können grafisch mit Hilfe des Diagrammes Bild 1 oder mit folgender Formel ermittelt werden:

$$m'_{L,m} = \left(\frac{1}{n} \cdot \sum (m_{L,i})^{-2,5}\right)^{-0,4}$$

Beispiel 1:

Mittlere flächenbezogene Masse $m'_{L,m}$ von vier flankierenden Bauteilen.

$m'_{L,1} = 150$ kg/m² $\Rightarrow y_1 = 0{,}4$;

$m'_{L,2} = 190$ kg/m² $\Rightarrow y_2 = 0{,}2$

$m'_{L,3} = 320$ kg/m² $\Rightarrow y_3 = 0{,}068$;

$m'_{L,4} = 450$ kg/m² $\Rightarrow y_4 = 0{,}024$

$$y_m = \frac{0{,}4 + 0{,}2 + 0{,}068 + 0{,}024}{4}$$

$y_m = 0{,}173 \Rightarrow m'_{L,m} = 210$ kg/m² nach Diagramm

Nach der Formel:

$$m'_{L,m} = \left[\frac{1}{4} \cdot (150^{-2,5} + 190^{-2,5} + 320^{-2,5} + 450^{-2,5})\right]^{-0,4}$$

$m'_{L,m} = 207{,}9$ kg/m²

Tabelle 1: Korrekturwerte $K_{L,2}$ für das bewertete Schalldämmmaß R'_W trennender Bauteile mit biegeweicher Vorsatzschale, schwimmendem Estrich/Holzfußboden oder aus biegeweichen Schalen DIN 4108

Anzahl der flankierenden biegeweichen Bauteile oder flankierenden Bauteile mit biegeweicher Vorsatzschale	$K_{L,2}$
1	+1
2	+3
3	+6

Beispiel 2:

Zweischalige Leichtbauwand aus Gipskartonplatten mit einem bewerteten Schalldämmmaß von $R'_W = 46$ dB

Flankierende Bauteile:

Außenwand: $m'_{L,1} = 230$ kg/m²

Innenwand: $m'_{L,2} = 430$ kg/m²

Obere Decke: $m'_{L,3} = 414$ kg/m²

Die untere Decke findet keine Berücksichtigung, da sie einen schwimmenden Estrich enthält.

$$m'_{L,m} = \left[\frac{1}{3} \cdot (230^{-2,5} + 430^{-2,5} + 414^{-2,5})\right]^{-0,4}$$

$m'_{L,m} = 308$ kg/m²

Nach Tabelle 4 Seite 351 findet keine Beeinträchtigung durch flankierende Bauteile statt.

Beispiel 3:

Zweischalige Wand wie im Beispiel 2

Flankierende Bauteile:

Außenwand 230 kg/m³

Innenwand 135 kg/m³

Holzbalkendecke 128 kg/m³

$$m'_{L,m} = \left[\frac{1}{3} \cdot (230^{-2,5} + 135^{-2,5} + 128^{-2,5})\right]^{-0,4}$$

$m'_{L,m} = 147{,}4$ kg/m²

Bewertetes Schalldämmmaß der Leichtbauwand

$R'_W = 46$ dB $- 6$ dB

$R'_W = 40$ dB

Nach Tabelle 4 S. 351 ist ein Korrekturwert $K_{L,1}$ von 6 dB anzusetzen.

3.12 Zweischalige Bauteile

Einschalige Bauteile haben dort ihre Grenzen, wo es um hohe Schalldämmmaße geht. Sollen Schalldämmmaße von 55 dB und mehr angestrebt werden, so können diese nur durch zweischalige Bauteile erreicht werden. Zweischalige Bauteile bieten den Vorteil, dass durch den Luftzwischenraum, der wie eine Feder wirkt, eine geringere flächenbezogene Masse notwendig ist, und dabei werden noch bessere Schalldämmmaße erzielt, als mit einschaligen Bauteilen.
Zweischalige Bauteile können als Wände, aber auch als Decken ausgeführt werden. Bei Decken ist die erforderliche Luftschalldämmung außer bei Holzbalkendecken im Allgemeinen problemlos zu erreichen. Bei Decken stellt der Trittschallschutz noch größere Anforderungen an den Planer als bei Wänden.

Zweischalige Bauteile

bestehend aus

zwei biegeweichen Schalen

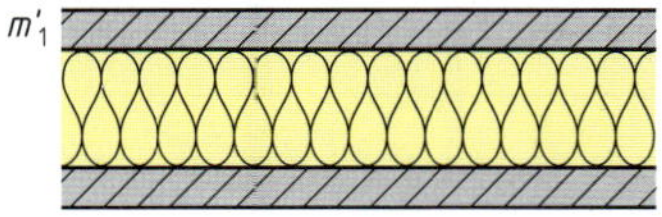

z.B.
- Spanplatten
- Holzwolle-Leichtbauplatten
- Gipskartonplatten
- Holz/Sperrholz

zwei biegesteifen Schalen

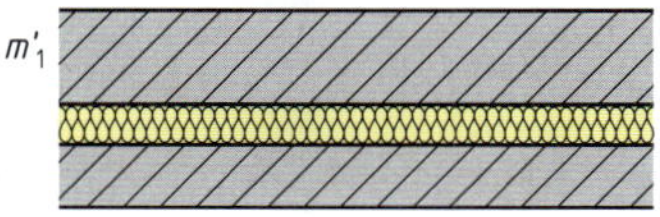

z.B.
- Beton
- Mauerwerk
- Leichtbeton

einer biegeweichen und einer biegesteifen Schale

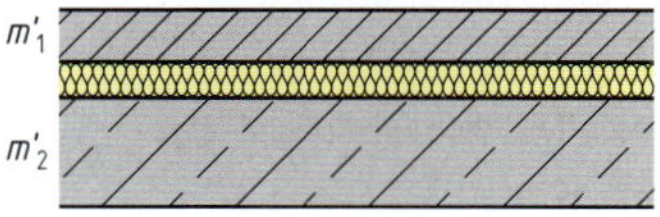

z.B.
- schwimmender Estrich
- Mauerwerk mit Vorsatzschale
- abgehängte Decke

Dynamische Steifigkeit

Zweischalige Bauteile sind meist mit einer Dämmschicht zwischen den Schalen ausgefüllt, die sowohl Wärmedämmfunktion als auch Schallschutzfunktion zu übernehmen hat. Während für den Wärmeschutz der Wärmeleitwert für den Feuchteschutz der Wasserdampfdiffusionswiderstand (μ-Wert) eine Rolle spielt, ist für den Schallschutz die dynamische Steifigkeit die entscheidende Kenngröße. Dieser Kennwert gibt Auskunft über die innere Schälldämpfung beim Trittschall im Estrichbereich und bei der Schallschluckung bei Wänden und abgehängten Decken.

Je geringer die dynamische Steifigkeit eines Stoffes ist, desto größer ist die
- trittschalltechnische und
- schallschlucktechnische Wirksamkeit dieser Dämmschicht (Schallabsorption).

Andererseits wird die Dämmschicht im eingebauten Zustand umso mehr zusammengedrückt, je geringer die dynamische Steifigkeit ist. Zwischen Druckbelastung und Schalldämmwirkung muss daher oft ein Kompromiss eingegangen werden.

$$s' = \frac{E_{dyn}}{d_L}$$

s' = dynamische Steifigkeit in MN/m^3
E_{dyn} = dynamischer Elastizitätsmodul MN/m^2
d_L = Schichtdicke des Dämmmaterials oder lichter Schalenabstand in m

Beispiel:
Eine zweischalige Wand mit $m' = 100$ kg/m^2 je Schale und einer Hohlraumdämpfung zwischen den Schalen (Mineralfasern) ergibt ein Schalldämmmaß laut Diagramm Seite 342 von $R'_W = 63$ dB.
Dieser Wert ist erreichbar durch z.B.:

Zwei Schalen aus HLz W mit:
ϱ = 900 kg/m^3
und d = 11,5 cm, denn
$\Rightarrow$ $m' = d \cdot \varrho$
$m' = 910$ kg/m $\cdot$ 0,115 m (Tab. 1 S. 351)
$m' = 104{,}6$ kg/m^2 > erf $m' = 100$ kg/m

Tabelle 1: Dynamische Steifigkeit *s'* von Dämmstoffen

Material	Dicke in mm	dynamische Steifigkeit bei lose eingelegtem Material in Wänden in MN/m³	dynamische Steifigkeit bei schwimmenden Estrichen in MN/m³
Mineralfaserplatten	10		15
Mineralfaserplatten	20		8
Kokosfasern	10		35
Polystyrol	20		60 ... 70
Holzfaserplatten	15		150
Korkschrotplatten	15		150
Korkplatten, lose verlegt	15		550
Holzwolle-Leichtbauplatten	25		200
Blähglimmerschüttung	30		170
Sandschüttung	40		300
Mineralfasermatten	30	3	
Mineralfaserplatten	30	4	
Hartschaumplatten	20	25 ... 50	
Holz-Weichfaserplatten	20	10	
Luft	30	15	
Luft	50	10	

3.12.1 Resonanzfrequenz f_R (Eigenfrequenz)

Bei zweischaligen Bauteilen spricht man dann von Resonanzfrequenz oder Eigenfrequenz, wenn beide Schalen gegeneinander mit der größten Amplitude schwingen. Das Schalldämmmaß erreicht dann sein Minimum. Bei der Resonanzfrequenz ist die Schwingung des Schwingungserregers (der Masse m_1) gleich der Schwingung des Schwingungsaufnehmers (der Masse m_2). Die Federwirkung entsteht durch die Luftschicht oder Dämmschicht zwischen den beiden Schalen.
Man spricht hierbei von einem Masse-Feder-System.

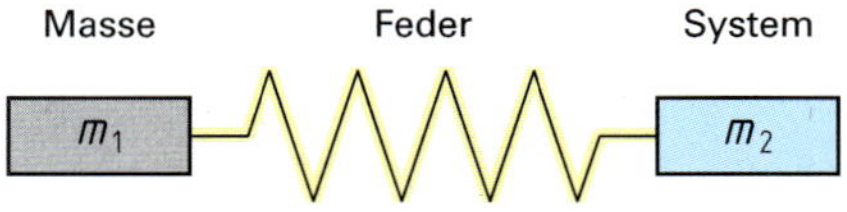

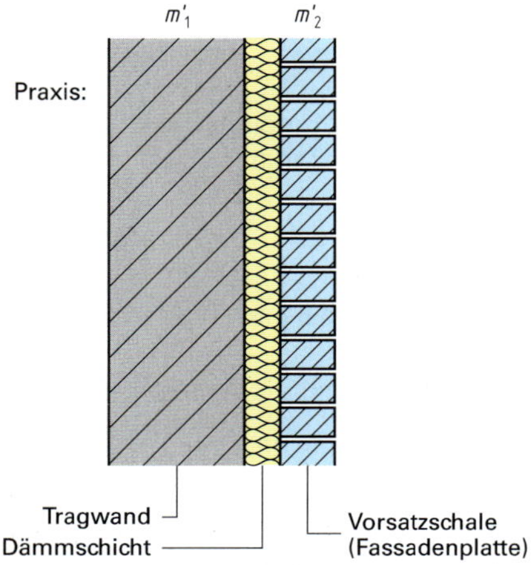

Bild 1: Masse-Feder-System

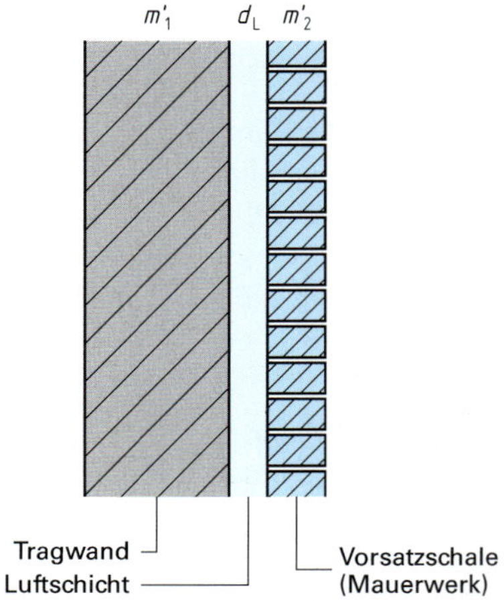

Bild 2: Masse-Feder-System

Man unterscheidet drei Phasen der Frequenz:

$f < f_R$	$f = f_R$	$f > f_R$
Schwingt eine Masse unterhalb der Resonanzfrequenz zu einer anderen, so schwingen beide Massen so, als seien sie starr gekoppelt.	Schwingt ein System bei der Resonanzfrequenz, so sind die Amplituden des Schwingungsaufnehmers m_2 größer als die des verursachenden Systems m_1.	Schwingt ein System (m_2) oberhalb der Resonanzfrequenz, so sind dessen Amplituden geringer als die des anregenden Systems m_1.

3.12.2 Resonanzfrequenz f_R zweischaliger Bauteile mit lose eingelegter, weichfedernder Dämmschicht

zwei biegeweiche Schalen

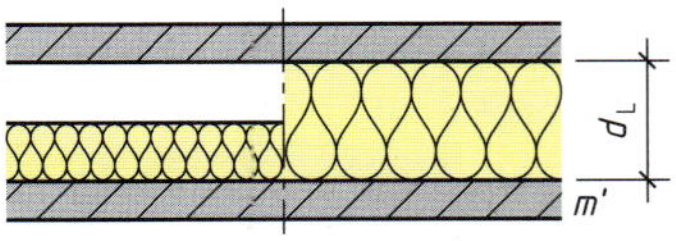

$$f_R = \frac{85}{\sqrt{m'_2 \cdot d_L}}$$

zwei biegesteife Schalen

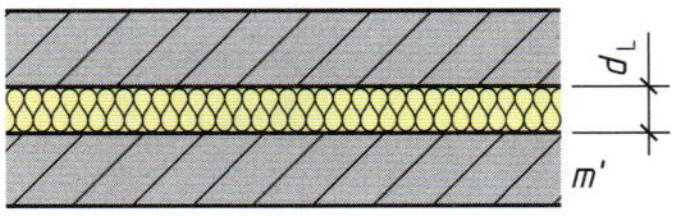

$$f_R = \frac{340}{\sqrt{m'_2 \cdot d_L}}$$

eine biegeweiche und eine biegesteife Schale

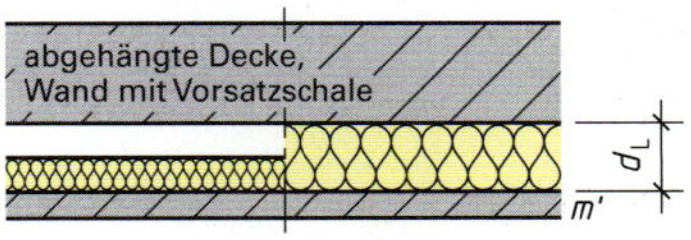

$$f_R = \frac{60}{\sqrt{m'_2 \cdot d_L}}$$

m'_2 = flächenbezogene Masse der Vorsatzschale, bzw. der Einzelschale bei zwei gleichen Schalen. Es wird deshalb nur die flächenbezogene Masse der dünneren Schale berücksichtigt, weil deren Grenzfrequenz stets ungünstiger ist, als die der dickeren Schale.

d_L = lichter Schalenabstand in m

Beachte: Die Vorsatzschale sollte stets auf der lauten Bauteilseite angeordnet werden.

Beispiel 1:

Spanplatten

ϱ = 700 kg/m³
d = 22 mm

m' = 700 kg/m³ · 0,022 m
m' = 15,4 kg/m²

Mauerwerk (Tab. S. 284)

ϱ = 1 400 kg/m³
d = 24 cm

m' = 1 360 kg/m³ · 0,24 m
m' = 326,4 kg/m²

Mauerwerk mit Vorsatzschale aus Holzwolle-Leichtbauplatte

ϱ = 400 kg/m³ (HWL-Platte)
d = 50 mm

m' = 400 kg/m³ · 0,05 m
m' = 20 kg/m²

Schalenabstand 3 cm

$$f_R = \frac{85}{\sqrt{15{,}4 \frac{\text{kg}}{\text{m}^2} \cdot 0{,}03\ \text{m}}}$$

f_R = 125 Hz

$$f_R = \frac{340}{\sqrt{326 \frac{\text{kg}}{\text{m}^2} \cdot 0{,}03\ \text{m}}}$$

f_R = 108 Hz

$$f_R = \frac{60}{\sqrt{20 \frac{\text{kg}}{\text{m}^2} \cdot 0{,}03\ \text{m}}}$$

f_R = 77 Hz

Schalenabstand 6 cm

$$f_R = \frac{85}{\sqrt{15{,}4 \frac{\text{kg}}{\text{m}^2} \cdot 2 \cdot 0{,}03\ \text{m}}}$$

f_R = 88 Hz

$$f_R = \frac{340}{\sqrt{326 \frac{\text{kg}}{\text{m}^2} \cdot 2 \cdot 0{,}03\ \text{m}}}$$

f_R = 76 Hz

$$f_R = \frac{60}{\sqrt{20 \frac{\text{kg}}{\text{m}^2} \cdot 2 \cdot 0{,}03\ \text{m}}}$$

f_R = 55 Hz

Der Vergleich zeigt, dass sich durch Vergrößerung des Schalenabstandes die Resonanzfrequenz verringern lässt. Da der Faktor 2 unter der Wurzel für die Verdoppelung des Schalenabstandes steht, könnte er genauso gut für eine Verdoppelung der flächenbezogenen Masse stehen.

Für eine Resonanzfrequenz f_R (Eigenfrequenz) von maximal 85 Hz gilt für zweischalige Bauteile mit schallabsorbierender Einlage bei:

zwei biegeweichen Schalen		einer schweren biegesteifen und einer leichten biegeweichen Schale
$m' \cdot d_L \geq 1$	m' in kg/m^2 d_L in m	$m' \cdot d_L \geq 0{,}5$

Aus diesen Beziehungen lassen sich für die Praxis mit ausreichender Genauigkeit sowohl die flächenbezogene Masse m' als auch der Abstand d_L der beiden Schalen für den Fall bestimmen, dass das zweischalige Bauteil dem einschaligen überlegen ist.

Beispiel 2:
flächenbezogene Masse : $m' = 25$ kg/m^2
Schalenabstand: $d_L = 5$ cm

$m' \cdot d_L$
25 kg/m^2 · 0,05 m = 1,25 > 1

Folge: Das zweischalige Bauteil ist dem einschaligen schalltechnisch überlegen.

Beispiel 3:
flächenbezogene Masse : $m' = 20$ kg/m^2
Schalenabstand: $d_L = 3$ cm

$m' \cdot d_L$
20 kg/m^2 · 0,03 m = 0,6 > 0,5

Folge: Das zweischalige Bauteil ist schalltechnisch besser als das einschalige.

Beispiel 4:
flächenbezogene Masse : $m' = 15$ kg/m^2
Schalenabstand: $d_L = 3$ cm

$m' \cdot d_L$
15 kg/m^2 · 0,03 m = 0,45 < 1
< 0,5

Folge: Ein zweischaliges Bauteil in dieser Ausführung ist schalltechnisch schlechter, als ein einschaliges mit gleicher Masse.

Beispiel 5:
flächenbezogene Masse : $m' = 20$ kg/m^2
Schalenabstand: $d_L = 2$ cm

$m' \cdot d_L$
20 kg/m^2 · 0,02 m = 0,4 < 0,5

Folge: Diese Ausführung ist ebenfalls einem einschaligen Bauteil mit gleicher Masse unterlegen.

Die Beispiele 2 und 3 haben gezeigt, dass bei zwei Schalen unterschiedlicher Biegesteifigkeit sowohl die flächenbezogene Masse als auch der Schalenabstand geringer sein kann um schalltechnisch einschaligen Bauteilen überlegen zu sein.

3.12.3 Vollflächige Verbindung der Dämmschicht mit beiden Schalen

Ist die Dämmschicht mit beiden Schalen vollflächig verbunden, so wirkt sich die dynamische Steifigkeit der Dämmschicht auf die Resonanzfrequenz zweischaliger Bauteile wesentlich aus.
Die Resonanzfrequenz f_R ergibt sich bei:

zwei biegeweichen Schalen

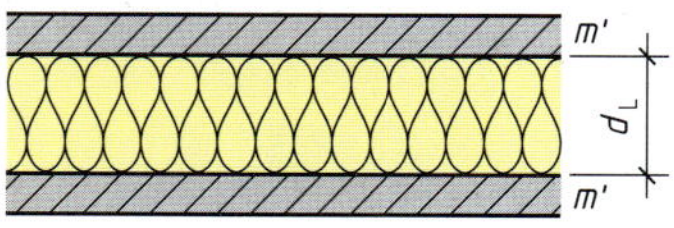

$$f_R \approx 225 \sqrt{\frac{s'}{m'_2}}$$

zwei biegesteifen Schalen

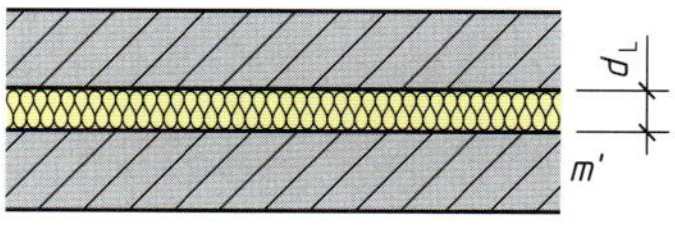

$$f_R \approx 900 \sqrt{\frac{s'}{m'_2}}$$

eine biegeweiche und eine biegesteife Schale

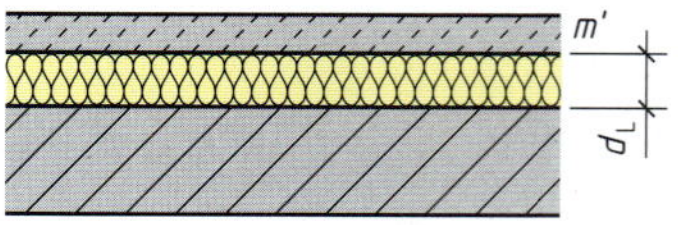

$$f_R \approx 160 \sqrt{\frac{s'}{m'_2}}$$

s' = dynamische Steifigkeit in MN/m^3
m'_2 = flächenbezogene Masse der dünneren Vorsatzschale

Beispiel 1: $s' = 4$ MN/m³ (weich federnd: z.B. Mineralfaserplatten)

Spanplatten:

ϱ = 700 kg/m³
d = 22 mm
d_L = 3 cm

$m' = 700\ \text{kg/m}^3 \cdot 0{,}022\ \text{m}$
$m' = 15{,}4\ \text{kg/m}^2$

$$f_R \approx 225 \sqrt{\frac{4\ \text{MN/m}^3}{15{,}4\ \text{kg/m}^2}}$$

$f_R = 115$ Hz

Mauerwerk:

ϱ = 1 400 kg/m³
d = 24 cm
d_L = 3 cm

$m' = 1\,360\ \text{kg/m}^3 \cdot 0{,}24\ \text{m}$
$m' = 326\ \text{kg/m}^2$

$$f_R \approx 900 \sqrt{\frac{4\ \text{MN/m}^3}{326\ \text{kg/m}^2}}$$

$f_R = 98$ Hz

Mauerwerk mit Vorsatzschale aus Holzwolle-Leichtbauplatte:

ϱ = 400 kg/m³ (HWL-Platte)
d = 50 mm
d_L = 3 cm

$m' = 400\ \text{kg/m}^3 \cdot 0{,}05\ \text{m}$
$m' = 20\ \text{kg/m}^2$

$$f_R \approx 160 \sqrt{\frac{4\ \text{MN/m}^3}{20\ \text{kg/m}^2}}$$

$f_R = 72$ Hz

Die Beispiele haben gezeigt, dass bei weich federnden Dämmschichten mit geringer dynamischer Steifigkeit etwa gleiche Werte der Resonanzfrequenz erreicht werden wie bei lose eingelegtem Dämmmaterial.

Beispiel 2: wie Beispiel 1 jedoch mit
$s' = 120$ MN/m³ (z.B. Polystyrol, XPS)

$$f_R \approx 225 \sqrt{\frac{120\ \text{MN/m}^3}{15{,}4\ \text{kg/m}^2}}$$

$f_R = 628$ Hz

$$f_R \approx 900 \sqrt{\frac{120\ \text{MN/m}^3}{326\ \text{kg/m}^2}}$$

$f_R = 546$ Hz

$$f_R \approx 160 \sqrt{\frac{120\ \text{MN/m}^3}{20\ \text{kg/m}^2}}$$

$f_R = 392$ Hz

Die Beispiele haben folgendes gezeigt:

- Weich federnde, vollflächig verbundene Dämmschichten mit sehr geringer dynamischer Steifigkeit bewirken etwa die gleiche Resonanzfrequenz wie lose eingelegtes Dämmmaterial.
- Dämmstoffe mit großer dynamischer Steifigkeit erzeugen eine hohe Resonanzfrequenz und machen zweischalige Bauteile nur noch wenig vorteilhaft gegenüber einschaligen.

Der Vergleich der drei Konstruktionsmöglichkeiten hat gezeigt, dass die Kombination einer biegesteifen mit einer biegeweichen Schale die niedrigste Resonanzfrequenz aufweist und dadurch schon bei niedrigen Frequenzen der einschaligen Wand überlegen ist.

Zweischalige Wände sind schalltechnisch umso wirksamer, je niedriger die Resonanzfrequenz liegt.

Die Resonanzfrequenz f_R ist umso niedriger

- je schwerer die Schalen sind (m' steht in der Formel im Nenner)
- je größer der Schalenabstand ist (d_L steht in der Formel im Nenner)
- je geringer die dynamische Steifigkeit der Dämmschicht ist (je geringer diese ist, desto größer ist die Federwirkung)

Je geringer die Resonanzfrequenz einer zweischaligen Wand ist, desto besser ist die Wand schalltechnisch. Für die Senkung der Resonanzfrequenz bestehen also die Wahlmöglichkeiten:

- Erhöhung der flächenbezogenen Masse und/oder
- Vergrößerung des Schalenabstandes und/oder
- Verringerung der dynamischen Steifigkeit der Dämmschicht

Da für die Berechnung des bewerteten Schalldämmmaßes nur Schallpegel im Frequenzbereich von 100 Hz bis 3 150 Hz bedeutsam sind, sollte die Resonanzfrequenz f_R (Eigenfrequenz) unter 100 Hz liegen.

Resonanzfrequenz f_R in Abhängigkeit von:

Masse

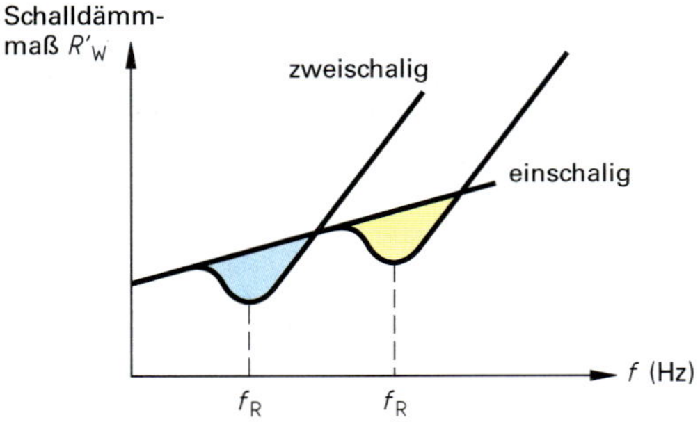

Bild 1: Resonanzfrequenz in Abhängigkeit von der flächenbezogenen Masse

große Masse	kleine Masse
z.B. Beton Mauerwerk Leichtbeton	z.B. Spanplatten Holzwolle-Leichtbauplatten Gipskartonplatten

Je größer die flächenbezogene Masse ist, desto niedriger ist die Resonanzfrequenz f_R.

dynamische Steifigkeit der Dämmschicht

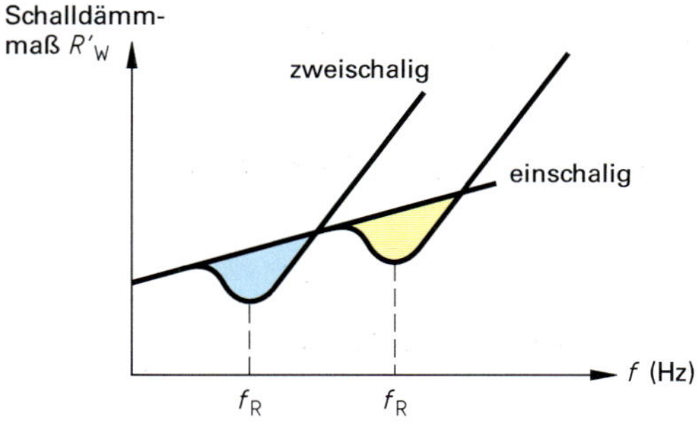

Bild 2: Resonanzfrequenz in Abhängigkeit von der dynamischen Steifigkeit der Dämmschicht

geringe dynamische Steifigkeit	große dynamische Steifigkeit
z.B. $s' = 4$ MN/m^3	z.B. $s' = 100$ MN/m^3

Je geringer die dynamische Steifigkeit der Dämmschicht ist, desto niedriger ist die Resonanzfrequenz f_R (Eigenfrequenz).

Schalenabstand

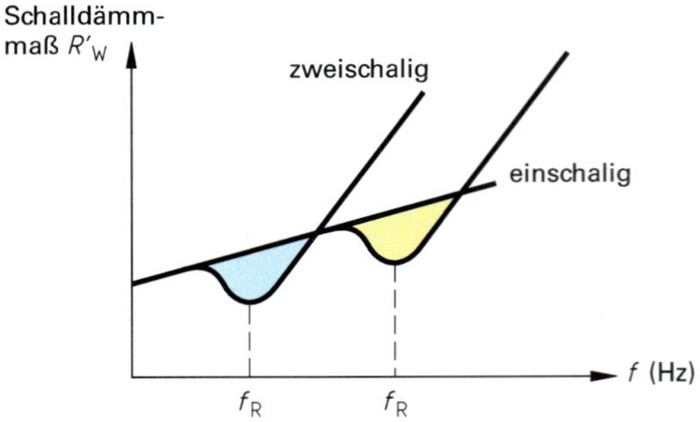

Bild 3: Resonanzfrequenz in Abhängigkeit vom Schalenabstand

großer Abstand	kleiner Abstand
ca. 20 cm	ca. 2 cm

Je größer der Schalenabstand ist, desto niedriger ist die Resonanzfrequenz f_R.

Berücksichtigung aller drei Grundsätze

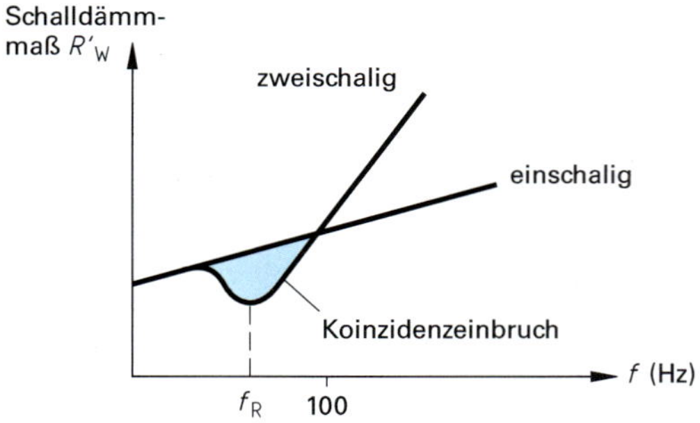

Bild 4: Resonanzfrequenz unter Berücksichtigung aller drei Grundsätze

Optimal:
große Masse, großer Schalenabstand
geringe dynamische Steifigkeit

Werden diese drei Optimierungsgrundsätze berücksichtigt, so liegt die Resonanzfrequenz unter der kritischen Marke von 100 Hz.

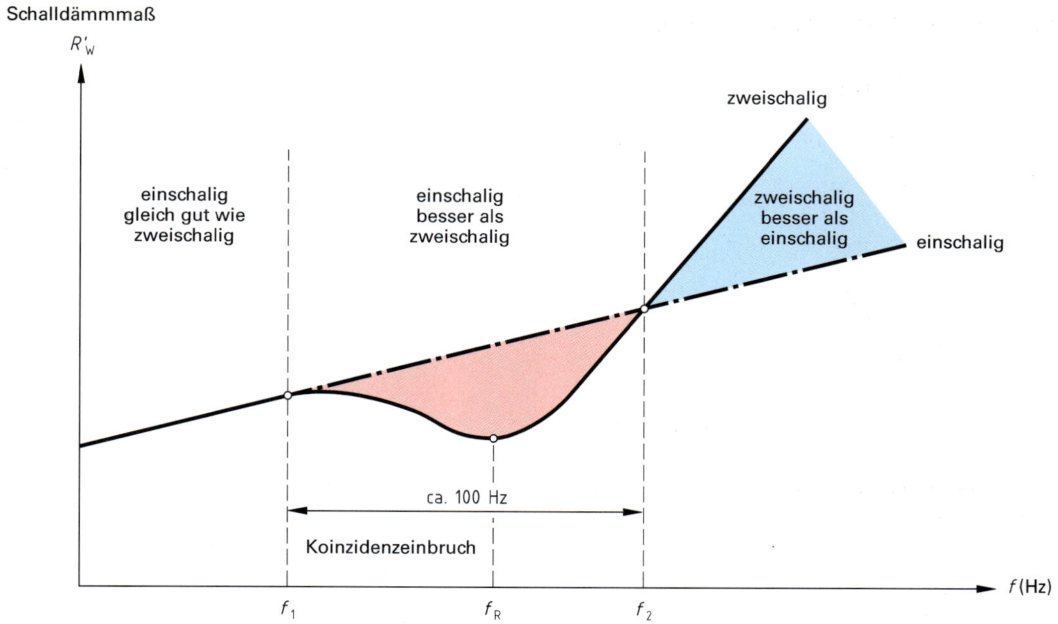

Bild 1: Vergleich: einschalige – zweischalige Wände

Die Abbildung zeigt:
Bis zur Frequenz f_1 sind eine einschalige und eine zweischalige Wand schalltechnisch gleich. Im Frequenzbereich f_1 bis f_2 ist eine einschalige Wand der zweischaligen wegen des Resonanzeffektes sogar überlegen.
Bei der Resonanzfrequenz f_R (Eigenfrequenz f_0) sind die Schwingungsausschläge (Amplituden) beider Wände gegeneinander am größten; die Schalldämmung der zweischaligen Wand erreicht ihr Minimum. Erst ab der Frequenz f_2, die in der Praxis ca. 100 Hz höher als die Resonanzfrequenz f_R liegt, bringen zweischalige Wände höhere und damit bessere Schalldämmmaße als einschalige Wände.

Je tiefer die Resonanzfrequenz f_R liegt, desto eher sind zweischalige Bauteile den einschaligen überlegen.

Für zweischalige Wände gilt: Konstruktionsgrundsatz: $f_R < 100$ Hz

3.12.4 Rechnerische Ermittlung des Schalldämmmaßes zweischaliger Wände

Die Luftschalldämmung zweischaliger Bauteile ist umso besser

- je schwerer die schwere Schale ist (biegesteife Schale)
- je biegeweicher die Vorsatzschale oder abgehängte Decke ist (biegeweiche Schale)
- je größer der Schalenabstand ist
- je weniger starr die beiden Schalen miteinander verbunden sind (elastische Abhängung einer Decke)

Formeln für zweischalige Wände (Haus-, bzw. Wohnungstrennwände)

m' = flächenbezogene Masse beider Wandschalen in kg/m²
m_0 = 200 kg/m² Bezugsgröße
d = Schalenabstand in mm
d_0 = 20 mm Bezugsgröße

Ausgangsgrößen für Fall 1 bis 4
m_0 = 200 kg/m², d_0 20 mm, jeweils konstant
m' = 400 kg/m²; d = 30 mm

1. Trennfuge Luft

$$R_W = 27{,}5 \cdot \lg \cdot \frac{m}{200} + 6{,}66 \cdot \lg \cdot \frac{d}{20} + 52 \text{ dB}$$

$$R_W = 27{,}5 \cdot \lg \cdot \frac{400}{200} + 6{,}66 \cdot \lg \cdot \frac{30}{20} + 52 \text{ dB}$$
$$R_W = 62{,}3 \text{ dB}$$

2. Trennfuge MW

$$R_W = 27{,}5 \cdot \lg \cdot \frac{m}{200} + 10 \cdot \lg \cdot \frac{d}{20} + 55 \text{ dB}$$

$$R_W = 27{,}5 \cdot \lg \cdot \frac{400}{200} + 10 \cdot \lg \cdot \frac{30}{20} + 55 \text{ dB}$$
$$R_W = 65{,}1 \text{ dB}$$

3. Trennfuge EPS

$$R_W = 27{,}5 \cdot \lg \cdot \frac{m'}{200} + 14 \cdot \lg \cdot \frac{d}{20} + 49 \text{ dB}$$

$$R_W = 27{,}5 \cdot \lg \cdot \frac{400}{200} + 14 \cdot \lg \cdot \frac{30}{20} + 49 \text{ dB}$$
$$R_W = 59{,}8 \text{ dB}$$

4. DIN 4108, min. m' = 150 kg/m²; min. d = 30 mm

$$R_W = 28 \cdot \lg \cdot m' - 8 \text{ dB}$$

$$R_W = 28 \cdot \lg \cdot 400 - 8 \text{ dB}$$
$$R_W = 64{,}9 \text{ dB}$$

Vergleich: einschalige Wand bei gleicher flächenbezogener Masse

$$R_W = 25 \cdot \lg m' - 12 \text{ dB}$$

$$R_W = 25 \cdot \lg 400 - 12 \text{ dB}$$
$$R_W = 53 \text{ dB}$$

Trennwände eines Reihenhauses:
2 × 17,5 cm; ϱ = 1800 kg/m³; Schalenabstand d = 30 mm, dazwischen MW

$$m = 2 \cdot 0{,}175 \text{ m} \cdot 1800 \frac{\text{kg}}{\text{m}^3}$$
$$m' = 630 \text{ kg/m}^2$$

$$R_W = 27{,}5 \cdot \lg \cdot \frac{630}{200} + 10 \cdot \lg \cdot \frac{30}{20} + 55 \text{ dB}$$
$$R_W = 70{,}46 \text{ dB}$$

Verbesserung durch Verdoppelung der Masse

$$R'_W = 27{,}5 \cdot \lg \frac{200}{200} + 10 \lg \frac{10}{20} + 55 \text{ dB}$$
$$R'_W = 52 \text{ dB}$$

$$R'_W = 27{,}5 \cdot \lg \frac{400}{200} + 10 \lg \frac{10}{20} + 55 \text{ dB}$$
$$R'_W = 60{,}3 \text{ dB}$$

Verbesserung um jeweils 8,3 dB

Verbesserung durch Verdoppelung des Schalenabstandes

$$R'_W = 27{,}5 \cdot \lg \frac{400}{200} + 10 \lg \frac{10}{20} + 55 \text{ dB}$$
$$R'_W = 60{,}3 \text{ dB}$$

$$R'_W = 27{,}5 \cdot \lg \frac{400}{200} + 10 \lg \frac{20}{20} + 55 \text{ dB}$$
$$R'_W = 63{,}3 \text{ dB}$$

Verbesserung um jeweils 3 dB

Beispiel 9:

$m' = 200\ \text{kg/m}^2$

$d_L = 20\ \text{mm}$

$$R'_W = 50 \cdot \lg \frac{200\ \text{kg/m}^2}{300\ \text{kg/m}^2} + 20 \cdot \lg \frac{20\ \text{mm}}{10\ \text{mm}} + 56\ \text{dB}$$

$R'_W = 53{,}2\ \text{dB}$

Wie Beispiel 8 und 9 zeigen, kann das Schalldämmmaß durch Verdoppelung der Masse und des Abstandes der Schalen um 21,1 dB vergrößert werden.

3.12.5 Wandkonstruktionen mit zwei biegeweichen Schalen

1.
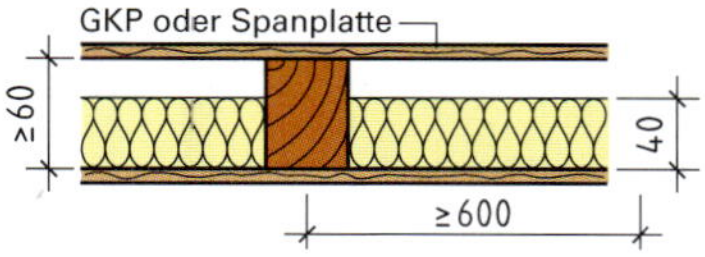

$R'_W \approx 38\ \text{dB}$

2.
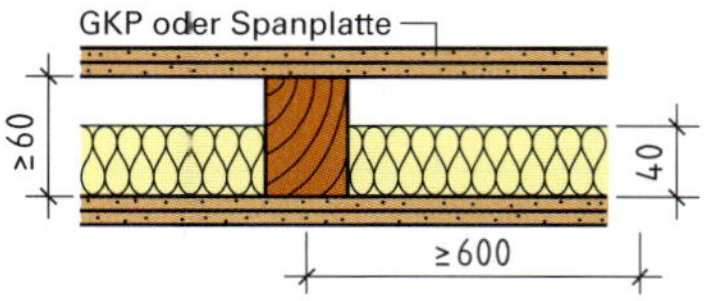

$R'_W \approx 46\ \text{dB}$

3.
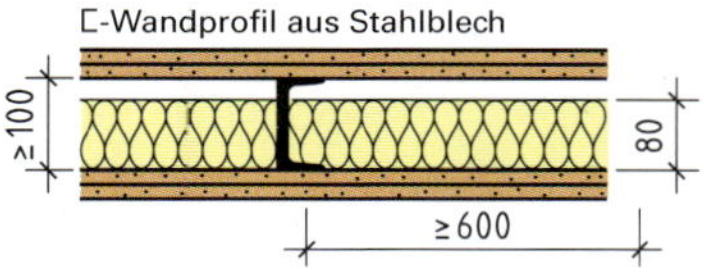

$R'_W \approx 50\ \text{dB}$

4.
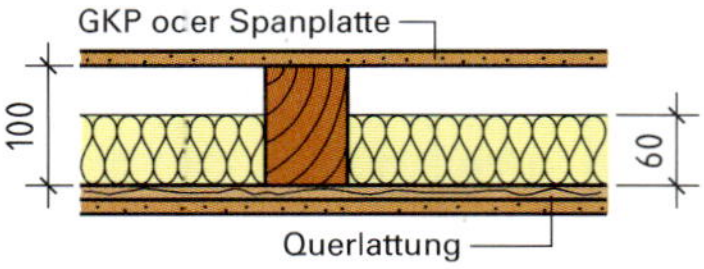

$R'_W \approx 44\ \text{dB}$

5.
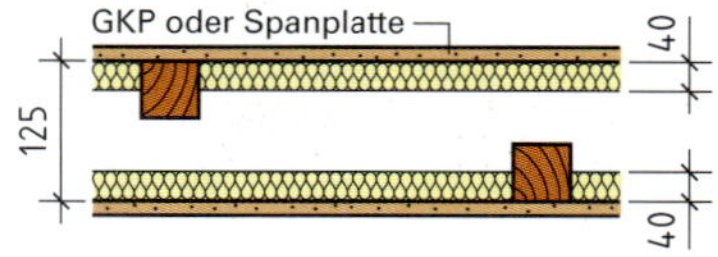

$R'_W \approx 49\ \text{dB}$

6.
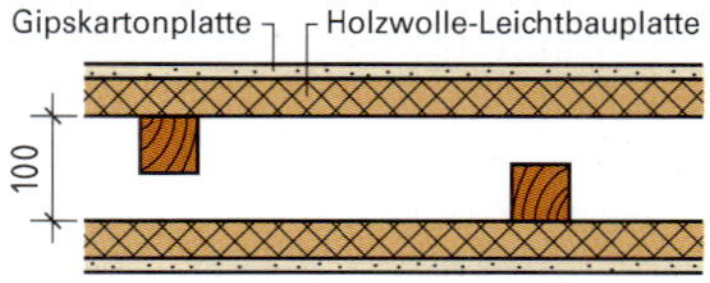

$R'_W \approx 50\ \text{dB}$

7.
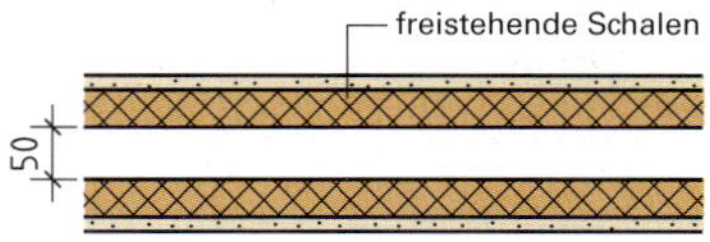

$R'_W \approx 50\ \text{dB}$

8.
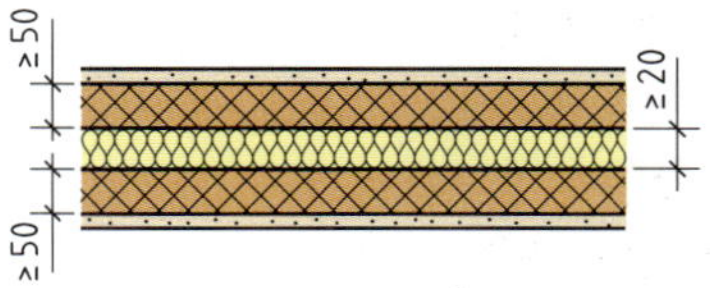

$R'_W \approx 50\ \text{dB}$

Zur Verbesserung der Wärmedämmung werden auf Massivwände oft Wärmedämmschichten aufgebracht, die auch in schalltechnischer Hinsicht Auswirkungen haben.

1.
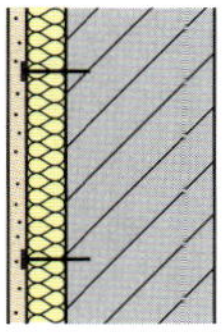

begrenzte Schalldämmwirkung:

biegeweiche Schale ist durch Dübel mit der Wand verbunden

2.
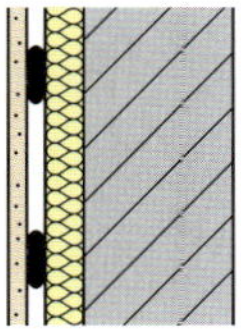

gute Schalldämmwirkung:

biegeweiche Schale ist von der biegesteifen getrennt. Faserplatte wirkt als Feder

3.
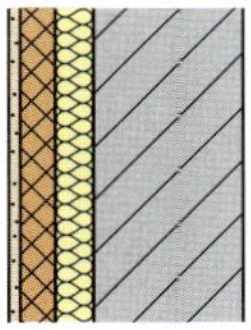

sehr gute Schalldämmwirkung:

biegesteife und biegeweiche Schale sind durch Faserplatte getrennt. Drei verschiedene Biegesteifigkeiten.

4.
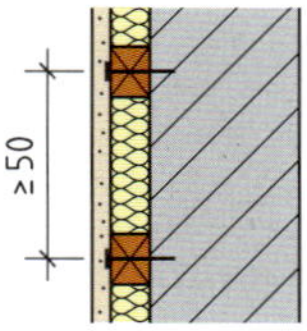

wenig wirksame Schalldämmung:

Leisten und Dübel sind Schallbrücken

5.
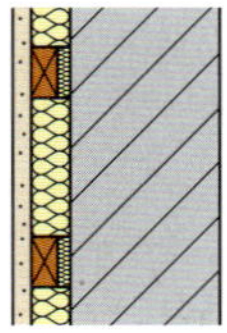

sehr gute Schalldämmwirkung:

Gipskartonplatte ist auf Hölzern befestigt, die freitragend ohne Verbindung zur Wand sind

6.
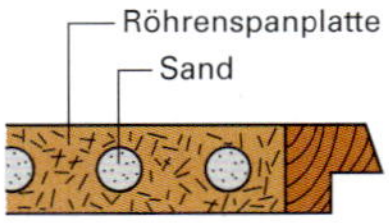

gute Schalldämmung:

Die Sandkörnchen übertragen den Schallimpuls von Körnchen zu Körnchen. Daduch entsteht eine große innere Materialdämpfung.

3.12.6 Luftschallverbesserungsmaß von Vorsatzschalen

Tabelle 1: Luftschallverbesserungsmaß ΔR von Vorsatzschalen DIN EN 12 354								
Zeile	**Art und Aufbau der Vorsatzschale**	**ΔR in dB in Oktavbändern [Hz]**						**ΔR_W [dB]**
		63	**125**	**250**	**500**	**1 000**	**2 000**	
1	**100 mm Gipsbausteine mit $m' = 80$ kg/m²**							
1.1	12,5 mm Gipskartonplatte, verputzt; 44 mm Hohlraum mit 25 mm Mineralwolle ohne Schraubbolzen	0	2	14	23	24	19	18
1.2	12,5 mm Gipskartonplatte, verputzt; 73 mm Hohlraum mit 50 mm Mineralwolle Holzschrauben	2	8	15	23	25	21	21
1.3	12,5 mm Gipskartonplatte, verputzt; 60 mm Hohlraum mit 50 mm Mineralwolle Metallständerwerk, ohne Wandverbindung	2	8	15	24	25	20	21
2	**175 mm Porenbeton, verputzt mit $m' = 135$ kg/m²**							
2.1	12,5 mm Gipskartonplatte, verputzt; 40 mm Mineralwolle; Metallständerwerk	3	12	14	15	17	15	15
2.2	35 mm Porenbeton; 50 mm Mineralwolle; ohne Ständerwerk	3	11	14	16	14	13	14
3	**100 mm Kalksandsteine mit $m' = 180$ kg/m²**							
3.1	2 x 12,5 mm Gipskartonplatte; 20 mm Porenbeton; ohne Ständerwerk	2	5	19	30	41	42	23
4	**300 mm Hochlochziegel, verputzt mit $m' = 240$ kg/m²**							
4.1	15 mm Zementputz; 30 mm Mineralwolle; ohne Ständerwerk	0	−4	5	9	11	15	7
4.2	15 mm Zementputz; 50 mm Mineralwolle; ohne Ständerwerk	0	−5	5	8	10	14	6

Bewertes Luftschallverbesserungsmaß von Vorsatzkonstruktionen DIN EN 13 354

Sind Vorsatzschalen bei zweischaligen Wänden oder abgehängte Decken an der Tragkonstruktion befestigt, so kann die Luftschalldämmung in Abhängigkeit von der Resonanzfrequenz f_R verbessert (+) oder vermindert (–) werden.

Ist die Dämmschicht unmittelbar auf die Tragkonstruktion aufgebracht, und die Vorsatzkonstruktion an der Tragkonstruktion befestigt, so berechnet sich die Resonanzfrequenz f_R zu:

$$f_R = 160 \cdot \sqrt{s' \cdot \left(\frac{1}{m_1'} + \frac{1}{m_2'}\right)}$$

s' = dynamische Steifigkeit der Dämmschicht in MN/m^3

m_1' = flächenbezogene Masse der Tragkonstruktion in kg/m^2

m_2' = flächenbezogene Masse der Vorsatzschale bzw. der abgehängten Decke

Sind Vorsatzkonstruktion aus Metall- oder Holzständerwerk oder Lattenkonstruktion nicht unmittelbar an der Tragkonstruktion befestigt und der Hohlraum mit einer porösen Dämmschicht ausgefüllt, so berechnet sich die Resonanzfrequenz f_R zu:

$$f_R = 160 \cdot \sqrt{\frac{0{,}111}{d} \cdot \left(\frac{1}{m_1'} + \frac{1}{m_2'}\right)}$$

d = Hohlraumtiefe in m

Für Resonanzfrequenzen unter 20 Hz hängt das Verbesserungsmaß nicht nur von der Resonanzfrequenz der Vorsatzschale ab, sondern auch vom bewerteten Luftschalldämmmaß der Tragkonstruktion.

Bewertetes Luftschallverbesserungsmaß durch eine Vorsatzkonstruktion (Vorsatzschale bei Wänden, schwimmend verlegten Estrichen bei Decken) in Abhängigkeit von der Resonanzfrequenz nach DIN EN 12 354

Resonanzfrequenz f_R der Vorsatzschale in Hz	ΔR in dB
≤ 80	$35 - R_W/2$
100	$32 - R_W/2$
125	$30 - R_W/2$
160	$28 - R_W/2$
200	– 1
250	– 3
315	– 5
400	– 7
500	– 9
630 bis 1 600	– 10
> 1 600	– 5

Die Verbesserungsmaße ΔR bei Resonanzfrequenzen unter 200 Hz errechnen sich nach den Tabellenangaben; ihr Mindestwert beträgt jedoch 0 dB.

R_W kennzeichnet das bewertete Schalldämmmaß der Tragwand bzw. Rohdecke.

Beispiel 1:
Resonanzfrequenz der Vorsatzschale f_R = 100 Hz
R'_W der Tragwand 52 dB

Lösung:
$\Delta R = 32 - 52/2$
$\Delta R = 6$ dB

Die Vorsatzschale bringt eine Verbesserung des Schalldämmmaßes der Wand um 6 dB.
Somit hat die zweischalige Wand ein Gesamtschalldämmmaß von 58 dB.

Beispiel 2:
Wand mit Vorsatzschale.
Wand: d = 24 cm; ϱ = 1 800 kg/m^3
Vorsatzschale: d = 11,5 cm; ϱ = 2 200 kg/m^3

Lösung:

Wand: $m_1' = 1\,720\ kg/m^2 \cdot 0{,}24\ m$
$m_1' = 412{,}8\ kg/m^2$

Vorsatzschale: $m_2' = 2\,080\ kg/m^2 \cdot 0{,}115 m$
$m_2' = 239{,}20\ kg/m^2$

Wand: $R'_W = 25 \cdot \lg 412{,}80 - 12$ dB
$R'_W = 53{,}4$ dB

Dynamische Steifigkeit der Dämmschicht
$s' = 4\ MN/m^3$

$$f_R = 160 \cdot \sqrt{4 \cdot \left(\frac{1}{412{,}8} + \frac{1}{239{,}20}\right)}$$

$f_R = 26\ Hz < 80\ Hz \Rightarrow \Delta R = 8$ dB nach Tabelle

Die Wand mit Vorsatzschale hat ein Gesamtschall dämmmaß von:

R'_W = 53,4 dB + 8 dB
R'_W = 61 dB

3.13 Trittschall

Trittschall ist eine besondere Form des Körperschalls. Von Körperschall spricht man dann, wenn Bauteile wie Wände und Decken direkt in Schwingungen versetzt werden. Dies kann geschehen durch das Schließen von Türen, Bedienen von WC, Haushaltsgeräten, Abwassergeräusche, Bohren oder Nageln an Wänden und Decken, aber besonders durch das Begehen von Decken. Wird eine Decke direkt, nämlich durch den Fußauftritt in Schwingungen versetzt, so spricht man von Trittschall. Der Trittschall als besondere Form des Körperschalls stellt die störendste Form der direkten Schallübertragung dar.

3.13.1 Ermittlung des Norm-Trittschallpegels

Dazu wird auf die zu prüfende Decke ein Norm-Hammerwerk aufgestellt, das mit fünf gleichen, je 500 g schweren Hämmern ausgestattet ist. Durch eine Welle werden diese Hämmer angehoben und in einem bestimmten Rhythmus frei einzeln auf die Decke fallen gelassen. Im Raum unter der zu prüfenden Decke wird der Schallpegel in Terz-Intervallen gemessen. Dabei sind nach DIN EN 12354 nur die Frequenzen 100 Hz bis 3150 Hz maßgebend.

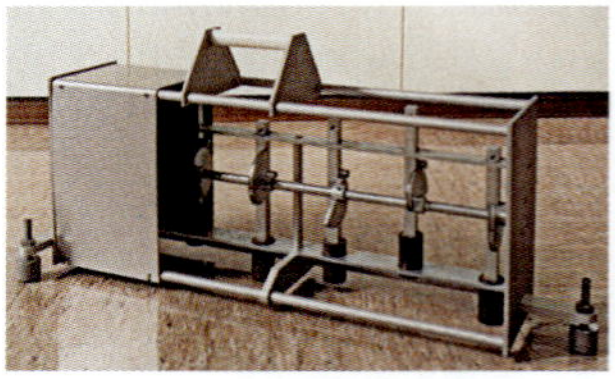

Bild 1: Normhammerwerk

Der Norm-Trittschallpegel errechnet sich nach der Formel:

$$L_n = L + 10 \cdot \lg \frac{A_0}{A'_0}$$

L_n = Norm-Trittschallpegel im Empfangsraum

L = gemessener Schallpegel im Raum unterhalb der Decke (L = level)

A_0 = äquivalente Schallabsorptionsfläche des Raumes unterhalb der Decke im Empfangsraum.

A'_0 = Bezugsabsorptionsfläche (= 10 m²)

V = Volumen des Raumes unterhalb der zu prüfenden Decke

T = Nachhallzeit in Sekunden dieses Raumes

Da die äquivalente Schallabsorptionsfläche in der Praxis nicht direkt ermittelt werden kann, wird sie über das Verhältnis des Raumvolumens zu der Nachhallzeit in diesem Raum ermittelt.

$$A_0 = 0{,}163 \cdot \frac{V}{T}$$

Die Formel zeigt, dass die äquivalente Schallabsorptionsfläche umso größer ist, je

- größer das Raumvolumen ist (Zähler)
- kleiner die Nachhallzeit ist (Nenner)

Die Größe von A_0 drückt aus, wie viel m² Raumoberfläche (Wände, Decke, Fußboden) mit einem Schallabsorptionsgrad α_S = 1,0 erforderlich wären um den gleichen Schallschluckeffekt zu erzielen wie die vorhandenen Raumoberflächen.

Beispiel 1:

Frequenz in Hz	100	125	160	200	250	315	400	500
L in dB im Raum unter der Decke	67	66	64	63	62	58	52	47

L in Hz	630	800	1 000	1 250	1 600	2 000	2 500	3 150
dB	46	41	38	35	32	30	30	28

Beispiel:
Raumvolumen: V = 231 m³
Nachhallzeit: T = 0,8 s
Raummaße: $l/b/h$ = 11/7/3 m

Daraus ergibt sich:

$$A_0 = \frac{0{,}163 \cdot 231\ \text{m}^3}{0{,}8\ \text{s}}$$

A_0 = 47,0 m²

Die äquivalente Schallabsorptionsfläche A_0 = 47,0 m² mit einem Schallabsorptionsgrad von α_S = 1,0 (= 100 %) hat den gleichen Schallschluckeffekt wie die Raumoberfläche A = 262 m²

Frequenz Hz	Messkurve dB	verschobene Bezugskurve dB	Differenz dB
100	73,7	67	6,7
125	72,7	67	5,7
160	70,7	67	3,7
200	69,7	67	2,7
250	68,7	67	1,7
		Σ 20,5 : 15 = 1,4	

$$L_n = L + 10 \cdot \lg \frac{A_0}{A'_0}$$

$$L_{n,100} = 67 \text{ dB} + 10 \cdot \lg \frac{47{,}0 \text{ m}^2}{10 \text{ m}^2}$$

$L_{n,100} = 67$ dB + 6,7
$L_{n,100} = 73{,}7$ dB
$L_{n,125} = 72{,}7$ dB
$L_{n,160} = 70{,}7$ dB
$L_{n,200} = 69{,}7$ dB
$L_{n,250} = 68{,}7$ dB
$L_{n,315} = 64{,}7$ dB

$L_{n,400} = 58{,}7$ dB
$L_{n,500} = 53{,}7$ dB
$L_{n,630} = 52{,}7$ dB
$L_{n,800} = 47{,}7$ dB
$L_{n,1\,000} = 44{,}7$ dB
$L_{n,1\,250} = 41{,}7$ dB
$L_{n,1\,600} = 38{,}7$ dB
$L_{n,2\,000} = 36{,}7$ dB
$L_{n,2\,500} = 36{,}7$ dB
$L_{n,3\,150} = 34{,}7$ dB

Hoher Trittschallpegel bedeutet: Viel Schall kommt im Raum darunter noch an.

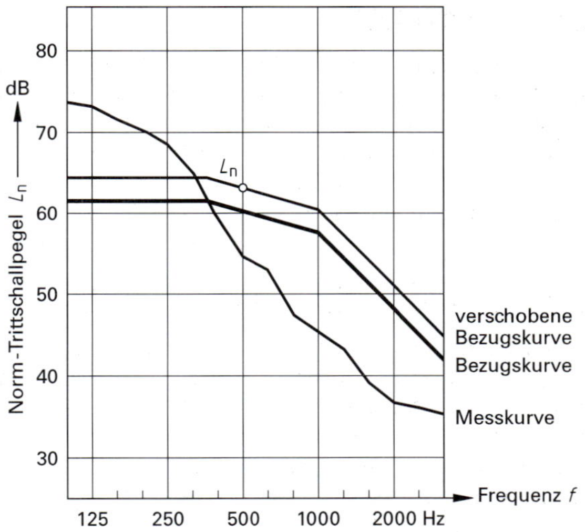

Bild 1: Verlauf der Trittschallkurve

Nachdem die ermittelten Werte des Norm-Trittschallpegels L_n in das Diagramm eingetragen sind, wird die Bezugskurve so weit nach unten oder oben verschoben, bis die mittlere Überschreitung der Messkurve zur verschobenen Bezugskurve nicht mehr als 2 dB beträgt. Der bewertete Norm-Trittschallpegel $L'_{n,W}$ wird dann als Einzahl-Wert bei der Frequenz 500 Hz an der verschobenen Bezugskurve abgelesen. Der Schallpegel beträgt 64 dB.

Je weiter die Bezugskurve nach unten verschoben werden muss, desto besser ist die Decke trittschalltechnisch. Eine Verschiebung nach oben dagegen deutet auf eine schlechte Decke hin.

Im Gegensatz zum bewerteten Lufschalldämmmaß R'_W, das Auskunft über die Reduzierung der Schallenergie gibt (hoher R'_W-Wert ⇒ gute Schalldämmung), ist der bewertete Norm-Trittschallpegel eine Zahl, die Auskunft über zu erwartende Schallpegelwerte bei den jeweiligen Frequenzen gibt. An der senkrechten Achse (Ordinate) steht deshalb auch nicht Schalldämmmaß, sondern Schallpegel. Dies zeigt sich auch im Verlauf der Bezugskurve, die spiegelbildlich zu der bei der Luftschalldämmung verläuft. Bei niedrigen, uns eher noch zuträglichen Frequenzen, werden höhere Schallpegel zugelassen als bei höheren.

Luftschall-Diagramm
Das Diagramm bringt zum Ausdruck, dass unser Ohr für niedrige Frequenzen unempfindlicher ist als für hohe. Daher sind die Anforderungen an das Schalldämmmaß bis etwa 400 Hz entsprechend geringer als bei hohen, uns störenden Frequenzen. Für hohe Frequenzen muss das Schalldämmmaß höher sein.

Trittschall-Diagramm
Bis zu Frequenzen von etwa 1 000 Hz werden relativ hohe Trittschallpegel zugelassen. Erst wieder bei uns störenden höheren Frequenzen muss der Trittschallpegel geringer sein.

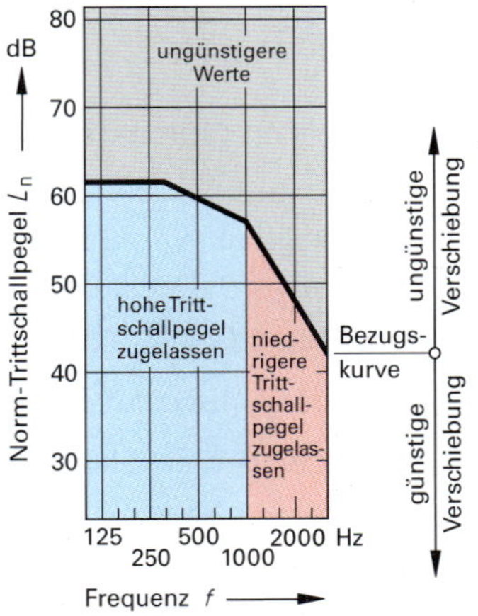

Bild 2: Trittschall-Diagramm

Je niedriger der $L'_{n,W}$-Wert ist, desto besser ist die Trittschalldämmung

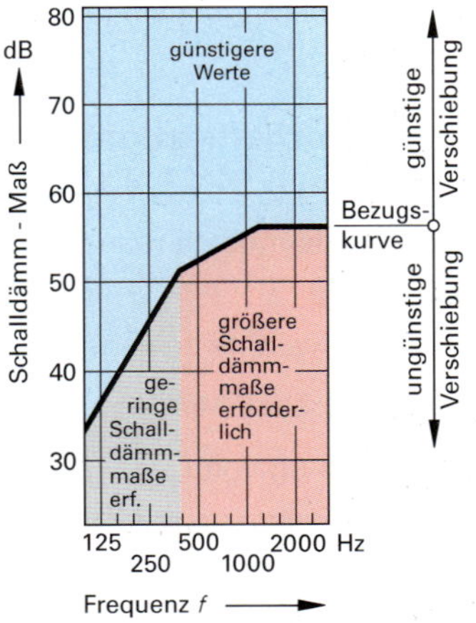

Bild 3: Luftschall-Diagramm

Je höher der R'_W-Wert ist, desto besser ist die Luftschalldämmung

3.13.2 Deckenaufbauten

Decken erhalten immer einen Aufbau.
Dieser kann bestehen aus einem:

- Verbundestrich: Der Estrich ist fest mit dem tragenden Untergrund verbunden.
- Trennestrich: Der Estrich ist durch eine Folie vom Untergrund getrennt.
- schwimmend verlegten Nass-Estrich aus verschiedenen Estrichmaterialien: (Beton, Gips, Gussasphalt, Magnesia) Der Estrich ist beweglich und schwingend, d.h. schwimmend auf seinem Untergrund gelagert und hat keine Verbindung mit Decke und Wänden.
- schwimmend verlegten Trockenestrich (Spanplatten, Gipskartonplatten, Sperrholzplatten) Estrich auf vorgefertigten, kraftübertragenden (Falz, Nut und Feder) miteinander verbundenen Elementen. Trockenestrich heißt er deshalb, weil er trocken eingebaut wird.
- Heizestrich Die Estrichplatte dient als Heizfläche (Strahlungsheizfläche)

Von diesen Aufbauten verbessern der schwimmend verlegte Nass-Estrich die Trittschalldämmung einer Decke z.T. erheblich. Maßgeblichen Anteil an der Minderung hat nicht die Estrichplatte, da durch ihre begrenzte Dicke die flächenbezogene Masse nur unwesentlich erhöht werden kann, sondern in erster Linie die weichfedernde Trittschalldämmeinlage. Je geringer die dynamische Steifigkeit dieser Dämmschicht ist, desto mehr trägt diese zur Erhöhung des Trittschall-Minderungsmaßes bei, allerdings desto größer ist auch die Stauchung der Dämmschicht unter Belastung.

Unter dynamischer Steifigkeit versteht man die Federwirkung einer Dämmschicht unter Lasteinwirkungen, wie z.B. Maschinen, Möblierung, Begehen der Decke.

Nicht alle Rohdecken verhalten sich hier gleich. Um dies auszudrücken, wurde der „äquivalent bewertete Norm-Trittschallpegel $L_{n,W,eq}$" eingeführt. Die Schallpegelminderung, die Estrichaufbauten, aber auch verschiedene Gehbeläge und besonders weich federnde Gehbeläge wie Teppichböden, werden mit $\Delta L_{W,R}$ bezeichnet und heißen Trittschall-Minderungsmaß.

Es gilt die Beziehung:

$$L'_{n,W,R} = L_{n,W,eq,R} - \Delta L_{W,R} + K$$

Das Trittschall-Minderungsmaß wird deshalb abgezogen, weil dadurch der zu erwartende Schallpegel unter der Decke niedriger sein wird.

$L'_{n,W,eq,R}$ = bewerteter Norm-Trittschallpegel der gebrauchsfähigen Decke, d.h. mit Deckenauflage
Indices: n = Norm; W = Wert; R = Rechenwert

$L_{n,W,eq,R}$ = äquivalenter bewerteter Norm-Trittschallpegel
Er gibt Auskunft über das Trittschallverhalten der Decke ohne Deckenauflage

$\Delta L_{W,R}$ = Trittschall-Minderungsmaß, bewirkt durch Deckenauflage sowie Gehbelag.

K = Korrekturfaktor für die Flankenübertragung Tab. S. 367

3.13.3 Vorherbestimmung des bewerteten Norm-Trittschallpegels $L'_{n,W,R}$ nach DIN EN 12354

In der Praxis möchte man in der Regel vor Erstellung eines Bauwerkes wissen, welcher Trittschallpegel in einem Raum unter einer Decke zu erwarten ist. Um dies voraussagen zu können, sind erforderlich:

- der äquivalente bewertete Norm-Trittschallpegel $L_{n,W,eq,R}$ (Trittschallpegel ohne Deckenaufbau)
- das Trittschall-Minderungsmaß $\Delta L_{W,R}$, die der Aufbau auf die Rohdecke bringt.

Zur Ermittlung von $L_{n,W,eq,R}$ bei Stahlbetonplattendecken gilt die Formel:

$$L_{n,W,eq,R} = -35 \lg \frac{m'}{m'_0} + 164 \text{ dB}$$

m' = flächenbezogene Masse in kg/m²
m'_0 = Bezugswert 1 kg/m²

Beispiel: Stahlbetonplatte; $d = 20$ cm

$m' = 2\,300 \text{ kg/m}^3 \cdot 0{,}20 \text{ m}$
$m' = 460 \text{ kg/m}^2$

$L_{n,W,eq,R} = -35 \cdot \lg 460 + 164 \text{ dB}$
$L_{n,W,eq,R} = 70 \text{ dB}$

3.13.4 Korrekturfaktor für die Flankenübertragung im Trittschall

Tabelle 1: Korrekturfaktor *K* für die Flankenübertragung im Trittschall in dB DIN EN 12 354

Flächenbezogene Masse des trennenden Bauteils (Decke)	Mittlere flächenbezogene Masse der homogenen flankierenden Bauteile, die nicht mit Vorsatzkonstruktionen belegt sind. kg/m²								
kg/m²	100	150	200	250	300	350	400	450	500
100	1	0	0	0	0	0	0	0	0
150	1	1	0	0	0	0	0	0	0
200	2	1	1	0	0	0	0	0	0
250	2	1	1	1	0	0	0	0	0
300	3	2	1	1	1	0	0	0	0
350	3	2	1	1	1	1	0	0	0
400	4	2	2	1	1	1	1	0	0
450	4	3	2	2	1	1	1	1	1
500	4	3	2	2	1	1	1	1	1
600	5	4	3	2	2	1	1	1	1
700	5	4	3	3	2	2	1	1	1
800	6	4	4	3	2	2	2	1	1
900	6	5	4	3	3	2	2	2	2

Bewertete Trittschallminderung ΔL_W in dB bei schwimmend verlegten Zement-Estrichen (CT) sowie Anhydrit-Estrichen (CA)

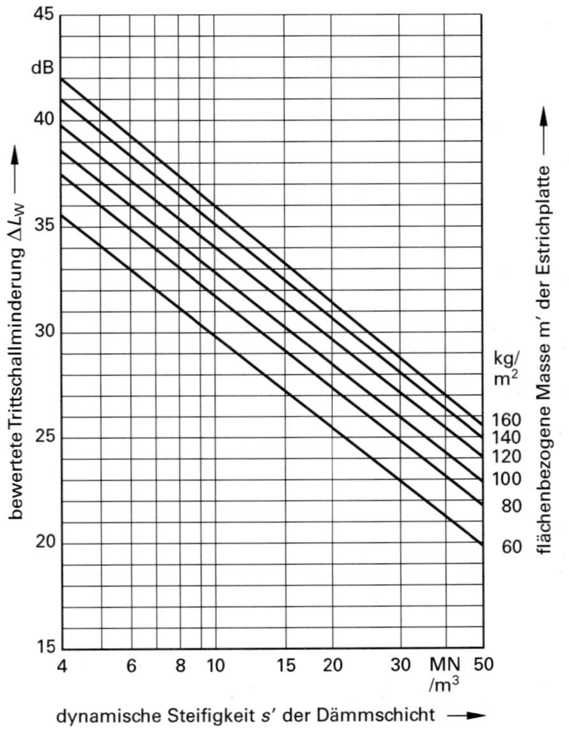

3.13.5 Trittschallminderung ΔL nach DIN 12 354 von Estrichplatten

Zement-Estrich CT
Anhydrit-Estrich CA

$$\Delta L = 30 \lg \frac{f}{f_R}$$

$$f = 160 \cdot \sqrt{\frac{s'}{m'}}$$

f = Frequenz in Oktav- oder Terzintervallen
f_R = Resonanzfrequenz

Beispiel 1:

Estrichplatte CT, mit $d = 6$ cm; $\varrho = 1\,400$ kg/m³
Trittschalldämmung: Mineralfaser mit s' = 8 MN/m³

$m' = \varrho \cdot d$
$m' = 1\,400 \text{ kg/m}^3 \cdot 0{,}06 \text{ m}$
$m' = 84 \text{ kg/m}^2$

$$f_R = 160 \cdot \sqrt{\frac{8}{84}}$$

$f_R = 49{,}3$ Hz

Trittschallminderung in Oktavintervallen

$\Delta L_{63} = 30 \cdot \lg 63/49{,}3$
$\Delta L_{63} = 3{,}2$ dB

$\Delta L_{125} = 30 \cdot \lg 125/49{,}3$
$\Delta L_{125} = 12{,}1$ dB

$\Delta L_{250} = 30 \cdot \lg 250/49{,}3$
$\Delta L_{250} = 21{,}1$ dB

$\Delta L_{500} = 30 \cdot \lg 500/49{,}3$
$\boldsymbol{\Delta L_{500} = 30{,}1}$ **dB**

$\Delta L_{1\,000} = 30 \cdot \lg 1\,000/49{,}3$
$\Delta L_{1\,000} = 39{,}2$ dB

$\Delta L_{2\,000} = 30 \cdot \lg 2\,000/49{,}3$
$\Delta L_{2\,000} = 48{,}2$ dB

$\Delta L_{3\,150} = 30 \cdot \lg 3\,150/49{,}3$
$\Delta L_{3\,150} = 54{,}1$ dB

Gussasphalt-Estrich AS
Trocken-Estrich TE

$$\Delta L = 40 \lg \frac{f}{f_R}$$

$$f = 160 \cdot \sqrt{\frac{s'}{m'}}$$

s' = flächenbezogene dynamische Steifigkeit der Dämmschicht in MN/m³
m' = flächenbezogene Masse des schwimmend verlegten Estrichs in kg/m²

Beispiel 2:

Estrichplatte TE mit $d = 6$ cm; $\varrho = 700$ kg/m³
Trittschalldämmung: Mineralfaser mit s' = 8 MN/m³

$m' = \varrho \cdot d$
$m' = 700 \text{ kg/m}^3 \cdot 0{,}06 \text{ m}$
$m' = 42 \text{ kg/m}^2$

$$f_R = 160 \cdot \sqrt{\frac{8}{42}}$$

$f_R = 69{,}8$ Hz

Trittschallminderung in Oktavintervallen

$\Delta L_{63} = 40 \cdot \lg 63/69{,}8$
$\Delta L_{63} = -1{,}7$ dB $\Rightarrow$ Verschlechterung

$\Delta L_{125} = 40 \cdot \lg 125/69{,}8$
$\Delta L_{125} = 10{,}1$ dB

$\Delta L_{250} = 40 \cdot \lg 250/69{,}8$
$\Delta L_{250} = 22{,}1$ dB

$\Delta L_{500} = 40 \cdot \lg 500/69{,}8$
$\boldsymbol{\Delta L_{500} = 34{,}2}$ **dB**

$\Delta L_{1\,000} = 40 \cdot \lg 1\,000/69{,}8$
$\Delta L_{1\,000} = 46{,}2$ dB

$\Delta L_{2\,000} = 40 \cdot \lg 2\,000/69{,}8$
$\Delta L_{2\,000} = 58{,}2$ dB

$\Delta L_{3\,150} = 40 \cdot \lg 3\,150/69{,}8$
$\Delta L_{3\,150} = 66{,}1$ dB

Soll das Minderungsmaß mit einem Einzahlwert ausgedrückt werden, so erfolgt dies bei der Frequenz 500 Hz.
Bauakustisch ist nur der Frequenzbereich von 100 Hz bis 3 150 Hz maßgebend.
s' ist deshalb flächenbezogen, weil die dynamische Steifigkeit u.a. auch von der Dämmstoffdicke abhängt.

Tabelle 1: Äquivalenter bewerteter Norm-Trittschallpegel $L_{n,W,eq,R}$ von Massivdecken			
Deckendicke der Betonplatte cm	Flächenbezogene Masse der Massivdecke ohne Auflage und Putz kg/m²	$L_{n,W,eq,R}$ in dB	
		ohne biegeweiche Unterdecke	mit biegeweicher Unterdecke
5	135	86	75
6	160	85	74
7,5	190	84	74
9	225	82	73
11	270	79	73
13	325	77	72
15	375	74	71
18	450	71	69
21	530	69	67
25	625	67	65

Deckenputz, Verbund-Estrich sowie Estriche auf Trennschicht erhöhen die flächenbezogene Masse und können unmittelbar hinzu addiert werden.

Tabelle 2: Trittschall-Minderungsmaß ΔL_W von Deckenauflagen DIN 4109		
Aufbaumaterial		ΔL_W in dB
Zement-, Gips-, Magnesia-Estriche mit einer flächenbezogenen Masse $m' \geq 70$ kg/m², sowie Gussasphalt-Estriche * mit einer flächenbezogenen Masse $m' \geq 45$ kg/m² sowie der dynamischen Steifigkeit s' der Dämmschicht: 50 MN/m³		20
* Bei Gussasphalt-Estrichen liegen die Minderungsmaße um 2 dB höher	$s' = 40$ MN/m³	22
	$s' = 30$	24
	$s' = 20$	26
	$s' = 15$	27
	$s' = 10$	30
weichfedernd, auf Lagerhölzern verlegte Fußböden aus Spanplatten mit mindestens 30 mm Dämmstoff zwischen den Lagerhölzern		24
Holzwolleplatten 25 mm mit Mineralfaserfilz darunter 10 mm		34
Parkettbelag auf: 20 mm Kork 7 mm Bitumenfilz 25 mm Holzwolle-Leichtbauplatte		6 15 17
PVC-, Linoleum-Verbundbeläge		13
PVC-Verbundbelag mit Schaumstoffunterschicht		16
Teppichboden: Nadelvlies, $d = 5$ mm		20
Teppichboden; $d = 8$ mm: Unterseite ungeschäumt Unterseite geschäumt		24 28

Werden Estrichaufbau und Gehbelag mit 2 verschiedenen Minderungsmaßen kombiniert, z.B. schwimmend verlegter Estrich mit Teppichboden, so darf nach DIN 4109 nur der größere Wert von $\Delta L_{W,R}$ hinzugezählt werden.

Beispiel:
Estrich mit:
$\Delta L_W = 22$ dB
Teppichboden mit
$\Delta L_W = 28$ dB
$\Rightarrow$ Minderungsmaß
$\Delta L_W = 28$ dB

Tabelle 1: Schallschutz von Massiv-Rohdecken (ohne Fußbodenaufbau)				
Deckenbezeichnung	Konstruktion	flächenbezogene Masse in kg/m²	bewertetes Schalldämm-maß R'_W in dB	äquivalenter Norm-Tritt-schallpegel $L_{n,W,eq}$ in dB
Stahlbetonplatten-decke ϱ = 2 500 kg/m³	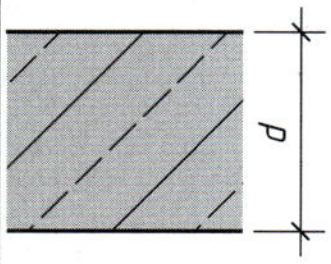 d = 120 mm d = 140 mm d = 160 mm d = 180 mm d = 200 mm d = 220 mm	300 350 400 450 500 550	50 51 53 54 55 56	77 75 73 71 69 68
Hohlkörperdecke, Fertigteilrippendecke	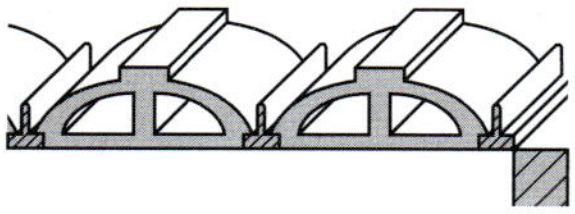	200 300	48 50	84 78
Rippendecke		250	48	76
Stahlsteindecke	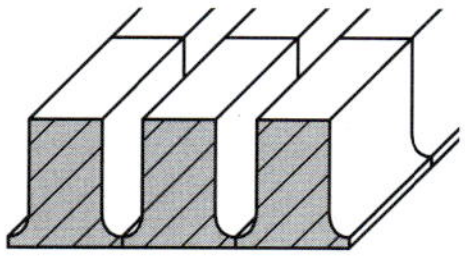	250 300	48 50	80 78

3.14 Estrich

Mit Estrich bezeichnet man die Unterkonstruktion für den Gehbelag oberhalb der Rohdecke; manchmal ist er selbst Gehbelag. Ursprünglich sollte mit ihm die Rohdecke ausgeglichen, d.h. egalisiert werden. Daher wahrscheinlich auch der Name Estrich (E-Strich = Egalitäts-Strich = Ausgleichs-Strich). Abgeleitet ist der Begriff aus dem mittellateinischen astricum = Pflaster.

3.14.1 Estricharten

Bild 1: Verbund-Estrich

Dieser Estrich ist fest mit dem tragenden Untergrund verbunden. Er kann daher auch in Dicken von nur 2 bis 3 cm aufgetragen werden. Durch seine feste Verbindung mit dem Untergrund neigt er allerdings gerne zu Rissen. Schalltechnisch wird er als ein monolithischer Teil mit der Rohdecke behandelt, d.h. seine Masse wird einfach zu der Masse der Rohdecke hinzugeschlagen.

Bild 2: Trenn-Estrich

Er heißt deshalb so, weil Estrich und Untergrund (Rohdecke) durch eine Trennlage (Folie, Pappe) getrennt sind. Dadurch können Estrich und Untergrund für sich arbeiten. Spannungsrisse im Estrich werden weitgehend ausgeschlossen.
Bei der Ermittlung des Luft- oder Trittschalldämmmaßes wird die Masse des Estrichs zur Masse der Decke hinzugeschlagen.

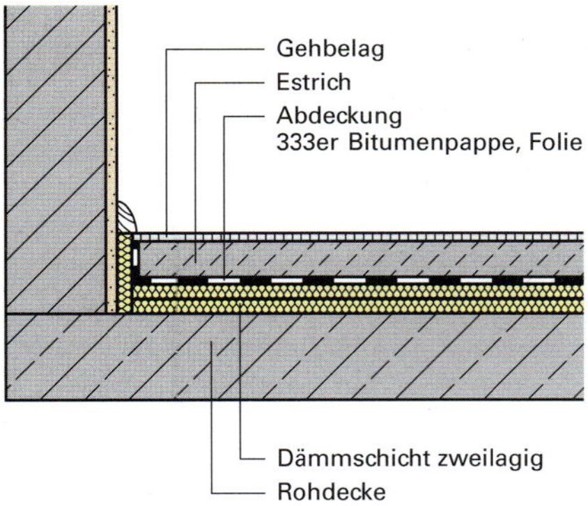

Bild 1: Schwimmender Estrich

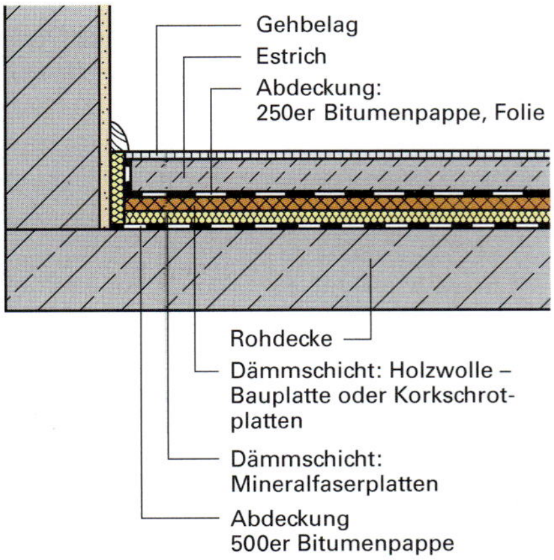

Bild 2: Schwimmender Estrich

Seinen Namen erhielt dieser Estrich von der schwingenden, d.h. schwimmenden Lagerung des Estrichs auf seinem Untergrund. Die schwimmende Lagerung erhält er durch eine weich federnde Schicht zwischen Rohdecke und Estrich. Die Dämmschicht hat in erster Linie schallschutztechnische Gründe, erfüllt aber auch wärmeschutztechnische Aufgaben. Um den gewünschten Schallschutz zu erreichen und Schallbrücken zu vermeiden, sollte die Dämmschicht zweilagig und kreuzweise verlegt werden.

Um das Eindringen des frischen Estrichmörtels in die Dämmschicht zu unterbinden, muss zwischen Estrich und Dämmschicht eine Abdeckung aus Pappe oder in Form einer Folie angebracht werden, deren μ-Wert allerdings nicht zu hoch sein sollte, um einen Feuchtestau unterhalb der Folie zu vermeiden. Die Abdeckung ist seitlich bis zur Oberkante des Randstreifens hochzuziehen, um ein Eindringen von Estrichmörtel zu vermeiden. Durch die horizontale Dämmlage und den Randstreifen kann der Estrich für sich arbeiten und überträgt vor allem seine Schwingungen durch das Begehen wesentlich abgeschwächt auf die Rohdecke.

Will man einen besonders guten Trittschallschutz erreichen, so wird die zweilagige Dämmschicht aufgeteilt in zwei unterschiedlich biegeweiche Schichten (z.B. Holzwolle-Leichtbauplatten $s' = 200$ MN/m^3 und Glasfasern $s' = 30$ MN/m^3). Außerdem bringt der Einbau einer 500er Bitumenpappe auf der Rohdecke nochmals eine Verbesserung. Die Bitumenpappe liegt quasi nur auf den Spitzen der unebenen Rohdecke und bildet darunter kleine Luftkammern. Außerdem gelangt bei Schallbrücken der Estrichmörtel nie direkt auf die Rohdecke.

Im Wohnungsbau werden aus trittschalltechnischen Gründen durchweg schwimmende Estriche eingebaut. Die Wirksamkeit des schwimmenden Estrichs hängt ab von:

- **der flächenbezogenen Masse der Estrichplatte**
- **der dynamischen Steifigkeit der Dämmschicht**
- **der Größe und Anzahl der Schallbrücken zur Rohdecke und zur Wand**

Beispiele zur unterschiedlichen flächenbezogenen Masse:

Beispiel 1: Zement-Estrich (CT)
$\varrho = 2\,000$ kg/m^3
$d = 45$ mm
dynamische Steifigkeit $s' = 20$ MN/m^3

Lösung: $m' = 2\,000 \text{ kg/m}^3 \cdot 0{,}045 \text{ m}$
$m' = 90 \text{ kg/m}^2$

Resonanzfrequenz $f_R = 160\sqrt{s'/m'}$
$f_R = 160\sqrt{20/90}$
$f_R = 75{,}4$ Hz

Beispiel 2: Wie Beispiel 1, jedoch mit einer Estrichdicke von 80 mm

Lösung: $m' = \varrho \cdot d$
$m' = 2\,000 \text{ kg/m}^3 \cdot 0{,}08 \text{ m}$
$m' = 160 \text{ kg/m}^2$

Resonanzfrequenz $f_R = 160\sqrt{s'/m'}$
$f_R = 160\sqrt{20/160}$
$f_R = 56{,}6$ Hz

Je größer die flächenbezogene Masse ist, desto niedriger ist die Resonanzfrequenz und desto besser ist die Trittschalldämmung.

Beispiele zur unterschiedlichen dynamischen Steifigkeit s':

Beispiel 3: Zement-Estrich (CT) mit
$\varrho = 2\,000$ kg/m³ $d = 50$ mm
dynamische Steifigkeit $s' = 15$ MN/m³
(z.B. Mineralfasern 10 mm)

Lösung:
$m' = 2\,000 \text{ kg/m}^3 \cdot 0{,}05 \text{ m} = 100 \text{ kg/m}^2$

Resonanzfrequenz $f_R = 160\sqrt{s'/m'}$
$f_R = 160\sqrt{15/100}$
$f_R = 62$ Hz

Beispiel 4: Wie Beispiel 3, jedoch Dämmschicht mit einer dynamischen Steifigkeit $s' = 150$ MN/m³ (z.B. Korkschrotplatten)

Lösung:

Resonanzfrequenz $f_R = 160\sqrt{s'/m'}$
$f_R = 160\sqrt{150/100}$
$f_R = 196$ Hz

Je geringer die dynamische Steifigkeit s' der Dämmschicht ist, desto niedriger ist die Resonanzfrequenz und desto trittschalltechnisch wirksamer ist die Dämmschicht.
Die Resonanzfrequenz sollte unter 100 Hz liegen.

Die Beispiele haben gezeigt, dass mit der Auswahl einer Dämmschicht mit geringer dynamischer Steifigkeit weit mehr zu erreichen ist als mit der Dicke der Estrichplatte.

3.14.2 Schallbrücken

Schallbrücken sind Verbindungen des Estrichmaterials mit den Wänden sowie der Rohdecke, wobei Schallbrücken zwischen Estrich und Rohdecke eine viel größere Verschlechterung der Trittschalldämmung bringen, als Schallbrücken zwischen Estrich und Wand.

Zur Vermeidung von Schallbrücken zur Wand ist es notwendig, dass beim Einbau der Randdämmstreifen höher ist als die Estrichoberfläche.
Um Schallbrücken zur Rohdecke zu vermeiden ist neben einer fehlerfreien Ausführung erforderlich, dass:

- die Dämmschicht zweilagig und kreuzweise verlegt wird um offene Fugen möglichst zu vermeiden,
- das Dämmmaterial mit einer Trennschicht abgedeckt wird, die:
  - keine Feuchtigkeit durchlässt
  - durch Feuchtigkeit nicht zerstört wird
  - dampfdurchlässig ist (kein zu hoher μ-Wert)
  - mechanisch beanspruchbar ist.

Beispiel einer Dämmstoffbezeichnung

DIN 18165 – MinP – T20 – 040 – A2 – 20/15

MW= Mineralfasern (Mineralwolle)
P = Plattenform
T = trittschallgeeignet
20 = dynamische Steifigkeit in MN/m³
040 = Wärmeleitfähigkeitsgruppe
Brandverhalten A2 = nicht brennbar
20 = Dicke in mm in unbelastetem Zustand
15 = Dicke in mm in eingebautem Zustand unter Belastung

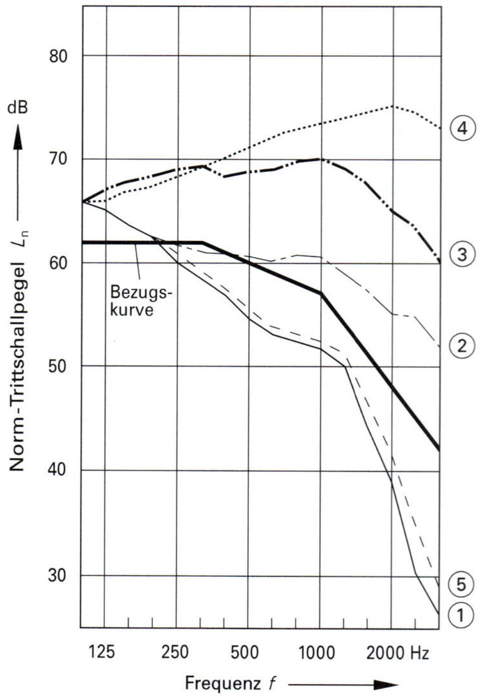

(1) Decke ohne Schallbrücken
(2) Decke mit 1 Schallbrücke (ca. 3cm ø)
(3) Decke mit 10 Schallbrücken
(4) Decke ohne schwimmenden Estrich
(5) Decke mit 10 Schallbrücken, jedoch einer 500er Bitumenpappe zwischen Rohdecke und Dämmschicht

Bild 1: Auswirkung von Schallbrücken auf die Schalldämmung

3.15 Berechnung von Decken

Beispiel 1: Fertigteilrippendecke mit einer flächenbezogenen Masse von 200 kg/m² und einem äquivalenten Norm-Trittschallpegel $L_{n,W,eq} = 84$ dB
Fußbodenaufbau:
Zementestrich (CT): $d = 50$ mm
Dämmung: HWL-Platte $d = 25$ mm
darunter Mineralfaserfilz $d = 10$ mm

Lösung: Nach Tabellenwerten
$L'_{n,W,R} = L_{n,W,eq} - \Delta L_{W,R}$
$L'_{n,W,R} = 84\ \text{dB} - 34\ \text{dB}$
$L'_{n,W,R} = 50\ \text{dB} <$ zul. $L'_{n,W,R} = 53$ dB nach DIN 4109
⇒ DIN-Forderung erfüllt

Beispiel 2: Stahlsteindecke mit einer flächenbezogenen Masse von 250 kg/m².
Deckenaufbau:
Parkettboden auf 7 mm
Bitumenfilz

Lösung: Nach Tabellenwerten
$L'_{n,W,R} = L_{n,W,eq} - \Delta L_{W,R}$
$L'_{n,W,R} = 80\ \text{dB} - 15\ \text{dB}$
$L'_{n,W,R} = 65\ \text{dB} >$ zul. $L'_{n,W,R} = 53$ dB nach DIN 4109
⇒ DIN-Forderung nicht erfüllt

Beispiel 3: Stahlbetonplatte $d = 18$ cm
Rohdichte $\varrho = 2\,500$ kg/m³
Schwimmend verlegter Estrich mit dynamischer Steifigkeit der Dämmschicht
$s' = 20$ MN/m³
Teppichboden:
$d = 8$ mm, Unterseite geschäumt

gesucht: $L'_{n,W,R}$

Lösung:
$m' = 2\,300\ \text{kg/m}^3 \cdot 0{,}18\ \text{m}$
$m' = 414\ \text{kg/m}^2$
$L_{n,W,eq,R} = -35 \cdot \lg m' + 164\ \text{dB}$
$L_{n,W,eq,R} = -35 \cdot \lg 414 + 164\ \text{dB}$
$L_{n,W,eq,R} = 72\ \text{dB}$ (Rohdecke)

Nach Tabelle: Estrich: $\Delta L_{W,R} = 26$ dB
Teppichboden: $\Delta L_{W,R} = 28$ dB
$L'_{n,W,R} = L_{n,W,eq,R} - \max \Delta L_{W,R}$
$L'_{n,W,R} = 72\ \text{dB} - 28\ \text{dB}$
$L'_{n,W,R} = 44\ \text{dB} <$ zul. $L'_{n,W,R} = 53$ dB nach DIN 4109
⇒ Die Forderung nach DIN ist erfüllt

3.15.1 Unterkonstruktion von Massivdecken

Zur Verbesserung der Luftschalldämmung, aber auch des Trittschalles, hat die Ausgestaltung der Unterdecke ihre Auswirkung.

Zweischalige Decken

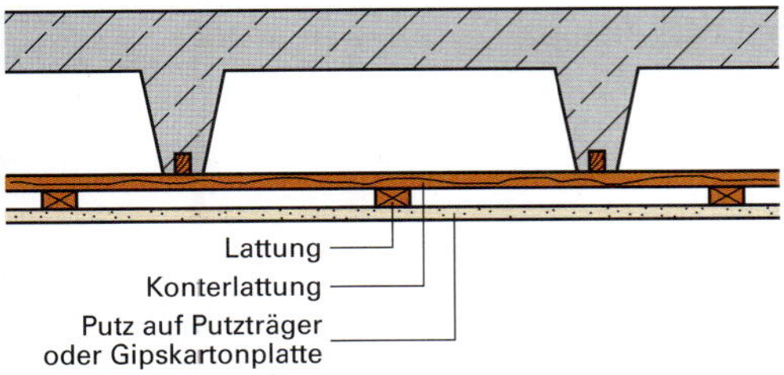

Bild 1: zweischalige Decke

Mäßige Luftschalldämmung

Die biegesteife Schale (Rohdecke) ist fest, d.h. starr mit der Unterdecke verbunden.
Die großen Hohlräume wirken zusätzlich als Resonanzkörper.

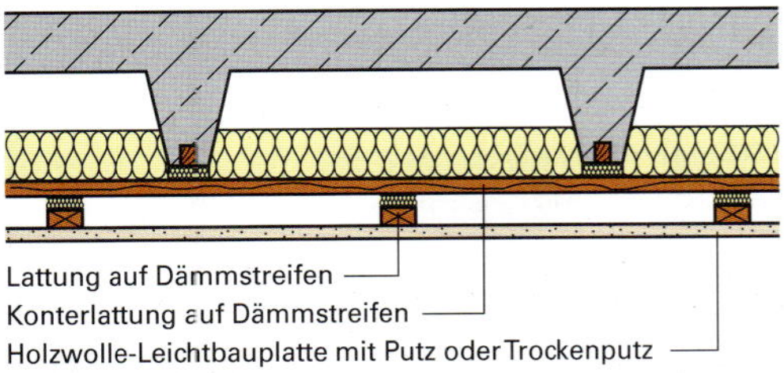

Bild 2: zweischalige Decke

Sehr gute Luftschalldämmung

Die biegeweiche Schale kann unabhängig von der biegesteifen Schale schwingen, da Lattung und Konterlattung durch elastische Dämmstreifen getrennt sind. Der ausgefüllte Hohlraum mit weichem Dämmmaterial sorgt für eine Schallschluckung.
Die Dämmstreifen sind besonders wirksam, wenn mindestens die Lattung mit Federbügeln auf der Konterlattung befestigt ist.

3.15.2 Holzbalkendecken

Holzbalkendecken sind aufgrund ihrer geringen flächenbezogenen Masse nur wenig trittschalldämmend. Durch die zunehmende Beliebtheit des Werkstoffes Holz im Zuge des ökologischen Bauens wird auch die Holzbalkendecke immer häufiger angewandt.
Während man bei neu einzubauenden Holzbalkendecken das Problem Trittschallschutz relativ gut lösen kann, bereitet es bei bestehenden Decken wegen der geringen Balkenabmessungen sowie des nicht veränderbaren Bodenbelages große Schwierigkeiten.

Deckenbauarten

Holzbalkendecken mit unterer und oberer Verschalung ⇒ Holzbalken sind nicht sichtbar	Holzbalkendecken mit ein- oder mehrschaligem Aufbau oberhalb der Tragkonstruktion ⇒ Holzbalken sind von unten sichtbar	Holzbalkendecken mit zweischaliger Konstruktion oben: Tragschale unten: leichte, an getrennt gelagerten Hölzern befestigte Unterschale ⇒ Deckenbalken sind nicht sichtbar

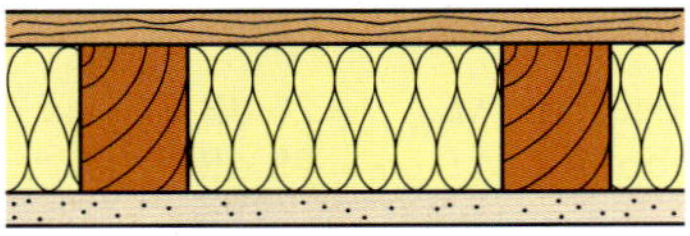

Bild 1: Geschlossene Holzbalkendecke

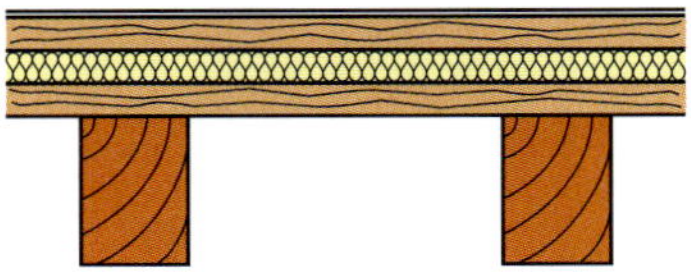

Bild 2: Unten offene Holzbalkendecke

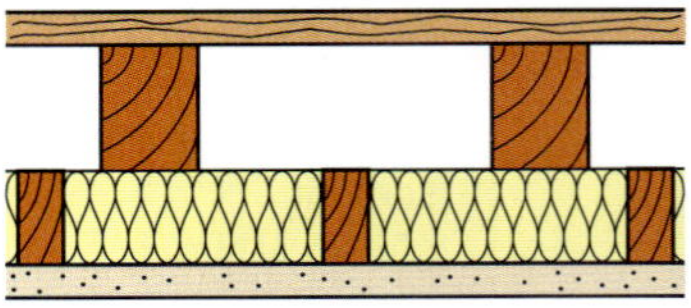

Bild 3: Zweischalige Holzbalkendecke

Holzbalkendecken können in drei Bereiche eingeteilt werden:

1. Gehbelag: Letzte, sichtbare Schicht, bestehend aus Holz, Kork, Teppichboden, Fliesen
   ⇒ Trittschall-Minderungsmaß $\Delta L_{W,H2}$
2. Aufbau: Alle Schichten oberhalb der Balkenlage
   ⇒ Trittschall-Minderungsmaß $\Delta L_{W,H}$
3. Rohdecke: Holzbalken, einschließlich einer unterseitigen Verschalung.
   ⇒ Äquivalenter, bewerteter Norm-Trittschallpegel $L_{n,W,eq,H}$
   L = Level; n = Norm; W = Wert; eq = äquivalent; H = Holz

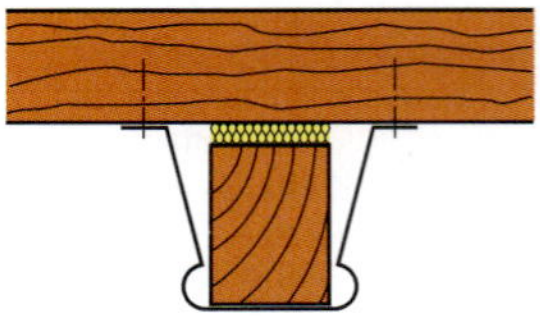

Bild 4: Federbügel

Zur Berechnung der Schalldämmmaße von Holzbalkendecken gelten folgende Formeln:

Rohdecke – Aufbau – Gehbelag

$$L'_{n,W} = L_{n,W,eq,H} - \Delta L_{W,H} - \Delta L_{W,H2}$$

mit Gehbelag

$$L'_{n,W,eq} = L_{n,W,eq,H} - \Delta L_{W,H}$$

ohne Gehbelag

$$R'_W \approx 115\text{ dB} - L_{n,W}$$

Beispiel:
Rohdecke mit $L_{n,W,eq,H} = 95$ dB
Aufbau: $\Delta L_{W,H} = 27$ dB
Gehbelag: (Teppichboden, Nadelvlies)
$\Delta L_{W,H2} = 20$ dB
Lösung:
$L_{n,W} = L_{n,W,eq,H} - \Delta L_{W,H} - \Delta L_{W,H2}$
$= 95\text{ dB} - 27\text{ dB} - 20\text{ dB}$
$L_{n,W} = 48$ dB

$R'_W \approx 115\text{ dB} - 48\text{ dB}$
$R'_W = 67$ dB

3.15.3 Äquivalentes bewertetes Trittschalldämmmaß $L'_{n,W,eq}$ und Luftschalldämmmaß R'_W von Holzbalkendecken
Alle Werte sind noch ohne Berücksichtigung des Gehbelages.

①

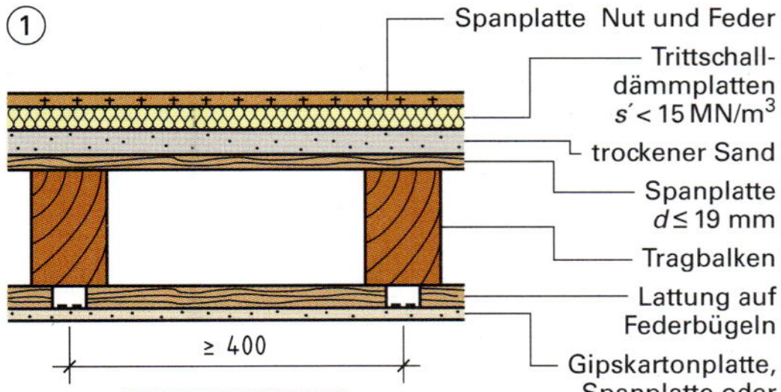

R'_W = 65 dB
$L_{n,w,eq}$ = 51 dB

②

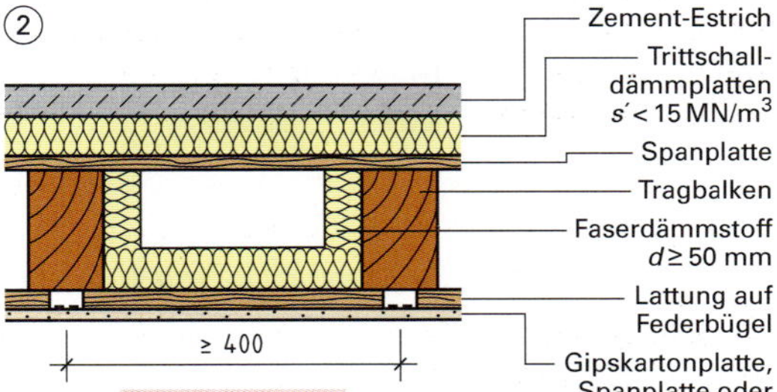

R'_W = 65 dB
$L_{n,w,eq}$ = 51 dB

③

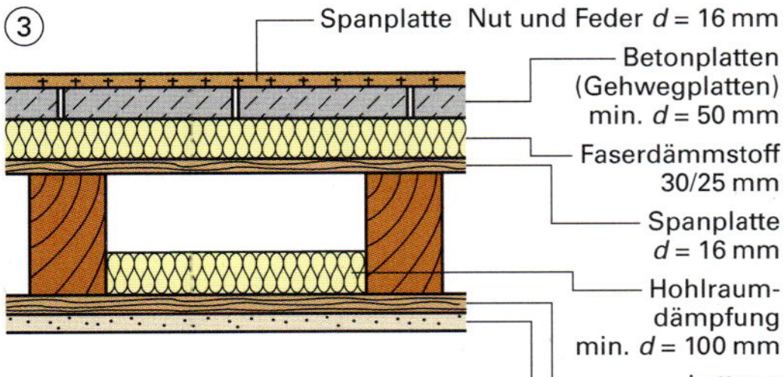

R'_W = 58 dB
$L_{n,w,eq}$ = 48 dB

④

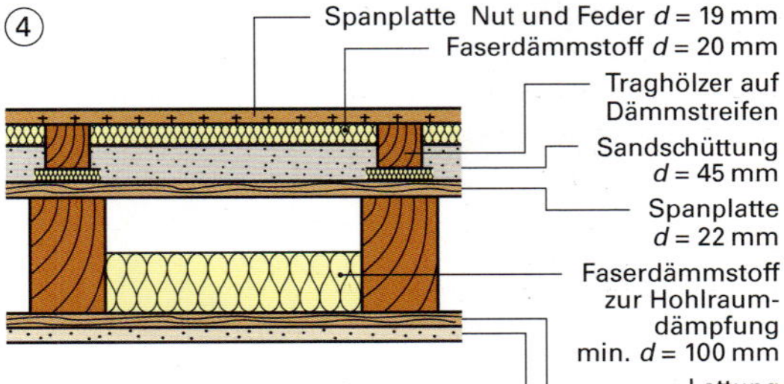

R'_W = 59 dB
$L_{n,w,eq}$ = 50 dB

⑤

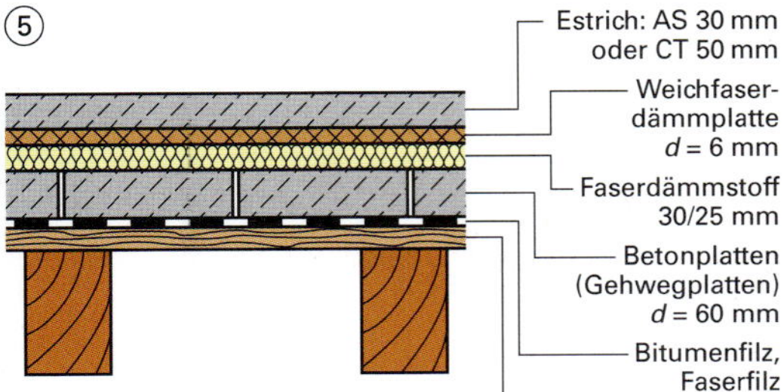

R'_W = 55 dB
$L_{n,w,eq}$ = 50 dB

⑥

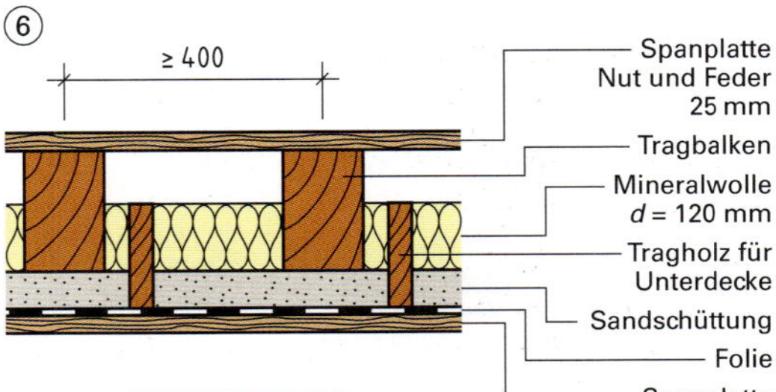

R'_W = 56 dB
$L_{n,w,eq}$ = 57 dB

⑦

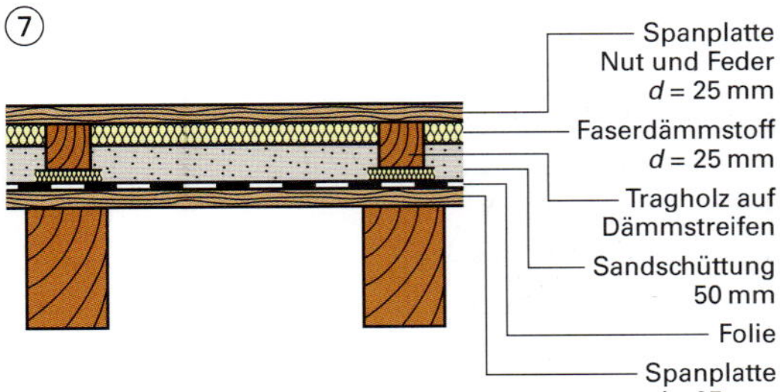

R'_W = 52 dB
$L_{n,w,eq}$ = 62 dB

⑧

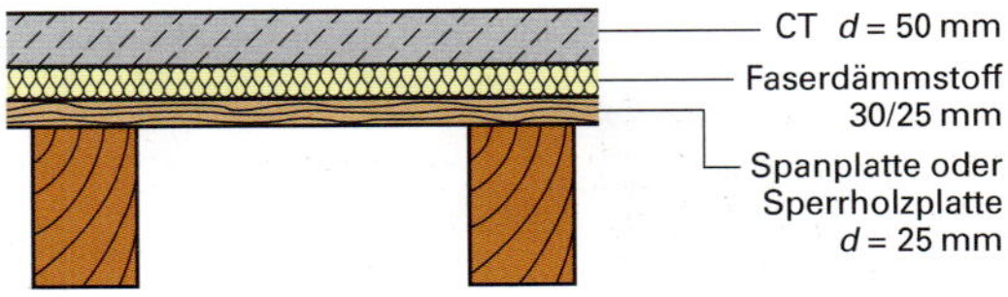

R'_W = 50 dB
$L_{n,w,eq}$ = 66 dB

⑨

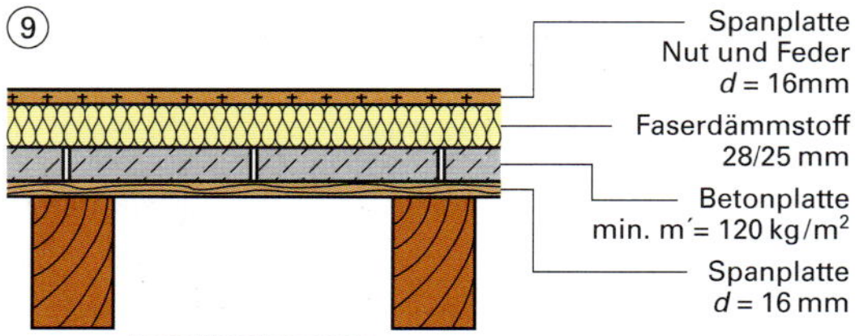

R'_W = 54 dB
$L_{n,w,eq}$ = 53 dB

⑩

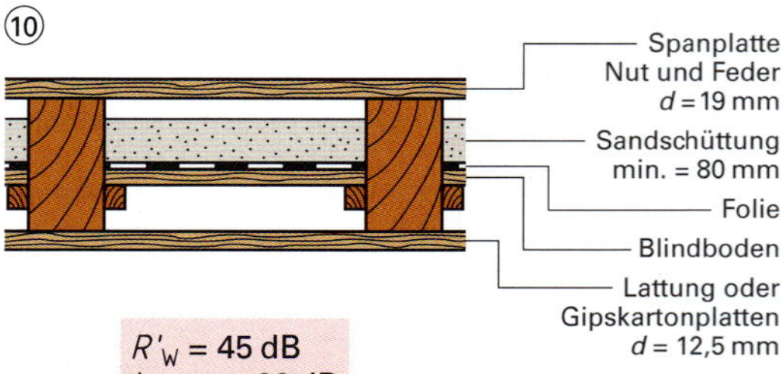

R'_W = 45 dB
$L_{n,w,eq}$ = 66 dB

⑪

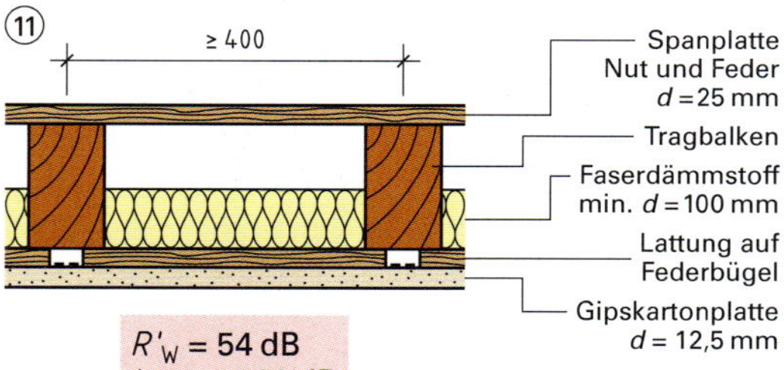

R'_W = 54 dB
$L_{n,w,eq}$ = 62 dB

⑫

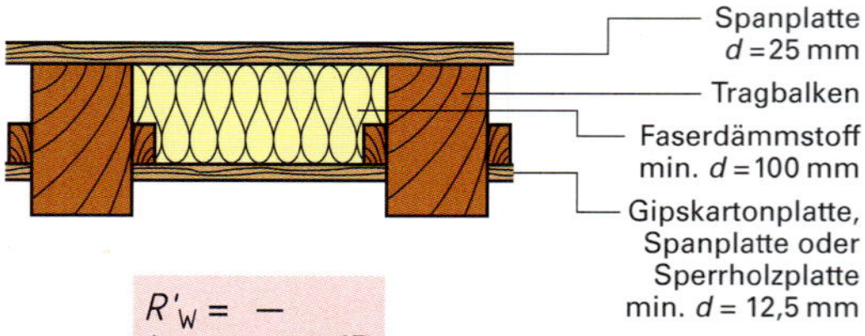

R'_W = —
$L_{n,w,eq}$ = 71 dB

⑬

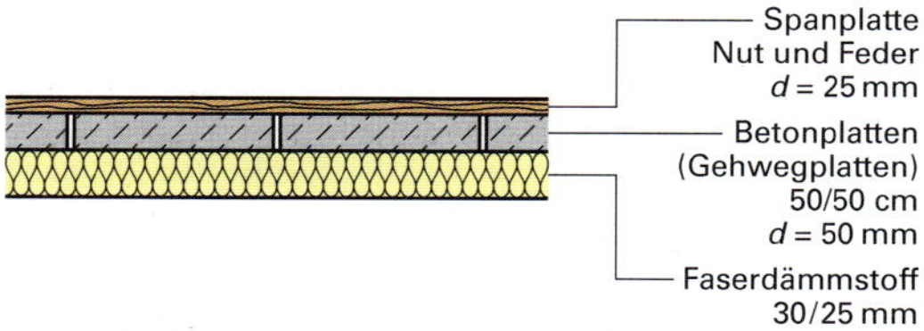

$\Delta L_{W,H}$ = 27 dB

⑭

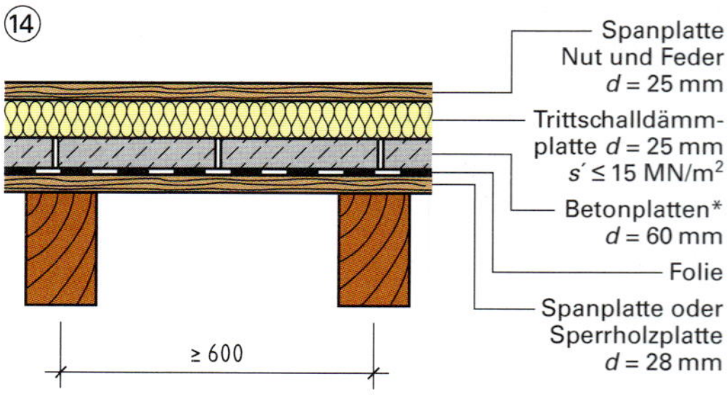

R'_W = 63 dB
$L_{n,w,eq}$ = 53 dB

⑮

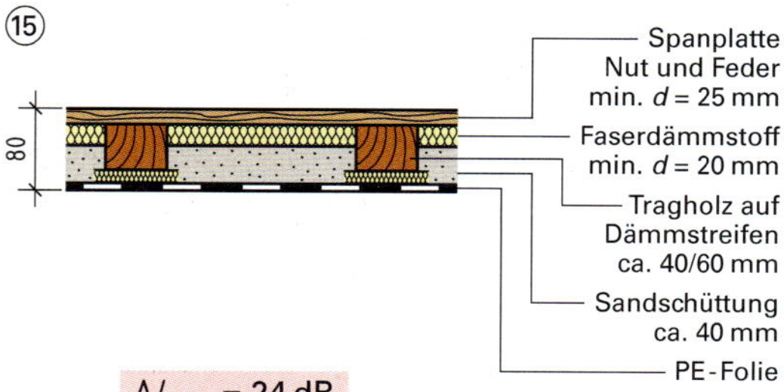

$\Delta L_{W,H}$ = 24 dB

* Betonplatten oder Betonsteine mit einer Seitenlänge max. 40 cm in Kaltbitumen verlegt, offene Fugen zwischen den Steinen, flächenbezogene Masse mindestens 140 kg/m²

⑯

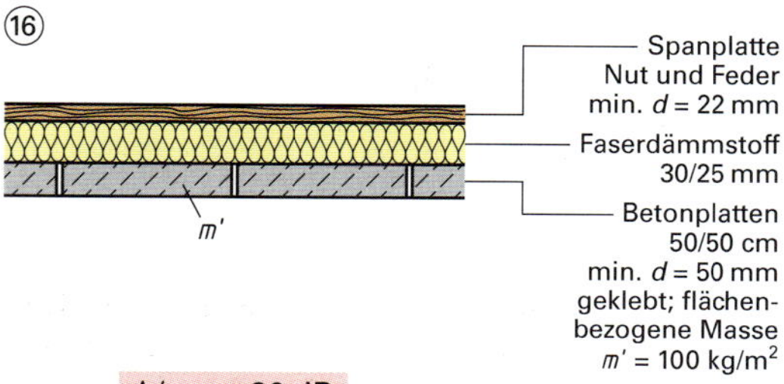

$\Delta L_{W,H}$ = 30 dB

⑰

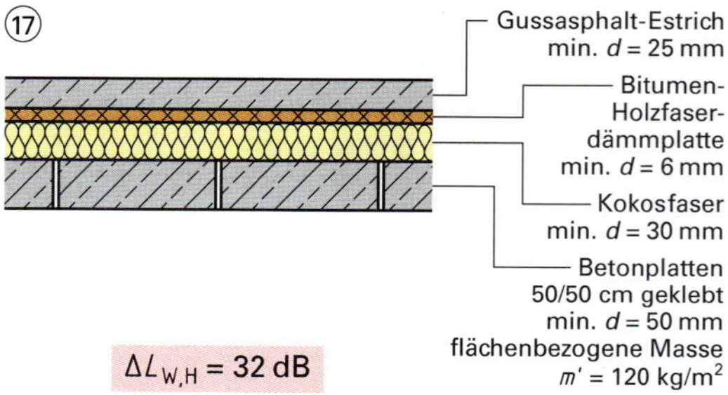

$\Delta L_{W,H}$ = 32 dB

3.16 Fenster

Betrachtet man die Außenfassade eines Gebäudes unter den vielfältigen Lärmeinwirkungen von Straße (Pkw, Lkw, Personen), Schiene (Straßenbahn, Bahn), Luft (Flugverkehr) und Wasser (Boote, Schiffe), so stellen die Fenster meist einen schalltechnischen Schwachpunkt dar. Will man hier eine Minderung dieser Beeinträchtigung erreichen, so muss beim Fenster begonnen werden.

Die Schalldämmung von Fenstern ist im Wesentlichen abhängig von:

- der Dicke der Glasscheibe
- dem Schalleinfallswinkel (Spuranpassung)
- der Fugendichtigkeit
- der Frequenz

Wie bei Wänden, so spielt auch bei Fenstern und Verglasungen die Koinzidenzfrequenz (Grenzfrequenz) infolge Spuranpassung bei schrägem Schalleinfall eine wesentliche Rolle.

Den Spuranpassungseffekt kann man bei Doppelverglasungen dadurch abschwächen, dass man Scheiben unterschiedlicher Dicke wählt. Hierdurch lässt sich im Bereich der Spuranpassung eine Erhöhung des Schalldämmmaßes erzielen.

Die Grenzfrequenz (Koinzidenzfrequenz) bei Einfachverglasungen errechnet sich zu:

$$f_{Gr} = \frac{12\,000}{d \cdot \sin^2\beta}$$

d = Dicke der Glasscheibe in mm
β = Schalleinfallswinkel

Beispiel 1: Einfachverglasung
Dicke der Glasscheibe $d = 4$ mm
Schalleinfallswinkel $\beta_1 = 45°$
$\beta_2 = 90°$

Lösung:

$$f_{Gr} = \frac{12\,000}{4 \cdot \sin^2 45°} \qquad f_{Gr} = \frac{12\,000}{4 \cdot \sin^2 90°}$$

$$f_{Gr} = 6\,000 \text{ Hz} \qquad f_{Gr} = 3\,000 \text{ Hz}$$

Beispiel 2: Einfachverglasung: $d = 12$ mm
$\beta = 45°$

Lösung:

$$f_{Gr} = \frac{12\,000}{12 \cdot \sin^2 45°}$$

$$f_{Gr} = 2\,000 \text{ Hz}$$

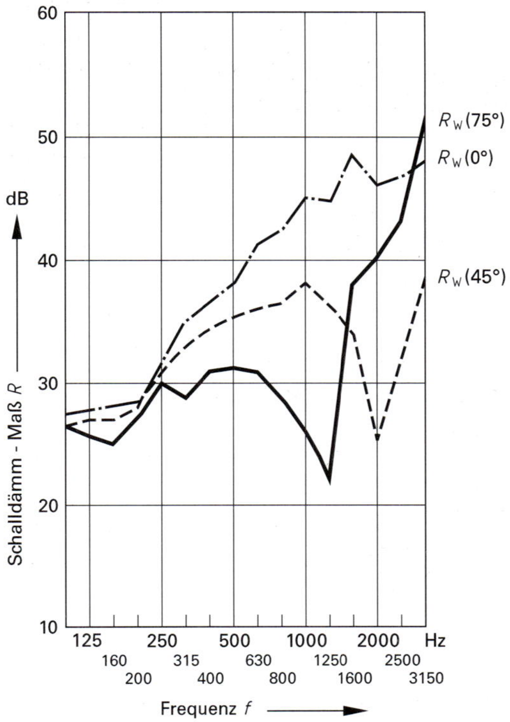

Bild 1: Verlauf der Schalldämmung, einschließlich ihres Koinzidenzeinbruchs einer 12 mm dicken Glasscheibe unter verschiedenen Einfallswinkeln

Bei Doppelverglasung kann die Resonanzfrequenz näherungsweise errechnet werden zu

$$f_{Gr} \approx 1200 \sqrt{\frac{1}{d_1} + \frac{1}{d_L} + \frac{1}{d_2}}$$

d_L = Abstand des Scheibenzwischenraumes in mm
d_1, d_2 = Dicke der beiden Scheiben in mm

Beispiel 3: Doppelverglasung
Zwei Scheiben mit: $d_1 = 4$ mm
$d_2 = 8$ mm

Lösung:

$$f_{Gr} = 1\,200 \sqrt{\frac{1}{4} + \frac{1}{12} + \frac{1}{8}}$$

$$f_{Gr} = 812 \text{ Hz}$$

Beachte: Bei Fenstern sollte die dickere Scheibe stets auf der lauten Bauteilseite angeordnet werden, s.S. 380.

So vielfältig die Fenster von der Verglasung und der Konstruktion her sind, so zahlreich sind auch die Formeln zur Berechnung des bewerteten Schalldämmmaßes R'_W.

Einfachfenster mit Einfachscheiben:

$$R'_W = 10 \cdot \lg \frac{d_1}{d_0} + 37 \text{ dB}$$

Verbundfenster:

$$R'_W = 10 \cdot \lg \frac{d_1}{d_0} + 15 \cdot \lg \frac{d_L}{d_0} + 10 \cdot \lg \frac{d_2}{d_0} + 39 \text{ dB} + k_R$$

Kastenfenster:

$$R'_W = 10 \cdot \lg \frac{d_1}{d_0} + 15 \cdot \lg \frac{d_L}{d_0} + 10 \cdot \lg \frac{d_2}{d_0} + 39 \text{ dB}$$

d_1 = Dicke der schweren Scheibe in mm
d_2 = Dicke der dünneren Scheibe in mm
d_L = Luftzwischenraum zwischen den Scheiben
d_0 = Bezugswert 10 mm
k_R = Korrekturfaktor für Rahmenübertragungen

Beispiel 4: Verbundfenster
$d_1 = 8$ mm $d_L = 25$ mm
$d_2 = 4$ mm $k_R = 2{,}1$

Lösung:
$R'_W = 10 \cdot \lg 8/10 + 15 \cdot \lg 25/10 + 10 \cdot \lg 4/10 + 39 \text{ dB} - 2{,}1$
$R'_W = -1 + 6 - 4 + 39 - 2$
$R'_W = 38$ dB

Beispiel 5: Kastenfenster
$d_1 = 8$ mm $d_L = 200$ mm
$d_2 = 4$ mm

Lösung: $R'_W = 10 \cdot \lg 8/10 + 15 \cdot \lg 200/10 + 10 \cdot \lg 4/10 + 39 \text{ dB}$
$R'_W = -1 + 19{,}5 - 4 + 39$
$R'_W = 53{,}5$ dB

Einfachfenster mit Isolierverglasung und gasgefülltem Scheibenzwischenraum:

$$R'_W = 10 \cdot \lg \frac{d_1}{d_0} + 15 \cdot \lg \frac{d_L}{d_0} + 39 \text{ dB} + k_R$$

Einfachfenster mit Isolierverglasung, Verbundglas mit gasgefülltem Scheibenzwischenraum

$$R'_W = 10 \cdot \lg \frac{d_1}{d_0} + 15 \cdot \lg \frac{d_L}{d_0} + 10 \cdot \lg \frac{d_2}{d_0} + 46 \text{ dB} + k_R$$

Einfachfenster mit Isolierverglasung und luftgefülltem Scheibenzwischenraum

$$R'_W = 10 \cdot \lg \frac{d_1}{d_0} + 15 \cdot \lg \frac{d_L}{d_0} + 38 \text{ dB} + k_R$$

Tabelle 1: Korrekturfaktoren k_R

Bewertetes Schalldämmmaß der Verglasung	Korrekturfaktor k_R in dB	
	für $R_{w,\text{Rahmen}}$ = 46 dB	für $R_{w,\text{Rahmen}}$ = 49 dB
40	−1,0	−0,5
42	−1,5	−0,8
44	−2,1	−1,2
46	−3,0	−1,8
48	−4,1	−2,5
50	−5,5	−3,5

Beispiel 6: Einfachfenster: Isolierverglasung, Gasfüllung, Verbundglas:
$d_1 = 8$ mm $d_L = 12$ mm
$d_2 = 4$ mm $k_R = -2{,}1$

Lösung: $R'_W = 10 \cdot \lg 8/10 + 15 \cdot \lg 12/10 + 10 \cdot \lg 4/10 + 46 \text{ dB} - 2{,}1$
$R'_W = -1 + 1{,}2 - 4 + 46 - 2{,}1$
$R'_W = 40{,}1$ dB

Wie bei zweischaligen Wänden, so hat auch bei Doppelverglasungen der Luftzwischenraum eine beachtliche Auswirkung auf die Erhöhung des bewerteten Schalldämmmaßes. Es erhöht sich bei Verdoppelung des Scheibenzwischenraumes um 4,5 dB nach der Formel

$$\Delta R_W \approx 15 \cdot \lg \frac{d_1}{d_0}$$

3.16.1 Verglasung im Schallschutz

Schalldämm-Verglasung

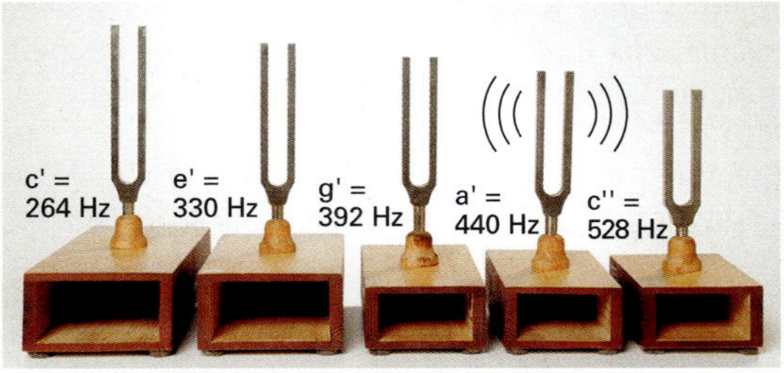

Die Stimmgabel z. B. a' auf der Senderseite wird durch Anschlagen in Schwingungen versetzt. Die Schwingungen gelangen durch die Luftübertragung zu den Empfängerstimmgabeln.

Dieser Schallimpuls, hervorgerufen durch die Stimmgabel entspricht in der Praxis dem Lärm, hervorgerufen durch Autos, Bahn, Flug, Industrie usw.

a'= 440 Hz

Auf der Empfängerseite mit Stimmgabeln verschiedener Eigenfrequenz, wird nur jene Stimmgabel in Schwingung versetzt, die die gleiche Eigenfrequenz wie die auf der Senderseite hat, hier a'. Die anderen Stimmgabeln reagieren nicht.

Folgerung für den Schallschutz bei Verglasungen: Bei Mehrfachverglasungen nie Scheiben gleicher Dicke einbauen!

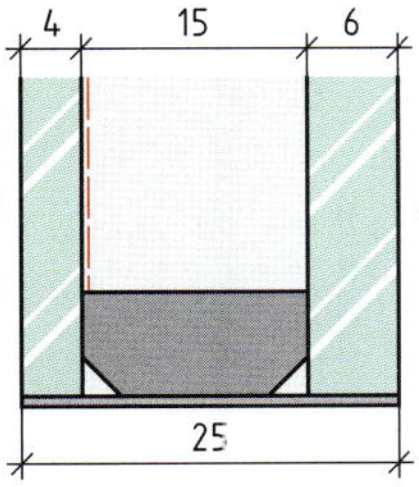

Bild 1: Unterschiedlich dicke Scheiben

R_W = 36 dB
U_g = 1,1 W/m²K
g = 0,61
L_τ = 80 %
L_ϱ = 14 %

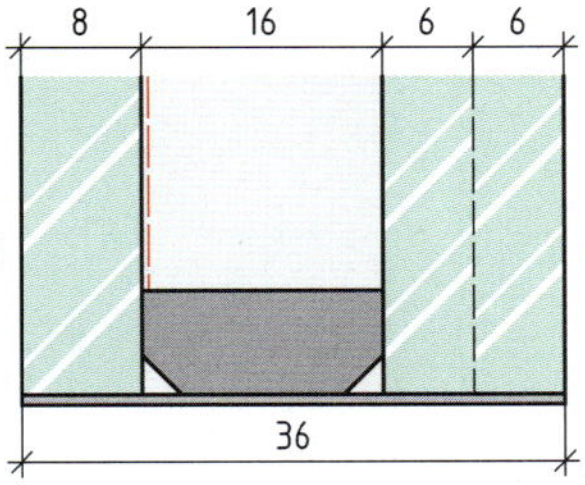

Bild 2: Eine Scheibe mit Akustikfolie

R_W = 41 dB
U_g = 1,1 W/m²K
g = 0,54
L_τ = 77 %
L_ϱ = 13 %

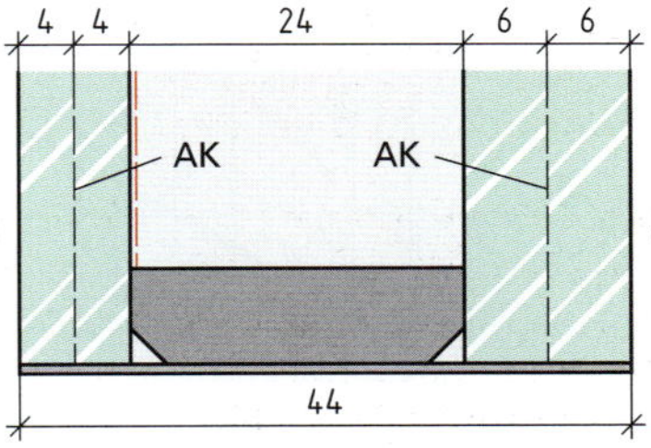

Bild 3: Zwei Scheiben mit Akustikfolie

R_W = 50 dB
U_g = 1,2 W/m²K
g = 0,53
L_τ = 76 %
L_ϱ = 13 %

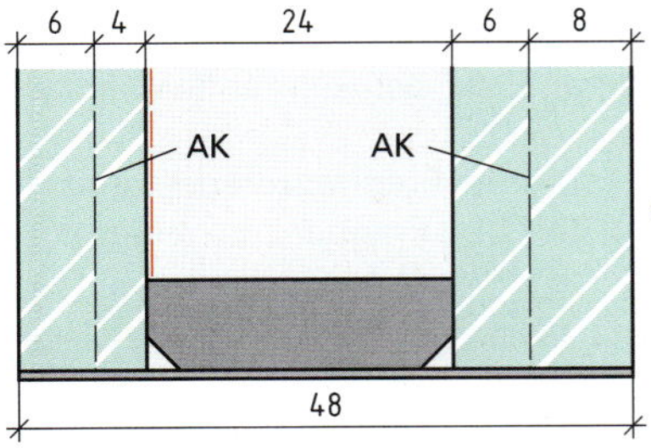

Bild 4: Unterschiedlich dicke Scheiben mit Akustikfolie

R_W = 52 dB
U_g = 1,2 W/m²K
g = 0,53
L_τ = 71 %
L_ϱ = 14 %

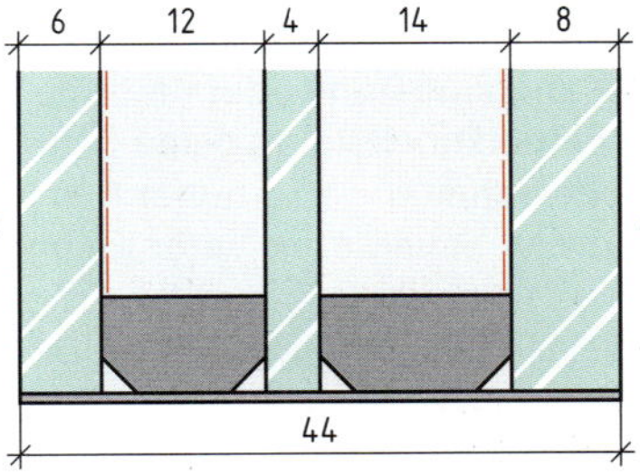

Bild 5: Drei unterschiedlich dicke Scheiben

R_W = 42 dB
U_g = 0,5 W/m²K
g = 0,58
L_τ = 71 %
L_ϱ = 20 %

L_τ = Lichttransmissionsgrad
L_ϱ = Lichtrefexionsgrad
U_g = U-Wert der Verglasung
g = Gesamtenergiedurchlassgrad der Verglasung
AK = Akustikfolie

Das Prinzip der Schalldämm-Verglasung besteht darin, dass jede Scheibe ein anderes Dickenmaß hat. Unterschiedliche Dicken bedeuten unterschiedliche Massen und diese wiederum unterschiedliche Eigenfrequenzen. Je mehr verschiedene Eigenfrequenzen die einzelnen Scheiben einer Schalldämm-Verglasung haben, desto höher ist die Luftschalldämmung der Verglasung.

Durch Verkleben von zwei Scheiben mit einer elastischen Akustikfolie (AF) wird nicht nur eine splitterbindende Funktion erreicht, sondern durch ihre Elastizität erfüllt die Akustikfolie auch noch eine schalldämpfende Aufgabe.

Anordnung der Verglasung im Schallschutz

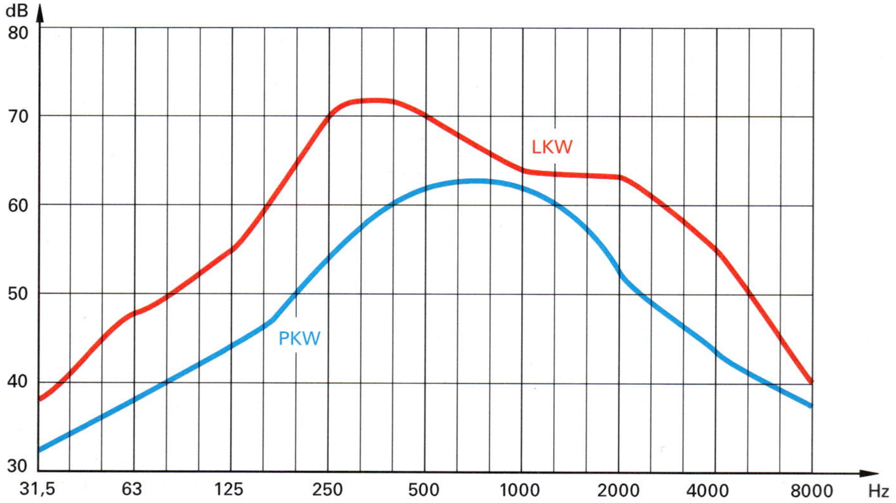

Bild 1: Mittelpegel des Straßenverkehrslärms bei geschlossener Bebauung

Das Diagramm zeigt, dass der Straßenverkehr seinen stärksten Lärmpegel im tieffrequenten bis mittelfrequenten Bereich hat (160 Hz bis 800 Hz) und daher die dickere Scheibe, das ist die Scheibe mit der größeren Masse, bzw. die Scheibe aus Verbund-Sicherheits-Glas (VSG), nach der Straßenseite hin angeordnet werden sollte. Auch aus Gründen der Windbelastung ist dies zu empfehlen.
Das Bild zeigt ebenfalls, dass der Pkw-Verkehr durchweg einen ca. 10 dB geringeren Verkehrslärm verursacht als der Lkw-Verkehr. Ebenfalls ist ersichtlich, dass die Maxima beider Kurven um etwa eine Oktave voneinander abweichen, d.h. die Frequenz des Lkw-Verkehrs liegt eine Oktave tiefer als die des Pkw-Verkehrs.

Ob eine Verglasung eine hohe oder niedrige Eigenfrequenz hat, lässt sich sehr einfach feststellen. Man klopft mit den Fingerknöcheln an beide Scheiben.

dicke, biegesteife Scheibe ⇒ hoher Klang (Frequenz) ⇒ für tiefe Frequenzen geeignet
dünne, biegeweiche Scheibe ⇒ tiefer Klang (Frequenz) ⇒ für hohe Frequenzen geeignet

Grenzfrequenz der Scheibe mit: 4 mm Dicke | 8 mm Dicke

$$f_{Gr} = \frac{60}{d} \cdot \sqrt{\frac{\varrho}{E_{dyn}}}$$

4 mm Dicke:

$$f_{Gr} = \frac{60}{0{,}004} \cdot \sqrt{\frac{2\,500}{52 \cdot 10^3}}$$

$$f_{Gr} = 3\,289 \text{ Hz}$$

8 mm Dicke:

$$f_{Gr} = \frac{60}{0{,}008} \cdot \sqrt{\frac{2\,500}{52 \cdot 10^3}}$$

$$f_{Gr} = 1\,645 \text{ Hz}$$

Wenn auch die Grenzfrequenz der dickeren Außenscheibe noch nicht im Frequenzbereich < 200 Hz liegt und damit als biegesteif bezeichnet werden kann, so ist diese im Vergleich zur inneren Scheibe wesentlich biegesteifer. Eine noch größere Biegesteifigkeit der Außenscheibe lässt sich durch eine VSG-Verglasung erzielen, evtl. durch Einbau einer Akustikfolie (AF), die zusätzlich durch ihre Elastizität noch eine schalldämpfende Wirkung erzielt.

3.17 Türen

Während Fenster in der Außenfront eines Hauses die größten Schwachstellen sind, stellen Türen bei Zwischenwänden schalltechnische Schwachpunkte dar.

Diese Schwachstellen liegen:

- beim Türblatt selbst (geringe Masse)
- an der Dichtung im Türfalz
- zwischen Türblatt und Boden
- am Türrahmen, bzw. der Türzarge

Masse des Türblattes

Wie bei Wänden, so ist auch bei Türen die Schalldämmung wesentlich von der flächenbezogenen Masse abhängig. Normale Zimmertüren haben flächenbezogene Massen von 10 bis 20 kg/m². Daraus ergeben sich nach dem Diagramm S. 245 Schalldämmwerte von etwa 27 dB. Sollen höhere Werte erreicht werden, so könnten z.B. die Röhren bei Röhrenspanplatten mit trockenem Sand ausgefüllt werden, wodurch sich eine Steigerung des Schalldämmwertes auf ca. 37 dB erreichen lässt. Die Steigerung des Schalldämmmaßes wird nicht nur durch die nun erhöhte flächenbezogene Masse erreicht, sondern vor allem dadurch, dass der Schallimpuls von Sandkörnchen zu Sandkörnchen weitergeleitet wird und dadurch an Wirksamkeit verliert.

Weiter ist eine Erhöhung des Schalldämmwertes durch zweischalige Türkonstruktionen möglich. Die beiden Schalen können aus zwei verschieden dicken Sperrholz- oder Spanplatten bestehen. Dadurch ergeben sich flächenbezogene Massen von ca. 30 kg/m² mit Schalldämmwerten von 35 dB bis 40 dB. Solche schweren Türen stellen nicht nur an den Bediener erhöhte Anforderung (größere Kraftanstrengungen), sondern auch an den Türbeschlag (dreifacher Anschlag, verstärkter Beschlag).

Türfalzdichtung:

Bei erhöhten Anforderungen an die Türschalldämmung muss auch auf die Falzausbildung geachtet werden. Weichfedernde Dichtungsstreifen haben nur dann ihre Wirkung, wenn durch den Beschlag und die Schließung das Türblatt ringsum in den Falz angepresst wird.

Unterer Abschluss

Das beste Türblatt und die vollständige Falzdichtung haben nicht ihre volle Wirkung, wenn zwischen Fußboden und Türblatt ein Zwischenraum vorhanden ist. In der Regel werden heute bei Türen keine Schwellen mehr eingebaut, sodass eine Dichtung in anderer Weise erfolgen muss.

Die untere Abdichtung kann erfolgen:

- durch eine Schleifdichtung aus einem Gummistreifen. Diese hat allerdings den Nachteil einer Geräuschentwicklung beim Bedienen der Tür
- durch eine sich auf den Fußboden absenkende Dichtung beim Schließen der Tür. Das Dichtungsprofil aus Gummi ist unten in das Türblatt eingelassen.

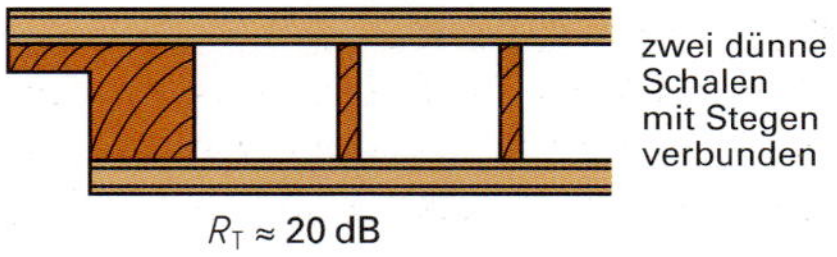

Bild 1: Leichtes Türblatt

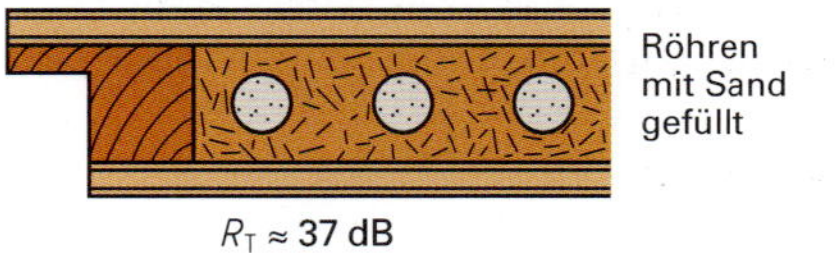

Bild 2: Türblatt aus Spanplatten

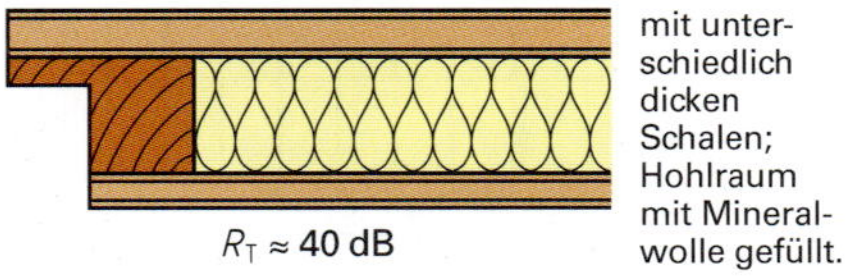

Bild 3: Zweischaliges Türblatt

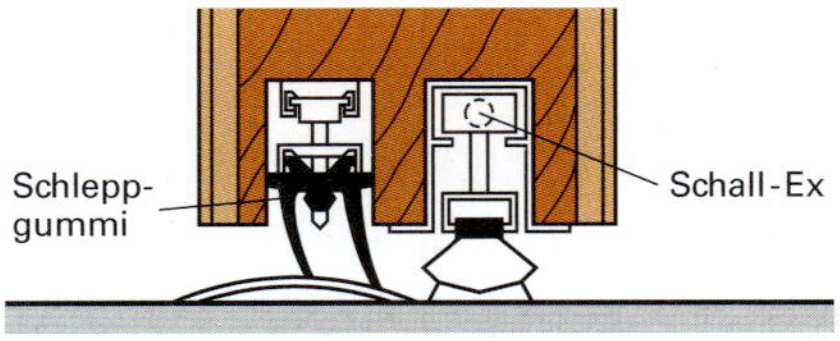

Bild 4: Bodenabschluss mit Schleppgummi oder Schallex

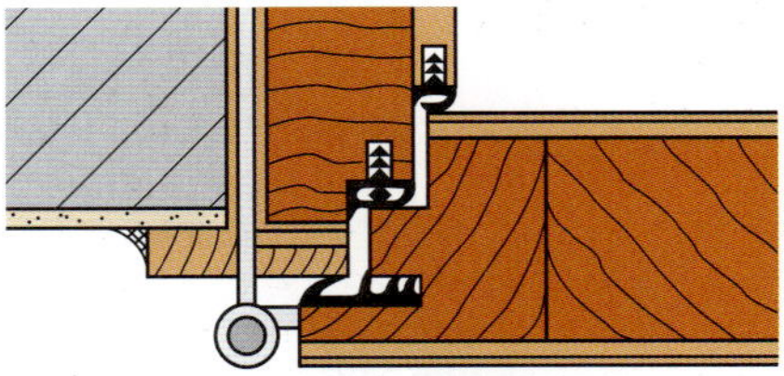

Bild 5: Doppelfalzdichtung

Hohlraum zwischen Türrahmen und Wand

Eine Schallübertragung über solche Hohlräume ist durch Ausstopfen mit Mineralwolle oder durch das Ausschäumen mit Dichtungsschäumen zu beseitigen.

Besonders hohe Anforderungen

Durch entsprechend schwere Türen, mit Stahlblech beplankt, lassen sich Schalldämmwerte bis zu 50 dB und mehr erreichen, wie sie Anforderungen bei Rundfunk- und Fernsehanstalten, sowie für bestimmte Sitzungsräume entsprechen. Sollen noch höhere Werte erzielt werden, so können auch zwei getrennte Türen angebracht werden.

3.18 Treppen

Schalltechnisch stellen Treppen mit Treppenhäusern ein großes Problem dar. Nicht nur der Auftritt auf die Treppenstufe selbst führt in den meisten Fällen zur Schallübertragung an die angrenzende Wand, sondern auch die Schallübertragung über die in die Wand eingebundene Podestplatte.
Zur Lösung dieses Problems gibt es mehrere Möglichkeiten:

- Treppen innerhalb eines zweischaligen Mauerwerks legen, wobei die Wände durch eine Dämmschicht vollständig voneinander getrennt sind, oder durch Maßnahmen nach den Bildern 2 bis 12.

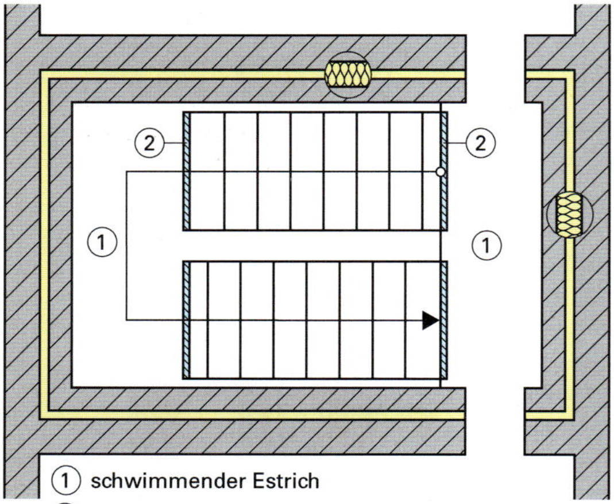

Bild 1: Treppe innerhalb eines zweischaligen Mauerwerks; Podest schwimmender Estrich; Laufplatten auf elastischen Lagern

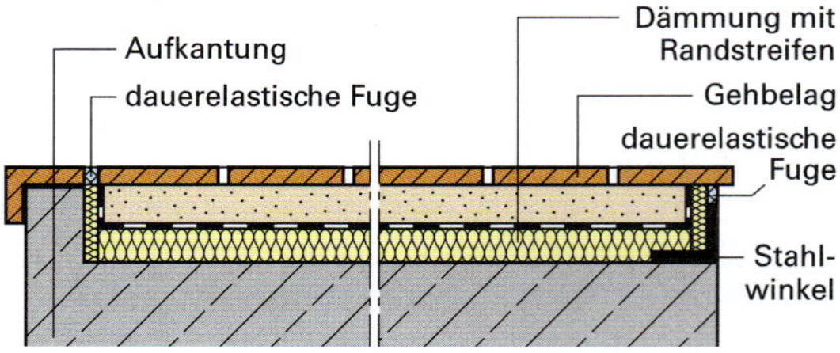

Bild 4: Ausbildung des Treppenauges

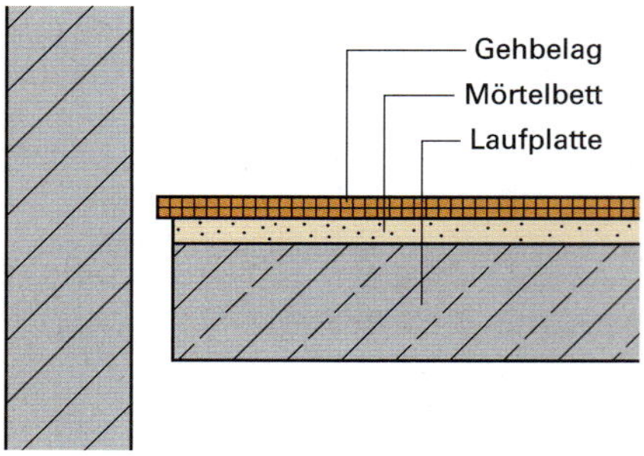

Bild 5: Treppenlauf ohne Verbindung zur Wand

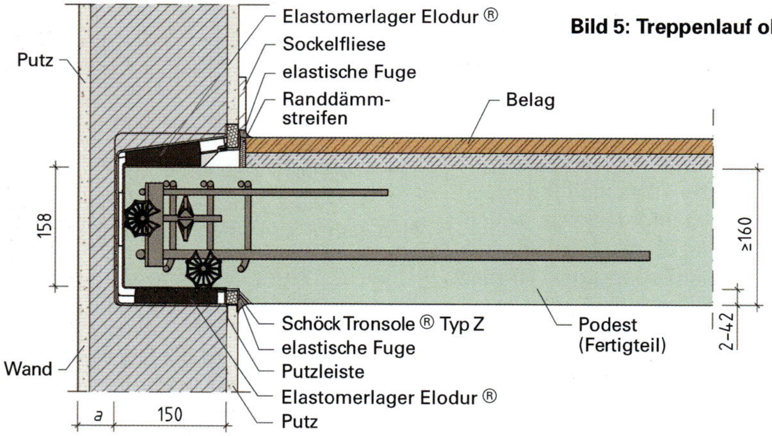

Bild 2: Einbauschnitt für Podestanschluss an Treppenhauswand mit Tronsole Typ Z

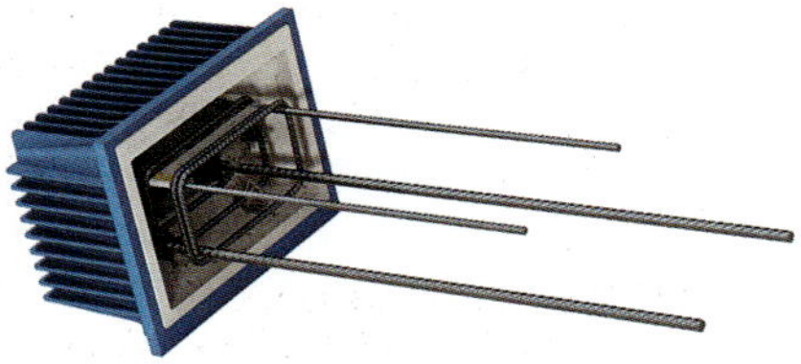

Bild 3: Tronsole Typ Z für Podestanschluss an Treppenhauswand

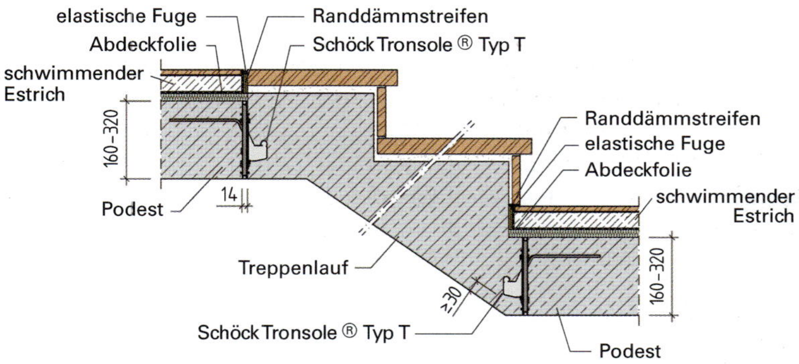

Bild 6: Treppenlaufanschluss in Ortbeton an Podest im An- und Austritt mit Tronsole Typ T

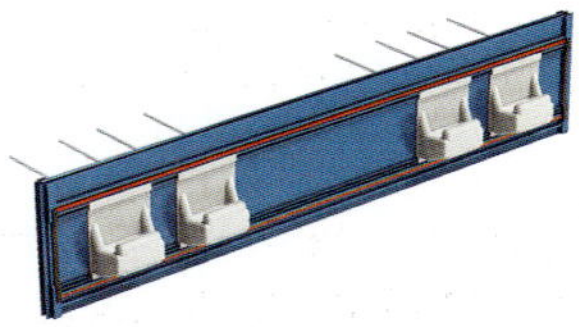

Bild 7: Tronsole Typ T für Treppenlaufanschluss in Ortbeton

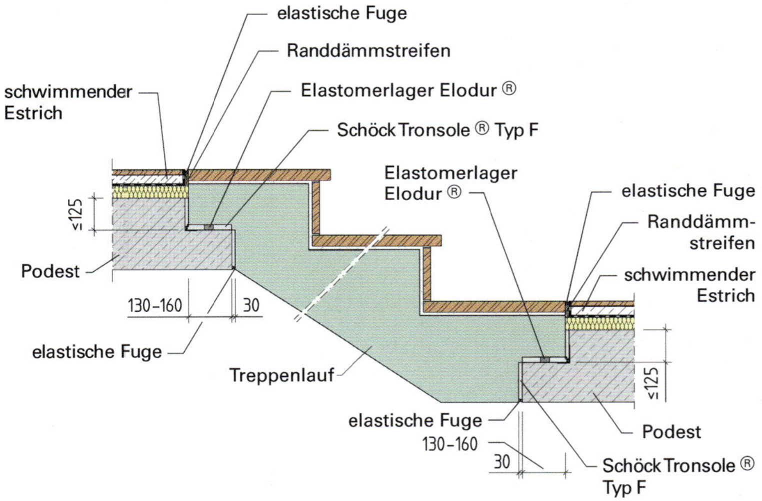

Bild 8: Treppenlaufanschluss als Fertigteil an Podest im An- und Austritt mit Tronsole Typ F

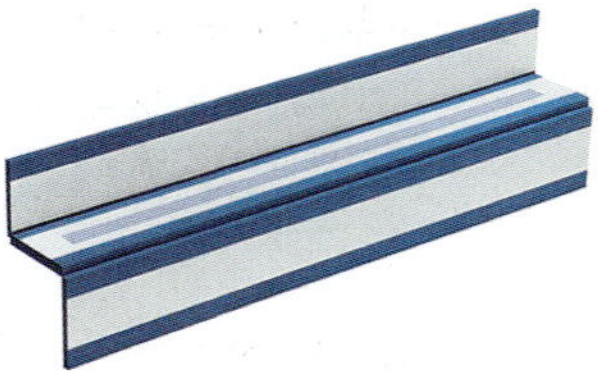

Bild 9: Tronsole Typ F für Treppenlaufanschluss bei Betonfertigteil

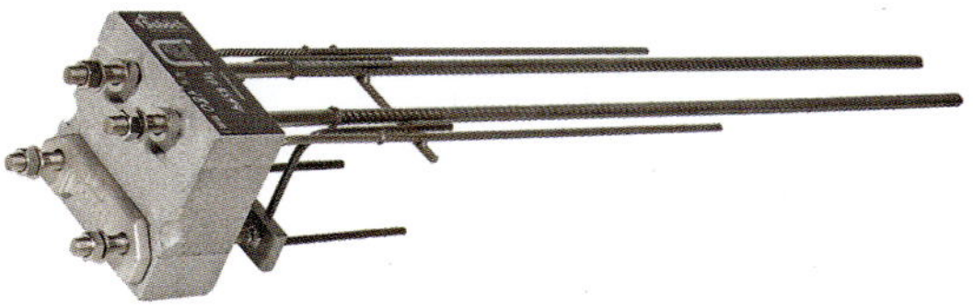

Bild 10: Isokorb KS 14 für Anschluss Stahl an Stahlbeton

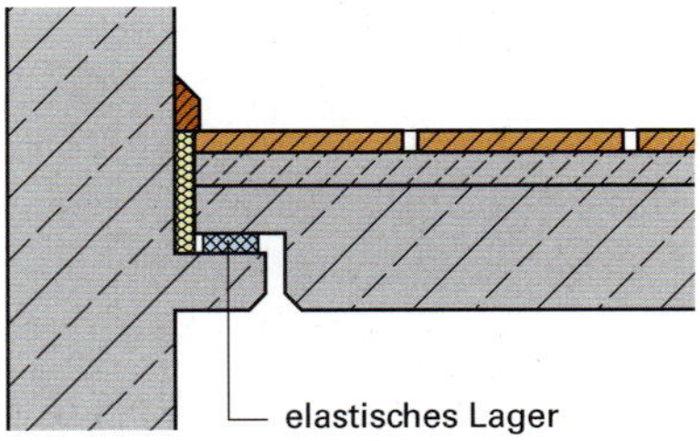

Bild 12: Elastische Lagerung des Podestes

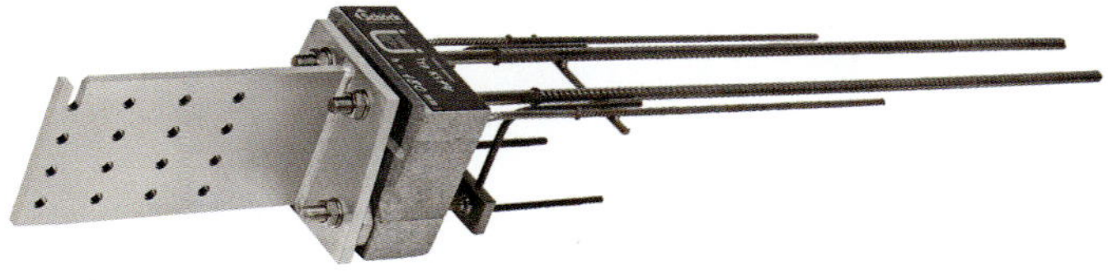

Bild 11: Isokorb KSH für Anschluss Holz an Stahlbeton

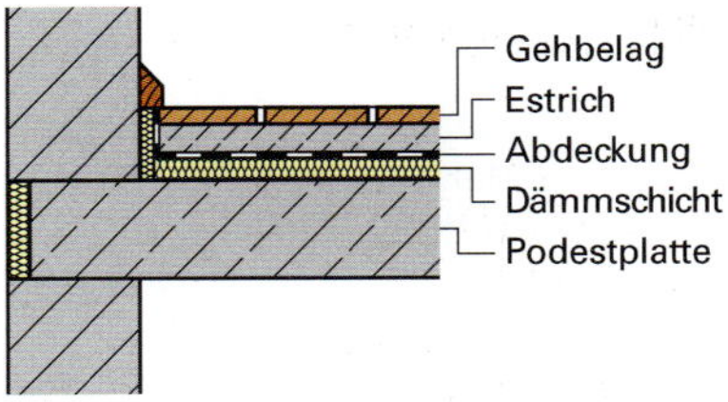

Bild 13: Schwimmender Estrich auf Podestplatte mit Wandanschluss

3.19 Installationsgeräusche

3.19.1 Trinkwasserleitungen

Geräusche entstehen bei der Öffnung von Auslaufventilen innerhalb des verengten Querrschnitts der Armaturen und nicht in den Rohrleitungen selbst, da dort der Querschnitt immer größer ist. Die Geräusche werden längs der Rohrleitung an die Wände und Decken weitergeleitet, an denen sie befestigt sind. Elastische Lagerung der Leitungen vor der Wand in einem elastischen Rohrschellenbett, elastische Aufhängung der Leitungen oder Ummantelung der Rohre in der Wand sind nur dann wirkungsvoll, wenn die Armaturen selbst, an denen das Geräusch entsteht, fest mit der Wand verbunden sind.

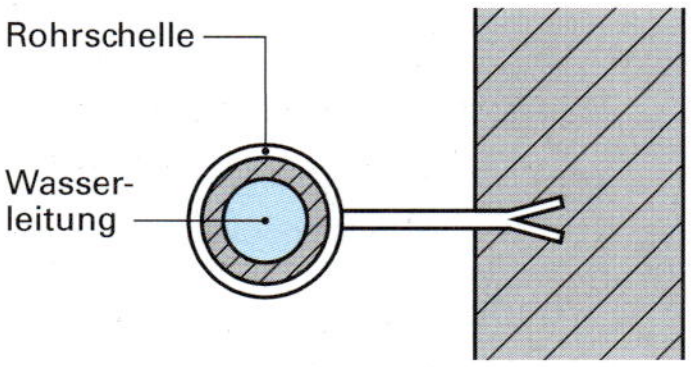

Bild 1: Starre Lagerung

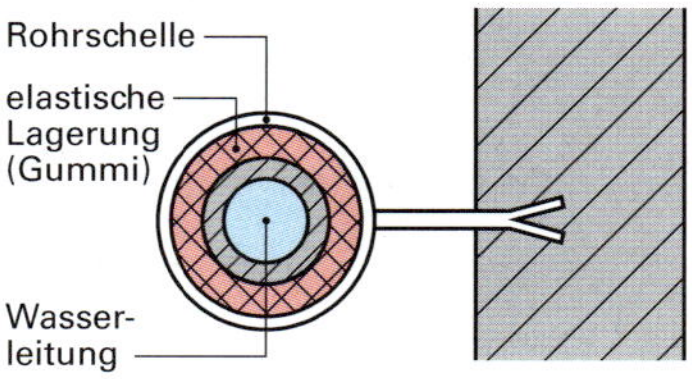

Bild 2: Elastische Lagerung

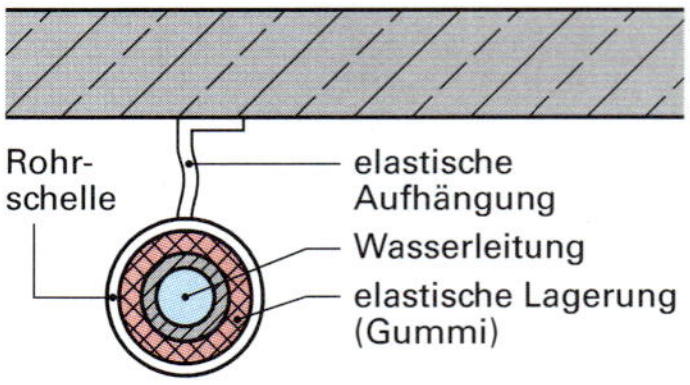

Bild 3: Elastische Lagerung und Aufhängung

Das Leitungsgeräusch ist umso größer, je größer die Durchflussgeschwindigkeit und damit der Fließdruck ist. Um den Fließdruck nicht zu hoch werden zu lassen, wird ein Ruhedruck in der Leitung von maximal 5 bar (= 500 kPa = 0,5 MPa) verlangt. Sind höhere Drücke vorhanden, so sind Druckminderer einzubauen. Mit Ruhedruck bezeichnet man jenen Druck in der Leitung, der bei Betriebsstillstand herrscht.

3.19.2 Abwasserleitungen

Bei den Abwasserleitungen unterscheidet man drei Arten von Geräuschquellen:

1. Geräusche in der Fallleitung (= senkrechte Leitung)
   ⇒ **Fallgeräusche**
2. Geräusche durch Umlenkung des Abwassers von der Senkrechten in die Waagerechte, also von der Fallleitung in die Sammelleitung
   ⇒ **Aufprallgeräusche**
3. Geräusche in der Sammelleitung
   ⇒ **Fließgeräusche**

Um solche störenden Geräusche zu vermeiden oder zumindest wesentlich einzuschränken, stehen folgende Maßnahmen zur Verfügung:

- bauakustisch richtige Grundrissgestaltung (Leitungen nicht an Wänden zu schutzbedürftigen Räumen verlegen)
- flächenbezogene Masse mindestens 220 kg/m^2, an denen die Abwasserleitungen befestigt sind.
- Vorsatzschalen bei leichten Zwischenwänden
- körperschallgedämmte Verlegung der Abwasserleitungen
- Vermeidung zu vieler und vor allem zu starker Richtungsänderungen.

Abwasserleitungen sollten in schutzbedürftigen Räumen nicht freiliegend verlegt werden, sondern in Wandschlitzen, mit Schallschluckmaterial ummantelt.

3.19.3 Sanitärgegenstände

Sanitärgegenstände, wie Badewannen, Duschwannen, WC, Sitzwaschbecken (Bidet), Waschbecken, sollten bei Bodenmontage entweder elastisch gelagert oder auf schwimmenden Estrich montiert werden. Bei Wandaufhängung von Spülklosetten, Sitzwaschbecken oder Waschbecken sollten diese körperschalldämmend befestigt werden.

3.19.4 Heizungs- und klimatechnische Anlagen

Heizkessel, Lüftungsanlagen, Wärmepumpen, aber auch Waschmaschinen, Wäschetrockner und ähnliche Geräte, sollten stets elastisch gelagert oder auf schwimmenden Estrich gestellt werden.

3.19.5 Mindestanforderungen an den Schallschutz nach DIN 4109

Tabelle 1: Erforderliche Luft- und Trittschalldämmung zum Schutz gegen Schallübertragung aus einem fremden Wohn- oder Arbeitsbereich nach DIN 4109

Zeile	Bauteile		Anforderungen erf. R'_W dB	Anforderungen erf. $L'_{n,W}$ dB	Bemerkungen
1 Geschosshäuser mit Wohnungen und Arbeitsräumen					
1	**Decken**	Decken unter allgemein nutzbaren Dachräumen, z.B. Trockenböden, Abstellräumen und ihren Zugängen	53	53	Bei Gebäuden mit nicht mehr als 2 Wohnungen betragen die Anforderungen erf. $R'_W = 52$ dB und erf. $L'_{n,W} = 63$ dB.
2		Wohnungstrenndecken (auch Wohnungstrenntreppen) und Decken zwischen fremden Arbeitsräumen bzw. vergleichbare Nutzungseinheiten	54	53	Wohnungstrenndecken sind Bauteile, die Wohnungen voneinander oder von fremden Arbeitsräumen trennen. Bei Gebäuden mit nicht mehr als 2 Wohnungen beträgt die Anforderung erf. $R'_W = 52$ dB.
3		Decken über Kellern, Hausfluren, Treppenräumen unter Aufenthaltsräumen	52	53	Die Anforderung $L'_{n,W}$ gilt nur für die Trittschallübertragung in fremde Aufenthaltsräume. Weichfedernde Bodenbeläge dürfen bei der Anforderung nicht berücksichtigt werden.
4		Decken über Durchfahrten, Einfahrten von Sammelgaragen und Ähnliches unter Aufenthaltsräumen	55	53	
5		Decken unter/über Spiel- oder ähnlichen Gemeinschaftsräumen	55	46	Wegen der verstärkten Übertragung tiefer Frequenzen können zusätzliche Maßnahmen zur Körperschalldämmung erforderlich werden.
6		Decken unter Terrassen und Loggien über Aufenthaltsräumen	–	53	
7		Decken unter Laubengängen	–	53	Die Anforderung gilt nur gegenüber fremden Arbeitsräumen.
8		Decken und Treppen innerhalb von Wohnungen, die sich über zwei Geschosse erstrecken	–	53	Die Anforderung gilt nur für die Übertragung gegenüber fremden Arbeitsräumen. Weichfedernde Bodenbeläge dürfen beim Nachweis des Trittschallschutzes nicht angerechnet werden.
9		Decken unter Bad und WC	54	53	
10		Decken unter Hausfluren	–	53	siehe 8 und 9
11	**Treppen**	Treppenläufe und Treppenpodeste	–	58	Keine Anforderungen an Treppenläufe in Gebäuden mit Aufzug und an Treppen in Gebäuden mit nicht mehr als 2 Wohnungen.

Zeile	Bauteile		Anforderungen erf. R'_W dB	erf. $L'_{n,W}$ dB	Bemerkungen
12	**Wände**	Wohnungstrennwände und Wände zwischen fremden Arbeitsräumen	53		
13		Treppenraumwände und Wände neben Hausfluren	52		Für Wände mit Türen gilt die Anforderung erf. R'_W (Wand) = erf. R'_T (Tür) + 15 dB.
14		Wände neben Durchfahrten, Einfahrten von Sammelgaragen	55		
15		Wände von Spiel- oder ähnlichen Gemeinschaftsräumen	55		
16	**Türen**	Türen, die von Hausfluren oder Treppenräumen in Flure und Dielen von Wohnungen und Wohnheimen oder von Arbeitsräumen führen	27		
17		Türen, die von Hausfluren oder Treppenräumen unmittelbar in Aufenthaltsräume – außer Flure und Dielen – von Wohnungen führen	37		
2 Einfamilien-Doppelhäuser und Einfamilien-Reihenhäuser					
18	**Decken**	Decken	–	48	
19		Treppenläufe und Treppenpodeste und Decken unter Fluren	–	53	Bei einschaligen Haustrennwänden dürfen weichfedernde Bodenbeläge beim Nachweis der Anforderungen nicht angerechnet werden.
20	**Wände**	Haustrennwände	57		
21	**Decken**	Decken	54	53	
22		Decken unter/über Schwimmbädern, Spiel- oder ähnlichen Gemeinschaftsräumen zum Schutz gegenüber Schlafräumen	55	46	Wegen der verstärkten Übertragung tiefer Frequenzen können zusätzliche Maßnahmen zur Körperschalldämmung erforderlich werden.
23		Treppenläufe und Treppenpodeste	–	58	Keine Anforderungen an Treppenläufe in Gebäuden mit Aufzug.
24		Decken unter Fluren	–	53	Die Anforderung gilt nur für die Trittschallübertragung in fremde Aufenthaltsräume.

Zeile	Bauteile		Anforderungen erf. R'_W dB	Anforderungen erf. $L'_{n,W}$ dB	Bemerkungen
25		Decken unter Bad und WC ohne/mit Bodenentwässerung	54	53	
26	**Wände**	Wände zwischen – Übernachtungsräumen, Fluren und Übernachtungsräumen	47		
27	**Türen**	Türen zwischen Fluren und Übernachtungsräumen	32		
3 Krankenanstalten, Sanatorien					
28	**Decken**	Decken	54	53	
29		Decken unter/über Schwimmbädern, Spiel- oder ähnlichen Gemeinschaftsräumen	55	48	Wegen der verstärkten Übertragung tiefer Frequenzen können zusätzliche Maßnahmen zur Körperschalldämmung erforderlich werden.
30		Treppenläufe und Treppenpodeste	–	58	Keine Anforderungen an Treppenläufe in Gebäuden mit Aufzug.
31		Decken unter Fluren	–	53	
32		Decken unter Bad und WC ohne/mit Bodenentwässerung	54	53	Gilt nur für die Trittschalldämmung gegenüber fremden Arbeitsräumen.
33	**Wände**	Wände zwischen: ● Krankenräumen, Untersuchungs- und Sprechzimmern ● Fluren und diesen Räumen	47		
34		Wände zwischen: ● Operations- und Behandlungsräumen ● Fluren und diesen Räumen	47		
35		Wände zwischen Räumen der Intensivpflege und Fluren zu diesen Räumen	37		
36	**Türen**	Türen zwischen Untersuchungs- und Sprechzimmern und Fluren hierzu.	37		
37		Türen zwischen: ● Fluren und Krankenräumen ● Operations- bzw. Behandlungsräumen ● Fluren und Operations- bzw. Behandlungsräumen	32		

Zeile	Bauteile		Anforderungen erf. R'_W dB	erf. $L'_{n,W}$ dB	Bemerkungen
38	**Decken**	Decken zwischen Unterrichtsräumen oder ähnlichen Räumen	55	53	
39		Decken unter Fluren		53	Die Anforderung gilt nur für die Übertragung gegenüber fremden Aufenthaltsräumen
40		Decken zwischen Unterrichtsräumen oder ähnlichen Räumen und „besonders lauten" Räumen z.B. Sporthallen, Musikräumen, Werkräumen	55	46	Wegen der verstärkten Übertragung tiefer Frequenzen können zusätzlich Maßnahmen zur Körperschalldämmung erforderlich sein.
41	**Wände**	Wände zwischen Unterrichtsräumen oder ähnlichen Räumen	47		
42		Wände zwischen Unterrichtsräumen oder ähnlichen Räumen und Fluren	47		
43		Wände zwischen Unterrichtsräumen oder ähnlichen Räumen und Treppenhäusern	52		
44		Wände zwischen Unterrichtsräumen oder ähnlichen Räumen und „besonders lauten" Räumen z.B. Sporthallen, Musikräumen, Werkräumen	55		
45	**Türen**	Türen zwischen Unterrichtsräumen oder ähnlichen Räumen und Fluren	32		

Tabelle 2: Zulässige Schalldruckpegel in schutzbedürftigen Räumen von Geräuschen aus haustechnischen Anlagen und Gewerbebetrieben

Zeile	Geräuschquelle	Art der schutzbedürftigen Räume	
		Wohn- und Schlafräume	Unterrichts- und Arbeitsräume
		Schalldruckpegel max. dB (A)	Schalldruckpegel max. dB (A)
1	Wasserinstallation (Versorgung und Abwasser)	30[1, 2]	35[1]
2	Sonstige haustechnische Anlagen	30[3]	35[3]
3	Betriebe tagsüber: 6 bis 22 Uhr	35	35[3]
4	Betriebe nachts: 22 bis 6 Uhr	25	35[3]

1) Einzelne kurzzeitige Spitzenwerte, die beim Öffnen oder Schließen der Armaturen entstehen, sind nicht zu berücksichtigen.
2) Zu den einzelnen Bauteilen müssen die erforderlichen Schallschutznachweise vorliegen. Vor dem Verschließen bzw. Verkleiden der Installation muss die verantwortliche Bauleitung hinzugezogen werden.
3) Bei lüftungstechnischen Anlagen sind um 5 dB (A) höhere Werte zulässig.

Tabelle 1: Anforderungen an die Luftschalldämmung von Außenbauteilen					
Zeile	Lärmpegel-bereich	Maßgeblicher Außenlärm-pegel in dB(A)	Raumarten		
			Bettenräume in Krankenanstalten und Sanatorien	Aufenthaltsräume in Wohnungen, Übernachtungsräume in Beherbergungs-stätten, Unterrichts-räume und ähnliche	Büroräume und ähnliche
			erf. $R'_{W,res}$ des Außenbauteils in dB		
1	I	bis 55	35	30	–
2	II	56 bis 60	35	30	30
3	III	61 bis 65	40	35	30
4	IV	66 bis 70	45	40	35
5	V	71 bis 75	50	45	40
6	VI	76 bis 80	nach örtlichen Gegebenheiten	50	45
7	VII	> 80	nach örtlichen Gegebenheiten	nach örtlichen Gegebenheiten	50

Korrekturwerte für das erforderliche resultierende Schalldämmmaß nach obiger Tabelle in Abhängigkeit vom Verhältnis A_{AW+W}/A_G									
A_{AW+W}/A_G	2,5	2,0	1,6	1,3	1,0	0,8	0,6	0,5	0,4
Korrekturwert	+5	+4	+3	+2	+1	0	−1	−2	−3

A_{AW}: Außenwand
A_W: window (Fenster)
A_{AW+W}: Außenwandfläche einschließlich Fenster eines Aufenthaltsraumes
A_G: Grundfläche des zugehörigen Aufenthaltsraumes

Tabelle 2: Erforderliches Schalldämmmaß erf. $R'_{W,res}$ von Kombinationen aus Außenwänden und Fenstern nach s.S. 318 DIN 4109							
Zeile	erf. $R'_{W,res}$ in dB	Schalldämmmaße für Wand/Fenster-Kombinationen in ___ dB/___ dB bei Fensterflächenanteilen in %					
		10 %	20 %	30 %	40 %	50 %	60 %
1	30	30/25	30/25	35/25	35/25	50/25	30/30
2	35	35/30 40/25	35/30	35/32 40/30	40/30	40/32 50/30	45/32
3	40	40/32 45/30	40/35	45/35	45/35	40/37 60/35	40/37
4	45	45/37 50/35	45/40 50/37	50/40	50/40	50/42 60/40	60/42
5	50	55/40	55/42	55/45	55/45	60/45	–

Die Tabelle gilt für Wohngebäude mit Raumhöhen von etwa 2,50 m und Raumtiefen von etwa 4,50 m oder mehr.

3.20 Ermittlung des Gesamtschallpegels

Wie bei der Begriffserklärung des Schallpegels schon erwähnt wurde, können Schallpegel nicht einfach zahlenmäßig addiert oder subtrahiert werden, sondern können nur logarithmisch addiert bzw. subtrahiert werden. Im Bereich des Schalles hört unser Ohr logarithmisch, so dass Schalldruckpegel nicht arithmetisch, sondern schallenergetisch (logarithmisch) addiert werden müssen.

3.20.1 Mehrere gleiche Schallquellen

Für die Addition, bzw. Subtraktion

- **mehrerer**
- **gleicher**

Schallquellen gilt die vereinfachte Formel:

$$ges.\ L = L_1 + 10 \cdot \lg n$$

L_1 = Schallpegel der verursachenden Schallquelle
n = Anzahl der Schallquellen
ges. L = Summenpegel aller Schallquellen

Beispiel 1: Eine Maschine mit einem Schallpegel von 60 dB

ges. L = 60 dB + 10 · lg 1
ges. L = 60 dB

Beispiel 2: Zwei Maschinen mit je 60 dB

ges. L = 60 dB + 10 · lg 2
ges. L = 63 dB

Beispiel 3: Drei Maschinen mit je 60 dB

ges. L = 60 dB + 10 · lg 3
ges. L = 65 dB

Beispiel 4: Zehn Maschinen mit je 60 dB

ges. L = 60 dB + 10 · lg 10
ges. L = 70 dB

Bei zwei gleich lauten Schallquellen wird zwar die Schallenergie verdoppelt, vom menschlichen Ohr wird dies jedoch nicht so empfunden.

Eine Erhöhung des Schallpegels um 10 dB wird vom Menschen subjektiv als doppelt so laut empfunden. Bei einer Überlagerung zweier gleicher Einzelschallpegel erhöht sich der Gesamtschallpegel lediglich um 3 dB. Dies gilt auch für zwei Schallquellen an der Hörschwelle von 0 dB.

Beispiel 5: Zwei Schallquellen mit je 0 dB

ges. L = 0 dB + 10 · lg 2
ges. L = 3 dB

Es gilt somit: **0 dB + 0 dB = 3 dB**

Dies lässt sich dadurch erklären, dass 0 dB nicht bedeutet, dass keine Schalleinwirkung vorhanden ist, sondern nur, dass sie an der Grenze der Hörbarkeit ist, also noch nicht wahrgenommen werden kann. Werden nun zwei solche Schallereignisse gleichzeitig erzeugt, so sind sie hörbar.

Es gilt weiter: 40 dB + 40 dB = 43 dB
80 dB + 80 dB = 83 dB

Beispiel 6: In einem Büro verursachen vier gleiche Geräte einen Schallpegel von *ges.* L = 66 dB.
Wie groß ist der Schallpegel, wenn drei Geräte abgeschaltet werden?

L_1 = ges. L – 10 · lg n
L_1 = 66 dB – 10 · lg 4
L_1 = 66 dB – 10 · 0,6
L_1 = 60 dB

Beispiel 7: Vier gleiche Geräte verursachen einen Schallpegel von *ges.* L = 66 dB.
Wie groß ist der Schallpegel, wenn 2 Geräte abgeschaltet werden?

L_1 = 66 dB – 10 · lg 2
L_1 = 66 dB – 3 dB
L_1 = 63 dB

3.20.2 Mehrere verschiedene Schallquellen

In der Praxis ist es selten der Fall, dass nur gleiche Schallverursacher mit gleichem Schallpegel in einem Raum vorhanden sind.
Sind mehrere verschiedene Schallpegel zu einem Gesamtschallpegel zusammenzufassen, so gilt die Formel:

$$ges.\ L = 10 \cdot \lg\,(10^{0,1 \cdot L_1} + 10^{0,1 \cdot L_2} + 10^{0,1 \cdot L_3} + \ldots\ldots\ 10^{0,1 \cdot L_n})$$

L_1 bis L_n: Schallpegel der einzelnen Schallquellen

Diese Formel kann auch bei gleichen Schallquellen angewandt werden.

Beispiel 1: Zwei Schallquellen an der Hörschwelle mit je 0 dB

$ges.\ L = 10 \cdot \lg\,(10^{0,1 \cdot 0} + 10^{0,1 \cdot 0})$
$ges.\ L = 10 \cdot \lg\,(10^0 + 10^0)$
$ges.\ L = 10 \cdot \lg\,(1 + 1)$
$ges.\ L = 10 \cdot \lg 2$
$ges.\ L = 10 \cdot 0,3$
$ges.\ L = 3$ dB

Beispiel 2: Drei gleiche Schallquellen mit je 80 dB

$ges.\ L = 10 \cdot \lg\,(10^{0,1 \cdot 80} + 10^{0,1 \cdot 80} + 10^{0,1 \cdot 80})$
$ges.\ L = 10 \lg\,(10^8 + 10^8 + 10^8)$
$ges.\ L = 84,77$ dB
$ges.\ L = 85$ dB

oder:

$ges.\ L = L_1 + 10 \cdot \lg n$
$= 80\text{ dB} + 10 \cdot \lg 3$
$ges.\ L = 84,77$ dB
$ges.\ L = 85$ dB

Beispiel 3: Drei Schallquellen mit

$L_1 = 90$ dB; $L_2 = 50$ dB; $L_3 = 75$ dB

$ges.\ L = 10 \cdot \lg\,(10^{0,1 \cdot 90} + 10^{0,1 \cdot 50} + 10^{0,1 \cdot 75})$
$ges.\ L = 90,14$ dB
$ges.\ L = 90$ dB

Beispiel 4: Vier Schallquellen mit :
$L_1 = 60$ dB; $L_2 = 70$ dB; $L_3 = 45$ dB; $L_4 = 80$ dB

$ges.\ L = 10 \cdot \lg\,(10^{0,1 \cdot 60} + 10^{0,1 \cdot 70} + 10^{0,1 \cdot 45} + 10^{0,1 \cdot 80})$
$ges.\ L = 10 \cdot \lg\,(10^6 + 10^7 + 10^{4,5} + 10^8)$
$ges.\ L = 10 \cdot \lg\,(1,1103 \cdot 10^8)$
$ges.\ L = 10 \cdot 8,045$
$ges.\ L = 80,45$ dB
$ges.\ L = 80$ dB

Beispiel 5: Die lauteste Schallquelle nach Beispiel 4: $L_4 = 80$ dB wird abgeschaltet.

$ges.\ L = 10 \cdot \lg\,(10^{0,1 \cdot 60} + 10^{0,1 \cdot 70} + 10^{0,1 \cdot 45})$
$ges.\ L = 70,43$ dB
$ges.\ L = 70$ dB

Beispiel 6: Die Schallquellen $L_1 = 60$ dB und $L_3 = 45$ dB nach Beispiel 4 werden abgeschaltet.

$ges.\ L = 10 \cdot \lg\,(10^{0,1 \cdot 70} + 10^{0,1 \cdot 80})$
$ges.\ L = 10 \cdot \lg\,(1,10 \cdot 10^8)$
$ges.\ L = 10 \cdot 8,04$
$ges.\ L = 80,41$ dB
$ges.\ L = 80$ dB

Schallpegel, die um mehr als 10 dB leiser als der größte sind,
können bei der Ermittlung des Gesamtschallpegels vernachlässigt werden.

3.21 Schallschutz im Städtebau

An Bauteile, die ein Bauwerk nach außen begrenzen, wie z.B. Außenwände, Fenster, Dächer, werden neben dem Wärmeschutz vor allem auch Anforderungen an den Lärmschutz von außen gestellt.

3.21.1 Lärmarten

Außenlärm entsteht nach DIN 4109 durch:

1. Verkehrslärm
   auf der Straße: Lkw, Pkw, Motorräder, Busse
   auf der Schiene: Bahn, Straßenbahn
   auf dem Wasser: Schiffe, Wassersport
   in der Luft: Flugzeuge
2. Lärm aus Gewerbe- und Industrieanlagen

Berechnungen des Schallschutzes im Städtebau erfolgen nach DIN 18005. Diese Berechnungen erfolgen auf der Grundlage eines A-bewerteten Schallpegels, wodurch die Empfindlichkeit des menschlichen Gehörs in etwa berücksichtigt wird.

3.21.2 Arten der Schallquellen

Beim Außenlärm werden drei verschiedene Schallquellen unterschieden:

1. Punktschallquelle (Maschinen, Geräte)

Bei einer Punktschallquelle geht die Emission von einem Punkt aus. Als Punktschallquelle gilt auch noch eine Schallemission von einem Bereich aus, dessen größte Länge l maximal das 0,7fache des Abstandes s zum Immissionsort betragen darf. Meist ist diese Länge l die Diagonale.

Emissionsort ist der Ort der Schallerzeugung, von dem der Schall ausgeht. Immissionsort ist der Ort, der durch den Schall eine Beeinträchtigung erfährt (Wohngebäude, Krankenhäuser, Wohnheime).

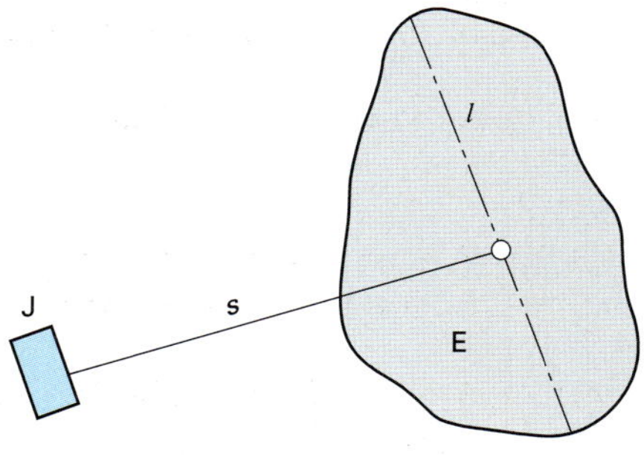

E = Emissionsort
J = Immissionsort
s = Entfernung vom Schwerpunkt des Emissionsortes zum Immissionsort (erste Hausfront)

Dieses Industriegebiet gilt solange als Punktschallquelle, solange gilt

$J \leq 0{,}7 \cdot s$

Wird $J > 0{,}7 \cdot s$, dann muss der Emissionsort als Flächenschallquelle angenommen werden.

2. Flächenschallquelle (Gewerbegebiete, Industriegebiete, Einkaufszentren, Parkplätze)

Flächenschallquellen sind solche Schallquellen, bei denen die größte Ausdehnung l mehr als das 0,7fache der Entfernung vom Emissionsort zum Immissionsort beträgt. $J > 0{,}7 \cdot s$

Der Schallleistungspegel einer Flächenschallquelle errechnet sich nach der Gleichung:

$$L_W = L_{W''} + 10 \cdot \lg \frac{A}{A_0} \quad \text{in dB}$$

$L_{W''}$ = Logarithmisches Maß für die im Mittel je m² Fläche abgestrahlte Schallleistung in dB/m²
A = Größe der Flächenschallquelle in m²
A_0 = Bezugsfläche von 1 m²

Es können angenommen werden:

Gewerbegebiet: $L_{W''} = 60$ dB/m²
Industriegebiet: $L_{W''} = 65$ dB/m²

Beispiel: Gewerbegebiet, 8 ha

$$L_W = 60\ \text{dB} + 10 \cdot \lg \frac{800\ \text{m}^2}{1\ \text{m}^2}$$

$$L_W = 89\ \text{dB}$$

3. Linienschallquelle (Pkw, Lkw, Bahn, Straßenbahn)
Mit linienförmigen Schallquellen bezeichnet man Schallquellen, die auf ihrer Länge Schall erzeugen. Dies sind Autos, Bahn, Straßenbahn.
Der Schallleistungspegel L_W errechnet sich zu:

$$L_W = L_{W'} + 10 \cdot \lg \frac{l}{l_0} \quad \text{in dB}$$

$$L_W = L_{m,25} + \Delta L_{StrO} + \Delta L_V + \Delta L_{Stg} + 17{,}6 \text{ dB}$$

$$L_{m,25} = 37{,}3 + 10 \cdot \lg [M (1 + 0{,}082 \cdot p)]$$

$$\Delta L_V = [23 - 3{,}5 \cdot \sqrt{p} + 0{,}2 \cdot p] \cdot [\lg (v - 2)]$$

p = Lkw-Anteil in %
v = zulässige Höchstgeschwindigkeit
ΔL_V = Korrekturzuschlag für unterschiedliche Höchstgeschwindigkeiten
ΔL_{Stg} = Korrekturzuschlag für Steigungen

$L_{W'}$ = Logarithmisches Maß für die im Mittel je Meter Länge abgestrahlte Schallleistung in dB
l = gesamte Längenausdehnung der Schallquelle
l_0 = Bezugslänge 1 m
$L_{m,25}$ = Mittelungspegel in 25 m Abstand von der Mitte der Quelle bei
- nicht geriffeltem Gussasphalt
- einer zulässigen Höchstgeschwindigkeit von 100 km/h für Pkw und 80 km/h für Lkw einer freien Schallausbreitung

M = stündliche Verkehrsstärke von Kfz (Kfz/h)
p = Lkw-Anteil in % des Gesamtverkehrs (> 2,8 t Gesamtgewicht)
ΔL_{StrO} = Korrekturzuschlag je nach Straßenoberfläche

Beispiel 1:

Lkw-Anteil 35 %
zulässige Höchstgeschwindigkeit 60 km/h

Lösung:

$\Delta L_V = (23 - 3{,}5 \cdot \sqrt{35} + 0{,}2 \cdot 35) \cdot (\lg 60 - 2)$
$\Delta L_V = -2{,}06$ dB
$\Delta L_V = -2$ dB

Beispiel 2:

Bundesautobahn
Durchschnittliche tägliche Verkehrsstärke (DTV) = 3 800 Kfz/d
Lkw-Anteil: nach Norm

Lösung:

tags: $M = 0{,}06 \cdot 3\,800 = 228$ Kfz/h; nach Norm: Kfz-Anteil 25 %
nachts: $M = 0{,}014 \cdot 3\,800 = 53{,}2$ Kfz/h; nach Norm: Kfz-Anteil 45 %

tags: $L_{m,25} = 37{,}3 + 10 \lg [228 (1 + 0{,}082 \cdot 25)]$
$L_{m,25} = 65{,}7$ dB

nachts: $L_{m,25} = 37{,}3 + 10 \lg [53{,}2 (1 + 0{,}082 \cdot 45)]$
$L_{m,25} = 61{,}3$ dB

Beispiel 3:

Bundesstraße
Kfz/d nach DTV 1 700 Kfz/d
Lkw-Anteil: tags 25 %; nachts 30 %
Fahrbahnoberfläche: gewalzter Gussasphalt
Steigung der Bundesstraße: 8 %
zulässige Höchstgeschwindigkeit 80 km/h

Gesucht: Schallleistungspegel L_W

Lösung:

tags: $M = 0{,}06 \cdot 1\,700 = 102$ Kfz/h
nachts: $M = 0{,}011 \cdot 1\,700 = 18{,}7$ Kfz/h

tags: $L_{m,25} = 37{,}3 + 10 \lg [102 (1 + 0{,}082 \cdot 30)]$
$L_{m,25} = 62{,}8$ dB

nachts: $L_{m,25} = 37{,}3 + 10 \lg [18{,}7 (1 + 0{,}082 \cdot 30)]$
$L_{m,25} = 55{,}4$ dB

tags: $\Delta L_V = (23 - 3{,}5 \sqrt{25} + 0{,}2 \cdot 25) \cdot (\lg 80 - 2)$
$\Delta L_V = -1{,}01$ dB

nachts: $\Delta L_V = (23 - 3{,}5 \sqrt{30} + 0{,}2 \cdot 30) \cdot (\lg 80 - 2)$
$\Delta L_V = -0{,}95$ dB

tags: $L_{W'} = L_{m,25} + \Delta L_{StrO} + \Delta L_V + \Delta L_{Stg} + 17{,}6$ dB
$L_{W'} = 62{,}8 + 1{,}0 - 1{,}01 + 1{,}8 + 17{,}6$
$L_{W'} = 82{,}2$ dB

nachts: $L_{W'} = 55{,}4 + 1{,}0 - 0{,}95 + 1{,}8 + 17{,}6$ dB
$L_{W'} = 74{,}9$ dB

Tabelle 1: Korrektur ΔL_{StrO} für unterschiedliche Straßenoberflächen	
Straßenoberfläche	ΔL_{StrO} dB
nicht geriffelter Gussasphalt	0
Asphaltbeton	−0,5
Beton oder geriffelter/gewalzter Gussasphalt	+1,0
Pflaster mit ebener Oberfläche	+2,0
Pflaster mit nicht ebener Oberfläche	+4,0

Tabelle 2: Zuschlag ΔL_{Stg} für Steigungen	
Steigung in %	ΔL_{Stg} in dB
≥ 5	0
6	0,6
7	1,2
8	1,8
9	2,4
10	3,0
Für jedes zusätzliche Prozent	0,6
Zwischenwerte sind linear zu interpolieren	

Tabelle 3: Maßgebende stündliche Verkehrsstärken *M* und maßgebende Lkw-Anteile *p* (über 2,8 t zulässiges Gesamtgewicht)

Straßengattung	tags 6.00 bis 22.00		nachts 22.00 bis 6.00	
	M Kfz/h	*p* %	*M* Kfz/h	*p* %
Bundesautobahnen	0,06 · DTV	25	0,014 · DTV	45
Bundesstraßen	0,06 · DTV	20	0,011 · DTV	20
Landes-, Kreis- und Gemeindeverbindungsstraßen	0,06 · DTV	20	0,008 · DTV	10
Gemeindestraßen	0,06 · DTV	10	0,011 · DTV	3

* DTV = Durchschnittliche tägliche Verkehrsstärke

3.21.3 Lärmschutzwände

In vielen Fällen ist es nicht möglich, durch eine Vergrößerung des Abstandes den Immissionsschallpegel zu mindern. Lärmschutzwände oder Lärmschutzwälle mindern den Immissionsschallpegel und gestatten so, Baugebiete näher an Verkehrsstraßen zu legen.

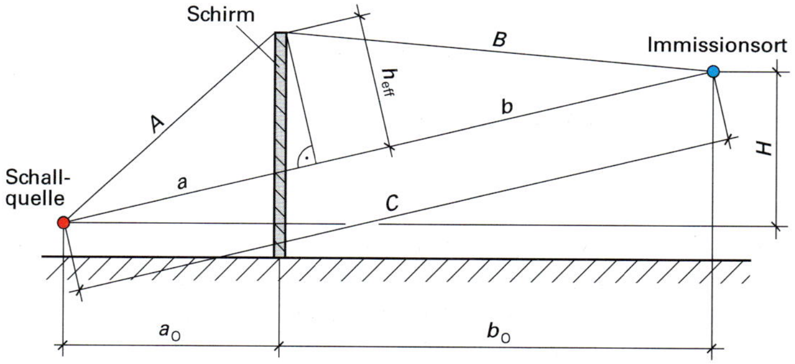

Bild 1: Lärmschutzwand

Die Wirksamkeit einer Lärmschutzwand ist umso größer, je größer der Schirmwert *z* ist. Der Schirmwert *z* ist die Differenz des kürzesten Umweges über oder um den Schirm und dem direkten Weg von der Schallquelle zum Immissionsort. Eine merkliche Pegelminderung tritt erst dann ein, wenn die Sichtverbindungslinie, die von der Schallquelle zur Oberkante der Lärmschutzwand gezogen wird, den Immissionsort deutlich überragt.

$$z = A + B - C$$

Wenn $a > h_{eff}$ und $b > h_{eff}$ dann gilt:

$$z = \frac{(h^2)_{eff}}{2} \cdot \left(\frac{1}{a} + \frac{1}{b}\right)$$

Der Schirmwert z kann sowohl berechnet, als auch aus dem Diagramm Seite 329 abgelesen werden. Die Größen a und b können im Diagramm auch vertauscht werden.
Neben dem Schirmwert z ist der Wert von K maßgebend für eine Schallpegelminderung durch eine Lärmschutzwand.

$$K \approx h_{eff} (a + b)$$

z-Werte bei Schirmhöhen von 2,0 m, bzw. 3,0 m bei verschiedenen Abständen a und b nach dem Diagramm

Beispiel		bei h_{eff} = 2,0 m	bei h_{eff} = 3,0 m
		z	z
1	a = 10 m b = 3 m	0,9	2,0
2	a = 5 m b = 4 m	0,9	2,1
3	a = 10 m b = 100 m	0,23	0,5
4	a = 10 m b = 500 m	0,2	0,45

Beispiel		bei h_{eff} = 2,0 m	bei h_{eff} = 3,0 m
		z	z
5	a = 10 m b = 8 m	0,45	1,0
6	a = 5 m b = 500 m	0,4	0,87
7	a = 30 m b = 30 m	0,13	0,3
8	a = 30 m b = 100 m	0,085	0,2
		bei h = 6,0 m	0,8

Wie die Beispiele 1 und 2 zeigen, sind dann hohe Schirmwerte z und damit hohe Schallpegelminderungen zu erzielen, wenn die Lärmschutzwand von der Schallquelle und vom Immissionsort nur wenig entfernt errichtet wird. Ist dagegen die Strecke a oder b groß (Beispiele 3 und 4) so sind nur geringe z-Werte zu erreichen. Sind die Abstände a und b jeweils groß (Beispiele 7 und 8), so sind nur ganz geringe z-Werte erreichbar, es sei denn, die Schirmhöhe h_{eff} wird wesentlich erhöht (z.B. auf 6,0 m).

Beispiel 1:
Lärmschutzwand: a = 15 m
b = 50 m
h_{eff} = 3,0 m

K = 3,0 (15 + 50)
K = 195 m²

Lösung: Nach Diagramm z = 0,4

rechnerisch: $z = \frac{3{,}0^2}{2} \cdot \left(\frac{1}{15} + \frac{1}{50}\right)$

z = 0,39

Daraus ergibt sich eine Schallpegelminderung ΔL von:

Straßenverkehrsgeräusche	14,8 dB
Schienenverkehrsgeräusche	13,0 dB
Industriegeräusche	11,0 dB

Beispiel 2:
Für ein Wohngebiet in ebenem Gelände soll die empfundene Lärmbelästigung halbiert, d.h. der Schallpegel um 10 dB(A) gemindert werden. Abstand a = 12,0 m, Abstand b = 30 m.

Welche Höhe ist für die Lärmschutzwand erforderlich?

Lösung:
Für a = 12 m nach Diagramm:
b = 30 m $z = 0{,}3 \Rightarrow h_{eff} = 2{,}30$ m

rechnerisch: Schirmhöhe $h_{eff} = \sqrt{\frac{2 \cdot z}{\frac{1}{a} + \frac{1}{b}}}$ $\quad h_{eff} = \sqrt{\frac{2 \cdot 0{,}3}{\frac{1}{12} + \frac{1}{30}}}$

h_{eff} = 2,27 m

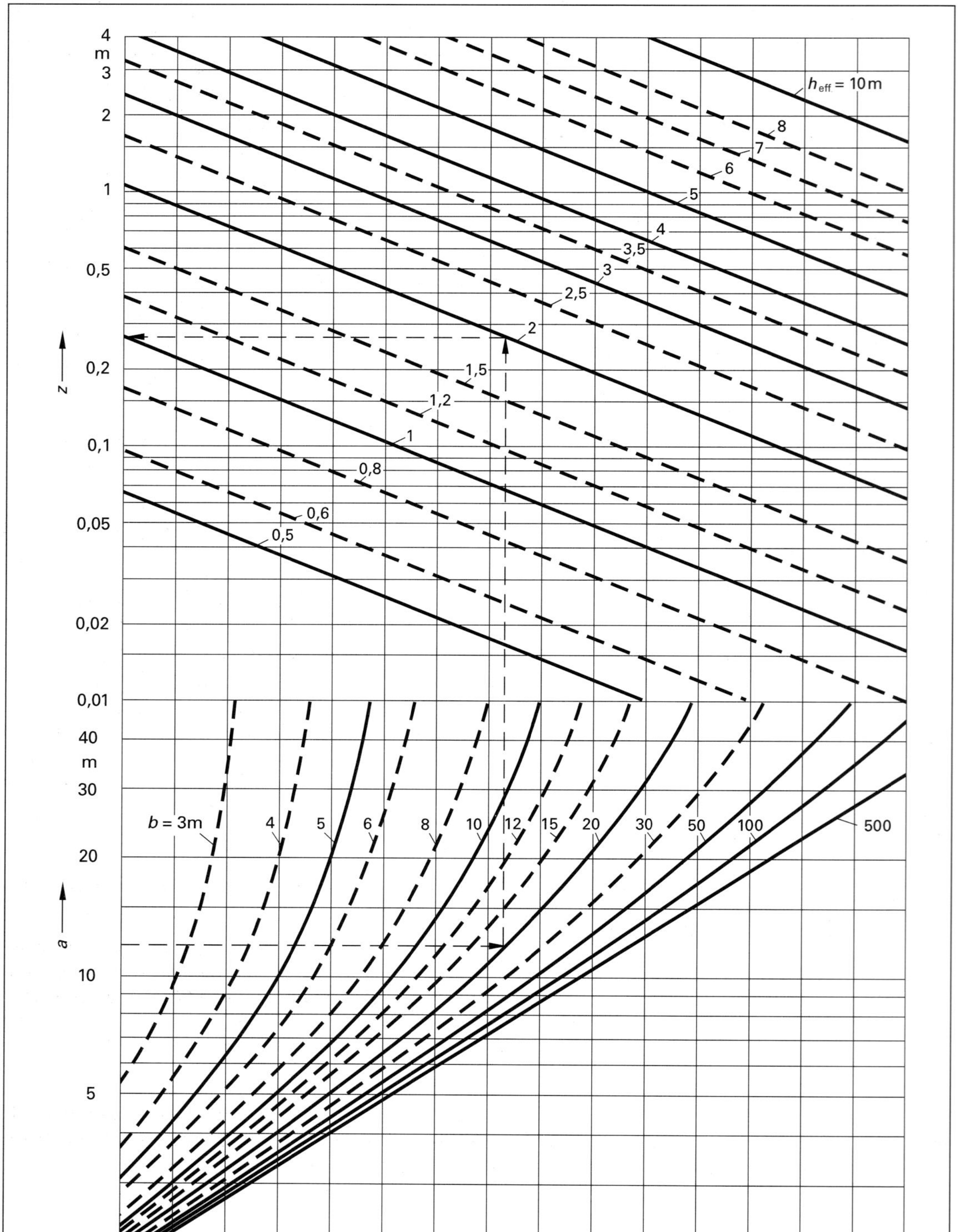

Bild 1: Diagramm zur Bestimmung des Schirmwertes *z*

Eingezeichnetes Beispiel: a = 12 m, b = 20 m, h_{eff} = 2 m, z = 0,27 m

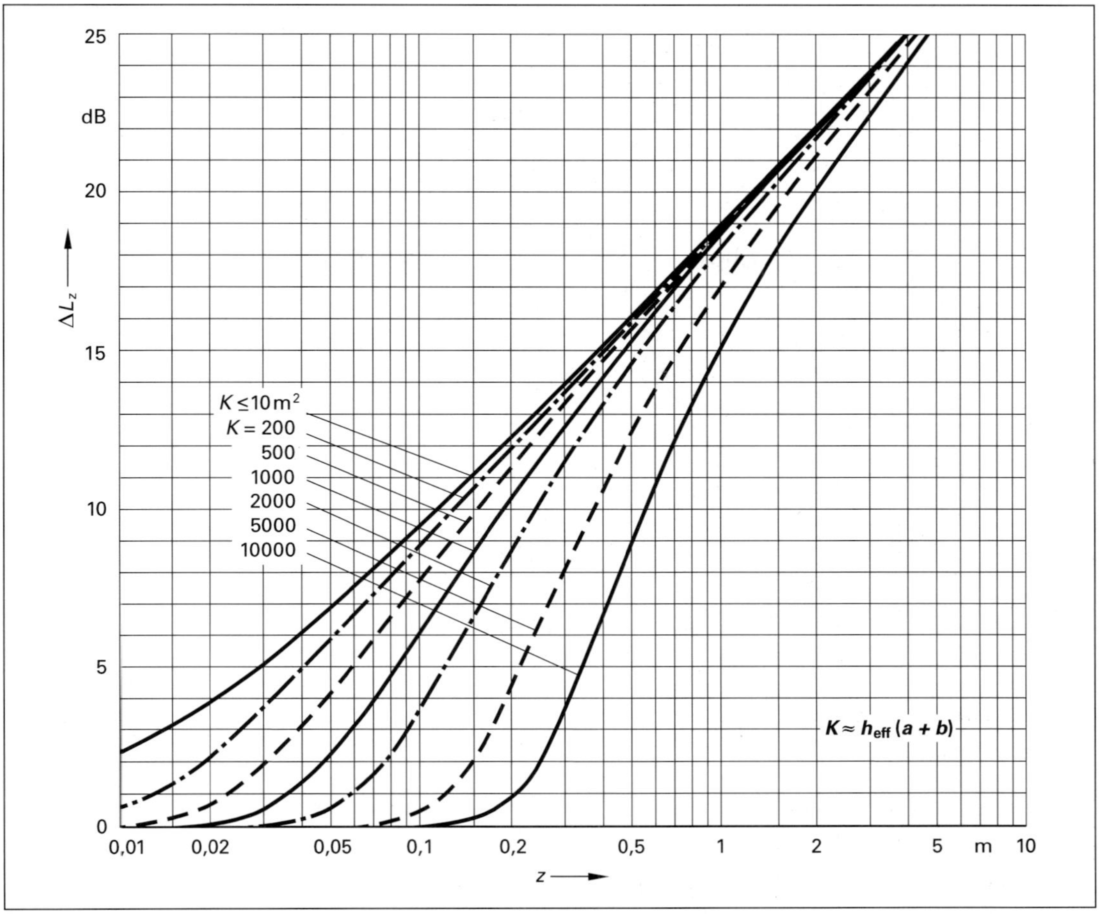

Bild 1: Diagramm zur Bestimmung von ΔL_z für Straßenverkehrsgeräusche

Die Schallpegelminderung ΔL_z, die sich durch die Lärmschutzwand ergibt, lässt sich in den Diagrammen nach den Bildern Seite 330 sowie Seite 332 ablesen.

Wird eine Schallquelle um 10 dB(A) leiser, so wird sie nur noch halb so laut empfunden. Auf der schallabgewandten Seite eines Hauses kann an der Fensterfront ohne rechnerischen Nachweis mit einem um 10 dB niedrigeren Schallpegel gerechnet werden, als auf der lauten Seite, unter der Voraussetzung, dass kein Schall von anderen Flächen dorthin reflektiert wird.

Wald

Dichter Wald mit starker Unterholzausbildung bringt eine spürbare Schallpegelminderung von 5 dB bis maximal 10 dB. Voraussetzung dafür ist jedoch, dass das Unterholz ständig vorhanden ist und der Wald nicht mehr als 50 m vom Emissionsort bzw. Immissionsort entfernt ist.

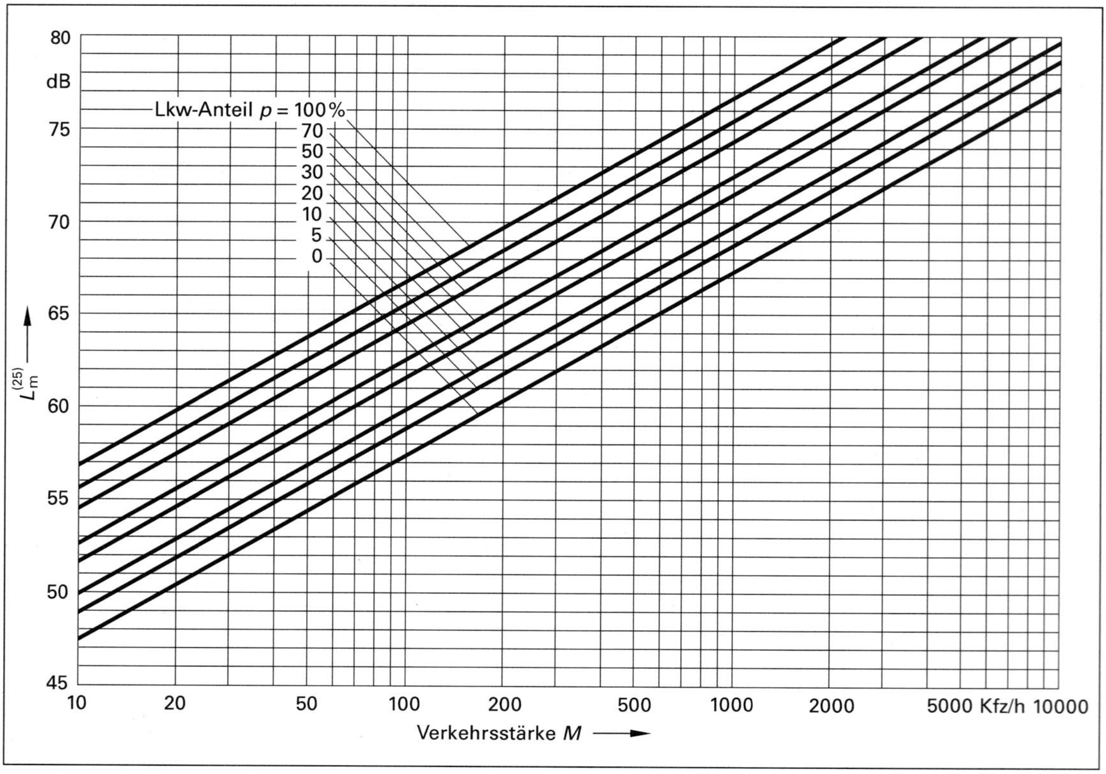

Bild 1: Mittellungspegel $L_{m,\,25}$ für den Straßenverkehr

Ausgangsdaten bei freier Schallausbreitung	
Abstand:	25 m von der Mitte des betrachteten Fahrstreifens
Straßenoberfläche:	nicht geriffelter Gussasphalt
Geschwindigkeiten:	Pkw 100 km/h; Lkw 80 km/m

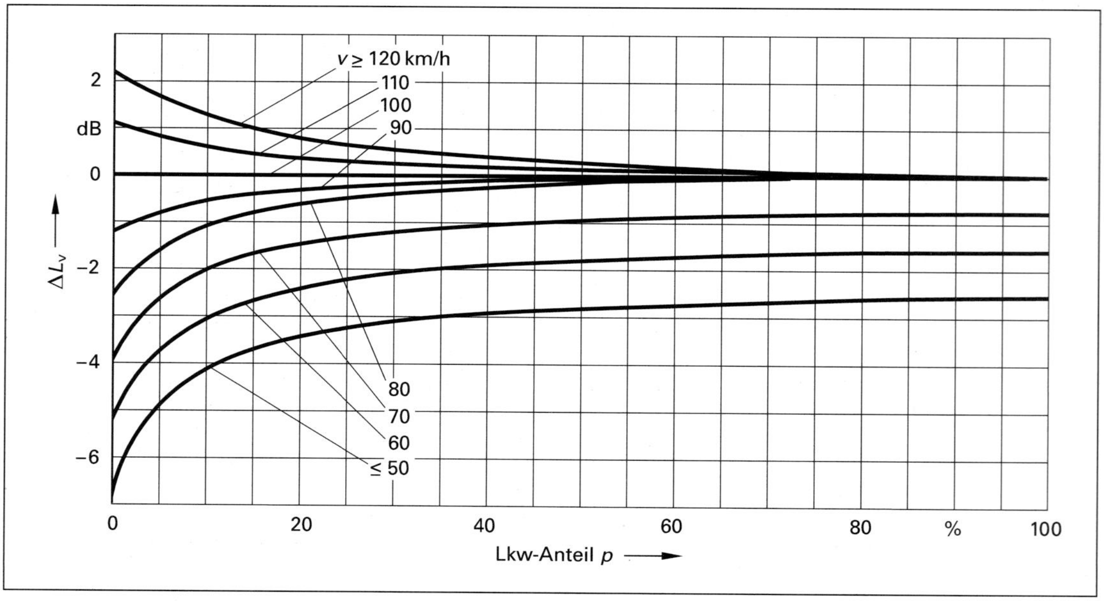

Bild 2: Korrektur ΔL_V für unterschiedliche zulässige Höchstgeschwindigkeiten in Abhängigkeit vom Lkw-Anteil *p*

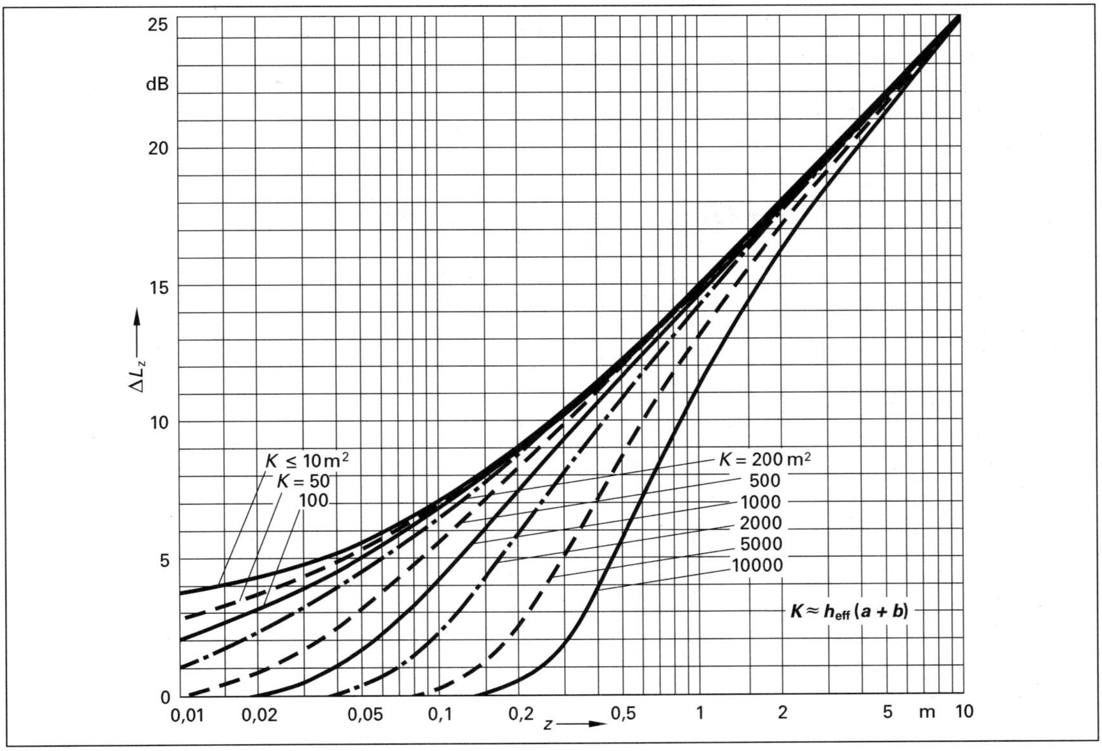

Bild 1: Diagramm zur Bestimmung von ΔL_z für Industriegeräusche

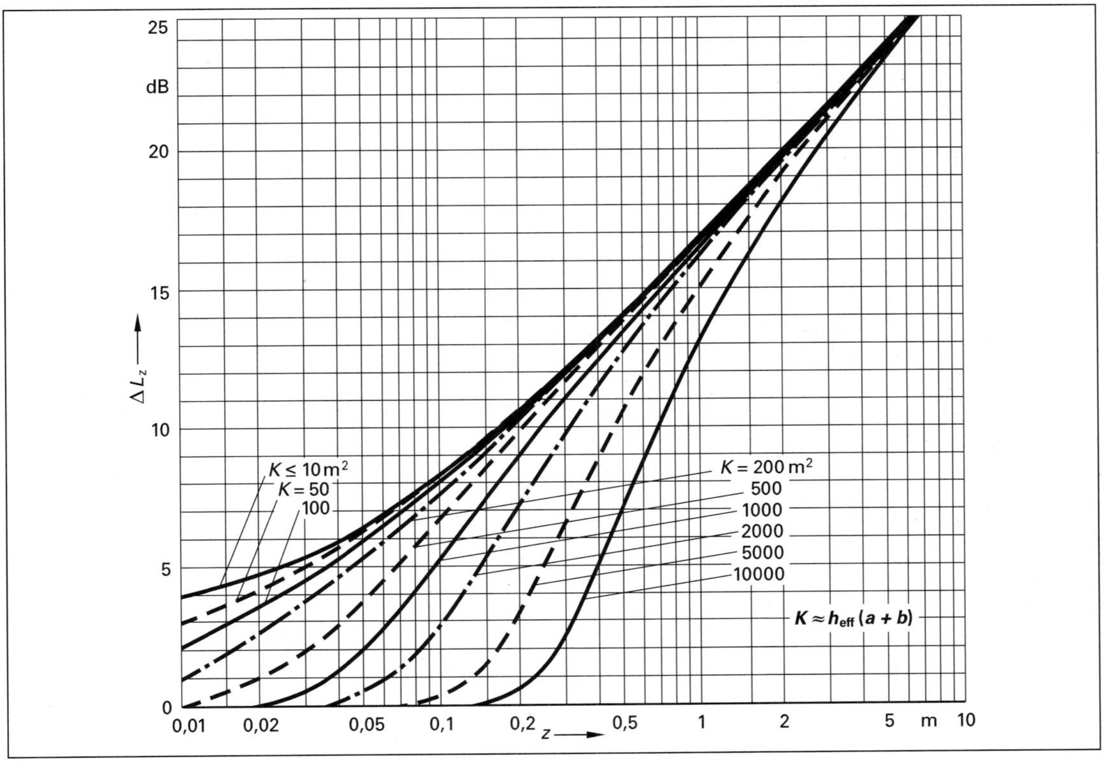

Bild 2: Diagramm zur Bestimmung von ΔL_z für Schienenverkehrsgeräusche

3.22 Entfernung von der Schallquelle

Nähert man sich einer Schallquelle, so vergrößert sich der Schallpegel, entfernt man sich von der Schallquelle, so verringert sich der Schallpegel. Auch bei Entfernungen gilt, dass diese nur in einem logarithmischen Verhältnis zueinander in die Berechnung eingehen.

Es gelten folgende Formeln:

	Vergrößerung des Abstandes	Verringerung des Abstandes
punktförmige Schallquelle z.B.: Maschine, Gerät	$L_2 = L_1 - 20 \cdot \lg \frac{R_2}{R_1}$	$L_2 = L_1 + 20 \cdot \lg \frac{R_1}{R_2}$
linienförmige Schallquelle z.B.: Bahn, Straßenbahn, Auto	$L_2 = L_1 - 10 \cdot \lg \frac{R_2}{R_1}$	$L_2 = L_1 + 10 \cdot \lg \frac{R_1}{R_2}$

R_1 = ursprünglicher Abstand
R_2 = veränderter Abstand

L_1 = ursprünglicher Schallpegel
L_2 = Schallpegel nach der Abstandsveränderung

Der Abstand wird mit R (Radius) bezeichnet, weil sich der Schall kugelförmig ausbreitet.

Beispiel 1: Eine punktförmige Schallquelle verursacht in 5,0 m Abstand einen Schallpegel von 73 dB.
Wie groß ist der Schallpegel im Abstand von 10,0 m?

$L_2 = L_1 - 20 \cdot \lg R_2/R_1$
$L_2 = 73\ \text{dB} - 20 \cdot \lg 10{,}0/5{,}0$
$L_2 = 73\ \text{dB} - 20 \cdot \lg 2$
$L_2 = 73 - 20 \cdot 0{,}301$
$L_2 = 67\ \text{dB}$

Beispiel 2: Eine punktförmige Schallquelle verursacht im Abstand von 18,0 m einen Schallpegel von 82 dB.
Wie groß ist der Schallpegel im Abstand von 9,0 m?

$L_2 = L_1 + 20 \cdot \lg R_1/R_2$
$L_2 = 82\ \text{dB} + 20 \cdot \lg 18{,}0/9{,}0$
$L_2 = 82\ \text{dB} + 20 \cdot \lg 2$
$L_2 = 82 + 20 \cdot 0{,}301$
$L_2 = 88\ \text{dB}$

Eine Verdoppelung des Abstandes von einer punktförmigen Schallquelle bringt eine Verringerung des Schallpegels um 6 dB. Eine Halbierung des Abstandes bringt eine Erhöhung des Schallpegels um 6 dB.

Beispiel 3: Eine punktförmige Schallquelle ist in einem Abstand von 25,0 m mit 40 dB zu hören.
Wie groß ist der Schallpegel in 10,0 m Abstand?

$L_2 = L_1 + 20 \cdot \lg R_1/R_2$
$L_2 = 40\ \text{dB} + 20 \cdot \lg 25{,}0/10{,}0$
$L_2 = 40\ \text{dB} + 20 \cdot \lg 2{,}5$
$L_2 = 40 + 20 \cdot 0{,}3979$
$L_2 = 48\ \text{dB}$

Beispiel 4: Eine punktförmige Schallquelle ist in 5 m Abstand mit 82 dB zu hören.
Wie groß müsste der Abstand gewählt werden, wenn der Schallpegel nur noch 70 dB betragen dürfte?

$L_2 = L_1 - 20 \cdot \lg R_2/R_1$
$70\ \text{dB} = 82\ \text{dB} - 20 \cdot \lg R_2/5$
$20 \cdot \lg R_2/5 = 82 - 70$
$20 \cdot \lg R_2/5 = 12$
$\lg R_2 - \lg 5 = 12/20$
$\lg R_2 - \lg 5 = 0{,}6$
$\lg R_2 = 0{,}6 + \lg 5$
$\lg R_2 = 0{,}6 + 0{,}69897$
$\lg R_2 = 1{,}29897$
$R_2 = 10^{1{,}29897}$
$R_2 = 19{,}91\ \text{m}$

Beispiel 5: Eine punktförmige Schallquelle ist in einer Entfernung von 40,0 m mit einem Schallpegel von 68 dB zu hören.
Welche Entfernung müsste man einhalten, wenn der Schallpegel nur 50 dB betragen darf?

$$\begin{aligned} L_2 &= L_1 - 20 \cdot \lg R_2/R_1 \\ 50\ \text{dB} &= 68\ \text{dB} - 20 \cdot \lg R_2/40{,}0 \\ 20 \cdot \lg R_2/40{,}0 &= 18\ \text{dB} \\ \lg R_2/40{,}0 &= 0{,}9 \\ R_2/40{,}0 &= 10^{0{,}9} \\ R_2 &= 317{,}73\ \text{m} \end{aligned}$$

oder ab:

$$\begin{aligned} \lg R_2/40{,}0 &= 0{,}9 \\ \lg R_2 - \lg 40 &= 0{,}9 \\ \lg R_2 - 1{,}602 &= 0{,}9 \\ \lg R_2 &= 2{,}502\,06 \\ R_2 &= 10^{2{,}502\,06} \\ R_2 &= 317{,}73\ \text{m} \end{aligned}$$

Beispiel 6: Der Schallpegel an einer Straße beträgt im Abstand von 25,0 m 65 dB.
Wie groß ist der Schallpegel in einer Entfernung von 50,0 m?

$$\begin{aligned} L_2 &= L_1 - 10 \cdot \lg R_2/R_1 \\ L_2 &= 65\ \text{dB} - 10 \cdot \lg 50{,}0/25{,}0 \\ L_2 &= 65\ \text{dB} - 10 \cdot \lg 2 \\ L_2 &= 65\ \text{dB} - 10 \cdot 0{,}301 \\ L_2 &= 62\ \text{dB} \end{aligned}$$

Beispiel 7: Der Schallpegel an einer Straße beträgt im Abstand von 30,0 m 72 dB.
Wie groß ist der Schallpegel in einer Entfernung von 15,0 m?

$$\begin{aligned} L_2 &= L_1 + 10 \cdot \lg R_1/R_2 \\ L_2 &= 72\ \text{dB} + 10 \cdot \lg 30{,}0/15{,}0 \\ L_2 &= 72\ \text{dB} + 10 \cdot \lg 2 \\ L_2 &= 72\ \text{dB} + 10 \cdot 0{,}301 \\ L_2 &= 75\ \text{dB} \end{aligned}$$

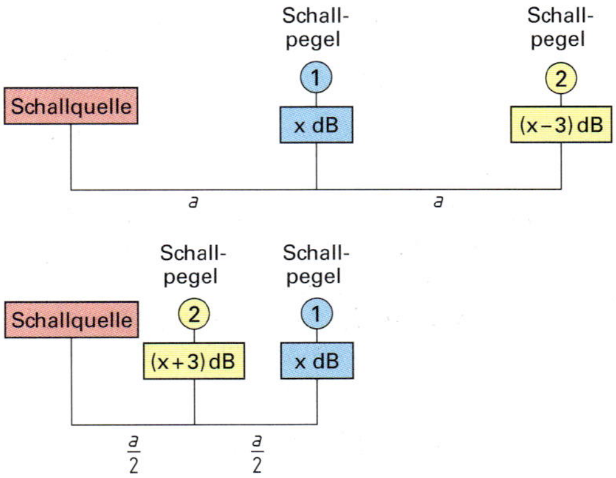

Bild 1: Schallpegel in Abhängigkeit von der Entfernung zur Schallquelle

> Eine Verdoppelung des Abstandes von einer linienförmigen Schallquelle bringt eine Verminderung des Schallpegels um 3 dB.
> Eine Halbierung des Abstandes bringt eine Erhöhung um 3 dB.

Dies zeigt, dass im Straßenverkehr eine Verminderung der Lärmeinwirkung aus Gründen der Geländeknappheit nicht immer durch Vergrößerung der Entfernung eines Baugebietes von der Straße zu erreichen ist.

Beispiel 8: Eine Straßenbahn hört man in einer Entfernung von 50,0 m mit 42 dB.
Welchen Schallpegel verursacht die Straßenbahn am Bahnsteig in einer Entfernung von 1,0 m?

$$\begin{aligned} L_2 &= L_1 + 10 \cdot \lg R_1/R_2 \\ L_2 &= 42\ \text{dB} + 10 \cdot \lg 50{,}0/1{,}0 \\ L_2 &= 42\ \text{dB} + 10 \cdot \lg 50 \\ L_2 &= 42\ \text{dB} + 10 \cdot 1{,}699 \\ L_2 &= 59\ \text{dB} \end{aligned}$$

Beispiel 9: Der Lärmpegel an einer Autobahn beträgt in einer Entfernung von 50,0 m 72 dB.
In welcher Entfernung sinkt der Lärmpegel um 25 dB?

$$\begin{aligned} L_2 &= L_1 - 10 \cdot \lg R_2/R_1 \\ 47\ \text{dB} &= 72\ \text{dB} - 10 \cdot \lg R_2/50{,}0 \\ 10 \cdot \lg R_2/50{,}0 &= 25\ \text{dB} \\ \lg R_2/50{,}0 &= 2{,}5 \\ R_2/50{,}0 &= 10^{2{,}5} \\ R_2 &= 15\,811\ \text{m} \\ R_2 &= 15{,}81\ \text{km} \end{aligned}$$

oder ab:

$$\begin{aligned} \lg R_2/50{,}0 &= 2{,}5 \\ \lg R_2 - \lg 50 &= 2{,}5 \\ \lg R_2 &= 4{,}198\,9 \\ R_2 &= 10^{4{,}198\,9} \\ R_2 &= 15\,811\ \text{m} \\ R_2 &= 15{,}81\ \text{km} \end{aligned}$$

4 Brandschutz

4.1 Brand – Brandsicherheit

Unter Brand versteht man ein Feuer, das Schaden an Bauwerken hinterlässt. Brand ist also ein Schadensfeuer. Brandschutz dagegen hat zum Ziel, den Schaden des Feuers oder eines eventuellen Feuers so klein wie möglich zu halten. So unterscheidet man beim Brandschutz einen:

vorbeugenden Brandschutz:	Es handelt sich zum einen um einen rein baulichen Brandschutz, zum andern um Maßnahmen gerätemäßiger Art, einem Brand vorzubeugen. Zu Letzterem gehören im Gebäude deponierte Feuerlöschgeräte, installierte Sprinkleranlagen und sonstige installationsmäßige vorbeugende Maßnahmen. Beim vorbeugenden baulichen Brandschutz sind Material, Konstruktion und Grundrissgestaltung so gewählt, dass ein Feuer keine Gelegenheit der Entstehung erhält.
abwehrenden, bekämpfenden Brandschutz:	Zum bekämpfenden Brandschutz zählen alle Maßnahmen, die das bereits ausgebrochene Feuer eindämmen, den bereits entstandenen Schaden möglichst gering halten. Darin einzureihen sind alle Maßnahmen der Feuerwehr.

Von Brandsicherheit spricht man, wenn ein Gebäude nach den Regeln des vorbeugenden Brandschutzes erstellt wird. Da Brandschutz eine Länderangelegenheit ist, haben sich die Bundesländer auf eine Muster-Bauordnung festgelegt, in der sie die Baurechtsbestimmungen weitgehend aufeinander abgestimmt haben. Brandschutz bezieht sich nicht nur auf das Bauobjekt und seine Bewohner, sondern ist auch Nachbarschutz.

Der Brandschutz hat vier Komponenten:

- Baustoffe: DIN 4102 Teil 1
- Bauteile: DIN 4102 Teil 2
- Baustoffe: DIN EN 13501
- Grundrissgestaltung

Damit ein Brand entstehen kann, muss vorhanden sein

1. brennbares Material
2. Sauerstoff (Luft)
3. entsprechend hohe Temperatur

Bereits durch die Auswahl der Baustoffe kann Einfluss auf die Brandlast genommen werden. Unter Brandlast versteht man die Summe aller brennbaren Stoffe eines Bauwerkes nach ihrem Heizwert (kWh/m^2).

4.2 Baustoffklassen

4.2.1 Nicht brennbare Baustoffe

Die DIN 4102 unterscheidet zwischen brennbaren und nicht brennbaren Baustoffen. Nicht brennbare Baustoffe werden der Baustoffklasse A zugeordnet. Baustoffe dieser Kategorie sind Stoffe, die nicht entzündet werden können und die auch als Brandlast nicht in Frage kommen.

Die Klasse A wird in die beiden Gruppen unterschieden

A1: solche Baustoffe, für die kein besonderer Nachweis der Nicht-Brennbarkeit geführt werden muss, wie z.B. Sand, Kies, Beton, Stahl, Steinzeug, Schaumglas, Steinwolle

A2: sind solche Baustoffe, die in ihren Hauptbestandteilen unbrennbar sind, jedoch geringfügige brennbare Substanzen haben, wie z.B. Gipskartonfeuerschutzplatten $d \geq 12{,}5$ mm, Gipsfaserplatten, Glasfasern, Polystyrolbeton. Für diese Klasse, mit Ausnahme der Gipskartonfeuerschutzplatten (GKF-Platten), muss ein Nachweis geführt werden.

Auch nicht brennbare Baustoffe sind, obwohl von ihnen keine Brandgefahr ausgeht und sie keine Brandlast darstellen, am Brandgeschehen beteiligt und zwar passiv, indem sie durch die Hitze ihr Gefüge verändern, ihr Volumen vergrößern und dadurch einen Druck auf andere Bauteile ausüben. Da Brand ein chemischer Prozess ist, verändern Baustoffe unter Brandeinwirkung nicht nur ihre physikalischen Eigenschaften, indem sie weich werden oder gar schmelzen, sondern es entstehen durch den Brand auch neue Stoffe mit anderen Eigenschaften als die ursprünglichen.

4.2.2 Brennbare Baustoffe

Bei den brennbaren Baustoffen wird gemessen bzw. festgehalten:

- wie schnell der Baustoff entflammt, d.h. wie lange es dauert, bis er zu brennen beginnt,
- wie viel er brennt, d.h. durch den Brand zerstört wird ⇒ Statik
- wie die Rauchentwicklung des Stoffes ist ⇒ Behinderung bei der Brandbekämpfung

Für die Klassifizierung der brennbaren Baustoffe steht nicht die Brennbarkeit im Vordergrund, denn brennen ist allen gemeinsam, sondern wie schnell sie entflammen, also Feuer fangen.

So unterscheidet man:

Schwer entflammbare Baustoffe B 1

Diese Baustoffe haben die Eigenschaft, dass sie nach Beseitigung der Wämequelle nicht weiterbrennen, wie z.B. GKF-Platten mit $d < 12{,}5$ mm, mineralisch gebundene Holz-Wolle-Leichtbauplatten (HWL-Platten), Holz mit Brandschutzmitteln behandelt.

Normal entflammbare Baustoffe B 2

In diese Gruppe kommen alle brennbaren Stoffe, die als Baustoff noch in Frage kommen. Dazu zählen Holz, Holzwerkstoffe, Bitumenpappe, Schaumkunststoffe.

Leicht entflammbare Baustoff B 3

Zu ihnen zählen die Baustoffe Stroh ⇒ Strohdach, Schaumkunststoffe ⇒ Wämedämmung, Schalldämmung, Papier ⇒ Dämmstoff, aber auch Lagergüter wie Stroh, Heu, Baumwolle.

4.3 Einzelbaustoffe

Holz

Holz, der altbewährte und altbekannte Brennstoff, wird als Baustoff im Normalfall der Baustoffklasse 2 zugeordnet. Furniere unter 2 mm Dicke werden wegen der leichten Entflammbarkeit B 3 zugeordnet. Durch chemische Behandlung kann Holz noch die Klasse B1 erreichen. Innerhalb der Brandschutzklasse gibt es noch Unterschiede im Brandverhalten. So bilden 1 m^3 Holz in Form von Dachlatten eine größere Entflammungs- und dadurch Brandgefahr als 1 m^3 Holz in Balkenform.

Im Brandfall bildet sich auf dem Holz eine Holzkohleschicht mit schlechter Wärmeleitfähigkeit und dadurch feuerhemmender Wirkung. Bei der Verbrennung des Holzes entstehen CO sowie CO_2, bei mit Holzschutzmitteln behandeltem, oberflächenbehandeltem Holz auch gefährliche Gifte.

Im Gegensatz zu vielen vermeintlich „guten" Baustoffen ist Holz ein Baustoff, der wohl brennt, jedoch im Inneren sein Molekülgefüge unter der Brandbeanspruchung nicht ändert, gut wärmedämmend ist und nicht plötzlich und ohne Vorwarnung einstürzt. Die angekohlte Oberfläche verlangsamt außerdem den Fortgang des Brandprozesses. Holz erhöht allerdings die Brandlast beträchtlich.

Stahl

Stahl erfährt durch eine starke Temperaturerhöhung wie sie im Brandfall gegeben ist einen raschen und starken Festigkeitsabfall.
Obwohl Stahl ein nichtbrennbarer Baustoff A1 ist, hat er ohne Schutzmaßnahme eine Feuerwiderstandsdauer von 0 Minuten, denn aufgrund seiner größeren Wärmeleitfähigkeit ($\lambda = 50$ W/mK), erwärmt sich Stahl schon nach 5 Minuten um etwa 500 °C. Dies ist gleichzeitig die sogenannte kritische Temperatur für den Stahl, nach etwa 10 Minuten Branddauer stürzt die Stahlkonstruktion in sich zusammen wie ein Kartenhaus.
Stahl muss daher grundsätzlich geschützt werden. Dies kann geschehen durch

- Feuerschutzanstriche
- Beton
- Ummantelung

Dadurch, dass Stahl nicht brennt, erhöht er auch nicht die Brandlast, trägt also nicht zur Steigerung der Hitze bei. Stahl dehnt sich sehr stark aus; $\alpha_T = 0{,}000\,012$ m/m °C. Stahl dehnt sich pro Meter Länge und pro °C Temperatursteigerung um 0,012 mm aus. Dies bedeutet bei einer Temperatursteigerung um 500 °C 6 mm Verlängerung je Meter Bauteillänge. Diesem Druck hält im Brandfall kein Baustoff stand.

Stahl-Beton
Verbundbaustoff

Einzelbaustoffe

Stahl

Aufgabe des Stahles:

Aufnahme von:
- Zugkräften
- Schubkräften durch:
  Bügel, aufgebogene Stähle, Schubzulagen
- gute Haftung von Stahl und Beton
  (durch Rippen und Profilierung verstärkt)

Beton

Aufgabe des Betons:

Aufnahme von:
- Druckkräften
- Zementleim schützt den Stahl vor Korrosion
- Schutz der Bewehrung im Brandfall (je nach Dicke der Betonüberdeckung)

Eine weitere Voraussetzung dafür, dass Stahl und Beton zu einem Verbundbaustoff verarbeitet werden kann, liegt darin, dass beide Baustoffe etwa den gleichen Längenausdehnungskoeffizient α haben.
Er beträgt bei Stahl 0,000012 m/m°C ($°C^{-1}$) und eine quarzitische Gesteinskörnung ebenfalls bei dieser Größe. Diese Gleichheit der Längenausdehnungskoeffizienten ist allerdings nur bei langsamer Wärmezufuhr oder langsamem Wärmeentzug gegeben, im Brandfall ist dies nicht gegeben.
Dennoch verhalten sich beide Baustoffe im Brandfall unterschiedlich. Sie haben zwar etwa den gleichen Ausdehnungskoeffizienten, jedoch einen sehr unterschiedlichen Wärmeleitwert λ, der bei Stahl 50 W/mK und bei Beton 2,0 W/mK beträgt, bei Stahlbeton wegen des Stahlanteils λ = 2,5 W/mK.
Des weiteren sollen noch zwei ausschlaggebende Kennwerte für die Beurteilung von Stahlbeton im Brandfall herangezogen werden. Es sind die Temperaturleitzahl *a* und der Wärmeeindringkoeffizient *b*.

Stahl

a-Wert

$a = \frac{\lambda}{\varrho \cdot c}$

$a = \frac{50}{7800 \cdot 400}$

$a = 1{,}60 \cdot 10^{-5}\ m^2/s$

$a = 16\ mm^2/s$

b-Wert

$b = \sqrt{\lambda \cdot \varrho \cdot c}$

$b = \sqrt{50 \cdot 7800 \cdot 400}$

$b = 12\,490\ Ws^{0,5}/m^2K$

Beton

a-Wert

$a = \frac{\lambda}{\varrho \cdot c}$

$a = \frac{2{,}5}{2400 \cdot 1000}$

$a = 1{,}04 \cdot 10^{-6}\ m^2/s$

$a = 1{,}04\ mm^2/s$

b-Wert

$b = \sqrt{\lambda \cdot \varrho \cdot c}$

$b = \sqrt{2{,}5 \cdot 2400 \cdot 1000}$

$b = 1\,549\ Ws^{0,5}/m^2K$

Die Temperaturleitzahl (*a*-Wert) ist bei Stahl ca. 16 Mal größer als bei Beton, d. h. die Temperatur pflanzt sich im Stahl ca. 16 Mal schneller fort als im Beton.
Der Wärmeeindringkoeffizient (*b*-Wert) ist bei Stahl ca. 8 Mal höher als bei Beton, d. h. der Stahl nimmt im Brandfall 8 Mal mehr Wärme auf als der Beton.
Schnellere Temperaturfortpflanzung, eine größere Wärmeeindringung (Wärmeaufnahme), (*b*-Wert) sind Voraussetzungen, dass sich der Stahl im Brandfall eher und stärker ausdehnt als der Beton und dadurch die Betonüberdeckung abplatzt. Dann liegt der Stahl frei wie bei einer ungeschützten Stahlkonstruktion.
Da der Stahl der Biegezug aufnehmende Teil einer Stahlbetonkonstruktion darstellt und die Kräfte aus der Biegung einer Decke zu tragen hat, steht und fällt die Standsicherheit mit der statischen Funktionserfüllung der Bewehrung.
Bei normalen Temperaturen, bzw. langsameren, saisonalen Temperaturänderungen fallen *a*-Wert und *b*-Wert nicht ins Gewicht, sodass dort nur der Wärmeausdehnungskoeffizient α ausschlaggebend ist.
Brand dagegen bedeutet eine große und schnelle Wärmezuführung, so dass die drei zentralen Einflussgrößen Wärmeleitung, Temperaturleitzahl und Wärmeeindringkoeffizient des Stahls dessen Wärmeausdehnung früher und stärker in Gang setzt als die des Betons. Die Folge ist ein Abplatzen der Betonüberdeckung. Der tragende Stahl liegt nun frei und der nun beschleunigte Weg der Erwärmung setzt sich fort.

Beton

Von seiner substanziellen Zusammensetzung her gilt Beton als nicht brennbarer Baustoff (A1), auch wenn er den weit gefährdeteren Stoff Stahl in seinem Innern enthält. Die Wärmeleitfähigkeit von Beton beträgt nur 2,0 W/mK, die von Stahl dagegen 50 W/mK, was bei dicht bewehrten Bauteilen und besonders bei Spannbetonbauteilen nicht übersehen werden darf. Die Wärmeausdehnung von Beton und Stahl dagegen ist nahezu gleich, was ja auch eine der wesentlichen Voraussetzungen dafür ist, aus den beiden Baustoffen Stahl und Beton den Verbundbaustoff Stahlbeton herzustellen.
Durch die höhere Wärmeleitfähigkeit des Stahles beginnt dieser sich vor dem Beton auszudehnen. Ist die Betonüberdeckung der Stahleinlagen zu gering, so platzt diese im Brandfall ab, der Stahl liegt frei und die Konsequenz ist die wie bei einer ungeschützten Stahlkonstruktion. Da der Stahl, der biegezugaufnehmende Teil einer Stahlbetonkonstruktion darstellt und die Kräfte aus der Biegung einer Decke zu tragen hat, steht und fällt die Standsicherheit mit der statischen Funktionserfüllung der Bewehrung. Beton- und Stahlbetonkonstruktionen bilden keine Brandlast und entwickeln auch keine toxischen (giftigen) Gase. Bei Stahlbetonbauteilen hängt die Feuerwiderstandsdauer vor allem von der Dicke der Betonbedeckung der Stahleinlagen ab.

Aluminium

Aluminium ist das am meisten verwendete NE-Metall (Nicht-Eisenmetall) im Ausbau von Bauwerken. Obwohl dieses Metall selbst nicht brennbar ist (A1), geht doch auch eine gewisse Gefahr im Brandfall von ihm aus. Seine Wärmeleitfähigkeit ist λ = 200 W/mK, d.h. sie ist mehr als 3-mal so hoch wie bei Stahl und vor allem der Schmelzpunkt mit bereits 660 °C ist nicht unbedenklich. Die Wärmeausdehnung ist doppelt so groß wie bei Stahl (α_T = 0,000 024 m/m°C).
Ein brandschutztechnischer Vorteil des Aluminiums liegt darin, dass dieses Metall oft keine statische Aufgabe übernehmen muss, sondern für Fenster, Türen, Geländer, Beschläge, also im Innenausbau verwendet wird. Aufgrund der niedrigen Schmelztemperatur geht von diesem Metall allerdings die Gefahr aus, dass das flüssige Metall tropft und dadurch den Brand in darunterliegende Geschosse trägt und dadurch die Brandbekämpfung erschwert.

Glas

Glas selbst ist auf Grund der Rohstoffzusammensetzung (Quarz SiO_2; Soda Na_2CO_3; Kalkstein $CaCO_3$) ein nichtbrennbarer Stoff (A1). Glas hat aber folgende brandschutztechnische Nachteile:

- ist ein spröder Werkstoff ⇒ springt schnell
- wird in dünnen Schichten eingebaut (4 mm bis 6 mm)
- hat eine Wärmeausdehnung von α_T = 0,000 009 m/mK, die ausreicht, um den spröden Stoff in dieser Schichtdicke zu Bruch gehen zu lassen ⇒ Spannungen im Fensterrahmen.
- ist lichtdurchlässig und daher auch durchlässig für die Wärmestrahlen ⇒ ein Gesamtenergiedurchlassgrad von 0,8 bedeutet, dass 80 % der an der Scheibe ankommenden Energie (vorwiegend in Form von Wärmestrahlung) von der Verglasung durchgelassen wird.

Besondere Brandschutzgläser werden als Zweischichtengläser oder Mehrschichtengläser mit einer transparenten, zwischen den Verbundscheiben angebrachten Folie hergestellt. Im Brandfall schäumt diese Folie auf und macht die Verglasung dadurch weniger strahlungsdurchlässig und bringt zwischen den Scheiben eine Kühlung.

Kunststoffe

Kunststoffe sind am Bauwerk selbst, aber auch in der Wohnungseinrichtung, ein nicht mehr wegzudenkender Baustoff bzw. Stoff schlechthin. Angefangen von Fenstern, Fensterbänken, Fußbodenbelägen (PVC, Teppichböden), Deckenverkleidung, Schall- und Wärmedämmstoffen, Schallschluckmaterial, Wasserleitungen, Abwasserleitungen, Rohrisolierungen, Elektroleitungen, Vorhängen, Dachdeckungsmaterial bis hin zu den Geräten, Möbeln, letztendlich bis zum Kamm und zur Zahnbürste.
Polyvinylchlorid (PVC), Polyethylen (PE), Polyurethan (PUR) bilden die am meisten eingesetzten Kunststoffe an Bauwerken. Kunststoffe haben eine niedrige Schmelztemperatur, tropfen im Brandfall auf Bewohner und Löschpersonal und erschweren so die Löscharbeiten. Kunststoffe gehören daher der Brandschutzklasse B 2 oder gar B 3 an.
Manche Kunststoffe entwickeln toxische (giftige) Gase, bei PVC verbinden sich die Gase mit dem Löschwasser zu Salzsäure (HCl), weil zur Produktion Chlor verwendet wurde.

4.4 Bauteile

Bauteile sind Konstruktionen mit konkret zugedachten Aufgaben innerhalb eines Bauwerks. Im Gegensatz zu Baustoffen können Bauteile auch aus mehreren Baustoffen bestehen.

Bauteile

- **tragend**
  - **raumabschließend**: Wände, Decken
  - **nicht raumabschließend**: Stützen, Pfeiler, Unterzüge
- **nichttragend**
  - **raumabschließend**: Trennwände, Ausfachungen bei Skelettbauweise
  - **nicht raumabschließend**: Brüstungen, mobile Trennwände, aufgestellte Raumteiler

Wände

- **tragend**: Scheibenartige Bauteile zur Aufnahme senkrechter Lasten (Decke), sowie waagerechter Lasten (Wind)
- **nichttragend**: Scheibenartige Bauteile, die auch im Brandfall nur durch ihr Eigengewicht beansprucht werden und keine aussteifende Funktion haben. Windlasten müssen sie auf tragende Bauteile übertragen.
- **raumabschließend**: Ihre Aufgabe besteht in der Verhinderung der Brandübertragung von einem Raum zum andern. Es handelt sich um Trennwände, Treppenraumwände und dergleichen. Öffnungen darin sind unter der Voraussetzung einer mindestens dreiseitigen Brandbeanspruchung zu bemessen.
- **nicht raumabschließend**: Es sind Innenwände, unterbrochen durch Öffnungen, die nicht durch Feuerschutzabschlüsse der gleichen Feuerwiderstandsklasse geschlossen sind (normale Zimmertüren).

Weiter gibt es noch Sonderbauteile wie Feuerschutzabschlüsse bei Türen, Verglasungen, Rohrleitungen, Installationsschächte.

4.5 Brandverhalten von Bauteilen

Im Gegensatz zum Teil 1 der DIN 4102, der das Brandverhalten der **Baustoffe** klassifiziert, wird im Teil 2 das Brandverhalten von **Bauteilen** klassifiziert. Dabei spielt die Zeit eine Rolle, in der das Bauteil seine ihm zugedachte Aufgabe erfüllen muss.

Aufgabe:	Aufgabenerfüllung:
statische, tragende Funktion	Das Bauteil darf unter Lastaufnahme während dieser Zeit bei gleichzeitig zweiseitiger Temperaturbeanspruchung nicht zu Bruch gehen. Bei Stahlstützen darf die Temperatur an keiner Stelle 500 °C überschreiten ⇒ kritische Temperatur. Statisch beanspruchte Bauteile müssen während ihrer zugeordneten Zeit nicht nur dem Feuer standhalten, sondern auch der Löschwasserbeanspruchung (Stahl, Beton).
nicht tragend	Solche Bauteile dürfen unter ihrer Eigenlast nicht zusammenbrechen.
raumabschließend	Brandseite. Bauteile dieser Kategorie müssen in erster Linie den Flammenüberschlag, generell die Übertragung des Feuers verhindern. 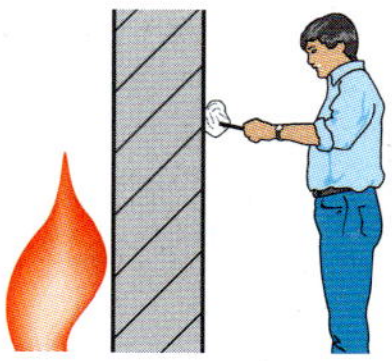 brandabgekehrte Seite. Der Wattebausch darf sich nicht entzünden. Die Temperatur darf während dieser Zeit an keiner Stelle der Wand um mehr als 180 °C, im Mittel um 140 °C steigen.

Bild 1: Anforderungen

4.5.1 Feuerwiderstandsklassen

Zur Festlegung der Feuerwiderstandsdauer werden die Prüfobjekte in einen Brandraum gegeben und dabei den Temperaturen entsprechend dem Diagramm ausgesetzt.

Zu beachten ist, dass auf der senkrechten Achse (Ordinate) nicht die Temperatur aufgetragen ist, sondern die Temperaturdifferenz zwischen der Brandtemperatur und der Ausgangstemperatur.

Von der Baustoffklasse lassen sich nicht ohne weiteres Rückschlüsse auf die Feuerwiderstandsklasse ziehen.

Stahl als Baustoff der Klasse A1 brennt nicht , von ihm nimmt ein Brand nie seinen Anfang, er bildet keine Brandlast. Wird er jedoch hohen Temperaturen ausgesetzt, so knickt er ohne Vorwarnung wie ein Kartenhaus in sich zusammen. Diese sogenannnte kritische Temperatur erreicht er bereits bei 500 °C, Spannstahl z.T. schon bei 350 °C. Unter kritischer Temperatur (crit. T) versteht man die Temperatur im Brandfall, bei der die durch die Wärmeeinwirkung absinkende Fließgrenze des Stahls auf die vorhandene Stahlspannung absinkt.

Diesen Zustand erreicht der Stahl nach der ETK bereits nach ca. 6 Minuten. Nach ca. 10 Minuten ist die Temperatur schon um etwa 650 °C angestiegen, die kritische Temperatur ist bereits überschritten.

10 Minuten bedeuten, der Stahl erreicht auf Grund seiner großen Wärmeleitfähigkeit (λ = 50 W/mK) und seines empfindlichen molekularen Gefüges nicht einmal die niedrigste Feuerwiderstandsklasse F 30. Tragende Stahlteile können also nie ungeschützt eingebaut werden.

Brandversuche mit Holz haben gezeigt, dass der Abbrand 1 mm/min beträgt und dass sich durch die Brandbeanspruchung keine molekulare Gefügeänderung bildet. Die Querschnittsverkleinerung ist die einzige Folge. Will man daher mit Holz entsprechende Feuerwiderstandsklassen erreichen, so muss nur der Querschnitt entsprechend groß gewählt werden.

Bild 1: Ungeschützte Stahlkonstruktion nach einem Brand

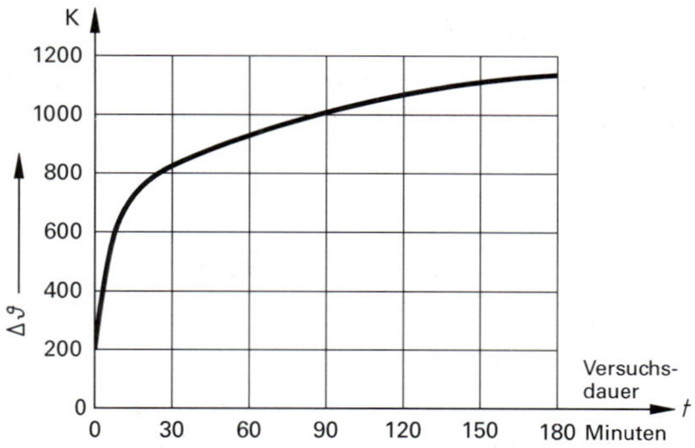

Bild 2: Verlauf der Einheits-Temperaturzeitkurve (ETK)

ϑ = Brandraumtemperatur in °C

ϑ_0 = Temperatur der Probekörper bei Versuchsbeginn in °C

$\Delta\vartheta = \vartheta - \vartheta_0 \Rightarrow$ Temperaturzunahme im Brandfall

t = Zeit der Beanspruchung in Minuten

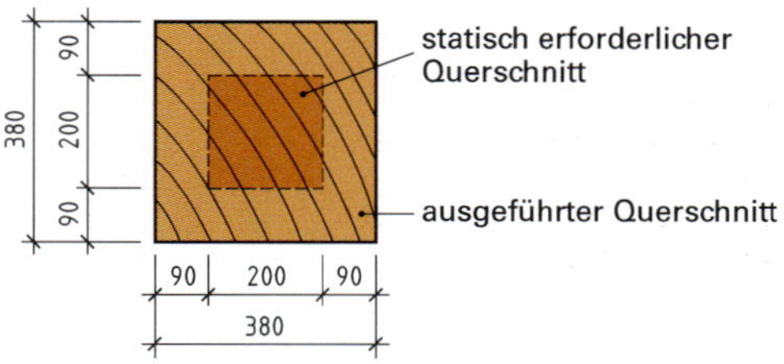

Bild 3: Feuerwiderstandsklasse einer ungeschützten Holzstütze

Für den Abbrand stehen 90 mm Holz auf jeder Seite der Stütze zur Verfügung ⇒ Die Feuerwiderstandsdauer beträgt 90 Minuten, die Stütze hat unverkleidet die Feuerwiderstandsklasse F 90.

Bild 4: Holzbalken nach einem Brandfall

Stahlsorte		crit. T
Art	Festigkeitsklasse	°C
Betonstahl	nach DIN 1045	500
Spannstahl	St 835/1 030	500
Spannstahl	St 1 080/1 230	450
	St 1 420/1 570	
	St 1 325/1 470	
Spannstahl	St 1 375/1 570	350
	St 1 470/1 670	
	St 1 570/1 770	

Brandschutz

Brandverhalten von **Baustoffen** DIN 4102 Teil 1

Nicht brennbare Baustoffe A

Nicht brennbare Baustoffe ohne oder mit geringfügigen organischen Bestandteilen – A 1

Asbest
Metalle
Sand, Kies, Ton
Beton, Mörtel
Bims, Blähton
Perlite, Glas
Schaumglas
Ziegel, Gips
Steinzeug
Steinwolle

Nicht brennbare Baustoffe, die brennbare enthalten, oft mit organischen Bestandteilen – A 2

Gipskartonfeuerschutzplatten $d \geq 12{,}5$ mm
Glasfasermatten
Glasfaserplatten
Polystyrolbeton
Gipsfaserplatten

Brennbare Baustoffe B

schwer entflammbar – B 1

Gipskartonfeuerschutzplatten $d < 12{,}5$ mm, mineralisch gebundene Holzwolle-Leichtbauplatten, Kunststofftafeln, Plexiglas, Werkstoffe mit Feuerschutzmitteln behandelt

normal entflammbar – B 2

Holz und Holzwerkstoffe $d > 2$ mm, PVC-Beläge, Dachpappe

leicht entflammbar – B 3

Holz und Holzwerkstoffe $d \leq 2$ mm (Furniere), Holzwolle, Holzweichfaserplatten je nach Rohdichte, Baumwolle, Papier, Stroh, Heu

Brandverhalten von **Bauteilen** DIN 4102 Teil 2

Feuerwiderstandsklassen F

feuerhemmend F 30 – 60

feuerbeständig F 90 – 180

Feuerwiderstandsklasse	Feuerwiderstandsdauer min	Im Bauteil verwendeter Baustoff: wesentliche Bestandteile	Im Bauteil verwendeter Baustoff: übrige Bestandteile	Kurzbezeichnung
F 30	≥ 30	B	B	F 30 B
F 60	≥ 60	A	B	F 60 AB
F 120	≥ 120	A	A	F 120 A

Während der Feuerwiderstandsdauer dürfen die Funktionen der Bauteile wie Tragfunktion und Raumabschluss nicht beeinträchtigt werden.

wesentliche Bestandteile:
- tragende Teile
- aussteifende Teile
- Rahmenkonstruktionen bei Leichtbauwänden und Decken

übrige Bestandteile:
- Putze
- Beplankungen
- Verkleidungen

Feuerwiderstandsdauer

hängt ab von

Brand-beanspruchung	Verwendete Baustoffe	Bauteil-abmessungen	Bauliche Ausbildung	Statisches System	statischer Ausnutzungs-grad	Anordnung von Bekleidungen und Beschichtungen	Beton-überdeckung
einseitig mehrseitig	Stahl, Beton Mauerwerk Holz Dämmstoff	Brandlast Masse (vor allem im Holzbau, aber auch im Stahlbetonbau) Schlankheitsgrad der Druckglieder (Stützen) Achsabstände der Bewehrung	Anschlüsse Fugen Auflager	bestimmte, unbestimmte Lagerung einachsige, zweiachsige Lastabtragung Einspannung	Ausnutzungsgrad der Festigkeiten der verwendeten Baustoffe infolge äußerer Lasten	Ummantelung von Stahlteilen, Holz, Unterdecken, Vorsatzschalen. Brandschutzanstriche von Stahl schäumen im Brandfall auf und dämmen	Obwohl Beton noch relativ gut die Wärme leitet, bietet er dennoch einen besseren Wärmeschutz als Stahl. Mit bis zu 90 mm Betonüberdeckung können Feuerwiderstandsklassen F 180 erreicht werden

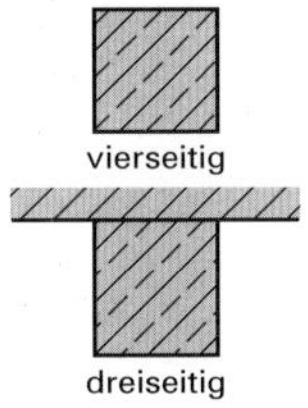

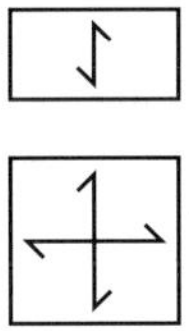

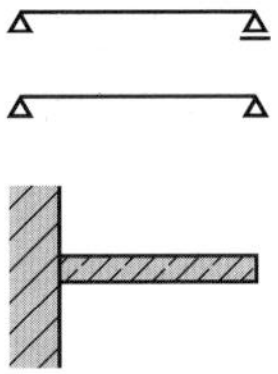

Zu erfüllende Kriterien für die Eingliederung in:

F 30 und F 60:
- Durchgang des Feuers verhindern
- Wattebausch darf sich auf der feuerabgekehrten Seite nicht entzünden und es darf nicht zum Flammenüberschlag kommen
- Raumabschließende Bauteile dürfen sich auf der feuerabgekehrten Seite um nicht mehr als 180 °C, i.M. um 140 °C erwärmen
- Tragende Bauteile dürfen während dieser Zeit unter der rechnerisch ermittelten und zulässigen Gebrauchslast und nicht tragende Bauteile unter ihrer Eigenlast nicht zusammenbrechen
- Nicht raumabschließende tragende Wände (= Wände mit Öffnungen) dürfen unter ihrer rechnerisch zulässigen Gebrauchslast bei zweiseitiger Temperaturbeanspruchung nicht zusammenbrechen
- Bei statisch bestimmt gelagerten auf Durchbiegung beanspruchten Bauteilen (Decken) darf die Durchbiegungsgeschwindigkeit den Wert $\frac{\Delta f}{\Delta t} = \frac{l^2}{9\,000 \cdot h}$ während einer Prüfdauer von 30 Minuten nicht überschreiten

  $\frac{\Delta f}{\Delta t}$ = Durchbiegungsgeschwindigkeit in cm/min
  l = Stützweite in cm
  h = statische Bauteilhöhe in cm

F 90:
F 120:
F 180:

Für diese Feuerwiderstandsklassen werden außer den Anforderungen der Klassen F 30 und F 60 noch folgende zusätzliche Anforderungen gestellt:

- Bei Stahlbetonstützen dürfen nach dem Brandfall und dem Löschvorgang die Bewehrungsstäbe mit ihrer Verbügelung oder Umschnürung nicht in gefährdender Weise freigelegt werden.

Tabelle 1: Gliederung der Feuerwiderstandsklassen

Zusammensetzung des Bauteils	Benennung des Bauteils		Kurzbe-zeichnung	Temperatur-zunahme nach ETK °C
	bauaufsichtlich	nach DIN		
Aus brennbaren Baustoffen der Baustoffklasse B	feuerhemmend	Feuerwiderstands-klasse F 30	F 30-B	820
In den wesentlichen (tragenden, aussteifenden) Teilen aus Baustoffen der Baustoffklasse A, in den restlichen Bestandteilen Klasse B	feuerhemmend	Feuerwiderstands-klasse F 30	F 30-AB	
Aus nichtbrennbaren Baustoffen Klasse A	hoch feuerhemmend	Feuerwiderstands-klasse F 30	F 30-A	
Aus brennbaren Baustoffen Klasse B	hoch feuerhemmend	Feuerwiderstands-klasse F 60	F 60-B	920
In den wesentlichen (tragenden, aussteifenden) Teilen aus Baustoffen der Baustoffklasse A, in den restlichen Bestandteilen Klasse B	hoch feuerhemmend	Feuerwiderstands-klasse F 60	F 60-AB	
Aus nichtbrennbaren Baustoffen Klasse A	feuerhemmend	Feuerwiderstands-klasse F 60	F 60-A	
Aus brennbaren Baustoffen Klasse B	feuerbeständig	Feuerwiderstands-klasse F 90	F 90-B	1 000
In den wesentlichen (tragenden, aussteifenden) Teilen aus Baustoffen der Baustoffklasse A, in den restlichen Bestandteilen Klasse B	feuerbeständig	Feuerwiderstands-klasse F 90	F 90-AB	
Aus nichtbrennbaren Baustoffen Klasse A	feuerbeständig	Feuerwiderstands-klasse F 90	F 90-A	
Aus brennbaren Baustoffen Klasse B	hoch feuerbeständig	Feuerwiderstands-klasse F 120	F 120-B	1 030
In den wesentlichen (tragenden, aussteifenden) Teilen aus Baustoffen der Baustoffklasse A, in den restlichen Bestandteilen Klasse B	hoch feuerbeständig	Feuerwiderstands-klasse F 120	F 120-AB	
Aus nichtbrennbaren Baustoffen Klasse A	feuerbeständig	Feuerwiderstands-klasse F 120	F 120-A	
Aus brennbaren Baustoffen Klasse B	höchst feuerbeständig	Feuerwiderstands-klasse F 180	F 180-B	1 100
In den wesentlichen (tragenden, aussteifenden) Teilen aus Baustoffen der Baustoffklasse A, in den restlichen Bestandteilen Klasse B	höchst feuerbeständig	Feuerwiderstands-klasse F 180	F 180-AB	
Aus nichtbrennbaren Baustoffen Klasse A	höchst feuerbeständig	Feuerwiderstands-klasse F 180	F 180-A	

Ab F 90 gelten Bauteile als feuerbeständig.

4.6 Sonderbauteile

4.6.1 Brandwände

- Es sind Wände zur Trennung oder Abgrenzung von Brandabschnitten um ein Übergreifen des Feuers auf andere Gebäude oder Gebäudeabschnitte zu vermeiden.
- Brandwände müssen aus Baustoffen der Baustoffklasse A hergestellt sein und mindestens F 90 sein.
- Brandwände müssen ohne Bekleidung der Norm entsprechen.
- Brandwände müssen bis Oberfläche Dachhaut hochgeführt werden.
- Durch den Brandfall darf die Oberflächentemperatur auf der dem Brand abgekehrten Seite um nicht mehr als maximal 180 °C steigen, im Mittel um 140 °C.

4.6.2 Feuerschutzabschlüsse

Dazu zählen Türen, Tore, Rollläden, Klappen. Diese Bauteile

- müssen selbstschließend sein
- müssen die raumabschließende Wirkung bewahren
- müssen den Durchgang des Feuers verhindern
- dürfen auf der feuerabgewandten Seite sich nicht mehr als 180 °C erwärmen
- dürfen einen Wattebausch weder zum Glimmen, noch zum Entzünden bringen.

Rauchdichte und selbstschließende Türen sind erforderlich:

- in den Öffnungen notwendiger Treppenräume
- in Fluren von mehr als 40 m Länge (die Türen dürfen nicht abschließbar sein).

Feuerbeständige und selbstschließende Türen müssen vorhanden sein:

- in den Öffnungen innerer Brandwände
- in den Öffnungen feuerbeständiger Innenwände anstelle von Brandwänden.

Feuerhemmend und selbstschließend müssen Türen sein:

- in den Öffnungen feuerbeständiger Trennwände zwischen Wohnungen
- in den Öffnungen notwendiger Treppenräume zum Untergeschoss, nicht ausgebautem Dachgeschoss, Werkstätten, Läden, Lagerräumen und ähnlichen Räumen.

4.6.3 Verglasungen

F-Verglasungen

- Verglasung darf unter der Eigenlast nicht zusammenbrechen
- müssen Flammenüberschlag ausschließen
- kein Rauchdurchlass
- kein Durchlass von Wärmestrahlung
- Anforderung bezüglich der Temperaturerhöhung auf der brandabgewandten Seite wie bei Wänden $\Delta\vartheta \leq 180$ °C i.M. 140 °C
- an die Oberfläche gehaltener Wattebausch darf sich nicht entzünden oder glimmen

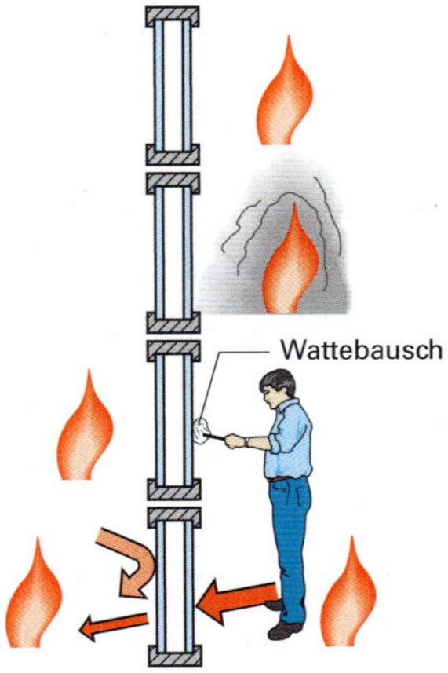

Bild 1: Anforderungen an Verglasungen

G-Verglasungen

- Verglasung darf unter der Eigenlast nicht zusammenbrechen
- müssen Flammenüberschlag ausschließen
- kein Rauchdurchlass
- Erschwerung des Durchlasses der Strahlungswärme
- dürfen nur in solchen Bauteilen zum Einsatz kommen, bei denen mindestens auf einer Seite der Verglasung keine Brandlast vorhanden ist

Brandschutz-Verglasung

Glasklassifizierung		DIN 4102	
Euro-Norm 13 501			
E-Verglasung	≙	G-Verglasung	• Verglasung darf unter der Eigenlast nicht zusammenbrechen • muss Flammenüberschlag vermeiden • kein Rauchdurchlass • Erschwerung des Durchlasses der Strahlungswärme • dürfen nur in solchen Bauteilen zum Einsatz kommen, bei denen auf einer Seite der Verglasung keine Brandlast vorhanden ist.
EW-Verglasung		keine Norm in Deutschland	
EI-Verglasung	≙	F-Verglasung	Hitzeschild-Funktion Anforderungen wie bei E-Verglasung, jedoch zusätzlich: • kein Durchlass von Wärmestrahlung • die Ausgangstemperatur auf der Oberfläche der dem Feuer abgekehrten Seite darf i.M. um nicht mehr als 140 °C steigen.

Brandschutz-Verglasungen müssen grundsätzlich **Festverglasungen** sein. Es muss ein komplettes Brandschutz-System sein, das das Glas, den Rahmen, die Dichtung und den Einbau umfasst.

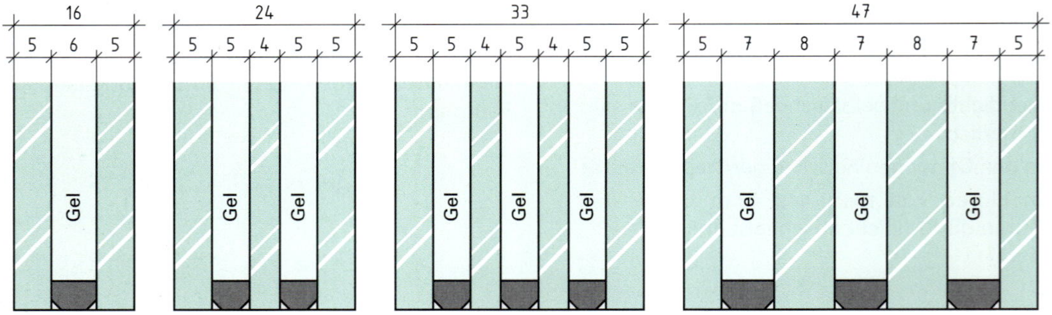

Im Brandfall schäumt das Gel zwischen den Scheiben auf, macht aus dem transparenten Bauteil ein opakes und lässt so die Strahlungswärme weit weniger wirksam werden. Außerdem wirkt das Gel durch seine enorme Wärmespeicherfähigkeit kühlend und bremst dadurch die Hitzeentwicklung.

Das sichtbare Licht kann mittels eines Prismas in seine Einzelfarben zerlegt werden.

Ultra-Violett-Licht (UV)	sichtbares Licht						Infrarot-Licht (IR-Licht)
Farbe	violett	blau	grün	gelb	orange	rot	
Wellenlänge in mm	380	420	490	575	585	650	750
Wellenfrequenz in THz	789	714	612	522	513	462	400

1 Nanometer (1 nm) ≙ 1 Milliardstel m (10^{-9} m)

1 Tera-Herz (1 THz) ≙ 1 Billion Hz (10^{12} Hz)

4.6.4 Lüftungsleitungen, Rohrleitungen

Solche Bauteile bergen eine nicht zu verkennende Gefahr der Weiterleitung des Feuers in sich. Schon mancher Brandherd ist über Kanäle und Schächte zu angrenzenden Bauabschnitten getragen worden. Brandschutzklappen sind daher eine zwingend notwendige Vorkehrmaßnahme zum vorbeugenden Brandschutz.

4.6.5 Treppen

Gebäude mit mehr als 2 Vollgeschossen müssen einen eigenen durchgehenden Treppenraum haben. Diese Treppen müssen mit der Treppe zum Dachgeschoss in Verbindung stehen. Die LBO spricht dabei von notwendigen Treppen.

Entfernung der Räume zur Treppe bzw. zum Freien

• normale Aufenthaltsräume	max. 35 m
• nichtebenerdige Schul- und Verkaufsräume	max. 25 m
• Verkaufsstätten	max. 35 m
• Krankenhäuser	max. 30 m
• Gaststätten, Beherbergungsstätten	max. 25 m
• Versammlungsstätten	max. 25 m
• geschlossene, unterirdische Garagen	max. 30 m
• offene Garagen	max. 50 m

Die tragenden Teile notwendiger Treppen sind herzustellen:

- bei Gebäuden mit mehr als 2 Wohnungen: nichtbrennbare Baustoffe oder Hartholz
- eine Treppe darf nicht unmittelbar hinter einer Tür beginnen, die in Richtung der Treppe aufschlägt
- Treppen müssen mindestens einen festen und sicheren Handlauf haben.

4.6.6 Treppenraum

Er stellt neben den Fluren in brandschutztechnischer Hinsicht den bedeutendsten Raum dar. Er ist einesteils Fluchtweg für Bewohner nach außen, andernteils Zugangsweg für die Löschmannschaften. An ihn werden folgende Anforderungen gestellt:

- weder Feuer noch Rauch dürfen aus den Geschossen in ihn gelangen ⇒ Rauchmelder
- seine statische und raumabschließende Funktion muss die angrenzender Räume überdauern
- der Ausgang ins Freie muss gewährleistet sein
- bei hohen Gebäuden muss zusätzlich noch eine Außentreppe vorhanden sein
- Brandlasten dürfen sich in ihm nicht befinden
- Belüftung, Belichtung und Beleuchtung müssen gewährleistet sein.

4.6.7 Flure

Flure sind mit den Treppen und Treppenräumen als Teil des Komplexes Rettungsweg zu sehen. Deshalb sind Flure an Treppen bzw. ans Freie anzubinden. Um als Rettungsweg dienen zu können, muss der Flur bestimmte Anforderungen erfüllen:

- er muss rauchfrei bleiben ⇒ selbstschließende Türen mit Rauchmelder
- er muss frei von Brandlast sein.
- er darf nicht durch Möbel oder sonstige Güter den Fluchtweg versperren (kein Ersatzlagerraum)
- er muss von allen in Frage kommenden Räumen sicher erreicht werden können
- er muss gut belichtet oder beleuchtet sein
- er muss eine Beschilderung über die Richtung des Fluchtweges aufweisen
- er muss auch der Rettungsmannschaft zugänglich sein.

4.6.8 Brandabschnitte

Gebäude werden in Brandabschnitte unterteilt, um ein Übergreifen des Feuers auf andere Gebäudeteile zu verhindern. Die Unterteilung in Brandabschnitte kann sowohl in horizontaler (feuerbeständige Decken) als auch in vertikaler Richtung (Brandwände) erfolgen. Die Größe der Brandabschnitte ist von der Art und Größe der Gebäude abhängig.

Brandwände sind erforderlich

- als Gebäudeabschluss bis maximal 2,50 m von der Nachbargrenze
- innerhalb großer oder aneinandergereihter Gebäude auf einem Grundstück mindestens alle 40 m.

Tabelle 1: Feuerwiderstandsklassen von Sonderbauteilen nach DIN 4102								
FW-Dauer in min	Bauteile	nichttragende Außenwände	Feuerschutzabschlüsse	Verglasungen	Lüftungsleitungen	Rohrleitungen	Brandschutzklappen	Installationsschächte
≥ 30	F 30	W 30	T 30	G 30	L 30	R 30	K 30	I 30
≥ 60	F 60	W 60	T 60	G 60	L 60	R 60	K 60	I 60
≥ 90	F 90	W 90	T 90	G 90	L 90	R 90	K 90	I 90
≥ 120	F 120	W 120	T 120	G 120	L 120	R 120	–	I 120
≥ 180	F 180	W 180	T 180	G 180	L 180	R 180	–	I 180

4.7 Ausgesuchte Beispiele von Bauteilen und ihre Feuerwiderstandsklassen nach DIN 4102 Teil 4

Tabelle 2: Mindestdicken von Stahlbeton- und Spannbetonplatten aus Normalbeton ohne Hohlräume, statisch bestimmt gelagert

Zeile	Konstruktionsmerkmal	Bauteilart	F 30-A	F 60-A	F 90-A	F 120-A	F 180-A
1	Mindestdicke *d* in mm unbekleideter Platten		60	80	100	120	150
2	Mindestdicke *d* in mm punktförmig gestützter Platten mit Stützenkopfverstärkung	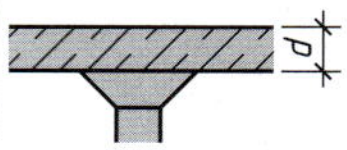	150	150	150	150	150
	ohne Stützenkopfverstärkung	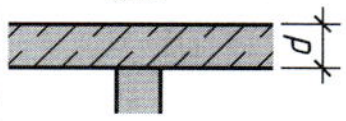	150	200	200	200	200
3	Mindestdicke von Platten mit Verbundestrich d in mm d_2 in mm	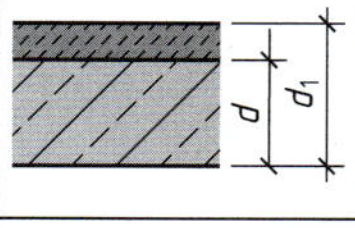	50 60	50 80	50 100	60 120	75 150
4	Mindestdicke von Platten und Estrich bei schwimmender Verlegung d in mm d_1 in mm	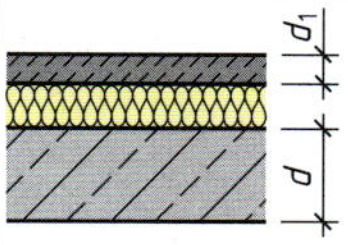	60 25	60 25	60 25	60 30	80 40
5	Mindestdicke *d* in mm von Estrichen aus nichtbrennbaren Baustoffen oder Asphalt	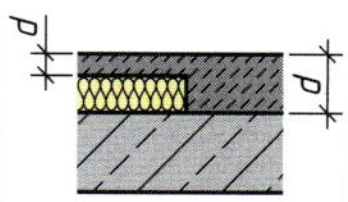	25	25	25	30	40
6	Wände aus Stahl- und Spannbeton ● nichttragend (*u* nach DIN 1045) ● tragend: *d* in mm *u* in mm	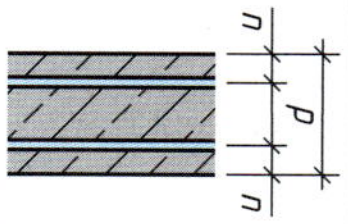	80 120 12	80 140 25	100 170 35	120 220 45	150 300 65

Tabelle 1: Mindestabmessungen von Balken und Stützen aus Stahlbeton							
Zeile	Konstruktionsmerkmal	Bauteilart	F 30-A	F 60-A	F 90-A	F 120-A	F 180-A
1	Balken: Stahl- und Spannbeton 3seitig beansprucht statisch bestimmt gelagert unbekleidet Mindestbreite *b* in mm Mindeststegdicke *t* in mm	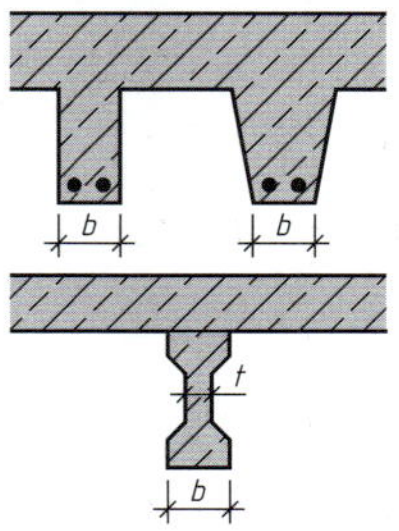	80 80	120 90	150 100	200 120	240 140
2	Stütze: Stahlbeton mehrseitige Brandbeanspruchung unbekleidet: *d* in mm *u* in mm	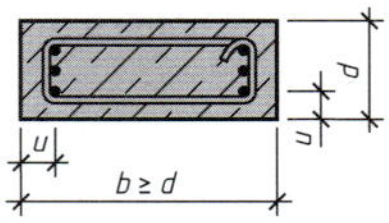	150 18	200 30	240 45	300 55	400 70
3	oder alternativ: *d* in mm *u* in mm	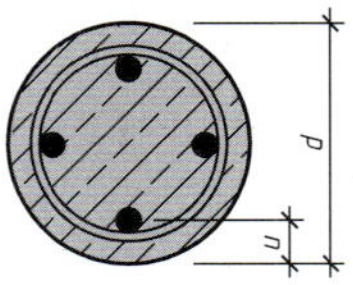	150 18	240 25	300 35	400 45	500 60
4	bekleidet, z.B. Putz: *d* in mm *u* in mm	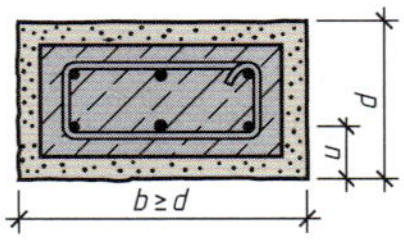	140 18	140 18	160 18	220 18	320 30
5	Stütze: Stahlbeton einseitige Brandbeanspruchung unbekleidet: *d* in mm *u* in mm	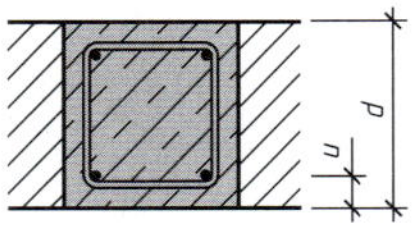	100 18	120 25	140 35	160 45	200 60

Tabelle 2: Mindestdicken ein- oder zweischaliger nichttragender Wände aus Gipskarton-Bauplatten F (Gips-Karton-Feuerschutzplatten GKF) mit Ständern und Riegeln aus Holz				
Zeile	Konstruktionsmerkmale	Feuerwiderstandsklasse		
	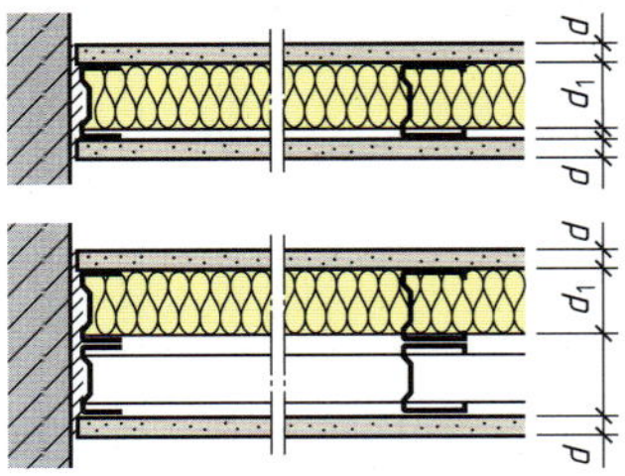	F 30-B	F 60-B	F 90-B
1	Mindestbekleidungsdicke d	12,5[1)]	2 x 12,5[2)]	2 x 12,5
2	Mindestdämmschichtdicke d_1	40	40	80

[1)] alternativ auch 18 mm GKB oder ≥ 2 x 9,5 mm GKB

[2)] alternativ auch 25 mm

vierseitig beansprucht

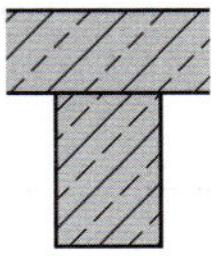

dreiseitig beansprucht

statisch bestimmte Lagerung

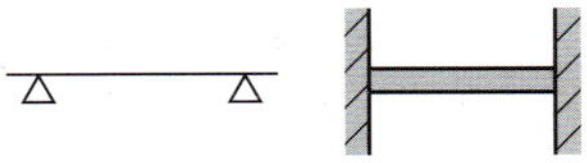

statisch unbestimmte Lagerung

Tabelle 1: Mindestdicke und Mindestbreite von tragenden, raumabschließenden bzw. nichtraumabschließenden und nichttragenden Wänden sowie von tragenden Pfeilern aus Mauerwerk und Wandbauplatten

Zeile	Konstruktionsmerkmal	Bauteilart	F 30-A	F 60-A	F 90-A	F 120-A	F 180-A
1	Mindestdicke *d* in mm **nichttragender Wände** aus: Porenbeton-Blocksteinen Leichtbeton-Hohlblocksteinen Leichtbeton-Vollsteinen	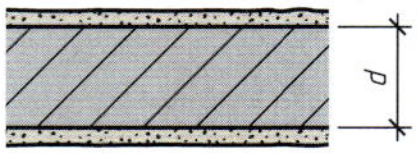	75 (75)	75 (75)	100 (100)	125 (100)	150 (125)
2	Mindestdicke *d* in mm von Mauerziegeln Kalksandsteinen	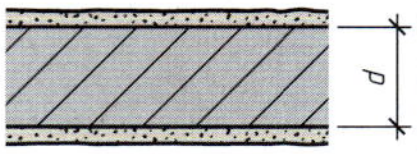	115 (71)	115 (71)	140 (115)	140 (115)	175 (140)
3	Wandbauplatten aus Gips		60	80	80	80	100
4	Mindestdicke *d* in mm **tragender Wände** aus: Porenbeton-Blocksteinen Leichtbeton-Hohlblocksteinen Leichtbeton-Vollsteinen bei $\sigma \leq 0{,}3$ N/mm²	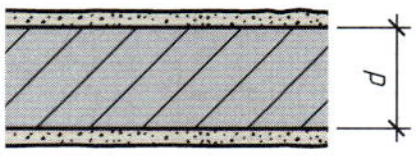	115 (115)	150 (115)	150 (115)	150 (115)	175 (125)
5	bei $\sigma \leq 1{,}0$ N/mm²		150 (115)	175 (150)	200 (175)	240 (200)	240 (200)
6	bei $\sigma \leq 1{,}6$ N/mm²		175 (150)	200 (175)	240 (175)	300 (200)	300 (240)
7	Mauerziegeln, Kalksandsteinen, Hüttensteinen bei $\sigma \leq 0{,}3$ N/mm²		115 (115)	115 (115)	115 (115)	140 (115)	175 (140)
8	bei $\sigma \leq 1{,}4$ N/mm²		115 (115)	115 (115)	140 (115)	175 (140)	190 (175)
9	bei $\sigma \leq 3{,}0$ N/mm²		115 (115)	140 (115)	140 (115)	190 (175)	240 (190)
10	geschosshohen Ziegelbauteilen		115 (115)	165 (115)	165 (165)	190 (165)	240 (190)
11	Mindestquerschnittsabmessung *b/d* in mm/mm **tragender Pfeiler** bei einer maximalen Druckspannung $\sigma \leq 1{,}4$ N/mm² $\sigma \leq 3{,}0$ N/mm²	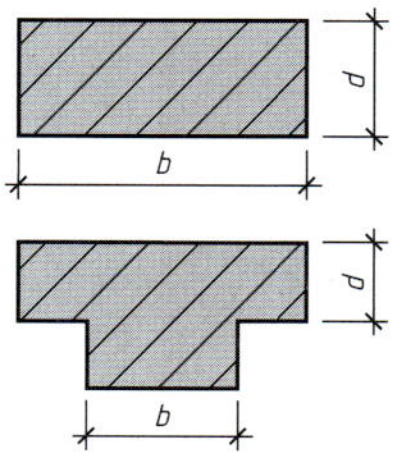	240/240 240/240	240/300 300/365	240/365 365/365	300/365 365/365	365/365 365/365

Die Klammer-Werte gelten für Wände mit beidseitigem Putz. Bei MGr P II / P IVc $> d_1 \geq 15$ mm; MGr P IVa / PIVb $> d_1 \geq 10$ mm

Tabelle 1: Mindestwanddicke, Schlankheit und Mindestachsabstand der Bewehrung von einschaligen und zweischaligen Brandwänden

Zeile	Konstruktionsmerkmal	zulässige Schlankheit	Mindestdicke d in mm bei		Mindestachsabstand
	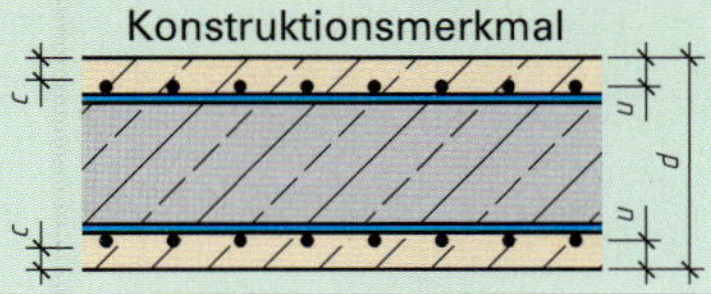	h_s/d	einschaliger Ausführung	zweischaliger Ausführung	u in mm
1	Wände aus Normalbeton bei Verwendung von **unbewehrtem Beton**	Bemessung nach DIN 1045	200	2 x 180	nach DIN 1045
2	Wände aus **bewehrtem Beton, nichttragenden,** liegend oder stehend angeordneten Wandplatten	Bemessung nach DIN 1045	120	2 x 100	nach DIN 1045
3	Wände aus **tragenden** Wandplatten oder Ortbeton	25	140	2 x 140	25
4	Wände aus **Leichtbeton** mit haufwerkporigem Gefüge $\varrho >$ 1,2 kg/dm^3 $\varrho \leq$ 1,2 kg/dm^3	 25 25	 250 300	 2 x 200 2 x 200	entfällt
5	Wände aus Mauerwerk MGr. II, IIa oder III $\varrho >$ 1,2 kg/dm^3 1,2 $\geq \varrho >$ 0,8 kg/dm^3 $\varrho \leq$ 0,8 kg/dm^3	Bemessung nach DIN 1053	240 290 290	2 x 175 2 x 190 2 x 240	entfällt
6	Wände aus **bewehrtem Porenbeton** mind. PPW 4 mit $\varrho \leq$ 0,6 kg/dm^3 **nichttragend,** liegend oder stehend angeordneten Wandplatten **tragenden,** stehend angeordneten Wandplatten	Bemessung nach DIN 4223 25	175 200	2 x 175 2 x 200	20 20
7	Wände aus **Ziegelbaufertigteilen** Hochlochtafeln Verbundtafeln mit einer Ziegelschicht Verbundtafeln mit zwei Ziegelschichten	 25 25 25	 165 190 240	 2 x 165 2 x 165 2 x 165	nach DIN 1053

Tabelle 2: Mindestbekleidungsdicke d in mm von Stahlstützen mit $U/A \leq 300\ m^{-1}$ mit einer Bekleidung aus Gipskarton-Bauplatten F (= Gipskarton-Feuerschutzplatten GKF) mit geschlossener Fläche

Konstruktionsaufbau	Feuerwiderstandsklasse			
	F 30-AB	F 90-AB	F 120-AB	F 180-AB
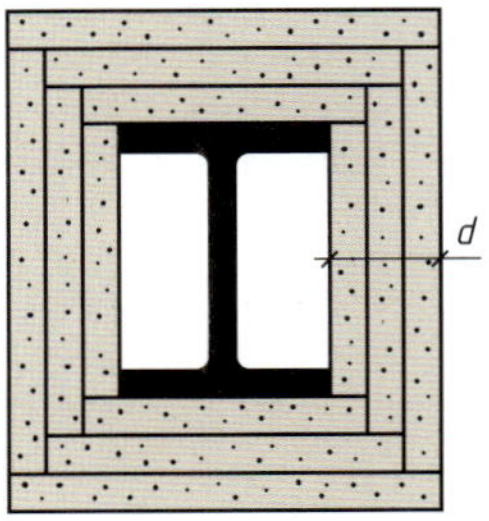	12,5	3 x 15	4 x 15	5 x 15

Tabelle 1: Mindestdicke bekleideter Stützen aus Vollholz oder Brettschichtholz				
Zeile	Konstruktionsmerkmale	Mindestdicke in mm der Stütze d	Mindestdicke in mm der Bekleidung d_1	Feuerwiderstandsklasse
1	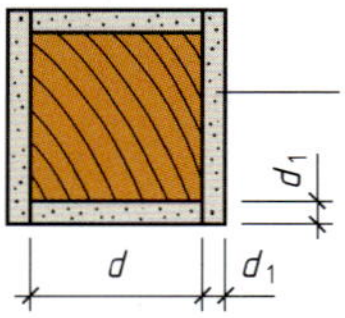	80	15	F 30-B
2	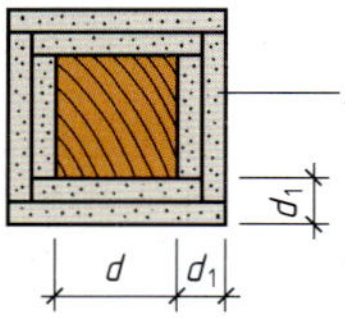	160	2 x 12,5	F 60-B
3	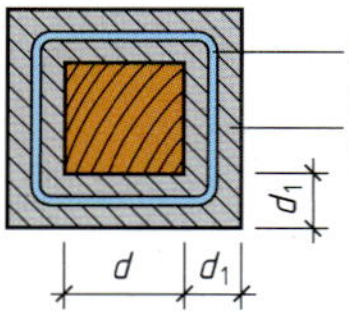	80	50	F 60-B

Beispiel der Ummantelung einer Stahlstütze

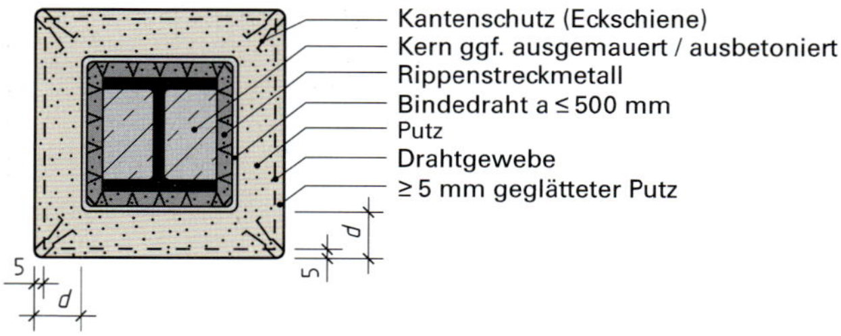

Tabelle 2: Mindestdicke von Putzen bekleideter Stahlstützen										
Verhältnis Umfang/Fläche U/A in m^{-1}	Mindestputzdicke *d* in mm über Putzträger (Rippenstreckmetall, Streckmetall oder Drahtgewebe)									
	Mörtelgruppe P II (Kalkzementmörtel) oder P IVc (Gipskalkmörtel)					Mörtelgruppe P IVa (Gipsmörtel) oder P IVb (Gipssandmörtel)				
	F 30	F 60	F 90	F 120	F 180	F 30	F 60	F 90	F 120	F 180
< 90	15	25	45	45	65	10	10	35	35	45
90 bis 119	15	25	45	55	65	10	20	35	45	60
120 bis 179	15	25	45	55	65	10	20	45	45	60
180 bis 300	15	25	55	55	65	10	20	45	60	60

4.8 Brandschutzklassen nach Euro-Norm

Tabelle 1: Brandschutz nach DIN EN 13 501

Klasse	Typische Brandszenario	Klassifizierungskriterien	Zusätzliche Qualifikation
A1	Diese Produkte leisten in keiner Phase des Brandes einen Betrag zur Brandlast und zur Entfachung des Brandes.	$\Delta T \leq 30$ °C $\Delta m \leq 50$ % $t_f = 0$, d.h. keine anhaltende Entflammung PCS $\leq$ 2,0 MJ/kg	
A2	Diese Bauprodukte liefern unter den Bedingungen eines voll entwickelten Brandes keinen wesentlichen Beitrag zur Brandlast und zum Brandanstieg.	$\Delta T \leq 50$ °C $\Delta m \leq 50$ % $t_f \leq 20$ s PCS $\leq$ 3,0 MJ/kg FIGRA $\leq$ 120 W/s $THR_{600s} \leq 7{,}5$ MJ	Rauchentwicklung: s1 = SMOGRA ≤ 30 m^2/s^2 $TSP_{600s} \leq 500$ m^2 d0 = kein brennendes Abtropfen und Abfallen innerhalb von 600 s
B	An diese Produkte werden die gleichen Anforderungen wie an Produkte der Klasse C gestellt, jedoch mit strengeren Anforderungen.	FIGRA $\leq$ 120 W/s $THR_{600s} \leq 7{,}5$ MJ Fs $\leq$ 150 mm innerhalb von 60 s	Rauchentwicklung: s2 = SMOGRA ≤ 180 m^2/s^2 $TSP_{600s} \leq 200$ m^2 d1 = kein brennendes Abtropfen/ Abfallen Länger als 10 s während 600 s
C	Produkte der Klasse C unterliegen den gleichen Kriterien wie Klasse D, jedoch mit strengeren Anforderungen.	FIGRA $\leq$ 250 W/s $THR_{600s} \leq 15$ MJ Fs $\leq$ 150 mm innerhalb von 60 s	Rauchentwicklung: s2 = SMOGRA ≤ 180 m^2/s^2 $TSP_{600s} \leq 200$ m^2 d1
D	Diese Produkte müssen alle Kriterien der Klasse E erfüllen. Zusätzlich müssen sie in der Lage sein, für eine längere Zeit dem Angriff durch eine kleine Flamme ohne wesentlichen Flammenausbreitung Stand zu halten. Auch einem einzelnen brennenden Gegenstand müssen sie mit ausreichend verzögerter und begrenzter Wärmefreisetzung Stand halten.	FIGRA $\leq$ 750 W/s Fs $\leq$ 150 mm innerhalb von 60 s	Rauchentwicklung: s2 = SMOGRA ≤ 180 m^2/s^2 $TSP_{600s} \leq 200$ m^2 d1 = kein brennendes Abtropfen Abfallen Länger als 10 s während 600 s
E	Diese Bauprodukte müssen in der Lage sein, für eine kurze Zeit dem Angriff durch eine kleine Flamme ohne wesentliche Flammenausbreitung Stand zu halten.	Fs $\leq$ 150 mm innerhalb von 20 s	Brennendes Abtropfen/Abfallen: • bestanden: keine Entzündung von Papier oder • nicht bestanden: Entzündung von Papier
F	Diese Klasse gilt für alle Bauprodukte, für die das Brandverhalten nicht bestimmt wird oder die nicht in die Klassen A bis E eingeordnet werden können.	Keine Leistung festgestellt.	

Für Bodenbeläge gilt eine andere Klassifizierung

Kurzzeichen

ΔT = Temperaturanstieg

Δm = Massenverlust in %

t_f = Dauer einer anhaltenden Entflammung

PCS = Brutto-Verbrennungswärme (Brennwert) in MJ/kg oder MJ/m^2

FIGRA = Wärmefreisetzungsrate (fire grouth rate)

THR_{600s} = gesamte frei gesetzte Wärme in MJ während 600 s = 10 min.

Fs = Flammenausbreitung in mm

SMOGRA = Rauchentwicklung m^2/s^2

TSP_{600} = gesamte frei gesetzte Rauchmenge während 600 s in m^2

Zusätzliche Klassifizierung zur Rauchentwicklung	
s1	Strenge Kriterien zur Rauchfreisetzung: $\leq 30\ m^2/s^2$ und $\text{TSP}_{6\,005\,\text{s}} < 50\ m^2$
s2	Beschränkte frei gesetzte Rauchmenge, sowie beschränkter Anstieg der Rauchentwicklung: $\leq 180\ m^2/s^2$ und $\text{TSP}_{6\,005\,\text{s}} \leq 200\ m^2$
s3	Es wird keine Beschränkung der Rauchentwicklung gefordert

Zusätzliche Klassifizierung zum brennenden Abtropfen bzw. Abfallen	
d0	Kein brennendes Abtropfen bzw. Abfallen innerhalb von 600 s
d1	Kein brennendes Abtropfen bzw. Abfallen, das länger als eine vorgegebene Zeit dauert 10 s während 600 s
d2	Keine diesbezügliche Beschränkung, z.B. Entzündung von Papier

Anforderungen an Baustoffe und Bauarten im Brandschutz nach DIN EN 13 501

Tragfähigkeit **R** Resistance	Die statisch zugeordnete Funktion (Decken, Wände, Stützen, Unterzüge) muss während einer bestimmten Zeit gewährleistet werden.
Raumabschluss **E**	Widerstand eines Bauteils gegenüber einer einseitigen Brandeinwirkung, einen Flammendurchtritt zu vermeiden.
Wärmedämmung **I** Isolation	Die Dämmung des Bauteils muss so gut sein, das eine Wärmeeinwirkung auf die dem Feuer abgewandten Seite nicht zu erhöhten Temperaturen führt. Die Temperatur auf der dem Feuer abgewandten Seite darf innerhalb einer vorgegebenen Zeit nicht um mehr als i.M. 140 °C über der mittleren Ausgangstemperatur bzw. um nicht mehr als max. 180 °C an jeder Seite über der mittleren Ausgangstemperatur liegen.
Strahlung **W**	Die Wärmestrahlung auf die dem Feuer abgekehrten Seite muss so gering sein, dass eine Brandübertragung von der vom Feuer abgekehrten Wandoberfläche auf angrenzende Materialien nicht stattfinden kann.
Selbstschließende Eigenschaft **C** Closing	Diese Eigenschaft betrifft Türen und Klappen, die • üblicherweise nach jedem Öffnungsvorgang automatisch schließen müssen • üblicherweise offen gehalten werden und im Brandfall schließen müssen • mechanisch betriebene Bauteile, die im Brandfall schließen müssen. Diese Eigenschaften müssen unabhängig von der Stromversorgung aufrecht erhalten werden.
Rauchdichtheit **S** Smoke	Es beschreibt die Fähigkeit von Abgasanlagen und dazugehörigen Produkten gegen Rußbrand (R) widerstandsfähig zu sein.
Brandschutzfunktion **K**	Diese Funktion gibt die Fähigkeit einer Wand- oder Deckenbekleidung wider, das dahinter liegende Material von Entzündung, Verkohlung oder anderen Schäden für eine festgelegte Zeit zu schützen.
Widerstand gegen mechanische Beanspruchung **M**	Im Brandfall herabstürzemde Bauteile dürfen nicht zu einer Beeinträchtigung der Funtionen R, E oder I führen

Klassifizierung im Brandschutz

A1						
A2-s1,d0	A2-s1,d1	A2-s1,d2	C-s1,d0	C-s1,d1	C-s1,d2	E
A2-s2,d0	A2-s2,d1	A2-s2,d2	C-s2,d0	C-s2,d1	C-s2,d2	E-d2
A2-s3,d0	A2-s3,d1	A2-s3,d2	C-s3,d0	C-s3,d1	C-s3,d2	
B-s1,d0	B-s1,d1	B-s1,d2	D-s1,d0	D-s1,d1	D-s1,d2	F
B-s2,d0	B-s2,d1	B-s2,d2	D-s2,d0	D-s2,d1	D-s2,d2	
B-s3,d0	B-s3,d1	B-s3,d2	D-s3,d0	D-s3,d1	D-s3,d2	

Für Bodenbeläge gilt eine andere Klassifizierung

4.9 Klassifizierung des Brandverhaltens von Baustoffen nach Euro-Norm DIN EN 13 501 und Vergleich mit DIN 4102 sowie die dazugehörigen Anforderungen

Bauaufsichtliche Anforderungen	**Zusatzanforderungen**		**Europäische Klassifizierung nach DIN EN 13 501**	**Nationale Klassifizierung nach DIN 4102**
	kein Rauch	**Brennendes Abfallen/ Abtropfen**		
nicht brennbar	x	x	A1	A1
mindestens	**x**	**x**	**A2 – s1d0**	**A2**
	x	x	B – **s1d0** C – **s1d0**	
schwer entflammbar		x	A2 – s2**d0** A2 – s3**d0** B – s2**d0** B – s3**d0** C – s2**d0** C – s3**d0**	B1
	x		A2 – **s1**d2 A2 – **s1**d2 B – **s1**d1 B – **s1**d2 C – **s1**d1 C – **s1**d2	
mindestens			**A2 – s3d2** **B – s3d2** **C – s3d2**	
		x	D – s1**d0** D – s2**d0** D – s3**d0** **E**	B2
normal entflammbar			D – s1d2 D – s2d2 D – s3d2	
mindestens			**E – d2**	
leicht entflammbar			F	B3

Einteilung der Baustoffe nach DIN 4102

A Nicht **brennbar**
- A1 Baustoffe ohne brennbare Bestandteile
- A2 Baustoffe mit brennbaren Bestandteilen

B Brennbar
- B1 schwer **entflammbar**
- B2 normal **entflammbar**
- B3 leicht **entflammbar**

d = droplet (Tröpfchen); brennendes Abtropfen
s = smoke (Rauch); Rauchentwicklung

Einteilung der Baustoffe nach DIN EN 13 501

A1; A2 kein **Beitrag** zum Brand
B sehr begrenzter Brand**beitrag**
- Wärmeausbreitung
- Flammenausbreitung
- Rauchausbreitung

C begrenzter Brand**beitrag**
D hinnehmbarer Brand**beitrag**
E hinnehmbares Brand**verhalten**
- hinnehmbare Entzündbarkeit
- begrenzte Flammenausbreitung

F keine Brand**schutzleistung**

5 Bauphysikalische Stoffkenngrößen

5.1 Stoffkenngrößen je nach bauphysikalischem Bereich

Thermische Stoffeigenschaften/Bauteileigenschaften	
1. Wärmeleitfähigkeit	λ
2. Wärmedurchlasswiderstand	R
3. Wärmeübergangswiderstände	R_{si}, R_{se}
4. Wärmedurchgangswiderstand	R_T
5. Wärmedurchgangskoeffizient	U
6. Wärmespeicherfähigkeit	Q_{sp}
7. Wärmebrückenverlustkoeffizient	Ψ
8. Gesamtenergiedurchlassgrad	g
9. spezifische Wärmekapazität	c
10. Temperaturleitzahl	a
11. Wärmeeindringkoeffizient	b
12. Längenausdehnungskoeffizient	α_T
13. Schmelzpunkt	T_{SM}
14. Siedepunkt	T_S
Hygrische Stoffeigenschaften	
1. Wasserdampfdiffusionswiderstandsfaktor	μ
2. Wasseraufnahmekoeffizient	w
3. Trocknungskoeffizient	D
Hygrische Bauteileigenschaften	
1. Wasserdampfdiffusionsäquivalente Luftschichtdicke	s_d
Akustische Stoffkenngrößen	
1. dynamische Steifigkeit	s'
2. Schallabsorptionsgrad	α
3. längenbezogener Strömungswiderstand	r
Akustische Bauteilgrößen	
1. Luftschalldämm-Maß	R
2. Trittschallpegel	L
3. Luftschall-Verbesserungsmaß	ΔR
4. Trittschall-Minderungs-Maß	ΔL
Brandschutztechnische Stoffeigenschaften	
1. Baustoffklassen :	A, B, C, D, E, F
Brandschutztechnische Bauteileigenschaften	
1. Feuerwiderstandsklassen:	F 30-B, F 60-AB, F 120-A
Chemische Stoffeigenschaften	
1. Wasserstoff-Ionenkonzentration	pH-Wert
optische Stoffgrößen	
1. Gesamtenergiedurchlassgrad	g
2. Lichttransmissionsgrad	τ
3. Lichtreflexionsgrad	ϱ

Beachte: Zu unterscheiden ist zwischen Stoffeigenschaften und Bauteileigenschaften

5.2 Kennwerte von Baustoffen und Bauteilen sowie deren bauphysikalische Bedeutung

Zeile	Begriff	Einheit	Bedeutung	Formel / Beispiel
Wärmeschutz				
1	λ-Wert	$\frac{W}{mK}$	**Wärmeleitzahl λ** Es ist im Wärmeschutz der wichtigste Kennwert eines **Baustoffes.** ***Je geringer der Leitfähigkeitswert eines Baustoffes ist, desto besser ist die Wärmedämmeigenschaft dieses Baustoffes.***	Holz $\lambda = 0{,}13$ W/mK Stahlbeton $\lambda = 2{,}5$ W/mK Mineralwolle $\lambda = 0{,}035$ W/mK
2	**a-Wert**	$\frac{m^2}{s}$	**Temperaturleitzahl *a*** Sie beschreibt die Wanderung der Temperatur in m^2 pro Sekunde. In dieser Kennziffer kommt das Verhältnis von Wärmedämmung (λ) zur Wärmespeicherung ($\varrho \cdot c$) zum Ausdruck. kleiner Zähler (λ) → bewirkt kleiner *a*-Wert großer Nenner ($\varrho \cdot c$) → bewirkt kleiner *a*-Wert ***Je kleiner a ist, desto besser ist dieser Baustoff im sommerlichen Wärmeschutz.***	$a = \frac{\lambda}{\varrho \cdot c}$ $a = \frac{0{,}04 \frac{W}{mK}}{200 \frac{kg}{m^3} \cdot \frac{2100\ J}{kgK}}$ $a = 9{,}52 \cdot 10^{-8} \frac{m^2}{s}$ $a = 0{,}095 \frac{mm^2}{s}$
3	**b-Wert**	$\frac{W \cdot s^{0,5}}{m^2 \cdot K}$	**Wärmeeindringkoeffizient *b*** Dieser Kennwert gibt Auskunft, welche Wärmeenergiemenge von einem Stoff aufgenommen werden kann in $Ws^{0,5}$ pro m^2 und Kelvin. Dieser Kennwert bildet sich aus den gleichen Materialkennwerten wie die Temperaturleitzahl *a*, nur mit dem Unterschied, dass diese hier in einem linearen Verhältnis stehen, während sie bei der Temperaturleitzahl in einem reziproken (umgekehrten) Verhältnis stehen. ***Je größer b ist, desto besser ist dieser Baustoff im sommerlichen Wärmeschutz.***	$b = \sqrt{\sqrt{\lambda} \cdot \varrho \cdot c}$ $b = \sqrt{0{,}04 \frac{W}{mK} \cdot 200 \frac{kg}{m^3} \cdot 2100 \frac{J}{kgK}}$ $b = 129{,}61 \frac{Ws^{0,5}}{m^2K}$
4	**c-Wert**	$\frac{J}{kgK}$ oder $\frac{Ws}{kgK}$	**Spezifische Wärmekapazität *c*** Sie beschreibt die Fähigkeit eines Stoffes, wie viel Wärmeenergie in Joule dieser pro kg aufnehmen kann, bis er sich um 1 Kelvin erwärmt. ***Stoffe mit hohem c-Wert sind für den sommerlichen Wärmeschutz geeignet.***	Stahl: $c = 400 \frac{J}{kgK}$ MW: $c = 1000 \frac{J}{kgK}$ WF: $c = 2100 \frac{J}{kgK}$ Wasser: $c = 4200 \frac{J}{kgK}$
5	**D-Wert**	$\frac{h}{m}$	**Trocknungskoeffizient *D*** ***Je schneller ein Baustoff trocken wird, desto eher erreicht er seine uraprüngliche Dämmwirkung.***	$D = \frac{t}{\sqrt{d}}$ Näheres Feuchteschutz Punkt 20

Zeile	Begriff	Einheit	Bedeutung	Formel / Beispiel
Wärmeschutz				
6	**e-Wert**	[–]	**Anlagenaufwandszahl e_P** Sie wird gebildet aus dem Verhältnis von Primärenergie Q_P (Öl, Kohle, Gas, Holz) zur Nutzenergie $Q_h + Q_W$. (zu Heizung zählt auch Kühlung) Q_W = Energie für Warmwasserbereitung ***Je kleiner e_P ist, desto effizienter ist die Heizanlage.***	$e_P = \frac{Q_P}{Q_h + Q_W}$ $e_P = \frac{60\,000 \frac{kWh}{a}}{40\,000 \frac{kWh}{a} + 10\,000 \frac{kWh}{a}}$ $e_P = 1{,}2$
7	**f-Wert**	[–]	**Temperaturfaktor f_{Rsi}** Dieser Kennwert gibt Auskunft über die Güte der Baustoffe oder der Bauteile in energetischer Hinsicht. Er drückt das prozentuale Verhältnis aus, um wie viel °C die Temperatur von der Außenluft bis zur inneren Wandoberfläche ansteigt. ***Je größer f_{Rsi} ist, desto besser ist dieses Bauteil in energetischer Hinsicht und zur Vermeidung von Schimmelpilzbildung.***	$f_{Rsi} = \frac{\vartheta_{si} - \vartheta_e}{\vartheta_i - \vartheta_e}$ $f_{Rsi} = \frac{18{,}4\,°C - (-5\,°C)}{20\,°C - (-5\,°C)}$ $f_{Rsi} = 0{,}94\ (0{,}936)$ Temperaturanstieg 94 % $25\,°C \cdot 0{,}936 = 23{,}4\,°C$ $\vartheta_{si} = -5\,°C + 23{,}4\,°C = 18{,}4\,°C$
8	**g-Wert**	[–] oder %	**Gesamtenergiedurchlassgrad *g*** Dieser Kennwert drückt bei einem transparenten Bauteil das Verhältnis von auftreffender zu hindurchgelassener Wärmestrahlungsenergie aus. Dieses Verhältnis kann auch in % ausgedrückt werden. ***Je größer g ist, desto mehr Wärmestrahlungsenergie wird von diesem meist transparenten Baustoff (Glas) hindurchgelassen.***	ankommende Strahlungsenergie 120 kWh; $g = 0{,}8$ (= 80 %) durchgelassene Energie $Q = 120\ kWh \cdot 0{,}8$ $Q = 96\ kWh$
9	**q-Wert**	$\frac{W}{m^2}$	**Wärmestromdichte *q*** Dieser Kennwert gibt Auskunft wie viel Watt pro m² Bauteilfläche bei einer gegebenen Temperaturdifferenz hindurchgeht. ***Die Wärmestromdichte ist umso größer, je größer U, bzw. je größer die Temperaturdifferenz ist.***	$q = U(\vartheta_i - \vartheta_e)$ $q = 0{,}45 \frac{W}{m^2K} \cdot [20\,°C - (-10\,°C)]$ $q = 13{,}50 \frac{W}{m^2}$
10	**ψ-Wert**	$\frac{W}{m \cdot K}$	**Wärmebrücken-Verlustkoeffizent ψ** Über Wärmebrücken fließt ein höherer Wärmestrom als im übrigen Bauteilbereich. Die Folge ist nicht nur ein erhöhter Wärmeverlust über diese Schwachstelle, sondern durch die oft einströmende Kaltluft auch erhöhte Schimmelpilzgefahr. ***Je kleiner der ψ-Wert ist, desto weniger Energie geht durch die Wärmebrücke verloren.***	$H_T = \psi \cdot l$ ψ in W/mK; l in m $H = 0{,}032 \frac{W}{mK} \cdot 47{,}50\ m$ $H_T = 1{,}52$ W/mKK

Zeile	Begriff	Einheit	Bedeutung	Formel / Beispiel
Wärmeschutz				
11	**R-Wert**	$\frac{m^2K}{W}$	**Wärmedurchlasswiderstand *R*** Dieser Kennwert bezieht sich nur auf das Bauteil mit all seinen Schichten, auch ruhende Luftschichten. *R* steht immer für Widerstand (engl. Resistance), sowohl im Wärmeschutz als auch im Schallschutz. ***Je höher der R-Wert ist, desto weniger Wärmeenergie geht durch das Bauteil verloren.***	$R = \sum \frac{d}{\lambda}$ $R = \frac{0{,}015\ m}{0{,}7\ \frac{W}{mK}} + \frac{0{,}24\ m}{0{,}33\ \frac{W}{mK}} + \frac{0{,}02\ m}{1{,}0\ \frac{W}{mK}}$ $R = 0{,}77\ \frac{m^2K}{W}$
12	**R_s-Wert**	$\frac{m^2K}{W}$	**Wärmeübergangswiderstand R_{si} = innen, R_{se} außen** Er verkörpert den Temperaturunterschie zwischen Bauteiloberfläche und angrenzende Luftschicht. ***Je größer R_S ist, desto größer ist die Temperaturdifferenz zwischen Bauteiloberfläche und angrenzender Luftschicht.***	$R_s = 1/h$ $R_{si} = 1/h_i$ $R_{se} = 1\ h_e$
13	**R_T-Wert**	$\frac{m^2K}{W}$	**Wärmedurchgangswiderstand R_T** Hinzukommen bei diesem Kennwert zum Wärmedurchlasswiderstand (*R*-Wert) noch die Übergangswiderstände innen und außen. Die Berechnung erstreckt sich von der Raumluftseite bis zur Außenluftseite. ***Je größer R_T ist, desto kleiner wird U, da dieser der Kehrwert von R_T ist.***	$R_T = R_{si} + R + R_{se}$ $R_T = \frac{1}{8} + 0{,}77 + \frac{1}{23}$ $R_T = 0{,}94\ \frac{m^2K}{W}$
14	**U-Wert**	$\frac{W}{m^2K}$	**Wärmedurchgangskoeffizient *U*** Dieser Kennwert gibt Auskunft, wie viel Watt pro m² Fläche und Kelvin Temperaturdifferenz durch dieses Bauteil verloren gehen. Ermttelt wird i.d.R. R_T, durch Drücken der 1/x-Taste erhält man *U*. ***Je kleiner U, desto energetisch besser ist das Bauteil.***	$U = \frac{1}{R_T}$ $U = \frac{1}{0{,}94\ m^2K/W}$ $U = 1{,}07\ \frac{W}{m^2K}$
15	**α_T-Wert**	$\frac{m}{mK}$ oder K^{-1}	**Längenausdehnungskoeffizient α_T** Jeder Körper, ob fest, flüssig oder gasförmig, dehnt sich bei Erwärmung aus und zieht sich bei Abkühlung (Wärmeentzug) zusammen. Konstruktive Maßnahmen sind notwendig, um Längenänderungen zu ermöglichen ***Die Längenänderung ist umso größer, je länger l_0, α_T bzw. ΔT ist.***	$\Delta l = l_0 \cdot \alpha_T \cdot \Delta T$ $\Delta l = 15\ m \cdot 0{,}000012\ \frac{m}{mK} \cdot 85\ K$ $\Delta l = 0{,}0153\ m$ $\Delta l = 15{,}3\ mm$

Zeile	Begriff	Einheit	Bedeutung	Formel / Beispiel
Feuchteschutz				
16	**μ-Wert**	[–]	**Wasserdampfdiffusionswiderstandsfaktor μ** Die Verhältniszahl μ gibt an, wieviel Mal größer der Widerstand dieses Stoffes ist, Wasserdampf hindurch zulassen als Luft (Luft $\mu = 1$, da kein Stoff den Wasserdampf besser hindurchlässt, als Luft. Der μ-Wert ist dimensionslos. ***Je kleiner der μ-Wert ist, desto diffusionsoffener ist dieser Baustoff.***	Beton $\mu = 80$ 1 cm Beton ≙ 80 cm Luft
17	**s_d-Wert**	m	**äquivalente Luftschichtdicke s_d** Der s_d-Wert einer oder mehrerer Bauteilschichten entspricht der gleichen Meterzahl Luft. (äquivalent = gleichwertig) ***Je höher der s_d-Wert einer Schicht ist, desto wasserdampfdichter ist diese Schicht.***	$s_d = \mu \cdot d$ $s_d = 5 \cdot 0{,}24$ m $s_d = 1{,}20$ m ≙ 1,20 m Luftschicht 24 cm Wand ≙ 1,20 m Luft
18	**W_w-Wert**	$\frac{kg}{m^2h^{0,5}}$	**Wasseraufnahmekoeffizient W_w** Der Wasseraufnahmekoeffizient W_w hat vor allem beim Regenschutz eine wichtige Bedeutung. Ob Putze wassersaugend, wasserhemmend oder wasserabweisend sind, ist eine wichtige Kenngröße für die Fassadengestaltung. ***Je größer der W_w-Wert eines Stoffes ist, desto mehr Wasser kann er aufnehmen.***	Putz: 4 kg; 2 m²; 24 h $W_w = \frac{4\text{ kg}}{2\text{ m}^2 \cdot \sqrt{24}\text{ h}}$ $W_w = 0{,}408 \frac{kg}{m^2h^{0,5}}$ $h^{0,5} = \sqrt{h}$
19	**$W_w \cdot s_d$**	$\frac{kg}{mh^{0,5}}$	**Regenschutzfunktion $W_w \cdot s_d$** Die Wirkung des Regenschutzes ist linear abhängig vom Wasseraufnahmekoeffizienten W_w, dem μ-Wert des Materials sowie der Materialdicke d. W_w steht für den Grad der Wasseraufnahme, während sd Gradmesser für die Bremswirkung der Wasseraufnahme ist. ***Je größer das Produkt aus $W_w \cdot \mu \cdot d$ (= $W_w \cdot s_d$) ist, desto weniger Wasser kann der Putz aufnehmen.***	Außenputz: $\mu = 35$; $d = 2{,}0$ cm $W_w \cdot s_d = 0{,}408 \frac{kg}{m^2\sqrt{h}} \cdot 35 \cdot 0{,}02$ m $W_w \cdot s_d = 0{,}286 \frac{kg}{mh^{0,5}} > 0{,}2$ ⇒ wasserabweisend
20	**D-Wert**	$\frac{h}{m}$	**Trocknungskoeffizient D** Dieser Kennwert gibt Auskunft über die Zeit t in h, die ein Baustoff für die Austrocknung benötigt in Abhängigkeit von der Materialdicke d in m. Silikatbaustoffe (SiO_2-haltig) haben einen niedrigen Trocknungskoeffizienten und eignen sich daher besonders für die Innendämmung. ***Je kleiner D ist, desto schneller trocknet ein Baustoff aus.***	$D = \frac{t}{\sqrt{d}}$ $D = \frac{45\text{ h}}{\sqrt{0{,}60\text{ m}}}$ $D = 58{,}1 \frac{h}{\sqrt{m}}$

Zeile	Begriff	Einheit	Bedeutung	Formel / Beispiel
	Schallschutz			
21	**s'-Wert**	$\frac{MN}{m^3}$	**dynamische Steifigkeit *s'*** Dieser Kennwert gibt Auskunft über die Federwirkung eines Dämmstoffes im Trittschall. Bei offenporigen Dämmstoffen ist dieser Kennwert für die Schallsschluckung (Schallabsorption) von Bedeutung. ***Je geringer der s'-Wert eines Dämmstoffes ist, desto größer ist seine Federwirkung bei der Trittschallminderung, bzw. desto größer ist der Schallabsorptionsgrad im Luftschall bei Offenporigkeit.***	*s'* Minderung von *L* $s' = 40\,\frac{MN}{m^3} \rightarrow 22$ dB $s' = 30\,\frac{MN}{m^3} \rightarrow 24$ dB $s' = 20\,\frac{MN}{m^3} \rightarrow 26$ dB $s' = 15\,\frac{MN}{m^3} \rightarrow 27$ dB $s' = 10\,\frac{MN}{m^3} \rightarrow 30$ dB
22	**α-Wert**	%	**Schallabsorptionsgrad α** Der Schallabsorptionsgrad (Grad der Schallschluckung) gibt Auskunft, wie viel der auftreffenden Schallenergie nicht wieder reflektiert wird. Der Schallabsorptionsgrad ist frequenzabhängig. ***Je höher der α-Wert ist, desto mehr absorbiert (schluckt) dieser Baustoff den Schall.***	beliebige α-Werte $\alpha = 0{,}20 \mathrel{\hat{=}} 20$ % bei 1000 Hz $\alpha = 0{,}08 \mathrel{\hat{=}} 8$ % bei 250 Hz $\alpha = 0{,}90 \mathrel{\hat{=}} 90$ % bei 4000 Hz
23	**R-Wert**	dB	**Schalldämmwert *R*** Ein Schalldämm-Maß von z. B. 50 dB bedeutet, dass nur 10^{-5} (= 1/100 000) der auf das Bauteil auftreffenden Schallenergie in den Nachbarraum gelangt. Das Schalldämm-Maß R bezieht sich auf den Luftschall bei Wänden, Decken, Fenstern und sonstigen Bauteilen ohne Schallnebenwege. *R'* beinhaltet noch die Schallnebenwege über Wände und Decken. → Schalllängsleitung *R* steht für Widerstand (Resistsance) ***Je größer das Schalldämm-Maß R eines Bauteils ist, desto schalltechnisch besser ist dieses Bauteil.***	einschalige Wand: $R = 25 \cdot \lg m' - 12$ dB $R = 25 \cdot \lg 400\,\frac{kg}{m^2} - 12$ dB $R = 53$ dB
24	**L_n-Wert**	dB	**Trittschall-Pegel** Im Gegensatz zum Luftschall-Dämm-Maß *R*, bei dem das Bauteil dem Schalldurchgang einen Widerstand entgegensetzt, (je größer der Widerstand, desto besser) drückt der Trittschallpegel den dB-Wert aus, der im Raum darunter noch ankommt (je größer *L*, desto schlechter ist die Decke). *L* steht für Level (engl. Niveau, Stufe, Ebene) ***Je geringer der Trittschallpegel L_n ist, desto besser ist diese Decke.*** ***Je geringer die dynamische Steifigkeit s' ist, desto größer ist die Trittschallminderung jedoch umso größer ist die Stauchung des Dämmstopffes.***	Trittschallpegel $L_n = 75$ dB bei $s' = 40\,\frac{MN}{m^3}$ Minderung durch *s'* $\Delta L_n = 22$ dB $L_n = 75 - 22 = 53$ dB bei $s' = 10\,\frac{MN}{m^3}$ Minderung durch *s'* $\Delta L_n = 30$ dB $L_n = 75 - 30 = 45$ dB

Zeile	Begriff	Einheit	Bedeutung	Formel / Beispiel
Brandschutz				
25	**A; B**		**DIN 4108** A1; A2 ⇒ nicht brennbare Baustoffe B1; B2; B3 ⇒ brennbare Baustoffe (je nach Entflammbarkeit)	
26	**F**	min	Feuerwiderstand in Minuten zur Funktionserfüllung F 30; F 60 feuerhemmend F 90; F 120; F 180 feuerbeständig	F 30 B F 60 AB F 120 A
27	**A1, A2 B, C, D, E, F**	s	**DIN EN 13 501** A1, A2: kein Beitrag zum Brand B: sehr begrenzter Brandbeitrag C: begrenzter Brandbeitrag D: hinnehmbarer Brandbeitrag E: hinnehmbares Brandverhalten F: keine Brandschutzleistung Zusatzbezeichnung: s1; s2; s3 für Rauchentwicklung (smoke) d0; d1; d2 für brennendes Abtropfen (droplet)	A1 A2-s1,d0 B2-s3,d1 C2-s2,d0 E-d2 F
Optik				
28	**L_T** **τ_L**	%	**Licht-Transmissionsgrad** Mit dem Lichttransmissionsgrad τ_L wird der Anteil der sichtbaren Strahlung im Bereich 380 nm bis 780 nm (sichtbares Licht) bezeichnet, der von der Verglasung hindurchgelassen wird. τ steht für Transmission ***Je größer τ_L ist, desto heller ist es im Raum und desto größer ist die Aufheizung des Raumes.***	z. B. auf die Verglasung auftreffend: 50 000 lx (lux) τ_L = 52 % τ_L = 26 000 lx
29	**L_R** **ϱ_L**	%	**Licht-Reflexionsgrad** Mit dem Lichtreflexionsgrad ϱ_L bezeichnet man den Anteil der Strahlung im Bereich des sichtbaren Lichts, der von der Verglasung reflektiert wird. ϱ für Reflexion. ***Je größer ϱ_L ist, desto dunkler ist es im Raum und desto geringer ist die Aufheizung des Raumes.***	auftreffend 50 000 lx ϱ_L = 34 % ϱ_L = 17 000 lx
30	**L_A** **α_L**	%	**Licht-Absorptionsgrad** Mit dem Lichtabsorptionsgrad α_L bezeichnet man den sichtbaren Anteil der Strahlung, der von der Verglasung absorbiert und in Wärme umgesetzt wird. α für Absorption ***Je größer α_L ist, desto mehr Energie wird in Wärme umgesetzt, die von der Verglasung aufgenommen wird.***	auftreffend 50 000 lx α_L = 14 % α_L = 7 000 lx **$\tau_L + \alpha_L + \varrho_L = 100$ %** 26 000 + 17 000 + 7 000 = 50 000

6 Bauchemie

6.1 Aufgabe der Bauchemie

Die Bauchemie ist neben der Bauphysik und Baubiologie ein Teilbereich der Naturwissenschaften, der sich nicht nur mit der chemischen Zusammensetzung der Baustoffe befasst, sondern sich wie hier im Speziellen mit den Auswirkungen chemischer Substanzen in den Baustoffen selbst und mit solchen außerhalb der Baustoffe aus unserer Umwelt.
Die Bauchemie soll in diesem Kapitel schwerpunktmäßig auf die Ursache von Bauwerksschäden durch chemische Substanzen und deren Folgen beschränkt werden.

Bauwerksschäden

werden hervorgerufen durch

chemische Vorgänge
- Wasser
- Gase
- Säuren
- Basen (Laugen)
- Salze
- Korrosion

biologische Vorgänge
- Bakterien
- Organismen
- Pflanzen

physikalische Vorgänge
- Alterung
- Abnutzung durch Gebrauch
- Verwitterung (= Zerklüftung von Gesteinen durch Witterungseinflüsse)
- Erosion (= Forttransport der zersetzten feinen Gesteinsteile durch Wasser und Wind ⇒ Bildung von Sedimentgesteinen)

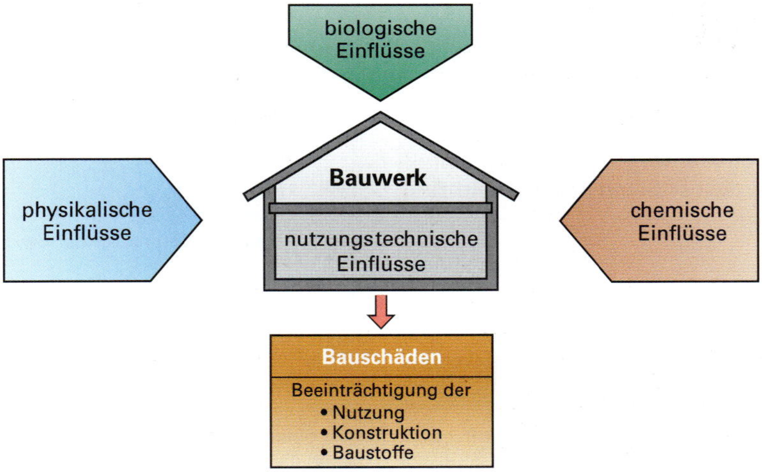

Bild 1: Schädigende Einflüsse auf ein Bauwerk

Ein Bauwerksschaden liegt dann vor, wenn der Baustoff eine Substanzänderung in chemischer oder physikalischer Hinsicht erfährt und dadurch seine Aufgabe nicht mehr wie ursprünglich vorgesehen erfüllt.

Für die Funktionserfüllung gelten:

- nutzungstechnische Maßstäbe: z.B. Beeinträchtigung der Nutzung
- konstruktive Maßstäbe: z.B. fehlerhafte Baukonstruktion
- technologische Maßstäbe: z.B. Verlust der ursprünglichen Materialeigenschaft
- ästhetische Maßstäbe: z.B. Ansehnlichkeit des Bauwerkes ohne technologische oder konstruktive Nachteile
- wohnkulturelle Maßstäbe: nicht alle Menschen messen bestimmten Beeinträchtigungen die gleiche Bedeutung zu.

6.2 Gase

Bei vielen chemischen Verbindungen spielen folgende 4 Gase eine bedeutende Rolle:

Sauerstoff
O

Eigenschaften:

- ist schwerer als Luft $1\ dm^3 \mathrel{\hat{=}} 1{,}43\ g$
- farb-, geruch- und geschmacklos
- fördert die Verbrennung, brennt jedoch selbst nicht
- geht bei der Verbrennung eine chemische Verbindung ein (Oxide)

Wasserstoff
H

- ist leichter als Luft $1\ dm^3 \mathrel{\hat{=}} 0{,}09\ g$
- farb-, geruch- und geschmacklos
- ungiftig
- brennbares Gas, das jedoch die Verbrennung nicht unterhält
- Verbindet sich bei der langsamen Verbrennung mit Sauerstoff zu Wasser, bei der schnellen zu Knallgas.

Kohlenmonoxid
CO

- etwa so schwer wie Luft $1\ dm^3 \mathrel{\hat{=}} 1{,}25\ g$
- farblos, stechend riechendes und geschmackloses Gas
- brennbares Gas
- sehr giftig ⇒ Atemtod bei 0,3 %
- bildet sich bei der Verbrennung unter Sauerstoffmangel

Kohlendioxid
CO_2

- schwerer als Luft $1\ dm^3 \mathrel{\hat{=}} 1{,}98\ g$ ⇒ Vorsicht! Setzt sich am Boden ab
- farblos, schwach säuerlich riechend und schmeckend
- nicht brennbar ⇒ erstickt Flamme
- in der Luft 0,03 %

Sowohl in Säuren als auch in Laugen sind diese Gase enthalten.

Diese Gase bilden die Grundlage für die Kohlensäure.

6.2.1 Schadensfaktor Gase

Manche der an Bauschäden beteiligten Gase (O, N) kommen in der Luft vor, andere werden durch Industrie, Verkehr, private Haushalte erst produziert und in die atmosphärische Luft ausgestoßen.

So lässt Sauerstoff in Verbindung mit Wasser Eisen rosten. Der Sprengdruck des Rostes ist durch seine Volumenvergrößerung so groß (2,5fach), dass er selbst Beton sprengt und zum Abplatzen bringt.

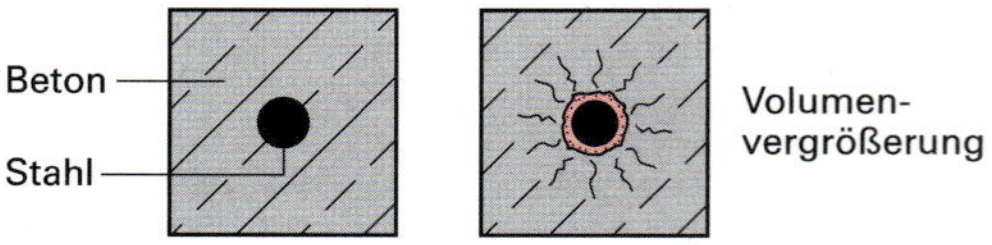

Bild 1: Auswirkungen rostender Bewehrung

Oxidation

Die Vereinigung eines Stoffes mit Sauerstoff nennt man Oxidation. Es entsteht dabei ein neuer Stoff mit neuen Eigenschaften.

Merkmale der Oxidation:

- Die Oxidation ist immer mit einer Massenzunahme verbunden.
- Bei jeder Oxidation wird Energie in Form von Wärme und manchmal Licht frei.
- Oxidationsprozesse können langsam oder schnell ablaufen.

Eisen rostet:	$4\ Fe + 3\ O_2 \rightarrow 2\ Fe_2O_3$
Aluminium oxidiert:	$4\ Al + 3\ O_2 \rightarrow 2\ Al_2O_3$
Kupfer oxidiert:	$2\ Cu + O_2 \rightarrow 2\ CuO$
Blei oxidiert:	$2\ Pb + O_2 \rightarrow 2\ PbO$

Reduktion

Wird einem Oxid Sauerstoff entzogen, so nennt man diesen chemischen Vorgang Reduktion.
Es entsteht dabei ein neuer Stoff mit neuen Eigenschaften.

Merkmale der Reduktion:

- Die Reduktion ist immer mit einer Massenabnahme verbunden.
- Bei jeder Reduktion muss Energie in Form von Wärme zugeführt werden.
- Beliebte Reduktionsmittel sind Kohlenstoff C, Wasserstoff H und Schwefel S, weil diese Stoffe sich gerne mit Sauerstoff verbinden.

$FeO + CO \rightarrow Fe + CO_2$
$CuO + 2\ H \rightarrow Cu + H_2O$

Oxidation und Reduktion sind entgegengesetzte Vorgänge.
Läuft ein Oxidationsvorgang parallel zu einem Reduktionsvorgang, so spricht man von einem **Redox-Vorgang**.

6.3 Säuren

Säuren entstehen, wenn sich ein Nichtmetalloxid mit Wasser verbindet.

Durch die Verbrennung von fossilen Brennstoffen entstehen Kohlendioxid und bei Öl oder Kohle noch zusätzlich Schwefeldioxid.

Außer diesen Säuren, die aus Gasen entstehen, die sich durch Verbrennung von fossilen Brennstoffen ergeben, gibt es noch weitere Säuren, die in der Bauchemie von Bedeutung sind.

Silicium ist reines Quarz. Zement wird aus dem Rohstoff Kalkstein gebrannt, dem zur Erreichung von hydraulischen Eigenschaften Beimengungen hinzugegeben werden.

Kohlenstoff	+ Sauerstoff	⇒ Kohlendioxid	+ Wasser	⇒ Kohlensäure
C	+ O_2	⇒ CO_2	+ H_2O	⇒ H_2CO_3
Schwefel	+ Sauerstoff	⇒ Schwefeldioxid	+ Wasser	⇒ Schweflige Säure
S	+ O_2	⇒ SO_2	+ H_2O	⇒ H_2SO_3
Schwefeldioxid	+ Sauerstoff	⇒ Schwefeltrioxid	+ Wasser	⇒ Schwefelsäure
SO_2	+ O	⇒ SO_3	+ H_2O	⇒ H_2SO_4
Silicium	+ Sauerstoff	⇒ Siliciumdioxid	+ Wasser	⇒ Kieselsäure
Si	+ O_2	⇒ SiO_2	+ H_2O	⇒ H_2SiO_3

Solche Beimengungen (Hydraulefaktoren) sind: ⇒

Hydraulische Eigenschaften bedeuten, dass diese Bindemittel unter feuchten Bedingungen, ja selbst unter Wasser abbinden und erhärten. Bei solchen Bindemitteln spricht man deshalb neben einer Karbonaterhärtung noch von einer Silikaterhärtung.

- Magnesiumoxid MgO_2
- Siliciumoxid SiO_2
- Tonerde Al_2O_3
- Eisenoxid Fe_2O_3

} Hydraulefaktoren

Eine weitere bauspezifisch wichtige Säure ist die Salpetersäure.

Stickstoff (Nitrogenium)	+ Sauerstoff (Oxigenium)	⇒ Stickstoffdioxid	+ Wasser	⇒ Salpetersäure	+ Salpetrige Säure
2N	+ $2O_2$	⇒ $2NO_2$	+ H_2O	⇒ HNO_3	+ HNO_2

Salpetrige Säure oxidiert an der Luft sehr schnell zu Salpetersäure.

$2HNO_2 + O_2 \Rightarrow 2HNO_3$

Die meisten Metalle werden von der Salpetersäure unter Stickstoffdioxidbildung gelöst und der Kreislauf setzt sich fort.

$Cu + 4HNO_3 \Rightarrow Cu\,(NO_3)_2 + 2NO_2 + 2H_2O$

Wie das Ergebnis der Reaktionsgleichung vermuten lässt, setzt sich mit den Reaktionsprodukten H_2O und NO_2 der Zerfallsprozess fort, denn diese entsprechen den Ausgangsprodukten.

Kennzeichen der Säuren:

Die chemischen Formeln aller Säuren beginnen mit H

Stärke der Säuren

Salzsäure	HCl
Schwefelsäure	H_2SO_4
Salpetersäure	HNO_3
Schweflige Säure	H_2SO_3
Phosphorsäure	H_3PO_4
Kohlensäure	$H_2\,CO_3$
Kieselsäure	H_2SiO_3

↑ stärker werdend

Beim Umgang mit Säuren ist strengstens zu beachten:

Gieße Wasser nie in Säure, sonst geschieht das Ungeheure!

6.4 Laugen

Laugen entstehen, wenn sich ein Metalloxid mit Wasser verbindet. Das Natrium zersetzt sich im Wasser und dabei entweicht Wasserstoff als Gas.

Natronlauge dient zur Herstellung von Seifen, Waschmitteln, Kunstseide.

Weitere bauspezifische Laugen:

Kalklauge (Calciumhydroxid)
Calcium kommt als Metall in der Natur nicht vor, sondern nur gebunden in z.B. Kalkstein (Calciumcarbonat; $CaCO_3$) oder als Gipsstein (Calciumsulfat; $CaSO_4 \cdot 2H_2O$ oder Anhydrit (kristallwasserfreier Gipsstein; $CaSO_4$).

Ammoniak NH_3
Ammoniak entsteht beim Faulen oder Verwesen von stickstoffhaltigen Substanzen (Eiweiß, Harnstoff) z.B. in Viehställen, Jauchegruben, WC-Anlagen. Als wässrige Lösung ist Ammoniak unter der Bezeichnung Salmiakgeist bekannt.

Salmiakgeist ist die einzige Lauge, deren Ausgangssubstanz ein Nichtmetall ist.

Bild 1: Entstehung der Natronlauge

$2\,Na + 2\,H_2O \Rightarrow 2\,NaOH + H_2\uparrow$
Natronlauge

Kalkstein		Calciumoxid	+ Kohlendioxid		
$CaCO_3$	$\Rightarrow$	CaO	$+ CO_2$		
Wärme ↑		↓ CaO	$+ H_2O$	$\Rightarrow$	$Ca(OH)_2$ Calciumhydroxid (gelöschter Kalk)

Ammoniak + Wasser $\Rightarrow$ Salmiakgeist
$NH_3 + H_2O \Rightarrow NH_4OH$

Kennzeichen aller Laugen

Die chemischen Formeln aller Laugen enden auf OH

6.5 Salze

Salze kommen in der Natur als solche vor, z.B.: $NaCl$; $CaCO_3$; $CaSO_4$ oder entstehen aus der Verbindung von Säuren und Laugen bei Neutralisation. Unter Neutralisation versteht man das gegenseitige Aufheben der Wirkung der Säure sowie der Lauge, d.h. der Indikator Lackmus wird weder rot noch blau gefärbt.

Bei der Bildung von Salzen verbindet sich das Metall der Lauge mit dem Säurerest unter Abspaltung von Wasser. Mit Säurerest bezeichnet man den Teil in der Säureformel, der nach dem Wasserstoffanteil folgt.

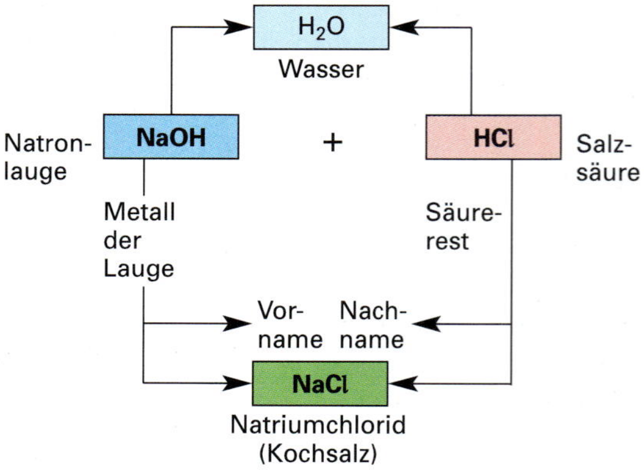

Bei den Salzen unterscheidet man:

1. **Unlösliche Salze**: Sie bleiben in wässrigen Lösungen unverändert als Bodensatz erhalten. Z.B. Bariumsulfat $BaSO_4$

2. **Lösliche Salze:**

2.1 Sie zerfallen entweder in Ionen $\Rightarrow$ Dissoziation
z.B. $NaCl \Rightarrow Na^+ + Cl^-$ (Zerfall, Trennung)
oder

2.2 Sie werden in eine Säure und Base aufgespalten

z.B. $AlCl_3$	$+ 3\,H_2O$	$\Rightarrow Al(OH)_3$	$+ 3\,HCl$
Aluminiumchlorid	+ Wasser	$\Rightarrow$ Aluminiumhydroxid (Tonerde-Hydrat)	+ Salzsäure

Weitere bedeutende Salze an Bauwerken

Calciumhydroxid (Kalklauge)	+ Schwefelsäure	$\Rightarrow$ Calciumsulfat (Gipsstein)	+ Wasser
$Ca(OH)_2$	$+ H_2SO_4$	$\Rightarrow$ CaSO4	$+ 2\,H_2O$
Kalklauge	+ Kohlensäure	$\Rightarrow$ Calciumcarbonat (Kalkstein)	+ Wasser
$Ca(OH)_2$	$+ H_2CO_3$	$\Rightarrow CaCO_3$	$+ H_2O$
Calciumcarbonat (Kalkstein)	+ Salpetersäure	$\Rightarrow$ Calciumnitrat (Mauersalpeter)	+ Kohlensäure
$CaCO_3$	$+ 2\,HNO_3$	$\Rightarrow Ca(NO_3)_2$	$+ H_2CO_3$ zunächst $CO_2 + H_2O$

Salze

nach ihrem H^+, bzw. (OH^-)-Ionenanteil

saure Salze

Sie enthalten noch Wasserstoff-Ionen der Säure.

z.B. $KHSO_4$ = Kaliumhydrogensulfat
$NaHCO_3$ = Natriumhydrogencarbonat

neutrale Salze

In ihrem Molekülaufbau sind weder H-Ionen der Säure, noch OH-Ionen der Lauge enthalten.

z.B. NaCl

basische Salze

Sie enthalten in ihren Formeln noch OH-Anteile der Lauge. (Lauge = wässrige Lösung einer Base)

z.B. $Al(OH)_2Cl$ = basisches Aluminiumchlorid

Schwefelsaure Salze

nach ihrem Sauerstoffgehalt

Sulfide

Sulfide sind Verbindungen von Metallen mit Schwefelwasserstoff H_2S (= Wasserstoffsulfid)

Schwefelwasserstoff ist eine sehr schwache Säure.

Sulfide sind sauerstofffreie Salze

$NaOH + H_2S \Rightarrow NaHS + H_2O$
Natriumhydrogensulfat

$CuCl_2 + H_2S \Rightarrow CuS + 2\ HCl$
Kupfersulfid

$PbCl_2 + H_2S \Rightarrow PbS + 2\ HCl$
Bleisulfat

Sulfite

Sulfite sind Verbindungen von Metallen mit der Schwefligsäure H_2SO_3.

Die Schwefligsäure ist wegen ihres geringeren Sauerstoffgehaltes eine weniger aggressive Säure.

Sulfite sind sauerstoffarme Salze

$Mg + H_2SO_3 \Rightarrow MgSO_3 + H_2\nearrow$
Magnesiumsulfit

$Ca + H_2SO_3 \Rightarrow Ca(HSO_3)_2 + H_2\nearrow$
Calciumhydrogensulfit

$2\ Na + H_2SO_3 \Rightarrow Na_2SO_3 + H_2\nearrow$
Natriumsulfit

$Na + H_2SO_3 \Rightarrow NaHSO_3 + H$
Natriumhydrogensulfit

Sulfate

Sulfate entstehen aus der Verbindung eines Metalls oder einer Lauge mit der Schwefelsäure. Die Salze der Schwefelsäure heißen Sulfate. Die Schwefelsäure ist wegen ihres hohen Sauerstoffanteils eine sehr starke Säure.

Sulfate sind sauerstoffreiche Salze

$2\ NaOH + H_2SO_4 \Rightarrow Na_2SO_2 + 2\ H_2O$
Natriumsulfat

$Ca(OH)_2 + H_2SO_4 \Rightarrow CaSO_4 + 2\ H_2O$
Calciumsulfat (Gips)

$Ca + H_2SO_4 \Rightarrow CaSO_4 + H_2\nearrow$
Gips

$Zn + H_2SO_4 \Rightarrow ZnSO_4 + H_2\nearrow$
Natriumsulfat

$Al + H_2SO_4 \Rightarrow AlSO_4 + H_2\nearrow$
Aluminiumsulfat

$Cu + H_2SO_4 \Rightarrow CuSO_4 + H_2\nearrow$
Kupfersulfat

Wasserhärte

Unter Härte des Wassers versteht man den Gehalt des Wassers an gelösten Calcium- und Magnesiumsalzen.

Das ungelöste Calciumcarbonat scheidet sich als Kesselstein aus, dabei bildet sich Kohlendioxid, das als aggressive Kohlensäure Metalle angreift.

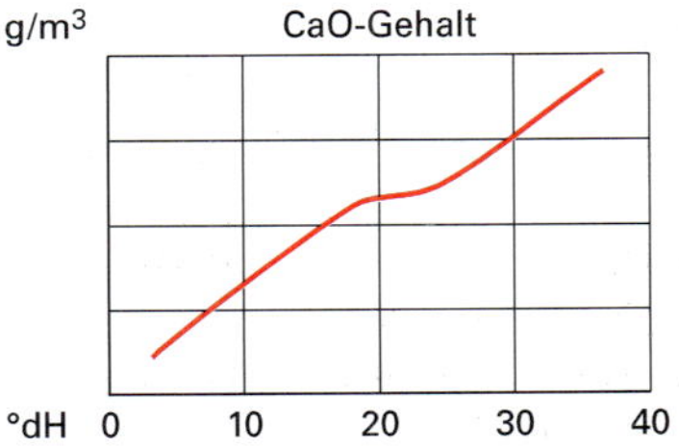

1 °dH = 10 mg CaO/Liter
= 7,10 mg/Liter

< 5 °dH	Regenwasser
6–10 °dH	weich
11–20 °dH	mittelhart
21–30 °dH	hart
> 30 °dH	sehr hart

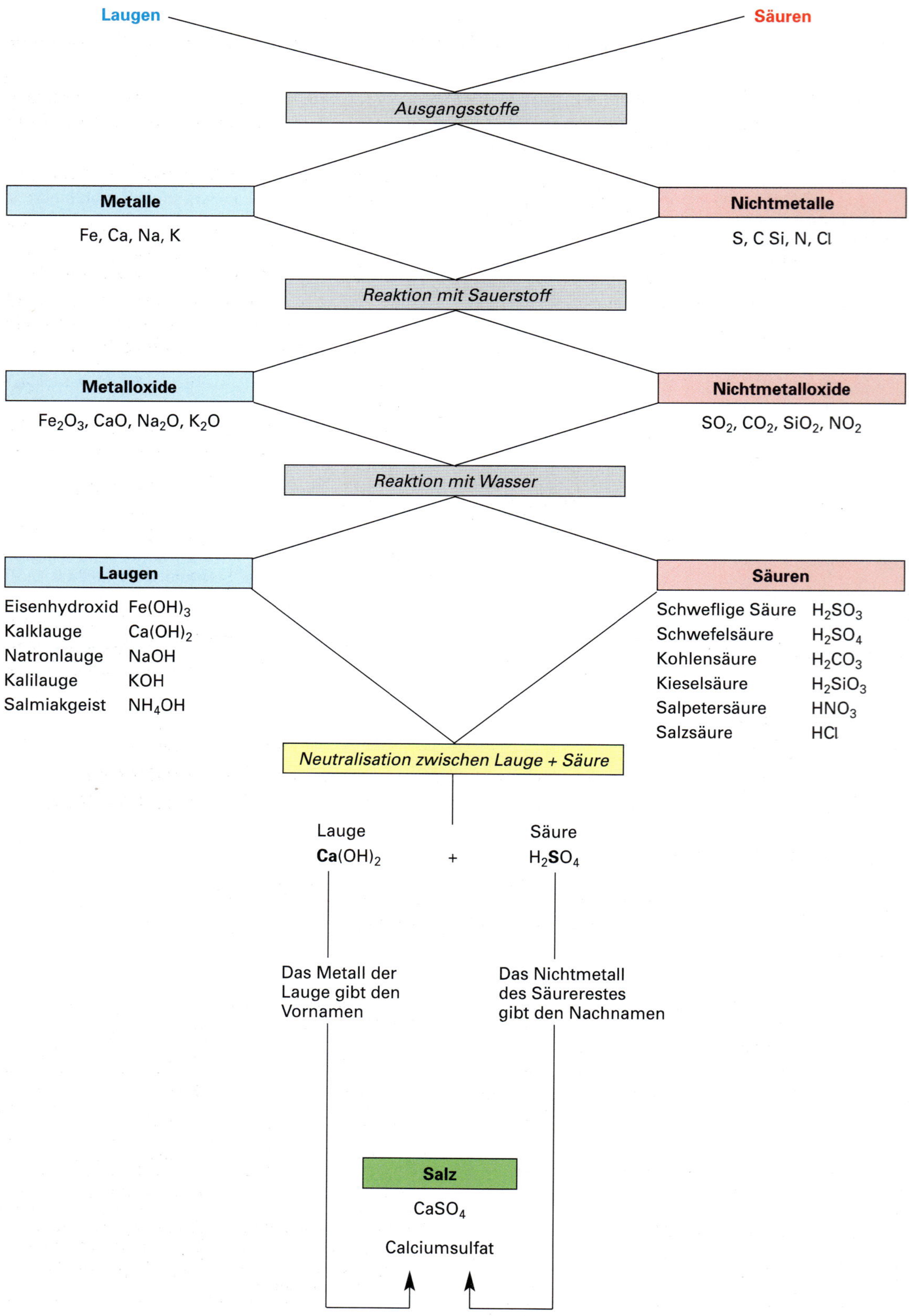
Laugen
Säuren
Ausgangsstoffe
Metalle
Fe, Ca, Na, K
Nichtmetalle
S, C Si, N, Cl
Reaktion mit Sauerstoff
Metalloxide
Fe_2O_3, CaO, Na_2O, K_2O
Nichtmetalloxide
SO_2, CO_2, SiO_2, NO_2
Reaktion mit Wasser
Laugen
Eisenhydroxid $Fe(OH)_3$
Kalklauge $Ca(OH)_2$
Natronlauge NaOH
Kalilauge KOH
Salmiakgeist NH_4OH
Säuren
Schweflige Säure H_2SO_3
Schwefelsäure H_2SO_4
Kohlensäure H_2CO_3
Kieselsäure H_2SiO_3
Salpetersäure HNO_3
Salzsäure HCl
Neutralisation zwischen Lauge + Säure
Lauge
Ca$(OH)_2$
+
Säure
H_2**SO**$_4$
Das Metall der Lauge gibt den Vornamen
Das Nichtmetall des Säurerestes gibt den Nachnamen
Salz
$CaSO_4$
Calciumsulfat

6.6 pH-Wert

Der pH-Wert (lat. potentia hydrogenii) ist eine Maßzahl, die über die saure, neutrale oder alkalische (basische) Reaktion Auskunft gibt.

In den Lösungen der Säuren überwiegt die Zahl der Wasserstoff-Ionen (H^+), in den Lösungen der Basen (⇒ Laugen) die Zahl der Hydroxid-Ionen (OH^-). Gibt man zu einer Säure eine Lauge, so wird in der Säure die Zahl der Wasserstoff-Ionen vermindert.

Die Wasserstoff-Ionenkonzentration wird als Maß für die saure oder basische Reaktion einer Lösung genommen.
Der Einfachheit halber nimmt man an Stelle von H^+ die Maßzahl des negativen Logarithmus von H^+ und nennt ihn den pH-Wert.

Ion = positiv oder negativ geladenes Atom aus der Molekülspaltung

1. wenn ein Atom ein Elektron abgibt → Ion ist positiv geladen, wenn ein Proton mehr als Elektron vorhanden ist
2. wenn ein Atom ein Elektron aufnimmt → Ion ist negativ geladen, wenn ein Elektron mehr als Proton vorhanden ist

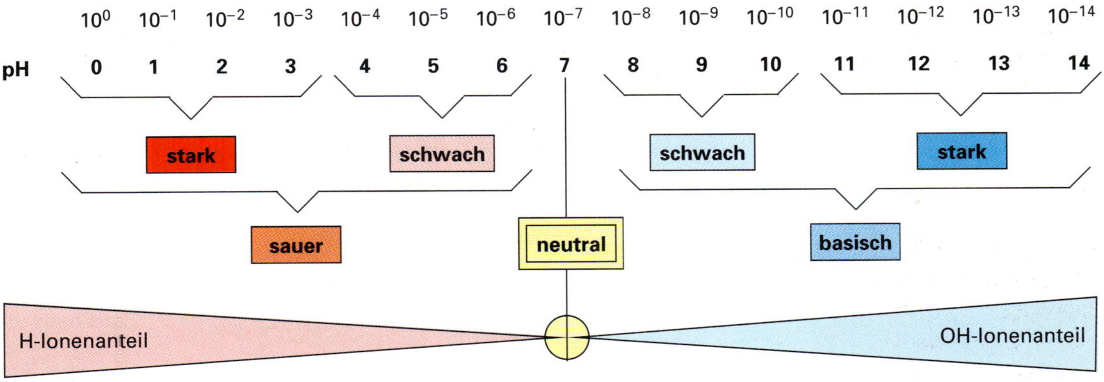

Beispiele von pH-Werten

pH 3: entspricht einer Wasserstoff-Ionenkonzentration von 10^{-3} g/l $= 1/10^3 = 1/1\,000$ g/l

pH 7: entspricht einer Wasserstoff-Ionenkonzentration von 10^{-7} g/l $= 1/10^7 = 1/10\,000\,000$ g/l

pH 11: entspricht einer Wasserstoff-Ionenkonzentration von 10^{-11} g/l $= 1/10^{11} = 1/100\,000\,000\,000$ g/l

Allgemein kann man sagen:

Große Wasserstoff-Ionenkonzentration ⇒ kleiner pH-Wert
Kleine Wasserstoff-Ionenkonzentration ⇒ großer pH-Wert

- Lösungen können sauer, basisch oder weder basisch noch sauer, neutral, sein.
- Bei neutralen Lösungen ist die H-Ionenkonzentration (H+) genau so groß wie die OH-Ionenkonzentration.
- Gibt man zu einer Säure eine Lauge, werden die H-Ionen vermindert.
- Eine Flüssigkeit mit pH 6 enthält 10 Mal mehr Säure, als eine mit pH 7.

pH 6 $= 10^{-6} = 1/10^6 = 1/1\,000\,000$ g/L

pH 7 $= 10^{-7} = 1/10^7 = 1/10\,000\,000$ g/L

pH-Werte verschiedener Stoffe			
Zitronensaft	2	Honig	4
Orangensaft	4	Bier	5
Mineralwasser	7	Kaffee	5
Apfelsaft	4	Seife	9
Wein	4–6	Hautoberfläche	5,5

Beim Waschen mit Seife wird der vor Bakterien schützende Säuremantel abgebaut und es dauert einige Stunden, bis der ursprüngliche Zustand wieder hergestellt ist.

Bedeutung des pH-Wertes

Praxis: Korrosion der Metalle
Angriff auf den Beton

Die Alkalität (= Grundsubstanz einer Lauge) des Betons schützt in passiver Weise den Stahl vor Korrosion. Die Alkalität des Betons (hoher pH-Wert) wird von der Oberfläche her durch den Einfluss von Kohlensäure und besonders stark von Schwefelsäure abgebaut. Diese Substanzen befinden sich im „Sauren Regen".

CO_2 Kohlendioxid	+	H_2O Regenwasser	⇒	H_2CO_3 Kohlensäure	+	$Ca(OH)_2$ Beton	⇒	$CaCO_2$ Kalkstein	+	$2\,H_2O$
SO_3 Schwefeltrioxid	+	H_2O Regenwasser	⇒	H_2SO_4 Schwefelsäure	+	$Ca(OH)_2$ Beton	⇒	$CaSO_4$ Gipsstein	+	$2\,H_2O$

Nach dem chemischen Prinzip der Bildung eines Salzes verbindet sich das Metall der Lauge (Ca) mit dem Säurerest (CO_3) bei der Bildung des Kalksteins, ebenso das Metall der Lauge mit dem Säurerest der Schwefelsäure (SO_4) zum Gipsstein, in der Chemie auch mit schwefelsaurem Kalkstein bezeichnet.
Beton hat normal einen pH-Wert von ca. 12,5 und schützt damit den Stahl vor Korrosion.
Ab pH 10 hört dieser Schutz auf, die Oxidation beginnt, der Stahl rostet.

pH 5
sehr stark angreifend

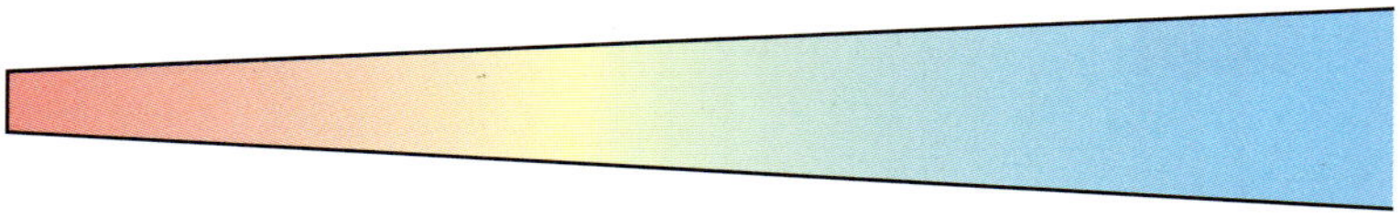

pH 10
Wegfall der Schutzfunktion des Stahls

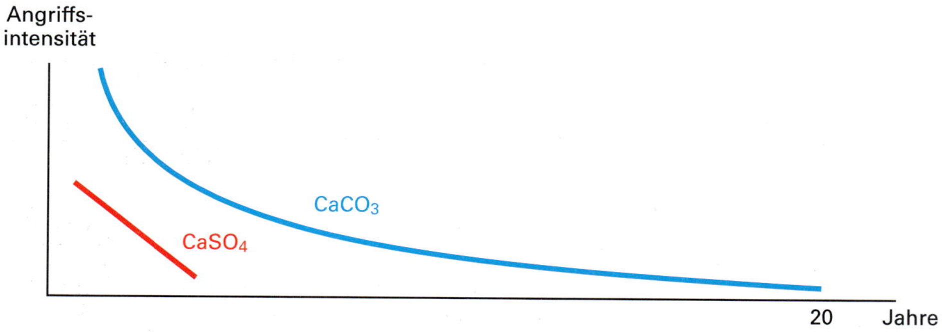

Bei der Einwirkung von Kohlensäure spricht man von **Karbonatisierung**,
bei der Einwirkung von Schwefelsäure oder Schwefliger Säure (H_2SO_3) von **Sulfatisierung**.

Die Karbonatisierung ($CaCO_3$-Bildung) dringt immer langsamer in die Tiefe vor und kommt bei dichten Betonen nach ca. 20 Jahren zum Stehen. Die äußere Betonfläche wird durch Umkristallisation also immer dichter, der Angriff der Kohlensäure immer langsamer.

Der Angriff der Schwefelsäure jedoch geht nahezu linear weiter. Die Gipsfront geht also schneller und tiefer nach innen vor, als die Karbonatisierungsfront.

Der durch Umkristallisation entstandene Gipsstein ist wesentlich poröser und damit für einen weiteren Angriff gefährdeter als der durch Umkristallisation entstandene Kalkstein Gips als Substanz bringt Stahl schon zum Rosten.

Durch erhöhte Betonüberdeckung lässt dieser chemische Umwandlungsprozess zwar nicht verhindern, aber doch wesentlich verzögern. Gleichzeitig dient eine erhöhte Betonüberdeckung auch einem besseren Brandschutz.

6.7 Bindemittel

Bindemittel

Kalk

Luftkalk

Erhärten nur an der Luft.
Sie nehmen das CO_2 direkt aus der Luft.
Putze aus Luftkalk sind relativ weich und wenig druckfest.

Hydraulisch erhärtender Kalk

Erhärten unter Aufnahme von CO_2 an der Luft und unter Wasser.
Durch den Gehalt an Hydraulefaktoren ist das Material in der Lage, CO_2 zu speichern.

Zement

Zement wird aus dem gleichen Rohmaterial hergestellt wie Kalk, nur dass die Brenntemperatur beim Zement höher ist als beim Kalk. Sie liegt bei ca. 1200 °C, das ist bis zur Sinterung.
Zement ist das wichtigste Bindemittel zur Betonherstellung.
Für jede Beanspruchungsart (Säuren, Laugen, Tausalze, Kläranlagen) gibt es spezielle Zemente.

Gips

Während bei allen sonstigen Bindemitteln ein chemischer beim Abbinden und Erhärten abläuft, ist dies beim Gips nicht der Fall.
Es ändert sich nur der Kristallwassergehalt.
Dadurch ist Gips wasserlöslich und nicht witterungsbeständig.
Gipshaltige Putze können nie für Außenputze verwendet werden.

6.8 Kreislauf des Kalkes

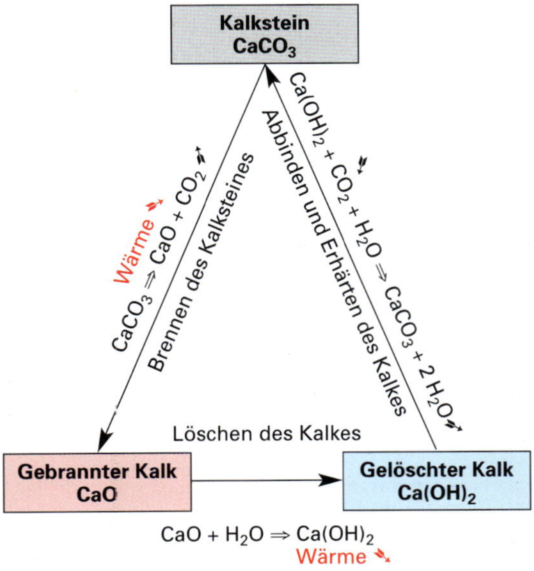

Beim Kalk vollzieht sich sowohl beim Brennen als auch beim Löschen eine chemische Umwandlung

Brennen – Anmachen – Abbinden von Gips

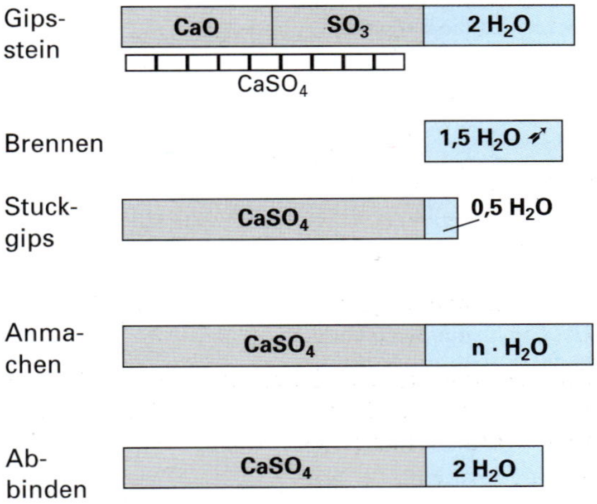

Beim Gips findet durch den Brand keine chemische Umwandlung statt.
Gips bleibt ob gebrannt oder ungebrannt stets $CaSO_4 \Rightarrow$ Wasserlöslichkeit

6.9 Korrosion

Korrosion (lat. corrodere = zerfressen, zernagen) ist ein besonderer Vorgang der Oxidation. Unter Oxidation versteht man die Verbindung eines Stoffes mit Oxigenium, d.h. Sauerstoff.

Glüht man eine festgelegte Masse Stahlwolle auf offener Flamme, so stellt man nach dem Glühen fest, dass eine Massenzunahme stattgefunden hat. Es ist zum Eisen noch ein weiteres Element hinzugekommen; das Eisen hat sich mit dem Sauerstoff der Verbrennungsluft verbunden: $4\ Fe + 3\ O_2 \Rightarrow 2\ Fe_2O_3$

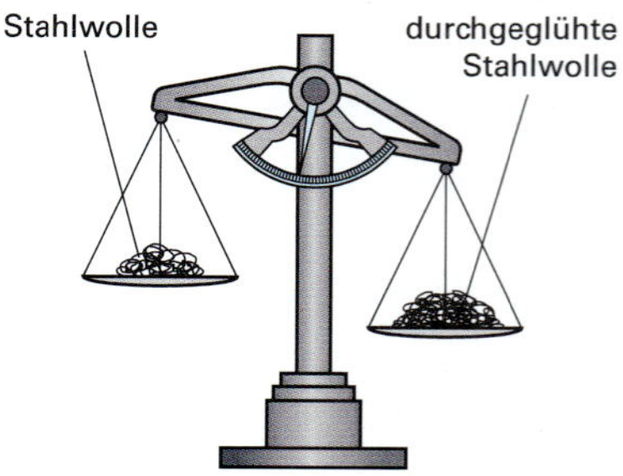

Bild 1: Oxidation

- **Bei jeder Oxidation entsteht ein neuer Stoff mit neuen Eigenschaften**
- **Oxidation ist immer mit einer Massenzunahme verbunden**
- **Bei jeder Oxidation wird Energie in Form von Wärme oder Licht frei**

Korrosion stellt deshalb eine besondere Form der Oxidation dar, weil damit eine Zerstörung des Metalles verbunden ist.

Korrosion
- **Chemische Korrosion**
- **Elektrochemische Korrosion**
  - **Galvanisches Element**
  - **Kontaktkorrosion**

Chemische Korrosion

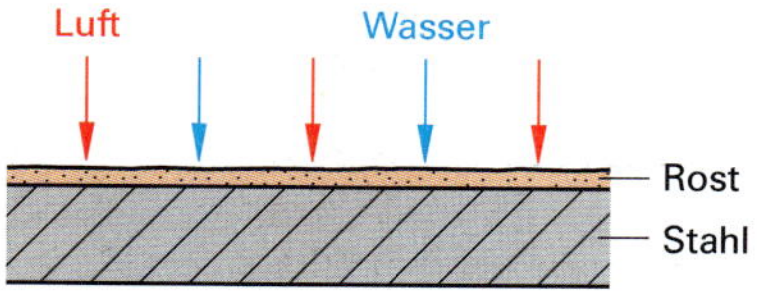

Bild 2: Chemische Korrosion

Eisen (lat. Ferrum)
Voraussetzung für den Korrosionsprozess ist die Einwirkung von Sauerstoff und Wasser

$2\ Fe + O_2 + H_2O \Rightarrow Fe_2O_3 + H_2 \uparrow$

Rost ist eine chemische Verbindung aus Eisen und Sauerstoff

An der chemischen Formel sieht man auch, dass eine Massenzunahme stattgefunden hat, denn es ist zum Eisen noch ein Stoff, nämlich Sauerstoff hinzugekommen

Eigenschaften des Rostes:

- geringe Dichte
- keine Festigkeit
- schützt nicht vor weiterer Korrosion, da er porös und damit wasser- und luftdurchlässig ist
- Rost vollzieht eine Volumenvergrößerung
  ⇒ Sprengwirkung der Betonüberdeckung, wenn diese zu gering ist

Galvanisches Element

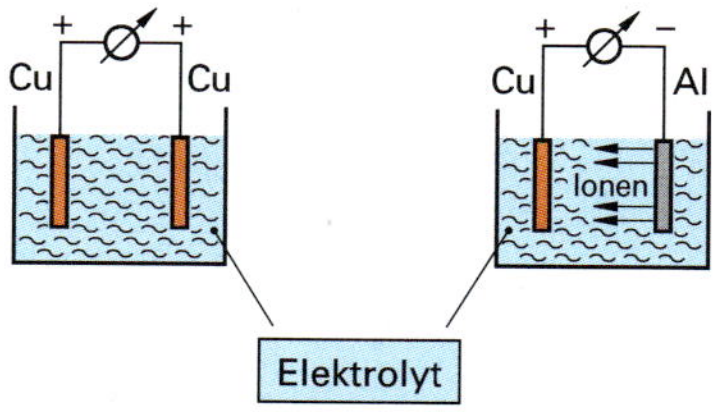

angesäuertes Wasser
(Wasser mit etwas Schwefelsäure)

Bild 3: Galvanisches Element

kein Ausschlag des Spannungsmessers (Voltmeters) ⇒ kein Stromfluss	Ausschlag des Spannungsmessers (Voltmeters) ⇒ Stromfluss

Elektrolyt = angesäuertes Wasser

Ionen = positiv oder negativ elektrisch geladene Teilchen eines Moleküls

Das Galvanische Element beruht auf dem Ionenaustausch zwischen dem unedleren und dem edleren Metall.
Dabei zersetzt sich das unedlere Metall.

Kontaktkorrosion

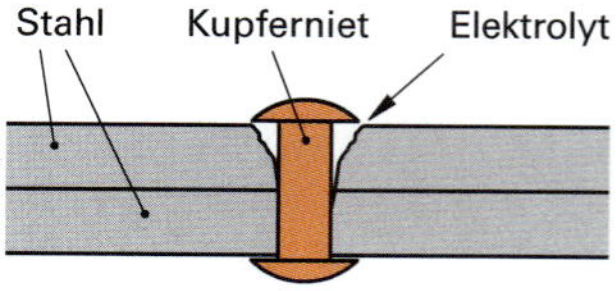

Bild 4: Kontaktkorrosion

Bedingungen für die Kontaktkorrosion:

- zwei verschiedene Metalle
- Vorhandensein eines Elektrolyten

Bei der Kontaktkorrosion, die auf dem Galvanischen Element beruht, wird das unedlere Metall zerstört, während das edlere unbeschädigt bleibt.

Wie stark der Ionenaustausch und damit die Zerstörung des unedleren Metalles ist, wird in der elektrochemischen Spannungsreihe nach Galvani zum Ausdruck gebracht.

6.9.1 Elektrochemische Spannungsreihe nach Galvani

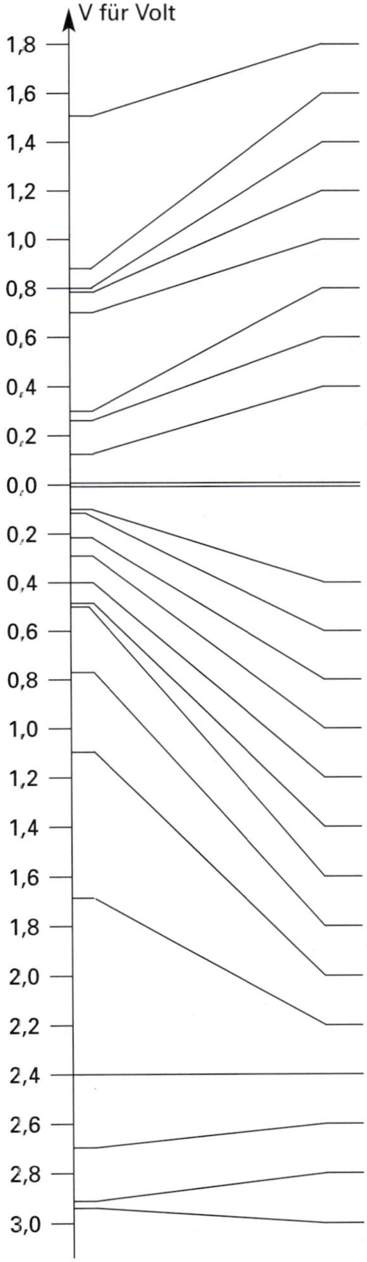

Gold	+1,50 V
Platin	+0,86 V
Silber	+0,80 V
Quecksilber	+0,79 V
Kohle	+0,74 V
Kupfer	+0,34 V
Wismut	+0,23 V
Antimon	+0,14 V
Wasserstoff	**+0,0 V**
Blei	−0,13 V
Zinn	−0,14 V
Nickel	−0,23 V
Kobalt	−0,29 V
Kadmium	−0,40 V
Eisen	−0,44 V
Chrom	−0,56 V
Zink	−0,76 V
Mangan	−1,10 V
Aluminium	−1,67 V
Magnesium	−2,40 V
Natrium	−2,71 V
Kalium	−2,92 V
Lithium	−2,96 V

Für die praktische Anwendung der Spannungsreihe gilt folgendes:

- **Je weiter die Metalle in der Spannungsreihe voneinander entfernt liegen, desto größer sind der Stromfluss und die Zerstörung des unedleren Metalles.**
- **Keine Metalle miteinander verbinden, die in der Spannungsreihe weit auseinander liegen.**

Deshalb kann man auch Eisen verchromen und Stahl verzinken, weil diese Metalle in der Spannungsreihe nebeneinander liegen und weil Chrom nicht oxidiert und Zink eine schützende Oxidschicht bildet. Dagegen sollte man Kupfer nicht mit Aluminium oder Eisen in Verbindung bringen.

6.10 Nicht-Eisenmetalle (NE-Metalle)

Alle Metalle, die nicht aus dem Eisenerz gewonnen werden, bezeichnet man als Nichteisenmetalle. Die für den Bau wichtigsten sind Kupfer, Aluminium, Zink und Blei.

Im Gegensatz zu Eisen, bei dem die sich bildende Rostschicht eine weitere Korrosion nicht verhindert, bildet sich bei den NE-Metallen eine dünne aber sehr dichte Oxidschicht, die das darunter liegende Metall vor weiterer Oxidation schützt. Man spricht daher bei den NE-Metallen auch nicht von Korrosion, sondern von Oxidation.

NE-Metalle

Kupfer

lat. Cuprum

An feuchter Luft im Freien bildet sich eine grüne Oxidschicht

$2\,Cu + O_2 + CO_2 + H_2O \Rightarrow CuCO_3 \cdot Cu(OH)_2$

= Kupferhydroxidcarbonat = Patina

An trockener Luft bildet sich nur die Oxidschicht Cu_2O

Der giftige Grünspan bildet sich nur unter Einwirkung von Essigsäure

Aluminium

lat. Aluminium

An der Luft bildet sich die Oxidschicht Al_2O_3

Aluminium kann auch auf chemischem Wege mit einer Oxidschicht versehen werden.
Der Vorgang heißt eloxieren.

Die **Eloxal**-Behandlung stellt eine **El**ektrolytische **Ox**idation des **Al**uminiums dar.

Aluminium reagiert sehr heftig auf Säuren und Laugen (Kalkmörtel, Beton) $2\,Al + 3\,Ca(OH)_2 + 6\,H_2O \Rightarrow Ca_3[Al(OH)_6]_2 + 3\,H_2$

Zink

lat. Zincum

Zink bildet an der Luft ebenfalls eine Oxidschicht, die der beim Kupfer ähnlich ist.

$2\,Zn + O_2 + CO_2 + H_2O \Rightarrow ZnCO_3 \cdot Zn(OH)_2$

= Zinkhydroxidcarbonat

Zink ist nicht beständig gegen Säuren und Laugen

Blei

lat. Plumbum

Blei oxidiert sichtbar an trockener Luft
$PbO + CO_2 \Rightarrow PbCO_3$
= Bleicarbonat

Blei oxidiert an feuchter Luft
$2\,Pb + O_2 + CO_2 + H_2O \Rightarrow PbCO_3 \cdot Pb(OH)_2$
Bleihydroxidcarbonat

Zerstörung durch Salpetersäure und Laugen (Beton)

Blei ist giftig

Das Kennzeichen aller Oxidschichten ist, dass sie dicht und beständig sind und somit das darunter liegende NE-Metall vor weiterer Oxidation schützen.

6.11 Schadensfaktor Wasser

Nachdem nun die chemischen Vorgänge bei Gasen, Säuren, Laugen, Salzen, Korrosion dargelegt wurden, sollen nun diese Substanzen als Schadensfaktor näher betrachtet werden.

6.11.1 Wasser als Lösungsmittel

Wasser ist Lösungsmittel für viele Stoffe. Die Lösungsfähigkeit des Wassers ist:

- stoffabhängig: 1 l Wasser löst: 15 mg $CaCO_3$ Calciumcarbonat (Kalkstein)
  2 260 mg $Ca(NO_3)_2$ Calciumnitrat (Kalksalpeter, Mauersalpeter)
- temperaturabhängig: 1 l kaltes Wasser löst 210 g Na_2CO_3 Natriumcarbonat (Soda)
  1 l warmes Wasser löst 4 200 g Na_2CO_3 Soda

Wasserlösliche Baustoffe, wie Gips oder Leimfarbenanstriche, sind durch den zerstörenden Angriff des Wassers besonders stark gefährdet. Lösungsgefährdete Baustoffe dürfen nicht mit Wasser in Verbindung kommen. Daher sind Gipsputze auch nicht für Außenputze und Feuchträume geeignet. Sie würden sich im Wasser nicht nur auflösen, sie würden auch faulen. Für Außenputze oder Putze in Feuchträumen sind daher nur silikathaltige Putze geeignet.

6.11.2 Wasser als Partner von chemischen Reaktionen

Wasser ist bei den meisten chemischen Vorgängen, die Bauschäden verursachen, beteiligt

• bei der Bildung von Säuren	SO_2	$+ \mathbf{H_2O}$	$\Rightarrow$	H_2SO_3
• bei der Bildung von Laugen	CaO	$+ \mathbf{H_2O}$	$\Rightarrow$	$Ca(OH)_2$
• bei der Bildung von Salzen als Restprodukt	$Ca(OH)_2$	$+ H_2CO_3$	$\Rightarrow$	$CaCO_3 + \mathbf{2\,H_2O}$
• bei der Verbindung von Gasen zu Säuren	CO_2	$+ \mathbf{H_2O}$	$\Rightarrow$	H_2CO_3
• bei der chemischen und elektrochemischen Korrosion	$2\,Fe$	$+ \mathbf{H_2O} + O_2$	$\Rightarrow$	$Fe_2O_3 + H_2\nearrow$
• bei der Entstehung und dem Wachstum von Organismen.				

6.11.3 Wasser als Transportmittel

In diesem Zusammenhang soll Wasser nicht als Transportmittel für die Schifffahrt verstanden werden, sondern als Transportmittel bei chemischen Prozessen.

In Wasser gelöste Salze werden durch den Verdunstungsprozess an die Oberfläche transportiert und kristallisieren dort ⇒ Ausblühungen.

Durch die Kapillarität werden ebenfalls Schadstoffe im Bauteil weitertransportiert und können so stoffschädigende Wirkungen verursachen.

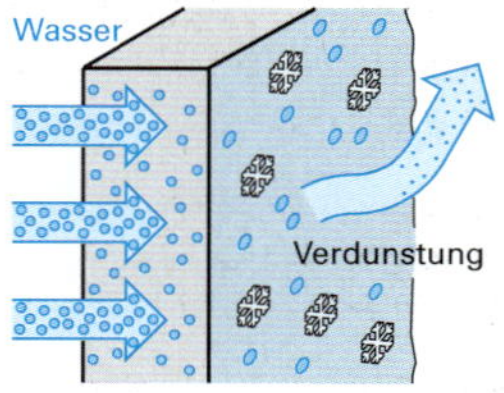

Bild 1: Ausblühungen

6.11.4 Wasser als Sprengfaktor

Wasser hat bei +4 °C seine größte Dichte, d.h. bei +4 °C hat 1 kg Wasser 1 dm^3. Wird diese Wassermasse erwärmt, so vergrößert sie ihr Volumen und erzeugt dadurch einen Druck, wird die Wassermasse von 1 kg abgekühlt, so vergrößert sie ebenfalls ihr Volumen (Eis sprengt eine Glasflasche).

Wasser ändert also bei seiner Zustandsänderung (Aggregatzustand) sein Volumen. Mit der Veränderung der Zustandsform von flüssig (Wasser) in fest (Eis) vergrößert sich das Volumen um ca. 10 %. Diese Volumenvergrößerung übt einen enormen Sprengdruck aus, dem kein Baustoff standhalten kann. Besonders betroffen davon sind poröse, nicht frostbeständige Baustoffe, die einer dauernden Wechselbeanspruchung von Frost- und Tauperioden ausgesetzt sind.

Frostaufbrüche bei Straßen, Setzungen von Bauwerken infolge von Eislinsenbildung im Erdreich sind die Folge solcher Volumenvergrößerungen.

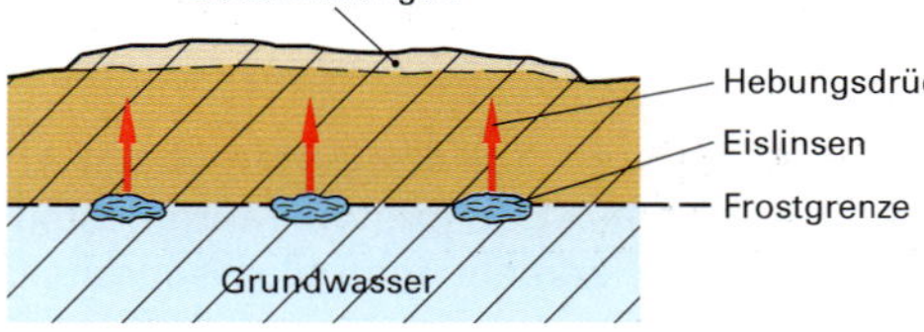

Bild 2: Eislinsenbildung

6.11.5 Wasser als Beeinträchtigungsfaktor

Wasser hat eine Wärmeleitfähigkeit von 0,64 W/mK, Luft eine von 0,02 W/mK. Somit hat Wasser eine 32-mal größere Wärmeleitfähigkeit als Luft. Oder anders ausgedrückt: Ruhende Luft hat eine 32fach bessere Wärmedämmeigenschaft als Wasser. Dies hat zur Folge, dass durchfeuchtete Dämmstoffe eine wesentliche Verschlechterung der Wärmedämmeigenschaften erfahren.

Werden Baustoffe nun statt mit Wasser mit wässrigen Salzlösungen durchfeuchtet, so verschlechtert sich nicht nur die Wärmedämmeigenschaft, sondern auch der Feuchtetransport im Baustoff. Salz zieht Wasser an. Dies kann man ersehen, wenn man Kochsalz in einem offenen Gefäß an die Luft stellt. Binnen kurzer Zeit ist das Salz nass. Beim menschlichen Körper weiß man auch, dass ein zu großer Salzgenuss zur Wasseranreicherung führt. Bei den Baustoffen ist es ähnlich.

Eine Salzanreicherung in den Baustoffen bewirkt eine verminderte kapillare Leitfähigkeit, was eine starke Vergrößerung des Wasserdampfdiffusionswiderstandsfaktors (μ-Wert) zur Folge hat. Der μ-Wert eines trockenen, salzfreien Putzes liegt bei 10 bis 15 je nach Bindemittel, der eines mit Salz angereicherten Putzes kann bis zum 8fachen steigen. Hohe μ-Werte bedeuten aber nicht nur, dass die Wasseraufnahme erschwert wird, sondern auch, dass das gespeicherte Wasser schwerer abgegeben wird, verdunstet. Auch im menschlichen Körper wird durch Salz Wasser gebunden.

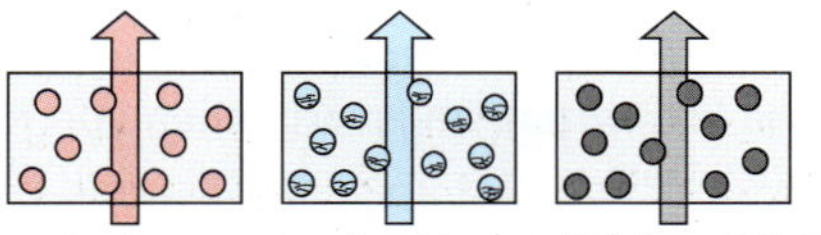

Bild 3: Einfluss des Salzgehaltes auf den μ-Wert

6.11.6 Wasser als Förderfaktor

Wasser ist nicht nur Beeinträchtigungsfaktor, sondern auch Mittel, das das Wachstum von Pflanzen aller Art, Pilzen, Moosen, Flechten, Bakterien und Mikroorganismen fördert. Feuchtigkeit und Wärme bilden ideale Voraussetzungen für biologisches Leben und Wachstum von Pflanzen. Allerdings ist dieser Vorteil des Wassers am Bauwerk nicht gerne gesehen, sondern nur in Gärten, Feldern und Wäldern.

6.12 Säuren als Schadensursache

Säuren sind in vielen Fällen Auslöser von Schadensmechanismen oder gehen als Produkt chemischer Reaktionen hervor.

Säuren sind salzbildend und zwar durch die Reaktion mit:

- Metallen unter Wasserstoffabspaltung
- Basen (Neutralisation und Wasserabspaltung)
- Salzen (Neutralisation und Wasserabspaltung)

Die Bildung dieser neuen Salze ist meist auch mit einer Volumenvergrößerung und damit mit Treiberscheinungen oder gar Abplatzungen verbunden.

Säuren lösen vielfach Salze, insbesondere die Salze der schwachen Säuren. So löst z.B. die starke Salzsäure (HCl) das Salz der schwachen Kohlensäure $CaCO_3$. Aus der Verbindung eines Salzes mit einer Säure geht zwar grundsätzlich eine neue Säure hervor, aber nicht immer ist die neu entstandene Säure schwächer als die alte.

Auch geht aus einer Verbindung grundsätzlich ein neues Salz hervor, das meist nachteiliger ist als das ursprüngliche.

Zur Beseitigung von Kalkablagerungen auf Armaturen und Fliesen in Bädern, von Mörtelresten auf Sichtmauerwerk bedient man sich säurehaltiger Substanzen, meist auf der Grundlage der Salzsäure.

Auf viele Kunststoffe wirken Säuren gefügezerstörend, da diese aus Kohlen-Wasserstoff-Verbindungen bestehen und diese durch den Entzug der Wasserstoffatome spröde und damit unelastisch und brüchig werden. Das nicht mehr tragfähige Kohlenstoffgerüst bricht in sich zusammen.

6.12.1 Herkunft der Säuren

Der Großteil der von außen auf unsere Bauwerke einströmenden Säurebelastungen hat seine Ursache in Verbrennungsvorgängen von Kohle, Erdöl, Holz, Gas:

- in der Industrie
- im Straßenverkehr
- in den privaten Haushalten

$Zn + 2\,HCl \Rightarrow ZnCl_2 + H_2\uparrow$

$Fe + H_2SO_4 \Rightarrow FeSO_4 + H_2\uparrow$

$Ca(OH)_2 + 2\,HCl \Rightarrow CaCl_2 + 2\,H_2O$ zunächst

$CaCO_3 + 2\,HCl \Rightarrow CaCl_2 + H_2CO_3$ $(CO_2 + H_2O)$

1. Salz 1 + Säure 1 ⇒ Salz 2 + Säure 2

$CaCO_3$	+	$2\,HCl$	⇒	$CaCl_2$	+	H_2CO_3
Kalkstein	+	Salzsäure		Calcium-chlorid	+	Kohlensäure

2. Salz 1 + Säure 1 ⇒ Salz 2 + Säure 2

$CaCO_3$	+	H_2SO_4	⇒	$CaSO_4$	+	H_2CO_3
Calcium-carbonat (Kalkstein)	+	Schwefelsäure	⇒	Calcium-sulfat (Gipsstein)	+	Kohlensäure

Durch die chemische Reaktion ist nach Gleichung 1 aus der starken Salzsäure HCl mit dem starken Salz $CaCO_3$ die schwache Kohlensäure hervorgegangen.

Nach Gleichung 2 ist aus der Verbindung der starken Schwefelsäure H_2SO_4 mit dem starken, wasserunlöslichen Salz $CaCO_3$ ein schwaches, wasserlösliches Salz $CaSO_4$ geworden.

Besonders bei kalkhaltigen Mörteln und bei Beton wirkt sich dieser Effekt auf die Witterungsbeständigkeit aus.

Bild 1: Entstehung schädlicher Gase

Die dabei entstehenden Gase verbinden sich mit den Niederschlägen und werden als „Saurer Regen“ bezeichnet.

Dabei laufen folgende chemische Reaktionen ab: ⇒

Nicht nur von außen wirken Säuren zerstörend auf Baustoffe, sondern auch vom Innern eines Bauwerkes können schädigende Wirkungen ausgehen. So werden durch Bakterien schwefelhaltige Eiweißverbindungen (gekochte Eier) zu Schwefelwasserstoff H_2S (Faulgas) zersetzt, das durch Verbindung mit Sauerstoff zur Schwefligen Säure oder gar Schwefelsäure oxidiert. Durch Einwirkung dieser Stoffe auf die Betonwandungen der Kanalrohre der Abwasserleitungen entsteht das Ettringit, das auch Zementbazillus genannt wird.

Ettringit: $3\,CaO \cdot Al_2O_3 \cdot 3\,CaSO_4 \cdot 32\,H_2O$
Calcium-Sulfat-Aluminat

Durch die sehr starke Anreicherung mit Kristallwasser (32 H_2O) entsteht eine Volumenvergrößerung bis zu 800 % und damit eine allmähliche Zerstörung des Gefüges des Zementsteines (Zementstein = erhärteter Zementleim).

Durch andere Bakterien werden Aminosäuren (Säuren der Eiweißstoffe), stickstoffhaltige organische Verbindungen zu Ammoniak NH_3 umgewandelt, das durch Reaktion mit Sauerstoff und Wasser zunächst zur Salpetrigen Säure, dann zur Salpetersäure wird und schließlich die baustoffschädigende und baustoffzerstörende Endstation Mauersalpeter erreicht.

Mauersalpeter (Calciumnitrat; Kalksalpeter) bildet sich aus Nitratbakterien in Jauchegruben, Ställen, Toilettenanlagen. Er macht Mauersteine mürbe und wandelt Beton zu einem nicht mehr wasserdichten und stahlschützenden Baustoff um. Als Gegenmaßnahme hilft nur noch der Ausbau befallener Baustoffe.

6.13 Schadensfaktor Laugen

Laugen sind die wässrigen Lösungen von Basen. Bilden sich Salze in einem Baustoff, so lässt dies zwangsläufig auf das frühere Vorhandensein und Zusammenwirken von Säuren und Laugen schließen. Laugen können sowohl positive Auswirkungen auf Baustoffe haben und ebenso negative. Eine positive Auswirkung liegt in der Erhärtung von Kalk und Zement.

Undenkbar wäre der Verbundbaustoff Stahlbeton ohne die den Stahl schützende Lauge Calciumhydroxid $Ca(OH)_2$.

1. Verbrennungsvorgang ⇒ Verbrennungsprodukt + Regenwasser
$C + O_2 \Rightarrow CO_2 + H_2O$
H_2CO_3 schwache Kohlensäure
Saurer Regen

2. Verbrennungsvorgang ⇒ Verbrennungsprodukt + Regenwasser
$S + O_2 \Rightarrow SO_2 + H_2O$
H_2SO_3 Schweflige Säure
Saurer Regen

3. Verbrennungsvorgang ⇒ Verbrennungsprodukt + Regenwasser
$2\,N + 2\,O_2 \Rightarrow 2\,NO_2 + H_2O$
$\rightarrow HNO_2 + HNO_3$
Salpetrige Säure, Salpetersäure
Saurer Regen

Ammoniak + Sauerstoff ⇒ Stickstoffoxid + Wasser
$4\,NH_3 + 5\,O_2 \Rightarrow 4\,NO + 6\,H_2O$

$2\,NO + O_2 \Rightarrow 2\,NO_2 + H_2O \Rightarrow HNO_2 + HNO_3$

Salpetersäure + Beton
$2\,HNO_3 + Ca(OH)_2$

$Ca(NO_3)_2$ Mauersalpeter
+
$2\,H_2O$ Wasser

Beton hat normal einen pH-Wert von 12,5 und schützt dadurch den Stahl (Stahlbeton, Spannbeton) vor Korrosion. Ab pH 10 hört dieser Schutz auf, die Korrosion beginnt, der Stahl rostet.

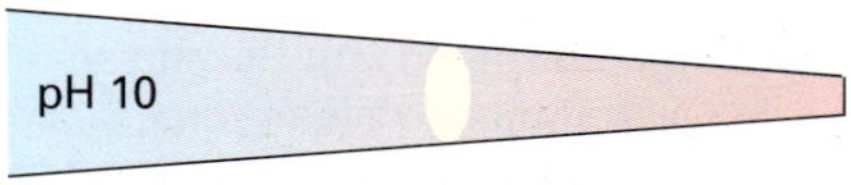

pH 5

Wegfall der Schutzfunktion — sehr stark angreifend

Die Alkalität des Betons wird von der Oberfläche her durch den Einfluss von Kohlensäure, aber insbesondere stark von der Schwefelsäure abgebaut.

Beim Ablaugen von Farb- und Lackschichten mit Natronlauge oder Salmiakgeist macht sich der lösende Angriff positiv bemerkbar.

Laugen hinterlassen vielfach auch negative Spuren ihrer Anwesenheit. Sie sind fettlösend. Aus diesem Grunde sind ölhaltige Lacke, Anstriche oder sonstige Substanzen auf alkalischen Untergründen durch die lösende Wirkung der Lauge nicht dauerhaft.

Alkalienempfindliche NE-Metalle müssen besonders vor Laugen geschützt werden.

Während NE-Metalle an der Luft eine schützende Oxidschicht bilden, korrodieren sie regelrecht unter der Einwirkung von Laugen zu Salzen unter Wasserstoffabspaltung.

Aufgrund dieser zerstörenden Wirkung von NE-Metallen durch Laugen ist es erforderlich, diese durch Beschichtungen oder Überziehlack vor frischem Kalkmörtel oder Beton zu schützen.

Die Bildung von Gas macht man sich bei der Herstellung von Porenbeton zunutze, indem man kurz nach der Mischung des Sandes mit der Kalklauge Alu-Pulver zugibt.

Starke Laugen können aus amorphen (= gleichartigen Massen), nichtkristallinen, silikatischen Verbindungen unter Bildung bauschädlicher Salze Bestandteile herauslösen.

Kalium- und natriumhaltige Stoffe verursachen im Beton Alkalitreiben und besonders stark, wenn der Beton aus alkalienempfindlichen Zuschlagstoffen hergestellt wird. Die schädigende Alkalireaktion verursacht Quelldrücke, die zur Rissebildung und Gelausscheidung an der Betonoberfläche führen. Dieser Prozess kann bis zu 10 Jahren dauern.

Karbonatisierung:

$CO_2 + H_2O \Rightarrow H_2CO_3$

$\quad \hookrightarrow + Ca(OH)_2 \Rightarrow CaCO_3 + 2\,H_2O$

Sulfatisierung:

$SO_3 + H_2O \Rightarrow H_2SO_4$

$\quad \hookrightarrow + Ca(OH)_2 \Rightarrow CaSO_4 + 2\,H_2O$

Die Karbonatisierung beginnt durch den Sauren Regen auf der Betonoberfläche und wandert von dort gefügeumwandelnd immer langsamer in die Tiefe vor und kommt bei dichten Betonen nach ca. 20 Jahren zum Stehen. Die äußere Betonfläche wird durch Umkristallisation immer dichter, der Angriff der Kohlensäure immer weniger intensiv.

Der Angriff der Sulfatisierung geht jedoch nahezu linear weiter. Da Gips ein poröser und damit wasserdurchlässiger Baustoff ist, wandert die Gipsfront schneller und tiefer nach innen als die Karbonatisierungsfront.

$2\,Al + 6\,H_2O \Rightarrow 2\,Al\,(OH)_3 + 3\,H_2\uparrow$

Aluminiumhydroxid

$2\,Al\,(OH)_3 + Ca(OH)_2 + CO_2 \Rightarrow CaCO_3 \cdot Al_2O_3 + 4\,H_2O$

Aluminum-hydroxid, Kalklauge, Kohlendioxid, Calciumcarbonat-Aluminat, Wasser

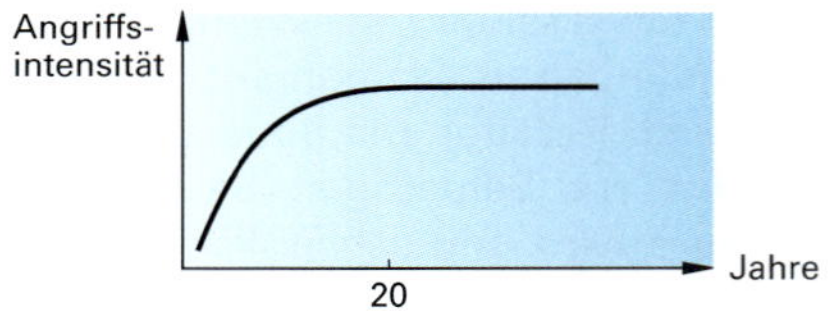

Bild 1: Verlauf der Karbonatisierung

$2\,KOH + SiO_2 \Rightarrow K_2SiO_3 + H_2O$

Kalilauge + Siliciumoxid ⇒ Kaliumsilikat + Wasser

Entgegenwirken kann man dieser Erscheinung durch:

- Zufuhrstopp von Feuchtigkeit
- Vermeidung alkalienempfindlicher Zuschläge
- Vermeidung von Temperaturen zwischen +10 °C und +60 °C, da in diesem Temperaturbereich die Alkalireaktion besonders rasch abläuft
- Verwendung von Zementen mit niedrigem wirksamen Alkaligehalt (NA-Zement). Dies sind puzzolanische Zemente (Traß), Hochofen-Zement.

6.13.1 Herkunft der Laugen

Laugen als wässrige Lösungen von Basen entstehen durch die Reaktion von Alkalien (= leicht zersetzbare Metalle wie Natrium und Kalium) und sonstigen Metalloxiden mit Wasser. Solche alkalischen Beimengungen finden sich als Spuren im Rohstoff für die Zementherstellung.

Dadurch bilden sich im Beton folgende beton- und stahlschädigende Laugen:

$K_2O + H_2O \Rightarrow 2\,KOH$

$Na_2O + H_2O \Rightarrow 2\,NaOH$

Mineralische Bindemittel enthalten das leicht lösliche Kalkhydrat, das bis zur vollständigen Karbonatisierung (Bildung von $CaCO_3$) als solches vorhanden ist.

6.14 Schadensfaktor Salze

Bei den Salzen spielt die Wasserlöslichkeit eine entscheidende Rolle. Salze, die gelöst werden können, werden durch den Faktor Wasser an die Bauteiloberfläche transportiert. Das Wasser verdunstet, zurück bleibt an der Oberfläche das auskristallisierte Salz als Ausblühung (Ausblühung = Salzbildung an der Oberfläche eines Bauteiles). Bei der Kristallisation vergrößert sich das Volumen, es entsteht dadurch ein Kristallisationsdruck, der abhängig ist

von der Salzart ⇒ je wasserlöslicher das Salz ist, desto größer ist der Kristallisationsdruck

von der Temperatur ⇒ je höher die Temperatur des Stoffes ist, desto größer ist der Druck

vom Sättigungsgrad der Lösung ⇒ hohe Sättigungsgrade haben einen großen Kristallisationsdruck zur Folge

Folgen von Salzanreicherungen in Baustoffen:

- Vergrößerung des Wasserdampfdiffusionswiderstandsfaktors (μ-Wert) des Baustoffes.
- Vergrößerte Feuchtigkeitsanreicherung im Baustoff durch den erschwerten Feuchtetransport. In salzfreiem Zustand nehmen Mauerziegel z.B. bei 90 % Luftfeuchte ca. 0,3 Masse-% Feuchte auf. Bei einer Versalzung mit 10 mg Mauersalpeter können dagegen ca. 12 Masse-% aufgenommen werden.

Dem Kristallisationsdruck kann kein Putz und keine Beschichtung standhalten. Sie werden vom Untergrund weggedrückt. Die Haftscherfestigkeit von Putzen liegt zwischen 0,2 N/mm² bis 1,2 N/mm². Der Kristallisationsdruck von NaCl beträgt etwa 55 N/mm², je nach Temperatur. Die Haftscherfestigkeit des Putzes (= Haftung auf dem Untergrund) steht in keinem Verhältnis zum Kristallisationsdruck des Salzes. Selbst der Druckfestigkeit des Zementputzes MGr III mit 10 N/mm² bzw. MGr. IIIa mit 20 N/mm² ist der Kristallisationsdruck des Salzes weit überlegen.

Bezüglich der Wasserlöslichkeit können Salze sein:

- nicht wasserlöslich: Dies sind alle Silikate (= mit Siliciumanteil). Dadurch üben sie keine schädigende Wirkung aus. Weder an lösenden Angriffen noch an Treibwirkungen sind sie beteiligt.
- schwer wasserlöslich: Karbonate sind in Wasser mit einem pH-Wert größer als 7 nur schwer wasserlöslich. Ist jedoch der pH-Wert kleiner 7, so liegt eine saure Lösung vor und der lösende Angriff ist gegeben.
- gut wasserlöslich: Sulfate sind Salze von sauerstoffhaltigen Säuren, die das Element Schwefel (= Sulfur) enthalten. Sulfide sind sauerstofffrei. Dadurch, dass sie im Wasser gut löslich sind, können sie leicht bis zu den Stahleinlagen des Stahlbetons transportiert werden und den Stahl zum Rosten bringen.
- leicht wasserlöslich: Chloride. Das sind sauerstofffreie Salze.
- sehr leicht wasserlöslich: Nitrate. Das sind Salze von Stickstoffverbindungen sauerstoffhaltiger Säuren.
  Nitride sind sauerstofffrei.

Als Gegenmaßnahme kommen in Frage:

- Fernhalten des Lösungsmittels Wasser
- Verwendung beständiger Baustoffe mit silikathaltigen, d.s. nichtwasserlöslichen Bestandteilen ⇒ hydraulische Mörtel
- chemische Umwandlung der schädlichen, weil leicht löslichen Salze in schwer oder gar unlösliche und dadurch unschädliche Salze durch chemische Behandlung.

Wasserlöslichkeit von Salzen

Silikate	$CaSiO_3$		0 mg/l
Carbonate	$CaCO_3$	(Kalkstein)	15 mg/l
Sulfate	$CaSO_4$	(Gipsstein)	2 400 mg/l
	Na_2SO_4	(Glaubersalz)	11 000 mg/l
Chloride	NaCl	(Kochsalz)	36 000 mg/l
	$CaCl_2$		75 000 mg/l
Nitrate	$Ca(NO_3)_2$	(Kalksalpeter Mauersalpeter)	266 000 mg/l

Reaktionsmöglichkeiten von Salzen:

Es ist nicht nur der Fall, dass

- Säuren mit Säuren
- Säuren mit Laugen
- Säuren mit Salzen
- Laugen mit Salzen

reagieren, sondern es reagieren auch Salze mit Salzen und bilden dabei durch Ionenaustausch zwei neue Salze. Sanierungsmaßnahmen beruhen oft darauf, dass leicht wasserlösliche, schädliche Salze wie Sulfate und Chloride und ganz besonders Nitrate durch ein anderes Salz in schwer lösliche oder gar unlösliche Salze umgewandelt werden. Bei der chemischen Behandlung muss sehr genau hingesehen werden, ob daraus ein weniger lösliches oder noch leichter lösliches Salz entsteht.

Eine chemische Behandlung von schädlichen Salzen ist nur dann erfolgreich, wenn das neu entstandene Salz weniger löslich ist.

Beispiel 1: Umwandlung in Säuren

Salz 1	+	Säure 1	⇒	Salz 2	+	Säure 2
$CaCO_3$ Kalkstein	+	$2\ HNO_3$ Salpetersäure	⇒	$Ca(NO_3)_2$ Calciumnitrat	+	H_2CO_3 Kohlensäure

Das Metall von Salz 1 wandert zum Säurerest der Säure 1 und bildet so ein neues Salz 2 und eine neue Säure 2.

Beurteilung:
Dies stellt keine Lösung dar, da aus dem unschädlichen Salz Kalkstein das schädliche Salz Mauersalpeter entstanden ist, wenn auch die sehr aggressive Salpetersäure in die schwache Kohlensäure umgewandelt wurde. Wie schon dargelegt wurde, ist Mauersalpeter eines der wasserlöslichsten und damit gefährlichsten Salze. Mauersalpeter hat die Eigenschaft, dass er bereits bei geringer relativer Luftfeuchte lösbar wird, während er schon bei geringer Trocknung genauso schnell auskristallisiert, wobei der Kristallisationsdruck so hoch sein kann, dass er Mauerwerk sprengt.

Beispiel 2: Umwandlung in Salze

Salz 1	+	Salz 2	⇒	Salz 3	+	Salz 4
Na_2SO_4 Natriumsulfat (Glaubersalz)	+	$BaCl_2$ Bariumchlorid	⇒	$BaSO_4$ Bariumsulfat	+	$2\ NaCl$ Natriumchlorid (Kochsalz)

Bei der Reaktion zweier Salze werden lediglich die Metalle gegenseitig ausgetauscht. Das Metall des Salzes 1 wandert zum Salz 2 und umgekehrt und es entstehen dadurch die Salze 3 und 4.

Beurteilung:
Aus dem gut wasserlöslichen Natriumsulfat ist das genauso gut lösliche Bariumsulfat geworden. Aus dem leicht löslichen Bariumchlorid ist das ebenfalls leicht lösliche Natriumchlorid geworden. Eine in der Praxis vorkommende Sanierungsmaßnahme, die von vornherein zum Misserfolg verurteilt ist.

Bei den Sanierungsmaßnahmen gilt es folgendes zu beachten:

Je weiter oben bei Sanierungsmaßnahmen das neu entstandene Salz anzusiedeln ist, desto größer ist der Sanierungserfolg.

Verbesserung ↑

Silikate
Carbonate
Sulfate
Chloride
Nitrate

Verschlechterung ↓

Die Entstehung nachfolgender Salze durch chemische Behandlung führt zu einer Verschlechterung.

Nitrate können jedoch chemisch nicht behandelt werden, weil sie extrem leicht wasserlöslich sind.

Die beste Gegenmaßnahme ist allerdings das Vermeiden von chemischen Reaktionen, die zur schädlichen Salzbildung führten.

Die wichtigsten zu beachtenden Gesichtspunkte sind:

- Wasser fernhalten
- Fernhalten von Metallen
- Verwendung von wasser- und säurebeständigen Baustoffen.
- Ausschaltung von Säuren und Laugen
- reines, sauberes Wasser verwenden

6.15 Schadensfaktor Organismen

Zu den Organismen zählen alle Kleinlebewesen von den Bakterien zu Bodenlebewesen, Pflanzen niedriger und höherer Ordnung. Die baustoffschädliche Wirkung rührt aus dem Stoffwechsel dieser Organismen her, deren Ablauf sowohl auf chemischer als auch auf physikalischer Grundlage beruht.

Bakterien zersetzen vor allem organische Stoffe, wobei Gase entstehen. Aus diesen Gasen entstehen Säuren und daraus Salze, vor allem Sulfate und Nitrate. Jetzt ist die Stufe erreicht, wo auch nichtorganische Stoffe wie Putze, Mörtel, Beton in den Schadenskreislauf einbezogen werden. Organismen benötigen als Lebensgrundlage vor allem Wasser, Wärme und keine direkte Sonneneinstrahlung. Pilze, Moose, Flechten gedeihen gut in schattiger, aber feucht-warmer Umgebung.

Höhere Pflanzen wie Sträucher und Bäume schätzen dagegen in der Regel das Sonnenlicht. Jedoch ist bei ihnen der schädigende Auslöser das Wurzelwerk. Wurzeln benötigen Schatten, Feuchtigkeit und Nährstoffe, um die Pflanzen am Leben erhalten zu können. So suchen sich die Wurzeln Wege in jede noch so kleine Öffnung. Durch das Wachstum der Wurzeln geht von ihnen eine derart große Sprengkraft aus, dass nicht einmal Beton diesen Kräften ohne Schaden widersteht. Besonders in den Überlappungsfugen der Dachhaut bei Flachdächern, bei begrünten Fassaden in Putzrissen können Wurzeln eindringen und so Bauwerksschäden hervorrufen.

Beim begrünten Flachdach, das ökologisch gesehen eine Teilwiedergutmachung an die Natur darstellt, – was man der Natur durch die Bebauung unten nimmt, gibt man ihr oben wieder zurück – ist vor allem auf den Einbau einer wurzelfesten Folie zu achten, die so wenig Fugen wie nur möglich aufweisen sollte. Fugen oder Beschädigungen stellen immer Schwachpunkte dar; daher ist Sorgfalt oberstes Gebot.

Die beste Methode Schäden durch Organismen zu vermeiden ist das Fernhalten von Wasser und Verschmutzung, die Einwirkung von Luft und direkter Sonnenbestrahlung.

6.16 Regeln zur Vermeidung von Bauschäden

Bauschäden können von vornherein ausgeschlossen oder zumindest sehr begrenzt werden, wenn folgende Grundsätze beachtet werden:

substanziell

- **Wasser** — als Grundlage chemischer Prozesse anorganischer Substanzen fernhalten. Wasser ist Voraussetzung der meisten Schadensfaktoren.
- **Gase** — Beitrag zur Einschränkung der Gasentstehung, vor allem der bauschädigenden Gase CO; CO_2; SO_2; SO_3; NO_x.
- **Säuren/Laugen** — Einsatz auf das Notwendigste beschränken. Reinigungsmittel, Waschmittel, ätzende Stoffe mit Bedacht einsetzen.
- **Salze** — Nicht leichtfertig mit der Verwendung von Salzen umgehen. Bei der Bekämpfung vorhandener Salze Herkunft, Art und Wirkung erkunden. Einsatz leicht löslicher Salze vermeiden.
- **Organismen** — Entzug der Lebensgrundlage, vor allem Feuchtigkeit, Verschmutzung und Schatten.
- **Korrosion** — Feuchtigkeit fernhalten, fernhalten korrosionsfördernder Mittel.

konstruktiv

- **Baustoff** Auswahl des richtigen Baustoffes zum jeweiligen Verwendungszweck.

- **Einbau** fachgerechter Einbau
Sperrschichten: horizontal – vertikal
Hinterlüftung: Abtransport der Feuchtigkeit
ausreichende Betonüberdeckung.

- **Zugänglichkeit** Leitungen aller Art sollten möglichst zugänglich sein
⇒ Aufputz-Montage
⇒ leichtere Schadensfeststellung
⇒ erleichterte Reparatur
⇒ preiswertere Erneuerung.

- **Entwässerung** Fernhalten von Schmutz und Laub in Dachrinnen
Verstopfung der Fallrohre vermeiden
Ausreichendes Gefälle der Leitungen
Kontrollschächte einbauen
Rückstauklappen vorsehen
kürzester Weg der Leitungen zum Hauptkanal
möglichst wenig Bögen
in Grundleitungen keine 90°-Bögen (zu eng), besser 2 x 45°-Bögen
Durchhängen von Grundleitungen vermeiden.

- **Dachüberstände** genügend große Dachüberstände, sowohl an der Traufe, als auch an den Giebelseiten.

- **Gefälle** ausreichendes Gefälle der äußeren Fensterbänke, Gesimse, Dächer.

- **Schichtenaufbau** Richtiger Schichtenaufbau der Baukonstruktion, entsprechend den Richtlinien des Wärmeschutzes, aber vor allem des Feuchteschutzes.

- **Verbindungen** Ausgestaltung der Fugen beim Aufeinandertreffen zweier und vor allem verschiedener Baustoffe;
dauerhafte Fugendichtigkeit gewährleisten.

- **Beschichtungen** bei Beschichtungen, Anstrichen, Belägen auf ihre Dichtigkeit bzw. Funktionsfähigkeit achten.

So stellen Bauphysik und Bauchemie zwei wichtige Grundpfeiler dar für die

Bausanierung

Tabelle 1: Chemisch-physikalische Kennwerte verschiedener Elemente

Element	wissenschaftlicher Begriff	Symbol	Wertigkeit	Atomgewicht	Dichte g/cm³ oder kg/dm³	Schmelzpunkt °C	spezifische Wärme bei 20 °C kJ/kgK
Aluminium	Aluminium	Al	3	26,98	2,70	660,1	0,896
Antimon	Stibium	Sb	3; 5	121,75	6,68	630,5	0,2077
Barium	Barium	Ba	2	137,34	3,61	710	0,285
Beryllium	Beryllium	Be	2	9,01	1,86	1280	1,75
Blei	Plumbum	Pb	2; 4	207,19	11,34	327,4	0,1294
Bor	Bor	B	3	10,81	2,33	2050	0,963
Calcium	Calcium	Ca	2	40,08	1,55	851	0,649
Chlor	Chloros	Cl	1	35,45	1,41	–101	0,473
Chrom	Chromium	Cr	3; 6	51,996	6,92	1920	0,4463
Eisen	Ferrum	Fe	2; 3	55,85	7,86	1535	0,4451
Fluor	Fluorum	F	1	18,99	0,978	–218	0,829
Gold	Aurum	Au	1; 3	196,967	19,27	1063	0,1306
Jod	Iodum	J	1	126,90	4,93	114	0,2156
Kalium	Kalium	K	1	39,10	0,851	63,5	0,741
Kobalt	Cobaltum	Co	2; 3; 4	58,93	8,89	1490	0,419
Kohlenstoff	Carboneum	C	2; 4	12,00	1,95	3537	0,708
Kupfer	Cuprum	Cu	1; 2	63,54	8,93	1083	0,3906
Magnesium	Magnesia	Mg	2	24,31	1,74	650	1,017
Mangan	Manganum	Mn	2; 3; 4; 7	54,938	7,47	1247	0,486
Molybdän	Molybdos	Mo	2; 3; 4; 5	95,94	1,021	2620	0,2466
Natrium	Natrium	Na	1	22,99	0,971	97,7	1,206
Nickel	Niccolum	Ni	2; 3	58,71	8,90	1454	0,440
Phosphor	Phosphatorum	P	3; 5	30,97	1,84	44,1	0,791
Platin	Platinum	Pt	2	195,09	21,45	1769	0,1578
Quecksilber	Hydrargyrum	Hg	1; 2	200,59	13,545	–38,8	0,1394
Sauerstoff	Oxygenium	O	2	15,99	1,429	–218,7	0,9207
Schwefel	Sulfur	S	2	32,06	2,07	112,8	0,720
Silber	Argentum	Ag	1	107,87	10,5	960,5	0,23383
Silicium	Silicium	Si	4	20,08	2,33	1440	0,678
Stickstoff	Nitrogenium	N	3; 5	14,00	1,251	–209,9	1,038
Titan	Titanium	Ti	2; 4	47,90	4,509	1727	0,461
Uran	Uranium	U	2; 3	238,03	18,95	1130	0,13
Wasserstoff	Hydrogenium	H	1	1,009	0,089	–259,14	14,32
Wismut (Bismut)	Bismutum	Bi	3; 5	208,98	9,84	271	0,1248
Wolfram	Wolfram	W	4; 6	183,85	19,32	3380	0,1315
Zink	Zincum	Zn	2	695,37	7,16	419,4	0,3873
Zinn	Stannum	Sn	2; 4	118,69	7,28	231,8	0,2265

Sachwortverzeichnis

A

a-Wert 404
A/V$_e$-Verhältnis 45
Ab-Sorption 293
Abgesenkter Betrieb 46
Abminderungsfaktoren 115
Absolute Luftfeuchte 187
Absorptionsgrad 307
Abwasserleitungen 384
Ad-Sorption 293
Adhäsion 180
Aggregatzustände 178
Akustik 331
Algenbildung 306
Altbausanierung 59, 91
Aluminium 405
Amplitude 322
Anlagen-Aufwandszahl 45
Anlagenverluste 61
Anordnung der Verglasung im Schallschutz 380
Äquivalente Luftschichtdicke . . 206
Äquivalenter bewerteter Norm-Trittschallpegel 369
Äquivalentes bewertetes Trittschall-Dämmmaß von Holzbalkendecken 375
Arbeitsfugen 184
Arbeitsfugenbänder 185
Arten der Abwässer 179
Arten der Schallquellen 392
Arten der Wärmeübertragung . . 14
Arten der Wässer 179
Arten des Feuchtetransportes . 200
Arten von Flachdächern 173
Aufdoppelung der Dämmschicht 29
Aufgabe der Bauchemie 429
Aufsparrendämmung . 26, 113, 318
Ausblühungen 441
Ausnutzungsgrad 46
Außendämmung 19
Außenhautdichtung 183

B

b-Wert 404
Bau-Akustik 331
Bauchemie 429
Baudenkmäler 43
Bauphysik 9
Bauphysikalische Stoffkenngrößen 422
Bauschalldämmmaß 338
Baustoffklassen 402
Bauteilverfahren 44, 57, 64
Bedeutung des pH-Wertes 436
Begriffserläuterungen der EnEV 45
Begrüntes Flachdach 172
Behaglichkeitsgefühl 18
Beheiztes Bruttovollumen 164
Belüftetes Volumen 45
Berechnungsbeispiele verschiedener Bauteile 176
Berechnungsbeispiele von Flachdächern 169
Berechnungsgrundlagen nach der EnEV 44
Besondere Gläser 108
Bestandsgebäude 76, 102
Beton 404
Bewertete Trittschallminderung 367
Bezugskurve 341
Biegesteif 333
Biegeweich 333
Bindemittel 437
Biogene Brennstoffe 48
Biomasse 126
Blei 440
Bodenfeuchte 177
Brand 402
Brandabschnitte 413
Brandbarriere 59
Brandschutz 9, 402
Brandschutz-Verglasung 412
Brandschutz-Verglasungen 108
Brandschutzklassen nach Euro-Norm 419
Brandverhalten von Baustoffen 408
Brandverhalten von Bauteilen 406, 408
Brandwände 411
Brennbare Baustoffe 403, 408
Brennstoffe 48
Brennwert-Kessel 129
Bruttogrundfläche 48
Bruttovolumen 45

C

Calcium-Silicat 25
Calcium-Silicatplatten 316
Chemisch-physikalische Kennwerte verschiedener Elemente 449
Chemische Korrosion 438

D

Dämm-Verglasungen 108
Dammstoffe im Erdreich, in der Fassade und am Dach 26
Dämmung - Sperrung 194
Dampfbremse - Dampfsperre . 193
Dampfdruck 196
De-Sorption 293
Deckenaufbauten 366
Dehnfugen 184
Dehnfugenbänder 185
Dehnschlangen 167
Dezentrale Trinkwassererwärmung 137
Die EnEV in Beziehung zu den nationalen Normen 42
Diffusion 200
Diffusionsstromdichte 206
Drückendes Wasser 177
Duromere 21
Dynamische Steifigkeit 354
Dynamischer Elastizitätsmodul 333

E

Echowirkung 332
Eigenfrequenz 354
Eindringtiefe 212
Einer biegeweichen und einer biegesteifen Schale 353
Einfacher Falz 167
Einfachfenster 378
Einfluss des Salzgehaltes auf den μ-Wert 441
Einflussgrößen des Wärmeschutzes 13
Einheits-Temperaturzeitkurve . 407
Einschalige Wände 344
Einschalige Wände mit Öffnungen 346
Einschaliges Flachdach 173
Einwirkungen auf ein Flachdach 174
Elastizitätsmodul 168
Elastizitätsmodule 176
Elastomere 21
Elektrische Direktheizung 137
Elektrochemische Korrosion . . 438
Elektrochemische Spannungsreihe 439
Emissionsgrad 307
Endenergie 61, 130
Endenergiebedarf 48
Energetische Schwachstellen . 279
Energiebedarf 46
Energiebedarf für Brauchwasser 42
Energiebedarfsausweis 56
Energiebilanz 61
Energiepass 56
Energieträger 10
Energieträger abhängige Umrechnungsfaktoren 51
Energieverbrauch . . . . .
Entfernung von der Schallquelle 400
Entstehung schädlicher Gase . . 442
Entwicklung des U-Wertes in Abhängigkeit von der Dämmstoffdicke 32
EPS, XPS, PUR 23
Erde-Wassr-Wärmepumpen 11
Erdwärme-Kollektoren 11
Erdwärme-Sonden 11
Erforderlicher Außenluftvolumenstrom 202
Ermittlung des Gesamtschallpegels 390
Erneuerbare Energien 46
Erneuerbare Energie-Wärmegesetz 126
ESG-Verglasungen 108
Estricharten 370

F

F-Verglasungen 411
Fassade 26
Fenster 94, 377
Fenster im sommerlichen Wärmeschutz 109
Fensterflächenanteil 114
Fensterneigung 117
Fensterschalldämmmaß 347
Feucht 177
Feuchte adaptive Dampfbremse 314
Feuchteschutz 9, 177
Feuchtetransport 201
Feuerschutzabschlüsse 411

Feuerwiderstandsdauer 409
Feuerwiderstandsklassen 407
Flachdachaufbau 77
Flächenbegriffe nach DIN 277 . . 48
Flächenschallquelle 392
Floatglas 107
Flure 413
Formeln für zweischalige
Wände 360
Frei auskragender Balkon 287
Frequenz 322
f_{Rsi}-Wert 263
Fugen-Fugenbänder 184
Fußbodentemperatur 18

G

G-Verglasungen 411
Gase 430
Gebäude-Nutzfläche 48, 49
Gebäudemaße und ihr Verwendung in der EnEV 50
Gebietsweise Sonneneinstrahlung 119
Geltungsbereich der EnEV 43
Geothermie 11, 126
Geräusch 322
Gesamtenergiedurchlassgrad . . 41
Gesamtschalldämmmaß mit zwei verschiedenen Öffnungen 349
Gips 437
Glas 107, 405
Grafische Methode zur Ermittlung des Gesamtschalldämmmaßes 346
Grafische Methode zur Ermittlung des Schalldämmmaßes 340
Grenzfrequenz 326, 333
Gründe für den Wärmeschutz . . 10

H

Heizanlagen-Systeme 127
Heizenergiebedarf 42, 46
Heizestrich 61
Heizgradtage 47
Heizgradtagzahl 47
Heizgrenztemperatur 47
Heizperiode 47
Heizungsanlagen 384
Heizwärmebedarf 46
Heizwert verschiedener Brennstoffe 51
Herkunft der Laugen 444
Herkunft der Säuren 442
Hilfsenergie 45, 46
Holz 403
Holzbalken nach einem Brand . 407
Holzbalkendecken 374
Holzständerbauweise 256
Holzweichfassen 82
Hörschwelle 323

I

ICB, WF, Cellulose 24
Innendämmung 19, 262
Innenliegende Dämmung 269
Innentrogdichtung 183
Installationsgeräusche 384
Interne Wärmegeweinne 164
Interne Wärmegewinne 42
Interne Wärmegewinne 42, 52, 164
Intervalle 332
Isokorb 280
Isothermenverlauf 280

J

Jahres-Arbeitszahlen 126
Jahres-Heizwärmebedarf 164

K

Kalk 437
Kapillar aufsteigende Feuchte 182, 183
Kapillaraktive Dämmstoffe 312
Kapillarität 180, 200
Kapillarleitung 316
Kastenfenster 378
Kennwerte von Baustoffen und Bauteilen 423
Kerndämmung 233, 246
Klang 322
Klimaregionen 114
Knall 322
Kohäsion 180
Koinzidenzfrequenz 333
Kondensieren 178
Konstruktion-Grundfläche 48
Kontaktkorrosion 438
Konterlattung 83
Konvektion 200
Körperschall 330
Korrekturfaktor für die Flankenübertragung im Trittschall . . 367
Korrekturwerte des bewerteten Schalldämmmaßes für flankierende Bauteile 351
Korrosion 438
Kreislauf des Kalkes 437
Kreislauf des Wassers 179
Kristallspiegelglas 108
Kriterien für die Auswahl von Dämmstoffen 23
Kunstharzputz 237
Kunststoffe 21, 405
Kupfer 440
Kurzform zur Berechnung des Schalldämmmaßes zusammengesetzter Bauteile 348
Kurzzeichen für Anwendungsbereiche der Dämmung 25

L

Längenänderung 167, 168
Lärmarten 392
Lärmschutzwände 394
Lärmstufen 329
Laugen 432, 434
Lautstärkepegel 327
Lautstärkeskala 39
Leicht entflammbare Baustoffe 403
Leichte Bauteile 56
Linienförmige Schallquelle . . . 400
Linienschallquelle 393
Lochabsorber 336
Logarithmenrechnung 324
Logarithmus 324
Luft-Wasser-Wärmepumpe 10
Luftbewegung 19
Luftdichtheit 54
Luftdichtheitsebene 83, 95
Luftdichtheitsprüfung 54
Luftfeuchte 187
Luftfeuchteklassen 266
Luftschall 330
Luftschall-Diagramm 365
Luftschall-Verbesserungsmaß von Vorsatzschalen 362
Luftschalldämmung 338
Lüftungsanlage mit Wärmerückgewinnung 133
Lüftungsleitungen 413
Lüftungswärmeverluste 42, 55, 60, 64
Luftwechselrate 55

M

Manteldämmung 225, 231, 274
Maßes zusammengesetzter Bauteile 346
Maßnahmen zur Tauwasservermeidung 210
Maximale Raumluftfeuchte . . . 201
Maximaler Feuchtegehalt der Luft 186
Maximalwerte der Wärmedurchgangskoeffizienten nach EnEV 62
Mehrere gleiche Schallquellen 390
Mehrere verschiedene Schallquellen 391
Messkurve 341
Mindest-Luftwechselrate 270
Mindestanforderungen an den Schallschutz 385
Mindestoberflächentemperatur 202
Mindestwärmedurchlasswiderstand 201
Mindestwerte der raumseitigen Oberflächentemperaturen . . 192
Mindestwerte für Wärmedurchlasswiderstände nach DIN 4108 39
Mindetoberflächentemperatur . 201
Mineralwolle 23
Mittelwerte der Außenlufttemperaturen 143
Mittlere Außentemperaturen der Referenzorte 141
Mittlere jährliche Heiztage 142
Mittlerer U-Wert 65
Möglich Fälle der Tauwassersituation 211
Monats-Bilanzverfahren . . . 44, 57, 198, 205, 269, 274

N

Nachhallzeit 331
Nachtlüftung 117
Nachwachsende Energien 46
Nachweis nach der EnEV 42
Nachweis von Wärmebrücken 264, 284
Nachweisverfahren bei bestehenden Gebäuden 64
Nachweisverfahren bei zu errichtenden Gebäuden 124
Nah-/Fernwärme aus KWK 48
Netto-Grundfläche 48, 49
Nicht brennbare Baustoffe 402, 408

Nicht drückendes Wasser ... 177
Nicht-Eisenmetalle ... 440
Nicht-Wohngebäude ... 44, 58
Niedertemperatur-Kessel ... 127
Norm-Trittschallpegel ... 364
Normal entflammbare Baustoffe ... 403
Nutzenergie ... 61
Nutzerverhalten ... 289
Nutzfläche ... 48, 49

O

Oberflächennahe Geothermie ... 11
Oktavschritte ... 332
Oxidation ... 430

P

Perimeterdämmung ... 26, 61
Perioden-Bilanzverfahren ... 198, 205
pH-Wert ... 435
Phasenverschiebung ... 121, 122
Phon ... 328
PIR, PF. CG, WW,EPB; ... 24
Plattenabsorber ... 336
Polyaddition ... 21
Polyaddukte ... 21
Polykondensate ... 21
Polykondensation ... 21
Polymerisate ... 21
Polymerisation ... 21
Poröse Absorber ... 336
Porosität ... 180
Potenzrechnung ... 324
Primär-Energiebedarf ... 48
Primär-Energiefaktoren ... 48
Primärenergie ... 61
Primärenergiebedarf ... 60
Primärenergiefaktor ... 45
Punktförmige Schallquelle ... 400
Punktschallquelle ... 392

R

Raum-Akustik ... 331
Raumseitiger Feuchteüberschuss ... 202
Rechnerische Methode zur Bestimmung des Gesamtschalldämmmaßes ... 347
Rechnerische Methode zur Ermittlung des bewerteten Schalldämmmaßes ... 340
Reduktion ... 430
Reduzierter Betrieb ... 46
Referenzgebäude ... 44, 58
Referenzregionen ... 140
Referenzwerte für Strahlungsintensitäten ... 139
Reflexionsgrad ... 307
Regeln zur Vermeidung von Bauschäden ... 447
Regenschutzfunktion ... 310
Relative Luftfeuchte ... 19, 187
Resonanzabsorber ... 336
Resonanzfrequenz ... 354, 358
Resonanzfrequenz zweischaliger Bauteile ... 355
Resultierender Luftwechsel ... 204
Richtung des Wärmestromes ... 38
Rollladenkasten ... 120
Ruhende Luftschichten ... 37

S

Salze ... 432, 434
Sanierung von Gebäuden im Bestand ... 59
Sanitärgegenstände ... 384
Sättigungsdampfdruck ... 196, 198
Säuren ... 431, 434
Säuren als Schadensursache ... 442
Schadensfaktor Gase ... 430
Schadensfaktor Laugen ... 443
Schadensfaktor Organismen ... 447
Schadensfaktor Salze ... 445
Schadensfaktor Wasser ... 440
Schallabsorber ... 336
Schallabsorption ... 334
Schallabsorptionsgrng ... 335
Schallarten ... 330
Schallbrücken ... 372
Schalldämm-Verglasung ... 379
Schalldämm-Verglasungen ... 108
Schalldämmmaß in Abhängigkeit von der Masse ... 342
Schalldruck ... 323
Schallenergie ... 323
Schallgeschwindigkeit ... 325
Schallintensität ... 323
Schallleistung ... 323
Schallpegel ... 324
Schallpegel ... 327
Schallreflektoren ... 337
Schallreflexion ... 334
Schallschutz ... 9
Schallschutz im Städtebau ... 392
Schalltransmission ... 334
Schaumglas ... 82
Schimmelpilzbildung ... 289, 290
Schimmelpilznachweis ... 264
Schlagregen ... 310
Schmelzen ... 178
Schmelzwärme ... 178
Schmerzgrenze ... 327
Schutz-Verglasungen ... 108
Schwach belüftete Luftschichten 37
Schwefelsaure Salze ... 433
Schwer entflammbare Baustoffe ... 403
Schwere Bauteile ... 56
Schwimmender Estrich ... 371
s_d-Werte bei Dächern ... 95, 317
Seitlich angreifende Feuchte ... 182, 183
Sicherheitsgläser ... 108
Solare Strahlungsenergie ... 126
Solare Wärmegewinne ... 42, 53, 60
Sole-Wasser-Wärmepumpen ... 11
Sommerklima-Regionen ... 119
Sommerlicher Wärmeschutz ... 114
Sonderbauteile ... 411
Sonderverglasungen ... 63
Sonneneinträge ... 120
Sonneneintragskennwerte ... 47, 116
Sonnenschutz-Verglasungen ... 108, 111
Sonnenschutzvorrichtungen ... 115
Sorption ... 293
Sperrung gegen nicht drückendes Wasser ... 183
Sperrung gegen Wasser ... 182
Sperrung gegen Wasserdampf 186
Spezifische Transmissionswärmeverluste ... 60, 78, 164
Spezifische Wärmekapazität ... 17
Spezifischer Lüftungswärmeverlust ... 55
Spritzbereich ... 26
Stahl ... 403, 404
Stahlbeton ... 404
Stahlkonstruktion nach einem Brand ... 407
Stark belüftete Luftschichten ... 37
Stehender Falz ... 167
Steildach ... 317
Stoffkenngrößen ... 422
Stoffkennwerte ... 33
Strahlungsabsorptionsgrad verschiedener Oberflächen ... 53
Struktogramm zur Ermittlung des Jahresprimärenergiebedarfs ... 60
Systemgrenze ... 45, 85

T

Taubereich ... 214
Tauperiode ... 198, 205
Taupunkttemperatur ... 187, 189
Tauwasserbildung ... 177, 187
Tauwasserebene ... 214
Technische Funktionsfläche ... 48
Temperatur-Amplituden-Dämpfung ... 121
Temperatur-Amplituden-Verhältnis ... 19, 121
Temperatur-Korrekturfaktoren F_x ... 37
Temperaturfaktor ... 201, 263, 296
Temperaturleitzahl ... 112, 121
Temperaturverlauf im Erdreich . 12
Terzschritte ... 332
Thermische Längenausdehnungskoeffizienten ... 176
Thermomere ... 21
Tiefen-Geothermie ... 11,12
Ton ... 322
Transmissionsgrad ... 307
Transmissionswärmeverluste ... 42
Transparente Bauteile ... 121
Trenn-Estrich ... 370
Treppen ... 382, 413
Treppenraum ... 413
Trinkwasserleitungen ... 384
Trittschall ... 330, 364
Trittschall-Diagramm ... 365
Trittschall-Minderungsmaß von Deckenauflagen ... 369
Trittschallminderung ... 368
Trocknungsabschitte ... 312
Trocknungskoeffizient ... 312, 314
Türen ... 381
Türschalldämmmaß ... 347

U

U-Wertberechnung eines Fensters ... 110
Umkehrdach ... 173
Umweltenergie ... 48
Umweltwärme ... 126
Untersparrendämmung ... 26, 318

V

Verbund-Estrich 61, 370
Verbundfenster 378
Verdampfen 178
Verdampfungswärme 178
Verdunsten 178
Verdunstung 186
Verdunstungsbereich 214
Verdunstungsperiode 198, 205
Verglasung im Schallschutz . . . 379
Verglasungen 411
Vergleich sommerlicher–winterlicher Wärmeschutz 123
Verkehrsfläche 48
Verlauf der s_d-Werte von innen nach außen 31
Vermeidung von Tauwasser 197, 198
Vorherbestimmung des bewerteten Norm-Trittschallpegels 366
VSG-Verglasungen 108

W

Wandoberflächentemperatur . . . 18
Wannenausbildung 177
Wärme übertragende Hüllfläche 45
Wärme übertragene Umfassungsfläche 49
Wärmebedarf für Warmwasserbereitung 42
Wärmebrückenarten 279
Wärmebrücken-Verlustkoeffizient 110
Wärmedämm-Verbundsysteme 27, 28
Wärmedämm-Verglasung 108, 111
Wärmedurchgangswiderstand . 17
Wärmedurchlasswiderstand von Decken 36
Wärmedurchlasswiderstand von Luftschichten 37
Wärmedurchlasswiderstand . . . 16
Wärmeeindringkoeffizient 17
Wärmeeindringkoeffizient 112, 121
Wärmekonvektion 14
Wärmeleitfähigkeit 15
Wärmeleitung 14
Wärmemenge 15
Wärmepumpe 135
Wärmerückgewinnung 47
Wärmeschutz 9, 13
Wärmeschutz-Nachweis nach DIN 4108 38
Wärmespeicherfähigkeit 56
Wärmespeicherfähigkeit der Wände 18
Wärmespeicherung 56
Wärmestrahlung 14
Wärmestromdichte . . . .
Wärmeströmung 14
Wärmetechnische Systemgrenze 94
Wärmeübergangskoeffzient 16
Wärmeübergangs-Wiederstand. 16
Wärmeverluste im Haus 45
Wassdampfäquivalente Luftschichtdicke s_d 201
Wasser als Beeinträchtigungsfaktor 441
Wasser als Förderfaktor 442
Wasser als Lösungsmittel 440
Wasser als Partner 441
Wasser als Schadensursache . 180
Wasser als Sprengfaktor 441
Wasser als Transportmittel 441
Wasser-Wasser-Wärmepumpen 11,12
Wasseraufnahmekoeffizient . . . 310
Wasserdampfdiffusionswiderstandsfaktor 59
Wasserdampfsättigungsdruck 190, 202
Wasserdampfsättigungskonzentration 191
Wasserdampfteildruck 198
Wasserdicht-wasserdampfdicht 193
Wasserhärte 433
Wasserstoff-Ionenkonzentration 435
Wattebausch 406
Wege des Schalles 334
Wellenlänge 325
Winddichtheitsebene 83, 95
Winterlicher Wärmeschutz 13
Wirksame Wärmespeicherfähigkeit 56
Wohnfläche 48, 49, 52
Wohngebäude 44, 58
Wurzelrechnung 332

Z

Zement 437
Zink 440
Zonierung 45
Zu errichtende Gebäude 58
Zwei biegeweiche Schalen 353
Zweischalige Bauteile 353
Zweischalige Wände 73, 74
Zweischalige Wände 245, 250
Zweischaliges Flachdach 173
Zwischensparrendämmung 26, 113
μ-Wert 59, 193, 201

Notizen

Notizen

Notizen